没有测量，就没有科学。

——门捷列夫

科技要发展，计量须先行。

——聂荣臻

没有测量，就没有科学。

——门捷列夫

科技要发展，计量须先行。

——聂荣臻

广东省计量史

（1949—2009）

广东省质量技术监督局 编

中国质检出版社

北 京

图书在版编目（CIP）数据

广东省计量史：1949—2009/广东省质量技术监督局编．—北京：中国质检出版社，2014.1

ISBN 978-7-5026-3933-4

Ⅰ．①广… Ⅱ．①广… Ⅲ．①计量学—历史—广东省—1949—2009 Ⅳ．①TB9—092

中国版本图书馆CIP数据核字（2013）第278340号

广东省计量史（1949–2009）

中国质检出版社出版发行
北京市朝阳区和平里西街甲2号（100013）
北京市西城区三里河北街16号（100045）
网址：www.spc.net.cn
总编室:（010）64275323
发行中心:（010）51780235
读者服务部:（010）68523946
广州汉鼎印务有限公司
各地新华书店经销
开本：787mmX1092mm 1/16
印张：36.75
字数：802千字
版次：2014年 1 月第 1 版
印次：2014年 1 月第 1 次印刷
定价：238.00元

编撰委员会

主　任　任小铁

副主任　何祥今

主　编　阮　忠　高富荣　赵天川

委　员　苏永龙　陈明华　张活力　王素珍　黄　锋

编 写 组

组　长　赵天川

成　员　谢　旭　许家玲　霍向红

序

国家质检总局在2009年决定抢救性收集、整理新中国计量史料，编撰《新中国计量史》，并要求各省编写本省计量工作大事记，作为《新中国计量史》的重要附录。这件事得到了各方面的赞许和支持。但是，要给计量写“春秋”，又是一件不容易的事，尤其是对于从事计量技术和计量管理的人来说，尽管熟悉计量工作，但毕竟未受过史学研究的专业训练，要将新中国成立60年计量工作纷纭复杂的历史事件写成一部史书，非花很大的功夫不能完成。广东省参与这项工作的同志以精益求精的计量精神，迎着困难上，终于拿出了他们刻苦努力的成果，《广东省计量史（1949—2009）》在全国各省中第一个编成出书了，我对他们表示由衷的祝贺。

翻阅《广东省计量史（1949—2009）》，我们感到书中突显了几个特点：一是把写史与科普结合起来，形成通俗易懂的文字；二是在总结回顾计量发展进程时，把计量在经济社会发展中的应用和作用写了出来；三是把计量成果和文化结合起来，不是纯讲业务和技术，而是写出了与计量发展伴随着的科学精神；四是在国家发展、地方发展的大背景下来看计量的发展，不脱离时代背景，客观地写史。

《广东省计量史》既有丰富翔实的史料披露，又有各时期相关的统计数据，以求和所述历史互相印证，互为表里，使历史图像更为清晰，写出了广东省的计量工作既不脱离全国政治经济、社会生活的发展脉络，又有鲜明的华南、广东特色，可供全国的计量同行了解和借鉴。我对为其付出心血的组织领导者、专家学者，特别是老同志，表示衷心的感谢。

研究计量工作的历史是一项基础性建设工程，具有重要的现实意义。我们要在整理和记录新中国计量史的基础上，传承成功经验，弘扬优良传统，努力攀登计量科学新高峰，不断开创计量工作新局面，为建立有中国特色质检工作体系，实现中华民族的伟大复兴作出贡献。

前言

计量是人类为实现各种量的单位统一和量值准确可靠而进行的活动。这些活动涉及并渗透到人类社会和经济生活的方方面面，是人类社会生活重要的和必不可少的基本活动。正如计量人常说的，计量上管天，下管地，中间管人管空气。也有人用空气比喻计量的作用：它就像空气无处不在，但却常常被人们忽视，然而如果没有是万万不行的。计量的作用正是如此。因此计量的发展是伴随人类的发展进步，从古代度量衡到近现代的计量科学技术，经过了漫长曲折的路程。

如今，世界上广泛的活动无不与计量相关，社会越是发展，越是进步，就越是依赖大量的各种不同量的测量，测量的准确与否可能直接影响这些活动的成败。计量工作就是为测量的准确可靠和一致提供基本保证的，因此计量成为维护经济秩序、促进社会发展的重要基础。当今世界经济已经全球化，人们生活在地球村。为了维持正常的社会秩序，为了人类的发展进步，全世界建立了全球计量体系，国家有国家计量体系，在我国的国家计量体系之下，又有华南、广东的计量体系，这些不同层次计量体系的有序运作，保证了生产、贸易的顺利进行，社会秩序的稳定和人们生活的安全。

华南、广东的计量体系是怎样建立和形成的，有过怎样的发展历程，在国内、在广东的发展史上起到什么作用，这些就是这部《广东省计量史》所要回答的问题。本书编者经过广泛收集史料，编辑整理，通过对广东计量事业发展的来龙去脉、前因后果，成功与失败、经验与教训的描述，试图呈现出新中国成立60年广东计量事业全面丰富、真实可信的发展历史。

广东地处华南沿海，毗邻港澳，在新中国建立初期贫穷落后，社会情况复杂，当时广东计量工作的迫切任务是整顿混乱的市场，稳定社会秩序，为生产的恢复和建设统一计量制度，开展基本的度量衡器具生产和检定业务。20世纪50到60年代，由于国际上的冷战局势，广东成为我国反帝反修的前沿，重点发展农业经济，限制了工业和科技的发展，广东计量机构的建设十分艰难，在国内政治经济环境动荡的70年代前后，更是发展缓慢。

1976年以后，改革开放的春风最先吹到广东等沿海地区，党中央给予了特殊政策、灵活措施，使广东的经济和社会获得了突飞猛进的发展。此时的广东计量人遇到了空前的机遇和前所未有的挑战。他们没有坐失良机，很快接受了市场经济带来的开放观念，勇敢地解放思想、改革创新，无论是计量管理，还是计量科技水平都有了大幅度提高。组织机构得到健全，计量技术基础得到加强，为广东外向型经济的飞速发展提供了有力的计量技术保障，为香港、澳门回归祖国在量值溯源上提供了良好的技术服务。

随着改革开放的深入，广东成为全国第一经济大省。为满足广东经济建设和社会可持续发展的需要，广东计量人积极进取、锐意创新，在各级政府的重视和支持下，改善条件，增强实力，提高服务质量，走与国际接轨的道路，计量技术科研成绩硕果累累，一批设备先进，管理现代化堪比世界一流实验室的计量技术机构涌现。广东的计量事业越来越显示出蓬勃的朝气，广东计量人为广东的发展，为我国的计量事业作出了应有的贡献。

本书是由亲历了1949年以后广东计量工作的几代计量人共同编写的。为了写好广东省计量史，他们认真学习研究了吴承洛先生于上世纪30年代撰写的《中国度量衡史》，2001年科学出版社出版的卢嘉锡总主编丘光明、邱隆、杨平合著《中国科学技术史　度量衡卷》，以及《广东省志技术监督志》，《广州市志　标准计量管理志》，《广州市志　质量技术监督志》，佛山市、江门市、汕头市、揭阳县各地方的标准计量志；《深圳计量简史》等。本书的编写参照我国著名史书《史记》所开创的体例，以年代为经，以事件为纬，起讫时段1949年至2009年，地域包括广东省、海南省（海南建省以前）、香港和澳门地区，以直白的中国传统文史方式书写。全书围绕计量单位制的统一、计量法律法规管理制度建设、计量与社会政治经济的关系，以及计量科学技术水平的提高所起到的相互促进作用等演变过程，按时间顺序分为上、中、下篇，共含9章。由于计量是从古代度量衡发展而来的，为了弄清1949年时广东省计量发展所处的阶段和实际情况，以反映计量的连续性特点，在上篇第一章简要叙述了新中国成立以前广东省度量衡概况。从1949年起，广东省计量发展的历史是在贯彻执行国家计量法律法规和国务院相关政策中，在国家计量行政部门直接指导下，同时又是在华南、广东地区的具体环境中形成的，因此在本书中结合广东计量发展的历史事件，对当时国家计量法律法规方针政策都予以扼要的介绍，对华南、广东地区的社会和经济环境的变化也尽量反映出来。为了以简驭繁，便于检索，本书除9章内容外，编入附录一广东省计量工作大事记、附录二广东省计量机构沿革表（含附表2-1　广东省计量行政部门、直属机构沿革一览表，附表2-2　1950—2009年广东省各市县区计量机构发展情况）、附录三基本数据统计表（含附表3-1　1966年广东省标准计量部门经费情况汇总表、附表3-2　1974年广东省标准计量部门经费收支汇总表、附表3-3　1975年广东省标准计量部门支出情况调查表、附表3-4　1979—1988年广东省标准计量部门各级计量技术机构综合统计表、附表3-5　1998—2009年广东省质监系统各级计量技术机构综合统计表、附表 3-6 计量法制管理情况、附表 3-7 计量仪器检定情况）。

本书力求做到：

1. 真实性，忠于历史真实，所有内容言之有据，言之成理，所引用的史料和史实准确有据，经得起时间检验。

2. 可读性，尽量做到深入浅出，力求文字生动流畅。

3. 系统性，整书形成一个统一的系统，每一章每一节又形成各自的系统，有来龙去脉，前因后果，符合事物发展的规律和逻辑。

本书通过综合概括的整体记述、分门别类的纵深描写和可供检索的基本数据，纵横交错，始成一部完整的新中国 60 年广东省计量史。它从一个方面反映出，计量在中国虽然有悠久的历史，但真正的发展，真正对经济和社会进步的现代化发挥重要作用，是在新中国建立以后。广东计量事业在 1949 年以后的 60 年发展历程，镌刻着老一辈计量工作者艰苦创业，坚韧不拔的足迹，凝聚着新一代计量人改革创新，奋发有为的智慧，是一部广东几代计量人的创业史。

以铜为鉴，可以正衣冠，以史为鉴，可以知兴衰。广东省计量史是无形资产，是精神财富。让我们珍惜自己的历史，理性地认识历史，清醒、满怀热情地弘扬广东计量的优良传统，为广东经济又好又快的发展，为广东人民的幸福，续写更加绚丽多彩的历史新篇章。

编撰委员会

2013 年 10 月

图 01a

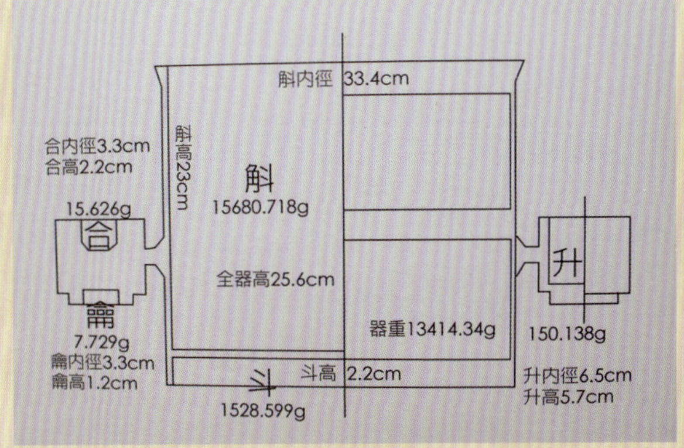

图 01b

铜嘉量是公元 9 年制造的标准量器，全器包括了龠、合、升、斗、斛五个量，与《汉书·律历志》记载相对照，不仅可以详尽地了解汉代的容量制度，而且通过对器物铭文的研究和测量，还可以得出度量衡三者的单位量值。1 尺合 23.1 厘米；1 升容 200 毫升；1 斤重 226.7 克。**图 01a** 为铜嘉量，**图 01b** 为铜嘉量剖面图。

图 02： 20 世纪 50 年代初广州地区广泛使用的度量衡单位换算盘，又称度量衡对算盘。该换算盘包括度量衡、面积、体积，公制、市制、英制、日制、营造、广州司马斤、广州排钱尺、库平、关平等各种单位之间的换算。

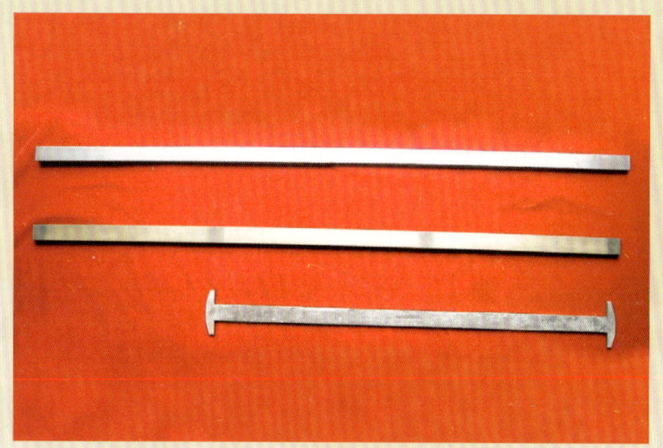

图 03：广州市人民政府工商局度量衡检定所在 1951 年接收了民国时期保存下来的度器：从上到下为 1 米铜直尺两把，三等精度；2 市尺铜量端器一把，均为 1930 年制造。

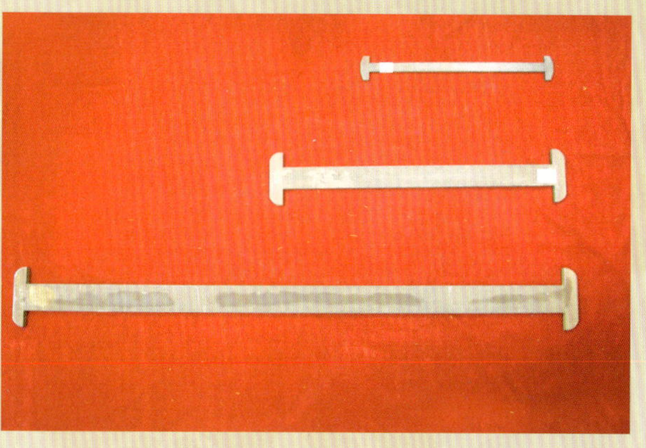

图 04：广州市人民政府工商局度量衡检定所在 1951 年接收了民国时期保存下来的度器：从上到下为 1 市尺铁量端器一把，0.5 米铁量端器一把，1 米铜量端器一把，均为 1930 年制造。

图 05：广州市人民政府工商局度量衡检定所在 1951 年接收了民国时期保存下来的量器：1 合镍量杯一只，1930 年制造。

图 06：广州市人民政府工商局度量衡检定所在 1951 年接收了民国时期保存下来的量器：从左到右，木升一只；木斗一只，铜升量器一只，锡斗一只，锡升量器一只；均为 1930 年制造。

图 07a

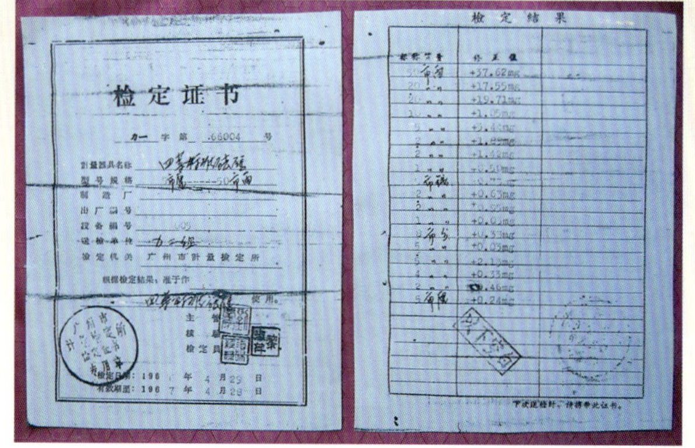

检定证书

检定机关 广州市計量檢定所

检定结果

图 07b

广州市人民政府工商局度量衡检定所在 1951 年接收了民国时期保存下来的砝码。**图 07a**：50 市两～ 5 市厘四等精度铜砝码一套（部分），1930 年制造。**图 07b** 为 1966 年该套砝码的检定证书。

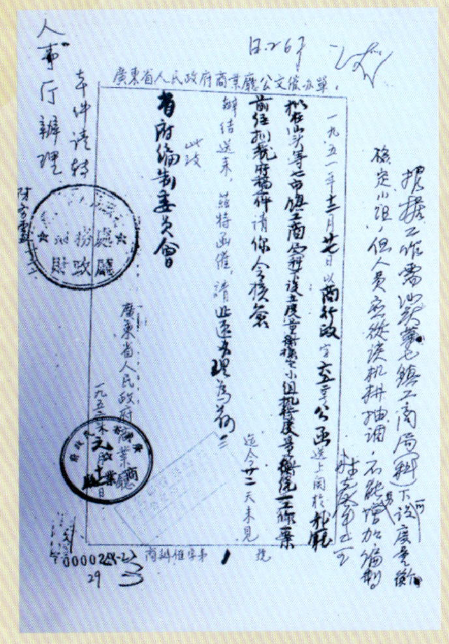

图 08a

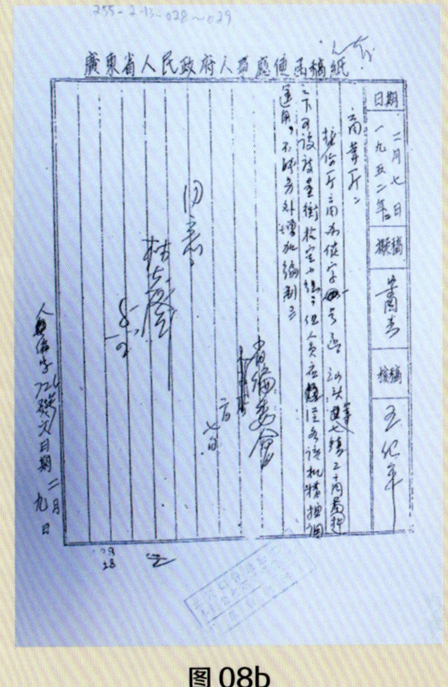

图 08b

图 08a、08b：根据广东省商业厅的工作需要，广东省人民政府人事厅 1952 年 2 月 7 日复函同意汕头等七市镇设立度量衡检定小组。图为复函的原稿。

图 09a

图 09b

佛山市计量检定所在 1954 年 9 月成立时的铜升标准器。**图 09a** 是铜升标准器。**图 09b** 是铜升标准器的铭牌。

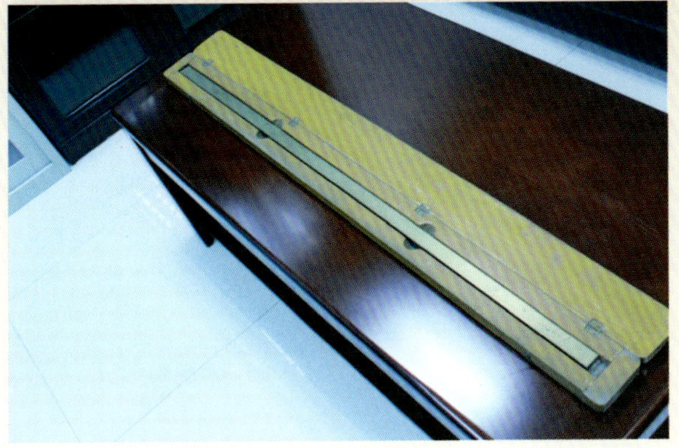

图 10：佛山市计量检定所在 1954 年 9 月成立时的铜米标准器。

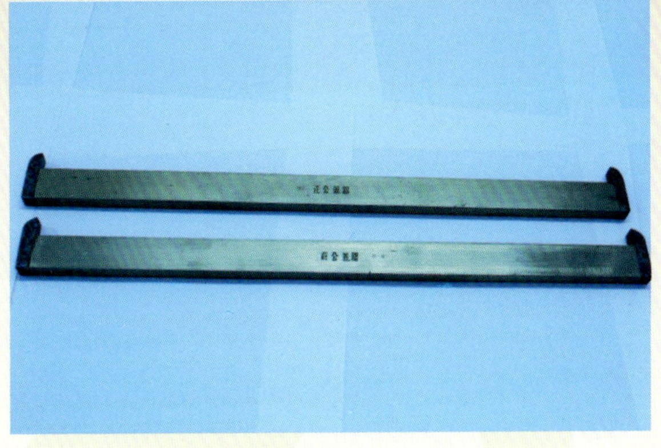

图 11：江门市计量检定所在 1954 年 4 月成立时的铜量端器，上为正公差器，下为负公差器。

图 12a

图 12b

江门市计量检定所在 1954 年 4 月成立时的天平。**图 12a** 是天平，**图 12b** 为天平铭牌：称量 10 公斤、感量 100 公丝，广益衡器厂出品。

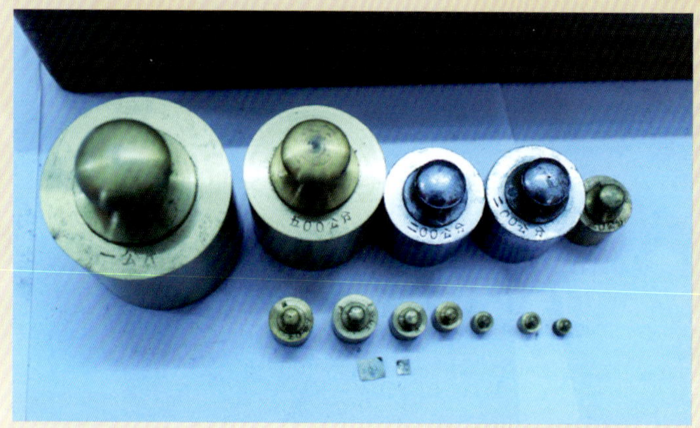

图 13： 江门市计量所在 1954 年 4 月成立时的公制铜砝码（部分）。

图 14: 1954 年广东省商业厅举办度量衡干部训练班，图为参加人员的合照，前排左四为老师张峥嵘、左五为老师陈观上，前排右一为韶关市学员伍崇。

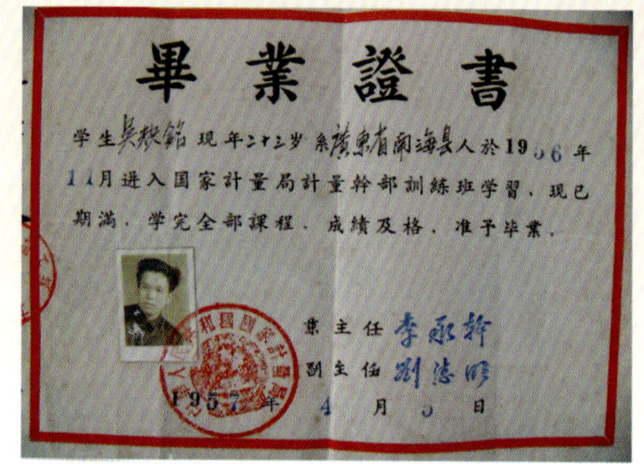

畢業證書

学生吴耀銘 现年二十三岁 系廣東省南海县人於1956年11月进入国家计量局计量幹部訓練班学習，现已期滿，学完全部课程，成績及格，准予毕業。

局主任

副主任

1957年 4 月 日

图 15: 1956 年国家计量局在南京举办计量干部训练班，图为广州市度量衡检定所吴耀铭的毕业证书。

图 16：1957 年 5 月 6 日，国家计量局干训班第一期在广州实习合影，二排左二为广州市度量衡检定所吴耀铭，左六为韶关市度量衡检定所伍崇，三徘左一为广州市度量衡检定所刘荣富。

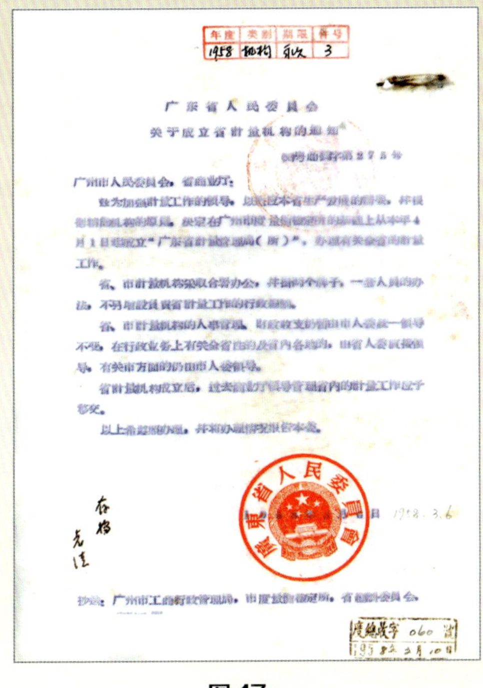

年度	类别	期限	件号
1958	机构	永久	3

广东省人民委员会

关于成立省计量机构的通知

[illegible]第275号

广州市人民委员会、省商业厅：

[illegible]

以上希[illegible]

1958.3.6

抄送：广州市工商行政管理局，市度量衡检定所，省[illegible]委员会。

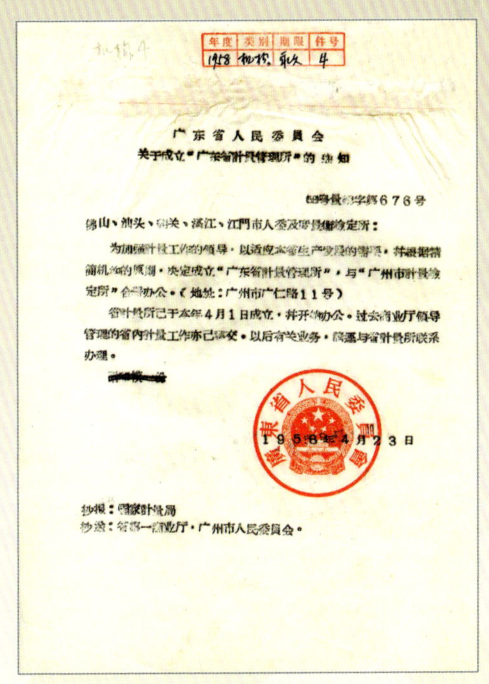

年度	类别	期限	件号
1958	机构	永久	4

广东省人民委员会

关于成立"广东省计量管理所"的通知

[illegible]字第676号

佛山、汕头、韶关、湛江、江门市人委及度量衡检定所：

为加强计量工作的领导，以适应本省生产发展的需要，并根据精简机构的原则，决定成立"广东省计量管理所"，与"广州市计量检定所"合署办公。（地址：广州市广仁路11号）

省计量所已于本年4月1日成立，并开始办公。过去商业厅领导管理的省内计量工作亦已移交。以后有关业务，请迳与省计量所联系办理。

1958年4月23日

抄报：国家计量局

抄送：省第一商业厅、广州市人民委员会。

图 17a

图 17b

图 17a、图 17b：广东省人民政府关于成立省计量管理所的通知原件。

图 18：1959 年 3 月，苏联量具计器委员会委员、国家计量局顾问阿列辛在国家计量局局长鞠抗捷陪同下访问广东省，图为一行人在省科学馆门前合影留念，苏联专家阿列辛（左三）、广东省副省长、省科委主任李嘉人（左四）、国家计量局局长鞠抗捷（左五）。

图 19：苏联专家阿列辛在省科学馆会议室内作关于计量的演讲，介绍了苏联计量事业的概况，阐述了计量对经济建设发展的重要性以及对新中国计量事业建设的意见。

图 20a

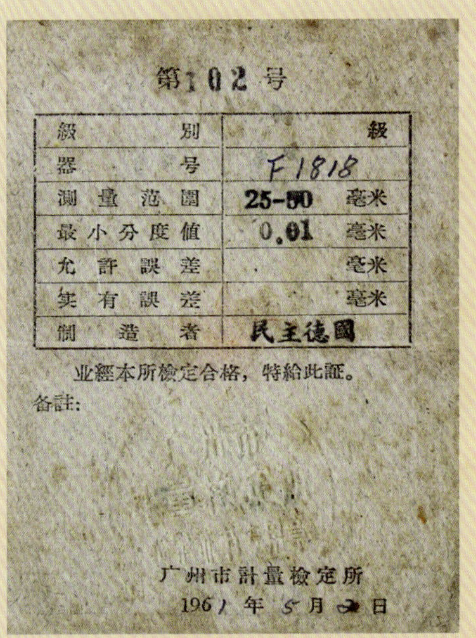

第 102 号

級別	級
器号	F1818
測量范圍	25-50 毫米
最小分度值	0.01 毫米
允許誤差	毫米
实有誤差	毫米
製造者	民主德國

业經本所檢定合格，特給此証。

备註：

广州市計量檢定所

1961 年 5 月 日

图 20b

图 20a、20b：广州市计量检定所 1961 年出具的测齿千分尺检定证书正面、背面，32 开。

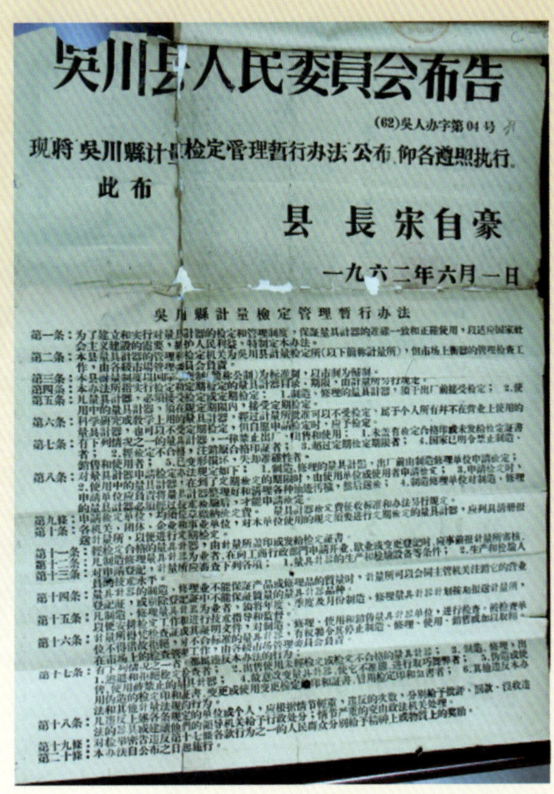

吳川县人民委員会布告

(62)吳人办字第04号

现将"吳川縣計量檢定管理暫行办法"公布，仰各遵照执行。

此布

县長宋自豪

一九六二年六月一日

吳川縣計量檢定管理暫行办法

图 21：吴川县人民委员会 1962 年 6 月 1 日发出的吴川县计量检定管理暂行办法布告。

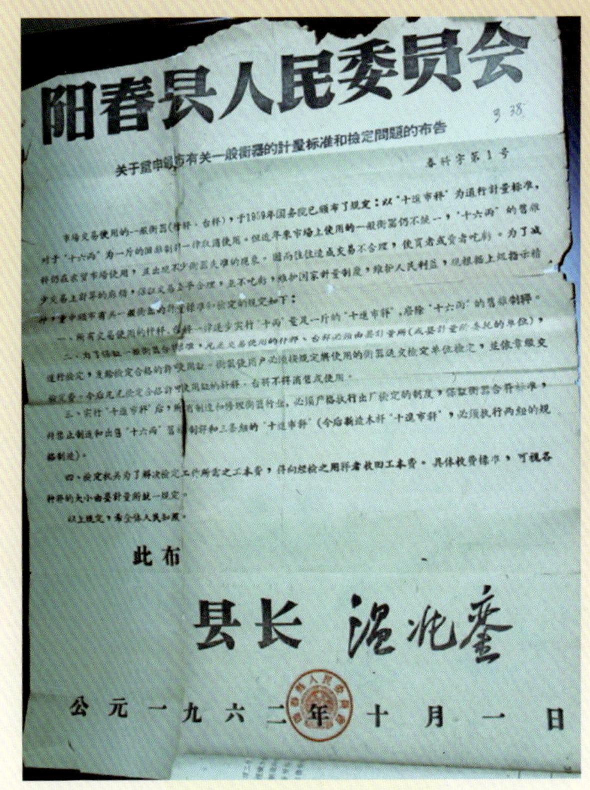

阳春县人民委员会

关于重申颁布有关一般衡器的計量标准和檢定問題的布告

春科字第1号

此布

县长

公元一九六二年十月一日

图 22：阳春县人民委员会 1962 年 10 月 1 日关于重申颁布有关一般衡器的计量标准和检定问题的布告。

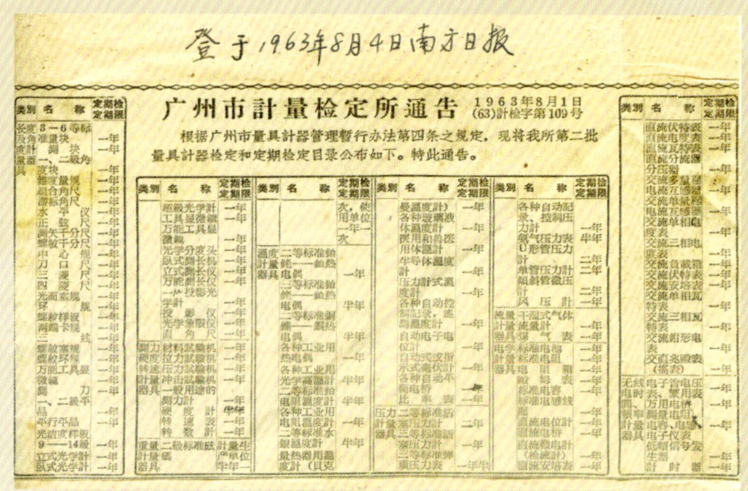

登于1963年8月4日南方日报

广州市計量检定所通告 1963年8月1日 (63)計检字第109号

根据广州市量具計器管理暂行办法第四条之規定，现将我所第二批量具計器检定和定期检定目录公布如下。特此通告。

图 23：刊登在 1963 年 8 月 4 日《南方日报》上的广州市计量检定所通告，公布第二批量具计器检定和定期检定目录。

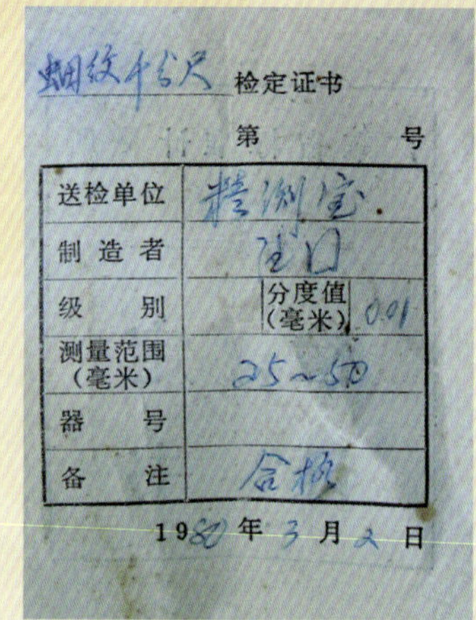

图 24a、24b：广东省计量科学研究所 1980 年出具的螺纹千分尺检定证书正面、背面，32 开。

图 24a 图 24b

图 25：1983 年，广东省标准计量管理局主持全面工作的韩健副局长等在海口农贸市场检查杆秤。

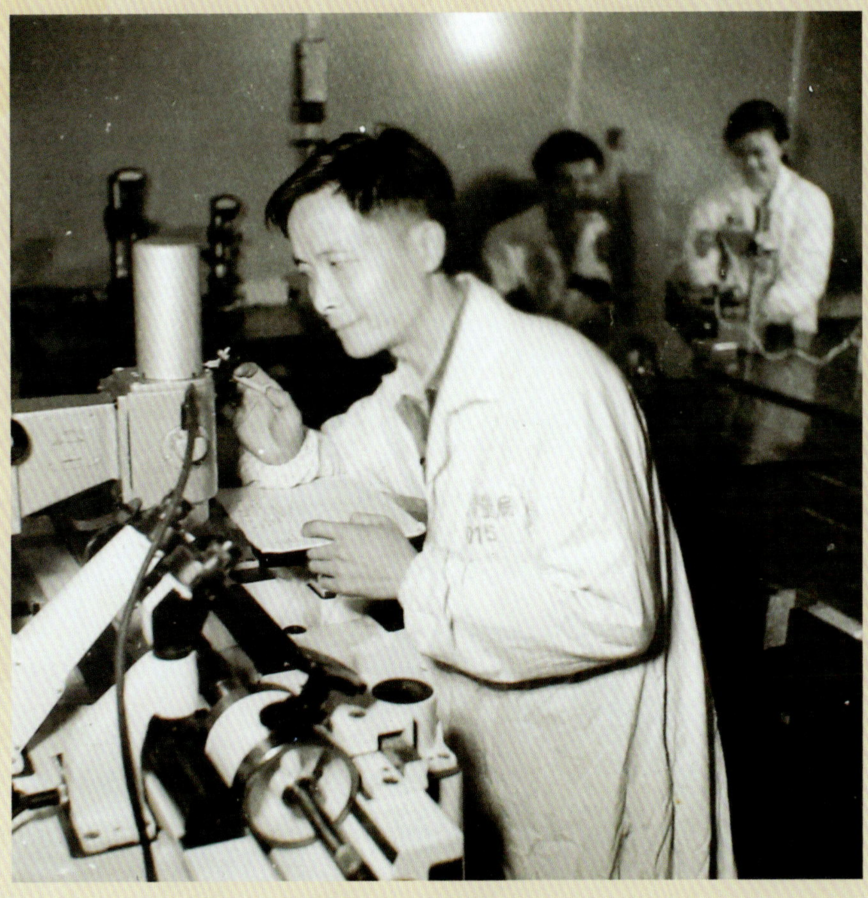

图 26：20 世纪 80 年代初韶关市计量所检定员伍崇进行工具显微镜的检定。

图 27b

2009 年广州市计量检测技术研究院热工室的检定员在检定热电偶。

图 27a

1983 年广州市计量所热工室的检定员在检定热电偶。

图 28：建立保持在省计量院的三项国家计量基准证书。

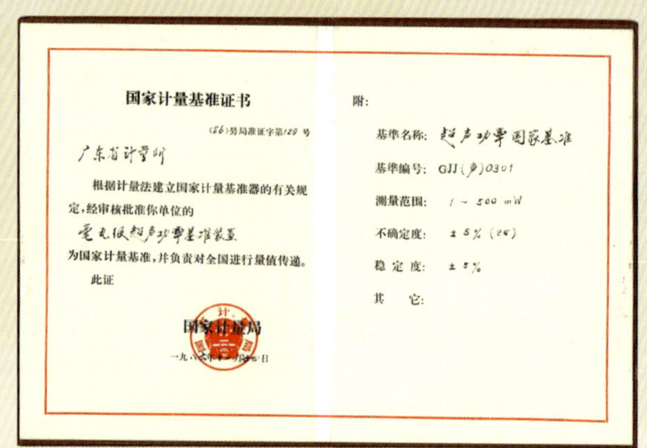

国家计量基准证书

(86)量局准证字第129号

广东省计量所

根据计量法建立国家计量基准器的有关规定，经审核批准你单位的

毫瓦级超声功率基准装置

为国家计量基准，并负责对全国进行量值传递。

此证

国家计量局

一九八六年十二月[illegible]日

附：

基准名称：超声功率国家基准

基准编号：GJJ(声)0301

测量范围：1～500 mW

不确定度：±5%(2σ)

稳 定 度：±5%

其　　它：

图 29：毫瓦级超声功率国家计量基准证书的内页。

图 30：毫瓦级超声功率国家计量基准装置。

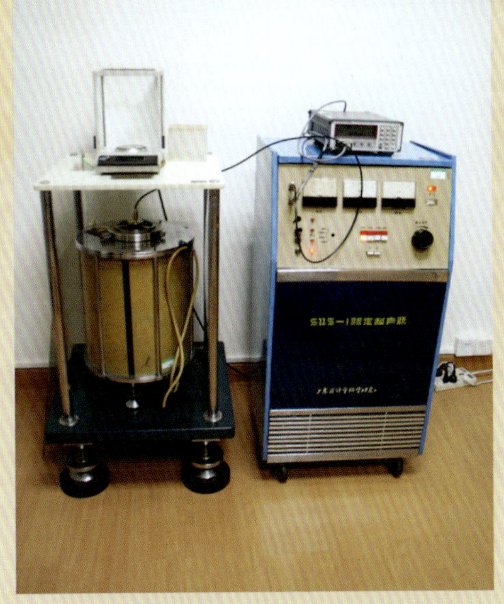

图 31：瓦级超声功率国家计量基准装置。

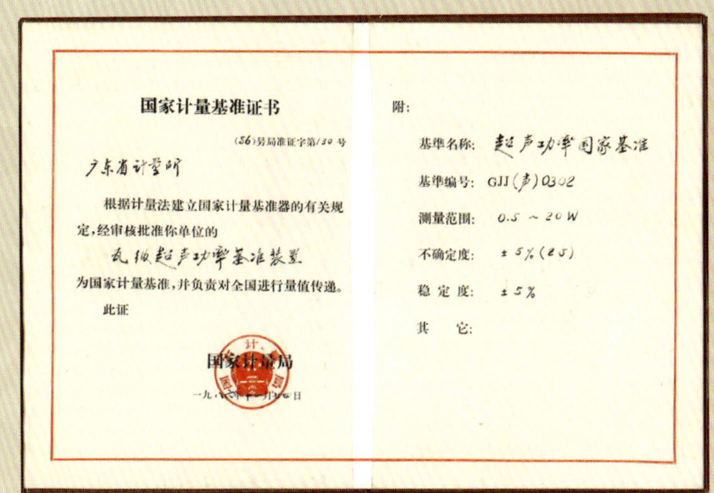

国家计量基准证书

（86）量局准证字第130号

广东省计量所

根据计量法建立国家计量基准器的有关规定，经审核批准你单位的

瓦级超声功率基准装置

为国家计量基准，并负责对全国进行量值传递。

此证

国家计量局

一九八[illegible]年[illegible]月[illegible]日

附：

基准名称：超声功率国家基准

基准编号：GJJ（声）0302

测量范围：0.5 ～ 20 W

不确定度：±5%（2S）

稳定度：±5%

其它：

图 32：瓦级超声功率国家计量基准证书的内页。

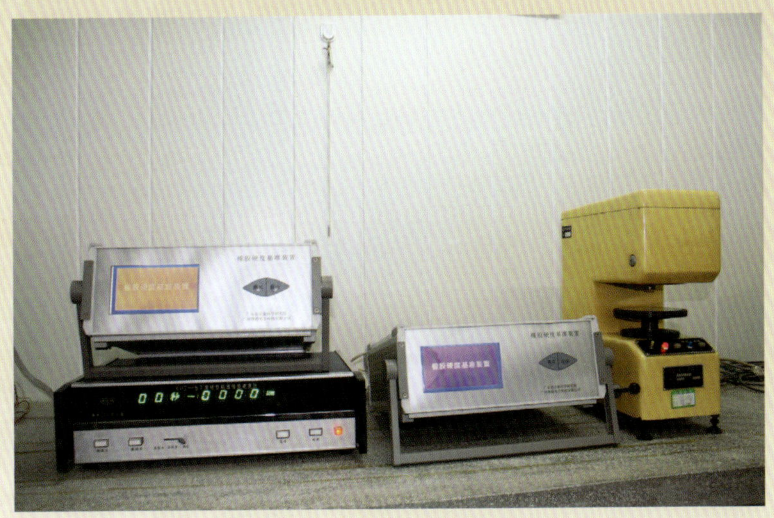

图 33：橡胶国际硬度（IRHD）国家计量基准装置。

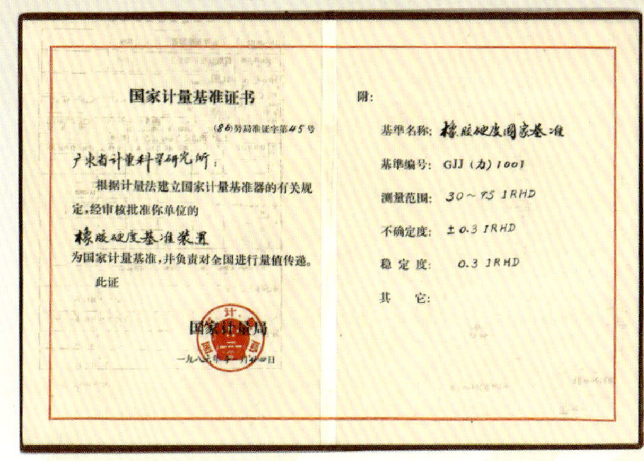

国家计量基准证书

（86）量局准证字第45号

广东省计量科学研究所：

根据计量法建立国家计量基准器的有关规定，经审核批准你单位的

橡胶硬度基准装置

为国家计量基准，并负责对全国进行量值传递。

此证

国家计量局

一九八[illegible]年[illegible]月[illegible]日

附：

基准名称：橡胶硬度国家基准

基准编号：GJJ（力）1001

测量范围：30～95 IRHD

不确定度：±0.3 IRHD

稳定度：0.3 IRHD

其它：

图 34：橡胶国际硬度（IRHD）国家计量基准证书的内页。

图 35：1988 年 9 月省计量科研所林鲁山等赴英国进行橡胶硬度国家基准量值比对，图为在比对活动时与英国同行合影。左一、左二为广东省计量科学研究所高级工程师林鲁山、林日明，左五为广东省标准计量局副局长李俊洁，左六为广东省计量科学研究所所长陈奕钦。

图 36：1990 广东电缆厂进行国家一级计量企业评审。

图 37: 1993 年，华南国家计量测试中心对香港开展校准检测服务，长度室工程师正在进行测试。

图 38: 1994 年 11 月 23 日，华南国家计量测试中心与中国计量科学研究院合作开发香港地区计量技术服务市场建立联合校准实验室协议书在广东迎宾馆举行签字仪式。华南国家计量测试中心主任黎湘，中国计量科学研究院副院长王立吉代表双方签字。国家技术监督局副局长王以铭、广东省技术监督局局长陈善如等参加签字仪式。

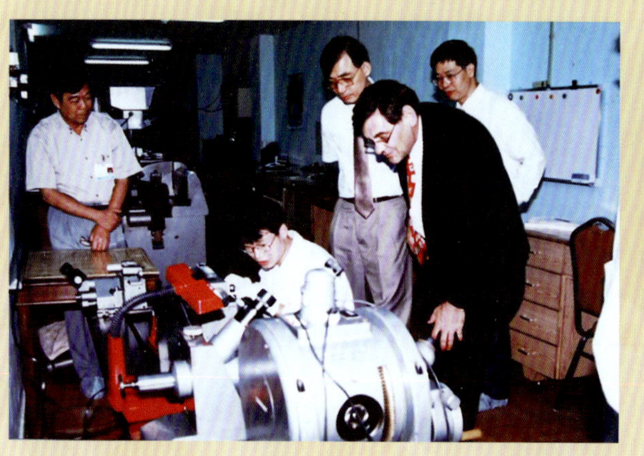

图 39a

图 39b

1996 年 7 月 1 日至 4 日，广东省计量科学研究所接受香港实验室认可计划（HOKLAS）现场评审，图 39a 香港 HOKLAS 评审员在实验室进行现场评审。39b 评审末次会议。

图 40：1999 年 7 月启用的深圳市计量质量检测研究院龙珠基地外景。

图 41： 1999 年 8 月 18 日，广州市计量测试所在广州白云区嘉禾近 8000 m^2 的出租汽车计价器检测站建成启用，广州市副市长张广宁（右三）、广州市技术监督局局长吴鸿光（右五）和党委书记江二芳（右一）出席剪彩仪式。

图 42a

图 42b

图 42a、图 42b： 广州市计量测试所嘉禾出租汽车计价器检测站。

图 43：2001 年 10 月 17 日国务委员吴仪（前排右二）在国家质检总局局长李长江（前排右一）陪同下视察广东省计量科学研究所。

图 44：广东省计量科学研究院电磁室的 300kV 直流高压标准装置。

图 45：位于广州市广仁路 11 号的广州市计量检测技术研究院。

图 46：2007 年落成的广州市计量检测技术研究院科学城基地大楼。

图 47：2007 年落成的广州市计量检测技术研究院科学城基地收发大厅。

图 48：广州市计量检测技术研究院精密测量检测实验室的 50 m 室内激光基线导轨。

图 49：2009 年 8 月广州市计量检测技术研究院等研制的 3000Nm 扭矩标准装置。

图 50： 2009 年 2 月 6 日广东省质监局副局长任小铁到广州市计量检测技术研究院检查指导工作，听取周伦彬院长的介绍。

图 51： 2011 年 8 月 1 日，广东省委书记汪洋视察深圳市计量质量检测研究院，听取李翔院长作介绍。

图 52：2008 年 11 月 8 日，国家加油机质量监督检验中心、华南国家计量测试中心 / 广东省计量科学研究院第二检测基地奠基暨动工仪式在东莞市石排镇隆重举行，广东省副省长佟星（左三）、东莞市委书记刘志庚（左四）、省质监局局长赖天生（左二）、东莞市石排镇党委书记翟崇碧（右一）、省计量院院长高富荣（左一）等共同启动项目动工。

图 53：2011 年 10 月 23 日，广东省计量科学研究院第二检测基地落成剪彩仪式举行，国家质检总局副局长蒲长城出席并讲话。

图 54：出席落成剪彩仪式的领导在主楼展厅合影，左起排列为：广东省计量科学研究院院长高富荣、 广东省出入境检验检疫局局长李延辉、广东省质量技术监督局局长赖天生、东莞市代市长袁宝成、国家质检总局副局长蒲长城、广东省政府副秘书长林英、东莞市副市长邓志广、国家质检总局计量司司长韩毅、广东省质量技术监督局副巡视员何祥今、广东省计量科学研究院书记李少群。

图 55：广东省计量科学研究院第二检测基地主楼展厅。

图 56：位于广州市广园中路松柏东街 30 号的华南国家计量测试中心 / 广东省计量科学研究院。

图 57：广东省计量科学研究院第二检测基地正面。

图 58：广东省计量科学研究院等研制的3000kN 叠加式力标准机。

图 59：从 2008 年开始，广东省计量科学研究院生产国家二级标准物质的标准物质实验室。

图 60：广东省计量科学研究院第二检测基地加油机中心正对加油机进行温度适应性试验，从 -25 ℃～ +55 ℃。

图 61：广东省计量科学研究院第二检测基地声学检测室的全消声室。

图 62：广东省计量科学研究院第二检测基地电磁兼容性能检测室 10 米法可调式半电波暗室。

图 63：广东省计量科学研究院第二检测基地大流量检测中心。

目　录

上　篇

(1949—1976)

第一章　新中国成立以前广东省度量衡概况

（1949 年以前）

第一章　新中国成立以前广东省度量衡概况

（1949 年以前）

中国古代度量衡已经有悠久的历史，而且曾为人类文明史作出过重大的贡献。所谓“度量衡”，度是指长度，量是指容量，衡是指重量。“度量衡制度”的主要内容是，对这三个物理量的单位及其单位量值作出规定，并要求人们共同遵守。我们的古代先人早就认识到度量衡对生产发展和社会进步的重要作用。在公元前 221 年，秦始皇统一中国后，即颁布诏书，以最高法律的形式统一了全国的度量衡制度。古代度量衡单位量值的确定，采用“黄钟累黍”定长度，再由长度推导出容量和重量的方法，以及两千年前流传至今的度量衡标准器“新莽嘉量”都有很高的科技价值。这种秦制度量衡一直沿用了两千多年，对中国古代文明史有独特的贡献。

在近代，随着西方工业革命带来的科学技术的发展，诞生了建立在现代科学技术基础上的“米制”，在“米制”基础上发展成全球通用的国际单位制。中国在 19 世纪末也开始了追逐世界潮流，向“米制”过渡的步伐。但是由于帝国主义列强入侵，使中国社会前进的正常秩序被打破，从度量衡向现代计量科学的进步受到严重阻碍。到新中国建立前夕，度量衡制度不统一，计量技术落后，与现代计量科学已经有很大差距。

第一节　计量单位制的沿革与管理

计量单位是人类社会生产实践的产物，它反映了人们对自然界各种事物的认识，随着生产发展和科学技术进步而不断发展进步，形成了现代统一、科学、简明、适用的计量单位制。

计量单位制也称计量制度，它是计量工作的基础，也是一个国家法制的重要内容，从秦始皇统一度量衡制度起，中国计量单位制经过秦制、市制（也称市用制）、米制（即国际公制）、国际单位制、法定计量单位等阶段在不断地完善。

一、民国以前度量衡单位制的沿革与使用情况

我国社会早期，人们由于生产、生活和交换的需要而出现了一些简单的物理量（如长度、容量、质量和时间等）计量，但计量手段简单，如“布手知尺”、“掬手为升”。相传大禹治水时使用“准绳”和“规”、“矩”等。公元前三世纪，秦统一中国后，为了发展经济，秦始皇用诏书形式发布了统一全国度量衡的法令，并制作了统一的度量衡器具，发到全国各地使用，使计量单位的量值比较接近统一，成为当时世界上一大创举。至 19 世纪中叶，清皇朝末期，米制传入我国为止，两千多年基本上都是沿用秦制。

广东历史上的度量衡亦沿用中央的度量衡制。

秦代的度量衡制度，据《汉书·律历志》记载：

度制：　1 引＝10 丈＝100 尺＝1 000 寸＝10 000 分。

量制： 1 斛（hú）＝10 斗＝1 00 升＝1 000 合＝2 000 龠（yuè）。

衡制： 1 石＝4 钧；1 钧＝30 斤；1 斤＝16 两；1 两＝24 铢。

秦代度量衡折合现今量值为：

1 尺≈23.2 厘米；1 升≈200 毫升；1 斤≈256 克。

汉以后，历代度量衡基本沿用秦制，而量值则有所变迁。

清朝康熙皇帝曾亲自置定黍尺，主持编纂过《律吕正义》，为清代指定了一套完整的度量衡制度。康熙置定的黍尺共有二种(黍是一种谷物的种子，呈椭圆形，去掉皮叫黄米，比小米稍大，煮熟有黏性)，一是纵置百黍为营造尺，其长度折合量值是 32 厘米；另一种是横置百黍为乐律尺，其长度折合量值是25.92 厘米。营造尺和乐律尺的比例是乐律尺一尺等于营造尺八寸一分。又以营造尺的长度为基准，导出和确定了容量和重量的量值基准。

容量的基准是："升方积三十一寸六百分，面底方四寸，深 1 寸九分七厘五毫；斗方积三百一十六寸，面底方八寸，深四寸九分三厘七毫五丝；斛方积一千五百八十寸，面方六寸六分，底方一尺六寸，深一尺一寸七分。"经折算，一升的标准容积是 1035 毫升。

重量的基准是："赤金每立方寸重十六两八钱；白银每立方寸重九两；红铜每立方寸重七两五钱；黑铅每立方寸重九两九钱三分。"

由此，清朝的度量衡成为一套互相有校定关系的度量衡制度，称之为清代的营造尺库平制。营造尺意指主要用于建筑工程方面的尺；库平是指按照立方寸金属之重为基准制作的砝码，因主要用于国库收支，故称库平。营造尺库平制的单位制，除了 1 石等于 2 斛，1 斛等于 5 斗，1 圭等于 6 粟和 1 斤等于 16 两外，其他均为十进制。营造尺库平制在使用中，由于金属纯度的差异，又将库平两以金属立方寸的重量为基准改为以立方寸纯水的重量为基准，获得进一步完善，即"水温摄氏四度时之纯水一立方寸之重，今重八钱七分八厘四毫七丝五忽，忽以下四舍五入"。自此以后，库平 1 两折合为 37.301 克。

二、民国时期度量衡新制的划一和推广

中华民国成立初期，仍然沿用清代的度量衡制度。由于长期的军阀割据，加上帝国主义列强的入侵，多种旧杂制单位和西方各国单位制同时并用，致使计量制度陷入极端混乱的状态。为了改变这种混乱状态，北洋政府于民国 4 年（1915 年）1 月公布《权度法》，宣布营造尺库平制为甲制，米制为乙制，乙制为比较的标准，甲制为辅制，甲乙制并行。此方案虽未得到全面推行，但确定了向米制过渡的方向。民国 17 年（1928 年）7 月 18 日，南京国民政府公布《中华民国权度标准方案》，规定以万国公制（即米制）为中华民国权度标准制，在过渡时期用"一、二、三制"为市用制（统称新制）。所谓"一、二、三制"，即 1 米等于 3 市尺，1 升等于 1 市升，1 公斤等于 2 市斤。1 市斤仍为 16 两。这一市用制，既接近原营造尺库平制的量值，又与米制的量值有简单、准确的比例，符合国际上采用米制的趋势，又兼顾了民间习惯，利于推行。民国 18 年（1929 年）2 月 16 日，国民政府颁布了《度量衡法》，使权度标准方案进一步法律化，对度量衡各单位的名称及定位都作了详细的规定。

自《度量衡法》公布后，虽然各地推行进展不一，但多数省都逐步推行开来，且取得了显著的成效。然而由于战争、社会动荡等诸多原因，至新中国成立前夕，广东社会上计量单位制十分杂乱。米制、市制、英制、旧杂制混用，例如海关使用关平尺、关平斤；邮政使用法(国)制；铁路、航运使用英(国)

制；工商企业则按使用哪国机器，销售哪国商品，就使用哪国的度量衡；果蔬肉菜市场则使用司马斤，但纵使同是司马斤，在不同的商品行业，其量值标准都不同。广州司马斤原定 16 两为 1 斤，而卖鲜果的为 15 两，卖菜的只有 12 两；果蔬购入用秤则有加 4、加 5、加 8，甚至加 10 的秤，而售出用秤则只有 9.8、9.7，甚至 9.5 秤。在长度用尺方面，就有营造尺、裁衣尺、排钱尺、鲁班尺等。

清代度量衡名称及定位见表 1-1，民国时期度量衡新制名称及定位法见表 1-2，建国前，广州市推行新制度量衡器新旧制换算关系见表 1-3，广东省各地度量衡制度混乱情况以饶平县和潮州地区为例，见表 1-4，表 1-5。

表 1-1　清代度量衡名称及定位表

名称		定位	折合公制数
度	里	等于 18 引即 1 800 尺	576 米
	引	等于 10 丈	32 米
	丈	等于 10 尺	3.2 米
	步（亦称号）	等于 5 尺	1.6 米
	尺	主单位、即 10 寸	32 厘米
	寸	等于 10 分即尺的 1/10	3.2 厘米
	分	等于 10 厘即尺的 1/100	0.32 厘米
	厘	等于 10 毫即尺的 1/1 000	0.032 厘米
	毫	等于 10 丝即尺的 1/10 000	0.003 2 厘米
地积	方里	等于 540 亩	331 776 米^2
	顷	等于 100 亩	61 440 米^2
	亩	等于 240 方步即 10 分	614.4 米^2
	分	等于 24 方步即 6 方丈	61.44 米^2
	方丈	等于 4 方步	10.24 米^2
	方步	等于 5 尺平方即 25 方尺	2.56 米^2
	方尺	等于 100 方寸	0.1024 米^2
量	石	等于 10 斗	103.55 升
	斛	等于 5 斗	51.775 升
	斗	等于 10 升	10.355 升
	升	主单位、即 10 合	1.035 5 升
	合	等于 10 勺即升之 1/10	0.10355 升
	勺	等于 10 撮即升之 1/100	0.010 355 升
衡	斤	等于 16 两	596.82 克
	两	主单位、即 10 钱	37.30 克
	钱	等于 10 分即两之 1/10	3.73 克
	分	等于 10 厘即两之 1/100	0.373 克
	厘	等于 10 毫即两之 1/1 000	0.037 3 克
	毫	等于 10 丝即两之 1/10 000	0.003 73 克

表 1-2　民国时期度量衡新制系统表

标准制之名称及定位法表

名称		标准制之名称及定位法
长度	公厘	等于公尺之 1/1 000
	公分	等于公尺之 1/100
	公寸	等于公尺之 1/10
	公尺	主单位、即 10 公寸
	公丈	等于 10 公尺
	公引	等于 100 公尺即 10 公丈
	公里	等于 1 000 公尺即 10 公引
地积	公厘	等于公亩之 1/100
	公亩	主单位、即 100 平方公尺
	公顷	等于 100 公亩
容量	公撮	等于公升之 1/1 000
	公勺	等于公升之 1/100
	公合	等于公升之 1/10
	公升	主单位、即 1 立方公寸
	公斗	等于 10 公升
	公石	等于 100 公升即 10 公斗
	公秉	等于 1 000 公升即 10 公石
重量	公丝	等于公斤之 1/1 000 000
	公毫	等于公斤之 1/100 000
	公厘	等于公斤之 1/10 000
	公分	等于公斤之 1/1 000
	公钱	等于公斤之 1/100
	公两	等于公斤之 1/10
	公斤	主单位、即 10 公两
	公衡	等于 10 公斤
	公担	等于 100 公斤
	公吨	等于 1 000 公斤

市用制之名称及定位法表

名称		市用制之名称及定位法	折合公制数
长度	毫	等于尺之 1/10 000	
	厘	等于尺之 1/1 000	1 厘 =1/3 毫米
	分	等于尺之 1/100	1 分 =1/3 厘米
	寸	等于尺之 1/10	1 寸 =1/3 分米
	尺	主单位、即 10 寸	1 尺 =1/3 米
	丈	等于 10 尺	1 丈 =1/300 公里
	引	等于 100 尺即 10 丈	1 引 =1/30 公里
	里	等于 1 500 尺即 15 引	1 里 =1/2 公里

表 1-2 （续）

名称		市用制之名称及定位法	折合公制数
地积	毫	等于亩之 1/1 000	0.666 67 平方米
	厘	等于亩之 1/100	6.666 7 平方米
	分	等于亩之 1/10	66.667 平方米
	亩	主单位、即 6 000 平方尺	666.67 平方米
	顷	等于 100 亩	6 666.7 平方米
容积	撮	等于升之 1/1 000	1 撮 =1 毫升
	勺	等于升之 1/100	1 勺 =10 毫升
	合	等于升之 1/10	1 合 =100 毫升
	升	主单位、即 10 合	1 升 =1 000 毫升
	斗	等于 10 升	1 斗 =10 公升
	石	等于 100 升即 10 斗	1 石 =100 公升
重量	丝	等于斤之 1/1 600 000	1 丝 =0.000 312 5 克
	毫	等于斤之 1/160 000 即 10 丝	1 毫 =0.003 125 克
	厘	等于斤之 1/16 000 即 10 毫	1 厘 =0.031 25 克
	分	等于斤之 1/1 600 即 10 厘	1 分 =0.3125 克
	钱	等于斤之 1/160 即 10 分	1 钱 =3.125 克
	两	等于斤之 1/16 即 10 钱	1 两 =31.25 克
	斤	主单位、即 16 两	1 斤 =500 克
	担	等于 100 斤	1 担 =50 000 克

表 1-3　建国前广州市推行新制度量衡器新旧制换算表

器别	换算值 单位 / 单位（新制）	司码斤	糖面秤	菜栏秤	英磅	排钱尺	裁缝尺	报关尺	鲁班尺	营造尺（部尺）	英尺	英加仑
衡器	市斤 1（16 两）	0.8333	0.84375	0.8125	1.1023							
度器	市尺 1					0.8849	0.8869	0.9123	0.9547	1.0417	1.0936	
容器	市升 1（与公升同）											0.2200

表 1-4　广东省饶平县建国前旧杂制度量衡换算表

旧杂制长度量值换算表

项别 / 尺名	数量（尺）	折为市尺数（市制尺）	折为现行法定计量单位数（厘米）	适用范围
市　尺	1	1.00	33.27	布匹买卖及裁剪
排钱尺	1	1.11	39.96	布匹买卖及裁剪
裁　尺	1	0.98	32.53	布匹买卖
木　尺	1	0.89	29.57	营造
府铜尺	1	1.03	34.11	布匹买卖

旧杂制容积量值换算表

项别 / 斗名	数量（斗）	折为市斗数（市斗）	折为现行法定计量单位数（升）	使用范围	使用地区
市　斗	1	1	6.985	米谷、杂粮买卖	全县较通用
万世保斗	1	1.43	9.979	米谷、杂粮买卖	沿海一带
海　斗	1	1.50	10.478	土产杂粮	麦坊
麦坊斗	1	1.46	10.228	米谷买卖	沿海一带
九五斗	1	1.36	9.480	米谷买卖	沿海一带
九八斗	1	1.40	9.779	米粮买卖	饶平新丰九村
霸　斗	1	1.54	10.727	米粮买卖	饶平三饶至上饶一带
上饶斗	1	0.50	3.493	米粮买卖	全县较通用

旧杂制杆秤量值换算表

项别 / 秤名	数量（斤）	折为司马秤数（斤）	折为现行法定计量单位数（克）	使用范围	使用地区
司马秤	1	1	604.77	买卖通用	民国后期饶平全县较通用
百六秤	1				三饶至上饶一带
街　秤	1				沿海一带
新街秤	1	0.937 5	566.97	买卖通用	沿海一带
市内秤	1	1.111 3	672.08	鱼鲜买卖	沿海一带
菜　秤	1	1.406 0	850.31	蔬菜批发	沿海一带
砝码秤	1	0.875 0	529.17	熟食买卖	沿海一带

表 1-4　（续）

项别 秤名	数量（斤）	折为司马秤数（斤）	折为现行法定计量单位数（克）	使用范围	使用地区
毛　秤	1	0.937 5	566.97	各货零售	饶平新丰九村
百六垛秤	1	1.103 0	667.06	土产买卖	沿海一带
汕针秤	1	1.250 0	755.96	国内土产与日本暹罗海产	沿海一带
樟针秤	1	1.150 0	695.49	批发买卖	沿海一带

表 1-5　民国时期潮州地域通行度量衡

一、度表

项别 器名	数量（尺）	标准比较	应用范围	使用地区
排钱尺（为标准）	1	1.000 0	布买卖及剪裁	潮　州
裁　尺	1	0.880 0	布买卖及剪裁	全汕头市
市　尺	1	0.900 0	布买卖及剪裁	全汕头市
木　尺	1	0.800 0	农村建筑、木器业	全汕头市
府铜尺	1	0.950 0	布买卖	潮州附近

注：因排钱尺较通用，故以它为标准作比较。

二、量表

项别 器名	数量（斗）	标准比较	应用范围	使用地区
万世保斗（为标准）	1	1.000 0	米谷杂粮买卖	澄海、汕头、诏安
县　斗	1	1.150 0	米谷批发	榕城一带
白米斗	1	1.100 0	白米零售	榕城一带
溪　斗	1	1.100 0	米谷买卖	炮台、曲溪一带
海　斗	1	1.050 0	米谷杂粮买卖	澄海、汕头、诏安
租　斗	1	1.050 0	收租	澄海县城一带
府　斗	1	1.030 0	米谷买卖	潮安
枫溪斗	1	0.929 2	米谷买卖	潮安、枫溪等乡

注：因万世保斗较通用，故以它为标准作比较。

表 1-5 （续）

三、衡表

器名 \ 项别	数量（斤）	标准增减	比较	运用范围	行使地区
司马秤	1	标准	1.000 0	各项买卖	全潮州
汕针秤	1	增	1.250 0	国内土产与日本货物批发	汕头市及沿海乡市
城针秤	1	增	1.086 9	潮属批发买卖	潮域及附近乡村
樟针秤	1	增	1.043 7		樟林及汕头
又樟针秤	1	增	1.095 4	土货买卖	汕头市
东针秤	1	增	1.049 0	土货买卖大宗批发	澄海东里附近
行　秤	1	减	0.937 5	土货买卖	澄海东里附近
包饼秤	1	减	0.875 0	包饼店售货	汕头市及附近各乡
熟肉秤	1	减	0.750 0	熟肉食零售	汕头市及附近各乡
菜业秤	1	增	1.406 0	蔬菜批发	饶平店市一带
市内秤	1	增	1.111 3	鱼鲜买卖	饶平店市一带
埠　市	1	增	1.250 0	柴草买卖	揭阳棉湖一带
市　秤	1	减	0.833 3	各货零售	汕头市（全潮州）
干果秤	1	减	0.875 0	各货零售	潮安金石市
圩埠秤	1	减	0.937 5	食物买卖	普宁各圩市
柴头秤	1	增	1.375 0	柴炭买卖	全潮安、枋口等乡市
草蒲秤	1	增	3.000 0	鱼鲜买卖	澄海草蒲港
弓蕉秤	1	增	1.125 0	零售买卖	汕头市
公　秤	1	增	1.666 6	一切买卖	全汕头市

注：因司马秤较通用，故以它为标准作比较。

第二节　民国时期广东省度量衡管理和机构

一、民国时期的度量衡法律体系

中国度量衡史已有几千年，在近代计量学基础上的计量活动则始于20世纪初。民国4年（1915年）1月北洋政府大总统公布了《权度法》，即甲乙制并用方案。民国17年（1928年）7月南京国民政府公布实行《中华民国权度标准方案》，确定以米制为标准制，以市用制为过渡辅制。民国18年（1929年）2月颁布了《度量衡法》。在推行的过程中，又根据进展的需要，陆续公布了涉及推行、组织、制造、检定、检查、营业各方面的40多种附属法规，其中有：度量衡法实施细则、全国度量衡局组织条例、度量衡制造所规程、度量衡检定人员养成所规则、全国度量衡划一程序、废除旧器暂行办法、度量衡器具营业条例及施行细则、度量衡器具盖印规则、度量衡器具检定费征收规程等，构成了一整套计量法律体系。特别是在《中华民国刑法》中，专门列有"伪造度量衡罪"一章，共计4条（第206条至第209条），明确规定：凡制造违反规定的度量衡器具，处一年以下有期徒刑、拘役或300元以下罚金；贩卖违反规定的度量衡器具，处六个月以下有期徒刑、拘役或300元以下罚金；使用违反规定的度量衡器具，处300元以下罚金；凡不合规定的度量衡器具一律予以没收。民国19年（1930年）10月，全国度量衡局成立，掌管全国度量衡工作，局长吴承洛。

二、民国时期广东省度量衡机构的建立

早在民国 14 年（1925 年）第一届广东省政府，就由其设置的政府机构商务厅第一科负责掌管全省度量衡检定事项。在民国 17 年（1928 年）公布的《省政府组织法》中规定，由工商厅负责掌理“关于度量衡之检查及推行事项”。至民国 18 年（1929 年）7 月成立的第五届广东省政府改为由建设厅第三科管辖权度检定股，此后直至 1949 年均由建设厅管理全省度量衡。

依据《度量衡法》，民国 19 年（1930 年），广东省政府设立省权度总局，并于民国 25 年（1936 年）将全省划分为 13 个区，设立分局。第六届广东省政府（任期从 1931 年 6 月至 1936 年 7 月），按度量衡法制定了《广东全省度量衡检定所组织规程》，依此规程省度量衡检定所于民国 25 年（1936 年）成立，隶属于建设厅，综理划一全省度量衡检定事宜，并兼管广州市度量衡检定事宜，且监督指挥各县、市度量衡检定分所。

民国 26 年（1937 年）3 月，广东省政府颁布《修正广东省度量衡划一程序》，规定全省各市县度量衡划一的先后，依各地经济发展的程度，全省分为 4 期，同时要求各县、市于民国 27 年（1938 年）7 月 1 日以前设立度量衡检定分所。

揭阳县度量衡检定分所于民国 26 年（1937 年）1 月成立。根据广东省建设厅 4950、4967 号文训令，该分所设置工作人员 6 名，分别是：主任朱威，毕业于中央军事学校及度量衡养成所，综理度政工作；乙种检定员刘辉陵，协助度政工作；丙种检定员林仲驹、黄芝祥，协助度政工作；事务员朱敬负责处理来往公文；雇员张志辉，打理杂务并兼办一些缮写工作。度量衡检定分所属县政府建设科主管，直接受县长督导，其主要职责是度量衡新制之推行，标准器之保管，度量衡之检定、检查及鉴印，度量衡制造、修理及营业之指示；中外度量衡单位之换算、比较与折合；一切度量衡标准之推行；工业标准之调查及实施。该所于 1948 年 1 月，因政府精简机构而撤销，有关业务由县政府第四科接受。1948 年，省度量衡检定所主任检定员张峥嵘受命到揭阳县督导度政推行工作。

民国 26 年（1937）年 7 月 1 日，由汕头市政府责令公用股会同社会科人事股筹设的汕头市度量衡检定分所成立。广东省建设厅于是年 8 月 6 日委令从实业部度量衡检定人员养成所第二期高级班毕业的陈观上任分所主任，从实业部度量衡检定人员养成所第八期初级班毕业的薛志成任三等检定员。1947 年 4 月 20 日，郑允通奉省度量衡检定所令调到汕头分所任主任。该所设主任 1 人，检定员 3 人，办事员 1 人。

据史料记载潮阳县民国 19 年（1930 年）曾设立度量衡检定所。民国 35 年（1946 年），茂名、信宜、化州、电白四县曾设有度量衡检定所，主要是对境内所生产的度量衡器具进行检定烙印，经烙印后才准销售。同时，对商业上使用的衡器进行检查。民国 36 年（1947 年），四县的度量衡检定所，发布通告要求四县各行各业执行《度量衡法》。梅县度量衡检定分所成立于何时未见确切记载，但据《民国梅县大事记》民国 33 年（1944 年），该所公布实施度量衡标准方案、度量衡法及度量衡法实施细则，撤销一切旧的度量衡器具制度。民国 35 年（1946 年），成立湛江市度量衡检定所，进行度量衡器具检定。中山县度量衡检定所于民国 36 年（1947 年）成立，民国 37 年（1948 年）停办。

民国 36 年（1947 年）9 月，省建设厅致函广州市政府，催促其接办省兼管的广州市度政及检定工作。民国 37 年（1948 年）5 月，省度量衡检定所被裁撤，仅把 4 人并入省建设厅第四科成立度政股。是年 7 月，广州市公用局接管了广州市的度政业务，于 12 月 10 日，成立广州市度量衡检定所，隶属于市公用局第三科，开展木杆秤、台秤等衡器的检定工作，但由于经费和办公场地无法解决，

半年后该所被撤销。

三、民国时期度量衡管理体系和检定人员

民国时期度量衡行政机构的设置为：全国度量衡局为最高机关，下辖度量衡制造所和度量衡检定人员养成所，各省、各特别市度量衡检定所为中级机关，各县、各普通市检定分所为下级机关，形成系统。全国度量衡局受主管院部的指挥，各省市检定所受省市政府及主管厅局指挥，而检定分所受县市政府及主管局指挥，共同实现度量衡管理。

当时政府对度量衡检定人员的管理颇为严格，其资格分为三等。一等检定员资格：国内外大学或专科学校理工科毕业，经实业部度量衡检定人员养成所高级班训练后领有毕业证书；或者是国内外大学或专科学校理工科毕业，办理度政工作或度量衡制造、检定事务成绩卓著，并曾在实业部度量衡检定人员养成所教授主要科等的。一等检定员可任管全国度量衡检定科长，中央度量衡制造所长，省、市检定所长。二等检定员资格：高中毕业，经实业部度量衡检定人员养成所初级班训练后得有毕业证书，试用一年著有成绩者。二等检定员可任县、市检定分所主任检定员，二等检定员可任升一等检定员。三等检定员资格：初中毕业，曾在中央或省、市检定机关受相当训练，测验合格，试用一年成绩显著的。三等检定员可升为二等检定员。县的检定员由省或市检定所（分所），报请主管厅（局）委派，转请全国度量衡局备案。检定人员的工作不得轻易调换，停止、降级或免职。

四、全省各级度量衡检定所推行统一度量衡制度情况

为推行度量衡划一，国民政府按照各地交通及经济发展具体情况，将全国各省完成度量衡划一的先后分为三期，广东等16省处在第一期，要求于民国20年（1931年）底以前完成划一。为此民国20年（1931年），广东省政府民政厅行文，要求所属卫生、医务、机关团体采用新制度量衡。省内各地政府也为此发文，要求各中小学校、医院等遵照执行。民国21年（1932年）12月3日，广东省内政部发布训令，对违反规定或使用未经检定的度量衡器加以处罚，规定计量商品以新制度量衡为标准，不得乱用旧制或外国度量衡。

民国26年（1937年）因抗日战争爆发，省度量衡检定所停止工作。为继续管理全省度量衡，民国32年（1943年）6月，省建设厅又在韶关建省度量衡检定所筹备处，同年9月正式挂牌成立。日寇进犯韶关，省度量衡检定所迁往连县继续工作。1945年抗日战争胜利后，省度量衡检定所迁回广州，所址设在市区海珠北路，人员约30多人，主要工作为全省度量衡新制（市制）的推行，同时负责广州市度量衡改制，调查登记私营或个体度量衡厂（店），并开展对木杆秤、台秤、普通天平和砝码等衡器的检定工作。

因抗日战争而中断的划一度量衡工作，于抗战胜利后继续推行。民国36年（1947年）1月省度量衡检定所公布了十分严厉的《划一广州市度量衡器具检查实施办法》，规定在检查中对未经检定的度量衡器具概予没收，公开焚毁；对检查违抗逃避者，移交法院处理或公安机关执行。实施检查时由省度检所派员会同警察局警员协同检查。

揭阳县政府于民国36年（1947年）9月23日发布《划一揭阳县度量衡推行方案》，对全县划一度量衡工作作出具体规划。是日，县政府还发布“府衔”令饬县属各机关、团体、学校协助宣传及推行，印发宣传资料，广为张贴播放。10月、11月，县政府分别在县商会礼堂和县度量衡检定分所办公厅召开会议，各行业商会及生产度量衡器商户参加，共商划一事项，要求遵照《度量衡推行方案》规定，按期完成，并指定检定分所及各商会共同负责督促。

为在市民、商铺中推行度量衡新制，民国36年（1947年）10月6日，由县长签发布告榕建度字第9916号《揭阳县新旧度量衡器具物价折合表》广告周知（见下表）。

表1-6　揭阳县新旧度量衡器具物价折合表

器别	新器单位	合旧器数	物价折合表
度器	市尺一尺	排钱尺九寸	九折
		木尺一尺一寸三分	一尺一寸三分
		棉湖尺一尺零二分	一尺零二分
		河婆尺九寸九分	九折九
量器	市斗一斗	县斗六升六合六勺	六折六六
		炮台斗七升四合	七折四
		棉湖斗一斗零五合二勺	一斗零五合二勺
		河婆斗一斗一升四合五勺	一斗一升四合五勺
衡器	市斤一斤	会秤十三两八钱	八．六二五折
		山货秤十五两	九．三七五折
		河婆秤十四两二钱	八．八七五折
附注	量器依据市面通常交易规定比平价算合注明		

揭阳县度量衡检定分所按照广东省关于生产度量衡器具的商户必须进行造册登记，呈报省政府批准后发给营业许可执照方准开业的规定，为该县8家木杆秤商户进行造册登记，发给执照，规定商户定期将新产品送县度量衡检定分所检定，合格方准出售。

为按时完成划一，县政府发出通告，要求本县公用或民用之旧器，一律于划一期限内更换新器或交与领有营业许可执照之制造厂店改造，其不能改造者得毁坏或没收之。县度量衡检定分所定期设点换用新器。

第三节　度量衡标准器及检定

要实现单位的统一和量值的准确可靠，必须建立各种量的基准或标准，通过检定将量值传递到生产、生活中使用的计量器具，以保证测量值的准确。

一、民国以前度量衡标准器及使用

早在秦始皇统一中国度量衡之时，除颁布诏书、法令外，还制造大量有统一量值的度量衡标准器具发至全国各地，如秦权、秦量等，并且在上面刻有秦始皇统一度量衡四十字诏书。同时制定了严格的检定制度，律令规定，政府部门以及官营手工业作坊使用的度量衡器，皆由官府指定的部门每年校正一次。对被检定器具的允许误差范围以及超出误差标准后的惩罚制度，都作了十分具体的规定。

中国古代度量衡史上最著名的计量标准器是两千多年前西汉末年的“新莽嘉量”。它是用青铜制造的圆柱形容器，圆柱体近下端处有底，将圆柱体内容积分为上大下小的两部分，底上为斛量，底下为斗量，其左耳为一小圆柱体，底在下端为升量，右耳亦为一小圆柱体，底在中部，底上为合量，底下为龠量，故斛、升、合三量口朝上，斗、龠二量口朝下，集五个量器为一体。在容器的外壁刻有阐明统一度量衡宗旨的铭文，每个量器上刻有尺寸和容积，且具有规定的重量。从而把度量衡三个物理量构成一个完整的体系，而且彼此之间存在着相辅相成的关系，不仅从一件量器上能得到长度、容量的量值，而且还可以推算出重量的单位量值。新莽嘉量的设计科学合理，工艺精湛，历经两千年历史流传至今，成为中国度量衡史上最为重要的典范。

清朝末年，为了提高度量衡标准原器的精度和永久保存，清政府派员出国考察，以西方国家已普遍采用的米制计量单位来确定营造尺的长度和库平两的重量，并商请国际权度局为中国制造了铂铱合金营造尺、库平两原器、镍钢合金副原器，经国际权度局精密校准，出具证书送来中国。同时从德国购置设备，建立了机械制造工厂，准备仿制。这是中国古代度量衡迈向近现代计量科学的第一步。

二、民国时期的度量衡标准器及检定

民国时期，《度量衡法》颁布后，工商部将北平权度制造所改为度量衡制造所，由该所制造铜质标准器和木质标本器，颁发全国各省、市、县，每地方至少一套，分别作为法律上公正及制造上的样本。同时，还制造了调查器、检定用器，用于各地方调查旧器、折合物价及检定民间制造度量衡器具。民间制造的度量衡器具，一律要送请各级度量衡检定所（分所）依法检定，加盖戳印，才准许买卖及使用。戳印全国统一为“同”字，取其古训“同律度量衡”及“世界大同”之意。此外，加注音符号，为每省或直辖市的符号。省对各县，则以阿拉伯数字编号，并附有检定员的符号。这样，各器具是由何省何县检定的都可以分辨出来。各种戳印都分为钢戳、烙印两种，由全国度量衡局统一制造颁发，以避免假冒伪造。

1948 年，广州市度量衡检定所成立时，从被撤销的省度量衡检定所接收的度量衡标准器基本上代表了全省的最高水平，其中包括：

度具：（0 ～ 50）公分（正面），（0 ～ 15）市寸（背面），即 0.5 米铜直尺一把，三等精度，1930 年制造；

（0 ～ 1000）公厘，即 1 米铜直尺二把；

铜量端器（1 米）一把，1930 年制造；

铁量端器（1 米）一把；

铁量端器（0.5 米）一把；

铁量端器（1 市尺）一把。

量具：镍合杯模一只（1 斗 =10 升 =100 合），1930 年制造；

铜升量器一只，1930 年制造；

锡升量器一只，1930 年制造；

锡斗一只，1930 年制造；

木升一只；

木斗一只。

衡：一公斤标准器一只，1930 年制造；

铜砝码两盒，三等精度，1930 年制造；

铜砝码 4 两二只，1 两二只，50 克一只，林宏昌制造。

这些标准器多为 1930 年制造，应该属于全国度量衡局颁发广东省的一批标准器。市、县的度量衡标准器，也是全国度量衡局或省度量衡检定所发放的。

建国前，汕头市度量衡检定分所的计量标准器只有：生铁砝码数粒，50 厘米铜尺 1 支，1 市尺量端尺 2 支，铜升 1 个。

民国时期，揭阳县度量衡检定分所由广东省度量衡检定所配发度量衡标准器具，有：

度器标准器具：标准尺若干、量端器 1 副；

量器标准器具：量器公差器 1 副、木质市斗 1 个、木质市升 1 个；

衡器标准器具：30 公斤铁砝码 1 副、20 公斤铁砝码 1 副、10 公斤铁砝码 1 副、5 公斤铁砝码 1 副、2 公斤铁砝码 2 个、1 公斤铁砝码 1 个、半公斤铁砝码 1 个。

当时，省度量衡检定所和部分市、县度量衡检定分所成立后，都开展了对度量衡器具的检定。量值的传递是从中央的一级标准，传到省的二级标准，再传到县的三级标准。检定主要包括度量衡器具的出厂检定和在用度量衡器具检定。出厂检定由生产者将产品送至检定所（分所），经检定合格的，盖上全国度量衡局统一颁发的戳印或烙印，准予出售，不合格的准予修理后复检，不能修理的则予以销毁。戳印大小为 3 平方毫米，用于盖粗砝码等金属铸成的度量衡器具，烙印为 6 平方毫米，用于烙盖斗、升等竹木做成的度量衡器具，不适宜盖戳印或烙印的，则发给检定合格证书。在用度量衡器具的检定采用年度周期检定和不定期巡检相结合方式，由检定所（分所）组织实施。巡检时，检定员携带一定标准器，并带两名警官同往。警官负责处理违法事件。检定所到之处，当地商会及保甲团协助组织。检定仅限于圩镇集市，农村则无力顾及。按照规定，检定无论合格与否，均得缴纳检定费。据记载，汕头市度量衡检定分所从 1948 年 11 月至 1949 年 5 月共检定衡器 2394 件，合格 2330 件，不合格 29 件，反映了当时的情况。

第二章 建国初期的计量工作

（1950—1957）

第二章　建国初期的计量工作

（1950－1957）

1949年，广东全省陆续解放。经过半个世纪以来革命战争、军阀混战、抗日战争、解放战争，以至经济凋敝，市场秩序混乱，社会情况复杂。新政权建立伊始，百废待兴，一切从头开始。在保卫和巩固新政权，建设新中国的千头万绪中，新建的各级人民政府从一开始就十分关注度量衡的统一和管理。

1950年初中央人民政府财政经济委员会（以下简称“中财委”）技术管理局设立度量衡处（后划归中央工商行政管理局），负责全国度量衡管理工作。当年中财委综合各方意见，向政务院提出《度量衡管理暂行条例（草案）》，并印发各地区、各部门征求意见，在发展国民经济第一个五年计划中，即提出“统一全国度量衡，建立量具、计器的定期校正和统一检验制度”。1953年国家为解决各级度量衡机构问题，由中央工商行政管理局报请中财委研究解决各地度量衡检定所人员编制、经费开支问题，要求纳入国家计划。1955年经国务院批准成立国家计量局（以下简称国家局），统一管理全国的计量工作。

广东省人民政府在国民经济恢复和第一个五年计划期间，通过发布统一度量衡的法令，建立度量衡检定机构，整顿混乱的度量衡单位制，培训度量衡管理和检定人员，开展度量衡检定，恢复城乡物资交流秩序，很快使广东的市场繁荣起来，保证了工农业生产的迅速恢复发展，和人民群众生活的安定。

第一节　政府颁布度量衡法规

广东省地处华南沿海，有许多通商口岸，广州、汕头、佛山、江门等早已成为繁荣的商业城市。但解放初期，紊乱的度量衡制度足以阻碍生产、妨碍市场贸易，是建设中的一个绊脚石。虽然早于民国26年（1937年）省政府已颁布了《修正广东省度量衡划一程序》，而后又于民国36年（1947年）由省度量衡检定所公布了《划一广州市度量衡器具检查实施办法》，以贯彻《度量衡法》，推行度量衡新制。但由于各种原因上述《划一程序》及《实施办法》最终未能真正实施。到建国初期仅有公营事业机构和少数行业使用市制，其余的仍使用没有标准的各种度量衡器，行业与行业之间固然不同，同一行业也有差异，因此奸商乘机欺诈，交易纠纷时起，不仅影响城乡物资流通，拖延生产建设速度，而且影响政权的巩固和社会稳定。政府深感此项工作刻不容缓，必须颁布和实施统一的度量衡制度，建立相应的机构，整顿度量衡的混乱现状，进行度量衡器改制，以促进广东省国民经济的恢复和发展。

广州市在50年代初是一个有一百多万人口的商业城市，轻工业也有一定基础，由于迫切需要，已经先行推行衡器“市制”改革，首先从生产环节着手，令度量衡器制造厂，一律停止生产司马秤和其他旧杂制秤，改生产 16 两“市制”秤。为规范度量衡器具生产企业，1951 年 3 月颁布了由市工商管理局市场管理处起草的《广州市度量衡器管理暂行办法》。该办法规定，凡是在本市制造贩卖修理度量衡器具之厂商，必须经市度量衡检定所审核登记备案，经核准后由工商局办理工商业登记，发给许可证照方准营业，其所生产的度量衡器具产品必须接受检定并交纳检定费才可以出售。该管理暂行办法有力地遏制了度量衡器具生产和销售中的混乱状态，为推行衡器“市制”改革打下基础。

虽然中央政府于 1950 年底曾拟定《中华人民共和国度量衡暂行条例草案》，决定采用“公制”，但该条例草案尚未颁布执行。当时各省多已实行了“市制”的衡器，而广东省尚沿用“司马秤”或“磅秤”与其他的地方秤，如南路一带，用 20 两秤，湛江且用 32 两秤，复杂零乱，影响了物资交流与企业的经济核算，实有提前改革的必要。省市历届人民代表大会均有统一度量衡的提议，中南军区后勤部建议禁用司马秤，改用市秤，广州市已于 1951 年 7 月开始改用“市制”衡器，期于 1952 年上半年完成，故省内各地，亦应衔接推行，由点及面地实现全省度量衡统一改制。

首先是 1952 年 8 月 15 日《广州市度量衡管理暂行办法》经广州市人民政府批准，以市府府商告字第 174 号发布施行，对度量衡制度，度量衡器具的生产、检定、使用等，作了明确的规定。

紧接着 1952 年 9 月 13 日，省人民政府主席叶剑英、副主席方方、古大存、李章达签发“决定本省度量衡统一改制办法希遵照执行”的指示。该指示决定广东省在中央尚未颁布全国统一的办法以前，先行统一改用“市制”，由衡器做起，依次到度器量器；先在汕头、湛江、佛山、江门、韶关、海口、惠州七市镇实施，再依需要先后缓急情况，推及其他各地；本省度量衡统一改制的行政事宜，指定由商业厅领导，先行实施改制的七个市镇，应在工商局（科）下设度量衡检定组遵照商业厅的指示执行实际工作；七市镇度量衡检定组的组织，暂定汕头市设组长一人，干部六人，共七人，湛江等六市镇，各设组长一人，干部二人，共三人，批准在企业事业费开支，将来检定事务展开时，如人手不足，可由工商局（科）抽调其他人员协助；度量衡干部，先由商业厅定期集中在该厅训练班设度量衡班，作政治业务训练后，送往广州市度量衡检定所（以下简称广州市所）实习若干时期，等待实习期满返回原地后，再展开工作，所有训练实习费用，由各该市镇负担，准在企业事业费开支；七市镇应配备检定新制度量衡的仪器，如各该地已存有此项仪器（指民国时期中央政府发给各县市的度量衡标准器）应运送来穗，由商业厅委托广州市所重新检定或修理，尚没有或欠缺一部分，应列单报由商业厅统一购置分发应用，所有检验、修理购置及运送各费，由各该市镇负担，准列入企业事业费开支；度量衡统一改制的法规及检验度量衡收费标准，将另行订定公布。该指示并附检定新制度量衡器的仪器设备清单一份。该指示文件十分具体地指导了全省度量衡如何从混乱走向统一的第一步，是解放后全省第一个度量衡管理的重要文件。

经过几年调查整顿，以及总结全省各地在统一度量衡制度上所做的工作，1954 年 1 月 5 日，正式颁布了《广东省度量衡管理暂行办法》。该办法由广东省人民政府主席叶剑英、副主席陶铸批准发布，共十三条。其目的是为统一广东省度量衡制度，使度量衡器之制造及使用达到合理标准，以维护人民利益及市场交易秩序，便利城乡内外物资交流，配合国家经济建设；规定本省度量衡之管理机关，为广东省人民政府商业厅及各级人民政府工商行政部门；明确规定本省度量衡器制度以国际公制（简称公制）为标准制，以市用制（简称市制）为辅用制（以上两种统称新制）。同时对标准制与市用制的比率、标准制之名称及定位法、市用制之名称及定位法都作了规定，并指出：“公制、市制与各种制度之比较折算由地方工商行政部门调查，报由商业厅另行公布之。度量衡器制造之规格及其使用之限制，由商业厅决定公报之。本省度量衡新制，按缓急轻重，择定地区，次第进行，在同一地区中，亦视实际情况，分种类分行业，分时期，有步骤地实施，应推行之地区由各行政区、行政公署宣告之，其实施步骤，则由当地工商行政部门决定之，各行业非经批准，不得擅自改制”。该办法还包括了度量衡器具的制造、检定、使用的有关规定，以及对违反本办法的惩处条款。

《广东省度量衡管理暂行办法》全文如下：

“第一条　为统一本省度量衡制度，使度量衡器之制造及使用达到合理标准，以维护人民利益及市场交易秩序，便利城乡内外物资交流，配合国家经济建设，特制定本办法。

第二条　本省度量衡之管理机关，为广东省人民政府商业厅及各级人民政府工商行政部门。

第三条　本省度量衡器制度以国际公制（简称公制）为标准制，以市用制（简称市制）为辅用制（以上两种统称新制）。

甲、标准制与市用制的比率：

长度：一公尺等于三市尺。

容量：一公升等于一市升。

重量：一公斤等于二市斤。

乙、标准制之名称及定位法如下：

长度：公厘等于公尺千分之一。

公分等于公尺百分之一，即十公厘。

公寸等于公尺十分之一，即十公分。

公尺：长度之单位，即十公寸。

公里等于一千公尺。

地积：公厘等于公亩百分之一。

公亩：地积之单位，即一百平方公尺。

公顷：等于一百公亩。

容量：公撮等于公升千分之一。

公勺等于公升百分之一，即十公撮。

公合等于公升十分之一，即十公勺。

公升：容量之单位，即一立方公寸。

公斗等于十公升。

公石等于百公升，即十公斗。

重量：公丝等于公斤百万分之一。

公毫等于公斤十万分之一，即十公丝。

公厘等于公斤万分之一，即十公毫。

公分等于公斤千分之一，即十公厘。

公钱等于公斤百分之一，即十公分。

公两等于公斤十分之一，即十公钱。

公斤：重量之单位，即十公两。

公担等于百公斤。

公吨等于千公斤，即十公担。

丙、市用制之名称及定位法如下：

长度：市厘等于市尺千分之一，即十市毫。

市分等于市尺百分之一，即十市厘。

市寸等于市尺十分之一，即十市分。

市尺：长度之单位，即十市寸。

市丈等于十市尺。

市里等于一千五百市尺。

地积：市毫等于市亩千分之一。

市厘等于市亩百分之一。

市分等于市亩十分之一。

市亩：地积之单位，即六千平方市尺。

市顷等于一百市亩。

容量：（与标准制相等）

公撮等于公升千分之一。

公勺等于公升百分之一，即十公撮。

公合等于公升十分之一，即十公勺。

公升：容量之单位，即一立方公寸。

公斗等于十公升。

公石等于百公升，即十公斗。

重量：市毫等于市斤十六万分之一。

市厘等于市斤一万六千分之一，即十市毫。

市分等于市斤一千六百分之一，即十市厘。

市钱等于市斤一百六十分之一，即十市分。

市两等于市斤十六分之一，即十市钱。

市斤：重量之单位，即十六市两。

市担等于一百市斤。

丁、公制、市制与各种制度之比较折算由地方工商行政部门调查，报由商业厅另行公布之。

第四条　度量衡器制造之规格及其使用之限制，由商业厅决定公报之。

第五条　本省度量衡新制，按缓急轻重，择定地区，次第进行，在同一地区中，亦视实际情况，分种类分行业，分时期，有步骤地实施，应推行之地区由各行政区、行政公署宣告之，其实施步骤，则由当地工商行政部门决定之，各行业非经批准，不得擅自改制。

第六条　凡经宣告施行度量衡新制之地区，所有机关部队、学校、人民团体、公私营工厂、商店、合作社（以下简称各单位）及私人，在使用度量衡时，均需依照规定，采用新制器具；到限期以后，不得使用或在外地输入新制以外之其他度量衡器具。但如有特殊情况，例如各单位为了学术研究，或进口贸易或机器上计算便利等事项，经具明理由取得当地工商行政部门同意者，不在此限。

第七条　凡经宣告施行度量衡新制之地区，各单位及私人持有度量衡器，其符合新制者，均需送当地工商行政部门检定合格，加盖印记或给予证明书，方得继续使用，其不合新制者，应交当地度量衡厂店修改送检，或停止使用，由其他地区输入之度量衡器，未经依法检定者，亦仍应送检，一切单位或私人的度量衡器，均应随时受当地工商行政部门检查。

第八条　凡经检定合格之度量衡器，不得擅自修改或改换零件，如发现增损不合标准之情形时，应即再行送检。

第九条　送请检定之度量衡器，应照章缴纳检定费，其收费标准另定之。

第十条　凡经宣传施行度量衡新制之地区，所有经营度量衡业之公私厂店摊贩应遵守下列事项：

甲、主管制造者得兼营贩卖及修理。

乙、主管修理者，得兼营贩卖。

丙、经营贩卖者，只准贩卖。

丁、非经核准，不得变更经营度量衡器之种类和性质。

戊、不得制造、修理、贩卖、输出、输入新制以外之度量衡器，但遇有特殊情况，如因其他未施行度量衡器新制之地区，或已奉准使用其他度量衡器之单位或个人之委托，经取得当地工商行政部门同意者，不在此限。

己、新制或修理之度量衡器须在成品上刻明店名及器量送请当地工商行政部门检定合格，加盖印记或给予证明书，始得出售或交还原主使用。

庚、经营上各项情况，如产销数量，价格等须依照当地工商行政部门之规定定期报表，并须随时接受检查。

第十一条　各行业自改用新制度量衡器交易后，应依当地旧制度量衡器与新制折合比率伸算物价，不得抬高物价。

第十二条　凡违反上列各条之规定得视其情节轻重，分别予以没收器具、警告、罚款、停止营业或送人民法院法办等处分。关于违章案件，任何人均可向工商行政部门检举。

第十三条　本办法自公布之日起施行，若有未尽事宜得随时修改之。”

《广东省度量衡管理暂行办法》颁布以后全省各地陆续发布了贯彻实施的公告或办法，如当年4月，汕头市人民政府发布公告，要求所有度量衡器具须送市度量衡检定所检定合格后方准继续使用；同年12月9日佛山市人民委员会发出《佛山市度量衡管理办法（草案）》，规定以国际公制为标准，市用制为辅制等。该《广东省度量衡管理暂行办法》是一项重要的地方法规，直至1964年12月31日被广东省人民委员会颁布的《广东省计量管理暂行办法（草案）》所代替。

第二节　整顿度量衡单位制的混乱情况

建国初期，各地物资交流和各行各业仍然沿用原有的度量衡制度，包括：建国前拟推行的“新制度量衡”和旧杂制及海关尺、英尺、英镑等。当时，在机械工业中英制统治，在商业中公制、市制、司马制、英制同时流行，缝纫业则英制、市制、中国旧杂制同时并用，建筑业用营造尺，手工业用排钱尺，诸制并存，度量衡器具混乱，单位制之间换算十分麻烦，仅举广东和港澳人民常用的市斤与英磅为例：1市斤=1.1231磅，1磅=0.907185市斤，换算之复杂可见一斑。在工业方面，生产设备是哪个国家进口的，计量单位就用该国的；在教育、科研方面，接受哪个国家教育和研究的就用该国的计量单位。那时沿用的计量单位非常混乱，给计量单位换算带来很大的麻烦并极易出现差错，严重影响国民经济的恢复和发展。

1952 年 9 月广东省人民政府决定本省度量衡在中央尚未颁布全国统一的办法以前，先行统一改用“市制”，由衡器做起，依次及于度器量器，要求全省有序进行度量衡器的改制。

一、衡器的改制

广州市解放以后，由于度量衡的混乱，交易纠纷时常发生，成为社会治安一大障碍，不少市民积极通过《南方日报》或各区政府提出尽快宣布全市立即改制的意见。为此，广州市第二届人民代表大会提议划一全市度量衡。广州市人民委员会采纳了这一建议，把划一度量衡制度作为一件重要的工作摆上议事日程，开展市场整顿，从衡器入手，推广 16 两为 1 斤的市制，废除旧杂制。广州市先于全省，在 1951 年下半年即开始对流通领域衡器的改制，禁止司马秤和各种旧杂制秤的生产。广州市工商局度量衡检定所成立后的主要任务就是配合局进行市场整顿，大力推行市制，废除一切旧杂制。他们组织人力宣传市制的好处，讲解统一我国度量衡制度的重要性，发动同业公会，取得支持。例如在机器制造同业公会属下的生产厂着手进行改制，控制生产用料购销，完全改用市制进货与销货，推动了改制工作的进行。全市衡器改制原定 1952 年完成，后由于全国开展“三反”、“五反”政治运动，改制工作停顿下来。

1953 年，广州市人民委员会工商局成立衡器改制小组，深入店铺，逐户检查，主要是推行 1 公斤等于 2 市斤、1 市斤为 16 两，废除英制和其他旧杂制。为了顺利推行，他们组织好检修队伍，将改制的衡器按时发还商户，尽量避免影响营业；到各市场及闹市地段，张贴标语，通过有线广播进行宣传；按分区挨户调查登记，摸清情况，掌握数字，分批通知送检；每天检查送检情况，发现逃避送检的，及时追补，屡催不改的实行封存不准使用。由于工作深入细致，且上阶段打下改制的基础，生产厂已准备了大批的市制台秤、杆秤。因而市区内改制工作顺利完成。继而成立了郊区改制小组，通过一年多时间，近郊区、远郊区圩镇、市场、商店、工厂等单位基本完成了衡器改制，统一使用 16 两为 1 斤的市斤制衡器。

之后几年内，广州市在衡器改制方面断断续续做了一些日常管理和改制工作，主要方法有：（1）抓度量衡器具的生产单位，禁止和限制其生产与改制有抵触的度量衡器具；（2）运用各种形式宣传教育，说明改制的必要性。

二、度器的改制

1954 年，广州市进行了度制的改革。当时市面上纺织品棉布行业沿用排钱尺，裁缝业沿用排钱尺或英尺，更有所谓九五尺、九八尺等，这种复杂的度器制度不但妨碍着市场交换，而且往往造成投机者盘剥的便利，故该市群众亦积极要求废除各种杂制，统一度器制度。如当年 6 月份广州日报读者反映说：“建筑工程局在工作设计估算定额等所用的木材板料都是以公尺为计算单位，但该局属下的电锣厂计算木材板料仍用九五尺计算，在交接货过程中时常发生不必要的麻烦和争执，而材料员和会计员得花半天或一天至两天时间进行把公尺折成九五尺或九五尺折成公尺的工作。”

度器改制初期广州市商业局与市纺织品公司、市手工业局磋商，根据广州市度制改革涉及面较小，决定一次性过渡到使用国家规定的计量基本制——公制。广州市度量衡检定所负责进行改制准备工作，如编制宣传标语、换算表；先组织生产一批公制木直尺、布卷尺、裁剪的比例尺，保证改制时供应使用；依靠主管部门做好改制发动工作；召开全市裁缝师傅大会，由市手工业局技术员讲解换算方法等。经过筹备，于当年下半年开始度器改制工作，至 1954 年底止，已分别在该市棉纱绸布业、缝纫业、日用百货等三个系统内 1787 家工商业户、2588 家小生产户完成划一使用公尺度器，废除各种杂制工作。至此，广州市采用度器的主要行业已经基本上完成改制工作，还有其他建筑系统及机器行业留待下一年继续完成。

由于棉纱绸布、缝纫、日用百货等实行了度器改制，废除了过去遗留下来的排钱尺，九五尺、英尺等等，在这些行业基本上统一了度器制度，减少了折算麻烦，提高了工作效率。如棉纱绸布业以前向国营公司购入布匹时是用公尺，要把布匹数量折成排钱尺才能入账，现在统一制度后减少了很多麻烦。此外，对促进国际贸易、市场交易，工业上统一品质规格，防止不法商人投机倒把等也有一定的作用。

三、量器的改制

解放初期在大米交易市场上，广东省各地仍沿用容量作为计量单位，而且也不统一。

惠阳地区使用的容量单位有石、斗、升、同、合、勺，容器没有标准，大斗入、小斗出，出入的容量相差极大。木工师傅制作的斗是由商家而定，口小、底大，没有标准。

恩平粮食市场使用的斗有圆木斗、方木斗，其量值有市合、市升、市斗、市石等等。

茂名地区的量具是斗、升、合。斗有行斗、硬三斗（1 斗折合 10 市斤）、硬五斗（1 斗折合 10.5 市斤）、硬八斗、加 1 斗（1 斗折合 11 市斤）、加二斗、加三斗和担二斗（1 斗折合 12 市斤）等。

许多地方油类、酒类零售采用竹木或铁皮制的斗杓（量提），这是一种量器与衡器相结合的计量器具。杓（提）有 1 两、2 两、4 两、半斤、1 斤（16 两）几种。

粮食交易不仅关系广大人民群众的切身利益，而且对经济和国防建设都有战略意义。为此，在 50 年代初，国家实行了粮食的统购统销政策。为配合这一政策的落实，全省各地都对粮食买卖的计量制度进行了改革。1953 年起，在衡器改制的基础上，各地纷纷取消使用旧制容器斗、升，而改用市制木杆秤或磅秤。例如 1953 年 8 月，茂名四县人民政府发布《粮食管理暂行规定》，要求粮食买卖一律要使用标准秤（磅秤），不准用司码秤或旧斗升等。1954 年，揭阳县粮食（米谷）买卖废除用旧制斗升，改用市斤。

随着粮食购销中计量制度的改革，旧杂制斗、升已无用武之地，遂很快被淘汰。

四、全省度量衡的改制活动

广州市的度量衡器改制行动，带动了省内其他市县的改制，仅举几例。

1952 年 6 月 10 日，潮阳县发出通知，要求全县度量衡器具统一，宣布实行市用制，废除旧杂制。

揭阳县、始兴县于 1953 年宣布实行市用制，废除旧杂制。

佛山市人民委员会于 1954 年 12 月 9 日发布《佛山市度量衡管理办法（草案）》，规定以国际公制为标准制，市用制为辅制（统称新制）。1955 年初，佛山市分别召开了国营系统、工商业范围、全体私营工商业户及全市 7 000 多个摊贩等 3 个动员大会，宣布实行市用制，废除旧杂制，成立度量衡改制筹备组，由市人民委员会工商科科长任组长。会后，从市税务局和其他系统抽调了 30 人组成 10 个工作组，分别对各行业进行度量衡改制工作的指导和检查，并从广州等地购进市制的秤和尺，实行缴交旧杂制的秤、旧磅、旧尺，换购新秤、新尺。佛山市度量衡的改制工作历时半年完成。

改制工作中各级政府以及工商管理和度量衡检定机构抓住深入宣传动员，保证器具供应，学习折算换算三个环节，并依靠国营单位带动私营厂店，保证了度量衡改制的顺利完成。

建国初期新、旧制及外国制的度量衡单位换算表见表 2-1 ～表 2-5。

表 2-1　建国初期新、旧制及外国制长度单位换算表

制别	换算值 单位 / 单位	公里 km	公尺 m	公分 cm	市里	市丈	市尺	市分	广州排钱尺	广州排钱寸	广州排钱分	营造里 即部里	营造尺 即部尺	营造寸	营造分	英里	英码	英尺	英寸
标准制	公里 km	1	1 000		2							1.7361				0.6214			
	公尺 m		1	100（十进）			3		2.6547				3.125					3.1181	
	公分 cm		0.01	1				3							3.125				0.3937
市用制	市里	0.5			1	150	1 500					0.8681				0.3107			
	市尺		0.3333				1		0.8849				1.0417					1.0936	
	市分			0.3333			0.01	1			0.8849				1.0417				0.1312
旧制	广州排钱尺		0.3767				1.13		1	10			1.1772					1.2358	
	营造里 即部里	0.576			1.152							1	1 800			0.3579			
	营造尺 即部尺		0.32				0.96		0.8495				1	10				1.0499	
外国制	英里	1.6093			3.2187							2.794				1	1 760	5 280	
	英码		0.9144				2.7432		2.4270				2.8575				1	3	
	英尺		0.3048				0.9144						0.9525					1	12
	海里	1.8520			3.704							3.215				1.1508			
	日尺		0.3030				0.9091						0.9470					0.99419	

注：1．新制包括标准制和市用制。

2．佛山所用排钱尺与广州排钱尺相同。

表 2-2 建国初期新、旧制及外国制重量单位换算表

制别	换算值 单位 / 单位	公吨 t	公斤 kg	公两 hg	公钱	公分 g	公丝	市斤	市两	市钱	市分	库平斤	库平两	广州司马斤	司马两	司马分	英吨	常衡英磅	常衡盎司即英两	英两	英克冷	常衡打兰	贯	匀
标准制	公吨	1	1 000					2 000						1 666.6			0.9842							
	公斤		1	10	100	1000		2						1.6666				2.2046						
	公两			1	10	100			3.2						2.666				3.5273					
	公分		0.001			1	1 000				3.2					2.666				0.0353	15.4324			
市用制	市担		50					100				83.777		83.331				110.23						
	市斤		0.5					1	16			0.8378		0.8333				1.1023						
	市两			0.3125					1	10（以下皆十进）			0.8378		0.8333				1.1023	1.1023				
旧制	库平		0.5968					1.1936				1	16					1.3158						
	关平		0.6045					1.2091				1.01336						1.3333						
	广州司马斤		0.6					1.2						1	16			1.3228						
外国制	英吨	1.016						2 032.1						1 693			1	2 240						
	常衡英磅		0.4536					0.9072							12.0961			1	16	16				
	常衡盎司即英两			0.2835		28.35			0.9072				0.76		0.756				1			16		
	日斤		0.6					1.2					1.0053										0.16	160

表 2-3 建国初期新、旧制及外国制容量单位换算表

制别	单位（换算值）	立方公尺	立方公分	公升（市升同）	立方公寸	公撮 市撮同	营造升即部升	立方营造尺	立方营造寸	立方营造分	立方市尺	立方市分	立方英尺	立方英寸	英加仑	泼克	品脱	液体打兰	立方日寸
标准制	立方公尺	1	1000000					30.5176			27		35.3148						
标准制	立方公分	0.000001	1							30.5176		27		0.061					
标准制	公升1（皆十进市升同）			1	1	1000	0.9657								0.22				
旧制	营造升即部升			1.0355			1		31.6						0.2279				
外国制	立方英尺	0.0283						0.86416			0.7646		1	1 728					
外国制	英加仑			4.546			4.3902								1	0.5	8		
外国制	液体盎司					28.4123	0.0274								1/160			8	
外国制	日升			1.8039			1.7421												64.827

表 2-4　建国初期新、旧制及外国制面积单位换算表

制别	换算值 单位 \ 单位	平方公尺	平方公分	平方市尺	平方市分	平方营造尺	平方营造分	平方英尺	平方英寸
标准制	平方公尺	1	1 0000	9		9.7656		10.7693	
	平方公分	0.0001	1		9.0000		9.7656		0.155
外国制	平方英尺	0.0929		0.8361		0.90726		1	144

注：根据广州市人民政府工商局度量衡检定所度量衡换算盘资料。

表 2-5　建国初期新、旧制及外国制地积单位换算表

制别	换算值 单位 \ 单位	公顷 ha	公亩 a	平方公尺	市顷	市亩	平方市尺	平方市分	营造亩	平方营造尺	英亩	平方码	平方英尺	坪	段	町
标准制	公顷　ha	1	100			15			16.276		2.4711					
	公亩　a		1	100		0.15			0.1628		0.02471					
市用制	市亩		6.6667			1	6 000		1.0851		0.1647					
旧制	营造顷	6.144			0.9216				100		15.182					
	营造亩		6.144			0.9216			1	6 000	0.1518					
	营造分		0.6144					0.9216	0.1		0.0152					
外国制	英亩		40.4680			6.0703			6.5867		1	4 840	43 560			
	日亩		0.9917			0.1488			0.16142					30	0.1	0.01

注：1、新制包括标准制和市用制。
　　2、根据广州市人民政府工商局度量衡检定所度量衡换算盘资料。

第三节　建立度量衡检定机构培训人员

民国时期建立的度量衡体系已随旧政权的被推翻而消失。1950年广东省人民政府商业厅成立后，在商业行政处指定区国禧一人兼管全省度量衡管理工作，1954年改由苏来远担任此项工作。

1952年省政府“决定本省度量衡统一改制办法”的指示，进一步明确本省度量衡统一改制的行政事宜，指定由商业厅领导，汕头、湛江、佛山、江门、韶关、海口、惠州七个市镇，应在工商局（科）下设度量衡检定组遵照商业厅的指示执行实际工作。

在实行中，全省度量衡管理工作由省商业厅负责，广州市及省内各市县多由工商局或工商科负责。如揭阳县是广东省开展度量衡管理工作较早的县，1949年10月23日，揭阳县人民政府设立工商科，度量衡管理工作由工商科负责。1954年8月21日，县工商科改为商业科、工业科、手工业科等3个机构，度量衡管理工作归由各行业主管部门负责。1956年8月，成立揭阳县市场管理委员会，度量衡管理工作由市场管理委员会代办。

至于度量衡检定机构最早是广州市所于1951年成立，5个有工业基础的城市汕头、湛江、佛山、江门、韶关市，及中山县于1954年在当地市政府工商局（科）下设立了度量衡检定所（组）。除此以外，1958年以前六个专区和大部分县还未成立度量衡检定所或计量管理机构。

一、建国初期省内各级度量衡检定机构的建立情况

广东省的省会广州市是全省的政治经济文化中心，又是重要的通商口岸和商业城市。广州一解放，市政府就认识到度量衡管理对政治、经济的重要作用。1950年12月，根据广州市第二届人代会提议，广州市人民政府工商局开始筹备建立广州市度量衡检定所，以便建立广州市度量衡管理制度和统一管理全市度量衡器具，参加筹备工作的有陈观上、厉吉宸、柳乃学、朱德明。1951年3月，广州市度量衡检定所（以下简称广州市度检所）正式成立开展工作，隶属市工商局市场管理处领导，首任主任邓伯祥。

成立后的广州市度检所接管了在1948年成立的广州市度量衡检定所留下来的计量标准器和5名人员（陈观上、陈克才、张峥嵘、郑允通、黄伟中），迅速开展广州市的度量衡管理和度量衡器具改制工作。随后，建立了长度、力学、热工等项计量标准器，并相应地开展了这些项目的计量器具检定工作，以监督和保证全市市场流通和工厂企业使用的计量器具准确可靠。1957年广州市度量衡检定所改名为广州市计量检定所。

1951年12月，省商业厅致函省政府编制委员会，提出拟在汕头、湛江、佛山、江门、韶关、海口、惠州等七市镇工商局（科）下设立度量衡检定小组执行度量衡统一工作。省编委于1952年2月9日复函同意汕头等七市镇工商局（科）下可设度量衡检定小组，但人员应从各该机构抽调运用，不能另外增加编制。由于实际上省编委没有同意给予度量衡检定人员编制，因此汕头等七市镇的度量衡检定小组迟迟没有成立起来。

1954年，省人民委员会发文部署各市县建立度量衡检定机构。

4月5日，成立汕头市度量衡检定所，由汕头市工商局领导，后归汕头市商业局。

江门市人民政府于1952年设立工商科，科内有2名人员负责度量衡管理工作。1954年4月，建立江门市度量衡检定所，配有工作人员3人，归江门市政府工商科管辖，它既是市政府对度量衡工作的行政管理机关，又是度量衡检定部门。

6月，成立湛江市度量衡检定所，归口湛江市工商局领导，所长黄文海和检定员6人，地址设在湛江市霞山区逸仙南四路3号。开展业务范围以市区商业计量为主的长度、容量和重量的度量衡器具检定。

7月，韶关市人民政府度量衡检定所成立。

9月，成立了佛山市人民政府度量衡检定所，归市政府工商科领导，负责人陆英华，人员4人。1956年，佛山市度检所归市商业局领导，1957年，佛山市度检所归佛山市市场管理处领导。

同年，中山县度量衡检定组成立，1956年成为中山县计量所，地址在拱辰路1号（旧镇委内），隶属县工商局领导，副局长袁柱兼任计量所负责人。计量工作主要是商贸衡器管理。

1957年1月 国务院发出《关于核定各省、市计量机构和人员编制问题的通知》，要求各省、市、自治区人民委员会健全本地区的计量机构。但广东省直到1958年以前计量机构的建立情况没有改变。

二、各级度量衡检定机构的经费来源

虽然早在1953年国家为解决各级度量衡机构问题，曾由中央工商行政管理局报请中财委研究解决各地度量衡检定所人员编制、经费开支问题，要求纳入国家计划。但这一政策并未真正得到实施。1957年以前，广东省为数不多的度量衡检定所都是实行“自负盈亏”的经费模式。各所主要依靠开展度量衡检定和修理业务的收费，维持运作。

成立最早的广州市度检所，是实行“自给自足”经费管理的。检定、修理收费标准由该所制定，在制定收费标准时，竹木尺及杆秤照顾手工业小生产和广大人民实际使用情况，收费较为低廉；台秤及天平砝码是参照检定操作的繁简及器具价格而定，收费也不高，对于塑胶直尺及三角尺之类，由于销售利润很高，营销商生意很好，检定收费标准定得较高，以满足该所“自给自足”的需要。 该所1953年检定修理收入为638029100元（旧币，相当于现币值63802.91元）；1954年根据中央检定费征收标准调整了该市的检定收费标准，年总收入865437600元（旧币，相当于现币值86543.76元）；1955年全年总收入108726元；1956年全年总收入为203011元，除了全年工资、公杂费和设备购置外，结余95000多元；1957年全年总收入达到236441元。

除广州市外，广东省的佛山、汕头、江门、韶关、湛江等度量衡检定所由于人员数量不多，日常工作主要是统一度量衡的管理工作和衡器的检定修理。由于当地政府或主管部门资金短缺，这些所的发展较为缓慢。

三、度量衡管理和检定人员的培养

度量衡统一和检定工作，既是行政管理工作，也是技术工作。在建国初期，这类专门人才十分缺乏。根据省人民政府关于“度量衡干部，先由商业厅定期集中在该厅训练班设度量衡班，作政治业务训练后，送往广州市所实习若干时期，俟实习期满返回原地后，再展开工作，所有训练实习费用，由各该市镇负担，准在企业事业费开支”的指示，1952年10月至1953年2月，省商业厅组织了全省度量衡培训班，学习时间3个月。汕头等七市镇都派人参加培训，如韶关市伍崇，江门市何仲池、余培智，佛山市刘澍，海南王安珍、林鸿环、陈川彬等3人，湛江市林浩等都参加过培训，学习衡器、长度器具的检定和简单的修理，以及管理业务。1955年国家局成立后，1956年11月国家局计量干部训练班第一期在南京举办，广东省派出广州市度检所吴耀铭、刘荣富等7人，韶关市度量衡检定所伍崇，湛江市度量衡检定所周万雍等2人，江门市度量衡检定所余培智等参加学习，于1957年4月毕业。其后的第二期，广东省亦派人参加，每期半年。这些人日后都成为广东计量事业的骨干。

除此以外，广州市度检所为满足工作急需，在所内边完成工作任务边积极进行检定人员的培养训练。该所成立时只有 12 人，人员水平较低。除留用人员如陈观上等人外，其他新进人员的文化水平不高，对检定完全没有认识。这些新进人员到所后，由技术人员向他们讲解检定知识，安排实习，还规定每周都抽时间学习检定技术，虽然后来因事中止，但对提高整体技术水平起到一定作用。1954 年广州市度检所已有 35 人，为了使这些人员尽快掌握技术，所里组织业务学习、脱产学习，使他们从不懂到掌握检定操作，从而保证广州市度检所检定工作顺利进行。但所内人员文化水平参差不齐，有的是小学程度，有的是大学毕业，以至教学困难，人员水平跟不上形势的发展。为了提高人员的文化技术水平，先后派了 14 人去北京、上海、南京和华南工学院学习，还办了干部业余技术学习班，主要是学习大学、高中、初中的数理化，从根本上提高人员的技术素质。

第四节　建国初期的市场管理

广东省农业较为发达，城乡集贸市场活跃。珠江三角洲又是广东内外贸易最为发达的地区，同时毗邻港澳，各种外来的影响容易滋生蔓延，导致度量衡管理的复杂性。以广州市为例，度量衡制度有万国公制、市用制、广东旧制和英美制四种。其中广东旧制（排钱、司马制）使用占多数，各大行业所用司马秤便有 16 种之多。同是 16 两为 1 斤，但在标准上各行业都有差异。街贩用的秤是 10 两作 1 斤；菜贩、鱼贩用的秤是 12 两作 1 斤；果鲜用的秤是 15 两作 1 斤。面店所用的秤是加零四、零五、零八，而果栏使用的行规秤是加十的大秤等。度量衡制造厂只为了自身利益，不惜故意制造各种不符合标准、品质低劣的器具，迎合投机者的需求。由此形成商场取巧欺诈成风，妨碍正当的经营，从而使交易上时起纠纷。特别是国家实行粮食统购统销政策，每年各地都要通过衡器进行夏粮、秋粮入库，以及粮食调配和定量供给，衡器标准不一和不准确，会给国家和人民群众的利益带来很大的损失，也破坏国家的粮食政策。

解放初期，广东省粮食部门与工商、供销、商业等部门的一项紧迫工作就是积极整顿市场，彻底改变广东省衡器管理混乱的局面。各级人民委员会都把市场整顿作为一项迫切和重要的工作，省商业厅，各级工商局（科）是市场整顿的主要职能部门，各地度量衡检定所就是根据市场整顿的需要而建立的。因此在 50 年代初期各度量衡检定所的主要任务就是进行衡器的改制、检定，参与市场的整顿和管理。

广州市是全省最大的商业城市，度量衡检定所成立最早，该所的工作重心是要将全市度量衡加以制度上的统一和标准上的统一，行政和技术二者并重。实行度量衡改制不是一件简单的事情，要照顾到生产供应，检定以及改制后价格折合等各方面，如果考虑不周会给投机份子以可乘之机，扰乱市场，使市民因改制而受到不应有的损失。

在统一度量衡制度的推行上，他们采取有步骤稳步前进的方针，从行业入手，再分区推行。在具体操作上，首先要生产出合乎标准的统一为市制的衡器，以供大家更换。要能生产出符合要求的衡器，必须对衡器生产厂进行管理。1951 年他们对全市 58 家度量衡制造厂商进行了登记，掌握了厂商数量、规模大小、资金、生产设备、原料需要、技术条件等。是否能生产合格的衡器，关键要看制造厂的标准器量值是否统一准确。该所在普遍开展衡器检定之前，先对制造厂作为标准器的砝码给予检定，结果发现各厂标准砝码量值参差不一，经检定调整后遂使各厂标准器由混乱趋于统一。

然后，该所便开始对各行业使用的衡器进行检定。粮食部门是最早推行市制的行业，检定衡器就以粮食部门为起点，逐渐推向其他行业，如供销合作社、国营粮食机构、米粮批发、粮食工业、米粮零售商等，通过检定合格的衡器已无允许误差以外的差异，减少了商场交收上的争执，买卖称便。

为了顺利推行市制和衡器检定，广州市度检所采取了一系列措施，如通过“米粮粮食度量衡工会”在粮食批发零售单位推广使用标准铜增砣，这种铜增砣不仅准确耐用，并具有互换性，不易作弊等优点。为方便商户，该所雇请技工驻所代客进行衡器修理，使送检的客户一次解决检定和修理及修理后的检定，减少往返多次的麻烦。

1952 年和 1953 年广州市度检所继续把主要精力放在衡器使用管理和市场管理工作方面。

1953 年 11 月为配合全市粮食政策措施的执行，广州市度检所对全市米粮代销商衡器使用进行了突击检查，检查了大小台秤 713 件，杆秤 131 件，大部分衡器失准，如台秤 73.49% 不合格，差数由每百斤差 4 两至 24 两。对不合格衡器全部进行了修理。这次检查使米粮业衡器保持了准确，打击了不法商贩。

当年为巩固衡器整顿的成果，在广州市度检所指导下，全市各区市场设置大小公秤 78 把，减少了交易纠纷和短秤现象。

1957 年，广州市度检所帮助粮食系统等 7 个单位，建立了台秤周期检校制度，对各单位台秤实行自行检定和监督。这对保证使用中衡器准确和正确使用，起了一定作用。粮食系统自从建立了自行检校制度以后，大部分粮店购置了标准砝码，对使用的台秤进行了经常的检校，对于不准确的台秤，或自行修理或送厂修理，从而使粮食市场使用的衡器基本保持了准确。

1953 年以前，全省各地大米交易市场上大多使用容量作为计量单位，各市、县用来量米的斗、升可谓五花八门，极不统一。政府在颁布粮食政策时，规定了不得使用旧杂制量器进行粮食交易，而要使用标准秤。如揭阳县在 1950 年县人民政府刚成立不久，即对在用商贸度量衡器具实行管理，度量衡管理人员经常深入商店、圩镇集市进行检查监督，于 1954 年在粮所（站）售米改用市制木杆秤，废除以斗为基本单位的计量器具，至 1955 年改为使用台秤，使米粮市场进一步规范。

通过各级政府贯彻统一度量衡制度法令，各级工商部门和度量衡检定所积极实行改制，并对市场进行监督管理，到 50 年代中期，广东市场秩序已经恢复和健全起来。

第五节　建立完善度量衡标准器开展度量衡器具检定和修理

要实现单位制的统一和量值的准确可靠，一方面要实现度量衡制度的统一，另一方面要实现标准的统一。

一、各度量衡检定所标准器状况

广州市度检所成立初期，当时刚刚解放，百废待举。国家投入资金很少，检定使用的标准器，都是接收解放前遗留下来的，有：度具：（0～50）公分（正面），（0～15）市寸（背面），即 0.5 米铜直尺一把，三等精度，1930 年制造；（0～1000）公厘，即 1 米铜直尺二把；铜量端器（1 米）一把，1930 年制造；铁量端器（1 米）一把；铁量端器（0.5 米）一把；铁量端器（1 市尺）一把。量具：镍合杯模一只（1 斗 =10 升 =100 合），1930 年制造；铜升量器一只，1930 年制造；锡升量器一只，1930 年制造；锡斗一只，1930 年制造；木升一只；木斗一只。衡：一公斤标准器一只，1930 年制造；

铜砝码两盒，三等精度，1930 年制造；铜砝码 4 两二只，1 两二只，50 克一只，林宏昌制造。

沿用的这些标准器在 20 世纪 50 年代初进行度量衡统一改制和进行市场监督管理上发挥了很大作用。但随着新中国大规模经济建设的展开，度量衡检定所的业务从单纯市场管理工作，向为生产服务，为工业服务转变，原有标准器就显得准确度不够，测量范围有限，以致如标准钢卷尺、精细天平、一级标准砝码等都因不具备所需标准器而不能检定。为此，广州市度检所向广州市政府要求拨给经费特别是外汇购买仪器设备。直到 1956 年广州市度检所在广州市捷克工业展览会、上海和苏联购置了共计 46772 元新设备，添置了第一批仪器。但有许多仪器本国不能生产，申请外汇又有困难，所以设备还不能满足工作的需要。

1954 年成立的其他度量衡检定所除接收了解放前留下来的度量衡标准器以外，按照省政府的指示，由省商业厅统一为各所配发了一批度量衡标准器。例如汕头市度量衡检定所成立时，除接收建国前汕头市度量衡检定分所留下来的少数度量衡标准器外，又由省商业厅拨给称量为 200 g、2 kg、10 kg、50 kg 的八级天平各 1 台，0.5 kg ～ 10 kg 四等铜砝码 1 盒，10 mg ～ 500 g 四等砝码 2 盒，1 市分～ 50 两（16 两制）市制铜砝码 2 盒，0.25 kg、0.5 kg、1 kg、2 kg、5 kg、20 kg、25 kg、30 kg 的生铁砝码共 500 kg。其他几个度量衡检定所的情况也大致如此。

二、各度量衡检定所开展度量衡器具检定和修理情况

广州市度检所成立初期除了参与市制的改制工作外，主要的业务是检定工作。当时对量值传递的认识还不够，检定业务除市场管理外，其他就是为度量衡器具生产厂家做出厂检定。由于标准器少，开展的检定项目也不多，度器有各种尺，衡器有杆秤、天平等。

在国家计量局成立以前，由中央工商行政管理局负责全国度量衡管理工作和量值传递，广州市的度量衡标准器定期送到北京进行检校，这种检校与后来的量值传递有很大不同，因为当时还没有成立专职的机构，也没有建立各类国家基准。当时的度量衡管理和检定工作还处于摸索和建立阶段。

1953 年 9 月 22 日中央工商行政管理局发函（[53] 工商度字第二二三号）给天津、沈阳、哈尔滨、武汉、长沙、广州、西安、重庆、锦州、杭州、福州、贵阳、昆明等市工商局，江苏、辽东、江西、安徽、广西等省商业厅，齐齐哈尔人民政府工商科，题目是《请定期派员来京检校标准砝码及研讨度量衡检定规定》。函中提出“为了逐步统一全国度量衡检定用标准器，检定技术规定及检定制度，我局决定自十月份起先分期调检各中央直辖市及省会所在地标准砝码（公制）并分别研讨各地对统一台秤、砝码、玻璃量器、布卷尺、折尺、天平等检定技术规定与复检的具体意见并对改革制度及检定费等等问题作初步研究，即请你局（厅）选派人员（一、二人）携带标准砝码并搜集有关资料与意见于十月二十四日来京，（局址：东四牌楼礼士胡同十九号）以便按时检校及研究为荷”。

广州市度检所派杨德昌、陈观上出席会议，他们将本所根据过去的操作方法，结合近三年实际经验，重新订立的各种度量衡器的检定方法带去会议进行交流，并根据工作实践体会、经验，就以下问题提出了广州市度量衡检定所的意见，包括：（1）检定技术规定方面；（2）对度量衡器复检方面；（3）对度量衡制度改革的意见；（4）检定费问题，和对尽快成立全国和各地度量衡管理机构，尽快颁布度量衡各种业务规章，以及人员不足，资料缺乏，技术人员待遇等问题的意见。

1954 年 1 月 28 日，中央工商行政管理局曾专函广州市工商管理局，要求迅速对之前中央工商局拟定的刻线尺、台秤、天平、砝码、玻璃量器等检定法及检定费征收标准草案报上研讨意见，并通知“因我局急需了解一九五三年度全国各地度量衡工作情况”要求除工作总结外，关于人员增减，检定设备、

检定数量、检定费收入数目、经费开支数目等一并列入总结中报给中央工商管理局。

1954 年 4 月 24 日，中央工商行政管理局发文（[54] 工商度字第一一八号）给广州、武汉、沈阳、哈尔滨市工商管理局，上海市工商行政管理局，通知“为了研究各地度量衡机构的组织和检定设备，以便准备进一步开展度量衡管理工作，兹决定五月二十日召集几个大城市进行初步研讨”，邀请广州市派人参加。

由于当时广东还没有成立管理全省度量衡的专职机构，中央政府对广东度量衡的管理都是直接与广州市工商管理局联系，并由广州市度检所代表出席有关会议，并进行贯彻。

1954 年广州市度检所开展项目有所增加，有玻璃量筒、量杯、滴管、钢曲尺、钢直尺、布卷尺、地形尺、标杆等共 16 种器具的出厂检定，使开展检定项目翻了一番。该所不仅扩大了开展项目，而且根据中央政府新检定法方案精神，重新制定了天平、台秤、铁砝码、增砣、度器的新检定法，同时根据中央检定费征收标准调整了本市的检定收费标准，平均提高 13.13%。检定工作由于采用新检定法，提高了检定质量，采取措施提高了工作效率，1954 年的检定收入达到 865437600 元（旧币，相当于现币值 86543.76 元）比 1953 年收入增加 27.67%。

随着生产的发展，1956 年，广州市生产的量具计器数量增加不少，象台秤有 10986 台，比 1955 年增加 8%；钢直尺 92756 支，比 1955 年增加 168%。广州市度检所的检定收入也增加了，1955 年是 128726 元，1956 年是 203011 元，比 1955 年增长 75%。但广州市度检所人力、设备有限，要全部对出厂的量具计器进行检定修理有一定的难度，所以他们改变了过去把检修包下来的工作方法，把全部修理工作交给厂商做，自己只做检定工作，这样就可以用较少的人力检定更多的仪器。该所随着业务量的增加，人员亦有所增加，至 1956 年已有 61 人。遂将原来的检定组按业务性质分为三组：第一组长度组，第二组容量组，第三组衡器组。并成立了技术组，专门研究解决技术问题和筹备新业务的开展，但因本身技术水平不高，未能很好发挥其作用。

1956 年 1 ～ 3 月，广州市度检所制订了刻度啤酒杯、粘度计量瓶、盐水吊瓶等三类玻璃器具的公差标准；6 月建立了万能量具标准，开展万能量具的检定。1957 年建立了容量、浮计、三等活塞压力计、真空计等标准，开展了指示计、测微工具、浮计的检定，扭力天平、象限秤和各种压力真空计等 9 种量具计器的定期检定。还开展万能量具的修理工作，全年共检定长度、量器、衡器等 2698076 件（台），收入为 236441 元。

广州市度检所过去对送来检定的器具经检定不合格的准许退修后免费再送检，一直修理到合格为止，这不但实际上把国家检定代替了出厂检定，而且造成生产厂的依赖性，不利于提高产品质量。为了改变这种情况，1957 年广州市度检所一方面逐步取消退修制度，实行一次检定，另方面督促工厂建立出厂检验制度。为此，广州市度检所帮助 30 个工厂训练了 78 个检校人员，这样做的效果很好，提高了产品质量。

虽然在 1953 年 11 月中央工商行政管理局召开的度量衡座谈会，明确度量衡工作主要是为工业服务，使度量衡从过去的单纯市场管理转向为生产服务为工业服务，贯彻“先工后商”原则。但由于广州市工业还不发达，广州市度检所主要还是通过出厂检定，为度量衡器具生产服务。如原来广州市使用玻璃仪器的单位，因广州市度检所没有开展这项检定，而对本市生产的玻璃仪器没有信心，多数向上海或外国采购应用，致使本市的玻璃仪器生产不发达。自从 1954 年开始，广州市度检所开展玻璃仪器检定业务后，使用单位对此就有了信心，纷纷采购，使玻璃仪器的生产有了很大发展，如人民玻璃厂 1954 年第四季度生产的量瓶、量杯等玻璃器具就等于 1953 年全年的 61.35%。

广州是我国的南大门，是对外贸易的主要港口之一，从广州口岸进口的量具较多。广州市度检所 1953 年检定进口天平 340 部，1954 年检定进口天平增加到 684 部。1956 年广州市进口的量具计器有长度、质量、流量、力学、压力、温度、湿度、电学、光学等十多类 300 多种。广州市度检所努力开展进口度量衡器具的检定，但由于设备和人力有限，不能满足进口仪器的检定要求，如千分尺进口了 18607 支，只检了 5095 支，占进口数的 27%；钢卷尺只检了 19300 支，占进口数的 40%。受设备和标准器精度所限，还有许多进口量具计器不能检。1957 年，随着我国工业水平逐步提高，自己制造的量具可逐步代替进口量具。广州市的计量器具生产也有较大的增加，如钢直尺的产量比 1956 年增加 169%，达 250028 支；五大类玻璃量具比 1956 年增加 193%；其他特种玻璃量器和浮计的产量也有不同程度的增长。所以进口器具有所减少。为了加强对英制的管理，也开展了对进口的各种英制度器的检定。

广州市度检所开展的检定业务主要是市场上使用的度量衡器检定，度量衡制造厂产品的出厂检定和进口度量衡器具的检定。从以下《广州市度量衡检定所 1957 年完成检定统计表》可以了解当年开展检定工作的情况。

表 2-6　广州市度量衡检定所 1957 年完成检定统计表

计量器具名称	出厂检定（件）	使用中监督检定	进口检定	修理
竹木直尺	975214			
钢直尺	250028			
胶角尺	793431			
各种千分尺			5031	
各种游标卡尺			6620	
钢卷尺			236566	
表类			203	
其他度器	49893		2369	
量杯	53665			
量筒	16062			
量瓶	23662			
滴管	4693			
吸管	64078			
各种比重计	39437			
其他量器	14886			
天平	2171			
台秤	13922			
杆秤	69590			
压力表	905			
砝码	18241			
增铊	69793			
其他秤类	409			

省内其他地方度量衡检定所都是以市场管理工作为主，主要检定商贸用衡器度器等。例如汕头市度量衡检定所开展检定的项目以衡器为主，长度器具只能检定竹木尺和木制三角板。1954 年～1957 年，每年检定计量器具大约为：各种台秤 600 台，木杆秤 1 万支，戥秤 300 支，竹木直尺 150 支。江门市度量衡检定所在国民经济恢复和第一个五年计划期间，工作人员 3 人，拥有度量衡标准只有一把三级 1 米标准线纹铜尺、标准砝码、天平，主要工作任务是加强对商贸计量管理。他们在江门市浮石市场增设“公正行”，为商贸计量服务；开始对木杆秤、台秤和竹木直尺等计量器具产品进行出厂检定；并负担对计量器具进行不定期的检查监督。

第三章 广东计量事业起伏曲折的起步时期

（1958—1965）

第三章　广东计量事业起伏曲折的起步时期

（1958－1965）

经过第一个五年计划，我国开始走上工业化道路。面对工业与经济发展中迫切需要解决的各种测量问题，如各种量的测量仪器生产与制造，各种量值的传递与溯源等，都不是“度量衡”的狭窄概念所能涵盖。于是1953年“计量”一词被确认采用，取代使用了几千年的“度量衡”，并被赋予更广泛的内容。计量是实现单位的统一和量值准确可靠的活动。它包括计量学、计量技术和计量管理诸方面，涉及长度、力学、热学、电磁学、光学、声学、无线电、时间频率、理化、电离辐射十大计量专业领域。

广东计量也在经济工业化的进程中，由度量衡工作发展为现代计量事业。在全省逐步建立省、专区、市、县各级计量机构，实现了单位制的改革和与全国的统一，初步形成了全省量值传递网络，计量工作从为商贸服务转向为工农业生产服务。然而，中国社会经历了大跃进、经济困难和经济调整等大起大伏，广东的计量事业也不可避免的是在曲折的路上艰难起步。

第一节　成立省级计量管理机构

在1955年，国家计量局刚成立不久，局领导就于1956年带队到全国重点城市宣传、推动计量工作，当时曾有相关人员到广州，向广东省有关负责人宣传计量工作的重要性，建议广东应尽快建立省级计量机构，抓紧开展计量工作。但广东省有关领导当时可能还没认识到计量工作对经济和社会各方面的重要影响，或忙于其他工作，而对此建议无动于衷。

一、省市合署办公计量机构的建立和运作

1958年随着工农业生产和科学研究工作的日益发展，特别是大跃进以后，广东计量工作的性质和任务都起了根本的变化，由过去以服务于商业的磅秤、尺码检定为主的方面，转移到以工业、农业、交通运输业和科研事业为主的，更加广泛和复杂得多的方面了。为了适应形势的变化，加强计量工作的领导，使之更好地为工农业生产和科研工作服务，广东省人民委员会于1958年3月6日发出《关于成立省计量机构的通知》（[58]粤商魏字第275号）。通知内容：“为加强计量工作的领导，以适应本省生产发展的需要，并根据精简机构的原则，决定在广州市度量衡检定所的基础上从本年4月1日起成立‘广东省计量管理局（所）’，办理有关全省的计量工作。省、市计量机构采取合署办公，并挂两个牌子，一套人员的办法，不另增设负责省计量工作的行政编制”。“省、市计量机构的人事管理、财政收支仍暂由市人委统一领导不变。在行政业务上有关全省方面的及省内各地的，由省人委直接领导，有关市方面的仍由市人委领导”。“省计量机构成立后，过去商业厅领导管理省内的计量工作应予移交”。

这一通知虽然宣布了成立办理全省计量工作的广东省计量管理局（所），实际只是在广州市计量检定所多挂一个牌子，但无论如何都是领导全省真正开展现代计量技术和管理工作的开始。

3 月 18 日，在接到省人委的通知后，广东省商业厅至函广州市人委、广州市工商局、广州市度检所、省人民委员会财贸组、省编制委员会“为了遵照省人民委员会的通知规定，将本厅过去领导省内五市的度量衡工作的有关档案和仪器一部移交给广州市度检所”，要求各有关单位按时完成交接，以使省计量机构从速建立。

4 月 23 日，广东省人民委员会向佛山、汕头、韶关、湛江、江门市人委及度量衡检定所发出《关于成立广东省计量管理所的通知》（[58] 粤量魏字第 676 号）。通知内容：“为加强计量工作的领导，以适应本省生产发展的需要，并根据精简机构的原则，决定成立‘广东省计量管理所’，与‘广州市计量检定所’合署办公（地址：广州市广仁路 11 号）。省计量所已于本年 4 月 1 日成立，并开始办公。过去商业厅领导管理的省内计量工作亦已移交，以后有关业务，请迳与省计量所联系办理。”

省计量管理所与广州市计量检定所（以下简称广州市计量所）合署办公以后，广州市计量所的原班人马实际上要担负起管理全省计量工作的职责，为解决缺乏干部的困难，广州市工商局于 4 月 28 日至函广东省商业厅，提出抽调干部搞计量工作的要求。广东省商业厅在 5 月 7 日答复说商政处苏来远原负责省内度量衡工作，对该工作比较熟悉，同意调苏来远一人到省计量管理所工作。

由于省、市合署也带来了领导关系在实际操作上的复杂和矛盾。为此，10 月 7 日，广东省人民委员会发出《关于省计量所划归科委领导的通知》（粤办财字〔1958〕第 1412 号）指出“省人委已决定省计量工作机构与广州合并一个单位两个牌子，这决定仍旧不变，属于全省性的计量工作业务，省人民委员会决定，归省科学工作委员会领导，今后凡属该所有关行政及业务问题，均请示科委解决，与此同时，各专区行署及县（市）计量机构如所在地有科学研究机构亦归其领导，无科学研究机构的则归文教部门领导”。广州市计量所也于 1959 年 7 月划归市科学技术委员会领导。

早在 1957 年 1 月考虑到计量管理不同于一般行政管理，科学技术性强工作难度大，于是国家计量局改由国家技术委员会代管，1958 年 3 月经全国人大常委会第 95 次会议批准，将国务院直属的国家计量局改为国家科学技术委员会的委属局，对外仍可用“国家计量局”的名义。1959 年 6 月 25 日国务院发布关于统一计量制度的命令中规定，“各级计量机构统归同级科学技术委员会领导。在没有成立科学技术委员会的地方，由各级人民委员会指定相应的部门领导”。广东省的做法与此相一致，从管理体制上促进了计量工作从以商贸度量衡为主向以技术含量更高的工业计量和科学计量为主的转变。

1959 年 9 月 25 日发布的《国务院关于统一我国计量制度和进一步开展计量工作的补充通知》（国科局字第 185 号）曾宣布“每个经济协作区应当建立一个一级检定机构，并且设置各该地区的最高计量标准器。这些机构可以分别设置在上海、沈阳、武汉、成都、西安和广州等六个工业经济中心城市”。在这个文件中把广州列为全国六个经济协作区的工业经济中心城市之一，应当建立一级检定机构，并设置该地区的最高计量标准器。如果当时广东建立协作区的一级检定机构，国家科委计量局将会给以一定的支持，按一级检定机构装备广东的计量机构。但当时的广东计量机构领导，没有认真对待这一问题，以致错过了一次提高本省最高计量机构条件和水平的机会。1962 年 9 月国家科委计量局提出：北京、上海、沈阳、武汉、成都、西安六个城市的计量机构调整为大区计量中心，广州已排除在外了。

省、市所合署办公的机构，代表广东省出席了 1958 年 9 月在上海召开的全国计量工作现场会和同年 11 月全国计量工作常州现场会。当时正值全国掀起轰轰烈烈的大跃进大炼钢铁的高潮。在这种气氛下，国家科委计量局提出的口号是“苦战一年，建立全国计量网，苦战三年，达到世界先进水平！”在上海会议上确定了计量工作以工业为主，首先为钢铁工业服务的方针。广东省计量机构成立以后积极贯彻了国家计量局的工作精神，在 1958 年 6 月和 10 月召开了两次全省计量工作会议，除宣布全省实施 16 两 1 斤改 10 两 1 斤的改制外，努力解决计量工作局限于一般度量衡，把工作重点转向为工业生产服务的问题，并根据省人委关于逐步建立计量机构的指示，提出在 1959 年上半年把省、市计量网建立起来，实现省有基地，专区有据点，县有基层组织；各市以区或大厂为重点建立中心计量室，并根据需要建立和加强厂矿企业的计量组织。在实际实行中，由于无法解决计量设备，专业人员，检定场地等困难，这些大跃进的计划都没有完成。

二、省市计量机构分开成立省科委计量标准局

在省、市所合署办公情况下，基本以广州市的计量工作为主，这与中央对广东省计量工作的要求和工农业发展的需要，越来越不适应，1961 年中共省科委分党组于 4 月 21 日向省委文教部呈上关于省、市计量局的设置和编制问题的报告。该报告说，根据省委办公厅 1960 年 11 月 8 日（60）（一）字 499 号函复关于省、市计量局合并由省领导适当照顾广州市工作的文件精神，省科委多次与市有关部门协商。由于广州市对计量工作的需要，故不肯放手而未获得一致意见。省科委认为目前情况十分不利于全省计量工作的开展，经再次与市委协商，结果是：把现有的省、市计量所机构分为省、市两个单位，广州市计量所地址按原址不动，省计量局及其直属实验工厂则设置在海珠区南村新建省中心仪器站，人员配套各分一半，原有设备机器市所需要的尽量照顾。报告附省计量标准局机构编制人员表（局长 1 人，设办公室 10 人，长度、力学、热工、电学、无线电、标准化五个科共 30 人，实验工厂 30 人）。1961 年 5 月 3 日，省委文教部答复，关于省、市计量局的设置及编制问题，同意省科委所提出的方案，请省编制委员会审批。1961 年 5 月广东省科学技术委员会计量标准局（以下简称省计量标准局）正式成立，代局长刘勉，副局长郑迪伟，地址是广州市海珠区泰山庙前 3 号。从此省、市计量机构分开设立。

三、全省各级计量机构建设概况

全国在大跃进以后，出现了经济困难，国家实行了“调整、巩固、充实、提高”八字方针，在这一过程中，广东省各级计量机构的建设几起几伏。据统计 1958 年底有广州、汕头、佛山、江门、韶关、湛江六个市计量检定所，中山、兴宁、梅县 3 个县计量检定所，共有 9 个机构，计量人员 79 人；1959 年全省计量机构增加到 23 个，人员 244 人；1960 年上半年以前，全省各级计量机构 52 个，人员 80 余人，机构数量增加很多，但许多单位是空架子；1960 年下半年以后，人员下放，机构撤销，只剩 3 个专区、7 个市、10 个县保留有计量机构，全省计量机构总数下降到 20 个；1963 年除省局以外，有广州市和 7 个专区（市），以及 35 个县建有计量机构，人员约 250 人；1964 年全省有 6 个专区，9 个市和 35 个县，建立了计量管理机构。另外还有机械、化工、粮食部门建立了一批企业单位的计量机构。

在国家经济十分困难的 1960—1962 年，国家提出精简机构的政策，很多县撤销了县科委，致使许多设在科委领导下的县计量检定所也随之撤销，影响了县计量工作的开展。根据实际情况，为了加强对县计量机构的领导，进一步做好计量工作，省人民委员会于 1964 年 11 月 13 日发出省人委关于县级计量管理机构领导关系有关问题的通知，重新规定：凡是建立计量管理机构的县，计量管理机构归当地县人委领导，委托工商行政管理局（科）管理。仍设有科委的县，计量管理机构归科委管理，也可以委托工商行政管理局（科）管理。凡未成立计量管理机构的县，由县人委指定工商行政管理局（科）负责度量衡管理工作，从此县级计量机构又回到工商局（科）领导下。

在调整、巩固、充实、提高八字方针的指导下，省计量标准局、广州市计量所的组织机构人员配备经过精简、充实、提高阶段，有了新的发展。

至 1965 年省计量标准局建成恒温实验楼，面积 401 m^2，其中恒温实验室 64 m^2，另有实验工厂面积 84 m^2。省局有 9 个科组一个实验工厂 80 人。

广州市计量所组织机构由原来的四组一厂发展到七组一厂 71 人，这些人员还包括了广州市科委调配的干部和大专毕业生，人员素质有了很大提高。检修工作使用面积增加到 476 m^2。但没有恒温室，对仪器设备的保养十分不利，而且检定没有恒温控制，达不到检定规程规定检定时温度、湿度的要求，致使一些厂家对测出数据产生怀疑。为了加强计量监督和管理工作，1964 年 9 月 25 日，广州市编制委员会发出《关于建立标准计量处和核定计量所编制的报告的复函》（市编字〔1964〕第 169 号）宣布经市委同意市科委建立标准计量处（处内设标准化科），与广州市计量所一套人员，两个牌子。核定事业编制 90 名。其中标准计量处本身计量管理工作人员编制 10 名，广州市计量所编制 80 名。人员经费从计量检定费开支。

四、省与广州市计量机构的分工和矛盾的处理

省计量标准局、广州市计量所所建的标准项目基本相同，因为检定收入的考虑，省计量标准局与广州市计量所对检定市场的分工产生矛盾，双方采取“实力政策”，争建立计量标准，工作上不是互相配合，而是你推我顶或者你争我夺，互不相让，甚至互相保密。为合理分工解决矛盾，1965 年省计量标准局提出：

（1）省内最高标准，一套即可满足全省传递需要的，原则上由省计量标准局建立。如被传递的标准，绝大多数集中在广州市，可以由广州市计量所建立，并负责全省的传递工作。

（2）一套标准满足不了全省传递任务的，省计量标准局、广州市计量所可各建一套。广州市由广州市计量所负责传递，专区由省计量标准局负责传递。

（3）广州市计量所已建，省计量标准局未建的标准，如一套可完成全省传递任务，则省计量标准局不再建，由广州市计量所负责全省的传递工作。反之亦然。

（4）省计量标准局、广州市计量所均已建立，而目前有一套即可满足需要的标准，广州市计量所的标准可以保留，目前传递工作由省计量标准局负责。

通过这几点意见，基本解决省计量标准局、广州市计量所分工的矛盾。

第二节　各专区市县计量管理和检定机构的艰难起步

一、各专区市县计量机构的建立和发展

1. 专区计量机构的建立和发展

汕头：1959 年 1 月成立汕头专署计量管理所，所长陈梅，编制 5 人，实际在职 3 人，归地区科委领导。

海南：1959年成立海南行政公署计量管理所，归口海南行政公署科学工作委员会领导。1963年7月海南行政公署颁发《海南区计量管理暂行办法》。1965年8月经海南行政公署办公室批准将海南行政公署计量管理所改名为海南区科学技术委员会计量管理所，王安珍任副所长，办公地址迁到海口市新民路（后为海口市文明路）。

湛江：1959年，湛江专区成立专区计量所，有干部职工5人，归口专署科委领导，主要任务是指导粤西专区的计量检定工作。

佛山：1960年5月3日，市人委通知，佛山市和佛山专区两个计量所合署办公，实行“两个机构，一套人马”编制定6人，由专区及市两科委共同领导。

2. 市计量机构的建立和发展

江门市：1954年4月建立江门市度量衡检定所，配有工作人员3人，归市政府工商科管辖，它既是市政府对计量工作的行政管理机关，又是计量检定部门。1958年，江门市度量衡检定所改属市政府财政科，所负任务不变。1960年，江门市度量衡检定所改名为江门市计量检定所，余培智任副所长，人员增加到5人，隶属江门市科学技术委员会。

1958—1965年，随着经济的发展，在加强度量衡管理的同时，开始进行工业计量。江门市计量检定所检定设备有2种不同等级的量块、千分表、百分表示值检定器、三等标准活塞压力计、二等克组毫克组砝码、三等公斤组砝码等9台套设备，可开展游标卡尺、千分尺、千分表、百分表、工业用压力表、天平、台秤、案秤、杆秤、三四等砝码检定。在此期间，江门市计量检定所办公场地多次搬迁，1959年迁到新市路53、55、57号，1961年迁到中山公园6号，1962年迁至常安路64号。

湛江市：成立于1954年6月的湛江市度量衡检定所，1961年7月改为湛江市计量检定所，地址设在海头，任命赵胜为副所长，共有职工26人，并附设实验工厂。开展业务范围：检修杆秤、台秤、案秤、地秤、天平、砝码、压力表、万能量具和各种米尺、卷尺等计量器具，承担国家进口计量器具（量具）检定工作，归口湛江市科技局领导。

佛山市：1954年9月，成立了佛山市人民政府度量衡检定所，归市政府工商科领导，负责人陆英华，人员4人，办公地点在公正路。1956年，佛山市度检所归市商业局领导，迁至福禄路办公。1957年，佛山市度检所归佛山市市场管理处领导。1958年，该所改称佛山市人民委员会计量检定所，迁到公正路144号办公。1958年初，该所所长下放到石湾农场劳动，刘树为临时负责人。1958年，该所建起了度量衡实验工厂，车间主任李桥，职工有50多人。1960年初，该所归市场物价管理局领导。是年5月3日，佛山市和佛山专区两个计量所合署办公，由专区及市两科委共同领导。1960年，该所迁回公正路最初的地点办公，1961年又迁到福贤路金水街2号办公，1964年再迁到向阳路（现莲花路）4号办公。

海口市：1959年7月，海口市成立计量检定所。1963年2月与海南行政区计量检定所合并，一套人马，两块牌子。

茂名市：1960年，茂名市计量检定所成立，其主管部门为茂名市科委，开办经费4000元，有干部检定员共5人。

3. 县计量机构的建立和发展

中山：1954年成立中山县计量组，1956年成立中山县计量所，地址在拱辰路1号（旧镇委内），隶属工商局领导，副局长袁柱兼任计量所负责人。计量工作主要是商贸衡器管理。1965年3月更名为中山县计量管理所、事业单位、工作人员 3 人。

梅县：1958 年 2 月，梅县计量管理所建立。

兴宁：1958 年 9 月，经县委批准建立兴宁县计量检定所，股级事业单位，隶属于县科委领导。该所建立时县委配给 3 名干部，并将一间集体所有制的衡器生产合作社，转为计量所的附属工厂，基本可满足该县开展计量工作的需要。

该所成立后，除附属工厂生产修理台秤、杆秤支援农村夏收，粮食收购工作外，同时对改制工作做出了一定成绩。为满足地方工业发展的需要，试制地中衡等大型衡器，解决了当地的需要。

揭阳：1959 年上半年，揭阳县科学技术委员会内设计量检定所，县科委主任丘荣兼任所长，干部胡志强任专职管理人员。1962 年 10 月，县科委撤销，计量检定所也随之撤销。

潮安：1959 年 6 月潮安县计量检定所成立，建立四等公斤组砝码和线纹尺标准，开始对全县新制作和修理的衡器、木杆秤、竹木尺进行强制检定，奠定度量衡管理基础。

饶平：1959 年 6 月，成立饶平县计量检定所，隶属县科委，配备专职干部 1 人。

普宁：1959 年 8 月设立普宁县计量检定所，1965 年改为计量管理所。

澄海：1959 年 12 月 4 日澄海县计量检定所成立，归属县科委。1962 年 5 月 15 日机构撤销。1965 年重新成立澄海县计量管理所，隶属县工商局。

廉江、徐闻：60 年代初期湛江地区的廉江、徐闻县成立了计量管理所。

开平：1960 年 5 月，成立开平县标准计量管理所，隶属开平县科学技术委员会。1962 年 3 月，省、专区计量工作组，在开平县三埠、水口、赤坎三大镇开展衡器普检普修及改制复查试点工作。

惠来：1961 年 3 月设惠来县计量检定所即惠来县计量实验工厂。1965 年设惠来县计量管理所。

清远：清远县计量所 1961 年建立，人员 3 ～ 5 个，主要业务为检修衡器。

肇庆：1962 年 1 月，成立肇庆市计量检测所，归口肇庆市科委。该所为肇庆地区最早设置的计量检定机构。

阳春：1962 年 1 月 8 日，阳春县成立了计量检定所，直属阳春县科委领导，在阳春县人民政府大院内办公。1966 年，阳春县计量检定所改名为阳春县计量检定管理所，并设有衡器修理实验工厂。

东莞：1962 年 5 月，东莞县人委批准成立东莞县计量管理所，为股级事业单位，办公地点在东莞县莞城镇西城楼北边原县文化馆内，面积不足 30 m^2。其职能是对全县计量器具实行计量检定、管理与监督，进行量值传递，保证计量器具的准确性。业务范围只限于衡器的修理与检定，主要开展农贸市场的磅秤校验，计量标准砝码不足 100 kg。

云浮：1963 年 4 月 1 日，云浮县政府设立云浮县计量检定所。

二、各级计量机构遇到的困难

全省大部分计量机构是 1958 年大跃进以后建立的，可以说是大跃进的成果，但是到经济困难的 1960 年前后，遇到很大困难。

首先反映在机构人员方面。1960 年上半年以前，据当时调查各级计量所有 52 个，干部 80 余人，平均每个机构仅有一个半人左右。可见虽然成立了机构，但其中许多是空架子。少数机构虽有一定的专职人员，但质量不高，数量也不足，远远不能满足各地工农业发展的需要。1960 年下半年以后，各地计量干部大部分被调走或下放，有的计量机构被撤销了，有的留下个牌子。到 1961 年除省和广州市计量机构外，只剩汕头、湛江、海南 3 个专区计量所；湛江市、海口市、汕头市、江门市、韶关市、佛山市、茂名市 7 个市计量所；和 10 个县计量所。人员最多的是湛江市有 7 个专职人员，最少的是韶关只有 1 个副所长，其他市仅有 2 ～ 3 人。专区、县计量所仅有 1 ～ 2 个专职或兼职人员，很多计量所都陷于停顿状态。

第二是经费方面，除汕头、海口、韶关等市是行政编制，或科委事业费开支外，其他地区都是依靠本所的检定收费和实验工厂的收入来维持，有的收入少还要向科委借钱发工资，更谈不上购置仪器，充实设备。因此这些计量机构为了解决工资问题，不得不埋头于生产台秤、杆秤，以增加收入，以至无法开展本身应担负的业务工作。

第三设备方面，几个成立较早的市稍有些设备，但仍很简陋。除汕头、湛江有一些热工、电学（压力表、电流表等）标准器外，其他市的设备多是力学、长度的部分标准器。县级机构的设备更为简陋，只有一些粗天平，砝码和三、四等量块，设备十分缺乏。

从广州市计量所情况来看，自成立以来，经历了三种经费管理制度：自负盈亏——金额管理——差额补助，由于把检定业务的重点成功转到为工业企业服务上去，因此能做到收入大于支出，年年都有上缴。但仅仅是依靠每年盈余资金购置仪器设备和扩大检定项目，就不能有一个较大的投入，无法取得迅速的发展。为满足广州工业快速发展的需要，及时增添仪器设备和扩大项目，广州市计量所 1964 年向政府申请补助款 8 万元，1965 年申请补助款 10 万元，用于设备购置和工作场地的改善。虽然，广州市计量所在经费开支方面较省内其他计量机构好，但仍未取得较快的发展。

广东省各专区计量所由省财政按每个专区所 5 名编制每年拨给事业费款 5000 元，加上检定费收入维持全所开支。而其余的市、县计量所由于没有任何编制指标，全都要自给自足。这些专区、市、县所一般人数不多，正常情况下主要靠衡器的检定修理，可以解决检定人员的工资，但是业务发展和环境条件改善却无法从有限的收入来解决。

60 年代计量机构的困难有如下一些情况：

1960 年茂名市计量检定所成立时，政府下拨经费 4000 元，主要检定业务包括有：杆秤、压力表、天平的检定工作，仪器设备总资产共有 2500 元。茂名市计量所每年除获省补助 2000 元外，其余均是自给自足，靠业务收入维持开支。即使茂名市计量检定所有政府补助，经费开支也感到困难。1964 年总收入为 14352 元（包括省补助 2000 元），支出为 15145 元，入不敷出。

湛江市计量所为了增加收入，1963 年以来集中力量下乡搞衡器普检普修，放松了工业生产上急需解决的计量器具检修工作，受到工厂企业的批评。该所在 1965 年头 9 个月超支 2600 元，有一个月连工资也发不出，而财局也不给予借钱。

海南各市、县计量所没有拨款，检修收入也不多，经费困难较大。

汕头地区计量机构，在 1960 年开始，不少市、县的计量人员被下放或调走。到了 1961 年，除汕头市计量所留下 3 人，专区所留下 2 人，揭阳、普宁、海丰、陆丰等 4 个县所仅存 1 人外，其他各县所的计量人员均已被调走或下放。出现了有牌子而没有人，梅县所、潮安所就是这样。揭阳所被撤销成了有人员而没有牌子。兴宁所 1960 年 10 月所长被调走，剩下两名干部相继下放农村，计量所工作就此停止。但两名下放干部的工资还要从检定收入开支，因此出现虽然并未实施出厂检定，衡器厂仍然要上交检定费的不合理现象，且由于计量所对衡器没有检定和监督作用，新生产的衡器不经检定自由流通使用，以致市场上出现一些地下工厂生产的衡器，造成混乱。

韶关专区计量所本来有 3 名干部，但其中两人长期被抽调到专区别的部门。

佛山专区是由其他部门的干部兼管计量工作，但结果是只兼不管，实际上是专区没有人来管理计量工作。

惠阳专区则是没有成立计量所，整个专区的计量工作实际上是处于无人管理状态。

一些山区、偏远地区等大多县级计量所人员都是以修理工成分为主，学历、技术水平都较低，这些县级计量所仪器设备缺乏，实验室条件也差，所以在业务开展方面，除了进行衡器改制、台案秤修理工作外，其他检定业务根本无法开展。一旦没有衡器改制、台案秤修理的业务，就出现有人员却没有工作做的情况，计量机构也就被精简了。

开平县计量所的职工认为自己的所三不像：不像机关部门（无福利待遇、公费医疗），不像工人（无劳保），不像合作社成员（不能水涨船高，多得多分）。甚至有的职工想：现在吃饭都成问题，将来老、病、死怎么办。

1963 年全国标准计量工作会议提出："各级计量机构的性质，既是各级政府的行政管理机关，又是科学技术事业单位，地方计量管理机构应由当地人委（或科委）领导。专区及其所在市（县）只设置一个计量机构。为了管好度量衡，每个县均应设置计量所"。会议还建议"省辖市（专区）和县的计量机构所需的一切经费由地方事业费中开支，或全部由行政费开支，另拨一笔仪器设备购置费，其检定费收入全部上缴。"广东省实际情况与国家的要求尚有很大差距。

第三节　计量单位制的第一次重大改革和全国的统一

一、国务院统一全国计量制度命令的颁布

全国计量单位制的统一是一件大事。从 1950 年起，国务院有关部门就在研究起草有关文件。早在 1950 年底中央人民政府财政经济委员会起草了《度量衡管理暂行条例（草案）》，印发各地区、各部门征求意见。1954 年 5 月中央工商行政管理局和中国科学院就"米制计量单位中文名称命名"问题召开座谈会，并对茅以升提出用秩、纪、贯或旬、同、贯代替十、百、千的方案进行了讨论，由工商局汇总报中财委。

1955 年国家计量局成立后，就"米制计量单位中文名称的命名"先后召开了 5 次座谈会，广泛向国务院各部门、全国工商联征求意见。政协全国委员会科技组也曾召开会议，认为米制的推行不容迟缓，米制计量单位中文名称的命名应迅速确定。同年 7 月在第一届全国人大第二次会议上，许多代表提出提案，要求迅速统一我国度量衡，确定我国计量制度，国务院秘书厅责成国家计量局研究处理。9 月国家计量局集中各部门和各界著名人士的意见，初步确定了米制计量单位中文命名法方案。10 月国家计量局经与有关部门协商成立了推行米制委员会，由国家技术委员会主任黄敬任主任委员，国务院副秘书长杨放之任副主任委员。1956 年国家计量局起草了《中华人民共和国计量条例（草案）》和国务院关于推行米突制的决议（草案），印发各部委、各省、市征求意见。1957 年 10 月国家计量局发出通知，从 1958 年 1 月 1 日起禁止英制和公制、市制计量单位在长度计量器具上同器并刻。

经过充分的研究讨论和广泛征求意见等大量准备工作，终于在 1959 年 3 月 22 日国务院全体会议第 86 次会议原则通过了《国家科学技术委员会关于统一我国计量制度和进一步开展计量工作的报告》和《统一公制计量单位中文名称方案》，6 月 25 日以国务院命令的形式颁布了《确定公制为基本计量制度》的统一计量制度的命令，同时公布了国家科委的报告《统一我国计量制度进一步开展

计量工作》。这是新中国成立后计量单位制的第一次重大改革。

国务院命令确定以国际公制（即米突制，简称公制）为我国的基本计量制度，在全国范围内推广使用，原来以国际公制为基础所制定的市制，在我国人民日常生活中已经习惯通用，可以保留；市制原定16两为1斤，因为折算麻烦，应当一律改为10两为1斤；这一改革的时间和步骤，由各省、自治区、直辖市人民委员会自行决定；中医处方用药，为了防止差错，可以继续使用原有的计量单位，不予改革；在中国使用的英制，除了因为特殊需要可以继续使用外，应当一律改用公制；凡是采用公制的，都应当按照《统一公制计量单位中文名称方案》，逐步采用统一的公制计量单位名称；继续沿用市制的，计量单位名称不变。命令还规定：偏僻地区和少数民族地区还在继续使用的旧杂制，应当照顾这些地区的群众习惯、民族特点和避免影响市场的交易，采取稳妥步骤，予以改革，如何改革，由有关省、自治区人民委员会自行决定。

国务院命令发布后，在当年7月的《人民日报》发表了《为什么要统一计量制度》的评论员文章，同时刊登了国家科委负责人的谈话，题为《新计量制度有利于经济发展》，宣传了统一计量制度的重要意义。

二、广东省在颁布国务院命令前的情况

在国务院命令颁布以前，广州市根据经济建设发展的需要，市人民政府于1958年2月，颁发了《广州市量具计器管理暂行办法》，并在广州日报刊登。该《办法》确定了广州市计量单位以国际公制为标准制，以10两为1斤的市制为辅制，同时废止了1952年8月15日公布的《广州市度量衡管理暂行办法》。

新的《广州市量具计器管理暂行办法》颁布后，除中医药行业外，广州市动员各行各业进行了一次采用公制，主要是10两市制的改革。

同年6月在全省计量工作会议上明确要求在全省同时推行公制、10两市制。会后各地陆续开展了这一工作。当时有计量所的县、市，如广州、韶关、汕头、湛江、江门、佛山、中山、兴宁、梅县等，都积极推行，且改制工作做得较细致，质量较好。没有计量机构的不少县、市也在商业部门的领导下，进行了改制工作。在实行中，主要还是在商业流通领域进行衡器改制，至于工业生产方面，由于机器、设备中有公制、英制和个别杂制，要马上改变困难很大。这次改制，为后来实施国务院命令打下了较好的基础。

三、全省对国务院命令的贯彻和实施情况

通过1958年主要在流通领域推广10两市制的活动，省内主要城市和一般市镇对推行公制都有了一定的基础。国务院统一计量制度的命令发布以后，全省各市、县认真贯彻实施国务院命令，并结合广东省的实际情况作了相应的部署，转发文件，制定办法，下发通知，张贴布告等，普遍开展了10两制台秤、杆秤的改制。

1. 各地发布贯彻国务院命令的措施和办法

大部分市、县都为贯彻国务院命令发布和制订了相关通知、办法，例如：

1959年中山县人民委员会发布《中山县量具计器管理暂行办法草案》；

1959年7月2日，饶平县人民委员会发布《关于全面推行使用十两制木杆秤的通知》；

1959年7月24日揭阳县发布《揭阳县量具计器管理暂行办法》；

1959 年 8 月汕头市人民委员会颁发《汕头市量具计器管理暂行办法》；

1960 年 10 月茂名市人民委员会发布《茂名市量具计器管理暂行办法》；

1960 年江门市政府发布《贯彻国务院关于统一计量制度的命令》的公告和《关于贯彻国家统一计量制度及公制计量单位中文名称方案的通知》等。

1961 年 4 月 6 日，省计量管理所在转发国务院发布关于统一计量制度的命令文件中提出了执行国家统一的计量制度，各有关部门应采取的措施：（1）各部门所有的正式文件，凡涉及到计量制度的地方，都要一律采用国务院命令所公布的计量单位名称。（2）文化部门、新闻出版机关，凡出版和发行的书籍（尤其是教科书）、报刊，在发稿和审稿时，都应注意统一计量单位名称。（3）各部门对计量制度，特别是计量单位名称的贯彻，应在本部门内作出具体的规定，并进行宣传，使广大职工能够逐渐熟悉应用。

2. 各地在推行改制中所做的工作

广州市计量所用一年时间对 16 两制进行了全面改制工作。他们采取按系统（行业）地区（市集），分期分批进行，计量部门负责组织推动，安排 10 两制衡器生产和检定管理，只两个人用了 4 个月时间，便基本完成了商业系统杆秤和部分小台秤改制工作，且质量较好。1959 年 10 月 9 日广州市人委发出通知，规定全市自本年 10 月 15 日起停止使用 16 两秤，从而在衡器方面，旧杂制完全废除。

各县在推行改制工作中做了很多深入细致的工作，如：

兴宁县人委颁布了量具计器暂行管理条例，县计量检定所努力宣传改制的好处，打消群众的疑虑，配合商业局、市场管理委员会等部门摸清情况，组织人力生产和修理杆秤，满足市场需求，对改制工作的顺利进行起到积极作用。

韶关地区的乐昌、连县、清远、英德等县均贯彻了国务院命令，1960 年改制工作首先在城镇中基本完成。有些县如清远、连县等还去公社一级进行了 10 两市秤的改制工作。在改制中，他们不辞辛苦，组织人力背着砝码步行数十里到山区进行工作，成绩显著。

揭阳县推行 10 两制工作，首先由县人委发出通知，阐明目的、要求、重要性及其他具体问题，何时完成等。然后与财贸部门结合，进行多种多样的宣传，深入农村，组成工作组，下乡工作，公社干部也发动起来，同时与粮食局及市场管理委员会合作，先在市场设立了公秤，并在商店中突击完成，由于发动了群众，工作顺利展开。在工作过程中曾经在一些地区出现过较粗暴的做法，如没收非 10 两制的秤等，发现之后，立即制止。

四、国务院命令颁布五年后的检查和总结

1964 年 10 月 20 日，国家科委计量局发出《关于进一步贯彻市秤改为 10 两为 1 斤和加强一般衡器管理并进行总结的函》，要求各地计量机构采取措施，继续加强旧秤改制和一般衡器的管理工作。同时，要求各地对五年来（自国务院 1959 年颁布关于统一计量制度的命令以来）衡器改制和管理工作认真地进行一次全面系统的检查，并加以总结。

从广东的情况来看，五年来，特别是省人委于 1961 年 4 月发出《关于加强一般衡器管理工作的指示》后，许多地区建立和健全了计量管理机构，制定管理办法，开展了衡器的普检普修和改制复查工作，对保证衡器的一致、准确和正确使用、交易和分配的公平合理，都起了良好的作用。但是，也还有不少地区尚未把衡器改制和管理工作认真抓起来，使用 16 两秤和衡器失准的现象仍很严重。因此，虽然在 1960 年前后全省改制取得了很大的成绩，但对衡器改制和管理工作还是一个漫长的过程。

1958 年至 1960 年推行 10 两市制工作能顺利进行，主要做法和经验是：一是发布告，昭示各界；二是堵源头，严禁再生产 16 两为 1 斤的秤，全面推行生产 10 两为 1 斤的木杆秤；三是截流通，对经销木杆秤的店铺、个体户，禁止销售旧制杆秤；四是改新制，对于市场店铺、摊贩所使用的旧制秤（16 两为 1 斤），必须按照规定期限进行改制，超过期限而仍在市场上使用的，予以没收处理。经过几年的工作，在各级政府（人民委员会）的统一部署和各级计量主管部门的精心组织，以及有关部门的配合下，全省 16 两制秤改制为 10 两制秤的工作基本完成。

由于这次改革主要只涉及市斤由 16 两 1 斤改为 10 两 1 斤，当时人们对政府作出的决定阻力不大，故贯彻执行国务院的《命令》还是比较顺利的。

为了进一步巩固统一计量制度的效果，保证计量器具的一致、准确和正确使用，以适应国民经济发展的需要，1964 年 12 月 31 日，广东省人民委员会颁发《广东省计量管理暂行办法（草案）》。该草案由省计量标准局根据国务院关于统一计量制度的命令制定，包括计量单位制；计量器具制造、修理、进口、销售和使用的管理；计量工作的主管机关；量值传递系统；计量器具检定以及违反本办法的处罚等。其中第二条明确指出：“国际公制是我国的基本计量制度，在全省范围内推广采用。保留以市制为基础所制定的市制，废除旧杂制。市制原定 16 两为 1 斤，除了中医处方用药可以继续使用以外，一律改为 10 两为 1 斤。英制除因特殊需要，经省科委计量标准局批准，可以继续采用以外，一律改用公制。”而 1954 年 1 月 5 日公布的《广东省度量衡管理暂行办法》同时作废。

第四节　计划经济时期的市场管理

一、市场管理情况

从 50 年代初期到中期，计量工作一直围绕度量衡展开，当时工业和科技都十分落后，度量衡的管理主要是在市场管理工作中。到大跃进的 1958 年，全国加快了工业化的步伐，广大农村实现了人民公社化，全民都投入到热火朝天的大炼钢铁，粮食高产的生产活动中，连人们吃饭都进了集体食堂，市场被大大的淡化了。计量人员也是下厂、下乡，炼钢炼铁，支援工农业，对市场管理也放松了。

但是很快出现了经济困难，粮食紧缺，各种商品紧缺，出现了地下黑市。在这些地下市场上各种非法活动，各种被禁止的衡器又活跃起来。当时普遍存在衡器不准，不进行检定，缺乏监督管理的现象。

广东省市场计量管理工作从市场衡器管理开始。

根据当时的情况，省人委于 1961 年 4 月发出《关于加强一般衡器管理工作的指示》，把对市场管理工作的重点放在彻底改革司码秤等旧杂制衡器，大力推行 10 两制秤，对衡器进行检定，维持衡器的准确可靠的工作上，以保证农副产品的合理分配、市场的公平交易、促进城乡物资交流和市场物价稳定。

1961 年上半年，广州市计量所与有关部门组织工作组，在调查江村区农贸市场时，发现生产使用旧制 16 两秤的现象比较普遍，如江村区的江高、雅瑶、人和三地，就有 4 个厂（社）生产 16 两秤，未经广州市计量所批准擅自在市场上销售。同时还发现了不少流动人员以及不法分子随便串街高价修理台秤，经这些人修理过的台秤，绝大多数不合格；还有广州市各区人民公社未报广州市计量所审查就擅自开业修理台秤，数量不断增多。这些情况的出现，严重地影响了我国计量制度的统一，破坏了市场的正常交易。针对上述情况，广州市计量所对商店台、杆秤失准情况提出了解决方法，写了报告。该报告得到市财委的重视，批转给相关商业部门执行，对擅自开业生产修理台秤的商户进行了全面审查，重新登记，建立了一定的监督管理制度。对违法修理台、杆秤的行为采取了以教育为主，与必要的处理相结合的办法，共处理了违法案件 20 多宗，对保证台、杆秤的准确起到了一定作用。

1962 年广州市计量所组织了粮食、商业系统，抽调人力，对所属商店、批发部、合作组、肉菜市场等 5000 多个店、铺在用的台、杆秤进行了一次全面彻底的检查和检定，发现台、杆秤不准的情况是比较普遍的，有的还很严重，总共检定台秤 5000 多台，不合格的占 36%；检定杆秤 10000 多支，不合格的占 28%。为了保证使用衡器的准确，广州市计量所在检查过程中，一方面组织衡器厂（社）配合检查，进行修理，使绝大部分不合格的衡器能及时修好，保证了衡器的准确性，另方面对骗秤违法行为进行了打击。如东山区东堤市场菜 4 组，利用秤量 150 斤大 10 斤的杆秤向国营公司购进蔬菜，大量骗取国家财产。检查时，还将这支秤藏起来拒绝检查，对此东山区蔬菜公司给予罚款 500 元的处分。

这次检查的情况被广州市计量所整理成《广州市商业系统衡器普查普检工作报告》由广州市人民委员会给以批转，在广州市人委的文件中特别强调“衡器失准情况是比较普遍的，有的不准程度极为严重”，促使各行各业加强了对市场管理工作的重视。

为了加强对市场用秤的监管，广州市各肉菜市场开始设立公秤，让群众通过公秤复秤，判断市场各摊贩在用秤的正确性。另外，广州市计量所培训工商所管理人员，请他们参加衡器学习班，为他们配备标准砝码，发挥他们监管市场用秤的积极性。

1964 年春节期间，广州市计量所对使用中的衡器进行全面的检查，共检查杆秤 4496 支，其中不合格的有 592 支，均及时地进行了修理，在检查的基础上，该所又提出了建立市场衡器检查小组和建立衡器定期检查制度，并与广州市第二商业局联合下达通知执行，维护了市场交易秩序。

二、衡器管理工作

在三年经济困难时期，由于农村集市贸易开放和口粮分配到户以后，秤的需要数量大为增加，而制造新秤和修理、改制旧秤的工作跟不上，致使早已停止使用的旧杂制秤和不合格的秤，重新用于市场交易。同时各地计量部门对交易使用中的一般衡器的管理工作有所放松，因此从各地农村市场使用的秤支来看，制度混乱、称量不准的现象，仍十分严重。除了尚留有不少 16 两为 1 斤的秤以外，还有许多 14 两、18 两、20 两、24 两为 1 斤的杂制秤。一般零售用秤均偏小，甚者，1 斤（10 两）就少 2、3 两。在市场交易及农副产品交换和分配当中，由于缺斤少两等情况而引起纠纷者，到处都有发生。甚至由于管理不严，有人趁此浑水摸鱼，投机取巧，直接影响市场管理和人民群众的生活。

为了进一步贯彻国务院命令，更好地满足生产、生活对衡器使用的需要和保证衡器的准确一致，以做到交易和分配中的公平合理，1962 年 1 月 12 日国家科委发出《关于加强一般衡器管理工作的函》，要求“各地科委责成计量部门迅速加强对一般衡器的管理。专、县以下，目前应该认真抓一下一般衡器的检定管理工作。无计量机构的专、县，建议专署和县人委指定有关部门，组织力量进行此项工作，并根据本地情况采取有效措施解决衡器的制造与修理问题。制造和修理所需的木材、水银、钢材、生铁等材料，可报请省、市、自治区人委或计委审批解决，也可采用交旧换新和旧秤改造的办法”。

许多地区按照省人委和国家科委的要求，建立和健全了计量管理机构，制定管理办法，开展了衡器的普检普修和改制复查工作，例如：

1962 年 6 月吴川县人民委员会发布《吴川县计量检定管理暂行办法》，对检定、营业登记、管理等都作了相关规定。如第五条规定：“凡量具计器，必须接受检定或定期检定：（1）制造、修理的量具计器，须于出厂前接受检定；（2）使用中的量具计器，须在规定期限内，接受定期检定。”第十二条规定：“凡制造修理量具计器为业者，在向工商行政部门申请开业、歇业或变更登记时，应事前报计量所审核。”第十六条规定：“计量所得凭检查证或其证明文件，对制造、修理、使用和销售量具计器单位，进行检查。被检查单位不得借故拒绝，对不合标准的量具计器，有权勒令其停止制造、修理、使用、销售或加以取缔。在市场上的检查管理工作，由各级市场管理委员会负责。”

1962 年 10 月 1 日，阳春县人民委员会发出《关于重申颁布有关一般衡器的计量标准和检定问题的报告》指出：

市场交易使用的一般衡器（杆秤、台秤），于 1959 年国务院已颁布了规定：以十进市秤为通行计量标准，对于 16 两为一斤的旧杂制一律取消使用。但近年来市场上使用的一般衡器仍不统一，16 两的旧杂秤仍在农贸市场使用，并出现不少衡器失准的现象。因而往往造成交易不合理，使买者或卖者吃亏。为了减少交易上计算的麻烦，保证交易公平合理，互不吃亏，维护国家计量制度，维护人民利益，现根据上级指示精神，重申颁布有关一般衡器的计量标准和检定的规定如下：

（1）所有交易使用的杆秤、台秤一律逐步实行 10 两 1 斤的十进市秤，废除 16 两的旧杂制秤。

（2）为了保证一般衡器符合标准，凡是交易使用的杆秤、台秤必须由县计量所或县计量所委托的单位进行检定，发给检定合格的许可使用证。衡器用户必须按规定将使用的衡器送交检定单位检定，并依章缴交检定费。今后凡无检定合格许可使用证的杆秤、台秤不准销售或使用。

（3）实行十进市秤后，所有制造和修理衡器行业，必须严格执行出厂检定的制度，保证衡器符合标准，并禁止制造和出售 16 两旧杂制秤和三条纽的十进市秤。今后新造木杆十进市秤，必须执行两纽的规格制造。

（4）检定机关为了解决检定工作所需的工本费，得向检验的用秤者收回工本费。具体收费标准，可视各种秤的大小由县计量所统一规定。

1963 年 7 月 8 日，阳春县人民委员会根据国家科委和省计量标准局有关进一步加强计量工作监督和管理的指示，又发出了关于计量管理暂行办法的补充通知，再次强调了凡计量器具必须接受检查和定期检定、计量器具报请检定办法以及不及格的计量器具一律禁止出厂、出售和使用的相关规定。

遂溪县人民委员会 1962 年 10 月 4 日发出《关于发布〈遂溪县计量器具管理暂行办法〉的通知》，该管理暂行办法共五章，25 条。

开平县人民委员会 1963 年 3 月 14 日发出《关于加强生产及修理计量器具（磅秤）人员管理的通知》。

屯昌县人民委员会 1963 年 4 月 18 日发出《关于颁发〈屯昌县计量检定管理暂行办法〉的通知》，通知后附有计量器具检定和定期检定目录。

1963 年 9 月，高鹤县颁布《计量器具管理暂行办法》。

1963 年，海南行政公署颁发《海南区计量管理暂行办法》。

1963 年，省人民委员会又发出关于继续加强衡器管理的指示，全省各级计量所都把这项工作当作主要任务去抓，开展了衡器改制复查，周期检定等。绝大部分县城、圩镇完成了衡器改制，特别是成立了计量检定所的市、县大大加强了衡器的管理工作，在 1963 年狠抓了以下工作：

（1）全省各地在完成衡器改制基础上，大力组织周期检定工作，开展衡器普检普修，一方面进行改制复查，巩固衡器改制成果，另一方面，使衡器管理工作逐步走上正轨，各县计量所都组织力量深入到公社、大队、生产队进行衡器检修工作，有些县计量所与农村圩镇市场管理委员会共同配合，设立了计量站，经常进行衡器管理和检定工作。

（2）各县对衡器制造、修理的厂、社都加强管理，严格把守衡器制造、修理这一关，不让不合格的衡器在市场上使用，以免影响衡器设置和管理工作。有些市除了开展衡器出厂检定外，还对衡器制造、修理单位及个体户进行技术考核，经过技术考核合格才准许其营业，或有计划安排其生产任务。查处了一些非法制造、修理衡器的商贩，例如廉江县一年内查处了非法制造衡器的商贩 34 人，茂名市也查获了伪造罗定县计量所计量检定印证，冒充计量技术人员的流窜犯一名，这些是衡器管理工作的重要方面。

（3）配合市场管理打击投机倒把商贩，各市、县计量所配合市场管委会，形成经常检查和在节日突击检查制度，在市场上设置公秤，供群众购买物品复秤，这些工作防止和打击了投机商贩的骗秤行为，深受群众欢迎。

这些规定、办法等制度的出台，有效地加强了广东省各地对计量器具管理工作的重视，保证了计量制度的统一。

三、推广使用刀纽秤

1963 年国家科委计量局颁布了木杆秤检定规程（规（G）力 -1-63）。在贯彻、执行国家木杆秤检定规程过程中，广东省开始提出推广使用刀纽秤，停止制造、修理、销售绳纽秤。

绳纽秤是准确度较低的木杆秤，由于绳纽直接穿过木杆上的孔，所以秤的灵敏度很低，失准严重，与杆秤检定规程提出的技术要求相差甚远。而且有的还在木杆上设了三孔，成了三纽秤，以此进行商业交易的欺诈。而刀纽秤设置了刀承，灵敏度、准确度都较高，能符合杆秤检定规程技术要求。

在 1965 年 1 月省计量标准局召开的专区、市和部分县计量工作座谈会上，研究了进一步贯彻国家杆秤检定规程问题，要求全省的衡器计量检定人员更好地理解和执行杆秤检定规程，保证杆秤检定的质量。

1965 年 3 月 6 日，省计量标准局向各专区、市、县计量所发出《关于停止制造、修理、销售绳纽秤、推广使用刀纽秤的通知》，通知内容如下：

（1）原则上规定从 1965 年 4 月 1 日起停止制造、修理绳纽秤，一律制造刀纽秤。

（2）做好刀纽秤试制和材料供应工作。刀纽秤的技术要求较高，各地应先组织当地条件较好的厂、社进行试制，经鉴定合格后，方准大批制造和销售。

（3）为了保证刀纽秤的质量，加强对衡器厂、社的监督管理，各地应进行一次衡器制造、修理行业的普查登记，并进行技术考核。

（4）做好宣传解释工作，推广刀纽秤牵涉到改变群众的使用习惯，向群众说明推广刀纽秤，淘汰绳纽秤，是为了贯彻执行国家颁布的杆秤检定规程，保证衡器的一致、准确和正确使用，做到交易和分配的公平合理。

通知发出后，广东省各地积极贯彻。例如茂名地区市场上的木杆秤有 3 ～ 4 纽，沿海一带使用的秤砣大部分还是以石头制作的，准确性极差。1965 年，茂名市和茂名地区 4 县人民委员会发出《关于停止制造、修理、销售绳纽秤，推广使用刀纽秤的通知》，改革秤具结构，提高秤具的准确性，用公制、市制的衡器代替了规格不一的旧衡器。

汕头市计量检定所从 1965 年开始，在市国营单位推行以刀纽木杆秤代替绳纽木杆秤工作。当年共推广使用刀纽秤 3263 支，同时对木秤业进行整顿，对工人进行技术培训和考核。

停止使用、修理、销售绳纽秤，推广使用刀纽秤工作在 1966 年由于文化大革命停顿下来。

第五节　计量工作从为商贸服务转向为工农业生产服务

1958 年在新中国历史上是不平凡的一年，在新中国计量史上也是特殊的一年。这一年全国掀起了空前的工农业生产大跃进，并带动了各行各业的大跃进，全国的计量机构也不例外。

1958 年 9 月国家科委计量局在上海召开全国计量工作现场会议，提出“计量工作要为生产服务，以工业为主，首先为钢铁工业服务的方针”。副局长鞠抗捷在会上作了工作报告。国家科委副主任刘西尧和苏联顾问阿列辛在会上讲了话。会后，国家科委计量局派出四个综合性工作组分别到江苏、山西、四川、吉林等四个地区为土高炉戴“望远镜”，即为高炉装上光学高温计和风量、风压计。

紧接着在 11 月国家科委计量局在江苏常州召开计量工作现场会，交流为钢铁工业生产服务的经验，并且提出炼钢炼人，先做钢铁战士，后做计量工作者的口号。会议期间，举办了土仪表展览。

这两个会议精神传达后，促使广东省计量工作走出度量衡的圈子转向为工业服务方向。

一、计量为钢铁服务

1958 年广东各地也都建起高炉，办起钢铁厂，这些炼铁炉大部分都是土法上马，工人大多也没经过专业培训，很多都不懂如何控制炉温、风量、风压等，炼出来的产品质量很差。省、市计量所的人员参加完全国计量工作现场会回来后，组织广州、佛山、韶关、汕头等计量所人员到清远龙塘炼铁厂，在炼铁炉旁参加劳动，经 20 多天苦战，基本解决了炼铁炉的测温，解决了三立方米炼铁高炉的计量仪表安装使用，通过仪表掌握生产中测温问题，带动了热工计量工作的开展。广州市计量所还创制了测温镜，组织了 U 型风压计和风量计的生产，支援钢厂生产。

1959 年继续贯彻为钢铁服务的方针，广州、佛山、汕头、韶关、江门、湛江等市和兴宁县计量所都组织力量，运用简易的计量仪表控制炼铁高炉的风量、风压、温度，以保证高炉正常出铁，这些经验在清远召开的省钢铁现场会上作了介绍。

1960 年广州市计量所针对钢铁生产中使用热工仪表存在的问题，与冶金局共同组织各小型钢铁厂技术人员到石井钢铁厂进行现场指导，使工人和技术员能正确安装运用热电偶、风量、风压计等仪表，掌握了大风高温先进生产方法的真实数据，从而更好的促进钢铁厂推广该项生产经验，提高钢铁生产技术。

二、计量为机械服务

1959 年 6 月 17 日国家科委计量局召开了计量工作为机械工业服务全国经验交流会，鞠抗捷局长作了总结报告。他指出，现在机械工业提出了要开展一个检查产品质量的运动，以解决产品质量下降的问题。计量工作的作用，就比过去显得更加重要了。

在为机械工业服务方面，广州、湛江、汕头、江门、佛山等市计量所都先后组织工作组，深入生产进行试点工作。广州市计量所在机械工业企业中全面铺开计量工作，并在生产上收到了一定的成效。佛山计量所在通用机械厂，通过摸底试测，依靠工人技术人员，开展计量工作，插手工艺，改进生产，解决了柴油机的活塞销、活塞销孔、气阀导筒等部件的公差配合问题，保证了质量，提高了装配工效6倍多，装配时基本上可以做到不锉不刮了。广东拖拉机厂过去装配时达90%孔轴不能配合，需要刮刮锉锉，在开展计量工作后，孔轴配合基本上解决了，保证了质量，提高了生产效率，工友反映"计量工作真是立竿见影"，主动要求检定量具，计量工作开始在工厂生根，开花，发挥为生产服务的作用。

省计量管理所根据计量工作为机械工业服务的方针，从1959年3月开始，在广州机床厂作试点工作。通过两个多月的试点工作，帮助广州机床厂解决了计量器具的普检普修、建立计量机构和检定制度等问题。该厂有一定的设备和较好的技术力量，并开始从以修理为主要业务转为专业成批生产。工人原来对零件标准化的重要性认识不足，质量观念薄弱，试点工作的第一步是建立质量意识。该厂的量具是由工人分散地保管和使用，工厂没有量具检定的制度。省计量管理所人员对计量器具进行了普检普修，并帮助工厂制订计量器具的保管、使用、周期检定制度，做好量具的保管、使用、周期检定工作，保证全厂在用量具的准确一致，从而提高了零部件的质量。

加强计量工作为机械工业服务是省计量标准局的工作重点。长度计量是机械工业的核心技术，只有加强长度计量管理工作，才能提高广东省机械工业产品的质量。1963年10月21日，省机械工业厅、省计量标准局、广州市重工业局、广州市轻工业局、广州市计量所共同发出《广州地区机械工业企业长度计量管理暂行规定》。

随着60年代工业生产的快速发展，广州地区机械工业企业长度计量管理工作水平有了很大的提高。不少机械工业企业建立了计量科室，开展了计量器具的检修工作，部分工厂展开了计量测试工作。但是，还有一些工厂企业对加强计量管理工作认识不足，组织、制度不健全、不落实，严重影响机械工业产品质量的提高。根据国家科委、中央各部、局以及省、市有关部门的指示精神，为进一步加强广州地区机械工业企业的长度计量管理工作，以保证工厂企业内部量值的统一和产品质量的提高，经过与各机械工业企业计量室（站）负责人及各厂负责人反复讨论、研究和修改，制定了《广州地区机械工业企业长度计量管理暂行规定》，并以此规范、指导广州地区机械工业企业长度计量管理工作。

该管理暂行规定包括：（1）计量工作的组织机构；（2）计量工作职责权限；（3）计量器具的维护、保养、使用；（4）计量测试工作；（5）计量人员的考核和奖励制度等5个部分。其中的第1、2部分是重点。

在第1部分计量工作的组织机构中，规定由指定的企业设置协作区计量室，除做好本厂计量管理工作外，还要负起对本协作区范围的量值传递和量具的修理等工作；各厂必须根据生产需要建立计量机构（计量室、计量站），或计量专职人员，计量机构直属总工程师或技术检查科及技术负责人领导；各厂计量机构在业务上必须受市计量检定所及协作区计量室的领导和指导，各厂计量室（包括协作区计量室）最高计量标准器具要由市计量检定所作周期检定，经检定合格后，按传递系统把量值逐级传递到生产和使用中的计量器具；各厂结合本厂生产情况的需要，配备一定数量大、中专毕业生和4级以上技工等有专业知识的计量人员，人员力求稳定，不得随意变动或调离计量工作。

在第2部分计量工作职责权限中，规定各厂计量室负责对本厂计量器具进行检定、修理和监督管理，开展计量测试等工作；这些工作具体包括七个方面：（1）贯彻执行国家规定的计量器具的检定规程；（2）制订和执行工厂的计量器具的检定、修理、管理、流转制度；（3）根据国家规定的传递系统原则，编制本厂检定系统表；（4）根据本厂检定系统表，编制计量器具周期检定日程表；（5）对本厂职工经常进行正确使用计量器具的宣传教育工作；（6）本厂最高标准的计量器具定期送市计量所检定；（7）定期向企业领导、上级主管部门（局、公司）和市计量机关报告工作情况和存在问题。

这部分还规定各厂检定系统表经总工程师或企业技术负责人审查签署，报广州市计量所审查同意后，由厂长公布执行，同时报主管部门备案；检定系统表的修改，必须取得省计量标准局、广州市计量所的同意；对使用、新购、自制及修理后的计量器具，如何检定，如何填写历史记录卡，如何进行周期检定、返还检定和巡回检定，以及修理报废等都做了具体详细的规定。

《广州地区机械工业企业长度计量管理暂行规定》共34条，是一部很完整的推动广州地区机械工业企业以及广东省工厂企业加强计量管理工作的地方行业规章。

三、计量为工农业生产服务

1958年在广州市自力更生建设华南工业基地的热潮中，为了配合工业生产，广州市计量所改变了过去机关化的作风，打破八小时工作制，随到随检，甚至带设备下厂检定，为厂家减少了送检的人力和运输费用。该所还指导广州市有关工厂生产急需的、精密的计量仪表，如侨光玻璃厂的工业用水银温度计、海水密度计等，并帮助企业改进和提高木尺、杆秤、台秤等产品质量。

1959年广州市计量所计量人员经常到计量仪表生产厂，与工人一起研究改进产品质量，例如通过他们的帮助，使人民厂生产的工业内标式水银温度计成品率由50%，提高到95%以上，同时协助工厂制成了300 ℃以上水银温度计，0.1级酒精计、布卷尺、三级标准线纹尺，并成批生产；还试制了百分表、硬度块等。为了适应生产的需要，绘制了专用量块等16种生产工艺图，交由机电局布置所属工厂生产。

为了使力学质量计量工作更好地为生产服务，1960年省计量管理所有重点地深入到一些部门，进行天平的检修，以及详细解释有关使用保养方法，及时解决了由于天平失准而继续生产，造成不应有的损失。如为广东制药厂修好了失准的天平，该厂才发现过去由于不知天平已经失准，结果使生产出来的青霉素不合规格，造成返工。原来生产的青霉素是人用的，经返工后只能用于牲畜，工资及其他不计，单就返工后产品价值降低就使该厂损失10000元左右。又如为煤炭局化验室修好了不准确的天平，解决了煤炭定错级的问题。过去该室由于天平失准，把一级煤错定为二级。由于一级煤每吨单价26元，二级煤单价每吨17元，致使国家少收了7～8万元。而一级煤是用于炼焦或作其他高级燃料用的，由于错定了等级，使一级煤作一般工业用，在煤的使用上造成浪费。

1960年省计量管理所与海口市计量所在海口市水泥厂搞试点，解决了该厂水泥煅烧的风量风压等问题，使该厂水泥日产量由3.6吨提高到7吨，质量等级也提高了100号。海南区政府很重视这一成果，召开了全区水泥厂生产现场会，加以推广。

从1958年开始，广东省计量工作坚决贯彻为生产服务的方针，不仅要为农业生产、市场交易、交通运输、医疗卫生、科学研究等服务，特别要为工业生产服务。60年代初，中央提出调整、巩固、充实、提高的八字方针和贯彻工业七十条以后，各工业部门大抓产品品种和质量，愈来愈多的企业人员认识到计量工作跟不上，会影响到产品质量的提高，影响到生产技术提升，从而迫切要求搞好计量工作，把计量工作列为提高产品质量的主要技术措施之一。在这种形势下，计量部门的工作重点很快转移到了为工农业生产服务。

第六节　初步形成全省量值传递网络

1958 年国家科委计量局曾提出“苦战一年，建立全国计量网，苦战三年，达到世界先进水平”的口号。

什么是全国计量网？在 1959 年 6 月国务院颁布的《关于统一我国计量制度的命令》中，除了确定公制为基本计量制度外，还明确提出“应当迅速建立和健全国家的各级计量基准器和各级计量标准器以及地区和企业的计量机构，构成全国计量网，进一步开展计量工作”。

当时提出的全国计量网，是在国家科委计量局统一组织下，由以下部分组成：（1）北京、上海、沈阳、武汉、成都、西安计量机构建为大区一级检定所，其主要任务除负责管理本地区的计量工作外，并负责本大区的其他省、市、自治区计量工作，作为国家科委计量局的派出机构，同时受省、市人委或科委领导；（2）省、市、自治区计量机构建为二级检定所，行政上受省、市、自治区人民委员会或科委领导，业务上受国家科委计量局领导，建立计量标准以长度、力学、热工、电学为主，根据需要可建立无线电、化学计量标准；（3）省辖市、专区、县计量机构的设置，由省人委自定；（4）各企业、事业单位的主管部门，根据需要设置专职机构或专职人员，负责管理本部门的计量工作；（5）各企业、事业单位应根据需要设置计量室或专职人员，负责管理本单位的计量工作，在业务上受当地计量管理局（所）领导。

一、全国计量网的建设

全国计量网包括从国家计量基准到各级计量标准，以及从国家计量机构到大区、省、市、县各级计量机构，和部门、企业、事业单位的计量检定机构，形成覆盖全国的量值传递网。

在全国建立计量网的过程中，首先是得到了苏联的援助。当年全国正在学习苏联加速实现全面工业化，接受苏联援助，聘请苏联专家，计量工作也不例外。1956 年我国向苏联提出订购计量基准器和标准器，聘请了苏联部长会议量具计器事务委员会副主席阿列辛为国家计量局顾问。1958 年 1 月在莫斯科签订了中苏科学技术协作的协定，在协定的 120 多个项目中，有两项是计量工作方面的，一是帮助中国建立国家计量基准，二是帮助中国生产计量标准仪器。

在建国初期，没有国家基准，只有旧中国请国际权度局（国际计量局）制造经检定合格的营造尺原器和库平两原器。当时我国与国际权度局还没有建立关系，在 50 年代苏联曾把他们的部分备用副计量基准、标准仪器支援给中国。通过中苏科学技术协定，苏联为中国国家计量局作长度、电学、热工、力学国家基准实验室的工艺设计，苏联标准与量具计器委员会组织各计量研究院为我国设计制造价值 240 多万卢布的计量基、标准设备。为了尽快在国内建立计量仪器设备的设计制造基地，苏联还提供了许多计量检定设备的设计图纸资料，在国内开始仿造。

为集中各方面力量迅速建立国家基准，国家科委在 1959 年 9 月 25 日《国务院关于统一我国计量制度和进一步开展计量工作的补充通知》中作了如下安排：“一、关于国家计量基准器的建立，长度、质量（重量）、容量、力学、温度、电学等项目在工业中使用广泛，彼此之间的关系又很密切，由国家计量局负责集中建立，其他项目分别委托下列单位建立：无线电计量由第一机械工业部第十五研究所负责；时间频率计量由中国科学院紫金山天文台负责；放射性计量由中国科学院原子能研究所负责；光度计量由中国科学院光学精密机械仪器研究所负责；声学计量由中国科学院电子研究所负责。这些单位在委托项目的计量业务上，受国家计量局的领导，所需要的人员、设备、经费等，应当分别提出计划。二、计量标准器的生产和供应，由国家计量局会同第一机械工业部及其他有关部门，统筹规划，妥善安排。其他各种计量器具，也应该由有关部门分别归口，安排生产”。

但是不久，中苏交恶，苏联撤走了专家，国家又出现了经济困难。这些建立国家计量基准的工作被迫停顿下来。

60年代，我国计量科技人员依靠自己的力量，发扬自力更生奋发图强的精神，开始了建立十大类，76项，214种国家计量基准的宏大工程。至1961年底建成国家临时基准17项，可开展检定11项，其他大都正在建立。至1963年建成长度、热工、力学、电学、无线电、时间频率六类22项中的39种国家计量基准。虽然当时建立的国家基准精度还不高，只相当于30年代苏联的水平，但都是最急需的，已可满足工业的一般需要。

为了把国家基准的量值传递到生产第一线，还需要建立各级计量检定机构。在1958年和1959年国家科委计量局召开的全国计量工作会议上，都强调要迅速建立起全国计量网，健全省、市、自治区和专区一级的计量机构。

1960年中国计量科学检定所，在国家科委计量局成立，负责研究建立国家基准。1962年，又决定在北京、上海、武汉、沈阳、成都、西安建立大区一级计量机构。

据《中华人民共和国计量工作大事记》载，“至1959年底，已有山东、湖北、青海、安徽、辽宁、新疆、广东、河北、上海、天津、北京、山西、江苏、内蒙古、贵州、广西、吉林等省、市、自治区相继建立了计量管理局（处、所）。包括地、县计量机构在内，全国已建计量机构606个，工作人员约2779名，初步形成了全国计量网。工作范围也开始由管度量衡逐渐扩展到为工农业生产、科研服务”。但当时，在广东还没有建成计量网，全省最高计量标准还很少，其他级别的计量标准更是缺乏。省、专区、市、县以及部门、工厂企业的计量机构也远没达到健全的要求。

1961年12月国家科委计量局在北京召开全国计量工作会议上，进一步明确了全国计量网的分工，即省、市、自治区计量部门以建立长度、热工、力学、电磁四大类计量地方标准为主，专区、县计量部门以开展度量衡检定、管理为主。

二、广东省计量网的建设

全省计量网，是由全省最高计量标准到各级计量标准，以及省、专区、市、县直至企业计量检定机构构成的覆盖全省的量值传递网。

1. 建立计量标准

广东省建立计量网的初期，设备缺乏，计量标准很少。1958年6月，国家科委计量局工作组帮助省计量管理所组织广州市第一重型机器厂、广州自来水公司、华南工学院、省电业局广州供电所、中山大学物理系、广州电器科学研究所、水利科学研究所等7个单位进行协作，当时提出的解决办法是：

在长度计量方面：广州市计量所现有二等量块，能够作为统一的计量标准，并对全市所有三、四等量块进行检定。但因缺乏恒温室，在恒温室未建成前，可商借广州电器科学研究所恒温室进行工作。

在温度计量方面：广州市计量所建立二等水银温度计标准，可开展各种水银温度计和压力温度计的检定。广州通用机器厂有标准热电偶、电炉，中山大学和华南工学院有较精密的电位差计等，但这些单位的温度检定设备不成套，不能单独开展常规检定，如协商后暂时集中于一个单位，可开展非贵重金属热电偶的检定。

在力学计量方面：广州市计量所开展质量（各种天平、砝码、秤类）、容量、密度和硬度检定。华南工学院和水利设计院各有 50 吨三等标准测力计，水力发电设计院有 200 吨三等标准测力计，广州市计量所再配备 500 公斤、1 吨、10 吨、100 吨三等标准测力计。以上单位达成合作，就可解决广州市各种非金属、金属材料试验机的检定问题。

华南工学院有一台德国 TP1 型转速表检定仪，可承担转速、转数和里程表的检定。

广州市自来水公司可承担水表检定。广州市计量所负责气体流量计检定。

广州造纸厂、广州铁路局、广州电厂可自行检定压力计、真空计。

在电学计量方面：广州电器科学研究所有一部分较精密的电学计量仪器，并有恒温室，如再补充一些必要设备（如标准电池、标准电阻等），可建立临时较高级的标准，承担 0.5 级以上的指示电工仪表检定。

在协作的基础上，1959 年建立了临时的统一的全省最高计量标准，如表 3-1。

表 3-1　1959 年广东省计量标准统计表

类别	项目	仪器名称	精度等级	存放单位	备注
长度	端度	量块	二等 0 级	广州市计量检定所	
	线纹	标准线纹尺	一级	广州市计量检定所	
	角度	角度块	一级	广州市计量检定所	
力学	质量	标准砝码	一级标准 1 mg ～ 1000 g	广州市计量检定所	
		标准天平	一级标准 20 g	广州市计量检定所	
		标准天平	200 g	广州市计量检定所	
		标准天平	1 kg	广州市计量检定所	
		标准天平	5 kg	广州市计量检定所	
		标准天平	25 kg	广州市计量检定所	
	硬度	洛氏 C 硬度块	二级	广州市计量检定所	
		洛氏 B 硬度块	二级	广州市计量检定所	
		布氏硬度块	二级	广州市计量检定所	
		维氏硬度块	二级	广州市计量检定所	
		洛氏硬度计	二级	广州市计量检定所	
	测力	50t 拉压测力计	三级	华南工学院	
		50t 拉力测力计	三级	广州市计量检定所	
		5t 压力测力计	三级	广州市计量检定所	
		2t 拉压测力计	三级	广州市计量检定所	
		200kg 压力测力计	三级	广州市计量检定所	

表 3-1 （续）

类别	项目	仪器名称	精度等级	存放单位	备注
力学	转速	转速试验台	0.5% 40000 转 / 分	广州市计量检定所	
	密度	标准密度计	一级	广州市计量检定所	
		标准糖量计	一级	广州市计量检定所	
		标准海水密度计	一级	广州市计量检定所	
		标准酒精计	一级	广州市计量检定所	
		衡量法标准天平	一级	广州市计量检定所	
热工	温度	铂铑～铂热电偶	二级	广州市计量检定所	
		标准灯泡	一级	广州市计量检定所	
		水银温度计	二级	广州市计量检定所	
	压力	标准压力表	三级 0.2 ～ 0.35 （2 ～ 1600）kgf/cm^2		
		负荷式压力试验台	三级标准 (0.4 ～ 100)kgf/cm^2		
		负荷式压力试验台	三级标准 （50 ～ 500）kgf/cm^2		
电学	标准电池	标准电池	二级	广州电器科学研究所	未经国家检定
	电阻	标准电阻线圈（套）	二级	广州电器科学研究所	未经国家检定
	电流	安培表	0.2 级	广州电器科学研究所	未经国家检定
	电压	电压表	0.2 级	广州电器科学研究所	未经国家检定
	电度	电度表	0.2 级	省电业局供电公司	
	电功率	瓦特表	0.2 级	广州电器科学研究所	
	电容	标准电容器	精度未评	协作单位	未正式使用过
	电感	标准低频电感线圈 标准高频电感线圈	精度未评	协作单位	未正式使用

省计量标准局成立后，积极建立了一些当时工农业生产迫切需要的计量项目。1965 年作为省一级最高标准有四类 24 种，其中长度 5 种（二等量块、一等线纹尺、一等角度块、平面平晶、光洁度仪器），热工 5 种（二等温度灯、一等铂铑－铂热电偶、一等铂电阻温度计、一等水银温度计、二等活塞压力计），力学 5 种（三等测力计、二等标准测力机、二等洛氏硬度块、公斤工作基准砝码、0.5 级标准转速装置、一等酒精计），电学 9 种（一级标准电池、0.01 级标准电阻、0.1 级交直流电流表电压表功率表、热电比较仪、0.1 级电流电压互感器、0.03 级电位计、0.02 级电桥）。

同年广州市计量所，建立了四类 27 种计量标准：长度 4 种（二等量块、一等线纹尺、二等角度块、平面平晶），热工 4 种（二等铂铑－铂热电偶、二等温度灯、二等水银温度计、二等活塞压力计），力学 9 种（一等砝码、三等测力计、二等洛氏硬度块、0.5 级标准转速装置、标准密度计、酒精计、糖量计、海水密度计、一等标准球），电学 10 种（一级标准电池、0.01 级标准电阻、交直流电流表电压表功率表试验台、0.2 级交流电流表、电压表、功率表、0.5 级单相电度表、电流电压互感器检定装置、0.015 级电位计、0.05 级电桥）。

其他市、县计量检定所根据各自地区的实际需要建立了相应的计量标准，例如：

汕头市计量检定所，除 1954 年成立时拥有的标准器以外，1958 年增加了压力表检定仪、1 kg 天平、（500 ～ 1000）g 二等砝码、低压二等标准压力仪、二等标准温度计，千分卡、百分表等计量标准器具。1964 年该所已建立 3 个检定室，标准器有：

力学室：500 g ～ 1 mg 二等标准砝码一盒，200 g ～ 0.1 mg 电光天平一架，二等洛氏标准硬度块高、中、低 2 套，布氏硬度计 1 台。

电热室：压力标准器（0 ～ 60）kgf/cm^2，压力仪 1 台，一级标准电流表、电压表各 1 个。

长度室：二等量块一套。

江门市计量检定所从 1958 年起，开始建立计量标准，到 1965 年计量检定设备有两种不同等级的量块、千分表示值检定仪、百分表示值检具、三等标准活塞压力计、二等克组、毫克组砝码、三等公斤组砝码等 9 台（套）。

20 世纪 60 年代初韶关专区的计量设备有 2 级及 3 级量块各 1 副，线纹米尺 3 支，万分之一的天平 1 架。佛山市计量所设备有：万分之一和千分之一天平各 1 架，二级砝码 1 副，2、3 级量块各 1 副，0.01 mm 千分尺、千分表各 1 件，线纹尺 2 支，平行平晶 1 副及一批大砝码。湛江市计量所设备有：三等 2 级量块 2 副，三等线纹尺，2 级平行平晶两盒，一等分析天平、线纹尺、测微计各 1 台。茂名市计量所设备有：标准天平、二级标准砝码、二级量块各 1 副。揭阳县计量所设备有：3 级量块 1 套，三级标准线纹尺 1 套，三级标准砝码 250 公斤。海口市计量所有 2 级标准和工业用天平，2、3 级量块各 1 副。其他县计量所一般配备有量块、2 级天平、线纹尺、大铁砝码等。

2. 建立各级计量机构

在国家计量局提出建立全国计量网的要求以后，广东省从 1958 年开始抓全省计量网的建设工作，提出省有基地，专区（市）有据点，县有基层，按需要设立机构。在主要工业城市，以区或大厂为重点，建立中心计量室，并根据需要建立与加强厂矿的计量组织。

全省 1958 年底除省、市合署的省计量管理所外，只有汕头、韶关、江门、湛江、佛山 5 个市计量检定所和中山、梅县、兴宁 3 个县计量检定所，人员 79 人。

1959 年 6 月省人委发出《关于加强与开展计量工作的意见》，明确规定了地方计量机构的组织编制和财政开支问题。各地计量机构大会宣传，培训干部，配备设备，布置任务交叉进行。省和汕头地区先后举办计量干部训练班，为地方培训计量干部。同时，根据地方急需，配备基本的标准设备，如汕头专区，在专署科委的支持下，在各县抽调 1 ～ 2 名人员进行短期学习，还为他们解决了基本标准设备，该专区各市、县均已建立和开展了计量工作，初步显示了计量工作为生产服务的作用。

根据省人委关于逐步建立计量机构的指示，1959 年各地区陆续建立了一批计量机构，至年底，计量机构增加到 23 个，计量人员 244 人。

1960 年以后，机构的建设几经曲折，有些地方的计量机构在大跃进期间建立，碰到经济困难时又被撤销，到经济复苏后，机构又复建等等。经过调整巩固充实提高，至 1965 年全省的基本情况是：省辖 8 个专（行）区，10 个市，97 个县中，已建计量机构为专（行）区计量所 6 个，市计量所 10 个，县计量所 35 个。在经济和工业比较发达的地方基本都建立了计量机构。

三、广州市计量网的建设

在 1958、1959 年前后国家科委计量局召开的全国计量工作会议上，根据当时国家的条件，十分强调协作的作用。国家科委计量局鞠抗捷局长曾在会上讲过“建网的方法，根据现有经验主要是抓协作，计量部门本身力量有限，要靠大厂小厂，通过协作来解决人员培训，对解决设备不足的问题可采取自力更生和协作共建的办法”，“计量工作是技术工作，要有物质基础，要有必要的计量仪器，有一定的房屋、恒温室。计量工作要为高速发展的机械工业服务，要抓紧这个时机，把建计量网的工作开展起来”。

广州市中小型工厂多，一般的工作计量器具也多，工厂自身的计量工作基础十分薄弱，很难有效地开展计量检定工作。为了尽快地使这么多中小型工厂的计量工作开展起来，就要借助各系统，各行业的力量。计量网的建设，就是以系统、行业为主，成立计量机构，根据本系统、本行业的专业分工，生产的特点和需要，建立相应的计量标准，然后在系统内、行业内组织协作，开展计量工作。计量网的建设是一种社会协作，弥补工厂企业所需计量标准的不足。

在广州市计量网建立之前，广州市基层单位设有计量室的只有广州重型机器厂一家，配备专业干部 7 人。其他企业配备计量工作人员的有：广州造船厂 1 人、协同和机器厂 2 人、广州机床厂 20 多人、人民玻璃厂 2 人、侨光玻璃厂 3 人、星光玻璃厂 4 人、正平杆秤厂 2 人，平行、乐声、合力等厂各 1 人。

经过 1959 年建网工作，至 10 月底，全市企业共有计量室（站）24 个，计量干部 81 人，有 25 个厂配备了专职或兼职计量干部，共 30 人。

广州市计量网的建设，首先在机械行业取得进展，1959 年由于取得机电局的重视、合作，在短短 5 个月内，便在 49 个工厂中开展了计量工作。1960 年，广州市计量所协助机电、冶金、化工、建材等系统的工厂企业，高等院校建立健全计量室（站）11 个，还在各工业系统建立了天平、台秤检定组织。1961 年广州市机电系统已全面建立了计量组织，包括 66 个长度计量组织，合计专职人员 148 人。商业、粮食系统等不少企业也建立了计量组织，在化工和粮食系统共建立了 15 个天平、台秤检校组织。

为了巩固初步建立起来的计量网，1964 年 7 月 30 日，在全省计量工作会议上，围绕计量网的建设问题，进行了讨论和交流。

广州市计量网的基层组织到 1965 年已经在机电、化工、交运、粮食、商业等五大系统建立了 57 个计量室（站）有专职计量人员 250 多名，兼职计量人员 60 多名，这些计量组织均建立了所需的计量标准，开展了一般计量器具的检定、修理工作。机电、化工、粮食、计量系统组织比较健全，工作稳定。

计量网的建设，对于不少计量标准设备缺乏的系统和企业，较好地解决了在用计量器具量值传递的问题。

第七节　计量检定业务的开展和管理情况

经过轰轰烈烈的大跃进，又经过了经济的低潮，使人们的头脑逐渐冷静下来。在 1961 年 12 月的全国计量工作会议上，确定计量工作要加强打基础的工作，重点是要建立基准、标准，抓检定和监督管理工作。

一、对计量器具的“三普”

1961年12月全国计量工作会议提出当时的计量工作以普检普查为重点，开展检定管理工作。

广州市计量所贯彻全国计量工作会议精神，对全市各行各业使用普遍影响面广的一般衡器、天平砝码、万能量具、压力表、材料试验机等计量器具进行“三普”，即普查普检普修。

先是组织粮食、商业系统对全市5000多家商店使用的衡器，全面进行了一次普检普修，共检定了5000多台台秤，不合格36%，杆秤10000支，不合格28%。在检定过程中，组织衡器厂（社）配合检查，进行修理，使大部分不合格衡器及时修好，保证衡器的准确性。

而后对轻工、化工、纺织、重工、卫生等五大系统和科研单位所使用的天平、砝码等计量器具进行较全面的“三普”，发现使用中的天平砝码失准情况比较严重，81个工厂和科研单位394台天平有78.1%不合格，广州市计量所在检查检定中，调修好天平100多台，还督促使用单位加强维护保养工作，对保证天平的准确性、保证生产和科研的需要起到良好作用。

由于广州市计量所只有50吨以下的标准测力计，所以一直没能开展对50吨以上的材料试验机的检定工作，1962年底广州市计量所与湖北、广西、湖南等计量局协作，由湖北省计量局派人携带100吨、300吨标准测力计到广州，在广州地区开展了一次大吨位材料试验机的检修工作，共检了19台，不合格8台，及时修好4台。通过这次协作，不但解决了广州市因技术力量薄弱而未能解决的问题，还交流、学习了检修技术。从1963年开始对全市工业企业、科研单位使用的硬度计、材料试验机进行了全面的普检普查，经过两年努力，基本上解决了全市硬度计、材料试验机的失准失修问题。

此外对万能量具、光学仪器、压力表、热电仪等也进行了普检普查。通过“三普”工作，一方面使失准失修的计量器具得到一定程度的解决，直接服务了生产第一线。另一方面还摸清全市计量器具失准失修的状况，发现和反映了不少问题，引起有关领导和群众的重视。对在工厂企业建立计量组织，重视计量工作都起到推动作用，帮助一些系统的计量站建立起来。

1963年初，广州市计量所深入广州市郊花县、从化、佛岗三县的农科所、农械厂、水泥厂、流溪河发电厂等单位，对所使用的计量器具进行普检普查，对三县的商业部门和供销部门使用的衡器进行全面的“三普”，对不合格的器具及时发现修理好，并传授正确使用和维护计量器具的技能。

全省各地计量所特别是县一级计量所都组织力量深入公社、大队、生产队进行衡器检修工作，对当地城镇、墟集和公社作定期巡回普检普修，不少县计量所的干部自己挑运砝码、工具等下乡检定。1964年佛山市计量所为佛山动力厂修复千分尺38把，东莞县计量所积极建立计量标准，除衡器检修外，还开展电测仪表的检修业务。

二、量值传递

随着经济的好转，我国国民经济进入了调整、巩固、充实、提高的时期，计量工作也积极贯彻这八字方针。1963年4月全国标准计量工作会议确定计量工作要以量值传递为主，把计量基准、标准的量值传递到生产第一线，贯彻“建立一项，传递一项，传递一项，巩固一项”的原则。在当年召开的长度、力学、电学等专业会议上进一步提出要逐步开展量值传递，加强监督管理，把量值传递与出厂检定放在主要地位。

1．新洛氏硬度基准量值的传递

金属的洛氏硬度与产品的质量有着密切的关系，洛氏硬度计在工业企业中的应用非常广泛，然而六十年代初国内洛氏硬度量值十分混乱，使用着几十个国家的硬度计，种类繁多而复杂，失准情况很严重。1962 年国家科委计量局建立了洛氏硬度新的国家基准，新基准在准确性、可靠性、稳定性上都比旧洛氏硬度基准优越，为全国洛氏硬度量值的一致准确打下了一个良好的基础。是年 10 月 25 日，国家科委计量局决定采用新洛氏硬度基准作为我国正式的洛氏硬度基准，统一国内的洛氏硬度值。为了将新洛氏硬度基准量值在全国传递下去，1963 年 2 月召开了全国硬度计量会议，通过这次会议统一了新洛氏硬度基准量值传递的认识和方法。会上就新洛氏硬度基准量值传递的任务和方法进行了详细具体的部署，并且国家科委计量局已为这一工作准备了技术文件，包括洛氏硬度计检定规程、硬度块定度规程、洛氏硬度量值传递须知、新旧洛氏基准硬度值对照表等，规定了过渡期为 1963 年 3 月到 1964 年 3 月。

新洛氏硬度基准量值在广东省的传递，是对工业企业，特别是机械、冶金行业有普遍影响的大事。根据全国硬度计量会议的精神，广东省召开了全省硬度计量会议，按照全国会议先试点后推广的部署，决定由省计量标准局、省机械工业厅、广州市计量所、广州市重工业局组成工作组，于 1963 年 11 月 4 日至 12 月 11 日先后在广州自行车厂、广州轴承厂、广州市工业产品检验所进行洛氏硬度新基准量值传递试点工作。

当时 3 个试点单位情况如下：

广州自行车厂 1961 年大批生产 28 吋“红棉牌”、26 吋“五羊牌”自行车，产品是按部标设计制造的，其中的 16 个自行车零部件的硬度是洛氏（56 ～ 62）HRC。硬度检验时由于数据差别大，各工序之间产生矛盾。全厂共有四台洛氏硬度计，其中三台由专人使用保养，一台开放式使用。由于保养不良，各硬度计之间示值差别较大。一块 HBA 标准硬度块，使用了六七年，压孔重叠，已经锈成像块废铁，但仍以此来调校硬度计。

广州轴承厂是按苏联设计标准生产各种滚动轴承和汽车万向节十字活塞、调速器等零件的工厂。其产品的硬度技术指标是十分严格的，整个生产过程中，硬度的检验是最重要的环节之一。但该厂硬度计量设备未定期进行检定。厂内的 MN-15 型洛氏硬度计在 1960 年接受过一次检修后，再也没有接受检定。另外两台 A-200 型三用光学硬度计，一台放在有冲床的车间，另一台放在热处理车间。冲床工作时，光学标尺震动，产生半度的误差。而放在热处理车间的另一台，仪器损坏程度相当严重。在测量较大较长的零部件硬度时，由于没有设置专用夹具，以手托住测件进行，不仅产生 4 ～ 5 个硬度单位误差，而且损坏压头不少。

广州市工业产品检验所进行硬度检验的产品有自行车零件、汽车零件以及一些工具、工业材料等。所里有一台意大利 A-200 硬度计和一台瑞士 EP 型轻负荷光学硬度计。但由于都没有配置原机的 HRC 中、低范围标准硬度块，因而对检验中、低硬度产品的数据可靠性信心不足。

试点工作的做法是：在下厂开始工作之前，组织者先和 3 个试点单位开会，说明目的要求，研究做法，选择标准硬度块、压头等，为试点工作做好准备。接下来由硬度试验人员、省计量标准局、广州市计量所人员组成工作组下厂，与试点单位的领导和有关部门紧密配合，首先开座谈会，听测试人员介绍硬度计、硬度块、工件压头的使用测试情况，然后到现场观察设备、环境条件，并由试点单位测试人员按习惯的操作方法进行测试。由此比较全面地掌握了情况。

归纳起来有如下几个问题：

第一，示值误差不合格，较突出的是轴承厂一台 MN-15 型硬度计超差 +13.4 HR，且变动很大。第二，丢失零配件，如砝码、V 型工作台等。第三，标准硬度块生锈、两面打压，有的硬度块未经定度就使用。第四，压头崩裂或缺少压头。第五，零配件生锈、丝杆松动、升降不灵、主轴磨损、光学标牌不清晰，百分表以及加荷机构有故障。第六，安装维护不当，放置在受较大震动的地方，蒙上较厚的灰尘，没有护罩。第七，实际操作问题不少，没有较好掌握载荷要保持适当一段时间，压痕间距没有按规定掌握。压头安装还没有加荷就拧紧。测试工件用手托，方法不正确，容易损坏压头。有些测件光洁度不符合要求，仅仅用砂纸擦拭氧化表面等。

经过检查和测试，掌握了问题所在，然后着手调修。计量人员、测试人员和车间工人互相配合，首先把全部机件拆开清洗，消除污物，调整缓冲器速度，抹净光学标牌，调整杠杆比例臂等，如不能达到合格，就进一步研究各部分零件的毛病。例如广州轴承厂的 MN-15 型硬度计，多次调修后误差仍很大。试点工作组全体人员反复装拆，研究试验，最后发现载荷丝杆不能落到最低位置。由于压头压入硬度块深度不够，硬度值就显著偏高。于是对加荷机构各部件的相对位置作了调整及对个别零件作了更换，重新检定为合格。工作组边修边教，对测试人员讲解有关硬度计的基本知识和操作方法。

在硬度计检修合格后，协助试点单位总结经验，制定使用、保养、监督管理的制度，以巩固提高。

通过 3 个单位的试点，取得较好的收获。

（1）传递了新基准量值，统一了生产部门与检验部门的硬度量值。

（2）3 个试点单位的 9 台硬度计经调修后检定为合格，对产品质量的提高有显著的效果。

广州自行车厂在试点工作之前硬度计不准确，有 5 万多条车链产品硬度不合格，作为次品出售，不但使消费者使用了耐用性能较差的产品，也使工厂蒙受折价损失 12000 多元。经过试点检修后，热处理工段职工普遍增加了硬度计量知识，重视硬度计量测试工作，改进热处理工艺，产品质量有明显的提高。据统计，1963 年 6 月试点工作之前，有四星盘、车链条、前哈、后哈、脚踏、四星芯、前叉等 7 件送检产品，都存在硬度过高过低现象，全部不符合相关技术标准硬度的要求。1963 年 12 月试点后，上述产品送检共 9 单，仅有 2 单因工艺过程不合标准，而出现硬度有偏高偏低不符合技术标准的问题，其余全部符合技术标准要求。

广州轴承厂过去使用的两台硬度计示值差别很大，无法判断产品的硬度技术指标。产品经检验机构或使用单位复检不合格后而退货，造成很大的浪费。试点后，产品质量明显提高。

（3）通过试点，改正了不正确的操作方法，提高了硬度检测人员的技术水平，促进了 3 个试点单位对硬度计量工作的重视，他们根据各自的具体情况，制定了使用、保管、维修制度，推动了计量工作的开展。

（4）在试点工作中，计量部门摸清了情况，了解了硬度计量存在的问题，为下一步新洛氏硬度基准量值传递工作的推广做好了准备。

试点成功后，1964 年广州市计量所对全市洛氏硬度计进行了全面的普检普查，检定了 70 个单位 104 台硬度计，10 台合格，调修合格 85 台，满足了使用单位的需要，传递了新洛氏硬度基准量值。

2. 建立标准开展检定

在 1963 年 12 月国家科委计量局召开的地方计量规划会议上提出，首先把最普遍需要的 13 项计量标准（端度、线纹、角度、表面光洁度、高温、中温、压力、质量、测力、硬度、电流表、电压表、功率表）补齐，充分利用现有的设备、条件把已建立的计量标准的量值认真地、系统地、扎扎实实地传递到生产第一线去。

1964 年省计量标准局长度科开展检定三、四、五等量块、一级平晶、光洁度样板等和螺纹、齿轮的精密测量；力学科开展检定二、三等标准砝码，开展检定包括中南四省（鄂、湘、桂、粤）6 吨以下三等测力计，完成全省新洛氏硬度基准量值传递和硬度计普检普修工作；电学科开展检定二级标准电池、电桥、电位差、电阻箱和 0.02 级电流表、电压表、功率表等；热工科开展检定二、三等标准活塞压力计、精密压力表、光学高温计等。

广州市计量所开展了量块、光学仪器、二等及以下标准砝码，电位计、标准电池、电阻箱、0.5 级电测仪表、三等标准活塞压力计、精密压力表等项量值传递。1964 年共检定计量器具 43 万余件，修理计量器具 3756 件。

1964 年各专区、广州市计量所也在不同程度上扩大了业务。9 个市计量所普遍开展了压力表的检定工作；汕头、湛江、佛山、江门 4 市计量所开展了万能量具检修的部分业务；韶关市计量所当年共检各式大小负荷压力表、氧气表 245 个，除衡器外还开展天平、砝码的检定业务；佛山市计量所除衡器检定外，还检修天平 44 台、检定千分尺、游标卡尺、百分表 110 件，其中千分尺、游标量具修理 97 件，检修压力表 246 个。汕头市计量所开展检修各种量具（包括内测示千分尺、指示千分尺、百分表、厚度表等）、天平、砝码、压力表、地秤、电流表、电压表等，并且接受修理转速表、比色计、电桥、测湿仪等。

县一级计量所主要开展衡器检修工作，对城镇、集市、农村人民公社作定期巡回普检普修。个别县所如东莞县计量所在地方领导支持下，除衡器检修外，扩大开展了电测仪表检修业务，当年共检修电流表、电压表、电能表 442 个。

一机部汽车研究所海南岛试验站是我国和苏联合作的项目，苏联撤走专家后，为了保证完成 1964 年对解放牌汽车作全面测试的任务，省计量标准局协助该站把测试用的量具作了全面的检定，使解放牌汽车的研究测试顺利进行。

为贯彻落实 1964 年 12 月颁布的《广东省计量管理暂行办法（草案）》，省计量标准局已建立了一批工农业生产和科研工作需要的长度、热工、力学、电学计量标准，具备了量值传递所必须的仪器设备和恒温实验室等技术条件，为逐步开展计量标准器具和精密的工作计量器具的检定工作，省计量标准局于 1965 年 4 月 15 日公布了第一批计量器具检定项目，有：

长度计量方面：

（1）三、四、五、六等量块（100 mm 以内）；

（2）二等或一级角度量块；

（3）二等线纹米尺；

（4）一级平面平晶（直径 150 mm 以内）；

（5）平行平晶；

（6）3 ～ 14 级表面光洁度样板；

（7）0 级 1 级刀口尺（0 ～ 300）mm；

（8）精密研磨平尺。

热工计量方面：

（1）二、三等标准热电偶；

（2）光学高温计（900 ～ 3000）℃；

（3）二等标准铂电阻温度计（0 ～ 630）℃；

（4）二等标准水银温度计（-30 ～ +300）℃；

（5）精密水银温度计（最小分度值为≤ 0.2 ℃）；

（6）二、三等标准活塞压力计（二等为（1 ～ 60）kgf/cm^2，三等为（0.4 ～ 600）kgf/cm^2）；

（7）标准压力表、真空表。

力学计量方面：

（1）二、三等标准砝码（1 mg ～ 1 kg）；

（2）一、二、三、四级精密天平；

（3）三等测力计（6 吨以内）；

（4）工作测力计（6 吨以内）；

（5）各种硬度计；

（6）0.5 级以下转速表（30 ～ 40000）r/min。

电学计量方面：

（1）二、三级标准电池；

（2）0.02 级，0.05 级标准电阻；

（3）0.02 级，0.05 级，0.1 级直流电位差计；

（4）0.05 级，0.1 级直流电桥；

（5）0.05 级，0.1 级直流电阻箱；

（6）0.1 级，0.2 级交直流安培表（0 ～ 30）A；

（7）0.1 级，0.2 级交直流伏特表（0 ～ 600）V；

（8）0.1 级，0.2 级交直流瓦特表；

（9）音频安培表（50 ～ 2000）Hz，（0 ～ 10）A；

（10）音频伏特表（50 ～ 2000）Hz，（0 ～ 600）V；

（11）0.1 级，0.2 级电流互感器（5 ～ 5000）/5A；

（12）0.1 级，0.2 级电压互感器（100 ～ 6000）/100V。

广州市计量所几年来，建立了四类 27 种计量标准：长度 4 种、热工 4 种、力学 9 种、电学 10 种。这些计量标准再加以配套提高，基本上满足广州市的生产、科研和国防建设的量值传递检定测试工作的需要。进行量值传递，必须对计量标准器进行定期检定，广州市计量所先以长度为试点，制订标准量块和光学仪器的周期检定日程表，取得了效果。1964 年在经过调查研究的基础上制定了长、力、热、电 10 种计量标准器具的周期检定日程表，全年量值传递计划基本完成。在这基础上进一步发展，到 1965 年共编制了 18 种计量标准器的周期检定日程表，共包含计量器具 3423 件（套）。执行结果，除了电学方面因标准设备损坏不能及时完成传递任务外，其余项目均完成和超额完成了量值传递计划。

3. 生产和修理计量器具的检定管理

广州市生产和修理计量器具的单位，绝大部分是小厂和合作社。在大跃进以前，产品均由广州市计量所逐件检定出厂，大跃进以后将出厂检定大部分下放给制造厂自己承担出厂检定后，没有进行管理。1963 年该所对下放的产品进行了一次全面质量检查，发现粗制滥造现象十分严重，此后对部分产品收回了检定权，仍由该所逐件检定出厂，对部分未收回检定权的产品也采取了抽检管理措施，特别是对台秤、硬度计、材料试验机不仅逐件进行出厂检定，而且帮助生产厂攻克技术难关，提高了产品质量。

其他市、县计量所由于 60 年代人员被抽调和下放，已无人力进行出厂检定，多数都是将计量器具出厂检定委托生产厂自己做，没有负起管理责任。

三、检定机构的早期管理

1961 年 11 月国家科委计量局向各省发送了《我局关于加强检定工作提高检定质量的几项措施（草案）》，严肃认真地提出了检定工作的管理要求。该文件指出“检定工作，是一项十分重要的工作，它要为国防尖端，科学研究和国民经济的各个部门在工作上提供正确可靠的根据，不允许有微小的差错，它对国家负有高度的责任。因此在工作中必须把革命性与科学性结合起来，既要发扬敢想敢说敢干的精神，又要坚持贯彻工作的严肃性、严格性和严密性。”该文件还具体提出以下要求：

（1）对检定工作，必须具有严肃的态度，及检定人员须经过严格的考核要具备技术可靠，工作细致，责任心强的条件。同时各级检定员的工作范围，也要严格的划分，对国家基准、标准的比较以及各省和国防部门标准的检定，须特别严肃对待，实验室主任应亲自主持或检查。

（2）每项检定工作，都必须严格的按照检定规程进行，不得任意改变。各实验室须时常注意清洁，整齐，为检定工作提供必要的工作环境和条件。

（3）检定工作所用的基、标准仪器及其所有的附属设备，都必须有检定合格证书，否则不能使用，并且要定期检定，经常注意维护，如发现问题，须即组织检查，研究是否可继续使用。

（4）国家基准、标准仪器，应固定专人使用（包括维护），定期比较，专案立卷，严密保管。

（5）检定证书必须有主要检定人员签字，较重要的仪器须复检的应有复检人员签字，最后送实验室主任审核签字，如系国家基准、标准比较和检定并送处长审核签字。每项检定工作，都必须有原始记录，由检定员签字，复检员签字，并立卷归档，指定专人管理，建立严密的负责制。

检定证书及原始记录格式由综合处统一拟制，以求划一，便于检查保管。

（6）仪器收发室，在接受送检仪器时，要作仔细的外观检查，发现问题，应记入仪器送检单中。

（7）送检仪器从仪器收发室到实验室的往返过程中，要有严格的交接手续，经办人如对要交接的仪器有任何疑问，应当面核对清楚。

（8）所有送检仪器，在出实验室时，不论它合格与否，都要有检定证书（合格证或不合格证），没有证书的，仪器收发室可以拒收。

（9）高精度的基准、标准仪器及易碎品，检定后，通知对方自己提取，不得邮寄。

（10）仪器包装应有专人负责，包装人在包装前，应对仪器进行严密的外观检查，包装后应在装箱单上签字，如认为有问题，可以拒绝包装，包装内可附一回单，送检单位填注意见，以便改进我们的工作。

上述条款与 40 年后，计量技术机构遵循的实验室管理国际标准有许多共同之处，当时国家科委计量局已经向全国各级计量检定机构提出了在检定工作中贯彻严肃性、严格性、严密性的“三严”要求，以提高计量检定的质量。

随着许多标准项目的建立，广州市计量所逐步开展许多量值传递工作，检定的计量器具精度越来越高，准确性要求更高，因此必须严格贯彻“三严”精神，建立完整的工作制度，才能保证检定质量。虽然原来也有一些工作制度，但距工作要求还差很远，尤其是热工、电学都是大跃进以后发展起来的，对仪器使用保养维护，保证检定数据的可靠等都缺乏一套完整的工作制度。为此，广州市计量所整顿了工作秩序，于 1963 年建立健全了各项工作制度，计有：标准仪器仪表保养使用制度；精密检定室工作制度；检定记录证书审批签发制度；检定人员工作守则；标准仪器记录历史档案；财产工具领用报废制度等。虽然这些制度还没完全达到国家局“三严”的要求，但确是广东省检定机构开展内部管理第一次出台比较完善的管理制度。

1963 年 10 月 31 日省机械工业厅、省计量标准局、广州市重工业局、广州市轻工业局、广州市计量所联合发文《关于试行〈广州地区机械工业企业长度计量管理暂行规定〉请贯彻执行》。文件强调为进一步加强广州地区机械工业企业中的长度计量网的建设工作，以保证企业内部量值的统一和产品质量的提高，制订了《广州地区机械工业企业长度计量管理暂行规定》。在该暂行规定中详细、具体地说明了工厂企业的计量机构如何设立，怎样建立计量标准，人员有什么要求；计量工作的职责和权限，怎样执行；计量器具的维护、保养和使用，都要做些什么；检定工作的要求；计量人员的考核和奖惩制度；有关评比、监督的要求以及所需设备的参考清单。这一暂行规定是经各厂负责人和各厂计量室负责人反复讨论研究修改后制订出来的，非常全面，严密，操作性很强，是很好的一份管理文件，对将长度量值传递到机械类生产企业的第一线，保证产品质量，有很好的促进作用。

1964 年 5 月 9 日国家科委计量局发布《关于检定证书的印刷与填发的规定（草案）》和《关于检定印的制造、保管与使用的规定（草案）》。同年 6 月 10 日国家科委计量局又发布了《关于援外出口的计量器具发给中外文检定证书的规定》。通知要求自 1965 年 1 月 1 日起全国一律启用所规定的检定印，按新格式印刷检定证书。文件规定了检定证书的格式、尺寸，检定证书字体为蓝色，检定结果通知书字体为黑色，以及检定专用章的形状、尺寸、字体等。在有关的填发说明中规定证书必须有检定员、核验人和主管人签名，并要求“检定证书可以根据内容的需要增加附页，但须填写页数，并应在附页的右上角注明该检定证书的编号。在检定证书的结尾处应注明原始记录的编号”。援外出口的计量器具发给的中文证书为正本，外文证书只能作为副本。这些规定是在全国首次对检定证书作了统一规定。从此，广东省各级计量检定机构出具的检定证书和检定结果通知书都按国家的统一规定执行。这种证书格式沿用了 30 多年，直到 90 年代末，随着计量检定 / 校准服务进入国际市场，才逐渐改变。

第八节　计量实验工厂的兴起和发展

在大跃进的 1958 年，国家科委计量局提出计量机构要“四员合一、大办工厂”的口号。所谓“四员合一”就是要求计量人员要集检定人员、修理人员、制造人员、监督管理人员于一身，成为工作的多面手。“大办工厂”就是指计量机构要大办附属的实验工厂。广东省的广州、韶关、汕头、江门、湛江、佛山市和兴宁县的计量所，都在 1958 年至 1959 年先后办起了附属实验工厂，以后又陆续有更多的计量所办了附属实验工厂。

这些工厂的建立一方面是由于大跃进的推动，另一方面是由于开展计量工作的需要。当时办厂的理由有三个：一是计量工作从度量衡转到为工业生产服务以后，检定的工作量越来越大，但是只管检定，而不管修理就不能真正解决计量器具不准的问题，需要有计量器具修理厂；二是建立全国计量网和全省计量网需要成立各级计量检定机构，开展量值传递，这些机构必须配备不同精度等级的各类计量标准器、配套设备或检定装置，需要解决这些设备的生产问题；三是为了统一全国计量制度，需要将旧杂制的度量衡器具换成公制的度量衡器具，需要大量生产公制的度量衡器和对原有的度量衡器进行改造。因此计量所附属实验工厂应运而生了。

国家科委计量局为了总结和推动计量机构办工厂，于 1959 年 8 月召开了全国计量机构办工厂经验交流会。据国家科委计量局实验工厂厂长讲，当时全国有 18 个省、市建立了实验工厂 120 个，共有工人 2150 人。这些工厂为大炼钢铁发挥了作用；配合计量工作的发展，进行修理服务，深受欢迎；有力的配合了市制改革工作。会上经过讨论明确了附属实验工厂的性质、方针和任务。性质是实验性的，是计量机构的附属工厂，是服务性的。其特点是“小、精、全”，小就是工厂规模小，精就是做精密的东西，全就是长、力、热、屯样样俱全。方针是以计量器具整修为主，积累技术力量，逐步生产计量标准器。任务是省、市计量实验工厂开展长、力、热、电计量器具修理为主，生产制造各种检具、夹具、量具、辅助设备等，专区、县计量实验工厂以台秤、杆秤、天平整修为主，生产衡器和一些简单的计量器具。会上要求兴办实验工厂要树立三个观点：第一是服务观点，计量工作需要什么就做什么，需要几个就做几个，办工厂的目的就是为计量工作服务；第二是精密观点，计量面对的都是精密仪器，要对工人进行精密观点的教育；第三是协作观点，计量的面太广了，不可能万事不求人，要进行协作。

为了适应计量工作发展的需要，解决计量器具的修理及科技部门和计量系统标准检定设备的制造，使计量工作更好地为工农业和科学技术服务，并通过实践，贯彻四员合一，培养干部成为多面手，1959 年 4 月广州市计量所在原有修理工作基础上，抽出一部分干部，又接收了广州市工商局星火炼钢厂，办起了附属实验工厂。该厂成立时有职工 20 名，其中车工 3 名、钳工 6 名、铸工 5 名，其他为一般职工，分为铸造车间和机械车间，有旧车床 4 台、钻床 1 台，和一批修理工具。他们白手起家，因陋就简，边建厂，边解决设备，边投入生产，几个月时间，工厂的面貌就完全改观，当年除继续承担了修理一批进口及使用中的游标卡尺、千分尺、百分表、天平、压力计、真空计、钢卷尺、热电偶、硬度计等以外，并生产了 2 级标准天平 5 架、二级标准砝码 20 套、千分尺基座 11 个、3 匹电动机 6 台、三级标准铁砝码 37 个，改装修理了工业天平 4 架，试制了游标卡尺、一级平板、一级刀口尺、专用量块、千分尺检具、量块夹具、铸铁工业砝码，以及秤砣 1124 公斤、增砣 60 公斤等。这些产品初步解决了汕头专区 6 个县及海口市等计量所的标准器和检定设备，还抽调一部分检定设备支援了广西柳州、桂林、梧州等计量所和本市衡器厂。该厂 1960 年试制成功平板研磨机，提高工作效率 3 倍，减轻了劳动强度，节省了劳动力，万能量具车间以前全部手工操作，从此实现了半机械化，半自动化，产品质量提高，生产品种增加。

汕头、佛山、江门、韶关、湛江、兴宁等市县计量所也都办起了附属实验工厂，配合检定，开展修理业务和生产部分计量器具，这对提高计量器具使用寿命、保证生产需要促进地方计量仪表工业的发展，起了积极的作用。

1958 年 9 月，时值对私营工商业改造运动，将韶关市秤尺社和邝八记、潘沃记二个私营衡器户合并为韶关市计量实验工厂，归韶关市计量管理所管理，开展修理和生产台秤、杆秤。

佛山市计量所1958年建起了度量衡实验工厂，车间主任李桥，职工有50多人，开展修理和制造杆秤、台秤。

1960年2月24日，揭阳县科学技术委员会在榕城农具厂内划一车间作为计量实验工厂，厂长由县科委主任丘荣兼任，副厂长由农具厂厂长刘壁钦担任，设业务主任1名，工人14名。该厂老工人多，技术熟练，水平较高，接受计量所委托检定台秤、杆秤，开展了木杆秤和台秤的改制检修工作，并配合做好市场的衡器管理工作。

计量机构办工厂是汕头地区各级计量所的特色，汕头专区15个县中有12个县市计量所办了实验工厂，主要是生产和修理台秤、杆秤。这些实验工厂有如下几种情况：

梅县计量检定所的实验工厂是由计量所直接领导，生产任务由计量所安排，生产收入除了本厂开支外，可由计量所支配。

1960年4月组建的潮安县计量实验工厂是小手工作坊合并而成的，主要是生产和修理台秤、木杆秤等，该厂向计量所上缴检定费，其余一切由厂方人员安排，自负盈亏。

兴宁县1958年成立计量检定所时，将一间集体所有制的衡器生产合作社，转为计量所的附属实验工厂，开展了衡器检定、修理和制造。1960年10月以后，因计量所所长调走，干部下放，计量所停止工作，实验工厂被划归县工业局领导，虽仍生产台秤、杆秤，却已与计量所毫无关系了。

汕头市计量检定所设一间实验工厂，有职工15人，以修理台秤、天平为主要工作，并生产木杆秤。1960年曾试制6架万分之四天平并售出3架。实验工厂生产所得利润不需上缴，大部分用于购置设备，其余用来补充行政活动费，和支付职工工资。

湛江市计量检定所附设实验工厂，开展业务范围：检修杆秤、台秤、案秤、地秤、天平、砝码、压力表、万能量具，以及各种米尺、卷尺等计量器具。

1960年，为解决地方计量机构仪器设备不足，省计量管理所组织广州、汕头、兴宁、五华、陆丰、佛山、湛江、韶关、海南等9个县和市的计量机构大搞天平、砝码、台秤生产。如广州市仅第一季度就生产了各种天平27架，分析标准砝码30组，大砝码81只。这些产品用来武装省属各县、市计量机构，解决了一些新成立的机构没有设备的困难。

1964年广东省各市、县计量所大多都办了大小规模不等的实验工厂，主要是制造和修理衡器，其中以修理为主。是年，各实验工厂都在不同程度上改善了经营管理。如汕头市计量所实验工厂超额25%完成全年产值。产品增加了3吨地秤，各产品合格率95%以上，1964年8月至12月四个月内利润达10000多元。韶关市计量实验工厂生产的杆秤、台秤品种比以前增加，成本下降，台秤售价平均下降13%。台秤的修理价格也比广州同类的稍低3%～5%。当年积累利润2000多元，主要用于韶关市计量所添置计量标准设备。

1961年成立省计量标准局时，在海珠区泰山庙前3号筹建了省局附属实验工厂。至1965年省局实验工厂有技工17名，厂房面积84 m^2，开展了量块、万能量具、光学仪器、光学高温计、热电高温计、压力表、天平、一般的电位计、电桥、0.5级以下电表等修理。但修理数量远不能满足客观需要。

第九节　计量科技工作

1963年4月全国标准计量工作会议上，国家科委副主任张有萱传达了当时中央提出的增加品种提高质量的号召和实现农业、工业、国防、科学技术四个现代化任务。在实现四个现代化的任务中，标准化和计量工作是十分重要的基础，这也给标准化和计量工作提供了发展的机遇和广阔的用武之地。

50年代末期至60年代中期，计量工作在我国还是比较薄弱的一环，而计量科研技改工作在广东还只是开始起步，能源计量、港口计量等动态测量问题很多，尚待解决，全省的测量设备基本还是靠手动、目测，大量数据的处理靠笔和小型计算器计算，与国外已实现了自动化测量和电子计算机处理相比，尚有很大差距。广东地处热带、亚热带，高温、潮湿、多雨，有地区的特殊性，计量仪器仪表的技术要求，要适应自然条件的特殊要求，因此，进行技术革新计量器具新产品开发，必须从广东的自然条件和地区特点出发，开展相关的计量科技工作。

一、计量测试和技术改造

1960年省计量管理所在广州举办了计量技术培训，为有关单位培训了干部，使他们掌握了一定的计量知识，促进了计量工作的技术改革。如粮食系统通过台秤检修学习后，初步掌握了台秤的性能与基本知识，在此基础上进一步研究试制成功了自动售粮器。过去各粮食店售粮都是一袋袋装好过秤，需要人力多，劳动强度大，自动售粮器试制成功后，售粮可以全部电控制，推广以后，出纳员收完货款后，只要轻轻一按电钮，在流出口就自动的流出顾客所买的数量，大大节省了人力。

1965年，省政府决定要省科委计量标准局负责民用工厂的军工产品的量具、刃具和军工产品的关键零部件的检验工作。当时，省科委计量标准局技术力量薄弱，测试仪器设备不足，为了保质保量按时完成任务，除了长度室的人员全力以赴投入这项军工检测工作外，还从其他室和华南工学院、省农机所、省科委中心实验站，以及韶关和肇庆地区计量所等单位抽调技术人员支援，在设备方面还把当时全省仅有的3台万能工具显微镜调来2台，集中统一使用。

1965年6月，广州市计量所成立以一位副所长为首的9人军工测试小组，为军工单位生产枪、子弹、手榴弹的刃具、模具、专用量具进行测试。共检定了专用量具、模具2000多件。保证了军工厂如期按质按量投入生产。

通过这次搞军工测试工作，大大提高了广东省计量部门长度计量测试技术水平，并从此打通了向全省开展长度计量测试的渠道。省科委中心实验站1965年完成军工测试任务10442件。

二、科研项目

1964年，由华南工学院材料科学研究所余仲奎、李杨宗等研制成功“在氧化气氛使用的硅化W/M（钨/锰）热电偶”，该成果荣获国家科委科技三等奖。

三、计量器具新产品制造

1965年，广州协兴祥机器厂造出了20HP柴油机弹簧压力工具；广州量具刃具厂造出了后角检查仪，解决钻头后角长期未能解决的测量技术问题；广州光学仪器厂造出了自准值望远镜；广州市电影机械厂造出了齿轮分度测量仪；广州市照相机厂造出了震动试验台、物距测定仪、转鼓记录仪；广州邮电器材厂仿制了计数式频率测量仪；广州市热带机床研究所试制成功耐磨、不易腐蚀，适合热带气候使用的300 mm×300 mm花岗岩石平板；越秀区粮管科造出了“手压售油器”，准确度比原来的“油提”提高了4倍。

四、计量技术科技论文发表情况

计量技术科技论文发表情况详见表 3-2。

表 3-2　计量技术科技论文发表情况表

序号	成果及论文名称	发表时间	研制单位及姓名	论文发表刊物名称
1	在氧化气氛使用的硅化 W/M（钨 / 锰）高温热电偶性能研究	1963 年	华南工学院余仲奎、李杨宗	《国家科委高温测试基地论文集》
2	在氧化气氛使用的硅化 W/M（钨 / 锰）热电偶	1964 年	华南工学院、材料科学研究所、高温技术研究室	获国家科学三等奖（编号 000425）
3	冲击试验台加速度的测量	1965 年	江门市计量所吕晶华	1965 年第 3 期《无线电器材环境适应性与可靠性试验》
4	冲击加速度核准器——冲击摆	1965 年	江门市计量所吕晶华	1965 年第 7 期《无线电器材环境适应性与可靠性试验》

第四章　计量工作的低潮时期

（1966—1976）

第四章　计量工作的低潮时期

（1966－1976）

正当全国人民经过了经济困难时期，国民经济和各项事业进入平稳发展之时，1966 年下半年文化大革命开始了。全国陷入混乱，许多工厂停产闹革命，没有停产的也没有按规定正常送检计量仪器。广东省各级计量机构受到文化大革命运动的冲击，搞乱了正常的工作秩序。但大部分人员还坚持检定工作，由于送检仪器很少，检定工作不饱满。1968 年初，广东省科委革委会成立，省局很多干部职工都下放到五七干校，只剩少部分留守。1969 年广东省政府按照当时提出的“备战备荒为人民”的方针，由省局派调人员到韶关市建立三线计量基地韶关分所，并在当地开展检定工作，一直到 1973 年将韶关分所移交韶关专区。广州市计量所受到的冲击较少，下放的人不多，业务工作基本维持。但许多专区、市、县计量所受到冲击，当时许多地方革委会不了解计量工作的性质，错误地认为计量工作是“管卡压”，不但没有想办法解决计量机构的体制、经费等问题，还撤销计量机构，调走计量工作人员，分散标准设备，有的地区甚至还将计量所的房屋移作他用。这种情况造成很多地区计量工作无人管理，衡器失修失准，严重影响市场交易秩序。

到了 70 年代，除了经常政治学习外，业务工作开始逐渐恢复，这一阶段是计量工作的低潮时期。

第一节　文革期间坚持计量检定和基础建设

1966 年至 1976 年，广东省计量机构在受到各种干扰情况下，还坚持计量检定工作，坚持机构的基础建设和开展多种计量学术活动。

一、坚持开展计量业务情况

1. 建立计量标准

1967 年省计量标准局建立日稳定度为 1×10^{-8} 的时间频率标准。

1968 年省计量标准局建立一等标准铂电阻温度计。

1969 年省科技服务站计量局（原省科委计量标准局于 1969 年改名为省科技服务站计量局）完成了由国家科委计量局下达的建立克工作基准和千克工作基准砝码的筹建工作，开展了对一等标准砝码的量值传递工作。

1971 年广州市计量管理所（原广州市计量检定所于 1966 年 4 月更名为广州市计量管理所）建立一等标准铂铑-铂热电偶，开展了二、三等铂铑-铂热电偶检定。

1973 年省计量所（原省科技服务站计量局于 1972 年 1 月改称广东省计量所）建立电容计量标准（准确度为 ±0.01%）、电感计量标准（准确度为 ±0.01）、品质因数（Q 值）计量标准（准确度为 ±（1% ～ 2%））和损耗计量标准（准确度为 $0.015\text{tg}\,\delta+0.5\times10^{-4}$）。同年省计量所建立了一、二等标准毛细管粘度计，经中国计量科学研究院（以下简称中国计量院）确认为粘度检定一级站，负责广东和广西粘度量值传递。

1973 年 11 月广州市标准计量所（广州市计量管理所于 1973 年 8 月改名为广州市标准计量所）电学室完成罗兰 -C 接收机的安装调试，通过接收罗兰 -C 系统发播的长波时间频率标准信号开展时间频率检定工作，频率准确度达到 10^{-7}，经过为时频台的晶体振荡器加装恒温层，使频率准确度提高到 10^{-9}。

1975 年省标准计量所（广东省计量所于 1974 年 8 月改名为广东省标准计量所）建立失真标准，准确度 ±1%。

2. 开展量值传递计量检定

广州材料试验机厂生产三用硬度计、洛氏硬度计及二等标准硬度块已有多年。1969 年省科技服务站计量局在中国计量院工作组的协助下建立了硬度块定度站，大量进行了二等标准洛、布、维硬度块的定度工作，并承担了湖南、广西的部分硬度块定度工作。

1970 年，省科技服务站计量局开展了“一专多能”、“多面手”和“检修结合”的活动。全年检修各种计量仪器仪表 12071 台（件），其中包检包修 1726 台（件）。全年为国防、军工、科研生产单位进行测试、鉴定 57 次，其中军工 25 次。经常抽出三分之一到二分之一人员到厂矿开展计量工作，计全年下厂服务共 98 人次，深入全省 120 个厂矿企业服务。

1971 年，为解决广东省民用工厂生产军工产品缺乏计量设备的困难，省工业战线革委会下达文件，通知从 10 月 1 日起各地生产的军品工装（刃、量、夹、模具）的计量检定工作由广东省计量机构承担。省科技服务站计量局动员有能力的计量所共同完成任务，确保军品质量。

1972 年省计量所要求全所职工下楼出院、深入基层、把计量工作做到生产第一线，消除了“送来就检，坐等上门”、“只检不修”的倾向。据 1 月至 11 月统计，为生产、国防和科研单位检定各种计量仪器仪表 12055 台（件），其中包修包检的 1842 台（件），为新产品鉴定和军工机械产品精密测试 193 台（件），协助肇庆计量所研制专用量块、光洁度样板等计量器具 146 件。

在这一年里，省计量所自制安装了 D72-5 型精密直流仪表校验装置、直流测磁装置、一等光学高温计检定装置。自己动手组装了屏蔽室和蓄电池室。电学室检修了标准低阻电位差计（苏联制造），把一台放置多年不用的交流电位差计（东德制造）进行检修调试，使之恢复使用。研磨组人员经过反复试验，研磨成功了石头平板。当年，全所用了三分之一的时间组织 518 人次（平均每人 8 次）分批下到全省 8 个专区协助专（市）县计量所开展量具热电仪表、天平等的检修和专用量块的研制工作，深入到许多国防军工和重点厂矿企业检修光学仪器、材料试验机、硬度计、天平、热电和无线电计量仪器仪表。

1973 年省计量所完成检定工作量 11571 台（件）。在对外贸易中，省计量所和广州市标准计量所共同配合广州商检局检验进口仪器设备，共检出 60 多宗不合格，向国外索赔 30 多万元。例如对日本进口一批 815 把千分尺、130 把卡尺中有 122 件不合格，价值 6000 多元。省商检局、省计量所和广州市标准计量所将不合格量具送到中国计量院复检后，到上海与日商就有关进口量具对外索赔谈判时，介绍了我们的检验方法，日本厂商听后同意我方的检验方法，承认质量不好，对不合格的量具，答应赔偿。

广州市计量管理所 1970 年对放置了十年的从苏联进口的低温恒温槽进行了修理改装，使恒温槽在零下 160℃的场区内能自由控温，槽内温度基本一致，从而开展了低温段的检定，填补了低温仪表检定的空白。

1972 年广州市计量管理所完成各类计量器具检修 50082 件，比 1971 年增长 40%，收入检修费 78919.29 元，比 1971 年增长 38.6%，完成日本进口大尺寸量具检定 4000 余件，并试制成功百分表检查仪，投入小批量生产，为 20 多个工厂提供了这项急需的检定仪器。该所当年成立了技术考核小组，对各业务部门人员、设备、操作技术、技术设施做了全面考核，在考核基础上普遍建立了岗位责任制和仪器设备使用、保管、保养等制度，恢复了计量标准仪器量值传递的周期检定制度。

广州市标准计量所 1973 年完成各类计量器具检修 40447 件，军工测试 882 件，生产百分表检查仪 27 台，共收入检修费 71000 元。

该所 1974 年完成各类计量器具检定 28017 件，修理各种量具 4217 件，收入检修费 58396.57 元，加工 50 多台百分表检查仪零部件。

到 1975 年广州市标准计量所只完成各类计量器具检定 16487 件。从这几年完成工作量逐年减少的现象，一定程度上反映出文化大革命对计量工作的破坏和影响。

东莞计量所在 1962 年开办时只有 1 个人、500 元经费，用了 450 元购置了一些开始工作时必用的工具设备。到 1972 年，该所已建立了长、力、热、电等主要计量项目的计量标准，能开展 30 多项计量仪器仪表的检定、修理工作。人员也发展到 18 人，承担全县农村电动排灌站电气仪表的检修，29 个国营工厂和 200 多个集体经济企业计量器具的检修以及全县度量衡改制管理工作。该所还为边防部队、邻近的增城、博罗、宝安等县工厂提供仪器仪表的检修服务。

中山县计量所从 1964 年仅有 3 人，1 台天平，200 公斤砝码，开展衡器检定，到 1976 年有 22 人，建立了长、力、热、电四大类部分计量标准，仪器设备过百，对本市计量器具基本做到全面的“管检修”。从 1969 年到 1976 年，共检定了各种仪器仪表 326300 多件（套），修理了 2780 多件（台），为提高中山量具刃具厂百分表、千分表的质量做了不少工作。

信宜县计量所 1973 年在做好全县 25 个公社（圩镇）的衡器普检普修工作基础上，协助各公社建立衡器检修管理小组，保证公余粮入库，农产品分配以及市场交易的公平合理。

至 1974 年底，省一级建立了长度、力学、热工、电磁、无线电、时间频率、声学等类 29 个项目，共 53 种计量标准。广州市、海南行政区和韶关、汕头、佛山、肇庆、湛江、惠州、江门、茂名等市分别建立了长、力、热、电一部分主要项目计量标准，相应开展了量值传递、检定、修理和一些精密测试工作。部分县在管理和检修衡器的基础上，逐步扩大开展一些工业生产上使用的计量仪器的检定、修理工作，为地方五小工业和农村水电、排灌服务。

但是，从全省来看，地区、市、县计量机构还不健全，有三分之二的县未建立计量所，全省计量网还不完整。

3. 开展比对活动

根据 1972 年上海比对会议精神，由广东省电子局、广东省计量所、广字八零二部队及京字 112 部队 4 个单位联合组织的全国低频电压标准（D-930）比对会，于 1974 年 2 月 15 日至 3 月 11 日在广州举行。

七机部二院计量站、七机部五院计量站、中国计量院、上海市计量局、上海市机电二局计量站、三机部六一五所、山西省计量局、三机部六一八所、江苏省计量所、南字八一七部队、六机部五三所、成都市计量所标准处、成都市无线电一厂、广东省电子局、广东省计量所、广字八〇二部队及京字112 部队等 17 个单位参加了比对会。

进行比对的标准仪器有 D-930CM（AM）型低频电压标准 9 台，3102 型交流电压标准 2 台，RFS-1 型电压标准 1 台和 AT-203 型电压校准装置 1 台等 4 种共 13 台。

会议期间进行了 4 种低频电压标准的原理介绍及有关检定技术文件交流，进行了 D-930 型低频电压标准的比对及 D-930 型与 3102 型和 RFS-1 型等电压标准的旁证测试工作；起草和讨论了对 DYB-2 型电压表检定仪的检定方法；商讨了持有类似 D930 型低频电压标准的单位承担 DYB-2 型仪器检定任务等项内容。

二、贯彻《68 国际实用温标》

温度计量与工农业生产，科学研究以及人们的日常生活都有着密切的关系。温度的标准是温度计量工作的基础，温标是温度的数值表示方法，各种各样的温度计的数值都是由温标决定的。贯彻《1968 年国际实用温标》是温度计量工作的一件大事。

在 1972 年以前，根据 1948 年国际实用温标（1960 年修正版）建立了我国温标。随着现代科学技术的发展，人们对热力学温度的认识日益精确，1968 年 10 月国际权度委员会决定修改温标，用新温标《1968 年国际实用温标》代替旧温标《1948 年国际实用温标》，于 1969 年 1 月 1 日起在国际上生效。这种新温标的精度高，更加接近温度的真实值，而且测量范围大，比旧温标更加科学，更加先进。世界各国从 1969 年开始陆续采用了新温标。

为了使我国的温度标准适应经济建设、国防建设、科学技术的发展，并使我国的温度量值与国际取得一致，以便于我国的对外技术交流和贸易往来，采用《1968 年国际实用温标》就成为我国的必然选择。由于修改温标要引起温度数值的变化，例如，按照旧温标测得的温度是 20 ℃，按照新温标就变成 19.993 ℃，即变化了 -0.007 ℃，旧温标的 50 ℃，就变化 -0.01 ℃，1000 ℃就变化 +1.2 ℃，2000 ℃变化 +3.2 ℃等等。因此这一工作涉及面很广，必须做好充分的准备。为此，于 1971 年 12 月 7 日和 1972 年 5 月 12 日在中国计量院召开了两次关于采用《1968 年国际实用温标》的座谈会，邀请各有关部门、高等院校、科研、生产单位，共同为贯彻新温标进行准备，并且在北京、上海就采用新温标进行了试点和调查研究。经过一番准备以后，1972 年 7 月 28 日，由中国科学院发出《关于采用〈1968 年国际实用温标〉的通知》，决定自 1973 年 1 月 1 日起正式采用《1968 年国际实用温标》，并同时发出《关于采用〈1968 年国际实用温标〉的措施》，要求各地、各部门做好采用新温标的宣传工作，对温度计和测温仪表的生产部门提出了新的要求，规定各级计量部门自 1973 年 1 月 1 日起一律按新温标进行检定。

为使新温标在广东省得到贯彻推广采用，省计量所于 1972 年 6 月派省计量所和广州市计量管理所有关人员参加了中国计量院在长沙举办的中南区贯彻新温标学习班。学习以后，在 7 月 25 日～ 29 日，由省计量所在广州举办了第一期贯彻新温标短期学习班，有海南、韶关、汕头、佛山、肇庆、湛江、惠州、江门、东莞、中山等重点地区（市）县计量所温度计量人员参加学习，主要学习新温标知识，包括新旧温标差值及计算方法，以及在我国全面贯彻采用的重要意义。通过学习统一认识，便于今后做好宣传解释和贯彻的准备工作。省计量所还将中国计量院两次关于采用《1968 年国际实用温标》的座谈会纪要印发省内重点地区（市）县计量所、研究所、大专院校和有关工厂，使之了解各有关方面对采用新温标的意见，采用新温标要注意的问题和应做好哪些准备工作。对于全省贯彻采用《1968

年国际实用温标》工作如何宣传，如何准备，如何实施的意见，省计量所向省科技局提出了报告。在省计量所的推动下，省科技局革委会向广州市和全省各地区、市、县革委会，以及各主管部门革委会转发了中国科学院《关于采用<1968 年国际实用温标 >的通知》和《关于采用<1968 年国际实用温标 >的措施》。 1972 年省计量所又在佛山、湛江等地办了几期学习班。广州市计量管理所和各地计量所都认真进行了《1968 年国际实用温标》的贯彻工作。

三、开展无线电协作活动

随着我国无线电电子技术的广泛应用，迫切需要加强无线电计量，以适应生产、国防和科研的需要。国家科委计量局于 1964 年 3 月 21 日至 4 月 1 日在北京召开了全国无线电计量工作会议，提出首先要建立最急需的高频电压、高频电流、高频功率、高频电感、高频电容、高频阻抗、时间、频率 8 项计量标准，并组织好量值传递。由于无线电计量设备昂贵，一个单位很难一下子具备所有项目的计量标准，而且无线电仪器的最高标准很多是依靠比对确定的，因此会议上一致认为组织协作是保证当前无线电量值传递的有效措施。会上决定无线电协作分三个层次。第一是由国家科委计量局、国防科委、第三机械工业部、第四机械工业部、中国科学院、邮电部、教育部等单位组成全国无线电计量协作领导组，国家科委计量局任组长单位，国防科委、四机部任副组长单位，领导组办事机构设在国家科委计量局无线电计量处。第二是按大区区划，由计量机构和各有关单位组成区域无线电协作核心组。第三是各区域协作组可根据需要设立协作分组。协作组织的主要职责是组织区域无线电计量检定网，和建立检定系统，组织区域内无线电计量标准的比对。

广东省所在的中南无线电协作组，包括范围有湖北、湖南、河南、广东、广西，组长单位是四机部 710 厂，副组长单位是总字 905 部队、四机部第 16 所（即现在的信息产业部五所）、湖北省计量局。

70 年代，广东所在的中南无线电协作组活动很活跃，包括：湖北省计量所、广东省计量所、四机部第五研究所、广东国营 750 厂、四机部第七研究所等，每年都召开会议，开展比对、培训等。1972 年 3 月，成立了中南无线电协作组广东分组，省计量所为组长单位，四机部第五研究所和省电子技术研究所为副组长单位。广东无线电协作分组把全省计量机构与国防和民用无线电厂、科研单位和大专院校等组成无线电计量协作网，有 76 个单位参加协作活动，分四个小组：广州市小组、佛山地区小组、汕头地区小组和粤北小三线小组。广东省建有时间频率、高频电压、小讯号、失真度、高频功率、电感电容、Q 值等计量标准，并开展了周期检定。调制度、微波功率、衰减等也可以进行比对测试。由于渠道畅通，许多单位积极送检，大部分能做到每年检定一次。在协作活动促进下，一些较大的工厂先后建立了无线电计量室，一些中小企业也有人兼管。协作分组成立以后的几年，先后举办了两期电子计数器学习班；两期信号源、电压表学习班；两期示波器学习班。参加学习班有 600 多人次。此外还开展了一些专题讲座，介绍无线电计量知识。广东协作分组广泛开展技术协作和技术交流活动，受到中南无线电协作组的表扬。经协作培训的技术人员成为省内无线电计量专业的技术骨干，对发展广东省无线电电子工业起了很好的作用。

四、基础建设情况

1. 省所和各地计量机构基本建设情况

1966 年省计量标准局开始申请报批，筹建地下恒温实验室。1968 年在省局院内建地下恒温实验室开工，该项目由副省长刘田夫批准政府拨款 60 万元。至 1970 年地下实验室建成二层 160 m^2，进行了验收，其恒温恒湿条件相当理想，很快开展工作。

1970 年至 1976 年省计量局在原有二层实验办公用房上加盖了两层，增建了力学实验楼 1400 m^2 和专业恒温实验楼 2000 m^2。为建立更多的计量标准和开展检定工作创造了条件。

1970 年，广州市计量管理所业务逐步恢复正常，为适应量值传递工作要求，发动职工自己动手扩建恒温室 55 m^2，使积压多年的两台价值 2 万多元的恒温机投入了使用。广州市计量所原有实验室面积不够，1972 年经批准，办理了旧房拆建的相关手续，进行了设计。1975 年对旧楼进行拆建，至 1980 年建成使用，新楼不仅实验室面积变大，而且满足了检定精密仪器的恒温恒湿条件。

1966 年，佛山市计量所自筹资金在人民路 76 号建了两层实验室楼，1967 年迁入新楼办公。1969—1971 年间，佛山市计量所建立了电子仪器厂，生产晶体管参数测试仪等仪表，为所积累发展资金。1971 年按佛山市政府统一规划，仪器改由其他行业生产，该厂予以撤销。

湛江市计量所自己筹建 300 m^2 房子，集中力量筹建游标卡尺计量标准，开展长度计量器具的检修工作。

省局根据韶关工业的需要，建立省所韶关计量分所，投资添置了设备，在原有 400 m^2 实验办公用房外，增建了 400 m^2 实验室。到 1973 年，有人员 12 人，仪器设备 20 多万元，800 m^2 房屋，人员和设备条件基本上可以胜任韶关地区计量测试工作。

1971 年至 1974 年在江门市革委会的重视（包括时任革委会副主任薛芳，生产组长林志明直接指挥）支持下，在市工交战线企业大力支持帮助下，市计量所建成 1300 m^2 实验室大楼。

1974 年省计委下达广东省计量部门基本建设投资 35 万元，分配到一些地区用于土建资金：湛江地区计量所 4 万元建 500 m^2 ；汕头地区计量所 3 万元建 350 m^2 ；肇庆市计量所 2 万元建 250 m^2；东莞县计量所 2 万元建 250 m^2 ；中山县计量所 1 万元建 120 m^2 ；省 所 23 万元建实验楼 2000 m^2（其中包括征地、拆迁费用 10 万元）。

2. 检定人员的培养

70 年代初广州市计量所以及广州市一些企事业单位急需一批年青的、有较系统的计量专业基础知识、并有较强实践能力，能马上走上检定岗位，担任计量检定骨干的人才。在广州市科学技术委员会的重视下，广州市科技中等专业学校于 1975 年 12 月至 1977 年 12 月，开办了一期计量专业班，学员 34 人，其中 29 人是返城知青，5 人来自广州市企业的计量人员。

计量专业老师来自广州市所各专业科室的主要骨干。包括毛永达、曾瑶仙、刘楚伟、朱德明、赵家驹、张峥嵘、吴元勋、黎淑萍、黄镇、蔡慕真、卢文金、胡志扬，承担长度、热工、力学、电学计量专业课教学任务，以及实际检定、维修操作指导。

计量专业班，除了课堂教学外，还十分重视实际操作，在两年的中专班课程中，曾先后组织了学员到广州标准件公司计量室进行万能量具的调修、检定实践；到华南工学院机械系实验室学习几何公差精密测试现场实践；到中山市石岐仪表厂进行指示量具检定操作；到广州工具厂检修万能量具实践；到肇庆市广东仪表厂学习热工仪表检修；到广州轻工学校学习光电分析天平的检修，到广州重型机器厂学习机械制图等。可以看到，计量中专班的教学实践活动很丰富，学员们被培养为具有较强操作能力的计量专业技术员。

在 30 多人的计量班学员中，不但有较大的年龄差距，也有较大的文化基础差距，有的学员是 1966 年高三毕业生，有的是 70 年代初的初中毕业生。为了拉近数理化基础知识的差距，学员们利用晚上时间，由数学基础较好的学员给数学基础薄弱的学员上补习课。

当时教材缺乏，学员们自己刻钢板印制教材，保证了教学顺利进行，通过基础课的补习，促进了计量专业课的学习。1977 年 12 月，经过两年的学习，计量中专班的全体学员毕业了。

这个班的学员毕业后，分别走上计量工作岗位，其中分配在广州市计量所的都成为各专业的技术骨干。

3. 各级计量机构的建设

1966 年全省有各级计量机构 44 个。

1970 年由于一些机构撤销、瘫痪，全省各级计量机构约 25 个。

1972 年全省各级计量机构恢复到 40 个。

1973 年全省有各级计量机构 43 个。

1975 年全省各级计量机构 52 个，人员 644 人。

1976 年全省各级计量机构 63 个，其中包括省计量局、广州市计量所、地区计量所 5 个、自治州计量所 1 个、市计量所 7 个、县计量所 48 个，人员 853 人。

第二节　省计量局在韶关建立派出机构

60 年代，华南沿海曾经是反帝反修的前线，韶关就成了广东的后方，即所谓“小三线”，工业发展快起来，除地方扩建了一批厂矿外，省和中央投资兴建了几个较大的工厂，从广州、佛山、梅县等地又迁去了一批大型工厂。至 1968 年，韶关市共有 65 家主要的企业，原中央部属、省属企业都下放地方管辖，这些工厂中，机电厂 30 家、化工厂 12 家、食品厂 7 家、冶炼厂 2 家、其他的 14 家。规模较大工人较多的有 6 家：韶关挖掘机厂、韶关水轮机厂、韶关钢铁厂、韶关帘织厂、韶关柴油机厂和韶关冶炼厂。

工业发展，工厂增多，需要检定修理的计量器具也越来越多，如大型工具显微镜、光洁度检查仪、万能测齿仪、渐开线检查仪、线纹比较仪、台式投影仪、测角仪、材料试验机、硬度计等。还有游标卡尺、千分表、百分表、水准仪等，数量大增。但是当时原韶关市计量所，只有两个人搞工业计量，计量标准也不够，远远不能满足实际需要。致使很多企业的计量器具失准失修情况严重，影响了产品质量。况且韶关远离广州，这些仪器仪表要送到广州检定修理，往往拖的时间很长，影响生产，特别是像精密天平、水平仪等，经长途运输震动颠簸，已检定合格的仪器很容易失准损坏。因此迫切需要加强韶关计量工作，以满足工业生产的需要。

1969 年初，省计量局韶关地区调查小组在调查了韶关的情况后，建议在韶关市建立一个人数为 15 ～ 20 人的计量站，可开展长度、力学、热工、电学等方面的计量检定项目，以适应韶关地区工业快速发展的需要。这个建议在征求韶关地区厂矿的意见时，受到热烈的欢迎和期待，并表示将对计量站的建设给予大力的支持和协助。

1969 年 7 月 3 日，省革委会生产组办公会议上，省科技站（即原来的省科委）专门汇报了有关加强韶关地区计量工作的问题，林李明指示要加强该地区的计量工作，并责成省科技站、省计量局建立驻韶关计量检定所。为筹建韶关计量检定所，分管计量工作的省科委副主任韩健与张中超、周群英曾到韶关为检定所选址。考虑备战隐蔽的要求，原拟建在深山里，经向省革委会生产组说明，建在深山中不利于各单位送检，遂定在韶关市。经协商得到韶关市革委会同意，将原韶关市计量所移交给省局直接领导，定名为广东省计量标准局驻韶关检定所。该所从下放到干校的技术人员中抽调了周群英、邱亮日、叶德念、田安华、陈佛英等，从省计量局各实验室抽调仪器设备，原则上是凡有两套设备的要抽调一套，从而很快地把韶关检定所筹建起来，并开展了长、热、力、电四大类主要计量标准器的量值传递，为保证工业后方基地的计量器具准确一致，提高产品质量起到了应有的作用。1972 年“广东省科技站计量标准局驻韶关检定所”改名为“广东省计量所韶关检定站”，系省局直属机构，受省局领导。

经过几年的努力，省计量局根据韶关工业的需要，投资添置了设备，在原有 400 m^2 实验办公用房外，增建了 400 m^2 实验室。到 1973 年，省计量所韶关计量分所有人员 12 人，仪器设备 20 多万元，800 m^2 房屋，人员和设备条件基本上可以胜任韶关地区计量测试工作。

为了更好地发挥地方的积极性，加强地区对计量工作的直接领导，以利于当地的工农业生产、国防建设和科学研究，1973 年 6 月 9 日，省科技局向省革委科教办提交《关于广东省计量所分支机构韶关计量所移交问题的报告》，提出将韶关计量分所移交当地领导。6 月 28 日，广东省革委会科教办批复，同意将省计量所韶关分所移交给韶关地区管理，列为地方事业单位，经费纳入地方财政预算计划，所需设备器材等纳入地方供应计划。省计量所调到分所的 5 名技术人员，一并调给地区。但韶关地区迟迟未接收分所。

此时，韶关市科技局积极向市委报告要求恢复韶关市计量所，并多次与省计量所联系，提出收回原韶关市计量所仪器和房屋，表示愿意接管省计量所韶关分所，承担韶关地区计量工作。之后 1974 年 3 月省科教办行文报请省革委准将韶关分所下放韶关地区管理。1974 年 5 月 8 日省革委办事组以粤革复 [1974]36 号文批复同意。根据 36 号文，6 月 13 日省财政局、省科技局下文将省标准计量所（即省计量所）核定给韶关计量检定分所 1974 年事业经费指标 15000 元划给地区，作为韶关计量检定所 1974 年支出预算指标。从 1974 年 7 月 1 日起，韶关计量检定所的经费由地区财政局拨给。

对于韶关市科技局的要求，省革委科教办于 1974 年 10 月 31 日致函韶关市革委会科教办公室指出“关于省计量所韶关分所下放韶关地区管理问题，省革委会曾以粤革复 [1974]36 号文正式批复。原省计量所韶关分所和韶关市计量所有关财产和业务问题请直接和地区科教办以及省科技局商议解决”。

根据省革委办事组 1974 年 5 月 8 日粤革复 [1974]36 号《关于省计量所韶关分所下放韶关地区管理问题的复函》，经过清查财产、设备等工作，省计量所派人于 12 月 24 日到韶关向韶关地区革委会科教办和科技局汇报了韶关分所现有的人员、财产、设备等情况，于 12 月 26 日正式与韶关地区科技局办理了移交手续。移交的事项包括：

（1）人员：技术人员 5 人，工人 5 人。

（2）经费：按照 1974 年 6 月 13 日省财政局、省科技局粤财行 [1974]71 号、粤科字 [1974]36 号文的规定，已将韶关计量检定所 1974 年事业经费指标 15000 元划转地区，作为韶关计量检定所 1974 年支出预算指标。

（3）房屋建筑：其中 1）计量实验楼两幢，建筑面积共计 800 m^2（包括恒温实验室两间，面积 50 m^2），全部造价 60000 元；2）附属房屋的建筑面积 50 m^2，全部造价 3000 元。

（4）计量仪器设备共计 373 台（件、套）合计 217580.13 元。

（5）其他设备、工具、家具共计 322 件，合计 16833.40 元。

在财产清单中对省计量所的财产和原韶关市计量所的财产作了清楚的划分。

自此，接管后的韶关计量所，承担了韶关地区的计量工作。

第三节　各级计量机构的变化及被精简撤销情况

1966 年 9 月 10 日，广东省财政厅、广东省科学技术委员会发出《关于加强我省计量机构经费管理的联合通知》。该通知内容如下：

根据财政部、国家科委 1966 年 2 月 1 日《关于加强地方计量机构经费管理的联合通知》的指示，结合广东省具体情况，对广东省计量机构经费管理作如下规定：

（1）各级计量机构是事业单位，计量经费列入各级预算管理，实行“全额管理，以收抵支，差额补助”的方法。

（2）计量机构与附属计量工厂统一核算，争取收支平衡。

（3）经与省编委研究，在计量机构人员编制未核定以前，暂按下列原则执行：

1）专（行）署计量所不超过 5 人。

2）市计量所根据工作任务的实际需要提出人数，报当地主管部门核准，并报当地编委和省科委计量标准局备案。

3）县计量所不超过 3 人。

4）附属计量工厂人员，根据经营业务范围，在收支平衡原则下，由当地劳动部门配备，并报上一级计量部门备案。

（4）计量机构与附属计量工厂纳入预算管理后，免予征收所得税。

（5）各级财政部门要加强对计量机构的财务管理，认真贯彻执行勤俭办事业的方针，把资金管好、用好。

上述联合通知是在文革初期发布的，虽然作出了对省内各级计量机构健全发展十分明确、具体和有利的规定，可惜在文革的混乱中，完全没有得到贯彻执行。

在 1966 年至 1969 年间广东省计量机构遭受第二次被大规模精简和撤销的命运。

文化大革命期间，有些地区因为不了解计量工作的性质和任务，以及计量工作对工农业生产的作用，同时计量机构本身存在着体制问题（主要是编制、经费等问题）没有很好解决，致使计量机构被撤销，计量工作人员被调走，计量标准设备被分散，甚至将计量所的房屋移作他用。

例如，省计量标准局 1964—1966 年间曾调拨过一批计量标准仪器及其他检定辅助设备给肇庆专区科委计量所使用，文革期间，该计量所被撤销，人员调走，所有计量标准仪器设备被专区三清办封存，积压在仓库达 5 年之久，有些仪器设备受潮变坏，如不及时抢救将给国家资财造成极大浪费。1970 年肇庆市革委会甚至打算将肇庆市计量所新建的实验室（1966 年省拨专款按计量技术要求所建）拨给其他单位使用。

1966 年至 1970 年在文化大革命期间湛江市科技局被撤消，湛江市计量检定所实行军管，没有经费开支，处于瘫痪状态，后划归市第一机械局（即市机电局）管理。1971 年该所实验工厂生产游标卡尺后，改名为湛江市量具刃具厂，一套班子挂二个牌子，以厂养所，湛江市计量所成为量具刃具厂的附设机构。因此，全市的计量器具周期检定制度无力执行。

江门市计量检定所在文化大革命期间有过一段曲折的历程，1966—1970 年，计量工作的方针、政策和一些必要的规章制度遭到错误批判，计量人员下放到“五七”干校，市计量检定所仅留 1 人工作，计量机构面临瘫痪。直到 1970 年后江门市计量检定所才得以恢复工作。

1969 年前后有很多县计量所仅有的一、两个干部也被调到其他单位去，有的计量机构甚至挂着国营招牌，做着私人生意，造成该地区计量工作没人管，市场上使用的衡器有很大部分失准失修，农贸市场上大量使用不合格的旧制 16 两秤，投机倒把分子利用衡器诈骗的事例不胜枚举，严重影响市场交易秩序。

1966—1976 年期间，潮安县的计量管理和监督工作被削弱，撤销潮安县计量检定所，改置地方国营潮安县量具修造厂，承担衡器修造任务。

海南各县计量机构经费管理混乱，1970 年后，海南有 7 个县设立了计量所，由于人员编制和经费得不到妥善解决，几乎都在做木杆秤的加工以维持生活，计量管理所变成木杆秤工厂。澄迈计量所有 18 人，仅 1 人为编制人员，另 17 人为集体所有制人员，其中 8 人户口、粮食还在生产队。儋县、琼海计量所的情况也相差不多。

全省各级标准计量机构的经费管理办法大致有三种形式。一是实行收入全额上缴，开支列入地方预算的全额管理，实行这种形式的只有省计量局（所）一个单位；二是实行以收抵支，差额补助，实行这种形式的有广州市、海南区、江门市、惠州市等几个单位；三是实行自筹自给，其余计量机构都实行这种形式。不少地区（市）县计量所的机构、编制、经费等问题得不到解决，计量管理工作无法开展，有些计量机构被撤销，有些改变了工作性质，单纯制造、修理衡器搞收入，以维持机构开支，放弃计量管理职能。

第四节　工矿企业计量工作状况

一、民用工矿企业情况

广东省的民用工矿企业在文化大革命时期，其计量工作状况分为三种情况。

第一种情况是企业重视计量工作，坚持计量管理，确保产品质量。这类工矿企业已建立计量室，配备一定技术工人和标准仪器设备，负责全厂计量器具管理、检验、修理等工作，促进产品质量不断提高。如广州重型机器厂、韶关齿轮厂，韶关挖掘机厂，韶关油泵油嘴厂，韶关轴承厂，韶关钢铁厂（中心实验室配备 80 多人），佛山纺机厂，佛山通用机械厂，佛山农机厂，湛江农机厂、江门电机厂等。这种情况的企业只占少数。

例如，广州重型机器厂 1955 年即建立了计量室，至 1976 年有 15 人，配备了计量技术员 1 人，下设仪器室、量具修理组，并在四个主要机械加工车间内设置计量检定站。厂计量室负责全厂块规 40 套，万能量具 8000 多件，专用量具 2000 多件（套）的检定、测试和修理。1969 年曾一度要把计量室一套行之有效的计量管理制度砸烂，把计量室人员和设备分散到各车间。计量室人员以高度责任感积极向厂领导提建议，摆事实，讲道理，终于使计量室免于被解散。在文革十年中，他们坚持周期检定，坚持计量器具管理的规章制度，将所有量具、量块、量仪编入卡片，定期清点校对，做到管理和使用心中有数。他们根据测微量具容易变动的情况，将检定周期缩短为 1 ～ 2 个月，并经常进行“零”位校正，对精度要求不高的量具则把检定周期延长到 2 ～ 3 个月，并对用后交回来的量具坚持返还检定制度。他们还在各车间门口张贴正确使用计量器具的宣传画，举办计量技术学习班，深入车间教工人正确使用和维护量具。计量室人员在搞好本厂计量工作的同时，积极参加广州市计量网的协作活动，承担计量知识讲课和到各协作厂检定和修理量具。1976 年该计量室被厂里评为学大庆先进单位。

韶关齿轮厂是在提高产品质量的整改中建立了计量室，共有长度计量专职检定员 6 人，热工仪表检定员 2 人，理化专职检验员 4 人，建立与生产相适应的长度、热工、理化等计量标准以及配套的仪器设备。从原材料进厂、半成品、成品入库、出厂等环节都经过仪器检测手段严格把关，1971 年上半年产品合格率达到 96.5%，出厂成品全部达到国家标准要求，产品深受用户好评。

该厂实行“自检、互检和专检三结合”制度。全厂使用的各种量具、量规、样板、刃具、工夹具等定期检定修理制度一直坚持下来，设立量具档案卡、编制周期检修计划。全厂的量具每两个月作一次检修，使用频繁的缩短周期检修，卡规、电磁式转速表每周校对两次。复杂的工件必须由计量室检测定型后才成批加工。锻件和粗加工件以自检为主，计量人员抽检为辅，精加工件则由专职人员 100% 严格检验。

由于重视计量工作，该厂试制较为精密的齿轮滚刀，花鍵滚刀，插齿刀等新产品，能够自己进行测试，使产品质量不断提高，给全厂带来了生气。省标准计量所把韶关齿轮厂以重视计量促进产品质量提高的经验及时地在全省作了推广。

江门电机厂由于加强了计量工作，使企业主要产品电机的成品合格率由不到 30% 上升到 97% 以上，全厂成品正品合格率高达 99.21%；电机产量从日产不足 300 台提高到 3000 台。该厂自 1965 年以来，不断加强计量工作，产品质量一直保持稳定和逐步提高，先后多次被评为中南区、广东省和佛山地区产品质量优胜单位。

1958 年建厂初期，该厂电机的质量存在四大缺点：“漏电、拖底、发高烧、马力不足”。由于产品质量问题严重，工厂甚至要下马，全厂 600 多员工一度被压缩为 100 多人。

为了顶住下马风，全厂掀起攻质量关的群众运动。为使产品质量稳定提高，工厂决定成立计量室，配备专职人员。他们不仅搞好全厂万能量具 300 多件的周期检修工作，还用土办法自制了一大批适用机床加工用的专用量规、样板，大搞工装夹具，较好地解决了电机零部件“同心度”这个质量关键，这些经检定合格的专用量规，保证了零部件的加工精度，从而达到电机零部件的互换性和标准化。计量工作促进了产品质量和生产效率的提高，过去安装班 12 个人要锉锉磨磨，铲铲削削，一个月才安装 100 多台，加强了计量工作以后，安装班人手减少一半，一个月能安装 2500 台，且质量得到保证。

随着生产的发展，计量室先后自制了一批检定和修理用的器具有：四用示值检定器、水平仪检定器、测微计、读数显微镜、百分表径向检查仪、千分尺缩小检定器、游标尺零位校正器、千分尺示值手动研磨机、千分尺零位校正器等。并协助生产车间研制了各种外径、内径、长度、深度、高度等专用量规和样板几千件，试制了同心度、等分、孔距等专用测试工具，较好解决生产一线中同心度、等分、孔距等精密测试的技术问题。

江门电机厂在承担佛山地区电力大会战的关键项目——制造 6500 千瓦发电机时，计量室依靠自己的力量自制出比游标卡尺准确度还高的测试装置和校对棒，保证了 6500 千瓦发电机的加工精度要求，顺利地完成该项任务。

韶关挖掘机厂设立计量室配备了技工和各种光学仪器设备，负责检修各种量具，还自力更生试制专用量块，改装测量仪器，解决生产上有关计量测试问题，保证了产品质量的稳定，而且试制了“南粤”牌汽车。

韶关轴承厂计量室配备有一定技术力量，各种光学仪器和测量轴承的专用量具也较多，自己可以修理各种量具、刀口式和扭簧式测微计等，由于计量工作搞得好，产品质量有保证，产量也成倍增加，受到韶关市革委会的表扬。

第二种情况是企业不重视计量工作，没有计量机构和专职计量人员。当年绝大部分厂矿企业都没有设立计量室，也没有专人搞计量。有些较大工厂过去设有计量室，配有一些人员和仪器设备，但文化大革命期间也撤销了。由于各厂矿都不重视抓好计量工作，致使大批计量器具（如中型机械厂单是量具一项最少有 300 多把）没人管理和进行定期检定、修理，造成失准、损坏、报废很多，严重影响生产。

如肇庆机床厂购置很多精密计量、测试仪器，计有英国表面光洁度检查仪（价值 4 万多元）、英国一米测长机（价值 4 万多元）、波兰小型工具显微镜、西德电测微计、瑞士小型工具显微镜、日本齿轮综合检查仪、东德万能测齿仪、国产渐开线检查仪和立式光学计等，但是该厂没有建立计量室，没有配备专人使用、维护这些仪器，甚至有些仪器还原箱放在仓库积压不用，大部分仪器因保养维护不当而发霉、生锈，这都是由于该厂领导不重视计量工作，没有很好利用这些仪器设备来提高产品质量。该厂生产的外圆磨床，质量不够好，使用单位意见很多。省计量局计量人员协助该厂清洗、修理好这批将要报废的仪器，工人们很高兴。

韶关柴油机厂在 1966 年至 1969 年，把在 1965 年建立起来的计量管理制度都视为“管、卡、压”不合理规章制度而被取消，计量人员下到车间生产，致使这段时间产品质量显著下降。1969 年下半年，国家要从韶关柴油机厂抽调 12 台柴油机援助兄弟国家，结果花了几个月时间从 900 台柴油机产品中也挑不出 12 台符合质量标准的产品，成品仓库变成了废品仓库。韶关柴油机厂因为产品质量的严重问题而停产整顿。

广州市二轻局 1973 年在广州市计量所的配合下，对广州模具厂、广州二轻机修厂、人民机修厂进行量具普检普查。普查千分尺、卡尺、百分表等量具共 525 件，不合格 382 件，占 73%；普查块规 4 套，不合格 1 套。量具失准的主要原因是计量工作长期没有开展，计量器具准确与否无人过问。但是，这些不合格的量具工人仍还在使用，因此往往引起产品质量事故。

第三种情况是当地没有计量机构，生产上使用的计量器具没有得到及时的检定和修理。

例如 1970 年以前，惠阳地区没有成立计量机构。该地区机械产品互换性差，返工浪费现象时有发生，造成这些问题，工厂没开展计量工作固然是一个原因，该地区没有计量所也不无关系。例如惠州机械厂大部分量具失准或损坏，没有人检修，甚至很小的调整棒也要送到广州校正调整，由于调整使用不好，超差 0.012 mm，造成重要产品花轴报废。

东江化肥厂使用很多衡器、天平、热工仪表，大部分失准或损坏。一台称量 20 吨的地秤，每天出入过秤的原材料、产品达 100 多吨，由于失准，一年下来单是矿石一项就短少 200 多吨。该厂硫酸车间的沸腾炉，接触转化工段使用很多热电偶，由于长期不检定，致使生产中测出的温度不准确，往往相差（40 ～ 50）℃。工人在生产时提心吊胆，生怕仪表不准掌握不好炉温，时有炉温过高，炉膛烧结，要停工修炉，炉温过低炉膛熄火，又要停炉重新点火，影响生产或浪费原料、燃料，极难保证产品质量。

总之，凡重视和开展计量工作的都能使产品质量不断上升，对计量工作不重视或没有摆到应有的位置的，则造成产品质量差，出次品、废品，甚至发生事故。

二、军工企业的情况

1972 年省计量所在省国防工办领导下，组织对重点军工生产单位北江机修厂、星光模具厂、南华机械厂、广州造船厂、黄埔造船厂、光华厂等计量工作进行调查。

各厂计量工作情况和问题如下：

在组织机构方面，各厂都设有计量室、理化室，都是受厂的检验科领导。计量室主要搞长度计量，理化室主要搞化学分析和物理性能试验。有的厂将热工、电测仪表计量工作划归车间负责，如归机修动力车间，或归仪表车间，有的设无线电计量室等。各厂都没有一个统一的计量机构来进行全厂计量工作的管理。

在设备条件方面，各厂设备条件都比较好，尤其长度计量仪器设备比较齐全，一般都具有进行机械精密测试的基本设备，有的厂长度计量还建有恒温实验室。很多设备是建厂初期购置的，不少是进口的大型设备，虽然有的不太适用，但都价格昂贵。

在技术力量方面，除南华机械厂外，多数厂的技术力量是不足和薄弱的。

在量值传递方面，由于当时存在军工与民用两个检定传递系统，这些军工厂都是与国防区域计量站挂钩，很少与地方计量机构发生关系，因此有时计量标准器的送检，会舍近求远。各厂由于人力和管理等原因，大都没有建立完善的周期检定制度，有些甚至不规定周期，使用到有问题时，才送去检修。这对保证产品质量有较大影响。

各厂从领导到工人普遍反映过去计量检定传递系统不合理，舍近求远，长途送检，延时费事，影响生产。希望打破军工民用两个系统的界限，能就地就近解决量值传递。

总体来看，军工企业无论在计量工作的机构设置、人员配备、设备条件等方面普遍比民用企业强很多，但在管理方面军工企业和民用企业都存在不少问题，对产品、工程质量造成不良影响。

三、计量机构对企业计量工作的推动

围绕提高产品质量问题，各级计量机构加快推进和加强广东省工厂企业计量管理工作，收到了很好的效果，不少工厂企业的产品质量得到了明显的提升。

1972 年佛山一家涤纶生产厂在设备安装准备投入试产时，由于热电偶和毫伏表的失准，涤纶生产工艺的温度要求与实际温度相差（20 ～ 30）℃，而工艺技术的温度控制准确度要求为不超过 ±5 ℃，所以产品生成率仅有 20%。事情反映到佛山市计量所，经过佛山市计量所技术人员检修，生产线上几十个热电偶和毫伏表重新准确地调控温度，涤纶生成率一下子提高 30% 多，使涤纶顺利投产。

1972 年以前，海南区所有工厂，除了军工厂外，其余的包括各大企业没有一个厂成立计量室，也没有配备计量人员，计量器具没有定期检定的制度，许多使用中的计量器具已经严重失准了。国家科委计量局工作组 1972 年到海南检查和宣传计量工作，组织海口地区工厂企业负责人到海南计量所参观。之后，不少工厂决定成立计量室。海口八一手扶拖拉机厂加强计量仪器仪表管理，所有量具每年都接受计量所的周期检定，产品合格率从 7% 上升到 32.2%。

1974 年 9 月 19 日，省标准计量所组织了材料试验机、硬度计检查、检修工作组历时一个多月，到江门、番禺、开平、台山、恩平等 5 市县 21 间工厂企业进行材料试验机、硬度计的检修。21 间工厂企业包括机械（电机、汽油机、柴油机、农机）、造船、水泥、化肥、五金制品等工厂和工程建筑单位，大多数是中、小企业，都是直接或间接为农业生产和基本建设提供设备、材料以及进行工程施工的。在检定的27台材料试验机（包括水泥抗压机）、硬度计中，需要修理12台，需调整校正12台，检定结果为合格的只有3台。他们使用的材料试验机、硬度计严重失准、失修，影响到产品检验数据的可靠性，造成产品质量下降，从而影响到农业生产、交通运输和基本建设工程。

工作组除了协助工厂企业检定、修理、校正仪器设备外，还针对普遍存在的安装、使用仪器设备上存在的问题，耐心帮助企业检验人员掌握正确的操作方法和维修保养技术，纠正在安装上的技术问题，并通过工作组的示范操作，再由企业人员轮流操作，手把手地教会他们掌握正确的操作技术。

第五节　文革时期的市场管理

一、市场和衡器的混乱情况

从1966年各地计量机构不健全，放松对衡器的管理后，市场上交易使用的衡器严重失准，国家明令禁止使用的旧杂制衡器又重新在市场上出现，具体表现为：

（1）衡器严重失准。汕头市计量所会同商业、粮食、工商局，对粮食、商业等5个行业、94间门市部和14个市场进行一次检查，在检查37间粮店和5间粮仓使用的139个台秤中，不合格的有83个，占59.7%。其中广州街一粮店有3个台秤全部不合格，有一台秤每称100斤就多3.5斤；永和街粮店3个台秤，2个失准，有一台秤，每称100斤就少2.5斤。各粮店所用的量油器也是失准的多，在检查35个量油器中，不准的就有19个，占54.2%，每量1斤油短少2至3钱，甚至少4.5钱。

广州市计量所在从化街口、太平场等集镇，对粮食、糖油食杂、食品等行业门市部和农贸市场，抽检了台秤、杆秤270件，不合格的有136件，占50.5%，街口城郊食品门市部一杆秤，每称1斤多1两，一台秤每称200斤多5两；肉菜市场一公秤，每称100斤少2斤；太平场粮店一售粮台秤，每称50斤少5两。农贸市场短斤少两的事例更严重，一顾客买一只鸡称2斤多重，却少3两。

中山计量所抽检坦洲等两个公社的商业、供销、外贸等十多个单位100个台秤，不合格就有95个，占95%。坦洲粮所使用31个台秤，就有28个不合格，有的台秤每100斤多1斤。

开平县计量所在5个公社3个圩镇，抽检国营、供销门市部和合作商店以及一个农贸市场，总共抽检杆秤186支，不合格的133把，占72%，大多数是偏小，称1斤少2至4钱，称5斤少2两，甚至称10斤少9两，农贸市场和合作商店大秤入小秤出的现象较普遍。

海南区一般衡器的失准情况十分严重，文昌县计量所检定台秤363台，246台不合格，占67%；检定杆秤436支，312支不合格，占70%；琼海县计量所抽检粮食部门台秤21台，10台不合格，占50%；定安县计量所抽检商业部门台秤85台，45台不合格，占55%。不合格的台秤中有每100斤大2斤半，也有每100斤小1斤。

（2）秤制杂乱。国家明令禁止使用和废除的16两制秤、司马秤、三条绳纽秤、旧针秤、秤杆很短的“田鸡秤”，甚至有些用石头作秤砣的，或在秤杆上、秤砣上加上杂物的等等不合规格的五花八门的杆秤，也都在市场上流行使用，扰乱市场交易秩序。

开平县计量所在三埠新昌农贸市场抽检杆秤26把，就有25把不符合国家规定的，计有绳纽针秤16把、16两秤7把、司马秤1把、绳纽无针秤1把，还没收了一投机倒把分子的1把不合格的有意行骗的杆秤，这是他自己用一木杆穿上三条绳子，做成所谓“三组秤”欺骗群众。在国营商店、粮食和供销门市部也由于衡器失准，在管理方面出现不少漏洞。高鹤县址山公社粮所收购用的台秤，每称100斤少7斤，给国家造成损失；台山深井公社有一农民到粮所买100斤稻谷，随即挑到附近粮食加工厂碾米，但一过秤只有98斤，农民意见很大；中山三乡食品站有一台秤每100斤多3斤，1971年全年统计短少损失猪肉8000多斤；坦洲公社粮所使用31个台秤就有28个失准，1971年粮食进出仓统计，短少几万斤稻谷；开平荻海副食品门市部有11把杆秤，就有9把失准，原负责人兼会计，利用衡器失准、短秤欺骗群众，几年来商品大量溢余，从中贪污10000多元。

二、计量部门管理市场和衡器的工作情况

1970年开平县计量所对计量器具使用情况进行了调查，经过调查之后，开平县作出健全和加强县计量机构的决定。开平县财贸、工交系统及农村生产队等使用的衡器很多，8年来，开平县8个公社、3个镇只进行两次周期检修，其余6个公社只进行一次周期检修。与国家规程每年周检一次的要求相差甚远。根据省革委会生产组《抓革命促生产简报》（第五十六期）《当前计量工作存在的问题》一文中，提出的“为了适应生产建设事业发展的需要，各级革委会必须加强对计量标准工作的领导”，开平县给计量所配备一定数量的干部和职工，增加一些必要的标准仪器设备，逐步扩大和开展为工业生产服务的各种新的计量仪器仪表检定项目。同时，进一步加强衡器管理。

开平县还决定：计量人员编制和经费开支，纳入地方事业编制和财政预算，统收统支，使之作为国家行政管理机关，发挥计量工作的职能。

江门市也展开了衡器普查普检工作。1971年，江门市计量所工作得到恢复，由4人增加至16人。这一年，江门市计量所主要做好衡器管理工作，保证江门全市台秤、杆秤的准确。他们和工商、财贸组成检查小组，重点检查了粮食公司、糖烟酒公司、食品公司、郊区供销社属下的门市部和合作商店等17个点及农贸市场。共检定了台秤57台，杆秤407把，发现高达66.67%的台秤长期失准失修；50.86%的木杆秤不合格。早已公布废除和禁止使用的16两秤、司码秤、绳纽秤等旧杂秤仍在集货市场复活使用。没有除包装纸袋称量的情况普遍存在，粮油站的油容器准确性较低。通过检查发现了问题，为监督管理部门制定管理办法打下基础。

从1971年3月开始，信宜县计量所把全所力量集中起来，组成一个“轻骑队”，带着天平和数百斤砝码、工具，翻山越岭，走羊肠小道，一两个月不能回家，走遍全县25个公社、圩镇。经过两年的努力，完成全县衡器普检普修工作。共检定了国营、合作社28个单位的磅秤38台，其中23台的秤量失准或增铊减量，占60%；检定木杆秤84支，其中33支失准，占39%；旧制或禁用的需要没收取缔的木杆秤31支；检查农贸市场个体商贩的木杆秤180支，失准占50%。

除了衡器普检普修工作外，信宜县计量所还检查了粮油、烧酒、豉油的量具和量提，对失准的量具量提分别进行了处理。某镇的合作商店，自制了量布带的尺子，每尺短量8市分，该短量尺子当即被处理了。

第六节　测试、技改和新产品试制

一、试制大型光学测长机

1970年，省重型机床厂为了解决大型机床制造技术上的测试问题，派人与省计量局商量，要求协助试制大型（3.2米）精密测长机。省计量局全力支持，派人多次到该厂与工人、技术员共同研究设计，并与全国各地有关单位联系解决光学测量部件，共试制了两台。经过装配、调试，于 1971 年进行了鉴定。测试结果显示大型光学测长机（3.2 米），基本上达到技术规程的精度要求，交付使用。这两台大型测长机试制成功为广东省大型机械制造打下坚实可靠基础，同时也填补我国精密测长机的空白。

二、为科研单位解决测量仪器和测试方法

省计量局在 1971 年试制完成两种半导体稳压电源，一种是 14 A，稳定度万分之一，另一种 12 V、300 mA，稳定度万分之一；和电话总机用的半导体整流电源（24 V、1 A）。完成了生产、国防和科研单位要求测试各种新产品或协助进行科研项目的试验有 30 多项，其中有些项目很复杂，技术要求也很高，像直升飞机尾翼、万吨轮船导航刻度盘、彩色电视显像管部件、高温应变电阻等。如 661 研究所急需低温电阻温度计，但买不到，省计量局的技术人员为该所研制了 1 支 -100 ℃以下的铂电阻温度计，解决该所研究急需。又如广东电影机械厂要求协助解决电影机上采用新工艺新材料的关键部件——粉末冶金的发音磁头的研磨问题，该厂曾跑遍广州地区都无法解决，省计量局计量技术人员大胆主动承担了这一任务，经过刻苦钻研，反复试验，终于摸索出一套粉末冶金部件研磨方法，解决了该厂生产技术上的关键问题。

三、声学测试

省计量局（所）具备一些声学计量设备，在噪声测试方面做了不少工作。1966 年至 1975 年近十年来为广东、广西、湖南等省进行了有关机电产品（包括火车机车、缝纫机、电机、电扇等）的噪声测试；协同中山医学院、广州市防疫站等单位进行环境噪声对人体健康影响的实地调查（如对造船厂、纺织厂等进行生产车间的噪声测试）；应有关部门的要求对剧场、礼堂、播音室、地下工程等进行建筑声学（如混响等）以及各种吸音材料进行声学测试。

四、提出科研课题意向

1975 年省标准计量所向国家标准计量局《报送征求对计量事业规划项目的意见》中提出，希望参加"研制橡胶硬度标准"项目的工作。因为广东是我国橡胶主要产地，而且橡胶工业也很发达，各种橡胶制品很多，都要求解决这方面的检测问题。同时也提出应考虑"超声功率和声压标准"项目加速提前的意见，因为当时已有各种超声仪器的生产，迫切要求解决检测声功率和声压标准的问题。后来国家标准计量局把这两个科研课题都下达给了省标准计量局。

五、计量室标准温度的研究课题

计量实验室的标准温度是进行量值传递、检定和精密测量的重要条件之一，这一标准温度的确定，需不需要改革，有很大的科学意义和经济意义。国家标准计量局很重视这个问题，于 1975 年下达第 049 号文明确把"计量室标准温度的研究"作为一个专题，责成省标准计量所对过去沿用 20 ℃恒温标准温度进行调查。为此省标准计量所抽调了 5 人成立"计量室标准温度的研究"调查小组，在当年 8 月份开始着手对这一问题进行调查。调查小组分别到华北、东北、华东、西南等地 30 多个与温度关系密切的工厂、科研、计量部门进行了调查。调查小组根据了解的实际情况，综合了各方面的意见，写出 1 万多字的调查汇报材料，分析了计量室标准温度改革的好处，改革的可能性，并提出了有关建议。课题组认为，按我国地理位置和环境从节能考虑，标准温度为 23 ℃最好，但由于当时国际上大部分国家采用 20 ℃恒温标准温度，要改变代价太大，因而当时无法施行。

六、广州市、佛山市技改和试制工作

从1966年至1976年的十年间，广州市计量所在计量设备技改和新产品试制方面，做了一些尝试并取得了一定的成效。如：1971年成功试制了平板研磨机、射流动态测试装置和百分表检查仪；修复和改装了一批无线电测试设备；完成时间频率等技改项目；改造日本进口的测长机、万能量具，以及德国进口的直流校验台、光学高温计校验台；直流电源检测方法等研究和研制。开展了交流电器仪表、电子管电压表、标准电度表的检定和测试，以及无线电仪器仪表、半导体材料、元件、器件检定参数测试的研究，以满足计量工作为战备提供技术支撑的需要。1974年8月广州市标准计量所陈守俭起草的国家计量检定规程JJG 47—1975《立式光学计》、JJG 45—1975《卧式光学计》通过审核批准颁布。

佛山市计量所于1974年开始研制充磁机，第二年改进为采用可控硅电路，并定型试产了4台，开始小批量投产。

中　篇

(1977—1991)

广东省计量史

第五章　计量工作的拨乱反正时期

（1977—1979）

华南国家计量测试中心
广东省计量科学研究院

第五章　计量工作的拨乱反正时期

（1977—1979）

1976年文化大革命结束了，这一年是中国从大乱走向大治的转折点，是拨乱反正，开创建设社会主义现代化建设新时期的起点。全省计量工作者与全国人民一样，开始解放思想，挣脱极左路线的束缚，盼望计量工作尽快恢复正常。1977年5月《中华人民共和国计量管理条例（试行）》颁布了，这是计量工作迅速走向大治的重要标志，计量工作人员都感到欢欣鼓舞，从此计量工作回归到正确的轨道。

1978年广东省计量事业，按照国家计量总局领导提出的“三年大治，八年大上，二十三年赶超世界先进水平，为实现四个现代化作贡献”的总体设想，制订了十年发展规划。如今，历史的进程已经见证了这一设想和规划的实现。

1978年12月党的十一届三中全会的召开，这一中国历史上意义深远的事件，不仅使计量人深受鼓舞，对计量事业也产生了巨大影响，广大计量工作者解放思想，加快步伐，迅速把计量工作的着重点转移到社会主义现代化建设上来，实现计量现代化，为四个现代化服务做贡献。这是计量工作从度量衡转向为工农业生产服务以来的第二次重大转移。广东省计量工作者进一步认识计量工作对实现四个现代化，建设社会主义现代化强国的重要作用，明确了新时期计量工作的方针、任务以及工作着重点转移的重大意义，看到了计量工作的大好形势和光明前景，增强了做好计量工作的责任感和光荣感。

通过贯彻《中华人民共和国计量管理条例（试行）》，努力弥补文革造成的损失，建立健全各级计量机构，对计量机构和企业计量工作进行整顿，开展计量科研项目，广东省计量工作为实现工作着重点的转移迈出了可喜的第一步，开始进入健康发展的新起点。

第一节　宣传贯彻国务院《中华人民共和国计量管理条例（试行）》

一、《中华人民共和国计量管理条例（试行）》的颁布

建国以来，我国的计量工作，有了很大的发展，1959年国务院发布了统一计量制度的命令，计量制度基本达到统一，改变了旧中国计量制度混乱的局面，建立了一批急需的计量基准器和计量标准器进行量值传递，基本上统一了全国的量值。全国各省、市、自治区和国务院有关部门，以及一大部分地区、市、县、企业和事业单位，建立了计量机构。

广东省的计量事业在省各级政府和计量工作者的努力下，也有了很大的发展，1963年全省地、市、县建立了近80个计量机构，1965年省科委计量标准局建立全省的最高计量标准有4类24项，为我省的工农业生产、国防军工、科学研究提供服务，对广东省经济建设起了积极的作用。

但是在文化革命中，计量工作受到很大冲击，搞乱了思想，搞乱了管理，搞散了队伍，搞垮了机构。到1972年，广东省的计量机构只剩三十几个，而其中一些还是挂着计量所的牌子，去搞修理五金、单车的工作。不少地方由于无计量机构，造成工厂企业的计量仪器仪表大量的、长期的失准失修，有的工厂计量器具失准率达60%～80%以上，直接影响产品质量，有的大批零件报废，有的发生严重的生产安全事故。

文化革命结束后，为了实现四个现代化，为了加快经济建设，必须解决计量工作中存在的各种问题，为把计量工作搞好，使计量工作更好地为工农业生产、国防军工、科学研究服务，各地都迫切要求颁发一个全国统一的计量管理条例，以便进一步加强计量管理工作。

早在1973年国家标准计量局就组织部分省、市计量局的人员参加，成立了《中华人民共和国计量管理条例》起草小组，经过深入调查研究，总结工作经验，征求国务院有关部门、解放军有关主管部门等的意见，起草了《中华人民共和国计量管理条例（试行）》，又经反复讨论修改，特别是文革结束之后，加快了制订审批的步伐，于1977年5月27日经国务院批准颁布。

《中华人民共和国计量管理条例（试行）》（以下简称《条例》）的颁布，使进行计量工作有了共同遵循的国家法律依据。《条例》总结了计量工作经验，对计量工作的具体路线、方针、政策，对进一步统一我国的计量制度，建立国家计量基准器和各级计量标准器的原则，以及对计量器具管理的原则，计量机构的性质和任务，均作了具体的规定。为整顿计量工作，加强计量管理，发展计量事业，提供了重要依据，指明了前进的方向。

二、广东省为贯彻落实《条例》所做的工作

1. 召开全省标准计量会议学习贯彻《条例》

1977年7月26日至29日由省标准计量所在广州组织召开了全省标准计量会议。会议气氛十分热烈，大家对粉碎“四人帮”，纠正极左路线的新形势感到无比振奋，畅谈了国务院颁发《条例》后的喜悦心情，感到计量工作大有奔头，《条例》的颁发实现了计量人员多年的愿望，对我国计量事业必将是一个巨大的推动。大家通过学习《条例》，研究贯彻措施，对照《条例》的要求，联系广东省实际，感到形势逼人，责任重大。这次会议是广东省计量工作拨乱反正的一个重要转折点。

2. 推荐、宣传计量先进单位

1977年12月国家标准计量局在北京组织召开全国标准计量工作会议，会议主要内容包括：深入揭批“四人帮”反革命修正主义路线，总结标准计量工作经验，进一步弄清标准计量工作的具体路线、方针、政策和方法，研究贯彻计量工作《条例》，制订长远规划，交流经验，表彰先进。按照国家标准计量局的要求广东省通过总结经验，调查了解推荐了4个计量工作先进单位：江门市计量所、台山县标准计量所、中山县标准计量所和广州重型机器厂计量室。

这四个先进单位的事例如下：

（1）江门市计量所于1975年初将本市机械行业计量室的技术人员组成了计量技术交流队，队员32人。两年多来，他们顶住“四人帮”修正主义路线的干扰破坏，树立全心全意为人民服务的好思想，发扬协作精神，密切结合生产需要，实行专业队伍与群众运动相结合，组织了全市性交流活动37次，参加活动达1347人次，举办各种学习班15期，技术讲座14次，参加人员1100多人次。并协助各厂革新攻关，解决计量技术难题，促进了计量工作和生产的发展，深受群众的欢迎。在江门市 11 个交流队的评比中，计量技术交流队连续两年被评为先进队。

计量技术交流队积极宣传计量工作的重要性，采取办班、技术讲座等形式，普及计量知识。江门市计量所与交流队联合举办“江门市计量工作展览会”，展出各厂自力更生制造的有实用价值的计量器具革新项目 90 多台（件）。他们将量具正确使用、维护、保养知识挂图，印发给各工厂，在车间进行巡回展出，使工人群众尽快掌握量具正确使用，提高工人计量技术水平。交流队深入工厂车间，在组织计量技术协作，推广先进经验等方面做了大量工作，解决生产中的计量测试问题，普遍提高了工作效率和产品质量。

交流队先后革新推广了平板研磨机、千分尺研磨机、一米测长比较装置等检修设备，提高了工效，帮助汽车修理厂、江门油泵油嘴厂技术攻关，提高了产品质量。群众称赞这支队伍为“宣传队、协作队、交流队、战斗队”。

（2）台山县标准计量所在开展为农业服务工作中取得较好的成绩。自 1974 年以来，他们把支援农业作为重点任务来抓。该所与有关部门协作，先后开展了农村电动排灌站仪表检修、水稻种子标准化、农作物植株营养诊断测试、磁化水在农业上的应用等工作，为推动科学种田，促进农业发展和农村“五小工业”生产的发展起了很好的作用。三年来，该所为各电动排灌站检修仪表 480 多只，保证了仪表的准确和机器正常运转，为粮食增产提供有利条件。在进行磁化水在农业上应用的科学试验中与农科站、生产队、农村中学等密切协作，认真细致地进行试验研究工作，取得了较为详细可靠的试验数据资料，初步探索出大面积推广应用的经验。该所 1976 年被评为台山县支援农业学大寨的先进单位。

（3）中山县标准计量所成立十几年来，主要依靠自力更生，土法上马，武装自己，较快地建立起长、力、热、电等部分计量标准，积极开展为工业生产服务的计量检定测试工作，做出了较好的成绩。据不完全统计，从 1969 年至 1976 年，共检定了各种仪器、仪表 32 万多件（台），修理了 2700 多件（台）。他们克服“等、靠、要”思想，树立雄心壮志，自己动手，就地取材，陆续制造出一批急需的仪器设备，如压力式温度计检定设备、大行程百分表检定设备、热电偶检定器、内径表测力检定装置等，为服务工业生产积极创造条件。他们实行专业队伍与群众运动相结合的方针，积极培训技术力量，组织队伍，建立计量管理网点。几年来先后举办了五期计量专业训练班，为各有关单位培训了 170 多名计量人员，建立起 15 个计量室、组。该所主动承担支农任务，及时检修各种计量器具，为农村电排站检修大批电工仪表，保证全县 1 千多座电排站设备完好正常运转，有力支援了农业生产。

（4）广州重型机器厂计量室 1955 年成立，负责全厂块规 40 套，万能量具 8 千多件，专用量具 2 千多件（套）的检定、测试和修理。

1969 年，厂内曾刮起取消厂计量室，分散人员仪器，下放车间，取消计量制度之风，计量室人员面对这种情况，以高度的责任心挺身而出，主动向厂领导说明利害，摆事实，讲道理，终于得到领导的支持，坚守了计量室的阵地。

多年来他们坚持周期检定，加强计量器具的管理，建立了一套行之有效的规章制度。他们将所有量具、量块、量仪情况编入卡片，并定期清点核对，坚持返还检定制度等。他们在各车间门口张贴有关正确使用计量器具的宣传画，举办计量技术学习班，讲解计量器具结构原理，并深入车间教会工人正确使用及维修，保证了量具和仪器的完好和精度。

该厂计量室在搞好本厂计量工作的同时，还积极参加市计量所组织的技术交流队活动和计量协作网工作，到各协作厂帮助检定和修理计量器具。该厂计量室紧密围绕生产急需开展计量测试工作，为提高产品质量和工效，促进生产发展做出了显著的成绩，1976 年被厂评为学大庆先进单位。

这些典型事例充分表现了广东省计量人员在那个特殊年代的敬业精神。

3. 制订计量事业长远发展规划

在贯彻实施《条例》过程中，国家标准计量局提出加速发展标准计量事业，适应四个现代化的需要的号召，并在 1977 年底提出全国计量工作的奋斗目标和规划设想“三年大治，八年大上，二十三年赶超世界先进水平，为实现四个现代化作贡献”。三年大治就是要大力贯彻《条例》，对计量战线进行切实的整顿。三年内基本建成全国计量网。八年大上就是要建成一个全国统一的，技术先进的，比较完整的，适应我国国民经济大发展需要的计量体系，造就一支又红又专的计量队伍，取得一批重大成果，为赶超世界先进水平打下坚实的基础。二十三年要做到：计量科学技术现代化，在各项主要计量基准、标准方面赶上和超过世界先进水平。各级计量机构要用现代化的计量装备武装起来，真正成为本地区、本部门的计量测试中心，满足四个现代化对计量测试工作提出的要求。到 20 世纪末，要造就一批世界第一流的计量科学技术专家，使我国科学技术走在世界先进行列。

1978 年广东省计量行政机构和计量技术机构正式分开，成立了广东省标准计量管理局（以下简称省标准计量局）和广东省计量科学研究所（以下简称省计量科研所）。按照国家标准计量局“三年大治，八年大上，二十三年赶超世界先进水平”的总要求，省标准计量局在 1978 年 5 月制订了广东省计量和标准化技术发展规划。同年 8 月省计量科研所制订了 1978—1985 年发展规划。从此广东省计量工作有了更明确的努力方向和奋斗目标。

4. 贯彻落实《条例》提出的各项具体要求

为了贯彻落实《条例》第十一条“使用计量器具的单位，应建立健全计量管理制度，根据实际需要合理选择计量器具，按照检定周期进行检定，以保持计量器具的准确性”的规定，省标准计量局于 1978 年 5 月 24 日向省各主管局、各地市标准计量部门、工矿、科研和大专院校等有关单位发出《关于加强量值管理与健全周期检定制度的通知》。对省标准计量局现有的 28 项计量标准，编排了周期检定计划，请各有关单位按通知规定时间依时送检，并要求今后每年按此计划执行。

为了达到《条例》对省级计量工作的要求，增加项目，改善条件，省标准计量局下决心另选新址，抓紧基建工程，力争尽快建成广东省计量测试中心，以满足广东经济科技发展对计量工作的需求。省标准计量局抓紧制订省计量科研所的基建计划，该计划于 1978 年 11 月得到国家计量总局（1978 年 4 月国家标准计量局组建为国家标准总局和国家计量总局）的批准，计划规模建筑面积 15300 m^2，基建投资 260 万元，计划在 1979 年至 1982 年建成。省标准计量局组成基建班子积极选址，由省计量科研所专业人员参与设计，力争尽快建成能满足广东省计量工作需要，有利于计量事业发展的省级计量基地。

省标准计量局贯彻《条例》第七、八、九条的规定，加强了计量器具的管理工作。通过调查研究，发现由于文革期间计量工作被削弱，各地企业、市场大量计量器具失准失修，急需扭转这种情况。1978 年省标准计量局与省一机局、省轻工局、省工商局发出《关于加强计量器具管理的联合通知》，对全省生产、销售、修理、使用计量器具的各部门，提出了严格执行《条例》，保证计量器具质量和量值准确一致的具体要求和有关规定，对加强计量器具的管理起了积极的作用。

1979 年 8 月省经委、省国防工办、省科委联合发文，印发省计量管理局（1979 年 6 月原广东省标准计量管理局分成广东省标准化管理局和广东省计量管理局）制订的《广东省厂矿企业计量管理细则（试行）》，进一步推动了《条例》在厂矿企业的深入贯彻执行。

三、制订颁布贯彻《条例》的地方实施办法

根据《条例》第十八条："各省、市、自治区革命委员会，国务院有关部门和人民解放军有关主管部门可根据本条例制定实施办法"的精神，为贯彻《条例》，进一步加强广东省计量工作的管理，健全广东省计量体系，由省标准计量局组织起草的《广东省计量管理实施办法（试行）》（以下简称《实施办法》），于 1978 年 9 月由广东省革命委员会颁发。该《实施办法》贯彻了《中华人民共和国计量管理条例（试行）》，并结合广东省实际对基本计量制度；计量管理机构；各级生产主管部门和企、事业单位计量工作；各级计量标准的建立；量值传递的原则；生产、修理、进口计量器具的管理；计量检定的要求等作出具体规定。《实施办法》共十四条，1964 年 12 月 31 日原省人委公布的《广东省计量管理暂行办法（草案）》同时停止执行。

《实施办法》特别强调：

（1）建立健全各级计量机构是加强计量管理，搞好计量工作的组织保证。《实施办法》明确规定："全省各级标准计量管理机构，是同级革命委员会的职能部门，负责管理本地区的计量工作"。"省直和广州市、海南行政区、各地区、市、县的生产主管局及工矿企业、事业单位均应恢复和建立相应机构，设置专职或兼职人员，负责管理本系统本单位的计量工作"。

（2）大量事实证明，凡做好计量管理，能保持计量器具仪表准确一致的单位，其产品质量就好，反之，那些计量管理松懈混乱，计量器具失准失修的单位，其产品质量就一定差。因此《实施办法》中规定："各企业、事业单位及其主管部门的计量机构，应建立健全本单位、本系统的计量管理制度，严格执行周期检定，失准的计量器具必须经过修理，复检合格后方准继续使用"。计量管理部门"对生产、修理的计量器具必须加强管理，经常进行质量检查监督"。

（3）为了保证国家计量制度的统一，保障国家和人民的利益，《实施办法》要求"凡生产、进口、销售、使用和修理计量器具的单位和个人，都必须遵守本办法的规定，对违反国家计量法令，利用计量器具进行非法活动，破坏社会主义经济和公共利益的单位和个人，标准计量管理部门可会同有关部门给予警告、罚款、没收非法计量器具等处分，情节严重的，交司法部门处理"。

《实施办法》颁布后，各级计量机构认真学习，积极贯彻，对广东省计量工作的拨乱反正起了很好的推动作用。

围绕贯彻《条例》和《实施办法》，各地加强了请示汇报和宣传工作，引起各级领导对计量工作的重视和支持。至 1979 年全省有 38 个地区、市、县以当地革委会名义发布和转发关于加强计量管理工作的布告和通知等，计量工作的重要性逐渐为人们所理解。

第二节　正式成立省计量行政机构和计量技术机构

《中华人民共和国计量管理条例（试行）》颁布后，国家标准计量局于 1977 年 6 月中旬召开全国各省、市、自治区标准计量部门主要负责人会议，提出了贯彻《条例》需要采取的措施。会议上强调要加强组织建设，大家一致认为，当时的组织机构一般都不适应形势的发展，也不符合《条例》的规定。《条例》第十六条规定："省、市、自治区标准计量管理局，及地、市、县计量管理机构，是同级革命委员会职能部门，负责管理本地区的计量管理工作。”国家标准计量局党的领导小组组长岳志坚专门对此作了解释：“这里明确规定了地方各级机构的性质和隶属关系。省一级机构的名称，国务院统一规定为‘标准计量管理局’。机构的性质是省革命委员会的职能部门，是国家机关，是省革命委员会的一个组成部分，隶属关系，由省革命委员会领导，是一级机构。”

1977 年 6 月底国家标准计量局岳志坚到广州参加全国水稻种子标准化会议期间，由韩健等陪同会见了当时的广东省委书记焦林义，谈及国务院颁发的《条例》时，就广东省计量机构问题向焦书记作了说明，并建议广东省在原有的省标准计量所基础上成立广东省标准计量管理局。

当时广东省的机构是“广东省标准计量所”属县、团级事业单位，不符合《条例》的规定。由于标准计量工作涉及国民经济建设、国防建设和科学研究各个部门，随着工农业生产、国防建设和科学技术的发展，对标准计量工作提出了越来越高的要求，特别是要实现四个现代化，更离不开标准计量的密切配合，而标准、计量很大一部分工作是属于行政管理工作，而省标准计量所这样一个事业单位，是无法满足工作需要的。

为了贯彻落实《条例》，1977 年 8 月省标准计量所向省科技局报告，并请省科技局转报省革委会，建议尽快成立广东省标准计量管理局。

1977 年 12 月，省标准计量所又直接向省委、焦书记提出《关于省标准计量机构体制的请示报告》，说明广东省标准计量机构是根据国务院 1959 年《关于统一我国计量制度的命令》中的规定，于 1961 年成立“广东省科学技术委员会计量标准局”，负责管理全省的标准化与计量工作。在文革期间的 1972 年初被改为“省计量所”，当年 9 月又改为“省标准计量所”。由于机构体制长期未得到解决，给履行国家规定的职责任务，开展各项业务带来不少困难。为此建议在“广东省标准计量所”的基础上成立“广东省标准计量局”，请领导指示。

1978 年 1 月 29 日，广东省革命委员会发出关于成立省标准计量管理局的通知（粤革发[1978]11 号），通知明确指出“根据国务院 [1977]60 号文件精神，为加强计量管理工作，经省委决定成立广东省标准计量管理局，撤销省标准计量所。省标准计量管理局是省革命委员会的职能部门，负责管理全广东省的计量工作”。自此广东省标准计量管理局作为一级局正式成立，任命副局长韩健、王夫、王佐华，由韩健主持全面工作。

根据《条例》在地方标准计量管理机构之下应设置计量检定测试机构的有关规定，1978 年 5 月省标准计量局向省科委和省编委申请在局下面设立广东省计量所，负责建立各项计量标准，进行量值传递，统一量值和测试方法，开展测试、检定、修理计量器具，进行计量科研工作，培训计量技术干部，参加制（修）订和贯彻各种计量器具的检定规程，对进口的计量器具和有关的器材设备进行质量检定等。同时申请成立“广东省标准计量管理局计量仪器实验工厂”事业单位，实行企业管理，其主要任务是：研制、生产、修配本省需要的和国家标准计量局统一安排的各种计量标准仪器、仪表、工具和有关的零配件等。

根据国务院颁发的《中华人民共和国计量管理条例（试行）》，广东省革命委员会于 1978 年 5 月 24 日发出《关于建立健全我省各级标准计量机构的通知》（粤革发 [1978]77 号），通知根据国务院颁布的《条例》对全省各级标准计量机构及其所属事业单位的设置作出规定：“一、省标准计量管理局由省科委、省计委共同领导，以科委为主。标准计量管理机构负责贯彻有关标准化、计量工作的方针、政策、法令、条例、制度，组织制订并实施本地方标准化、计量工作的规划、计划、管理办法及有关措施，并对同级各生产主管部门和有关单位的标准化、计量业务进行指导及技术管理。二、各市、县设立标准计量管理局（或处）和计量所，一套机构，两个牌子；设有计量工厂的，可以一套机构，三个牌子。地区一级标准计量机构的设置，可待地区调整机构时，再统一研究，目前暂维持现状。三、省直和广州市、海南行政区、各地、市的生产主管局以及工矿企业，均应恢复和建立相应机构，设置专职或兼职人员，进行标准化和计量工作。四、各级标准计量机构及其所属的事业单位所需的人员编制，本着精简的原则，由各级党委根据实际需要研究确定”。这是一份重要的文件，全省各级计量管理和技术机构的建立有了明确的依据。

是年，广东省计量科学研究所正式成立，所长叶志强，内设办公室、业务科、长度室、力学室、电磁室、热工室、无线电室等科室，于 1979 年 4 月从省标准计量局分出来独立运作。

同年广东省计量仪器实验厂成立，并从省计量科研所分离出来，独立运作，厂长张发祥。

1978 年 4 月中央批准国家科委、国家经委提出的《关于成立国家标准总局和国家计量总局的请示报告》，并确定国家计量总局由国家科委代管，国家标准总局由国家经委代管。国务院决定分别设立国家标准总局和国家计量总局后，广东省与国家的机构相对应，于 1979 年 6 月，省革命委员会《关于成立省标准化管理机构的通知》粤革发 [1979]53 号文，决定将省标准计量管理局的标准处分出，成立广东省经济委员会标准化管理局，主管全省标准化工作，原省标准计量管理局改为省计量管理局。1980 年 5 月 1 日省计量管理局改名为广东省计量局（以下简称省计量局）。

第三节　努力弥补文革时期的欠账

文化革命结束以后，根据国务院和省革委会的有关文件精神，特别是《中华人民共和国计量管理条例（试行）》颁布以后，广东省在建立健全各级计量机构，切实解决有关机构体制、人员编制、事业经费、仪器设备、基本建设等问题方面做了大量工作，以弥补文革动乱时期的欠账。

一、建立健全各级地区市县计量机构

广东省计量机构大多数是 50 年代末 60 年代初陆续建立的，由于基础薄弱，发展缓慢。在文革期间曾一度发生大砍计量机构，取消计量管理等情况，计量工作严重削弱，计量管理放松甚至取消，造成量值混乱，传递不到生产第一线，计量器具达不到准确一致，因而严重地影响产品质量，妨碍劳动生产率的提高，甚至生产安全事故屡有发生。相当多的厂矿企业单位的计量器具，长期严重失准失修，生产使用的计量器具失准率高达 70% 以上，失准幅度超过国家规定的标准几倍，致使产生大批废次品。商业财贸部门使用的各种衡器，失准情况更加严重。

文革后，在国务院和省革委的重视与支持下，广东省计量工作逐渐恢复和发展。1978 年，省革委根据国务院颁发的《中华人民共和国计量管理条例（试行）》有关规定和工作需要，批准成立了省标准计量管理局，颁发了《关于建立健全我省各级标准计量机构的通知》（粤革发 [1978]77 号）和《广东省计量管理实施办法（试行）》，从而有力地推动广东省计量事业的发展。省级、地区、市、县各级计量机构都得到进一步健全，至 1978 年底，地区和中等城市除个别外，以及 75% 以上的县都已建立了计量机构，职工总数约 850 多人。各地中型以上的工矿企业单位已陆续设立计量室（站），配备一定数量的专职或兼职计量人员。

按照国务院《条例》和省革委“粤革发 [1978]77 号”文件的要求，1978 年有 6 个市、县成立了

标准计量管理局。如江门市标准计量管理局于1978年11月4日成立，由江门市科委、计委共同领导，以科委为主，下设江门市计量所，实际是两个牌子，一个机构。1978年，揭阳县委同意设立“揭阳县标准计量管理局”，是年11月3日，任命池汉凯为县标准计量管理局副局长，原县标准计量所隶属标准计量管理局，对外挂两块牌子，内部合并办公，地址在榕城镇店马路25号。

但是，新成立的机构遇到不少困难，机构经费、人员编制、仪器设备以及办公实验用房都无法解决。例如，1978年韶关市革委会向省革委提出《关于成立标准计量机构和要求安排各种仪器设备及投资的请示报告》希望省革委给以解决。当年6月28日省革委办公厅一秘将韶关市革委的这份报告批给省标准计量局，要求省标准计量局提出处理意见。省标准计量局收到报告后进行了调查研究，并同有关部门商议研究解决办法，对有关解决方案与省财政局反复商议几次，向省科委、省计委作了汇报。

省标准计量局将解决的建议形成《关于解决我省标准计量所事业费的请示报告》送省革委会，并抄报省科委、省计委、省财政局。报告指出“韶关市提出的问题实际上是如何贯彻省革委会[1978]77号文《关于建立健全我省各级标准计量机构的通知》的问题，在全省带有普遍性”。报告强调了计量工作的重要性和国务院《条例》以及省革委[1978]77号文的规定，对如何解决设立标准计量管理局及其所属事业单位所需的人员、经费、仪器设备等问题提出如下建议：第一关于人员，根据标准计量工作的任务和当前实际情况，地区级和中等城市的人员编制可按（30～40）人考虑，县一级可按（10～20）人考虑，五小工业较发达的县可适当增加，总的编制数统一划为全省计量事业编制。第二关于经费，广东省计量事业的经费主要靠省财政的“计量补助费”和少量“计量检定费”收入。全省1978年补助经费共159万元，其中省级63万元，广州市21万元，地区和市级平均26600元，县级平均3700元左右。广东的经济建设正在迅速发展，一个中等水平的县一般有大大小小的工厂企业几百家，其中有机械、农机、化工、化肥、农药、轻工、食品、建材等行业，都急需计量部门承担长度、力学、热工、电磁的计量检定测试任务。而计量部门的经费常常连发工资都不够，无法购置设备仪器开展生产建设中的计量业务工作。为此建议地区、市级计量机构按每人每年1500元，县级计量机构按每人每年1000元，由省财政局统一拨给。新成立的单位增加必要的开办费。另外每年拨给50万元设备购置费，由省标准计量局统一安排购买计量标准仪器，有重点分批次配备给地区、市、县计量机构，使之能尽快开展当地生产建设所急需的计量业务。

通过省标准计量局的努力，1979年分配地区、市、县补助经费84万元，设备购置费15万元。省标准计量局购置铸铁砝码52吨，标准增砣100套，长度三大量具检修仪一批等，发给新建和有需要的计量机构。

据1979年终统计，全省各级计量机构共88个，职工1041人，年度财政拨款184.72万元，检定修理收入76.02万元，生产收入48.75万元，购置设备81.17万元，基本建设投资127.69万元。除省计量科研所、广州市计量所外，海南、韶关、湛江三个地区和佛山、江门、汕头、肇庆、惠州、湛江、茂名等7个市都建立了长、力、热、电部分主要项目计量标准设备，相应地开展检定、修理和一些精密测试工作；中山、东莞、台山等部分县在管理和检修衡器的基础上，也逐步扩大开展工业生产上使用的计量仪器仪表的检定、修理业务；有的县配合有关方面开展土壤和作物养分的测试，磁化水在农业上的应用试验等工作，为地方五小工业，为科学种田服务，做了不少工作。

但是，在地区、市、县计量机构中，约有20多个机构没有什么标准设备和技术人员，只有三两个干部和一个牌子在当地科委办公，既没有能力开展工作，也起不到应有的作用。还有约24个机构，主要是检定、修理台秤。地区、市、县计量机构的编制、经费等问题，还没有得到很好的解决。

国家计量总局为改进基层计量工作，大兴调查研究之风，组织了16个省、市、自治区计量部门调查本地区专、县计量工作情况。省计量局也承担了这一任务，并于1979年10月向国家计量总局提交了《地县计量机构体制任务调查汇报》，积极提出对这一问题的解决建议。

省计量局为完成这一任务，在省内发出调查提纲，并以佛山地区为重点组织调查组深入佛山市、中山县、顺德县等进行典型调查。经过认真广泛的调查研究，形成了调查报告。在这份调查报告中，针对广东省计量工作实际情况，结合当年“调整、改革、整顿、提高”八字方针和贯彻中共中央、国务院［中发（1979）50号］文件批转《关于发挥广东优越条件，扩大对外贸易，加快经济发展的报告》，提出了经多次讨论的意见。

在详细列出了广东省地县的基本情况后，对管理体制改革的意见，认为根据计量工作量值传递的特点，管理体制应改为条块结合，以条为主。即各地县的业务领导、人员编制、干部管理、劳动工资、事业经费、基本建设、标准设备和物资供应等工作，均由省计量局负责；党团组织、政治思想工作由地县政府负责。这样才能使全省计量工作有条件做到统筹安排，综合平衡，合理布局，统一指挥，更快地促进计量事业的发展。机构设置应打破行政层次，行政区划而按自然经济区划设置，并按“精兵简政”、“点面结合”的原则，既要避免重复浪费，又要考虑经济发展的需要。

在各地大量的社会与经济数据基础上，提出工农业比较发达、工农业生产水平中等、工农业生产水平很低三种情况下，计量机构如何设置及其任务的意见。当时的调查报告已反映出广东计量人改革开放的意识，如条块结合以条为主的思路，在二十年后的1999年实行省以下垂直管理时得以实现。

二、争取基建投资改善条件弥补基建欠账

1. 省局的扩建和搬迁新点方案的启动

为满足计量业务发展的需要，省标准计量局经国家计量总局和广东省计委批准，由省财政投资，从1978年开始，在省标准计量局所在地址南侧和西南侧征地2662 m^2，合3.993亩。增建了长度无线电实验楼2000 m^2，该实验楼内包括恒温室700 m^2；在原有旧实验楼内扩建恒温实验室200 m^2；增建恒温机房200 m^2。为落实知识分子政策，解决多年来未盖职工宿舍，大多数职工住房困难的实际情况，兴建了职工宿舍2190 m^2。

为了广东计量事业长远的发展，经过几番周折，省标准计量局终于启动搬迁计划，另选适合的地址建设能满足广东省经济建设发展需要的省计量测试中心。

省标准计量局所在地址筹建于1959年，由于当时对标准计量工作的认识和经验都不足，开办时的基建投资只有几万元，所以选在海珠区南村内较平坦的低洼菜地进行建设。这个地方地势低洼，院内标高只有6.59 m，比广州最大洪水水位还低1.89 m，下雨时院外的道路便流水到院内，每遇台风和海水涨潮时，下水道渠水倒灌，院内就遭水淹。1975年5月的一次大雨，院内水淹达0.5 m，实验室门口虽事先筑了一道临时砖堤挡水，但一楼恒温室的地板缝隙不断冒水，无法制止。大家连夜紧急搬迁仪器，仍然使仪器受损，检定工作被迫停止了好几天。恒温实验室由于长期受地下水的渗透腐蚀，地板与恒温隔热的软木材料严重受潮，不能满足计量实验室的环境条件要求。省标准计量局周围三面被农舍包围，一面紧邻街道铁皮厂，废旧铁皮到处堆积，整天敲敲打打，噪声很大，尘土飞扬。1973年因进口日本量具经检验发现不合标准，提出索赔，对方以检验方法不同为借口，要求交流和参观我方实验室。以当时省局的条件和环境实在无法接待“外宾”，只好将谈判安排在

上海计量局举行。

考虑到这个地方交通不便，环境杂乱，地势低洼，常遭水浸，作为保存省级计量标准，开展计量检定和科学研究的场所是很不适宜的，从1963年开始就多次提出搬迁，因种种原因，一直没有实现。1975年12月8日省标准计量所就搬迁设想的有关问题提出《关于另选新址进行基建的报告》呈报省计委。1976年2月又向省计委和省科技局呈送了《关于报送省标准计量所迁点基建总体方案的说明》。就在这一年4月国家计委和国家标准计量局联合发文给各省、市、自治区计委《请注意安排好地方标准计量部门的基本建设的通知》，这一通知对省标准计量所搬迁基建方案的批准十分有利。当年6月2日省计委发文《关于广东省计量所搬迁方案的批复》（粤计基字[1976]345号）基本同意省所搬迁基建方案，建设规模为土建面积15200 m^2，投资230万元。同时省计委和省科技局还在给国家标准计量局的《关于广东省标准计量所迁建方案的报告》中提出“由于我省财力有限，请国家标准计量局支持补助投资一半，并拨给相应的三大材料。其余一半由省负责解决”。

省标准计量所在积极选址过程中，先后选了十几个点，但因年度投资只有35万，无力进行拆迁，一直无法选到新址。转眼间已经到了1978年，广州市城市规划局建议原址扩建，在迫不得已的情况下，省标准计量局于1978年2月决定不搬迁新址，就地扩建，争取1980年以前建成，并按原址扩建修改了基建方案，在南村旧址周围征地。

但很快事情又发生了变化。1978年7月，国家计量总局在安徽召开了《基建计划座谈会》。会上反映，国家计量总局为解决计量战线的基建等问题作了大量的工作，国家每年拿出2～3千万元重点解决省、市、自治区计量部门的基建。而广东省当时的计量工作大大落后于广东经济形势的要求，基本建设条件太差是一个重要的原因。为此省标准计量局决心克服困难，另选一个比较适合开展计量测试工作的新点，争取在3～4年内把广东省计量测试中心建成。

省标准计量局领导亲自向省计委、科委领导和有关部门汇报了我局另选新点的设想要求，得到他们的支持，于当年8月向国家计量总局提交《关于安排我省基建新点的报告》，并随后上报了《广东省计量测试中心基本建设计划任务书》。1978年11月25日，广东省的报告得到国家计量总局的批复，批准的建设规模是建筑面积15300 m^2，基建投资260万元。

在选点问题上遇到不少困难，省标准计量局内部也有各种意见争论不休。1979年4月国家计量总局李正亭局长到广东省检查计量工作。李局长在与省标准计量局领导谈基建问题时说“地皮问题，我的意见你们最好是到郊区去建新点。这要和干部做思想工作，要从工作出发，不能从离家近远来考虑。我们要从下一代考虑，要有发展余地。事业要发展，要考虑十到二十年，不然将是浪费。地点远上下班可用班车接送。为什么郊区好呢？一个是技术条件要求安静，环境好，另一个是可以上得快。在市内搞拆迁困难大，时间拖得久。这个问题我建议你们不要再犹豫不定，不然以后可能越来越远。总局的方针是：哪个省有条件（指地皮和施工条件）就上，没有条件就放慢一点”。

为尽快把新点建设好，根据国家计量总局的要求，1979年省计量科研所编制了《广东省计量测试所基建工程工艺设计》，在所长叶志强的带领下，省计量科研所的技术骨干黎湘、李坚城、李英权、方森礼、万文恒、苏乃强、林炯堂积极参与了工艺设计工作。计量测试需要的建筑，涉及技术领域十分广泛，工艺要求相当复杂，他们以极大的热情，通过调查、学习，本着尽量采用先进技术，力求现代化的要求，为建成反映出先进水平的广东省计量测试中心，编制了涉及十大类179项计量标准的技术、设备、建筑工艺要求的设计简表和说明。

1979年10月3日新点终于办好了征地手续，地址在三元里瑶台村南侧，批准征用土地面积7221 m^2（合10.83市亩）。该工程选址位于广州白云机场的西南面，在航线喇叭口界线上，为保证民航飞行的安全，对建筑标高有严格的控制，经反复修改设计，多次与民航管理局协商，仍无法满足设计要求。新点基建工程又被迫停顿下来。

2. 广州市计量所的扩建

经过5年的施工，至1980年，广州市计量所广仁路11号旧房拆建工程全面完成。广州市计量所的地址是1953年5月，原广州市度量衡检定所经广州市人民政府工商局、房地产管理局同意购买的广仁路9、11、13、15、17号和社仁坊1号共六间房子，用于开展广州地区计量检测业务及办公用房。二十多年之后，经广州市计划委员会批复，同意广州市计量所广仁路旧房拆建。拆建方案分为两部分：第一部分是原广仁路9、11号三层砖木结构危房拆除原地重建，新建大楼按八层标准进行基础打桩，报建七层大楼。后由于资金等原因，设计方案改为基础按七层标准打桩，建成七层大楼，2至5楼南边分别为长度室、热工室、力学室、电磁室。通道左侧为两间空调实验室，6楼为所领导和职能部门办公室。这一部分定为广仁路11号。第二部分是原广仁路13、15、17号与社仁坊1号与新大楼三楼相通，作为广仁路11号大楼的副楼，设为资料室、电化教学室、职工食堂和职工娱乐室。

广仁路11号旧房的拆除重建，使广州市计量所有了较为标准的检定、办公大楼，有了较规范的地下实验室，是广州市计量所业务发展的一个新起点。

3. 分批解决地区、市、县计量机构的基本建设

为解决地区、市、县计量机构工作场地和职工住房的困难，省标准计量局在1974年、1976年、1977年，由省财政直接拨款安排了汕头市、佛山市、梅县地区、屯昌县、东莞县、肇庆市、湛江地区等计量机构基本建设。1979年又安排了海口市计量局、湛江市计量局、海南自治州计量所、潮安县计量所、清远县计量所和新会县计量所每个单位计量检定室基建（500～600）m^2。

4. 加快深圳市计量所的建设，以适应深圳经济特区发展的需要

在国家实行改革开放的初期，国务院批准将广东省宝安县建成深圳市。深圳市计量机构的前身是成立于1978年的宝安县计量所，当时宝安县科技局指定了一名科技干部负责筹建。深圳市建立后，计量机构仍然只是挂在科技科，虽然已按每年5000元领取经费，但只刻了公章，由于无房、无人、无设备，连牌子也没地方挂，更谈不上开展计量工作。

1979年深圳建市，并成为我国第一个对外开放的经济特区，将建成我国对外加工贸易的重要口岸之一，成为引进国外先进技术的前哨。省计量局敏锐地觉察到深圳对于开展对外计量技术交流和引进先进仪器和技术将发挥独特的窗口作用，积极向国家计量总局建议尽早安排深圳市计量机构建设计划，该机构除了管理本市计量工作外，同时作为国家开展对外计量技术交流的一个点。1979年4、5月间，省标准计量局根据国家计量总局李正亭局长的建议，组织对香港、深圳计量工作及有关外贸情况进行了调查。当年香港工商界人士纷纷前来广东省接洽，在深圳投资建厂，开展加工、补偿贸易等。国务院各有关部门以及本省和外省不少单位，也都根据对外工作的需要积极筹备在深圳市设立机构。深圳的建设正在迅速发展。为适应深圳发展形势，省计量局在1979年7月向国家计量总局报送《关于香港、深圳市计量工作调查及深圳市计量机构基建的请示报告》和《有关深圳市计量机构建设情况的调查汇报》、《关于香港计量工作简况调查汇报》，详细报告了深圳市建设情况和对计量工作的迫切需要，以及香港与内地不同的经济和计量管理模式，并进一步报告经过与深圳科委协商，拟征地 7 亩，进行三通一平，争取解决深圳计量所的基建问题的具体建议。省计量局在 11 月和 12 月再次报告了对深圳计量机构基建的申请，争取国家计量总局支持深圳计量所的建设。

三、用经济办法办计量

从 1979 年起，开始有了用经济办法办计量的说法，主要是指在计量工作中实行定额管理，超产奖励的政策。

1979 年 6 月，为了用定额管理，收入留成，超产奖励的办法，调动计量人员的积极性，促进计量事业的发展，省标准计量局专门行文《广东省标准计量局收入分成与使用的初步意见》，报省财政局，进行请示。

省标准计量局的意见主要是将包括计量器具检定费收入、实验工厂试制产品收入、其他协作生产收入的总收入的 20%，上交广东省财政局；总收入的 50%，单位留作补充用于业务费，零星原材料、设备的购置、小规模技革、技改经费；总收入的 30%，留作本单位职工集体福利基金及社会主义劳动竞赛的季度奖励及年度奖励。

文件中详细报告了试行定额管理与奖励的具体做法，如怎样分配奖金，如何进行奖金等级的评定，以及发至个人季度奖金的数额，一等奖 25 元；二等奖 20 元；三等奖 15 元等。

1979 年省内各级计量机构开始探索用经济手段办计量，开展增产节约运动，广开门路，开源节流，努力增加收入，既可部分解决本单位计量经费不足的困难，保证计量工作的开展，又可适当改善集体福利，使计量事业的发展和个人利益结合起来。那些开始试行定额管理超产奖励办法的计量部门，按照按劳分配，多劳多得的原则，促进了劳动效率和工作积极性的提高，检修费和生产的经济收入有了大幅度增长。

省计量科研所在局领导的具体关怀指导和省财政局的大力支持下，于 1979 年第一次试行了定额管理和超产奖励的办法，并取得了可喜的成果，大力促进了生产业务工作的发展，通过全所职工的共同努力，全年收入达到 93010.37 元，为 1978 年收入（27110 元）的 3.43 倍。完成检定计量器具 18762 台件，为 1978 年（4167 台件）的 4.5 倍。从检定费的收入及完成检定计量器具的具体数量来看，都可以看出有一个明显的增产。这正是实行定额管理和超产奖励的不容置疑的结果。

各室完成情况及收入、超额完成任务百分比见表 5-1。

表 5-1

各室指标完成情况		
单位	计划指标（元）	实际完成（元）
长度室	14100	18790
力学室	4500	6945
热工室	3200	4563
电磁室	14300	20479
无线电室	9200	13686
工厂	18000	25738

表 5-1 （续）

各室人均收入的名次		
第一名	工厂	1608.90 元
第二名	长度室	1565.80 元
第三名	电磁室	1079.90 元
第四名	无线电室	805.20 元
第五名	力学室	771.70 元
第六名	热工室	380.30 元
各室超额完成任务百分比的名次		
第一名	力学室	54.3%
第二名	无线电室	48.8%
第三名	电磁室	43.2%
第四名	工厂	42.99%
第五名	热工室	42.6%
第六名	长度室	33.3%

通过各室认真总结，全所职工一致认为试行定额管理和超产奖励的方法是正确的，是符合多劳多得的社会主义分配原则的。这个办法突出的好处是：

第一定额指标具体明确，使各单位有一个明确的奋斗目标，完成任务好坏有一个指标来衡量，起到了检查督促的作用。

第二为了完成定额指标，各单位都千方百计发动群众广开门路使各单位工作主动性得到大大提高，使业务工作取得更大发展。

第三完成定额指标与个人利益直接相关，因此每个职工都十分关心任务的完成，改变了服务态度。室主任的管理工作更容易进行。而且考核指标是以室为单位，因此，加强了室内各专业组的协作和相互支援。

第四实行了定额管理和奖励办法，考勤工作也容易执行。实行的结果，达到了加强组织纪律性，提高出勤率，加强了管理，促进了整顿工作。

汕头市标准计量所从 1979 年开始实行奖励制度，定出奖励的条件、标准和办法，然后试行。奖励制度试行以后，对各项工作开始有所促进，如量值传递计划得到认真的执行，检修计量仪器的质量和数量有所提高，检修费收入增加，出勤率提高，费用降低。

在 1979 年 12 月召开的全国计量工作会议上国家计量总局的领导充分肯定了奖励制度的作用。李乐山局长说：“据了解，云南省的省、专、市、县计量部门全部实行了奖励制度。北京、天津市计量局和 14 个省、市的部分专、市、县，也实行了奖励制度。从今年的实际情况来看，凡是实行奖励制度的地区和单位，生产、检定和测试的工作量及经济收入都有大幅度的增加，计量人员下厂下乡为工农业生产服务的积极性进一步提高了。”

第四节　中医处方用药计量单位改革

计量工作的基本任务是保证计量单位制的统一与量值的准确可靠。计量单位制统一和单位量值统一是计量一致性的两个方面，单位制统一是量值统一的前提。我国政府很重视计量单位制的统一，1959 年 6 月 25 国务院发布《统一计量制度的命令》，确定以米制（即公制）为我国的基本计量制度。但对计量制度的规定中有一些特例，如“中医处方用药的计量单位”就是其中之一。根据当时中国的实际情况，在国务院命令中规定：“中医处方用药，为了防止计算差错，可以继续使用原有的计量单位，不予改革”。

经过十几年，随着国民经济的发展和国际公制的普遍推行，特别是和国际医学交流的扩大，中医处方用药仍沿用 16 两为 1 斤的计量制度，在中药的零售，中成药生产的配料，以及中药加工炮制环节中的计算等方面带来了诸多不便。已不适应社会主义建设和医药卫生事业发展的要求，中医处方用药计量单位的改革势在必行。

一、为改革中医处方用药计量单位进行的调查

中医处方用药计量单位改革虽然内容简单，技术难度也不大，但这一改革涉及面很广，不仅与医疗卫生，药材贸易，药品制售等行业有关，而且关系到千家万户人民群众的安全和利益，需要广泛地进行调查，征求意见，不仅对大城市要进行调查，而且对中小城市和广大农村也要进行调查。为使改革工作稳妥进行，国家标准计量局、卫生部、商业部于 1974 年 9 月 17 日，联合发文《请调查对改革中医处方用药计量单位的意见的函》，要求各地组织调查组，进行调查研究，征求各有关方面对改革中医处方用药计量单位的意见。建议调查组由标准计量局和卫生局、商业局选派适当人员组成。并要求根据调查结果提出改革方案，于 1974 年 12 月底前，将改革方案和调查材料送国家标准计量局和卫生部、商业部。

根据国家标准计量局等三部门关于调查对改革中医处方用药计量单位的意见函指示，广东省由省科技局与省卫生局、省商业局联合发文和组织了调查，实际调查工作主要是由省标准计量所派人参加，除向湛江、汕头、韶关等地区医药卫生部门调查了解外，并于 1974 年 11 月 14 日在广州召开了“广东省、广州市计量医药卫生部门关于中药处方改制意见座谈会”，听取各有关方面的意见。座谈会由省卫生厅、省药品公司和省标准计量所共同主持，参加单位包括医院、药品公司、药材销售基层店等。座谈会上对中药使用 16 两 1 斤的旧制一致同意改革，改革的意见是先改为 10 两为 1 斤市制，待条件成熟后再行改用国际公制“克”，特别是当时接受调查和参加座谈会的老中医一致反对将中医处方用药从 16 两为 1 市斤的“两”、“钱”、“分”为计量单位改成以“克”、“毫克”为计量单位。

根据上述调查结果，由广东省卫生局、商业局、科技局于 1975 年 2 月 21 日向国家标准计量局呈报《上报中医处方用药计量单位改革方案》。广东省提出的改革意见是：将沿用的 16 两为 1 斤旧制改为 10 两为 1 斤市制，待条件成熟后再行改用国际公制“克”。其理由为：（1）与全国各地市面推行的计量单位相统一，利于生产，方便群众；（2）保持祖国医药学的民族特色，又不致与国际公制相差太远；（3）折算方便，医药工作人员思想较易接受；（4）对实现中西医结合和教学改革均较适宜。目前暂缓改用国际公制的原因是：中医中药主要用于国内，故应首先考虑国内需要，当时国内各地市面正推行 10 两市制，如中药计量单位改用公制“克”，必将产生新矛盾，且从 16 两

制直接改为公制“克”，折算甚麻烦，中医处方一般开有几种，甚或十几种药，折算公制，极易发生差错，且对工作效率影响过大。据了解，当时没有一个单位赞成改用公制“克”的。上报文件对改革步骤也提出了广东省的意见。

至1975年5月止，全国除西藏外，其他省、市、自治区都已将调查结果的材料报到国家标准计量局。各省、市、自治区卫生、商业和标准计量部门都认真组织了调查和征求意见。他们调查了地、市、县及公社的各级医院、卫生院、卫生所、医疗队、生产大队的合作医疗站、医学院校、中医中药研究单位、中医医院、制药厂、医药公司、中药库、药检所、医药零售商店等，向老中医、青年中医、赤脚医生、蒙藏中医、西医学中医、药剂人员、制药工、老药工、药店营业员等征求了意见。

大家一致认为中医处方用药计量单位应该予以改革。 改革的理由，第一是目前中药使用三种计量单位，即进货用10两为1斤的市制单位；中医处方和中药零售用16两为1斤的旧制计量单位；配制剂型药（如水剂、片剂）已经采用米制单位。使用三种计量单位，已影响中西医互相学习（因为西医只用米制计量单位），影响青年医生学习，影响同其他国家进行医学交流，又增加计价、盘点、制药等环节几种计量单位换算麻烦，偶有不慎，即出差错，危及安全。因此，中药计量单位很需要改革，尽快统一。第二是我国中医有悠久历史，历代中医都是按当时的计量制度来采用中药计量单位，而中国历史上计量制度曾几经变化，因此中药计量单位也多次改变，并非一成不变。现在按国家的计量制度改革中药计量单位，有利条件很多，不少老中医表示支持，认为开始不习惯，过一段时间就会习惯的。

各地建议的改革方案有两种，第一种是直接改为米制，在28个地区中，有26个地区的卫生、商业（北京市商业局除外）和标准计量部门，同意这种方案。第二种是分两步走，第一步由16两1斤的旧制改为10两1斤的市制，第二步再改为米制。同意这种方案的是广东、河南两省和北京市商业局。多数意见认为我国的基本计量制度是米制，将来要用米制进一步统一全国计量制度，直接改为米制，可以节省人力、物力。因为分两步走，医药书刊、称药工具等也得改两次，势必造成浪费。

对改革准备工作各地提出，广泛发动群众，深入进行宣传；先选择几个有代表性的地区进行试点，在取得经验的基础上再全面推开；提前编制、印发新与旧计量单位的换算表；组织生产、改制与修理适合中药用的计量器具，如戥秤、天平等；零售药的价格要按新制计量单位重新确定；加强中药用计量器具的管理和检定工作，保证器具的准确与正确使用等。

二、进行中医处方用药计量单位改革的试点

1975年，国家标准计量局在湖北黄冈县、辽宁沈阳市、云南宜良县进行了中医处方用药计量单位改革的试点，取得了很好的经验，认为这一改革是完全必要的，是可以搞好的。

三个省改革试点结束后，经国务院批准，于1976年8月30日至9月7日，在沈阳召开了“全国中医处方用药计量单位改革经验交流会”。各省、市、自治区的标准计量局、卫生局、商业局（供销合作社），各军区、军种后勤卫生部和国务院有关部门的代表，部分中药研究、生产、销售单位，以及医疗、卫生、教学、出版单位的代表及赤脚医生共282人出席了会议。

会议代表认真交流了辽宁、湖北、云南三省改革中医处方用药计量单位的试点经验；参观了沈阳市的改革试点单位；讨论了全国开展中医处方用药计量单位改革的有关问题。大家一致同意将中医处方用药现用的16两为1斤的旧制改为米制，计量单位用“克”、“毫克”、“升”、“毫升”。

广东省计量、卫生、商业、军队后勤部门都派代表参加了沈阳的全国会议，参会人员在会后讨

论研究了广东省的试点问题，大家的意见是广州市在省中医院和中国人民解放军军医学院进行改革试点。此外在全省还应搞一个中等城市和一个县进行改革试点，初步意见是选江门市和新会县作试点。

三、国务院批准正式启动中医处方用药计量单位改革

国务院于 1977 年 4 月 5 日以“国发[1977]37 号”文批示，在全国范围内改革中医处方用药计量单位，进一步统一计量制度，使之适应我国社会主义建设和医药卫生事业发展的需要。国务院同意国家标准计量局、卫生部、商业部、总后勤部《关于改革中医处方用药计量单位的请示报告》，并转发给各省、市、自治区革命委员会，国务院各部委。

该请示报告指出，中医药行业当前采用的计量单位存在中医处方用药与西医用药计量单位不一致，在医院、药店和制药企业中三种计量制度并用，以及有的用 10 两市制，有的用 16 两旧制容易混淆等三个方面的问题。为了做好改革工作，要求全国各地计量、卫生、商业（供销合作社）、军队后勤等有关部门要联合组成改革领导小组，建立办事机构，加强改革工作的组织领导，并注意解决好改革工作中的几个具体问题：

（1）要解决好米制戥秤的生产、供应问题。各省、市、自治区要按现行的计划和物资供应体制，由计划部门和物资部门安排好生产，组织好供应，在一、两年内有计划有步骤地把旧制戥秤换下来。

印制中药零售价格本，所需纸张，亦需列入计划解决。

（2）因中药计量单位改革引起的药价换算问题，要认真贯彻稳定价格的方针，中药零售价格要保持总水平的稳定。由于具体品种价格的换算，不能提高价格水平。

中药计量单位的换算，按 10 两为 1 斤的市制的“一钱”等于“5 克”；16 两为 1 斤的旧制的“一钱”等于“3 克”，尾数不计。

（3）国务院批准改革后，新出版的和修订再版的中医中药书刊、药典、规范和教材，一律采用米制计量单位。中成药原有包装及说明书，要用完为止，新印制要按米制。

（4）中药计量单位改革所需经费，及戥秤生产、经营单位的库存旧戥秤的改制、报损等损失，由各省、市、自治区自行解决。农村合作医疗站更换戥秤的费用，各地区可根据具体情况对困难队由各地给予适当解决。

全国进行改革的期限，建议在一至两年内完成，从 1979 年 1 月 1 日起全国一律采用米制的计量单位。各地区开展改革工作的具体时间和步骤，由各省、市、自治区革命委员会自行决定。

四、广东省中医处方用药计量单位改革工作情况

1. 改革的准备工作

中医处方用药计量单位的改革，是一项牵涉面广、比较复杂、政策性较强的工作。根据辽宁、湖北、云南三省的试点经验，必须在省革委会领导下，由计量、卫生、商业、军队后勤等单位联合组成改革领导小组，建立办事机构，组织实施这项改革工作。为此省标准计量所于 1977 年 5 月 5 日在向省科技局呈送的“关于贯彻改革中医处方用药计量单位的请示报告”中提出首先要做好下列几项工作：

（1）和省卫生局、省商业厅（省医药公司）、广州部队后勤部、省军区等单位联系，开会研究提出广东省改革的方案报省革委会审批。

（2）做好戥秤生产（初步统计全省约需 15 万支戥秤），药价换算，宣传材料的准备工作。

（3）做好改革试点的准备工作。全省的改革工作必须先搞试点，通过试点取得经验后才全面进行改革。建议广州市在省中医院和中国人民解放军军医学院进行改革试点。全省搞一个中等城市和

一个县进行改革试点，初步意见选在江门市及新会县。

为进行改革的准备工作，省标准计量所于 1977 年 6 月 4 日在广东科学馆召开了“改革中医处方用药计量单位座谈会”，会上传达了国务院及国家标准计量局等单位关于改革中医处方用药计量单位的文件，研究戥秤的规格、定型等有关问题。

6 月 9 日省标准计量所及时向广州市、海南行政区、各地（市）、县标准计量所转发了《国务院批转国家标准计量局等单位关于改革中医处方用药计量单位的请示报告》，并通知说，“现省有关部门正在作改革的准备工作，各地（市）县具体什么时候进行改革工作，待省革委会批示后再定”。

生产足够的公制戥秤是改革的重要准备工作，省标准计量所于 1976 年 11 月即召开研究中药用的戥秤生产安排座谈会，要求参加会议的各市、县计量所研究试制并承担生产任务。1977 年 1 月省标准计量所为了做好生产安排，又通知江门市、茂名市、新会县、文昌县标准计量所，将中药计量改制用的戥秤样品，寄送省标准计量所以便安排生产。同年 8 月省标准计量所通知各所将试制出的戥秤样品寄来，并把戥秤价格以及制造所需的原材料数量报来，以便向省物资部门申请原材料安排生产。

1978 年 1 月省标准计量所发出《关于米制戥秤生产问题的函》，经与有关部门研究认为，为适应当前改制时间紧迫和满足用户需要，宜先集中力量生产秤量 250 克和秤量 50 克两种规格戥秤，并指出据外地经验，采用分部件生产的方法，可提高设备利用率和生产效率，降低成本。由地区组织，选定一两个点，集中生产秤盘和秤铊，然后按申报量调给各县，由县自行组织生产秤杆部分并进行总装。这样可以免去各自解决冲压机具和模具等一系列生产上的其他问题。要求各市、县所填报米制戥秤需要数量调查统计表，及米制戥秤生产计划和材料核算申请表，以协调各地的生产。

随着改革工作的全面铺开，各地对公制戥秤需求越来越迫切，不少市、县只因戥秤缺乏，无法开展试点工作，影响工作进程。为此，省改革办于 1978 年 6 月 2 日向海南行政区、汕头地区、梅县地区、湛江地区、韶关地区、佛山地区、南雄县、新会县、阳江县标准计量所发出《关于抓紧生产戥秤的函》，切望生产供应戥秤的单位和主管部门，必须认真抓紧组织落实，加强领导。已投产的，应加快步伐，争取多出秤；尚未投产的，应积极创造条件，克服困难，尽快赶制出试样，投入生产，决不要坐等。要做到全面安排，保证供应，如不及时保证供应，将贻误全省改革工作。

各单位在戥秤生产中，以及卫生、医药部门使用中均反映，按杆秤检定规程摘录发出的戥秤生产规格有关分度值一项，要求过细，难于生产，且不便使用。1978 年 5 月 16 日省标准计量局发出《关于修订戥秤分度值要求的通知》，对戥秤分度值进行了适当的修订，以统一本省戥秤规格，促进生产，以利改革工作进行。

2. 改革工作的启动

省标准计量所通过与卫生、商业、供销三个主管部门协商，由省标准计量所根据国务院文件精神起草了《贯彻执行国务院关于改革中医处方用药计量单位指示的意见》，经四家主管部门会签，上报省革委。省革委于 1977 年 12 月 23 日以粤革发 [1977]104 号文批转省科技局、卫生局、商业局、供销社《贯彻执行国务院关于改革中医处方用药计量单位指示的意见》，正式启动了广东省中医处方用药计量单位改革工作。

省革委文件发出后，省标准计量所于 1978 年 1 月 27 日向各级计量机构发出请抓紧落实省革委批转《贯彻执行国务院关于改革中医处方用药计量单位指示的意见》的函，要求各地迅速组织落实：

一、应主动与卫生局、商业局、供销社等单位联合组成本地区的中医处方用药计量单位改革领导小组，设立办事机构，负责管理本地区的改革工作；二、立即着手组织米制戥秤的生产和供应，原则上应争取自给，就近调剂解决。县与县之间由地区平衡，地区与地区之间，由省平衡。所需的坤甸木料和铜材尽量自筹，不足部分由省设法解决。

各级计量机构纷纷行动起来，例如汕头地区标准计量所于1978年2月24日至26日在揭阳召开全区关于贯彻戥秤改革座谈会。参加单位有汕头市、潮安、揭阳、潮阳、普宁等四县一市计量所所长、技术人员和戥秤生产单位，并邀请揭阳县科技局、计量局、县人民医院、县医药门市等单位参加。会上研究和讨论了试制戥秤生产、供应计划问题，对按照米制戥秤生产规格要求试制出的十多台戥秤样品反复进行了鉴定。他们认为按照规定的规格则其最小分度量太密，不够清晰，不宜使用，提出了修改分度值的建议，向省局提供了戥秤样品。

1978年1月省标准计量局成立后，进一步抓紧中药计量单位的改革工作，于3月份分别向省财政局和省计委申请了改革工作所需的经费和戥秤生产材料，并很快得到解决。

3. 建立组织机构

根据国务院文件“全国各地计量、卫生、商业（供销合作社）、军队后勤等有关部门要联合组成改革领导小组，建立办事机构，加强改革工作的组织领导”的要求，在省革委会领导下，由省标准计量局、省卫生局、省商业局、省供销社于1978年3月22日在省卫生局正式成立了“广东省中医处方用药计量单位改革领导小组”，并选出省标准计量局任组长单位，省卫生局任副组长单位。领导小组成员有省标准计量局王夫，省卫生局张同久，省商业局（药品）张训成，省供销社王森。领导小组由省革委会领导，下设办公室，由省标准计量局、省卫生局、省商业局、省供销社派出办事人员负责处理改革的日常工作，办公室设在省标准计量局。

领导小组成立后，立即举行了第一次会议，研究、确定了全省中医处方用药计量单位改革有关工作，就全省中医处方用药计量单位改革工作中的试点、中药价格换算、戥秤生产、宣传舆论工作等提出计划。

各级也陆续建立了相关机构，至4月已有广州市、江门市、屯昌县先后成立了领导小组。至7月已有广州市、海南行政区、汕头、惠阳、佛山、湛江、韶关地区，汕头市、韶关市、江门市以及新会、屯昌、潮阳、饶平、澄海、揭阳、惠来、惠阳、东莞、河源、郁南、阳江等县成立了改革领导小组。

4. 改革工作全面展开

为贯彻国务院和省革委关于中医处方用药计量单位改革的指示，省中医处方用药计量单位改革领导小组于1978年4月6日至8日，在广州召开了“广东省中医处方用药计量单位改革工作座谈会”。出席座谈会的有省标准计量局、省卫生局、省商业局（药品）、省供销社的领导、广东省军区后勤部有关主管人员；已完成改革工作的试点单位：广东省中医院代表，准备开展试点工作的单位：新会县、江门市代表等共55人。会上传达了国务院国发[1977]37号文和省革委粤革发[1977]104号文；传达了沈阳“全国中医处方用药计量单位改革经验交流会”会议精神，介绍了辽宁省中医学院附属医院、湖北省黄冈县、云南省宜良县试点经验，和广东省中医院的好经验，参观了广东省中医院改革现场。座谈会着重研究了如何进一步落实改革计划，提出当前必须认真抓紧抓好的几项工作，以便确保年内完成全省的改革任务，确保1979年1月1日全省中医处方用药计量单位采用公制。要求各地迅速建立机构，加强领导；加大宣传，大造舆论，做到家喻户晓；搞好试点，逐步铺开，确保年内完成全省改革工作；抓紧戥秤生产，保证供应；编制《广东省中药材统一销售价格对照表》。

这次座谈会是推动全省中医处方用药计量单位改革工作的重要会议，会后经省革委领导批示同意，向全省转发了《省中医处方用药计量单位改革工作座谈会纪要》。

省改革工作座谈会后，大部分地区、市都行动起来了。各地、市有关部门在各级党委的领导下，做了大量的组织、物质、宣传等准备工作，并由地、市、县革委会发文成立改革领导小组。

根据省革委粤革发[1977]104号文批转《贯彻执行国务院关于改革中医处方用药计量单位指示的意见》第三点：做好改革试点工作，召开试点现场经验交流会的指示精神，省改革领导小组确定省中医院、广州市中医院、江门市和新会县作为全省的先行改革试点单位。省中医院行动最快，在1978年1月份就在全院改革完毕，在4月初召开的全省改革工作座谈会上介绍了改革经验。

省标准计量局于1978年5月上旬派出省试点工作组到江门市、新会县深入蹲点。江门市根据国务院的决定和省改革领导小组关于江门市作为改革中医处方用药计量单位试点的指示，由市计量所、市卫生局、市商业局、市供销合作社、市药品公司、市中医院等部门组成江门市中医处方用药计量单位改革工作领导小组。改革工作从1978年5月3日至6月16日，分为三个阶段。第一阶段用15天时间，首先在市中医院、健强药材商店、健民药材商店开展改革试点。第二阶段是以点带面，全面铺开，用14天时间，在全市卫生、商业、供销等系统全部推广了以“克”为单位的米制计量单位。第三阶段是全面复查，开展验收。通过复查验收，及时消除“死角”，弥补漏洞，巩固发展了工作成果。全市181个单位全部完成改制任务，废除了旧制，广大中医中药人员已熟练地使用以“克”为单位的米制。新会县在当地党委领导和改革领导小组的努力下，试点工作基本告一段落，并定6月10日全面铺开，预计6月内可全面完成。

广州市、汕头市也进行了试点工作。

一些地、市、县都按照省革委文件的要求开展了改革试点工作，在试点改革中不仅印发了大量的宣传材料，药价表、新旧制计量单位换算表，而且用墙报、黑板报、广播、办学习班等各种形式，广泛深入地进行了宣传，并切实抓好戥秤试制生产工作，加上各地在改革过程中，计量、卫生、药品、供销等部门，紧密配合，协同作战，有力地推动改革工作的进展。到7月为止除了江门市、新会县已全部改用米制计量单位外，广州市已在市中医院、市一、市五人民医院改革完毕；惠阳地区在地区中医院；汕头地区在汕头市中医院、地区人民医院；韶关市在中医院、曲江县人民医院、马坝人民医院、马坝药店；梅县地区在地区人民医院、梅县中医院；番禺县在县人民医院；广州部队在一五七、一九三医院、省军区在沙河门诊部进行了改革试点工作。这些试点单位，由于领导重视，把改革工作纳入党的议事日程，成立了由单位领导挂帅，各有关部门参加的改革领导小组，直接领导了改革工作。

搞好宣传大造舆论，是做好改革工作的重要一环。为此省革委发布的《关于改革中医处方用药计量单位的公告》，省改革领导小组办公室编印的《宣传提纲》各印制3万份，于5月份发至全省广泛张贴，以使家喻户晓，推动改革工作迅速开展。之后又发出《关于中医处方用药计量单位改革的问答》和中药材饮片统一零售价目表各5万份，以及国务院文件等供各地、县，作为改革工作依据和宣传学习之用。省、市报纸也分别发表了有关这项改革的消息，广为宣传。

自省革委会同意转发《广东省中医处方用药计量单位改革座谈会纪要》以后，各有关单位都做了大量工作。但从进展情况来看，发展很不平衡，与省革委会和座谈会纪要提出的要求还有很大差距。存在的主要问题是：组织不落实，机构不健全，计划未抓紧，戥秤供应和牌价本亦跟不上需要。有的地方由于把改革工作看得过于简单，有关部门各自强调工作忙，认为只要有米制戥秤和新药价本，发个通知，就可以把改革工作搞好。例如有一个县，由于没有成立县改革领导小组，就在县人民医院搞改革，医院开出米制单位的处方，病人拿到药店配药，药店因没有接到主管部门有关改革的通知，不给配药，结果引起纠纷。病人无可奈何，只好把处方拿回医院找医生，医生请示院领导，领导也解决不了，最后不得不改用旧制开处方，走了回头路。这样一来，医生开处方就得新、旧制同时使用，即在本院内配药的开以米制为单位的处方，到药店配药的开旧制处方，医生一时开新制，一时开旧制，弄得头昏眼花，既影响工作效率又容易出差错，搞得医生和病人都有意见。

1978 年 6 月 1 日，省改革办向各地区卫生、商业（药品）、计量、供销等有关单位发出关于抓紧落实《省中医处方用药计量单位改革座谈会纪要》的函，指出：各地如不及时抓紧落实，不迅速地把此项工作列入重要议程，那么，《座谈会纪要》提出的“确保年内完成全省的改革任务，确保明年 1 月 1 日起全省中医处方用药计量单位采用公制”的计划就会落空，切不可等闲视之。望各地抓紧时机进行此项工作：没有成立机构的，应迅速成立机构，作出规划，加强领导；已成立机构并开展试点的，应加快改革进度，力求提前完成。

为了确保年底前按国务院和省革委的要求，全面地完成全省改革工作，1978 年 7 月初，在新会县召开“全省中医处方用药计量单位改革试点经验交流会”，会期 3 天。参加这次会议的有广州市、海南行政区、各地区（自治州）、韶关市，以及部分县、市中医处方用药计量单位改革领导小组，计量、卫生、商业（药品）、供销四系统及试点单位的代表；省标准计量局、省卫生局、省商业局（药品）、省供销社的领导，广州部队后勤部、广东省军区后勤部、中医学院等有关主管人员也出席了会议，出席人数共 109 人。

会上，广州市、江门市、新会县、省中医院等 13 个单位代表介绍了经验，交流了各地区改革情况，并总结出行之有效经验：一是加强领导，建立和健全领导机构，领导亲自动手，深入抓点是搞好改革的关键；二是广泛深入地做好宣传教育工作，提高医药卫生人员和广大群众对中医处方用药计量单位改革重要意义的认识；三是卫生、计量、商业、供销部门密切配合，协同作战，统一行动；四是在具体改革工作中，抓住中药处方、计价、调剂、戥秤生产等几个主要环节，从实际出发提出解决问题的方案，合理解决矛盾，使改革工作顺利进行。

考虑到当时距离国务院提出的完成改革时间（1979 年 1 月 1 日起全国中医处方用药计量单位一律采用米制）仅有几个月，时间十分紧迫，而中医处方用药计量单位的改革是一项牵涉面广，政策性较强的工作，为了确保年底前按国务院和省革委的要求，全面地完成全省改革工作，会议提出几点要求：一是迅速建立健全机构，加强领导；二是搞好宣传，大造舆论；三是全面迅速铺开，确保今年内完成全省改革工作；四是进一步抓好戥秤生产，和新药价表供应；五是注意把好处方、计价、调剂三关，保证改革后处方药量折算准确。

5. 改革工作的检查验收

为使改革工作善始善终，把改革工作搞好、搞彻底，确保广东省从 1979 年 1 月 1 日起全省中医处方用药计量单位一律采用米制（即公制），废除 16 两为 1 斤和 10 两为 1 斤的市制及其他一切旧杂制。省改革办起草了《广东省中医处方计量单位改革工作验收标准》，经省改革试点工作经验交流会讨论修订，于 1978 年 8 月 5 日向各地、市、县有关部门发送，要求各地、市、县改革领导小组对于本地区各单位的改革工作一定要按照广东省中医处方用药计量单位改革验收标准进行检查验收。

凡不符合要求的，应限期改进，并重新验收。

验收标准如下：

（1）改革领导机构健全，积极贯彻国务院、省革委会和省改革领导小组有关文件，在宣传教育、组织学习、准备新制工具（戥秤、药价本等）等方面措施落实，并达到预期效果。

（2）各改革单位有关人员对改革的意义认识明确，清楚改革的具体内容，自觉进行改革，不因改革而影响工作质量，社会反映良好。

（3）中医处方用药计量单位以米制的“克”为主单位；“毫克”为辅单位，药名和药量一律横写，药量用阿拉伯数字标示。

（4）中药批发、零售、账目、计价等均采用米制计量单位。批发以“公斤”为基本计价单位；零售以“10 克”为基本计价单位。

（5）中成药生产的配方、投料、包装等一律采用米制，原有的包装及说明书，用旧制计量单位标示的，能改则改，不能改的则用完为止；新印制的要用米制计量单位。

（6）新出版和修订再版的中医中药书刊、药典、规范和教材等，一律采用米制计量单位。

（7）一切旧制工具如旧戥秤，旧药价本（表）等在采用米制的同时，应一律封存处理，不得再行使用。

验收标准原则上由各单位的改革领导小组执行，上一级改革领导小组组织力量，有重点地进行检查。为确保 1979 年 1 月 1 日全省中医处方用药计量单位和全国一道采用米制，广东省验收工作提前在 1978 年 11 月份进行，各地、市、县的验收工作应在全省验收之前完成。

经过几个月紧张工作，在各级革委会重视支持和有关部门密切配合下，由于广大工作人员的积极努力，至 1978 年 11 月，全省 10 个地区的改革工作大部分已经完成，有 5 个地区已进行全面验收，只有少数地区的几个县尚未完成。年底以前省改革领导小组组成若干小组，分别到全省各地区检查验收，做好补漏扫尾工作，全省中医处方计量单位改革工作按时完成。

按照国务院的要求，从 1979 年 1 月 1 日起，全省实现了中医处方用药计量单位的改革，统一使用克、毫克、升、毫升等计量单位，对戥秤制造、药价计算、药典、书刊、报纸、教材、药品包装和说明书的印刷，也都采用了米制。至此，全省中医处方用药计量单位的改革工作圆满结束。

五、全国中医处方用药计量单位改革顺利完成

一年以后的1979年11月国家计量总局、卫生部、国家医药管理总局、总后勤部向国务院上报了《关于中医处方用药计量单位改革工作的总结报告》。

据总结报告反映：根据各省、市、自治区的卫生、商业、计量部门和军区后勤部的报告，各地区已完成了这项改革任务，从 1979 年 1 月 1 日起，中医处方用药的计量制度已由原来的 16 两为 1 斤的旧制改为米制，计量单位由“两、钱、分”改为“克、毫克、升、毫升”，同西药计量单位取得了一致。这项改革受到广大医药卫生人员和人民群众的积极支持和热情拥护。他们说，改革以后计量单位做到了四个统一，即中药批发和零售统一、地区之间统一，中西药统一，国内外统一，解决了过去存在的诸多问题，对我国医药卫生事业的发展十分有利。中医处方用药计量单位改制换算见表 5-2。

表 5-2　中医处方用药计量单位改制换算表

中医处方用药计量单位	10 两为 1 斤的市制			16 两为 1 斤的旧制		
	两	钱	分	两	钱	分
米制计量单位	50 克	5 克	500 毫克	30 克	3 克	300 毫克
说　明	1 斤＝500 克（g）			1 斤＝500 克（g）		

第五节　围绕提高产品质量积极促进企业计量工作

经过十年动乱，要恢复濒于崩溃的经济秩序，国家有关部门决定从抓产品质量做起。1977 年初，国家计委发出（77）计生字 38 号文件《关于开展产品质量大检查切实抓好产品质量工作的通知》。国家标准计量局于 1977 年 4 月 16 日转发了国家计委这一文件，并要求各级计量部门对所生产的标准计量机械和仪器，必须严格把好产品质量关，不合格的产品，决不能出厂。国家标准计量局定于 1977 年下半年按国家计委文件要求，对产品质量进行一次检查，交流经验，进行评比，把产品质量提高到一个新水平。

一、调查计量工作情况和对产品质量的影响

当年广东省革委会发出的《关于切实抓好产品质量的通知》中，传达了中央首长对产品质量存在的严重问题的严肃批评和指示。湛江地区标准计量所职工联系实际学习这些文件时，认识到产品质量的好坏与计量标准和计量器具的准确、一致有着密切的关系，建设四个现代化，迫切需要严密的计量管理和加速发展计量技术。他们在地区和湛江市计委和有关主管局的支持，以及工厂的协作下，组成检查组，于 1978 年 1 月 18 日至 2 月 1 日，对该地区一些工厂的计量器具及由于计量器具失修失准所造成的产品质量低劣和废品的情况进行了检查。

检查组抽检了 4 个厂的量具，由于工厂没有设置计量室和计量人员，或虽然挂了计量室牌子，但徒有虚名，致使量具不按周期检修，盲目使用，平均不合格率达 60% 以上。这种现象造成产品质量低劣，废品率高。例如高州农机一厂，1977 年 12 月由于百分表失准，造成活塞环厚度超差，报废了 18000 件，价值 6600 元；镗床上的量具不准，4 个多小时生产活塞报废了 800 多件。高州铸造厂生产的水泵，在 85 项零部件鉴定中有 45 项不符合规格，占 53% 等等。

该所将检查情况专题报告湛江地区计委，并以“计量是工业的眼睛”提出抓好计量工作的意见。该报告引起了有关领导的重视。1978 年 3 月湛江地区计委批转了此项报告，并指出“反映计量工作上的一些问题是严重的”，要求各级领导对厂矿企业的计量器具进行一次检查，对不符合要求的，要健全机构，配备人员，认真抓好此项工作。

省局认为湛江地区标准计量所的做法很好，将该所的报告连同湛江地区计委的批转文件一起发至全省各级计量机构，要求象湛江那样组织力量进行检查并将检查情况向有关领导和部门报告，以引起地方领导的重视，做好计量工作，提高产品质量。

二、参加全国第一个“质量月”活动

为了把工业生产切实转到质量第一的轨道上来，把提高产品质量的工作当作一件大事来抓，尽

快抓出成效，国家经委决定每年集中一段时间，开展“质量月”活动。第一个“质量月”定于 1978 年 9 月。为此，国家经委于 1978 年 6 月 24 日发出《关于开展“质量月”活动的通知》。“质量月”活动，就是要广泛发动群众，进行大宣传、大检查、大评比、大落实。大宣传就是报纸、电台、刊物、各种宣传工具，都要大张旗鼓地宣传提高产品质量。大检查就是检查“质量第一”的思想树立没有；产品质量恢复到本单位最好水平没有；质量管理机构和制度建立没有；“四不”（原材料不合格的不投料，零部件不合格的不装配，产品不合格的不出厂，不合格品不能计算产值和产量）、“三包”（出厂产品的包修、包换、包赔）执行了没有。大评比就是评选公布一批质量工作先进人物和先进集体，评选公布一批优质产品。这些工作都要落实到产品质量的提高上。

在第一个“质量月”开始时，于 8 月 31 日举行了广播电视大会，康世恩副总理在大会上动员说：为了坚决实现党中央关于提高产品质量的要求，决定开展“质量月”活动，大张旗鼓，放手发动群众，对产品质量进行一次大检查，对提高产品质量的重大意义进行一次大宣传、大讨论，对企业的质量管理工作进行一次大整顿，使产品质量有一个大提高。要求所有工业交通企业，凡是质量低于本企业历史最好水平的，都必须在 1978 年内恢复到历史最好水平，并努力创造新水平。

在国家计量总局转发了国家经委的通知后，省标准计量局于 9 月 2 日向全省各级计量机构发出《关于贯彻国家经委与国家标准计量局开展“质量月”活动的意见与安排》的文件。文件指出，“当前一项十分紧迫的任务是要迅速地把产品质量搞上去”，为进一步贯彻国家经委和国家计量总局关于开展“质量月”活动的指示精神，动员广东省计量干部职工积极主动配合工交部门在“质量月”活动中整顿计量工作，做出了具体安排。文件要求各级标准计量部门立即成立质量检查组，加强对质量检查的领导。省标准计量局质量检查领导小组由局领导韩健负责，局办公室、计量管理处和省计量科研所负责人参加组成。文件规定了检查内容包括计量标准器、量值传递工作的质量和规章制度情况；工矿企业使用计量器具和执行计量管理制度情况；生产、销售计量器具质量与进口计量器具检定情况等。文件中还确定了检查方法和检查时间。

为了组织动员全省计量部门，把“质量月”活动扎实地开展起来，省标准计量局于 9 月 11 日至 16 日，在广州召开了地区、市和重点县计量部门负责人座谈会，专门研究和部署了开展“质量月”活动的方针、任务、内容和要求。

首先省标准计量局组成了包括领导干部和技术人员参加的“质量月”检查组，对省计量科研所的计量标准器和量值传递情况以及管理制度进行了检查。与此同时，派出工作组对生产计量器具重点厂：广州材料试验机厂、中山仪表厂和中山量具厂进行了调查。从 9 月下旬开始，省标准计量局陆续派出 4 个检查组，分别到佛山市、湛江地区、韶关地区和汕头市检查“质量月”活动情况。

9 月的座谈会以后，各地计量部门在“质量月”活动中，以检查整顿本部门计量标准器和量值传递工作，加强计量管理为重点，同时积极参加工交部门组织的产品质量大检查活动，深入重点厂矿企业和进口、销售部门，检查了计量器具产品和使用中的计量器具，做了大量工作。

梅县地区标准计量所，在省局座谈会后，立即组织本地区各县计量局（所）负责人会议，使大家认清了形势，明确了任务和做法。会后各县局（所）主要负责人亲自带队深入各主要企业进行检查。此外，成立地区计量协作组，根据检查出的问题，开展大协作活动。梅县农械厂一位书记说：这次量具检查，我才真正尝到计量工作的甜头，要把产品质量搞上去，就一定要把计量工作搞上去。

广州市计量所成立了质量检查领导小组，9 月 5 日对本所的标准仪器、检修质量进行检查整顿，派出工作组与市有关主管部门一起对全市生产计量器具的重点工厂进行检查和整顿。

韶关地区标准计量所接到开展“质量月”活动的通知后，立即派人积极与地区工交部门联系，了解情况，组织计量所领导参加的质量检查组，对地区重点产品、重点厂矿的计量器具进行检查。同时也对本所计量标准器进行了检查。在“质量月”活动中，地区柴油机厂把计量工作提上议事日程，作为攻关的问题之一，提高了产品质量，在行业质量检查中产品合格率平均85%，零部件合格率达97%以上。

惠州市革委会批发了关于加强全市计量工作的文件，提出要尽快调整、充实、加强计量所的技术实力，完善各项急需的检测手段，建立各厂的计量网点，形成全市计量管理系统。

江门市计量所发出《关于在“质量月”活动中对计量工作的检查通知》，提出了检查范围和具体要求，争取各级领导重视和支持。他们对本所进行整顿和业务建设的同时，积极协助工业生产部门有关单位进行质量检查，重点检查分析了计量器具生产厂的产品质量问题，并与有关单位一起协助该厂加以攻关解决。

湛江、汕头、茂名、中山、台山、清远、东莞等地区、市、县的计量部门都采取积极措施参加当地“质量月”活动。

在这次“质量月”活动中，广东省计量部门主要做了以下工作：

（1）检查计量部门的标准器和量值传递

计量标准器是保证工交部门计量器具准确一致的前提。这次“质量月”活动中广东省计量部门首先抓住这个主要矛盾。从检查各所标准器情况来看，省计量科研所基本做到标准器按时送上级检定，完好率较高，保证了量值传递的需要；大部分地、市计量所做到边查边改，如广州市计量所和中山县计量所发现标准器已过检定周期、计量标准器具有损坏等问题，马上改进；但是仍有很多地、市计量所的标准器未能做到按周期送检，有的问题还比较严重，如佛山计量所大部分量块没有按时送检，一台活塞压力计使用十多年，从来没有检定过等。

在量值传递方面，广东省已建立的计量标准数量不少，但由于一些地、市计量所已建立的标准器还有不少没有往下传递，造成中间梗塞，真正传递到生产第一线并不多。如佛山市计量所，已建立了三等标准量块，却没开展量块检定，致使全市机械工厂量块失准失修，磨损严重仍在使用。

在计量管理方面，贯彻国务院《条例》以后，各级计量机构加强了对使用中的计量器具的管理工作。如对厂矿企业、商业部门使用的计量器具进行普检普修，帮助企业建立计量室等。不少县通过县革委会发布加强计量器具管理的公告、布告；提高了人们对计量管理的重视，对保证使用的计量器具准确一致起了积极作用。但是有的计量所对计量管理工作不重视，甚至认为搞管理工作影响经济收入，造成计量管理混乱，计量器具产品质量下降，使用中的计量器具失准失修合格率低。

对规章制度的检查显示，除省计量科研所在上半年整顿过程中建立了以岗位责任制为中心的九项制度，初步做到人人有职责，事事有人管以外。大部分地、市、县计量所普遍存在制度不健全的情况。造成有的所丢失了工厂送检的计量器具，有的检定员不认真执行检定规程，随意省略检定内容，有的实验室不卫生，杂乱无章等，急需整改。

（2）检查计量器具生产工厂和进口、销售部门

无论是制造的计量器具，还是进口或销售的计量器具，其质量好坏，直接影响各行各业产品的质量。为此，在“质量月”中，各地、市和重点县计量局（所）都着重对生产、销售的计量器具进

行了检查。各地对生产计量器具的工厂所生产的计量器具产品，都按《条例》规定实行了国家检定。如广州市计量所对凡生产厂已具备执行国家检定条件的则下放由生产厂执行国家检定，未具备条件的则由广州市计量所执行国家检定。其他地、市或县对计量器具产品则多数由当地计量机构执行国家检定，而且能做到认真负责。但也发现有的计量所对产品没有按规定全检，而是自行决定用抽检代替全检。

根据对全省重点计量器具生产厂检查，由于大部分厂领导的重视，产品质量有较大提高。其中广州材料试验机厂尤为突出。也有一些厂仍不重视产品质量，明知产品不合格却按副品出售。如湛江市量具刃具厂，产品质量长期上不去，办厂以来未出过合格品，已令其停产整顿。

对进口和销售的计量器具一般都按规定进行了检定。但有些进口计量器具，由于我方不具备检定条件，而无法检定。销售的计量器具普遍存在合格证有效期已过，照样出售的问题。

（3）检查工厂企业使用中的计量器具

抓好工业生产中使用的计量器具的普检普修，是保证量值传递到生产第一线的重要环节。在“质量月”中，要求地、市和重点县计量所深入重点厂矿企业，进行检查。例如湛江地区计量所，组成14人的工作组，深入到5个县的重点工厂检查使用的计量器具和有关计量管理情况。他们下厂后分成三个小组，一组进行检定，一组修理，一组检工装设备的关键零件，同时帮工厂找出工装设备中存在的问题，工厂很满意。肇庆市组织市计量技术交流队的骨干，组成14人的检查组，利用厂休日，把量具集中起来，大打检修歼灭战，既不影响工厂生产，又加快检查速度，受到工厂和主管局的欢迎。

通过检查发现，工厂企业使用中的计量器具失准失修很严重，主要原因是企业中的计量机构和计量制度在文革时期，受到严重的破坏。凡是领导重视，计量机构健全的厂，计量工作做得好，产品质量也好。如汕头市轻工机械厂，从1965年建立计量室以来，顶住压力，计量工作没有被冲垮，并得到巩固和发展。厂里除了有计量室外，各车间还设有量具室，由专人保管量具，并建立了厂的计量管理制度和车间量具保养制度。他们除坚持量具周期检定制度外，还规定每天上班前校正量具零位，使全厂量具达到准确一致，保证了产品零件互换性，提高了装配效率和产品质量。

通过“质量月”活动，各地计量部门对本所的工作进行了一次检查和整顿，边查边改，建立健全了各项制度，不但对保证计量标准器的准确可靠、提高量值传递的质量有很大促进，而且每个计量人员也得到提高。在“质量月”活动中，在质量大检查揭露的事实面前，越来越多的干部群众认识到计量工作的重要性，并付诸行动。如海口市五金机械行业41个工厂企业，已有16个恢复了计量室（组），其余工厂也都指定了专职或兼职计量人员。

另一方面，也暴露了计量部门的计量标准设备和测试手段极为落后，很不适应工业生产的需要。如韶关地区在“质量月”活动时，对某厂生产的柴油机曲轴某部位的光洁度，在行业检查时有争议，要求韶关地区计量所检测，但该所没有电动轮廓仪，测试不了，最后只好由行业检查组的人，用肉眼进行观察后，采取举手表决方法解决。

“质量月”活动对广东省计量工作是个推动，大家进一步认识到，计量工作在提高产品质量中的重要责任，计量部门一定要把“质量第一”的思想落实到计量工作中去。

全国第一个“质量月”活动结束以后，1978年10月9日到16日，在上海召开了全国计量部门“质量月”活动经验交流会。国家计量总局领导总结了各级计量部门参加“质量月”活动的经验和做法，主要是从五个方面检查计量工作：一是检查使用中的计量器具；二是检查整顿计量基准器、标准器和量值传递工作；三是检查计量器具的产品质量；四是检查衡器的管理；五是检查计量人员的技术水平。这五个方面既是计量部门参加“质量月”活动的主要经验，又是计量工作的经常性业务，要长期持久地抓下去，并指出今后全国计量部门“质量月”活动就要按照这五条内容，开展“五查”、“五比”竞赛，促使计量工作的面貌来一个新的变化。

在“质量月”活动中，生产部门为了提高产品质量，对计量部门提出了大量的计量测试问题和需求。国家计量总局号召各级计量部门在搞好量值传递的同时，积极开展计量测试，这不仅是我国建设的急需，也是国际计量技术发展的总趋势。

三、参加全国第二个“质量月”活动

在成功开展第一个“质量月”活动的基础上，1979 年 4 月 4 日国家经委发出 1979 年“质量月”活动部署的通知，要求全国各地、各部门、各企业要把开展“质量月”活动与常年加强质量管理和技术基础工作紧密结合起来，把“质量月”活动开展得更广泛、更深入、更扎实、更有效，从 5、6 月份开始，就要掀起全国大打质量进攻战的新高潮。

国家计量总局于 6 月 20 日发出《关于参加全国工交战线 1979 年“质量月”活动的通知》，特别强调了第二次“质量月”活动规定把加强技术基础工作作为“质量月”活动的一个主要内容来抓。计量工作正是国民经济的一项重要技术基础工作，通知要求各级计量部门要积极主动协同有关部门，参加好“质量月”活动。同时提出三点要求：第一把各级计量标准器整顿好，对生产中使用的计量器具进行一次普检普查；第二对计量部门生产的计量器具要保证质量；第三积极开展计量测试，解决生产急需的精密测试问题。

8 月 11 日国家经委召开了全国“质量月”活动电话会议。会上，国家经委副主任袁宝华讲了话，他在讲话中指出“要加强各项技术基础工作”，对“工卡量具、计量测试仪器等的整顿工作做一次抽查，没有搞或者走过场的单位，要补课，整顿过了的要提高、加强”。国家计量总局于 8 月 31 日转发了这次电话会议的文件，要求认真贯彻袁宝华讲话精神，积极参加“质量月”活动，扎扎实实地做好厂矿企业使用的计量器具普查普检工作，组织建立健全周期检定等管理制度，切实加强对厂矿企业计量工作的管理。

广东省计量部门贯彻执行了国家经委和国家计量总局的文件精神，并按照国家计量总局第一个“质量月”活动总结的经验和做法，已经将计量工作的检查和整顿作为长期坚持的基础工作，在 1979 年全年进行了深入的“五查”和评比工作。

第六节　计量工作整顿和五查评比

1978 年 12 月 15 日至 29 日经国务院批准，全国计量工作会议在北京召开。这次会议规模很大，参加会议的有各省、市计量局、国务院各部委、国防工办、国防科委、各重点院校、工厂和科研所有关负责人 250 多人，广东省派出 5 人参加了会议。当时刚刚开过党的十一届三中全会，决定全党工作的着重点转移到社会主义现代化建设上来。在党的十一届三中全会公报的鼓舞下，会议进一步研究了计量工作如何更好地为四个现代化服务的问题，号召全国计量工作者要以只争朝夕的精神，把计量工作搞上去，为加速社会主义现代化建设作出更大的贡献。会议结束后《人民日报》在 12 月 31 日专门为这次会议发表了社论《加速发展现代化计量科学技术》。社论指出“当前，首先必须抓好整顿。整顿思想，整顿领导班子，整顿业务工作，使计量战线的精神面貌、工作作风、管理水平、工作秩序有一个根本的改变。在整顿的基础上不断前进，尽快建成一个全国统一的技术先进的，经济合理的、能够适应国民经济发展需要的计量体系”。

一、国家计量总局关于整顿的要求

在全国计量工作会议上，国家计量总局提出了1979年全国计量工作的重点是：狠抓整顿，加强管理，把量值传递到生产建设的第一线。首先是贯彻落实《条例》，整顿计量管理工作，具体要求包括:

（1）整顿计量基准、标准

各级计量机构要在上半年内，完成整顿计量基准、标准的工作，开展“五查”评比活动。一查计量基准器、标准器是否符合技术要求，精度是否准确可靠，配套仪器设备是否符合要求，技术档案是否齐全；二查量值传递是否按周期进行，是否认真执行检定规程；三查检定人员的技术水平是否符合要求；四查实验室的各项制度执行情况和清洁卫生；五查完成检定、修理任务情况。根据“五查”的内容进行评比，好的表扬和奖励。国家局负责组织省、市、自治区计量机构的检查评比；省、市、自治区计量局负责地、县计量机构的检查评比；厂矿企业计量室由省、市、自治区计量局与厂矿企业主管部门共同组织检查评比。

（2）整顿使用中的计量器具

保证计量器具准确一致是厂矿企业领导的责任，厂矿企业和主管部门的领导必须加强计量工作，扭转工厂计量器具严重失准失修的状况。国家计量总局要商请国家经委在全国厂矿企业开展一次计量器具普检普修。各级计量机构要保证按周期检定厂矿企业的计量标准，搞好计量器具的普检普修，力争生产上使用的计量器具的合格率达到百分之百。

（3）整顿衡器

国家计量总局商请粮食部、商业部、供销合作总社等部门联合发出通知，在全国范围内开展一次衡器大检查，检查的重点是商业、财贸、粮食系统和农村社队。各级计量部门要与当地商业、财贸、粮食等部门配合，共同组成检查组、修理组，深入店、铺和农村社队逐件检查，要组织检修服务队，边检定，边修理，边宣传。

（4）整顿计量器具产品质量

各级计量部门要把本地区计量器具产品的品种、数量和质量的基本情况调查清楚，并与生产主管部门配合，把好计量器具产品质量关。

二、广东省整顿工作的开展

为贯彻国家计量总局指示精神，省标准计量局在1979年2月上旬先将《全国计量工作会议总结报告》和《一九七九年全国计量工作要点》印发全省各地区和中等城市计量机构干部职工学习，并于3月5日至8日召开了有各地区、市和部分县计量部门负责人以及省直属有关主管局代表参加的“计量工作座谈会”。会上传达了全国计量工作会议精神，以及在会上方毅副总理讲话和钱学森的讲话录音，大家深受教育和鼓舞。遵照党的十一届三中全会精神，大家解放思想，发扬民主，畅所欲言，实事求是，会议气氛十分活跃。3月下旬省标准计量局向各级计量部门发出了《关于认真抓好整顿计量器具的通知》，明确提出认真抓好计量标准器、工矿企业使用中的计量器具、计量器具产品质量和衡器等四个方面的整顿工作，并提出整顿工作的具体要求、方法和步骤。

全省“计量工作座谈会”以后，各级计量部门都积极行动起来。大部分地区、市计量机构都及时向本地领导作了汇报，并迅速向全体职工传达了会议精神，研究讨论了贯彻措施和计划。

例如江门市标准计量管理局将会议精神结合江门的具体情况，提出了贯彻这次会议的意见，于4月10日召开了全市计量工作座谈会。到会人员，怀着很大的热情，围绕着如何做好计量工作，为实现四个现代化而奋斗的主题，畅所欲言，各抒己见，进行了热烈讨论。大家统一了认识，明确了方针、任务，增强了信心，鼓舞了斗志。

汕头地区计量所于4月6日至9日在普宁召开了全区11个市、县计量局（所）负责人，和地区科委、普宁县科委负责人参加的计量工作座谈会，会议开得生动活泼，大家都感到心情舒畅，统一了认识，解放了思想，决心把全区计量工作搞上去。

梅县地区、海南行政区、汕头市、湛江地区等都召开了本地计量工作会议，制订了计划，开展了整顿工作。

为摸索经验，推动面上工作，省标准计量局以肇庆市为试点，派出工作组从4月23日至6月2日，历时40天，基本完成了该市工厂企业使用中的计量器具、市计量所标准器的整顿和全市计量人员技术考核工作。省标准计量局总结了肇庆市试点工作的经验，向全省作了介绍和交流。

全省的整顿工作分以下四个方面。

1. 计量标准器的整顿

计量基准、标准是统一全国量值的物质技术基础，整顿工作必须首先从计量标准器的整顿开始。自座谈会后，各地计量部门都按照“五查”的要求，认真做好计量器具整顿工作。6月初省标准计量局向各级计量部门发出《关于整顿标准器的通知》和《整顿计量基准、标准器情况统计表》，要求各单位对已建立的计量标准器进行逐项认真检查，6月底前要完成内部整顿。

全省各地大多数计量部门按照国家计量总局提出的“五查”要求，普遍地进行了内部整顿，对标准器进行逐项检查，编制了“量值传递系统表”和“计量标准器统计明细表”，各项标准都进行了检查验收，清点造册，对检查中发现的问题立即进行解决。

如广州市计量所为了保证量值传递的可靠性，对高精度的标准器和精密设备实行所级管理，对标准器周期送检、使用、维修都作了具体规定，不合格的或对准确度有怀疑的不准使用，超过周期的原则上不准使用。通过“五查”重建了技术档案，制订了“仪器设备管理卡”，“标准器技术档案目录表”，要求每台设备都填写管理卡，标准器建立档案袋，把标准器现有的技术资料整理归档，编号填入目录表，规定有异常情况要及时记录，每年的检定结果要填入表内。全所共建立了标准器档案61袋。

江门市计量所对所有的标准器和配套设备进行了两次检查整顿，按“五查”的要求逐项进行检查，要求确保量值传递准确可靠。

汕头市计量所已建立的11项标准器都送上级计量部门检定合格，各项标准器和主要仪器设备已建立了79项技术档案。

“五查”整顿了混乱的工作秩序，建立健全了各项规章制度。广州、江门、汕头等市计量所建立了《计量人员岗位责任制》、《仪器操作使用制度》、《维修保养制度》、《周期检定制度》等。有好几个计量所坚持每周一扫除，每月一次大扫除，以保持实验室和周围环境清洁卫生，保证检定环境的整洁。“五查”提高了检定员对检定规程的认识，促进了对规程的学习和理解，提高了对执行检定规程的自觉性。

为总结交流经验，进一步摸清整顿进展情况，省标准计量局于1979年6月23日至27日召开了省、地、市计量部门负责人“五查”整顿汇报会。各单位都把上半年整顿情况作了汇报，10个地、市计量机构对计量标准的整顿都比较认真，通过检查发现了不少问题，如标准设备不配套，恒温条件差，管理制度不健全，技术档案不完善等。为此，会议明确提出，8月底前各单位一定要把本身计量标准器整顿好，迎接检查评比。

10月份省标准计量局成立“五查”评比领导小组，并从省计量科研所和有关地市抽调9人组成3个检查小组，于11月2日起分赴各地、市计量所（局）检查“五查”整顿的情况，到11月25日结束，历时23天，共检查了广州市、海南区、湛江地区、肇庆市、韶关地区、佛山市、江门市、惠州市、汕头市、梅县地区等10个单位。经省标准计量局五查评比小组决定，评出江门市计量所、汕头市标准计量所、广州市计量所（局）3个为先进单位。

通过这次“五查”整顿和评比活动，各地、市计量部门比过去有了较大进步，各计量所的检定工作都比以前正规和严格，促进广东省计量检定工作更加符合国家检定要求，进一步推动广东省计量工作的开展。

2. 使用中计量器具整顿

对使用中的计量器具的整顿，主要对象是工厂企业，这是一个量大面广的工作。1979年，各级计量机构在抓好自身计量标准器整顿的基础上，对工厂企业计量室和使用中的计量器具的整顿做了不少工作，其中肇庆市和江门市对工厂计量器具进行了一次普查和整顿，深受领导重视和群众欢迎，整顿工作搞得有声有色。

作为整顿工作试点，肇庆市委对省标准计量局派工作组在肇庆市开展计量器具整顿工作很重视，经市委同意成立了由市科技局、工交有关主管局和市计量所负责人组成的“肇庆市计量器具整顿领导小组”，负责这项工作的贯彻落实，经过研究，制订出整顿计划。该市于5月4日，以市委名义，召开了全市有关工厂抓生产的副主任和计量人员参加的计量器具整顿动员大会。

大会以后，各厂用了大约20余天进行了自检。这段时间，省标准计量局工作组和肇庆市计量所人员深入基层，检查落实，对工作进展缓慢的单位，找工厂领导汇报情况，进一步宣传动员，使领导重视，按时完成普检任务，并对发现的问题，及时向有关主管部门反映，提出意见和要求，由主管部门落实，完成整顿工作。

在自检和整顿的基础上，组成了由各主管局整顿领导小组、肇庆市计量所和计量技术交流队队委参加的3个检查组。这些检查组都有掌握计量技术的人，他们用两天时间，抽检了计量器具338件，合格的244件，合格率72.2%，其中建立了计量室的合格率达到81.9%，未建计量室的合格率只有37.4%。

领导小组对全市计量器具的整顿工作进行了总结，于5月30日召开了全市有关工厂领导和计量人员参加的总结大会，对全市计量器具整顿的情况、收获和存在问题，作了全面报告。市委领导针对全市计量工作的问题，作出了“各厂要按职工总人数的1%配备计量人员，增添仪器设备，改善计量室工作条件和加强管理、健全制度”四点指示。计量整顿工作，引起了肇庆市委领导和工厂企业的普遍重视，促进了产品质量的提高。

为做好工厂企业在用计量器具整顿，江门市标准计量管理局在与各生产主管部门协商取得各有关方面支持的基础上，组织了一次全市性的计量工作“五查评比”活动。他们从市计量所和全市各工厂企业抽调了 37 人，组成 5 个检查组，用 5 天时间分头到 31 个厂企检查计量工作的开展情况。检查组抽查各厂的计量器具共 1092 件，合格的 779 件，合格率 71.4%。其中，已建计量室的厂企合格率 86.3%；未建计量室的厂企合格率 58.9%。这样的合格率远未符合国家计量总局的要求，是低水平的。

对全市 22 间工厂计量室进行五查。全面符合要求的 2 间，占总数的 9.1%；基本符合要求的 8 间，占 36.4%。其余各厂计量室都存在一定问题，极待整顿提高。

通过检查评比，江门电机厂、红星柴油机厂，技工学校（无线电二厂）3 个单位的计量室被评为先进单位；对江门纸厂，无线电一厂，化机厂，矢轮箱厂 4 个单位计量室的工作给予表扬。这些单位的共同经验是：第一厂领导重视；第二制定了比较完善的规章制度；第三认真执行计量管理条例，按等级对计量器具实行周期检定；第四计量人员的业务技术都比较熟练。

整顿使用中的计量器具是量大面广，涉及许多单位和部门的工作，不做好各方面的宣传发动工作和组织配合工作是搞不好的。江门市标准计量局利用各种机会进行宣传发动，做好各有关领导、技术人员和广大群众的发动工作，争取多方面的支持。如市经委召开各厂厂长学习班，他们就派人去讲课，普及计量知识，讲计量工作的重要性，讲普检普查计量器具的重要意义；在市科委召开的科技人员座谈会上，他们去宣传计量工作；还利用市广播站多次反复广播宣传整顿计量器具的重要意义，真正做到家喻户晓，人人皆知。

在江门市检查评比中，也发现了存在的问题：一是厂企计量室人员普遍不足；二是手段落后，设备不足；三是计量室条件太差；四是计量人员业务技术水平较低，计量技术资料缺乏。他们针对这些存在的问题，提出了解决的建议。

海口市在 1979 年下半年对工厂计量工作的整顿是在市委直接领导下，争取各系统协助，以经委出面组织实施的。7 月初，市经委印发了由海口市标准计量局起草的《工厂计量工作整顿方案》，召开了工交各主管局负责生产的有关人员参加的会议，布置了整顿工作计划。接着，市局配合各主管局向所属企业层层布置。8 月初，市标准计量局召开工厂计量人员会议，具体布置整顿内容和计量器具的自检方法和要求。各厂陆续开始自检，至 9 月底基本结束。普检普查结果表明，全市计量器具合格率很低，迫切需要对失准的计量器具进行修理。市标准计量局除自己承担了部分修理任务外，还在海南机械厂和八一厂建立了协作点，弥补各厂计量技术力量和仪器设备的不足。

汕头市、湛江市、惠州市、广州市、海南区等计量局(所)对工厂使用中的计量器具进行了部分整顿，使不少工厂加强了对计量工作的领导，增加了工厂的计量人员和计量室工作面积，改善了计量工作环境。但这一项整顿工作尚未在全省普遍开展。

为加强厂矿企业计量管理，贯彻落实国务院《条例》和广东省《实施办法》，省局通过征求有关生产主管部门的意见，制订了《广东省厂矿企业计量管理细则（试行）》。这个文件于 1979 年 8 月经省经委、省国防工办、省科委联合转发，并指出，据 1978 年“质量月”活动中检查，广东省各地厂矿企业计量器具失准失修达 50% 以上，个别工厂的计量器具几乎全部失准失修。这些问题如不及时认真解决，势必影响工业化的步伐。文件要求各地计量管理部门、各工业主管部门及其所属的工矿企业，必须采取有效措施，切实加强对计量工作的领导，要在 1979 年整顿厂矿企业的同时，对计量工作进行一次认真的整顿，并在 1980 年前建立健全计量机构，充实计量人员，配备必要的计量仪器设备，使之适应生产发展的迫切需要。该管理细则发出以后，各地、市领导普遍对工业计量重视起来，有的召开专门会议进行传达贯彻，加强对计量工作的领导，建立健全工厂企业计量机构和计量管理制度，进一步组织力量对企业在用计量器具进行了整顿。

厂矿企业计量室的整顿，使计量工作打开一个新的局面，进一步发挥了计量工作在保证产品质量，减低消耗，提高劳动生产率方面的作用。

3. 衡器整顿

对衡器的管理一直是计量部门的工作，但是由于文革破坏了计量工作的正常秩序，大量衡器失准失修，严重危害国家和人民群众的利益，对国计民生影响很大，非进行大整顿不可。1979 年 5 月 30 日商业部、全国供销合作总社、工商行政管理总局、轻工业部和国家计量总局联合发出《关于加强商业部门计量管理工作的通知》，通知要求各省、市、自治区有关部门要组织力量，对城乡商业使用的计量器具进行一次普查、普检、普修。并要求在当年年底以前全部完成普查工作。8 月 10 日省商业局、省供销合作社、省工商行政管理局、省轻工业局、省粮食局、省标准计量局联合转发了商业部等五部门的通知，并提出了贯彻通知的具体措施。各级计量部门都抓紧进行衡器大检查。

汕头地区对衡器整顿工作抓得紧，进度快。他们采取抓好试点，以点带面的方法，抓了饶平县作为试点，各县又选择重点城镇进行试点，全区共有试点 13 个。7 月份在饶平县召开了试点经验交流会，由饶平县介绍开展整顿衡器的做法和体会，总结了先城镇后农村，先重点后一般的经验。全地区有计划有步骤，扎实稳妥地推进衡器整顿工作。

揭阳、普宁、惠来、饶平、澄海、陆丰、潮阳、潮安、汕头市等 9 个局（所）会同工商、粮食、供销、商业等部门，发出整顿衡器的联合通知，与各部门协调配合共同做好衡器整顿。

揭阳县标准计量管理局于 1979 年 2 月与工商行政管理局、商业局、粮食局、供销社联合发出《关于在全县范围内分期分批进行衡器普查、普检、普修工作的通知》，并联合组成检查组在全县范围内分期分批进行了衡器普查、普检、普修。他们以曲溪公社为试点，然后在全县铺开，组织专业队伍历时 14 个月，走遍全县各区（镇）集市、商店及大队供销合作社，对在用商贸衡器实行“三普”。通过“三普”，掌握了全县在用商贸计量器具的基本情况，为全县商贸计量器具管理建立扎实的基础，从此该县标准计量局坚持一年一度在用衡器周期检定和监督管理形成制度。

汕头市标准计量所组织了 12 人的专业队伍，深入 394 个基层单位进行衡器普检普修。该所配合市工商局，开展“推广刀钮秤，废除旧杂制木杆秤”的宣传活动，并派出检查组，对市场使用的衡器（主要是木杆秤）进行检查，没收了 200 多把国家禁用的秤，处理了不法行为 5 户。

江门市组织了 56 人的专业队伍，分 12 个小组，用 9 天时间检查了全市各系统和郊区 3 个公社的衡器 2634 台件，至 1979 年底，江门市已全部完成衡器普检任务。

1979 年初，海口市革委会颁布了《海口地区衡器管理实施办法》的布告以后，共进行了 3 次衡器大检查。每次检查前，都召开财贸各局 13 大公司两级领导会议，布置整顿工作，安排检修计划。10 月底召开了海口地区使用大型衡器（地秤）的 22 个单位的管理人员会议，具体安排大型衡器的检修问题。检查队伍由海口市计量局会同工商局、商业局、供销社、粮食局所属公司派人组成，并由市计量局和衡器生产厂派技术人员组成 6 个检修小组到各单位进行现场检修。

1979 年，全省有 48 个地、市、县开展了衡器普查、普检、普修工作，大部分城镇都执行了衡器普检、普修。有些新成立的计量所，如顺德、英德、阳山等，尽快配备设备，积极创造条件，克服困难，很快开展了衡器普检普修业务。至 1979 年底衡器整顿普查普检任务在多数地、市、县计量机构还只完成一部分，到 1980 年才完成普查一遍的任务。

4. 计量器具产品质量整顿

计量器具产品的质量是计量器具整顿的前提，没有高质量的计量器具产品，工业、商业和各项生产、贸易活动都无法正常进行。在整顿计量器具产品质量工作中江门市和广州市走在前面。

江门市标准计量管理局对该市两家主要计量器具生产厂江门衡器厂和江门仪表厂，进行了四整顿：整顿使用中的计量器具、整顿产品质量检验制度、整顿专机设备、整顿产品质量。对不合格的计量器具产品进行严肃处理，如抽查江门仪表厂的油温表、水温表、磁石式转速表发现性能不合格时，立即责成厂家对库存的仪表进行复检，对不合格的仪表重新进行返工。又如对江门衡器厂放在仓库的四种规格的台案秤进行质量抽检，发现变动性大，立即作出了对台秤产品暂时停止由该厂执行国家检定的决定，并责成该厂对不合格台秤产品重新返工，迅速组织力量整顿台秤产品质量，从而保证了产品达到标准要求。

广州市计量所对全市 22 间生产计量器具厂社的 44 种计量器具产品质量进行了五查：查产品恢复历史最好水平情况；查一次合格率是否达到 95%；查检验标准设备情况；查检定制度是否健全；查检定人员的技术水平。通过检查，有 16 间厂的 23 种计量器具产品质量达到了历史最好水平，其中有 11 个产品一次合格率达到 95% 以上，有 3 个产品被评为信得过产品或名牌产品，同时发现两个厂的 6 个品种质量比历史水平有所下降。根据检查情况，批准了 11 间厂对 15 个计量器具产品委托生产厂执行国家检定，并召开了会议发给了委托证书和检定印。

省标准计量局根据国家计量总局的通知要求，对全省生产计量器具的单位、产品品种、数量、质量和计量管理情况作了调查，初步摸清了情况，为下一步全面深入整顿计量器具产品质量做好准备。

三、省计量科研所的整顿检查和整改

为了推动“五查”评比活动，及时交流经验，国家计量总局先后两次发出通知，并及时转发了四川、上海等计量部门的经验。1979 年 9 月 6 日，国家计量总局根据各地“五查”评比活动的进展情况，发出《关于对省、市、自治区计量局开展“五查”评比活动进行评比》的通知，成立了全国“五查”评比领导小组，从国家计量总局机关、中国计量院、分院，北京、上海、四川、辽宁、陕西、湖北等省（市）计量部门抽调了 30 多人组成 3 个检查组。从 9 月中旬开始，分别对全国（除西藏外）28 个省、市、自治区计量部门进行了检查。到 11 月 18 日结束，历时两个月。经过检查组评议，报国家计量总局党组批准，决定授予湖南省计量局、四川省计量局、江苏省计量局、北京市计量局、辽宁省计量局、青海省计量局，以及中国计量科学研究院电磁室电基准组、上海市计量技术研究院四室、天津市计量检定所电学室仪器组、湖北省计量测试所质量组等 10 个单位为“五查”评比先进单位。

省计量科研所在 1978 整顿的基础上，1979 年上半年又按照国家计量总局和省标准计量局的要求对计量基准、标准器进行了逐项检查，先由各室专业人员进行自检，然后几个室主任去检查验收，清点造册等，迎接国家计量总局检查验收。

但是在这次全国“五查”评比检查中，省计量科研所由于各项量值传递及检定测试有相当一部分项目，在检定原始记录、技术档案、出证制度、使用中的计量器具按期检定等方面，存在不少问题，没有达到国家计量总局提出的要求，受到检查组的严肃批评。

这些问题引起省科委的重视，省标准计量局党组为此专门召开扩大会研究省计量科研所“五查”

整顿问题。

这件事对省计量科研所领导和全体职工也有很大的震动。检查组的批评使他们看到自身存在的问题，看到本所落在兄弟省市之后，下决心急起直追，正确对待国家计量总局检查组的批评，把批评作为动力，在 1980 年上半年来一次“五查”整顿的补课。所里制订了《加强领导，深入整顿，进一步搞好量值传递工作的整改方案》，根据省标准计量局的决定，成立了由所长任组长，局计量管理处、计划处、所业务科、器材科负责人组成的整改工作领导小组。全所动员起来，在 1980 年 3、4、5 月份进行了各项整顿活动，并按整改方案提出的要求，制定检查验收评分标准，在 6 月 24 日至 28 日组织了评比检查验收。

省计量科研所在本次整改中，共建立了 198 份技术档案，4 月份以来各实验室出具检定证书合格率达 97% ～ 99%，各种检定原始记录有了显著的改善，绝大多数实验室的面貌有了明显的改观。经过努力，这次整改评比验收取得了较好的成绩，平均达到 85.16 分，其中长度室和长度室量值传递组、电磁室仪器组、电磁室仪表组、热工室粘度组、热工室温度组都达到 90 分以上。整改也促进了检定任务的完成，1980 年上半年检定费收入 32458 元，为定额指标的 128.4%。省计量科研所职工深有感触的说，没有国家计量总局检查组的严肃批评，没有这样的震动，就没有今年整顿的良好效果，看到差距，下决心去做，是一定能改好的。

通过“五查”评比活动，计量工作的整顿初见成效。

围绕贯彻国务院《条例》和广东省《实施办法》，各地在整顿过程中，加强了请示汇报和宣传工作，引起了各级领导对计量工作的重视和支持。据统计，以当地革委会名义发布和转发关于加强计量管理工作的布告和通知的，有 38 个地区、市和县。这对加强计量管理极为有利，计量工作的局面通过整顿逐步打开，逐步为人们所了解。

四、检定人员技术考核

对计量技术人员进行考核，是“五查”评比的主要内容。为了进一步贯彻国务院颁发的《条例》精神，省标准计量局于 1978 年 11 月 1 日发出通知，决定在 1979 年上半年对全省各地、市计量部门的计量人员进行一次技术考核，以促进广大计量人员钻研业务，提高计量技术水平，更好地做好计量测试工作。同时发出了省标准计量局拟定的《计量技术考核办法（试行）》。该考核办法规定，凡地、市计量部门从事计量器具检定、修理工作的计量人员都应参加这次技术考核，参加人员本着干什么考什么的原则，采取理论与实际操作相结合的方法。理论考核实行闭卷考试，按百分制评分占总成绩的 40%。全省统一考卷，在同一时间，分别进行考试，统一组织评卷。实际操作的考核分别在各所（局）设点，有组织有计划地进行，这项成绩占总成绩的 60%。

全省计量技术考核工作是 1979 年的一项重要的工作。年初，省标准计量局为此作了部署，为了做好考核的准备，省标准计量局根据北京市编印的计量技术考核复习提纲，结合广东省的情况作了一些修改，翻印出来，发至全省各级计量部门，作为复习和考核的参考。与此同时，省标准计量局正式发出《关于组织全省技术考核的通知》，要求各单位认真组织学习，做好充分准备。

对全省计量人员进行技术考核在广东省还是第一次，如何做好笔试、实操和命题大家都没有经验，为了少走弯路，省标准计量局在肇庆市搞了试点。考前，由省计量科研所派人给应考人员上辅导课，由省计量科研所统一命题，进行了笔试、实操考核。这次考核很成功，参加的 38 人笔试和实操全部合格，其中 8 人优秀，5 人良好。这个试点经验推广到全省，各单位对这次技术考核很重视，安排一定时间给计量人员复习，有条件的抓紧上辅导课，为考核做准备。省标准计量局做了大量组织准备工作，如统计考核人数、项目，与省计量科研所各专业室商量确定考核试题，印发考卷等。省标准计量局决定，全省统一理论笔试，由省计量科研所统一命题，省标准计量局统一印发试卷，1979 年 8 月 25 日同一时间考试，要求包括工厂企业计量人员在内，一次完成统一考试，计量人员不得借故缺席。

这次考核，除省计量科研所和广州市计量所是分别自行组织考核以外，全省参加笔试有 448 人，包括 40 多个计量机构和部分工厂的计量人员，其中 100 分 4 人，80 分以上的 187 人，占总数的 41.24%；合格的 223 人，占总数的 49.77%；不合格的 33 人，占总数的 7.4%；0 分 1 人。平均分数最高的是：湛江市 83.4 分，汕头市 81.4 分，有 7 个所平均分不及格，其余都在中上水平。

通过这次考核了解了广东省计量人员的专业理论水平，提高了计量人员努力学习技术，钻研专业知识的积极性。但是还有 46 个县计量所（主要是新成立的所）没有参加考核，对实际操作的考核没有普遍完成。所以这次考核未能全面反映广东省计量人员的实际技术水平，只是对全省计量人员作了一次摸底调查。

五、恢复专业技术人员技术职称评定和晋升工作

科技人员的技术职称评定，在文革期间中断了十年。1979 年国家计量总局制订了《国家计量总局关于评定提升计量科学技术人员技术职称的暂行办法》从 1979 年 2 月 26 日起恢复科学技术人员的技术职称评定和晋升。该暂行办法中规定的计量部门工程技术人员的技术职称是：总工程师、副总工程师、工程师、技术员、助理技术员；科学研究人员的技术职称是：研究员、副研究员、助理研究员、研究实习员。暂行办法中还规定了各级技术职称的条件，以及评定、提升工作程序和步骤。

省标准计量局于当年 8 月 27 日翻印转发了《国家计量总局关于评定提升计量科学技术人员技术职称的暂行办法》，在省计量科研所进行了评定技术职称和晋升工作。通过技术考核、自我总结报告，群众评议、领导批准的程序，从技术员中评定晋升了 21 名工程师和 1 名助理研究员。省标准计量局机关和广州市计量所也进行了技术职称评定工作。各地区、市、县计量部门根据总局的文件都在进行准备工作。

恢复技术职称，这一落实知识分子政策的举措，极大地调动了计量科技人员的积极性，对计量工作的推动作用十分明显。

通过整顿促进了计量部门四个方面的建设：一是计量基准、标准的建设；二是量值传递网的建设；三是计量管理制度的建设；四是计量队伍的建设。这四个方面实际上是计量工作的基础建设，是为实现工作着重点的转移打下了基础，使计量工作开始走上正轨。

第七节　计量科研开始启动

1978 年邓小平主持召开全国科学大会之后，全国大力开展科学研究，出成果出人才。在这种大好形势下，省标准计量局和省计量科研所领导动员大家担项目、上课题。省计量科研所、广州市和其他市计量所的科技人员纷纷提出科研课题，上报国家计量总局或省科委，列入国家计量总局或省科委的科研计划，由国家拨给科研经费，启动了多项计量科研项目。

一、承担国家计量总局下达的科研课题

1. 超声功率标准装置

超声技术在机械探伤、焊接、加工、清洗和鱼群探测上早已广泛应用，特别是七十年代以来超声技术在医学上越来越广泛的应用，成为一门新的学科——医学超声。随着超声在医学上应用日益发展，生产超声治疗仪和诊断仪的厂家也不断增加，据全国不完全统计，超声治疗仪生产厂有20多家，超声诊断仪生产厂有十几家。这些工厂面临现实问题是超声仪的定标问题。1976年在广州召开的“全国超声探测经验交流会”，以及1977年在无锡召开的“全国超声波加工处理经验交流会”都呼吁要尽快建立我国超声功率标准。国家计量总局根据这些情况于1977年将“超声功率标准”科研项目下达广东省，编号为77-013号，由省计量科研所与中国计量院共同承担。

1977年底省标准计量所和中国计量院派人到上海、南京、武汉、汕头等地调查研究，听取各方面的意见，并于1978年3月29日至4月3日在广州召开了承担单位和协作单位的会议，讨论和确定了研究方案，上报国家计量总局审核。

研究方案根据国内外超声功率测量状况的调研及国家计量总局下达的指标和要求，确定该项目采用全反射式辐射压力法，结构简单，精度有保证。研究的主要内容为：超声恒压源研制（恒压声源、恒压源换能器等）；超声功率测量装置（辐射压力测量、声场测试等）。研究经费12万元，使用计划1978年8万元，1979年4万元。计划1980年完成，项目完成时建立超声功率标准装置。

超声功率标准研究课题小组组成人员有：省计量科研所方森礼、陈良敏、谢健安、周文成；中国计量院熊大莲、张宜东；汕头超声电子仪器厂蔡恒辉；成都计量分院参加1人。课题组负责人：熊大莲（中国计量院）、方森礼（省所）。

课题组在省标准计量局和省计量科研所领导的支持下，按计划积极开展了研究工作。

2. 音频电压比率标准装置

科学研究等部门对材料的性能之一，应变量的测量十分重要，例如在飞机制造、人造卫星、造船等领域，它们都是以非电量的电测量手段来实现的。而电测量的量值需采用比率标准进行测量。对比率标准应用具有互感耦合的感应分压器新技术以后，可以大大提高准确度和稳定性，是很有发展前途的仪器。1978年广东省科学院工厂研制成功的BBYM-1型感应式标准应变模拟仪就属于这类仪器。但当时我国还未建立应变方面的国家标准，无法检定这类仪器。那时广东省各单位使用感应分压器衰减器的数量越来越多，感应分压器的检定需求十分迫切。为此，根据中国计量院电磁室的建议，省计量科研所提出研制八位感应分压式音频电压比率标准及检定装置课题，报国家计量总局。1979年3月，国家计量总局将该课题任务下达省计量科研所。该项课题经费预算4.73万元，计划于1979年底完成。该课题组成员有：省计量所（承担单位）：李清庸、林炯堂、陆惠良、梁汉荣、蔡珠民；中国计量院（协作单位）：张功铭、赵富珍；课题组长：李清庸。

3. 橡胶国际硬度计标准装置

橡胶制品（如轮胎）是广泛使用的工业产品，硬度是衡量其质量的重要指标。在七十年代，橡胶生产和研究单位使用的橡胶硬度计五花八门，有苏联、日本、西德、瑞士、英国等国的硬度计，国产的橡胶硬度计多是仿制外国的。由于我国没有橡胶硬度标准，各国标准又有差异，因此示值混乱，误差很大，量值的准确度无法保证，严重影响橡胶制品的质量。为使我国橡胶硬度量值一致、准确，必须尽快建立橡胶硬度的国家标准，才能改变混乱状况。广东省的海南和湛江是我国主要的天然橡

胶产地。广州市的橡胶工业解放前便很发达，与天津、青岛、上海等城市齐名前列。开展建立橡胶硬度标准研究项目，广东省有得天独厚的优势。

1978 年 4 月省计量科研所林鲁山编写了橡胶硬度标准项目选题报告，经省标准计量局批准后，上报国家局，又于 1979 年底编制了科研计划任务书上报国家计量总局正式列入国家计量科研计划，该科研项目得以启动。

4. 彩色电视副载波频率比对仪

利用彩色电视进行频率比对和时间同步在七十年代一些发达国家已经采用。我国计划在 1980 年实现频率比对，1985 年实现时间同步系统，其中关键的一项工作是研制“彩色电视副载波频率比对仪”。在中国计量院着手这项研究工作时，广州市计量所为了建立广州市高精度频率标准校准装置，经国家计量总局同意，参加这一研制工作。1978 年 4 月，广州市计量所编制了研制“彩色电视副载波频率比对仪”选题报告，经省标准计量局，上报国家计量总局，列入 1979 年计量科研计划，开始了这项研制工作。

二、科研为农业生产服务

省所响应国家计量总局关于计量为农业生产服务的号召，从 1975 年起开展了磁化水对农作物生长的作用。在省科技局的领导下，组成了广东省磁化水试验研究协作组。参加单位有省计量科研所、广东矿冶学院、华南农学院、中山大学，以及东莞、台山、清远、花县、番禺、屯昌等县计量部门和试验点。20 多个地（市、县）的计量部门、农科所（站）和中学亦开展了磁化水的试验工作。他们自制了磁水器，下点下乡，从应用磁化水于水稻生长试验开始，发展到各种农作物的试验，取得了试验数据和经验。

省磁化水在农业上应用试验研究协作组，于 1977 年 10 月 25 日至 30 日在清远县召开了省磁化水在农业上应用研究经验交流会。参加会议的有：广东矿冶学院、华南农学院、省计量科研所、广州市计量所、佛山兽医专科学校等单位磁化水研究人员；部分地、县磁化水试验点代表；省农业局等部门以及来自北京、桂林等有关人员共 70 人。大会交流了经验，进行了分组讨论，参观了清远县和台山县的试验点。与会人员一致认为，各地试验点进行的多次认真的、反复的、不同形式的试验，都已证实磁化水对各种农作物以及猪、鸡、桑蚕等的生长发育和增产，及其抗寒、抗病的能力有一定的促进作用。

磁化水在农业方面的应用及机理研究，在 1979 年列入省科研项目计划。

三、计量仪器新产品研制

佛山市计量检定所 1977 年 3 月研制成功的“千分表示值检定仪”（仿日本三丰厂的产品）用于检定千分表示值。当时千分表示值检定仪较缺乏，大部分计量部门还未能配备该仪器，不少单位要进口。国内量具生产厂千分表产量不多的原因之一是检定仪器跟不上。该仪器结构简单，稳定性好，精度较高，使用方便。主要技术指标：测量范围（0 ～ 1）mm，分度值 0.0002 mm，最大误差 0.8μm，稳定性 0.4μm。

1978 年，广州国营 750 厂研制成高频标准电感，频率 11 kHz ～ 1.5 MHz，准确度 ±1%±0.5μH，并经电子工业部鉴定通过。同年 9 月，该厂研制的 PO-20 型定时校频接收机，比对精度达 10-12；YD-1 型甚低频超远程导航接收机、CD-3 型小电感电桥，获全国科学大会颁发奖状。

1979 年广州材料试验机厂研制国产第一台电子式万能材料试验机，型号为 WD-10，并开始投入系列生产。

四、建立光学计量标准为激光新技术服务

广东省 1975 年以前没有光学计量机构，随着我国激光技术的飞速发展，激光器件大量生产，并在工、农、医、科研等各个领域中得到广泛的运用，因而对激光器件参数的检定、测试的要求越来越显得迫切。1974 年在省科技局激光办公室的大力支持下，省计量科研所电磁室负责筹建激光组，至 1975 年正式成立，并具体着手筹建激光参数的检定、测试工作。该所 1977 年以上海计量局生产的圆盘功率计为标准，完成对激光中功率检定、测试项目的筹建工作，测量范围（0.5 ～ 300）W，测量准确度 5%。同年，以中国计量院生产的平面型绝对辐射计为标准，完成激光小功率检定装置的筹建工作，测量范围（0.1 ～ 500）mW，测量准确度 2.5%。

为进一步满足激光器的生产、科研和应用单位对于测试激光有关参数的迫切需要，激光组的人员利用现有设备，从 1979 年起先后筹建成激光功率稳定性测试，激光器寿命试验，激光器起辉电压、工作电压、工作电流的测试，激光电源寿命试验等测试项目，并于 1979 年底开始对省内部分激光器件生产厂、科研单位研制的激光器件的各项参数进行了对比测试，参加比对的单位有：广州机床研究所、广州玻璃搪瓷研究所、中山大学、江门玻璃厂、佛山光电器材厂、汕头红阳灯泡厂等。参加激光电源比对的单位有：广州东山区电器六厂、佛山市朝阳电器厂和汕头无线电一厂等。经过半年多连续工作，将测试情况和比对结果汇总打印，为有关单位从技术上总结经验，分析情况，找出差距，进而改进产品质量提供了必要的数据。

五、完成其他科研项目

（1）广州氮肥厂黄栋荣、梁衍联等研制完成蒸汽流量标定装置，经初步测定，精度优于 1%，与当时国内蒸汽流量标定装置比较，别具一格，精度也较高，解决了湖北仪表厂引进日本涡旋流量计后无处检定的问题，也为广东省蒸汽计量创造了条件。

（2）在称重方面，湛江化工厂、韶关钢铁厂、广州钢铁厂也先后研制成功电子轨道衡，动态精度分别为 3.8%、6%、2.5%。

（3）四机部五所完成科研项目“D92-2 数字式温度计”的研制，测温范围 -100℃～ +300℃。

（4）广州电器科学研究所完成科研项目“多点数字式巡回检测温度仪”的研制。

（5）中山大学物理系完成科研项目“数字式温差温度计”的研制。

六、计量技术专业论文发表情况

计量技术专业论文发表情况见表 5-3。

表 5-3　计量技术专业论文发表情况表

序号	成果及论文名称	发表时间	研制单位及姓名	论文发表刊物名称
1	加速度测量仪校准设备——冲击摆	1973.11	电子工业部第五研究所　朱淑芬	全国第一次冲击标定装置学术讨论大会发言，并收入大会论文汇编出版
2	元器件可靠性试验中测量工作的几个问题	1977.04	电子工业部第五研究所　黄秉琪	《国内电子产品可靠性与环境试验》1977 年第四期

表 5-3 （续）

序号	成果及论文名称	发表时间	研制单位及姓名	论文发表刊物名称
3	测量宝石轴承凹球面弧半径的一种方法	1978.	省计量科学研究所 陈奕钦	《仪器制造》1978 年第六期
4	用低纯度黄金作参考点，通过熔线法对铂铑热电偶进行校正	1979.06	华南工学院 余仲奎、李杨宗	《华南工学院学报》1979 年 6 月
5	GD-1 型高低频毫伏表	1979.	华南工学院 洪书真，东莞县无线电厂 徐润林、何倩儿	1980 年获四机部科研二等奖；省科委科研成果四等奖
6	用低纯度黄金作参考点通过熔线法对热电偶进行检定	1979.	余仲奎、李扬宗	广州市科协二等奖

第六章 计量工作的调整改革整顿提高时期

（1980—1985）

第六章　计量工作的调整改革整顿提高时期

（1980－1985）

进入80年代，经过拨乱反正的广东省，政治环境比较安定，工农业得到恢复和发展。1979年7月，党中央、国务院关于对广东和福建两省对外经济活动中实行特殊政策，灵活措施的文件正式下达。广东省出现了工农业生产和对外经济迅速发展，市场活跃的新形势。随着全国将工作重点转移到以经济建设为中心，计量工作被赋予了新的意义，成为实现四个现代化的重要技术基础。广东省计量部门适应为四化建设服务的需要，努力加强自身的建设和完善，加速了省计量科研所新基地建设，建立健全了各级计量机构。

根据80年代初的实际情况，国务院提出国民经济发展的“调整、改革、整顿、提高”八字方针。在按照八字方针对工矿企业进行全面整顿过程中，广东省计量部门与工业主管部门配合，进行了企业计量工作“五查”整顿。与此同时，计量部门积极开展了量值传递和计量测试，以及能源计量工作，为工业企业提高产品质量，节约能源，提高经济效益发挥了技术基础的作用。

1982年党的十二大向全国人民发出了全面开创社会主义现代化建设新局面的号召，提出了到本世纪末我国经济振兴的宏伟目标。中共总书记胡耀邦在党的十二大报告中指出：“为了实现二十年的奋斗目标，在战略部署上要分两步走：前十年主要是打好基础，积蓄力量，创造条件，后十年要进入一个新的经济振兴时期”。计量工作是国民经济的重要技术基础，必须在前十年有个较大的发展，才能为国民经济后十年的振兴创造条件，打好基础。1982年11月国家计量局向国务院常务会议汇报以后，于12月25日，由国务院发出了157号文件，批转了国家计量局《关于加强计量工作的报告》。这个文件是计量战线在相当长一个时期内的行动纲领，它确定了1990年以前我国计量工作的方向和重大任务，明确提出要把厂矿企业的计量工作整顿好；把全国计量测试网点的布局调整好；集中力量研究建立一批国家急需的计量基准、标准；培训计量人员；制定和实施《计量法》，并使其不断具体化，逐步把我国的计量管理纳入法制的轨道，为国民经济后十年的全面振兴做好准备。党和政府对计量工作的重视成为鼓舞广东计量工作者做好计量工作的强大动力，他们努力贯彻157号文件，加速发展了广东的计量事业。

1984年，党中央作出《关于经济体制改革的决定》，全国进一步改革开放。广东省计量机构也进行了体制改革，努力把计量工作搞活，计量业务不断扩大，经济收入大幅上升，并积极开展了对外交流和开始了与香港的合作和计量技术服务。在改革开放的新形势下，广东省计量工作在贯彻国务院关于在我国统一实行法定计量单位的命令，加强与人民生活和健康直接有关的计量器具管理，抓紧计量人员培训和技术考核，开展计量科学研究等方面都取得了很大成绩。

第一节 《中华人民共和国计量法》的诞生

为适应调整改革和现代化建设的需要，国家加强了经济立法工作，1980 年国务院在关于经济体制改革的初步意见中提出，要抓紧起草包括《计量法》在内的 20 个重要经济法规。人大五届三次会议和政协五届三次会议都提出了关于计量立法的提案。随着改革开放，国家的管理正逐渐从人治走向法治，计量的管理也必将走上法制管理的轨道。

国家计量总局为做好《计量法》的起草工作，先后派代表团到美国、法国、英国、西德、罗马尼亚、南斯拉夫等国考察了计量管理工作，翻译参考了国际法制计量委员会第一号文件《计量法》和罗、日、美、英、法、加、澳、意 8 个国家的《计量法》及苏联的《计量法》提纲草案。1980 年 8 月 7 日国家计量总局向全国各省和国务院各部门发出关于起草计量法的"调查提纲"，要求各省和各部门将调查材料、各地各部门的意见，以及各自制定的"计量管理实施办法"等各种规定和有关文件报国家计量总局。

省计量局按照国家计量总局的要求，于 1980 年 8 月 15 日将"调查提纲"发送给全省各地区、市、县计量局（所），和省直各厅、局科技处，广泛征求意见和收集资料，并汇总大家的意见于 1980 年 11 月 25 日报给国家计量总局。在广东省《对起草〈计量法〉调查提纲的讨论意见》中，包括了《计量法》应包括的内容、计量单位制、计量工作的方针任务、体制问题、计量人员的职责、管理方法、奖罚等 7 个方面。对不同意见也进行了反映。例如对法制计量与非法制计量的管理有两种意见，一种意见是：法制计量与非法制计量在管理上应有区别，对法制计量器具要规定进行强制管理，而其他计量器具，则根据使用单位的要求才进行检定。另一种意见是：我国实行的是计划经济制度，因此根据我国目前的实际情况，在管理原则上不应一下子将法制计量与非法制计量严格区分开来，如果把工业计量列为非法制计量，计量部门不去抓，就会出乱子。关于体制问题，广东省提出，计量领导体制以条为主，像铁路系统那样垂直管理的意见等。

经过一年多准备，1981 年 2 月国家计量总局成立了《计量法》起草小组，3 月在上海开始起草《计量法》。起草小组在总结贯彻《中华人民共和国计量管理条例（试行）》等计量法规经验的基础上，参阅了一些外国计量法及有关资料，经过广泛征求意见，先后拟出了《计量法（草案）》第一稿、第二稿，于 1981 年 9 月形成第三稿，发至全国广泛征求意见。

制订《计量法》是全国计量部门的一件大事，省计量局从 1981 年起就把修改《计量法》（草案）当作一件大事来抓。1981 年上半年着重抓了《计量法》（草案）第一、第二稿的修改工作，重点是在计量系统内的机构征求意见，发动省计量局、省计量科研所和广州市计量所的人员对（草案）进行逐条讨论，提出修改意见，然后把各方面意见加以整理，及时上报国家计量总局。

《计量法》（草案）第三稿下达后，为了尽快收集修改意见，省计量局计量处把《计量法》（草案）第三稿加印 300 份，连同国家计量总局发的 200 份，发至全省地、市、县计量部门和省（市）有关主管部门征求意见。省计量局派计量处人员到韶关市、曲江县、江门市等，征求有关部门的意见。召开了有关厅（局），科研所、大学、工厂等单位代表座谈会。与会者包括各单位的高级工程师、副教授、计量室主任等，由于事先进行了深入发动工作，在会上提出了许多宝贵意见。省计量科研所、广州市计量所也分别在所内召开了座谈会，收集了对《计量法》（草案）的修改意见，上报国家计量总局。

1982年2月召开全国计量工作会议时，《计量法》第四稿被提交会议讨论。当时对《计量法》的立法范围是争论最大的问题，一种主张分为法制计量和工业计量，《计量法》只管法制计量，工业计量靠经济规律调整。另一种意见则认为法制计量、工业计量都要管。通过讨论对立法原则、范围比较一致的意见是“统一管理，区别对待，合理分工，各有侧重”。对《计量法》的内容，在地方计量机构和部门计量机构以及军工计量系统之间也存在很多不同看法。工业生产部门和地方计量管理部门在某些问题上，意见分歧较大，主要表现在工业计量如何管法，企业及其主管部门与各级政府计量管理部门的职权范围如何划分等问题上。

1983年3月14日，国家计量局邀请国务院有关部门和部分省计量局的同志到广东，对《计量法》（草案）第五稿中的一些有争议的问题进行一次专题调查，进一步广泛听取意见。经过修改，1983年8月11日国家局将《计量法》（草案）第六稿发至全国征求意见。

对国家计量局就《计量法》(草案)第三稿和第六稿两次发文征求意见，省计量局都十分重视，向省、地、市和重点县计量部门及时转发，广泛征求了意见，并汇总后分别于1982年5月18日和1983年9月12日上报给国家计量局和省人民政府。

第六稿发出征求意见后，全国人大法制委员会经济法室于1983年8月17日约见国家计量局《计量法》起草人员，用了一整天时间，谈了他们对第六稿的意见。根据他们的意见，国家计量局又进行了修改。

为了给贯彻《计量法》作准备。国家计量局拟订了《第一批实行强制管理的计量器具目录》草案，于1984年11月14日发给全国计量机构征求意见。第一批目录草案包括20个项目，其中大部分是城乡都有的，少数如：煤气表、出租汽车里程计价表等，当时农村还没有。20个项目虽不算多，但对大多数县、市来说需要作较大的努力，才能开展这些项目的检定和管理。国家计量局认为，最好确定的第一批目录，应该是经过一、二年的努力，全国绝大多数县、市能够做到的。

《计量法》（草案）经国家计量局多次发至全国各地区、各有关部门征求意见，并在1982年和1984年全国计量工作会议上进行讨论、修改，经国家经委讨论通过后，又请国务院经济法规研究中心组织有关部门作了修改。前后经过4年多的时间，共修改了10稿。1985年3月22日，国务院经济法规研究中心将草案第十稿提交国务院常务会议讨论，根据常务会议讨论的意见，国家经委又组织有关部门进行了修改。1985年5月31日国务院总理赵紫阳签发了国务院关于提请审议《中华人民共和国计量法（草案）》的议案。这个草案已经国务院讨论通过，提请全国人民代表大会常务委员会审议。

1985年6月8日下午，在第六届全国人大常委会第十一次会议期间，国家计量局白景中局长受国务院委托，向全国人大常委会作了关于《中华人民共和国计量法（草案）》的说明。他介绍了立法的必要性，起草过程，本法的主要内容，并对改革建立计量标准审批制度，由重行政审批、把关，改为重技术考核、认证；按照统一立法、区别管理的原则，对计量器具的检定分为强制和非强制管理；关于电能计量的管理；关于制造、修理计量器具的国家监督；关于军队和国防科技工业系统的计量管理体制；以及关于计量机构的设置等几个具体问题进行了说明。

全国人大常委会第十一次会议对《计量法》（草案）进行了初审，并获得通过。初审后，草案交人大法制工作委员会，根据初审意见进一步修改，同时将法律草案印发全国各地人大、各部门再次广泛征求意见。1985年8月第六届全国人大常委会第十二次会议听取全国人大法律委员会负责人雷洁琼关于《中华人民共和国计量法（草案）》审议结果的报告并进行讨论。

9月6日第六届全国人大常委会会议一致通过了《中华人民共和国计量法》(以下简称《计量法》)。同日，国家主席李先念以中华人民共和国主席令第28号予以公布，规定从1986年7月1日起施行。新华社、《人民日报》、《光明日报》、《经济日报》、《中国法治报》都分别发表了社论或评论员文章。

《计量法》的颁布实施，是我国经济建设和法制建设中的一件大事，标志着我国计量管理工作进一步纳入法制轨道。随着《计量法》的颁布实施，对维护社会主义经济秩序，促进生产、科学技术和国内外贸易的发展，维护国家和广大消费者的利益，产生了深远的影响。

第二节　在机构改革中建立健全广东省各级计量机构

一、省计量局为改变广东省计量管理体制的落后状况所做的工作

1980年广东省各地、市、县计量机构大致可分为三类：一类是工业比较发达的市、县，计量机构较为健全，工作开展比较好，在抓好度量衡管理的同时，建立了部分长度、热工、力学、电学方面的计量标准，相应开展了一些量值传递和测试工作，这一类占少数；第二类是工业不多，计量机构还不大健全，主要抓了度量衡器的管理工作，这一类占大多数；第三类是极少数，工业水平低，计量机构虽已建立，但尚未开展工作。还有20个县尚未建立计量机构。当时在广东省许多地方计量部门的经费、人员编制、基本建设等还没有得到最低条件的解决，虽然从1978年开始，省财政给地、市、县计量部门一定的补助经费，但数量有限，每县一年平均只有2千至5千元左右，除去财政部门扣留，其他单位占用等种种原因，尚不足以发工资。这些情况反映广东省计量工作基础差，底子薄，装备落后，条件困难，在国民经济中还是一个十分薄弱的环节，远不适应广东省经济建设的需要。

面对广东省改革开放的新形势，为发展广东省计量事业，省计量局和各级计量部门通过各种方式和渠道，为建立健全各级计量机构，创造基本的工作条件做了很大的努力。

1981年7月省府办公厅将省五届人大三次会议提案第559号《计量工作要贯彻调整改革方针案》，交省计量局办理。省计量局经过研究，将计量体制改革的意见上报省府。在《关于计量体制改革的意见》中反映了全省已建立地、市、县各级计量机构102个，队伍总人数1247人，相应开展了长、热、力、电等常规计量标准器的量值传递、测试和计量管理工作。由于广东省计量机构是按行政区划和行政层次设立的，造成机构重复，财力分散，工作效率低。为此提出改革意见：（1）打破行政区划和行政层次的界限，把在同一城镇的地、市、县量值传递机构合并，建成地区一级的计量测试中心，负责全地区的量值统一，承担量值传递和测试任务。（2）各地区计量测试中心，实行以当地政府和省计量局双重领导，以省计量局为主。业务、人员、经费、设备物资供应以省计量局为主管理，党团关系和政治思想工作归当地党委领导。（3）各地区计量测试中心事业编制（30～40）人，县计量测试中心事业编制（10～20）人，在本地区编制内调整解决。省计量局请省府对报告给以审核，如无不妥，请批转各地区研究办理。

1982年省委、省府办公厅就《广东省直属机构改革方案（征求意见稿）》征求意见时，省计量局认为标准、计量两局合并，归口经委领导，有利于标准计量事业的发展，表示同意，但认为应保留一级局，不同意改为二级局。省计量局在报给省编委的修改意见中，力陈标准计量工作的重要性，

和改为二级局将造成工作的困难。但是，省计量局的意见没有被采纳。

1983年5月26日，广东省委、省政府粤发[1983]42号文决定，省标准局和省计量局合并，组建“广东省标准计量管理局”，作为二级局，归省经委领导。7月省委组织部通知：黎湘任省标准计量管理局局长、党组书记；郭敏任省标准计量管理局副局长、党组成员（保留原副局级）；林炯堂任省标准计量管理局副局长。

经调整改革后新组建的广东省标准计量管理局（以下简称省标准计量局），按照革命化、年轻化、知识化、专业化的原则，配备了干部以后，加大了工作力度。他们为了加强广东省标准计量工作，尽快解决广东省标准计量机构的困难，就广东省标准化与计量工作的基本情况，存在的问题和如何开创广东省标准化与计量工作新局面的设想等，拟定了《关于标准计量工作的汇报提纲》，于1983年9月报省经委，并提出在向经委领导作全面汇报后，希望考虑以经委或省府名义批转各市（地）、县经委和省直各有关厅局研究贯彻。

二、省人民政府颁布粤府办[1983]187号文转发省局《关于加强标准计量工作的报告》

为了认真贯彻国务院国发[1982]157号文《批转国家计量局〈关于加强计量工作的报告〉的通知》精神，省标准计量局于1983年10月中旬召开了部分市（地）、县标准计量部门负责人座谈会，讨论了如何加强各市（地）、县标准计量工作的问题。座谈会后，省标准计量局根据会议讨论的情况和意见，于10月18日，向省政府提交《关于加强各市（地）、县标准计量工作的报告》，并抄报匡吉副省长、省经委杨迈副主任。在报告中汇报了广东省标准计量工作近年来所做的工作，取得的成绩，和存在的问题，以及加强各市（地）、县标准计量工作的意见。

不久，匡吉副省长和省经委杨迈副主任等领导到省标准计量局检查工作，并视察了省计量科研所。省标准计量局领导向省府领导汇报了广东省标准计量工作，并就一些问题当面进行了请示。匡副省长同意尽快批转省标准计量局的工作报告，并指出，地、市、县都要设标准计量管理局、所。行政人员属行政编制，事业人员属事业编制。标准、计量合为一个局，是同级人民政府的职能部门，各级政府应加强对它的领导。

省政府对标准计量工作十分支持，1983年12月2日，省府办公厅以粤府办[1983]187号文件，转发了省标准计量局《关于加强标准计量工作的报告》，要求全省各级政府参照执行。在省标准计量局给省人民政府《关于加强标准计量工作的报告》中反映了广东省标准计量工作在技术水平和管理水平上很不适应广东省国民经济发展需要的状况，根据《国务院批转国家标准局关于加强标准化工作的报告的通知》（国发[1982]156号）和《国务院批转国家计量局关于加强计量工作的报告的通知》（国发[1982]157号）精神，提出加强广东省标准计量工作的若干意见，其中对建立健全各级标准计量机构问题明确提出“市（地）、县要设立标准计量管理机构，作为当地政府的职能部门，归口经委领导；并要相应成立标准计量技术机构，市（地）要成立计量测试所和产品检验所，县要设立标准计量检验所，负责产品质量监督检验、技术仲裁、量值传递、计量测试和计量监督等工作。各级标准计量机构所需人员，请纳入当地编制，地、市、县标准计量管理机构所需人员编制，要纳入当地机关编制总额内。标准计量技术机构所需人员编制，请各地根据当地工农业生产发展情况，予以妥善解决。标准计量机构所需的经费和基建投资，请各地纳入当地财政预算和基建计划。标准计量技术手段的更新，请纳入各地的技术改造规划，每年拨给一定的经费”。

1983年12月22日匡吉副省长在参加全省厂矿企业计量工作座谈会的讲话中指出：要建立健全

计量机构，从组织上落实。最近省府批转的省标准计量局《关于加强标准计量工作的报告》中，有关建立健全各级计量机构的问题，大家回去后要向当地政府汇报，狠抓落实，在各市（地）、县机构改革中，要抓好落实计量机构，要把建立健全计量机构的问题，向有关领导提出来，要主动去争取，不要坐在那里，等是什么事都干不成的。上面有了政策、办法，要靠下面去做工作，要靠你们努力去争取。

省府[1983]187号文件的颁发，使各级计量机构的建立有了依据，有力地促进了全省建立健全标准计量机构的工作。

三、贯彻粤府办[1983]187号文的情况

省标准计量局对贯彻落实粤府办[1983]187号文件的工作抓得很紧，1984年2月8日，省标准计量局向省经委进行了汇报，建议以省经委名义发出相应指令性的文件，要求各地、市、县经委，主动协助当地政府，加强对标准计量工作的领导，促进当地落实粤府办[1983]187号文件，尽快将标准计量机构接管起来，并设法从机构、编制、经费等具体问题给予支持，解决其实际困难。同时请省经委考虑研究安排一个长期投资的规划，通过5至6年，甚至更长一点的时间，把全省各地的计量测试网建立起来，在90年代后，更好地为广东省经济振兴服务。

省经委很快于2月17日，向各市、地、自治州、县经委发文，要求各级经委必须加强对标准计量工作的领导，指定一位经委主任负责抓此项工作，把标准化、计量工作列入经委工作计划；抓紧机构调整的有利时机，建立健全标准计量机构，根据当地经济发展的实际需要，与当地计划、人事、财政等部门研究妥善解决所需人员编制、经费和基建投资等问题；经委应尽快把标准计量机构接管起来；对本地标准计量工作制订长远发展规划；争取每年拨给一定的经费，解决标准计量机构技术设备更新和配套问题。

同时省标准计量局于2月17日向全省各地、市、县标准计量机构发出《关于进一步抓紧贯彻省府办（83）187号文的通知》，要求各地抓紧粤府办[1983]187号文件发布的有利时机，主动向当地政府和经委领导汇报，争取当地政府尽快行文，解决本地标准计量机构的体制问题。省标准计量局将继续派调查组到各地调查了解情况，配合各级标准计量部门做好当地党政领导与经委的工作，争取他们的重视和支持。

当年春节前后，省标准计量局分两批派出6个调查组，分别由3位正、副局长带队，先后深入海南、湛江、江门、惠阳、汕头、肇庆、佛山、梅县、茂名、珠海等地、市、县进行调查。他们通过这次调查工作，对各地贯彻粤府办[1983]187号文件起到了促进作用，对全省标准计量事业的发展状况，也有了比较全面的了解。4月份，省标准计量局向省人民政府提交了《关于各地贯彻省府办（83）187号文情况的调查报告》，汇报了各地、市、县贯彻粤府办[1983]187号文件的情况，各地对贯彻该文件的一些意见以及存在的问题，并提出进一步贯彻的具体意见和建议。省标准计量局的报告受到省府领导的重视，匡吉副省长等作了批示，原则同意省标准计量局的意见，要求由省标准计量局会同省编委落实。

根据省府办公厅和匡吉副省长对报告的批示，省标准计量局领导和有关人员多次向省编委反映和汇报，希望编委能以省编委及省经委的名义发文。但省编委认为省府办（83）187号文对各市（地）、县标准计量机构的设置和归口问题已经明确，不用再发文。省标准计量局担心这样还不能解决问题，在这种情况下，省标准计量局将会同省编委研究解决广东省标准计量机构设置和编制问题的情况专门向匡吉副省长提交了报告，一再强调建立健全各地、市、县标准计量机构的重要性和紧迫性，请匡吉副省长转达意见和要求，争取省编委下文解决我省标准计量机构长期没有很好解决的这一实际问题。

在省标准计量局和全省各级计量部门的共同努力下，建立健全各级计量机构的工作逐步取得实质性进展。江门市、佛山市、汕头市是贯彻落实国务院国发［1982］157号文和粤府办［1983］187号文最早和最好的几个地方，其他市、县也在陆续解决。

（1）江门市

江门市政府在1981年曾经考虑在调整机构中撤销江门市计量局。对此，省计量局发文指出江门市计量局成立以来，在贯彻国务院颁发的《条例》，开展量值传递和测试，为工业生产服务和维护人民群众利益方面做了很多工作，成绩显著，且担负江门市和附近7个县的计量保证工作，随着江门市工业的迅速发展，任务越来越重，只能加强，不能削弱。省计量局要求江门市计量局向市政府建议，考虑江门市工业发展的需要，保留计量局机构。经过江门市计量局的努力，1983年6月1日重新组建了江门市标准计量管理局，为一级局，编制20人。局直属单位江门市计量所21人，江门市节能技术服务中心有事业编制10人。

为了贯彻国务院国发（1982）156、157号文件和省府（1983）187号文件，省标准计量局领导和江门市标准计量管理局领导先后到江门市大部分县进行了调查研究。当年江门市生产、建设和对外经济活动迅速发展，对标准、计量工作的要求越来越高，任务日益繁重。但各县标准计量管理机构和技术机构很不健全，多数县还没有把建立和健全标准计量机构列入各县体制改革的方案中去。这种状况根本适应不了形势的发展，为此江门市标准计量管理局向市政府提交了《关于建立和健全各县标准计量管理和技术机构的紧急请示报告》。

江门市政府研究了江门市标准计量管理局的紧急请示报告，认为为了适应经济建设的发展，各县的标准计量工作应该加强，同意市标准计量管理局提出的“各县成立标准计量管理局，作为事业局，行使管理职能；与改制后的各县标准计量检验所，一套人马（13～25人），两块牌子，由各县财政纳入事业经费预算”。江门市政府于1984年4月10日，向各县人民政府转发了市标准计量管理局的这一报告，要求依照执行。江门市和市辖各县的机构、编制、经费都得到了解决。

（2）佛山市

1983年6月1日，佛山市标准计量管理局成立，为一级局，编制17人，余荣鼎任局长。下辖佛山市计量检定所40人、佛山市节能技术服务站12人，均属科级事业单位。

（3）汕头市

1983年7月，汕头地区与汕头市合并为汕头市，管辖澄海、饶平、南澳、潮阳、揭阳、揭西、普宁、惠来8县和潮州市，以及汕头市中心区安平、同平、公园、金砂、达濠、郊区6个区和汕头经济特区。同年9月，成立汕头市标准计量管理局，作为政府职能部门，管理全市的标准化、计量、质量工作。汕头市及所属各县（区、市）的标准计量机构归属该局领导。

1983年12月粤府办［1983］187号文下达后，为解决汕头市各县（市）机构改革中，健全标准计量管理机构，解决人员编制、经费等问题，汕头市标准计量管理局专题向市委、市政府以及市编委提出报告，并多次向有关领导当面汇报，提出各县机构设置、编制等意见和建议。1984年初，汕头市编委下文决定“县标准计量管理所为局级事业单位，赋予行政管理职能。潮州市、潮阳、揭阳县挂标准计量管理局牌子”。这一文件得到各市、县领导的重视。在机构改革中，得到认真贯彻，在1984—1986年间，先后建立健全了县（市）的标准计量管理局和下属的标准计量技术机构。

1985年汕头市委、市政府和市财政局认真贯彻了《中共中央关于科学技术体制改革的决定》中关于“从事情报、标准、计量、观测等科学技术服务和技术基础工作的机构，仍由国家拨给经费，实行经费包干制”的精神，落实解决了各县（市）标准计量机构的编制和经费。市财政局对于各县（市）标准计量事业经费按人员编制核定，并纳入各县（市）财政预算基数进行包干，一定五年，并依照财政渠道按计量人员经费项目下达到各县（市）财政局。潮州市、揭阳县、潮阳县、普宁县、澄海县、惠来县、饶平县、南澳县、揭西县9县（市）共获得人员编制159人，由市财政局分配人员编制经费24.36万元，比原来的4.86万元，增加了19.5万元。各县编制经费如下：潮州市局编制27人，经费4.05万元；揭阳县局编制25人，经费3.75万元；潮阳县局编制25人，经费3.8万元；普宁县所编制20人，经费3.05万元；澄海县所编制16人，经费2.48万元；惠来县所编制10人，经费1.58万元；饶平县所编制16人，经费2.45万元；南澳县所编制5人，经费0.9万元；揭西县所编制15人，经费2.3万元。

省标准计量局认为汕头市贯彻落实中央的指示，不仅行动快，而且执行得很好，对汕头市落实解决标准计量事业经费文件给予了转发。

（4）广州市

1983年12月，根据广州市政府决定：广州市标准局与广州市计量管理处合并，成立广州市标准计量管理局（以下简称广州市标准计量局）。1986年6月，广州市花县、从化、佛冈、清远、龙门、新丰、增城、番禺8个县先后在原标准计量所的基础上增挂了县标准计量管理局的牌子，成为县人民政府管理标准、计量及产品质量的职能机构。

（5）其他市、县

1983年8月，韶关市、韶关地区合并，韶关市标准局改名为韶关市标准计量管理局，履行其标准、计量、产品质量监督三方面的行政管理职能。9月，韶关地区标准计量所和韶关市标准计量所合并成立韶关市标准计量所，隶属市科委领导，同年10月划归韶关市标准计量管理局领导，定名为韶关市计量测试研究所。

湛江地区与湛江市于1983年合并。当年9月，实行地市合并市管县体制，12月组建湛江市标准计量管理局，周建辉任局长，人员编制16人。1984年7月，湛江市标准计量所与湛江地区标准计量所合并成立湛江市计量所，同月，根据湛江市编委[1984]148号文，更名为湛江市计量测试所，属科级事业单位，定事业编制49人，归湛江市标准计量管理局领导。

1984年万宁县人民政府研究决定，县标准计量检验所归口县经委领导，所需经费和基建投资，纳入县财政预算和基建计划。

1984年10月22日三水县编委下文同意成立三水县标准计量管理局（股级），属事业单位，定员6人，归属县经委管理，同时撤销三水县计量检定所。

1984年12月6日吴川县编制委员会发文，为了加强标准计量工作的领导，以适应发展经济的需要，经政府党组讨论同意，县编制委员会批准成立“吴川县标准计量管理局”，为二级局，归口县经济委员会领导。

1985年1月，经珠海市编委批准（珠编字[1985]01号），由市科委下属的“珠海市计量所”

与市经委下属的“珠海市产品质量监督检验所”合并成立“珠海市标准计量管理所”，成为隶属市经委的科级事业单位。1986 年 8 月 18 日，根据珠海市编委《关于成立市标准计量局的通知》（珠编[1986]111 号）文件，成立“珠海市标准计量局”，为二级局建制，隶属市经委领导。

1986 年 8 月，深圳市标准计量局成立，负责全市计量、标准化和质量监督工作。

1986 年 12 月，东莞市标准计量局成立，归口东莞市科委管理，正科级行政单位，下设事业单位东莞市计量检定所。

经过几年努力，全省的计量机构有了很大的发展，1985 年底全省 14 个市（地）中，有管理机构的 12 个，占 85.7%；无管理机构的 2 个，占 14.3%。全省 12 个市（地）管理机构中，称局的 11 个，占 91.8%，称所的 1 个，占 8.2%。全省 12 个市（地）管理机构中，有编制（行政或事业）的 9 个，占 75%，无编制（行政或事业）的 3 个，占 25%。全省 100 个县（市）中，有机构的 89 个，占 89%，无机构的 11 个，占 11%。全省 89 个县（市）机构中，有编制（行政或事业）的 26 个，占 29.2%，无编制（行政或事业）的 63 个，占 70.8%。

四、努力加强各级计量机构建设为实施《计量法》做好准备

为发挥计量测试在广东省四个现代化建设中的重要技术基础作用，必须搞好计量部门的自身建设，通过技术改造，逐步改变计量部门的落后面貌。1983 年，广东省国民经济按产值在全国排第六位。当时广东省有计量机构 97 个，人员 1222 人，其中科技人员 348 人。国家年度财政拨款 212.88 万元，固定资产 1184.41 万元，其中仪器设备占 764.98 万元（省占 363.75 万元，地市占 276 万元，县占 124.73 万元）。

当时广东省计量事业方面在全国处于中下水平。从广东省与兄弟省市的比较，可以看出计量事业的差距有多大。广东省计量测试科技人员 1982 年为 289 人，在全国排第 16 位，在中南五省（河南、湖北、湖南、广东、广西）排第 3 位；国家年度财政拨款在全国排第 14 位，在中南五省排第 2 位；固定资产在全国排第 15 位，在中南五省排第 4 位，其中仪器设备的投资全额在全国排第 14 位，在中南五省排第 3 位；基本建设在全国排第 17 位，在中南五省排第 4 位。以计量技术机构固定资产比较：省计量科研所在全国排第 19 位，在中南五省排最末一位；地级市在全国排第 12 位，在中南五省排第 3 位；县一级在全国排第 16 位，在中南五省排第 4 位。

对于地处祖国南大门，毗邻港澳，已成为我国对外经济主要门户的广东省，工业的大发展，改革开放的大步前进，使广东省计量事业面临艰巨而又十分紧迫的任务。为此省标准计量局向省经委省政府提交加强广东省计量、测试技术改造的报告，提出了若干具体意见。在当时机构改革的过程中，由于机构的调整，领导关系的改变，处于青黄不接，经费十分困难。省标准计量局千方百计努力争取经费，做出合理安排，重点放在急需的计量测试项目上，使有限的经费尽量发挥更好的效力。

省标准计量局为争取各级计量技术机构工作条件的改善，向省财政厅争取事业设备补助费、基建投资等，并经常将经费和投资的分配使用情况，以及产生的效果向省财厅汇报，争取支持。

1979 年至 1982 年，每年省财政拨款（15 ～ 200）万元作全省地、市、县设备购置费，用于购置标准砝码和天平，配备给市、县计量所，为全省开展衡器普检普修及周期检定准备了物质条件；为工业基础比较好的地、市计量所配备电学、热工计量标准仪器仪表，为开展能源测试服务提供了手段；为工农业生产服务，提高产品质量，配备了必要的填补计量检定空白的设备，都收到了明显的效果。

自从 1981 年广东省实行财政包干制以后，为解决县级计量机构工作用房的困难，省标准计量局采用了调动三个积极性的办法。1982 年省计量局安排潮安、新会两计量所基建投资 10 万元，地方和自筹资金 28 万元，共建成工作用房 1223 m^2。1984 年省标准计量局安排顺德、恩平、开平 3 县计量所基建投资各 5 万元，其余资金由地方和自筹解决，在不到一年时间内，分别建起了房屋面积 1750 m^2、600 m^2 和 500 m^2 。1985 年省标准计量局用相同的办法，安排饶平、斗门两计量所基建投资各 5 万元，加上地方财政和自筹，分别建了 600 m^2 和 500 m^2 工作用房。省标准计量局利用国家计量局领导来广州出差、开会机会，让他们了解基层计量所状况，争取国家局下达计划内基建用钢材、木材和水泥的指标，以减少购买高价材料，降低造价。1982 和 1984 两年国家计量局共下达三大材料指标钢材 98 吨，木材 65 m^3, 水泥 270 吨，支持了我省的工作。

1984 年省标准计量局多次向省财政部门有关主办人员汇报，他们也深入到基层实地了解标准计量部门的现状，得到省财厅领导的重视和支持，增拨了专项补助费，给全省标准计量系统设备费 71 万元，各项专业补助款 62 万元，还直接下达 12.2 万元给一部分县计量所解决修缮工作用房。这一年省标准计量局改变过去撒胡椒面式的用款办法，集中解决急需而且各方面条件都较成熟的项目，务求支持一项见效一项。省标准计量局选定江门、汕头、佛山等几个所作为重点，把他们已开展的长度、力学、热工、电学方面急需上的项目配齐设备，让他们尽快开展量传工作。为充分调动地方积极性，采用了以钱钓钱的办法，从地方上又钓出 14 万元为各所增加设备购置费。有了省财政的拨款，地方财政的支持，检定设备配齐了，当年就发挥了应有的效益。如江门市计量所检修计量器具总数，1984 年比 1983 年增加 98%，汕头市计量所增加 12.3%，佛山所增加 6%。

省标准计量局在 1983 年机构改革中，由原省标准管理局、省计量管理局合并，从一级局降为了二级局，通过两、三年的实践，二级局机构很不适应国民经济发展的需要，不利于广东省标准计量工作的开展。1985 年 9 月《计量法》颁布，作为负责实施《计量法》的执法机关，省标准计量局由于机构设置规格低，工作难以推进，面对社会各方面对标准计量工作越来越迫切的要求，作为二级局的省标准计量局，在协调和组织工作上都有一定的局限性，困难比较多，难于完成任务。为此，省标准计量局于 1985 年 12 月向省经委党组并报省委、省人民政府，提出《关于请求将省标准计量管理局升格为一级局的报告》。报告中明确提出：根据《中共中央关于制定国民经济和社会发展第七个五年计划的建议》中关于“大力加强审计、工商行政、统计、计量、标准监督管理部门”的要求，为了更好地从组织上保证《计量法》和国家有关标准、计量工作的方针和政策以及法规在广东省的全面实施，广东省应将现在的省标准计量局升格为一级局。该报告送到省政府后，由于省编委提出暂维持现状，待下步进行国家行政管理机构改革时再统筹考虑的意见，因而没能尽快得到解决。

第三节　建设好各级计量技术机构为四化建设提高技术保证能力

一、省级计量科学基地的建设

20 世纪 60 年代省计量所建所初期，拥有的仪器设备和实验室条件，在当时中南五省乃至全国省一级计量机构中是比较好的，一些项目的建立和开展比其他省市早，无线电、声学等项目的工作更走在前头。但是，到 80 年代初，省计量科研所的仪器设备已显得数量少，陈旧落后了。据统计，按省级计量所拥有的仪器设备排列，广东省居全国的第 19 位，中南地区的末位。而且，省计量科研所的仪器设备严重老化，其中 50 年代的占 6.3%，60 年代的占 62%，70 年代的占 27%，80 年代的仅占4.7%。由于使用时间长，不少仪器设备的精度已有不同程度的下降，加之设备不配套，在当时已建计量标准的量值传递中，只能检定“量大面广”的中间段，无法承担新时期的计量测试任务。

广东是祖国的南大门，重要的对外口岸，地处沿海，毗邻港澳，设有深圳、珠海、汕头三个经济特区，和广州、海南岛、湛江等经济技术开发区，积极引进外资、引进技术设备取得显著效果，这一切都给省计量科研所提出了新的课题和更高的要求。

为适应广东省经济发展和改革开放的需要，搬迁新址建设广东省计量测试中心的计划，早在1976年就得到省计委批准，以建设广东省计量测试中心立项。1978年国家计量总局又以部商项目下达。由于征地不顺利，几经周折，直到1980年10月才征到位于机场路松柏岗东侧8245 m^2（合12.37亩）基建用地，兴建广东省计量测试中心。

省计量科研所新点的建设从1976年立项，到1980年已经历了5个年头，终于落实了选址征地，省计量局和省计量科研所都急切地希望省里将其列为重点建设项目，加大投资力度，争取早日建成。由于国家规定，从1981年起，广东、福建两省的部商项目改由地方统筹安排，省计量局在1980年、1981年多次向省计委报告，说明计量工作的重要性，广东省建设计量测试中心的迫切性，和广东省处在改革开放前沿的特殊性，恳切要求把该项目列入基建计划，给予投资。但是，省计委从1981年至1983年不但没有将此项目列为重点基建项目，反而在1983年9月《关于下达第一批停缓建项目的通知》中，将省计量测试中心列为缓建项目。迫使省标准计量局向省政府呈送《关于省计量测试中心不宜缓建而应继续建设的报告》，并分别报告省计委和国家计量局，请求支持。

该项目进展较慢的主要原因是那几年经济调整，省投资安排较紧，科研投资首先安排了在建的省计算中心和省情报中心工程，无法安排更多的资金给省计量测试中心，每年的投资只能维持三、四十万元的水平，至1984年底共投资了144万元，做好了所有施工准备。

1985年1月，省计委终于下达了《关于加快建设省计量测试中心问题的批复》，同意省计量测试中心加快建设，重新核定建设规模为面积15300 m^2，总投资744万元。从1985起，省计划投资420万元，国家计量局支持解决180万元，要求争取两年建成投入使用。省计量测试中心的主体办公实验大楼，在1985年7月1日正式动工，于1987年底建成，有实验大楼10000 m^2，其中恒温面积1200 m^2，附属楼3200 m^2。

根据1979年以来国家局对各省、市、自治区计量局直属单位的“五查”整顿结果，对广东省已建计量标准项目正式核准为八类44项。包括长度6项，温度4项，力学12项，电磁11项，光学3项，化学1项，放射性1项，无线电6项。

二、各级计量技术机构的建设

1. 各级计量技术机构状况

80年代初，广东省有1个行政区，3个地区，7个省辖市，1个自治州，9个市，全部建立计量机构。佛山、江门、汕头3个市成立了标准计量管理局，归属经委领导，其他的地市计量机构仍属科委领导。广东省有91个县，3个自治县，当时已建立计量机构的有73个。其中只有屯昌、中山、连县3个县成立行政管理机构和计量技术机构。中山县计量局设有6名行政管理人员和22名技术业务人员，其他县的计量机构人数一般在10人左右，最多的东莞县有27人，最少的高要县只有1人。

计量人员的文化水平多是中学文化（50%是初中），也有少数是大学毕业生，如番禺、五华、阳春、陵水、高鹤、兴宁、德庆、阳江、饶平、顺德、揭阳、东莞、新会、海丰、临高、中山等计量所都有大学生。全省县级计量部门有 3 个工程师。

广东省县级计量所，除花县、电白、高州、文昌、东莞、台山、遂溪、连县、屯昌、阳春等少数县所的工作用房基本解决外，其余多数县所的工作场地均未解决。有的是租用房子，有的是借用房子。工作用房一般在（200 ～ 300）m^2，中山县所最大，有 600 m^2，最小的是吴川县所，只有借县政府的一间 9 m^2 房子，平远、饶平、蕉岭等 5 个县所只有 12 m^2 工作用房。

县级计量部门开展的项目是以检修衡器为主，开展较多项目的有东莞、中山、台山、高州、清远等，开展了长、力、热、电的检修工作。当时广东省县级计量部门，没有一个正式列入地方行政或事业预算计划的，每年仅由省财政补助一些经费，一般给（2000 ～ 3000）元，最高的东莞所一年补助经费 13000 元，其次是花县每年 10000 元。其他如吴川所只有 2000 元，广宁、封开、怀集、德庆、新兴、云浮、罗定、郁南等每年 3000 元，1982 年后成立的县计量所，因财政实行地方包干，省财厅就不给补助经费了，所以县级计量部门的经费非常紧张。所用经费中财政拨款约 5%（极少数 15%），检定收入 20%，修理收入 30%。收入最多的是东莞、顺德计量所，每年检修收入 30000 元左右，收入最少的是平远所，检修收入 1400 元左右。有的县如信宜、阳山、化州、电白、五华、儋县、大埔、平远、朝阳、海康、蕉岭、乐昌等计量所，采取检修承包制，但效果不好，对管理工作影响很大。

到 1982 年，据统计全省已建立计量机构 101 个，尚未建立计量机构的市、县 21 个；全省计量系统人员 1275 人，其中科技人员 305 人。全省各级计量技术机构已建计量标准情况如下：省计量科研所 64 项、广州市计量所 43 项、汕头市计量所 10 项、江门市计量所 6 项、佛山市计量所 6 项、惠阳市计量所 6 项、韶关地区计量所 13 项；此外海南行政区计量所、中山县计量局、东莞县计量所、肇庆市计量所、湛江地区计量所和湛江市计量所建有长、力、热、电项目；其余市、县计量所都是只有衡器检修，少部分有压力表、万能量具等检定项目。

2. 整顿改革增收节支把计量工作搞活

广州市计量所拆建新实验大楼于 1980 年 11 月 7 日主楼土建工程验收，地下恒温实验室内部装修、设备安装等，于 1981 年 10 月竣工。经过回迁调整，该所在 1981 年 7 月开始进行了全面的“五查”整顿。各专业室先进行自查，然后由广州市计量管理处和专业室领导组成检查评比小组，于 9 月 22 日至 26 日对各专业室进行了检查评比，热工室获得第一名。通过“五查”整顿，各室也发现了存在的问题，制订了整改措施，使该所从硬件到软件都上了一个新台阶。

江门市计量所领导班子和工作人员立志改革，勇于开拓进取，在 1984 年，大胆进行了一些改革，逐步实行所长、室主任负责制、工作岗位责任制和“两定一保”（即定年度、月度经济定额、定检修定额和保证检定测试质量）为核心的经济技术责任制等。这些措施调动了全所工作人员的积极性，开创了工作新局面，出现从未有过的新面貌，不少同志争分夺秒，加班加点，争先恐后地抢工作干，工作效率大大提高，该所有 1 人全年检修收入近万元。

计量事业的发展与经费不足的矛盾日益突出，为解决事业费不足，各级计量机构都把做好增收节支工作当作一项重要任务来抓。1981 年省计量科研所检修费收入 8 万多元，为上年的 1.16 倍。广州市计量所 1981 年 1 月至 11 月检修仪器设备 62188 台件，收入 171742.56 元，比上年增长 55.63%；生产计量器具收入 66735 元；总收入 23.8 万多元。佛山市计量所生产计量器具收入 10.8 万多元，检修费收入 5 万元，总收入 15.8 万多元。顺德县计量所 1 月至 11 月收入 3.2 万元，比上年增长 12%。江门市计量局为了把计量工作搞好，主动说服市五金交电商店，将仓库积压的大批损坏电度表、万能表送检，经修复后既解决了市场供应紧张的问题，又扩大了计量部门的服务范围，增加了收入。

各单位加强了定额管理，实行奖励制度，调动了计量人员的积极性。

三、新建计量标准扩大检定项目开展计量测试

文化革命结束后经过 3 年的调整、改革、整顿、提高，量值传递工作有了很大的发展，到 1980 年 4 月统计，省计量科研所开展的检定测试项目有 310 个。

长度（130 项）：量块、校对杆、端度杆、直尺、卷尺、钢卷尺、折尺、正弦尺、工作用角度块、万能角度尺、铸铁直角尺、花岗岩直角尺、黄斑岩直角尺、圆柱直角尺、铸铁四方块、岩石四方块、方箱、角度样板、工件光洁度、光洁度样板、平面平晶、平行平晶、铸铁平板、花岗岩平板、黄斑岩平板、研磨平尺、铸铁平尺、桥形平尺、岩石平尺、工形平行平尺、矩形平行平尺、各种机床导轨、刀口尺、三棱尺、四棱尺、样板直尺、三针、光面塞规、光面环规、螺纹环规、螺纹塞规、锥度塞规、刀具、轴承标准件、几何尺寸、样板、光学象限仪、光学倾斜仪、合象水平仪、柜式水平仪、钳工水平仪、平行光管、自准直光管、自准直仪、光学分度头、投影分度头、机械分度头、光学比较测角仪、立式光学计、卧式光学计、1μ 投影光学计、0.2μ 投影光学计、接触式干涉仪、测长机、万能测长仪、阿贝线纹比较仪、XSG 型双管显微镜、JGX 型双管显微镜、9J 型双管显微镜、6J 型干涉显微镜、6JA 型干涉显微镜、MUU-4 型干涉显微镜、等厚干涉仪、万能工具显微镜、投影工具显微镜、大型工具显微镜、小型工具显微镜、机床显微镜、工场显微镜、测量显微镜、读数显微镜、小型投影仪、中型投影仪、大型投影仪、台式投影仪、测微计、测微表、游标卡尺、游标高度卡尺、游标深度卡尺、游标齿厚卡尺、带表高度卡尺、带表卡尺、百分表、内径百分表、杠杆百分表、测厚百分表、千分表、内径千分表、杠杆千分表、扭簧比较仪、曲轴开档表、小孔内径表、外径千分尺、内径千分尺、三点内径千分尺、测深千分尺、杠杆千分尺、公线法千分尺、尖头千分尺、插头千分尺、内测千分尺、带表千分尺、壁厚千分尺、三沟千分尺、五沟千分尺、测管千分尺、测微头等。

力学（29 项）：测力计、测力传感器、万能材料试验机、拉力压力试验机、拉力压力测试、洛氏硬度块定度、布氏硬度块定度、维氏硬度块定度、洛氏硬度计、布氏硬度计、维氏硬度计、布洛维硬度测试、标准转速表、普通转速表、一等标准砝码、二等标准砝码、三等标准砝码、质量测试、1 级精密天平、2 级精密天平、3 级精密天平、4 ～ 10 级天平、单盘天平、电子天平、扭力天平、比重天平、架盘天平、4 等砝码、5 等砝码等。

热工（54 项）：铂铑 - 铂热电偶、镍铬 - 镍铝（硅）热电偶、铂铑 30- 铂铑 6 热电偶、各种待分度的热电偶、温度灯、光学高温计、测温毫伏表、控温毫伏表、单多点自动记录毫伏表、各种测温控温自动记录电子电位差计、其他测温用的二次仪表（毫伏值）、水银温度计、体温计、贝克曼温度计、铂电阻温度计、压力式温度计、讯号温度计、电接点温度计、半导体温度计、热敏电阻元件、汞铊温度计、低温液体温度计、低温铜康铜热电偶、铜电阻温度计、深井温度计、测温比率计、二、三等标准活塞式压力计、各种压力校验仪、压力传感器、标准压力表、中外各种压力表、乌别络特粘度计、平开维奇粘度计、逆流粘度计、酸度 (pH) 计、粘度标准油等。

电磁（52 项）：Ⅱ等标准电池、控温电池、Ⅰ级标准电池、Ⅱ级标准电池、Ⅲ级不饱和标准电池、标准电阻、非十进电阻、直流电位差计、工作用电位差计、直流电桥（单、双桥）、工作用直流电桥（单、双桥）、三次平衡电桥、斯密司电桥、直流标准电阻箱、工作用直流电阻箱、过渡电阻、分压箱、标准分压箱、高阻计分流器、交直流电流表、交直流电压表、交直流功率表、低功率因数瓦特表、相位表、频率表、欧姆表、数字电压表、平均值电压表、静电电压表、自动记录电表、自动记录频率表、万用电表、检流计、交直流电表校验台、交直流稳压源、晶体管繁用电表、真空管繁用电表、电流互感器、电压互感器、直流磁特性、互感线圈、测量线圈、螺线管、硅钢片磁特性、激光小功率计、激光中功率计、激光小能量检定、激光小功率输出稳定性、激光中功率输出稳定性、激光管工作电压、电流检测、激光管起辉电压测试等。

无线电（45 项）：各类型电子管毫伏表、各类型晶体管毫伏表、各类型电子管繁用表、各类型高频电压表、各类型晶体管超高频毫伏表、高频微伏表、超高频微伏表、标准补偿式电压表、电子管电压表检定仪、高精度高频电压测试、高精度低频电压测试、各类型电平表、音频信号源、低频信号源、高频信号源、超高频信号发生器、（包括信号发生器）、调制度仪、调幅度仪、失真度测量仪、通用型示波器、校准接收机、各种衰减器、数字频率计、音频频率计、十进频率计、外差频率计、谐振式频率计、频率标准、秒表、航海钟、石英钟、标准电感线圈、标准电容器、交流电桥、Q 表、介质损耗测量仪、高频电感电容测量仪、X 射线场（包括治疗仪）、钴 -60γ 射线场（包括治疗仪）、噪音测试、电声测试、建筑声学测试、吸声材料、声级计等。

1981 年省计量科研所各室在努力完成量值传递检定任务和完成科研、新项目筹建工作以外，认真结合国民经济调整时期的实际情况，结合广东省对外经济实行特殊政策灵活措施的新情况，多方设法扩大业务服务范围，为工农业生产、科研、测试多作贡献。

长度计量是主要为机械行业服务的，1981 年机械行业进行大调整，许多工厂关、停、并、转。计量器具的检修工作大为减少，长度室人员针对这一新的形势，把开展业务工作的重点转向开展工业测试，为广东省科研、生产单位解决了不少测试问题和技术难关。数量较多的有大型机床传动丝杆的测试；仪表宝石轴承的测试；出口拖拉机发动机轮轴的测试等。长度室人员还利用他们所掌握的精密研磨技术，为科研单位服务。四川省天然气开采部门，从美国进口的钻井机，其高压阀门极易磨损，而广州有色金属研究所为他们研制了一种新的阀门材料，这种材料硬度很高，阀门加工平面度与平行度要求很严格，该所委托长度室技术人员进行精密研磨加工，获得成功。他们开展上述的工业测试与技术服务，其收入占全室全年总收入的 55%，因此在长度计量器具送检大为减少的情况下，还超额完成了当年的定额任务。

电磁室与上海电表厂签订了修理该厂生产的 PZ8 数字电压表的合同，成为上海电表厂在广东省建立的维修点，扩大了业务范围，这种服务方式很受欢迎。

无线电室声学组参加了荔湾区环境噪声调查及环境质量评价研究，根据其工作成绩，获得广州市科委颁发的奖状。

1980 年文冲船厂进口 4 台泰勒——5 型光洁度自动测试仪，每台价值 2.4 万美元，但该厂无法验收。广州市计量交流队组织了有关人员，仅用 10 天多时间，就完成了测试和验收工作。其中一台要向外商索赔，避免了国家的损失，深受该厂好评。

1981 年 10 月，广州市针织机械厂从荷兰进口了一台价值 13 万美元的针织铣槽机，要求广州市计量所对其几何精度进行检验。广州市计量所长度室进行了认真细致的研究，使用了多种方法进行测量，得出仪器误差超出设计技术要求的结论。为了消除商检局的怀疑，该所又会同省计量科研所和机床研究所，用另外的仪器再测，证实了该所测量结果是正确的，根据这一结果向荷兰索赔，避免了国家损失。

1983 年 2 月 26 日经惠阳县政府发文批转县标准计量所《关于进行血压计（表）和天平普检普修的报告》，惠阳县标准计量所开展了对全县血压计（表）和天平普检普修。

吴川县标准计量所得到县政府下文同意，自 1983 年 10 月 10 日起对全县避雷针开展定期检测。

1982 年国家计量局批准省计量科研所“铷原子频率标准”为正式计量标准，同意广东省筹建“一等标准电阻”。

省计量科研所电磁室经过半年多时间筹建完成的“0.01 级标准电阻温度系数测量”新项目，经所技术委员会审查通过，1982 年 6 月省计量局批复同意该项目正式开展测量。

省计量科研所于 1981 年开始筹建 0.5 级标准电度表检定装置，并于 1982 年筹建完成。1983 年 8 月该所向国家计量局提出要求对广东省 0.5 级单相标准电度表检定装置进行技术考核的报告。同年 9、10 月份国家计量局委托辽宁省计量局对全国 18 个省、市、自治区计量局的 0.15 级单相标准电度表标准装置进行了技术考核。考核结果广东省各项技术指标达到要求，可以开展 0.5 级电度表检定工作。1985 年 3 月省标准计量局正式发文公布省计量科研所开展 0.5 级单相标准电度表检定工作。该项目的建成除完善了电能计量的量值传递，而且在能源计量工作中发挥了作用。

四、人员培训和考核

1. 检定员技术考核

计量检定工作是计量工作的重要组成部分。从事计量检定工作的队伍素质如何，对提高计量工作水平，更好地发挥计量在四化建设中的技术基础作用关系极大。因此，搞好计量队伍的建设，是一个十分重要的问题。

国家即将颁布的计量法规定“国家建立计量检定人员管理制度”，“经考核批准的计量检定人员发给从事计量检定的证件”。国家经委、国家科委、国防科工委 1982 年 11 月联合发布的《关于国营工业企业全面整顿中对计量工作的要求》中规定：“独立从事计量检定、复核、签证的计量技术人员要取得上级计量部门技术考核合格的证件”。为了提高计量检定人员的素质，为贯彻实施《计量法》做准备，国家计量局于 1984 年 3 月批准由宋永林等 24 人组成了全国计量检定人员考核委员会，决定于 1984 年对全国省级（含中央部门相当于省级的）计量机构的检定人员进行一次考核。1984 年国家局把省、市、自治区计量部门和国务院有关部门计量机构的计量检定人员的技术考核发证工作作为重点任务来抓，9 月下旬在全国进行了统一的笔试，参加笔试的有来自全国各省 1687 人，共考核 9 个计量专业的 73 个项目，有的一人参加几个项目的考试。

省标准计量局十分重视检定人员的技术考核工作，根据广东省政府粤府办 [1983]187 号文，批转省标准计量局《关于加强标准计量工作的报告》规定，“各级标准计量管理部门要抓紧对现有标准计量工作人员的培训，提高他们的管理水平和技术水平，同时要抓好标准计量工作人员的技术考核和发证工作”，并为贯彻计量法做好准备，决定于 1984 年 3 月起，组织全省各级计量部门和各部门、各企业的计量检定人员全面进行一次技术考核。为此，省标准计量局组织各市（地）、行政区、自治州标准计量局和省直各有关厅局，于 1984 年 2 月召开全省计量检定人员技术考核工作会议，研究讨论了《广东省计量检定人员技术考核发证暂行办法》；广东省计量检定人员技术考核委员会、广东省计量检定人员技术考核工作协调委员会等的组成；考核工作计划安排等。

《广东省计量检定人员技术考核发证暂行办法》，于 1984 年 3 月 15 日发布实施。“办法”规定，“为维护量值传递工作的严肃性和促进检定技术水平的提高，以保证国家计量制度的统一和量值的准确一致”，“凡独立从事计量量值的检定、复核、签证等工作，承担技术责任的国家职工均需进行技术考核”，“凡经技术考核，成绩合格者，由省计量部门颁发全省统一的计量检定员证”。省标准计量局要求各市（地）计量部门对县级计量部门现在已开展检定的计量项目的检定人员的技术考核，要在 1984 年内基本进行完毕。各厅局计量机构对所属企业计量检定人员的技术考核安排要尽量与企业整顿验收工作相适应。凡经技术考核成绩合格者，由省标准计量局颁发全省统一的证件。属于市、地、县各级政府计量部门技术机构的检定人员，发给《广东省计量检定员证》；属于政府计量部门以外及企业的计量人员，发给《广东省计量技术考核合格证》。

为了做好这项工作，省标准计量局组成“广东省计量检定员技术考核工作协调委员会”，以及海南、佛山－珠海、湛江－茂名、汕头－梅县－惠阳等 4 个地区协调小组，负责协调技术考核的各项事宜。为加强各地区、各部门的计量检定人员的技术考核的领导，3 月 15 日省标准计量局正式组成“广东省计量检定人员技术考核委员会”，负责组织领导全省计量检定人员技术考核工作，审核考核有关材料，签发全省统一的计量技术考核合格证。

各地如广州市、江门市、海南区、湛江茂名、惠阳、韶关市、佛山市、梅县地区等也纷纷成立“计量检定员技术考核委员会”，受省局委托按省统一要求负责当地计量检定人员技术培训和考核工作。

1984 年 10 月 25 日根据国家局的要求，经省考核办公室研究，报请国家计量检定人员考核委员会审核批准，任命了陈奕钦等 22 人为计量检定人员操作考核主考人。

为了贯彻检定人员的技术考核，省标准计量局举办了量块，天平、砝码，压力和测力、硬度，万能量具（游标卡尺、百分表、千分尺），温度，衡器，时间频率、高频电压、失真度、示波器、无线电参数，电学仪器、仪表等 9 期各种计量技术培训班，对市（地）计量所和重点企业的计量人员进行技术培训和考核，共培训和考核了 17 个计量项目。

全省参加培训和考核的有 667 人，据统计，计量部门检定人员合格率为 93.6%，企业计量人员合格率为 86.5%。考核成绩最好的是江门市计量所，全部人员合格，其中 11 人成绩在 85 分以上。省标准计量局还派人协助各市（地）做好计量技术培训和考核。各市（地）标准计量部门除分批派出人员到省参加培训考核外，还积极负责做好对县计量所和重点企业计量人员的培训考核工作。到 1985 年底，省标准计量局为 2649 人发放了计量检定员证，其中本系统 560 人，企事业单位 2089 人。

这个检定员证制度，是新中国成立以来第一次规定计量检定员需持证上岗，这一规定后来经计量法得以确认而延续至今。它对保证国家计量制度的统一和量值的准确可靠，维护量值传递工作的严肃性和促进检定技术水平的提高起到重要的作用。

2. 加强培训提高素质

建国以来，随着计量事业的发展，我国计量队伍不断壮大，在过去的 30 年中，广大计量工作者，勤奋学习，努力工作，对社会主义建设作出了积极的贡献。但是，从总体上看，这支队伍的文化水平、技术水平和管理水平都是比较低的，人员素质与工作要求之间的矛盾，越来越突出。到 1980 年，我国有 2100 多个专业计量机构，有职工 35500 多人，其中科技人员 15600 多人，占职工总数的 44%。科技人员的文化程度，大专以上的只有 5000 人，占 32%；中专的有 2000 人，占 13%；初中、高中甚至小学程度的 8500 人，占 54%。行政、业务管理人员共 9400 人，占职工总数的 26%，他们的文化程度就更低了。各工矿企业从事计量工作的人员约 20 余万，这些人多数是初中和小学文化程度。而且当时具有中级职称以上的技术人员和管理人员绝大多数是文化革命前毕业的 45 岁以上的中年人，这些骨干人员知识渐趋老化，年龄偏大。青年职工许多虽然说是初中、高中毕业，但实际上在文化革命中没怎么学习文化知识。所以急需提高他们的科学文化水平、管理水平、业务技术水平。

根据中央关于在职干部教育培训的有关指示精神，为保证全国计量事业的发展，建立和造就一支又红又专的队伍。国家计量总局于 1981 年成立了职工教育领导小组，把职工教育认真抓起来。培训重点是青年职工，要求在 1985 年以前分别达到初中、高中毕业程度，在技术上达到应知应会水平。同时提出对工农兵大学生的补课、党政领导干部的培训、中高级科技人员的进修提高等，须按全员培训的原则，制订计划，并落实执行。国家计量总局还规定提取最低不能低于工资总额的 1% 作为培训学习费，以支出请老师费用、买教材费用等。

省计量局落实国家计量总局关于职工教育的措施，组织工农兵大学生补课；请中学教师为青年职工补习初中、高中文化知识；支持青年职工到“电大”、“业大”、“夜大”、“函大”学习。省计量局积极派员参加国家计量总局举办的各种学习班，同时在省内举办各专业的技术培训班，如长度专业的“量块的检定与维修学习班”；力学专业的“天平的原理检定与维修学习班”、“压力表的原理、检定与维修学习班”；电磁专业的“电测仪表的原理、检定与维修学习班”；无线电专业的“晶体管参数测试学习班”等等。到 1985、1986 年，除参加“电大”、“业大”、“夜大”、“函大”学习的职工外，省标准计量局及直属机构的青年职工都补习完高中文化，并考核合格。通过种种措施，整体提高了在职职工的文化程度，技术水平。

各地、市、县计量部门采取多种形式，加强了对在职干部和技术人员的培训工作，收到较好的效果。1980 年 7 月份省计量局举办了一次全省新建计量机构负责人参加的经验交流学习座谈会，通过讲授计量基本知识和介绍顺德等县自力更生、艰苦奋斗办计量和整顿衡器工作的经验，使参加学习的人员提高了对计量工作重要性的认识，增加了克服困难的信心和决心，交流了打开县级计量机构工作局面的一条有效途径。当年，省计量局举办了一期电工仪表学习班，培训了各级地、市、县计量技术人员 72 名，韶关地区计量所和江门市计量局等单位都认真组织了在职人员的业务学习，调动了计量人员学业务、钻技术的积极性。

根据中央和省委有关轮训干部的指示精神，为了提高各级计量领导干部的管理水平，省计量局于 1981 年 7 月 7 日～ 29 日和 9 月 14 日～ 26 日举办了两期地、市、县计量局（所）长业务学习班，每期 28 人，通过学习有关计量的历史、现状、发展方向、计量管理知识、计量政策法令和计量技术基本知识，提高管理水平和增加业务知识。局领导对这两期培训非常重视，组成学习班领导小组，从 4 月到 7 月对学习班计划的制订和教员的选定、教材的内容和编写、讲课内容的主次以及讲课的方式方法等进行了多次认真的研究和充分的准备。学习课程包括：计量技术概况、统一计量制度、量值传递概述、计划财务管理、设备和科研管理，以及长度、力学、热工、电学、无线电计量基本知识等。编写教材和讲课都是省计量科研所各专业室负责人和技术骨干。培训班根据学员文化程度低、年龄大的实际情况，密切结合地、市、县的实际，采用理论联系实际的教学方法，将仪器带到课堂上，或带学员到实验室，边看边讲，学员容易接受，效果很好。

根据全国职工教育管理委员会、教育部、国家劳动总局、全国总工会、团中央发出的《关于切实搞好青壮年职工文化技术补课工作的联合通知》，1982 年广州市计量所突出地抓了职工文化补课工作，确定应补课对象人员，聘请教师，定购课本，召开补课人员座谈会进行思想动员，采用半脱产半业余的办法，一鼓作气地共用了5个月220课时，把34名青年职工的文化课补习完毕，赶上10月份参加全省统考。从参加统考的25人的成绩来看，语文、数学、物理三科全合格的16人，占总数的64%，有1科不合格的7人，3科不合格的1人。总平均合格率82.6%。

3. 评定晋升技术职称

根据国务院科技干部局颁发的《工程技术干部职称评定委员会组织法（试行）》的规定，省计量局于1981年11月正式成立局技术职称评定委员会，委员会的组成人员包括局领导1人，高级工程师2人，副教授1人，工程师4人，其中高级工程师和副教授都是从外单位聘请的。他们是：主任委员韩健（省计量局副局长）；副主任委员谢培康（省电力工业局副总工程师、省计量测试学会副理事长）、黎湘（省计量科研所副所长、省计量测试学会理事）；委员曾汝良（华南工学院机械一系公差测量实验室主任、省计量测试学会理事）、丘亮日（省经济林科研所力学室主任）、林炯堂（省计量科研所电磁室主任）、李树祥（省计量仪器实验工厂副厂长）。委员会对1978年和1979年已晋升的工程师和助理研究员进行了验收，上报省科技干部管理局。

1981年开始对省计量局及直属单位报考中级职称人员进行考核，经局技术职称评委会研究，并投票表决，评定了工程师职称18名，农艺师职称2名，技师职称3名。

1981年广州市计量所晋升工程师11名，技师、技术员16名。各地、市、县计量部门也认真抓了技术职称评定工作。汕头市、海南区以及中山、东莞县都晋升了经考核合格的工程师或助理工程师。这些工作大大调动了计量科技人员的积极性，促进了计量科技人才的成长和提高。

根据计量事业发展的需要，为了使计量检定队伍的水平有一个较大的提高，1984年国家计量局印发了《关于加强计量部门计量检定队伍建设若干问题的意见》。该文件指出，计量检定队伍的数量和质量都远不能适应计量事业发展的需要。主要问题是：（一）文化水平和技术水平低。（二）岗位性质不清，混岗现象严重。（三）管理工作薄弱。为使计量检定队伍的素质有明显提高，要解决以下问题：一是明确计量检定工作的岗位性质，属于技术干部工作岗位。二是计量检定员要具备基本条件，即热爱计量检定工作；具有中专或高中以上文化水平，并经过一年专业工作训练，具有本专业的基本知识；严格执行有关检定规程和计量法规；工作态度严肃认真，有高度责任感；身体健康，视力正常。此外，文件中还提出了对计量检定人员的吸收，培训等意见。文件要求各地各单位结合单位实际情况，贯彻执行。

第四节　在企业全面整顿中做好计量整顿

一、对企业进行“五查”整顿

自1979年起，省计量局根据国家计量总局的要求组织了对工矿企业的“五查”整顿。通过在肇庆市和江门市进行“五查”整顿的试点以后，各地各工业部门陆续开展了企业“五查”整顿工作。

1980年2月国家经委、国家科委、国家计量总局联合颁发了《全国厂矿企业计量管理实施办法》。对工矿企业计量工作提出了各项具体要求。广东省认真贯彻了《全国厂矿企业计量管理实施办法》，开展了对厂矿企业计量工作的“五查”整顿，加强了计量工作的基础建设，使广东省厂矿企业计量工作有了较大的恢复和发展。这项工作的做法大致有三种：一是以企业主管部门为主，计量部门配合；二是企业主管部门和计量部门联合抓；三是以计量部门为主，企业主管部门配合。

第一种做法，如省冶金厅为了配合全国冶金重点企业计量工作的大检查，组织了有省计量科研所参加的检查组，深入广州钢铁厂、韶关冶炼厂、大宝山铁矿等厂矿进行了计量“五查”的整顿评比工作。通过“五查”，摸清本部门计量工作的情况，发现了问题，提出整改的措施，为搞好冶金系统的计量工作打下了一个初步的基础，从1980年到1982年连续3年对本系统厂矿企业进行了大检查大评比。又如原省国防军工系统对计量工作的“五查”整顿，有布置、有检查、有总结评比，一步一个脚印，很有成效。对所属企业经过整顿和验收合格的单位颁发“五查”整顿合格证书，成绩优良的授予“五查”整顿红旗单位、先进单位称号。同时给“五查”整顿合格的18个厂（所）的42个计量室和考核合格的120个计量人员发了合格证书。这是广东省工业主管部门抓计量“五查”整顿较好的单位。

第二种做法，如广州市计量管理处根据国家计量总局规定的“五查”内容，结合本市实际情况，开展了对市属221个工厂和有关单位的计量室进行“五查”整顿，工作搞得有声有色，很有成效。他们的做法是：与有关主管部门结合，召开各单位抓生产和计量工作的负责人会议，明确“五查”整顿的目的和要求，然后组织进行自检和抽检；同时，注意抓好试点工作，在取得经验后再在全市铺开；最后通过总结评比，交流了经验，表彰了先进，促进了计量工作的开展。

广州市科委、市经委向全市厂矿企业发出了开展以“五查”为中心的评比活动的通知，从1979年连续三年开展“五查”整顿，根据“五查”的内容每年都有不同的重点。如1979年抓组织机构的落实，1980年抓各系统中心计量站及大中企业，1981年抓轻纺工业。在检查的具体内容上，计量标准方面重点是查标准器是否合格；量值传递方面，抓量具的受检率和合格率；技术水平方面抓执行检定规程和检定结果数据处理是否正确；制度方面抓文明生产，标准器及量具的管理。在厂矿企业自检的基础上，组织各系统计量人员进行互相检查评比，然后按制订的标准进行验收，在验收过程中都向厂的主要领导进行了汇报，提出了存在的问题和具体要求，从而提高了厂矿企业领导对计量工作的认识，推动了计量“五查”整顿工作的开展。

第三种做法，如对工业比较集中的韶关市、佛山市，以计量部门为主，生产主管部门配合开展“五查”工作。对这些地区省计量局于1980年发出了《请速开展厂矿企业计量器具整顿的函》，并派出人员督促他们开展这一工作。佛山市计量所派出一名所长带领工作组对全市已建立计量室的31个工厂按“五查”要求，深入到各个工厂进行“五查”整顿。从16343件计量器具中抽检量具184件，平均每厂抽检5.9件，其中合格的128件，合格率为69%。韶关市由市科委、市经委向市政府写了关于开展全市厂矿企业计量器具整顿工作的请示报告，提出了计量器具整顿计划和计量器具整顿评比标准。他们在韶关齿轮厂搞了“五查”整顿的试点，对面上的工厂企业布置了自检。韶关地区计量所对地区直属的在韶关市内的9个工厂进行了“五查”和量具的普查、普检、普修。汕头市、惠州市计量所派出技术人员到工矿企业对万能量具进行了普查、普检、普修，抓了重点厂矿“五查”整顿。

贯彻《全国厂矿企业计量管理实施办法》，对工矿企业实施“五查”整顿取得了明显的效果。

通过“五查”整顿，促进了工矿企业计量工作的加强。一些企业配备或增加了计量人员，厂矿企业计量机构有了增加，添置了计量标准器或测试仪器设备，建立健全了各项计量管理制度，保证了计量器具准确一致和正确使用，对提高产品质量，提高劳动生产率，加强经济核算、节约能源、保障安全，起了积极作用。如广州市经过几年“五查”整顿，初步形成了一个比较完善的计量网，有12个工业局建立了计量机构，1980年到1982年，所属厂矿的计量室从189个增加到253个，计量人员从840人增加到1109人。江门市工厂计量室从22个增加到26个，计量人员从23人增加到53人，计量室工作条件也得到改善。汕头轻工机械厂，贯彻《全国厂矿企业计量管理实施办法》，开展“五查”整顿以后，计量人员从6人增加到12人，占全厂职工人数1%，计量室面积从十几平方米，扩大到九十多平方米，下大本钱购置了计量标准器和测试仪器，如万能工具显微镜、大型工具显微镜、测长机、立式光学计、投影仪、光洁度测量仪、硬度计、材料试验机、超声波探伤仪等55台件，基本满足了检测需要。

广州市、江门市、海口市等计量所在“五查”整顿中，举办了各种计量专业学习班，对厂矿企业计量人员进行了培训，使厂矿企业计量人员的技术水平有了进一步提高。

由于十年动乱，合理的规章制度被取消。通过“五查”整顿，厂矿企业进一步建立和健全各项计量管理制度，普遍制订了计量器具保管、保养、发放制度、检修细则、岗位责任制、周期检定制度、清洁卫生制度和操作规程等。对计量标准和仪器设备建立了技术档案，使计量管理工作逐步走上正轨。

通过“五查”整顿，提高了厂矿企业的经济效益。如黄埔阀门厂1979年万能量具合格率只有20%，专用量具合格率70%，影响产品质量。“五查”整顿后，该厂量具合格率提高到95%，其产品上升为一级品。广州钢铁厂、韶关钢铁厂以前是全国有名的亏损大户。经过“五查”整顿，这两个厂都成立了在厂长领导下统一管理全厂计量工作的计量室。广州钢铁厂1980年节约重油7000多吨。韶关钢铁厂自己设计、制造、安装了100吨动态电子轨道衡，从此进厂物资亏吨数明显减少。1981年比1980年亏吨数减少了12000吨。

节约了能源消耗。如韶关钢铁厂在650轧钢机加热炉安装重油流量计后，油耗从1979年的165公斤／吨，降低到1981年的82公斤／吨，减少了50%多。广州钢铁厂1980年仅抓了流量计一项就节约重油7000多吨。

广东省自1979年至1982年，在工矿企业开展“五查”整顿工作中也存在不少困难。由于企业调整，有的关停并转，经济困难较大，影响开展“五查”整顿的积极性；有的地方计量部门怕影响本单位经济收入不积极参加企业“五查”整顿工作；省工业主管部门多数没建立计量机构，无专人管计量工作，对所属厂矿企业“五查”整顿工作摆不上议事日程。对全省厂矿企业来说，多数企业对计量工作还不重视，在已建立计量机构的企业中大部分存在计量人员少，技术水平低，工作条件差等问题。湛江市、梅州市、茂名市在1982年以前没有进行这项工作。省直各厅局开展了“五查”整顿的只有省冶金厅。

从广东省“五查”整顿工作来看，主要还是整顿计量器具，是对过去的一种纠正，属于恢复性的整顿。

二、在企业全面整顿中进行计量整顿

中共中央、国务院1982年元月发出[1982]2号文件《关于国营工业企业进行全面整顿的决定》。为贯彻这一决定，在前几年进行计量“五查”整顿的基础上，进一步在企业全面整顿中，开展建设性的企业计量整顿，以提高企业素质和经济效益，1982年5月4日国家计量局颁布《关于国营工业企业全面整顿中有关计量整顿的几点意见》。文件指出：（一）企业计量工作的整顿应作为工业企业全面整顿的一项重要内容。计量测试是企业完善经济责任制，改进经营管理，搞好全面计划管理、质量管理和经济核算工作的一项重要技术基础。国务院在《关于对现有企业有重点、有步骤地进行技术改造的决定》中强调指出：“长期以来，我们在生产过程中偏重于建设新企业，忽视已建成企

业的技术改造。设备老化，技术陈旧，计量测试条件差，产品落后的状况相当严重。这对实现社会主义现代化事业极为不利”。因此，在工业企业全面整顿过程中，应把企业计量工作的整顿作为企业基础建设的一项重要任务抓紧抓好。（二）提出一个《关于国营工业企业全面整顿中对计量工作的要求》（草案）。（三）各部门计量机构，各省、市、自治区计量局，要主动配合“各部门、各地区整顿骨干企业蹲点调查组”，搞好1982年计划整顿的1265个全国大中型骨干企业的计量整顿，当好参谋，并组织力量参加若干个调查组的具体规则。（四）各省、市、自治区计量部门对上级主管部门未派蹲点调查组协助整顿的企业，要按照国家经委、国家科委、国家计量局颁发的《全国厂矿企业计量管理实施办法》和国家经委、国家计量局制订的《企业能源计量器具配备、管理通则（草案）》的有关规定，配合本地工业主管部门指导企业在自行整顿中加强计量工作，重点抓好计量测试手段的配备和改善经营管理等方面的作用。

国家计量局在《关于国营工业企业全面整顿中有关计量整顿的几点意见》的附件《关于国营工业企业全面整顿中对计量工作的要求（草案）》中提出了对国营工业企业的有关计量工作的整顿具体要求。如对企业主管计量的领导的要求；企业计量机构的要求；计量人员配备的要求（不同行业计量人员比例、计量技术干部比例）；对计量人员取得技术考核合格证的要求；量值传递要求（周期送检率、周期受检率）；计量器具配备要求；计量管理制度要求等。

1982年9月14日至21日，由国家经委、国家科委和国防科工委共同在北京召开了建国以来第一次专门研究厂矿企业计量工作的全国厂矿企业计量工作座谈会。会议的中心任务是结合企业全面整顿，总结贯彻《全国厂矿企业计量管理实施办法》的经验，进一步推动全国厂矿企业的计量工作，讨论企业全面整顿中对计量工作的要求、厂矿企业计量机构设置规范及计量工人技术等级标准等问题。会上表彰了计量工作先进企业，广东省受到表彰的先进单位有广东省韶关齿轮厂和广东省江门电机厂。

会上提出企业计量工作今后几年的主要任务是：贯彻执行中央和国务院关于国营企业进行全面整顿的决定，改进企业的经营管理，紧紧围绕提高企业的经济效益，为完善经济责任制，搞好质量管理，能源管理和经济核算提供可靠的计量保证。具体要求是：把全国重点企业的计量检测手段配齐、用好、管好，在生产中消灭因计量器具不准而造成的质量事故和安全事故；消灭能源管理上因缺乏计量器具而出现的“煤糊涂”、“油糊涂”、“电糊涂”现象；消灭企业经济核算中因计量不准造成的“假帐真算”现象。

一年以后的11月，全国厂矿企业计量整顿座谈会在重庆召开，这是第二次全国厂矿企业的座谈会，是专门研究如何搞好企业全面整顿中的计量整顿，是一次抓落实的会议。

这次企业全面整顿不同于前一个时期恢复性的整顿，是建设性的整顿，是现代化生产条件的建设和提高经营管理水平的综合治理。会上提出计量整顿的重点要放在国家和地方的重点企业上，因为这些企业是国民经济实现现代化的骨干，他们情况的好坏，直接影响国家经济情况的根本好转。

1983年12月22日至26日在广州召开了全省厂矿企业计量工作座谈会。会议内容：传达贯彻全国厂矿企业计量工作座谈会和全国厂矿企业计量整顿座谈会精神；总结交流广东省厂矿企业计量“五查”整顿工作和开展计量工作的经验；研究如何搞好企业全面整顿中的计量整顿；贯彻落实“三委”颁发的《关于国营工业企业全面整顿中对计量工作的要求》，搞好企业计量整顿验收的工作。

会上进行了表彰。先进单位有：韶关齿轮厂、江门电机厂、广州造船厂、广州钢铁厂、广州有色金属公司（原省冶金厅）、广州市计量管理处、湛江化工厂、广州铁路局、海口市标准计量局、湛江机械厂、汕头感光化学厂。表扬单位有：韶关冶炼厂、广州市冶金局计量站、阳春轴承厂、广州铁路分局机械保温段、汕头轻工机械厂、韶关钢铁厂、广州自行车厂、广州医药公司计量站、江门市标准计量局、广东有色机修厂、广州氮肥厂、佛山纺织机械厂、江门甘蔗化工厂、江门机械厂、广州海运局、广州无线电专用设备厂、汕头市标准计量所、海口蓄电池厂。

全省厂矿企业计量工作座谈会是研究讨论加强广东省厂矿企业计量工作的第一次会议，也是开创广东省计量工作新局面的一次重要会议。这次会议省政府很重视，匡吉副省长亲自参加了大会，并讲话，使与会者受到极大鼓舞和鞭策。省经委杨迈副主任也到会讲话。黎湘局长作了题为《开创厂矿企业计量工作的新局面，为提高我省企业素质和经济效益而努力奋斗》的工作报告。会上表彰奖励了 11 个先进单位，并有 7 个单位在会上作了经验介绍。通过学习讨论，大家认识到：目前广东省工业企业正面临一场严重的挑战，面临有关如何提高企业素质，把工作转移到以提高经济效益为中心的轨道上来。提高企业素质的一个关键问题是企业基础工作能否根本改变的问题。计量检测是企业重要综合技术基础，搞好企业计量整顿工作就是提高企业素质，增加企业生命力和竞争力的重要措施，是实现企业现代化科学管理的必由之路。

三、企业计量整顿的验收

1983 年 12 月，根据国务院批转国家计量局关于加强计量工作报告的通知国发 [82]157 号文件精神，广东省企业整顿领导小组办公室和省标准计量局联合行文《关于在企业全面整顿中做好计量整顿验收工作的意见》。并转发了全国厂矿企业计量整顿座谈会提出的关于《厂矿企业计量整顿验收评分标准》细则，“计量管理 20 分；计量检测率 40 分；量值传递与检定 25 分；技术培训和技术考核 15 分。计量整顿验收总分达到 60 分者为合格”。全省各级计量行政管理机构按照文件要求积极开展了企业计量整顿和验收，收到明显的效果，促使企业恢复和建立必要的计量机构，也促进了计量工作的规范化和产品质量的提高。

广东省企业计量整顿验收工作起步较慢，过去有些企业在全面整顿中尚未把计量整顿验收列入重要日程。但是，自 1983 年 12 月省企业整顿办公室与省标准计量局联合发出了《关于在企业全面整顿中做好计量整顿工作的意见》后，各市、地企业整顿领导小组和企业主管部门都积极行动起来，按照厂矿企业计量整顿验收四项评分标准做了大量的准备工作：有的市、地（如佛山、汕头、韶关、梅县等）已初步制定了当年计量整顿验收规划；有的主管部门（如省重工业厅、省烟草公司等）转发了文件，要求各企业要认真贯彻执行；有的主管部门（如广州有色金属公司）由于领导重视，行动迅速，已于 2 月份对凡口铅锌矿进行了计量整顿验收，为全省树立了榜样。

1984 年 2 月，由中国有色金属总公司广州公司主持对凡口铅锌矿进行全面整顿验收工作，历时 4 天，验收结果总分 85 分，其中计量单项验收 71 分。对计量整顿单项验收是按照广东省企业整顿领导小组办公室和省标准计量局的联合发文《关于在企业全面整顿中做好计量整顿验收工作的意见》，根据该文件的附件《厂矿企业计量整顿验收评分标准》，逐项、逐条地对照检查验收。

验收前，企业准备了计量工作的相关书面总结材料、计量管理网点系统图、本企业量值传递系统图、计量器具台帐、计量器具使用分布情况表、计量工作人员表等。计量整顿验收组由主管单位广州有色金属公司科技处一名副处长任组长，直属的 4 个厂矿派出的长、力、热、电各专业人员共 8 人组成。计量验收组人员先集中学习文件，统一认识，掌握好评分标准，再分成小组分别验收。

他们采用的检查验收方法是：1、听取企业关于计量工作整顿情况汇报；2、看现场、实物、环境，对长度量具、热工仪表等项目进行现场抽检；3、检查计量管理的各项规章制度、计量检测率、量值传递情况等。最后集中汇总评分。

这次评定结论为合格，得分 71 分。检查验收组肯定了企业计量工作的成绩，指出问题，提出建议和评语意见，并向矿领导汇报，与企业计量人员交换意见。在完成验收工作后填写了省标准计量局统一制定的《广东省厂矿企业计量工作整顿验收登记表》，连同附件一式三份，企业留一份，主管部门留一份，交省标准计量局一份。他们的检查验收工作很规范，很认真。省标准计量局在计量工作简报上介绍了他们的做法，供大家学习借鉴。

广州市计量管理处在市经委的重视和支持下，拟出了广州市工业企业整顿计量工作验收标准，由市经委印发各厂。广州市工交企业全面整顿验收工作的细则分为 6 项，总分 100 分，其中计量 10 分，占总分 10%，较好地体现了国家经委、科委、国防科工委《关于加强厂矿企业计量工作的意见》文件中“在企业全面整顿中，要把计量作为一项重要内容切实抓好”的精神。在企业整顿验收工作中，在广州市经委的统一组织下，广州市计量管理处参加了广州市企业整顿验收工作组。他们的基本做法是：听取厂方对本企业开展计量工作情况的介绍；实际了解该厂开展计量工作的状况，计量室的环境场地，抽查在用计量器具；召开计量人员座谈会，研究该厂计量工作存在的问题和如何与生产相适应的问题；并及时与厂领导交换意见，提出建议和要求。经过这次声势较大，严格认真的企业验收工作后，收到很好的效果。有工厂计量人员反映“这次把计量工作列为企业整顿验收的一项内容，效果比‘五查’好得多，领导也重视得多”。截至 1983 年 7 月止，共验收企业 202 个，验收合格的企业 116 个。这 116 个企业中，已建计量机构的 74 个，其中基本达到国家三委《关于国营工业企业全面整顿中对计量工作的要求（试行）》规定的只有 14 个。对于不合格和未建立计量机构的，要求这些企业在 1984 年复查合格。

根据国家和广东省对企业整顿验收的有关规定，在工厂自检的基础上，湛江市标准计量管理局组织各主管局、公司和有关工厂的计量管理和技术业务人员共 20 人，于 1984 年 3 月 30 日、31 日两天，对湛江机械厂的计量整顿，按照《厂矿企业计量整顿验收评分标准》，逐条逐项进行了评定验收。验收结果得分 81 分，结论合格。湛江机械厂在企业全面整顿中，把计量整顿这一基础技术工作作为一项重要内容来抓。他们建立健全了计量机构，配备了相应的计量人员，改善了计量室的工作环境和条件，建立和健全了计量管理的各项规章制度，不断充实完善检测手段，实行对计量人员的培训，努力提高计量人员的技术业务水平，确保了产品质量的稳步提高，为全面地完成 1983 年各项生产计划，提高企业经济效益作出了贡献。

为了加快全省厂矿企业整顿的步伐，省标准计量局于 1984 年 2 月 28 日发出《关于做好今年国营厂矿企业计量整顿验收规划的通知》，要求各市、地标准计量部门通过调查研究，与当地企业整顿领导小组协商，尽快把该地区当年国营厂矿企业全面整顿规划订出来。规划制订后，各级计量部门应在当地企业整顿领导小组的领导下，尽快选择一、两个重点企业进行试点，总结经验，推动面上工作，努力完成该地区当年企业计量整顿任务。省标准计量局还统一印发了《广东省厂矿企业计量工作整顿验收登记表》，在验收中使用，可作为计量整顿验收的凭证，具有合格证的效力。

根据国家经委、科委、国防科工委《关于加强厂矿企业计量工作的意见》和《关于国营工业企业全面整顿中对计量工作的要求（试行）》两个文件的精神，1984 年在省经委的统一领导下，省标准计量局与省企业整顿办公室和各主管厅、局共同配合，抓了企业计量整顿验收工作，主要结合企业全面整顿，把计量整顿纳入整个验收计划，统一制订了评分和验收标准。同时，开展宣传，争取各级领导支持。省标准计量局还派人协助一些较为重视的厅、局、公司参加验收，抓好典型、总结经验来指导面上的工作，并充分发挥各市（地）标准计量局的作用，对当地企业加强督促检查，全面做好企业计量整顿评分验收工作。据统计 1984 年全省共组织验收 495 个国营工厂，其中 90 个工厂不合格（占验收工厂数 18.2%），不合格的要继续进行补课，限期达到验收要求。

通过企业计量整顿验收取得很好的效果：第一，受到各级领导重视，也获得企业的欢迎和好评，各级经委都把企业计量整顿作为企业全面整顿的一项重要内容来抓，使计量工作已逐渐摆上经委、主管局、公司、企业领导的议事日程；第二，加深了对计量工作重要性的认识，把加强企业计量工作作为促进技术进步，提高产品质量、提高企业素质、改善经营管理、加强经济核算、提高经济效益的重要保证。一些企业通过计量整顿确实收到很好的效果，如广州有色金属公司所属部分厂矿企业，经过计量整顿建立计量机构的有 12 个厂矿，比整顿前增加 75%；各厂矿计量人员已占生产人数 1.5% ～ 3%；整顿后计量器具仪表配备率达 95%，比整顿前普遍提高 59%；因而，很多厂矿节能效果特别显著，如大岭冶炼厂现炼每吨铝可节电 3211 千瓦时，每年按产量 4000 吨计，全年可节电 128.4 万千瓦时，值 69.5 万元。第三，促进了全省各级计量技术机构的工作，加强了对厂矿企业计量工作的管理以后，计量检定工作量普遍增加 40% ～ 60%。

1985 年 1 月全国企业整顿领导小组办公室和国务院工业普查领导小组办公室颁发《关于进一步整顿和加强工业企业管理基础工作的通知》。通知指出，虽然不少企业经过整顿验收，但各项管理基础工作仍然很薄弱，极不适应四化建设的需要，表现在计量检测手段不完备，原始记录、台账不健全，生产、消耗、成本无定额的现象比较普遍。文件要求在 1985 年继续花大力气对企业管理基础工作进行切实的整顿，其中要求“认真整顿和健全计量工作。包括充实和加强各种计量和检验工具，检测仪器，化验手段等。从原料购进、生产投入到产品产出，库存和供应等各个环节都要建立专职或兼职的计量机构、人员”。

省企业整顿领导小组办公室和省工业普查领导小组办公室转发了上述文件，同时强调，广东省肇庆市 7 个企业试点情况也反映了这些问题，因此，各级有关部门要充分认识到当前搞好企业各项管理基础工作的重要意义，加强领导，在进行企业改革过程中，按照国家要求和企业需要，在 1985 年底前，继续花大力气把企业管理基础工作切实整顿好。

第五节　工业企业计量定级升级的启动

从 1980 年工业企业贯彻《全国厂矿企业计量管理实施办法》以来，广东省厂矿企业的计量工作在建立健全管理机构，配齐、管好、用好计量器具等方面有了新的发展。1983 年全省开始对厂矿企业进行全面整顿时，都把计量整顿列为基础整顿中的一项重要内容，并进行了同步或计量单项整顿验收，取得了较好的效果。实践证明，加强企业计量工作，对于提高产品质量，节能降耗，完善经济责任制，改善企业经营管理，推动技术进步，提高经济效益等都有着重要作用。

企业计量整顿验收合格，只是对企业计量工作的起码要求，为巩固和发展企业计量整顿的成果，使企业计量工作的水平逐步提高，必须对企业的计量工作水平提出定性的要求。在得到国家经委的同意后，国家计量局制订了《工业企业计量工作定级、升级办法（试行）》（[84] 量局工字第100号），于1984年4月30日颁发。

在工业企业计量工作定级、升级办法中规定：

定级、升级考核内容是1、计量检测设备；2、计量检测水平；3、计量管理水平。经过考核确定等级，使企业的计量工作逐步完善提高。

等级划分：综合分达到75分以上，有一定的经济效益的企业，授予三级计量合格证书；综合分达到85分以上，经济效益较好的企业，授予二级计量合格证书；综合分达到95分以上，经济效益显著的企业，授予一级计量合格证书。企业申请定级考核的前提是必须具有统一管理的计量机构。

企业向政府计量管理部门申请定级或升级，由政府计量管理部门会同工业主管部门组织考核评级，一级计量合格证书由国家计量局颁发，二级和三级计量合格证书由各省、市、自治区政府计量管理部门颁发。

合格证书的效力：新建、扩建企业至少取得“三级计量合格证书”后才允许验收开工生产；现有企业必须至少取得“三级计量合格证书”后方可申请产品生产许可证，参加部门和地方产品评优活动和参加地方质量管理奖评选等。凡获得“二级计量合格证书”的企业，可参加评选先进单位。六好企业，参加产品评国优活动和国家质量奖评选等。获得“一级计量合格证书”的企业，授予“国家计量先进企业”称号，产品可以使用“计量信得过”的标志。政府计量管理部门将对企业进行检查监督。

此办法自1984年11月1日起执行。

《工业企业计量工作定级、升级办法（试行）》附有“评分标准”和“计量合格证”、“定级、升级考核申请表”格式等。

省标准计量局很快于1984年5月19日转发了《工业企业计量工作定级、升级办法（试行）》。

省标准计量局为贯彻落实国家计量局颁布的《工业企业计量工作定级、升级办法（试行）》，结合广东省企业计量整顿和创优工作的具体情况，在调查研究、多方面征求意见的基础上，特征得省经委的同意，制定了《广东省工业企业计量工作定级、升级实施意见（细则）》，于1985年1月21日发布，要求各市（地）计量局（所），省直有关厅、局、总公司认真贯彻执行。在广东省的《广东省工业企业计量工作定级、升级实施意见（细则）》中提出了企业定级、升级工作的具体做法，和广东省工业企业计量工作定级、升级评分标准及评分细则。以后又补充规定了未开展自身工作计量器具检定修理工作的小型企业如何评分，使用计量器具不足300台（件）的小型企业，可不进行计量工作定级考核，若创优需要，可进行单项考核。

为认真贯彻国家计量局《工业企业计量工作定级、升级办法（试行）》，掌握评分标准，省标准计量局于1985年3月12日和3月18日分别召开了各市（地）标准计量局和省直各有关厅局、公司、中央驻省有关单位贯彻计量定级工作座谈会。

在各市（地）标准计量部门与各级工业主管部门积极协同下，开始了企业计量工作定级、升级考核工作以后，为了统一各地对评分细则的理解和掌握，省标准计量局于1985年5月6日发出《关于工业企业计量工作定级、升级办法的补充通知》，通知明确1983年省标准计量局制定的粤标量[1983]108号文规定的企业计量整顿验收评分标准停止执行，从1986年起，全省创优产品的计量审查，一律以企业取得计量合格证书为准，没有计量合格证的企业不能参加创优。已经创优和准备创优的企业要有步骤地做好计量工作定级、升级的考核。各市（地）计量部门应把此项工作列为重点，抓紧抓好。

广东省工业企业计量工作定级、升级从一开始，就得到快速的发展。各工业企业对计量工作定级、升级有着迫切的要求。企业在产品创优、申请生产许可证、评选质量管理奖、节能先进单位、六好企业等方面都必须通过计量定级的审查，具有三级以上的计量合格证。1985 年 7 月省标准计量局以《计量公报粤标量报字（1985）第 1 号》公布了广东省第一批授予计量合格单位，包括广州造船厂、广州第一橡胶厂、茂名石油工业公司、汕头乐器厂、湛江化工厂、韶关齿轮厂、韶关拖拉机厂、韶关电焊条厂、韶关市配件厂、韶关工具厂、凡口铅锌矿、江门柴油机厂、新会农业机械厂获得二级计量工作合格证；广州冶金机械厂、广东省湛江机械厂、广东省铁合金厂、广东省江门造纸厂获得三级计量工作合格证。

全国企业整顿领导小组在 1985 年 6 月中旬召开了全国企业管理基础工作座谈会，会上对全国企业管理基础工作的现状以及存在的问题进行了深入研究，对企业管理基础工作提出了今后的任务和新的要求。会议认为，自 1983 年以来企业计量机构设置，计量器具配备和检测手段都有较大改善，国家计量局 1984 年颁发《工业企业计量工作定级、升级办法》，推动了计量技术和管理的发展。

全国企业整顿领导小组提出了加强企业管理基础工作的规划目标和要求："完善计量工作，要严格执行国家计量局制订的《全国工业企业计量工作定级、升级办法》，做到准确、严格，逐步实现检测手段和计量技术现代化。1987 年之前，大中型骨干企业全部达到三级计量合格。其中 40% 要达到二级计量合格，10% 要达到一级计量合格。全国国营企业应有 20% 要达到三级计量合格"。

国家计量局要求各级计量管理部门和工业部门计量管理机构要密切配合，与当地经委协作，一定要保质保量的完成这一任务。各地计量局及工业部门计量管理机构要制订出切实可行的规划与措施，在定级、升级的工作中一定要做到"准确"、"严格"，把全国的工业企业计量工作定级、升级搞好。

从 1984 年到 1985 年电子工业部、航天工业部、冶金工业部、铁道部、机械工业部、化学工业部、邮电部工业局、航空工业部、兵器工业部、核工业部、中国船舶工业总公司、轻工业部、公安部消防器材行业都陆续发布了贯彻《工业企业计量工作定级、升级办法（试行）》的实施细则或委托政府计量管理部门实施的工作安排。

为了使定级、升级工作健康发展，国家计量局于 1985 年 6 月发出《关于工厂计量工作定级、升级收费问题的复函》，文件中指出"最近接到企业、地方、部门许多反映。有些地方计量部门借定级、升级机会，向企业收取高额费用，造成极不好的影响。各地工业计量工作刚刚打开局面，收费问题处理不慎，会影响政府计量管理部门的声誉和威信，关系到工业计量管理工作能否顺利开展下去的问题。希望各级计量部门从长远着想，从大局着想，严格执行我局有关收费的规定"。文件规定了检查组控制在 3 ～ 5 人内；政府计量部门的人员参加验收，属于本身业务，所需经费应由行政、事业费内自行开支；申请企业要求提供计量技术帮助或咨询，属于市场交易，必须签订正式协议书，严格掌握收费标准，不得借机索取高额报酬等。

随着定级、升级工作的铺开，对企业评审考核的工作量增加，省标准计量局决定授予台山县等县级计量行政部门考核县属国有企业、乡镇企业申请三级计量合格证的评审权。具有评审权资格的县有：台山、开平、新会、鹤山、阳江、南海、顺德、潮州、揭阳、潮阳、东莞、兴宁、四会、遂溪、高州、连县。

至1985年底，广东省（含计划单列城市）已考核合格定级的企业43个，其中二级计量合格的36个企业，三级计量合格的7个企业。

第六节　改革开放初期的能源计量工作

我国是一个能源生产大国，80年代初，年生产能源6亿多吨标准煤，居世界第四位。但由于工农业生产和人民生活对能源的需要量很大，节约措施也没有相应跟上，供需矛盾十分尖锐，而能源工业的发展，由于种种原因，又不可能在短期有重大突破。在这种情况下，发展国民经济所需要的能源，将主要依靠节能的措施来满足，即从节能中求增产，从节能中求速度，从节能中求效益。

能源计量是节约能源的一项最基本的技术基础工作，节约能源必须由计量手段来提供正确的数据，对用能情况进行科学的定量分析，正确衡量企业的用能情况、能源消费构成和能源利用效率，从中发现和分析存在的问题，找到节能的潜力所在，因此，能源计量工作是加强能源科学管理的根本。

一、国家对能源计量工作的部署

20世纪80年代初，我国的能源问题，已成为当时国民经济发展中的一个突出矛盾。解决好能源问题，是实现四化的一个战略措施。当时节能任务十分繁重，而能源管理的基础工作又相当薄弱，很不适应节能工作的要求。为加强节能工作，国务院节能小组以《一九八一年节能工作要点》提出工作部署。国务院转发了这一文件，对节能工作提出了目标、政策、措施和要求。国家经委为落实节能指标和研究加强能源管理基础工作的措施，于1981年6月召开了重点省、市和部门节能工作座谈会，会议要求国家计量总局协助工交各部门制定各行业年耗能5万吨标准煤以上企业能源计量仪器的装备标准，对耗能大户加强计量监督，组织力量积极参加和搞好企业能量平衡测试工作，通过抓企业能量平衡测试，带动企业加强能源的计量监督，保证节能统计数据的准确一致。国家计量总局要求全国各级计量机构要紧密结合国民经济的迫切需要，把节能工作作为一项重要任务来抓，在为节约能源服务中，全面推动和促进厂矿计量工作。

国家计量总局指出这是一项带方向性的长期任务，为此，要做好以下几点：

（1）首先要集中力量积极协助工交各部门制订年耗能5万吨标准煤以上企业的计量、测试仪器仪表的装备标准。总局拟根据各省工业发展的特点与工交各部门洽商确定一批试点企业的名单，请各省、市、自治区计量管理局承担有关行业一、两个厂的试点工作，与企业一起通过调查研究，共同制定配备标准的方案（包括计量标准及管理机构、制度）。没有这批重点企业的省、市、自治区计量局，也要主动和当地经委协商，根据本地区工业的特点，选择当地某一个行业一、两个重点企业进行试点，制订能耗计量、测试仪器仪表配备标准。

（2）积极协助企业搞好能量平衡测试工作，计量部门要在经委的统一规划下，积极组织或参加能量平衡测试服务工作。工作的重点是为各行业提供标准测试方法，测试仪器、标准数据和标准参考物质，并做好计量监督工作。

（3）建立健全与能源有关的计量基准、标准并制定量值传递系统，目前能源计量方面的基、标准是各级计量部门的薄弱环节，近期首先把流量、电能、大称量和量热的计量基准和标准建立起来。

（4）加强对能源计量器具的性能试验，新产品鉴定和产品出厂检定的管理。

改革开放以来，石油部、冶金部在实行单项消耗定额考核办法的基础上，在部分炼油厂和重点钢铁企业试行了综合能耗考核制度。这种考核制度，具有两个特点：一是把企业消耗的各种能源（煤、电、油、气等），都按热值换算成标准煤，确定综合能耗（如加工吨原油能耗、生产吨钢能耗）；二是对企业生产过程中的每道工序所消耗的能源进行分析，找出同类企业不同工艺的可比因素，确定一个比较科学、便于评比的可比能耗以及相应的考核办法。从试行的情况看，综合能耗考核制度，可以全面反映企业和产品的耗能情况，便于同国内、外进行比较，从中分析能源使用中的问题，以便对症下药。这是加强能源科学管理的一个重要方法，是计划工作的一个进步。

1982 年 8 月 22 日至 26 日，国家经委在开封市召开了全国能源计量器具配备、管理工作座谈会，这是一次很重要的专业会议，是建国以来能源计量工作最大的一次全国性会议。出席会议的有各省、市、自治区经委、计量局主管能源计量工作的人员和试点厂矿企业的代表共 142 人。会议上共同商讨了如何进一步贯彻执行中央、国务院关于节约能源的方针、指示，贯彻生产、生活用能计量工作一起抓的原则，充分发挥各地区、各部门和各行业的积极性，争取用两三年的时间，把企业的能源计量器具基本配齐、管好；同时，推广四川省大抓安装民用“三表”的经验，争取全国在两年内解决生活用能的计量问题，取消包费制。

根据党中央、国务院关于节约能源的指示，全国要打一场节能的总体战，狠抓能源计量器具的配备，就是这场总体战的一个重要组成部分。具体目标要求是：

（1）工业企业能源计量器具要尽快配齐。全国 4000 多个年耗标准煤万吨以上的企业，争取在二、三年内把能源计量器具基本配齐，其中全国 700 多个年耗标准煤 5 万吨以上的企业，在 1984 年前配齐。其他企业由各省、市、自治区统筹规划，分批分期实现。

（2）生活用能要安装“三表”，实行计量收费，取消包费制。要求到 1983 年底，全国所有厂矿企业、事业单位、机关、部队、学校的职工和居民生活用电、水、气，都要安上表，实行计量收费，取消包费制。特殊情况如由于建筑结构，居住条件等原因使装表进户有困难的地方，可一表多户，但必须严格按计量收费。

二、企业能源计量器具配备管理通则的制订和贯彻

国家经委在天津召开的第一次全国节能工作座谈会上，就提出了要下决心首先把耗能大的企业的计量仪器仪表和测试手段在两年内基本配齐的要求。1980 年 5 ～ 8 月，国家经委组织有关部门对 5 省、市 33 个大型耗能企业进行了调查，同时，全国有 22 个省、市、自治区计量局在各地经委的统一组织下，对当地的重点耗能企业进行了能源计量器具配备和管理的普查。全国共调查了 1625 个企业，占全国大中型企业的三分之一。仪表总局也组织力量调查了各重点耗能企业能源计量测试仪器仪表的需要情况。在调查研究的基础上，国家经委和国家计量总局共同组织制定了《企业能源计量器具配备和管理通则（草案）》，这是企业能源计量器具配备和管理完善化和规范化的一个重要法规。

1981 年 10 月国家经济委员会、国家计量总局联合发文将《企业能源计量器具配备和管理通则（草案）》正式下达，要求工交各部门立即组织力量，在国家计量总局的协助下，按已选定的重点企业进行能源计量器具配备的试点。各省、市、自治区计量局分工协助制订能源计量器具配备标准的重点企业在全国 21 个省、市、自治区共计 55 个，其中广东省 3 个企业是：广州海运局（交通部）、江门甘化厂（轻工部）、广州造纸厂（轻工部）。

这项工作得到各地区、各部门的积极支持和协助。在 11 个主要耗能工业部门及 21 个主要耗能省、

市、自治区的55个重点耗能企业开始进行了试点，与此同时，10个主要耗能工业部门积极制定《行业能源计量器具配备、管理细则》（即配备标准）。55个试点企业完成了能源计量器具的配备规划，绘制了详细的能源计量测试点网络图。上述工作涉及面广，工作量大，但进展较快，对指导以后的能源计量工作起到了很大的推动作用。在《企业能源计量器具配备和管理通则（草案）》的试行中，不少企业在节能上已经开始见效，经济效果明显。

从1981年10月通则（草案）的制定，到1982年8月通则（修改稿）征求意见，再到1983年3月通则（试行）的正式实施，经过了近一年半的时间多次反复讨论、修改，使《企业能源计量器具配备和管理通则》的条款更加清晰、内容更加充实。

1983年3月16日国家经委下发了《关于印发 < 企业能源计量器具配备和管理通则（试行）> 的通知》，使通则正式实施。

《企业能源计量器具配备和管理通则（试行）》的主要内容为：

（1）企业能源计量器具的配备：配备的范围和对配备率的要求；对能源计量检测率的要求；对能源计量器具准确度的要求。

（2）能源计量器具配备的实施原则：能源计量器具的选型、准确度、稳定度、测量范围、数量等，应满足按产品制定能源消耗定额，实行耗能定额管理，对基本核算单位进行耗能考核和制定企业综合耗能标准的需要；能源计量器具的配备要适应行业的特点，产品特点，使用能源的特点，生产的特点，生产规模和企业经营管理对计量检测信息的收集、处理、传输、反馈、控制等的实际需要；能源计量器具配备必须实行生产和生活，厂内和厂外，全民和集体，外销和自用分别计量的原则；能源计量器具的选型、采购计划、安装、调整、验收、检定、维修等应实行集中监督和统一管理；能源计量器具配备的实施计划，必须结合生产实际，通过物料平衡和能量平衡，分期分批逐步配备完善；企业更改资金、低值易耗专用资金、技术改造措施费用应首先保证能源计量器具配备的需求。

（3）企业的能源计量管理：能源计量工作是企业计量工作的一个重要组成部分，应由企业的计量机构统一管理；能源计量管理的工作范围和任务；能源计量人员的配备；建立健全计量标准，完善计量保证体系。

（4）能源计量工作的监督检查：有关工业主管部门要加强质量管理；政府计量部门对计量仪表生产单位要进行计量监督；企业要制定能源计量工作评比奖惩办法；凡能源计量器具配备不合格的企业，应在完善能源计量检测手段的基础上，实施用能设备技术改造措施项目，否则不能批准措施项目；新建企业要根据本《通则》规定，完善设计和进行竣工验收。

《企业能源计量器具配备和管理通则（试行）》发布以后，各部门、各地区和各重点厂矿企业非常重视，普遍把能源计量器具的配备和管理作为节能工作中的一件大事来抓，并且抓出了成绩，取得了明显经济效益。1984年9月14日，国家计量局组织有关单位的检查组到广东，分别对广东4个重点能源计量试点企业（广州海运局、广州造纸厂、广州氮肥厂、江门甘化厂）进行了检查验收。

三、广东省开展能源计量工作情况

为加强节能的组织管理，80年代初广东省组建了能源委员会，由副省长负责，下面建立有实权的办事机构统抓全面节能工作。

在国务院节能小组《一九八一年节能工作要点》中要求“北京、天津、上海、辽宁、江苏、广东等重点省（市）要筹建热平衡技术服务中心”。

节能工作不是权宜之计，而是长期的战略任务，特别是广东，是一个缺能省份，而且能源利用率低，要想把广东省国民经济搞上去，必须抓好节能工作。搞好节能工作，关键在于有坚强的领导核心和健全的组织工作机构，而且要有一定数量的技术骨干力量，使专业队伍与群众运动紧密结合起来，方能把节能工作深入持久地开展下去。省计量局为完成省经委委托筹建“广东省节能技术服务中心”的任务，1981 年组织了一个由工程师、助理工程师和专业管理人员组成的调查组，先后对广州节能技术推广站、绢麻厂、黄埔电厂、佛山市经委、新光针织厂；上海市经委、计量局、上钢三厂；天津市经委、计量局、造纸厂等 24 个有关单位，进行了调查了解，历时一个多月，初步摸清了省内外节能经验和企业能量平衡测试进展情况。根据国务院文件精神，结合广东省具体情况和外地经验，省计量局提出建立广东省节能技术服务中心的方案。

企业能量平衡测试工作，是治理企业能源浪费的先决条件。不搞能量平衡测试，就等于“治病不诊断”，不可能对症下药。通过抓能量平衡测试，还可以带动企业加强能源的计量监督、加强能源技术力量的培训、促进节能的整顿改革，因而应当把企业能量平衡测试作为能源管理基础工作的中心来抓。搞企业能量平衡测试的目的，主要是摸清企业能源的浪费所在，促使企业改进管理，加快节能整顿改革，提高能源利用效率。衡量一个企业搞的能量平衡合不合格，除了看数据全不全，准不准之外，主要看计量监督加强了没有，技术队伍培训了没有，定额管理和责任制建立了没有，节能整顿改革措施落实了没有，热能利用效率提高了没有。

1981 年 10 月省计量局从局机关和省计量科研所抽调人员组成了专业节能小组。该节能小组在省经委的支持下，1982 年上半年在番禺、江门、肇庆分别举办 3 期热平衡学习班和能量平衡学习班，参加学习 180 余人次，其中 50% 是锅炉操作工人、25% 是技术管理人员、25% 是工程技术人员；对莲花山纸厂、广州造纸厂等 4 间企业进行了热平衡测试，对江门电化厂、高要县食品厂、肇庆市酒厂、新会糖酒厂等进行了能量平衡测试；协助广州造纸厂和江门甘化厂制订了两个行业《企业能源计量器具配备、管理细则》。

他们的工作收到了实际效果。江门市经过企业能量平衡学习班，由市经委牵头，组织了由科委、计量所等单位组成的全市节能测试领导小组，负责全市节能测试的组织和指导工作，使节能工作开展得比较活跃。该市在轻工和化工两个系统，分别组成测试队。轻工系统的节能测试队将本系统各个工厂锅炉测试完毕，并进一步开展企业能量平衡测试。他们多次要求省计量局测试组给予协助和现场指导，在测试中遇到分析数据计算方法难题时，就派人找测试组寻求解答。化工系统测试队也开展了企业能量平衡测试，并对能量平衡测试数据进行分析总结。番禺县办了学习班以后，立即组织了一支测试队伍，开展了对 4 间糖厂的热平衡测试。

省计量局节能小组在江门电化厂办的企业能量平衡学习班和现场测试分析，是在广东省的第一次尝试，是带有示范性、指导性的，目的是使学员通过理论学习和实测了解和掌握企业能量平衡测试全过程，为全面系统进行能量平衡测试分析取得初步经验。在高要食品厂测试时，影响面比较大，不但地区组织了有关工厂的工程技术人员前来学习，而且佛山合成材料厂、华南工学院造船系、韶关市工检所等单位都派工程师、技术员、老师、工人等前来了解测试内容和观看现场的实测分析，大家很感兴趣。

节能测试提高了企业的经济效益。如高要县食品厂，通过企业能量平衡测试后，摸清了全厂用能情况和存在问题，了解到热能利用率只有 11%，全厂能源利用率也只有 15%。该厂立即组织班子，将测试提出的整改意见付诸实施，仅锅炉减少排烟损失和飞灰损失两项进行小改，每天就节约煤 1 吨多，水 100 吨多。经过其他整改措施，当年节煤 10%，水电 5%，已经扭亏为盈。

节能测试组每到一个厂，从制定方案开始，先强调把能源计量器具送当地计量部门检定，保证计量仪器仪表准确可靠，同时要求工厂配齐计量器具才能开始测试。通过宣传和实测，引起工厂的重视，不但基本配齐了计量仪器仪表，而且加强了能源计量器具的管理，使节能工作逐步走上正轨。

节能测试组的工作很快传开，各地都知道省计量局有一支专业测试队伍，纷纷要求他们去协助工作。因为能量平衡测试，不仅对工厂用能情况进行全面"诊断"，教会工厂一套测试和计算分析方法，而且要开"处方"，提出整改意见，工厂十分欢迎。

省计量科研所 1981 年着手筹建与开展企业热平衡与设备热平衡测试工作。该所在省经委的关怀、支持下，由力学、热工、电磁、测试室的有关人员组成的热平衡测试调研组，经过省内、外的调研，并进行了技术上、设备上的准备，于 1981 年年底，接受省、广州市经委的委托，在番禺举行了热平衡测试工作，打下了初步的基础。参加这一工作的 4 人，虽然过去并不从事这一工作，有些人也不是学习这一专业的，但他们明确工作的意义，服从分配，愉快地接受了任务。经过两个来月的紧张筹备，省经委在经费上也给了一定的支持，搭起了一个粗粗的架子，他们信心很足。

在省经委的组织领导下，省计量科研所节能测试服务队，经常深入厂矿开展能量平衡测试，举办节能测试学习班，为工矿企业的能量平衡测试起了示范、指导作用，并为基层培训一支节能测试技术队伍。通过节能测试工作，摸清了一些重点企业耗能的情况，找出了浪费的原因，提出改进措施，达到节能效果。1983 年，节能测试服务队深入到广东省耗能大户凡口铅锌矿，帮助对耗能设备及部分矿山设施的技术参数进行现场工程测试工作，计完成 14 项 106 台（套）矿山设备与设施的运行技术参数的测试，提供了上千个数据，据估算该矿如采纳某些合理措施，每年节电可达 790.2 万千瓦时，约折合人民币 79 万元，为矿山的能源节约、生产的科学管理作出了一定贡献。

1984 年，省计量科研所重点抓了肇庆地区 6 个县重点企业的能量平衡测试工作，做到有测试、出数据、出报告书，使该地区企业能量平衡测试工作进入全国地区一级的先进行列，受到国家节能中心的表扬。他们还协助凡口铅锌矿对矿井主通风机的通风和耗能参数进行全面测试，该矿根据省计量科研所测试的数据资料，投资将低效水泵和风机进行技术改造，并全部装上计量仪表。据计算，单是东风矿井就可节电 25%，年节电达 100 万千瓦时。

省、广州市及一些市（地）计量所都大力开展能量平衡等项目的测试工作，深受生产、科研单位的欢迎。广州市计量所配合市经委等对广钢、广氮等耗能大户的节能工作进行了检查验收，1984 年还为 10 个大企业进行设备热平衡测试，流量容积标定等。

海南行政区、江门、海口、惠州、深圳、顺德、高州等一批县、市利用已有的计量仪器，开展企业节能测试，他们运用计量测试技术和仪器，测试企业能量的利用情况，找出能源利用浪费的主要环节，提出技术改造的方向或改变操作方式，节约了能源。如，海口市计量所在市饮料厂进行节能测试，发现该厂的 6 吨锅炉实际蒸发量只有 1.91 吨 / 时，每小时耗煤量高达 508 公斤，能量有效率只有 11%。该所分析，如果全厂的能量利用率提高 2%，每年就可以节约 5.5 万元。饮料厂领导听后恍然大悟，他们很快制订出了节能技术改造方案。

江门市计量所对江门陶瓷厂隧道窑进行测试，提供了技术数据，建议调整雾化枪的供油压力和温度，大大提高了热效率，每年可节约燃油 100 多吨。

台山县计量所在县食品厂部分车间进行了热平衡测试，仅在锅炉及排粉车间的电耗方面就找到了几个浪费较大的生产环节，经过采取措施，每年可节约电费 7 万多元。

1985 年 8 月，省标准计量局对属于年耗标准煤 5 万吨以上的中山糖厂进行了能源计量验收。该厂的一次能源为原煤，利用原煤发电生产，生活用电、用水均由本厂供应。该厂设有计量室，有计量人员 57 人，其中工程技术人员占 16%。1980—1985 年能源计量总投资 38 万元。经检查验收，该厂能源计量器具配备：一级（指厂一级）配备率 100%；二级（指车间一级）配备率 97. 9%；三级（指设备一级）配备率 95. 2%；综合配备率 98. 2%。能源检测：一级检测率 100%；二级检测率 98%；三级检测率 72. 5%；综合检测率 93. 7%。1984 年节约煤折合标准煤 10715. 4 吨，总节约价值 139. 3 万元。检查验收得分 90 分。

广东省企业能源计量验收工作自接到国家计量局量局工字 100 号文后就纳入工业企业计量工作定级、升级的轨道之中，一般不再单独进行能源计量验收。

第七节　计量单位制的第二次重大改革贯彻实施国家法定计量单位

我国计量单位制的第一次重大改革是在 1959 年，国务院以命令形式颁布了《确定公制为基本计量制度》的统一计量制度的命令。当时的计量单位制改革，是全国统一采用米制和市制，废除各种旧杂制。其中将 16 两 1 斤改为 10 两 1 斤的市制，影响面最广，工作量最大。从此，我国的计量单位制改革就沿着以米制为基本计量制度，向全面采用国际单位制的道路前进。

1977 年 5 月国务院发布《中华人民共和国计量管理条例（试行）》，再次重申：我国的基本计量制度是米制（即“公制”），逐步采用国际单位制。

1978 年 11 月国务院批准成立了国际单位制推行委员会，该委员会为逐步在我国全面采用国际单位制做了大量工作。

1981 年 7 月 14 日，国务院批准公布《中华人民共和国计量单位名称与符号方案（试行）》。该方案以国际单位制为基础，同时沿用某些非国际单位制。即暂时允许使用的：工程单位制（重力制）、厘米 • 克 • 秒制、市制。

广东计量单位制的采用与改革，均依照国家规定的要求进行。广东计量单位制的变化与发展，从50年代末至80年代中期，是一个从计量基本制度的统一发展至与国际通用的计量制度接轨的过程。

采用国际单位制，涉及我国经济建设、国防建设、科学研究、教育、出版和国内外贸易等各个方面，对实现四个现代化和赶超世界先进科学技术都有重要意义。至 80 年代初全国推广米制、改革市制、限制英制和废除旧杂制的工作，取得了显著成绩。

一、国务院发布《关于在我国统一实行法定计量单位的命令》

为贯彻对外实行开放政策，对内搞活经济的方针，适应我国国民经济、文化教育事业的发展，以及推进科学技术进步和扩大国际经济、文化交流的需要，国务院决定在采用先进的国际单位制的基础上，进一步统一我国的计量单位。经 1984 年 1 月 20 日国务院第二十一次常务会议讨论，通过了国家计量局《关于在我国统一实行法定计量单位的请示报告》、《全面推行我国法定计量单位的意见》和《中华人民共和国法定计量单位》3 个文件，于 1984 年 2 月 27 日正式发布《国务院关于在我国统一实行法定计量单位的命令》。

命令如下："一、我国的计量单位一律采用《中华人民共和国法定计量单位》。二、我国目前在人民生活中采用的市制计量单位，可以延续使用到1990年，1990年底以前要完成向国家法定计量单位的过渡。农田土地面积计量单位的改革，要在调查研究的基础上制订改革方案，另行公布。三、计量单位的改革是一项涉及各行各业和广大人民群众的事，各地区、各部门务必充分重视，制订积极稳妥的实施计划，保证顺利完成。四、本命令责成国家计量局负责贯彻执行。本命令自公布之日起生效。过去颁布的有关规定，与本命令有抵触的，以本命令为准"。

我国的法定计量单位包括：（1）国际单位制的基本单位；（2）国际单位制的辅助单位；（3）国际单位制中具有专门名称的导出单位；（4）国家选定的非国际单位制单位；（5）由以上单位构成的组合形式的单位；（6）由词头和以上单位所构成的十进倍数和分数单位。法定计量单位的定义、使用方法等，由国家计量局另行规定。

二、广东省推行国家法定计量单位所做的工作

国务院《关于在我国统一实行法定计量单位的命令》是在1959年国务院命令确定以米制为我国的基本计量制度的基础上，进一步统一我国计量制度的一个重要决策，是我国计量单位制的第二次重大改革，是关系到我国经济建设以及科学技术、文化教育的发展和国际交流的一件大事。广东省人民政府十分重视这项工作，于1984年4月6日转发《国务院关于在我国统一实行法定计量单位的命令》和国家计量局《全面推行我国法定计量单位的意见》，要求各市（地）、县、各部门认真抓好改制工作，务必保证按期完成，并指定省标准计量局负责全省的计量改制工作。

自国务院命令发布后，广东省进行了广泛的宣传，普及这方面的知识，培训骨干力量，各项准备工作有了一定的基础。为了进一步做好广东省推行法定计量单位的工作，广东省人民政府于1985年4月25日批转了省标准计量局《关于我省推行国家法定计量单位的意见》，其主要内容为：

（1）从1986年1月1日起，各级行政机关、企事业单位、人民团体的公文及统计报表，新印刷的各种票证，教育部门新编的教材，报纸、刊物、图书、广播、电视，科研与工程技术部门新撰写的研究报告、学术论文、勘测设计技术文件以及技术情报资料等，一律使用法定计量单位。使用非我国法定计量单位的国际新闻，应以我国法定计量单位说明发表。所有出版物再版时，都要按法定计量单位进行修订（古籍、文学书籍不在此列）。

（2）从1985年下半年起，教育部门在中小学课本中，应增印法定计量单位和有关换算表，在作业本的扉页上增印国际单位制基本单位等内容，以利于中小学生尽快熟悉应用法定计量单位。从现在起，科研和工程技术部门新制订和修订的技术标准、计量器具检定规程（方法），必须使用法定计量单位。如有必要，可在法定计量单位旁标注旧单位名称，作为过渡形式。从1986年起，出版部门（包括各种科技刊物编辑部）审定各种出版物时，对未使用法定计量单位的稿件一律不予出版和发表。

（3）生产计量器具和检测设备的企业，要认真做好应用法定计量单位的准备工作。从1986年1月1日起，新设计制造的计量器具和检测设备，一律使用法定计量单位；老产品应在1986年12月31日前停止生产。从现在起，生产、制造、进口英制计量单位的计量器具和检测设备，须经省标准计量局审批。出口商品所用计量单位，可根据合同使用，不受此限；合同中无计量单位规定者，应使用法定计量单位。使用非法定计量单位的出口计量器具不准转为内销。

（4）1987年底以前，厂矿企业、科研、事业单位正在使用的非法定计量单位器具和检测仪器，要通过调整、改装、检定，改为法定计量单位；不能调整改装的，要在设备更新时解决。设备更新时要注意做好与原检测数据的换算的衔接。

（5）计量标准器是进行量值传递的依据，其改制一定要按照国家的规定，在1985年年底以前完成，以适应新、旧两种计量单位检定的需要。

（6）各地、各有关部门要根据实际情况，设置机构和配备必要的人员，认真抓好本地区、本部门的改制工作。

为了更有力地推动广东省推行法定计量单位工作，1984年5月5日匡吉副省长在广东电视台就《国务院关于在我国统一实行法定计量单位的命令》现场播出答记者问。匡副省长主要围绕采用法定计量单位的重要性、具体怎样向法定计量单位过渡，以及为什么要采取以国际单位制单位为基础的计量单位等问题回答了记者的采访。匡吉副省长谈到："法定计量单位就是政府以法令的形式明确规定要在全国采用的计量单位。任何地区、任何部门、任何机构和任何个人都必须毫无例外地遵照采用。按照国务院的要求，到80年代末，全国要基本完成向法定计量单位的过渡"。这一电视宣传形式，使全省人民家喻户晓，推动了全省统一实行法定计量单位的工作。

省标准计量局与省（市）广播电台、电视台和各报社联系，及时报道了国务院《命令》和省政府转发文件的消息，先后在广东省广播电台播讲了7篇普及宣传资料，编印《常用法定计量单位》图表50000份，分发到全省各地，大做宣传舆论工作。除省标准计量局召开有关厅、局、报社、出版社、广播（电视）台、大专院校、科研单位参加的座谈会，传达国务院命令和国务院第二十一次常务会议讨论在我国统一实行法定计量单位问题的纪要以外，全省各地层层召开传达贯彻国务院命令会议和举办普及法定计量单位的技术讲座。广东省还邀请国家计量局高级工程师李慎安，分别对省直各厅（局）、科研单位、大专院校等单位的工程师、讲师、研究人员等，开有关法定计量单位的讲座，帮助工业主管部门和企业举办法定计量单位学习班，使这项工作逐步深入到社会各阶层中去。

三、全省各地贯彻命令推行法定计量单位情况

1. 废除市制采用法定计量单位试点工作

废除市制计量单位，采用法定计量单位是一件涉及很多部门和千家万户的大事，在贯彻新计量单位的过程中需要改变人们的传统习惯。为下一步广东省各城市废除市制计量单位，采用法定计量单位提供改制的经验，省标准计量局决定1985年在海口市、汕头市、海丰县进行全省城市废除市制计量单位采用法定计量单位的试点。省标准计量局要求当地政府把这项改制工作放在首要位置认真抓好，制订出统一法定计量单位的实施计划。首先要做好宣传普及工作，运用广播、电视、报刊和各种园地进行宣传，把法定计量单位的优点，推行的重要意义和使用方法向人民讲清楚，尽量做到家喻户晓。其次是要充分做好改制所需的千克秤、米尺等计量器具的组织供应工作，同时要注意在改制中及时总结经验。为做好这一工作，省标准计量局决定给试点市（县）部分经费补助，作为废除市制、采用法定计量单位的专款。具体的分配方案为：海口市标准计量管理局12000元；海丰县标准计量所10000元；汕头市标准计量局（包括揭西、南澳）20000元。

2. 做好广东省压力标准器的改制工作

根据国家计量局《全面推行我国法定计量单位的意见》"作为计量基准器和计量标准器的仪器设备是量值传递的依据，在1985年年底以前，应全部满足新、旧两种计量单位检定的要求"，为做

好广东省压力标准器的改制工作，省标准计量局组织生产了原（0.4～6）kgf/cm^2、（1～60）kgf/cm^2、（10～600）kgf/cm^2 规格的活塞压力计改制适用的法定计量单位帕［斯卡］的砝码。这些法定计量单位制的砝码由省计量科研所热工室压力组向省标准计量局计量处提供图纸及技术指标，计量处安排佛山市计量所生产，再经省计量科研所检定后发至各市（地）、县计量所，或由已建压力标准的大企业购买。至 1985 年底，全省压力标准器按时完成了改制。

3. 省内各地贯彻实施国家法定计量单位情况

惠阳地区行政公署于 1985 年 7 月 4 日发出《批转地区标准计量管理所〈关于我区推行国家法定计量单位的意见〉的通知》，该通知除了贯彻国务院命令和《关于我省推行国家法定计量单位的意见》的内容外，还根据本地区的实际提出 4 点具体措施：

（1）全面推行法定计量单位，涉及各行各业和千家万户，政策性强，涉及面广，需要做大量的宣传普及工作。为使这项工作有组织、有领导、有步骤进行，各县（市）人民政府要加强领导，分工一名领导管这项工作，并组织各有关部门密切配合。建议地区、县、市从有关部门抽调力量组成实施法定计量单位的办事机构，负责抓好改制工作。为发挥各级标准计量部门在改制中的协调、检查督促及业务指导的作用，各县（市）政府应按粤府办［1983］187 号文件的要求，切实把标准计量机构健全充实起来，并帮助其解决工作中的实际困难。目前尚未建立标准计量机构的和平、连平、惠东县，要抓紧时间组建，以适应工作开展的需要。

（2）各县（市）各部门要根据国务院和省政府的要求，制订出本地区、本部门推行法定计量单位的具体实施计划，认真抓好改制，保证按期完成。各县（市）改制的具体实施计划，于今年七月底前报地区标准计量所。

（3）要大力开展推行法定计量单位的宣传工作。各县（市）、各部门可根据实际情况，通过举办学习班、专题讲座，编辑出版技术资料、教学挂图、换算手册和有关刊物，进行普及宣传；宣传、文化、教育、广播、电视、电影院等有关部门要紧密配合，运用各种形式，开展宣传活动，普及法定计量单位方面的知识。

（4）各级标准计量部门推行法定计量单位所需的宣传资料费、会议费，以及标准仪器设备试制和改制费，从事业和业务费中开支，不足部分，请各级财政酌情补助。企业推行法定计量单位所需费用，由企业生产基金列支。

汕头市标准计量管理局贯彻执行国务院命令推行法定计量单位，做到领导重视，认真学习，专人负责，制订计划，积极贯彻，努力实施，使全面推行国家法定计量单位的工作在汕头市比较迅速、扎实地开展。他们的主要做法是：

（1）加强领导，制订实施计划。汕头市标准计量局在组织力量调查研究之后，制订了全市推行法定计量单位的实施计划，上报省标准计量局，报请市政府审批。在市经济工作会议、市企业整顿工作会议、各县（市）标准计量所（局）长会议、市标准计量工作会议上，他们多次向各级有关负责人传达贯彻上级推行法定计量单位的有关指示和要求，布置任务，组织实施。有 7 个县（市、区）和一些行业制订并上报了本地区、本部门的实施计划，并积极施行。

（2）落实经费，备好宣传资料。推行法定计量单位涉及范围很广，任务重，时间紧，需要一定的专项经费。他们努力争取上级的支持，给市政府写了《关于要求拨给推行法定计量单位经费的报告》，并积极向市委、市政府、市财局的领导反映问题，争取支持。经多番努力，争取到 8 万元的专项经费。

各县（市）标准计量部门也主动争取当地政府的支持，仅揭阳、澄海两县便得到1.5万元的费用。落实经费之后，抓紧抓好宣传资料的准备。他们组织编写了《法定计量单位的内容与使用》小册子，印刷了5千本，印刷《常用法定计量单位》彩色挂图5万份，订购《法定计量单位宣贯手册》、《计量单位及其换算》、《法定计量单位资料汇编》等书籍各2千本。还积极争取，得到国家计量局、省标准计量局的支持，获得各种宣传书刊、资料、图表、挂图、幻灯片等一批，准备了宣传资料，有效促进宣贯工作的开展。

（3）自上而下，培训宣贯骨干。汕头市标准计量局3位工程师参加国家计量局和省标准计量局组织的法定计量单位宣贯骨干培训班学习之后，即着手举办本市的宣贯骨干学习班。制订了培训计划，报市政府审批，由市政府办公室发出《关于举办法定计量单位宣贯骨干学习班的通知》，按地区、系统、部门先后举办了三期宣贯骨干学习班，市、县政府办公室、标准计量部门及市直局级以上单位，驻汕单位、驻汕部队共170多人参加了学习。接着，各地、各行业也相继举办学习班，市电子工业总公司、食品工业总公司等行业都培训了宣贯骨干。

（4）加强宣传，普及基本知识。积极组织各地方、各部门收看匡吉副省长关于广东省推行法定计量单位的电视讲话和中央电视台播映的法定单位讲座。市政府发出推行法定计量单位的通知之后，他们即在报纸、电台、广播站进行报道和宣传。在《汕头日报》上开辟“标准与计量”栏目，介绍法定计量单位知识。同时特别注意把《常用法定计量单位》的彩色图表广为发放和张贴，使其在很多地方、部门、单位的显眼地方都出现，收到较好的普及效果。同时，举办各种形式的讲座，邀请国家计量局和省标准计量局的专家杜荷聪、陈维新、周群英等到汕头讲课，促进了该市此项工作的开展。该局领导及计量科的工程师也在行业或工厂举办的讲座上讲课，普及法定计量单位基本知识。在市计量人员培训考核学习班（共7期），γ 射线料封控制仪技术培训班（2期），标准化工作学习班、采用国际标准研讨班等各类专业学习班，都安排了法定计量单位课程，广泛普及计量单位知识。与科协配合，在各学会、协会的年会上，专题介绍法定计量单位的内容与使用。

（5）逐步推行法定计量单位。在全面进行宣贯的基础上，该市开始逐步推行法定计量单位。从当年6月开始，该市制订修订的企业标准，已全部采用法定计量单位。市计量测试所和市质监所签发的检定证书、检验报告，已逐步采用法定计量单位。揭西、南澳县开始筹备和进行换千克杆秤的试点；加强技术引进和设备进口的标准计量检查，严格按国家、省的有关规定执行；与各行业、部门联系，积极建议，迅速采取措施，推行法定计量单位。如食品包装标量改市制单位为法定计量单位，1市斤改为500克；建筑设计改千克力为牛顿等。为做好仪器仪表和检测设备的改制，已做好摸查工作，调查了要改制仪器设备的状况，汕头市约有180台件（不包括压力表）。

从全省来看，由于各级领导重视，各部门、各单位的积极响应和大力支持，推行法定计量单位工作取得了很大的进展。但各地发展不平衡，有些单位、部门还未引起足够的重视，没把这项工作提到议事日程上来。按照国务院命令要求的完成期限越来越近，为此，省标准计量局于1985年12月26日向海南行政区、自治州，各市、县、自治县人民政府，各地区行政公署，省府直属各单位发出《关于进一步抓紧推行法定计量单位的通知》，通知要求各单位各部门必须遵守下列规定：

（1）各种统计报表、票证、教材、报刊、图书、研究报告、学术论文、技术资料等，一律使用法定计量单位。

（2）出版部门审定各种出版物时，对未使用法定计量单位的稿件一律不予出版和发表。

（3）新设计制造的计量器具和检测仪器，一律使用法定计量单位。衡器生产其示值刻度一律采用法定计量单位千克（kg）或克（g）。

（4）目前有些单位仍旧使用1959年国务院《关于统一我国计量制度的命令》取缔的计量单位，例如：公尺、公寸、公分、公厘；公吨、公两、公钱；公升等，应立即改正过来。

（5）我国法定计量单位规定一个物理量只能用一个单位名称，“度”是平面角的法定单位名称，但目前在生活中其它物理量中也有以“度”作单位名称，例如耗电量用“度”计算，温度用“度”表示等。上述这些物理量用“度”作单位都是不对的。实际上“1度”电是指电器消耗1千瓦小时的电能，应改为用“千瓦小时”或“kW•h”符号表示。温度的高低，日常生活中都以“度”表示，是不对的，应改为用摄氏度，或℃符号表示。

（6）统计产量习惯使用的市制单位“亿斤”、“万担”、“两”不应再用，而应改为“吨”、“千克（公斤）”、“克”。例如粮食产量2亿斤，应改为10万吨；棉花产量2万担，应改为1000吨或100万千克（公斤）；黄金产量1000两（16两制秤），应改为31.25千克（公斤）或31250克。

（7）使用非我国法定计量单位的国际新闻，应以我国法定计量单位说明发表，即在非法定单位后用括号注明其换算数或直接换成法定单位发表。例如：某国城市人口平均住房面积为50平方英尺，应改为50平方英尺（1平方英尺＝0.0929平方米）或4.6平方米；香港黄金价每盎司3110港元，应改为每盎司（1盎司＝31.10克）或每克100港元。

四、在汕头市召开全国开放城市法定计量单位工作会议

广东省地处华南沿海，有多个沿海开放城市，由于外向型经济环境，在计量单位的使用上有其特殊性，全国各地的开放城市也存在类似情况。为更好地贯彻国家法定计量单位，1985年11月5日至10日，国家计量局在汕头市召开了全国开放城市法定计量单位工作会议，参加这次会议的有全国开放城市（地区）和有关省、自治区、直辖市计量局（标准计量局）的代表共72人。国家计量局单位制办公室就全国实施法定计量单位的状况作了介绍。汕头市标准计量管理局徐银川副局长在会上介绍了汕头市宣传推行法定计量单位的做法和经验。

与会代表就1984年国务院《关于在我国统一实行法定计量单位的命令》发布一年多来，对开放城市（地区）宣传贯彻法定计量单位的情况和计量标准器的改制、市制的改革与限制英制所取得的成果交流了经验。大家一致认为推行法定计量单位的活动在全国各开放城市（地区）都取得了一定的成绩。工作打开了局面，为今后全面推行法定计量单位奠定了良好的基础。但也存在一定的问题，特别是在限制使用英制方面尚缺乏有力措施。会议经过深入讨论，一致认为：为了使推行法定计量单位的工作更好地适应对外开放，对内搞活经济的方针，今后应着重做好以下几项工作：

（1）1986年要结合《中华人民共和国计量法》的实施，继续在公司、企业、事业、商店和学校等基层单位进一步加强法定计量单位知识的普及工作。

（2）计量标准器改制后（尤其是力值和压力），量值传递和测试工作中要使用我国法定计量单位。必要时可在法定计量单位后加括号注明旧单位。

（3）根据开放城市（地区）的特点，1986年要在国内市场进行市制计量单位改制的试点，及时总结经验，加以推广，力争一至二年完成改制任务。

（4）各开放城市（地区）在限制使用英制单位时应采取具体措施：1）中外合资、中外合作和外商独资经营的企业，在国内销售的产品，必须使用我国的法定计量单位。2）技术引进和设备进口项目应使用我国法定计量单位。鉴于世界上都在废除英制，从我国经济利益出发，建议从1986年起，原则上不再引进英制设备，如有特殊需要，主管部门要慎重研究后再行批准。计量仪器经国家计量局批准方可引进。3）使用英制单位的轻工产品和家用电器，要尽快改为法定计量单位。改制较复杂的，可先在包装、商标、产品说明书方面使用法定计量单位。

（5）对于非国际单位制单位的米制仪器仪表（主要是使用米制单位的有关力值和压力仪器），国际上正逐步废除，各有关部门要慎重处理，一般不要进口。

第八节　计量科研取得初步成果

一、省计量科学研究所科研工作情况

1. 音频电压比率标准装置

1979年3月国家计量总局下达给省计量科研所研制“音频电压比率标准装置”任务，由该所电磁室李清庸、林炯堂、梁汉荣、陆惠良、蔡珠民与中国计量院张功铭等组成课题组，共同负责该项科研任务。1980年底，“音频电压比率标准装置”由省计量科研所与中国计量院电磁室合作研究制成。受国家计量总局委托，省计量局于1981年1月8日至10日在广州组织召开了全国有关单位科技人员参加的技术鉴定会，对该项研究成果进行鉴定。会议认为：该装置是运用我国提出的感应分压器——电阻匹配网络理论研制而成。其设计原理是先进的，方法是可行的。该装置标准频率在1 kHz，电压在10 V下感应分压器比差为1×10^{-8}，角差为1×10^{-6}；装置测量精度高、稳定性好，主要技术指标具有国际先进水平，适用于检定感应分压器、衰减器、应变模拟仪以及部分传感器的标定，用于检定感应分压器符合国家一级标准。该装置的研制成功对上述仪器的生产和使用将起一定的促进作用，有推广使用的价值。该课题1981年获省科技成果二等奖，1982年获国家计量局科技进步奖三等奖。

2. 超声功率标准装置

随着该课题研究工作的进展，立项初期所定的技术指标需要进一步明确。1981年3月，超声功率标准课题组召开了一次课题会议，中国计量院、省计量局、省计量科研所、汕头超声仪器厂的代表共14人出席，讨论研究了进度和一些技术问题。对该课题计划任务书所列技术指标中个别不够明确的地方进行了研究，并提出了如下的补充修订意见：（1）原计划任务书所列“要求和指标”填写：“建立功率20 W的连续波和毫瓦级脉冲超声功率标准，精度：±5%”。补充明确为：建立毫瓦级（主要是脉冲，也包括部分连续）超声功率测量装置，平均声功率测量范围：（1～500）mW，精度±5%；建立瓦级（连续）超声功率测量装置，平均声功率测量范围：（0.5～20）W。精度±5%。（2）原计划任务书所列“恒压源技术指标”中填写：“频率：800 kHz；1.25 MHz；5 MHz，频率稳定度：优于1×10^{-5}；输出功率20 W，输出稳定度（0.5～1）%”。补充明确为：频率：800 kHz和1.25 MHz；频率稳定度优于1×10^{-5}/1小时；输出功率最大为20 W；输出稳定度为（0.5～1）%/15分钟。

瓦级超声功率标准装置的研制比较顺利，首先完成，且比较稳定，但毫瓦级就困难多了。为获得测量数据，几乎每天测试到深夜。当发现由于大地的震动，使测量无法进行时，课题组采取了建防震台的方案，并不断改进反射靶和测量装置的办法，经过无数个白天、晚上的测试，终于使装置的灵敏度、稳定度大大提高，在夜深人静时，甚至可以测到微瓦级的数据。

以省计量科研所、中国计量院为承担单位，在成都计量分院和汕头超声电子仪器厂等单位的协作下，经过前后 5 年的共同努力，成功研制成毫瓦级、瓦级超声功率标准装置，完成了该科研项目所提出的任务。该装置主要用于校准检定各种超声仪器的功率，特别是超声医疗设备的声功率。1982 年 4 月，省计量局受国家计量总局的委托，在广州召开了《超声功率标准》科研成果鉴定会。经鉴定会审查认为，该毫瓦级和瓦级超声功率标准装置的全部技术指标，均已达到或超过计划指标的要求，超声功率测量不确定度优于 ±5%。该装置精度高，复现性好，量程宽，灵敏度高，适合于测量平面超声源（连续波和较宽脉冲波）的超声功率，是我国第一台高精度超声功率标准装置，填补了国内的空白，可作为临时国家标准。当时中央电视台和广东电视台都报道了《超声功率标准》课题完成的新闻。

1983 年 6 月，国家计量局（83）量局准字 182 号文批准省标准计量局建立的超声功率标准装置作为国家临时计量标准，并从 1983 年 7 月 1 日起对外开展量值传递工作。超声功率标准主要技术指标为：毫瓦级超声功率标准装置：量限（1 ～ 500）mW，不确定度优于 5%，灵敏度达 14.5 μW；瓦级超声功率标准装置：量限（0.5 ～ 20）W，不确定度优于 5%。

接着，省标准计量局发文至各地区、市、县计量所、各有关厅局、医院、大专院校、科研机构和厂矿企业单位，转达了国家计量局的批文精神，通知各有关单位需要检定的超声功率计接通知后速来函联系，以便统一安排检定。

1982 年 8 月，省计量局分别向国家计量局和广东省科委报送了《超声功率标准装置》科技成果的相关材料，作为科技成果审核登记的依据。该成果 1983 年获得广东省科技进步奖二等奖；1985 年获得 1982 年国家计量局计量科学技术进步奖三等奖。

为加强国家计量基准、标准的技术管理工作，1984 年 5 月国家计量局发文，要求各有关单位对该局已经批准的国家计量基、标准进行一次调查。省标准计量局按照国家计量局的要求，于当年 6 月将省计量科研所建的超声功率国家临时标准：毫瓦级超声功率标准装置及瓦级超声功率标准装置的情况进行了调查，并上报国家计量局。

该两项临时国家标准，曾对中科院声学所、广州军区总医院、广州电子表厂、武汉湖北医疗器械研究所、上海工业大学、香港经济电子医疗仪器研究中心、上海第一医学院、上海交通大学等单位送来的超声换能器、超声设备、超声医疗机以及新研制的超声节育机，超声多普勒血流仪、超声探头等进行超声功率及有关特性的测量。解决了超声仪器（应用或研制）声功率建标与测试的问题，对各种超声换能器的声辐射功率及有关参数的高精度测量，起到了必不可少的作用，受到广泛欢迎。

超声功率标准自 1982 年通过鉴定，1983 年国家计量局批准为国家临时标准以后，做了大量的检定与测试工作，基本上形成了我国超声功率测试系统，解决了国内急需解决的超声功率检定与测试问题。随着医用及工业用超声仪器的广泛应用和深入研究，该装置的作用愈来愈重要。

1986 年 11 月毫瓦级超声功率标准装置和瓦级超声功率标准装置经国家计量局批准为国家计量基准，进行量值传递。

3. 橡胶硬度标准装置

1979 年，国家计量总局下达编号为（79 ～ 001）的《橡胶硬度标准》科研项目，由省计量局负责组织研制。橡胶硬度标准课题承担单位是广东省计量科学研究所，课题组主要研究人员是省计量科研所力学室林鲁山，协作单位是上海第二光学仪器厂、广州材料试验机厂和广州橡胶工业制品研究所。

1979 年 5 月 29 日至 6 月 21 日，课题组林鲁山等 4 人到北京、沈阳、营口、上海等地的有关单位进行了调研。这次调研的主要收获是：（1）在沈阳橡胶研究所仔细记录了英国展览会留下的橡胶标准试块（常规型和微型各一套），它们消除了课题组成员在量值传递方法问题上的分歧；（2）在营口仪器四厂对微型硬度计进行了详细了解，至此，微型标准机的方案，除主轴支承导向机构采用何种方式待定外，也大体确定；（3）通过了解上海第二光学仪器厂在光栅测长方面的实践经验，以及他们提供的资料，认识到应用光栅在标准硬度计上测量压入深度，有精度高、稳定、操作方便等优点，拟确定为 IRHD 标准橡胶硬度计的深度测量方法；（4）建立的标准硬度计的使用范围应在（30 ～ 95）IRHD 之间，这个范围完全能够满足应用的需要，这也正是 ISO 48 所规定的范围。（5）生产上用的橡胶硬度计精度大体上为 ±2 IRHD。为保证工作用机 ±2 IRHD 的精度，确定标准机的精度应不低于 ±0.5 IRHD 较为合适。

1980 年 1 月在广州举行了该课题的工作会议，制订了《橡胶硬度标准科研项目工作方案》。该方案于 1980 年 1 月 17 日上报国家计量总局。在该方案中具体规定了“橡胶硬度标准”的各项技术指标，补充了光栅的测量精度和稳定性试验等内容。自此以后，该课题的工作按计划任务书和《橡胶硬度标准科研项目工作方案》的规定执行。

1980 年，林鲁山对 ISO 48 号国际标准中的 IRHD 所依据的两个原理（即两条公式）进行深入研究，写出了《国际橡胶硬度的计算及误差问题》和《国际橡胶硬度的弹性力学原理》两篇文章，分别发表在国内省、部级技术刊物上。此两篇文章是该课题的基础理论研究成果，在专业领域内具有国内领先水平。

在进行硬度计整机结构方案研究时，课题组抓住几个主要的技术重点：（1）球面压头与主轴刚性联接。将球面压头与加荷主轴做成一体，两个零件一件出。既保证压头 2/3 球面上的表面粗糙度、圆度、硬度要求，还保证了球面与主轴轴线的同轴度要求。这个要求给加工带来了困难。（2）主轴导向机构无磨擦力的要求。最先进的方法是采用空气轴承将主轴“浮”起来。从美国进口全套空气轴承价格昂贵，而且配套设备（如空气压缩机及控压系统等）多，环境要求也难以满足。决定采用上海微型轴承厂的新产品—— C 级微型轴承进行导向，经精心调整后，把磨擦力控制到最小。（3）采用光栅测量压入深度。光栅读数头由上海第二光学仪器厂制造。在压足设计时必须抓住指示光栅与压足牢固联接的原则，硬度计对光栅读数头有要求（如重量、联接方式、尺寸等），光栅读数头对硬度计也有要求，必须协调设计才能成功。（4）必须实现加卸荷自动化，实现自动打印测量结果，以保证客观性。

在完成理论研究和确定了总体方案之后，林鲁山于 1981 年上半年进行了主机装配图和零件图设计。全套图纸送广州材料试验机厂，请该厂主管厂长和总工程师审核，听取他们的意见。该厂的领导对此项工作极为重视，专门抽调了一个七级车工、一个六级钳工、一个老资格检验员和技术科主管硬度计工作的技术员四人组成试制小组，还腾出了房间，调拨了仪表、车床及钳工工具等专用设备。林鲁山与该厂试制小组一起协调图纸及工艺等问题，经多次攻关，终于使橡胶硬度标准机的关键零件——“压头主轴”试制成功。广州材料试验机厂的大力支持对课题研究成果功不可没。

由于基础理论研究比较扎实，误差分析科学合理；设计方案坚持严格要求与实际可能相结合，加工单位认真负责，装配后主机整机状态良好。1982 年初上海第二光学仪器厂派人到广州将光栅读数头与主机联机调试。调试过程省计量科研所长度室林日明积级配合，使用了“双频激光干涉仪”等设备实地操作。经过反复调试终于获得了大家均满意的效果。

在标准硬度计整机进入状态之后，课题组立即对广州橡胶工业制品研究所提供的橡胶硬度块进行均匀度检测，同时也开始了标准机的稳定性考核。一年多以后的 1983 年中期，对标准机进行了第二次整机检测。一年来硬度块的检测实践和两次整机检测证明标准机的稳定性良好。

1983 年省计量科研所骆值炯为橡胶国际硬度标准机配置了两台接口设备，将标准机与日本产 pc-1500 型带打印机的微型计算机联接起来，实现了自动计算硬度值和均匀度并将结果打印出来。至此，标准常规型橡胶国际硬度计的研制工作基本完成。

国家计量局委托广东省标准计量管理局于 1984 年 5 月 31 日至 6 月 3 日在广州市召开了《橡胶硬度（IRHD）标准》科研成果鉴定会。出席会议的专家代表共 32 人。鉴定意见为：（1）标准常规型橡胶硬度计的设计原理正确、结构先进合理、操作比较方便。采用光栅测量压入深度和主轴结构整体化，在国内外均无见到类似的报道。在实现测量自动化、数显化以及配上微型计算机实现自动计算打印结果方面，均体现了该机的先进性。（2）硬度计在（30 ～ 95）IRHD 范围内的综合极限误差优于 ±0.3 IRHD，稳定性优于 0.3 IRHD。（3）硬度计的研制成功，不仅填补了国内的空白，而且填补了国外的空白，因此，留有余地评价为国际水平。

由省计量科研所（林鲁山、林日明、骆植炯等）与上海第二光学仪器厂、广州材料试验机厂、广州橡胶工业制品研究所共同完成的《XHI-5.7 型橡胶硬度计》获国家计量局 1984、1985 年计量科技进步奖二等奖。

根据硬度计量的量值传递规定，建立一级或二级的传递系统，±0.3 IRHD 的精度完全能够保证工业上 ±2 IRHD 的精度要求。而标准硬度块已由广州橡胶工业制品研究所研制成功，均匀性 1.5 IRHD，稳定性 1.0 IRHD，具备了标准块的条件。该研究成果 1986 年 5 月经国家计量局基准处考核，1986 年 8 月批准为橡胶硬度（IRHD）国家临时基准，1986 年 11 月批准为国家计量基准，进行量值传递。

4. 利用彩色电视副载频讯号校准频率

利用彩色电视副载频信号进行频率校准的量值传递是 20 世纪 70 年代末 80 年代初发展起来的一门新技术，中国计量科学研究院从 1978 年就开始进行发播和接收的实验工作，并已取得显著成效。采用这项新技术来校准频率标准，可以省去实物送检的许多麻烦，深受广大频率用户的欢迎，但必须拥有自已的接收比对设备，那么，除了价钱较高的专用比对仪外，是否还有更经济、方便，适合于向数量甚大的基层频率用户推广应用的其他方法？省计量科研所无线电室工程师的这一想法得到广东省科委的支持，把“利用彩色电视副载频信号校频”课题列入 1980 年省重点科研计划并下达省计量局。

广东省科委 1980 年 3 月下达的《利用彩色电视副载频信号校频》科研项目，由省计量科研所章国春、刘华承担。经课题组近一年的努力，研究出工作原理为“分频——测周期法”的校频装置。该装置用彩色电视机作为副载频接收机，在机内加上特制的具有高输入阻抗的隔离放大器，以输出副载频信号，用这个副载频信号控制通用电子计数器的电子门开关，而本地被校频标则从计数器的外接频标端输入，从计数器的显示值就可以计算出两者的频差，从而实现了校频。由于通用电子计数器是频率用户已有的设备，故这种校频装置很容易推广到基层频率用户。

该课题组于 1980 年底完成了第一台样机。受省科委委托，省计量局于 1981 年 5 月召开了有广东省科委、中国计量科学研究院、中山大学等 15 个单位 23 位科技人员参加的科研成果评议会。与会代表一致认为：该课题从广东省一般使用单位对频率精度要求的实际出发，为具有通用电子计数器的单位，提供了“分频——测周期法”的校频方法，其原理正确，方法可行，设备简单经济，易于普及推广，其比对精度在使用 100 兆赫计数器作为比对设备时，达到 0.81×10^{-10}/112 秒，完成了课题任务书的要求。

自 1981 年 9 月中央电视台正式用原子频标控制彩色副载频的发播后，该课题组进行了较长时间的验证，并经推广应用单位实践验证。评议会后，课题组又抓紧推广应用工作，在《广东计量》1981 年第一期上发表了研究报告；在 1981 年 11 月召开的“广州地区首届科技成果交流会”上展出月余，并由大会组织技术讲座，向省内外发出了《科研成果推广启事》。他们采用工程承包方式为邮电部广州通讯设备厂、广东省电子所、河北省计量所等 10 多个单位建立了自己的校频装置，为安徽省计量所等兄弟单位提供部件或资料，为成果的推广作了大量的工作。1983 年 1 月，经中国计量科学研究院检定该成果的样机，确认该方法的比对精度可达 0.89×10^{-10}，适合于校准 10^{-10} 量级以下的频率标准。实际应用证明：该成果为在电子产品和通讯设备生产企业及研究单位普遍建立校频装置，提供了正确可靠而又经济的技术和样板。该项目获得 1983 年广东省科技进步奖四等奖。

5. 激光光切显微镜

1984 年，省计量科研所陈奕钦、梁兆勤、刘天怀、苏乃强开展应用光切法原理测量天平刃口微小圆弧半径的研究，制成激光光切显微镜，该成果达到国内先进水平，1984 年获省科委颁发的科技成果奖四等奖；1986 年获国家计量局科技进步奖四等奖。

6. 起草国家计量检定规程

1984 年，省计量科研所沈正宇作为主要起草人起草了国家计量检定规程 JJG 363—1984《半导体点温计》。

7. 发表科技论文

1981 年，省计量所沈正宇在当年第 1 期《广东计量》发表论文“一、二等标准水银温度计的不确定度”，率先在全国温度界发表了中温不确定度分析文章。

二、广州市计量所科研工作情况

80 年代是广州市计量所自建所以来在科研开发、科研立项并获得科研成果的繁荣和丰盛时期。该所完成的主要科研项目有：

1. 电感式标准衰减器检定装置

由广州市计量所戴绍英等研制的 DBS-1 型电感式标准衰减器及 DS-9 型 10kHz 电感式标准衰减器检定装置是基于感应分压器原理研制成功的一种新型标准衰减器，作为音频衰减标准在微波精密测量中，可用于音频替代系统和调制付载波系统中作为标准，在较低频率替代系统中，也可用来替代波导截止式衰减器作为标准使用，这是一台高精度衰减器，比率范围 0 ～ 0.99999999，比率误差：1 kHz 时优于 2×10^{-7}，10 kHz 时优于 2×10^{-6}，经中国计量院检定，主要指标达到国际先进水平。该衰减器能够替代感应分压器，它在电学精密测量领域内可以作为精密电桥的比率臂、万用比率臂、精密分压器等使用。尤其在非电量电测方面，只要经过简单转换，可用于力学中应变仪的定标，温度、化学和比色精密测量的定标等，都有着广阔的用途，它填补了我国这一领域的空白。该项目 1979 年完成研制，获广州市 1980 年度科技成果一等奖。

2. 彩色电视副载波校频仪

由广州市计量所罗可模、马重研制的 CPB-3 型彩色电视副载波校频仪，是一项电视副载波校频新技术，利用彩色电视的副载波信号校频，是我国频率量值传递工作的重要变革。其主要技术指标为：校频精度 5×10^{-7}/半小时，测量误差小于 3×10^{-11}，达到了国外先进水平，并具有成本低、方法简便、测试时间短、精度高、性能良好等优点。该项目 1981 年 5 月通过了成果鉴定，1981 年 7 月获广州市科委 1981 年科技成果二等奖及 1982 年获省科研成果三等奖。

3. 工频电压比率标准装置

由广州市计量所戴绍英等研制的 GS-1 型工频电压比率标准装置，是小电压下的工频电压比率新技术，过去国内无法做这方面的高精度校验。其主要技术指标为：比差 2×10^{-8}，输入电压（25 ～ 0.0006）V。这一项目的研制成功，填补了我国一项空白，使我国在这一项技术上达到国际先进水平，使国内电压互感器的生产校验能贯彻国际电工委员会（IEC）所规定的低压电压标准。该项目 1982 年完成研制，1983 年获广州市科研成果二等奖、广东省科技成果奖三等奖。

4. 精密电阻温度电桥

由广州市计量所戴绍英等研制的 HRB-1/2 型精密电阻温度电桥，是广州市计量所和广州无线电研究所联合研制的科研成果。HRB-1 型测量范围（0 ～ 111.1111）Ω，最大误差不超过 5×10^{-7}，分辨率为 5μΩ；HRB-2 型测量范围（0 ～ 11.11111）Ω，最大误差不超过 5×10^{-7}，分辨率为 0.5μΩ。经专家鉴定，该电桥设计先进，工艺可行，体积小，使用方便，技术指标达到国际水平，填补了我国高精度交流测温电桥领域的空白。该项目 1983 年完成研制，获 1983 年省科研成果三等奖、广州市科研成果三等奖；1983 年获省电子工业局一等奖。

5. 标准频率源及其检定装置

由广州市计量所罗可模、谢旭研制的标准频率源及其检定装置，1984 年完成研制。1984 年获广州市经委技术进步奖、1985 年获广州市科研三等奖。

6. 编写国家计量检定规程

1981 年 12 月，由广州市计量所工程师陈守俭起草的国家计量检定规程 JJG 8—1982《水准标尺》，获国家局审查通过并颁布实施。该规程包括检定一、二等高精度要求的因瓦水准标尺，填补了国家计量检定规程中这一项目的空白。

三、其他机构计量科研成果

1. 电子测力计

1980 年，为配合湛江地区公路局对石门大桥建造工程的建设，湛江地区标准计量所陈培灿、李金庆等协助试制成功“100 吨、200 吨电子测力计”并交付现场使用。电子测力计是采用力传感器技术，即用 100 吨压力传感器作为变送部件，使压力按一定线性关系转换成电信号输出，二次仪表采用国产 EWY-02 型电子自动电位差计显示吨位的读数。试制成功的电子测力计整体准确度达到一级，由于测力计的试制成功，保证了大桥工程顺利进展，节省了送检的费用及人力物力。测力计试制成功后，经省计量科研所检定，传感器部件的准确度为 0.2%，整体准确度 0.5%。此外，还可以利用 100 吨测力计对水泥试样 7 天强度进行检验，200 吨电子测力计可以通过电子电位差计获得压力值的读数，除可以对水泥试样进行第三周抗压试验外，也可以进行其他的各种压力测试，而且操作简单，读数直观、清晰，便于现场施工使用。

2．工频频率表检定仪

1980 年，佛山市计量所莫桂生、罗英济研制的工频频率表检定仪获佛山市科技进步三等奖。

3．标准大电感组

1981 年，国营 750 厂研制 C018 型标准大电感组，准确度达 0.1% ～ 3%，具有国内先进水平。

4．高压电力计量箱

1983 年，揭西电器厂研制成功 JLSJWH－10 型高压电力计量箱，准确度 0.5 级，电流比（5 ～ 200） / 5 A；电压比 10000 / 100 V。省计量局、省计量科研所和地、市、县的有关专家参加了“高压电力计量箱”科技成果鉴定会，与会代表一致认为“高压电力计量箱”的电气性能均符合 GB 1207—75、GB 1208—75 的要求，填补了广东省高压电力计量的一个空白。

5．高分辨率大间隙光栅测量系统

1983 年，韶关地区工业科学研究所研制的“F-130 高分辨率大间隙光栅测量系统”获广东省科技成果奖二等奖。

6．宽带双通道毫伏表

1983 年，广州曙光无线电厂研制的“ZJ2293 宽带双通道毫伏表”获广东省科技成果奖三等奖。

7．数字微欧表及漏电流测试仪

1983 年，广州电子仪器厂研制的“CZ-12 型数字微欧表”和“GY2610 漏电流测试仪” 获广东省科技成果奖三等奖。

8．弦耀计量光栅

1984 年，广东韶关市光栅研究所陈昌骏研制弦耀计量光栅，具有信号强、使用寿命长的优点，性能和准确度达国内先进水平，该光栅应用于北京航空学院五维风洞坐标测量系统和其他产品。

四、计量科研管理工作的相关制度

为了更好地规范计量科研工作的开展，更有效地发挥计量科研成果的应用和作用，更充分地调动广大计量科技人员开展计量科研的积极性，从 1981 年起，省计量局制定了一系列计量科研管理的相关制度，使广东省计量科研工作有序地开展。

1．科研计划执行情况及经费使用的检查

为了有效地掌握广东省各级计量部门承担省计量局下达的计量测试科研计划执行情况以及有关科研经费使用情况，从 1981 年起，省计量局每年都下发文件通知，要求技术机构报送相关情况，主要内容有：对计量测试科研计划执行（包括历年结转下来的项目）进行全面的检查，从中发现问题，总结经验教训；对科技三项费用进行年终决算、结算；国家计量局下达的科研项目和省科委及省计量局批准的科研项目分别列表填报；新上项目的计划安排及建议等。

2. 科技成果奖金分配管理

为了克服科技成果奖金分配上的平均主义，合理分配奖金，调动科技人员的积极性，促进科研工作的开展，省计量局于1981年制定了科技成果奖金分配的制度，提出了科技成果奖金分配要注意贯彻的几点意见：（1）科技成果奖是国家为了鼓励科技人员多出成果而采取的一项重要措施。奖金应授予直接从事该项研究工作的科技人员，不能纳入本单位财务收入或当作福利费使用。（2）奖金分配应按贡献大小有所区别，坚持多劳多得的原则。（3）每个获奖项目的奖金分配比例，一般定为研究技术人员占有70%以上，辅助人员和工人等掌握在30%以内，其中科技管理人员掌握在5%以内。(4)奖金分配，由项目负责单位的领导会同有关单位和部门以及课题组长一起共同研究提出分配方案，经参加课题组工作的人员讨论通过落实到人。

五、计量技术科技论文发表情况

计量技术科技论文发表情况见表6-1。

表6-1　计量技术科技论文发表情况一览表

序号	论文（论著）名称	作者	发表时间	刊物名称或获奖情况
1	一种简单经济的彩色电视副载波频率比对器	广州市标准计量所 罗可模	1980.3	《计量技术》1980年第3期
2	压电－电荷放大传感器DYG-1型低频压电加速度计	省地震局地震科学研究所 林庆麟	1980.4	《计量技术》1980年第4期
3	大型直角尺垂直度误差的一种检定方法	省计量科研所　杜仲廉	1980.6	《计量技术》1980年第6期
4	3 cm微波锁相稳频源	中山大学电子系 杜正弥、骆永健、林镇材、王家贻、林铁盛	1980.9	中山大学科研处组织评议，获广东省科技成果四等奖
5	螺旋电子秤	湛江化工厂　许伟业	1981.3	《计量技术》1981年第3期
6	多用比较式气压计校验台	广州钢铁厂　刘应爽	1981.7	《计量技术》1981年第7期
7	并联电阻的误差分析	广州市计量测试所　卢文全	1981.7	《计量技术》1981年第7期
8	关于“计量”的定义及其在国民经济中的地位和作用	广州市标准计量局　林英	1981	市科协三等奖
9	噪声计量测试在我国建设中作用	曾汝良	1981	市科协三等奖
10	并联电阻的误差分析	广州市计量所 卢文金	1981.7	《计量技术》
11	带选择性吸附泵的膨胀法高真空规校准系统	暨南大学 黄振邦、黄国开， 华南工学院 胡耀志、黄光周	1981.2	《真空科学与技术》1981年第1卷第1期
12	8 cm微波锁相稳频源	中山大学电子系 杜正弥、骆永健、林镇材、林铁盛	1981.07	中山大学科研处组织评议，获省高教局科技成果三等奖
13	EBS-1型自动失真仪	东莞县无线电厂 罗传武、施益中、郑始炳	1981.8	省电子局1981年度科技成果三等奖

表 6-1 （续）

序号	论文（论著）名称	作者	发表时间	刊物名称或获奖情况
14	用熔线法对Pt-30Rr/Pt6Rr热电偶在钯点温度的校正	华南工学院 余仲奎、李杨宗、 李树河	1981.12	《华南工学院学报》1981年12月
15	关于UJ26型低电势电位差计的元件检定	第五机械工业部广东区域综合计量站 钱家瑞	1982	《计量技术》1982年第三期
16	微波锁相稳频源	中山大学电子系 杜正弥、骆永健、 林镇材等	1982.2	《中山大学自然科学学报》1982年第一期
17	国际橡胶硬度的计算及误差问题	广东省计量科学研究所 林鲁山	1983.1	《计量技术》
18	米驻波比的简易动态测量法	暨南大学物理系 张世伯	1983.5	《计量技术》

第九节 计量器具仪表生产的发展

一、发布《广东省生产计量器具管理办法》

计量是国民经济的重要技术基础，计量器具是国民经济和社会生活各个领域中不可缺少的工具。在生产领域，从原材料进厂、产品设计开发、生产过程控制、产品试验、检验，到燃料、动力的消耗、成本核算、安全防护和环境监测等所需的各种物理参数测量和化学分析都要用到计量器具。计量器具如果失准，将会造成管理的混乱、质量的下降和效益的损失，甚至还可能造成事故的发生。在流通领域，准确的计量器具是实现公平贸易的重要依据，如果计量器具失准，会造成市场经济秩序的混乱，给国家、集体和个人带来经济损失。在国防和科技工作中，需要大量的种类繁多的精密计量器具进行设计、试制、定型和生产，从而保证整个系统的高质量和高可靠性。在现代医疗中，越来越多地采用先进的计量器具进行诊断和治疗，计量器具如果失准，将会带来误诊，甚至造成对人体的伤害。同样，计量标准器具的准确可靠是实现单位统一和量值准确的重要手段，计量标准器具的准确可靠又直接影响工作计量器具的准确可靠。正因为计量器具质量十分重要，所以古今中外，计量器具无不由政府实施监督管理。

为了加强对计量器具生产的管理，国务院1977年颁布的《中华人民共和国计量管理条例（试行）》第四章第七条中规定：生产、修理计量器具的企业，须经当地计量管理部门同意后向工商行政管理部门办理开业登记，生产、修理计量器具的企业必须严格执行计量检验制度，保证产品质量。生产、修理的计量器具必须实行国家检定。国家检定由计量管理部门或由其批准的企业执行。不合格的产品不准出厂。

《中华人民共和国计量管理条例（试行）》颁布后，广东省各地区、各单位都认真贯彻执行，做了许多工作。广东省当时有100多间厂（社），承担生产、修理计量器具60多个品种，大部分产品质量有所提高。但是，还存在不少问题，不少产品质量较差，例如广东省生产的材料试验机，1977年抽查不合格；又如，有关厂生产的千分表、百分表、电度表，抽查也不合格。1978年广东省第一机械工业局、广东省轻工业局、广东省工商行政管理局、省标准计量局联合发布关于《加强计量器具管理的通知》，要求各级标准计量管理部门要与工商行政管理、机械、轻工部门密切配合，加强对生产、修理、经营和使用计量器具的管理，每年组织一次对计量器具产品质量检查，严格把好产品质量关，不合格产品一律不准出厂。

广东省革命委员会为贯彻国务院颁布的《中华人民共和国计量管理条例（试行）》，进一步加强广东省计量工作的管理，健全广东省计量体系，于1978年9月颁发了《广东省计量管理实施办法（试行）》，1980年5月5日广东省经济委员会和省计量局联合发布了《广东省生产计量器具管理办法（试行）》。这一管理办法细化了《中华人民共和国计量管理条例（试行）》和《广东省计量管理实施办法（试行）》。《广东省生产计量器具管理办法（试行）》规定，“国家检定的主要形式是：（1）由计量部门执行；（2）由计量部门批准的企业执行”，“计量器具新产品，必须经技术鉴定合格后方准投入生产。在国家新产品技术鉴定管理办法颁布前，由试制单位的主管部门会同当地计量部门组织有关单位进行技术鉴定。企业转产的新品种或老产品改型，均必须经过例行试验，合格后方准投产。否则不予登记发证，也不准销售”。这些办法、规定使计量管理部门的管理工作更有依据，工作开展得更顺利。

1981年，广州市计量管理处接有关单位和群众反映，广州市海珠区光华电工仪表厂未经广州市计量管理部门审核同意，擅自生产质量低劣的电度表，大量销售到广州市内外50多个单位。广州市计量管理处抽查其产品，不合格率达80%以上，有的批次甚至100%不合格，严重损害国家和人民群众利益，造成很坏影响。广州市计量管理处责令该厂停产整顿，封存库存产品，已擅自出售的产品一律追回重检，费用由该厂承担，以后该厂产品由广州市计量管理处实行全检，没有广州市计量部门的合格印证不准出厂。

《广东省生产计量器具管理办法（试行）》，经过几年试行，在保证计量器具生产准确一致，不断提高产品质量方面起到了重要作用。但是，随着经济的发展，其中的一些条文不适应进一步对外开放和加快经济体制改革的步伐。1984年7月，省标准计量局根据广东省政府指示：“必须对那些不适应我省政治、经济形势发展要求，阻碍生产力发展，不利于体制改革和对外开放的政策规定以及规范性文件进行彻底清理，并予以修改或废止，以适应进一步对外开放和加快经济体制改革的步伐”的精神，与省经委联合发出通知，决定暂时停止执行《广东省生产计量器具管理办法（试行）》文件中的第一条、第二条及计量器具国家抽检办法，对《广东省生产计量器具管理办法（试行）》进行了修改。1985年1月广东省经济委员会和省标准计量局联合发布了新的《广东省生产计量器具管理办法》。这是《计量法》颁布前广东省生产计量器具的最有效文件。

二、各级计量实验工厂生产情况

在计划经济时期，各省的计量实验工厂的生产任务由国家标准计量局下达或由各省标准计量局下达，1976年12月国家标准计量局向广东省计量部门下达了1977年标准计量机械和仪器的生产计划，包括4个品种2170台（件），承担生产的单位有：省标准计量所和广州市、佛山市、茂名市标准计量所的附属工厂。国家标准计量局要求各省、市、自治区标准计量局，计量仪器厂等部门，对所生产的标准计量机械和仪器，必须把好产品质量关，不合格的产品决不能出厂，并于1977年下半年落实国家计委《关于开展产品质量大检查切实抓好产品质量工作的通知》，对计量产品质量组织检查，交流经验，进行评比，把产品质量提高到一个新水平。

随着国家经济发展，仪器制造业也活跃起来，而且，计量器具生产企业逐渐增多，质量也有所提高，各计量部门的计量仪器设备可以通过购买，不一定要计量实验工厂生产。这样造成各计量实验工厂工作量不饱满，且实验工厂虽然是事业单位的编制，但按企业管理，都要经济核算。所以省内的一些计量实验工厂，除完成国家局、省局下达的任务外，还自己找活干，以提高经济效益。如 1980 年湛江地区计量所附属工厂根据一些学校的要求，试制了一种自动计时装置，并投入小批量生产；还为湛江区公路局试制成功一台 200 吨电子测力计。省计量仪器实验工厂试制成功照度计、光谱辐射能量检定装置，各生产了 6 台。海口市自行设计安装了一台多单元单项电度表检定装置，一次能检 1 ～ 20 个电度表。1981 年佛山市生产计量器具除原有产品可控硅充磁机外，还积极研制了游标卡尺调整器、电焊机等，增加了品种和产量，生产总收入 10.8 万多元。1983 年省计量仪器实验厂计全年生产量块 135 套，起针器 100 套，外协加工音箱 1200 个，检修衡器 700 多台，当年收入 6 万元。其他地市、县也组织生产了一些计量仪器设备和零配件，以满足广东省计量事业发展的需要。

在改革之年的 1984 年，广东省计量仪器实验工厂实行了大胆的改革。省标准计量局党组根据党中央搞活经济的一系列政策及工厂的实际情况，决定对工厂加强民主管理，工厂的厂长进行民主选举试点，并要求工厂试行适当的经济责任制，以便促使工厂尽快提高经济效益，逐步实现利润提成的改革。1984 年 6 月 5 日省局黎湘局长主持召开了工厂全体职工大会，通过学习和讨论形成了关于办好计量仪器实验厂的八点意见。6 月 6 日全体职工通过无记名投票，选举了李容威为厂长，经李容威提名汤锦钊为副厂长。根据职工大会决定的八点意见，厂长拥有人、财、物三权，任期 2 年，制定了生产定额，以及对厂长的奖惩办法。

三、衡器生产管理和推广定量砣刀纽秤

1. 贯彻 JJG 17—80 杆秤检定规程

在我国城乡中，木杆秤是商业和农副产品交换中的主要计量器具，它量大面广，涉及到各个方面，关系着亿万人民群众的切身利益。但当时市面上使用的杆秤制造简单，用绳子作秤纽，秤杆上的绳孔有大有小，很不准确，秤的灵敏度低，准确性差，允差系数为 1/200。据一些市县的调查，有些商店使用的杆秤，其失准率达百分之三四十，商品短斤缺两严重，引起群众的不满。为了保证量值的统一，维护国家、集体和群众的利益，统一对杆秤的技术要求和检定方法，国家计量局颁布了 JJG 17—80 杆秤检定规程（1980 年 5 月发布，1980 年 10 月 1 日实施），废除旧杂绳秤，推广定量铊刀纽秤，并对秤的规格、杆长、铊重、首分度量大小等都作出了相关的规定。定量铊刀纽秤具有灵敏度高、准确性好，允差系数达到 1/500，称 1 斤花生，只要差一粒就能反应出来。还易于识别、易于检查，秤砣标明称量和铊重，同称量的铊可以互换。秤铊必须由计量部门检定合格后打上印记才可出厂销售，或由计量部门授权有条件的生产厂检定秤铊，同样是检定合格后打上印记出厂销售。由于这种杆秤结构合理，定量铊能够避免杆秤变换秤铊进行欺诈的行为，买卖双方都能监督，不易作弊。

省计量局 1982 年发文通知全省各地、市、县计量所，要求各地贯彻执行 JJG 17—80 杆秤检定规程。

2. 制定颁布《广东省衡器管理暂行办法》

广东省经过 1980—1982 三年对衡器的整顿，全省衡器的合格率虽然有所提高，但发展极不平衡，同国家和群众的要求距离较大。为改变这种状况， 1982 年 11 月广东省人民政府颁发了《广东省衡器管理暂行办法》。该暂行办法第四章“衡器的生产、修理、收购和销售的管理”中规定：凡生产、修理衡器的企业，须经当地企业主管部门和计量管理部门审核同意后，方可办理开业登记，未经批准不准开业；生产衡器的企业要严格按照产品技术标准和国家计量器具检定规程进行检验，确保质量，

不合格的产品不准出厂；国家明令禁止使用的衡器，一律不准生产；没有合格印证的衡器，不准收购和销售。《广东省衡器管理暂行办法》的颁布，加强了广东省衡器生产、修理的管理，提高了广东省衡器产品和修理的质量。

3、推广定量铊刀纽秤

《广东省衡器管理暂行办法》第十六条规定：对各种非标准的杆秤，全省最迟在1983年底废除。新制木杆秤，必须严格执行1980年国家颁布的杆秤检定规程，生产定量铊和标准秤杆。1984年起全省使用。

《广东省衡器管理暂行办法》颁布后，全省各级人民政府纷纷转发，当地计量部门行动起来，认真学习，贯彻执行，并制定了本地区的具体贯彻措施。海口市计量局、湛江市计量所装备了计量管理宣传车，逐街逐道以及到集市贸易区进行宣传；组织秤工学习，进行考核，在推广过程中经常组织检查，召开评比会议；研究试制定量铊刀纽秤；采取先城镇后公社圩镇、农贸市场，先国营后集体、个人，有领导、有计划地进行。广州市标准计量管理局计量处召集木杆秤生产厂、公司负责人开会，共同研究贯彻措施，从1983年起一律生产定量铊刀纽秤，对不符合规定的杆秤从1983年第二季度起禁止销售，并由广州市标准自动衡器厂起草杆秤的企业标准。揭阳县政府还组织公安、工商、物价、计量、商业、供销、财办等部门一起参加检查、清理，要求各公社、各有关单位把此项工作列入议事日程。

为尽快废除旧杂制秤，推广定量铊刀纽秤，省标准计量局在1983年11月3日～25日组织了11个检查组，在全省共抽样检查了12个市、38个县、53个公社的国营和集体商店、个体户和农贸市场的用秤情况。从检查情况看，全省已有40%的市、县基本完成了废除旧杂秤和推广定量铊刀纽秤的工作，40%的市、县已作了宣传发动工作，20%的市、县还没有把此项工作摆到议事日程上来。

广东省是杆秤生产大省，各地区、市、县都有生产杆秤，但都以小型企业居多，个体制秤者也占有相当比例。据不完全统计，到1983年底，广东省约有七八十家生产杆秤的企业，生产能力较强，生产的多是定量砣刀纽秤，其中，生产杆秤规模最大的是广州标准自动衡器厂，全厂约300多人。广东省生产的杆秤的称量一般从1市斤～300市斤，有钩、盘两种规格。价格各地不一，根据规格不同，重量不同，批发、零售不同，价格从2.5元到45元不等。

生产定量铊刀纽秤的初期，刀子、刀承的硬度很多达不到规程的要求，铊的铸造技术也参差不齐。针对存在问题，省计量局于1983年6月召开全省杆秤工作会议，通过了《广东省杆秤标准》（粤Q/SG 95—84），决定了对刀子、刀承、定量铊实行定点生产以保证杆秤零部件的质量。经试验，定点厂生产的刀子、刀承的硬度都达到HRC48以上，并以冲床冲出，保证了刀子的角度。

在推广使用定量铊刀纽秤过程中，省计量局1983年向东莞县计量所下达试制DGL系列铝合金杆秤任务。东莞县计量所按JJG 17—80规程的要求设计研制出新产品，于1984年1月由惠阳地区科委组织鉴定通过，各项计量性能符合规程要求，准确性和灵敏度比木杆秤好，具有材质密度均匀，稳定性好，不易变形，使用寿命长的优点。秤的星点是用油压机压出的，星点的直线性、均匀性较好。该产品制造工艺较先进，各零部件的标准化、系列化、通用化程度高，为广东省以后实行杆秤的机械化生产闯出一条新路。省标准计量局于1984年7月25日发文，同意东莞县计量所投入批量生产，并希望东莞计量所进一步改善工艺模具，扩大生产，降低成本，为全省各地在推行使用定量铊刀纽秤中提供质优价廉的铝杆刀纽秤。

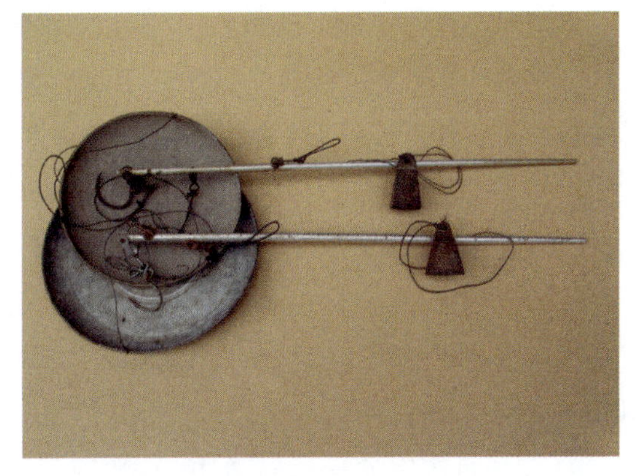

图 6-1 东莞县计量所研制生产的 DGL 系列铝合金杆秤

1984 年 2 月国务院颁布了《关于在我国统一实行法定计量单位的命令》以后，省标准计量局于 1985 年 12 月通知全省各市（地）、县标准计量局和衡器生产单位，从 1986 年 1 月 1 日起生产的衡器（包括台、案秤、地中衡、杆秤）其刻度一律采用法定计量单位，即以 g（克）或 kg（千克）为单位。并要求，为保证千克秤的质量，从 1986 年起各地生产杆秤所用的刀子、刀承和定量铊一律由经省标准计量局审查批准的定点单位生产供应。

1986 年 2 月，国家计量局批准并发布了 JJG 17—86 杆秤检定规程，以代替 JJG 17—80 杆秤检定规程，省标准计量局很快于 1986 年 2 月 17 日发文，并下发了规程原文复印件，要求各市（地）、县标准计量局（所）和衡器生产单位在制造、修理、检定杆秤中遵照执行。

第十节 量传体系的整合统一

一、贯彻党中央关于计量工作军民结合的指示

1980 年 1 月，中共中央 [1980] 2 号文件《批转中央科学研究协调委员会第一号会议纪要》作出了“计量工作必须军民结合，全国统一”，“计量工作应贯彻国务院颁布的计量管理条例，实行条块结合，以块为主，统筹规划，合理布局和量值传递就近组织安排的原则”指示。为贯彻这一指示，做好这项工作，5 月国家计量总局发出《关于成立全国军民计量协调小组的通知》，成员有国防科委、国防工办、七机部、冶金部等 12 个部（委）的代表，日常协调工作由国家计量总局负责。

1981 年 5 月 14 日国家计量总局向各省、市、自治区计量管理局发出《关于认真贯彻中共中央 [1980] 2 号文件精神，为实现军民计量结合作好准备工作的通知》。通知要求各地在调查研究的基础上，提出本地区经济合理的量值传递调整建设方案，打破行政区划和行业界限，统筹规划军民计量各单位的力量，发挥特长，大力协同，合理安排省和省辖市以及区域计量站的量值传递布局，分工就近承担各工矿、企业、事业单位的最高计量标准器的检定任务。

早在 1979 年 4 月中国人民解放军装甲兵，就向国家计量总局提出将装甲兵系统的计量工作纳入国家计量系统的建议。国家计量总局于当年 6 月通知省计量局，要求将装甲兵有关单位的量值传递纳入广东省计划。省计量局经与广州军区装甲兵主管部门联系，获悉该部队在花县、海口、汕头、惠阳设有工厂，即发文通知广州市、海南行政区、汕头市、惠州市计量所联系当地装甲兵部队，做

好量值传递和制订周期检定计划。

1980 年 8 月铁道部有关部门通过国家计量总局建议有关省、市、自治区计量局承担管辖内的内燃机务段燃油计量设备的量值传递以及人员的培训考核和签发证件等工作。属于广东省承担的是广州铁路局广州分局和韶关分局的量值传递和计量管理工作。

1981 年 3 月中国人民解放军总后勤部工厂管理部发函，请求将军需工厂计量工作纳入国家计量系统，由军需工厂所在地的计量管理局，对军需工厂的计量工作实施监督检查和业务指导，并解决量值传递，计量仪器仪表检定、修理和人员培训等。总后直属 3518 厂在广州市，由广州市计量机构承担其量值传递和计量管理工作。

1981 年 4 月国家计量总局通知，按海军司令部的要求，将海军计量工作纳入国家计量系统。从此，设置于某地的南海舰队计量站和某部计量所由广东省的计量机构对他们进行量值传递和计量管理。

1983 年国家计量局和铁道部联合发布《国家轨道衡计量分站计量管理规则（试行）》。根据该规定省标准计量局对国家轨道衡计量站广州分站轨道衡的强制检定和其他计量工作实行计量监督管理，并承担除检衡车以外的计量标准器的量值传递。

省邮电管理局 1984 年发出《关于做好计量工作的通知》，要求各级邮电部门要认真配备所需计量器具，建立健全计量器具的维护、使用、检定制度，保证计量数据的准确可靠，在邮电专门计量机构未建立之前，各单位计量器具均送当地计量部门检定。各级计量部门都承担了邮电部门的计量器具周期检定。

从 1979 年起在广东的海、陆、空三军，民航、铁道、防化、装甲等部队有关计量仪器仪表都送来省计量科研所等检定和量值传递。

二、广州铁路局的计量工作

计量在铁路运输上起着极其重要的保障作用，在 80 年代，随着内燃机车的上马，空调客车的使用，液压起道机、道口自动报警、机车无线电列调等新技术的推广，普遍要求有一整套精密测量手段，这些测量的准确与否直接关系铁路运输生产的质量和安全。但是，保证这些测量准确可靠的计量管理工作，1980 年以前，在广州铁路局几乎是空白。

1980 年 5 月广州铁路局决定成立广州铁路局标准计量中心所筹备组，由局总工程师室领导，负责标准计量中心所的筹建工作，定员 3 人；各分局总工程师室指定专人负责分局所属单位标准化与计量的组织、交流、宣传、贯彻工作；机务、车辆处设立专职一人，负责贯彻有关规定及计量管理工作；各基层单位根据生产特点及生产需要，指定专人兼管，并设置计量专业班组，负责计量器具检定修理工作。

按照路局的要求，广州分局配备了专人，于 1981 年 6 月开始用半年时间对分局计量器具的现状进行全面普查和摸底。通过调查发现全分局有计量器具 3 万件，大部分失准失修，多数单位计量工作处于无人管理的混乱状态。针对这些情况，分局确定通过筹建计量网来抓好计量工作，首先集中力量筹建广州地区计量网，取得经验后再推广到韶关、坪石、深圳地区。

计量网由分局总工程师直接领导，制定了计量网管理细则，选定在广州机保段、广州配件厂、广州水电段、广州机务段、广州电务段筹建计量室，在广州建筑段和广州工务段分别筹建民用水表和轨距尺计量检定站，并确定以广州机保段为中心计量室。各基层单位对建立计量室积极性很高，广州铁路局给予 4 万元购置了设备，并配备了计量工和计量管理人员。

分局于1982年3月召开了第一次计量工作座谈会，会上不仅学习了有关计量文件，听取省计量局有关人员的报告，还参观了省计量科研所。与会的各单位计量人员提高了对计量工作重要性的认识，坚定了搞好计量工作的信心和决心。

为使选配的人员尽快成为计量工作的内行，分局先后举办了长度、压力、电学3个计量基础理论培训班，请省、市计量所技术人员授课，参加学习112人次，有34人送到省、市计量所、广重、省供电局、南海机器厂、水厂等单位进行3～6个月的实际操作培训，26人参加哈尔滨计量进修学院函授部学习。此外多次组织参观地方计量部门，使大家对计量工作有一个全貌的认识。通过学习培训，计量人员的技术水平提高很快，在1983年7月有7名年轻人，参加广州市第一次检定人员合格证考试，均取得好成绩，有两名进入考试成绩前十名，受到省、市计量部门的表扬。

广州分局在筹建计量网的过程中，在解决了工作场地和购置了设备以后，积极开展了检定工作，制定了计量器具周期检定和各种管理制度，建立了计量器具台帐。从1982年至1983年计量网各计量室检定修理了计量器具39种24147件。各单位都有一套严格的送检制度，大大提高了计量器具周检率，确保了铁路运输的安全。

广州分局在1983年开展了计量“五查”，即查厂段领导对计量工作是否重视，机构是否健全；查计量室各规章制度是否健全；查检定人员的技术水平是否符合要求；查量值传递是否按周期进行，是否认真执行检定规程；查完成检定和修理任务情况。“五查”评比加速了计量网建设步伐，为计量工作全面走上正轨打下良好的基础。

三、珠海市计量工作军民结合统一的情况

1980年成立珠海经济特区以前，珠海市未成立计量行政管理机构。1981年3月5日，经市编委批准，成立“珠海市计量所”，为市科委下属的科级事业单位，人员编制5名。建所初期，珠海市计量所只配备部分砝码，无其他检测仪器及设备，只能从事简单衡器的检测工作。

为满足特区经济发展的需要，根据中央文件关于计量工作必须军民结合的精神，于1985年6月，经市经委批准，市标准计量管理所与国家兵器工业部五六〇六区域计量站合作联合开办“珠海市计量测试中心”，该中心的主要任务是受珠海市标准计量管理所委托，承担珠海地区及国防系统在广东所属企事业单位的计量测试业务，同时兼营衡器量具的展销和维修。与五六〇六区域计量站合建的计量检测中心有实验室100㎡。1985年9月12日，召开了珠海计量测试中心成立大会，国防科工委、兵器部、广东省机械厅、省计量科研所，珠海市经委领导前来参加和祝贺。会议以后，在工程师和全体职工的努力下，按期完成了广东省国防企业的计量器具周期检定工作，对珠海部分企业计量器具进行了检定维修。顺利地完成了第一期的工作。

1987年3月，珠海市政府发文决定将“广东五六〇六区域计量站”移交珠海市标准计量局下属事业单位珠海市计量测试所，隶属珠海市标准计量局领导，有计量标准22项。

1988年1月16日，根据省国防科技工业办公室《关于“国防工业系统广东区域计量站”迁入珠海市继续开展业务的通知》文件精神，由珠海市标准计量局接收“国防工业系统广东区域计量站”（即国家兵器工业部五六〇六区域计量站），并入市标准计量所继续开展计量检定检测工作。自此，在珠海完成了计量工作的军民整合统一，保证了当地的国防工业企业和地方工业企业的量值传递和计量管理工作。

第十一节　计量工作对外开放初期

广东省毗邻港澳，但由于香港回归祖国前是英国殖民地，从 1949 年以来，香港处于一个特殊的地位，与中国内地交往不多，在计量领域更是很少接触。文化大革命结束以后，香港与祖国大陆的关系解冻，香港与广东省之间的交往逐渐增多，成为改革开放初期对广东影响最大的地方。随着中央政府对广东实行特殊政策，灵活措施，广东省开始走出封闭的计划经济向外向型经济转型，这时越来越多的香港商人到广东投资设厂，同时带来了国外的先进技术，和现代化管理理念。对于广东省来说既占有地利的优势，又恰逢改革开放其时，正是向香港学习也是为香港服务的大好时机。

一、改革开放初期香港与内地和广东的计量业务交往

1978 年香港政府科技顾问胡礼智先生曾来内地访问。他参观了省计量科研所以后曾表示，该所完全有能力为香港进行检测服务。因为当时香港政府还未建立各量值的最高计量标准，也未建立计量检定机构。

从 1980 年起，香港的企业或检验公司开始有少量计量仪器送到省计量科研所，由省计量科研所给以检定、校准。

1981 年，应国家局邀请，香港十进制委员会秘书苏予可先生来访，交流计量单位制及符号方案等技术问题。苏予可先生在北京访问了国家计量总局参观了中国计量科学研究院和清华大学之后，于 3 月 26 ～ 28 日访问了省计量局，并参观省计量科研所。

同年 10 月，应国家计量总局邀请，香港十进制委员会主席金新宇教授、高级十进制主任翁仕雄先生来访，进一步交流计量单位名称及符号方案等技术问题，并就内地机构与香港的计量科技合作交换意见。他们在北京与国家计量总局领导座谈，参观中国计量科学研究院以后于 10 月 26 ～ 29 日到广州，金新宇教授在广州铁路局举办了“电气化铁路”的讲座，并到省计量科研所参观。

此外，1980 年、1981 年香港标准及检定中心总干事陈树安先生两次访问北京，到中国计量院参观；香港理工学院高级讲师史密斯先生、张云光先生送标准电池到北京检定，并购买两套国产标准电池带回香港；省计量科研所与香港亨利公司互派人员访问考察等。

从上述交往活动中，内地计量机构初步了解到当时香港的计量管理和技术状况：

香港当时没有统一的计量管理机构，只在经济司工商处下有一个度量衡小组，负责商业计量的筹备工作。有一个同业公会组织的标准及检定中心，开展少数检定项目。一些国外公司在香港的分公司都把仪器送回本国检定。

香港的 3 所大学，香港大学、香港中文大学和香港理工学院使用计量测试仪器，但没有建立计量标准。

香港的计量单位制很复杂，1973 年经过征求工商界意见决定采用国际单位制，但不是法律规定采用，而是劝用。1974 年中小学教材中已经改制。1978 年成立了度量衡十进制委员会，为经济司下属机构，开展国际单位制宣传推广工作。

鉴于香港当时的计量工作状况，新华社香港分社科技顾问常超曾向省计量局建议向香港开展计量技术服务工作可分三步进行：（一）从速与香港有关机构与人事建立联系，进行必要的互访；（二）开展向香港进行量值传递及检定测试的技术服务工作；（三）以中国计量院和省计量科研所的联合名义，争取香港有影响的社会名流赞助在香港举办中国计量技术展览。

新华社香港分社科技小组黎景宋，为促进对香港计量技术服务业务的开展，在港方与国家计量总局和省计量局之间多方联系，穿针引线。

省计量局也在 1981 年 5 月向国家计量总局提交报告，希望充分利用广东省的优越地理条件，做好向港澳地区的计量技术服务工作，请国家计量总局统筹考虑，对广东省计量机构从基建、设备到技术人才给以支持。

二、与香港合作的开始

1982 年 3 月 8 日，省计量科研所为甲方，香港标准及检定中心为乙方，就甲方向香港开展计量测试检定技术服务与乙方合作达成协议。协议书由省计量科研所所长叶志强和香港标准及检定中心总干事陈树安代表双方签字。协议明確香港标准及检定中心作为甲方在香港地区开展计量测试技术服务的总代理，规定了相关运作细则。这是广东省第一次对外进行计量测试技术服务工作。当年 4 月 5 日省计量局根据省政府（81）250 号文件规定，对省计量科研所与香港机构的合作发文同意，并抄报和抄送省外经委、省科委、省计委、国家计量总局、省府办公厅以及广州海关等部门，请各部门给予支持。4 月底，双方在广州举行庆祝协议成功签订仪式，国家计量总局外事处处长杜方炯、省计量局副局长韩健、省计量科研所所长叶志强、香港十进制委员会主席金新宇教授以及香港标准及检定中心总干事陈树安出席了庆祝仪式。这项合作协议被写进国家计量总局 1982 年给国务院的《关于计量工作的汇报提纲》。

该协议执行两三年后，由于当时香港还未回归，省计量科研所很难派人赴香港解决问题，限制了双方合作业务的发展，而被迫中止了。

1983 年 8 月 22 日，省计量科研所为甲方与香港科电工程有限公司为乙方合作经营数字式仪表维修技术服务中心协议书签字。合作内容为由甲方负责维修、检定和调校香港科电工程有限公司总代理的美国 191、192、195 数字繁用表及其他仪器、电子产品。由甲方提供场地、技术人员等，乙方提供技术，开展了合作经营。由于国内开放形势，各单位引进国外的数字仪表越来越多，该合作项目发挥了很好的作用。

该项合作协议 1985 年 12 月、1987 年 11 月、1988 年 11 月三次续约，均获得省对外经贸委批准，合作时间达 6 年多。

1984 年 4 月 13 日，省计量科研所与香港盛隆企业公司签署协议，在广州合作经营“粤港计量测试科学器材技术维修服务中心”，从事各类无线电计量测试、电子科学器材的保修及维修业务，并提供设计、技术咨询服务。中心实行董事会领导下的经理负责制，由甲方 3 人，乙方 2 人组成董事会。省计量科研所郑汉泉任董事长，冯其约任董事，何毓葵任副总经理、董事，其他职务由乙方派员担任。该协议获得省对外经贸委批准。

第十二节　计量机关事业单位兴办公司的尝试

在开放搞活的政策下，广东省计量系统的局和所尝试兴办了公司或企业化管理的从事经营的机构。

一、省计量科研所成立检定测试维修中心

省计量科研所于 1982 年成立了经营性的“广东省计量科学研究所检定测试维修中心”，经营国外及国产计量标准器具仪器仪表检定测试及维修业务，是省计量科研所属下的国营企业，于 1982 年

4 月 28 日领取了广州市工商企业营业执照。

1983 年 6 月经省标准计量局批复同意省计量科研所根据业务开展的需要，将检定测试维修中心的业务扩大到利用地方外汇，进口计量仪器散件、套装件，引进先进的计量仪器，进行组装调试检定，并负责保修，以供广东省计量单位作计量标准器具配套使用。

该所的这一经营机构以省计量科研所为后盾，本着为计量机构服务，为企业为社会提供计量技术服务的宗旨，业务量不断扩大，营业额不断增长，一直作为省计量科研所的一个下属企业发展下来。

二、省标准计量局成立广州技术服务公司广东标准计量器材服务部

随着我国经济建设的迅速发展，广东省标准计量事业有了较大的发展。各地、市、县，各部门的计量测试和质量监督检验机构陆续成立，许多厂矿企业、科研单位亦正在努力加强计量测试、产品检验及能源测试等方面的工作。各有关单位对计量标准器材设备的要求在品种上越来越广泛，在性能上越来越高。这些设备国内目前只能解决小部分，大都需要从国外引进。当时广东省尚未有一个专门负责组织供应计量和产品质量检验仪器设备，尤其是进口先进标准计量仪器的机构。许多使用单位感到购买无门。省标准计量局综合计划处器材科过去虽以代购形式做了一些供应国产设备的工作，但因这种机构的组织形式不便于与外商联系业务，工作受到很大限制。为了适应形势的需要，省标准计量局向省经委请示，拟将综合计划处原器材科改名为广东标准计量器材服务公司。

省经委于 1984 年 2 月 14 日，批复同意省标准计量局综合计划处的器材科改名为广州技术服务公司广东标准计量器材服务部（属事业单位），财务上独立核算，直接对外。批准该公司的主要任务是：负责组织供应全省标准计量系统、工矿企业的标准计量器材和零配件；协助有关部门引进标准计量测试仪器设备；开展标准计量技术交流和咨询服务工作。

从此，省标准计量局综合计划处器材科便以“广州技术服务公司广东标准计量器材服务部”名义，开展了国内和进口计量检测仪器仪表购销业务。“服务部”的资金来源是借用省标准计量局预算外收入和向客户预收定购仪器货款。1984 年该“服务部”营业额 137120.38 元，利润 30465.67 元，向国家上缴税金 4113.61 元。利润的 80% 作为补充局的事业费、20% 作为局的奖励和集体福利基金。“服务部”成立一年多来，受到计量测试系统和各工矿企业以及科研单位的欢迎，为各单位购买和销售计量仪器提供了很大的方便。

1985 年，根据省清理党政机关和党政干部经商办企业办公室的要求，“服务部”与局机关脱钩，成为独立的事业单位，实行企业管理，独立核算，继续从事计量技术的咨询和仪器设备的购销业务。

三、粤成计量测试技术开发中心的成立到结束

1984 年 6 月初，省标准计量局局长黎湘与国家计量局成都计量测试研究院第一副院长李同保就双方在引进、开发计量测试技术方面进行合作，促进我国计量测试技术现代化等问题进行会谈。双方商定发挥各自优势，开展协作，成立“粤成计量测试技术开发中心”。该机构属技术开发性质的事业单位，实行企业管理，其主要业务是接受国内外有关单位委托的计量测试任务；承担协作攻关项目；引进国外先进计量测试仪器设备，加以消化、吸收和创新。

该“中心”于 1984 年 7 月 31 日，由省标准计量局和国家计量局成都计量测试研究院共同制定了章程和临时实施办法，于同年 9 月 26 日和 11 月 7 日分别向省政府经济技术协作办公室和省编制委员会提交了申请批准的报告。1984 年 12 月 7 日，省编制委员会批复同意成立粤成计量测试技术开发中心，不另定编制。

1987 年 8 月由于成都计量测试研究院已经单独成立了计量测试技术开发公司，经与该院协商，决定把“粤成计量测试技术开发中心”改名为“广东省标准计量技术开发公司”，并报省编委。省编委下文同意“粤成计量测试技术开发中心”改为“广东省标准计量技术开发中心”，事业单位，实行企业化管理，不定级别，核定事业编制 15 名，所需经费自行解决。

四、中华计量测试技术开发总公司的成立到结束

该公司的筹备始于 1983 年 12 月，由国家计量局组织、省标准计量局承办在珠海召开的全国部分省（市）局长、院长、所长座谈会上，大家畅谈了我国计量事业的现状，要解放思想，转变观念，改变我们“坐”、“等”、“要”（坐在恒温室搞检定、搞课题研究，死气沉沉；等人送计量器具上门检定，服务观念淡薄，人浮于事，干多干少一个样，经济效益低下；伸手向国家要经费、要投资、要编制、要仪器设备等）的依赖思想；要改革旧的体制，搞活经济，调动广大计量科技人员的积极性，充分发挥各省（市）计量技术机构的各自优势，取长补短，协同作战，承担重大计量工程项目，积极对引进先进计量仪器有选择性地进行开发等。会上达成共识，组建一个公司来完成这一使命，并明确了公司的名称、任务、性质、宗旨和相关文件的制订。

这次会议上通过了《总公司章程》，成立了公司董事会，广东省经委副主任杨迈当选为公司名誉董事长、董事长是省标准计量局副局长林炯堂、副董事长是上海市标准计量局副局长张关林、国家计量局成都计量测试研究院总工程师罗镇伟、辽宁省计量测试技术研究所副所长黄万仪、湖南省计量局副局长王绍基、武汉市计量局副局长赵绍曾、中国计量院电磁处处长申得洙，总经理是省标准计量局综合计划处副处长李清镛。公司的宗旨是：坚持改革开放，勇于创新，探索中国计量测试事业的改革之路；促进广东和全国兄弟省（市）计量系统的经济、技术合作；坚持标准计量为国民经济服务；坚持把引进国外先进计量测试技术与我国的国情相结合，贯彻“引进——消化——创新”这一根本思想，为促进我国计量事业的发展作出新贡献。公司的工商注册资金为 350 万元，由各股东单位投入到位的资金是 160 万元。

1984 年 11 月 14 日由省标准计量局向广东省人民政府报告，请批准成立“中华计量测试技术开发总公司”。同年 12 月 5 日省人民政府办公厅复函同意成立跨省区的“中华计量测试技术开发总公司”。

1984 年 12 月 12 日～ 15 日，在广州白天鹅宾馆召开了中华计量测试技术开发总公司成立暨技术讲座会。出席公司成立大会的有国家计量局领导、省经委领导、公司股东单位领导。公司股东单位有：国家计量局成都计量测试研究院、中国计量院电磁处、上海市计量技术研究所、上海市测量技术研究所、上海市计量局实验工厂、辽宁省计量测试技术研究所、陕西省计量测试技术研究所、湖北省计量测试技术研究所、北京市标准计量局、江苏省计量局、湖南省计量管理局、贵州省计量局、武汉市计量局、重庆市计量局、重庆市计量局实验工厂、广西计量仪器厂、辽宁省计量局器材公司和广东省标准计量局。

公司成立后积极开展了与国外相关机构的计量测试学术、技术交流，邀请了美国、英国、瑞士等国家的著名仪器仪表公司开办了各有关专业的计量测试技术讲座；引进计量测试仪器设备由电磁和无线电计量专业发展到长度、力学、声学、振动、热学、光学等专业；并出口我国生产的一、二等标准砝码。公司自主经营、独立核算、自负盈亏，经济效益持续增长。

1987 年遵照中央党政机关不准经商的规定，各股东单位退出公司，中华计量测试技术开发总公司向省工商局正式注销结业。原公司资产、业务、债权、债务转移至广东省标准计量技术开发中心。

第七章 计量工作走上法制管理的轨道（1986—1991）

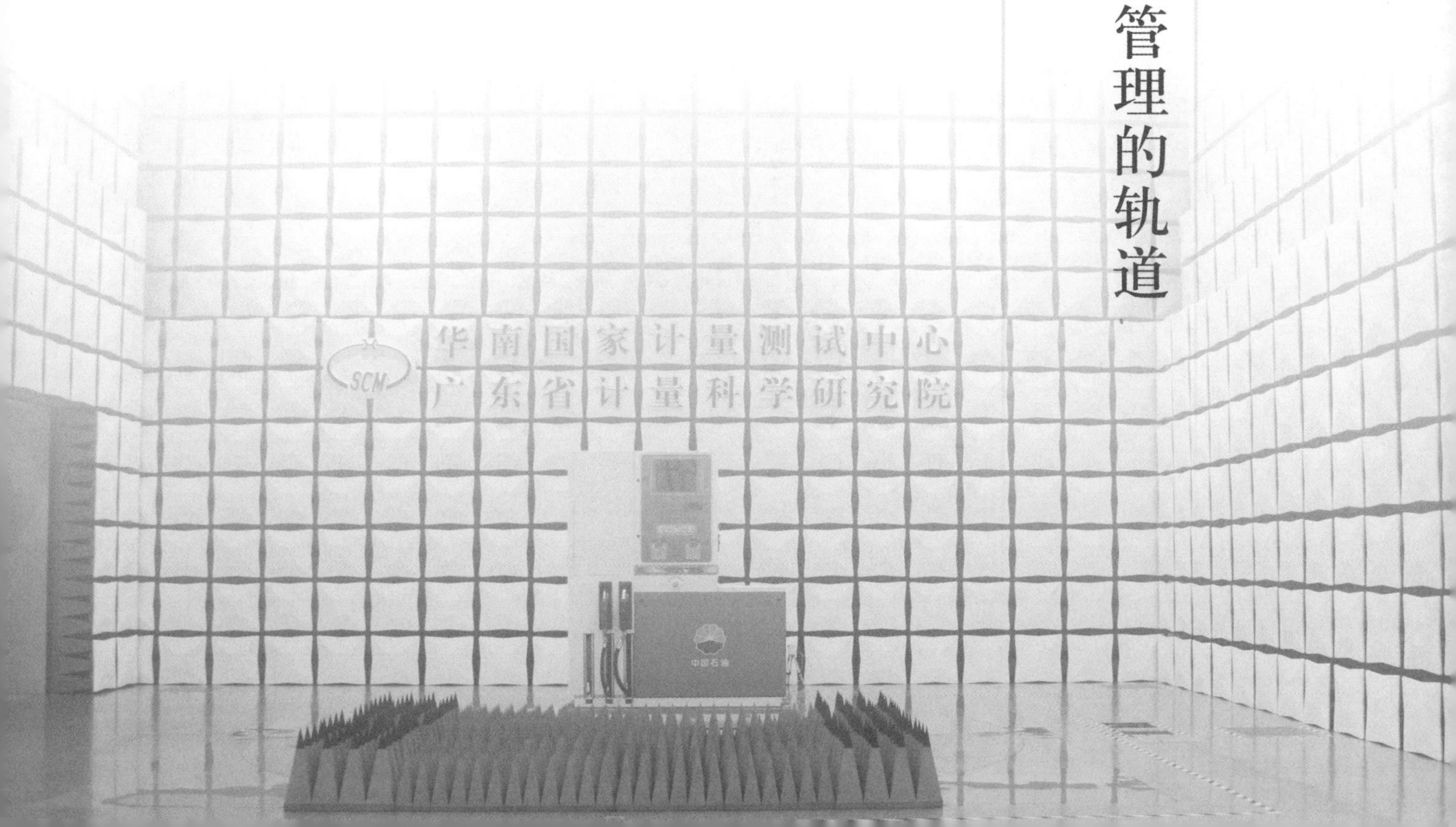

SCM
华南国家计量测试中心
广东省计量科学研究院
中国石油

第七章　计量工作走上法制管理的轨道

（1986－1991）

1986 年 7 月 1 日《中华人民共和国计量法》正式在全国实施。这是我国经济建设和法制建设中的一件大事，也是新中国成立以来计量事业发展中最重要的大事之一。计量法的颁布，标志着我国计量工作进入了一个新阶段，由过去主要依靠行政管理改变为主要依靠法制管理的阶段。贯彻实施计量法的工作激发了计量战线广大干部和群众搞好计量工作的高度热情，使计量工作的社会形象大为改观，社会影响力得到大幅度提升。

广东省除广泛宣传、深入学习《计量法》以外，抓住实施计量法的主要矛盾，重点抓了以建立各级标准计量管理机构为中心的基础建设工作，并取得显著成效，为计量法的贯彻实施提供了组织保证。在组织机构建立健全的基础上广东省全面开展了贯彻计量法的各项业务工作，推行法定计量单位；对计量标准和计量检定人员进行考核发证；整顿法定计量检定机构，充实计量执法技术手段；开始实施强制检定；对制造修理计量器具企业和个体户发放许可证，对计量器具新产品开展定型鉴定、样机试验；对为社会提供公正数据的质检机构进行计量认证；建立了广东省计量监督员队伍，实施了计量执法监督和违法处罚等。

随着全国改革开放的深入发展，广东省在体制改革、对外开放和对内搞活上先走一步，拥有深圳、珠海、汕头三个经济特区，广州、湛江两个开放城市，以及珠江三角洲开发区，形成了多层次、多形式、多功能的开放型经济格局。广东省计量机构紧密结合本省经济发展形势，充分发挥计量技术的潜力，从主要抓建立基准、标准及搞量值传递等工作，扩大为全面管理各行业的计量工作，使计量部门的工作深入到了社会经济活动的各个方面。在这几年中，各级计量机构都加强了对工业企业的计量管理工作，如企业计量整顿验收、企业能源计量考核、创优产品计量审核、工业企业计量定级升级工作，以及参加全国质量大检查等。在市场管理方面，开展了物价计量信得过活动。这些工作获得各级领导的支持，促进了各地计量事业的发展。四化建设需要计量，计量要为四化建设服务，没有计量，寸步难行的道理已逐步为各级领导和广大群众所理解。

根据党的十三大关于政治体制改革的决定，按照国务院机构改革的方针，为建立社会主义商品经济新秩序，加强政府对全社会的技术经济监督的职能，形成对标准化、计量和质量监督的有权威的管理体系，1988 年国务院决定组建国家技术监督局，这标志着逐步建立国家技术监督体系蓝图的实施。国家技术监督体系将对生产、科研和流通领域中的经济技术问题，发挥国家法律、法规和执法的权威作用，制定规范，贯彻实施，广泛地进行监督。

广东省在健全标准计量管理机构的基础上，全面贯彻了国家技术监督局“以质量为中心，以标准化和计量为基础，全面做好技术监督各项工作，开创技术监督工作新局面”的工作方针，进一步组建广东省技术监督管理体系。计量事业作为以质量为中心的国民经济发展的重要基础，获得了更广泛的发展空间。 这一时期全省计量事业迅速发展，为提高产品质量服务，为振兴广东经济作贡献。

第一节 《计量法》的宣传贯彻和执行情况

一、对《计量法》的宣传

国家计量局在《计量法》正式颁布之前的1985年8月20日即向全国各省计量局发出“关于学习、宣传计量法并做好实施准备工作的意见”，要求对《计量法》要认真学习，广泛宣传，并扎扎实实做好计量法实施前的准备工作。准备工作包括：（1）抓紧健全计量法规体系。要求各省、自治区、直辖市计量局根据当地的实际情况，制定与计量法配套的地方法规，包括计量法实施办法、强制管理的计量器具明细目录、个体户制造修理计量器具管理办法以及地方计量检定规程。（2）加强计量执法机构的建设。健全计量监督体系是实施计量法的组织保证，计量法颁布后，特别是县的计量监督工作，不能再处于无人过问的状况。（3）培训计量监督管理人员，尽快形成一支精干的执法队伍。（4）积极解决实施计量法的技术手段，尽快改变实施计量法制管理的技术手段不健全的状况，以保证计量法制监督的需要。

1. 计量法颁布和实施前后的学习宣传活动

广东省在1985年9月《计量法》颁布前后，各地都积极组织开展了各项宣传工作。9月3日省标准计量局发出“关于组织学习、宣传《计量法》的几点意见”。9月5日省标准计量局用电话通知全省各市、地计量局（所）组织干部职工收看9月6日中央电视台播发的国家计量局白景中局长答央视记者问，并由市、地局（所）通知所属各县计量局（所）组织收看。

9月17日省人民政府组织召开了“广东省、广州市贯彻《计量法》大会”，会上匡吉副省长作了宣传贯彻《计量法》的动员讲话，省标准计量管理局黎湘局长介绍了《计量法》主要内容。参加大会的有省直属和广州市直属机关负责人和有关干部800多人。会后省标准计量局将《计量法》全文，以及人民日报评论员文章“认真实施计量法”、国家经委副主任朱镕基“加强计量监督保证产品质量”的讲话、光明日报评论员文章“科技要发展计量需先行”、经济日报社轮“健全计量法制促进经济发展”，和匡吉副省长、黎湘局长在大会上的讲话等有关资料收集编成《中华人民共和国计量法资料汇编》，铅印10000余份发到全省各地。

省和广州市的宣贯大会召开后，很多地、市、县都先后召开了《计量法》宣贯大会或座谈会，当地政府领导到会讲话或作报告。

汕头市政府专门成立了以副市长为组长，以宣传部、经委、财办、财局、卫生局、法院、检察院、公安局、工商局、物价局等15个有关部门组成的汕头市贯彻实施《计量法》领导小组，研究制定了全市贯彻实施《计量法》的工作方案。该市召开了有各县（市）政府领导、市直属各机关团体领导及部分厂矿企业主管领导参加的贯彻实施《计量法》大会。汕头日报、汕头电视台、汕头人民广播电台，以及各市、县电视差转台，县、镇广播站等新闻单位密切配合，宣传《计量法》。全市开辟宣传栏、黑板报154个点，利用电影院放映宣传《计量法》幻灯片588场次。市属9个县（市）也都仿照汕头市的做法，成立了以主管副县（市）长或县委常委为组长，宣传、司法、工商、物价等部门为成员的县（市）贯彻实施《计量法》领导小组，制定了实施计划，其中澄海、揭阳两个县的各区（镇）及各委、办、局、公司都有一名领导负责此项工作。工作搞得有声有色，取得了成效。

湛江市标准计量局于1985年9月13日召开了《计量法》座谈会，湛江市副市长汤文藩出席并讲话，湛江日报和湛江电视台记者到会采访报导。1985年底湛江地区的南雄县在宣传《计量法》和法定计量单位的工作中，领导重视，声势大，宣传面广，五里长街挂满了横幅标语。

海南行政区政府在 1985 年 11 月 9 日召开了“海南区海口市贯彻《中华人民共和国计量法》动员大会”，参加大会的有海南区、海口市直属机关、驻岛部队、海南农垦局等 160 多个单位的领导和干部职工 800 多人。海南区政府负责人孟庆平作动员报告，海南区标准计量局负责人彭庆海介绍《计量法》内容，报社、电台、电视台均为大会作了专题报道。海口市标准计量管理局宣传《计量法》雷厉风行，宣传方式灵活多样，以 9 月份为海口宣传计量法活动月，组织有线广播、出动宣传车、散发资料，集中 4 天时间对市区、郊区市场、街道群众进行广泛宣传。

韶关市在 1985 年 11 月 18 日召开市直属各部、委、办、局、公司领导参加的宣贯《计量法》大会，会议由史永康副市长主持，省标准计量局计量管理处人员到会宣讲《计量法》。

江门市计量所为使干部职工学好《计量法》条款，拟出了《计量法》作业题，全所干部职工为了做好作业题，大家对《计量法》条文和其他参考资料进行了认真的学习，大大加深了对《计量法》内容的理解。

新会、饶平、从化、兴宁等县均由县政府出面召开宣贯《计量法》大会，主管县长作动员，县计量管理部门负责宣讲《计量法》。

由于计量工作牵涉到千家万户和各个部门，必须使《计量法》家喻户晓，人人皆知。在《计量法》即将开始实施的 1986 年 5 月 9 日，国家司法部、国家计量局联合发文“关于宣传《计量法》的通知”，要求各地司法部门要协同计量部门，广泛地进行宣传教育，同时要求各地结合实际情况编写具体的宣传资料。宣传的要点是：

（1）计量立法的重要意义；

（2）计量立法的宗旨和调整范围；

（3）为什么要采用国际单位制和推行国家法定计量单位；

（4）计量器具的监督管理（包括制造、修理、销售、进口和使用）；

（5）各级政府，各有关主管部门及企业、事业单位对实施《计量法》的责任；

（6）政府计量部门的监督职能和计量检定机构的任务；

（7）计量授权的方式和管理原则；

（8）我国实行计量认证制度的依据和意义；

（9）计量纠纷的调解和计量仲裁检定；

（10）违反《计量法》应承担的法律责任。

广东省司法厅和省标准计量局于 5 月 26 日联合转发了司法部和国家计量局的通知。要求全省各区、州、市、地、县广泛宣传，动员全社会自觉执行，使《计量法》在维护社会主义经济秩序方面充分发挥作用。

省标准计量局主动向省普及法律常识办公室讲解宣传普及《计量法》的重要性，取得他们的支持，编印了《中华人民共和国计量法通俗讲话》一书，作为普法教育材料，交出版社出版了 60000 册，把《计量法》的宣传学习与全省普及法律教育结合起来。

2.《计量法》实施前的准备工作

为做好实施《计量法》的准备工作，省标准计量局于 1985 年 10 月 18 日和 10 月 25 日分别向省人大常委会和省人民政府递交《关于为实施〈计量法〉需要尽快解决几个问题的报告》和《关于加强标准计量机构建设的报告》。提出急需解决的五个问题是：加强领导；按照《计量法》规定要求建立健全各级执法机构；加强计量技术机构建设；解决编制；落实经费。同时，在 10 月份，省标准计量局通过召开全省市、地计量局（所）长和计量检定所负责人参加的贯彻《计量法》会议，和发出《关于做好〈计量法〉实施前的准备工作的意见的通知》，要求各地认真组织《计量法》的学习和宣传，做好《计量法》实施前的各项准备工作。

11 月 26 日省标准计量局在广州召开了省府各厅局有关负责人参加的《计量法》座谈会，讨论研究省直机关如何做好宣传贯彻《计量法》的有关问题。会上省人大财经委员会委员和省高级人民法院、省检察院、省公安厅以及部分工业厅局的相关人员，就国家颁布《计量法》的重要意义和实施等问题进行了讨论。

距离 1986 年 7 月 1 日实施计量法的日子越来越近，而全省各地对《计量法》的重视和准备工作还很不平衡，为保证计量法的按时实施，省标准计量局于 1986 年 1 月 21 日向省人民政府提出了《关于做好实施〈计量法〉准备工作的意见》。省政府很重视，同意省标准计量局提出的意见，并于 1986 年 3 月 19 日以粤府办 [1986]39 号文向全省转发，要求各级政府认真贯彻执行。省府 39 号文强调指出“实施《中华人民共和国计量法》是促进生产、科技和贸易的发展，保护国家和消费者利益的重大措施，各级人民政府和省直各部门都要十分重视，加强领导，妥善解决机构、编制及经费问题，抓紧做好实施《计量法》的准备工作，使《计量法》在我省顺利实施”。省人民政府 39 号文件的发布，有力地推动了全省计量执法机构的建设和实施计量法的准备工作。

但是，在当时贯彻实施《计量法》的准备工作中，仍然遇到很多困难，主要是各地有关领导对计量工作在国民经济中的重要作用还认识不足，未引起应有重视，只由各级标准计量部门向有关部门联系做工作很难得到具体落实。为此，省标准计量局于 1986 年 4 月 21 日向省府办公厅呈送《关于报请召开贯彻〈计量法〉工作会议的报告》。报告提出，《计量法》准备工作只有通过省政府召开各市（地）政府（行署）主管标准计量工作的市长（专员）和经委主任参加的会议，讨论研究如何贯彻中央和省政府的有关文件和规定，才能顺利实施。

省人民政府采纳了报告的意见，于《计量法》生效的前夕，1986 年 6 月 26 日至 28 日由省政府在广州组织召开了全省贯彻《计量法》工作会议。会议的主要内容是：各市人民政府、地区行政公署汇报宣传贯彻《计量法》准备工作及贯彻落实省人民政府办公厅粤府办 [1986]39 号文件的情况，讨论研究如何做好贯彻实施《计量法》工作。匡吉副省长代表省人民政府就如何贯彻实施《计量法》作了充分详细的报告；省人大常委会曾定石副主任、国家计量局鲁绍曾副局长出席会议并作重要讲话；省标准计量局黎湘局长汇报了广东省实施《计量法》准备情况，和需要解决的问题；省工商行政管理局、省司法厅、省人民检察院、省高级人民法院和省经委的领导也先后在大会上结合本部门的职责，就如何贯彻实施《计量法》讲了话。

会上对一些市、地、县领导缺乏法制观念进行了批评教育。《计量法》颁布快 10 个月了，有的市、地、县政府宣传与实施《计量法》还很不认真，等待上一级政府下达红头文件。他们没有认识到，《计量法》是全国人大常委会审议通过，并以国家主席令公布的，《计量法》规定的内容，是各级人民政府必须执行的。把上一级政府的红头文件看作比法还大，这种不正常的现象，正是我国长期以来以行政管理为主的领导方法所造成的。

这次会议规模大，影响大。各市、地区领导回去后也都召开了类似的会议，推动了《计量法》的实施。

省政府领导的重视，下达粤府办[1986]39号文，组织召开贯彻《计量法》工作会议，这些对《计量法》能在广东省贯彻实施起了关键的作用。

3.《计量法》实施后坚持不懈的宣传学习活动

执法必须懂法。全省各级计量部门十分重视《计量法》和实施细则，以及相关法律法规的学习，使全体职工深入了解《计量法》，严格遵守《计量法》，准确执行《计量法》。

《计量法》颁布两周年，实施一年两个月后的1987年9月，广东省、广州市标准计量管理局联合召开了庆祝《计量法》颁布两周年座谈会。会上就如何进一步加强《计量法》的实施，并联系到加强市场计量监督问题进行了探讨研究。省（市）人大、标准计量局的领导在会上发表讲话，强调要深化对实施《计量法》的认识，适应从以行政手段为主到以法制手段为主管理方法的转变，加强计量监督管理部门的建设。

1990年9月5日在省人民政府礼堂，隆重召开了“广东省、广州市庆祝《中华人民共和国计量法》公布五周年大会”，在大会上广东省、广州市领导向1989年获得一级计量合格的11个企业颁发了《一级计量合格证书》，并为历年获得一级计量合格的24个企业颁发了《计量杯》，大力表彰了工业企业贯彻计量法，加强计量工作的先进单位。

为了增强全社会的计量法制观念，在《计量法》公布五周年之际，经国务院同意国家技术监督局和国务院法制局联合发出通知，确定每年9月第一周为“计量宣传周”，对社会开展计量法制宣传教育。1990年是第一次开展计量宣传周活动，宣传的主要内容为：计量法律、法规；计量在国民经济中的作用；《计量法》实施以来取得的成就等。《计量法》已列入普法教育“十法六例”的内容，因此要求将宣传周活动与普法教育结合起来。省技术监督局（1990年5月省标准计量管理局更名为广东省技术监督局）转发了这一通知，责成各市（县）技术监督局、标准计量局认真组织好“计量宣传周”活动。

1991年9月9日广东省、广州市联合举办庆祝《计量法》颁布六周年大会。省、市人大，省、市政府，省、市部门领导出席了大会。这次大会既是庆祝《计量法》颁布六周年，又是第二个“计量宣传周”的活动之一。会上大力表彰了贯彻实施《计量法》的先进单位。省技术监督局受国家技术监督局及商业部、国家工商行政管理局的委托，为1991年广东省获得国家一级计量合格的9家企业颁发了合格证书；向历年获得国家一级计量合格的41家企业颁发了国家计量先进单位荣誉证；并向4家全国商业计量先进单位和3家全国计量先进集贸市场颁发了奖牌和奖状。

在《计量法》颁布以后的6年中，由于坚持不懈地进行《计量法》的宣传教育活动，不断深化全社会的计量法制意识，为《计量法》在全省的全面贯彻，创造了良好的社会环境。会上回顾了广东省计量事业的长足进步，同时强调要继续深入学习宣传《计量法》。《计量法》是列入普法教育的法律之一，到会领导要求各地方、各部门、各单位要将普及《计量法》知识列入议事日程，掀起学习宣传《计量法》的新高潮。

二、制定与《计量法》配套的地方法规

实施《计量法》还必须制定一些具体的计量法规和规章制度，把《计量法》的各项原则规定具体化。根据《计量法》有关规定，1986年省标准计量局制定并发布了《广东省计量器具检定收费标准》和《广东省补发制造、修理计量器具许可证实施细则》、《发放个体工商户制造、修理计量器具许可证暂行办法》。1987年省标准计量局制订颁发了《个体工商户制造、修理计量器具许可证的发放暂行规定》、《广东省出租小汽车计费器管理办法》、《广东省出租小汽车计费器和整车运行计费器检定收费标准》。1988 年 1 月省标准计量局颁发了《广东省第一批实施强制检定的工作计量器具目录》，5 月颁发了《广东省计量检定员考核发证工作的暂行规定》，6 月颁发了《广东省计量标准考核暂行办法》。1989 年 6 月省标准计量局和省卫生厅联合发布《广东省医疗卫生电离辐射计量器具管理暂行规定》。同年 11 月由省人民政府颁布了《广东省衡器管理办法》。1990 年 3 月省标准计量局颁发了《法定计量检定机构计量检定员持证项目所能开展检定工作的暂行规定》，并附《法定计量检定机构计量检定人员持证项目所能开展检定项目表》。1991 年 3 月，省技术监督局发布了《广东省计量检定员考核发证的规定》。同年 6 月，经省人民政府批准，省技术监督局、省卫生厅制订发布了《广东省医疗卫生计量器具管理办法》。市（地）、县也都相应制订了一批法规和自身的管理工作标准，这样，全省的法制建设逐步健全，执法工作进入轨道。

为了贯彻执行计量法律、法规，保证执法的严肃性和执法文书格式化、规范化，省标准计量局于 1987 年上半年制定了一套完整的计量监督文书，并以粤标量函字 [1987] 第 11 号文发了《关于采用计量监督执法文书格式的通知》，规定从 1987 年 6 月 15 日起各级计量行政部门在计量监督和执法处理计量纠纷案件时，一律采用省标准计量局统一铅印的计量监督文书。各级计量行政部门在计量监督和执法处理计量纠纷案件时都采用了全省统一的计量监督文书，做到严守法律条文，以法立论，保护了受害方的经济利益，受到有关方面的好评，也树立了计量执法的威信。

三、建立计量监督员队伍

《计量法》第十九条规定“县级以上人民政府计量行政部门，根据需要设置计量监督员”。根据计量法有关规定，计量监督员是计量监督管理人员中具有在现场执行行政处罚职能的计量执法人员，其主要职责任务是：在所属主管计量行政部门的领导下，在本行政区内，对销售计量器具和使用强制检定的工作计量器具的场所，进行巡回检查，调解计量纠纷，组织仲裁检定，监督计量法律、法规的实施。对违反计量法律、法规的行为，在规定的权限内进行现场处理，执行行政处罚。计量监督员在现场处以罚款的限额为 50 元以下。从 1986 年 7 月 1 日起，各地根据《计量法》的规定派出计量监督员，他们胸前佩戴国家统一颁发的“中国计量监督”徽章，到所辖范围的企事业单位及商店、农贸市场进行监督检查。

为了保证在 1986 年 7 月 1 日起《计量法》的实施，国家计量局采取分批、分级，培训、考核、任命的办法建设计量监督员队伍，要求各级计量行政部门第一批计量监督员设置工作在 1986 年 6 月底前完成，设置名额为：每个省、自治区、直辖市 3 名；每个地（市）2 名；每个县 1 名；每个国家专业计量站 1 名。

计量监督员的基本要求是：具有一定计量专业知识、法律知识、政策水平和组织能力，忠于职守、公平正直，正确执行计量法律、法规。

省级以上人民政府计量行政部门的计量监督员条件是：具有大专以上文化程度；熟悉计量法律、法规；具备监督工作范围内的专业知识；掌握有关的检定规程和计量器具的检定技术；从事计量工作 3 年以上，具有较强的组织能力和较高的政策水平。

省辖市、自治州和县级人民政府计量行政部门的计量监督员条件是：具有中专（高中）以上文化程度；熟悉计量法律、法规；具备监督工作范围内一般的专业知识；掌握有关的检定规程，能正确地检定有关计量器具；从事计量工作 2 年以上，具有一定的组织能力和政策水平。

1985年5月27日至6月7日举办了全省第一期计量监督员培训班，培训干部102人，13个市（地）、自治州，76个县计量局（所）派人参加。梅县地区，以及省内20多个县因未成立计量局（所），或没有干部编制，未派人参加。全省第一批计量监督员队伍建设工作于1986年6月底完成。广东省、国家轨道衡计量站广州分站和各市、地、县的计量监督员分别经国家计量局和省标准计量局按国家规定的条件考核合格共97名，由省标准计量局任命为广东省第一批计量监督员，于6月30日颁发了“中华人民共和国计量监督员证”和“中国计量监督”徽章。

1986年12月29日省标准计量局任命广东省第二批计量监督员。该批计量监督员于1986年10月底经国家计量局和省标准计量局按国家规定的条件考核合格共83名。

1987年8月经省标准计量局按国家规定的条件考核合格的计量监督员91人，任命为广东省第三批计量监督员，使计量监督队伍扩大到271人。1987年国家颁发《计量监督员管理办法》以后，部分市、县根据需要又考核任命了一些计量监督员，使全省各级计量行政管理机构都依法设置了计量监督员。但不少县由于干部编制少，符合计量监督员条件经考核任命为计量监督员的只有1～2名，很难承担起本地区巡回检查，违法处理的任务。

经过“七五”期间，随着机构的健全，人员素质的提高，至1990年全省经考核合格任命的计量监督员达到423名，基本能满足执法工作的需要。

四、《计量法》实施情况检查

《计量法》实施两年后，为提高全社会的计量法律意识，改善和加强计量行政执法工作，推动《计量法》的进一步贯彻实施，国务院法制局和国家计量局决定在全国对《计量法》实施两年来的情况进行一次全面检查，并在检查中研究新情况、新问题，以进一步完善计量法规体系，适应深化改革和发展外向型经济的需要。

两局于1988年4月28日发出联合通知，检查内容为：全面检查《计量法》及其实施细则关于法定计量单位、计量检定、计量认证、计量器具质量监督，部门、企事业单位计量工作的各项规定贯彻执行情况和执法工作情况等。通知要求所有检查项目均进行评分，并由国家计量局公布了《计量法实施情况检查评分标准》，先由地方进行自查，然后按大区分片组织互查，最后对全国检查情况进行总结，评定和表彰实施《计量法》的全国先进省（自治区、直辖市）、地（市）、县（区），并将全国贯彻实施《计量法》的情况报告全国人大常委会和国务院。

国务院法制局和国家计量局组织的第一次全国《计量法》实施情况大检查，是推动《计量法》的贯彻实施，促进广东省计量执法工作开展的一件大事。省标准计量局很快成立了由局长任组长的全省《计量法》检查工作领导小组，转发了国务院法制局和国家计量局的《关于对计量法实施情况进行全面检查的通知》和《关于发送计量法实施情况检查评分标准的通知》，并将两通知铅印2000份发到各市、县标准计量局和省直属各单位，要求各单位尽快做好检查准备工作。

同时省标准计量局向省人大、省政府作了汇报，会同省府法制局共同研究检查工作的具体部署，根据广东省实际情况，向省人民政府提出了《关于检查计量法实施情况的意见》。省政府十分重视，于1988年7月1日发出《转发省府法制局、省标准计量局〈关于检查计量法实施情况的意见〉的通知》，要求各市、县人民政府、省直属各单位要认真贯彻执行，对《计量法》执法大检查加强领导，按时、按质完成任务。为使国家计量局制定的检查评分标准在广东省具体实施，省标准计量局针对广东省实际，制定了《广东省计量法实施情况检查评分细则》。全省18个市都以政府或人大名义发出通知（或明传电报），并召开了有关部门领导会议，研究布置检查工作。

广东省于 1988 年 7 月至 9 月底，对全省贯彻实施《计量法》的情况进行了一次自下而上的全面检查。首先各市、县和省直各部门都按照国家两局和省政府文件进行了自查。在省直各单位自查基础上，于 8 月份省标准计量局组织检查组对省政府直属机关、企事业单位、广播电台、电视台、报社等 18 个单位进行了检查；在全省各市、县完成自查的基础上，9 月份省标准计量局与省府法制局联合组成了检查组，分 4 个组对全省 18 个市进行了抽查。

据统计，这次检查全省参加检查组的人数为 1562 人，被检查的政府机关、部门、商店、医院、农贸市场、企业、事业单位共 6134 个，全省投入人力之多，检查面之广，社会影响之大，实际效果之好，都是《计量法》颁布以来前所未有的。通过检查评分结果如下：江门市 456 分、深圳市 453 分、汕头市 448 分、韶关市 442.5 分、中山市 441 分、茂名市 431.5 分、东莞市 421 分、广州市 410 分、珠海市 405.5 分、湛江市 401.7 分、佛山市 395.5 分，清远市 391 分、肇庆市 381.8 分、梅州市 359 分、阳江市 354.8 分。河源和汕尾市因属新建市没有具体评分。从全省检查结果来看，江门市得分最高，其全面贯彻实施计量法工作做得最好，经研究作为广东省实施《计量法》的先进市上报国家计量局。

全省绝大多数市都按国务院法制局、国家计量局和省政府要求，自查结束后进行了总结，针对存在的问题，提出改进意见。各市评出的先进县如下：广州市的番禺县、汕头市的潮州市、佛山市的三水县、清远市的连县、梅州市的平远县、肇庆市的罗定县、湛江市的遂溪县、韶关市的南雄县、江门市的台山县、惠州市的惠阳县、阳江市的阳春县、茂名市的信宜县。

10 月 20 日至 26 日，由全国人大法工委、国务院法制局和国家技术监督局联合组成的国家《计量法》实施情况检查分团来广东省检查《计量法》实施情况，先后在深圳、广州、江门进行了检查。检查分团在广东省抽查了政府机关、主管部门、新闻单位、企事业单位、医院、综合商店、集贸市场和个体工商户，其中文件、统计报表、报纸、电视广告、电台广播稿 66 份，强检工作计量器具 48 台（件），物价标签 30 种，各种证件 300 多件，计量标准器 321 台（套）。检查团的评分结果是：实施《计量法》的组织领导工作得分 98（标准分 100）；《计量法》的执法情况得分 190.2 （标准分 250）；《计量法》行政执法得分 150（标准分 150）；总分 438.2 分（标准分 500 分）。扣分最多的是检查商店和医院的属于强制检定的工作计量器具，抽查大部分没有周期检定合格证，分别得 0 分，检查产品质量检验机构绝大部分未进行计量认证只得 1.2 分。

国家检查团对广东省的评价是：（1）全省各级人大和政府非常关心和重视《计量法》的实施，加强了领导，大力宣贯，为全省计量执法制造了一个有利条件和社会舆论环境。（2）突出重点，狠抓落实，使全省计量工作逐步走上了法制管理轨道。（3）广东重视基础建设，为计量行政执法创造了有利条件。（4）广东省各部门、各单位把实施《计量法》提到议事日程，初步形成了全社会办计量、管计量的新格局。（5）广东省的计量人员在计量执法实践中摸索和积累了一些非常有益的经验。值得我们重视和研究。扣分原因主要是：a. 医院强检和商店强检执行不好；b. 报社还有使用非法定计量单位；c. 工厂无证进行检定和量传；d. 制造计量器具有些产品未取得生产许可证就生产；e. 质检机构计量认证步子太慢。

为搞好这次执法检查，从省到市、县都作了反复动员和认真准备。许多市、县都由当地政府和人大领导亲自组织、部署检查工作，和亲自听取检查组汇报，因此实际上是对《计量法》的一次再宣传，进一步提高各级领导和干部群众的计量法制观念，把计量工作纳入法制管理轨道，做到有法必依，执法必严，违法必究。

这次执法检查的重点是计量部门自身执法情况，因此各级计量部门都认真作了自我整顿检查，通过整顿建立健全了各种规章制度，及时改进了存在的问题，保证各项计量标准器处于良好的技术状态，对于法定计量检定机构的建设，对于提高为执行《计量法》提供技术保证的能力，对于增强计量检定人员队伍的执法意识，都起到了积极作用。

这次大检查对照《计量法》的要求，广东省在许多方面还存在不少问题，如实施计量法工作发展不平衡；全省还有近半数的计量执法机构未列入政府机构序列；各级法定计量检定机构条件差、设备落后等。其中全省《计量法》实施工作最薄弱的环节是对强制检定的工作计量器具实施强检工作，尤其对医疗卫生使用的强检计量器具实施强检工作，又是薄弱环节中最薄弱的环节。在国家检查组对广东省检查时，检查广州的商店和医院的强检执行情况时，两项都得了 0 分。检查结束后，省标准计量局向省府提出了解决问题的意见和整改的措施。

第二节　全面完成计量执法机构的基础建设

《计量法》第四条规定“县级以上地方人民政府计量行政部门对本行政区域内的计量工作实施监督管理”。《中华人民共和国计量法实施细则》规定“县级以上地方人民政府计量行政部门监督和贯彻实施计量法律、法规的职责是：（一）贯彻执行国家计量工作的方针、政策和规章制度，推行国家法定计量单位；（二）制定和协调计量事业的发展规划，建立计量基准和社会公用计量标准，组织量值传递；（三）对制造、修理、销售、使用计量器具实施监督；（四）进行计量认证，组织仲裁检定，调解计量纠纷；（五）监督检查计量法律、法规的实施情况，对违反计量法律、法规的行为，按照本细则的有关规定进行处理”。

建立健全县级以上各级政府计量行政管理机构是贯彻实施《计量法》的基本条件。

一、全面建立健全各级计量行政管理机构和执法技术保障机构

1985 年《计量法》颁布之前，全省 14 个市（地）州，100 个县（市），只有 7 个市，21 个县（市）建立了符合《计量法》要求的管理机构，一般叫标准计量管理局；有 3 个市、地（州）和 68 个县只设有计量检定所。全省尚有 37% 的市（地）和 70% 的县没有计量管理机构或机构不健全，还有 11 个县完全没有计量机构，计量工作长期处于无人管理状态。

县一级的机构，情况比较复杂，由于编制、经费等问题尚未妥善解决，以致有不少县的计量机构为了挣钱过日子，形成度量衡修理铺的形象。这个问题不解决好，计量执法将会落空。

在做好计量法贯彻实施工作中，以建立健全各级政府计量行政管理机构为中心的基础建设成为工作的重点和首先要解决的问题。省标准计量局采取了以下做法：

1. 通过宣贯计量法，向各级政府领导宣传建立和健全计量管理机构的必要性

在宣传《计量法》时，凡市（地）政府召开贯彻《计量法》会议，省标准计量局局长和有关处长都亲自参加，利用会议机会，向当地政府领导人宣传贯彻实施计量法首先必须建立健全计量监督机构的观念，传达省政府有关建立健全计量管理机构的要求，促进当地政府领导重视机构建设，尽快建立健全机构。

2. 积极主动向省政府汇报工作，反映全省计量管理机构存在的问题，得到了省政府的重视和支持

《计量法》颁布后，省政府先后发了三个文件，要求市（地）、县政府按照《计量法》的要求建立健全计量管理机构。

1986 年 3 月省政府转发省标准计量局《关于做好实施〈计量法〉准备工作的意见》的粤府办[1986]39 号文件发出后，为了促进各地贯彻落实，省标准计量局很快于 4 月 2 日向各市、地、县标准计量管理局发出《关于认真贯彻粤府办 [1986]39 号文的通知》。通知强调粤府办 [1986]39 号文提出的“各级人民政府和省直各部门都要十分重视，加强领导，妥善解决机构、编制及经费问题”，是保证《计量法》顺利贯彻实施的关键问题。因此，认真做好贯彻落实省府的 39 号文是各级标准计量部门的首要任务，并提出贯彻落实的具体要求。4 月 21 日省标准计量局又直接向还未建立计量机构的宝安、连山、连南、连平、和平、惠东、东风、白沙、保亭、乐东、琼中县（自治县）人民政府发出《函请认真贯彻执行省府办 [1986]39 号文件》，要求这些尚未建立政府计量行政部门的县，务必尽快建立县标准计量管理局，抓紧做好实施计量法的准备工作。

这些文件发出后，绝大部分县（市）政府都认真贯彻执行，到 1986 年 11 月全省 15 个地级市已全部建立了标准计量管理局，100 个县（市），已有 73 个县（市）建立了县（市）标准计量管理局。但是有部分市（地）、县虽然建立了政府职能机构，但只有一个牌子，最起码要求的人员编制、经费尚未得到妥善解决，尤其还有万宁、琼海、澄迈、昌江、陵水、三亚、惠阳、龙川、博罗、东莞、梅县、兴宁、焦岭、大埔、平远、丰顺、五华、斗门、三水、高明、连山等 21 个县（市）只有计量检定所，未按《计量法》规定建立县（市）标准计量管理局；通什、东方、白沙、保亭、乐东、琼中等 6 个县（市）连计量检定机构也没有，标准计量行政执法工作长期处于放任自流，无人过问的状态。省标准计量局及时将各地政府贯彻执行 39 号文的情况向省政府作了汇报。为解决这部分县（市）的问题，1986 年 11 月省政府办公厅发出粤办函 [1986]525 号《关于切实解决市（地）县标准计量机构有关问题的通知》，要求各级人民政府和有关部门认真执行粤府办 [1986]39 号文件，建立和健全标准计量管理机构，切实解决所需编制和经费问题。

1987 年 4 月国务院发布《中华人民共和国强制检定的工作计量器具检定管理办法》，省标准计量局代拟了《转发国务院关于发布〈中华人民共和国强制检定的工作计量器具检定管理办法〉的通知》，由省政府于 1987 年 5 月以粤府 [1987]51 号文件发出。该通知再次就加强机构建设提出了具体意见：各级政府要加强对标准计量工作的领导，建立健全标准计量管理机构，各级标准计量管理机构和技术机构所需编制、经费，应分别纳入同级政府行政、事业编制序列和财政预算；各级法定计量检定机构的技措费，要根据其业务发展需要优先给予安排，以不断充实和更新计量标准仪器和检测设备；各级标准计量管理机构及所属技术机构的基建投资，按隶属关系分别由各级地方财政统筹安排。51 号文下达后，各级政府普遍予以重视，有的地区还召开政府办公会议研究落实，特别是对尚未建立机构的县，振动很大。

省政府的三个文件，对建立健全全省各级计量管理机构的工作，起到了重大的推动作用。

3. 各级领导亲自到所属地区，促进机构建设工作

对迟迟未建立标准计量局的市（地）、县，省标准计量局领导和有关处室领导直接去找市（地）、县的主管市长（专员）、书记和有关主管部门的领导做工作，对个别很不重视的地区，甚至反复多次下去找主管的市长、书记做宣传，促使他们尽快把计量管理机构建立起来。有的仍未行动的地区，省标准计量局通过请示，取得省政府同意，以省政府名义，由省标准计量局局长带队，代表省政府去检查当地贯彻《计量法》和省政府有关文件的情况。当地政府（行署）知道是省政府派来的检查组，政府领导都比较重视，接受检查组的意见，将建立健全计量管理机构提到政府议事日程给以解决。

建立健全各级标准计量管理机构，是贯彻实施《计量法》的首要条件，各市（地）管理机构成立后，抓紧县一级管理机构的建立，就是市（地）局的一项重要工作。汕头、江门、韶关、广州、惠阳等地、市局的经验说明，地、市局对这项工作的重视和努力，对县级管理机构的建立起着关键的作用。韶关市所属 12 个县，1985 年以前，都没有成立管理机构，市局领导清醒地认识到这与执法需要是很不适应的。他们把建立县级管理机构作为 1986 年的重要工作列入议事日程，积极向市府领导汇报，勤跑多讲，局领导带队先后 50 多次到各县，反复向县里领导宣传《计量法》和省府有关文件，并注意用典型经验推动其他各县。经过一年的努力，在市、县领导的支持下，全市 12 个县都建立了管理机构，而且都列入政府序列，为一级局建制，为全面开展业务工作打下了基础。

由于各市、地局和广大标准计量人员的不懈努力，广东省各级管理机构的建设出现了前所未有的大好局面。全省执法管理机构的建立，人员编制，经费和基建的解决都取得了显著成效。至 1987 年底，全省 15 个市（地）全部成立了计量管理机构和技术机构；100 个县中已有 97 个成立了计量管理机构，99 个成立了计量技术机构；全省标准计量系统有职工 2591 名，其中有编制的 2219 名（行政编制 474 名，事业编制 1745 名），占职工总数的 85.6%。国家拨款有了大幅度增长。1986 年国家各级财政拨给全省标准计量部门的经费、基建补助等达到 1769.88 万元，比 1984 年增长了 128.5%，其中市（地）、县级拨款增长 152.6%。在贯彻实施《计量法》的推动下，解决计量部门工作场地问题不仅得到省有关部门的支持，而且得到越来越多的地方政府的重视，由地方出大头，省财政厅出小头，给适当补助支持的办法，平均补助款占 15% 左右，县级补助达 30% 左右，调动了地方积极性。从 1985 年至 1987 年，有 33 个市、县政府拨款给计量部门搞基建，比较大的市，如深圳、海口、海南行政区、汕头、江门等地方政府拿出的基建费都在 100 万元以上。

广东省虽然基础比较落后，《计量法》颁布前各级计量管理机构和计量检定机构很不健全，但省标准计量局抓住《计量法》颁布的时机，为促进计量执法机构的建设，积极主动地向各级政府领导反映情况，利用各种机会反复进行宣传，从而得到了各级政府领导的理解和支持，在很短时期内建立健全了各级计量行政执法机构。1988 年海南建省后，广东省 19 个市，76 个县全部建立了标准计量（技术监督）局，《计量法》在广东省全面实施有了组织保证，也标志着全省法制计量工作进入一个新的阶段。

二、省级计量行政管理机构的加强和完善

1. 省标准计量管理局的建制问题

《计量法》颁布以后，广东省标准计量管理局作为二级局显然不符合《计量法》的要求，在贯彻实施《计量法》的工作中遇到不少困难，受到一定局限。为此，省标准计量局多次向省政府领导反映，并希望得到解决。1986 年 6 月省标准计量局党组在报送给省委经济工作部的《广东省标准计量管理局体制改革方案》中提出：省标准计量管理机构，作为省政府的职能机构，列入省政府的机构序列，成为一级行政管理机构，方能适应其执法地位和综合监督职能的要求。

1986 年 12 月，省标准计量管理局黎湘局长在参加省委工作会议后给林若书记并各位省委常委写了一份报告，提出发展商品经济必须加强监督；工业上水平求效益，必须加强标准计量方面的经

济技术基础工作的意见。报告列举了广东省商品经济发展快、市场繁荣、活跃，但同时假、冒、伪、劣商品较多，商业贸易中计量不准，短斤少两问题突出。而广东省计量管理机构不健全，计量监督能力薄弱，据 1985 年全国计量系统的统计，广东省从事计量工作的总人数排全国第 9 位；大专毕业生所占比例排全国第 9 位；财政拨款人均数排全国第 20 位；固定资产排全国第 20 位；仪器设备资产排全国第 11 位，处于中下游状态，很不适应广东省经济的快速发展。报告指出，1983 年机构改革时，将标准局、计量局两个一级局合并为一个二级局，广东省标准计量工作实际上是被削弱了。

省委、省政府领导对这份报告十分重视，省委林若书记 12 月 13 日批示："同意认真加强计量工作"。匡吉副省长 12 月 28 日批示："为适应商品经济的发展，标准计量工作必须加强，但是目前无论是机构、人员素质，还是监督手段都不适应，拟以省府名义发个通知。请复印几份送选平、德元、杨立等同志阅酌"。叶选平省长 1987 年 1 月 11 日批示："匡吉同志：请组织研究，定出措施，下发文件"。匡吉副省长于 1 月 21 日再次批示："请黎湘同志起草（代省府）一个通知，包括提出必要的措施，然后找有关部门一起研究定"。

省标准计量局根据省政府领导的批示代拟了《关于加强标准计量工作的通知》，于 1987 年 3 月 21 日上报省政府及正副省长。据悉，在征求意见中省计委、省编委、省经委和省科委分别回文省府办公厅，提出了对（代拟搞）的意见。分管过标准计量部门的省经委、省科委都同意代拟搞的内容，省计委对基本建设投资渠道问题作了补充修改。而省编委根据《中共中央办公厅、国务院办公厅关于停止各级党政机关和群众团体升格的通知》（中办发 [1986]34 号）精神，提出不同意见。

1987 年 5 月 5 日，省标准计量局黎湘局长，李俊洁、林炯堂副局长向省委常委刘维明汇报广东省标准计量机构改革研讨会的问题时，刘维明对省标准计量局恢复一级局建制表示支持，并就加强标准计量工作提出了建议和指示。

1988 年 3 月张高丽副省长在听取了黎湘局长就全省标准计量工作所作的汇报以后，对广东省标准计量工作进行了充分的肯定，对如何围绕提高产品质量和档次，提高整个省的工业水平和发展商品经济，把标准计量局建成有权威、高效率，在全国居领先地位的部门，作了重要指示，并支持省标准计量局恢复一级局。

省标准计量局不能恢复一级局，也影响到市（地）、县计量管理机构的建制，尤其是县级机构为二级局，不能参加政府会议，不能独立发文，贯彻计量法的监督执法职能困难很大。尽管省标准计量局向省府进行了申述，但这个问题还是被搁置起来。

2. 分设法制计量处和工业计量处

随着《计量法》的深入贯彻，省标准计量局计量管理处承担的执法监督，组织管理工作越来越多，为了做好实施《计量法》的工作，经报请省编委批准，1987 年 8 月将省标准计量局计量管理处分设为法制计量处和工业计量处，并由省标准计量局党组任命周群英为法制计量处处长，陈富强为工业计量处处长。

法制计量处的职责包括：宣传国家计量法律、法规，制定地方计量法规；统一全省计量单位制度，推行国家法定计量单位；组织规划全省量值传递，对计量标准考核发证；组织强制检定，组织培训考核计量检定员；任命计量监督员；处理计量纠纷和组织仲裁检定；对违反计量法的行为和当事人依法进行处理等。

工业计量处的职责包括：负责贯彻国家计量法律、法令在工业领域的组织实施和监督管理；对制造、修理计量器具的企（事）业单位和个体户组织考核和发证；执行对计量器具新产品的型式批准和组织定型鉴定、样机试验；负责计量认证、进口计量器具监督管理、工业企业定级升级、促进企业完善计量检测管理等。

两个处分设以后，法制计量工作和工业计量工作都得到加强。

3. 技术监督体系的建立

进入 80 年代中期，整个社会深入改革，更加开放，实施沿海经济发展战略，扩大对外开放，更广泛地进入世界市场。我国处在一个新技术迅速发展的时代和开放的、竞争的国际环境中。国际贸易的激烈竞争主要反映在发展新技术和提高产品质量的竞争，为此必须大力加强标准、计量、质量监督和质量管理等技术基础工作，促进技术进步，提高管理水平。

在我国商品经济发展同时，也出现了市场上商品质量差，危害国家、集体、企业和个人利益的问题。当时经济工作的突出问题之一是质量问题。在治理经济环境，整顿经济秩序中，党中央、国务院经过两三年的酝酿，决定合并国家计量局、国家标准局，并将原国家经委质量管理局并入，组建国家技术监督局，直属国务院领导，独立于政府其他部门。经过两个多月的紧张筹建，1988 年 7 月 19 日上午，国家技术监督局成立大会在中南海国务院小礼堂隆重举行。

组建国家技术监督局的根本出发点是：建立社会主义商品经济新秩序，加强政府对全社会的技术经济监督的职能，力求建立起一个统一的、符合社会主义商品经济发展规律的、有权威的国家技术监督体系。

国家技术监督局是国务院统一管理和组织协调全国技术监督工作的职能部门，其主要任务是负责管理全国标准化、计量、质量监督工作和对质量管理进行宏观指导。国务院授权国家技术监督局负责统一组织管理和协调全国的标准制定和社会生产、开发流通、消费活动中的技术监督工作，包括一切工业产品、药品、食品、船舶、锅炉压力容器检验和进出口商品检验等。

国务院认为，技术监督部门是一个要大力加强的部门。计量是国家技术监督体系中的一个重要组成部分，必须得到进一步加强。国家技术监督局的成立，在计量工作的发展中又是一件大事。中央要求广东省发展商品经济先走一步，这对加强广东省技术监督工作的要求就更加迫切。广东省是综合改革试验区，应该而且有条件根据国务院改革的总体设想，在地方技术监督机构建设上先走一步，为建立和健全全国技术监督体系做出贡献。

国家技术监督局成立后，省经委向省府报告了广东省组建技术监督机构的意见，其中质量管理职能仍保留在经委。1988 年 7 月省编委就经委的报告批复为：“省编制委员会同意将省标准计量局改称为广东省技术监督局，至于省技术监督局升级问题，待机构改革时统盘考虑”。但这个批复当时并未批转省标准计量局。

1988 年 8 月 3 日，国家技术监督局在北京召开了全国技术监督工作座谈会。会后，省标准计量管理局向省经委并呈张高丽副省长报送《关于贯彻全国技术监督工作座谈会精神的请示》。在该请示文件中提出，应加快广东省技术监督机构建设步伐，参照国家技术监督局组建模式成立广东省技术监督机构，建议将广东省标准计量管理局更名为广东省技术监督局，恢复一级局，直属省政府领导，归口经济管理部门。鉴于广东省经委仍保留的状况，就质量管理职能归口问题提出了两个方案，一是将省经委质量管理职能并入技术监督机构，与国家技术监督局的组建模式和对质量管理进行宏观指导的职能相一致，上下工作好协调。第二方案是，省经委作为主管工交生产的部门不撤销，而质量管理又是生产管理的重要内容，因此不将省经委质量管理职能并入技术监督机构，不至于质量管理与生产管理相脱节。

1989 年 11 月省标准计量局根据省人大常委会的安排，向其汇报广东省实施《计量法》的情况。在这个汇报中，省标准计量局向人大反映全省包括省标准计量局还有近半数的计量行政机构未列入政府序列即一级局，由此造成标准计量工作未纳入国民经济计划，所需经费未列入各级地方财政预算，使广东省计量工作的开展还不能适应经济社会发展的需要。

张高丽副省长在 11 月 22 日再次对省标准计量局的报告作了批示："标准计量、质量技术监督是十分重要的基础工作，必须进一步强化，我赞成将质量技术监督局并列入一级局序列"。

至 1990 年 4 月 30 日，省编委同意省标准计量局更名的批复才由省经委党组在《关于省标准计量局改称为省技术监督局的通知》中传达到省标准计量局。1990 年 5 月，省标准计量管理局更名为广东省技术监督局，仍为二级局。6 月省人事局通知，省人民政府批准任命黎湘为省技术监督局局长。同时，省经委党组通知蒋善利、梁岫珍任副局长。

省技术监督局建制规格问题的拖延解决，对广东省《计量法》的贯彻实施工作造成一定程度的影响。在这种情况下，省技术监督局和各级计量机构千方百计克服困难，努力为贯彻实施《计量法》作了大量工作，使广东省计量工作有了较快的发展。

1994 年 7 月根据中共广东省委、广东省人民政府《关于印发〈广东省省级党政机构改革方案〉和〈广东省省级机构改革方案实施意见〉的通知》（粤发 [1994]11 号），省技术监督局由副厅级升为正厅级，任命陈善如为党组书记、局长。

三、体制机构改革

随着经济体制改革的深入发展，我国的经济运行机制发生了深刻的变化，由产品经济向商品经济转变，由计划经济向市场经济转变。主要用行政办法、按行政系统管理经济的传统做法，已经越来越不适应商品经济和市场经济的要求。党中央提出在"七五"期间进一步增强企业活力、逐步完善市场体系、宏观经济管理由直接控制为主转向间接控制为主的方针。为此国务院作出以转变政府管理经济职能为主要内容的机构改革的决策。

为了稳妥地推进机构改革，从 1985 年起，经国务院同意和省政府批准，在全国 16 个中等城市进行政府机构改革试点，其中包括广东省的江门市。1986 年 5 月国家体改委、劳动人事部在江门市组织召开了"中等城市机构改革试点工作座谈会"。会后发出的"座谈会纪要"指出，改革的主要内容是要充实加强综合经济管理部门和经济调节监督机构；精简合并专业管理部门；调整城区政府的管理权限；结合机构调整进行人事制度的改革；探索党政合理分工的路子。其中"充实加强综合经济管理部门和经济调节、监督机构"的改革内容与标准计量工作关系密切。"座谈会纪要"强调：要逐步创造条件，不再由专业局和行政性公司直接管理企业，而由综合管理部门和经济调节、监督部门主要运用经济和法律手段实现对企业的管理和监督，并根据这些部门新的职能的要求不断提高其工作人员的素质。与此相适应，要充实加强财税、审计、金融、物价、劳动工资、统计、标准计量、工商行政管理和经济立法、公证等经济调节、监督部门的力量，建立和加强经济信息和决策咨询机构。

省标准计量局于 1987 年成立了体制改革领导小组，组织干部职工认真学习有关机构改革的文件和国家计量局、省委、省政府领导的指示精神，结合广东省实际，着重研究了标准计量部门作为综合性经济技术监督管理部门，在国民经济中的地位和职能，以及在经济管理体制改革中应如何予以充实和加强。

为配合江门市政府、市体改办抓好江门市标准计量局的机构改革，省标准计量局于1987年4月10日至14日在江门市组织召开了全省市（地）标准计量机构改革研讨会，帮助江门市标准计量局修改、形成了《江门市标准计量管理体制改革方案》报批稿。江门市体改办充分肯定了该改革方案，并批示同意此方案。在《江门市标准计量管理体制改革方案》中明确了标准计量部门的性质与地位。标准计量局属于综合性经济、技术监督部门，它所实施的监督既不代表企业，也不代表用户，而是代表国家进行的监督。为了使监督具有公正性、科学性和权威性，标准计量部门应纳入政府序列；在机构设置上、经费来源上不应依附任何部门，必须能够独立行使执法职能；要有满足需要的技术手段为执法提供技术保障。根据上述原则，方案制定了标准计量部门的职能与职责范围、机构设置，以及充实和加强的主要措施等。

在江门市改革试点经验的推动下，省标准计量局以汕头市的揭阳县和韶关市的仁化县作为重点县标准计量机构改革试点，制定了县标准计量机构的改革方案，于1987年10月8日至10日召开了全省试点县标准计量部门机构改革座谈会，进行了交流和研讨。

1987年是全省标准计量系统探讨改革的一年，人人关心改革，人人探讨改革，主要表现在以下五个方面：

（1）明确了标准计量工作在国民经济建设中的地位、性质和作用。由于多次向省委、省府、体改办、编委、人事部门的领导汇报，向各级政府领导宣传，“标准计量工作是国民经济的重要经济技术基础工作，标准计量部门是综合性的经济技术监督部门”。这个基本观点已为各级领导和社会所接受。

（2）在统一认识、提高认识的基础上，各级计量管理部门都在制定自己的机构改革方案，较好地配合了当地的经济体制改革工作。各级计量技术机构也进一步明确了自己的执法监督地位，端正了业务指导思想和发展方向。认识的统一和提高，也促进了自身的建设，大多数市局、市所都制定了内部管理制度，机关工作效率不断提高，宏观管理能力不断增强，使机构的业务覆盖面明显扩展，效益增加。

（3）在江门的改革方案和试点县的改革方案基础上，省标准计量局制定了《广东省县（市）标准计量工作职责》，于1987年8月颁布，为在新形势下，如何开展县级标准计量工作起了指导作用。不少市、县局根据这个文件，制定了自己的“工作职责”，增强了执法监督和加强服务的观点。县级计量机构的工作着眼点逐步从衡器检定管理，转移到为当地经济发展和企业生产的需要提供计量技术保障和服务上来，工作面迅速扩展，跳出磅磅秤秤的小天地，走向社会经济发展的大天地。昔日的磅秤佬已经变成执法官和咨询者，工作局面逐步打开。

（4）从1987年起建立了一年两次的市（地）标准计量局局长例会制度。这是管理工作的一项改革，是加强宏观管理，发挥中心城市作用的重要措施。每年两次市（地）局长例会，都有明确的议题，对当时带有普遍性的重点问题，提交会议与市（地）局的领导共同研究解决，进而对全省性的工作及时提出指导意见，使全省工作形成一个整体。市（地）计量管理部门也都注意抓好县局的工作，效果明显。例如，江门市标准计量局为协调和指导县局的工作，建立了县局、所长工作会议制度，采取“放权”和“加压”的做法，该由县局办的事，坚决放权，支持县局行使执法职能，同时也要求县局加强执法监督，全面开展工作，给予压力，促进了县局工作上轨道。韶关、广州和江门市标准计量局在各县建立管理机构后，针对人员新，业务不熟悉的实际需要，及时举办各种学习班，加强培训，有的还组织县局领导到兄弟省市参观学习，具体帮助县局开展业务工作。

省抓市、市抓县，全省层次分明的管理体系初步形成，市局的作用越来越显著，市、县的工作已逐步进入轨道，这是 1987 年省市两级管理部门加强宏观管理、加强业务指导的结果。

（5）随着事业的发展，标准计量部门执法监督地位的确立，行业权力逐步增大，搞好行业的道德教育，已经成为保证事业健康发展的重要因素。为此，1987 年省标准计量局制定了《广东省标准计量系统职业道德规范》，对全省干部职工，特别是各级执法人员，在贯彻《计量法》等国家各项计量、标准、质监法规中，哪些必须做到，哪些不能做，提倡什么，反对什么，都作了比较明确具体的规定。各级领导和职工，特别是执法人员，时时用“规范”要求自己，坚持“公正监督、热情服务”的准则。他们在为社会和企业做了大量有益工作的同时，对自己约法三章，及时发现苗头，及时处理，做到警钟长鸣。《广东省标准计量系统职业道德规范》为树立良好的行业道德，保证广东省标准计量事业按正确轨道健康发展，起到了保证和监督作用。

省标准计量局在加强宏观管理、指导全省工作方面，不论是指导思想还是管理方法，都前进了一大步，全省有层次的管理体系雏型基本形成，法制体系建设初步健全，各项业务工作全面开展，地方工作逐步走上正轨。

1988 年，以深圳市计量检测所的名义与香港天祥公证行合作开办了“深圳天祥公证行”，性质为合资企业，深圳市计量检测所占 45% 股份，香港天祥公证行占 55% 股份，合作期限是 15 年。这在国内尚属第一家，在国内开创了成立合作性股份制检测公司的先河。

第三节　企业计量定级升级活动迅速展开至停止的过程

为提高企业的产品质量，节能降耗，和完善经济责任制，提高经济效益，国家计量局于 1984 年在全国启动了工业企业计量定级升级活动。《计量法》颁布后，1987 年发布的《中华人民共和国计量法实施细则》第十二条规定：“企业、事业单位应当配备与生产、科研、经营管理相适应的计量检测设施，制定具体的检定管理办法和规章制度，规定本单位管理的计量器具明细目录及相应的检定周期，保证使用的非强制检定的计量器具定期检定”。企业计量定级升级活动，就是贯彻落实《计量法实施细则》第十二条要求的具体措施。

《国务院关于加强工业企业管理若干问题的决定》指出：“企业要尽快完善计量器具和检测手段，认真做好计量定级、升级工作，逐步实现检测手段和计量技术现代化”。国家经委 1987 年发布的《国家优质产品评选条例》规定，计量定级是国家优质产品必须具备的条件：“大中型企业计量定级标准，必须达到二级计量合格，小型企业定级标准，必须达到三级计量合格”。国家经委经能 [1987]51 号文颁发的《企业节约能源管理升级（定级）暂行规定》中规定：“国家节约能源企业要有计量部门颁发的二级以上计量合格证，省节约能源企业要有三级以上计量合格证”。广东省加强企业管理领导小组颁布的《广东省省级先进企业考核试行办法》规定，省级先进企业“要完善计量器具和检测手段，计量定级获得三级合格”。上述一系列文件和政策，促使企业计量定级升级活动迅速升温，做好计量工作成为企业提高产品质量，增强“广货”竞争力的重要手段。

一、企业计量定级升级活动的内容和程序

1. 企业计量定级升级管理办法和评审内容

国家计量局于1984年颁布了（84）量局工字第100号《工业企业计量工作定级、升级办法（试行）》，以及《企业计量工作定级、升级评分标准》。广东省为了贯彻落实，于1985年1月制定发布了《广东省工业企业计量工作定级、升级实施意见（细则）》。

广东省在贯彻国家计量局有关企业计量工作定级、升级的要求时，紧密结合广东省经济发展实际，走出了具有广东省特色的路子。1985年是刚开展企业计量定级、升级的第一年，广东省步子不大，全省只有51个企业定了二级或三级。为了动员更多的企业重视计量基础建设，自觉参与计量定级、升级活动，1986年2月，省经委和省标准计量管理局联合发出《关于抓紧做好工业企业计量定级升级工作的通知》。通知规定：从1986年2月起，广东省各类产品评优，发放生产许可证，评选节能先进单位，六好企业等均要有计量合格证的复印件；1982年以前获得省优质产品称号的企业均要在1986年5月底前达到三级计量合格水平；1983年起历年获得省优质产品称号的企业，均需在1986年底前达到三级计量合格水平；未达到要求的，将考虑撤销优质产品称号。通知提出了计量定级、升级规划，在1986年内大中型企业应有20%达到二级计量合格水平，60%达到三级计量合格水平，已评为二级计量合格的重点企业，应努力创造条件，达到一级计量合格水平。对于使用计量器具不足300件的小型企业，在申请评优的计量情况审查时，可不考虑计量定级，而采取对该产品的关键工艺计量检测和产品质量计量检测以及计量管理状况进行单项审查。

这一规定使企业增加了要求计量定级的动力，从此广东省企业计量定级、升级活动蓬蓬勃勃开展起来。

紧接着，为了使定级升级评审能严格、准确地掌握评分标准，省标准计量局于1986年4月16日发布了《广东省工业企业计量定级、升级评审工作的若干规定》和《“企业计量情况”单项审查评分标准》。在《广东省工业企业计量定级、升级评审工作的若干规定》中对二、三级计量考核评审常见问题作了十分具体的阐述和说明，操作性强。例如尚未对自身使用中计量器具开展检定、修理的小型企业，如何运用国家规定的原则，结合实际评分并折算出标准分的方法；对在用计量器具不足300台（件）的小型企业暂不定级，但在企业申报创优时实施单项审查，并制定了《“企业计量情况”单项审查评分标准》等。这些是在国家计量局的补充规定出台之前，对广东省中型和小型企业定级、升级工作起了很好的指导作用。

1986年为更加有效地推动全国工业企业计量定级、升级工作的开展，并适应一些计量器具数量少的企业和事业单位计量定级、升级的要求，国家计量局对（84）量局工字第100号文件作了补充，形成（86）量局工字第199号《关于〈工业企业计量定级、升级办法（试行）〉的补充规定》，于1986年4月24日发布。这一规定主要是针对具有工作计量器具不足300台（件），同时年耗标煤3000吨以下的工业企业，和承担生产任务拥有一定量产品向社会供应的事业单位，制定了《工作计量器具不足300台（件）、同时年耗标煤3000吨以下的企、事业单位计量定级、升级评分标准》，并规定经考核综合评分在80分以上，计量检测率达到30分以上，有一定经济效益的可定为三级；综合评分在90分以上，计量检测率达到35分以上，经济效益显著的可定为二级；这类企、事业单位一般暂不评一级。对不具备定级条件的企、事业单位或修理行业，暂不定级，为了不影响其评先进、创优和申请许可证，执行单项计量考核，效力为两年。这一补充规定使大、中型企业以外的大量小

型企业有了定级升级的具体办法。

在贯彻执行《关于〈工业企业计量定级、升级办法（试行）〉的补充规定》中，广东省遇到小型企业与该补充规定中工作计量器具不足300台（件），同时年耗标煤3000吨以下的工业企业不完全相同的情况，有相当数量的企业使用计量器具在300台（件）以上，而年耗标煤在3000吨以下；另有一些企业使用计量器具在300台（件）以下，而年耗标煤在3000吨以上。为此省标准计量局结合实际情况，制定了《广东省执行（86）量局工字199号文的实施细则》于1987年6月发布实施。该文件对几种不同情况下如何评审和如何计分，如何对工作计量器具周检率和在用计量器具抽检合格率进行考核都作了具体规定，解决了各类小企业计量定级、升级的难题。

1988年国家计量局又对生产规模小，计量器具很少的“不具备计量定级条件的企、事业单位”发布了《关于对（86）量局工字第199号文件的补充规定》（国家计量局文件（87）量局工字第484号），规定对这类企、事业单位不用进行计量定级考核，只进行一般性计量验收。计量验收考核合格发给计量验收合格证，在发放产品许可证、创省和部优质产品方面享有三级计量合格证书的同等效力。该文件同时提供了“计量验收评分标准（工作计量器具不足100台件的企、事业单位）”，使全国各种规模类型的企业和事业单位的计量定级、升级管理更加完善。

这一次的补充规定与广东省1986年发布的《广东省工业企业计量定级、升级评审工作的若干规定》和《“企业计量情况”单项审查评分标准》的原则基本一致，贯彻国家计量局的第二个补充规定以后，广东省《“企业计量情况”单项审查评分标准》已完成了历史使命，从1988年3月5日即停止执行。

自1985年开始发出的各级计量合格证书，其有效期均为三年，至1988年开始陆续到期。为了做好计量合格企业的复核换证，国家计量局于1988年1月颁发了《二、三级计量合格证书到期企业重点抽查复核标准》，同年7月又颁发了《工业企业一级计量合格证书到期换证办法》和《一级计量企业复核复查标准》，专门针对到期换证制定了复核复查的标准评分表，对复核检查的内容，是否通过的判断标准，以及检查的方法都作了具体详细的规定，同时要求执行过程中，应注重实际，简化程序，避免追求形式，做到客观的评价企业计量工作水平。

80年代乡镇企业迅速发展，已成为国民经济中举足轻重的一支力量。1987年9月国家计量局在四川大邑县组织召开了全国部分省、市乡镇企业计量工作座谈会，会后制定了《关于加强乡镇企业计量工作若干问题的规定》，于1988年3月5日，由国家计量局和农牧渔业部共同发布。该文件根据乡镇企业发展不平衡，计量工作薄弱的情况，提出在乡镇企业贯彻实施计量法的具体措施和要求，以及考虑乡镇企业行业复杂，小企业多的特点，规定计量定级、升级考核，按企业计量器具多少，分层次执行不同的考核标准。文件要求各级政府计量行政部门积极支持乡镇企业计量工作，帮助乡镇企业提高产品质量，降低消耗，增加经济效益。

1990年8月25日以国家技术监督局令第17号发布施行《企业计量工作定级升级管理办法》，同时废止了已执行6年的《工业企业计量工作定级、升级办法（试行）》。新的定级升级管理办法是在原来试行的定级升级办法基础上，依据《计量法实施细则》第十二条制定的。新办法融合了原国家计量局的1984年第100号文、1986年第199号文和1988年第484号文的内容，将首次定级与复核复查的评分标准统一起来，使要求更加合理，资料更加精减，符合企业实际。

省技术监督局在国家技术监督局17号令发布后，召开了宣贯会，决定广东省自1991年1月1日起执行，并在1991年3月和4月两次发文对贯彻实施《企业计量工作定级升级管理办法》的有关问题，提出了具体的实施意见。

1990 年 12 月 14 日至 17 日省技术监督局在珠海市组织召开了国家技术监督局 17 号令宣贯会，同时举行 1991 年度一级计量工作研讨会，会议规模很大，出席会议的不仅有全省各级技术监督（标准计量）部门的领导、计量管理负责人，而且有已获得国家一级计量合格企业和即将申请一级计量合格企业的厂长（经理）、总工、企业计量机构负责人等 125 个单位，共 248 名代表。这次会议是广东省历年来计量工作会议人数最多的一次，反映出计量工作的影响力越来越大，企业计量定级升级工作十分红火。会上总结了广东省开展企业计量定级升级工作取得的成绩和经验。一是坚持标准，严格要求，在 1989 年国家技术监督局委托中南区组织一级计量复核时，广东省扣分项最少，居中南各省第一名，1990 年广东省在中南各省居第二名，国家技术监督局对广东省严格掌握评分标准给予较好的评价；二是注意计量经济效益总结，受到省经委和各级领导重视；三是坚持分层次管理，省直属和中央驻省单位计量定级升级考核，由省技术监督局直接组织或委托行业评审组考核，二、三级计量考核由省技术监督局授权市和基础较好的县计量部门组织考核审定。中山市威力洗衣机厂、韶关冶炼厂、珠江冰箱厂、南海糖厂在会上作了创建一级计量企业的做法和经验的介绍。会议代表还参观了中山市威力洗衣机厂。这次会议的召开对学习贯彻国家技术监督局 17 号令，推动企业计量定级升级发挥了积极作用。

2. 计量定级升级评审员队伍建设

为统一和正确实施企业一级计量合格考核评审工作，1986 年国家计量局决定建立评审员聘任制度。规定一级计量评审员，在各省、自治区、直辖市计量部门，各工业主管部门技术机构以及厂矿企业中的计量管理人员中选拔，条件是：（1）有一门以上工业生产专业知识和工业计量管理知识；（2）参加过企业计量定级升级评审工作，能正确理解和掌握评分标准，并且有独立工作能力；（3）工作认真负责，并能秉公办事；（4）从事计量工作五年以上，有工程师以上职称或有丰富计量管理经验。一级计量评审员任期三年，可以续聘，属义务性质，在任期中发现营私舞弊或不能秉公办事者，可随时解聘。

广东省第一位一级计量评审员是省局计量处丘明祥。1984 年 6 月，国家计量局在辽宁省辽阳石化公司组织了一次一级计量考核评审观摩现场会，邀请各省、市计量部门派代表参观学习。广东省派了省标准计量局计量处丘明祥和广州市标准计量局计量处长彭学涵参加。他们通过这次现场观摩活动，加深了对企业计量定级升级文件的理解和掌握，了解了如何进行考核评审的程序和组织方法，收获很大。1984 年 10 月，国家计量局在辽宁省大连市组织了一级计量评审员考核培训班，广东省丘明祥具备资格，参加了培训考核，领取了一级计量评审员证书。根据国家计量局的规定，可由获得证书的一级计量评审员在本省组织一级计量评审员培训考核，将考核合格者报国家计量局备案发证。经国家计量局考核培训和广东省自行考核培训由国家计量局批准先后取得一级计量评审员资格的有省标准计量局陈富强、丘明祥、王根华、罗少华；省计量科研所林良臣、杨斯善；广州重型机器厂祁树槐；广州钢铁厂梁天安；广州氮肥厂麦文安；广州造船厂黄崇德、吕绍正、刘麟翔；佛山市标准计量局林庆麟、林皓生；深圳市标准计量局许江勇；广州市标准计量局彭学涵、李嘉赤；汕头市标准计量局陈松清；茂名石化公司杨雪尧；广州石化公司黄浩辉；广东轻工机械厂洪楚忠；广州无线电厂刘世荣；广州中药一厂陈超媛；韶关冶炼厂王从民等。此外广东省还有中央驻省的交通部广州海运局卢敏蓉、省航运局黄杞楦、湛江 38618 部队周怀沙等一级计量评审员。

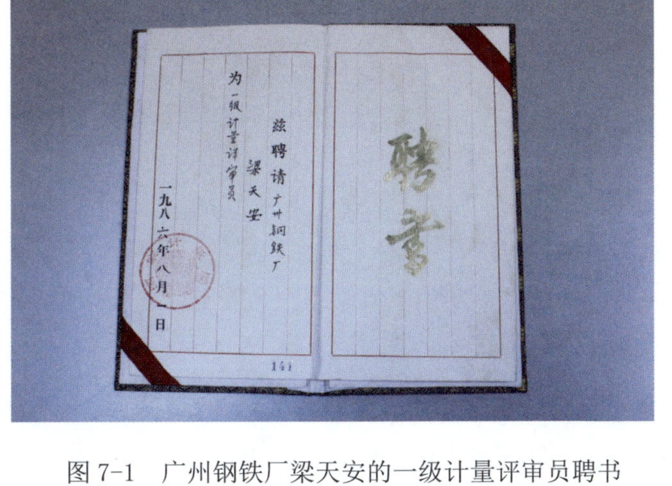

图 7-1 广州钢铁厂梁天安的一级计量评审员聘书

广东省的一级评审员在省内考核了几十家一级计量企业，也承担过外省一级计量企业的评审或复查。他们懂专业，熟悉工业计量，富有管理经验，在评审工作中认真严格，刻苦耐劳，秉公办事，不计报酬，受到企业的欢迎和各级领导的好评。申报一级计量的企业都是大企业，考核工作内容多而复杂，为了不增加企业负担，他们尽可能缩短考核评审时间，往往为了弄清问题，争论研究到深夜，也毫无怨言。有一次结束对茂名石油公司考核已是深夜 11 点，评审员们为了不耽误次日对广州重型机器厂的考核评审，连夜赶回广州，抵达该厂已是清晨 5 点多。他们稍事休息，即按时开始了对企业的考核评审。这些一级计量评审员不仅经常表现出不怕疲劳连续作战的精神，更为可贵的是廉洁奉公，退回企业给的红包，使企业职工很受感动。

1987 年 12 月，国家计量局在《1987 年度一级计量企业考核、复核结果通报》中指出：一级计量企业考核任务的完成是和一级计量评审员的辛勤劳动分不开的。一级计量评审员在实践中不断提高自身业务素质和政策水平，端正思想和工作作风，严格按照《一级计量评审员守则》办事，受到企业的好评。根据企业和各方面反映的意见，决定对较为突出的 24 名一级计量评审员予以通报表扬。在全国受到表扬的 24 人中，包括了广东省一级计量评审员陈富强、丘明祥。

按照国家一级计量评审员聘任制度模式，广东省建立了二、三级计量评审员聘任制度。二、三级计量评审员在市（地）、县标准计量部门、各市（地）、县工业主管部门的技术机构以及厂矿企业中的计量管理人员中选拔。二级计量评审员条件是：（1）有一门工业生产专业知识和工业计量管理知识；（2）参加过企业计量定级评审工作，能正确理解和掌握评分标准，并有独立工作能力；（3）工作能认真负责，秉公办事；（4）从事计量工作三年以上，有工程师或助理工程师职称或有丰富的计量管理经验。三级计量评审员条件是：（1）有一门工业生产知识和工业计量管理知识；（2）参加过企业计量定级评审工作或经过计量定级工作培训，能正确理解和掌握评分标准，并有独立工作能力；（3）工作认真负责，能秉公办事；（4）从事计量工作二年以上，有较丰富的计量管理经验或领有省标准计量局颁发的计量技术考核合格证。二、三级计量评审员任期三年，可以续聘，属义务性质，在任期中发现营私舞弊或不能秉公办事者，可随时解聘。

各市（地）的二级计量评审员由市（地）标准计量局推荐，报省标准计量局审查批准，发给聘书和二级计量评审员证。各市（地）所属县（含县级市）的三级计量评审员由县（市）标准计量局推荐，经市（地）标准计量局初审后，汇总报省标准计量局批准，发给聘书和三级计量评审员证。广州市的二级计量评审员，和市属县的三级计量评审员，由广州市标准计量局审查批准并聘请发证。

经过推荐和省标准计量局的审核批准，1987 年 9 月 2 日省标准计量局公布第一批聘请的广东省二级计量评审员 234 人名单。三级计量评审员由省标准计量局已授权发证的市（地）标准计量局考核聘任，在聘任之前，要求统一举办考核培训班，考试合格的才能聘任。

为了培训一批骨干，省标准计量局工业计量处用了两年多时间，先后在广州、佛山、顺德、东莞、中山、江门、新会、茂名、湛江、海南、韶关、珠海、深圳、惠州、河源、汕头等地举办了各种类型学习班几十期，培训了千余人，这批骨干力量推动了全省企业计量定级升级工作在各地有序地进行。

3. 定级升级活动程序和做法

在 1984 年颁布的《工业企业计量工作定级、升级办法（试行）》中规定企业定级、升级的考核申请程序是：企业按隶属关系，向政府计量管理部门提出定级或升级申请；由政府计量管理部门会同工业主管部门计量管理机构根据工业企业计量工作达到的实际水平组织考核评级发证。一级计量合格证书统一由国家计量局颁发；二级、三级计量合格证书统一由各省、市、自治区政府计量管理部门颁发，报国家计量局备案；国家计量局一年一次以公报形式发布授予各级计量合格证书的企业名单。各级计量合格证书有效期为三年，到期由颁发证书的计量部门组织复核，合格者，换发新证书；不合格者，吊销其计量合格证书或降级发证；复查评分达到上一级合格标准的，可换发上一级合格证书。

在实践中，定级、升级活动的程序和做法逐渐细化和完善。根据 1985 年全国一级计量考核评审的情况，国家计量局在 1986 年 4 月制定发布了《计量定级、升级一级考核评审办法（试行）》。

《计量定级、升级一级考核评审办法（试行）》规定了申请一级计量的必备条件是：（1）必须取得二级计量合格证书且半年以上。（2）有对全厂计量工作实施统一管理，充分发挥计量管理职能作用，由厂长（总工程师）直接领导的独立的计量管理机构；并配备足够计量管理人员，能有效地进行管理。（3）计量标准和量值传递系统健全，有较先进的计量检定和测量实验室。（4）产品采用国家标准，技术和管理先进，并取得省、部以上优质产品证书。（5）经济效益显著，在同行业中处于领先地位。（6）计量测试手段配备先进，重要参数必须进行测量能力指数 Mcp 值的分析。

《计量定级、升级一级考核评审办法（试行）》还规定了一级计量评审程序是：（1）获得二级计量合格的企业，经过 6 个月以上整改和自评合格后，报省（市、自治区）计量部门，由省（市、自治区）计量部门进行资格审查后，统一向国家计量局申请。一级计量评审一年一次，每年 7 月底申请截止。（2）国家计量局接受申请并与国务院工业主管部门协商后，委托各有关省计量局会同有关主管部门组成一级计量评审组，对本地区申请单位进行考核，考核结果报国家计量局。考核完成时间为 10 月底。（3）国家计量局接到考核结果报告后，组织复核评审组，复核合格后由国家计量局发证并公报全国。复核工作在 11 月底前完成。

每年各省将初审结果报给国家计量局以后，由国家计量局组织复核评审，最后通过全国总评产生当年全国的一级计量合格企业。1986 年度国家计量局组织复核评审组对各省上报的一级计量企业进行了全面的复核。1987 年度一级计量企业复核采取综合复核和专业复核相结合的方法，国家计量局组织 6 个综合复核组和冶金、电子两部门的 4 个专业复核组，每个省、市、自治区抽查 5 个企业，冶金、电子两部门在全国复核本行业的企业。这样有选择地抽查复核的做法较 1986 年全面复核的做法既减少了工作量又抓住了重点，使复核工作的质量有了较大提高。专业复核体现出较明显的优越性，同行业的一级计量评审员对本行业企业工艺、生产情况十分熟悉，提出问题和解决办法有针对性和说服力，并能及时总结经验在本行业内交流。在总结 1987 年复核工作经验的基础上，1988 年对一级计量合格企业进行复核采取由地方计量部门组织六个大区复核组，由冶金、电子、化工、铁道、石化组成五个部门复核组，执行《一级计量企业复核复查标准》，分别进行复核的做法，收到了较好的效果。

为有计划地推动企业计量定级升级活动，从国家计量局到各省每年下达定级升级企业数额指标。例如，国家计量局 1988 年下达一级计量考核数额指标为全国 120 个企业，其中广东省 6 个企业；1989 年指标与 1988 年相同。广东省 1987 年定额指标，全省一级计量合格企业 5 个，二级计量合格企业 100 个，三级计量合格企业 700 个。1988 年，广东省下达的二级计量考核指标数额为：（1）韶关、江门、佛山、湛江、肇庆、汕头、茂名等，每市二级计量企业数 12 个；（2）珠海、深圳、梅州、惠州、中山、东莞等，每市二级计量企业数 8 个；（3）河源、汕尾、阳江、清远等，每市二级计量企业数 4 个。广州市二级计量企业数实行单列安排，计划自定。

在开展企业计量定级升级活动中广东省形成了自己行之有效的做法：

（1）省标准计量管理局设有专职管理全省工业计量工作的职能机构——工业计量处。该处根据国家计量局的相关政策和文件，结合广东省经济发展的实际，组织制定了广东省实施计量定级升级的各种办法、规定、评分标准等；利用各种会议、活动宣传企业计量工作的重要意义；组织多次计量评审员培训考核，企业计量人员培训学习，培养了一大批企业计量工作骨干。该处拥有多名计量工程师和一级计量评审员，他们直接参与了企业计量定级升级的考核评审，并以他们丰富的经验辅导和帮助企业提高计量工作水平。

（2）重视一级计量合格企业的定级升级，为二、三级计量合格企业定级升级树立榜样，提供经验。全省拥有经原国家计量局于 1985 年和 1986 年先后聘任的一级计量评审员二十多名，他们分属不同的行业，专业覆盖面较广，每位评审员都参加过 10 次以上的资格审查和初评工作，有较丰富的考核实践经验，能坚持原则，秉公办事。

为了总结经验，提高定级升级评审水平，每年至少召开一次一级计量研讨会，进行文件学习，统一认识，交流经验，研讨考核方法等。由一级计量评审员对申报一级计量企业的资格进行审查，对申请企业进行分析，提出改进的要求。在正式考核评审前，省标准计量局都要组织一级计量评审员到企业预审，进行现场辅导和检查落实，有时达到三、四次。经过对企业资料的审查和企业整改后，将具备申请一级计量资格的企业，由省标准计量局统一报国家计量局（国家技术监督局）。

国家计量局对上报资料进行评审后，向省下达考核评审任务，由省标准计量局会同有关主管部门组成一级计量评审组，对本省申请单位进行考核，考核结果报国家计量局。广东省上报申请一级计量合格的企业，绝大多数都能在当年通过复核，获得一级计量合格证书。

（3）广大企业定级升级的积极性调动起来以后，做好定级考核的工作量很大。为此，省标准计量局决定采取分层次授权计量定级升级考核、审定、监督、管理的办法。省直属和中央驻省单位计量定级升级考核，由省标准计量局直接组织或委托行业评审组考核；各市企业二、三级计量考核由省标准计量局授权委托市（地）计量行政部门组织考核审定；授权委托基础较好的县（市）计量行政部门考核审定本地区三级计量合格；企业按隶属关系，由省、市（地）、县分级管理。具体实施时，对市（地）、县的委托授权，根据各级标准计量局所能达到的能力水平，采取成熟一批，委托一批的做法，有层次有步骤地逐步铺开，避免一哄而起，影响评审质量。

对考核审定市属企业二级计量合格的委托，省标准计量局制定了委托条件：（1）市级计量行政部门有专门负责计量管理和工业企业计量的职能机构。（2）该职能机构配有负责工业企业计量管理工作的专职干部，并有一名以上人员具有工程师的技术职称。（3）全市有6名以上的二级计量评审员并具有对工业企业进行计量定级、升级评审的实践经验，能正确掌握评分标准，秉公办事。（4）在本市内已有6个以上企业领取到二级计量合格证。市级标准计量（技术监督）局达到条件要求，省标准计量局才给予授权委托。

从1986年至1991年省标准计量局（省技术监督局）逐步委托了广州、深圳、韶关、江门、佛山、汕头、湛江、肇庆、惠州、东莞、潮州、珠海、清远等13个市标准计量（技术监督）局对二级计量企业考核评审，并代表省标准计量局（省技术监督局）审定发证；委托了51个市、地区、县标准计量（技术监督）局对三级计量企业考核评审，并代表省标准计量局（省技术监督局）审定发证。为了检查考核评审质量和管理素质，总结计量定级工作的经验，省标准计量局于1989年10月至12月对已委托承担二、三级计量考核评审的市（县）标准计量（技术监督）局，组织了一次检查。在各单位自查的基础上，由各市局对市属县进行检查，最后由省标准计量局组织了8个检查组对各市局的计量定级升级考核评审工作进行了全面检查，从而保证了二、三级计量考核审定的质量。

（4）每年请省府领导颁发一级计量合格证书，对取得各级计量定级升级企业采取公报形式公布，提高企业知名度，并且争取省府和财税部门支持对一级计量合格企业实行了奖励制度。

一级计量合格企业的考核评审是一个复杂的过程，不算准备工作，从申报到批准公告，要一年时间。企业在争取达到计量合格的过程中，从厂长、总工程师、厂内各职能部门以及每个工序岗位的工人，都要加强计量意识，针对本企业生产和经营管理的实际进行大量的、细致的整顿和改进工作。为鼓励广东省获得国家审定批准为《一级计量合格》的企业，1986年12月省经委和省标准计量局联合向省税务局递交《关于报请给予获得〈一级计量合格〉的四个企业以奖励并免征奖金税的报告》。报告提出：要求准许在企业的利润留成中，提取一个月基本工资限额作一次性的奖励，并对这部分奖金免征奖金税。省税务局于1986年12月25日《关于给予获得〈一级计量合格〉的四个企业的奖励同意免征奖金税的复函》中同意对1986年广东省第一批获得国家审定批准为《一级计量合格》的广州造船厂、广州重型机器厂、茂名石油工业公司、韶关冶炼厂等4个企业在留利中提取半个月标准工资数额的一次性奖励，免征奖金税。

对获得国家一级计量合格的奖励问题以后又经过逐级向省主管领导反映，得到规范和加强，1987年广东省人民政府粤府[1987]120号文颁布的《广东省工业产品质量管理规定》中第七章第三十条和三十一条规定“获得国家质量管理奖和国家一级计量奖的企业，可分别一次性发给人均一个月标准工资额的奖金”；“所列各项奖金在本企业各种留成基金中解决，不列入年奖金控制总额范围，不交奖金税”。1987年以后，每年一级计量合格企业都按省府的规定发放了奖金，并对升一级计量工作中作出贡献的企业计量部门和有关人员，给予重奖。

4. 先进管理技术和方法的运用

企业计量定级升级活动中开始在工业计量中运用先进管理技术和方法，主要表现在以下方面：

（1）企业计量网络图的普遍应用

1986年国家计量局以（86）量局工字第363号文颁发了《工业企业计量网络图设计规定（试行）》，

要求工业企业申请计量定级、升级时须绘制计量网络图，并尽量采用此规定。

计量网络图的内容包括：

a. 企业基本情况统计表（生产、经营管理和计量管理情况等）；

b. 计量管理机构和计量技术机构系统图；

c. 计量人员基本情况表；

d. 大型计量设施（如轨道衡、汽车衡、料斗秤等）和贵重计量设备、测试仪器分布图、表；

e. 能源计量网络图；

f. 经营管理计量网络图；

g. 生产工艺过程控制计量网络图；

h. 产品质量检验计量网络图；

i. 安全防护、环境监测计量网络图。

各类计量网络图要画出检测点的位置，表示出每个检测点的测量参数，所用测量仪器仪表及其准确度要求。能源、经营管理、工艺控制、产品质量四项主要的计量网络图要按国家计量局颁发的《工业企业计量网络图设计规定（试行）》绘制，安全防护、环境监测的计量网络图要独立绘制，能源管理计量网络图要按一、二、三级用能分别绘制。

（2）测量能力指数 Mcp 值的分析计算

1986 年 4 月 28 日，国家计量局在颁布《计量定级、升级一级考核评审办法（试行）》时要求，一级计量申请单位要对主要测量参数进行 Mcp 值计算；二级计量申请单位要对关键测量参数进行 Mcp 值计算；三级计量申请单位要对质量检验及进出厂能源、物资计量检测进行 Mcp 值计算。

所谓测量能力指数 Mcp 值是为了保证测量数据的准确而提出的一种评定指标，是用被测对象的允许误差与测量误差的比值来表示。其比值越高，表示测量能力越强。根据企业的具体测量参数所要求的允许误差，与其配备的测量仪器的准确度，即可分析计算出相应的测量能力指数 Mcp 值。按照 Mcp 值的大小，测量能力的评价从高到低分为 A、B、C、D、E 五个级别。对一级计量合格企业的要求是，关键工艺、产品质量检验的主要参数其 Mcp 值不得低于 B 级。

（3）计量器具分类管理的实施

广东省通过总结企业计量定级、升级活动中的经验，1988 年 2 月经全省一级计量考核研讨会研究讨论，由省标准计量局审定批准的《广东省工业企业计量器具分类管理办法（试行）》于 24 日下发贯彻执行。这是广东省在全国最先提出实施企业计量器具的分类管理。该办法是为确保企业计量器具的准确一致和量值的统一，实现对计量器具的科学管理而制定的。企业可根据本企业的实际情况，对在用的计量器具划分 A、B、C 类别，分别采取相应的管理措施，实施管理。类别的划分依据计量器具所测量的参数的精度要求，计量器具在生产和管理中的作用，国家对该种计量器具的管理要求和计量器具产品的可靠性及使用的频繁程度等确定。分类管理办法分别规定了 A 类、B 类、C 类计量器具的范围，并分别规定了各类计量器具的管理办法，及计量器具状态标志的使用要求，使企业计量器具的管理进一步规范化。

（4）计量工作科学化管理要求

为了促进一级计量企业提高计量管理水平，国家技术监督局计量司于 1991 年 3 月提出，拟对一级计量企业提出计量工作科学化管理的要求。发文规定：从 1992 年复查换证开始，试行五项科学管理考核内容：第一，实现一种计量数据管理模式并用于指导生产，2 分；第二，计量工作与企业生产和经营管理紧密相结合，计量经济效益显著，2 分；第三，计算机有效地应用于计量管理，2 分；第四，计量器具实行了 A、B、C 分类管理，2 分；第五，在计量管理工作中有创新成果，2 分。一级计量企业复查换证除按《计量考核评分标准》达到 95 分以上，还要求科学化管理达到 6 分（含 6 分）以上，方可换发新证。

除了以上先进管理技术和方法以外，在计量定级升级活动中，还有很多创新，这些都为企业计量工作的深入发展奠定了很好的基础。

二、全省企业定级升级进展和成果

据统计，1985 年全省达到二级计量合格企业 41 个，三级计量合格企业 10 个。1986 年全省达到一级计量合格企业 4 个，二级计量合格企业 95 个，三级计量合格企业 787 个。1987 年全省达到一级计量合格企业 5 个，二级计量合格企业 74 个，三级计量合格企业 902 个。1988 年全省达到一级计量合格企业 4 个，二级计量合格企业 120 个，三级计量合格企业 847 个。1989 年全省达到一级计量合格企业 11 个。1990 年全省达到一级计量合格企业 8 个，二级计量合格企业 184 个，三级计量合格企业 839 个。1991 年全省达到一级计量合格企业 9 个，二级计量合格企业 138 个，三级计量合格企业 549 个。累计全省有 41 家企业达到一级计量合格，并荣获国家计量先进单位的光荣称号；936 家企业达到二级计量合格；4962 家企业达到三级计量合格；377 家小型（乡镇）工业企业通过计量验收审查合格。

1986 年至 1991 年广东省取得一级计量合格企业名单如下：

1986 年广州造船厂、广州重型机器厂、茂名石油工业公司、韶关冶炼厂。

1987 年广州钢铁厂、广州氮肥厂、韶关齿轮厂、广州市万宝电器（冰箱）工业公司、中国石油化工总公司广州石油化工总厂。

1988 年韶关工具厂、新会农业机械厂、中山洗衣机厂、文冲船舶修造厂。

1989 年广东省建材机械厂、深圳康佳电子有限公司、广州广播设备厂、广东珠江冰箱厂、广州白云山制药总厂、广州卷烟二厂、广州机床厂、广州第一橡胶厂、广东省石油气用具发展有限公司、佛山市塑料二厂、顺德电缆厂。

1990 年国营南海糖厂、广东轻工业机械厂、广州光华制药厂、广东电缆厂、信宜县松香厂、中国人民解放军 4804 工厂、广东省江门市农药厂、中山精细化工实业有限公司。

1991 年韶关钢铁厂、广州卷烟一厂、广州中药一厂、广州市南方面粉厂、中山市石歧玻璃总厂、顺德县美的风扇厂、鹤山毛纺织总厂、佛山市陶瓷工贸集团公司石湾耐酸陶瓷厂、顺德粤海洗碗机有限公司。

为了及时总结广东省企业计量定级、升级所产生的效益，1989 年，省标准计量管理局抽样调查了已进行计量定级的 376 个企业。调查结果显示：

（1）能源物料消耗严格计量促进节能降耗。例如，茂名石油工业公司对 12 个区域的职工宿舍区，新配水表 3192 个，电能表 4686 个，每年节约水 176 万吨，节电 27 万千瓦时，节约资金 21 万多元；广州钢铁厂在计量定级中，配备了能源计量器具，规定了能源消耗指标后，吨钢的综合能耗下降了 8.75%，万元产值能耗下降了 1.94%。所调查的 376 个企业从 1985 年至 1989 年共节约能源折合标准煤 346.2 万吨。

（2）原材料计量检测效益长久发挥作用。例如，生产容声牌冰箱的珠江冰箱厂 1988 年经检验不合格而退货的外购、外协件价值金额达 614 万元。所调查的 376 个企业从 1985 年至 1989 年仅因原材料质量和称量计量不足两项索赔金额共达 3238.66 万元。

（3）计量检测准确产品质量提高。例如，顺德县均安磁性材料厂，曾因质量问题致使一炉材料报废，损失近 2 万元，通过县计量部门找出温度控制仪表失准是造成产品报废的原因，更换合格仪表后，生产恢复正常，并于 1988 年该产品评为部优，该企业被批准为机电产品出口基地企业。

这份调查材料在国家技术监督局的有关专业会议上作了介绍，受到国家技术监督局的好评。

广州钢铁厂是广东省最早实施计量定级的企业之一。80 年代初，该厂大宗原材料进厂无计量，下属生产单位吃大锅饭，以致钢铁产量低，连年亏损。经过企业整顿，特别是 1985 年 7 月取得二级计量合格，1987 年获得一级计量合格，使企业发生了很大变化，1984 年盈利几十万，1985 年盈利 600 多万，1986 年盈利达到 2000 多万，以后利润不断上升。这其中计量工作的贡献表现在以下方面：

（1）通过计量定级升级活动，企业领导重视计量工作了。例如 1985 年，广州钢铁厂计量二级定级评审时，计控处的场地中只有一栋约 200m² 的二层楼，用于“长度”、“电表”、“仪表”的检定工作，其他场所为几间破旧的平房。评审组对计量场地不足提出了尖锐的意见。广钢一把手当即拍板，拨款建设“计控大楼”。1987 年广州钢铁厂计量一级评审前，约 4000 m² 四层的计控大楼建成并投入使用。

（2）企业计量器具的配备大大加强，适应了生产、经营以及内部管理考核的需要。例如定升级前，企业二级能源计量器具配备不全，三级能源计量器具配备更少。计量定级后，不仅二级、三级用能单位按要求配齐能源计量器具，而且水、电、煤气、重油等计量器具都配备到重要单位的耗能设备，使得经济承包责任制得以有效实行。通过经济责任制，节约有奖，职工对计量器具的配备和准确十分重视，能耗大幅降低。

（3）企业计量机构健全，制度落实，计量人员配备能满足工作需要。在计量定级的准备和考核评审过程中，广钢为切实做好计量管理工作，在广钢计控处专门设立了“计量管理科”，在各二级单位设置了“兼职计量管理员”，建立了长度、电表、标准砝码等企业计量标准器，严格执行了计量器具的周期检定制度，保证了在用计量器具的准确可靠。

（4）做到数出一门，量出一家，真正发挥了计量在提高企业管理水平上的作用。广钢定为一级计量合格以后，进一步加强各类检测数据的采集、整理、利用，为此在计控处成立“数据管理科”，配备电脑和人员，开发了数据采集系统；将分散各二级单位管理的地中衡连同检斤员一并划归计控处管理；对水、电、煤气、蒸汽等计量设备获得的数据，每天进行收集造表。每月由计控处将数据统一报出，作为企业管理，运作的依据，对促进企业提高产品质量，节能降耗，增加经济效益，发挥了重要的技术基础作用。

深圳光明华侨电子公司（后为深圳康佳电子有限公司）于 1989 年 7 月成为深圳市首家一级计量合格企业。该公司通过开展计量定级升级活动，制定能源和原材料消耗定额，以准确的计量数据作为核算和奖惩依据，仅 1988 年全公司可比单位产量综合能耗比 1987 年降低 42.7%。深圳爱华电子公司通过加强电话机生产线工艺计量器具配备后，成品抽查合格率由原来的 80% 提高到 90% 以上。1989 年深圳市技术监督局对 10 家企业进行计量定级前后生产情况调查表明，定级后 10 家企业的产品质量平均合格率提高了 3.6%，万元产值能耗平均降低了 21.8%，利润平均增长 210.4%。

这些年来，“广货”在全国以至国际市场上享有一定的声誉，广东省涌现出威力洗衣机、容声冰箱、康佳电视、万家乐热水器、美的风扇等名牌优质产品，有近60种产品产量名列全国第一，有130多种产品出口创汇超过1千万美元。所有这些，无不与企业加强计量工作有关，“广货”出省、出洋，无不渗透着计量工作者的汗水。

三、定级升级活动停止的过程和原因

随着改革的逐步深化，政府对国民经济从直接管理为主的微观控制，转变为以间接管理为主的宏观控制。在深化企业改革过程中，国家对企业的政策也在不断调整。国务院为在“七五”期间加强企业管理，作出开展企业升级的决定，并通过试点到逐步展开。1990年国务院企业管理指导委员会发出《关于一九九〇年企业升级工作的安排意见》，文件强调企业升级的目的是促进企业强化管理，防止和克服单纯“套标升级”倾向，对管理工作的考查要从实际出发，做到合理、可行，克服多头考查，要求过多、过繁的现象，减轻企业的负担。为此提出：专业管理工作单项升级一律不作为企业升级的先决条件；专业管理部门必须遵守《企业法》的规定，不得要求企业设立对口机构等。文件要求改进考核方法，简化程序，纠正重复检查，层层验收和乱收费现象；考核工作要尽量结合日常工作进行，充分利用已有的检测数据和凭证，确实需要派人考查的，人员要少而精，时间要短，注重实效。

为切实减轻企业负担，1991年国务院生产办公室发出《关于暂停对企业的评优升级活动和清理整顿各种对企业检查评比的通知》。据此，国家技术监督局于1992年3月发出《关于当前工业企业计量工作的若干意见》，决定企业计量定级考核工作停止进行。文件同时指出“近几年来，企业计量定级工作，为提高企业产品质量，降低能源和原材料消耗，改善经营管理，实行责任制考核，推进技术进步，提高经济效益起到了应有的作用，为企业建立科学的质量保证体系打下了良好的技术基础。我局发布的第17号令，关于《企业计量工作定级升级管理办法》中对企业计量工作的基本要求，是根据《中华人民共和国计量法》的原则提出的，经多年实践证明是符合企业实际需要的。企业仍应参照这些要求，并结合企业的实际，继续加强企业的计量工作”。“各级政府计量行政部门和企业主管部门仍应按《计量法》对企业计量管理工作的基本要求，依法加强监督管理。例如，采用法定计量单位，最高计量标准考核，不得使用未经检定和经检定不合格的计量器具，申请对强检工作计量器具执行强制检定，计量检定人员应持证上岗等，均应严格执法以保证企业的生产和经济活动正常进行”。国家技术监督局也要求各级政府计量行政部门和企业主管部门计量管理机构，应本着指导和服务为主的原则，积极组织力量为企业排忧解难，提供技术服务。

广东省企业计量定级升级是企业计量工作的活动形式之一，始于1984年，至1991年底止，计量定级升级企业达5939家。这些企业技术基础较好，经营管理严谨，产品质量稳定，大大提高了企业和产品的声誉以及社会经济效益，增强了在国内外市场上的竞争力，成为全省的、行业的、部门的或地方的骨干企业。一段时期以来，企业为产品创优等需要申请计量定级升级很踊跃，各级计量管理部门抓企业计量定级升级也很积极，一时门庭若市，扩大了计量机构的影响，市、县级计量机构的积极性调动起来。但是在企业定级升级活动中对企业提出的要求越来越多，也确实不恰当地增加了企业的负担。从深化改革，进一步开放和转换企业经营管理机制出发，企业计量定级、升级活动这一形式，已经与社会主义市场经济体系不适应，根据《国务院关于停止对企业进行不必要的检查评比和不干预企业内部机构设置的通知》，和国家技术监督局《关于当前工业企业计量工作的若干意见》，广东省停止了企业计量定级升级活动。这有利于政府职能转变，也有利于企业在转换经营机制中，根据实际情况建立和健全计量管理体系。

第四节　全面推行国家法定计量单位

1984 年《国务院关于在我国统一实行法定计量单位的命令》颁布以后，省政府很快以粤府[1984]62 号文转发了《国务院关于在我国统一实行法定计量单位的命令》和国家计量局《全面推行我国法定计量单位的意见》，并提出了广东省贯彻推行国家法定计量单位的具体要求。全省各地开展了对国务院命令的宣传，实施了计量标准器具的改制，进行了废除市制采用法定计量单位的试点。1986 年计量法实施后，在对计量法第三条“国家采用国际单位制”的贯彻实施中，推行国家法定计量单位的工作在全省掀起了新的高潮。

一、在全省范围废除市制采用法定计量单位的工作由点到面全面展开

1986年在全省范围内对推行法定计量单位进行了广泛的宣传、普及工作，省标准计量局编印了《怎样正确使用法定计量单位》书5万本，《常用法定计量单位》表15万份，《请正确使用法定计量单位》表、《应废除常用计量单位和法定计量单位换算表》、《应淘汰的计量单位与法定单位对照表》各5万份，发到全省各市（地）、县、各部门使用。《南方日报》1985 年 12 月 31 日在头版刊登了省标准计量局负责人就全面采用法定计量单位有关问题答记者问，广东电视台 1986 年 5 月播出专题节目，介绍与人民群众日常生活密切相关的计量单位的正确使用方法。省政府在广州召开了贯彻国务院《关于在我国实行法定计量单位的命令》的大会，许多市（地）、县政府也相继召开了大会，并成立了市（地）、县推行法定计量单位领导小组。在省政府统一部署下，各市（地）、县政府普遍发了推行法定计量单位的文件、通告、布告，开展了各项活动，取得了较好的效果。

《国务院关于在我国统一实行法定计量单位的命令》第二条规定：“我国目前在人民生活中采用的市制计量单位，可延续使用到 1990 年，1990 年以前要完成向国家法定计量单位的过渡”，根据这条规定，对社会各行各业和人民生活中长期使用的市制计量单位必须进行改制，这是一项复杂繁重的任务。为保证广东省在 1990 年底以前废除市制，有计划有步骤地完成向国家法定计量单位的过渡，省计量标准管理局 1985 年确定在海口市、海丰县、揭西县、南澳县进行全省市制计量单位改革的试点。海口市的改革工作，在市政府的重视和直接领导下，通过各有关部门密切配合，于 1987 年初，率先完成。海丰、揭西、南澳三个县也陆续完成全县的改制工作。

为了推动全省市制改革工作，省标准计量局于 1987 年 2 月上旬在海口市召开了全省市制计量单位改革试点工作现场会，总结推广了海口市的经验，并于 4 月 1 日向省政府提出《关于在全省范围内废除市制采用法定计量单位的意见》。经省政府同意，省标准计量局于 4 月 21 日将《关于在全省范围内废除市制采用法定计量单位的意见》下发全省各级人民政府，各地区行政公署和省直各单位，要求各地结合当地的实际情况贯彻执行。该文件指出：从 4 个市制改革试点市、县的经验来看，市制改革越早改越主动，越能减少经济损失。为保证广东省按期完成市制改革任务，特提出如下规划意见：

（1）完成市制改革时间：全省从 1987 年开始分阶段进行改革，1989 年底全省各市、县要全面完成改革任务。1990 年组织全面检查改革情况，巩固改革成果。

（2）市制改革内容及完成改革的标准：市制改革内容，按国务院命令规定，农田土地面积计量单位暂不改外，其他市制计量单位都要改，具体为：（一）长度单位的里、丈、尺、寸，分改为以千米〔公里〕（km）、米（m）、厘米（cm）、毫米（mm）为单位；（二）质量（重量）单位的担、斤、两、钱改为以吨（t）、千克〔公斤〕（kg）、克（g）为单位；（三）液体商品容量（除食用油外，

如酒、酱油、醋、煤油等）单位斤两改为以升（L）、毫升（ml）为单位。

完成市制改革的标准：（一）政府机关、人民团体、企业、事业单位的公文、统计报表以及报纸、刊物、广播、电视等不再使用市制计量单位而统一采用法定计量单位；（二）商业、供销、粮食系统的报表、账单、发票、合同、商品标价、包装等均采用了法定计量单位；（三）商品计量一律采用法定计量单位的计量器具；（四）五金交电商店出售的英制计量单位的商品，如电视机、电风扇、自行车、五金零件等全部采用厘米、毫米为单位；（五）进入农贸市场交易用的计量器具要采用法定计量单位。

（3）市制改革的具体措施：（一）各市（地）、县政府要把市制改革工作纳入政府的议事日程，加强领导，把改革工作作为一项重要工作来抓，建议成立市、县市制改革领导小组，由主管的副市长、副县长任组长，负责领导和协调全市（县）的改革工作；（二）认真抓好宣传工作，要利用报纸、广播、电视等各种形式进行广泛的宣传，把废除市制，统一采用法定计量单位的优点，推广的重要意义向人们讲清楚，做到家喻户晓；（三）有关部门要密切配合，要求标准计量、工商行政、公安、商业、物价、供销等有关部门密切配合，大力协作，共同搞好市制改革工作；（四）市制改革所需的资料费、会议费、宣传费以及改革试点所需的经费，要纳入当地财政预算，并认真落实。

为实施衡器的市制改革，省标准计量局1985年发文规定从1986年1月1日起生产衡器一律采用法定计量单位（即以克或千克作计量单位）。但1986年仍有不少单位和个体户没有执行，还在大量生产市制杆秤，为此于1986年9月17日省标准计量局再次发文作出规定：从即日起生产杆秤一律采用法定计量单位，不得再生产市制单位的杆秤。从1987年1月1日起，不准销售市制单位杆秤，违者没收，凡已生产的市制秤产品必须在1986年内自行处理完毕。

全省市制改革工作由点到面全面展开。例如，汕头市标准计量局1986年着重在商品流通领域抓紧进行市制改革，至6月底，该市商业局所属23个公司，66个商品批发站360个零售门市和京汕联营商场的23个零售点，在其经营的几万种商品和使用的1282台计量器具中，清理出需要改制的商品14564种、计量器具530台、帐表32种，均按时完成改制工作。他们在商品成交、签订合同、进货、储运、核价、销售、统计和会计结算等各个环节，所有公文、帐表、单据、票证、商品标价，以及贸易、语言称谓全部采用法定计量单位。各商店还事先在门口贴出从1986年7月1日起全部实行国家法定计量单位的公告。至1986年底，该市实行法定计量单位已初见成效。据1986年10月对汕头市201个直属单位的抽样检查，其中统计报表、广播文章、节目广告250份，已正确使用法定计量单位的有216份，占总数76%；各种资料47份，符合规定的36份，占76%；报刊各种新闻报道、文件、广告、稿件285份，符合规定的277份，占97%。

汕头市直属商业系统23个公司、商场及其下属所有的商业网点，已从1987年7月1日起基本上全面实行法定计量单位。市直属经销、粮食系统和各工业企业也相继完成了商贸、工业计量仪器的改制工作。1987年8月23日，汕头市标准计量局印发了《关于在全市范围内废除市制单位，统一使用法定计量单位的通告》，规定全市于1989年6月底前全面向法定计量单位过渡。至1989年6月，全市共改制测力计（机）117台，压力表2906台（件），台、案秤6265台，杆秤99395支，量提2861个，尺23651把。

再如，1987年2月海口现场会议后，湛江市标准计量管理局立即着手调查研究，制订市制改革方案。该市市制改革是在市政府直接领导，统一组织下进行的。3月30日湛江市政府发布了《关于在我市统一实行法定计量单位的布告》，布告明确指出“市、县（区）人民政府各主管局、各事业、企业单位要按照本布告规定，具体落实各自所属单位的市制改革工作。市、县标准计量管理局是市、县人民政府管理计量工作的行政部门，对本行政区域内的废除市制，推行法定计量单位的实施，负有监督管理工作的责任”。

布告规定霞山、赤坎两市区内的商品流通市场，从1987年10月1日起，停止使用市制计量器具；郊区、坡头区及廉江、吴川、遂溪、海康、徐闻等县、区内的商品流通市场，从1988年1月1日起，停止使用市制计量器具。

为确保在限期内完成任务，湛江市进行了广泛的宣传活动，张贴散发宣传资料，由该市电视台、广播电台、湛江日报、湛江信息报等进行相关报导，并通过各系统、各基层商贸单位开会讲解等进行宣传发动。该市标准计量管理局积极组织对市政府布告的落实情况的监督检查，并且在主要商场、门店、摊档，边宣传，边检查，边指导。该市计量所为做好台、案秤的改制工作，专门成立了“衡器检定室”，从3月中旬起，组成10人专业队伍，分工包干落实各系统、各行业、各门店的台、案秤改制工作。至1987年10月，湛江市计量所在霞山、赤坎两市区的商贸部门改制各种台、案秤1800台，将这两区的国营、集体和主要街道的门店使用的衡器基本改制完毕。该所由一名副所长专门负责组织千克秤的生产和供应，对全市秤工实行考核发证，对生产的千克秤实行全检，以保证改制的需要。

湛江市区政府从市制计量器具限期终止之日起，从工商、物价、治安和标准计量部门，抽调30人进行执法检查，对违者按《计量法实施细则》进行处罚，如对仍在流通中使用的市制木杆秤，当场折断秤杆，没收秤砣，态度不好者罚款5元；仍在流通中使用的市制台、案秤，当场拆除标尺，罚款5～10元。市制改革在湛江市5县4区全面展开。

江门市开展改制工作，推行法定计量单位，采取先宣传，后改制；先定方案，后试改；先试点，后全面；先市区，后邻县的工作步骤。据统计，至1989年5月底，江门市区改制台案秤8721台，出售千克秤14741把；至1990年8月，改制压力表8919只、材料试验机239台、衡器3239台。在流通领域，商品标价已普遍使用法定计量单位，商业、供销、粮食等系统的公司、商场、门市部有80%以上已采用法定计量单位标签和标价。

佛山市截至1988年8月底完成改制台案秤3896台，售出改制木杆秤5800多把，量提200多套。商贸系统从器具到标价，在大多数商业门店网点已实行法定计量单位。粮食系统实行市制的比例较高，账本售粮卡及全市居民粮簿12万个和新印发的粮票全部使用了法定计量单位。市场的改制工作，固定商户改制工作接近完成，流动摊档改制的约占30%。

二、对非法定计量单位的计量器具实行改制

根据《计量法》，所有非法定计量单位的计量器具都必须改为法定计量单位。对于企业引进的成套设备和生产线中非法定计量单位的仪器仪表、测试设备的改制，都积极地有步骤地进行。石油、化工等企业的成套设备则结合大修、更新改造和作业线的消化吸收逐步完成了向法定计量单位的过渡。

1. 力值的改制

为了做好各类材料试验机力值改制工作，省标准计量局计量管理处和省计量科研所于1986年7月4日至5日在广州召开了广东省力值改制工作会议。全省力值改制的组织和技术工作由省计量科

研所统一负责，由省计量科研所派人到各市（地）具体指导改制技术，经认可授权市（地）计量部门承担对厂、矿单位的改制任务。省计量科研所统一组织供应全省改制所需配件并负责改制技术服务工作。

改制的技术要求是：（1）改制前对材料试验机进行全面检查，如有不符合 JJG 139—83 检定规程要求的，进行调修。（2）为统一广东省的改制方法，决定使用中的材料试验机实行单一牛顿计量单位力值的改制，不采用双力值的过渡改制方法。（3）更换原度盘和原摆砣的公斤（吨）计量单位为牛顿计量单位。（4）进行牛顿值为计量单位的调试和检定，使其符合国家检定规程和法定计量单位的要求。（5）负责改制的计量部门做好改制和检定的详细记录，并将改制结果报省计量科研所备案。

改制技术服务统一收费标准：液压摆锤式试验机收费为 600 元 / 台；建筑用弹簧压力试验机收费为 450 元 / 台；小负荷试验机收费为 600 元 / 台；弹簧拉压试验机收费为 300 元 / 台；拉力试验机收费为 600 元 / 台。

省标准计量局计量管理处和省计量科研所负责对改制工作的监督检查。

力值改制做得较好的江门市计量所，根据国家计量局 1987 年 3 月在南京召开的力值改制经验交流会的精神，以及省标准计量局力值改制座谈会纪要的要求，结合本市的实际情况，组织测力检定人员先后研究了多种材料试验机改制技术方案，经试改成功后，铺开了 4 种材料试验机的改制工作。从 1987 年 4 月至年底，共改制材料试验机 96 台，占需改制总量的 64.8% 。

2. 压力的改制

过去压力计量单位名目繁多，压力计量单位改制就是将以 kgf/cm^2（公斤力 / 厘米 ^{2}）为主的旧压力单位，改为法定计量单位 MPa（兆帕）。由于压力计量器具、仪器仪表使用广泛，几乎牵涉到所有的行业，因而改制的任务十分繁重。

根据省标准计量局的要求和部署，首先对全省各地、市、县计量所的标准活塞压力计进行改制。这项工作由省标准计量局计量管理处向国家申请计划铸钢指标及采购原材料，省计量科研所热工室压力计量专业组向计量处提供图纸及技术指标，计量处负责安排佛山市计量所加工标准活塞压力计专用砝码，并根据各地、市、县计量所的标准活塞压力计周检结果的有效面积进行配重，然后下发各地、市、县计量所按新压力单位 MPa 进行使用，从而使各地、市、县计量所的压力标准器改制按国务院《命令》规定于 1985 年底完成。

1986 年省计量科研所热工室负责对企事业单位在用的标准活塞压力计以原配专用砝码进行重新配重，改制成 MPa 的量值，以节约用户开支及按时完成压力计量单位改制。对企、事业单位新购的旧制标准活塞压力计在首次送检时便以新制量值进行配重，一步到位。

省计量科研所负责周期检定的在用精密压力表、一般压力表，由省计量科研所热工室向全省各用户发出改制通知及时间表，有计划地进行大规模的改制检定安排。省计量科研所热工室压力组根据各类压力表的要求，事先向有关厂家订制各种压力表表面（上百种规格），其中各种精密压力表订制铝质表面，一般压力表订制塑料表面。工作开始后严格按照改制安排时间表进行。大规模的批量改制工作至 1987 年底基本完成。

地、市、县计量所对本地区在用压力表进行了改制。例如，1987 年 2 月，江门市计量所与全市各有关单位签订“压力表改制合同”78 份，从 4 月开始试改，5 月全面铺开，到年底共改制工业压力表 5458 只，占需要改制总量的 70.2% ，改制标准压力表 80 只。江门市计量所为帮助各县尽快开展压力表改制工作，召开市辖7个县计量所代表参加的改制研讨会，介绍压力表改制原理、改制方案及技术把关方法，并协助各县解决了改制工作所需的各种配件。

3. 血压计（表）的改制

根据国际法制计量组织提出的第16号国际建议《血压计修订草案》，规定血压计为单刻度，用千帕斯卡kPa为计量单位，标尺上的分度值是0.5kPa，刻度宽度不得超过标尺分度值宽度的五分之一等要求，1988年5月27日，国家卫生部、国家医药管理局、国家计量局发出《关于血压计（表）实施法定计量单位的通知》。该通知结合我国实际情况，决定实行血压计（表）双刻度过渡措施，刻度标尺以kPa为主，mmHg仅为示意性的，标尺分度值为0.5kPa。血压计（表）生产厂自1989年1月1日起，一律按上述规定组织生产。mmHg单刻度的血压计（表）只准生产到1988年12月底。1988年12月底以前生产的mmHg单刻度血压计（表）可继续销售。

省标准计量局、省卫生厅于1989年7月10日，联合发出《关于实施血压计（表）计量单位改制工作的通知》，决定全省各单位在用血压计（表）要在1990年底前完成改制任务，并规定从1989年10月1日起，医务人员出示的诊断数据（包括病历记录）必须采用kPa为单位，不得再用mmHg为单位。为使群众有个适应过程，允许在kPa之后，将相应的mmHg量值写在括号内。

血压计（表）计量单位的改制是一项法制性强、涉及面广、关系到人民群众健康和安全的大事。为了积极、慎重、稳妥地实施血压计（表）计量单位的改制，卫生部门首先进行了由mmHg向kPa过渡的宣传普及工作，并做好培训，以防由于改制发生医疗事故或引起群众误解。全省各地级市计量检定所都陆续建立了血压计计量标准，对血压计（表）实施了改制和检定。

但是由于医生和一般群众对使用mmHg计量单位的习惯根深蒂固，血压计的计量单位改制遇到很多困难，经历了漫长的过程，一直未能完全改为kPa法定计量单位。

4. 量提量杯的改制

液体商品零售中使用的量提，有的标注重量单位，有的标注容量单位，很多量提标注的还是市制斤、两，造成混乱。国家计量局于1987年5月1日发出《关于液体量提统一使用容量计量单位的通知》，统一规定量提属于容量计量器具，只能标注容量法定计量单位升（L）、毫升（mL），不得标注质量法定计量单位克、千克。使用中的标注质量单位的量提要逐步淘汰，1988年7月1日起禁止制造，1989年1月1日起禁止销售，1990年1月1日起禁止在商业上使用。

佛山市至1990年还存在使用非法定计量单位市斤量提和英制容量单位器具的现象。为改变这种混乱状况，完成计量单位的改制工作，该市决定从1991年3月1日起，零售液体商品统一使用法定计量单位升（L）、毫升（mL）作为计价单位，市斤量提、英制容量单位器具一律废除。旧市斤量提的更换工作必须在3月1日前完成。

广州市标准计量管理局和广州市物价局于1990年4月1日联合发出《关于使用法定计量单位量提的通知》，要求全市废除零售各类液体商品（食用油暂除外）所使用的市斤量提，从1990年7月1日起更换为升（L）、毫升（mL）量提，旧制量提一律不准使用。通知并提供了大部分常用液体商品容量计量零售价格换算表。

5. 纺织仪器的改制

为实施纺织仪器的改制，1988年3月广东省纺织工业公司和省标准计量局联合发出《关于对“纤维强力机”“纱线强力机”“织物强力机”进行改制工作的通知》，决定广东省的纺织仪器改制工作由广东省纺织产品检测中心承担。经过调查，全省有18种机型共146台机需要进行改制。先进行了改制试点，再由广东省纺织产品检测中心统一安排，从1988年第二季度开始，至年底改制工作顺利完成。

据1988年《计量法》实施情况检查统计，全省应改制测力机2508台，已改制1605台；活塞压力计应改制555台，已全部改制；标准压力表应改制2215台，已改制156台；计量标准器已改制2316台，占应改制数的44%。市制度量衡器已改制台、案秤367674台、木杆秤2478219支、直尺38200支、量提35813个，改制度量衡器合计292万台（件），占应改制总数61%。全省市制粮、油票证已全部改为法定计量单位。

三、报刊广告推广使用法定计量单位的工作

报刊、广告是宣传国家政策、法令的一种重要工具，它教育面广，影响大，必须率先带头使用法定计量单位。但是由于这些部门不重视和不了解，在报刊、广告中经常出现使用计量单位不符合国家规定的情况。为纠正这种现象，省广播电视厅和省标准计量局于1987年6月27日联合转发了广播电影电视部、国家计量局《关于使用法定计量单位的通知》，同时联系实际指出广播、电视中经常出现的市制或英制计量单位，如28英寸自行车、14英寸电风扇、电视机等，应改为71厘米自行车、35厘米电风扇、电视机等。12月3日省标准计量局又专门向报社、出版社及有关单位发出《关于报刊、广告必须采用法定计量单位的通知》，规定各报刊、出版社、广告部门要制定出具体把关措施，凡有计量单位名称、符号的稿件都应严格审核把关，特别是在报刊上登载的广告或单独制作的广告更应从严审稿，凡是有非法定计量单位名称、符号的一定要修改为法定计量单位名称、符号后才能刊登；从1987年12月15日起如再出现刊登非法定计量单位名称、符号的，则按《计量法实施细则》第四十三条规定处理。

两个文件发出后引起有关部门的重视，使得政府机关、企事业单位、人民团体的统计报表、办公文件、广播电视、新印票证、图书刊物等基本上都采用了法定计量单位。

四、农田土地面积计量单位的改革

长期以来我国土地面积计量单位沿用市制，即“市亩”、“市分”、“市厘”等，与国际上通用的土地面积单位不一致，对平方米的换算是循环小数，计算麻烦。而且各地“亩”的实际大小也不一致，加上种种原因，致使我国耕地面积的统计数（14.9亿亩）与概查数（19亿亩）相差很大，所以土地面积计量单位急需统一，急需改革。

农田土地面积计量单位的改革，关系到土地资源的利用、农业计划的制订、农作物产量的核算、农业税收以及土地征用等诸方面，是涉及八亿农民的大问题，事关重要。因此，国务院1984年2月27日发布的《关于在我国统一实行法定计量单位的命令》中明确指出：农田土地面积计量单位的改革，要在调查研究的基础上制订改革方案，另行公布。

经过大量调查研究和反复征求意见，遵循土地面积计量单位的确定，既要考虑我国的实际情况，又不要与采用国际单位制相矛盾的原则，国家技术监督局、国家土地管理局、农业部共同拟定了关于改革我国土地面积计量单位的方案。该方案于1990年7月27日经国务院第65次常务会议批准，由三部委于同年12月28日颁发施行。方案规定采用以下土地面积计量单位名称：

平方公里（100 万平方米，km^2）

公　　顷（1 万平方米，hm^2）

平 方 米（1 平方米，m^2）

经国务院同意，自 1992 年 1 月 1 日起，在统计工作和对外签约中一律使用规定的土地面积计量单位。

1992 年，土地面积计量单位改革开始向农村推广，为了稳步推进，国家技术监督局在全国选定 14 个县作为土地面积计量单位改革试点，广东省鹤山县被列为试点县之一。

鹤山县政府对试点工作高度重视，列入县政府议事日程，由分管农业的县委副书记任组长，农委主任、技术监督局局长、国土局局长为副组长，以及农业、统计、林业、水产、建委、企委、广播电视等部门负责人共 15 人组成鹤山县试点工作领导小组，颁发《鹤山县人民政府关于改革土地面积计量单位的布告》在全县广泛张贴。此外，县属各部门、各镇、管理区都设立领导小组，形成层层有机构，级级有人管，全县共成立领导小组 202 个，专兼职工作人员 563 人。县技术监督局编印了宣传手册，印发 5000 多本，在全县进行广泛的宣传教育，利用有线电视、广播电台、宣传栏、横幅标语等，使全县受教育面达到 80% 以上，做到家喻户晓。改制工作包括成立机构，制定方案；宣传发动，培训骨干；改制换算；验收总结四个阶段，通过改制工作把全县农民手中的各种土地承包证、契约、房产证等有关契证都换成法定计量单位，由县统一印制了 12 万份换算表，将每个契证的旧单位换为新单位贴在原契证上。为做好这些具体工作在全县召开宣贯会 148 次，办班培训骨干 6752 人，遍及到各自然村。各级领导小组落实了责任制，深入基层，利用早、中、晚时间，趁农民在家时进行逐家逐户宣传和上门换算及改制农户手中的契证，使各种契证改制率达到 80% 以上。

鹤山县土地面积计量单位改制试点工作按国家规定于 1993 年 6 月顺利完成，全县在土地管理、农业计划编制、统计工作、对外签约、政府文件以及电视广播等方面，全面使用了法定计量单位，经国家技术监督局验收小组验收，一致认为符合验收标准，达到试点要求，评定为 92 分。1993 年鹤山县被国家技术监督局授予“全国改革土地面积计量单位先进县”。

1991 年 10 月广东省技术监督局、省国土厅、省农业厅联合转发了《关于改革全国土地面积计量单位的通知》，规定自 1992 年 1 月 1 日起，省、市级各类文件统计报表中，土地面积计量单位均应使用平方公里、公顷、平方米。要求各级政府一定要加强领导，采取积极措施，广泛宣传，认真推行，各级技术监督（标准计量）、国土、农业部门要密切配合，经过宣传、试点，逐步向县以下农村基层推广，以保证这一改革健康顺利进行。

五、对法定计量单位实施情况进行检查验收

根据国务院和省政府要求，在 1990 年底以前，广东省各行各业应全面完成向法定计量单位的过渡，从 1991 年起，除国家规定的个别特殊领域外，不允许再使用非法定计量单位。为保证按期完成向法定计量单位的过渡，更好地推行法定计量单位，省标准计量局于 1990 年 4 月 16 日向省人民政府递交《关于进行实施法定计量单位检查验收的报告》，并同时草拟了《广东省实施法定计量单位检查验收办法》。经省人民政府同意，决定在全省范围内对法定计量单位的实施情况进行检查验收。

1990 年 7 月 10 日，由省人民政府法制局和省技术监督局联合向全省各市、县、自治县人民政府，省府直属各单位，发出《关于对法定计量单位实施情况进行检查验收的通知》。在该通知中规定了详细、具体的检查验收办法，包括检查验收的组织领导、验收时间和程序、检查验收范围和重点，以及验

收评分方法、各类评分表和验收结果的处理。经检查验收合格的单位，按隶属关系由县以上技术监督局颁发省技术监督局统一制定的“广东省实施法定计量单位验收合格证”。政府机关、社会团体、主管部门经检查验收合格，分别由省、市、县技术监督局公布名单，颁发验收合格证。验收期限为1991年8月底。

全省各地、各部门、各单位都按照通知要求进行了自查和检查验收。检查验收结果表明，经过几年的努力，全省推行法定计量单位工作取得较显著的成绩。到1991年9月，全省法定计量检定机构及企、事业单位的计量标准改制工作已基本完成，测力类计量器具改制率达到98%；压力类计量器具改制率达到94%；市制计量器具改制率达到90%以上；商品标签已基本上使用了法定计量单位；广播、电视、新闻、出版、教材、技术标准、技术文件、公文、报表、设计图纸、工艺规程等，基本做到使用法定计量单位，全省已基本上实现向法定计量单位过渡。

全省通过验收合格的单位有5万多家，广东省贯彻国务院《关于在我国统一实行法定计量单位的命令》推行法定计量单位工作顺利通过了合格验收，并发给了法定计量单位合格证书。

SI

广东省实施法定计量单位

验收合格证

广州铁路局：

根据国务院《关于在我国统一实行法定计量单位的命令》，依照广东省对法定计量单位实施情况检查验收的规定和评分标准，经检查验收合格，特颁发此证。

发证机关 广东省技术监督局　　证　号 粤0140

发证日期 一九九一年九月六日

图7-2　广州铁路局获广东省实施法定计量单位验收合格证

在影响广东省完成向法定计量单位过渡的因素中，还有一个特殊原因是受香港使用的英制、司码制等非国际单位制单位的影响，其中通过广播、电视传播受到直接影响最大。同时，粤港两地商贸关系最为密切，但使用的计量单位不统一，造成计量测试的数据不能直接应用，还需要进行繁琐的换算，给贸易、科技、文化交流带来一系列的麻烦和困难。这些情况也已引起粤、港两地政府和民间的重视。1990年，香港推行国际单位制的半官方机构香港十进制委员会专门邀请省局法制计量处处长周群英到香港访问，与香港十进制委员会就粤、港两地早日统一使用国家法定计量单位等问题进行了研究探讨，以促进粤港的贸易、科技、文化交流。

在推行法定计量单位过程中，省标准计量局法制计量处处长周群英编写了《怎样正确使用法定计量单位》，广东科技出版社出版，发行数量达90000多本；《法定计量单位使用方法（医学）》，广东高等教育出版社出版发行；《法定计量单位使用方法（化学）》广东高等教育出版社出版发行；《分析化验中法定计量单位实用指南》中国计量出版社出版，新华书店北京发行所发行；《化学分析中法定计量单位实用手册》中国计量出版社出版，新华书店北京发行所发行。这些书籍资料对全省推行法定计量单位实施工作，起了较好的作用。

全国完成向法定计量单位过渡后，国家技术监督局单位制办公室起草向国务院报告全国贯彻命令推行法定计量单位情况报告文件，周群英受邀参加了文件起草小组。

事非经过不知难，计量单位制的改革是不断地克服过去长期遗留下来的旧习惯、旧制度的过程，决不是一项简单的计量名称的改变，是属于对不适应经济基础的上层建筑的改革。因此计量单位的改革过程中遇到许多思想阻力和各种困难，未亲身参加者很难体会到其艰难复杂性。现在人们在生活、生产、教学、研究中使用计量测量结果时，无需进行单位换算，在各类检验、测量实验室再也看不到张贴着不少的计量单位换算表，似乎这是理所当然的。而很少人会联想到这是我国计量部门工作者和全国人民经过三十多年艰苦努力贯彻国务院《关于在我国统一实行法定计量单位的命令》和《计量法》的结果。

第五节　强制检定工作的开展

《计量法》第九条规定“县级以上人民政府计量行政部门对社会公用计量标准器具，部门和企业、事业单位使用的最高计量标准器具，以及用于贸易结算、安全防护、医疗卫生、环境监测方面的列入强制检定目录的工作计量器具，实行强制检定。未按照规定申请检定或者检定不合格的，不得使用。实行强制检定的工作计量器具的目录和管理办法，由国务院制定”。

强制检定是法制计量管理的一项重要内容，在世界各国的法制计量管理中都有这一内容。我国规定强制检定的对象有两类，一类是计量标准器具，即县级以上人民政府计量行政部门根据本地区需要建立的社会公用计量标准器具，部门和企业、事业单位使用的最高计量标准器具；另一类是工作计量器具，即用于贸易结算、安全防护、医疗卫生、环境监测方面的列入强制检定目录的工作计量器具。这两类计量器具在使用中都是担负公正、公平、安全和诚信的社会责任的计量器具。为保证经济建设和社会发展的需要，有效保护国家、集体和个人免受计量不准的危害，维护国家和消费者的利益，保护人民健康和生命、财产的安全，政府强制实施对上述计量器具的检定。

对第一类计量标准器具的强制检定，是由各级法定计量检定机构，以及经过授权的其他计量技术机构，按照从国家计量基准至省、市、县、企、事业单位等各级计量标准的量值传递网，或量值传递系统逐级检定来实施的。对第二类工作计量器具的强制检定，涉及到整个社会的方方面面，情况就复杂多了。为了做好这一工作，各级政府以及计量行政管理部门制定了相应的政策和法规，广大计量管理和计量技术人员做了大量工作。

一、《中华人民共和国强制检定的工作计量器具检定管理办法》及相关法规

根据《计量法》第九条，为了落实“用于贸易结算、安全防护、医疗卫生、环境监测方面的列入强制检定目录的工作计量器具”的强制检定管理工作，1987 年 4 月，国务院发布了《中华人民共和国强制检定的工作计量器具检定管理办法》（以下简称《强检管理办法》）。《强检管理办法》规定的强制检定是指由县级以上人民政府计量行政部门所属或者授权的计量检定机构，对用于贸易结算、安全防护、医疗卫生、环境监测方面，并列入《中华人民共和国强制检定的工作计量器具目录》的计量器具实行定点定期检定。《强检管理办法》还规定：“县级以上人民政府计量行政部门对本行政区域内的强制检定工作统一实施监督管理，并按照经济合理、就近就地的原则，指定所属或者

授权的计量检定机构执行强制检定任务”；“使用强制检定的工作计量器具的单位或者个人，必须按照规定将其使用的强制检定的工作计量器具登记造册，报当地县（市）级人民政府计量行政部门备案，并向其指定的计量检定机构申请周期检定。当地不能检定的，向上一级人民政府计量行政部门指定的计量检定机构申请周期检定”；“执行强制检定的机构对检定合格的计量器具，发给国家统一规定的检定证书，检定合格证或者在计量器具上加盖检定合格印；对检定不合格的，发给检定结果通知书或者注销原检定合格印、证”。《强检管理办法》所附的强检目录包括55种工作计量器具。

国家计量局1987年5月发布了根据《强检管理办法》制定的《中华人民共和国强制检定的工作计量器具明细目录》（以下简称《强检明细目录》）。该目录所列的计量器具为《中华人民共和国强制检定的工作计量器具目录》所列55项的明细项目，包括111种工作计量器具，它们是：

（1）尺：竹木直尺、套管尺、钢卷尺、带锤钢卷尺、铁路轨距尺；

（2）面积计：皮革面积计；

（3）玻璃液体温度计：玻璃液体温度计；

（4）体温计：体温计；

（5）石油闪点温度计：石油闪点温度计；

（6）谷物水分测定仪：谷物水分测定仪；

（7）热量计：热量计；

（8）砝码：砝码、链码、增铊、定量铊；

（9）天平：天平；

（10）秤：杆秤、戥秤、案秤、台秤、地秤、皮带秤、吊秤、电子秤、行李秤、邮政秤、计价收费专用秤、售粮机；

（11）定量包装机：定量包装机、定量罐装机；

（12）轨道衡：轨道衡；

（13）容重器：谷物容重器；

（14）计量罐、计量罐车：立式计量罐、卧式计量罐、球形计量罐、汽车计量罐车、铁路计量罐车、船舶计量仓；

（15）燃油加油机：燃油加油机；

（16）液体量提：液体量提；

（17）食用油售油器：食用油售油器；

（18）酒精计：酒精计；

（19）密度计：密度计；

（20）糖量计：糖量计；

（21）乳汁计：乳汁计；

（22）煤气表：煤气表；

（23）水表：水表；

（24）流量计：液体流量计、气体流量计、蒸汽流量计；

（25）压力表：压力表、风压表、氧气表；

（26）血压计：血压计、血压表；

（27）眼压计：眼压计；

（28）汽车里程表：汽车里程表；

（29）出租汽车里程计价表：出租汽车里程计价表；

（30）测速仪：公路管理速度监测仪；

（31）测振仪：振动监测仪；

（32）电度表：单相电度表、三相电度表、分时记度电度表；

（33）测量互感器：电流互感器、电压互感器；

（34）绝缘电阻、接地电阻测量仪：绝缘电阻测量仪、接地电阻测量仪；

（35）场强计：场强计；

（36）心、脑电图仪：心电图仪、脑电图仪；

（37）照射量计（含医用辐射源）：照射量计、医用辐射源；

（38）电离辐射防护仪：射线监测仪、照射量率仪、放射性表面污染仪、个人剂量计；

（39）活度计：活度计；

（40）激光能量、功率计（含医用激光源）：激光能量计、激光功率计、医用激光源；

（41）超声功率计（含医用超声源）：超声功率计、医用超声源；

（42）声级计：声级计；

（43）听力计：听力计；

（44）有害气体分析仪：CO 分析仪、CO_2 分析仪、SO_2 分析仪、测氢仪、硫化氢测定仪；

（45）酸度计：酸度计、血气酸碱平衡分析仪；

（46）瓦斯计：瓦斯报警器、瓦斯测定仪；

（47）测汞仪：汞蒸气测定仪；

（48）火焰光度计：火焰光度计；

（49）分光光度计：可见分光光度计、紫外分光光度计、红外分光光度计、萤光分光光度计、原子吸收分光光度计；

（50）比色计：滤光光电比色计、萤光光电比色计；

（51）烟尘、粉尘测量仪：烟尘测量仪、粉尘测量仪；

（52）水质污染监测仪：水质监测仪、水质综合分析仪、测氰仪、溶氧测定仪；

（53）呼出气体酒精含量探测器：呼出气体酒精含量探测器；

（54）血球计数器：电子血球计数器；

（55）屈光度计：屈光度计。

《强检明细目录》还规定各省、自治区、直辖市人民政府计量行政部门可根据本目录，结合本地区的实际情况，确定具体实施项目。

《强检管理办法》所规定的“对检定合格的计量器具，发给国家统一规定的检定证书，检定合格证或者在计量器具上加盖检定合格印；对检定不合格的，发给检定结果通知书或者注销原检定合格印、证”，是按照国家计量局在 1986 年 9 月发布的《强制检定计量器具检定印证的暂行规定》中，对检定合格印、检定合格证、检定证书、检定结果通知书等的种类、材质、尺寸、格式、填写要求等所作的具体规定执行。以后国家计量行政机构多次修订对证明强制检定结果的检定印证的统一规定，以维护检定印证的权威性和法制性。

1991 年 8 月，国家技术监督局根据我国强制检定工作中存在的实际问题，颁发了《强制检定的工作计量器具实施检定的有关规定》（试行），进一步明确强检适用范围和实施强检的形式，有效地推动了强检工作的开展。文件规定“根据强制检定的工作计量器具的结构特点和使用状况，强制检定采取以下两种形式：1、只作首次强制检定。按实施方式分为二类：（1）只作首次强制检定，失准报废；（2）只作首次强制检定，限期使用，到期轮换。2、进行周期检定”。属于第一种强检形式第一类的有：竹木直尺、（玻璃）体温计、液体量提，这类计量器具只作首次强制检定，失准报废，并要求在计量器具出厂前实施全数量的首次强制检定。属于第二类的有：直接与供气、供水、供电部门进行结算用的生活用煤气表、水表和电能表，这类计量器具只作首次强制检定，限期使用，到期轮换，并要求政府计量行政部门加强对这类产品质量的监督检查，其首次强制检定由供气、供水、供电的管理部门或用户在使用前向当地县（市）级人民政府计量行政部门所属或者授权的计量检定机构提出申请，合格的计量器具上应注明使用期限。其他强制检定的工作计量器具均实施周期检定，检定周期由相应的检定规程确定。规定还附有包含 55 项的《强制检定的工作计量器具强检形式及强检适用范围表》。

二、广东省强检工作计量器具的调查和强检规划

为贯彻落实《计量法》和《强检管理办法》，广东省各地计量行政部门认真抓了强制检定的工作计量器具调查摸底，登记造册，申报审批及制定实施规划。

在《强检管理办法》、《强检明细目录》颁布之前，1986 年省标准计量局编制了《广东省强制检定的工作计量器具明细目录》，这个明细目录包括 50 种工作计量器具。1986 年 8 月中旬，省标准计量局在肇庆市召开全省“强制检定的工作计量器具检定安排会议”，请各市（地）计量局、计量所根据省标准计量局编制的《广东省强制检定的工作计量器具明细目录》，研究确定各市（地）建立哪些标准项目和开展哪些工作计量器具检定项目。会后，省标准计量局发出《关于做好 < 强制检定的工作计量器具调查 > 的通知》，各市（地）开始对当地强制检定的工作计量器具的种类、数量、规格和精度作全面的调查。为了做到调查准确又节省时间，对量大面广的项目，如尺、玻璃水银温度计、砝码、食用油售油器、饮料量器等不需作调查，只对热量计、水分测定仪、燃油加油机、油罐车等各项作全面调查，调查结果作为确定各市（地）、县建标的主要依据。各市（地）、县根据调查结果，确定建立检定强制检定的工作计量器具的标准。建标的原则是：经济合理，就近就地安排定点检定。为避免建标的重复浪费，由省标准计量局统筹安排，合理布点。

《强检管理办法》公布实施后，据各市、县调查，全省在贸易结算、安全防护、医疗卫生、环境监测方面使用的工作计量器具约 800 多万件，按《中华人民共和国强制检定的工作计量器具目录》所列出的 55 项工作计量器具，广东省都有，分布面广。为使全省强检工作做到有计划、有步骤地进行，结合广东省实际情况，并经全省强制检定计量器具会议讨论，由省标准计量局制定了《全省强检三年（1988—1990）实施规划》。规划的目标是，广东省属于强制检定的工作计量器具到 1990 年底前，全部能在广东省实行强制检定，并做到 100% 能按检定规程要求实行周期检定。规划分三年实施：1988 年第一批实施强检的工作计量器具共计有 29 项 64 种；1989 年第二批实施强检的工作计量器具共计有 17 项 32 种；1990 年第三批实施强检的工作计量器具共计有 9 项 15 种。上述规划中由省、市、县法定计量检定机构执行强制检定的有 44 项 91 种；利用社会力量通过省标准计量局授权有关单位执行强制检定的有 7 项 16 种；需要大区或国家统一考虑安排的强检项目有 4 项 4 种。

为了全面推动广东省强制检定工作，1988 年 9 月经省人民政府同意，由省标准计量局下发《关于全省强制检定的工作计量器具实施检定的意见》。该文件公布了《广东省强制检定的工作计量器具实施检定规划》，并根据国务院颁布的《强检管理办法》的规定，提出做好全省范围内使用的强制检定工作计量器具统一实施监督管理的意见。这些意见包括：要求各级人民政府加强对这项工作的领导，按省人民政府粤府 [1988]51 号《转发国务院关于发布中华人民共和国强制检定的工作计量器具监督管理办法》要求，责成计划财政部门尽快解决实施国家强制检定所需要的计量标准和检定设备；各主管部门要加强对本系统、本单位强制检定的工作计量器具的监督管理；各级计量行政部门要对本行政区域内使用强制检定工作计量器具的单位和个人能否按规定执行送检的情况进行监督；公安、司法、工商、物价、财政等部门要积极支持，配合计量部门抓好这项工作。该文件还要求各市、县要结合本地区的实际情况，分期分批实施强检规划；使用强检工作计量器具的单位和个人，必须按规定对其使用的强制检定的工作计量器具进行登记造册，报当地标准计量局，并向其指定的计量检定机构申请周期检定；各级各地执行强制检定的计量检定机构，应对本单位负责强制检定的工作计量器具逐一建档立卡，将周期检定执行情况及时通报当地标准计量局；各标准计量局应对违反有关强制检定管理办法的行为依法处理。该文件的颁布使全省贯彻国务院的《强检管理办法》，有了明确、具体的措施。

1990 年，根据国家技术监督局提出 1992 年强制检定的工作计量器具项目、种类覆盖率达到 95%，受检率达到 90% 以上的目标，省技术监督局拟定了全省强检年度分解目标：强检项目、种类覆盖率 1990 年达到 75%；1991 年达到 85% ～ 90%；1992 年达到 95% 以上。省技术监督局要求各市县从当地财力、计量测试能力和强检工作量的实际出发，本着充分发挥各级法定计量检定机构和社会计量检定机构作用的精神，遵循经济合理、就地就近、统筹安排、分级覆盖的原则，自下而上制定强检实施规划，并注意克服单纯从本单位的经济利益出发，经济效益高的项目争着上，经济效益低的无人上的倾向，切实解决好市、县合理分工问题。省技术监督局要求各市、县要将强检实施规划报当地政府和人大，争取当地政府批准，以政府的名义下达执行。在实际执行中有 60% ～ 70% 市、县的强检实施规划是经当地政府的批准实施的。

三、强制检定工作计量器具的实施

1988 年 1 月，省标准计量局向各市、县、自治县人民政府，各地行政公署，省直属各单位，发出经报请省人民政府审查同意发布的《广东省第一批实施强制检定的工作计量器具目录》。该文件不仅公布了在广东省第一批实施强制检定的 29 项 63 种工作计量器具的目录，而且提出明确的要求：在全省范围内，对用于贸易结算、安全防护、医疗卫生、环境监测方面列入《广东省第一批实施强制检定的工作计量器具目录》的工作计量器具，均实行强制检定；各级人民政府要分期分批公布辖区内实施强制检定的工作计量器具目录，并负责配备实施强制检定所需的计量标准和检定设备；使用强制检定工作计量器具的单位和个人，必须对这些工作计量器具登记造册，进行申报备案和申请周期检定；执行强制检定的机构，从收到送检的计量器具之日起 20 天内要检定完毕，拖延检定期限的，送检单位可拒付检定费。

根据全省各地具备的强制检定能力和条块结合、分层覆盖的原则，1990 年 6 月省技术监督局制定并印发了《广东省已开展强制检定的工作计量器具目录和授权定点检定机构表》。该表反映了当时全省已开展的 33 项 70 种强制检定的工作计量器具，以及全省每个法定计量检定机构和授权的计量检定机构，所能够承担的强检项目。

1. 燃油加油机强检管理

1987 年据各地反映一些加油站出售的油料短缺较多，特别是个体户售油站出售的油料严重短缺。例如，广东省计量部门曾检查了惠阳地区公路沿线的 22 个售油点，发现有 21 个售油点用破坏计量器具准确度来欺骗顾客，最严重的 5 个售油点，一升油只给 0.6 升，差了 40%。计量加油机是应用于成品油的计量器具，也是加油站、油库与用户结算的依据，属于强制检定的工作计量器具，对这类计量器具的强制检定必须尽快实施。当年 2 月，省标准计量管理局发出对计量加油机执行强制检定的通知，计量加油机必须经国家法定计量检定机构检定合格后才能使用。通知要求各市（地）标准计量管理局要积极创造条件，把加油机的计量检定工作开展起来。在各市（地）法定计量检定机构未建立检定计量加油机标准之前，暂由省计量科研所负责各地的计量加油机的强制检定工作，并由各地计量部门调查清楚当地加油机型号、数量，配合省计量科研所搞好加油机强检工作。

1987 年深圳市计量行政部门发布了《深圳市燃油计量器具管理办法》，1988 年起对加油机实行周期检定。各市也陆续建立了加油机检定标准装置，承担起所辖区域的计量加油机强检任务。

2. 出租汽车计费器和其他交通运输用计量器具的强检管理

80 年代中期，我国的城市已有很多出租汽车在营运，尤其广东省是出租汽车数量最多的一个省。仅广州市就有 7 千多辆，加上珠海、中山、佛山、江门、湛江、汕头、海口等城市数量就更多，且有不断增加的趋势。但当时出租汽车收费很混乱，价格不统一，甚至有乱收费等现象。华侨港澳同胞、外国旅客以及驻华商业机构人员对我国出租汽车收费有很多意见，消费者反映也很强烈。

国家计量局为解决我国出租汽车里程计价的混乱情况，把出租汽车里程计价表检定，作为开展法制计量紧急项目来抓，在全国五个省市首先试行开展。1986 年，国家计量局从日本购进“出租汽车里程计价表检定装置”，分配广东省 3 套，分别配给了省计量科研所 1 套，广州市计量所 1 套，深圳市 1 套。广州的两套，由于整车检定的环境条件场地所限，省计量科研所与广州市出租汽车公司合作，广州市计量所与大昌汽车检测站合作，建立了两个广州出租汽车计价器整车检测站。

图 7-3　设在广州大昌汽车修理厂的广州市计量测试所出租车计费器检定站

为做好出租汽车计价器检定工作，首先制定了相关管理法规。1987 年 2 月由省标准计量局制定的《广东省出租小汽车计费器管理办法》经省人民政府同意发布施行。该管理办法规定：凡营业中以里程计费的出租小汽车，必须安装计费器，并经检定合格后方可使用；有条件的地区必须同时实行整车运行计费检验，合格的方可营运；从事出租小汽车计费器和整车运行计费检验的检定机构，必须经省标准计量局主持考核合格；检定机构对检定合格的计费器，即加铅封，并发给全省统一式样的《计费器合格证》，对检验整车运行计费合格的出租小汽车，发给全省统一式样的《整车运行计费检验合格证》。该办法对违反规定的处罚，和检定人员出具错误检定数据，检查人员利用职权，营私舞弊的处罚，都作出了规定。该办法从 1987 年 3 月 15 日起施行。为配合该办法的实施，省标准计量局制定了“广东省出租小汽车计费器和整车运行计费器检定收费标准”，经省政府批准和省物价局批复，于 1987 年 4 月下发执行。计费器检定费每个 8 元；整车运行计费检验费每辆 25 元。

1987 年 4 月，广州市人民政府发布《广州市出租汽车计费器管理办法》。1991 年 5 月 16 日，广州市人民政府公布《广州市出租小汽车里程计价表管理办法》。

1987 年，省计量科研所和广州市计量所共同开始对全市出租小汽车的里程计价器进行强制检定，并制定了检定周期，确保了广州出租汽车计价器的计量准确。之后，两个出租汽车计价器整车检测站还承担了多次广州出租车租价调整后的计价器检测工作。

1987 年深圳市计量行政部门发布了《深圳市出租小汽车计价器管理办法》，1988 年起对出租汽车计价器实行周期检定。以后全省各主要城市都陆续开展了出租车计费器的强制检定。

1989 年省标准计量局下发了《关于加强对交通运输用计量器具依法进行监督管理的通知》，指出汽车里程表、出租汽车里程计价表、测速仪、速度表等，属于国家依法实行强制检定和依法管理的计量器具。对用于贸易结算、安全防护方面的汽车里程表、出租汽车里程计价表、测速仪等计量器具应依法实施强制检定。对于机动车辆用速度表、里程表等非强检计量器具，依法自行检定，或送当地法定计量检定机构及授权的计量检定机构实施检定。

关系到公路行车安全的重要计量器具“测速仪”即公路管理速度监测仪，属于强制检定的工作计量器具，长期以来未按强制检定的工作计量器具进行管理。为保证广东省各地交通监督管理使用的“公路管理速度监测仪”准确可靠，省标准计量局决定对公路管理速度监测仪实行强制检定，于 1990 年 1 月向省公安厅、交通厅，各市公安局、交通局下达了“关于对‘测速仪’实行强制检定的通知”。通知要求：使用公路管理速度监测仪的单位，必须将其使用的公路管理速度监测仪登记造册，报省标准计量局备案，并向省计量科研所申请周期检定，未按规定申请检定或经检定不合格的，任何单位或个人不得使用。

针对各地实施强制检定时出现的问题，1991 年，国家技术监督局函发全国各地计量局，鉴于各地在汽车里程表、速度表的检定管理方面，存在理解上和执行上的不统一，已影响到有关计量法规的正确实施，为了依法做好检定管理工作，提出非贸易结算用汽车里程表和汽车速度表不属于强制检定工作计量器具，只要依法检定即可。对外地途经或到本地办事的车辆之里程表，速度表强制进行计量检查、检定的做法不妥，应立即停止。

3. 医疗卫生计量器具的强检管理

随着医疗卫生事业的发展，计量测试仪器已被广泛应用于临床医疗、卫生防护、化验分析、药物配方等各个方面，成为现代医疗卫生工作不可缺少的重要手段。医疗卫生计量器具是否准确会直接影响对疾病的正确诊断和治疗效果。为保证医疗卫生计量器具准确可靠，《强检管理办法》规定把用于医疗卫生方面的 13 项 27 种计量器具列入《强检明细目录》。

过去广东省医疗卫生系统的计量器具普遍存在只用不检，失准严重，例如 1979 年惠阳地区标准计量局与地区卫生处组织对地区人民医院、二院和卫生学校使用的 65 个血压计、血压表进行检定，经检定合格的只有 28 个，合格率只有 43%，地区人民医院大部分血压计超过允许误差 5 ～ 10 倍。而且广东省的卫生行政部门与医疗单位都没有计量管理机构或专（兼）职人员管理计量工作，更没有健全的计量管理制度。针对这种情况，为加强对广东省的医疗卫生计量器具的监督管理，保证医疗卫生计量器具的量值准确可靠，1988 年 1 月省卫生厅、省标准计量局联合发出《关于认真做好医疗卫生计量器具的强制检定工作的通知》，要求各医疗卫生单位对使用的医疗卫生计量器具依法做好登记造册，报当地计量行政部门备案，并向其指定的计量检定机构申请周期检定。通知发出后，大部分医疗卫生单位都开始按要求去做。

电离辐射技术在医疗卫生方面的应用越来越广泛，为加强电离辐射计量器具的管理，确保其量值准确可靠，省卫生厅和省技术监督局多次联合发出有关通知和颁布有关管理规定。为保证广东省电离辐射计量器具的周期检定，提高受检率，省标准计量局于 1987 年依法授权“广东省测试分析研究所”建立“广东省辐射剂量计量检定站”承担全省电离辐射计量器具的强制检定工作。

1988 年 6 月省标准计量局发出通知，规定对辐射治疗的“照射量计”（含医用辐射源）执行强制检定，使用单位必须按照强检的要求填报强检登记表，并向省标准计量局指定的计量检定机构申请周期检定。

为规范电离辐射计量器具的强检管理，1989 年 6 月，省标准计量局、省卫生厅联合发布《广东省医疗卫生电离辐射计量器具管理暂行规定》。该暂行规定公布了广东省强制检定的电离辐射计量器具明细目录如下：(1) 照射量计；(2) 医用辐射源：60 ～ 250 kVX 线机、钴 -60γ 线远距离治疗机、医用电子加速器、后装机、各类医用诊断 X 线机、放射性同位素源；(3) 电离辐射防护仪：射线监测仪、照射量率仪、环境监测用 X、γ 辐射空气吸收剂量计、个人剂量计、放射性表面污染仪等；(4) 活度计。该暂行规定还规定了对电离辐射计量器具的强制检定管理要求；必须严格按照国家计量检定规程和有关规定进行自检和由计量检定技术机构执行定点定期强制检定的要求；对电离辐射计量检定人员的要求；并明确规定广东省电离辐射计量器具统一授权“广东省辐射剂量计量检定站”执行强制检定和测试。

深圳市计量测试研究所建立了电离辐射有关计量标准以后，1990 年调整为，由深圳市计量测试研究所承担全省医用活度计的强制检定，并承担珠海、中山、东莞、惠州市范围内医用诊断 X 线机的强制检定。

为了进一步加强对全省医用电离辐射计量器具的监督管理，确保其量值准确可靠，省卫生厅、省技术监督局 1991 年共同发出通知，要求各级计量检定机构（含授权的辐射剂量计量检定站）负责全省各医疗单位使用的医用电离辐射计量器具，如肿瘤放射治疗深部 X 线机、钴 -60 治疗机、医用电子加速器和各类医用诊断 X 线机等的计量检定。使用上述计量器具的医疗单位，必须接受计量检定机构执行强制检定，未经检定合格的不得使用。

为推动市、县级医用计量器具强检工作，以点带面，总结经验，1990 年通过韶关市技术监督局和韶关市卫生局在粤北人民医院进行了医用计量器具实施强检试点，并召开了韶关市及所属县的医疗卫生单位及技术监督部门参加的试点现场会议。省卫生厅用简报报道了试点经验，对全省的医疗卫生计量器具强检工作起了很大的促进作用。

1991年6月，经省人民政府批准，省技术监督局、省卫生厅制订发布了《广东省医疗卫生计量器具管理办法》。该管理办法依据《计量法》对医疗卫生计量器具的管理机构、法定计量单位的采用、操作人员、强制检定、建立计量标准、执行检定规程，以及违反计量法的处罚等作了系统全面的规定，是在医疗卫生单位贯彻执行计量法的实施细则，以用法律手段加强对医疗卫生计量器具的管理，保证人民身体健康和医疗质量。

四、各计量检定机构执行强制检定情况

鉴于强检工作涉及面广、工作量又大、技术性强，并且是一项新的工作，省标准计量局决定试点取得经验后再全面铺开，并选择了南雄县和惠州市作为全省实施强制检定的试点县、市。两个试点在当地县、市政府的重视和有关部门配合下，于1988年8月完成试点工作，9月初在南雄县召开了强检工作现场会，在全省范围内推广试点县、市的经验，并在会上讨论确定了全省强检规划和对全省强检工作作了部署。

做好对强制检定工作计量器具的检定工作，必须解决强检所需的手段，为此，省标准计量局要求各市、县计量部门在建立计量标准时，首先要安排建立强检所需的计量标准。从1986年到1988年省标准计量局向省财政、省经委争取到设备费599.5万元，其中给省计量科研所建强检计量标准384万元，给市、县计量所强检设备费215.5万元。

省计量科研所重点是保证省内各级法定计量检定机构的最高计量标准器、社会公用计量标准器，省各主管部门、省属企业、事业单位最高计量标准器具，和中央驻粤单位的最高计量标准器具的强制检定，建立省内尚未覆盖的强制检定项目的计量标准，开展其他计量检定机构不能开展的强制检定项目。省计量科研所1987年已开展了尺、玻璃液体温度计、体温计、石油闪点温计、砝码、天平、秤（电子秤）、计量罐、计量罐车、燃油加油机、压力表、血压计、汽车里程表、出租汽车里程计价表、电度表、测量互感器、绝缘电阻、接地电阻测量仪、照射量计、激光能量、功率计、超声功率计、声级计、酸度计、分光光度计、比色计等23种强制检定计量器具，以后开展强制检定项目不断增加。1991年省计量科研所完成强检工作计量器具21000台（件）。

1987年广州市计量测试所除已开展的电度表、压力表、天平、砝码、接地电阻测试仪、比色计、分光光度计等项目外，还开展了出租汽车里程计费器、燃油加油机、心电图仪、水表检定装置、计量罐等新项目。1989年广州市计量所根据1988年与广州市标准计量局法制处调查广州市需强检的计量器具，列出的计划表有4420台（件），但只有计划内的2046台（件）送检，超期送检或计划外检定的有5571台（件），造成混乱。广州市计量所将这种情况反映到广州市标准计量局法制处，请他们协助解决，让强检工作走上正轨。1991年广州市计量所完成列入强检的工作计量器具8468台（件）的检定，并基本上能在规定的20天内完成。至1990年底，广州市实施强制检定的计量器具有28项53种。

为解决好广州市内各单位强制检定实行定点定期的问题，1988年8月经省、广州市标准计量局主管计量工作的副局长、处长，省、广州市法定计量检定机构和省衡器检定站领导共同讨论研究，确定省计量科研所和广州市计量所分工如下：(1) 中央、部队和省驻穗企事业单位的最高计量标准及强制检定的工作计量器具，由省计量科研所和省衡器检定站负责执行检定。凡属广州市辖内的企、事业单位的强制检定计量器具由广州市计量所负责检定。(2) 中央、部队和省驻穗开设的商店的计量器具由广州市标准计量局和广州市计量所实施管理和检定。(3) 由于广州市计量所已建立了心电图仪、燃油加油机的计量标准并开展了工作，凡在穗单位的心电图仪、燃油加油机由广州市计量所执行检定。(4) 对数量不多的强制检定项目的建立标准问题，为避免重复建标，凡广州市计量所已建立的标准能承担全省的强制检定任务的，省计量科研所不再建标，省标准计量局授权广州市计量所执行该项目的全省强制检定任务；省计量科研所已建立的标准能承担广州市的强制检定任务，广州市计量所不再建标，由省计量科研所执行广州市属该项目的强制检定任务。省和广州市两计量所尚未建立的新标准，由省、广州市标准计量局共同协商，确定由谁建标并执行强检任务。

江门市标准计量管理局为贯彻国务院强检管理办法，在 1987 年上半年对全市各县及市区、郊区强检工作计量器具的分布情况进行了调查和摸底。据统计，全市强检工作计量器具共 49 项，333596 台（件）。其中市区和郊区属于强检的水表、电度表 19808 只，其他强制检定工作计量器具 30 项 4888 台（件）。1987 年 8 月江门市标准计量局向全市各县（区）人民政府、市直各单位公布了江门市第一批强制检定工作计量器具目录，共 15 项 33 种。由于强制检定工作量大面广，除江门市计量所和各县计量所以外，为调动社会力量，授权部分企业和部门定点执行强制检定任务。在实施强制检定时建立了被检单位登记造册制度，执行单位建账立卡制度，使强检工作有计划有步骤地开展起来。

1987 年，茂名市标准计量管理局发出《关于强制检定计量器具的通知》，要求各单位执行强制周期检定制度，并实行五定（定检定项目、定检定点、定检定关系、定检定周期、定检定制度）。1988 年，茂名市计量所开展强制检定的项目有 9 项 20 种，茂名市和茂名地区共检定计量器具 18803 台（件），检定覆盖率由 1987 年的 70%提高到 80%。

1987 年，阳山县和信宜县人民政府都发文要加强当地的电度表的检定，阳山县规定“供电公司、供电所、变电站内部使用的工作计量器具，以及并入电网用于结算、收费的电能计量仪表和装置，由所在地供电部门计量检定人员进行强制检定和管理，县计量局负责监督检查”，“各机关、学校、团体、企事业单位和个人直接用于与供电部门结算（收费）的电度表；没有并入电网的小水电站用于与用户结算（收费）的电度表和各单位内部使用的电度表；城乡各用户使用的电度表，由县计量局所属计量检定机构执行强制检定和实行管理”。信宜县也制订相应的规定。

1988 年 8 月佛山市人民政府印发了《佛山市强制检定工作计量器具实施办法》，发布了佛山市标准计量局第一批实施强制检定的工作计量器具明细目录，共 15 项 35 种。依据《强检管理办法》和《广东省第一批实施强制检定的工作计量器具明细目录》的有关要求，结合佛山市的实际情况，在《佛山市强制检定工作计量器具实施办法》中规定了实施强制检定的具体程序，明确了强检管理、强检执行和使用强制检定计量器具各方的职责，并按照计量法的规定列出了强检管理中违法行为的处罚条款。这一文件由佛山市政府发布具有权威性，对推动佛山市强检管理工作起到很好作用。

湛江市人民政府 1988 年发布了湛江市第一批强制检定的工作计量器具目录，有 20 项 42 种。

据 1990 年 6 月 25 日统计全省已开展强制检定的工作计量器具项目和授权检定机构情况如表 7-1。

表 7-1　广东省已开展强制检定的工作计量器具目录和授权检定机构表

序号	项目名称	明细项目名称及编号	承担检定单位	备注
1	尺	1. 竹木直尺 2. 套管尺 3. 钢卷尺 4. 带锤钢卷尺 5. 铁路轨距尺	各市、县计量所 韶关、惠州、汕头、中山市计量所 省计量科研所、韶关、惠州、汕头、中山、佛山、茂名、河源市计量所 省计量科研所、韶关、惠州、中山市计量所 广州铁路局中心计量所	
2	面积计	6. 皮革面积计		
3	玻璃液体温度计	7. 玻璃液体温度计	省计量科研所、广州、江门、汕头、深圳、珠海、佛山市计量所，广州重型机器厂计量室	
4	体温计	8. 体温计	省、各市计量所	
5	石油闪点温度计	9. 石油闪点温度计	省计量科研所、佛山市计量所	
6	谷物水份测定仪	10. 谷物水份测定仪	江门、汕头市计量所	
7	热量计	11. 热量计	中山市调节阀厂	由中山市技术监督局授权
8	砝码	12. 砝码 13. 链码 14. 增铊 15. 定量铊	各市、县计量所 各市、县计量所 各市、县计量所 各市、县计量所	
9	天平	16. 天平	省计量科研所、各市、县计量所	
10	秤	17. 杠杆 18. 戥秤 19. 案秤 20. 台秤 21. 地秤 22. 皮带秤 23. 吊秤 24. 电子秤 25. 行李秤 26. 邮政秤 27. 计价收费专用秤 28. 售粮机	各市、县计量所 各市、县计量所 各市、县计量所 各市、县计量所 各市、县计量所 省计量科研所、各市、部分县计量所 省计量科研所、各市、部分县计量所 省计量科研所、各市、部分县计量所 各市、县计量所 各市、县计量所 各市、县计量所 各市、县计量所	广州市授权市邮电局计量站 广州市授权市粮食局中心计量所
11	定量包装机	29. 定量包装机 30. 定量灌装机	韶关、湛江、肇庆、深圳、珠海、中山、茂名、东莞、梅州市计量所 湛江、深圳、中山市计量所	
12	轨道衡	31. 轨道衡	国家轨道衡检定站广州分站（广州铁路局中心计量所内）	
13	容重器	32. 谷物容重器		

表 7-1 （续）

序号	项目名称	明细项目名称及编号	承担检定单位	备注
14	计量罐、计量罐车	33. 立式计量罐 34. 卧式计量罐 35. 球形计量罐 36. 汽车计量罐车 37. 铁路计量罐车 38. 船舶计量仓	省计量科研所、深圳市计量所 深圳市计量所 省计量科研所、深圳市计量所 国家轨道衡检定站广州分站（广州铁路局中心计量所内） 省计量科研所、交通部船舶舱容检定站（广州海运局物资供应公司内）	
15	燃油加油机	39. 燃油加油机	各市、部分县计量所	
16	液体量提	40. 液体量提	各市、县计量所	
17	食用油售油器	41. 食用油售油器	汕头、韶关、肇庆、深圳市及部分县计量所	广州市准备授权市粮食局中心计量站
18	酒精计	42. 酒精计		
19	密度计	43. 密度计		
20	糖量计	44. 糖量计		
21	乳汁计	45. 乳汁计		
22	煤气表	46. 煤气表	省流量仪表检定站（湛江市仪表厂内）	
23	水表	47. 水表	广州市自来水厂（由广州市标准计量局授权）	
24	流量计	48. 液体流量计 49. 气体流量计 50. 蒸汽流量计	深圳市计量所、省流量仪表检定站、茂名市石油工业公司计量检测所（油流量计） 深圳市计量所、省流量仪表检定站 省流量仪表检定站	
25	压力表	51. 压力表 52. 风压表 53. 氧气表	省、各市、县计量所 省、各市、县计量所	
26	血压计	54. 血压计 55. 血压表	省、各市、部分县计量所，广州市授权广州市能源测试所 同上	
27	眼压计	56. 眼压计		
28	汽车里程表	57. 汽车里程表	省计量科研所、阳江、河源、茂名市，惠东、惠阳、四会、罗定、陆丰县计量所	
29	出租汽车里程计价表	58. 出租汽车里程计价表	省计量科研所、广州、深圳市计量所	
30	测速仪	59. 公路管理速度监测仪	省计量科研所	
31	测振仪	60. 振动监测仪		
32	电度表	61. 单相电度表 62. 三相电度表 63. 分时记度电度表	省计量科研所、部分市、县计量所 惠州、珠海、清远、茂名、东莞市计量所	

表 7-1 （续）

序号	项目名称	明细项目名称及编号	承担检定单位	备注
33	测量互感器	64. 电流互感器 65. 电压互感器	省计量科研所、佛山、汕头、中山、东莞市计量所 省计量科研所、佛山、汕头市计量所	
34	绝缘电阻·接地电阻测量仪	66. 绝缘电阻测量仪 67. 接地电阻测量仪	省计量科研所、广州、韶关、江门、惠州、湛江、佛山、肇庆、汕头、深圳、中山、茂名、梅州市计量所 省计量科研所、广州、韶关、江门、惠州、湛江、佛山、汕头、深圳、中山、茂名、梅州市计量所	
35	场强仪	68. 场强仪		
36	心电图仪	69. 心电图仪 70. 脑电图仪	省计量科研所、广州市、韶关、江门、惠州、湛江、佛山、肇庆、汕头市计量所 广州市计量所	
37	照射量计（含医用辐射源）	71. 照射量计 72. 医用辐射源	深圳市计量所、省辐射剂量检定站（省测试分析研究所内） 同上	
38	电离辐射防护仪	73. 射线监测仪 74. 照射量率仪 75. 放射性表面污染仪 76. 个人剂量计		
39	活度计	77. 活度计	深圳市计量所	
40	激光能量功率计（含医用激光源）	78. 激光能量计 79. 激光功率计 80. 医用激光源	省计量科研所 省计量科研所 省计量科研所	
41	超声功率计（含医用超声源）	81. 超声功率计 82. 医用超声源	省计量科研所 省计量科研所	
42	声级计	83. 声级计		
43	听力计	84. 听力计		
44	有害气体分析仪	85. CO 分析仪 86. CO_2 分析仪 87. SO_2 分析仪 88. 测氢仪 89. 硫化氢测定仪		
45	酸度计	90. 酸度计 91. 血气酸碱平衡分析仪	省计量科研所、广州、韶关、江门、惠州、汕头、深圳、珠海、梅州市计量所	
46	瓦斯计	92. 瓦斯报警器 93. 瓦斯测定仪		
47	测汞仪	94. 汞蒸汽测定仪		
48	火焰光度计	95. 火焰光度计		

表 7-1 （续）

序号	项目名称	明细项目名称及编号	承担检定单位	备注
49	分光光度计	96. 可见分光光度计 97. 紫外分光光度计 98. 红外分光光度计 99. 荧光分光光度计 100. 原子吸收分光光度计	省计量科研所、广州、韶关、江门、惠州、佛山、汕头、深圳、珠海、梅州市计量所 省计量科研所、广州、深圳市计量所	
50	比色计	101. 滤光光电比色计 102. 荧光光电比色计	省计量科研所、广州、韶关、江门、惠州、佛山、汕头、深圳、珠海、梅州市计量所	
51	烟尘、粉尘测量仪	103. 烟尘测量仪 104. 粉尘测量仪		
52	水质污染监测仪	105. 水质监测仪 106. 水质综合分析仪 107. 测氰仪 108. 溶氧测定仪		
53	呼出气体酒精含量探测器	109. 呼出气体酒精含量探测器		
54	血球计数器	110. 电子血球计数器		
55	屈光度计	111. 屈光度计		

五、强检工作存在的问题

经过几年努力，至 1991 年全省实施强制检定工作计量器具达到 33 项 70 种，没有完成 1988 年制定的强检规划任务。强制检定计量器具的管理工作，强调多年，抓了多年，还存在很多问题，强检工作不如工业计量受到重视，一些违法行为未得到严厉的查处和应有的惩罚。在对待强检工作上由于各级计量技术机构要考虑经济效益，一些强检项目经济效益差，是影响开展强检工作的不利因素。

由于我国强制检定的计量器具目录所包括的项目和种类太多，对用于贸易结算、安全防护、医疗卫生、环境监测的工作计量器具的统计管理，在实际操作时其使用范围和场所往往不容易界定，各地强检工作计量器具的分布情况，如种类、名称、数量、使用单位，始终没有准确的数据，对使用强检计量器具登记造册也未坚持实行。因此历年所统计的强检数和强检率并不准确，强检管理还没有真正到位。

第六节 计量器具生产许可证管理和新产品定型鉴定与样机试验

《计量法》的第三章第十二条规定“制造、修理计量器具的企业、事业单位，必须具备与所制造、修理的计量器具相应的设施、人员和检定仪器设备，经县级以上人民政府计量行政部门考核合格，取得《制造计量器具许可证》或者《修理计量器具许可证》”。《计量法》的第三章第十八条规定“制造、修理计量器具的个体工商户，必须经县级人民政府计量行政部门考核合格，发给《制造计量器具许可证》或者《修理计量器具许可证》后，方可向工商行政管理部门申请营业执照”。

《计量法》颁布后，我国对制造计量器具的管理基本步入了法制管理的轨道。按《计量法》规定，首先对计量器具生产企业补发了《制造计量器具许可证》和《修理计量器具许可证》，并通过全面的检查，消灭了无证生产和修理计量器具的现象。通过颁布《制造计量器具许可证考核规范》和制造计量器具许可证评审员聘任制度的建立，对计量器具制造的许可证管理逐步规范和完善。同时，重点加强了对计量器具产品质量的监督检查。

1988 年开展了计量器具新产品的型式批准和样机试验工作。这是制造计量器具管理的一项新规则，为使这项工作搞得更好，成立了“广东省计量器具产品质量监督检验站”，配备了进行全性能试验的基本仪器、设备，使得省内大部分计量器具新产品可以在省内进行样机试验，有部分项目得到国家技术监督局授权开展定型鉴定。

一、计量器具生产许可证管理

计量器具是实现全国计量单位制的统一和保证量值准确可靠的重要的物质基础，因而也是计量立法的重点内容。《计量法》对制造、修理计量器具实行许可证制度，实质上是由政府计量行政部门对制造、修理计量器具的单位是否具有制造、修理此种计量器具的资格和能力进行一种认可，是政府对制造计量器具的企、事业单位实行的一种法制性的监督管理。它比一般的行政管理或行业管理更具有法制性、权威性和强制性，它是针对计量器具这种特殊产品所采取的一种特殊的法律制约的管理手段。

1. 补发制造、修理计量器具许可证

在《计量法》颁布之前，已经存在很多计量器具生产、修理的企业和个体工商户，《计量法》颁布实施后，要对所有生产厂和个体工商户补发《制造计量器具许可证》或者《修理计量器具许可证》。1985 年，国家计量局以（85）量局工字第 380 号文发布了《关于补发制造、修理计量器具许可证的暂行规定》。为贯彻国家计量局的有关规定，省标准计量局结合广东省的实际制订了《广东省补发制造、修理计量器具许可证的实施细则》，经省人民政府批准，于 1986 年 2 月发布，开始办理补发许可证的工作。

针对全国补发许可证的工作进展缓慢，国家计量局在短期内连发了 6 个文件，《关于延长补办制造、修理计量器具许可证期限的通知》、《关于对制造、修理计量器具许可证管理问题的有关规定》、《关于发放修理计量器具许可证事宜的函》、《关于教学示范专用计量器具不办理制造、修理计量器具许可证的通知》、《关于对生产非法定计量单位计量器具的申请报告的批复》和《对制造、修理计量器具许可证填写方法的补充说明》。省标准计量局根据国家计量局的系列文件，印发了关于《补发制造、修理计量器具许可证工作的若干具体规定和说明》，对补发许可证工作程序、注意事项，包括《制造计量器具许可证》的填写等，给出了详细的操作指南。省标准计量局为了进一步做好广东省补发许可证的工作，举办了三期市（地）、县级补发许可证评审技术培训班。省标准计量局还制定了《广东省制造、修理计量器具许可证编号及标志规定》、《发放个体工商户制造、修理计量器具许可证暂行办法》等。经过省、市（地）、县各级计量管理机构的工作，到 1987 年 3 月 15 日为止，全省完成了补发许可证工作，取得《制造计量器具许可证》的企事业单位 119 个，共计 160 种计量器具产品，并编进《全国制造计量器具产品目录》。

从此，对制造、修理和销售计量器具的管理工作，转入法制计量管理的新时期。据统计到 1988 年 8 月，全省共有 139 家企业、事业单位，175 种计量器具；645 家个体工商户，5 种计量器具，取得了《制造计量器具许可证》，还有 274 家个体工商户领取了《修理计量器具许可证》，修理计量器具 4 种。

2. 办理《制造计量器具许可证》工作全国大检查

自《计量法》颁布实施以来，制造计量器具的企事业单位，大多已按照规定申办了《制造计量器具许可证》。但还有少数企事业单位缺乏计量法制观念，未申办许可证。为了坚决贯彻执行《计量法》的规定，国家计量局、国家工商局、国家物资局 1987 年 2 月联合发出《关于组织检查办理〈制造计量器具许可证〉情况的通知》，要求各地政府计量行政管理部门会同工商行政管理机关，组织对制造计量器具的企、事业单位办理《制造计量器具许可证》和采用许可证标志的情况，进行一次检查。对没有取得《制造计量器具许可证》和没有采用许可证标志，又不具备生产能力的企、事业单位，要按照《计量法》和《计量法实施细则》的有关规定给予处理，并令其变更经营范围或吊销其营业执照；对确实具备生产能力的企、事业单位在给予相应处理并令其申办《制造计量器具许可证》后，方可允许其重新生产。

省标准计量局和省工商局、省物资局联合转发了国家三局的这一通知，结合广东省的实际情况提出具体要求发至各市（地）、县计量、工商、物资等有关部门。省标准计量局还印发了关于组织检查办理《制造计量器具许可证》的补充通知，要求各市（地）计量部门立即行动起来，组织落实措施。具体做法是：

（1）为加强组织领导，省标准计量局组织领导小组，设立联合检查领导小组办公室，负责全省的组织、检查、监督工作。各市（地）、县计量部门会同当地工商、物资部门组成联合检查组，到现场检查工作。

（2）先做好试点，再开展全省大检查。1987 年 7 月，省标准计量局经研究，选定广东省制造计量器具较多的地区佛山市为试点。省标准计量局派出法制计量处、工业计量处人员与佛山市局一起，并会同佛山市工商、物资部门到佛山市区和中山市进行现场抽查。在试点取得经验后，省标准计量局及时转发了《佛山市依法检查〈许可证〉的做法通知》，加快了全省检查工作的进展。

（3）鉴于《计量法》颁布时间不长，补发许可证时间也很短，这次检查是全省范围内对计量执法进行首次检查，因此，在查处问题时采取慎重态度。每检查一个单位，检查情况都按计量监督文书“计量监督现场检查笔录”的格式填写。检查中没有发现问题时，将“计量监督现场检查笔录”交一份给被检单位。如发现需追究法律责任的问题时，由市（地）标准计量局填“计量监督行政处罚报批表”，报省联合检查领导小组办公室审批，批复后再进行处理。

全省从 1987 年 7 月开始进行检查工作，到 9 月基本完成，共检查 310 个单位，258 种计量器具。对已取得许可证的企业，检查发现无标志的，补贴标志后方可出厂。流通领域的计量器具没有标志的，由原单位补回标志后方准销售。个别厂生产非法定计量单位的压力表，令其停止生产。凡 1987 年 3 月 15 日前未取得许可证的制造厂，将一律按计量器具新产品办理。

本次检查目的是树立法制观念，发现和消灭计量器具无证生产的现象。广东省各级计量部门掌握思想教育从严，经济处罚从宽的原则，认识统一，行动坚决，处理问题适当。由于这次检查是全国性的统一行动，工作完成得比较彻底，为制造计量器具的许可证管理制度建立，打下良好的基础。

3．台秤、案秤生产许可证制度执行情况

衡器是关系国民经济和民生的重要计量器具，一直是国家重点管理的计量器具。为了更好地管理属于衡器的台秤、案秤的生产企业和产品质量，1986年6月轻工部、商业部、国家工商行政管理局和国家计量局发布了《关于公布取得台秤、案秤生产许可证企业与产品名单的通告》，同年11月轻工部、商业部、国家工商行政管理局和国家计量局又联合签发了《关于调查台秤、案秤生产许可证制度执行情况的函》，规定制造台秤、案秤等衡器的企业要取得“制造计量器具许可证”和“生产许可证”双证才可生产。但是自从文件发布以后，仍有一些企业和商店违反规定，继续生产销售没有取得“制造计量器具许可证”和“生产许可证”的台秤、案秤产品。为了贯彻以上两个文件的精神，1987年1月省二轻工业厅、省商业厅、省工商行政管理局和省标准计量局联合发出《关于调查台秤、案秤生产许可证制度执行情况的通知》，要求由主管衡器的二轻局牵头，会同商业局、工商管理局、标准计量局组织调查，凡发现没有取得或冒用台秤、案秤“制造计量器具许可证”和“生产许可证”的企业，仍继续生产台秤、案秤产品，商店继续销售没有取得“制造计量器具许可证”和“生产许可证”的台秤、案秤产品的，按《工业产品质量责任条例》（国发（1986）42号文）第二十四条“生产、经销国家实行生产许可证而到期未取得生产许可证的产品”，“由工商行政管理机关没收其全部非法收入，并视其情节轻重，处以相当于非法收入的15%至20%的罚款，直至由司法机关追究法律责任”的规定进行处理。

二、计量器具产品质量监督抽查

自从发放《制造计量器具许可证》和国家三局联合发出的《关于组织检查办理〈制造计量器具许可证〉情况的通知》以来，我国对制造计量器具的管理基本步入法制管理的轨道。此后制造计量器具监督管理的重点，是加强对计量器具产品质量的监督检查。1988年国家计量局提出监督检查的主要对象是与人民生活、生产安全、能源计量直接有关的计量器具，要求各省计量行政部门在本地区流通领域内，组织对家用水表、家用煤气表、工作压力表、蒸汽流量计、商用台、案秤等五种产品进行技术检定、性能试验或用户调查。省标准计量局根据广东省制造计量器具品种的情况，确定广东省1988年抽查的计量器具为：水表、压力表、商用台案秤、台式弹簧秤、电流互感器等5个品种。

广东省生产这5种产品的厂家有26个，这26个制造厂分布在全省各市县，必须依靠广东省各级计量部门共同做好组织抽查的各项工作。省标准计量局要求各市县组织计量监督员，对所辖市县内制造上述5种产品的企业均进行抽样，每个规格产品抽样3台，并将样品封章后，由企业将封样送省标准计量局指定的计量检定机构进行检定。承担检验的技术机构，都严格按检定规程进行计量性能的检定。省标准计量局还特别要求中山市局、东莞市局对使用商用衡器新产品台式弹簧秤的用户进行专项调查，并收集3家以上的用户意见。为保证检定结果更可靠，省标准计量局要求承担互感器抽查检定的市级计量技术机构，将经过检验的互感器每个品种规格的3台样机抽送1台给省计量科研所进行复核以核准各市的抽检结论。

至1988年11月，广东省除部分互感器未能按时做完试验，委托广州自来水公司水厂检验的水表未整理出结果以外，大部分技术机构都已完成任务，其中抽查的台、案秤，台式弹簧秤100%合格，未达到全部合格的有一个厂生产的压力表合格率78%，两个厂生产的电流互感器合格率分别为83.4%和90.5%。

为了加强对强制检定工作计量器具产品的质量监督检查，经国务院批准，国家技术监督局决定于1989年下半年，在全国30个城市对水表、家用煤气表、电子计价秤、蒸汽流量计、工作压力表、心脑电图仪等六种计量器具产品进行监督抽查。这次共抽查了22个省、市，73家企业，272台样品，总的样品合格率为83.1%，有14家企业的产品质量不合格。广州人民水表厂在这次抽查中，抽查的样品性能全部不合格，是全国三个水表不合格企业之一，受到国家技术监督局点名批评，要求生产不合格产品的企业在5个月内完成整改，复检合格后方可恢复生产。

三、开展样机试验和定型鉴定

《计量法实施细则》第四章第十八条规定：凡制造在全国范围内从未生产过的计量器具新产品，必须经过定型鉴定。定型鉴定合格后，应当履行型式批准手续，颁发证书。在全国范围内已经定型，而本单位未生产过的计量器具新产品，应当进行样机试验，样机试验合格后，发给合格证书。凡未经型式批准或者未取得样机试验合格证书的计量器具，不准生产。第十九条规定：计量器具新产品定型鉴定，由国务院计量行政部门授权的技术机构进行；样机试验由所在地方的省级人民政府计量行政部门授权的技术机构进行。

为了贯彻《计量法实施细则》和《计量器具新产品管理办法》，1987年10月省标准计量局同意在省计量科研所内成立“广东省计量器具质量监督检验站”，授权该站承担对全省计量器具质量监督检验、计量器具样机试验和进口计量器具检定认证，以及承担国家监督抽检等任务。1988年广东省计量器具质量监督检验站通过了计量认证考核。该站不断充实对样机全性能试验的设备，对尚缺项目联系涉外解决，开展了多项样机试验等工作，1988年完成19个单位17个项目60个不同型号计量器具新产品的样机试验。省标准计量局希望广东省的一些市级以上的计量技术机构和其他技术机构创造条件，分别承担若干项计量器具新产品的样机试验工作。1991年1月省技术监督局公布的广东省承担计量器具全性能试验的技术机构名录中省计量器具产品质量监督检验站承担计量器具71项，深圳市计量测试研究所承担计量器具8项。1990年11月，广州市标准计量管理局同意在广州市计量测试所内成立“广州市计量器具质量监督检验站”。

1990年省技术监督局对5个计量器具新产品进行定型鉴定和型式批准，受理了62个样机进行性能试验和审批发证。

1991年省技术监督局发放型式批准证书2个，样机试验合格证书36个。

在广东省由国家计量行政部门授权承担计量器具新产品定型鉴定的机构和项目有：1986年电子工业部第五研究所获国家计量局授权承担示波器、电子元件参数测量仪、电子器件参数测量仪计量器具新产品定型鉴定授权证书；1990年省计量科研所获国家技术监督局授权承担橡胶硬度计、超声功率计计量器具新产品定型鉴定授权证书。

四、进口计量器具监督管理

《计量法实施细则》第二十二条“外商在中国销售计量器具，须比照本细则第十八条的规定向国务院计量行政部门申请型式批准”。第五十条“进口计量器具，未经省级以上人民政府计量行政部门检定合格而销售的，责令其停止销售，封存计量器具，没收全部违法所得，可并处其销售额10%至50%的罚款”。

根据上述条文，国家计量局1987年3月（87）量局工字第118号文作出规定：一、外商在中国销售计量器具，必须向国家计量局提出型式批准申请。需要定型鉴定的，由国家计量局委托技术机构进行试验，外商需向技术机构提交一台以上试验样机，经定型鉴定后，全部样机退还申请人。二、凡属计量器具，外商必须持有国家计量局颁发的型式批准证书，进口商品的外贸经营单位才能办理订货合同。

国家技术监督局还要求外商在我国设立的进口计量器具修理站按相关规定，申请办理《修理计量器具许可证》。办理《修理计量器具许可证》要向国家技术监督局提出申请，国家技术监督局委托有关省（自治区、直辖市）和计划单列市计量（标准计量）局初审，然后经国家技术监督局审核合格后颁发《修理计量器具许可证》。另外，根据《计量法实施细则》的规定，外商在我国销售计量器具，必须经国务院计量行政部门型式批准。凡未经国务院计量行政部门型式批准的经营修理进口计量器具的站，不予办理《修理计量器具许可证》。

1989 年 11 月，由国务院批准，国家技术监督局发布了《中华人民共和国进口计量器具监督管理办法》。省标准计量局依法受理广东省境内单位和个人申请进口的计量器具检定，并由省标准计量局工业计量处办理。未经检定合格一律不准销售。

1990 年 7 月，广州文化用品采购供应站按照《中华人民共和国进口计量器具监督管理办法》的规定，申请对该站从香港进口的 1120 只秒表进行调拨销售前检定。鉴于该站申请检定的秒表为大批量，低准确度的计量器具，属于进口口岸调拨前的检定，省技术监督局决定按国家标准GB 2828—81《逐批检查计数抽样程序及抽样表》的有关规定，进行分批抽样检验，确定样本大小按“一般检查水平Ⅰ”，以“正常检查一次抽样方案”的“合格质量水平（AQL）”的值为 4.0 的相应判定数作为合格与否的判定依据。受省技术监督局委托，广东省计量器具质量监督检验站派员到现场抽样，检验项目按国家计量检定规程的规定进行了检验。以后省技术监督局以此为例，在国家技术监督局关于对《中华人民共和国进口计量器具监督管理办法的实施意见》（讨论稿）征求意见时，提出大批量进口的低准确度计量器具，在进口口岸的所在省、市计量检定机构不宜逐个检定合格后，才允许商业部门调拨，建议在进口计量器具的检定安排上，引用国家标准 GB 2828—81 的抽样检查的做法，只要抽样检定结果符合 GB 2828—81 的规定就予以出具证明，允许其调拨和销售。

五、制造修理计量器具的监督管理

为了把制造修理计量器具的监督管理推向深入和持久，必须加强对领取制造、修理计量器具许可证的企业、事业单位及个体工商户的监督管理。1989 年 1 月广州市标准计量局针对广州市实施《计量法》的情况，制订了《关于加强制造、修理计量器具管理的暂行规定》。省标准计量局认为这个做法很好，将此暂行规定转发省内各市，请各市结合本地的实际情况，参照制订制造、修理计量器具监督管理的具体规定，并认真实施执行。

国家技术监督局为了加强对制造计量器具许可证的监督管理，使全国发放制造计量器具许可证工作有一个统一的考核标准，特制定《制造计量器具许可证考核规范》于 1990 年 5 月 26 日颁布。凡办理《制造计量器具许可证》，都必须按照此考核规范的要求认真进行考核。

为规范对《制造计量器具许可证》的考核工作，更好地执行《制造计量器具许可证考核规范》，国家技术监督局决定对《制造计量器具许可证》的生产条件考核，采用考评员制度。《制造计量器具许可证》的考评员证书分为国家级和省级两种。承担国家重点管理计量器具许可证考核工作的考评员，由国务院计量行政部门考核发证；承担省及省以下政府计量行政部门发放的许可证考核工作的考评员，由省级政府计量行政部门考核发证。县级以上人民政府计量行政部门和国务院有关主管部门对企业进行生产条件考核时，应组成考核组。考核组一般由 2 ～ 4 名考评员组成，根据需要可以适当约请个别专业人员参加。

为做好到期的制造、修理计量器具许可证的复查换证工作，国家技术监督局在1990年11月，先后印发了《关于实施〈制造计量器具许可证〉、〈生产许可证〉问题的通知》（技监局法发[1990]524号文）和《关于制造、修理计量器具许可证组织复查换证工作的几点意见》两个文件。根据文件要求，国家对影响大的计量器具实行重点管理，第一批国家重点管理计量器具目录为：

（1）台案秤、大型专用衡器和电子衡器

（2）血压计

（3）体温计

（4）注射器

（5）蒸汽流量计

（6）压力表

（7）防爆热电偶与热电阻及其二次测温仪表

（8）快速热电偶及其二次测温仪表

上述国家重点管理计量器具的许可证发放工作，由国家技术监督局统一组织，按照《制造计量器具许可证考核规范》的要求进行。该文件对复查换证工作做了具体安排。国家技术监督局要求省级政府计量行政部门要抓紧进行考评员的培训、考核、发证工作，在复查换证时，首先进行计量法制管理和产品质量的考核，合格后再组织考评员对企业的生产条件进行考核。

结合广东省的具体情况，省技术监督局制订并公布了《广东省县级计量行政部门管理的计量器具目录》。列入该目录的制造计量器具许可证由当地县级计量行政部门受理申请，并组织复查换证。广东省县级计量行政部门管理的计量器具目录如下：

（1）杆秤、戥秤

（2）直尺

（3）折尺

（4）角尺

（5）卡尺

（6）千分尺

（7）百分表

（8）千分表

（9）量提

（10）万用表

（11）0.5级以下电流表

（12）0.5级以下电压表

（13）0.5级以下功率表

国家技术监督局1991年12月发文，为了稳妥地将当时实施的“制造计量器具许可证”和“生产许可证”双证制度的计量器具管理，逐步过渡到实施“制造计量器具许可证”制度，以及为了减轻企业负担，提高工作效率，将原定国家重点管理计量器具许可证复查换证工作作了调整，对台、案秤，大型专用衡器，电子衡器，血压计，体温计，注射器等仍作为国家重点管理的计量器具，并实行“制造计量器具许可证”和“生产许可证”双证管理，压力表、蒸汽流量计、防爆热电偶与热电阻及其二次测温仪表、快速热电偶及其二次测温仪表，这些未实施双证管理的计量器具不再作为国家重点管理计量器具，仍由各地方政府计量行政部门按《计量法》的要求，依法考核发证。

六、实验工厂生产情况

广东省计量系统下属实验工厂在国家技术监督局的统一管理下，发挥了各自的优势，生产计量器具的产量产值都不断增加。

据 1988 年对国家技术监督局归口管理的广东省实验工厂统计：

广东省计量仪器实验厂有职工 24 人，其中生产工人 18 人，技术人员 6 人。工业总产值 37.3 万元，工业净产值 16 万元，产量 260（台套件）。利润 7 万元，劳动生产率 15224 元。设备总台数 21 台，固定资产总值 16.7 万元，房屋建筑面积 300 平方米。

广州市计量所实验工厂有职工 4 人，技术人员 4 人。工业总产值 7.2 万元，工业净产值 4 万元，产量 12（台套件）。利润 2 万元，劳动生产率 16000 元。设备总台数 10 台，固定资产总值 21.8 万元，房屋建筑面积 100 平方米。

佛山市计量所实验工厂有职工 20 人，其中生产工人 5 人，技术人员 12 人。工业总产值 56 万元，工业净产值 30.6 万元，产量 685（台套件）。利润 16.7 万元，劳动生产率 27800 元。设备总台数 12 台，固定资产总值 17 万元，房屋建筑面积 200 平方米。

汕头市计量科学技术研究所 1988 年开始研制水泥熟料在线自动称量装置，于 1990 年 3 月完成了第一台样机，1990 年第 4 季度制作了 3 台。1990 年应汕头市电池厂的要求，组织进行电池三参数监测分选仪的研制，第 3 季度完成 3 台的试制任务，其中两台已在汕头市电池厂试用。1990 年销售总收入 44.13 万元。

该所 1991 年与中国建筑材料科学研究院合作，研制开发第三代新型 γ 射线多用料位控制仪；承接合肥建材研究设计院要求，开发了 LK-1 型 γ 射线双料位监测仪，1991 年完成 4 台，其中 2 台在福建省长泰水泥厂投入使用；承接四川重庆干电池厂委托 SLK-3 型 γ 射线同罐四料仓料位监测仪，完成设计试制；完成重庆干电池厂委托的乙炔黑双料仓料位控制仪的设计试制工作；完成 LF-3A 型 γ 射线料封控制仪全面改进完善工作；完成 DS-1 型电池在线筛选仪，并已转让汕头市新华机械配件厂生产，和该厂生产的干电池生产线相配套，已生产 3 台。完成全密封式新型铅罐设计和试制工作，准备取代老型开口式手柄铅罐。开展机 - 电两用秤技术改造，为潮州市彩釉砖厂改造 1 台。1991 年销售总收入 55.21 万元，同比增长 25%。

第七节　计量认证活动的普遍展开

《计量法》第二十二条规定“为社会提供公证数据的产品质量检验机构，必须经省级以上人民政府计量行政部门对其计量检定、测试的能力和可靠性考核合格”。《计量法实施细则》第七章规定了对产品质量检验机构的计量认证的相关要求，其中第三十二条“为社会提供公证数据的产品质量检验机构，必须经省级以上人民政府计量行政部门计量认证”；第三十三条“产品质量检验机构计量认证的内容：（一）计量检定、测试设备的性能；（二）计量检定、测试设备的工作环境和人员的操作技能；（三）保证量值统一、准确的措施及检测数据公正可靠的管理制度”；第五十五条

“未取得计量认证合格证书的产品质量检验机构，为社会提供公证数据的，责令其停止检验，可并处 1000 元以下的罚款”。

准确可靠的测量数据是评价产品质量和科研成果的基础和依据。国家建立产品质量检验机构计量认证制度，是为保证检验测量的数据准确可靠。通过考核产品质量检验机构的计量检定、测试的能力和可靠性，证明其具有为社会提供公证数据的资格，并为国际间产品质量检验机构相互承认创造必要的前提和条件。计量认证是承认产品质量检验机构具有某种检定、测试条件和能力，认可其对产品质量检验工作的可靠性和公正地位，并发给证明，而不是对每项具体检测数据的认可。经计量认证合格的产品质量检验机构所提供的数据，用于贸易出证、产品质量评价、成果鉴定作为公证数据，具有法律效力。

国家计量局在 1985 年开始着手对产品质量检验机构进行计量认证。为了开展这项新工作，国家计量局在国内外做了大量调查研究工作。当时在世界上工业发达国家为了保证检验测量数据的准确可靠，和各国间校准、检验实验室的互认，已经在开展校准和检测实验室认可活动。中国的计量认证活动，与国际上的实验室认可活动有类似之处，是由政府计量管理部门实施的对质检实验室资格和能力的认证。国家计量局为了通过试点，逐步推广，首先在广州的电子工业部第五研究所电子元件产品质量检验机构搞了计量认证试点。在调查研究和试点工作的基础上，国家计量局于 1985 年 4 月制定了《质量评价机构计量认证管理办法（草案）》，经过征求意见，形成《计量认证管理办法（修改稿）》于 1986 年 3 月 1 日发寄国务院有关部、委、局，各省、自治区、直辖市计量局，中国人民解放军有关部门，请各单位参照执行。在《计量法》颁布后，主要是国家级质检中心首先开展了计量认证。经过一年多实践，国家计量局于 1987 年 7 月 10 日正式发布了《产品质量检验机构计量认证管理办法》。

广东省最早获得国家计量局计量认证的国家级质检机构是中国电子元器件环境和可靠性试验所、中国日用电器产品检测中心。1988 年广东省最先进行计量认证的三个省级质量检验机构是省电子产品质量检验站、省水泥产品质量监督检验站和省纺织产品监督检验站。

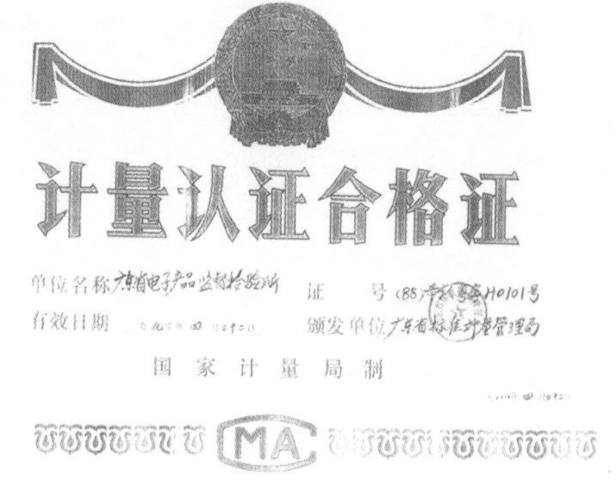

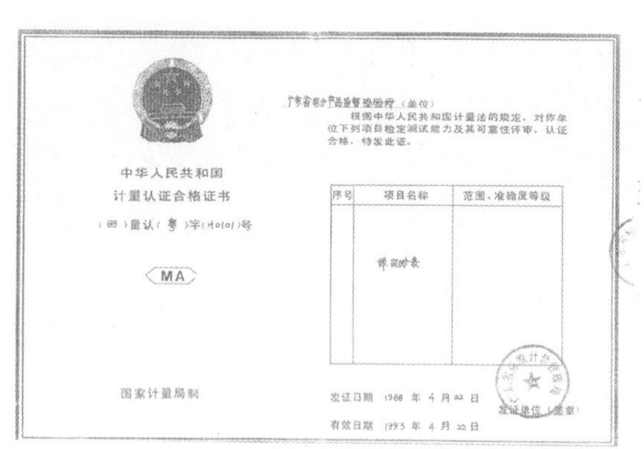

图 7-4　广东省开展计量认证颁发的第一张证书广东省电子产品监督检验所计量认证的证书正面和内页

广东省计量认证工作进度较慢，主要是由于对产品质检机构，依据《计量法》进行的计量认证，与质量管理部门的审查认可之间的协调工作较多，起步较晚。经过协调，省标准计量局决定计量认证和审查认可采取“分别申请、联合评审、统一结论、分别发证”的办法，并在1987年7月召开了全省省级质检机构计量认证与审查认可宣贯会。从1988年3月开始对省电子产品质量检验站进行了联合评审后，按此模式全年对12个质检机构进行了计量认证，其中省级质检机构6个、市级质检机构4个、县级质检机构2个。此外当年积极进行准备工作，提出申请的不仅有本系统的，还有环保部门、地质分析测试部门和国土测绘部门，计量认证工作对这些机构的“科学性、公正性、权威性”建设起到促进作用。

为了顺利推动计量认证工作的开展，省标准计量局从1988年到1992年，分期分批举办了省、市、县，及各行业质检机构计量认证研讨班，组织学习有关《计量法》的基本知识、计量法律法规，学习计量认证工作文件，宣讲计量认证评审内容和考核方法等。为了组织计量认证评审员队伍，1990年3月和9月先后举办了两期计量认证评审员培训考核班。有182人经培训考核取得省级计量认证评审员证。这些评审员遍布全省各地区和各行业，由于他们的积极工作，加快了广东省计量认证工作的步伐。1990年完成计量认证评审的质检机构53个，1991年完成为社会提供公证数据的检验机构计量认证49家，其中省质检站5家、市站4家、行业站40家。

计量认证的实践证明，各类检测机构准备计量认证的过程，实际上是一个整顿和提高的过程，是促进检测机构实行科学管理，提高检测结果的准确性和可靠性的过程。检测机构是否通过计量认证已逐渐被视为其检测能力和管理水平的衡量标准和标志。计量认证是国家对检测机构实施有效的技术监督和法制管理的重要体现，它为产品质量检验机构有效地实施产品质量监督提供了重要的技术和法律保证。

第八节　法定计量检定机构的整顿和建设

《计量法》第二章第六条“县级以上地方人民政府计量行政部门根据本地区的需要，建立社会公用计量标准器具，经上级人民政府计量行政部门主持考核合格后使用”；第七条“国务院有关主管部门和省、自治区、直辖市人民政府有关主管部门，根据本部门的特殊需要，可以建立本部门使用的计量标准器具，其各项最高计量标准器具经同级人民政府计量行政部门主持考核合格后使用”；第八条“企业、事业单位根据需要，可以建立本单位使用的计量标准器具，其各项最高计量标准器具经有关人民政府计量行政部门主持考核合格后使用”。

《计量法》第二十条“县级以上人民政府计量行政部门可以根据需要设置计量检定机构，或者授权其他单位的计量检定机构，执行强制检定和其他检定、测试任务。执行前款规定的检定、测试任务的人员，必须经考核合格”。

在贯彻实施《计量法》和《计量法实施细则》工作中，在全省，对社会公用计量标准、部门和企业、事业单位的最高计量标准进行了考核发证；对计量检定人员进行了培训和考核发证；对各级法定计量检定机构进行了整顿和检查考核，规范了全省计量技术保障的基础工作。

一、计量标准考核发证工作

《计量法实施细则》第二章第七条“计量标准器具（简称计量标准）的使用，必须具备下列条件：（一）经计量检定合格；（二）具有正常工作所需要的环境条件；（三）具有称职的保存、维护、使用人员；（四）具有完善的管理制度”；第八条“社会公用计量标准对社会上实施计量监督具有公证作用。县级以上地方人民政府计量行政部门建立的本行政区域内最高等级的社会公用计量标准，须向上一级人民政府计量行政部门申请考核；其他等级的，由当地人民政府计量行政部门主持考核。经考核符合本细则第七条规定条件并取得考核合格证的，由当地县级以上人民政府计量行政部门审批颁发社会公用计量标准证书后，方可使用”；第九条“国务院有关主管部门和省、自治区、直辖市人民政府有关主管部门建立的本部门各项最高计量标准，经同级人民政府计量行政部门考核，符合本细则第七条规定条件并取得考核合格证的，由有关主管部门批准使用”；第十条“企业、事业单位建立本单位各项最高计量标准，须向与其主管部门同级的人民政府计量行政部门申请考核。乡镇企业向当地县级人民政府计量行政部门申请考核。经考核符合本细则第七条规定条件并取得考核合格证的，企业、事业单位方可使用，并向其主管部门备案”。

实施《计量法》开展量值传递的主要物质基础是各级计量标准。对计量标准考核发证是《计量法》中规定的新的要求。为在 1986 年 7 月 1 日《计量法》开始实施前完成全省已经建立和开展了量值传递的计量标准的考核发证，省标准计量局于 1986 年 2 月发出《关于广东省计量标准考核工作的通知》，制定了《广东省计量标准考核工作计划》。如果《计量法》实施以后仍未考核发证的计量标准，再进行量值传递，将属于非法，因此考核工作计划的总要求是在 6 月 30 日前完成考核发证。

计划规定凡是在 1985 年 12 月 31 日前各计量部门、企业、事业单位已经建立并开展了量值传递的最高计量标准，均应参加考核。对各级、各类计量检定机构，广东省采取分级考核的方法，即市（地）计量部门的最高计量标准，省有关主管部门直属企业、事业单位的最高计量标准，由省标准计量局组织技术队伍进行考核发证；县级计量部门的最高计量标准，市（地）有关主管部门直属企业、事业单位的最高计量标准，由市（地）计量行政部门组织技术队伍进行考核发证；县属企业、事业单位的最高计量标准，由县计量行政部门组织技术队伍进行考核发证。通知要求各标准保存单位，就每一项计量标准填写“计量标准技术考核报告”，向主考部门提出申请，并进行自查。经过分级组织考核后，社会公用计量标准经考核合格由当地政府计量行政部门颁发社会公用计量标准证书，企业、事业单位的最高计量标准，经考核合格的，由主持考核的政府计量行政部门发给技术考核证书。对于不能正常工作或不符合要求的项目，责令其停止量传，进行整顿，直至达到要求经考核合格发给证书后，方可开展工作。

1986 年 4 月，省标准计量局又针对各市（地）计量所的计量标准考核，发出《关于计量标准器具考核的补充通知》，规定了对社会公用计量标准要从四个方面考核，即计量标准器必须经检定合格，在有效期内，其量程、准确度、长期稳定性符合检定规程要求；具备正常工作所需的环境条件；具有称职的保存、维护、使用人员；具有完善的管理制度。通知对考核程序和要求做了详细具体的说明，并安排从 1986 年 4 月 25 日至 6 月 3 日对各市（地）计量所的计量标准进行考核。对考核合格的计量标准，发给由国家计量局统一印制的带国徽塑料封面的“计量标准考核证书”和“社会公用计量标准考核证书”。

在全国各地开展计量标准考核工作中，为了避免在考核中出现理解和做法上的不一致，在《计量标准考核管理办法》尚未颁布之前，全国计量标准考核委员会于 1987 年 2 月发出《关于计量标准考核工作中几个问题的通知》，对计量标准考核的性质、考核对象、考核内容、考核组织、考核发证，以及发证后的复查作出明确的规定。不久，在此文件的基础上发布了《计量标准考核办法》。

《计量法》实施以后，计量标准考核成为政府计量行政部门的日常工作，广东省根据全国计量标准考核委员会的要求和执法的需要，于 1988 年 6 月成立了“广东省计量标准考核委员会”，委员会下设计量标准考核办公室，具体负责考核发证的日常工作。同时，省标准计量局制定并颁布了《广东省计量标准考核暂行办法》。该暂行办法依据《计量法》和《计量法实施细则》的要求规定了计量标准考核的申请、考核、复查的具体操作程序，明确提出计量标准考核工作由考评员担任，按国家计量局规定的计量标准技术考核评分表进行，以及收费标准等。

根据国家计量局发布的《计量标准考核办法》第十条“计量标准考核由主持考核的政府计量行政部门指定法定计量检定机构或授权有关技术机构承担，考核工作由考评员执行”的规定，由省、市计量技术机构和授权的企业、事业单位推荐，经省计量标准考核办公室审批后聘任了省级“计量标准考评员”，他们在计量标准考核中做了大量工作。

据统计，1986 年对省、市（地）计量检定机构的计量标准共考核了 308 项，其中经考核合格的 228 项，合格率 74%；对全省企业的最高计量标准考核了 769 项。1987 年，经省局考核发出的计量标准考核证书 651 个，省级社会公用计量标准证书 90 个，经各市（地）标准计量局考核发出的计量标准考核证书 2382 个，市（地）级社会公用计量标准证书 461 个。至 1988 年 10 月全国《计量法》实施情况大检查时，全省共完成市级以上法定计量检定机构建立的社会公用计量标准考核发证 577 项；省直主管部门最高计量标准考核发证 51 项，省属企业、事业单位最高计量标准考核发证 401 项。

二、计量检定人员考核发证工作

《计量法实施细则》第六章第二十九条“国家法定计量检定机构的计量检定人员，必须经县级以上人民政府计量行政部门考核合格，并取得计量检定证件。其他单位的计量检定人员，由其主管部门考核发证。无计量检定证件的，不得从事计量检定工作”。

计量检定工作是计量工作的重要组成部分，计量检定人员在计量执法中起着重要作用。为了在《计量法》开始实施前，完成全省各级法定计量检定机构和企业、事业单位现有计量检定人员的考核及取得检定员证，省标准计量局于 1986 年 2 月 27 日发出《关于抓紧做好计量监督检定人员技术考核工作的通知》。鉴于 1987 年初仍有部分从事计量检定的计量检定人员未经考核和取得计量检定员证，省标准计量局于 1987 年 3 月 18 日再发出《关于限期做好计量检定人员考核的通知》，要求必须在 1987 年 6 月 30 日前完成考核发证。

省标准计量局 1986 年对全省政府计量部门已开展检定项目的检定员和企业、事业单位使用其最高计量标准器的检定人员考核 2111 人次，其中经考核合格的 1740 人次，合格率 82.4%。1987 年，省标准计量局共举办计量检定员培训班 12 期，培训检定员 1062 人次，考核合格 1024 人次，合格率 96.4%。

1987 年国家计量局组织了全国计量基准及省级计量检定人员的考试。笔试统一考试时间是 1987 年 9 月 6、7 日，考试科目有：计量基本知识、长度、温度、力学、电磁、无线电、时间频率、光学、声学、化学、放射性各专业项目，以及气象各专业项目。笔试由国家计量局统一出题，试卷邮寄到全国各地考场，同一时间进行考试。笔试结束后，集中统一判卷。操作考核由各地负责。最后将考核结果报国家计量局审核发证。省计量科研所的国家基准操作人员和各专业检定人员都参加了全国统一考试。

为了在全国对法定计量检定机构和经县级以上政府计量行政部门授权的技术机构中，执行强制检定和法律规定的其他检定、测试任务的计量检定人员，按照计量法律、法规进行规范化管理，1987年7月10日，国家计量局发布了《计量检定人员管理办法》。该管理办法对计量检定人员的职责、应具备的条件、考核发证程序等作出具体规定；明确了计量检定人员出具的检定数据，用于量值传递、计量认证、技术考核、裁决计量纠纷和实施计量监督具有法律效力；其依法执行计量检定任务受法律保护；计量检定人员有违法行为的必须追究法律责任。

《计量检定人员管理办法》发布后，国家计量局立即发出《关于组织计量检定人员学习〈计量检定人员管理办法〉的通知》，省标准计量局也发出通知组织全省法定计量检定机构检定人员学习《计量检定人员管理办法》，同时学习《计量法》、《计量法实施细则》。为检查学习效果，由省标准计量局统一命题，于1987年9月14日上午9点至12点对全省法定计量检定机构检定人员进行了闭卷统一考试。

为进一步做好广东省计量检定人员的考核发证工作，保证计量检定员质量，1988年5月省标准计量局根据《计量检定人员管理办法》结合广东省实际情况，制定了《广东省计量检定员考核发证工作的暂行规定》。该暂行规定对国家法定计量检定机构检定人员，被授权机构执行强制检定和法律规定的其他检定、测试任务的检定人员，企业、事业单位检定人员分别规定了考核发证程序及具体要求。同时成立省计量技术考核组，负责有关检定员理论考试和实际操作考核的统一命题工作。为了明确广东省计量检定人员持证项目中所能开展的具体计量器具检定工作，省标准计量局于1990年3月发布了《关于法定计量检定机构计量检定员持证项目所能开展检定工作的暂行规定》，并附《法定计量检定机构计量检定人员持证项目所能开展检定项目表》。1991年3月省技术监督局发布了《广东省计量检定员考核发证的规定》。国家技术监督局1991年8月颁布了《全国计量检定人员考核规则》。

广东省从《计量法》颁布开始，就十分重视计量检定人员的技术培训和资格的确认，经过不断实践和不断完善计量检定员的培训、考核、发证和监督管理，使广东省的计量检定人员考核发证工作一直有序进行。

三、对法定计量检定机构的整顿和检查评比

《计量法实施细则》第二十八条规定："县级以上人民政府计量行政部门依法设置的计量检定机构，为国家法定计量检定机构。其职责是：负责研究建立计量基准、社会公用计量标准，进行量值传递，执行强制检定和法律规定的其他检定、测试任务，起草技术规范，为实施计量监督提供技术保证，并承办有关计量监督工作"。

1. 全省法定计量检定机构整顿和检查

省、市(地)、县各级标准计量(技术监督)局依法设置的计量检定机构是国家法定计量检定机构，承担为实施计量监督提供技术保证的各项具体职责。但据1986年和1987年对各级法定计量检定机构的计量标准考核中发现的问题，和一些企业、事业单位反映的意见，有少数人利用计量部门地位的变化，手中有了权，就以权谋私或搞不正之风，性质严重。其表现如：有的对未经检定的计量器具就出具检定合格证；有的利用检定证书徇私舞弊，利用国家给予的检定权谋取私利，接受馈赠、贿赂；有的单位为增加收入，雇用社会上一些未经培训考核，无计量检定员证的人员进行检定；有的计量检定机构长期积压送检单位的计量标准器和工作计量器具，以致影响生产；有的在检定计量器具时，不做原始记录，或对原始记录没有妥善保管存档备查；有的不按检定规程或不严格按检定规程检定，新规程颁布后仍按旧规程检定，出具检定证书不按规定项目填写；有的使用过期或失准的计量标准器具，致使同一件计量器具，在不同检定机构得出不同结果，甚至弄虚作假，出具假数据；有的违反国家规定，私定收费标准，加重企业负担；有的检定实验室工作秩序混乱，计量标准器、仪器设备没有专人保管、维护、保养；还有的检定实验室环境条件较差，甚至在实验室睡觉、吃饭等等。这一系列制度不健全、管理混乱、违法违规的问题，若不及时制止、纠正，就会直接影响贯彻实施《计量法》，损害计量部门形象。针对这种情况，省标准计量局于1987年9月发出通知，决定对全省法定计量检定机构进行一次检查整顿，通过检查整顿，建立健全各种规章制度，增强法制观念，搞好自身建设，防止新的行业不正之风。

检查整顿内容及评分标准为：计量法律、法规15分；规章制度10分；计量标准器与仪器20分；量值传递及测试45分；仪器检定收费和收发10分，总分70分以上为合格。检查整顿的方式是先由各市（地）标准计量局对直属的计量所进行自检，并做详细记录；省标准计量局组织检查组对省计量科研所及各市（地）计量所进行检查；各市（地）标准计量局对所管辖县计量所进行检查整顿。

检查整顿的通知发出后，大部分市（地）局对这次法定计量检定机构的整顿检查比较重视，认真对照整顿检查内容，边检查边整改，经过半年努力，取得显著效果。1988年3月16日至24日，由省标准计量局法制计量处和省计量科研所、各市（地）计量所所长组成4个检查组，对全省12个市计量所和省计量科研所进行了检查。第一组检查广州、茂名、湛江市；第二组检查佛山、肇庆、江门市；第三组检查韶关、深圳、珠海市；第四组检查惠州、汕头市、梅县地区；最后集中检查省计量科研所。

经检查组评定各所得分如下：江门市计量所91分；茂名市计量所89.5分；佛山市计量所87分；汕头市计量所86.5分；广州市计量所86分；深圳市计量所85分；韶关市计量所83分；梅州市计量所79.5分；惠州市计量所76.5分；湛江市计量所74.5分；珠海市计量所70.5分；肇庆市计量所不合格；省计量科研所85分。

这次检查整顿使各市计量所都取得了进步，但也发现了不少问题。少数局的领导对这次检查整顿不够重视，如湛江、肇庆地区、惠阳地区标准计量局没有按省标准计量局要求布置和参加计量所的自查工作。有些市计量所除最高计量标准经省标准计量局考核，其他等级的工作计量标准没有经主管局考核，未取得社会公用计量标准证书，就进行量值传递，这种情况很多所都存在。有的所甚至最高计量标准都没经上一级计量行政部门考核就进行量值传递，如肇庆市计量所的转速台、分光光度计；惠州市计量所的理化计量标准；茂名市计量所的兆欧表、功率表（钳表）未经考核就进行量传，这些都是不符合《计量法》要求的，实际上是违法的。有的计量标准不按周期送检，使用超过有效期的计量标准进行量值传递，这种现象各市计量所都不同程度的存在。比较严重的是湛江市计量所，为应付检查，把未经检定的计量标准开具假合格证书。肇庆市计量所不具备检定万能测长仪的计量标准便给肇庆轴承厂开具了万能测长仪的检定合格证书，并将盖有肇庆市计量所公章的空白检定合格证书交给工厂自己填写检定数据。有的检定员未取得检定员证就从事检定，签检定证书。有的填写检定证书和原始记录不严肃，检定记录普遍存在涂改数据，签章不全等不正规的表现。部分计量所仍采用过期作废的检定规程检定，新规程未能及时购买和贯彻，省计量科研所也存在这种现象，而珠海计量所购买了新规程却放着不用。大多数计量所都制订了规章制度，但由于平时没有检查落实，使有些制订出来的规章制度流于形式。

省标准计量局要求各法定计量检定机构根据检查组检查提出的问题，短期内进行整改。不合格的计量所按检查组提出的整改日期在主管局的领导下，按省标准计量局的要求进行一次自评检查，然后将检查情况报省标准计量局，由省标准计量局派检查组复查。凡没有对下属县的法定计量检定机构进行检查整顿的市标准计量局要求抓紧进行。

2. 全国整顿省级法定计量检定机构和检查评比

1988年国家计量局先后发出《关于整顿省级法定计量检定机构和组织检查评比的通知》、《关于下发1988年省级以上法定计量技术机构检查评比的总体安排和检查评分标准的通知》，以及《关于法定计量检定机构整顿和计量法实施情况全面检查工作的补充意见》，决定整顿全国各省级以上法定计量技术机构，并对整顿情况进行检查评比。为了提高工作效率，集中人力，减轻负担，国家计量局同意将法定计量检定机构整顿和《计量法》实施情况两项检查工作合并组成检查团，一团二组，分别检查，同步进行。国家计量局决定不搞各大区交叉互查，采取在大区内各省之间互查。检查评比工作于1988年9月组成检查组，10月出发检查，检查时间20天左右，11月开评比总结会。

整顿内容有：

（1）整顿最高计量标准和社会公用计量标准。包括：1）取得计量标准考核合格证书；周期检定合格证书；取得社会公用计量标准证书；计量基标准器完成改制。2）精度等级和开展的量值传递工作符合国家计量检定系统表的要求。3）开展检定测试项目的配套仪器设备符合检定规程（或检定方法）等技术要求。4）计量标准器和设备有专人维护、保管。5）计量标准器及配套仪器设备的技术档案齐全，说明书，图纸及有关资料；历史记录、证书；使用、维护保管情况的记录；损坏、修理的记录等妥善保存。

（2）整顿计量检定人员队伍。包括：1）在岗的检定员考核合格，持有检定证件。2）从事的检定项目与检定证件相符。3）检定人员档案齐全，至少包括计量检定人员考核登记造册，检定人员简历，专业技术培训班成绩或其他文化技术培训成绩登记，检定差错（事故）记录等。

（3）整顿检定工作秩序。包括：1）严格执行检定规程。2）出具的证书或检定结果必须数据准确无误，字迹工整，能坚持复核制度。3）计量标准器能按时送检，对受（收）检的计量器具能按时检出。4）有完善的仪器收发制度。5）已建立、健全实验室各项规章制度，并能照章执行。6）按《检定收费标准》收费。

（4）整顿检定工作环境。包括：1）仪器设备及管道、线路的布置、排放合理、整齐。2）坚持打扫、保持清洁卫生，坚持换鞋、换工作服制度，实验室内不堆放其他杂物。3）温度、湿度能适应检定和测试的要求。4）符合防尘、防湿、防潮要求，有防火、防盗、防爆措施。

（5）整顿行业作风加强计量法制教育，加强职业道德教育。包括：1）遵守计量法律、法规，所内工作人员能经常学习和熟悉计量法律、法规知识，并认真遵纪守法。2）热情服务，态度和蔼，依法监督，高效求实、公正廉洁。3）不得肆意把正常（量传）检定项目擅自改为测试项目提高收费标准。4）遵守国家财务制度。

省标准计量局为了落实国家计量局关于整顿省级法定计量检定机构的决定，加强对省计量科研所整顿工作的领导，于1988年5月成立了以省标准计量局副局长蒋善利为组长的“省级法定计量检定机构整顿工作领导小组”，并下设整顿办公室。领导小组制定了两个整顿工作的奋斗目标：一是通过整顿工作带动量传工作，做到整顿工作与检定工作两不误；二是开创一个“执法严明、量传准确，水平较高”的新局面，争取省计量科研所跨入全国计量系统的先进行列。

当年6月初，省标准计量局整顿工作领导小组派出陈奕钦所长等人到湖北、江苏、上海、浙江等兄弟省、市计量所参观学习，吸取兄弟省、市的先进经验。经过整顿自查以后，为帮助省计量科研所以更好的状态迎接全国大检查，省标准计量局决定从广州市、深圳市、汕头市、韶关市、佛山市、江门市、珠海市、湛江市等各有关市计量所抽调管理和专业人员与省标准计量局法制计量处组成检查组，于1988年9月1日至3日对省计量科研所实施《计量法》的情况进行了全面检查，以推动和加强省级法定计量检定机构的自身建设，提高执法能力，为实施计量监督提供可靠的计量保证。

省计量科研所自从《计量法》公布实施以来，始终注重《计量法》的学习，通过学习，明确认识到量值传递是法定计量技术机构的根本任务，也是国家赋于的计量监督权利，只有不断加强和完善量传和检定工作，才能保证《计量法》的贯彻执行，才能在技术上发挥执法作用。随着《计量法》的实施和工矿企业计量定级升级工作的开展，计量器具的周期检定普遍受到重视，各单位送检计量标准器具大幅度增加，而且因生产需要，要求完检时间要快。当时广州地区供电紧张，经常停电，增加了按时完检的困难。为此省计量科研所采取了一些措施如供电时抓紧时间检定，停电时等晚上利用照明电加班检定；购买发电机发电，保证工作正常运行；派出人员到现场检测；发挥地市计量设备和人员作用，协同工作，以期按时保质完成检定任务。省计量科研所认真做好对地市的计量标准的技术考核，以保证量值传递的一致。该所派出一名副所长带队，由业务科长、各专业室正副主任组成计量标准技术考核小组，用两年时间，对市（地）计量技术机构和省属企业进行计量技术考核约900多项。对这些单位计量标准存在的问题，立足于“促”，热情地帮，耐心指导。考核小组既是执法小组，又是宣传《计量法》的队伍，保证了全省的量传统一。

省计量科研所在检定工作中，严格执行检定规程。出具的证书或检定结果通知书能做到数据准确，有检定员、核验员和主管审核签字，贴上合格标志并编制了周期检定计划。1987年以来，该所多次修订和完善了各项规章制度，其中有计量基准、标准使用维护制度；检定记录、检定证书、核验制度；实验室岗位责任制；事故报告制度；送检仪器收发制度；征求用户意见制度；卫生制度和防盗、防爆措施等。

在这次检查整顿中，省所领导坚持高标准、严要求，全部补齐了计量标准的建标技术报告，对计量标准设备配套不齐的，进行了设备充实，补充完善了各项规章制度，自查结果获总分94.5分。

1988年10月中南区组成检查组对广东省计量科研所进行了省级法定计量技术机构检查。最终，广东省计量科研所以92分的成绩，被评为全国的表扬单位。整顿检查既锻炼了队伍，提高了技术水平，又改变了整个所的面貌。

为了加强对广东省各级法定计量检定机构的管理工作，以保证各级法定计量检定机构更好地履行各项法定的工作职责，根据国家计量法律法规的有关规定，和全省各级法定计量检定机构在工作实践中的经验，1990年6月省技术监督局组织编写了《广东省法定计量检定机构管理工作手册》。该手册提供了通用的基本的要求和管理手册的框架，供各级机构结合本单位实际充实更具体的细则和措施，形成本单位的实用管理手册，以实现机构管理的规范化和科学化。

该手册分为三章。内容包括：第一章法定计量检定机构的性质、任务及其职责；第二章各级计量检定测试所内部机构设置及岗位责任制，市计量检定测试所内部机构设置、县计量检定测试所内部机构设置、各级人员工作岗位责任制；第三章法定计量检定机构的工作规章制度，计量标准使用维护制度、计量检定实验室工作制度、计量仪器收发制度、检定记录证书核验制度、事故报告制度、清洁卫生制度、学习《计量法》制度、向用户征求意见制度、防火防盗防爆工作制度、外出检测工作制度、计量技术资料档案的保管使用制度。省技术监督局要求各级法定计量检定机构贯彻该《手册》，以改进工作，保证质量，提高效率。

第九节　省计量科研所的成功搬迁和华南国家计量测试中心的成立

一、省计量科研所成功搬迁

1980 年广州市城市规划局批准省计量科研所征用机场路松柏岗东侧 8245 平方米（合 12.37 亩）兴建广东省计量测试中心。国家计量总局和省计划委员会批准核定广东省计量测试中心基建面积为 15300 平方米，总投资 744 万元。1984 年底投资了 144 万元，从 1985 起，省计划投资 420 万元，国家总局支持解决 180 万元。另外，用于计量技术装备、技术设施和技术开发项目的投资总额为 372.16 万元，国家计量局和省经委拨入技改费 99 万元，技术开发费 23 万元。

历时 7 年多，位于广园中路松柏东街 30 号的广东省计量科学研究所新址，于 1987 年底建成，有实验大楼 10000 平方米，其中恒温面积 1200 平方米，附属楼 3200 平方米，固定资产 1400 万元，其中设备固定资产 500 万元。1990 年 12 月，省计量科研所实验大楼改造，实用面积增加至 13200 平方米。

1988 年初省计量科学研究所在新址举行了实验大楼落成仪式，开始搬迁。经过周密地规划和全所上下的一致努力，用最短的时间完成了搬迁任务，而且做到仪器设备无一丢失，无一损坏，精度无一受到影响，为较好完成量传、检定任务提供了保障。省计量科研所新址场地宽裕，实验室面积大大增加，特别是地下恒温实验室保温隔热性能优越，防磁防震环境良好，为进一步发展和扩大计量业务，准备了充分的条件。

1988 年 3 月全所搬迁完毕，正式开展工作。省计量科研所下设长度室、力学室、热工室、电磁室、无线电室、工程测试室、理化室、情报资料室等 8 个专业室；办公室、人保科、量传科、工业计量科、器材科、技术经营科等 6 个职能科室；还有香港科电有限公司数字电压表维修中心，以及与香港盛隆有限公司合作的粤港计量科技维修中心。省计量科研所同时承担广东省计量器具质量监督检验站和广东省计量干部技术培训中心工作。

当年省计量科研所有计量基准、计量标准 43 项 103 个。其中由该所研制成功的瓦级、毫瓦级超声功率标准装置和橡胶硬度标准装置等 3 项经国家计量局批准为国家基准，省计量科研所建有克、公斤工作基准 2 个，省级最高计量标准 42 个，工作计量标准 56 个。这些基、标准器均经中国计量科学研究院等单位考核，取得国家计量局和省标准计量局计量标准考核合格证和社会公用计量标准证书。所有基、标准器具，及其配套设备基本齐全，均符合国家计量检定系统和检定规程要求。

全所有 7 个实验室，经考核合格持证的检定员 93 人，每个检定项目都有两人以上持证，共有 215 人项，其中长度室 16 人，39 人项；力学室 19 人，39 人项；热工室 12 人，25 人项；电磁室 13 人，41 人项；无线电室 16 人，28 人项，工程测试室 9 人，22 人项；理化室 3 人，24 人项。

全所职工 151 人，平均年龄 38.7 岁，全所有技术人员 110 人，平均年龄 39.1 岁，其中高级工程师 11 人，工程师 45 人，初级职称 52 人。

该所搬迁、业务两不误，当年共完成检定测试仪器 33727 台（件）；数字表、酸度计、示波器、电度表、互感器、1MN 测力计等 6 个计量标准项目通过了国家级考核；新筹建了密度计、酒精计、白度计、光泽度计、旋光仪、三相工频稳压电源、经纬仪、水准仪等 8 项标准，其中经纬仪和水准仪是全国其他计量部门当年尚未开展的新项目；顺利完成了“超声功率基准”和“橡胶硬度基准”两个项目的国际比对；完成了 19 个单位 17 个项目 60 个不同型号计量器具新产品的样机试验和质量鉴定。当年，省计量科研所还顺利通过了国家技术监督局对广东省计量器具质量监督检验站的计量认证。

二、华南国家计量测试中心的建立

在国家计量局原来设置的六个大区国家计量测试中心中并没有华南大区，广东省归在中南大区中。随着广东经济地位的提升，省计量科研所为适应经济和社会发展的需要，在计量基、标准的建立，计量检定业务的开展，设备和人员水平的提高，以及科研成果等方面都前进了一大步。特别是建成了新的实验大楼以后，工作环境和发展空间扩大，省计量科研所十分渴望以广东地处开放前沿的有利地位，发挥毗邻港澳的优势，为华南一带的外向型经济服务，为即将建省的海南量值传递服务，面向香港、澳门及东南亚地区，提供计量测试技术服务，成为实力更强，更有权威的大区级法定计量技术机构。

为此，省标准计量局于 1987 年 11 月、12 月分别向国家计量局、省经委呈送了《关于报请成立华南国家计量测试中心的报告》。报告提出从量值传递的科学合理，从广东进一步改革开放的需要，进而以广东为窗口，增强我国计量事业为外向型经济服务的能力，建议把“广东省计量科学研究所”建成“华南国家计量测试中心”，以便承担国家计量局委托的华南地区量值传递任务，并代表国家承担港澳地区的量值传递以及为东南亚提供计量测试服务。虽然国家计量局原报给国务院的大区计量测试中心设置中没有华南，但经过省标准计量局局长黎湘、副局长蒋善利等人多次向国家计量局领导报告和陈述，进行了坚持不懈的努力争取，终于得到国家计量局的批准。

1988 年 3 月 30 日，国家计量局发出（88）量局计字第 111 号文《关于成立华南国家计量测试中心的批复》。文件指出“为贯彻中央关于沿海地区经济发展的战略设想，充分发挥广东地处开放前沿的有利地位，促进计量工作更好地为外向型经济服务，适应海南建省后华南地区计量工作的实际需要，并鉴于你省计量科学研究所基本具备承担任务的能力，经征得海南有关部门的意见，我局原则同意你们建立华南国家计量测试中心的建议”，并批复同意在广东省计量科学研究所现有条件的基础上成立“华南国家计量测试中心”，一套机构两块牌子；海南建省后，该中心对海南的量值传递关系不变，其最高计量标准，本着经济合理就地就近进行检定的原则，仍由该中心负责检定，也可以此名义开展为港、澳地区的技术服务工作；该中心成立后，计量科学研究所原隶属关系、领导体制、经费渠道不变，其承担国家任务的部分，经费由国家计量局予以适当补助。文件要求广东省标准计量管理局、广东省经委立即着手组织该中心的筹建工作，待准备就绪后由国家计量局颁发印章。

省标准计量局接到国家计量局的批复后，按文件规定和要求积极进行了筹建工作，成立了筹建领导小组。小组成员包括：蒋善利（省标准计量局副局长）、陈奕钦（省计量科研所所长）、陈富强（省标准计量局工业计量处处长）、周群英（省标准计量局法制计量处处长）、陈悦（省标准计量局人事教育处处长）。筹建领导小组办公室设在省计量科研所，办公室主任陈奕钦，工作人员冯其约。

经过一年筹建工作，华南国家计量测试中心建立的条件已经成熟，由省标准计量局局长办公会议研究，向国家技术监督局提交“华南国家计量测试中心”人事任职的报告，并计划于 3 月举行开幕典礼。1989 年 3 月 15 日，国家技术监督局发出关于《华南国家计量测试中心人事任职的报告》的批复，同意省标准计量局副局长蒋善利兼任华南国家计量测试中心主任，同意“中心”自即日起正式对外开展工作。从此以广东省计量科学研究所为实体的华南国家计量测试中心（以下简称“华南中心”）正式成立。

1991 年 5 月由于“华南中心”主任蒋善利调离广东省技术监督局，经国家技术监督局发文批复，同意省技术监督局局长黎湘兼任“华南中心”主任。

国家技术监督局从 1988 年开始每年都给“华南中心”拨一些业务补助费、设备费和管理费。1988 年 20 万元，1989 年 37.5 万元，1990 年 45.9 万元，1991 年 28.5 万元，四年累计共拨 131.9 万元。

“华南中心”建立以后，除继续承担了海南省计量标准的量值传递以外，积极开展了对香港的长度、力学、温度、电磁、无线电等项目的计量检定和校准工作，逐渐在港澳地区建立了华南国家计量测试中心的威信，为密切港澳与内地经济的联系，为港澳回归祖国在量值传递方面的准备工作发挥了作用。

第十节　对市场的依法管理

《计量法》第十七条规定“使用计量器具不得破坏其准确度，损害国家和消费者的利益”。《计量法实施细则》第五十一条规定“使用不合格计量器具或者破坏计量器具准确度和伪造数据，给国家和消费者造成损失的，责令其赔偿损失，没收计量器具和全部违法所得，可并处 2000 元以下的罚款”；第五十三条规定“制造、销售、使用以欺骗消费者为目的的计量器具的单位和个人，没收其计量器具和全部违法所得，可并处 2000 元以下的罚款；构成犯罪的，对个人或者单位直接责任人员，依法追究刑事责任”。

一、商贸计量执法检查

当时在商业经营活动中，利用计量器具有意作弊，短斤缺两，克扣顾客，侵犯消费者利益的现象屡见不鲜，群众把它说成是一种社会公害。在广州市场管理方面，广州市标准计量局多次派出计量监督员和计量管理人员到市场、商店、郊区巡回检查，《计量法》开始实施的一年多来，共检查了 1000 多个商店或摊档，共没收不合格杆秤 15000 多支。从检查结果看，流动商贩短斤缺两现象非常严重，500 克称量短缺 50 克以上的占 70%，有的甚至短缺 200 克以上，短斤缺两现象严重损害了广州市的形象。1987 年 7 月，羊城晚报对此作了大量报道，并召开了广州经济学教授讨论“短秤”问题的座谈会。

1987 年 9 月利用庆祝《计量法》颁布两周年活动机会，广东省、广州市标准计量管理局联合召开了以“加强市场计量监督”为主题的座谈会，省和广州市政府领导十分重视，省人大、省经委和省、广州市标准计量局的领导都在会上讲了话。他们指出加强市场计量执法管理工作是各级政府和计量行政部门必须认真对待的一项重要工作，要把加强商业领域的计量监督工作提高到建设社会主义精神文明的高度来认识，要求组织计量监督员、计量管理人员对商贸领域使用中的计量器具进行大检查。对违反计量法律、法规的行为，要按有关规定依法严肃处理，对有意利用计量器具作弊，牟取暴利的人要从重从严处理，使其不敢重犯。

从 1986 年以来，广东省多次组织商贸计量大检查。

1986年春节前，省标准计量局转发了国家计量局《关于在全国开展商贸计量大检查的紧急通知》，组织了全省的商贸计量大检查，要求各市、地、县计量部门的领导亲自主持此次大检查。通知提出这次大检查要有严密的组织，不能走过场，检查的面要宽，点要多，平时反映问题较多的地方和单位要作为检查的重点，对定量包装商品、售粮机、售油器等要给予足够的关注，对检查出来的严重问题要从重从严处理。通知要求各地计量部门与物价、工商、公安联合行动，因为短斤少两不是商贸活动中的一种孤立现象，它往往伴随哄抬物价、以次充好、掺杂做假等坑害欺骗行为同时存在。通知中特别要求请报社、电视台、电台参加大检查，以便及时报道消息，宣传典型，扩大影响。

1987年8月22日，省标准计量局发出通知，组织全省各市（地）、县计量部门在国庆节前开展一次商贸计量大检查。这次商贸计量大检查正值《计量法》已正式实施一年多，因此特别强调了在大检查中做到“有法必依、执法必严、违法必究”，对违反计量法律、法规的行为，要按有关规定依法严肃处理。

从这两次节前的市场计量监督大检查中，可以看到市场计量管理已经从政府相关部门的行政管理，转变为政府职能部门依法管理的阶段，广东省各计量管理机构有了自己的执法人员。

为了加强与人民群众密切相关的市场的计量监督管理，打击计量违法和变相涨价行为，维护市场秩序，保护国家、集体、个人利益，国家技术监督局、国家工商局、中国消费者协会决定在1988年11月对市场商品计量进行一次联合检查。检查内容是市场交易使用的木杆秤、台秤、地秤、案秤、尺、量提等计量器具的准确度和计量检定情况；市场售出的粮、油、肉、蛋、菜、糕点、糖果、布料等商品量的准确性。广东省标准计量局、工商局、消费者委员会联合转发了三个国家机构的联合通知，并组织了对广东省市场商品计量以及使用的计量器具的一次检查。各市、县均由标准计量局牵头，联合有关单位组成检查组，对本地区范围内的商品计量及其使用的计量器具进行了抽查。

从1988年全国的市场商品计量检查情况反映出，国营商业单位的计量器具合格率在90%以上，商品计量合格率在80%以上；集贸市场和个体摊点使用的计量器具合格率低，不到70%，定量包装商品短斤少两现象比较严重，利用计量器具作弊，欺骗消费者的违法行为屡屡发生，损害了消费者利益。为此，国家技术监督局继续联合国家工商局于1989年4月共同发出《关于进一步加强集贸市场计量监督管理的通知》。广东省标准计量局和省工商局也于1989年6月转发了国家技术监督局和国家工商局的文件，要求各级计量管理和工商管理部门密切配合，除了抓好重大节日对商店、集贸市场、个体摊点的计量器具以及定量包装商品的突击检查外，要发挥各级计量监督员和工商市管员的作用，做好日常的现场计量执法工作，打击利用计量器具作弊、短斤缺两、欺骗群众的计量违法行为，维护国家、集体和个人利益。

二、物价计量信得过活动

国家物价局和国家计量局于1984年联合发文，要求各地积极推广沈阳市开展的“物价计量信得过”活动（以下简称“双信”活动）。全国多数省、自治区、直辖市的许多地区相继开展了这一活动。

1984年海口市标准计量局在工商、物价、供销等主管部门密切配合下，在全市商业部门开展了颇有成效的“计量信得过”活动。海口市标准计量局看到，多年来，在商业活动中，计量信不过的现象比比皆是，虽然年年检查、没收、处罚，但不易巩固，原因之一是只有坏的典型，没有学的榜样。他们在省标准计量局的支持下，开展了“计量信得过”活动，采取普遍发动和重点指导相结合的方法，通过设立公平秤、意见簿、来访电话等公开考察和随时复核顾客所购商品的“秘密”考察，评选出向阳副食店、东湖烟酒店、海口茶叶店、海口食品二店四个“计量信得过”商店。经海口市政府批准，召开了“计量信得过商店”授匾大会，电台、电视台都作了报道，轰动全市。

恩平县和高要县也都开展了“物价计量信得过”活动，效果很好，深受群众欢迎。

1985 年 3 月国务院在《关于加强物价管理和监督检查的通知》中肯定了“物价计量信得过”活动是行之有效的方法，要求物价、计量等部门推广这一活动。为此，国家计量局发文要求各级计量局尽快把“物价计量信得过”活动开展起来，通过开展“物价计量信得过”活动，查清在用商贸计量器具情况，做好商贸计量器具的监督管理工作。

但开展“双信”活动进展不平衡，有的流于形式。为了进一步贯彻执行国务院《关于加强物价管理和监督检查的通知》中“依靠企业内部职工，加强物价监督，推广行之有效的‘物价计量信得过企业’活动”的要求，国家物价局、国家计量局、商业部、中华全国总工会、中国消费者协会于 1987 年 6 月 4 日联合发出《关于进一步开展〈物价计量信得过〉活动的通知》，提出进一步提高对“双信”活动的认识，明确开展“双信”活动的范围，坚持高标准、严要求，搞好检查评比工作等。

1987 年 9 月广东省物价局、标准计量局、商业厅、总工会、工商局、粮食局、供销社联合转发国家物价局、国家计量局、商业部、中华全国总工会、中国消费者协会文件《关于进一步开展“物价计量信得过”活动的通知》。随后成立了由物价、标准计量、商业、总工会、工商、供销、粮食等部门领导组成的省“双信”活动领导小组，下设办公室，设在省物价局内，负责全省开展“双信”活动的具体日常工作。对评为“双信”的单位，发给“物价计量信得过”的红旗或光荣匾，公开悬挂。同时，广州市政府也批准了广州市物价局、广州市标准计量局《关于进一步开展〈物价计量信得过〉活动的请示》，在广州市开展了“物价计量信得过”活动。

在检查评比活动中对执行《计量法》的先进单位给以表扬。根据国家技术监督局和国家工商局 1991 年发出的《关于对大中型集贸市场实施〈计量法〉情况进行检查表彰通知》的要求，经省、市技术监督局和省工商局研究决定授予 14 个单位“广东省计量先进集贸市场”称号，并颁发奖牌，以资鼓励。这些单位是：广州市珠光市场、深圳市广场市场、湛江市东风市场、珠海市吉大市场、佛山市莲花市场、江门市中心市场、汕头市同益市场、韶关市启明市场、惠州市南门塘市场、梅州市百花洲市场、清远市学宫市场、中山市光明市场、潮州市东门副食批发市场、肇庆市高要县新桥市场。

三、推广双斜面字盘弹簧秤促进规范集贸市场

各级计量部门虽然对集贸市场进行了多次的整顿检查，但是利用计量器具作弊行为仍然时有发生。1988 年获得国家技术监督局批准的商贸衡器新产品双斜面字盘弹簧秤，是一种能使买卖双方都同时看到出售商品实际重量，便于群众监督，保证买卖公平，能避免旧式杆秤和台、案秤作弊现象的新的商贸衡器，其准确度达到 4 级。推广使用双斜面字盘弹簧秤，有利于集贸市场的监督管理，减少短斤缺两问题的发生，是加强群众监督，落实计量监督的一项重要工作。

广东省是弹簧度盘秤最早开发研制、生产和推进使用于市场贸易结算的省份之一。1982 年以前，中山县石岐衡器厂生产的五羊牌弹簧台秤，是专供外贸出口产品。据外贸部门反映，这种弹簧台秤在国外深受欢迎。中山县计量局在 1982 年，选了产品规格为 5 市斤的弹簧台秤分发给石岐镇经营不同商品的 9 个商业部门进行试用，在试用期间经中山县计量所多次会同有关单位试验、检定，证实其性能是稳定的。据试用单位反映，这种弹簧台秤外形美观大方，使用方便，能提高工作效率，售货员喜欢使用。经请示国家计量局，1983 年 2 月 10 日，省计量局批准中山石岐衡器厂生产的 D. H.

C5S 型香山牌 5 市斤弹簧台秤在广东省各地试销使用。

为保证弹簧秤的计量性能准确可靠，1983 年 2 月 10 日，省计量局颁发了由中山县计量局起草的 JJF（粤）1—83《弹簧台秤暂行检定方法》，并于 1983 年 3 月 1 日起在本省施行。

除中山县石岐衡器厂生产的五羊牌弹簧台秤外，广东省东莞市标准计量实验厂试制的“双斜面弹簧式台秤”，型号 TTZ-4 型，最大称量 4kg，最小分度值 10g，也于 1987 年 6 月 20 日经省标准计量局委托省计量科研所通过定型鉴定，符合 4 级秤的技术要求。该秤的关键元件弹簧是采用进口的稳定性较好的弹簧和温度补偿装置，确保达到国家规定的技术要求。省标准计量局特报请国家计量局对东莞“双斜面弹簧式台秤”进行计量器具新产品型式注册。

国家计量局为确定弹簧台秤的全国通用型式和用于商业贸易的合法地位，决定由中国计量科学研究院牵头，组织青岛市衡器检定所和广东省计量科学研究所提出统一的试验大纲，共同对上海东昌计量厂、广东省东莞市标准计量实验厂、广东省中山市石岐衡器厂三家企业生产的弹簧台秤进行试验。

青岛市标准计量局受国家计量局委托，按中国计量科学研究院组织广东省计量科学研究所、上海市计量检定所和青岛市衡器检定所共同拟定的《台式弹簧度盘秤定型鉴定大纲》，对国内生产的几种台式弹簧度盘秤进行了全性能试验。试验结果表明：被试验的台式弹簧度盘秤在原理、结构和选材等方面基本合理，能够达到 4 级准确度的要求，在准确度、耐用项和防止欺骗性使用等方面优于杆秤，其造价较为便宜，易于推广。国家技术监督局根据以上情况于 1988 年 9 月 25 日正式发出“关于允许台式弹簧度盘秤作为 4 级准确度秤销售和使用的通告”。

第十一节　对香港计量服务工作的进展

一、向国家计量局请求将为香港服务任务下达广东

1984 年香港已成为亚洲四小龙之一，香港政府为增强经济发展的后劲，改善香港的投资环境，成立了香港政府标准及校正实验所，该所建立和保存香港的最高计量标准。省标准计量局更感到与香港计量技术交流合作的必要性。1984 年 3 月 2 日，省标准计量局向国家计量局提交《请求将承担香港地区计量测试技术服务作为国家正式任务下达给广东省计量科学研究所的报告》。国家计量局于同年 3 月 27 日发文给省标准计量局指示“为加强内地与香港地区的计量技术交流与合作，经我局领导审议，赞同你局所属计量科研所承担香港地区计量测试服务任务，双方可按签署的协议书办理。国家计量局不再另下达任务。在执行中有何问题，可与我局联系。”

1988 年国家计量局给省标准计量局批复同意组建华南国家计量测试中心的文件指出“华南中心”成立的目的是“为贯彻中央关于沿海地区经济发展的战略设想，充分发挥广东地处开放前沿的有利地位，促进计量工作更好地为外向型经济服务，适应海南建省后华南地区计量工作的实际需要”，强调了“华南中心”成立的任务包括“可以此名义开展对港、澳地区的技术服务工作”。

二、决策分三步开拓香港服务工作

1991 年 3 月以省技术监督局副局长蒋善利为组长，包括省计量科研所所长陈奕钦等一行 6 人赴香港调研。他们广泛接触有关部门和企业，了解香港地区的计量工作情况，以制定对香港服务的工作方针，促进计量工作为外向型经济服务作为考察的主要任务。

调研组参观访问了香港政府标准及校正实验所，到香港富鹏有限公司、兴华科技有限公司等多间公司考察、座谈，探索开展对港计量测试服务的可行性。调研组回来后向广东省人民政府提交了《关于香港计量测试工作考察及拟开展对港服务的报告》。该报告提出“香港计量测试包括量值的校验空白点很多，从目前和长远以及1997年香港回归后的考虑，开展对香港地区计量测试服务工作是必要的，可能的，对香港地区经济发展，对国内计量事业发展都有重要作用”。报告还提出开展对港服务工作分步进行的设想，“第一步，委托代理，即委托我省驻港机构或香港的民间机构代理华南中心在香港开展承担计量测试服务的业务联络工作。第二步，是在服务工作开展以后，从中心选派工程技术人员驻港，和代理机构一起，一方面进行测试服务，一方面熟悉情况，沟通渠道，建立直接业务联系，为下一步做好准备。第三步，建立“华南中心”驻港机构，全面开展对港计量测试服务，计量技术、计量测试仪器的进出口服务和为1997年香港回归后的计量工作提供信息、设想、方案。同时在此基础上，还可以进一步开展对港产品质量检验、产品认证、标准信息资料服务，并将这些服务逐步延伸至东南亚”。为做好上述工作，报告提出两点请示，一是为了迈出第一步，请省政府厘定代理机构，指定省内有关部门协助华南国家计量测试中心开展对外技术服务工作；二是为了符合国际上运作要求取得在港技术服务的资质，拟向英国认可机构NAMAS申请实验室认可，请国家技术监督局与英国方面联系。此报告抄报国家技术监督局朱育理局长、计量司，以及匡吉、张高丽副省长。

第十二节　科研工作逐步扩大

一、省标准计量局对科技奖励的管理

为了充分发挥广东省标准计量系统科学技术人员的积极性和创造性，推动技术监督事业的发展，根据省政府颁布的《广东省科学技术进步奖励实施办法》第十条规定，结合实际情况，省标准计量局于1989年7月28日，制定并颁发《广东省标准计量管理局科学技术进步奖励实施办法》。

该奖励实施办法规定了具备以下条件之一的，可申请局级科技进步奖：

（1）在技术监督（包括标准化、计量测试、产品质量监督检验）科学技术工作、情报工作、技术管理工作中，在省内做出较大贡献并取得显著效果的。

（2）应用于社会主义现代化建设的科学技术成果（包括应用基础研究成果、新产品、新技术、新工艺、新材料、新设计和生物新品种），属于：省内首创的；省内同行业先进水平的；经过实践证明具有显著经济效益或社会效益的。

（3）在推广、转让、应用已有的科学技术成果中，在广东省技术监督系统内做出重大贡献并取得经济效益或社会效益的。

（4）在重大工程建设、重大设备研制和企业技术改造中，采用新技术在省内技术监督方面做出较大贡献，并取得显著经济效益或社会效益的。

（5）在引进、消化、吸收、开发应用国外先进技术工作中，在广东省技术监督系统内做出较大贡献，并取得显著经济效益或社会效益的。

（6）在为决策科学化和管理现代化而进行创造性研究，并在广东省技术监督系统内做出重大贡献并取得显著效果的软科学成果。

局级科学技术进步奖分为三个等级：

一等奖，颁发局级科学技术进步奖证书、奖状，奖金二千元；

二等奖，颁发局级科学技术进步奖证书、奖状，奖金一千二百元；

三等奖，颁发局级科学技术进步奖证书、奖状，奖金八百元。

对标准计量事业有特殊贡献的科学技术进步项目，经省标准计量局科学技术进步奖评审委员会评议报省标准计量局批准，其奖金数额可高于一等奖。

设立广东省标准计量管理局科学技术进步奖评审委员会，负责局级标准计量科学技术进步奖的评审、批准和授予工作；负责省级科学技术进步奖项目的初审、上报工作。评委会的办事机构设在省标准计量局综合计划处，负责办理日常工作。

科学技术进步奖的奖金，应按照贡献大小合理分配，贡献大的应给予重奖，不得搞平均主义。

在颁布《广东省标准计量管理局科学技术进步奖励实施办法》的同时，省局还制定并颁发了《广东省标准计量管理局科学技术进步奖评审委员会章程》。

二、省计量科研所科研工作

1. 橡胶硬度国家基准

1986 年 8 月 11 日，省计量科研所研制的橡胶硬度（IRHD）标准硬度计被国家计量局批准为国家橡胶硬度临时基准，可进行量值传递。1986 年 11 月 24 日，被国家计量局批准为国家计量基准。

“XHI-5.7 型橡胶硬度计”科研成果获 1984、1985 年国家计量局科技进步奖二等奖；1986 年获广东省科技进步奖二等奖；1987 年，获得国家科技进步三等奖。

为了贯彻国际标准，推广应用国际橡胶硬度，省计量科研所在研制橡胶硬度 IRHD 标准装置成果的基础上，进一步研制成功袖珍式 IRHD 硬度计，于 1986 年通过了技术鉴定。袖珍式 IRHD 硬度计用于橡胶制品硬度的常规检验，得到橡胶制品工厂等广大用户的欢迎。1986 年下半年起，这一仪器投入小批量生产，以满足用户的急需。1987 年 1 月，鉴于当时国家尚未制定橡胶硬度计检定规程，为使全省橡胶硬度量值统一，省计量科研所制定了广东省地方规程 JJG（粤）1—87《袖珍式橡胶硬度计检定规程（暂行）》，由省标准计量局批准，自 1987 年 2 月 1 日起在全省范围内实施。

1987 年 5 月，国家计量局经国家计量检定规程归口单位工作会议讨论研究，增加广东省标准计量局为国家检定规程归口单位，规程归口的项目：非金属硬度计（包括橡胶硬度计）、超声功率计。

1988 年 9 月，省计量科研所林鲁山等赴英国伦敦用两套标准硬度块，将国家基准的示值与英国国家标准即英国华来士公司的标准硬度计进行了示值比对。比对结果在（30 ～ 95）IRHD 范围内，两套硬度块共 12 块的硬度示值相差最大不超过 0.5IRHD。比对结果令人满意。

1988 年该所申请承担全国橡胶硬度计、超声功率计（瓦级、毫瓦级）计量器具新产品的定型鉴定任务，并派出有关人员参加中国计量测试研究院举办的国家级质量检验机构的计量认证培训班。省计量科研所顺利通过了计量认证，获得国家计量局授权开展橡胶硬度计和超声功率计计量器具新产品定型鉴定。

为满足量值传递的需要，林鲁山、陈明华编写了国家计量检定系统 JJG 2049—1990《橡胶国际硬度计量器具》、基准操作技术规范 JJF 1253—1990《橡胶国际硬度》、国家计量检定规程 JJG 594—1989 《袖珍式橡胶国际硬度计》、JJG 666—1990 《定负荷橡胶国际硬度计》、JJG 898—1995 《微型橡胶国际硬度计》等国家计量技术法规，和国家标准 GB 11204—1989 《橡胶国际硬度（39 ～ 90）IRHD 的测定》。

2. 超声功率国家基准

1988 年 6 月，广东省计量所方森礼、陈良敏等赴联邦德国物理技术研究院（PTB），与该院超声标准换能器进行量值比对。中方和 PTB 的各个点的测量结果相差均满足要求，从而验证了建立在省计量科研所的超声功率国家计量基准达到不确定度为 5% 的国际先进水平。

1988 年省计量科研所搬迁到新的实验大楼，为保证超声功率国家基准的安全，省计量科研所向国家技术监督局计量司呈送了《关于超声功率国家基准搬迁报告》，得到国家技术监督局的同意，并按国家技术监督局复函的要求，在搬前制订了详细的基准搬迁计划，对该基准工作所需要的新建环境条件验收合格后才搬迁，重新经国家鉴定合格，按规定完善了审批手续后，方开展量值传递。

为完善超声功率量值传递系统，省计量科研所方森礼、陈良敏起草编制了国家计量检定系统 JJG 2050—1990《超声功率计量器具》、国家计量检定规程 JJG 665—1990《毫瓦级超声功率计》；陈良敏、许月珍起草编制了基准操作技术规范 JJF 1276—1990《瓦级超声功率》和 JJF 1278—1990《毫瓦级超声功率》，以及国家计量检定规程 JJG 448—1993《瓦级超声功率计》。

3. 用液氮减压校准铂电阻温度计

1985 年，省计量科研所承担国家计量局下达的研究课题“利用液氮获得 35K 低温标准装置”，课题组蔡明忠、赵德厚、李英权经过两年的努力已经达到 41.88K，在国内首次用液氮实现固态 β - γ 转变点（43.8007K）。国外少数国家实现该点是用昂贵的液氦进行。课题组使用新的公式和 1986 年国际实用温标使用的公式计算温度，两者之差优于 ±0.0001K。但是由于未能充分估计困难，因此未达到原计划指标 35K。考虑到用液氮达到 42K 已能满足国内需要，而且对省级计量部门普及使用低温有较大的推广应用价值。因此，1987 年 10 月省标准计量局向国家计量局报告，并得到批准，修改原计划订的指标，将课题名称改为“利用液氮减压校准铂电阻温度计”（43.8007K ～ 90.188K 温度范围）。该研究成果在航天工业等尖端技术领域得到应用，处于国内先进水平。该项目获得 1989 年广东省科技进步奖三等奖。

4. 其他科研项目

1988 年，省计量科研所研制的《数字繁用表交直流变换器及 IEEE-488 接口》通过技术鉴定。

同年，省计量科研所研制的《工频稳流稳压电源》通过技术鉴定。

1989 年，省计量科研所张卫新、潘嘉声等人尝试用机械自动研磨代替手工研磨修理量块的研究，成功研制出《液压量块修理研磨机》，该成果在国内居领先地位，1991 年获广东省标准计量局科技进步奖三等奖。

1991 年，省计量科研所科研项目《不规则大容器容量测定》通过技术鉴定。

同年，省计量科研所研制的《石英管膨胀计》通过技术鉴定。

1989 年，省计量科研所张桂芳作为参加起草人编制了国家计量检定规程 JJG 128—1989《二等标准水银温度计》。

5. 国外发表科技论文

1986 年，省计量科研所沈正宇在北京国际温度讨论会上发表了《锡点的研究》论文。沈正宇于 1985 年研制成功我国第一个用于量值传递的温标定义固定锡点，取得大量关于锡点的研究数据。

1988 年，方森礼、陈良敏、周文成撰写的论文“超声功率基准装置”被《西太平洋声学会第三届年会（WESTAPC — Ⅲ）》录取，并在其论文集发表。另一篇由何小穗、方森礼、陈良敏撰写的论文《超声功率反射靶换能器安装误差对测量精度的影响》被收入《国际计量联合会第十二届大会论文集》。

1989 年蔡明忠到日本东京参加第二届亚洲热物理学术会议，在会上宣读了《用量热法实现固态氧 β－γ 转变》论文。

6. 获得广东省科技成果检测鉴定资格证书

根据《中华人民共和国国家科学技术委员会科学技术成果鉴定办法》第四条的规定，检测鉴定将作为科技成果鉴定的一种形式。为了加强检测鉴定的管理，切实保证科技成果的鉴定质量，广东省科学技术委员会于 1988 年 8 月制定和颁发了《广东省科技成果检测鉴定管理暂行办法》，规定省级科技成果鉴定检测机构，必须向省科委申请，经由省科委审查、考核合格后发给《广东省科技成果检测鉴定资格证书》，并公布了第一批审查合格的 33 个单位名单。其中有广东省计量科学研究所，获得批准的科技成果检测项目有：声学、力学、电学、长度、热工、时频、光学等。

三、广州市计量所科研工作

1. 彩色副载频校频自动测试系统

1989 年，由广州市计量测试所谢旭主持研制的彩色副载频校频自动测试系统，是应用微计算机自动控制测量时间及测试项目选择、全部测试过程都由程序控制、最后微计算机自动采集测试数据、数据处理和打印测试结果。根据时频测试规程的要求，能实现在无人看管下全自动地测量 7 天以上，并能实现多功能测试。该系统的技术关键是解决副载波校频仪的信号输出到微机数据采集的 PIO 接口技术，实现自动测试的软件技术和受微机程序控制的可预置定时器。

彩色副载波校频自动测试系统具有测量精度高、经济、使用方便等优点，该项目成果已在航天部、邮电部、部队、大专院校和科研院所等单位应用，使彩色副载波校频技术提高到一个新的水平，至 1990 年底已为全国各地国防、科研、生产和计量测试等部门提供了 400 多套标准设备，为填补我国电视校频的空白做出贡献。该项目 1986 年承担、1987 年底完成研制，1990 年获广州市科技进步奖三等奖。

2. 出租汽车计价器检定仪

出租汽车计价器是实行强制检定的工作计量器具之一，因而开展对计价器的强制检定工作十分迫切。由广州市计量测试所黄保林主持研制的 JJ-1 型出租汽车计价器检定仪，作为出租汽车计价器本机检定的标准检定装置，用于计价器的本机检定，是开展对计价器实行强制检定工作的必要的标准设备。本项目研制成功，为全国计量部门和出租汽车管理及经营部门提供作为计价器本机检定和修理调试的标准设备，可直接为计量和生产服务。

本装置应用微计算机技术和通过自动控制电路，可输入、检测、储存、记忆、显示、打印各种有关的检定数据和打印检定结果，实现了仪器智能化。该仪器具有精度高、功能强、体积小、重量轻、价格低等特点，其技术水平、测量精度、检定性能等主要技术指标优于从日本引进的同类检测设备。该项目 1987 年承担、1988 年完成研制，1991 年获广州市科技进步二等奖。

3. 编写检定规程

广州市计量测试所高级工程师李惠贞起草的 JJG（粤）1—88《双光束紫外可见光分光光度计检

定规程》，于 1988 年 6 月 10 日经省标准计量局批准为广东省地方计量检定规程，自 1988 年 7 月 1 日在全省范围内实施。

4. 获得广东省科技成果检测鉴定资格证书

广州市计量所按照省科委的要求，申请承担科技成果检测鉴定任务，经省科委审查、考核合格后，1989 年 8 月 31 日获得了《省科技成果检测鉴定资格证书》，为该所开展科技成果检测工作取得了合法依据。

四、汕头市计量科研工作

1981 年，汕头市标准计量所与中国建材科学研究院协作，开发“水泥机械立窑 LF-1A 型 γ 射线料封控制仪”新产品，并在所内设置了“科研试制室”，专门从事料控仪的生产和供应工作。通过印发宣传资料，在国家建材总局情报研究所主办的《水泥》杂志上连年刊登广告，每年举办料控仪使用技术培训班，积极为用户提供技术咨询，派出技术人员协同用户安装调试仪器设备，组织好专用零配件的供应等办法，使料控仪得到迅速推广应用。

为进一步发展料控仪生产，开拓技术应用领域，扩展计量科学技术，为汕头市经济的发展做出新贡献，1987 年 10 月经汕头市编委同意，将汕头市计量检定所的科研试制室从该所划分出去，成立“汕头市计量科学技术研究所”，主要任务是开展科研试制和进行科研成果生产，承担计量科学技术研究及新产品开发并负责料控仪的生产和供应工作。主要科研人员有：赵淑庄、黄永新、马逸群、陈维明、王冰等。

该所研制的 LF-1A 型 γ 射线料封控制仪，列为国家建材局“九五”建材工业科技成果推广项目，用于水泥机立窑料封卸料器的料位控制，它与磁振机或振动槽配合，可实现自动控制卸料，消除跑风、顶死等现象，提高水泥机械立窑的产量和水泥质量，降低劳动强度，改善劳动环境。该产品用户遍布全国，并被有关部门选为出口水泥机立窑配套仪器销往国外。该项目获国家建材部科技成果三等奖，1992 年被国家建材部编入《中国建材工业企业名优新产品汇集》。

根据 1986 年国家计量局下达的“数显式 γ 射线控制仪的应用开发”项目，研制的“SLK-2 型 γ 射线料位控仪系列”，主要是将 γ 射线控制仪对水泥生产中实现料位自动控制的技术，推广应用于高温、高腐蚀、易燃易爆等生产行业。项目研制成功后在汕头市电池厂投入使用，操作人员根据控制仪器显示的数字，便可知道原料仓物料情况，从而正确进行投料和卸料工作，大大降低了操作劳动强度，避免了料仓顶仓和进料管道堵塞事故的发生。该课题 1989 年获汕头市人民政府科学技术进步奖二等奖。

该所在水泥立窑料封控制仪系列化工作取得了较大进展，同时将核技术应用到水泥生产的物料控制方面，在国内享有一定声誉。至 1988 年，已累计生产料控仪 2200 台，产品遍及全国 20 多个省、市，与建材系统主要水泥机立窑设备生产厂家建立了产品配套关系，并有少量产品配套水泥生产设备出口。该所全员劳动生产率已达 3.375 万元 / 人，1983—1988 年累计销售收入 362.79 万元，实现税利 95 万元，其中利润 75.54 万元。

五、其他机构计量科研成果

1986 年 6 月，佛山市计量检定所梁顺棋、罗英济、莫桂生、蔡溢声等研制完成用于检定温度二次仪表的 SR501 型数显式测温仪表检定仪通过国家计量局鉴定。该仪器达到国内先进水平，在全国得到广泛应用。该成果获 1987 年省科技进步奖三等奖。该所莫桂生、梁顺棋、罗英济、梁满杰起草了广东省地方检定规程 JJG(粤) 001 —91《SR501 型测温仪表检定仪检定规程》。

1987 年，韶关钢铁厂为解决大宗物料动态称重及数据自动处理，由贝文诚承担完成 H-100 型智能动态电子轨道衡二次仪表改造，获广东省人民政府科学技术奖励三等奖。

1988 年，广东省辐射剂量计量检定站温祝堂等研究“钴 -60 γ 射线（10 ～ 40）kGy 吸收剂量传递标准—重铬酸钾 / 银剂量计”，主要性能指标达到国际同类工作的先进水平。

1988 年，佛山市气体分析仪器厂开始研制生产滤纸烟度计、汽车排气分析仪等，该厂从 70 年代至 1988 年已能成批生产 13 种测量氢气、二氧化碳、一氧化碳等各种气体含量及油份、水份的分析仪器，其产品多次被省经委、省政府、国家环境保护局评为优质产品，在国内处领先地位。

六、计量技术专业论文发表情况

计量技术专业论文发表情况见表 7-2。

表 7-2　计量技术专业论文发表情况一览表

序号	论文（论著）名称	作者	发表时间	刊物名称
1	QJ-1 型、ZQ-1 型、QY02B 型等千分表检定仪的调整与修理	佛山市计量所　赵宗林	1986	《上海计量测试》1986 年第 2 期
2	对 PAP-40D 自动周节检查仪的改进	韶关齿轮厂　黎浩森	1988.03	《计量技术》
3	瓦级超声功率标准装置	中国计量院　熊大莲、唐玉华，广东省计量科研所　周文成、谢健安	1988.01	《计量学报》1988 年第 1 期
4	自变量含误差的直线拟合问题	广东雷州师专　刘许国	1988.01	《计量技术》
5	用模拟装置对光电传感式数显转速表示值误差的检定	佛山市计量所　蔡溢声、罗英济	1988	广东《标准计量与质量管理》1988 年第 5 期
6	精密测频用 4mm 注入锁相稳频源	中山大学无线电电子学系　杜正弥、罗桂祥、温于明、黄元福、林镇才	1988.07	《计量学报》1988 年第 3 期
7	亚毫米波频率的精密测量	中山大学　杜正弥、骆永健、罗桂、丘秉生、温于明	1988.07	《计量学报》1988 年第 3 期
8	基于分组 BP 神经网络的两相流电容层析技术	华师大物理系　肖化、胡广莉、何惠玲、保宗悌	1988.07	《计量学报》1988 年第 3 期
9	关于对杠杆式地中衡使用安全的探索	佛山市计量所　郭耀初	1988	《计量技术》1988 年第 11 期
10	测量船用电气号灯光学参数的新方法	中山大学物理系　罗泰昭，广东船用灯具厂　梁玉麟	1988.08	《计量技术》
11	43.8007K ～ 90.188K 范围铂温度计的校准装置	广东省计量科研所　蔡明忠、赵德厚、李英权	1989.04	《计量技术》
12	滚刀螺旋线样板简介	韶关工具厂　孟宪卫、陈荣华、叶晓兰	1989.05	《计量技术》
13	x 和 y 均含误差时的直线拟合及其误差估计	广东雷州师专　黄秉琪	1989.08	《计量技术》

表 7-2 （续）

序号	论文（论著）名称	作者	发表时间	刊物名称
14	彩色付载频校频自动测试系统	广州市计量测试所 谢旭	1989.10	《计量技术》
15	广州天河体育中心照明系统光色参数的测定	中测院 龚晓斌，广东省计量科研所 权小菁	1989.11	《计量技术》
16	阿伦方差公式的扩充	湛江市雷州师专 黄秉琪	1990.08	《计量技术》
17	计量小型轮廓计的电路修理	广东省计量科研所 梁小什	1990.09	《计量技术》
18	一种检定大尺寸直角尺的方法	广东省计量科研所 刘天怀	1991.05	《计量技术》
19	测量直齿锥直轮的弧齿厚	梅州市技监局 杨继锋	1991.06	《计量技术》
20	镍铬—镍硅热电偶检定上及其拟合公式探讨	广东省计量科研所 董汉荣、彭昀	1991.09	《计量技术》
21	一种新型出租汽车计价器检定装置	广州市计量测试所 黄保林	1991.11	《计量技术》

第十三节 提高计量人员的素质

《计量法》的贯彻，归根结底是由人来实施，人的素质高低，直接影响了计量执法的质量。在《计量法》正式实施以后，各级计量机构人员技术素质低，文化水平不高的问题十分突出。为此，广东省计量部门都把人员的培训提高作为一项重要工作列入议事日程。

一、鼓励职工自学和参加继续教育学习

根据中央和广东省对在职的干部、职工进行培训的要求，1986 年省标准计量局结合实际制订了《关于我局干部职工培训工作的有关暂行规定》。规定要求：以 1986 年计算，凡年龄在 45 岁以下，没有达到中专或高中毕业文化程度（含 1968 年至 1980 年高中毕业，实际低于高中毕业文化水平）的干部、职工，都要参加各种形式如中专（高中）自学考试、函授中专、电视中专、业余中专的学习，在 1990 年以前达到中专（高中）毕业文化程度。已取得高中或中专毕业文凭的，大力提倡继续学习，要坚持干什么学什么，缺什么补什么的原则。学习以业余为主，尽量不占用工作时间。凡批准占用工作时间学习的，每学期终，每科成绩 60 分以上者，每月发 20 元奖金，并报销该学期学费。完全利用业余时间参加各种对口专业学习的，每学期开课科目考试、考查合格的，报销该学期的学费和基本课本费。取得高中、中专毕业文凭，每科成绩 60 ～ 80 分者，发奖金 70 元；81 分以上者，发奖金 100 元。取得大专以上文凭，每科成绩 60 ～ 80 分者，发奖金 120 元；81 分以上者，发奖金 150 元。省标准计量局采取这些措施是鼓励所有在职的干部、职工积极参加学习，提高全体计量人员的文化程度，人员素质。

广州市计量所针对技术骨干人员年龄老化，急需新老交替；技术人员普遍知识老化，35 岁以下检定员专业知识水平低；管理人员水平低，无法起到参谋协调作用的突出问题，采取多项措施培养各种专业人才。1986 年广州市计量所为适应专业技术发展和全面贯彻实施《计量法》的需要，派往大专院校学习 7 人，派往中专学校学习 19 人，参加省和国家举办的各类计量技术学习班 38 人次。把一些新入所大学毕业生派去学习新检定项目，给予锻炼和压担子，以促进年轻人迅速成长。1987 年全所派出 81 人次参加国家计量局和省标准计量局举办的各类技术培训考核班。1989 年广州市计量所为技术人员参加继续教育学习培训设立奖学金，鼓励年轻人学习钻研业务知识。

二、创造培训学习的各种条件

省标准计量局积极地为全省计量人员的继续教育创造条件，与多个高校合作举办广东省计量人员的专业技术培训班、学历提高班等。

1984年省标准计量局与广东教育学院物理系共同为省内计量技术机构的人员办了一期物理大专班，学员是通过全国成人入学考试而录取的，学院为这个班开设了两年的物理大专课程。省标准计量局也安排了省计量科研所高工杨斯善具体管理这个班的运作。经过两年的学习，1986年6月，近20名广东省计量技术机构的人员领到广东教育学院物理系大专毕业证书，其中省计量科研所3人，广州市计量所3人。由于较系统地学习了物理的基础理论，省计量科研所和广州市计量所的学员回到单位后，都成为了业务骨干。

随着《计量法》的深入贯彻和执行，缺乏计量技术和管理人员的矛盾越来越突出，市、县计量检定人员70%是初中或小学文化程度，迫切需要有更多的培训机构，对人员进行岗位培训。为此1987年9月，经国家计量局和省标准计量局批准，“广东省计量干部技术培训中心”成立，该培训中心设在省计量科研所内，由省计量科研所确定一个部门兼管日常工作。培训中心的任务是负责省标准计量局和国家计量局安排的计量技术干部的培训工作，纳入省标准计量局的教育培训计划。该培训中心成立后，为贯彻《计量法》关于检定人员持证上岗的要求，及其他有关规范，为全省企业和计量技术机构培训了大量计量检定技术人员。

设在杭州的中国计量学院是直属国家计量局的培养计量专业人才的高等院校。该校除全日制在校生外，为了加快培养计量技术人才，经国家计量局和国家教委批准，从1985年起，在全国部分省市先后成立了12个函授站。1989年1月省标准计量局与中国计量学院商定设立了《中国计量学院广东函授教育辅导站》。该站教学业务上受中国计量学院领导，行政上受省标准计量局领导，具体运作交由省标准计量局人事教育处和省计量科研所负责，陈悦任站长，方森礼、江宗岫任副站长，《中国计量学院广东函授教育辅导站》办公室设在省标准计量局机关，江宗岫兼任办公室主任。该函授站主要职责和任务是配合中国计量学院，负责广东和海南两省范围内计量函授的招生、录取，组织学员面授、考试、实验等教学活动。函授站有专、兼职工作人员4人，配有办公室、教学课室和教学所需的设备。中国计量学院举办的高等函授教育（专科）设有计量管理、几何计量测试、电磁计量测试、热工计量测试等专业，学制均为3年。招生对象是各级政府计量行政部门、计量技术机构和各企事业单位中从事计量工作的在职人员。考试、录取均按省高教局和国家教委的有关规定执行。凡被录取的学生，按规定修完全部课程，考试合格的，由中国计量学院发给大学专科毕业文凭，国家承认其学历。函授站经广东省高教局批准，1989年招收了“计量管理”专业班一个，学员39名。这一届函授班的教学管理比较规范，1992年毕业前，每个学员都撰写了毕业论文，并聘请了专业导师，由计量学院派人到广州组织了毕业答辩。部分毕业生能运用所学知识，结合计量工作实际写出了有一定水平的论文，受到学院表扬。此外，1989年6月，按照中国计量学院有关规定，招收了“计量管理大专专业证书班”学员59名，于1991年5月结业。

这些函授教育和各种形式的业余教育、在职培训，为各级计量机构中那一代在文革中失去了上学机会的计量人员弥补了基础理论和专业知识，为他们更好地承担计量执法和计量技术工作打下基础，并为继续深造和晋升技术职称创造了条件。这些教育培训也使各级计量机构人员素质得到一定程度的提高。

下　　篇

(1992—2009)

第八章　计量工作适应市场经济稳步发展时期

（1992—1999）

华南国家计量测试中心
广东省计量科学研究院

第八章　计量工作适应市场经济稳步发展时期

（1992－1999）

《计量法》在广东省得到广泛的贯彻实施以后，计量执法机构逐步健全，量值传递网络初具规模，强检工作普遍开展，计量标准和检定人员考核、计量认证、计量器具管理等工作走向规范化，执法监督加深了整个社会的计量法制观念。计量工作为实现计量立法宗旨，净化市场，保护消费者利益，维护社会稳定，促进经济建设做出了显著成绩。

1992 年 10 月党的十四大召开以后，广东进入了建立市场经济体制框架的改革新时期。党的十四届三中全会提出到本世纪末，在我国初步建立起社会主义市场经济体制的目标。改革开放的新形势，市场经济的迅速发展，使计量工作又面临着新的挑战，也提供了新的机遇。

以省计量科研所为代表的广东省法定计量检定机构，从社会主义市场经济的需要出发，从以质量为中心的宗旨出发，自觉转变观念，走与国际接轨的道路，在全国率先通过学习和贯彻 ISO/IEC 导则 25《校准和检验实验室资格的通用要求》，获得中国实验室国家认可委员会（CNACL）和香港实验所认可计划（HOKLAS）的校准实验室认可。在此过程中省计量科研所发生了深刻的变化，他们努力使本所达到规模和水平与广东的国民经济和社会发展相适应，机制和功能与社会主义市场经济相适应，运作和规范与国际惯例相适应，从一个中下游水平的省所，建设成为有较大影响的华南国家计量测试中心的实体，并在省内，乃致全国，发挥了技术辐射作用和管理示范作用，带动全省的市级计量所上了一个新台阶。

随着市场经济的发展，国家在“九五”计划和 2010 年远景目标纲要中对计量工作提出“制定和完善市场规则，加强市场管理和监督，规范流通秩序，加强计量监督”的要求和任务。为此，广东省计量管理工作注重了对市场计量行为和商品计量问题的监督管理，计量执法的重点，由生产领域向流通领域的转移逐步实现。

这一时期，是我国国民经济发展承前启后、继往开来的重要时期。在实现经济体制由传统计划经济向市场经济转变，经济增长方式由粗放型向集约型转变的两个根本性转变，推行现代企业制度，参与国际市场竞争中，越来越多的企业领导者认识到计量工作的重要效能，从“要我计量”转变为“我要计量”。加强计量工作正成为企业加速自身发展的迫切要求，并作为增强市场竞争能力的重要手段。这一切促使广东省工业企业计量工作迈出了新的步伐。

在 1997 年香港回归前后，广东省计量机构积极开拓香港计量校准服务市场，密切了粤港在计量单位制、计量技术基础方面的联系，为香港提供了量值溯源，校准测试服务。

第一节 各级法定计量检定机构实施与国际接轨的现代化科学管理

自从进入90年代以来，改革开放，与国际接轨，进入国际大市场的观念开始在各行各业深入人心，社会主义市场经济的大潮冲击着全社会的每个角落。当国有企业引进了现代企业制度对工业计量有了新的重视的时候，当合资企业为申请 ISO 9000 认证迫切要求得到计量保证的时候，当外资企业要求提供能证明具有公正性、可靠性的检测数据和证书的时候，当香港企业面临回归祖国要求提供量值溯源服务的时候，地处改革开放前沿的广东省计量科学研究所，并作为华南国家计量测试中心的技术实体，不仅承担着广东和华南地区的量值传递和贯彻《计量法》的各项技术保障任务，同时也面临着如何转变机制，在市场经济中增强活力和竞争力的问题。他们在新的挑战和机遇面前，不做表面功夫，不搞短期行为，不是眼睛只盯着钱，而是苦练内功，增强自身的实力，走与国际接轨的道路。

一、省计量科研所率先实现校准实验室认可

当时，越来越多的三资企业成为省计量科研所的客户，香港企业也开始找上门来，要求提供校准服务。这些外资或合资企业对提供计量校准、测试服务机构的选择十分严格，他们多次到省计量科研所考察了解，调查该所的设施、设备、技术水平等，特别是了解质量保证体系的运作情况。他们的共同要求是，省计量科研所能证明出具的证书、数据的公正性、可靠性，否则他们就不能放心地将仪器送来检定或校准。

客户的这些要求，对习惯于原有的量值传递方式的法定计量机构来说，是一个新的问题。我国从50年代学习苏联开始，通过对计量器具的检定，实行从上到下的量值传递，制定了各种不同准确度等级计量器具的检定规程。而在国际上的做法不仅有从上到下的量值传递，更多的是从下到上的量值溯源。计量器具的使用者根据需要对计量器具的示值误差进行校准，以保证所使用计量器具的量值与国家基准保持一致。为计量器具提供校准的机构在国外叫校准实验室，为证明校准实验室的能力和资格，国际上实行由权威机构对校准实验室给以认可的制度。

最初，省计量科研所为了取得客户的信任，希望通过政府的文件或授权达到这一目的，于是1993年3月请省技术监督局出具关于同意开展对境外计量检测服务的文件；同年5月10日请国家技术监督局给华南国家计量测试中心颁发了第一份省级国家法定计量技术机构的计量授权证书国计授（1993）00040号。计量授权证书写明“根据《中华人民共和国计量法》第二十条，《中华人民共和国计量法实施细则》第三十条、第三十一条和《计量授权管理办法》的有关规定，授权你单位为国家法定计量检定机构，所建橡胶硬度国家基准，经纬仪、水准仪检定标准等六十七项（详见附表）经我局考核合格，量值可溯源至国家计量基准及国际计量基准，可对外承担计量检定测试任务。有效期：1993年5月10日至1998年5月9日”。但是这些文件在市场经济中作用不大，与国际惯例不一致。

(a)

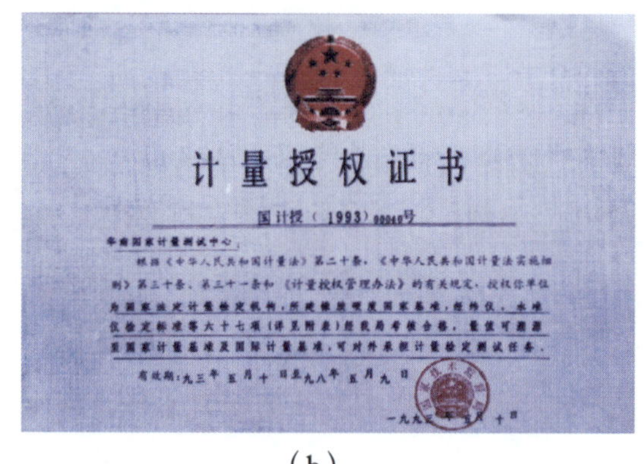
计量授权证书

国计授（1993）00040号

华南国家计量测试中心：

根据《中华人民共和国计量法》第二十条、《中华人民共和国计量法实施细则》第三十条、第三十一条和《计量授权管理办法》的有关规定，授权你单位为国家法定计量检定机构，[illegible]

有效期：九三年五月十日至九八年五月九日

一九九三年五月十日

(b)

图 8-1 国家技术监督局向华南中心颁发计量授权证书

(a) 为 1993 年 5 月 10 国家技术监督局副局长王以铭向华南国家计量测试中心办公室主任兼广东省计量科学研究所所长陈奕钦颁发了第一份省级国家法定计量技术机构的计量授权证书。出席颁发证书的还有广东省技术监督局局长黎湘（右二）、副局长王德荣（右一）。(b) 为证书的原件。

国际上通行的做法是按照 ISO/IEC 导则 25 对实验室进行认可时，为了业务发展的需要，为了尽快与国际接轨，华南中心和省计量科研所的领导作出了按照 ISO/IEC 导则 25《校准和检验实验室资格的通用要求》这一国际标准规范管理工作，建立质量保证体系，并申请实验室认可的决策。

由于当时国内还没有成立实验室认可机构，要进行校准实验室认可，可以学习和借鉴的资料非常有限，只知道英国是国际上影响最大的实验室认可机构之一，想申请英国 NAMAS 认可。1992 年 3 月 24 日华南国家计量测试中心邀请香港理工学院制造工艺系首席讲师奈亚先生（Mr. K. B. Nair 印度人）、曾庆才先生、许立方先生，到中心参观访问，进行计量科学技术交流，并向他们咨询有关申请实验室认可应如何进行的问题。奈亚先生等介绍申请英国 NAMAS 认可难度较大，费用较高，可以申请香港实验所认可计划（HOKLAS）认可。HOKLAS 是香港政府设立在工业署之下的实验室认可机构，是亚太地区成立较早，影响较大的实验室认可机构，为亚太实验室认可合作组织 APLAC 的重要成员，与英国 NAMAS、澳大利亚 NATA 等国际知名实验室认可机构有互认协议。华南中心如果能获得香港 HOKLAS 认可，直接有利于香港计量仪器量值溯源，以此理由申请容易被受理，而且比申请英国 NAMAS 认可省钱、省时间。他们还热情提供了准备工作的具体建议。

考虑到取得香港 HOKLAS 认可，即可同时获得英国 NAMAS，以及美国、澳大利亚、新西兰和欧洲认可组织的承认，且该机构离广州近，认可费用低，于是华南中心决定申请香港 HOKLAS 认可。

1992 年 6 月，为推动华南国家计量测试中心申请香港实验所认可计划（HOKLAS）认可的工作，中心成立了认证办公室，开始学习研究 ISO/IEC 导则 25《校准和检测实验室资格的通用要求》。

1993 年初，省计量科研所派业务科长赵天川、长度室工程师潘嘉声前往香港政府工业署拜访了香港实验所认可计划（HOKLAS）主任伍陈丽霞博士，向她表达了华南国家计量测试中心、广东省计量科学研究所为香港提供计量校准，量值溯源服务的愿望，和申请 HOKLAS 认可的意向。伍博士表示，香港政府考虑到粤港之间的紧密关系，香港企业对计量校准服务的需求，接受“华南中心”的认可意向，并向他们讲解了 HOKLAS 的有关政策和申请认可的程序，发给他们一套 HOKLAS 认可文件。由于 1993 年香港还没有回归祖国，香港政府的文件还没有中文版，因此这套 HOKLAS 认可文件只有英文版。省计量科研所将这套 HOKLAS 认可文件译成中文开始进行学习和理解。

省计量科研所为了深入学习和贯彻 ISO/IEC 导则 25《校准和检验实验室资格的通用要求》，做好认可准备工作，于 1993 年 3 月 18 日～ 20 日，派赵天川、潘嘉声考察了当时已取得英国 NAMAS 认可资格的香港政府工业署下设的香港标准及校正实验所。他们在香港标准及校正实验所参观访问了两天半，除参观长度、温度、质量、低频、射频等实验室，还详细了解了其建立和发展过程、实验室的管理体系、取得实验室认可的程序等。香港标准及校正实验所所长罗东尼先生和卢仲明、陈德坚等高级工程师热情接待了他们，并毫无保留地向他们介绍了所要了解的内容，特别是让他们了解了怎样建立质量管理体系和运作才能符合 ISO/IEC 导则 25 的要求，这为日后“华南中心”建立和运作自己的质量体系，并成功申请 HOKLAS 认可有很大帮助。

经过这些咨询和学习，找到了差距，于是省计量科研所开始边学习，边整顿，边修订质量体系文件。该所做的第一步是在领导层中进行学习和培训，学习现代化科学管理知识，学习 ISO/IEC 导则 25 条文，学习国内有关法律法规，通过学习明确建立质量体系的重要意义以及建立质量体系的途径和方法。在学习的基础上确定了“华南中心”（省计量科研所）的质量方针和目标：“向用户提供准确可靠的检定测试数据，出具符合国家标准和国际标准的证书、报告。在检定测试工作中坚持科学性、公正性，做到质量第一，信誉第一，保证我中心的检定测试工作能满足用户的要求，出具的证书、报告正确无误”。这一质量方针和目标是省计量科研所对高质量追求的概括，也是动员和组织该所全体职工经过努力能够达到的最好水平。

为了达到这一质量方针和目标，省计量科研所依据 ISO/IEC 导则 25《校准和检验实验室资格的通用要求》，结合该所的实际，建立了质量体系，修订完善了质量手册，程序文件等，于 1994 年颁布实施。

1994 年 8 月 3 日，省计量科研所以华南国家计量测试中心名义正式向香港 HOKLAS 递交了申请认可文件，申请认可 30 个几何量检定、校准项目，并缴纳了申请费。

在准备迎接认可评审时，省计量科研所主要进行了几项重大的改进工作：

（1）对内部机构的调整。在 1993 年和 1996 年两次对所内的机构进行了调整。选配了责任心强，技术水平高，年富力强的人担任了各机构负责人。明确规定了各机构的职责，明确了所一级和专业室一级技术负责人、质量负责人在质量体系中的责任。在所原有的高工委员会基础上进行了改组和加强，由所领导聘任的，具有中级以上技术职称，有较强的事业心、责任感和参政议政能力，专业技术水平高，知识面广，为人正派，在群众中有威信的 9 ～ 11 人组成技术委员会。它既是一个民主管理机构，又是所长的重要参谋机构，而且赋予了它对质量手册执行和质量体系运作的监督权。实践证明，技术委员会在贯彻 ISO/IEC 导则 25、建立质量保证体系和准备与接受实验室认可评审工作中都发挥了重要作用。

（2）对检测工作和证书、报告的改进。法定计量检定机构出具的检定证书、校准证书、测试报告是其工作质量、公正性、权威性的集中体现。省计量科研所过去的证书很不规范，纸质差，大小不一，只给结论没有数据，给出数据的又没有不确定度等等。针对这些问题，该所从 1994 年开始按照 ISO/IEC 导则 25 的要求对证书进行了改进。除增加了有关信息，采用 A4 纸用计算机打印的要求外，证书的纸质、印刷质量都得到提高，并增加了中英文对照。

为了能出具符合 ISO/IEC 导则 25 要求的证书，省计量科研所对检测工作程序进行了较大的改进，将检定、校准原始记录进一步规范化，信息更加完整，凡证书上给出的东西，一定出自原始记录。

要求严格按检定规程或其他经批准的方法文件进行操作，必须记录原始数据，这样出具的证书才能与国际接轨。经过改进以后，许多外资企业和香港客户对该所的检测工作和证书都很满意，在很多企业申请 ISO 9000 认证时，省计量科研所出具的证书使他们能顺利通过对计量仪器的认证审查。

（3）对仪器收发工作的改进。省计量科研所过去仪器收发工作不被重视甚至被一些人看不起，收发管理不严格，也出过差错，给客户造成不好影响。所领导认为仪器收发室是一个窗口，是直接面对客户的岗位，良好的工作质量必须从收发工作开始。所领导首先在收发室人员上进行了加强，把收发室升格为正科级建制。根据收发工作需要，改造装修了方便对外服务的收发接待处。同时改进了收发管理制度，建立被检仪器的唯一识别标识制度，严格履行交接仪器的签收制度等，使仪器收发室的工作面貌有了很大改观，在整个质量体系的运作中发挥了很好的作用。

（4）加强对收费的管理。仪器检定、校准收费是直接关系到服务质量的一项重要工作。虽然国家技术监督局于 1991 年颁布了收费标准，但由于被检仪器种类繁多，新仪器不断出现，原收费表不能完全包括，而且由于物价的变化原收费表中已不能反映实际情况，加上个别人想通过多收费多提奖金，因此在实际工作中存在着随意性收费，引起客户的不满。为此该所根据国家技术监督局的收费标准把本所开展的项目抽出来，增加了原收费表中没有的项目，形成了该所的检定校准测试项目收费表。无论收发室、业务科、各专业室都按此统一价格向客户报价，避免了混乱。同时这个收费表也是反映省计量科研所检测工作能力的项目表，收发室、业务科都是根据这个表来判断客户送检的仪器是否可以接收。因为表上所列的项目都是在该所已建基、标准的覆盖之下，省计量科研所检测这样的项目才是合法的，保证质量的。

（5）为了加强业务管理工作，省计量科研所积极推进了计算机技术的应用。该所科技人员自己动手设计安装了所内计算机局域网。建立了基、标准项目、专业技术人员、检测设备、技术资料、检测项目收费标准等数据库，开发了仪器收发管理、统计、打印证书等软件。以前对基、标准情况，人员持证情况，设备周检情况等靠人工管理往往不能及时发现和及时处理问题，一到检查或考核时就手忙脚乱。有了电脑管理网络，同时与有关制度相配合，使基、标准、人员、设备、项目等情况随时处于受控状态。几个基本的数据库可以满足各种考核、检查、认证、统计等工作的需要，打印出各种所需的表格。收发管理软件的应用使全所的检测工作有序地进行，每一个客户的每一件送检仪器的有关情况和检测结果都储存在电脑中，不仅可用来打印证书，还可以随时了解客户情况，进行工作量统计，计算奖金分配等。电脑网络的应用对各项质量要素的受控，提供了高效的必不可少的手段，计算机管理系统与质量体系同时运行，起到了相辅相成的作用。

（6）设备管理的改进。该所的计量标准器及配套设备，以前虽然经过多次清理、核查，但由于人员变动，机构调整，设备情况总是家底不清，因此许多设备没有处于受控状态，不按周期进行检定的问题时有发生。在贯彻 ISO/IEC 导则 25 的工作中，该所对设备管理的整顿下了最大的决心，花了最多的工夫。他们对所有检测设备进行了彻底的清理，建立了包括当时全所的 1492 台套设备记录的检测设备数据库，并对其中的 829 台套主要设备建立了独立详细的设备档案。各专业室对每台设备的名称、型号、量限、精度、制造厂、出厂编号、历次检定证书、稳定性考核记录、修理记录和保管记录都进行了核对，使数据库中和设备档案中的信息完全准确无误，与实际相符。

过去基、标准档案和设备档案是分散在各专业室甚至分散在各检定员手中，由于人员调动、退休等原因已使一些重要技术资料丢失。为此他们对基、标准档案和设备档案的管理作了重大的调整，将所有的基、标准和检测设备档案集中业务科由专人统一保管，供各专业室人员使用查阅。这样做既减轻了专业室检定人员保管档案的负担，也使档案的管理水平有很大的提高。通过这样的改进使以前历次检查考核都没有完全解决的设备周检问题，通过设备档案制度的建立，通过电脑管理系统，每个月及时发出周检通知并监督执行，使所有检测设备处于受控状态，超周期使用的现象完全消失了。他们还制订了检测设备审批、采购、验收、移交、保管的工作程序，建立了设备采购档案，以及仪器设备、标准物质和其他检测用消耗品供应商档案，以保证用于检测试验的设备和物品完全符合要求。

（7）检测环境条件的改进。以前，省计量科研所对实验室的环境条件方面不够重视，实验室多数没有配备足够的环境监测仪表，有些配备了但没有按时周检，在检定原始记录中也没有认真记录环境条件数据。

在改进工作中，该所根据每间实验室所进行的检定、校准、检测项目及其检定规程等技术文件的要求，确定环境条件的指标，并形成文件。然后按环境指标配备了相应的监测仪表，并为这些监测仪表建立了档案和数据库，由业务科统一管理。建立环境数据记录制度，设立流动温、湿度记录仪巡回记录各实验室 24 小时温、湿度变化和波动情况。从而保证了所有实验室都能达到技术文件的要求，而且受到准确可靠的监控。

原来省计量科研所多数实验室照度偏低，不适应精密测试操作的需要，也影响检定员用眼的健康。经过改进所有实验室的照度都达到（200 ～ 500）lx，符合了实验室照度的要求。实验室工作所需要的易燃、有毒等危险品的保管方面也采取了专门措施，制订了安全制度。为了实验室的工作不受其他干扰，防止客户或其他人员未经许可进入实验室，在通往实验室的 4 个入口安装了有密码锁的隔离门。对各实验室的卫生状况也进行了彻底的整顿。通过这些制度的贯彻，彻底改变了过去实验室的脏乱面貌，使实验室真正达到能在其中进行严格认真的科学实验的要求。

（8）提高人员素质。人员素质的保证是工作质量保证的前提。在准备实验室认可工作期间，全所职工掀起了学习的高潮。该所除制订了人员管理制度、人员培训教育制度与计划外，并多次组织全体人员学习 ISO/IEC 导则 25，学习质量体系文件，提高质量意识；学习检定规程，学习不确定度理论，举办计算机应用学习班等，提高了专业技术水平。香港 HOKLAS 要求，所有申请认可项目均要按照由 BIPM、IEC、IFCC、ISO、IUPAC、IUPAP、OIML 等 7 个国际组织发起，由 ISO 公布的 1993 年版《测量不确定度表示指南》（简称《’93 国际指南》），评定测量不确定度。为了满足认可要求，该所专业技术人员将《’93 国际指南》英文版翻译过来，并以极大的热情和钻研精神投入对《’93 国际指南》的学习。由于当时国内建立计量标准是以经典误差理论进行误差分析，与《’93 国际指南》有很大不同，在对各专业检定、校准项目测量不确定度分析计算的实践中，该所组织了全所性学习班、中小型研讨会，开辟墙报栏讨论园地，所里出现了多年未见的浓厚学术讨论空气。按照香港 HOKLAS 要求，申请认可的长度室 30 个项目的不确定度分析计算报告，全部由该室科技人员将原建标技术报告中的误差分析部分重新按《’93 国际指南》的方法写成不确定度评定报告，约一个月左右完成，并译成英文，提供给评审员审核。对此，香港 HOKLAS 评审员都表示吃惊，也因此更认识了该所技术人员的实力。通过这些学习培训，全体人员的质量意识，计量技术理论水平、计算机应用能力以及英语水平都得到很大提高，保证了省所质量保证体系的正常运行。而且，通过这一工作，确立了日后该所在全国贯彻执行《’93 国际指南》的领先地位，在全国推广这一国际指南，全面开展校准实验室认可和对法定计量检定机构的考核中起到很好的示范作用。

（9）质量体系持续运行和不断完善。省计量科研所按照 ISO/IEC 导则 25 建立了质量体系内部审核和管理评审制度，每年按计划对质量手册的执行情况和质量保证体系的运作情况进行内部审核，年终对整个质量手册和质量保证体系是否存在缺点和不足，是否仍然适用，进行管理评审。这两个制度的建立和执行是该所在深入学习 ISO/IEC 导则 25 和经过评审人员的指导才逐渐理解和实行的。内部审核和管理评审是依靠法规和发动群众参与的质量管理活动，它比单靠行政手段进行的管理有更高的透明度，有更广泛的群众基础，因而也更加有效。因为有了这两个制度才使得该所按 ISO/IEC 导则 25 建立起来的质量保证体系能持续运行下去，并具有了自我完善和自我提高的能力。

（10）在贯彻执行质量体系文件过程中，全所形成了文件化的管理方式，除了质量手册外，他们逐步完善了各层次支持文件，有面对全所业务工作的业务管理程序文件，这类文件描述了使主要质量要素受控的过程和方法；有每一个检定或校准项目的详细具体的操作规范，以及测量结果不确定度分析计算报告；有每个岗位上为落实其职责的具体方法和过程的操作文件等。这些文件的起草、分发、保存、修订都按照一定的程序，都必须经过审批，使之合法化，成为现行有效的文件给予执行。该所建立了严格的文件受控管理制度，对检测工作中使用的检定规程、技术标准及所内自编文件（质量手册、程序文件、校准方法、操作规范等）进行受控管理。每一个使用这些文件的人都要签名领用，通过电脑管理系统，由文件管理人员统一管理。文件如有改变，必须办理变更手续，由文件管理人员回收文件的旧版本，发放文件新版本，以保证所有执行的管理和技术文件都是现行有效的。对于各类档案，各类记录的建立和形成，以及归档和保存也都作了规定。这样全所每一件工作的进行和完成都有所依据，有所记录，有案可查，真正做到了规范化、制度化。在该所，人们已经习惯用是否按文件规定执行，来判断一个行为的对错或一件事的是非。这样就避免了工作的随意性和管理上的长官意志。文件化的管理使该所形成政令畅通，配合协调，扯皮现象消失，工作效率大大提高。

经过以上 10 个方面的整顿改进，全所工作出现了新的面貌，对取得香港和国内认可机构的实验室认可资格充满了信心。

香港实验室认可计划 HOKLAS 收到省计量科研所的认可申请以后，指定了一位认可主任陈成诚先生负责受理。他在审查了该所送交的文件后，于 1995 年 4 月向该所指出了质量手册的不足之处，要求在现场评审前进行整改。省计量科研所根据他的意见，对质量手册进行了修订，主要是增加了有关质量体系内部审核和管理评审的专门章节，对个别章节的内容进行了补充，形成质量手册第二版。1996 年 3 月 HOKLAS 按照认可步骤由认可主任陈成诚先生对该所进行了初审。他用了半天时间，主要考察了质量体系运作和管理制度执行的情况，然后以书面文件提出了要求改进的地方。经过整改，该所提交了整改报告以后，香港 HOKLAS 于 1996 年 7 月 1 日～ 4 日对该所安排了现场审核。由于省计量科研所是国内第一家申请香港 HOKLAS 认可的校准实验室，又是大区级法定计量技术机构，他们很重视，也很谨慎，从受理到现场评审用了近两年时间。

香港 HOKLAS 评审组由 3 人组成，组长是 HOKLAS 认可主任陈成城先生，评审员是澳大利亚 NATA 专家评审员 Max. Purss 先生和香港标准及校正实验所高级工程师侯经权先生。评审组对所有质量要素和申请的每一个认可项目都进行了认真细致的观察考核。他们都是经严格培训的资深评审员，熟练掌握评审细则和评审技巧，在他们的严格评审中，很难蒙混过关。例如，有一个标准器由于未按周期检定，而是把后来检定的证书开成周期之内的日期，结果被评审员三追两问就露出破绽，检定证书编号和原始记录都被发现了问题。评审组的严谨作风和敬业精神给全所人员留下深刻印象，虽然在考核中被查出不少问题，但大家心服口服，对全所工作质量的提高有很大帮助。经过 3 天紧张忙碌的工作，由于语言上存在障碍，在检测方法上中外的差异需要互相了解，以及对每个项目不确定度分析计算的审核需要花更多的时间，因此对 30 个认可项目，只完成 17 项评审，余下的 13 项于 1997 年上半年另安排时间完成了现场评审。由于该所进行了充分的准备，经过评审和整改，全所管理水平进一步提高，1997 年 8 月华南国家计量测试中心获得香港实验所认可计划（HOKLAS）校准实验室认可，注册编号 77，认可项目 30 项。

中国实验室国家认可委员会成立以后，华南国家计量测试中心又于 1996 年 3 月 2 日向中国实验室国家认可委员会提出校准实验室认可申请，这是国内第一批申请校准实验室认可的计量机构。为了取得校准实验室认可评审的经验，国家认可委以“华南中心”作为校准实验室认可试点，于 1996 年 7 月在“华南中心”接受香港 HOKLAS 现场评审时派了观察员，观察了 HOKLAS 现场评审的全过程，并作为对华南中心的预审。同年 11 月 26 日～ 29 日中国实验室国家认可委员会派出的评审组对“华南中心”进行了现场评审。由于此次是我国首次对校准实验室进行评审，因此特邀国家技术监督局评审办、计量司派观察员观摩了现场评审。评审组领队是国家技术监督局评审办主任陆志方、计量司司长赵彤作为监督，组长是国家注册主任评审员张斌，副组长是中国计量科学研究院总工施昌彦，评审员包括宋宝琴、沈伟民、童光球、席德熊、陈剑林、李正东，此外还有国家技术监督局评审办和计量司的观察员樊恩健、高朝凯等。

尽管面对 12 人之多的评审队伍，省计量科研所由于有了香港 HOKLAS 认可的经验，和贯彻 ISO/IEC 导则 25 打下的基础，接受国家认可委的认可评审也取得令人满意的结果，1997 年 3 月 26 日获得中国实验室国家认可委员会的校准实验室认可证书，证书号 0073，认可项目包括长度、力学、热工、电磁、理化、无线电、声学的 49 类 109 项。

随着工作质量的提高，省计量科研所的信誉大增，取得了越来越多的客户的信任，因此业务量大幅度上升，以致出现前所未有的繁忙景象。许多企业在申请 ISO 9000 认证由于省计量科研所提供的准确可靠的检定数据和符合国际标准要求的证书，而得以顺利通过。该所设在香港的联络点也得到越来越多的客户。省计量科研所认为取得认可资格并不是他们的目的，更重要的是通过贯彻 ISO/IEC 导则 25 提高管理水平，使全所上下树立质量意识、市场意识、服务意识，工作态度和精神面貌有了很大改观，使他们这样的法定计量技术机构能真正为提高产品质量，为促进经济建设发挥更大的作用，同时省计量科研所也得到发展和提高，这才是取得认可的目的。

国家技术监督局对华南国家计量测试中心、广东省计量科学研究所加强质量管理方面所取得的成绩给予充分的重视和肯定，1997 年 3 月 2 日～ 4 日在广州召开的全国省级计量所所长会议暨省级法定计量检定机构质量保证工作现场研讨会上，向全国的法定计量检定机构推广了广东省计量科研所的做法和经验。省计量科研所在全国各级法定计量检定机构的整顿提高工作中起了带头作用，会后有很多省市计量所派人到该所参观学习。

1998 年 8 月 10 日至 13 日，香港 HOKLAS 对华南中心进行了第一次复审，复审结果令人满意。HOKLAS 评审组长在评审末次会议上说：“你们的组织管理工作做得非常好，内审工作做得很多也很好，你们的质量体系已经完全建立起来了，做得很好，我们感到高兴，你们肯定经过很多努力，尤其是长度室做得很好”。

1999 年 9 月 15 日，省计量科研所接受了亚太实验室认可合作组织（APLAC）同行评审。这次评审是为了中国实验室国家认可委员会申请加入APLAC，由APLAC组织的同行评审，目的是考察中国实验室国家认可委员会的运作是否符合ISO/IEC导则58的要求。由国家认可委派出施昌彦、沈伟民、赖静组成评审组对省计量所进行了监督评审，APLAC评审员陈凯胜先生随评审组观察，评审和考察均获得满意的结果。不久中国实验室国家认可委员会即顺利进入了亚太实验室认可合作组织（APLAC），从此经中国实验室国家认可委员会认可的校准或检测实验室在亚洲太平洋地区其资格和能力都被承认。

二、国家技术监督局对全国法定计量技术机构的考核

随着经济体制改革的深入，针对计量工作面临的新的机遇和挑战，国家技术监督局在开展技术监督工作大调研、大讨论，广泛听取了各地方及各部门意见的基础上，于1994年10月提出了《国家技术监督局关于加强计量工作的若干意见》（以下简称《若干意见》），安排了计量工作三年（1995—1997）计划。该《若干意见》指出：计量工作要认清形势，明确方向，计量工作必须确立为发展经济和建立社会主义市场经济机制提供必要的技术基础的指导思想，深化改革，强化监督，优化服务，艰苦创业，加快发展，为提高质量效益服务，为净化市场环境服务，做好与国际惯例的接轨。计量事业要发展，要开拓，必须深化改革，改革应遵循有利于规范市场计量行为，加强市场计量监督；有利于计量单位统一、量值准确一致；有利于增强计量技术基础和保障计量执法的能力；有利于与国际惯例相接轨的原则。加强对各级法定计量检定机构和检测实验室的监督管理，按照国际实验室工作导则，制定办法，定期对法定计量检定机构进行考核评定，严格量传管理，保证校准和检测实验室工作质量，是面对市场要重点突破的一个方面。

1996年是深入贯彻落实《国家技术监督局关于加强计量工作的若干意见》的第二年，根据该《若干意见》的要求，为使我国法定计量检定机构（含授权计量检定机构）的工作质量上一个新台阶，并逐步按国际准则进行规范管理，尽快实现与国际通行做法接轨。国家技术监督局吸收了一些地方对法定计量检定机构进行整顿验收的成功经验，参照有关国际建议对实验室的要求，1996年6月提出了“对法定计量检定机构进行考核的要求”，并决定1997年对省级以上法定计量检定机构进行考核，经考核符合要求的省以上法定计量检定机构，由国家技术监督局颁发《计量授权证书》。“对法定计量检定机构进行考核的要求”明确了考核的范围是各级技术监督部门依法设置的法定计量检定机构和授权的计量检定机构。考核目的是依法加强对法定计量检定机构的监督管理；规范法定计量检定机构的计量行为，以适应市场经济运行机制的需要；使我国的法定计量检定机构逐步按国际准则建立质量保证体系，尽快纳入国家实验室认可体系并与有关国家或国际组织实现相互认可奠定基础。该考核要求对法定计量检定机构应具备的基本条件、证书和报告、考核验收等都作出了规定。

根据上述“对法定计量检定机构进行考核的要求”，经反复研究和征求意见，国家技术监督局计量司于1996年9月25日制定发布了《法定计量检定机构考核细则》，作为各单位自查、整改和考核小组考核操作时遵循的依据。该考核细则参照ISO/IEC导则25，结合我国计量法律法规和当时法定计量检定机构的实际情况，制定了含有40个条款的“法定计量检定机构考核的要求”考核表，规定每一条款考核结果分为“合格”、“不合格”、“有缺陷”，带*号的条款，有一项不合格，考核不能通过；其他条款，如有3条不合格，考核不能通过；有缺陷的条款如达10条，考核不能通过。

这是对各级政府计量行政部门依法设置的国家法定计量检定机构管理的一项改革，是促使这类机构转变等、靠、要的思想，自觉面向市场，参与竞争，增强自我发展能力的一项重要措施。

在1997年全国省级以上法定计量检定机构考核开始之前，于当年2月25日至3月5日，国家技术监督局在广州接连组织召开了“1997年国家计量测试中心计划工作会议”、“全国省级计量所所长会议暨省级法定计量检定机构质量保证工作现场研讨会”和“全国证书宣贯会”。会议期间安排参加会议的国家技术监督局领导、全国七个大区国家计量测试中心与会代表以及各省级计量所所长，参观考察了广东省计量科学研究所的实验室和质量体系，参观者对该所的规范化管理一致给以好评，对该所自行开发的电脑局域网业务管理和证书打印系统也非常感兴趣。

“全国省级计量所所长会议暨省级法定计量检定机构质量保证工作现场研讨会”在广东省计量科学研究所举行。会上广东省计量科研所领导毫无保留地介绍了该所质量体系建立运行情况及其效果和体会，起到示范作用。国家技术监督局计量司领导就即将开始的全国法定计量检定机构考核进行了动员和部署。

为适应改革开放后，企业和客户对计量检定/校准证书与国际接轨的需求，国家技术监督局计量司吸收了华南国家计量测试中心及各省对证书的改革意见，制定了新的计量检定/校准证书格式和要求，在全国证书宣贯会上，向与会代表进行了宣贯。

3个会议结束后，1997年5、6月份，依据国家技术监督局制定的法定计量检定机构考核的40条要求，以江苏省计量所为试点，对全国省级以上法定计量检定机构，包括中国计量科学研究院、中国测试技术研究院进行了考核。此次考核广东省计量科研所免考，该所派出冯其约、赵天川、张桂芳、周小端等考评员参加了全国各省级计量所考核工作。

经过考核，34个省级以上法定计量检定机构中有32个机构达到《法定计量检定机构考核细则》的要求，1997年12月国家技术监督局为32个省级法定计量检定机构颁发了《计量授权证书》。广东省计量科学研究所新的《计量授权证书》号为国法计（1996）01032号，华南国家计量测试中心《计量授权证书》号为国法计（1996）010043号，授权项目为150项计量标准，及其所覆盖的检定、校准、测试项目。

这次省级法定计量检定机构考核机制的建立，对以后全国法定计量检定机构的改革发展，产生了深远的影响。

1999年全国省级以上计量检定机构所（院、站）长暨计量处处长会议于当年11月3日～5日，在深圳召开。国家技术监督局王以铭副局长，计量司赵彤、马纯良、姜永平、韩建平、钟新明、王英军和全国省以上局、所（院、站）有关人员出席会议，会上听取了王以铭副局长、赵彤、马纯良、姜永平等领导人的报告，与会者还就计量机构的体制改革和业务发展的广泛领域进行了讨论。当年，各省计量所（院、站）都进步很快，收入连年上升，管理水平提高，新的项目和领域不断拓展，大家都很有信心，会议气氛十分热烈。

与此同时“’99中国计量检测技术与设备展览会”于11月3日至5日在深圳隆重举行。展览会由中国计量协会与各省市计量协会、各分会和工作委员会共同主办。展览会得到全国各地计量技术机构、制造或销售计量设备的单位以及国外著名公司的热烈响应和支持，共有230余家单位参展，取得了圆满成功。

华南国家计量测试中心、广州市计量测试所、深圳市计量院，电子部五所等在主馆显著位置布置了展位。“华南中心”印发了介绍本中心认可、授权资格，开展检定、校准、检测能力项目和有关在香港开展校准服务的宣传资料，参观者众多。广州市计量测试所以实物、图片说明参展，该所人员主动与各路行家和厂家交流经验及洽谈业务，寻求合作伙伴。

这次展览会从一个侧面反映了90年代我国计量事业和法定计量检定机构的发展变化。

三、全省各级法定计量检定机构通过考核管理步上新台阶

1.1995年对广东省法定计量检定机构计量执法检查

《计量法》颁布以后，各级法定计量检定机构承担着计量执法的重任，为加强对全省法定计量检定机构的管理，1995年4月，省技术监督局决定开展对广东省法定计量检定机构计量执法检查，制定了“法定计量检定机构执法检查评分表”，规定100分为满分，98分以上为优秀，90分以上为良好，80分以上为合格。1995年10月9日至25日，省技术监督局从各市计量所抽调16人，组成4个考核组，对全省22个地级以上市法定计量检定机构进行了执法检查。检查内容包括：《计量法》、《计量法实施细则》及配套法规执行情况；检定证书、检定记录有无采用法定计量单位；计量标准有无考核并发双证（计量标准考核证书和社会公用计量标准证书）；环境条件是否达到检定规程的要求；每项标准是否有2名持证检定员在岗；标准器和配套设备是否按周期送检，档案资料是否齐全；是否采用新的检定规程；检定证书及检定记录有无复核和审核。

检查结果，中山市计量所获得满分100分。该所对这次检查十分重视，局第一把手亲自抓，成立自查小组，层层自查，及时整改，取得好成绩。汕头市、江门市、潮州市、深圳市和省计量科研所都取得了良好成绩。湛江衡器检定所也取得100分的好成绩。在被检查的22个单位中一次合格的有19个单位，有3个单位经整改后达到合格。

这次检查，虽然都达到合格，但要求的标准是比较低的，检查也不够深入，存在的问题还是比较严重的。例如有的所法律意识淡薄，未建立计量标准就进行量值传递，甚至计量标准经检定不合格还在继续量传；各所普遍存在计量标准器不按周期送检；大部分单位的档案资料没有达到JJG 1033—92《计量标准考核规范》的要求；不少实验室条件很差，难以满足检定工作需要。

2.1997年对全省法定计量检定机构的考核

1997年国家技术监督局开始启动对全国省级以上法定计量检定机构的考核，并制定了《对法定计量检定机构进行考核的要求》以及《法定计量检定机构考核细则》。3月省技术监督局根据国家技术监督局《关于对法定计量检定机构进行考核的通知》（技监量发[1996]161号），发出《关于发送我省法定计量检定机构考核要求的通知》（粤技监[1997]58号）。考虑到广东省的法定计量检定机构的实际情况与国家技术监督局《法定计量检定机构考核细则》的要求有一定差距，省技术监督局经研究决定，广东省的法定计量检定机构考核验收分两步进行。第一步，按照省技术监督局下发的《广东省法定计量检定机构考核要求（Ⅰ）》进行考核，这份《广东省法定计量检定机构考核要求（Ⅰ）》略低于国家技术监督局的《法定计量检定机构考核细则》，要求被考核机构每一单项都必须达到合格。第二步，给各所两年时间（到1998年底），进行全面质量保证体系建设，根据各所特点编写切实可行的实验室质量保证手册，全面达到国家技术监督局《法定计量检定机构考核细则》的要求。对于多次整改仍达不到要求的机构，应考虑撤销其建制，以优化法定计量检定机构，树立起广东省法定计量检定机构高素质、高质量、高效率的形象。

1997年7月20日至8月5日，省技术监督局从省计量科研所和各地级市计量所抽调18人组成4个组，对全省除省计量科研所、广州市、深圳市计量所以外的19个地级市计量所，按《广东省法定计量检定机构考核要求（Ⅰ）》进行了考核。省技术监督局对地级市计量所考核以后，市技术监督局对下属县计量所进行了考核。例如，汕头市技术监督局在省技术监督局考核汕头市计量检定测试所以后，于当年 9 月组织考核组对该市下辖的潮阳、澄海、南澳计量所按照《广东省法定计量检定机构考核要求（Ⅰ）》进行考核。从考核结果来看，无论是地级市所，还是县级所都存在法制观念不强；没有很好履行计量标准的建立，计量标准器按周期检定等规定；计量检定未执行检定规程；设备管理不善，制度执行不严，检定原始记录、各项技术档案不全；人员素质低，环境条件差等问题。

3.1998 年对全省法定计量检定机构的深入考核

1998 年初省技术监督局安排了 1998 年对全省 21 个地级以上市计量所进行全面检查考核，促进管理水平上档次的计划。要求开展向省计量科研所学习的活动，学习他们建立完善的质量保证体系，推行先进管理办法的思路和做法。

对地级市计量所的考核工作，省技术监督局十分重视，针对 1997 年全省 19 个地级市计量所考核存在问题较多的情况，在 1998 年工作安排中制定了进一步整顿地级市计量所，按《法定计量检定机构考核细则》严格要求重新考核的计划，并认真进行了落实。

1998 年 3 月召开了全省地级市计量所所长会议，省技术监督局领导强调要提高对考核工作的认识，本次考核绝不走过场。会上宣贯了考核细则，下达了考核计划，并明确考核结果分为四级：A 级为完全符合考核要求，质保体系健全、科学，并按 ISO/IEC 导则 25 的要求运作；B 级为较好符合考核要求，质保体系较为健全、科学，运作有效；C 级为基本符合考核要求；D 级为不符合考核要求。

紧接着省技术监督局计量处在 4 月组织了 ISO/IEC 导则 25 和质量体系建立与质量手册编写培训，举办了不确定度分析计算学习班，各所技术负责人、质量负责人等业务骨干通过学习，感到收获很大。

7 月经省技术监督局领导批准，成立了地级以上市计量所考核领导小组及考核委员会，省技术监督局张理中副局长任考核领导小组组长，省技术监督局计量处郑汉泉处长、林璨副处长和省计量科研所赵天川、周小端、张桂芳任考核领导小组成员。考核委员会由林璨、赵天川、周小端、张桂芳、杨国垣、黄锋、肖富德、吴欣乐、罗英济、于冀平、许守渤、王华清、李焯明、章国春、许祥良 15 人组成。这些考核委员组成了一支工作严谨，业务精通的考核队伍，他们工作认真，责任心强，秉公办事，对保证考核质量发挥了重要作用。

为保证考核的效果，省技术监督局制定了切实可行的考核标准。这次考核，以 GB/T 15481—1995《校准和检验实验室能力的通用要求》（等同采用 ISO/IEC 导则 25）作为目标要求。但是，当时各所的管理水平与该标准还存在一定差距，一步到位并不切合实际，于是根据国家技术监督局对各省计量所的考核要求《法定计量检定机构考核细则》制定了《广东省法定计量检定机构考核要求（Ⅱ）》作为必备要求。遵循切合省内实际，有可操作性，既要从严、又要分类处理的原则，制定广东省考核的评判标准是：缺陷数 1 ～ 5 个的为 A 等，6 ～ 20 个的为 B 等，21 ～ 30 个的为 C 等，超过 30 个的为 D 等（不合格）。这个评判标准似乎很宽，实际是为了充分发现问题，以便整改，不使考核双方斤斤计较于缺陷数的多少，而忽视了考核的真正目的。

1998 年 8 月由省技术监督局计量处牵头组织了由省计量科研所和一些市所专家组成的考核组。为了使考核工作更有成效，首先对考核组的考评员进行了培训，统一对考核细则的理解和掌握，同时将 21 个地市所考核分两个阶段进行。第一阶段精选 6 人组成考核组，由省技术监督局计量处副处长林璨带队，对广州、深圳、佛山、韶关、湛江、汕头 6 个重点市所进行考核。第二阶段将考核组 6

人分成三组，再配备其他考核委员和一些专家，考核其余 15 个地级市所。考核工作历时 3 个月，从第一阶段到第二阶段始终严格按《法定计量检定机构考核细则》执行，对考核细则的掌握比较一致，基本做到客观、公正，取得了较好的效果。由于省计量科研所成功通过了香港 HOKLS 和国家实验室认可委员会的认可评审，这些评审工作的做法、技巧和经验都被带到地级市计量所的考核工作中，使考核工作细致深入，考核以后又逐一落实整改措施，对各地级市计量所的促进很大，所有地级市所都认真编写了质量手册，建立了基本符合考核要求的质量体系，清理整顿了检测项目。在这一过程中，各所在环境条件，仪器设备方面也增加了不少投入，管理水平和技术实力都有了明显提高。

省技术监督局这次对全省 21 个地级以上市计量所及 2 个专业计量所（湛江市衡器管理所、汕头市计量科学技术研究所）共 23 个单位进行了考核，通过第一轮考核，有 12 个所缺陷数在 6 ～ 20 个之间，7 个所缺陷数在 21 ～ 30 个之间。汕头市科研所、潮州计量所、揭阳计量所及广州市计量所都存在带＊号条款不合格，有的管理手册制订质量差，缺陷数包括严重缺陷较多，如揭阳、潮州计量所；有的属个别缺陷为严重缺陷，评为不合格。后经整改，这 4 个所通过了第二轮现场考核。

各所经过认真整改，于 1999 年 6 月 8 日、8 月 26 日、11 月 26 日分三批通过省技术监督局验收。第一批：粤北计量测试中心 B 等；湛江衡器管理所 B 等；汕头市计量检定测试所 B 等；肇庆市计量测试所 B 等；汕头市计量科学技术研究所 C 等；东莞市计量检定所 C 等；潮州市计量检定测试所 C 等。第二批：深圳市计量质量检测研究院（计量）B 等；佛山市计量检定所 B 等；湛江市计量测试所 B 等；中山市计量检定测试所 B 等；珠海市计量测试所 B 等；江门市计量所 B 等；惠州市计量检定测试所 B 等；汕尾市标准计量检测所 C 等；茂名市计量测试所 C 等；揭阳市计量检定测试所 C 等。第三批：广州市计量测试所 C 等；梅州市计量检定测试所 C 等；阳江市计量测试所 C 等；清远市计量科学测试研究所 C 等；河源市计量检定测试所 C 等；云浮市计量检定测试所 C 等。

为全面强化广东省各级计量技术机构的内部管理，落实县级计量技术机构的考核工作，省技术监督局于 1998 年 7 月制定发布了《广东省县级计量所全面考核整顿工作要求》，规定全省县级计量技术机构依据《广东省法定计量检定机构考核要求（Ⅱ）》和《广东省县级计量所考核整顿工作的若干规定》在 1999 年 1 月至 5 月完成考核工作。

4. 颁布《广东省计量检定机构管理办法》

在总结几年考核实践的基础上，为加强计量检定机构的管理，确保计量检定机构的科学性、公正性、权威性，根据《中华人民共和国计量法》、《中华人民共和国计量法实施细则》、《计量标准考核办法》和《计量授权管理办法》等法律、法规和规章的有关规定，结合广东省实际情况，1999 年 4 月 23 日省技术监督局制定印发了《广东省计量检定机构管理办法》。该办法包含七章二十八条，除总则外，规定了计量检定机构的要求和条件、考核和授权、权力和义务、管理和监督、奖惩以及附则。办法提出：“计量检定机构以满足国家标准 GB/T 15481—1995（ISO/IEC 导则 25）《校准和检验实验室能力的通用要求》为宗旨，以省技术监督部门制订的《广东省计量检定机构考核要求》为基本要求”；“计量检验机构应推行科学的管理模式，采用先进的计量检定测试技术，争取达到国家认可实验室水平”，为各级计量检定机构指出了提高工作质量与国际接轨的方向。该管理办法自 1999 年 7 月 1 日起实施。

《广东省计量检定机构管理办法》颁布以后，省技术监督局通过省级计量授权单位全面整顿考核布置会议，和广东省第十一届地级以上计量所所长工作会议，组织与会人员学习《广东省计量检定机构管理办法》，并在工作中进行贯彻。按照管理办法的要求对全省省级计量授权单位进行全面整顿考核，按照管理办法有关年审不得少于机构总数的 30% 的要求，安排 1999 年对清远市计量所、中山市计量所、梅州市计量所、河源市计量所、广州市计量所、汕尾市计量所、云浮市计量所和阳江市计量所进行了年度审核。

全省各级法定计量检定机构在接受考核和贯彻《广东省计量检定机构管理办法》过程中依据 GB/T 15481—1995（等同采用 ISO/IEC 导则 25：1990）《校准和检测实验室能力的通用要求》建立和完善质量保证体系，提高了管理水平和工作质量，使广东省在申请和通过实验室认可方面走在全国的前列。

1999 年 12 月，深圳市计量质量检测研究院计量实验室通过了国家实验室认可现场评审，获得校准实验室认可证书，证书号：0287。

2000 年 10 月，中国实验室国家认可委员会评审组对广州市计量测试所申报的校准和检测实验室认可进行了现场评审。当年 12 月 12 日获得实验室认可证书，证书号 L0379 号。

2001 年 6 月 17 日，佛山市计量所通过中国实验室国家认可委员会认可，证书号：L0799，成为全国首家通过国家实验室认可的地市级国家法定计量检定机构。

2001 年，江门市计量所着手准备校准实验室国家认可工作，投资 50 多万元，对实验室环境条件进行改造，使其主要技术指标（温场均匀性、温场稳定性）符合检定规程 / 校准规范要求。2002 年 5 月该所通过了中国实验室国家认可现场评审，并于 7 月 3 日正式获得中国实验室国家认可委员会颁发的校准实验室认可证书，证书号 L1295，认可校准项目 132 项，成为江门地区唯一获得认可的实验室。

2002 年 8 月 28 日顺德市计量检定测试所通过中国实验室国家认可委员会认可，认可证书号 L0040 号。

东莞市质计所 2003 年 3 月，通过国家实验室认可委员会认可，证书号 L0468，认可项目 138 项。

2004 年 1 月，广东省珠海市质量计量监督检测所通过中国实验室国家认可委员会现场评审。2004 年 4 月 2 日，该所通过了中国实验室国家认可委员会认可，认可证书号：No. L1300，通过认可的校准项目共计 49 项。

湛江市质量计量监督检测所于 2007 年 11 月 22 日通过国家实验室认可，证书号 L3247，认可项目 158 项。

第二节　企业计量工作开始步入依法自主管理的轨道

随着我国社会主义市场经济的逐步建立和完善，企业自主权的扩大和政府管理职能的转变，企业生产、经营活动主要是靠市场调节和有关法律法规的制约，企业计量工作开始步入依法自主管理的轨道。当时我国正在争取恢复关贸总协定缔约国的地位，国内外市场竞争日趋激烈，企业迫切要求采用先进的质量管理和质量保证标准，这些发展和变化对企业计量工作提出了新的更高的要求。

为适应新形势的要求，国家技术监督局在广泛听取企业、国务院有关部门和地方计量管理部门意见的基础上，于 1993 年 9 月 18 日，研究提出了《加强企业计量工作的若干意见》（以下简称《企业计量若干意见》）。

《企业计量若干意见》对企业应如何加强计量工作提出 5 条要求，除要求企业积极贯彻国家计量法律、法规，加强企业内部计量工作的管理，配齐、管好计量检测设备，保证量值溯源以外，并提出企业有权建立对内部非强检工作计量器具进行检定或校准的计量标准装置，其建标考核由企业自愿申请；企业检定和校准非强检工作计量器具时允许对检定项目、测量范围、检定周期适当调整。

《企业计量若干意见》对政府计量行政部门应如何加强对企业计量工作的监督管理提出8条要求，指出政府计量行政部门要指导企业学习和采用国际先进的计量保证模式；把监督管理企业行为的重点放在企业外部计量违法行为和计量纠纷方面；帮助、督促中小企业加强计量基础工作；加强对计量器具制造企业新产品定型、样机试验、制造许可证和产品质量的监督管理；积极为企业服务，保持与企业的密切联系，提供有实效的指导。

这些要求体现了政府计量行政部门对企业计量工作向宏观管理，和企业依法自主管理的转变。

广东省由于市场经济发展很快，企业计量工作经过了计量定级、升级的高潮以后，很快转向适应市场经济，与国际接轨的模式。为了市场竞争的需要，很多企业领导十分重视计量工作的建设。在1993年全省实施《计量法》先进企业经验交流会上，先进企业代表介绍了他们的经验。例如，科龙电器股份有限公司，两年共投入2千万元装配和完善计量检测仪器设备。韶关冶炼厂结合技术改造，筹款1千多万元用于计量技术改造和完善检测设施，把原计量检测中心分为计量、质量两个独立处室，更有利于计量专业化发展。广州远洋公司在企业经营机制转换中，强调保持计量队伍的相对稳定，在资金困难的情况下，拨出近40万元专款修建量传中心大楼。广州化工厂实施计量保证作用的“三不忘”，即安排生产任务时不忘安排计量工作任务；安排技改项目和大修工作时不忘安排计量检测项目；安排产品质量任务时不忘计量监督。韶关铸锻总厂计量部门配合总厂的技改工作，完成大小技改项目110多项。计量人员下到现场，反复测试，解决计量关键问题，使产品达到和超过国际标准的要求，获得英国、美国、中国船级社质量认证和产品认可，远销国外。有的企业通过加强计量工作，做到节能降耗。有的企业完善检测数据管理，做到量出一门，数出一家，为做好企业经营管理，提高经济效益作出贡献。

如何使企业计量工作尽快适应市场经济和与国际接轨，广东省计量管理工作者和企业计量人员敏锐地认识到采用国际标准 ISO 10012《计量检测设备的质量保证要求》是企业必然的选择。为了使企业了解和推动企业积极采用 ISO 10012，省技术监督局通过广东计量协会组织了相关活动。1993年12月16日～19日广东计量协会在清远市组织召开了“企业计量保证体系国际接轨研讨会”，广东省冶金、有色金属、机械、造船、石油、化工、电子通讯设备、家用电器、原油、海运等行业的国有大中型企业、乡镇企业的代表和政府计量管理部门人员共88人参加了研讨。会上就发展市场经济环境下采用国际标准 ISO 10012《计量检测设备的质量保证要求》进行了研讨发言和热烈讨论。与会者对如下问题取得共识：企业的计量工作实行依法自主管理，是贯彻国务院关于《全民所有制工业企业转换经营机制条例》，转变政府职能，深化计量工作改革的重要决策，是引导企业走向市场，适应国际竞争环境需要的具体措施。ISO 10012是国际标准化组织制订的计量检测设备的质量保证要求，它不但提出对检测设备质量的“硬件”要求，而且提出了对保证测量结果准确可靠的测量过程控制的严密方法，这是测量结果国际互认的基本条件。学习、采用国际标准 ISO 10012 完善企业计量保证体系，是企业计量与国际通行做法接轨的具体行动，是企业走向国际市场的重要措施。

企业采用 ISO 10012国际标准是企业的自愿行为，为了学习和相互交流，广东计量协会成立了“企业计量保证体系促进工作委员会”，为自愿采用 ISO 10012 国际标准的企业提供支持和服务。

1994年5月11日～13日，广东计量协会在惠州市召开了“广东省 ISO 10012〈计量检测设备的质量保证要求〉国际标准高级研讨会”。参加研讨的有石油、化工、冶金、机械、电子、医药、纺织、家用电器、通讯设备、造船、远洋、海运等行业的股份制企业，国有大中型企业、乡镇企业和政府计量管理部门代表108人。会议期间，国家技术监督局计量司赵若江副司长对ISO 10012国际标准作了系统的研讨报告。该报告围绕ISO 10012与ISO 9000系列国际标准的关系，企业如何建立计量确认体系，测量过程控制等三个专题展开阐述。部分会议代表并与赵若江副司长进行了座谈。

为推动企业计量工作，表彰先进，交流经验，省技术监督局于1994年12月23日至25日，在珠海市召开了全省企业计量工作经验交流会。参加会议的有各市技术监督局推荐的计量工作先进企业代表、原获得国家一级计量合格企业代表，以及各市技术监督局计量管理人员146人。会上交流了企业计量工作经验，并就进一步做好企业计量工作，与国际惯例接轨，进行了探讨。会议交流的经验，归纳起来有五点：（1）企业领导的重视，这是关键；（2）在深化企业改革过程中，坚持贯彻实施《计量法》，并落到实处，这是根本；（3）配备和使用先进的计量检测仪器设备，这是基础；（4）加强计量人员的业务培训，提高计量人员的素质，这是保证；（5）推行和采用ISO 10012国际标准，完善计量检测设备的质量保证体系，这是方向。

国家技术监督局为了推动企业采用国际标准ISO 10012《计量检测设备的质量保证要求》，于1995年启动了帮助企业完善计量检测体系，开展“完善计量检测体系”的确认工作。

1995年4月，国家技监局明确提出1995年在全国帮助100个企业完善计量检测体系的工作要求。这项工作是在企业有自身需要的基础上，采取由政府部门给予指导、帮助和评价的方式进行。旨在引导企业计量工作走上科学管理的道路，增强企业对产品质量、经营管理、节能降耗和市场竞争的技术基础保证能力。为此国家技术监督局制订了《企业“完善计量检测体系”的确认方法》和《企业完善计量检测体系的原则要求》。

企业“完善计量检测体系”的确认工作，以国家技术监督局统一组织，各省计量行政部门具体实施的方式进行。每年各省进行确认的企业数量，由国家技术监督局统筹安排。“完善计量检测体系”的确认由企业自愿申请，其条件原则上需是原一级或二级计量合格单位，推行现代企业制度的优先安排。

企业参照“完善计量检测体系的原则要求”，GB/T 19022—1（ISO 10012—1）标准及有关管理规定编制“企业计量检测体系文件”，并以此作为考核的标准。各省级计量行政部门所进行的确认工作，就是对“企业计量检测体系文件”审核，并由具有国家级计量评审员资格的人员，进行有目的的抽查，对各项要求是否符合给予确认。确认结果报国家技术监督局，由国家技术监督局组织评审委员会审议，获得通过的由国家技术监督局颁发完善计量检测体系的确认证书。

在《企业完善计量检测体系的原则要求》中参照GB/T 19022—1（ISO 10012—1）的要求，规定了包括质量监控、能源计量、环境检测、安全防护监测、经营管理检测等方面的具体确认要求。各省的确认就是依据这些原则要求进行的。

1995年全国完成了“完善计量检测体系”的确认企业120家，广东省有9家企业申请“完善计量检测体系”的确认。1996年国家技术监督局继续下达帮助100个企业完善计量检测体系工作的通知。省技术监督局于1996年3月28日向国家技术监督局计量司上报广东省1996年申请“完善计量检测体系”确认的4家企业：广东韶钢集团公司、广州机床厂、佛山耐酸陶瓷厂、东莞轴承厂。韶钢集团公司1996年9月10日在广东省大中型企业中率先通过了“完善计量检测体系”确认，获得国家技术监督局在广东省颁发的第一张“完善计量检测体系合格证书”。1997 年国家技术监督局又安排了“完善计量检测体系”确认计划，171 个企业列入计划，其中含广东中国石化广州石油化工总厂、广东省信宜市松香厂、广东南源永芳日用化工有限公司、广东活力股份有限公司、中山市钢管工业集团公司、广东省广前糖业发展有限公司、顺德爱德电饭锅制造厂有限公司、湛江包装材料企业有限公司、佛山通宝股份有限公司、广东省鹤山市电机厂、美的冷气机制造有限公司等 11 家企业，年底有 4 家企业获得确认通过。1998 年国家技术监督局列入计划企业 174 个，其中有广东科龙集团公司、珠海格力电器股份有限公司、TCL 国际电工（惠州）集团公司等 13 家企业，至年底完成了 6 家企业的确认。1999 年完成了 3 家企业的完善计量检测体系审核工作。至 2004 年全省有 33 家企业通过了“完善计量检测体系”的确认。

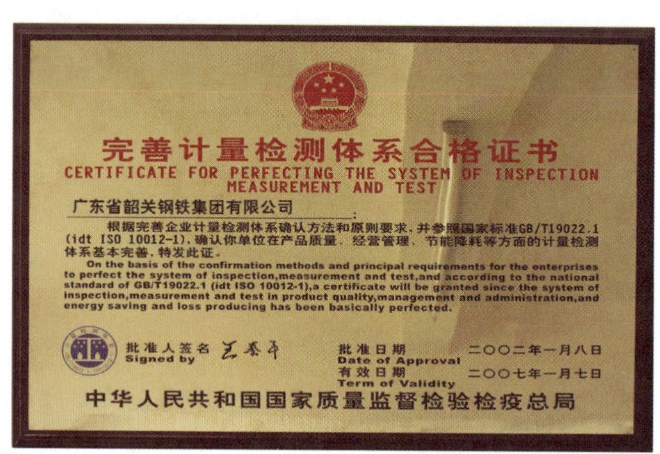
完善计量检测体系合格证书

CERTIFICATE FOR PERFECTING THE SYSTEM OF INSPECTION MEASUREMENT AND TEST

广东省韶关钢铁集团有限公司：

根据完善企业计量检测体系确认方法和原则要求，并参照国家标准GB/T19022.1 (idt ISO 10012-1)，确认你单位在产品质量、经营管理、节能降耗等方面的计量检测体系基本完善，特发此证。

On the basis of the confirmation methods and principal requirements for the enterprises to perfect the system of inspection,measurement and test,and according to the national standard of GB/T19022.1 (idt ISO 10012-1),a certificate will be granted since the system of inspection,measurement and test in product quality,management and administration,and energy saving and loss producing has been basically perfected.

批准人签名 Signed by

批准日期 Date of Approval 二〇〇二年一月八日

有效日期 Term of Validity 二〇〇七年一月七日

中华人民共和国国家质量监督检验检疫总局

图 8-2　韶关钢铁集团有限公司获得广东省第一张完善计量检测体系合格证书

“完善计量检测体系”的确认，对大型企业的计量工作与国际接轨起到一定的促进作用，但仍然是政府计量行政部门主导，与企业的市场化改革不相适应， 2005 年国家质量技术监督局停止颁发“完善计量检测体系”的确认证书。

1997 年 8 月为充分发挥计量工作的基础保证作用，促进企业提高管理水平、提高科技水平、提高产品质量和经济效益，国家技术监督局发出《围绕两个根本性转变进一步加强工业企业计量工作的意见》。意见的主要内容包括：

（1）工业企业计量工作的重要作用：工业计量是适应市场经济和实现集约化生产的重要技术基础，是加快技术进步的重要保证，是加强科学管理的重要依据，也是构成企业在国内外市场竞争力的重要因素。

（2）工业企业计量工作的现状和形势：我国工业计量的总体状况与经济体制和经济增长方式的根本转变还很不适应，企业计量工作与建立现代企业制度的要求还有很大的差距。在改革不断深化的形势下，企业的计量管理模式和方法以及政府技术监督部门对企业计量工作的监督指导方式正在向适应社会主义市场经济发展的方向转变；企业的量传和溯源管理以及计量器具制造管理正在深化改革，逐步与国际通行的做法相一致。工业企业计量工作遇到了新情况、新问题，同样也面临着新的发展机遇和挑战。

（3）指导思想：坚持以经济建设为中心，围绕两个根本性转变，充分发挥技术监督部门、企业主管部门和广大企业的积极性，全面提高企业计量技术和计量管理的整体素质，为企业提高管理水平、提高科技水平、提高产品质量、提高经济效益，提供可靠的计量保证。

（4）工作原则：坚持贴紧经济、坚持深化改革、坚持依靠企业、坚持分类指导、坚持综合管理。

（5）主要任务：根据分类指导原则对基础较好的大中型企业，推荐采用国际先进的计量管理模式；帮助有一定基础的中小型企业提高计量保证能力；督促计量基础比较薄弱的小型企业、乡镇企业、私营企业达到最基本要求；全面提高计量器具产品质量等。

（6）具体措施：开展宣传教育，推广先进企业经验，对强检工作依法实施监督，加强计量器具产品制造许可证监督管理，加强法定计量技术机构的建设，积极开展校准服务。

根据国家技术监督局《围绕两个根本性转变进一步加强工业企业计量工作的意见》，省技术监督局制订了《广东省企业计量工作实施方案》，自 1998 年 5 月 15 日开始执行。并同时制订颁布了《广东省计量保证体系确认规范》和《广东省计量保证体系确认标准》。

《广东省企业计量工作实施方案》提出，对企业计量实行分类指导：（一）计量管理基础好、产品质量稳定、检测能力较强、人员素质较高的企业，应进一步建立完善计量检测体系，为产品质量提供计量保证，积极为实施“名牌战略”创造良好条件。（二）有一定计量管理基础，计量检测能力还需进一步提高，计量技术、管理人员素质有待提高的，要引导他们严格计量、质量管理，注重计量投入，配备好检测手段，加强生产过程的监控和成品的检测，以提高企业产品质量。（三）对计量管理和检测能力差、基础薄弱，达不到生产要求的企业加强指导、帮助、服务，使这些企业提高计量意识，增强计量法制观念，积极增加计量的投入，增强检测能力，提高产品质量合格率，提高经济效益。

为此要积极开展计量保证确认工作，即对企业开展计量保证能力评定工作。确认级别分为三级：（一）“完善计量检测体系”确认，其对象为计量工作要求较严较高的企业，中央和地方确定的现代企业制度试点企业，大型企业集团，以及计量基础较好较稳定的原一、二级计量合格企业。（二）“二级计量保证体系”确认，其对象为具有一定的计量管理基础和计量检测能力，对计量工作有一定要求的中、小型企业和原取得二级计量合格需要复查的或已有计量合格确认需进一步提高的企业。（三）“三级计量保证体系”确认，其对象为计量管理、计量技术和检测能力一般，基础较弱，以前没有进行过计量定级的，或取得原三级计量合格、计量合格确认需要复查的各种企业。

该方案规定了实施的计划和要求。规定 1998 年 6 月～ 12 月对过去已取得二、三级计量和计量合格确认企业进行复查，凡符合“广东省计量保证体系确认标准”的，发给二、三级计量保证体系合格证书，对要求晋级的企业也可同时进行评定。

该方案理顺了从企业计量定级升级以来，到计量保证体系确认的过渡方法，保持了政策和做法的延续性，有利于广东省企业计量管理工作的发展进步。

与此方案相配套的《广东省计量保证体系确认规范》和《广东省计量保证体系确认标准》规定了具体的可操作的确认程序和方法。1997 年省技术监督局举办了 5 期“完善计量检测体系”内审员学习班，为企业培训内审员 283 人，全省按照《广东省计量保证体系确认规范》和《广东省计量保证体系确认标准》，对小型、乡镇和民营企业 197 家进行了计量保证体系确认。1998 年全省完成二级计量保证体系确认企业 10 家，三级计量保证体系确认企业 175 家。1999 年全省完成二级计量保证体系确认企业 113 家，三级计量保证体系确认企业 387 家。至 2004 年全省累计完成二级计量保证体系确认企业 1251 家，三级计量保证体系确认企业 7411 家。

第三节　市场经济下的市场管理

在国家“九五”计划和2010年远景目标纲要中对计量工作提出了“制定和完善市场规则，加强市场管理和监督，规范流通秩序，加强计量监督”的要求和任务。

建立市场经济需要规范市场计量行为，净化市场环境，尤其是“短斤少量”等欺骗行为，为群众所普遍关注，急需强化市场计量监督。促进科学技术和国民经济发展，保护人民免受不准确、不诚实的测量所造成的危害，是贯彻实施《计量法》的根本目的。在发展市场经济的新形势下，必须在管好计量器具的同时，加强对量及其测量的监督和服务。

国家技术监督局提出要进一步加强以商品量为重点的市场计量监督，组织制定了《零售商品称重计量监督规定》和《定量包装商品计量监督规定》，加大打击“短秤少量”不法行为的力度，逐步取消落后的、容易作弊的计量器具，淘汰杆秤，推广新型衡器，大力发展和规范社会公正计量行(站)，为社会提供公正测量服务。

一、零售商品称重计量监督

1. 称量零售商品计量允差试点

随着我国改革开放的深入和商品经济的发展，城乡集贸市场十分活跃，但集贸市场零售商品短斤少量现象十分普遍，消费者对此反映强烈。为了维护消费者利益和市场信誉，促进集贸市场的健康发展，使计量执法有准确的依据，减少计量纠纷，国家技术监督局组织制定了《称量零售商品计量允差管理办法》（送审稿）。这项工作的法制性、技术性和政策性都很强，为了使这个办法早日出台，国家技术监督局部署了相应的试点工作，于1992年4月下发《关于称量零售商品计量允差现场试点的通知》，要在实际中验证其可行性，要求各地计量监督部门、工商行政管理部门要重视这次试点工作，相互配合，并按要求组织实施。

按照国家技术监督局的要求，广东省于1992年7月3日在广州召开了全省称量零售商品计量允差现场工作会议，学习了《称量零售商品计量允差管理办法》（送审稿），明确了具体做法，落实了试点单位。他们是1991年被评为全国商业计量先进单位和全国计量先进集贸市场的广州市东山百货大楼、广州市富民粮油食品贸易公司、茂名市名城商场、中山市凤鸣商场、广州市珠光农副产品市场、湛江市霞山区东风市场、深圳市广场市场，和另外选定的广州市第十甫商店、肇庆市保安堂药店、江门市饼厂、珠海市珠海宾馆金银首饰商场、佛山市升平市场共12个单位。

在全国各地试点的基础上，1993年10月9日，国家技术监督局、国内贸易部、国家工商行政管理局颁布了《零售商品称重计量监督规定》，适用于以重量结算的食品、金银饰品。这是判定经营者、生产者是否短量，和经营者、生产者依法加强自身计量管理的依据，也是执法部门对商品称重执法的尺度。

《零售商品称重计量监督规定》要求商品经销者和生产者必须使用合格的计量器具销售和生产商品；使用称重计量器具当场称重商品，必须按称重计量器具的实际示值结算，保证商品计量合格；并特别给出在各称重范围内，经核称商品的实际重量值与结算重量值之差不得超过规定负偏差的数据表。

表 8-1　负偏差的数据表

（一）

食品品种、价格档次	称重范围（m）	负偏差
粮食、蔬菜、水果或不高于 8 元 /kg 的食品	$m \leqslant 1$ kg	20 g
	1 kg $< m \leqslant$ 2 kg	40 g
	2 kg $< m \leqslant$ 4 kg	80 g
	4 kg $< m \leqslant$ 25 kg	100 g
肉、蛋、禽*、海（水）产品*、糕点、糖果、调味品或高于 8 元 /kg，且不高于 30 元 /kg 的食品	$m \leqslant 2.5$ kg	5 g
	2.5 kg $< m \leqslant$ 10 kg	10 g
	10 kg $< m \leqslant$ 15 kg	15 g
干菜、山（海）珍品或高于 30 元 /kg，且不高于 100 元 /kg 的食品	$m \leqslant 1$ kg	2 g
	1 kg $< m \leqslant$ 4 kg	4 g
	4 kg $< m \leqslant$ 6 kg	6 g
高于 100 元 /kg 的食品	$m \leqslant 500$ g	1 g
	500 g $< m \leqslant$ 2 kg	2 g
	2 kg $< m \leqslant$ 5 kg	3 g

*注：活禽、活鱼、水发物除外。

（二）

名　　称	称重范围	负偏差
金饰品	每件小于或等于 100 g	0.01 g
银饰品	每件小于或等于 100 g	0.1 g

《零售商品称重计量监督规定》对核称商品的方法，定量包装商品的允许负偏差，及其检验方法，和违法的处罚也作了规定。

《零售商品称重计量监督规定》颁布后，1993 年 12 月 13 日，省技术监督局、省财贸办、省工商行政管理局联合进行了转发，要求各级技术监督和工商行政管理部门、商业、粮食、供销、劳协等有关部门组织学习，进行宣传；各级技术监督和工商行政管理部门组织对执法人员进行培训；在各商场、商店、粮油店、集贸市场张贴商品称重的实际重量值与结算重量值的允差表，以便接受顾客的监督。

2. 在公众贸易中限制使用杆秤

长期以来，由于杆秤价格便宜，携带方便，在全国城乡市场上广泛使用。但是，利用杆秤作弊，欺骗消费者的情况屡屡发生，严重损害了消费者的利益。据粗略统计，利用杆秤作弊的手法有十几种。1993 年，国家技术监督局组织两次大规模市场计量执法检查的结果也证实市场上出现缺斤少量的主要原因之一，就是不法商贩利用杆秤作弊。

根据国际法制计量组织的要求，凡直接用于公众贸易的衡器，其示值应使供需双方清晰可见，且不易被用来进行欺骗性称量。显然，杆秤不能满足公平贸易的要求。所以，国际上大多数国家早已不再用它作为贸易结算计量器具。为了规范市场交易行为，切实保护广大消费者的利益，国家技术监督局、国家工商行政管理局决定在公众贸易中限制使用杆秤。

1994 年 9 月 23 日，国家技术监督局、国家工商行政管理局联合发出了《关于在公众贸易中限制使用杆秤的通知》。通知要求：全国各大、中城市均应首先在商店、城乡集贸市场的固定摊位逐步淘汰杆秤；有计划地推广使用质量稳定的电子秤、双面显示弹簧度盘秤和其他性能稳定、显示清晰、不易作弊的衡器；有计划、有步骤地把这项工作和贯彻《零售商品称重计量监督规定》结合起来。

省技术监督局、省工商行政管理局于 1995 年 2 月 20 日，向全省各市、县技术监督局、工商行政管理局转发了《关于在公众贸易中限制使用杆秤的通知》（粤技监［1995］17 号文），并提出广东省全面完成淘汰杆秤的时间要求为：地级以上城市的市区所有商店和集贸市场固定摊档至 1996 年底止；县城（含县级市）、乡镇的所有商店和集贸市场的固定摊档至 1997 年底止；个体流动商贩和自产自销的菜农、果农至 1998 年底止；从 1999 年 1 月 1 日起，全省范围内的商贸活动，一律禁止使用杆秤（中药配剂使用的戥秤除外）。

1995 年夏收期间，国家技术监督局发出《关于在粮食收购和农用生产资料销售中加强计量监督的通知》。通知提出为切实维护广大农民的利益，经研究决定，在每年夏收、秋收来临之际，各级技术监督部门，对粮食收购和农业生产资料销售中使用的计量器具加强计量执法检查。

省技术监督局在转发国家技术监督局上述文件时，要求结合贯彻《零售商品称重计量监督规定》，帮助从事粮食收购和经销农用生产资料的单位，选择准确度符合称重允差规定要求的计量器具（衡器），坚决取缔不符合规定的衡器；结合宣贯《关于在公众贸易中限制使用杆秤的通知》，在有条件的粮食、农副产品收购部门和农用生产资料的经销企业，提前推广电子秤、双面显示弹簧度盘秤，淘汰杆秤；在每年夏收、秋收期间，对各收购站使用的计量器具进行一次强制性检定，检定合格后方能使用。

为了贯彻国家技术监督局“在公众贸易中限制使用杆秤”的要求，逐步淘汰杆秤。省技术监督局决定加快全省使用电子秤和弹簧度盘秤的步伐。省技术监督局组织对全省制造电子秤和双面弹簧度盘秤企业的产品，进行了质量监督抽查，到生产现场考察了生产过程和质量管理、检测条件、生产环境、规章制度、生产规模和售后服务等情况，确定 10 家企业生产的符合使用规定标准的电子秤和双面弹簧度盘秤为首批向全省推荐使用的产品。

省技术监督局于 1996 年 4 月 3 日，发出《关于推荐使用电子秤和双面弹簧度盘秤的通知》。第一批推荐的生产企业和产品是：东莞市机械厂生产的 4kg、1kg 台式双面弹簧度盘秤；中山石岐衡器厂生产的 4kg、1kg 台式双面弹簧度盘秤；东莞附城上桥五金电器厂生产的 1kg 台式双面弹簧度盘秤；佛山现代衡器厂生产的 4kg、1kg 挂式双面弹簧度盘秤；深圳高科利电器公司（恒通电子厂）生产的 15kg 台式电子计价秤；深圳爱华电子有限公司生产的 6kg、15kg 电子计价秤；广东华普电器集团有限公司生产的 15kg 台式电子计价秤；广东传感器厂生产的 6kg、15kg 台式电子计价秤；广东星索电子衡器制造有限公司生产的 15kg 台式电子计价秤；广东南海市华南电器厂生产的 15kg 台式电子计价秤。被推荐的电子计价秤和双面弹簧度盘秤贴有广东省技术监督局和广东省工商行政管理局联合推荐的标志。

通知要求各类商店和集贸市场的固定摊档应优先选择使用上述推荐产品，并要求各级工商行政管理部门、技术监督部门积极推广推荐产品，禁止不符合要求的劣质电子计价秤和双面弹簧度盘秤进入市场。通知还要求被推荐产品的生产企业要严格把好质量关，如对推荐产品抽查不合格的，将取消推荐。

1996 年 8 月省技术监督局和省工商局又推荐了第二批电子秤和双面弹簧度盘秤企业和产品：中山金利电子衡器公司生产的金利牌 ACS-15A 型电子计价秤；新会康恒电子衡器工程有限公司生产的康恒牌 ACS-15 型电子计价秤；东莞天和电子衡器公司生产的天和牌 ACS-15 型电子计价秤；江门运通公司生产的运通牌 ACS-15 型电子计价秤；江门衡器厂生产的列车牌 ACS-15 型电子计价秤；广州八通电子实业公司生产的八通牌 ACS-6 型、15 型电子计价秤；中山佳胜衡器厂生产的佳胜牌 ACS-8 型（双面）弹簧度盘秤；高州衡器厂生产的高标牌 ACS-4.8 型（双面）弹簧度盘秤。

全省各地积极贯彻省技术监督局、省工商局《关于推荐使用电子秤和双面弹簧度盘秤的通知》，纷纷以政府名义发布通知禁止在公众贸易中使用杆秤。

1995 年，广州市标准计量管理局与广州市商委、广州市工商局联合发出《关于在我市公众贸易中限制使用杆秤的通知》。广州市政府在 1997 年 1 月 1 日印发了《关于禁止在公众贸易中使用杆秤的通告》，全面落实省技术监督局、省工商行政管理局 《关于在公众贸易中限制使用杆秤的通知》。

1996 年 4 月，佛山市技术监督局、佛山市工商行政管理局、佛山市贸易委员会联合发布《佛山市关于在公众贸易中限制使用杆秤的通知》。

湛江市人民政府在 1996 年 8 月 29 日，发出《关于在我市公众贸易中限制使用杆秤的通告》，决定在全市限制使用杆秤，推广使用电子秤、弹簧度盘秤。

梅州市人民政府在 1996 年 11 月发出《关于禁止在公众贸易中使用杆秤的通知》，规定从 1997 年 1 月 1 日起，在梅州市市区范围内的国营（集体、个体）商店，肉菜市场、农贸市场进行公众贸易的，一律禁止使用杆秤，改使用电子秤、弹簧度盘秤、案秤等。

1993 年，深圳市技术监督局与市工商行政部门联合在农贸市场开展了推广使用电子秤试点，至 1994 年，特区内有 10 家农贸市场的 2100 个摊位使用了电子秤，到 1996 年底电子秤已基本在全市农贸市场得到普及。珠海市从 1996 年开始，在全市开展限制使用杆秤、逐步淘汰杆秤专项行动。1996 年广州市 21 家糖烟酒、副食品商店全部换秤，肉菜市场、农贸市场的换秤率已达到 85%。

随着杆秤被限制使用，广东省的市场贸易结算用秤的主角已经由台式双斜面弹簧度盘秤、挂式双面弹簧度盘秤和电子计价秤替代了杆秤。

由于全省各地经济发展不平衡，经济不发达地区和边远山区一律禁止使用杆秤遇到很多实际困难。省技术监督局和省工商行政管理局 1995 年的文件（粤技监 [1995]17 号）规定“从 1999 年 1 月 1 日起，全省范围内的商贸活动一律禁止使用杆秤”，这在实际中难以做到，且这项规定明显超出了国家技术监督局关于“限制”使用杆秤的规定。为此，2002 年 4 月 15 日，省质量技术监督局和省工商行政管理局联合发文《关于在公众贸易中限制使用杆秤的通知》，规定 1995 年（粤技监 [1995]17 号）文件予以废止，“公众贸易中使用杆秤的有关要求仍按原国家技术监督局、国家工商行政管理局《关于在公众贸易中限制使用杆秤的通知》执行”。

二、定量包装商品计量监督

随着我国社会主义市场经济的发展，定量包装商品的数量不断增加，尤其是与广大消费者生活密切相关的食品、化妆品和洗涤用品等增加幅度最大。但由于市场商贸计量监督管理规范不健全，商贸活动中利用定量包装商品短斤少量，损害消费者利益的现象屡有发生。因此依据《计量法》和有关法规，对定量包装商品加强计量监督，以保护消费者的合法权益，十分必要。制定定量包装商品的计量监督法规是国际上通行的做法。国际法制计量组织（OILM）制定了《包装商品净含量》国际建议，美国、日本及欧洲大多数国家都制定了本国的定量包装商品计量监督法规。

为了加强对定量包装商品的计量监督，深入贯彻实施《计量法》，规范市场，引导消费，国家技术监督局在国内贸易部、中国轻工总会和中华全国供销合作总社的协助下，制定了《定量包装商品计量监督规定》，于 1995 年 12 月 8 日，以国家技术监督局令第 43 号发出，自 1996 年 1 月 1 日起实施。

《定量包装商品计量监督规定》是技术监督行政执法部门规范定量包装商品、判定商品量计量合格与否的执法依据，也是生产企业和销售企业依法加强自身计量管理的依据。贯彻实施《定量包装商品计量监督规定》，对净化市场、打击短秤少量违法行为、提高定量包装商品的生产和销售企业计量管理水平起到很好的促进作用。

《定量包装商品计量监督规定》所称定量包装商品，是指以销售为目的、与消费者利益密切相关，在一定量限范围内具有统一的质量、体积、长度标注的预包装商品。《定量包装商品计量监督规定》要求定量包装商品在其包装的显著位置必须正确、清晰地标注净含量，净含量由中文、数字和法定计量单位组成；生产、经销的定量包装商品必须保证其净含量的准确，净含量是指去除包装容器和其他包装材料后内装物的实际质量、体积、长度。

《规定》对定量包装商品的净含量标注方式；单件定量包装商品净含量的负偏差；批量定量包装商品的抽样方法、平均偏差计算方法以及对定量包装商品净含量的检验都作出了明确的规定。

根据国家技术监督局《关于开展定量包装商品的计量执法检查的通知》，省技术监督局于 1996 年 3 月组织了佛山市、湛江市、惠州市、广州市、清远市、韶关市、汕尾市、深圳市技术监督局等八个单位，进行了计量执法检查，省技术监督局派员参加了广州市的检查。在这一次执法检查中发现，相当一部份生产企业和销售企业及消费者尚不了解《定量包装商品计量监督规定》。在全省开展定量包装商品计量执法检查的 8 个城市，共检查定量包装商品生产企业 64 家，定量包装商品 195 种，经检验净含量合格 158 种，合格率 81.0%，净含量标注合格 144 种，合格率 73.8%；检查定量包装商品销售企业 115 家，定量包装商品 2437 种，经检验净含量合格 1948 种，合格率 79.9%，净含量标注合格 2171 种，合格率 89.1%。针对执法检查中发现的问题，各技术监督局主动帮助生产企业或销售企业分析原因，找出解决办法。有的执法单位筹备举办学习班，向企业宣贯《定量包装商品计量监督规定》。

例如，清远市技术监督局根据省技术监督局部署于 1996 年 3 月和 11 ～ 12 月组织两次定量包装商品执法检查。检查了 18 家生产企业共 25 种定量包装商品，其中净含量合格商品 23 种，合格率 92%，净含量不合格商品 2 种，其中有冷狗食品有限公司生产的“绿葡萄雪糕”，标注净含量 78 克 / 支，实际净含量最少的只有 70 克 / 支；清远市糖厂生产的“即食麦片王”，标注净含量 560 克，实际净含量才 460 克。净含量标注合格商品 24 种，合格率 96%，净含量标注不符合规定的是佛岗味精厂生产的酱油，其净含量标注为 1700 ml，按规定应为 1.7 L（升）。检查经销商店 10 家，定量包装商品 25 种，净含量合格 20 种，合格率 80%。净含量不合格 5 种，其中新城食品商场经销的“苔干菜”净含量标注 150 克，最少的净含量才 100 克。净含量标注合格商品 21 种，合格率 84%，未标注净含量的商品 4 种：华侨商场的“精选鱼翅”，华生商店的“发菜”、“鲍干”、“龙眼干”均无净含量标注。

清远市技术监督局对检查结果实施了执法处理，对缺量的定量包装商品生产企业，按照《计量法实施细则》第五十条给予现场罚款 300 元～ 400 元的处理；对定量包装商品净含量标注不合格的单位，给予责令限期整改处理。

清远市技术监督局于当年 9 月召开了全市《定量包装商品计量监督规定》宣贯与法制计量工作会议，组织了 45 家定量包装商品生产企业和有关印刷企业参加会议，并统计出全市共有定量包装商品生产企业 71 家，上报了省技术监督局计量处。

为了进一步做好《定量包装商品计量监督规定》的贯彻实施工作，1997 年 2 月 24 日国家技术监督局、国内贸易部、中国轻工总会、中华全国供销合作总社联合发出《关于深入贯彻实施〈定量包装商品计量监督规定〉的通知》，要求各部门加强协作，齐抓共管，密切配合，做好《定量包装商品计量监督规定》及其相关文件的贯彻实施工作。文件要求以多种形式对《定量包装商品计量监督规定》进行宣贯；以定量包装商品的生产企业为重点，严格把住源头关，帮助企业建立相应的计量检测手段，形成自我监督机制。

省技术监督局、省贸易委员会、省轻纺工业厅、省供销合作联社于 1997 年 5 月 8 日，联合转发了上述文件。文件要求各级技术监督、内贸、轻工、供销合作社等部门广泛开展《定量包装商品计量监督规定》的宣传、贯彻工作，做到定量包装商品不够量不出厂，标注不明晰不上市。同时，要求各部门密切配合共同制定本地区定量包装商品监督检查的项目表，选择 15 ～ 20 种与消费者利益密切相关的重点定量包装商品，进行跟踪监督检查，抓出实效。

国家技术监督局 43 号令颁布《定量包装商品计量监督规定》以后的几年，在定量包装商品的计量监督管理工作中，由于缺少全国统一的、较为科学、具体且具有权威性的定量包装商品计量检验国家计量技术法规，造成了实际操作困难，以及检验方法缺乏科学性而对定量包装商品净含量合格与否误判的问题。1997 年广州不少大型国企和外资企业已有生产定量包装商品的管理办法或标准，其中宝洁公司一直是执行欧盟的标准，有较丰富的定量包装商品生产经验。这些企业向广州市技术监督局计量处介绍了定量包装商品净含量计量检验统计原理和国外定量包装商品净含量计量管理情况。时任广州市技术监督局计量处处长李红兵积极地向国家技术监督局计量司反映这个情况，并建议编写定量包装商品净含量计量检验规则。

1999 年，广州市技术监督局作为起草单位接受了国家计量技术规范《定量包装商品净含量计量检验规则》的编写任务，广州市技术监督局李红兵、宝洁（中国）有限公司李伟为主要起草人，宝洁（中国）有限公司白文中为参加起草人。

2000 年 7 月 3 日，广州市质量技术监督局承担起草的国家计量技术规范 JJF 1070—2000《定量包装商品净含量计量检验规则》由国家质量技术监督局颁布。

依据《定量包装商品计量监督规定》和 JJF 1070—2000《定量包装商品净含量计量检验规则》，广东省各地技监部门开展多种专项的定量包装商品计量监督检查活动，有效保护了消费者的利益。

三、社会计量公正行（站）计量监督

随着广东省市场经济的发展和改革开放的深化，各地贸易活动非常活跃，各种批发市场、大宗物料市场（如钢材、水泥、水果等）不断迎市而设，部分还是自然成行，对市场发育和繁荣经济，起到很好的作用。但在物料称重计量工作方面，特别是大宗物料市场中暴露出不少影响买卖公平，扰乱市场秩序的问题。例如，不少档主使用的是简便、陈旧的计量器具，其称量范围小，不适用于大宗物料称重的要求。一些档主故意破坏计量器具准确度或以各种隐蔽手法进行不诚实计量，诈骗顾客，短秤一般在10%左右，高者达30%～50%，经常引起计量纠纷。1993年2月27日南方日报第一版刊登一则广州市杨箕村钢材市场，档主短秤欺客，纠集一帮人殴打买主与计量行政执法人员致伤事件的报道。市场计量秩序混乱，买主权益得不到保障，已成为大宗物料市场急需解决的问题。

为保证大宗物料计量准确可靠，维护大宗物料市场计量秩序，一些市、县技监部门开始了设立“称重公正站（行）”的尝试，取得了良好的效果。省技术监督局认为这是适应大宗物料市场兴起和发展而强化计量秩序的好形式，拟在全省逐步推广。

1993年4月29日，省技术监督局向省人民政府呈送《关于设立称重公正行维护大宗物料计量秩序的请示》，省府办公厅批复，由省工商行政管理局与省技术监督局协商处理。两局经协商一致，于1993年7月26日联合发出《关于在大宗物料市场设立称重公正行的通知》。通知要求凡已建立和今后建立的大宗物料交易市场，必须设立称重公正行（站）。大宗物料市场称重公正行（站）的设立和管理规定如下：

（1）称重公正行（站）是独立于买卖双方的公正称重技术服务机构，必须做到公平、公正、合理，并实行有偿服务。

（2）称重公正行（站）的设立应经当地技术监督部门考核，由省发给统一的认可证书，凭认可证书向工商行政管理部门申请营业执照。持证、照后方准为社会提供公正称重服务。

（3）称重公正行（站）的建立，各级技术监督部门和工商行政管理部门根据当地经济发展的需要做到选点准确，布局合理，有计划，有步骤的设置，可充分运用部门、企业、事业单位和个人的力量兴办称重公正行（站），使全省逐步形成称重网络。

（4）称重公正行（站）接受技术监督和工商行政管理部门的监督管理，如有利用称重公正行（站）搞欺诈活动的由工商行政管理部门及技术监督部门依法进行查处。

1993年12月20日，列入国家技术监督局扶持项目的“华南国家计量测试中心清远市社会称重站”正式挂牌，投入使用。

1994年为加强市场计量监督，全省各级技术监督部门重视社会称重公正站的建设，广州、韶关、汕头、清远、阳江、深圳、湛江、惠州、连州、曲江、阳山、鹤山等12个市县共建站17个。

为加强对社会公正计量行（站）的监督管理，保证流通领域中商品计量的准确可靠，根据《计量法》及其实施细则，1995年7月，以国家技术监督局令第41号发布了《社会公正计量行（站）监督管理办法》。该管理办法明确，社会公正计量行（站）是指经省级人民政府计量行政部门考核批准，在流通领域为社会提供计量公正数据的中介服务机构，并规定了社会公正计量行（站）必须具备的条件，社会公正计量行（站）计量认证的内容和要求，社会公正计量行（站）应当履行的义务。省级人民政府计量行政部门负责受理本行政区域内建立社会公正计量行（站）的申请，并组织实施计量认证和定期复查。市（地）、县人民政府计量行政部门负责对本行政区域内社会公正计量行（站）依法实施监督。

1995年8月16日，省技术监督局向各市（地）、县技术监督局转发了国家技术监督局第41号令。按照41号令的规定，凡在流通领域为社会提供计量公正数据的中介服务机构，均必须向所在地的省级人民政府计量行政部门申请社会公正行（站）的计量认证。未经计量认证的公正行（站），不得为社会提供公正数据服务。原已建立的社会公正行（站）都要按照国家技术监督局发布的《社会公正计量行（站）监督管理办法》申请计量认证。

为了更好地贯彻和具体地执行国家技术监督局第 41 号令，广东省技术监督局结合本省实际制定了《广东省社会公正计量行（站）监督管理办法》，依据《社会公正计量行（站）监督管理办法》增加了部分在广东省对社会公正计量行（站）计量认证考核的操作程序，于 1997 年 8 月 19 日印发。

《广东省社会公正计量行（站）监督管理办法》的制定，加强了对社会公正计量行（站）的监督管理，进一步规范向社会提供公正数据的中介服务机构。1998 年省技术监督局对全省 30 个社会公正称重计量行（站）完成了考核发证工作。

深圳市技术监督局从 1994 年开始在全市组织建立公正称重行，当年在各区建立了 10 家，在组织建设的同时，按照合理布局、总量控制的原则进行管理。1998 年深圳市技术监督局相继制定了《深圳市公正秤重站监督管理办法》、《深圳市自用地秤监督管理办法》和《深圳市公正称重站资格认可（复查）考核程序》，使公正称重站的管理规范化。至 2000 年，经整顿重新批准的 90 家称重公正站，分布在深圳市各区为大宗物料提供公正称重服务。

1994 年珠海市技术监督局在进入珠海的交通要道、港口、码头、生产资料市场等地设立了社会公用地秤网点，实行计量授权，统一监督全市的社会公用地秤设施，对出具数据的公正性、准确性进行监督。1994 年 11 月珠海市人民政府颁发了《珠海市社会公用地秤管理办法》。该办法规定使用地秤进行称重活动的单位，须经珠海市技术监督局考核合格，并取得《社会公用地秤授权证书》，方可对社会开展称重活动，提供称重公证计量数据。该管理办法的颁布加强了对珠海市社会公用地秤的监督管理，确保大宗物料称重数据可靠，维护了国家利益和交易双方的合法权益。

国家质量技术监督局为加强社会公正计量行（站）的计量认证考核管理工作，保证考核质量，参照《产品质量检验机构计量认证技术考核规范》要求，结合社会公正计量服务机构的特点，制定了《社会公正计量行（站）计量认证考核规范》，于 1999 年 5 月 27 日发布实行。该“考核规范”提出了 6 个方面 30 条考核内容，并规定了评审办法，列出考核评审表，便于考核操作。省技术监督局于 7 月 27 日转发了上述文件，并遵照执行。

随着市场经济的发展，社会公正计量行（站）不断增加，难免鱼龙混杂，不利于社会公正计量行（站）健康发展。国家质量技术监督局在发布《社会公正计量行（站）计量认证考核规范》的同时，提出加强社会公正计量行（站）监督管理的要求，以规范社会公正计量服务机构。1999 年 5 月 26 日，国家质量技术监督局发出《关于加强社会公正计量行（站）监督管理的通知》。通知指出公正站是中介服务机构，不能从事质量技术监督行政执法工作；公正站应根据交易方的要求或委托，开展公正检测服务，不得以任何理由强行交易方接受公正计量服务；公正行（站）应具有法人资格；应严格公正站的考核，并建立公告和备案制度；社会公正计量行（站）计量认证合格证书有效期三年，到期需进行复查；未经考核合格，以公正站名义提供贸易结算用计量数据的，应按规定予以行政处罚。这些监督管理要求都是为使公正站符合其在市场经济中的中介服务机构的地位，按照市场运作的规律办事。通知要求各省级质量技术监督部门要对本地区公正站进行清理整顿。

1999 年 9 月 22 日，省技术监督局转发了国家质量技术监督局《关于加强社会公正计量行（站）监督管理的通知》，要求全省各地级以上市技术监督局，按通知的要求加强社会公正计量行（站）的监督管理和规范流通领域中计量中介服务机构的行为，认真做好本地区公正站的清理整顿工作。

四、燃油加油站计量监督

燃油加油站的经营与经济活动和人民群众生活密切相关，虽然大多数是依法经营的，但也有一些经营者采取破坏加油机的准确度，不给足客户所购油量，或以低标号冒充高标号等恶劣手段损害客户利益。为维护社会主义市场经济秩序和消费者的利益，省技术监督局决定 1993 年 9 月对广东省范围内的燃油加油机进行一次执法监督检查，并在监督检查的基础上逐步在广东省开展“计量信得过加油站”活动。

1993 年 8 月 12 日，省技术监督局向各市技术监督（标准计量）局发出关于开展燃油加油机监督检查和“计量信得过加油站”活动的通知。在通知中规定了“计量信得过加油站”条件是：（1）使用的加油机应有制造计量器具许可证和国家统一规定的标志及编号；（2）加油机的计量性能良好，准确度符合计量检定规程要求，调整器铅封装置无损完好，并有有效的计量检定合格证书；（3）配制为供用户随时校验所购燃油是否足量的标准金属容器（规格为 20 升至 100 升均可）作为“公平罐”，并定期用标准金属容器自行校验加油机的准确度，以保证买卖公平；（4）有适宜的工作环境；（5）制定了加油机使用保养和计量管理及接受用户投诉等规章制度；（6）当地政府计量行政部门在执法监督检查中未发现有违反《计量法》的行为。

开展计量信得过加油站活动根据自愿的原则，由加油站向当地政府计量行政部门提出申请考核，经过一年时间的考核合格后，统一报省技术监督局审批，并由省技术监督局通报表彰，颁发“计量信得过加油站”铜质铭牌。

为规范“计量信得过加油站”的考核工作，省技术监督局制定了《广东省计量信得过加油站考核（复查）评定办法》，于 1994 年 6 月 23 日印发。《广东省计量信得过加油站考核（复查）评定办法》除规定了考核评定的具体程序外，特别提出各级技术监督局定期或不定期对“计量信得过加油站”进行监督检查的要求，规定有下列情况之一的，取消“计量信得过加油站”证书，进行通报，并视情节按有关法律法规查处：（1）经营中的加油机，不按规定接受强制检定的；（2）破坏计量器具准确度，自行开启计量铅封，伪造计量数据，欺骗消费者的；（3）一年内群众投诉欠量两次以上，情况属实的；（4）经销假冒、伪劣油品的。

1994 年全省“计量信得过加油站”活动中，共有 97 个加油站评定为计量信得过加油站，一定程度遏制了燃油加油站欠量比较严重的状况。

为保证这项活动的高标准、严要求，省技术监督局于 1995 年 1 月发出关于成立“计量信得过加油站”考核评审组的通知，要求各市、县技术监督局均要成立“计量信得过加油站”考核评审组。考核组由 4 ～ 5 人组成，可以邀请有关部门派员参加。每次考核时，应由 3 ～ 4 名考评员参加。考评员必须具备的条件包括：（1）作风正派，办事公道，不以权谋私；（2）具有中专（高中）或相当于中专以上文化程度；（3）熟悉计量法律、法规；（4）具备考评工作范围内一般的专业知识；（5）从事计量工作三年以上，具有一定的组织能力和政策水平。

省技术监督局在抓了燃油加油站的计量监督工作以后，发现一些成品油经营企业的油库未有全面落实计量法等有关法律、法规，销售、发放成品油使用的流量计量仪表、电脑发油的计量系统、地（台）秤等计量器具未经政府认可的法定计量检定机构进行检定，或严重超周期使用；一些油库管理人员、发油销售人员的计量法律意识淡薄，以次充好，短秤欠量事件经常发生；企业主管部门对油库的计量监督力度不够等，严重损害了消费者的利益。

1996年3月5日，省技术监督局向省石油企业集团公司发出关于进行油库计量执法监督检查和开展计量信得过活动的通知，决定在1996年上半年先在省石油企业集团系统内进行成品油油库发油计量器具监督检查，在执法检查的基础上，开展“计量信得过油库”活动。在省属公司、省辖市公司及集团公司所属油库进行试点，取得经验后再在县、市、区公司及社会推广。省技术监督局在发出通知的同时颁发了成品油油库计量执法监督检查和“计量信得过油库”评审办法，对计量执法检查的组织，“计量信得过油库”考核评审内容及工作程序，和不诚信行为的查处做出规定，以此加强对广东省成品油经营、销售企业及其油库的计量管理和监督检查，确保成品油销售、发放数量的量值准确和可靠。

全省各地市技术监督局积极开展计量信得过加油站考核评定活动，至1997年4月已评定“计量信得过加油站”213个，“计量信得过油库”3个。在这个活动基础上，全面推进加油站计量保证体系评审工作，中石化、中石油等所属加油站都通过三级计量保证体系的评审。

1999年，我国实施开征燃油税。为了解加油站加油机状况和存在问题，保证开征燃油税工作的顺利进行，国家质量技术监督局和国家税务总局决定，于燃油税开始征收前，在全国范围内开展加油站和加油机的计量监督执法检查，要求检查加油机工作是否正常，铅封是否完好；加油机的检定证书是否符合规定要求；按新规程的要求对加油机的最大流量、最小流量进行检定；检定合格后，采取必要的措施，使加油机的总累计数不能回零。因涉及到开始征收燃油税的时间，因此1998年9月6日，国家质量技术监督局发出关于开展对加油站计量监督检查工作的紧急通知，规定于1998年11月1日全国统一行动，11月15日前后全面完成监督检查工作。广东省技术监督局于10月20日转发了国家质量技术监督局上述通知，按国家质量技术监督局要求执行了加油站计量监督检查工作。

为做好通过在加油机上加装税控装置征收燃油税的工作，1998年11月省国税局征得省技术监督局同意，在新会市会城加油站使用的电子式加油机（新会市石油设备厂生产）上加装税控装置并进行税控试点。1999年以后加油机加装税控装置在全国普遍推开。

广东省各地计量管理部门按照省技术监督局的要求，对确保加油站流量计量准确的工作十分重视，在加强加油站计量管理的工作中取得不少成绩。

清远市位于广东省107国道旁，加油站较多，清远市技术监督局从1993年9月起在市区内开展“计量信得过加油站”活动。1995年3月，清远市技术监督局计量科举办市区计量加油员培训班，共有15个加油站的加油员参加培训学习。同年9月，清远市计量所召开市区107国道沿线加油站负责人会议，讨论通过，并签订“加油站管理协议”。

1997年1月13日，清远市技术监督局对107国道连州段连州农安连营加油站等8个单位私自拆除燃油加油机计量标定铅封，破坏计量器具准确度的案件，依法作出了行政处罚。1月25日，清远市技术监督局执法小组对美孚加油站进行现场执法检查，现场查封加油机1台，登记保存计数器1个，并摘除了“计量信得过加油站”铜牌。同年4月，清远市技术监督局在全省计量信得过站（库）会议上作了《加强计量法制管理规范燃油市场秩序》的发言。清远市9家“计量信得过加油站”受到省技术监督局通报表彰。

1997年5月4日，清远市技术监督局在阳山检查了107国道旁的加油站，共查获在加油机电脑板上加装电控计数量，破坏计量准确度的韶阳加油站，新圩政府加油站和连陂加油站，并依法对3家加油站作出了没收加油机电脑板和违法所得的处罚。7月17日，清远市计量所在执行加油机周期检定时，发现位于107国道龙塘陂坑路段的中商油站的机械式加油机全部有做假行为。经报清远市技术监督局批准后，交由稽查队查处，发现该油站在营业的加油机上更换了读数齿轮，用26齿齿轮代替了25齿齿轮，使实际出油量较读数量平均少约4%，欺骗消费者，清远市技术监督局调查核实后，依法对其进行了处罚。

1993年10月深圳市开始在燃油加油站开展“计量信得过”活动，1994年全市18家加油站评定为“计量信得过加油站”，1996年全市评定了34个“计量信得过加油站”，6个“计量信得过油库”，1998年有104个“计量信得过加油站”，9个“计量信得过油库”。1997年至1999年，深圳市技术监督局制定了《深圳市加油站计量保证能力的考核管理规定》、《深圳市加油站计量质量管理手册》，使加油站的管理更加完善。

东莞市1997年对60家加油站进行计量监督检查，1998年对32个加油站开展重点商品计量执法检查。

汕头市计量所在1992年已对全市29家加油站、121台加油机实行强制检定。从1997年到1999年，汕头市技术监督局计量科、稽查队、检测所重点对加油站的加油机进行监督检查，每年不少于3次。

五、商品房销售面积计量监督

1998年初，随着我国市场经济的发展和住房制度改革的深化，商品房交易日益活跃。广东珠江三角洲，房地产业尤其发达，广州、深圳、佛山3市是广东省商品房销售量比较大的城市，约占了全省销售量的一半，其中预售占的比重很大，广州约为80%。与此同时，商品房交易面积差异所引发的计量纠纷问题日趋突出，作为买卖双方结算依据的房屋面积的准确测量和计算就成为维护市场秩序，促进房地产业健康发展的重要问题。因此，在1998年至1999年广东和全国的很多计量管理和计量技术机构都曾热情地参与了建立商品房面积计量中介服务机构，制定商品房面积测量规范、地方标准以及管理办法，开展对商品房面积测量与计算情况的调查，规范市场计量行为，组织计量仲裁检定等工作。

全国技术监督系统商品房面积计量及管理工作起于1998年初，止于2000年初。虽然此项工作从开展到停止仅仅只有近两年的时间，但是它对市场中的商品房销售面积计量的监督工作起到了积极的推动作用。

1. 成立商品房面积计量公正站

为保护消费者的合法权益，规范商品房销售行为，减少商品房销售过程中买卖双方间的纠纷，十分需要独立于买卖双方之外的，能对商品房面积进行准确测量提供公证数据的计量服务机构。为此，省计量科研所于1998年2月，向省技术监督局请示，拟成立“商品房面积计量公正站”，作为向社会提供房屋面积测量公正数据的中介服务机构。

省技术监督局对此十分重视，并指示各地要依法加强商品房面积计量的监督管理，加快商品房面积社会公正计量行（站）建设；要求各地合理布局，避免重复建设；建立商品房面积社会公正计量行（站）必须由省技术监督局批准，经考核取得计量认证合格证书后，方可开展公正计量服务。

经省技术监督局批准，广东省华南商品房计量公正站、广州市科准商品房计量公正站和佛山市科计商品房计量公正站相继成立，并通过考核，取得计量认证合格证书。当时社会上和一些媒体，对技术监督局成立的商品房计量公正站是否具备资格为社会提供商品房面积的计量公正数据，能否解决商品房销售中的计量纠纷很感兴趣。为了解决群众的疑虑，扩大影响，省技术监督局于1998年

12 月 16 日上午在广东大厦二楼桃林厅召开了广东省商品房计量公正站成立通报会，不少相关单位和媒体代表出席了会议。

2. 制定本省地方标准以及相关管理办法

在省计量科研所刚成立商品房计量公正站时，是依据国家建设部建房 [1995]517 号文件《商品房销售面积计算及公用建筑面积分摊规则》对商品房销售面积进行测量的。由于当时我国房屋面积测量和计算方法不统一、不完善，以至出现商品房交易纠纷不断发生，商品房消费者投诉大量增加的现象。因此迫切需要制定商品房面积测量和计算方面的技术文件。1998 年 5 月，省计量科研所参照建设部等有关规定起草了《房屋建筑面积测量方法》，经省技术监督局批准为广东省地方标准 DB44/T 92—1998《房屋建筑面积测量方法》，自 1998 年 11 月 1 日起实施。

为了便于各级技术监督部门和有关房屋测量部门全面掌握省技术监督局组织制定的《房屋建筑面积测量方法》地方标准，严格地按照该标准进行房屋建筑面积的测量，省技术监督局于 1998 年 11 月在广州举办了该标准的宣贯班。宣贯班除了学习地方标准的条文，还对学员进行实际操作培训及考试。

为进一步规范对商品房销售面积计量的监督管理，根据《计量法》、《计量法实施细则》等法律、法规，结合本省实际情况，省技术监督局制定了《广东省商品房销售面积计量监督管理办法》，于 1998 年 12 月 14 日印发。《广东省商品房销售面积计量监督管理办法》主要内容有：县级以上人民政府技术监督管理部门对本行政区域内商品房销售面积计量工作实施监督管理，受理计量投诉，负责计量纠纷的调解和仲裁检定，查处计量违法案件；从事商品房销售面积计量活动的机构，须按《社会公正计量行（站）监督管理办法》的规定经省技术监督局考核批准并取得计量认证合格证书后，方可从事商品房销售面积的计量工作。从事商品房销售面积计量的机构所使用的计量器具须按《计量法》的有关规定经检定合格，否则不得使用等。

3. 国家质量技术监督局发布技术法规和管理办法

1998 年 12 月 22 日，国家质量技术监督局发布了国家计量技术规范 JJF 1058—1998《商品房销售面积测量与计算》。

1999 年 5 月 27 日，《商品房销售面积计量监督管理办法》经国家质量技术监督局局务会议通过，6 月 22 日以国家质量技术监督局令第 5 号发布施行。

《商品房销售面积计量监督管理办法》的主要内容有：

国家质量技术监督局负责全国商品房销售面积计量监督管理工作。县级以上地方质量技术监督部门负责本行政区域内商品房销售面积计量监督管理工作； 商品房销售面积的测量，按照《商品房销售面积测量与计算》国家计量技术规范执行；商品房的销售面积与实际面积之差不得超过国家计量技术规范《商品房销售面积测量与计算》规定的商品房面积测量限差；从事商品房销售面积计量监督和仲裁测量的机构应取得计量认证合格证书。商品房销售面积的计量监督、纠纷调解和仲裁测量，以质量技术监督部门认可的符合本办法规定的测量机构出具的计量数据为准等。

4. 商品房销售面积计量监督抽查及测量情况调查

为了对商品房销售面积计量实施监督管理，省技术监督局下达了《关于在广州、深圳、珠海、佛山、中山、清远、惠州七市开展商品房销售面积计量监督抽查的通知》。广州市技术监督局根据省技术监督局要求，于 1999 年 3 月 4 日至 9 日对广州市 4 家房地产公司进行了抽查，抽查情况和结果如下：

表 8-2　房地产公司抽查情况表

抽查数量表

序号	被抽查单位	抽查楼盘	抽查栋数	房屋规格数	抽查套数	抽查面积 /㎡
1	广州市大江房地产开发有限公司	名门大厦	1	17	28	3784.19
2	广州天力房地产开发公司	富力广场	1	5	10	787.53
3	广州市天宏基房地产开发公司	晓翠花苑	1	5	5	307.27
4	广州市海印南苑房地产开发有限公司	海印南苑	1	13	16	1226.86
抽查合计			4	40	59	6105.85

抽查结果汇总表

受抽检单位	抽查商品房		偏差总面积数 /㎡		偏差最大量 /㎡	备注
	总套数	总面积 /㎡	套内	套房		
富力广场	10	787.53		-19.61	-3.32	
晓翠花苑	5	307.27		-5.64	-3.45	
名门大厦	28	3784.19		-5.87	-8.38	
海印南苑	16	1226.86		-7.90	-2.95	

挂靠省计量科研所的广东省华南商品房面积计量公正站，自 1998 年成立后，受省技术监督局和业主委托开展了 27 件房屋面积测量业务。

为客观反映广东省商品房面积测量与计算的问题，根据 1999 年 3 月 29 日九届 26 次省府常务会议决定，省技术监督局和省建委成立联合调查组，于 1999 年 5 月 10 日至 18 日对广州市、深圳市、佛山市的开发企业和测量机构，包括国土房管部门下属的测绘机构和经省技术监督局计量认证的商品房面积计量公正站，围绕如何准确测量和正确计算商品房面积进行调查。

这次检查了三类与商品房面积测量、计算有关的机构，一是房地产管理系统的广州市房地产测绘所、深圳市地籍测绘大队、佛山市房地产交易所；二是经省技术监督局计量认证的广东省华南商品房面积计量公正站、广州市科准商品房面积计量公正站、佛山市科计商品房面积计量公正站；三是广州市和佛山市七家比较大型的房地产开发企业。

调查以后由于省技术监督局与省建委反映的问题和意见存在较大分歧，几经沟通无法协调一致，按省政府办公厅意见，1999 年 9 月省技术监督局单独向省政府办公厅呈送了《关于我省部分城市商品房面积测量与计算调查情况的报告》，并抄送国家质量技术监督局、卢瑞华省长、钟启权副省长、李文岳副秘书长。

5. 停止执行《商品房销售面积测量与计算》和《商品房销售面积计量监督管理办法》

商品房销售面积计量问题，关系人民群众的切身利益，也关系到部门利益和职能交叉。广东省技术监督部门在开展商品房销售面积测量和监督工作中，一直受到很大阻力。由于“商品房计量公正站”出具的房屋面积测量结果，无法作为贸易结算的依据，因此几个“商品房计量公正站”成立以来测量业务并不多。

2000 年 1 月 24 日，国家质量技术监督局发出《关于停止执行〈商品房销售面积测量与计算〉和〈商品房销售面积计量监督管理办法〉的通知》。通知指出，“近年，为了履行《中华人民共和国计量法》和国务院赋予的职责，规范市场计量行为，解决群众关心的热点问题，质量技术监督系统开展了商品房销售面积计量监督工作，得到了群众的拥护和新闻舆论的支持，产生了良好的影响和效果。国家质量技术监督局发布的《商品房销售面积测量与计算》国家计量技术规范在全国尚无统一测量标准的情况下，起到了规范测量仪器配备和使用，统一测量和计算方法的重要作用。《商品房销售面积计量监督管理办法》对质量技术监督系统开展计量监督和仲裁工作做了规定，促进了监督和仲裁工作的规范运行。

由于历史原因，商品房面积的管理工作存在部门职能交叉的问题。最近，国务院明确了国家质量技术监督局负责商品房销售面积测量用计量器具的监督管理和执法。因此，在商品房面积测量管理体制改革之前，我局原发布的《商品房销售面积测量与计算》计量技术规范和《商品房销售面积计量监督管理办法》停止执行”。

2000 年 2 月 21 日省质量技术监督局转发了国家质量技术监督局的上述通知。至此，质量技术监督部门只负责商品房销售面积测量用计量器具的监督管理和执法任务，无需承担商品房销售面积测量与计算以及计量监督和仲裁工作的职能。

第四节 计量认证成为对检测机构的重要监督管理手段

在市场竞争日益激烈的 90 年代，在国家技术监督局以“质量为中心”的工作方针指引下，各级各类产品质量监督检验机构大量涌现。为落实《计量法实施细则》第三十二条“为社会提供公证数据的产品质量检验机构，必须经省级以上人民政府计量行政部门计量认证”，广东省计量认证工作蓬蓬勃勃开展起来。

计量认证的对象是为社会提供公证数据的产品质量检验机构。所谓“公证数据”的含义，根据国家技术监督局法发 [1990]210 号文的阐述，“公证数据”是指面向社会从事检测工作的技术机构为他人做决定、仲裁、裁决所出具的可引起一定法律后果的数据。“公证数据”与其他“测量数据”的主要不同点在于它的作用不同，“公证数据”除具有真实性和科学性外，还具有合法性。在用于贸易出证、产品质量评价和成果鉴定等方面，具有法律效力。广东省根据国家技术监督局发布的《产品质量检验机构计量认证管理办法》，对各部门、各行业的质检机构进行了计量认证。

为了与各部门、各行业共同做好计量认证工作，省技术监督局采用与省直各厅局联合发文的形式，分别与省建委，省劳动厅，省交通厅，省气象局，省卫生厅，省环保、省水利电力、省地质等主管部门联合发文《关于做好我省各行业检测机构计量认证工作的通知》，并组成省级和各行业计量认证评审组开展了大量计量认证考核评审、审核发证等工作。

至 1994 年 10 月广东省已有各地区、各部门的产品质量检验机构 522 个取得了计量认证合格。这些机构是：

（一）省产品质量监督检验所（站）

电子、纤维纺织品、水泥韶关站、水泥广州站、换气扇、有色金属、洗衣机电机、蓄电池、标准件、涂料、刀具、齿轮、轴承、盐业、燃气具、鞋类、钟表、化肥行业、冶金（黑色）、煤炭韶关站、煤炭梅州站、机械、烟草、内燃机、制糖、低压电器、医疗器械、通信、电焊条、橡胶制品、电线电缆、消防、消防电子、阀门、高压电器、农机具、分马力电机、烟花爆竹、制糖湛江站、条码、陶瓷、饲料、包装、劳动保护、机动车辆。

（二）技术监督系统（产品质量监督检验所）

1. 市级所：江门、梅州、佛山、广州、汕头、东莞、中山、韶关、湛江、茂名、肇庆、深圳、珠海、阳江、惠州、河源、清远、云浮、潮州、揭阳。

2. 县级所（含县级市、区级）：顺德、南海、三水、台山、开平、鹤山、五华、澄海、连县、罗定、斗门、恩平、惠东、花都、电白、番禺、南雄、英德、佛山石湾区、深圳宝安区。

（三）行业质检站

1. 省站：省化妆品行业质量检验站、省五金家用电器质量检测站、省玻璃搪瓷行业质量检测站、省建筑材料工业局水泥质量监督检验站、省粮油产品质量监督检验站、省塑料质量检测站、省兽药监察所、省饲料监察所、省测试分析研究所、省冶金粤北质量检测中心、省电力行业高低压电工产品质检中心、省建材产品质量检测中心、省乡镇企业局水泥质量监督检验站、省电力基本建设工程质量监督检测站、省有色金属工业建筑工程质量检测站、粤西农垦热带作物质检站。

2. 市级站：广州市食品工业卫生检验所、广州市冶金产品质量监督检测中心、深圳电子产品质量检测中心、广州市水泥质量监督检验站、广州市建筑材料质检站、潮州市庵埠食品工业卫生检验所、深圳化肥农药农产品质检站、广州市锅炉压力容器检验所、广州市燃气用具检测服务中心、深圳市电脑质量监督第一检测站、广州市粮食局粮油食品质量监督检验站、广州市医药产品质量检测站、梅州市液化石油气钢瓶检测站、深圳市燃气用具设备质检站、深圳市肉品卫生检验所、广州市乐器产品质量监督检验站、深圳市建筑科学中心建材质量检验站。

（四）卫生系统

1. 卫生防疫站（含食品卫生检验所）

（1）省级站：省卫生防疫站。

（2）市级站：佛山、梅州、肇庆、江门、汕头、东莞、深圳、中山、广州、潮州、清远、韶关、珠海、惠州、云浮、茂名、揭阳。

（3）行业站：广州铁路韶关站、广铁中心卫生防疫站。

（4）县级站（含县级市、区级）：三水、深圳罗湖区、广宁、新兴、梅县、五华、顺德、深圳福田区、佛山市城区、佛山市石湾区、高明、南海、深圳南山区、梅州市梅江区、蕉岭、平远、肇庆鼎湖区、罗定、四会、丰顺、兴宁、大埔、英德、番禺、阳山、新会、台山、恩平、鹤山、江门市郊区、开平、广州市天河区、汕头市金国区、连南、连县、清新、广州市荔湾区、新丰、乳源、始兴、南雄、翁源、曲江、仁化、乐昌、江门市城区、广州东山区、肇庆市端州区、高要、深圳宝安区、广州越秀区、德庆、郁南、封开、广州海珠区、高州、电白、信宜、怀集、广州白云区、化州、清远清城区、佛冈。

2. 药品检验所

（1）省级站：省药品检验所。

（2）市级站：深圳、江门、惠州、汕头、梅州、广州、茂名、湛江、阳江、韶关、东莞、中山、珠海、肇庆、清远、潮州、佛山、云浮。

(3) 县级站（含县级市）：高州、梅县、五华、顺德、饶平、乐昌、乳源、仁化、始兴、南雄、高要、新兴、翁源、新丰、曲江、怀集、广宁、化州、广州市白云区、四会、罗定、英德、电白、兴宁、信宜、郁南、南海、连南、连县、连山、阳山、佛冈、潮阳、廉江、澄海、德庆、揭西。

3. 劳动卫生监察所

(1) 省级站：省劳动卫生监察所、省放射卫生防护所。

(2) 市级站：佛山、汕头、茂名、湛江、肇庆、广州、韶关、江门。

（五）建委系统（建筑工程检测站）

1. 省级站：省建筑工程质量检测中心站。

2. 市级站（中心）：汕头、珠海、深圳、茂名、湛江、韶关、肇庆、广州、江门、东莞、潮州、梅州、清远、佛山、中山、河源、惠州、汕尾、云浮、阳江、揭阳。

3. 县级站（含县级市、区级）：广州市荔湾区、新会、鹤山、肇庆市鼎湖区、陆丰、开平、台山、江门市第二检测室、恩平、高要、罗定、广宁、德庆、五华、顺德、新兴、番禺、郁南、封开、四会、阳山、怀集、深圳龙岗区、广州市白云区、清新、深圳福田区、深圳宝安区、深圳南山区、梅州梅江区、梅县、蕉岭、平远、斗门、三水、南海、兴宁、深圳罗湖区、丰顺、大埔、佛冈、英德、普宁、连州、连山、连南、江门郊区、汕尾市城区、惠州市大亚湾开发区、惠东、河源市源城区、化州。

（六）环保部门

1. 省级站：省环境保护监测中心站。

2. 市级站：深圳、韶关、梅州、东莞、肇庆、广州、清远、惠州、佛山、汕头、潮州、湛江、茂名、河源、江门、阳江、中山、珠海、茂名农业环保站、汕尾、云浮。

3. 县级站（含县级市、区级）：曲江、梅州市梅江区、恩平、鹤山、台山、梅县、蕉岭、五华、新会、开平、广州铁路环保监测站、平远、番禺、兴宁、大埔、广州市海珠区、广州市越秀区、仁化、高州、信宜、汕头龙湖区、澄海、汕头达濠区、广州市荔湾区、化州、广州东山区、电白、广州市白云区、四会、封开、广州黄埔区、高要、罗定、南海。

（七）气象部门（防雷、避雷设施检测所、站）

1. 市级所（站）：江门、汕头、梅州、湛江、珠海、广州、佛山、茂名、惠州、中山、深圳、揭阳、潮州、韶关、清远、肇庆、东莞、阳江、云浮、河源。

2. 县级所（站）：新会、台山、开平、恩平、鹤山、增城、花都、番禺、从化、吴川、海康、遂溪、徐闻、三水、南海、顺德、廉江、高州、信宜、化州、电白、普宁、揭西、惠来、佛冈、英德、饶平、罗定、龙门、新兴、惠东、惠阳、博罗、高腰、南雄、乐昌、乳源、仁化、新丰、翁源、始兴、曲江、和平、连南、连山、连州、阳山、龙川、连平、紫金、封开、郁南、德庆、四会、广宁、怀集。

（八）交通部门

1. 公路系统：省公路桥梁工程监测站、汕头公路桥梁工程质检站、潮州公路工程检测站、佛山市公路桥梁工程监测站。

2. 汽车运输业车辆综合性能检测站：湛江第一检测站、茂名第一检测站、茂名第六检测站。

3. 县级机动车辆检测站：开平县机动车辆检测站、台山县机动车辆检测站。

（九）能源监测站（所）

1. 省级：省能源利用监测中心、省冶金节能监测站。

2. 市级：广州、江门、韶关、惠州、佛山。

（十）计量部门

省计量器具质量监督检验站、深圳市计量测试研究所、广州市计量器具质量监督检验站、广州市眼镜质量监督检验站、阳江市计量测试所防雷接地检测站、湛江市计量测试所。

（十一）供水水质检测

梅州市供水水质检测站、五华县供水水质检测站、兴宁县供水水质检测站

（十二）水电部门（水利水电工程质量检测站）

1. 省站：省水利水电工程质量检测中心。

2. 市站：韶关、肇庆、汕头、广州、佛山。

（十三）地质部门（含有色地质、海洋地质、煤田地质）

1. 省级：广州海洋地质调查局实验测试中心、广东煤田地质局测试中心、广东有色地质测试中心。

2. 市级（含各地质、有色地质大队实验室）：719 队、706 队、704 队、703 队、756 队、区域地质调查大队、水文工程地质二队、水文工程地质一大队、深圳地质局实验室、931 队、933 队、935 队、937 队、940 队、932 队。

根据《计量法》和《产品质量检验机构计量认证管理办法》规定："凡经计量认证合格的产品质量检验机构，由有关人民政府计量行政部门公布其机构的名称和检验范围"。省技术监督局分别于 1996 年、1997 年、1999 年编印出版了《广东省产品质量检验机构计量认证合格单位名录》（第 1、2、3 集），向社会各界公布广东省具有为社会出具公证检测数据合法地位的质检机构名称和承担的检测项目，从而树立了质检机构的威信，方便了社会的需要。

据统计，至 1999 年 8 月全省共有 988 个检验、检测机构通过了省级计量认证。

取得计量认证的检测机构越来越多，如何使这些机构的能力和水平不断巩固和提高，是保证计量认证有效性的重要问题。为此，省技术监督局强化了为社会提供公证数据的检测机构计量认证的监督管理，依据《计量法》、《计量法实施细则》和《产品质量检验机构计量认证管理办法》制定了《广东省计量认证监督检查实施办法》于 1998 年 11 月发布。《广东省计量认证监督检查实施办法》专门针对本省行政区域内已取得计量认证合格证书的省级及省级以下检测机构，规定在 5 年有效期内，组织 1 至 2 次监督检查，以及必要时根据投诉或工作反映组织监督检查。该文件具体规定了监督检查的组织、监督检查方法、检查评分表等，并提出除派出计量认证评审员组成检查组现场监督检查外，可采用发放标准样品，进行能力验证活动的方式进行监督检查。《广东省计量认证监督检查实施办法》贯彻以后，按照文件规定省技术监督局和各市技术监督局每年制定监督检查计划，实施监督检查，对广东省检测机构管理水平和技术能力的不断提高起了很好的促进作用。

第五节　对香港开展计量测试服务进入实施阶段

一、进驻香港前的准备工作

1992 年 1 月，省技术监督局邀请香港十进制委员会主席胡文瀚先生等来"华南中心"参观访问，就广东与香港在法制计量管理方面进行了交流，胡文翰先生欣然接受聘请担任华南国家计量测试中

心顾问。

“华南中心”为尽快取得在香港开展计量技术服务的资质，于1992年6月成立中心认证办公室，加快了申请实验室认可的步伐。为适应香港回归前在香港普遍使用英文交流的环境，中心人员加强了英语学习，成立了英语小组，将HOKLAS文件译成中文，将中心质量手册、检定规程等文件译成英文，以备认可评审的需要。

5月，中心主任黎湘亲自去香港政府标准及校正实验所、香港理工学院、京港技术交流中心以及有关中资公司访问，进一步了解和准备向香港开展交流服务的条件与合作的可能。

是年6月，为了加强粤港两地计量技术和信息的交流，促进广东省计量事业向国际惯例运作方向发展，以适应外向型经济发展和产品质量提高的需要，“华南中心”邀请香港政府标准及校正实验所所长罗东尼先生和该所高级工程师卢仲明先生来访，就双方计量标准量值比对、技术交流等事宜进行探讨。罗东尼先生对“华南中心”十分友好，他参观了中心的实验室，并热情支持双方今后加强交流与合作的建议，并共同协商于近期双方派员互访。按照双方协定，香港政府标准及校正实验所首先于当年派侯经权、陈德坚两位高级工程师来省计量科研所访问学习，在实验室与省计量科研所的技术人员进行了较深入的接触与交流。

在90年代初设在国内的外资或合资企业，以及香港建筑行业的企业为工程投标的需要，都纷纷申请ISO 9000认证，这些企业迫切需要解决其测量仪器的量值溯源问题，越来越多的外资合资企业和香港企业将计量仪器送到省计量科研所检定、校准，并要求出具在国际上得到承认的校准证书。香港的半官方机构香港品质保证局（HKQAA）是对参与香港地区经济活动的工厂、承建商及贸易公司等依据ISO 9000给予质量体系审核的认证机构。该机构看了省计量科研所1992年为中国建筑工程总公司在香港承建工程中所使用的测绘仪器出具的检定证书表示认可。他们了解了省计量科研所的量值溯源情况，以及国内法定计量检定机构的地位以后，要求香港的其他承建商使用的计量器具也要取得省计量科研所的检定证书，才能顺利通过ISO 9000认证评审。此后有更多的香港承建商将计量器具送到省计量科研所检定、校准。

1993年1月15日，华南国家计量测试中心工作委员会扩大会议在广州召开。中心主任黎湘局长在会上强调要认清形势加快改革开放的步伐，并就加快对外开放工作的问题作了具体的指示，要求重点放在香港地区，在港开展校准业务首先找代理，第二步进驻香港，第三步在香港成立我们自己的机构。

根据省技术监督局和省计量科研所领导所作的为香港提供检定、校准服务的决定，赵天川和潘嘉声利用到香港考察的机会，访问了香港品质保证局（HKQAA）、民营的香港鸿运建筑有限公司、中资的中国海外建筑集团公司等，向他们介绍省计量科研所即华南国家计量测试中心的规模、技术能力等，同时与他们探讨在香港合作开展校准服务，以及推销国内优质计量器具，引进国外先进计量仪器的可能性和合作方式。

二、第一步由香港公司代理同时派员驻港

“华南中心”经过多次与香港方面的接触、交流和调研，了解到过去香港企业中一些大公司都是将他们的计量标准器送到英国、欧洲，或美国、日本去校准，而一些中、小企业对计量校准、量值溯源的重要性缺乏认识，很少检定校准。至90年代香港经济处于转型阶段，为了争夺国际市场的需要，香港积极推行ISO 9000认证，这些转变对量值溯源和校准技术服务提出了迫切的要求，而香

港当地缺乏能满足需要的校准服务机构。香港政府标准及校正实验所项目有限，人力不足，用户反映收费高，时间长，往往要等上两、三个月才能完成，影响生产和使用，而送到国外去校准，由于路途远，国外收费高，用户常常为费用高，时间长，运费和保险支出大等问题困扰。相比之下国内计量技术机构具有项目全面，人力充足，技术水平高的优势。

“华南中心”经过了解，从实际出发选择了香港鸿运建筑有限公司作为合作伙伴，走出了到香港开展计量校准测试服务的第一步。1993 年 4 月 5 日，香港鸿运建筑有限公司董事长张汉先生应邀访问华南国家计量测试中心，双方经过协商洽谈，签订了在香港开展校准服务的合作协议书。但是按国家规定“华南中心”尚不能直接与外商合作经营技术进出口业务。经请示省外经贸委，于 7 月 10 日，“华南中心”与香港 S.C.E. 公司（香港鸿运建筑有限公司之下属公司）和广东省科学器材进出口公司（省科委下属公司，协助“华南中心”办理海关手续和外汇结算业务）三方签属了合作协议书，该协议书签订后取得了外经贸部技术出口合同批准证书，自此开始了在香港的计量检定校准服务。“华南中心”派出长度室高工梁兆勤和工程师潘嘉声承担香港业务工作，7 月 16 日，得到省政府办公厅批复“同意 2 人半年多次往返香港签证”。随后 2 人办理了因公普通护照，于 8 月份开始到香港开展计量检定、校准业务。他们利用香港鸿运建筑公司提供的一套住房，带来相关计量标准器，在香港接收客户送来的计量器具，就地进行检定校准或带回省计量科研所给以检定或校准。

“华南中心”的技术人员初到香港时对香港的环境、业务运作方式都不熟悉，主要依靠合作公司的文员帮助联系客户，收发仪器，收费结算。但由于公司文员不了解计量业务和技术，使业务的扩展受到局限。而当时由于没有资金投入要靠技术服务来维持，也不能一下子把摊子铺得太大。他们经过一段时间调查、了解，结交朋友，对香港客户的要求有所了解，并逐步扩大了影响。“华南中心”人员多次与香港品质保证局（HKQAA）接触，让他们了解华南中心的技术水平和实力，表达为香港企业服务的愿望。他们亦与香港政府标准及校正实验所进行过多次交流、互访，标准及校正实验所是作为保存香港最高计量标准的政府机构，由于体制的限制，无法满足香港企业的校准服务要求，多次向香港用户推荐“华南中心”，也希望“华南中心”尽快获得依据 ISO/IEC 导则 25 的实验室认可。“华南中心”人员还通过以优惠价格为中国建筑总公司海外集团等中资企业提供服务和积极参加香港各类实验室组织的学术交流活动扩大影响，使业务量不断上升。

从“华南中心”在香港开展计量校准技术服务开始，立即受到香港客户的欢迎。“华南中心”的专业技术人员直接到香港接待客户，收发仪器，为客户提供就地检定校准，或代理送回国内完成，大大方便了香港客户，许多企业以前将仪器送到国外机构校准的都开始送给“华南中心”检定、校准。通过驻港人员的有效工作，使香港客户了解了国内计量技术水平和国内的量值溯源体系，提升了国内溯源的信心。

1994 年 8 月，为扩大香港业务，华南中心驻港技术人员增加到 4 人，其中 2 名高级工程师，2 名工程师。他们用最初的检定校准服务收入维持了在香港的业务运作。这些专业技术人员在香港接待客户，参与经营，他们深厚的技术功底，良好的服务质量，和有国内计量技术机构作后盾，很快赢得了香港客户的信任。

三、与中国计量科学研究院联合

香港客户送来的计量器具和仪器种类越来越多，有的已经超出“华南中心”的能力范围，根据计量技术服务业务的特点，为了发挥国内的整体技术优势，华南国家计量测试中心联合了中国计量科学研究院（以下简称国家计量院）共同承担香港计量技术服务工作。对香港客户的委托，“华南中心”有能力完成的由“华南中心”完成，精度等级或量限达不到的送国家计量院完成，这样就为香港用户提供了全面、完整的计量校准服务，从而完全解决了香港的量值溯源问题。

1994年11月23日，华南国家计量测试中心与中国计量科学研究院合作开发香港地区计量技术服务市场建立联合校准实验室协议书在广东迎宾馆举行签字仪式。华南国家计量测试中心主任黎湘，中国计量科学研究院副院长王立吉代表双方签字。国家技术监督局副局长王以铭、计量司司长东征、计划科技司司长石志勤、省技术监督局局长陈善如、副局长梁岫珍、王德荣、省计量科研所所长陈奕钦、党委书记陈悦、副所长冯其约、郑汉泉等参加了签字仪式。国家技术监督局领导对此项协议的签定表示热烈的祝贺和全力的支持，并对国内计量技术机构联合起来，发挥整体优势共同开拓国际市场这一良好的开端给予充分的肯定。

由于中国计量科学研究院是保存中国国家基准的计量技术机构，列为HOKLAS认可的溯源机构，因此“华南中心”与国家计量院的联合校准实验室引起了许多大公司的注意。中心驻港人员也利用各种机会向香港客户介绍国内量传系统、建标制度、计量考核、检定规程，香港客户听了以后对国内的计量技术水平、量传管理和检定规程等都十分欣赏和信赖。例如香港电讯公司有3人专程到省计量科研所参观，他们看到省计量科研所有这么多实验室，这么多项目，近千种检定规程，觉得大开眼界，收获很大。香港依利安达公司不但将香港公司的仪器送“华南中心”检定，而且通知国内的各分公司都送“华南中心”检定。有的公司将原来送去英国校准的标准测力计委托“华南中心”驻港人员送国家计量院，“华南中心”驻港人员通过南方航空快递公司将仪器送北京，又得到国家计量院力学处的密切配合，在20天内完成了校准送还客户，客户十分满意。

此合作协议签署以后，双方合作为香港用户提供了计量器具就地校准出证；对于不能在香港就地校准的项目，由联合校准实验室受理后运回内地根据不同的精度要求分别送双方单位校准出证；并合作开展了对香港企业的计量技术咨询，以及内地计量器具产品输出和国外先进计量仪器引进等工作，在计量技术服务方面为1997年香港的回归做了准备，满足了香港企业的需要。

四、第二步依靠香港人关系建立公司自己运作

1995年初，“华南中心”在香港业务开展一年多以后，进一步了解到香港校准服务市场有很大潜力，而内地计量技术机构在项目上、技术水平上、量传管理上的优势逐渐表现出来，受到香港企业的欢迎，客户不断增加，工作量越来越大。原来由香港S.C.E公司代理的方式已不适应业务发展的形势。由于“华南中心”人员没有直接参与经营，只靠香港公司的职员联系客户，收发仪器，而他们不懂业务，其本身工作又忙，联系客户很不得力。随着工作量的上升，香港公司提供的一套住宅房子已无法满足工作的需要。在这种情况下经“华南中心”领导决策在香港成立由“华南中心”出全资自己经营的公司直接参与香港业务的经营，以便更快发展香港业务和尽量扩大内地法定计量技术机构在香港的影响。

1995年1月“华南中心”与香港何毓葵先生（原为省计量科研所工程师，后移居香港）经过友好协商签订了合作协议，使用何先生的香港居民身份，到香港税务局办理登记注册了“华南校准顾问公司”。由国家计量院和“华南中心”各提供10万元开办费支持公司的开办业务，在香港九龙湾太平洋贸易中心租了写字楼，添置了计算机、打印机、复印机，开通了电话等，同时在华南校准顾问公司加挂“中国计量科学研究院华南国家计量测试中心联合校准实验室驻香港联络处”牌子。2月份公司开始联系客户受理业务，工作量明显上升。

在公司运作过程中大家边干边学，逐渐积累了在香港办公司的经验。虽然几个人大致上有分工，但工作起来往往要独当一面，因此每个人几乎都学会联系客户和介绍业务情况，解答各种咨询，报价，收发仪器，检定，打印证书，收费开票，到银行存款取款，以及记帐统计等等。由于香港的环境不同，业务来往上的手续比较严格，来往信函、报价都要求打印，传真、支票、收据要打成英文。而且为了节省开支，尽量减少留在香港的人数和时间，同时又要保证周一到周六每天有人在公司上班，中心驻港人员每天早上乘地铁或巴士八时多到写字楼上班，常常忙到下午六时才结束工作返回住处，路上单程要 40 ～ 50 分钟。晚上在宿舍也经常要加班检定仪器处理数据。往返广州时提着沉重的仪器上下火车，通过海关。因此每个人都感到这份工作很不轻松，不仅体力消耗大，精神压力更大。由于大家付出了很大的努力，因此公司的运作逐步走上正轨，公司的帐目清楚，往来的票据齐全，仪器收发无差错，业务登记资料齐全，证书复印件、检定记录保管良好。通过一年的经营，业务量大幅上升，校准费收入比上一年增加 68%，客户数量增加，所检定的仪器已从长度扩大到各个专业，并且有一部份通过华南校准顾问公司送到国家计量院、省气象局、电子部五所等单位完成。更重要的是他们学习了怎样在香港开办公司，怎样管理和运作，为今后在港业务发展打下了坚实的基础。

最初“华南中心”在香港的服务对象以建筑行业为主，1995 年已扩大到电子公司，钟表公司，物料实验公司和一些服务公司、顾问公司以及贸易公司。为尽快扩大业务，“华南中心”驻港办事机构除印发宣传资料外，通过多种方式和渠道广泛联系客户。驻港人员多次走访香港生产力促进局，请他们到广州参观“华南中心”，介绍中心的检定、校准项目，溯源渠道，技术水平，与其建立了经常的业务联系。借助香港生产力促进局与香港企业的广泛联系，很多企业通过生产力促进局代送计量仪器到“华南中心”驻港办事处。一些已取得 HOKLAS 认可的大公司或实验所也纷纷与“华南中心”联系业务。其中工务中央试验所、香港标准及检定中心、香港电讯公司、香港依利安达公司、SGS 公司等影响较大的公司都与“华南中心”建立了比较密切的联系。

随着 1997 年香港回归祖国的临近，国家技术监督局也在考虑如何准备好香港回归祖国后的量值溯源工作。1995 年 7 月，以国家技术监督局王以铭副局长为首，包括国家技术监督局计量司、计划司、省技术监督局、华南国家计量测试中心领导组成的考察团，就香港回归祖国后量值溯源准备工作进行专题考察。“华南中心”承担了这次考察活动的组织安排。由华南校准顾问公司发出邀请信，联系考察了香港理工学院、香港十进制委员会、香港品质保证局、香港标准及检定中心、香港消费者委员会、香港海关商品贸易标准调查局、香港生产力促进局、香港政府标准及校正实验所、香港综合实验有限公司、香港 S.G.S. 公司等单位，活动安排紧凑丰富，接触面广，了解了很多情况。考察团还拜访了新华社香港分社，受到经济部钱副部长接见。钱副部长传达了国家为迎接香港回归的政策，为维护香港的繁荣稳定，将加大对香港的科技投入，认为技术监督系统应利用计量、标准化、质量管理方面的优势多做工作。考察组视察了“华南中心”驻港办事处，听取了驻港办事处工作汇报，对“华南中心”在香港的开拓工作给予了肯定。考察结束后，根据考察结果，由“华南中心”执笔形成《香港回归祖国后量值溯源准备工作的全面实施方案》和《在香港设立校准服务经济实体可行性报告》两份报告报国家技术监督局。

是年，“做好香港回归祖国量值溯源准备工作”列入国家技术监督局三年规划，国家技术监督局计量司发文技监量函 [1995]010 号文将此项工作下达给华南国家计量测试中心。“华南中心”一直把此项工作当作国家技术监督局交给他们的一项具战略意义的重要任务来抓。

五、取得必要资质以良好的技术和服务发展壮大

在开拓香港计量校准技术服务市场的过程中，“华南中心”作出了两个重大决策。一是1995年1月开始，在香港注册登记一个属于“华南中心”自己控制的华南校准顾问公司，调整了与香港合作方的关系，直接参与经营。公司成立后积极发展新的客户，进行多种经营，除扩大校准服务以外，并开始了计量仪器进出口业务，从香港购进内地需要的进口计量仪器，将内地生产的计量器具介绍给有需要的香港用户。由于计量器具的生产有其特殊性，要达到某一级别的准确度需要靠有经验的技术人员人工调整，在这方面内地有优势。“华南中心”与内地计量器具生产厂有着广泛的联系，对各类国产计量器具产品的质量水平非常了解，因此他们把内地一部分优质计量器具产品介绍到香港，由于物美价廉深受欢迎。例如山东生产的标准砝码，岩石平板、广州电测仪器厂生产的测力传感器、国家计量院标物中心生产的标准物质等。二是申请香港实验室认可计划（HOKLAS）和中国实验室国家认可委员会两项认可，以完全适应香港地区对校准实验室的实际需要，为全面与国际接轨，进入香港及东南亚校准服务市场打下坚实的基础。经过“华南中心”全体职工的认真准备，通过了两个认可的评审，成为首家取得境外认可机构（香港HOKLAS）认可的校准实验室，首家通过实验室国家认可委员会校准实验室认可的法定计量检定机构。两个认可资质的取得，使“华南中心”的校准检测能力和资格水平更获香港社会的普遍认同和信赖。

在香港开展计量技术服务的工作得到了国家技术监督局的支持，也得到省政府、省外经贸委、省科委、广州海关等部门的支持和帮助，使“华南中心”这项业务获得外经贸部发给的技术出口合同批准证书，在香港有自己的商务代理，有海关报关员，广州海关对校准业务的进出境计量仪器给予简化手续处理等，成为这项业务发展的良好条件。作为香港业务的后盾的省计量科研所在改革开放以后，特别是通过两个认可，在技术能力和科学管理水平上都上了一个新台阶，拥有3项国家基准和161项计量标准，人员和环境都有一定规模，在技术实力方面有较大的优势。“华南中心”派出的科技人员以极强的责任心和苦干实干精神做了大量艰苦的工作，他们在香港，以技术水平高，收费合理，服务快捷，数据完整，准确可靠，出具证书符合国际上对校准证书的要求，同时兼顾调整和修理等措施，在香港客户中赢得了良好的信誉。

“华南中心”通过对香港的计量技术服务1994年技术出口创汇为29万港元，1995年达到48万港元，1996年75万港元。这些在香港技术服务的收入用于维持正常运作的各项开支以及给予合作方分成后能做到收支平衡略有盈余。

1997年7月1日，香港实现了回归祖国，实行一国两制。“华南中心”在香港的计量技术服务的环境发生了变化。经过几年实践，“华南中心”在没有国家专项投资的情况下，通过与香港公司合作，适应了香港的市场经济环境，依靠赴港科技人员的努力和“华南中心”全体员工为后盾，加上与中国计量科学研究院的联合，国家技术监督局和各部门的关心和帮助，用校准服务和多种经营的收入把对香港的计量技术服务从小到大发展起来。“华南中心”的驻港机构以自己的技术能力和内地的整体技术优势，填补了香港计量校准服务能力的不足，解决了香港企业的量值溯源问题，通过市场竞争在香港站稳了脚跟。

随着业务量增大，许多精密仪器需要在广州和香港之间带进带出，这些仪器不便托运，只能人工携带，数量多，重量大，十分困难，也制约了业务的扩大。1997年8月，在省外经贸委有关人员的帮助下，“华南中心”申请办理了一辆持粤港两地车牌的公务车，大大方便了将计量标准仪器运送到香港进行现场检测以及把香港客户委托“华南中心”检定校准的各类计量仪器直接带回广州进行检测，从此工作效率成倍增长。

“华南中心”驻港办事处已经学会了在香港如何进行公司的运作。由于香港已经回归，“华南中心”与香港合作公司的协议期满，经“华南中心”领导研究并请示省技术监督局领导同意，决定不再与原香港公司继续合作，而由省计量科研所赵天川、潘嘉声持多次往返香港通行证在香港注册“华南校准有限公司”作为华南国家计量测试中心 / 广东省计量科学研究所在香港特别行政区的办事机构，负责代理香港客户计量仪器的检定 / 校准业务，并任命潘嘉声担任公司总经理。“华南校准有限公司”于 1997 年 12 月在香港注册成立。从此“华南中心”在香港的业务完全由中心自己管理。公司制定了严格的管理和财务制度并增加了驻港人员，各项业务得到了更好和更快的发展。

华南国家计量测试中心自 1993 年开始为香港提供计量校准等技术服务，以省计量科研所的人员、设备为后盾，依靠技术服务收入，支付在香港开展业务所需要的费用，没有在国家立项拨款，也未向银行贷款。几年来这项业务收入除支付业务活动开支外，盈余部分购置了设备，增加了固定资产和留作流动资金。“华南中心”派去香港工作的人员都能自觉遵纪守法努力工作，创造了较好的经济效益和社会效益。1998 年完成校准服务 1100 多台件，营业额 110 多万港元。至 1998 年底积累固定资产和流动资金 60 多万元，帐目管理规范，从未发生违反规定的行为。

六、省内其他机构对香港开展的计量校准服务

1. 信息产业部电子第五研究所在香港开展计量校准服务

1993 年 2 月 9 日，中国电子产品可靠性与环境试验研究所（电子部五所）与香港生产力促进局签订合作协议，指定香港生产力促进局为其总代理在香港推销可靠性试验、计量与培训服务。在该协议下，电子部五所在香港开始了校准测试技术服务，协议有效期两年，并于 1994 年，1996 年，1998 年，2000 年多次续约。2000 年经中华人民共和国对外贸易经济合作部下文给信息产业部《关于同意设立香港联科校准与测试实验所有限公司的复函》（[2000] 外经贸发展海函字第 2670 号）指出，“经研究并商国务院港澳办，同意你部电子第五研究所在香港设立联科校准与测试实验所有限公司”，“该公司经营范围是为香港和东南亚地区提供计量校准、测试及计量技术咨询等服务”。该公司的成立为信息产业部电子第五研究所（原电子部五所）在香港校准服务业务的发展创造了更好的条件。

2. 深圳计量质量检测研究院为香港提供计量校准服务

1988 年国家计量局在《关于申请国家计量局深圳计量检定站更名并明确职责的请示》的批复中明确“该站除完成自身的工作外，作为我局的一个‘窗口’从本文下达之日起，可对港澳、东南亚等地区承担具有检定测试条件的计量检测业务”。当年国家计量局深圳计量检定站更名为国家技术监督局深圳计量检定站以后，服务范围扩大到港澳地区。国家技术监督局对深圳计量检定站给予了很大支持。1996 年 4 月发文《关于进一步做好对香港地区计量检定、校准服务工作的函》（技监局量发 [1996]98 号），要求深圳市技术监督局，积极协助深圳计量检定站向有关单位申请办理往返港、深两地的车牌，以适应香港地区量值溯源的需要。据此，经省公安厅批准计量检定站顺利办理了深港两地车牌，为香港业务的开展提供了极大的便利，对境外业务拓展也起到关键的推动作用。

第六节 制造计量器具管理

1994年10月，国家技术监督局在《关于加强计量工作的若干意见》中指出，面向市场重点突破的方面之一是“强化计量器具产品质量的监督管理，从各环节完善和改进计量器具产品质量监督管理。2～3年内，国家和各地区要选择10项对社会影响较大、质量问题较多的重要计量器具，有计划地进行跟踪监督检查，做到检查一种产品，扶持一批好企业，整顿一批差企业，实施一条龙、全方位监督服务。要下力量帮助企业建立良好的质量保证体系，从根本上保证计量器具产品质量，以生产强制检定计量器具的企业为重点，推动产品质量认证和质量体系认证。同时要积极采用OILM国际建议，推行OILM计量器具证书制度，在国与国之间证书相互承认上有所突破”。

《计量法》颁布初期，广东省制造计量器具企业较少，以后逐渐发展。1997年对全省持有计量器具制造许可证企业进行了一次普查，结果表明：广东省有制造计量器具企业245个，除阳江、云浮、潮州、汕尾外，遍及17个地级市及所属县，以广州、深圳、中山市居多，3个市的企业数之和占全省50%以上。按企业性质分，国营企业79个，占32.3%，集体企业86个，占35.1%，民营企业39个，占15.9%，三资企业41个，占16.7%；按企业规模分，大型企业1个，占0.4%，中型企业97个，占39.6%，小型企业147个，占60%。从以上数字可以看出，广东省制造计量器具企业以中小型为主，规模不大。

90年代广东省计量器具制造业得到发展，计量器具产品质量有所提高，在监督管理方面主要做了以下几项工作。

一、计量器具制造许可和产品质量的监督检查

计量行政部门对计量器具生产管理，主要是通过计量器具制造、修理许可证制度。但是，广东省人民政府办公厅曾以粤府办[1993]66号《关于废止部分生产经营许可证的通知》，将衡器（维修）许可证列为“废止项目”。1994年1月省技术监督局向省人民政府办公厅送上有关修理计量器具（衡器）许可证的国家和省的有关规定，包括《计量法》第十二条：“制造、修理计量器具的企业、事业单位，必须取得《制造或修理计量器具许可证》”。及省政府1989年11月6日以粤府[1989]135号文颁布的《广东省衡器管理办法》，规定制造、修理衡器的单位和个人，必须要取得《制造（修理）计量器具许可证》。这些法规对加强广东省衡器的监督管理，发挥了很大的作用。如果废止了衡器（维修）生产许可证，不仅违反《计量法》，也会对衡器（维修）的监管很不利，因此，省技术监督局认为衡器（维修）生产许可证制度宜保留。省人民政府办公厅收到省技术监督局的意见后，于1994年4月复函同意恢复衡器（维修）许可证管理制度。

对计量器具产品进行经常的监督抽查，是一个重要的管理手段。

1993年省技术监督局安排省计量器具质量监督检验站负责经纬仪、粤北计量测试中心负责电能表、江门市计量所负责衡器、肇庆市计量所负责血压计质量监督抽查任务。年内对23家计量器具生产企业进行抽查，总的质量状况尚好。

1993年，全省申报计量器具新产品样机试验84个，合格发证59个；申请型式批准新产品2个，合格发证1个。

是年省计量科研所受省技术监督局委托，对35个单位237台（件）计量器具产品质量实施监督检验，其中进口计量器具抽检1个单位32台（件），产品质量考核（复查换证）2个单位42台（件），

其余为新产品样机试验。同时开展市场抽查，抽查了 9 间测绘仪器商店的 14 台（件）测绘仪器，到江门、佛山市抽检了 22 间眼镜店的 400 多件镜片样品，促使这些企业认真遵守《计量法》，严格依照国家规定的计量标准、质量要求进行生产、经营。

1994 年 8 月省技术监督局向广东省各（地级）市技术监督局发出《关于对制造计量器具企业进行监督检查的通知》，定于当年 9 ～ 10 月对全省制造计量器具的企业进行一次执法监督抽查。

这次检查由各（地级）市技术监督局对本行政区域内（含县、县级市）制造计量器具的企业进行抽查。检查按制造计量器具许可证考核规范内容进行，重点放在生产设施、出厂检定条件、人员的技术水平和管理制度等方面。其次还检查未经批准，生产非法定计量单位的计量器具；盗用许可证编号，生产未经考核办证的计量器具；样机试验未申请产品系列，许可证也未说明系列，而生产系列产品的；生产的产品与办证时产品的结构、性能有重大改变未申报重做产品试验的；库存产品出厂检定证书与原始记录不相对应；产品的生产工艺文件、资料、产品包装、说明书、原始记录等是否使用法定计量单位；出厂检定人员是否持有检定员证等。

1994 年省技术监督局受理计量器具新产品型式批准和样机试验申请 103 项，发给型式批准合格证书 6 项、样机试验合格证书 75 项，不批准 1 项，其余仍在试验中。两个企业经考核合格，取得制造计量器具许可证。

是年，受省技术监督局委托，省计量科研所对 48 个单位的 75 种计量器具新产品做了样机试验，对 20 家商店的 2000 多片眼镜片、23 间厂家的 39 组 117 台互感器、12 间厂家 25 组 75 台电能表进行了质量监督抽查。

1995 年，省技术监督局组织在全省抽查了 14 家企业生产的电子秤和 9 家企业生产的弹簧度盘秤，完成计量器具新产品样机试验 81 个，型式批准 4 个，制造计量器具许可证到期复查企业 3 家。

1996 年，省技术监督局加强了对计量器具的监督管理，受理进口计量器具检定申请 4 批，计 2600 多台件；接受委托样机试验 117 项，办理样机试验合格证 106 个，型式批准 5 项，颁发制造计量器具许可证 106 个。

1997 年，将双面弹簧度盘秤和医用血压计这两种与群众生活密切相关的计量器具作为重点监督抽查对象。全年共受理进口计量器具检定 27 批，5471 台（件），审核委托样机试验 107 个，办理样机试验合格证 91 个，型式批准 1 个，颁发制造计量器具许可证 3 个、复查换证 2 个。

1998 年，全年审核委托样机试验 148 个，办理样机试验合格证 106 个，受理进口计量器具检定 23 批次 40282 台、件。

1999 年，全省重点计量器具的复查换证工作进展顺利，有 27 个单位通过了复查换证，还有 5 个单位不符合生产条件考核要求，进行了整改。此外，审核委托样机试验 187 个，办理样机试验合格证 133 个，受理安排进口计量器具检定 4 批次，计 855 台件；对 12 个单位的生产条件进行了考核，颁发制造许可证 12 个。

广州市技术监督局从 1986 年到 2000 年共向全市 79 家企业发放了制造计量器具许可证，由于企业经营的变化，1997 年年审，持有许可证的企业只有 44 家，2000 年年审又减少到 33 家。广州市技术监督局除定期对制造、修理计量器具许可证进行复核，考核企业的技术条件是否符合原有水平以外，每季度还定期在生产企业和销售企业抽取计量器具样品进行检定，考核计量性能是否符合规定。1991 年至 2000 年广州市计量器具样机试验、产品质量监督检查情况见下表：

表 8-3　1991—2000 年广州市计量器具样机试验、产品质量监督检查情况表

年份＼项目	样机试验		产品监督检定		商品监督检定	
	样机数（份）	计量器具（种）	样品数（份）	合格率（%）	样品数（份）	合格率（%）
1991	49	24	169	100	74	64
1992	58	36	146	100	77	54
1993	21	17	208	98.6	50	50
1994	31	26	102	100	84	78.8
1995	23	16	307	100	78	87.6
1996	22	10	287	98.95	57	85.96
1997	68	32	266	100	270	82.2
1998	27	10	250	100	69	73.9
1999	45	13	448	100	371	88
2000	85	17	286	100	2027	90.3

深圳市从 1987 年开始受理《制造计量器具许可证》的考核发证工作，至 1995 年，全市有 44 家企业取得《制造计量器具许可证》，1996—2000 年，每年办证企业（含换证企业）20 家左右。

国家技术监督局每年都组织对计量器具产品进行国家监督抽查。1997 年 2 季度，国家技术监督局委托青岛衡器测试中心和国家日用衡器质检中心对电子计价秤进行了国家监督抽查。共抽查了 41 家企业的 41 个规格的产品，经检验合格的有 33 家企业的 33 个规格的产品，抽查合格率为 80.5%。与 1995 年的抽查合格率 52.4% 相比，有显著提高。其中质量好的有上海大和衡器有限公司等 5 家企业，受到国家技术监督局的表扬。连续两次国家监督抽查不合格的有 2 家企业，其中之一是广州中兴电子衡器厂，国家技术监督局要求原发证的技术监督部门立即吊销其制造许可证。

华南国家计量测试中心经过广泛的调查，于 1997 年 10 月 22 日向国家技术监督局计量司送出《关于商贸衡器产品质量分析的调查报告》。这份报告是根据国家技术监督局 1996 年下达给华南国家计量测试中心的任务“商贸衡器产品质量分析”，由中心派人分别到东莞、中山、深圳对 5 个生产厂家，3 个计量检定所与技术人员、检定人员、维修人员进行了座谈，同时到青岛衡器检测中心了解近两年对弹簧秤和电子计价秤抽检的质量情况后，进行了归纳和总结。报告调查了当年衡器主导产品市场占有率为：双面弹簧秤 35%；单面弹簧秤 30%；弹簧吊挂秤 10%；电子计价秤 15%。报告对这些主导产品进行了质量分析。弹簧秤 1995 年全国抽检合格率为 50.9%，1996 年为 60.3%，而那些规模较大的骨干企业其合格率达到 100%。存在的质量问题有：称量准确度超差、重复性检验超差、偏载超差、防作弊功能差、双斜面弹簧秤不同步以及维修服务跟不上。电子计价秤在 1997 年全国电子计价秤质量抽查检验中，合格率为 80.5%，存在的主要问题是：温度试验不合格、称量传感器质量差、防作弊措施不规范。报告建议加强对商贸衡器“制造许可证”发放的管理和控制；加强监督检查，每年抽查 1 次，两年全部覆盖；企业要建立质量保证体系等。

二、建立实施广东省制造计量器具许可证年审制度

广东省自实行制造计量器具许可证制度以来，绝大多数计量器具制造企业能依照法律程序和法

定要求申报取证和组织生产，但亦存在违法违规行为，如借证生产、超项目生产和持过期许可证进行生产等。为了防止和杜绝这些违反许可证制度的行为发生，确保计量器具质量，广东省建立并实施了制造计量器具许可证年审制度，于 1997 年 7 月 3 日印发《广东省制造计量器具许可证年审实施办法》（试行）（以下简称《年审实施办法》）的通知。1997 年、1998 年、1999 年省技术监督局将年审结果以公报的形式向社会公布，方便了实施计量行政执法监督，为接受社会监督提供了核查依据，同时也为社会各界、各类企业选购使用合法、合格的计量器具提供了信息。

该《年审实施办法》根据国家的《制造、修理计量器具许可证监督管理办法》而制定。《年审实施办法》规定：凡取得《制造计量器具许可证》的单位必须在许可证有效期内的每年第一季度到原发证机关申请年审；对不进行或不按时申请年审的，发证机关应责令停止使用其许可证；申请年审单位提供资料齐全，证件相符，产品质量稳定，符合制造计量器具许可证条件的，准予年审合格；申请年审单位提供资料存有疑义，或有产品质量投诉，制造计量器具许可证法定条件有较大变化的，需现场调查后再行决定是否准予年审合格；申请年审单位提供的证件不符，存在借证生产，超项生产，超期生产等违法事实的，则定年审不合格；监督抽查连续两次不合格，或监督抽查 1 次不合格，经复检再度不合格者，则定年审不合格；年审不合格者，发证机关责令其 1 个月内完成整改并申请复审，复审又不合格者，发证机关依法吊销其许可证；年审结果以公告的形式全省统一公布。

《年审实施办法》发布后，广东省自 1997 年开始实施。各级技术监督局积极部署，使得 1997 年度许可证年审工作圆满完成。年审结果以粤技监通告 [1998]4 号文印制了 1997 年广东省《制造计量器具许可证》年审公报。年审公报公布了广东省 214 个年审合格单位获准生产的计量器具，信息包括制造计量器具许可证编号，计量器具名称、型号、规格、准确度等。年审公报发送到各市、县技术监督局计量管理部门、稽查部门，各市、县计量所，新闻出版局以及各省技术监督局。

省技术监督局以粤技监通告 [1999]7 号《广东省技术监督局通告》印发了 1998 年广东省《制造计量器具许可证》年审公报，公布了广东省 1998 年度 250 个年审合格单位获准生产的计量器具，信息包括计量器具许可证编号、计量器具名称、型号、规格、准确度以及许可证有效日期等，同时还公布了 5 个年审不合格单位和 13 个吊销制造计量器具许可证单位的有关情况。

2000 年 8 月 1 日，以粤质技监通告 [2000] 第 08 号《广东省质量技术监督局通告》印发了 1999 年广东省《制造计量器具许可证》年审公报，1999 年年审合格企业 241 家（其中电能表生产企业 47 家、衡器生产企业 31 家、水表生产企业 7 家、煤气表生产企业 2 家），注销制造计量器具许可证企业 10 家。年审公报信息包括制造计量器具许可证编号、计量器具名称、型号、规格、准确度以及许可证有效日期等。

实践证明实施制造计量器具制造许可证年审制度，能够动态掌握制造计量器具企业的生存和生产情况，同时也能及时发现管理工作中存在的缺点和问题，对加强许可证管理起到很好的监督作用。

三、《制造、修理计量器具许可证监督管理办法》的贯彻

为了进一步规范和完善制造、修理计量器具许可证制度，1999 年 2 月经国家质量技术监督局局务会议通过《制造、修理计量器具许可证监督管理办法》，以国家质量技术监督局令第 2 号发布实施。根据《制造、修理计量器具许可证监督管理办法》的规定，国家质量技术监督局发布了首批重点管理的计量器具目录。凡列入首批重点管理的计量器具目录的计量器具，其制造许可证的申请、考核和发证工作，按照国家质量技术监督局的具体规定办理。被列入首批重点管理的计量器具目录的有：

1. 电能表；2. 水表；3. 煤气表；4. 衡器（不含杆秤）；5. 加油机（含加油机税控装置）；6. 出租汽车计价器。这六种重点管理的计量器具都是与民生密切相关的。

为贯彻《制造、修理计量器具许可证监督管理办法》，以及加强对重点管理的计量器具目录所列 6 种计量器具的管理，国家质量技术监督局要求：

（1）首批重点管理的计量器具目录中所列加油机，由国家质量技术监督局组织考核发证。电能表、水表、煤气表、衡器（不含杆秤）、出租汽车计价器、加油机税控装置由省级质量技术监督部门组织考核发证。

（2）各省级质量技术监督部门对首批重点管理的计量器具目录中由省级质量技术监督部门组织考核发证的计量器具，有计划地组织复查换证，1999 年年底完成复查换证工作。

（3）《制造、修理计量器具许可证监督管理办法》规定许可证有效期为 3 年，各级质量技术监督部门要严格执行。

（4）从 2000 年 1 月 1 日起，制造、修理计量器具许可证考核全部采用考评员制度。

国家质量技术监督局还印发了《制造、修理计量器具许可证考评员培训、考核、聘任规定》，该规定根据《制造、修理计量器具许可证监督管理办法》第二十二条制定。申请制造、修理计量器具许可证考评员资格的条件是：具有相当大专以上学历；具有工程师以上技术职称；熟悉计量法律、法规；熟悉计量考核评审工作规定；从事计量技术或计量管理工作 5 年以上，有丰富的实际工作经验；有良好的职业道德。申请考评员资格的人员，经省级以上质量技术监督部门培训后，由国家质量技术监督局统一组织考核，颁发考评员资格证书。

根据国家质量技术监督局的要求，省技术监督局安排了广东省复查换证时间为：1999 年 7 ～ 8 月电能表生产厂复查换证；9 ～ 10 月衡器生产厂复查换证；11 ～ 12 月水表、煤气表、出租汽车计价器生产厂复查换证。要求从 1999 年 6 月 1 日起，各级发证机关对新领证企业及到期复查换证企业一律按新编号方法发放制造、修理许可证。

1999 年 12 月全国制造修理计量器具许可证办公室公布了全国第一批经国家质量技术监督局统一培训、考核合格的制造、修理计量器具许可证考评员，广东省曾邱萍（省技术监督局）、张大鹏（深圳市技术监督局）、叶伟勤（广州市技术监督局）、古国文（中山市技术监督局）成为第一批制造、修理计量器具许可证考评员。

第七节　强检工作不断加强

国家技术监督局在《关于加强计量工作的若干意见》中要求：强制检定工作是《计量法》的主要内容之一，各地政府技术监督部门要统筹规划，合理配备计量强检装备，认真制定和落实强检计划，完善检定印证和标记制度，加强监督检查，切实保证强检计量标准、工作计量器具的管理和检定到位。1995 年要在医疗卫生强检计量器具的管理上有重大发展。

国家技术监督局于 1994 年 12 月制定的《计量工作三年计划实施意见（1995—1997）》要求切实抓好强制检定工作，对依法强制管理的最高计量标准和社会公用计量标准的受检率要达到 100%，强检工作计量器具的受检率达到 90% 以上；要加强对使用中强检计量器具的监督力度，尤其是对使用不合格的强制检定工作计量器具给国家和消费者造成损失的，破坏强检计量器具准确度和伪造数据，以及对伪造、盗用、倒卖强检印证的，均应依法从严进行处置。

自从《计量法》颁布以后，国家又陆续发布了《中华人民共和国强制检定的工作计量器具管理办法》和《强制检定的工作计量器具实施检定的有关规定》，并颁布了强检目录。广东省各地按照国家规定普遍开展了强检工作。但是，有的行业，有的部门，有的单位对《计量法》认识不足，对需要强检的计量器具管理不重视，同时在新时期不断有新问题产生，为此广东省突出抓了与人民群众关系密切的工作计量器具的强制检定工作。

一、出租汽车计价器强制检定

自改革开放以后，广州公共交通出现了招手即停、按表收费的出租小汽车，方便了市民群众和来参加广交会的各国贵宾，名扬国内外。广东省的出租汽车计价器强制检定管理首先是从广州开始的，也是给全省带了一个好头。

广州市出租汽车计价器强制检定首次技术标准是按广州市物价局制定的一类出租车每公里 1.20 元、二类出租车每公里 1.00 元、三类出租车每公里 0.80 元，起步里程为 3 公里，间跳里程为 250 米。同时，规定候时收费标准是 1 小时按 10 公里收费，没有夜间收费，行驶速度低于 10 公里 / 小时实行时距同时收费。

1990 年以前，广州市出租汽车使用的计价器为机械式，电子式的不多，大多为日本产品，不方便调价和修理，无防作弊功能，属淘汰型产品。为提高广州市出租汽车的服务和管理水平，经广州市政府同意，广州市标准计量局和广州市客运交通管理处于 1991 年 7 月 16 日联合发出《关于对我市出租汽车里程计价表进行更新换代的通知》，规定新投入经营的出租车必须安装新型电子计价器，正在使用的机械式计价器和旧式电子计价器 1991 年到 1995 年，分期分批进行更换。1991 年 8 月，更换工作开始启动，经过选型和测试，上海兴达数字仪器厂生产的计价器符合使用要求，作为首选使用机型。1992 年、1993 年，先后有香港大吉利、香港八通、广州华港等厂家的计价表用于广州市的出租车。1994 年底完成计价器更新换代工作，全市 1.3 万多辆出租汽车全部使用新型电子计价器。

为加强管理，方便现场检查，从 1993 年 4 月起，对广州市出租汽车计价器实行“广州市出租汽车计价表强检使用证”制度，每车发一证，证上记载有出租汽车经营单位、汽车型号和车牌号、计价表型号和出厂号、每次检测数据及每公里应有的脉冲数等。至 1993 年 6 月止，全市 1.25 万多只计价器全部发证完毕。广州市实行这种管理制度先于国内其他城市。

1994 年 8 月广州市标准计量管理局发出《关于对出租汽车计价表强制检定进行监督检查的通知》（穗标量字［1994］第 061 号），广州市标准计量局决定从 1994 年起实行强检情况监督检查制度。规定计价表必须编定检定周期，按编定的日期检定。如无特殊原因超周期使用的，按《中华人民共和国计量法实施细则》第四十六条处罚。检定机构如无特殊原因不按编定日期检定，按《中华人民共和国强制检定的工作计量器具检定管理办法》第十五条处理。每年检查一次计价表执行强检情况，每年 7 月审查上年 12 月至当年 6 月强检的计价表，12 月审查 7 月至 11 月强检的计价表。检查方法是各公司、车队集中“广州市出租汽车计价表强检使用证”，送广州市标准计量局计量处审查。

随着广州市出租汽车的增加，为进一步做好广州市出租汽车计价器的检测工作，提高服务质量，广州市计量测试所出租汽车计费器检调站增加到 3 个。广州市计量测试所与广州——大昌合资汽车服务有限公司合作建立的出租汽车计价器整车检测站，于 1994 年 4 月 19 日调整为“广州市计量测试所出租汽车计费器检调中心一站”（地址：广州市河南怡乐路新凤凰直街 95 号）。此外，1994 年

5 月 13 日广州市计量测试所与广州市汽车公司修理厂合作建立了“广州市计量测试所出租汽车计价器检调中心二站”（地址：机场路飞鹅西路口、广州市汽车公司修理厂内）；1996 年 6 月 13 日与八通电子实业有限公司合作建立了“广州市计量测试所出租汽车计价器检调中心——八通站”（地址：广州市广州大道南新滘村）。

在完善强检设施手段的同时，广州市技术监督局对出租车计价表的监督管理和监督检查做了大量工作。如组织人员定期对计价表进行检定；不定期派员到车站、机场、码头进行执法检查；根据群众的举报，派员以乘客的身份乘车检查；在全国大中城市中较早推广使用具有防作弊功能的二屏电子计价表，淘汰机械计价表；紧接着推广使用防作弊功能更好的四屏电子计价表；并设立投诉电话，有 3 人专门负责投诉处理等。对遏制违法分子改表作弊活动起到了一定的作用。但是，违法分子利用高科技手段，使改表技术更高明、更隐蔽，增加了对改表违法行为进行查处的难度。为了有效地打击这些违法活动，广州市技术监督局在 1996 年开始加大了对出租车计价表改表违法行为的查处力度。1997 年上半年，该局花了较大的力量去调查和掌握违法分子的线索，召开出租车司机座谈会，认真细致地做好已改表出租车司机的思想教育工作，鼓励司机大胆举报私自改表的违法分子，提供线索，收到了效果。1997 年 7 月，在广州市客管处的配合下，抓到了第一名违法分子赵永彬，移交公安部门后给予劳教两年的处理。

1997 年 11 月 24 日，广州市技术监督局计量管理处联同广州市公安局、羊城晚报记者于广州麓湖路抓获了第二名出租汽车计价器非法作弊改表人与一名出租汽车司机，现场查获不少用于计价器作弊的工具、零件等等，该两人即由公安部门拘留审查。

事发第二天，11 月 25 日羊城晚报头版头条发表了题为《追踪神秘“改表人”》的报道，该文在社会上引起很大的反响。一时间，市民对部分出租汽车司机利用计价器作弊坑害乘客的现象痛恨不已。

广州市市委领导对此事件反应迅速，态度鲜明、坚决，在羊城晚报《追踪神秘“改表人”》报道的翌日，广州市市委就出租车改表作弊事件专门召开了会议。市委书记高祀仁主持会议，他指出：某些出租汽车司机利用作弊行为坑害乘客是一种严重的违法行为，是一种极不道德的丑恶现象，表明市委十分重视这个事件，决不护短，要求有关部门加强教育，加强管理，加强执法力度，维护广州良好形象。

广州市技术监督局马上紧急部署整治广州市出租汽车计价器非法作弊改表的工作，通过新闻媒介发出通知，要求改表司机在 11 月 30 日 24 时前来广州市技术监督局投案，可免予处罚，并不对外公开车队名称、车牌号码和司机姓名，不留案底。从 11 月 26 日到 30 日，前来广州市技术监督局投案的改表司机共 28 名，但从维修站的维修记录来看，11 月 26 日，即《羊城晚报》报道改表事件第二天，前来修理计价表的比平日增加近一倍，达 35 台，27 日达 40 台，28 日达 68 台，29 日、30 日分别为 71 台、77 台。扣除正常维修台数，表明有 200 多台出租车的计价表已被司机自行拆除作弊部件后，以计价表损坏之名前来修理。在 30 日晚上 11 点多有位出租汽车司机打来电话说车在外地，现正在赶回广州路上，恐怕超过时限，望仍能得到宽大处理。鉴于此，广州市技术监督局将期限放宽到 12 月 6 日。据统计，从 11 月 30 日至 12 月 6 日，全市共有 49 家出租车公司的 118 辆出租车 122 名司机投案。

广东省委宣传部、广东省精神文明建设办公室为此事联合发出《关于开展“非法改装计价表问题”的讨论教育的通知》，要求通过讨论教育，进一步强化职业道德建设，切实纠正各行业不正之风，要形成讲道德、讲文明、讲礼貌的良好风气，维护广州南大门形象。可见这一事件影响之大。

接着，广州市技术监督局计量管理处、广州市计量测试所、广州市技术监督局检查所等工作人员组成检查组，分别到广州市各出租车公司、车队进行拉网式检查，对每台计价表开表检查。

当时，包括中央电视台等国内、省内各大新闻媒体几乎每天都有广州市开展打击非法作弊改表行动的报道。新闻媒体的密切配合宣传，对督促非法改表司机自动投案起了很大的震撼作用。使整个社会和老百姓都关注这次的整治工作，收到了意想不到的效果。

整治广州市出租汽车计价器非法作弊改表的工作，不仅使广州市再未出现出租汽车计价器非法改表的现象，而且为广州市出租汽车计价器规范管理积累了经验和摸索到方向。从 1997 年 12 月至 1999 年 3 月，消费者投诉计价表不准的案件共 4096 宗，经核实需通知司机接受调查的有 1991 宗，通过调查证实多收车费的有 140 宗，证实是计价表失准的有 93 宗，占投诉总量的 2. 3%，未发现明显的人为作弊现象。2000 年 1 ～ 5 月份的投诉量与同期相比下降了 32. 79%，只有 4 宗证实是计价表不准。

为了广州市出租汽车计价器的统一管理、统一检测需要，广州市计量测试所于 1999 年 2 月开始筹建广州北郊的嘉禾计价器检测中心。当年 8 月 18 日，广州市计量测试所举行嘉禾计价器检测中心落成庆典剪彩仪式。该中心占地面积 7500 平方米，安装了 4 条出租汽车计价器检测线，集检定、修理、安装、销售、管理于一体，在规模和技术水平上居国内同行前列。实现了出租车计价器统一检定、统一维修、统一管理的模式，工作效率和管理质量都大为提高。

2000 年 11 月，经过省、市质量技术监督局协调，自当月起，广州市出租汽车计价器周期检定统一由广州市计量测试所嘉禾检测中心承担，原承担部分广州市出租汽车计价器周期检定的省计量科研所不再开展出租汽车计价器检定项目。

广东省其他城市也开展了出租车计价器强制检定工作。

深圳市 1987 年制定了《出租小汽车计价器管理办法》，1988 年，深圳市计量所建立了出租车计价器整车检定装置标准，对深圳出租车计价器实施强制检定。1990 年，为了规范出租车计价表的管理，保证计价表准确性，防止私下对计价器的改造，深圳市技术监督局计量处在经过市场调查和企业调研后，先后授权 3 家公司允许进行出租车计价器的维修保养，他们是深圳八通公司、兴达公司和迪飞公司。

湛江市计量测试所建立的出租小汽车计价器检定装置，1990 年经省技术监督局考核，批准作为湛江市的社会公用计量标准。自 1993 年开始，该所承担本市出租小汽车计价器的安装、强制检定、维修技术服务工作。

1992 年汕头市计量所建立了出租车计价器计量标准，1993 年开始对汕头出租车计价器实行强制检定，受检出租车 2223 台。

1993 年 4 月 9 日，珠海市人民政府颁发《珠海市出租小汽车里程计价器管理办法》的通知，1995 年 8 月，出租汽车计价器检定装置建标。

1994 年江门市技术监督局与市交通委员会联合发文规定，所有营运小汽车都必须安装出租车计价器，指定由江门市计量所负责计价器的安装工作。为解决计价器的强检问题，江门市计量所于 1996 年建立“出租汽车计价器检定装置”计量标准，开始对江门出租汽车计价器实施强制检定。

1998 年 12 月，佛山市技术监督局、佛山市交通委员会联合发布《关于对出租小汽车计费器实施检定的通知》。

1999 年省技术监督局综合计划处下拨给清远市“出租车计价器检定装置”设备一套。清远市计量所建立了“出租车计价器检定装置”计量标准，检测站设在清新县技术监督局计量所内，2000 年开始对清远市出租车计价器实施强制检定。

揭阳市、茂名市、梅州市也都先后建立了出租汽车计价器检定计量标准。

二、医疗卫生计量器具强检管理

医疗卫生是人们日常生活谁也离不开的一个方面，在医疗卫生活动中要使用很多计量器具和计量仪器，特别是现代医学，更多地应用各种仪器进行检查和治疗。这些仪器的计量性能是否准确可靠对疾病的诊断、治疗和控制至关重要。确保医疗卫生计量器具的量值准确可靠，保障人民健康和生命安全，是国家和各级政府十分重视的工作。在国务院批准发布的中华人民共和国强制检定的工作计量器具目录 55 项 111 种工作计量器具中，有 22 项 40 种是医疗卫生计量器具。广东省早在 1991 年就颁布了《广东省医疗卫生计量器具管理办法》，并提出在 1997 年实现强检工作计量器具的受检率超过 95% 的目标。《计量法》颁布以来，在贯彻执行中，对促进经济建设的发展和社会秩序的进步都发挥了显著的作用，但是，医疗卫生单位计量器具的管理仍然是一个薄弱环节。为此省技术监督局联合省卫生厅通过制定相关法规，投资发展强制检定项目，并多次进行计量执法监督检查，以加强医疗卫生领域的计量管理工作。

为了进一步加强广东省医疗单位在用计量器具的依法监督，推进医院完善医疗卫生计量器具的管理和强检制度，确保医疗卫生计量器具的量值准确可靠，省技术监督局与省卫生厅联合组成检查组，在 1993 年 5 月 17 日至 22 日对广州地区的省以上（含部队）及广州市 10 所医院的医疗卫生用计量器具检定情况依法实施了监督检查。这次监督检查由省技术监督局和省卫生厅牵头组织，广州市标准计量局、省计量科研所、省辐射计量检定站、广州军区后勤部卫生部等单位派人参加。检查内容为：贯彻实施《计量法》情况；使用的强制检定的工作计量器具是否登记造册，并报当地人民政府计量行政部门备案；是否向当地的法定计量检定机构申请周期检定；使用的计量器具是否经周期检定合格等。

通过检查发现，除省人民医院，由副院长亲自抓计量工作，有较完善的计量管理制度，强检率为 81%；广州邮电医院有专人管理计量仪器，建立健全了各种规章制度，强检率达 87% 以外，其他医院的强检率很低。其中中山医科大学第一附属医院的强检率 13%，广州华侨医院 12%，广州市第一人民医院 56%。究其原因主要是计量法制观念淡薄，领导不够重视，对实施强检的意义认识不足。像中山医科大学第一附属医院这么大的医院，竟没有专门机构和专（兼）职人员管理计量工作；广州华侨医院名义上由一个科长兼管计量工作，但实际上是兼而不管。由于没有固定的人员抓计量工作，致使计量工作处于无人管理状态，多年来绝大部分仪器都没有进行检定。除广东省人民医院和广州邮电医院外，其余的受检医院均未有建立健全计量管理制度，医用计量仪器没有登记造册，更没有主动送检。这些医院对在用的仪器没有建立使用、保管、维护制度，往往买回来就用，用坏了就换，某医院经常购进新的血压计还供不应求，而医院的仪器维修班组管理十分混乱。

针对存在的问题，省技术监督局和省卫生厅要求各级卫生主管部门和医疗单位，要提高认识，要把医用计量器具强检工作提高到关系人身健康、生命安全的高度来认识，进一步宣贯彻《计量法》，提高计量法制观念，确保医用计量器具强检制度落实执行；要求各级医疗单位应由主管业务的院长负责计量工作，设立专（兼）职管理机构和人员，建立健全计量器具管理制度，做好计量器具登记造册和强检计量器具的周期检定工作；要求凡有计量仪器维修班（组）的医院加强对维修班（组）的建设、管理，建立相应的计量标准，改善维修环境，做好计量仪器的维修。

在对广州地区10所大医院实施监督检查后，省技术监督局和省卫生厅将检查情况进行了通报，并要求加强执法力度，在1993年下半年，各市、县技术监督部门、卫生行政管理部门联合对本地医疗单位计量器具实施强检的情况进行执法检查，对严重违法造成不良后果的单位，要依法进行查处，要求执法检查工作做到经常化和制度化。

根据省技术监督局和省卫生厅要求，不少市、县进行了医疗卫生单位使用计量器具的强检情况检查。例如，1993年第四季度，珠海市技术监督局和珠海市卫生局组成联合检查组，对珠海市市属4所医院15种医疗卫生在用计量器具实施强检情况进行监督检查。拱北医院工作做得比较好，计量器具种类强检率为67%，计量器具数量强检率为90.5%，其余医院计量器具强检率都比较低，最低的种类受检率为20%，数量受检率仅为12%。珠海市120多个医疗单位中，有相当部分医疗单位的医疗计量器具受检率甚至为零，情况严重令人担忧。珠海市技术监督局和珠海市卫生局因此要求珠海市各医疗单位设立专（兼）职管理机构和人员，建立健全计量器具管理制度。请珠海市财政协助解决强检资金，两局加强组织协调、计划，搞好强检工作。

这次全省的监督检查对各医疗卫生机构实施医用计量器具强检，起到了督促作用。

1994年，面对医疗卫生行业执行强制检定工作薄弱的实际情况，国家技术监督局计量司决定要在一、两年内重点抓好医疗卫生领域强检工作。当年8月国家技术监督局决定对省（自治区、直辖市）、地市、县（含企业）医院、防疫站、药检所以及对社会开展治疗和诊断的部队医院使用的强制检定工作计量器具开展执法监督检查。检查重点是列入国家强制管理范围的强检工作计量器具，如血压计（表）、心电图机、脑电图机、医用辐射源（X射线诊断机、钴-60治疗机和深部X射线治疗机）、医用激光源、医用超声源（A超、B超）、酸度计、分光光度计、验眼用屈光度计等。检查这些计量器具符不符合国家检定规程要求；有没有在有效期内的检定证书，有没有使用未经检定、超期未检或检定不合格以及非法定计量单位（除国家允许）的工作计量器具。对检查结果的处理，国家技术监督局提出了严格的执法要求：对使用中强检计量器具合格率较低的医疗卫生单位，限期整改；对使用未经检定、超检定周期和检定不合格的计量器具，令其停止使用，限期整改并按《计量法》有关规定予以处罚；一直以来对强检工作计量器具管理混乱，根本没有进行周期检定并拒绝监督检查的医疗卫生单位，要按《计量法》有关规定严肃处理；各级政府计量行政部门应将监督检查结果向各级政府和人大汇报，向社会广泛宣传，督促和帮助各医疗单位建立健全计量管理制度，提高医护人员计量意识。

省技术监督局根据1993年全省进行过医疗卫生单位监督检查的实际情况，在转发国家技术监督局上述文件时，规定1993年广东省已检查过的市、县，这次可不再组织检查，凡1993年未有组织检查的市、县必须按国家技术监督局文件要求切实执行。

根据国家技术监督局和广东省的统一部署，各市、县技术监督部门会同市、县卫生局继续对1993年未检查过的医疗卫生单位进行执法监督检查。在检查中有些地方遇到来自部队医院的阻力。例如，1994年湛江市技术监督局和湛江市卫生局对属于部队医疗机构的湛江196医院进行强制检定的计量器具执法监督检查时，该院以“部队医院战备实力不公开”为由不接受监督检查。经多次说服后，

1995 年 3 月湛江市技术监督局对 196 医院用于地方开展门诊的强制检定计量器具血压计、心电图机、B 超、X 光机、分光光度计等进行了检查，发现上述强检工作计量器具全部没有检定合格证书，没有检定合格标志，据该院医务人员反映，该院使用的血压计从未依法进行过周期检定。依据《计量法》，湛江市技术监督局向 196 医院发出《关于落实强检工作的整改通知》。省技术监督局也就此种情况于 1995 年 4 月致函广州军区后勤部，指出以“战备实力不公开”为由，不接受地方监督检查的情况，在其他部队医院也存在，如 177 医院、421 医院。在当时，不少向地方开放的部队医院还未建立和健全量值传递及强检制度，而建立强检制度是保障人民群众健康和保证医疗质量所必须的。根据《计量法实施细则》第六十二条“中国人民解放军和国防科技供应系统涉及本系统以外的计量工作的监督管理，亦使用本细则”的规定，向地方开放的部队医院的计量工作，应接受地方的监督管理。省技术监督局请广州军区后勤部转知有关部队医院配合地方做好强检工作，按《计量法》和有关规定的要求，加强对所属医院的管理，使部队医院的强检工作落到实处。

计划生育是中国的一项基本国策。医疗器械的质量状况和医用计量器具的计量性能直接影响计划生育工作的效果。为保证计划生育的工作质量，促进广东省的计划生育健康开展，根据《计量法》第九条“用于贸易结算、安全防护、医疗卫生、环境监测方面列入强制检定目录的工作计量器具实行强制检定”的规定，省技术监督局计量处与省计划生育委员会科技处，就广东省计划生育系统医疗卫生计量器具的强制检定问题，进行协商，于 1997 年 4 月 30 日将协商意见用《关于计划生育医疗卫生计量器具强检工作的函》向广东省计划生育委员会发出。

该文件列出医疗计量器具强检目录为：1. 玻璃液体温度计（婴儿保湿箱、消毒柜、血库等温度的测量）；2. 玻璃体温计（只作首检）；3. 天平（临床分析及药品、食品质量的测量）；4. 戥秤（药品称重）；5. 电子秤（药品称重）；6. 气体流量计（医用氧气瓶流量的测量）；7. 氧气表（医院等输氧用浮标式氧气吸入器和供氧装置上氧气压力的测量）；8. 血压计、血压表（人体血压的测量）；9. 眼压计（人体眼压的测量）；10. 心电图仪（人体心电位的测量）；11. 脑电图仪（人体脑电位的测量）；12. 照射量计（对人体进行辐射诊断和治疗，如高能电子束辐射源、X 辐射源、γ 辐射源）；13. 活度计（以放射性核素进行诊断和治疗的核素活度的测量）；14. 激光能量计（激光能量的测量）、激光功率计（激光功率的测量）、医用激光源（激光源用于对人体进行诊断和治疗）；15. 超声功率计（医用超声诊断、治疗机输出的总超声功率的测量）、医用超声源（对人体超声诊断和治疗如超声诊断仪超声源、超声治疗机超声源、多普勒超声治疗诊断仪）；16. 听力计（人体听力的测量）；17. 酸度计（临床分析及药品、食品中 pH 值的测量）；18. 血气酸碱平衡分析仪（人体血气酸碱平衡的分析）；19. 火焰分光光度计、可见光分光光度计、紫外分光光度计、红外分光光度计、荧光分光光度计、原子吸收分光光度计（临床分析及药品、食品中化学成分的测量）；20. 滤光光电比色计、荧光光电比色计（临床分析及药品、食品中化学成分的测量）；21. 水质污染监测仪：含水质监测仪、测氰仪、溶氧测定仪（饮用水中镉、汞等元素含量的测量）；22. 血球计数器（人体血液的分析）、23. 屈光度计（眼镜镜片屈光度的测量）等。

该文件对强制检定的承担单位、检定收费、医疗卫生计量器具的维修都作出了明确的规定。鉴于此项工作尚未开展过，省技术监督局建议在 3 ～ 5 个地区同时进行试点，取得一定经验后在全省推广。

随着我国医疗卫生事业蓬勃发展，医疗卫生器械设备的数量迅猛增长，大量用于医疗卫生工作的计量器具，高技术、昂贵的大型医疗卫生计量仪器需要检定，对计量检定技术机构也形成了新的压力。佛山市技术监督局多年来不断加强对佛山市医疗卫生计量器具的监督管理，佛山市计量检定所对医疗卫生计量器具执行强检的能力明显增强，至 1997 年已能对 16 项 24 种医疗卫生计量器具执行强检，其中对医用 X 辐射源、医用激光源、医用超声源、分光光度计、屈光度计、心脑电图仪等仪器的检定能力在省内颇具特色。为了扩大检定医疗卫生计量器具的覆盖面，适应技术先进的医疗卫生计量仪器不断涌现的形势，加强对医疗卫生计量器具的监督管理工作，佛山市技术监督局投入相当的人力财力，筹建多项计量标准装置，充实一批现有的计量标准装置，开辟一批检定医疗卫生计量仪器（特别是技术先进的仪器）的新项目。

为了在全省范围尽快使强检的医用计量器具项目得到全面覆盖，更好地发挥佛山计量所在医疗卫生计量方面建立的计量标准的作用，经佛山市技术监督局申请，省技术监督局于 1997 年 7 月同意该局筹建“广东省医疗卫生计量监督检定站”。至 1998 年 5 月，经考核，佛山市技术监督局筹建的“广东省医疗卫生计量监督检定站”在环境条件、主要设备、检测人员、质保体系方面，均已达到要求。省技术监督局发文同意“广东省医疗卫生计量监督检定站”正式挂牌开展工作，并规定该站的业务范围是：承担广东省在用医疗卫生计量器具的强制检定与非强制检定任务（当地国家法定计量检定机构已具检定能力的项目仍由当地国家法定计量检定机构执行检定）；承担省技术监督局安排的进口医疗卫生计量器具销售前的检定工作；承担省技术监督局下达的其他任务。

在实施对医用超声源、激光源和辐射源的监督管理过程中，技术监督部门与医疗卫生部门一直存在不同意见，关于医用三源应归哪个部门管理总是争论不休。针对这个问题 1998 年 3 月 22 日国家技术监督局发出《关于明确医用超声、激光和辐射源监督管理范围的通知》。通知指出医用超声、激光和辐射源是列入《中华人民共和国依法管理的计量器具目录》（简称《依法目录》）和《中华人民共和国强制检定的工作计量器具目录》（简称《强检目录》）的计量器具，而含带有医用超声、激光或辐射源的诊断仪（或治疗仪）现未列入《依法目录》和《强检目录》。为了有效地依法加强医用计量器具的监督管理，再次重申，制造医用超声、激光和辐射源产品必须依照有关计量法律法规的规定办理制造计量器具许可证，使用这类产品必须进行强制检定。在《依法目录》和《强检目录》修改之前，制造含带有医用超声、激光和辐射源的诊断仪（或治疗仪）不需要办理制造计量器具许可证，也不要求对其中的医用超声、激光或辐射源办理制造计量器具许可证。依照《中华人民共和国强制检定的工作计量器具管理办法》的规定，诊断仪（或治疗仪）中的医用超声、激光或辐射源必须强制检定合格后，方可使用。各级人民政府计量行政部门设置或授权的计量检定机构应当依照国家有关计量检定规程，对诊断仪（或治疗仪）中的医用超声、激光或辐射源实施强制检定。该通知发出后，计量检定机构的检定人员可以理直气壮地进入医院对医用三源实施强制检定了。

由于医用计量器具准确与否，直接关系到医疗质量，人民的生命安全和健康，1998 年 3 月卫生部和国家技术监督局再一次发出《关于对医疗单位使用强制检定计量器具及其管理实施检查的通知》。这次检查的范围是地、市级以上医院；省、自治区、直辖市范围内 5% 的社会办医机构。检查项目是列入国家强检管理范围的下列医疗卫生用工作计量器具的强制检定：血压计（表），心电图仪，脑电图仪，医用辐射源（X 射线诊断机、钴 -60 治疗机和深部 X 射线治疗机），医用激光源，医用超声源（A 超、B 超、M 超），酸度计，分光光度计，验光用屈光度计等以及计量管理：计量管理机构，各类人员的岗位职责，各项管理制度，现场抽检计量器具的合格率。

广东省卫生厅、广东省技术监督局按照卫生部和国家技术监督局的通知，对这一次监督检查工作进行了部署，要求各地级以上市医疗单位和社会医疗机构在 1998 年 5 月底前完成自查，各市卫生局与技术监督局于 6 月底前对本市辖区范围内的市级以上医疗单位和社会医疗机构进行普遍检查，省卫生厅与省技术监督局于 7 月上旬抽查 5 个市，每个市抽查 3 ～ 5 个医疗单位。

全省 1997 年共有医院 449 家，其中市级以上医院 340 家，县级医院 109 家。很多单位非常重视这一检查工作，中山市邀请市人大参加；湛江市卫生局、技术监督局工作认真、扎实，检查面广，上报材料完整；各有关医疗卫生单位对照检查内容和评定方法，组织学习，在自查基础上，针对存在的不足，充实机构，明确职责，完善制度，查疏补漏，改进提高，使医院的计量管理工作上了一个新台阶。

检查中发现很多单位的好经验值得借鉴。如深圳市对强检计量器具检定费从市财政中拨给，不再收取送检单位的检定费，医疗卫生单位不需要考虑经济问题，计量器具检定工作开展较为顺利。惠州市中心医院主动与省辐射剂量计量检定站联系，对医院在用的钴 -60 治疗机、深部 X 线治疗机进行检定，保证医疗器具的安全使用。韶关市粤北人民医院，是原省医疗卫生计量器具强检试点单位，曾被韶关市人民政府授予“计量先进单位”称号。多年来，该院计量工作一直走在市属医疗单位的前列。该院把计量工作作为重要的基础管理工作之一，领导重视，机构落实，在医疗设备科中，单列设置了计量室，各项计量工作井井有条。云浮市云硫医院除做好计量器具的周检、维护保养外，坚持每月组织一次计量工作学习，每季度进行一次计量工作小结，每半年进行一次总结，使医院的计量工作落到实处。湛江市农垦中心医院对计量工作做到领导重视，组织机构落实，配备了专（兼）职计量人员，岗位职责明确，计量管理制度健全，对计量器具严格依法管理，按周期检定，各种检定证书和标志齐全，保证了医用计量器具的准确可靠，成为湛江市强制检定工作计量器具依法管理的领头雁。

各市卫生局和技术监督局都按照省卫生厅和省技术监督局的计划和部署进行了检查工作。

汕头市在各医疗单位自查的基础上，于 1998 年 8 月由市卫生局和市技术监督局联合组成检查组抽查了市第二人民医院、市妇幼保健院、市职业病防治所、市中医医院和汕大医学院附属肿瘤医院、附属第二医院以及广州军区汕头企业管理局潮丰门诊部、市军休所门诊部等 8 个单位。各医疗单位的领导都比较重视计量工作，如汕头市第二人民医院有一位副院长主管计量，计量室在业务上接受汕头市计量管理部门的指导和监督。该院计量室和各临床、辅助科室均有专（兼）职计量管理人员，职责明确，对全院计量工作进行统一管理，因而该院的计量工作落实得较好。这次受检的医疗机构计量管理制度正在不断健全和完善，如计量器具的采购、验收入库、领用和报废制度，计量器具的规范使用和检定制度均比较健全；计量器具的档案资料、说明书、证书归档齐全；计量器具总台帐、分布情况、检定证书、分类管理资料保管等都做得较好。受检单位能对计量人员进行计量法律、法规及计量专业知识培训，基本上做到对强检计量器具依法、依时送检。据不完全统计，受检单位计量器具周期检定受检率从 1997 年的 68.2% 提高到 1998 年的 85%。虽然这次受检单位的计量工作有了明显进步，但也还存在一些问题，如有的计量法制观念较为薄弱，因而出现计量器具定期检定不落实，计量管理松散；社会医疗机构的计量工作存在问题较多，计量制度未建立，计量器具未经检定。

肇庆市地处广东中西部，以山区居多，有 8 个县（市）区和 1 个经济开发区，人口 368 万，有医疗机构 2832 所，其中社会医疗机构 378 所。肇庆市卫生局和技术监督局组成联合检查组对肇庆市直属医疗单位7所和城区部分社会医疗机构24所进行了检查。经过检查组检查评定，有9个医疗机构合格，其中国家医疗机构4所（合格率57%），社会医疗机构5所（合格率21%）；其余不合格。合格的医疗机构是：肇庆市第一人民医院、肇庆市第二人民医院、肇庆市中医院、肇庆市第二人民医院二门诊、肇庆市皮肤病医院三门诊、肇庆市防疫站专科门诊、肇庆铁路医院。评定为不合格的医疗机构在计量器具管理、使用方面制度不健全、不落实，计量器具送检率不达标，没有专门机构、人员管理计量器具，法制意识薄弱。

广州市1998年6月由广州市卫生局、市技术监督局、市计量测试所、市血压计检定站、市卫生计量站组成检查小组对广州市17所市属医疗单位和4所职工医院进行了检查。根据文件精神，针对各医疗单位的计量管理组织机构、各类人员的岗位职责、在用计量器具准确可靠性、建立健全各项管理制度、现场抽查和检测计量器具等5个方面共14个项目进行了严格认真的检查。前期检查合格的只有7所，不合格的14所，合格率为33.3%。现场抽检计量器具，在检定有效期内的合格率达到95%，有3个单位分别为86.7%、87.5%和90%而被评为不合格。经过检查组和广州市技术监督局的指导和帮助，各有关单位立即进行整改，在较短时间内达到要求，到1998年7月，合格的医院有：广州市第一人民医院、广州市第二人民医院、广州市中医医院、广州市红十字会医院、广州市儿童医院、广州市第八人民医院、广州市胸科医院、广州市精神病医院、广州市妇婴医院、广州市肿瘤医院、广州市职防院、广州市结核病防治所、广州市皮肤病防治所、广州血液中心、广州医学院第一附属医院、广州医学院第二附属医院、广东省电力一局职工医院、广州钢铁集团职工医院、海员医院。不合格的医院是：广州市第六人民医院、广州港港湾医院。整改后合格率为90.5%。

通过检查发现，广东省大多数医疗卫生单位能按照计量工作的要求，做好各项工作。然而，《计量法》已实施多年，很多单位特别是规模较小的医院和社会医疗机构计量规章制度刚刚建立，计量工作仍处于起步阶段，与《计量法》的要求还有相当差距。通过检查，对计量法律、法规的宣传，促进医疗单位计量工作开展，提高医疗卫生单位计量管理水平，起到了积极的作用。

三、眼镜质量监督检验

广州以及省内大部分城市眼镜市场发展很快，尤其是青少年中眼镜需求量很大，但是由于对眼镜市场的管理工作未跟上，致使眼镜合格率很低，直接危害了青少年的身心健康和消费者的利益。眼镜的质量问题引起社会的关注，1992年政协广州市委员会曾提出《眼镜市场管理应大力加强》提案；1995年广州市政协八届三次会议提案第2001号提出《为市民提供眼镜质量检测服务的建议》。为答复这两次市政协提案，广州市标准计量管理局对广州市眼镜市场进行了调查，并提出对眼镜市场加强管理的建议，希望通过政府有关部门对眼镜市场立例管理。

广州市眼镜市场历来是广东省眼镜生产、批发、销售的中心，省内大多数生产厂家及经营公司的销售重点都设在广州市。在90年代初广州眼镜市场确实很混乱，以致1992年全国统检，广州地区的眼镜抽检合格率为零。广州市标准计量局认为很有必要建立专门机构对该行业进行规范管理，以从技术上保证维护生产销售者及广大消费者的合法权益。当时广州市计量测试所已开展屈光度计、标准镜片的强检工作，并具备了对眼镜片质量检测的设备和技术。为加强对广州市眼镜生产和配镜质量的监督管理，1992年6月22日广州市标准计量局同意广州市计量测试所在该所眼镜检验室的基础上建立“广州市眼镜质量监督检验站”。该站经省标准计量局计量认证合格，负责在广州市开展对眼镜进行全面的质量检验，承担国家、省、市下达的眼镜统检和抽检，承担广州市医疗卫生系统及眼镜行业生产、销售单位的眼镜检验，对广州市眼镜行业的生产，尤其是流通领域的眼镜进行质量监督检验。

广州市眼镜质检站自1992年成立以后，为了履行对眼镜市场质量管理，在政府未立例管理眼镜市场之前，提出了在眼镜行业中对成镜、镜片实施报验制度，对验光配镜试行监检卡制度，这一制度经广州市标准计量局批准授权广州市眼镜质检站施行。成镜、镜片报验制度经批准于1995年8月1日在全市施行。验光配镜试行监检卡制度，按照检验单位和销售单位双方自愿的原则，以有较强的质量意识，具有较高素质人员，先进的验光配镜手段，完善的管理制度和严格的质量保证体系为条件，经广州市眼镜质检站随机抽检，装配眼镜质量稳定，对够条件的眼镜店发监检卡。将监检卡和质保卡合一，卡上明确规定了按什么标准配装眼镜以及经销单位的责任，并附有投诉部门，配装眼镜每付一卡，借此让消费者对配装镜的质量进行反馈监督。广州市眼镜质检站对监检单位进行不定期的抽检，抽检频率、数量则根据消费者投诉情况和平时抽检质量确定，对取得监检卡后配装眼镜质量不符合规定要求的，取消其资格。通过这种办法，使政府职能部门、经销单位和消费者三者之间形成一种互相制约来逐步规范眼镜行业的管理，以达到扶优治劣的目的。

1995年国家技术监督局提出要求加强对眼镜市场的质量管理。4月，广州市眼镜质检站经与东方眼镜连锁集团协商，在该集团连锁店试行监检卡工作，三个多月配出眼镜一万多付，由于严把质量关，无一投诉。这证明，这一制度既能保护消费者权益，也同时保护了经营者利益，对提高配装镜质量起到促进作用。广州市眼镜质检站在试点的基础上，按照自愿原则，把这一工作逐步推开，使更多符合条件的眼镜店能够取得监检卡。

该站在验光配镜质量管理方面，实施了“监督检验合格单位”制度，为提高眼镜销售企业服务质量发挥了积极作用。经该站考核合格，有13个眼镜公司属下60多家分店成为广州市“验光配镜监检合格单位”，在1995年全国十大城市眼镜市场的监督抽查中，广州地区的眼镜质量合格率从1992年的零上升到40%。

广州市眼镜质量监督检验站除承担广州市标准计量局下达的眼镜质量监督抽查检验工作以外，也为省内外提供眼镜方面的技术培训及技术咨询、检测等服务。到1997年，该站接受眼镜委托检验的地区包括东莞、汕头、中山、顺德、南海、花都、从化及佛山等市。经过几年的发展，该站有高级工程师、工程师、助理工程师8人，拥有焦度计、标准镜片、标准模拟眼、弹簧拉压试验机、紫外红外及可见光透过率检查仪、超声波测厚仪等检验设备，具有对太阳镜、验光镜片眼镜、老花成镜等各种镜片、镜架的检测能力，并着手准备开展对隐形眼镜的检验。检测设备和技术力量已初具规模，积累了较成熟的质量管理工作经验。

随着眼镜消费市场的不断扩大，国营或个体经营的眼镜生产经营单位不断增加，对眼镜的质量管理任务也加重了。省内一些地方技术监督管理部门因不具备检测手段或其他原因，无法对该行业开展有效的监督管理。从全省眼镜行业的状况来看，建立专门的机构，加大对眼镜质量监督管理的力度，保护合法生产者、经销者和广大消费者的正当权益，在全省范围内统一规范眼镜产品质量已显得非常必要和迫切。基于以上情况，1997年10月，广州市技术监督局向省技术监督局建议在广州市眼镜质量监督检验站的基础上，筹建广东省眼镜质量监督检验站。

1998年4月7日省技术监督局批复广州市技术监督局，同意在广州市计量测试所建立广东省技术监督眼镜产品质量监督检验站。该站行政隶属关系不变，在眼镜产品质量监督检验业务上接受省技术监督局领导，承担眼镜产品质量监督检验业务。

四、民用三表强检管理

1.国家质量技术监督局的有关规定

在国务院机构调整时，“国家技术监督局”改为“国家质量技术监督局”，1998年《国务院办公厅关于印发国家质量技术监督局职能配置、内设机构和人员编制规定的通知》（即国家质量技术监督局“三定”方案）明确规定，原电力工业部承担的用于贸易结算的电能表强制检定的行政监督管理职能划入国家质量技术监督局。

为落实国务院批准的国家质量技术监督局“三定”规定，认真履行承担用于贸易结算的电能表强制检定的职能，加强对用于贸易结算的电能表的计量监督管理，保证电能的公平交易，维护国家和消费者的利益。国家质量技术监督局计量司抓紧调研，积极协调，拟定此项行政职能划入后的实施意见，于1999年7月13日，发出《关于加强用于贸易结算电能表强制检定监督管理的通知》。通知要求对属于强制检定的用于贸易结算的电能表和企、事业单位建立的电能表最高计量标准装置以及计量检定人员，均要加强监督管理；根据当地实际情况，统筹规划，组织开展本地区电能表的强制检定工作，依法授权有关技术机构开展电能表的强制检定，并加强对经授权执行强制检定技术机构的日常监督，发挥电力部门计量技术机构现有检定电能表的技术力量，避免重复建设；各级质量技术监督部门根据《计量标准考核办法》、《计量检定人员管理办法》的规定，对各企、事业单位建立的电能表最高计量标准装置、经授权执行电能表强制检定的技术机构的计量检定人员组织考核，考核合格后颁发计量标准考核证书、计量检定员证，原电力部门组织考核合格并在有效期内的电能表计量标准考核证书、计量检定员证继续有效，到期由质量技术监督部门复查换证；加强对在用电能表的计量监督，对因电能计量引起的纠纷，按《仲裁检定和计量调解管理办法》的规定进行仲裁检定和计量调解。

广东省在这项职能转移的过程中，由于省技术监督部门当时在实施电能表强制检定的设备和设施条件上比不上电力部门，电力部门也不愿放弃这项职能，因此基本上采取依法授权电力部门技术机构实施电能表强制检定的形式，并加强日常监督。

对于水表的强制检定，根据国家技术监督局于1991年8月颁发的《强制检定的工作计量器具实施检定的有关规定（试行）》：用于贸易结算用水量测量的工业用水表实行强制周期检定；生活用水表只作首次强制检定，使用期限不得超过六年（口径为15 mm～25 mm）、四年（口径＞25 mm～50 mm），到期轮换。

根据国务院办公厅1999年8月20日转发建设部等部门联合制定的《关于推进住宅产业现代化提高住宅质量的若干意见》的要求，住宅建设中使用的水、暖、电、卫、气、通风等设施应积极采用节能、节水、节材并符合环境保护和计量要求的新技术、新设备，电能表、水表、燃气表、热量表安装使用前应进行首次强制检定。国家质量技术监督局于1999年10月15日发出《关于住宅建设中对电能表等计量器具安装使用前实施首次强制检定的通知》，要求各级质量技术监督部门要认真贯彻落实，开展相关工作，对不符合计量要求、质量低劣的电能表、水表、燃气表、热量表要严禁使用。

为适应经济和社会发展的需要，规范市场经济秩序，保证公平交易，维护人民群众切身利益，根据国务院授权，国家质量技术监督局决定将电子计时计费装置等4项5种工作计量器具纳入《中华人民共和国强制检定的工作计量器具目录》，并于 1999 年 1 月 19 日发出《关于调整〈中华人民共和国强制检定的工作计量器具目录〉的通知》。纳入《中华人民共和国强制检定的工作计量器具目录》的工作计量器具明细目录是：

（1）电子计时计费装置：电话计时计费装置；

（2）棉花水分测量仪：棉花水分测量仪；

（3）验光仪：验光仪、验光镜片组；

（4）微波辐射与泄露测量仪：微波辐射与泄露测量仪。

2. 农村用电改革中电能表计量纠纷的调查

广东省清远市清新县禾云镇农村用电改革，是按照中央关于改革电力供应体制，改造农村供电网，减轻农民负担，逐步降低农村电价，使农村用电与城镇用电同网同价的要求，从 1997 年 7 月开始进行的。在用电改革中为全镇 14 个管理区 99 条自然村 3700 多用电户更新了电能表。

但是，1998 年以来，清远市清新县禾云镇农民群众投诉：新电能表价格太高；新电能表是杂牌货，无合格证；新电能表不准，被人为调快 30%；检定过的电能表不用电也能转动计数。为此，清新县技术监督局对有关情况进行了调查：请县物价局调查了农民群众的新电能表价格，经与市场销售同型号电能表相比，并没有超出市场销售价格；新电能表的 4 个生产厂家生产的四种型号的电能表均取得国家制造计量器具许可证，均有合格证；关于新电能表不准，被人调快 30% 的问题，经调查，由于旧电能表长年没有检修走慢了，新电能表是正常的。至于电能表不用电也转，在技术上叫潜动，对电能表计量性能的检定，其中有一项就是潜动试验，按国家计量技术法规 JJG 307—88《交流电度表（电能表）》检定规程中对“潜动试验”的技术要求是，当电流线路无负载电流，而电压线路加 80% ～ 110% 额定电压量，安装式电度表的轮盘转动不得超过 1 转。清新县技术监督局将当地农户新装的电能表送广州市计量测试所仲裁检定，结论是该电能表的潜动试验合格，也就是说新电能表不存在不用电也转的缺陷。农户家中出现这种现象可能是农户家的电线陈旧老化而漏电，这就等于给电能表加带了负载，即使没有用电设备，电能表也会转动计数。而旧的电表不转，是因为旧表使用时间长，不够灵敏的缘故，也是国家规定必须对使用中的电能表进行周期检定，对失准或设计落后的电能表实行淘汰的原因。

据清新县技术监督局考核，禾云镇供电所负责检定电能表的两名人员都是持检定员证上岗，检测设备都送清远市电力局计量测试所检定合格，禾云镇供电所检定电能表的工作场所防震、防尘、抗磁、抗干扰能力已达到规定要求，但恒温恒湿方面没有任何设备加以控制。

为了进一步取证，在县人大、县政府的安排下，清新县技术监督局于 1998 年 11 月抽查了禾云镇 14 个管理区的 30 户用电户（每个管理区抽检 2 ～ 3 只）。抽样封样后第二天送广州市计量器具质量监督检验站检验，检验项目包括直观检查、潜动试验、起动试验、校核常数、测定基本误差五项，其中测定基本误差项又按平衡负载功率因数为 1 时的 12A、3A、0.3A，和功率因素为 0.5 时的 3A、0.3A 五个点测量。30 只表检测项目合计 150 项。检验结果，150 项中，只有 5 只电能表的测量基本误差不合格，不合格的 5 只表按标准偏差允许范围最大超差 1.8%，最小超差 0.2%，即每用 100 千瓦·时电多算 1.8 千瓦·时和 0.2 千瓦·时。引起不合格的因素主要是环境条件，因为环境条件某些方面的欠缺影响了精度。也就是说，电能表的偏差不是人为因素，更没有人为将电能表调快 30%。

之所以会出现农民群众投诉，是由于在农电改革中宣传解释做得不够；禾云镇供电所检定场所恒温恒湿条件未达到检定规程规定的要求，在检定中引入了微小的偏差；工作方法不够细致，当群众认为电能表不准时，工作人员未能用科学的方法去消除群众的疑虑，没有用数据去说服群众，也没有技术权威部门作进一步的鉴定。从而引起群众的误解。

清新县技术监督局对这起计量纠纷，进行了认真的调查，实施了仲裁检定，向群众讲明了问题的原因和道理，支持和促进了农村用电改革的工作。

五、计量检定授权管理

根据《计量法》第二十条和《计量法实施细则》第三十条、三十一条，为了实施《计量法》，特别是全面执行强制检定的规定，县级以上政府计量行政部门根据本地区的需要，充分发挥社会技术力量的作用，按照统筹规划、经济合理、就地就近、方便生产、利于管理的原则，实行计量授权。计量授权包括四种形式：（一）授权有关部门或单位的专业性或区域性计量检定机构，作为法定计量检定机构；（二）授权有关部门或单位建立计量基准、社会公用计量标准；（三）授权有关部门或单位的计量检定机构，对其内部使用的强制检定计量器具执行强制检定；（四）授权有关部门或单位的计量检定机构或技术机构，承担计量标准、计量认证、申请制造修理计量器具许可证的技术考核，仲裁检定，计量器具新产品定型鉴定、样机试验，标准物质定级鉴定，计量器具产品质量监督试验和对社会开展强制检定、非强制检定。申请授权必须具备的条件是：（一）计量标准、检测装置和配套设施必须与申请授权项目相适应，满足授权任务的要求；（二）工作环境能适应授权任务的需要，保证有关计量检定、测试工作的正常进行；（三）检定、测试人员必须适应授权任务的需要，掌握有关专业知识和计量检定、测试技术，并经考核合格；（四）具有保证计量检定、测试结果公正、准确的有关工作制度和管理制度。

广东省技术监督局根据需要，至 1997 年共授权 39 个单位。其中：授权广州铁路局中心计量所执行铁路局内部强检 11 项；广州市机电工业理化中心执行省内检定、测试 9 项；湛江仪表厂执行省内检定、测试 3 项；广州半导体材料研究所执行省内检定、测试 2 项；中国船舶工业总公司广州综合计量测试检定站执行省内检定、测试 4 项；交通部广州船舶舱容检定站执行省内检定、测试 1 项；广州海运局菠萝庙船厂执行本厂及来厂修理船舶检定、测试 3 项；中国人民解放军 7215 厂执行本厂内部强检 1 项；广州卷烟二厂执行本厂内部强检 1 项；广州远洋运输公司计量检测中心执行本公司内部强检 1 项；文冲船舶修造厂执行本厂及进厂修理船舶检定、测试 6 项；机械电子工业部第五研究所执行省内检定、测试 8 项；广州海上救捞打捞局计量检定站执行局直属单位内部强检 1 项；茂油计量测试所执行省内检定、测试 2 项；广州石油化工总厂执行省内检定、测试 6 项；省辐射计量站为授权建立的法定计量检定机构检定、测试 4 项；机械电子工业部七所执行省内检定、测试 2 项；广东省测绘器具检定所执行省内检定、测试 2 项；广东省邮电研究所执行省内检定、测试 2 项；省气象计量检定所执行本系统内部强检 1 项；韶关市邮电局执行韶关、清远市检定、测试 2 项；汕头市邮电局执行汕头、汕尾、潮阳、揭阳、梅州市检定、测试 2 项；惠州市邮电局执行中山、惠州、河源市检定、测试 2 项；阳江市邮电局执行阳江、茂名市检定、测试 2 项；石油化工厂执行省内检定、测试 5 项；省医疗卫生设备计量检定所执行省属及中央属医院检定、测试 3 项；民航广州医院执行本院内部强检 1 项；民航中南公司计量检定中心执行本单位及白云机场内部强检 4 项；开平机械厂执行本单位内部强检 1 项；广东省石油集团公司计量室执行公司内部强检 1 项等。

为加强对省级授权计量检定单位的监督管理，切实做好授权项目的检定工作，1997 年 8 月，省技术监督局对省级授权单位计量检定工作提出要求：（一）各授权单位须每年 3 月 31 日前将本单位最高计量标准器的送检计划以及使用的强检工作计量器具的检定计划报送省技术监督局；（二）各授权单位须每年 12 月 31 日前将各单位送检情况、强检工作计量器具检定情况和授权计量检定项目开展情况，以书面形式报送省技术监督局，省技术监督局根据汇报材料每年进行一次核查；（三）对于最高标准不及时按周期送检、授权开展的计量检定工作质量差和超越授权检定范围的单位，省技术监督局将予以通报批评，严重的将依法收回授权。

第八节　科研工作大步前进

在 80 年代取得计量科研成果的基础上，90 年代计量科研的项目更加广泛，采用新技术更多。

一、省计量科研所科研工作

1. 毫瓦级超声功率计标准装置建立

省计量科研所建立了毫瓦级超声功率国家基准后，继续为完善超声功率量值传递系统进行研究。1992 年，省计量科研所建立毫瓦级超声功率计标准装置，测量范围（1 ～ 100）mW，允差 ±10%，开展对医院的超声多普勒胎儿监护仪超声源检定。随后，全省大部分市级计量所都建立了这项标准，使全省卫生系统的超声胎儿监护仪的超声源强度得到有效的管理。

2. 国家标准电阻、标准电池计量保证方案实施

1989—1992 年，省计量科研所电磁室作为参加实验室，参加了以国家计量院电磁处为中心实验室的“国家标准电阻、标准电池计量保证方案（MAP）实施”课题，采用“核查标准”和“传递标准”，应用统计控制方法达到量值溯源的目的，为在国内首批实施这一量值传递新方式提供实验数据和经验。

3. 华南地区电阻应变仪最高标准研制

1992 年省计量科研所郭舍南等研究开发华南地区电阻应变仪最高标准装置，至 1994 年 9 月完成，并通过专家鉴定，评价为“主要技术指标已达到国际先进水平，与国家计量院比对符合程度良好”。

4. 1Ω 电阻工作基准建标研究

1992 年，为提高直流电阻计量标准的准确度等级，省计量科研所郭舍南、吴进祥、罗旭东采用 QJ55 型电流比较仪电桥建立 1Ω 电阻工作基准装置，其年稳定性达到 0.5×10^{-6}。该电阻工作基准的建立，使广东省直流电阻的最高计量标准已接近国家计量基准的精度等级。该成果获 1994 年广东省技术监督局科技进步奖二等奖、1995 年省科技进步奖三等奖。

5. 数字式电子血压计（示波法）检定装置研究课题

随着医疗科技的发展，越来越多的数字式电子血压计进入市场，在医院中也有大量用于临床的无创血压监护仪和多参数监护仪等设备。当时国内计量部门只能检定这类血压计的静态指标，而无法检定其动态测量血压的准确度，对于使用电子血压计测量人体血压是否准确可靠，以及判断电子血压计产品的优劣缺乏依据。

为解决这一问题，1997 年省计量科研所与省医疗器械研究所决定合作开展数字式电子血压计（示

波法）检定装置课题研究。早在几年前省计量科研所就对该项目的有关内容进行广泛的资料收集和调研工作，针对国外有关设备进行分析、论证；省医疗器械研究所因生产血压计产品检验的需要设计过专用设备，其中模拟血压信号发生器，已取得佛山计量所的相关认证；这些工作使课题研究具备一定的基础。

1997 年 3 月省计量科研所与省医疗器械研究所签署合作协议，由省计量科研所高工沈正宇任组长，省计量科研所工程师陈勇、省医疗器械研究所高工罗岩、工程师温志浩组成课题组，并向国家质量技术监督局申报获得立项。该课题有相当的难度，课题组经过深入调查讨论，通过试验进行论证，确定方案为：由主机发出标准模拟血压波信号，通过信号传递机构即模拟手臂把模拟血压信号送到被检血压计，血压计以正常的工作方式测量模拟血压信号，得到的测量结果与标准模拟血压信号的实际值之差即为电子血压计动态测量的基本误差。

课题组于 1997 年 9 月试制成第一台能产生标准模拟血压波信号主机。研制模拟手臂的制作涉及理论力学、生物力学、材料力学、材料加工调试等方面，经过不断的研究探索，进行了成千上万次试验，终于成功制作出满足要求的模拟手臂。在此过程中为了采集数据，研制出便携式压力数据采集器，通过所采集的数据论证了模拟手臂的力学等效性。该课题于 1999 年 9 月完成，能对基于示波法的电子血压计、血压监护仪等的动态测量准确度给予检定，克服了国外校验设备无法量值溯源的问题。同时该检定装置亦包括对所有血压计静态准确度检定，数字式电子血压计、血压监护仪的排气速率检定，超压保护以及脉搏数检定的功能。

2000 年 1 月 10 日，省计量科研所与省医疗器械研究所合作研制的“数字式电子血压计（示波法）检定装置”课题鉴定会在广州召开。鉴定会由国家质量技术监督局科技司杜跃军主持，解放军北京军区总医院医学计量中心何铁春教授任鉴定组组长，林大全、李祖斌、张力、刘景利、谢楠柱、李昭骥等专家为鉴定组成员，国家质量技术监督局计量司马肃林处长、省技术监督局张理中、林璨、梁远勤、谭凤群和省医疗器械研究所领导、省科委代表等出席了鉴定会。会上课题组组长沈正宇、成员陈勇、罗岩等报告了研制过程、测试情况和成果的技术特性，进行了装置演示，并回答了专家们的提问。鉴定组专家经过讨论得出的鉴定意见认为，该成果具有独创性，突破了示波法电子血压计、血压监护仪量值动态检定的方法和手段所存在的难点，填补了国内空白，申报了发明专利（专利申请号：9911609.5），为示波法电子血压计的动态检定量值溯源开创了一条可行的技术途径。

该课题成果获 2000 年广东省科技进步奖三等奖，获奖证书号 2000-J-3-R01-X062。

6. 编辑出版测量不确定度专著

1998 年 2 月，省计量科研所总工陈奕钦任主编组织编写的《测量不确定度’93 国际指南应用实例》一书，由中国计量出版社出版。这本书是省计量科研所在申请香港 HOKLAS 认可准备工作中，从学习研究国际标准化组织（ISO）、国际计量局（BIPM）等 7 个权威国际组织于 1993 年颁布的《测量不确定度表示指南》（以下简称《’93 国际指南》）英文版开始，在全国率先应用指南的方法对各专业项目的检定 / 校准结果进行不确定度分析评定的实例汇编。省计量科研所出具的检定 / 校准证书成为国内最早的按《’93 国际指南》给出了检定 / 校准结果不确定度，达到与国际接轨要求的证书。省计量科研所的这些工作打破了国内对贯彻《’93 国际指南》的疑虑和障碍，证明该国际指南同样适用于中国普遍的大量的检测和校准测量结果不确定度的评定。全书包括几何量、力学、温度、电学、无线电、时间频率、理化、声学等专业的测量仪器、计量器具检定 / 校准结果不确定度分析评定报告 74 篇。该书的出版非常及时，在国内计量科技界反响热烈，各地计量技术机构都参照这本书提供的实例开始对自己的检测和校准项目按照《'93 国际指南》进行测量不确定度分析评定。

7. 起草检定规程和编制技术标准

1993 年省计量科研所毛燕芬、赵德厚起草了广东省地方计量检定规程 JJG（粤） 002—93《快速水分测定仪检定规程》。

1994 年，省计量科研所沈正宇作为主要起草人参与修订了国家计量检定规程 JJG 161—1994《一等标准水银温度计》。

1999 年，省计量科研所陈明华、王叶斌作为主要起草人编制了国家标准 GB/T 531—1999《橡胶袖珍硬度计压入硬度试验方法》。

8. 其他科研成果及获奖情况

“标准微型橡胶硬度计”科研成果 1992 年获省技术监督局科技进步奖一等奖；“中低温电阻温度计精密检定装置”科研成果 1992 年获省技术监督局科技进步奖三等奖；“电学法测量标准超声换能器的辐射电导”科研成果 1992 年获省技术监督局科技进步奖三等奖、广东省科协自然科学论文奖三等奖；“30 米线纹尺标准检定装置”科研成果 1992 年获省技术监督局科技进步奖三等奖；1994 年，省计量科研所林日明、林璨、梁小什完成“TALYROND-51 型圆度仪数据采集处理系统”课题，成功对高精度的老设备进行了自动化改造，并获全国技术监督信息技术应用优秀成果三等奖，和省技术监督局科技进步奖二等奖；“天平砝码自动检定数据处理和管理系统”科研成果 1994 年获省技术监督局科技进步奖三等奖。

9. 国外发表科技论文

1992 年 4 月，省计量科研所沈正宇在第七届国际温度学术讨论会（加拿大）上发表了《中国的中温量传系统与测量不确定度分析》论文，引起各国特别是发达国家对中国中温量传系统的兴趣。

二、汕头市计量科研工作

汕头市计量科学研究所于 1987 年 10 月 4 日成立。科研所自成立之后，把开发、研制新项目、新产品作为科研所的发展目标，不断加大科研开发力度。根据水泥生产企业的实际需要，该所开发的 LF-3A 型 γ 射线料位控仪，和 1996 年开发的 ZPK 型水泥机立窑偏火自动控制装置等，都深受水泥生产企业的欢迎。1995 年，该所提出的一种旋风式选粉机的回料装置申请了国家专利，该项技术对于提高水泥生产质量及产量具有明显效果，投入市场即获好评。进入 90 年代中后期，科研所利用激光防伪技术，开发了瓶装液化石油气全息激光防伪计量管理标志，为规范汕头瓶装液化石油气市场经营秩序探索出一个全新管理模式。

三、其他机构计量科研工作

1992 年，广州材料试验机厂研制出 LDH 型 2MN 卧式拉力试验机，填补国内空白。

广州铁路（集团）公司中心计量所从 1994—1995 年，由该所工程师郑党儿等完成“低频电压计量保证方案（MAP）试验”（计量保证方案英文缩写：MAP）课题，在国内首创 MAP 技术在工业企业的应用。1996 年至 2001 年，由郑党儿主持研究实施了“轴温报警器检定装置计量保证方案”。该方案利用核查标准，采用数理统计的方法，对同时具有温度、电压、电流 3 种参数的综合计量检测设备实施测量过程控制，利用传递标准进行闭环式溯源，有效地保证了量值的长期准确可靠。该方案实施 4 年后，于 2001 年 10 月 18 日由广东省科学技术厅组织科技鉴定，鉴定意见认为："该成果填补了国内温度参数 MAP 的空白，并在针对不便送检又必须确保准确可靠的多参数在线测量装置实施 MAP 方面处于国内领先地位。在利用 MAP 对温度、电压、电流 3 种参数进行综合连续监控，实现轴温报警器检定装置量值溯源方面属国际首次应用，达到国际先进水平"。该方案可操作性强，费用十分低廉，便于推广应用，对于国内外贯彻执行 ISO 10012 测量过程控制国际标准，具有示范作用。

2000 年，中国计量出版社出版了郑党儿主编的《计量保证方案在工业计量中的应用》一书。该书是广州铁路集团中心计量所科技人员多年来试验、实施计量保证方案的经验总结，书中较为系统地介绍了测量过程控制的原理和理论，给出设计方法和多个工业计量项目中应用的实例。

1997—1998 年，广州铁路（集团）公司中心计量所刘卫清、吴小明、郑良辉、陈悦浓完成了"万能工具显微镜检测数据自动采集处理及管理系统"研制课题，并通过省科委组织的技术鉴定，鉴定认为该系统自动化程度高，比手工检测提高效率 4 ～ 7 倍，在万能工具显微镜检测数据管理领域达到国内先进水平。

1999 年，广州市羊城科技实业有限公司研制的调宽功放型全自动电能表校验装置被授予广东省级重点新产品。

四、计量技术专业论文发表情况

计量技术专业论文发表情况见表 8-4。

表 8-4　计量技术专业论文发表一览表

序号	论文（论著）名称	作者	发表时间	刊物名称
1	标准铂铑 10-铂热电偶（300 ～ 1300）℃整百度 E90(t) 计算及修正值	省计量科研所　彭昀、董汉荣、莫凡、张书彦	1993.01	《计量技术》
2	有限频域阿伦方差修正的补充	湛江师范学院　黄秉琪	1993.01	《计量技术》
3	用球型测头测量圆锥体曲线轮廓与直径尺寸时的坐标值修正法	广东科龙电器股份有限公司　薛和贵	1993.05	《计量技术》
4	石英管膨胀仪的研制	省计量科研所　蔡明忠、梁兆勤、罗军、梁小什	1993.09	《计量技术》
5	标准间隙的制作与检定	省计量科研所　刘天怀、胡润洪	1993.09	《计量技术》
6	邵氏 A 硬度计的检定问题	省计量科研所　林鲁山	1993.09	《计量技术》
7	高精度电子微量天平系统参数的计算	华南建设学院　常向阳	1993.10	《计量技术》
8	圆光栅四象限式裂相刻划指示光栅的调整特性	第一军医大　戚亮新，上海机械学院　戴兴庆	1994.02	《计量技术》
9	橡胶硬度标准块及其温度特性	广东省计量所　林鲁山，化工部北京橡胶工业研究设计院　陈绮梅、洪伟	1994.08	《计量技术》
10	标准 S 型热电偶整百度点热电势的自动计算	广州市计量测试所　任国强	1994.11	《计量技术》
11	玻屏、玻锥的三坐标标测度技术	佛山彩色显像管公司　许牧军	1995.03	《计量技术》
12	低频电压 MAP 的可行性分析	广州铁路集团公司中心计量所　郑党儿、唐贵强	1996.03	《计量技术》

表 8-4 （续）

序号	论文（论著）名称	作者	发表时间	刊物名称
13	地中衡的管理和校准	惠州市水泥厂 朱秀	1997.05	《中国计量》
14	论我国计量检定规程	省计量科研所 陈明华	1997.06	《中国计量》
15	谈校准实验室认可	省计量科研所 陈奕钦	1997.11	《中国计量》
16	轴温报警器检验台的改进与溯源	广铁中心计量所 郑党儿、李锹	1998.01	《计量技术》
17	数字电压表在高阻箱检定中的应用	广州市计量测试所 陈绍华	1998.06	《计量技术》
18	陶瓷石砖的比较测量分析	深圳市鹰旗实业有限公司 张锡水、常志则	1998.06	《计量技术》
19	表面粗糙度及表面开关的测量与描述	汕头市林伯欣科学技术中等专业学校 杨芋	1998.07	《中国计量》
20	校准实验室认可与测量不确定度的计算	省计量科研所 陈明华、刘天怀	1998.07	《计量技术》
21	液位变送器基本误差检定的探讨	江门市计量所 周志雄	1998.07	《中国计量》
22	测量总不确定度问题与校准工作可靠性的评定	省技术监督局计量处 林璨	1998.08	《中国计量》
23	论量块量值传递的可靠性	省计量科研所 陈奕钦	1998.09	《中国计量》
24	出租汽车计费表防作弊的一种新技术	广州市计量测试所 谢旭	1998.08	《计量技术》
25	电子皮带秤检定问题的研讨	湛江市衡器管理所 冯伟， 安徽省计量测试所 邹炳易	1998.08	《中国计量》
26	数字式插拔力测试仪	中测院 汤庆平，汕头市技监局陈万洪	1998.09	《中国计量》
27	网络化管理——我为省所设计一个网	省计量科研所 陈小衡 郭亚和赵天川	1998.11	《中国计量》
28	低压损强耐磨磁敏不锈钢椭圆齿轮流量计的研究和设计	广东石油化工高等专科学校 陈堂敏	1998.12	《计量技术》
29	利用电子技术提高出租车计价器检定的准确度	广州市计量测试所 简冠文	1998.03	《中国计量》
30	液压式万能试验机示值误差的调试	江门市计量所 梁栋	1998	《广东质量》论文集 1998 年
31	WE 型万能材料试验机测力部分不水平对示值的影响与调整	粤北计量中心 石开颜	1999.01	《计量技术》
32	计量数据的计算机处理方法	江门市计量所 祝禄恒	1999.01	《计量技术》
33	出厂水流量计的管理及检定	中山市计量所 梁立新，中山市供水总公司 姚新益	1999.01	《中国计量》
34	税控计价器与计价器的打印功能	广州市计量测试所 谢旭	1999.03	《中国计量》
35	物控电位器步进式自动增益控制电路	江门化工仪表厂 周晋安、杨昆霞	1999.03	《计量技术》
36	计米器测量结果不确定度的分析	省计量科研所 陈怀浪	1999.04	《计量技术》
37	流量仪表快速代换的对策	广东石油化工高等专科学校 陈堂敏	1999.04	《计量技术》
38	汽轮发电机组的轴瓦测温技术	广州发电机厂 钟其武	1999.06	《计量技术》
39	门控脉冲计数量化误差与数字化测量不确定度	中大物理系 邹书文、林天章、黄光桂	1999.07	《计量学报》

表 8-4　（续）

序号	论文（论著）名称	作者	发表时间	刊物名称
40	盐浴炉测温系统的改革	江门市计量所 胡志刚	1999.07	《中国计量》
41	辅助线在精密测量中的应用	广东顺德美的风扇厂质检科 邓美华	1999.08	《计量技术》
42	MSC 型定量自动秤在尿素包装中的应用	广州石化总厂化肥厂 刘东	1999.08	《中国计量》
43	替代德国 E.P 电子秤的实用方法	中山市威力塑料建材实业公司 陈建华	1999.08	《中国计量》
44	超声波流量计的特点及误差分析	中山市供水总公司 姚新益	1999.08	《计量技术》
45	对热惰性及控温性准确度的研讨	江门市计量所 胡志刚	1999.10	《计量技术》
46	测力等强度梁的优化设计	华工大机电工程系 朱琼易、冼进、黄毅宏	1999.10	《计量学报》
47	两相流电容层析成象技术研究	华师大物理系 肖化、陈小兰、严杰、保宗悌	1999.10	《计量学报》
48	高技术态势下的中国科学计量发展思考	广州市计量测试所 周伦彬	1999.11	《中国计量》
49	PS34 型智能化三相二频功率电能表的状态检测	韶关冶炼厂计控中心 蒋少华	1999.11	《中国计量》
50	千斤顶测力装置的测试及其测量结果不确定度	江门市计量所 黄健明	1999	《广东质量》论文集 1999 年

第九节　计量学会、协会

一、广东省计量测试学会

广东省计量测试学会，其前身为广东省计量技术与仪器制造学会，成立于 1965 年，在“文化大革命”期间停止活动。1978 年恢复活动时，改称“广东省计量测试学会”，挂靠在省标准计量局，而仪器制造学会另行组建。当时，省计量测试学会业务上受省科协领导，是省民政厅正式批准成立的群众团体组织。

1978 年，恢复活动后的省计量测试学会召开第一届会员代表大会，当时的理事长由省标准计量管理局主持工作的副局长韩健兼任。会员主要是从事计量专业工作的科技人员，共有 153 人。学会下设长度、力学、热工、电磁、无线电、计量管理 6 个专业组。

广东省计量测试学会的活动包括学术活动，宣传普及、技术培训、技术咨询、信息开发、国际交流、技术攻关、出版书刊等。

1. 开展学术活动

在改革开放初期，计量科技人员得到思想解放，焕发了积极钻研计量业务，为经济建设服务的热情，在学会的专业组活动中曾经十分活跃。以 1982 年为例，可以看出省计量测试学会恢复活动以后的情况。

1982 年围绕着为广东省经济建设服务这个中心，省计量测试学会与广州市计量学会各学科专业组联合举办了各种学术活动近 30 场，参加这些活动约有 7500 人次。其中热工专业组举办了电子秤、电子轨道衡、热电偶、光电式温度计等 6 次学术报告；长度专业组举办了表面光洁度测试、国际齿轮精度标准与检测、塑料模具设计工艺与测试等5次学术报告活动；无线电专业组举办了频标彩色电视副载波同步比对、微处理机、计算机辅助测试中、大规模集成电路等4次学术报告活动；电磁专业组举办绝缘材料泄漏机理、家用电器的性能测试、电磁仪器屏蔽保护等4次学术报告活动；力学专业组举办了材料试验机拉力计技术交流，硬度及硬度测试、衡器技术改革等3次学术报告活动，与热工专业组联合举办了两次有关电子轨道衡技术讲座；计量科学管理专业筹备组举办了国际单位制介绍、计量工作在国民经济建设中的作用与地位等5次学术报告活动。

这些学术报告活动，既交流了广东省计量测试方面的新技术、新成果和新经验，又为广东省厂矿企业和科研单位解决了一些生产和科研方面的技术问题。例如，为了改变广东省一些厂矿企业对散装物料采取量方估算的原始做法，邀请了上海华东电子仪器厂、上海自动调节器厂、上海仪表三厂的有关技术人员来穗作有关学术报告，积极推广电子秤的使用、维修，以及热工计量仪表的新技术，对厂矿企业的节约能源、加强企业管理、降低成本、提高劳动生产率起到了积极的作用。为了推广频标彩色电视付载波同步比对的新科研成果，无线电专业组为此专题举办了学术报告和技术交流活动。交流活动后，广州通讯设备厂、省电子技术研究所、广州电器科研所、广州机床研究所、广州航运电子设备厂和广州通讯研究所等单位开始应用或准备应用这项科研成果，这对于保证广东省时间频率标准的量值传递发挥了积极的作用。

省、市学会联合，以多种形式举办了热工计量、电工计量、电子秤等六期专业技术培训班，参加学习的约有300多人次。1982年8月份，无线电专业组与广东省无线电计量协作分组在广州联合举办了一期集成电路新技术的培训班，邀请中山大学的教授进行主讲，广东省各有关厂矿企业和科研单位70余名技术骨干参加了学习。办班期间，他们系统地学习了集成电路技术的基础知识，初步掌握了有关使用和调试的方法。这对于开展无线电计量协作活动和推广应用电子新技术都是十分必要的。热工专业组利用该组正、副组长所在的广州氮肥厂、广州钢铁厂计量室作为基地，为沈阳煤气厂、莲花山纸厂、广州铁路局等单位代培热工计量专业人员共62名，受到了有关部门和单位的好评。

1982年针对广东省经济特区建设中有关计量测试工作存在的问题，省计量测试学会常务理事、华南工学院曾汝良副教授，带领学会的有关会员，到深圳、珠海特区进行了考察，实地调查和测试了特区工业生产的噪声公害问题。经过分析研究，写出了《关于立法和管理控制监测经济特区工业生产噪声的建议》，经中国计量测试学会呈报全国人大法制委员会及有关单位，受到了有关部门的重视。

在学会工作中，也涌现出了不少积极分子。如长度专业组的曾汝良、苏乃强，热工专业组的黄栋荣、李扬宗、关兆铭，电磁专业组的周钦、林炯堂、肖庆昆，无线电专业组的曾齐、方森礼等。省、市学会秘书组和理事会的林英、廖忠荣受到省科协的奖励，陈富强、郑迪伟受到省科协的表扬。

省计量测试学会1988年、1989年连续两年开展学术年会活动，共有150多人参加。年会共征得论文95篇，经审查入选的有79篇，评选出优秀论文26篇，其中，一等奖1篇、二等奖10篇、三等奖15篇，同时有两篇获省科协自然科学优秀论文二等奖，一篇获中科协自然科学优秀论文二等奖。获省科协二等奖的论文《高信噪比光电源测量系统》（作者郭乃健）被1989年国际光电子科学与工程学术会议录用；《用量热法实现固态氧 $\beta-\gamma$ 转变》（作者蔡明忠、赵德厚、李英权）被1989年在日本举行的第二届亚洲热物理学术会议录用并出版，蔡明忠参加了会议。李扬宗等人编写的《表面涂层对难熔金属热电偶的热性、稳定性及工作寿命在高温中的影响》荣获1989年省政府颁发的丁颖科学奖。

1994年4月，省计量测试学会在番禺市莲花山召开了学术年会，省科协、省经委、省技术监督局的领导、学会的理事及论文的作者，共87人参加了会议。在会上宣读的18篇论文，经学会学术委员会认真评审，共选出优秀论文一等奖2篇、二等奖1篇、三等奖8篇。会后，推荐了4篇优秀论文参加广东省第二届自然科学优秀论文评选，其中，三篇获优秀论文三等奖。

2. 举办外国计量专家技术讲座

90年代，经常有国外计量专家来广州访问，他们来自国际计量局、美国标准局、德国联邦物理技术研究院、罗马尼亚计量院等，省计量测试学会利用这些机会举办外国计量专家讲座，进行技术交流。

1989年，借澳大利亚计量研究所几何量专家来穗访问的机会，组织有关单位科技人员和计量人员进行学术交流；借联邦德国波同——茂瑟精密仪器公司技术人员来广州之机，举办了“三坐标测量和技术讲座”，邀请有关市计量所和大专院校、工厂计量部门的人员参加，受到会员的欢迎。

1994年，请德国和美国专家讲“三坐标测量仪”技术，请香港专家讲“美国和日本的电子天平及红外线快速水份测定仪”技术，请瑞典专家讲“CO质量检测技术”，到会者达100多人，收到了较好的效果。

3. 开展技术培训

1984年省计量测试学会举办培训班9期，培训约700人次，地、市计量学会办培训班30期，约培训2300人次。

在省技术监督局的支持下，1990年学会承担了全省计量管理函授招生工作，报名参加人数达4000多人。

1993年配合中国计量测试学会举办第三期计量管理函授班，学会承担了组织教材、安排教学计划，组织考试等工作，全省参加学习的学员共620人。

同年，举办短期班11期，学习人数620多人。

1994年，举办了“关于贯彻’90国际温标热电偶新计算公式及分度表宣贯学习班”。

1995年，举办了扭力、电子天平、分光光度计、旋光仪等先进计量仪器的技术学习班。

1996年，举办“商贸计量函授学习班”，全省有8个市400余人参加。此外，还举办了“量块”、“万能量具”检定员学习班，参加人数有136人；与海口国际标准进口中心合作，共同举办ISO 10012测量设备质量保证要求学习班；协助省技术监督局人教处完成了全省首批技监行业工人400多人技术等级的培训考核工作。

4. 开展技术咨询和技术服务

1993年学会组织省计量科研所声学室人员对东莞市全部医院和深圳市罗湖区的医院的B超、A超等进行检测服务，受到医院领导的好评。1994年与阳江、清远、中山、惠州、梅州等市联系开展医院卫生计量器具检测，当年完成的有阳江、清远、中山等三个市的医院的计量器具检测。承担了中国计量测试学会交给的“饮料检测技术”、“罐头食品检测技术”两篇教材的编写任务，得到了国家技术监督局的表扬。

5. 宣传出版工作

1984年创办了不定期出版刊物《广东计量》，共出版了3期，每期约1000～2000份。1988年省计量测试学会与省质协、标协合办《标准计量与质量管理》杂志。该杂志是80年代创刊，公开发行的，但由于资金缺乏，曾一度停刊。学会接过来后，想方设法筹集经费，恢复了杂志的出版发行，受到广大计量工作者的欢迎。由于机构变动，该杂志1994年再度休刊。

为广泛宣传《计量法》，学会组织科研人员撰写文章，被广东省电视台采用，在1989年7月1日《今日话题》节目中播出，一共播出三次。

为开展“计量活动日”的宣传，1995年省计量测试学会协助省技术监督局联合广州市技术监督局组织召开“加强市场计量监督座谈会”，省、市人大、财经委负责人，省、市经委副主任，省、市政府办公厅法制处代表，省、市计量部门负责人，学会以及有关专家教授，电台、电视台、报社记者等参加了座谈会。

6. 加强学会组织建设，完善组织机构

广东省计量测试学会按照章程选出理事会，在理事会领导下，逐步加强对学会常设机构秘书处的建设。1983年实行机构改革，挂靠在省标准计量管理局的省标准化协会和省计量测试学会统一成立一个秘书处，原理事长韩健退休，由省标准计量局局长黎湘任理事长，凌开文任秘书长。

1986年6月，省计量测试学会召开第二届会员代表大会，选举常务理事17人，理事36人，理事长黎湘，秘书长李奕照。下设组织、学术、宣传普及、咨询4个工作委员会。

秘书处的工作人员在初期都是兼职的。1986年，统管计量学会和标协工作的省学（协）会秘书处，成为省标准计量局的一个处室，派了一名处级专职干部负责学（协）会秘书处工作。从1988年开始，省标准计量局直属单位省计量科研所、省标准情报所派员到学会秘书处工作。

1992年9月，省计量测试学会召开第三届全体团体会员会议，选举产生了理事会，选举正、副理事长7人，常务理事26人，理事53人，聘请顾问5人，确定正、副秘书长5人，理事长黎湘，秘书长冯其约。下设组织、学术、宣传普及、咨询4个工作委员会。

1993年2月至1997年3月，省计量测试学会秘书处独立出来设在省计量科研所内，有专职干部2人从事学会工作。为加强与各市的联系与合作，省计量测试学会在推动各市成立学会和工作活动方面进行了工作，广州、深圳、珠海、汕头、佛山、江门、韶关、梅州、清远、肇庆、东莞、中山等市先后建立学会，并开展活动。1993年召开省、市计量测试学会秘书长会议，沟通省、市学会的关系，交流经验，加强合作。

1997年3月，省计量测试学会秘书处迁回省技术监督局计量处，与计量协会秘书处合署办公，两块招牌，一套人马。理事长黎湘退休，由省技术监督局副局长张理中任理事长，计量处张兵强任秘书长。1999年，张理中调省质检中心，由计量处副处长林璨任理事长。

2000年省计量测试学会产生第四届理事会，省计量科研所原所长陈奕钦任理事长，省质量技术监督局计量处处长赵剑任秘书长。

2003年10月，根据省质量技术监督局领导的决定，省计量测试学会又重新归省计量院管理，学会秘书处回到省计量院。2004年省计量测试学会召开第五届团体会员大会，选举产生了第五届理事会，省计量院院长高富荣任理事长，省计量院副院长潘嘉声任秘书长。省计量测试学会依托省计量院的技术条件，继续开展计量检定人员、计量检测机构内审员、机动车检测人员培训，以及计量技术咨询等活动。

二、广东计量协会

中国计量协会于1991年经国家有关主管部门批准成立。从1991年底开始，广东省也酝酿筹建广东计量协会，经过近一年的筹备，报请广东省民政厅批准，于1992年10月16日发给社会团体登记证。广东计量协会是为更好地贯彻执行《计量法》，由从事计量管理的政府计量行政部门，法定计量检定机构，计量器具制造、修理的企业，工业企业和事业单位的计量机构，是以及计量器具经营服务部门组成，是以团体会员为主的社团组织。

1992年12月26日，广东计量协会在中山市召开了第一次团体会员代表大会，出席大会的团体会员代表共122位，大会通过了协会章程，以投票方式选出协会理事会理事39人，常务理事17人，并选出理事长、副理事长共5人，决定正副秘书长4人。黎湘任首届理事长，陈富强任秘书长。

广东计量协会下设4个委员会：计量检测工程工作委员会；计量信息与咨询工作委员会；企业计量体系促进工作委员会；计量新产品开发与推广工作委员会。

根据《广东计量协会章程》的规定，1996年1月8～9日，广东计量协会第二届团体会员代表大会在广州召开，会议选举协会理事58人，其中常务理事22人，正副理事长13人，决定正副秘书长5人，通过了新章程。张理中任理事长，张兵强任秘书长。

在此期间广东计量协会主要做了以下工作：

一是引导企业计量与国际接轨。（1）1993年5月底至6月初，组织有22位来自各团体会员单位的代表赴香港参加了京港学术交流中心与本协会联合举办的现代计量研讨班。（2）1993年8月与1995年7月先后两次组织会员单位参加了黑龙江省计量协会牵头组织的企业计量保证研讨会。（3）1993年10月在东莞市召开了有各地计量部门负责人参加的企业计量国际接轨研讨会。12月在清远市召开了有80多位会员单位代表参加的企业计量保证体系国际接轨研讨会。（4）1994年5月在惠州市召开了ISO 10012国际标准高级研讨会。（5）1995年11月，协会与中国计量协会在昆明市联合举办GB/T 19022—1研讨班。

二是举办讲座了解计量发展信息。1996年1月中旬，协会在省科学馆召开了面向2000年称重技术国际研讨情况报告会。会上由出席国际会议的国家技术监督局计量司马彦冰高级工程师和广东省物资科技服务公司赵基升高级工程师全面介绍了国际衡器发展的信息。当月下旬，协会特邀请了中国计量科学研究院原院长、博士、教授赵克功作了题为《21世纪的计量科学》的学术报告。

三是出版刊物和编印计量资料。1994年8月，协会承担了已休刊半年以上的《标准计量与质量管理》双月刊的重新出版、发行工作，使刊物重新于10月与读者见面，连续依期出版至1995年6月移交给省技术监督局政策法规处接办。协会还不定期地以印发简报形式的《计量信息》向全体会员传递全国、全省计量领域的重大信息。1995—2001年协会编印、发行了《广东省产品质量检验机构计量认证合格名录》两册，第一册于1996年发行，征集了已通过计量认证合格的303个产品质量检验机构，向社会公布，第二册征集了已通过计量认证合格的213个单位向社会公布。编印了广东省《制造计量器具许可证》年审公报、以及《广东省国家法定计量检定机构和授权的计量检定机构及其核准开展的计量检定项目总览》。

四是开展咨询和服务活动。为加强对企业的计量工作，增强企业对产品质量、经营管理、节能降耗和市场竞争的技术基础保证能力，国家技术监督局根据GB/T 19022—1（ISO 10012—1）标准的要求，对企业开展了“完善计量检测体系”确认工作。这是一项新的工作，要求比较高，有的企业要求指导。协会主动与已向国家申请完善计量检测体系确认的企业联系，与其签订技术咨询合同，组织专业人员给予指导和帮助。协会完成了对韶关钢铁企业集团公司、佛山耐酸陶瓷厂、中国石化广州石化总厂、广东省广前糖业发展有限公司、鹤山市电机厂、广东活力股份有限公司等企业的咨询工作，这些企业都已获得通过，得到国家质量技术监督局发的完善计量检测体系确认证书。

五是协助《中国计量》杂志发行。《中国计量》杂志是1995年创刊的，发行、组稿都要求全国各省市计量部门的支持。广东的发行、组稿工作由广东计量协会具体抓，在各级市、县计量部门支持、帮助下，使该杂志在广东的发行量逐年增加，1998年发行量达1200份以上，名列全国第三，受到《中国计量》杂志社的表彰。

2000年11月广东计量协会产生了第三届理事会，设立专职人员组成的秘书处，承担广东计量协会和广东省计量测试学会两会秘书处工作。省质量技术监督局原局长黎湘任理事长，省质量技术监督局计量处处长赵剑兼任两会秘书长。

这一时期广东计量协会和省计量测试学会一起为配合全省促进企业计量科技进步，加强企业计量工作，组织有丰富理论和实际经验的专家对五羊——本田（广州）摩托车有限公司、广州中药一厂等8家企业提供完善计量检测体系确认技术咨询，使这些企业顺利获得国家质检总局颁发的完善计量检测体系确认合格证书；为各类检测机构贯彻《计量认证／审查认可（验收）评审准则》以及申请实验室认可的需要，举办了几十期内审员、评审员培训班，培训近5000人次。2001年开通网站“广东计量网”，出版发行“两会会刊”，密切了与广大会员的联系。2001年6月广东计量协会被省民政厅评为“广东省省级先进社会团体”。

2002年两会组织了“南粤大计量论坛”，征集了论文近百篇，评出一等奖论文1篇，二等奖论文3篇，三等奖论文3篇，优秀论文6篇，出版了《南粤大计量论坛优秀论文集》。

2003年3月两会在广州参与主办了“首届中国（广州）国际计量测试技术（服务）及仪器设备展览会”，会展期间举办了“WTO与中国计量法制建设”、“实验室认可与我国检测市场的发展”等8场专题报告会。

2003年9月根据省质量技术监督局有关公务员不再兼任社团组织职务的规定，赵剑不再兼任两会秘书长。经省质量技术监督局领导推荐，协会常务理事会通过由副理事长赵天川接任秘书长、法人代表。2005年10月广东计量协会举行了会员代表大会，选举产生了第四届理事会，赵天川任会长，王素珍任秘书长。

适应市场经济日趋成熟的形势，计量协会更加强调为会员服务为社会服务，在政府和企业之间成为桥梁和纽带。2004年12月广东计量协会与省内16个社团在省民政厅领导下共同组团，参加民政部、国家发改委和国贸委在北京联合主办的《首届全国行业协会成就汇报展》，广东展馆受到媒体的关注和好评。2005年5月协会与全省其他300个民间组织联合发起《维护公众利益构建和谐广东自律与诚信倡议书》，向社会郑重承诺，以诚信为生命，提高民间组织的社会公信力，构建诚信公平的社会环境。2005年5.20世界计量日，协会邀请中国工程院院士张钟华，计量专家李慎安、何开茂、郭洪涛等就21世纪计量测试技术发展；计量法律、法规；测量不确定度的简化评定等内容作了精彩报告。

2005年1月广东计量协会被省民政厅评为“全省先进民间组织”。

广东计量协会在2006年至2009年期间，成立了广东计量协会水务计量工作委员会，围绕水流量计量技术，节约水资源，水质分析技术培训等方面开展了交流活动；根据计量检测实验室和企业的需要举办了“实验室资质认定评审准则”、“计量校准人员”、“测量不确定度评定”、“实验室监督人员、实验室管理人员”、“实验室内审员”等各类培训；建立了计量专家库，不断完善协会的人才资源管理，为教育培训，技术咨询提供了充分的支持。

根据社会的发展，政府对社团组织的政策的变化，2009 年协会修订了《广东计量协会章程》，制定和完善了各项规章制度，使协会工作更加规范，更好地发挥了桥梁和纽带的作用。

三、省内其他计量学会协会

1. 广州市计量学会

广州市计量学会成立于 1978 年 11 月，是一个群众性的学术团体，其任务是组织、发挥全市计量工程技术人员的作用，举办各种形式学术、科普活动，提高计量专业技术人员的科学技术水平，促进计量技术的发展。广州市计量学会分组织委员会、学术委员会、科普委员会，并分长度、力学、热工、电学、管理 5 个专业小组。该学会初期有会员 240 人，选举产生了第一届理事会，广州市计量管理处处长林英任理事长，罗辉、林毓西、曾汝良、万永福等任副理事长，广州市计量管理处办公室主任刘熊任秘书长，谭志琛为秘书。广州市计量学会原挂靠在广州市计量所，1983 年广州市标准计量管理局成立后改为挂靠该局。

1986 年换届改选，广州市标准计量管理局局长吴鸿光任理事长，罗辉、刘本森、李扬宗、张苑岳等任副理事长，潘治彪任秘书长。

1988 年 7 月，广州市计量学会更名为广州市计量测试学会，该学会在这个时期积极配合《计量法》的宣贯工作，举办多期普及《计量法》的学习班，帮助广州市的企、事业单位主管计量的领导和计量人员学习、领会《计量法》与企业生产、保证产品质量和加快企业发展的密切关系。

1987—1991 年，广州市计量学会与省计量学会联合举办了 320 期技术培训班、103 场技术报告会，参加人数 2.64 万多人次，先后与广州市第一职工业余学校联合举办了计量专业中专班，与广东工学院联合举办了计量专业大专专业证书班，为广州市培训了一批计量技术骨干。此外，广州市计量学会还与广州市计量所共同编辑出版了《计量测试》期刊，召开学术年会，编印出版了《年会论文》，其中有 4 篇论文获广州市科协论文二等奖，7 篇论文获广州市科协三等奖。

广州市计量测试学会除了积极组织本市的企、事业单位主管计量的领导和计量人员举行各种联谊活动外，还与南京、杭州等市的计量学会开展学术交流。

1989 年和 1992 年，广州市计量测试学会两次被中国计量测试学会评为“全国先进计量学会”；多次获得广州市科协颁发的先进学会荣誉证书。

1997 年由广州市技监局计量处李丽英兼管市计量测试学会工作，并担任秘书长。

2003 年以后，广州市计量测试学会挂靠在广州市质量技术监督局下设的培训中心，开展多项计量培训工作。

2. 深圳市计量测试学会

早在深圳市计量行政管理部门成立之前，深圳市计量测试学会已于 1985 年成立，隶属深圳市工业办公室主管，1986 年深圳市标准计量局成立后，深圳市计量测试学会即划归市标准计量局。1987 年 7 月，深圳市计量测试学会召开了第二次会员代表大会，改选了理事会，修订了学会章程。会议选举深圳市标准计量局总工程师李世雄为理事长，张达元、林腾龙、方灿森、刘振鸿、颜经传为副理事长，秘书长许江勇。1988 年 4 月，深圳市计量测试学会进行了社会团体登记，通过了深圳市民政局的审查，取得“社会团体登记证”。深圳市计量测试学会分别在 1993、1999 年召开了第三届、第四届会员代表大会，进行了理事会改选。2004 年，深圳市在全国率先进行了社会组织的管理体制改革，深圳市计量测试学会在人、财、物上与政府全面脱钩，实现政社分开，成为独立法人，由深圳市局所属变更为深圳市计量质量检测研究院托管。在 2004 年举行的第五届会员代表大会上选举通过由深圳市计量质量检测研究院院长李翔任学会法人代表，并兼任第五届理事长，孙学明为副理事长兼秘书长。

深圳市计量测试学会依托市计量质量检测研究院的技术优势，积极开展计量培训工作，至 2010 年培训计量检定人员达到万余人次，计量管理人员近万人次，为华为公司、康佳集团、迈瑞公司、中兴通讯、大亚湾核电站、中石油、中石化、供电局、水务集团等大型企、事业单位培训了大量计量岗位人员。该学会通过加强与政府部门的沟通，提高自身能力建设，加强为会员，为企、事业单位服务质量，开展了多种计量技术咨询，2005 年建立了学会网站，提高了学会知名度。深圳市计量测试学会认真完成政府委托的工作，1999 年协助深圳市质量技术监督局与中国计量协会等在深圳举办了“’99 中国计量检测技术与设备展览会”；在市质量技术监督局主持下 2005 年参与了“深圳市豆制品治理调研”工作，2008 年负责了“深圳市计量校准服务机构基本情况调查”工作；每年“5.20 世界计量日”均积极配合市质量技术监督局计量处组织各种活动。该学会经常组织会员单位参加省内外计量方面的考察学习活动，征集本地区计量技术人员撰写的论文，参加华南、华东地区的学术交流，为提高本地区计量测试人员的科技水平发挥了积极作用。

3. 江门市计量学会

江门市计量学会成立于 1986 年，当年 4 月 10 日在江门市标准计量局召开了江门市计量学会第一次会员大会，有来自各条战线的计量工作者 104 人参加。大会通过了《江门市计量学会章程》，选举产生了第一届理事会，理事长陈世杰，副理事长冯永灿，秘书长余培智。1989 年江门市计量学会举行了第二届会员大会，有会员代表 105 人参加，选举产生了第二届理事会，理事长陈泽林，副理事长冯永灿，秘书长韩锦辉。

江门市计量学会成立后，围绕贯彻实施《计量法》，工业企业计量定级、升级等开展了学习、培训和技术交流、论文征集等活动。

第九章　广东计量事业渐入佳境迎来发展的新时期

（2000—2009）

华南国家计量测试中心
广东省计量科学研究院

第九章 广东计量事业渐入佳境迎来发展的新时期

（2000－2009）

来到21世纪，广东省政府提出了“增创新优势，更上一层楼，率先基本实现社会主义现代化”的总目标。在广东的经济和社会持续高速发展的新形势下，全省计量事业迎来了发展的新时期。

广东省计量工作本着“以法制计量的深入开展为重点，以量传体系的改革和完善为基础，以加强计量技术机构建设为保障”的指导思想，遵循“转变观念，锐意改革、突出重点、坚实基础”的工作方针，紧密围绕解决建设和社会热点问题，把民生计量和能源计量作为关注的焦点，进一步强化计量器具的监督管理，规范商品量计量行为，广泛开展能源计量，加强计量技术机构建设，加快与国际惯例接轨的进程，全面推动了广东省计量工作的深入开展，为促进经济社会协调发展和全面进步，为广东省率先基本实现社会主义现代化做出贡献。

2000年省政府进一步明确规定了省质量技术监督局（原广东省技术监督局，以下简称省质监局）在计量工作方面的职责是：组织实施计量法律、法规；推行国家法定计量单位；管理和监督计量标准，组织制订地方计量检定规程和计量技术规范；组织全省量值传递，实施强制计量检定；规范市场计量规则，组织计量仲裁检定，规范社会公正计量服务机构；对计量、质检机构进行计量认证；推行工业计量现代化管理，承担国家质量技术监督局交办的完善计量检测体系确认的评审工作；对企业计量检测保证能力进行考核；负责计量检定员的考核发证、计量器具制造、维修许可证管理和进口计量器具的审核。

为加快广东的发展，省委提出，广东要坚持面向世界，服务全国，努力建设成为提升我国国际竞争力的主力省，探索科学发展模式的试验区，发展中国特色社会主义的先行地，成为全国实践科学发展观的排头兵。2008年8月14日，黄华华省长率队到省计量科学研究院（原省计量科研所，以下简称省计量院）检查指导，要求省计量科学研究院加大投入，积极引进和培养人才，提高科研水平和检测能力，为广东省产品检验检测、研发、创新等提供重要的技术支撑，服务广东省现代产业体系建设。在省委省政府的重视和关怀下，这一时期，以省计量科学研究院为龙头的广东省法定计量技术机构，加大了投入，提高了管理的科学性，实力得到大提升，逐步适应广东省经济和社会发展的速度，积极为广东省又好又快地发展，发挥技术基础和技术保障作用。

第一节 民生计量成为关注的焦点

在经济快速发展，社会不断进步的过程中，与百姓生活密切相关的计量工作越来越成为社会关注的热点，加强民生计量工作是构建和谐社会，营造公平竞争的市场环境，维护广大消费者切身利益的重要举措。民生计量作为计量工作的重中之重就是要切实加强对民生计量工作的监管，让百姓购放心物、行放心路、加放心油、坐放心车、用放心表。

民生计量工作主要包括家庭用水、用电、用气计量，以及与百姓生活密切相关的加油站、液化石油气充装站、集贸市场、商场、超市、餐饮业、农村粮食收购站点、交通执法、医疗卫生机构、机动车安全技术检验机构等领域的计量监管。

为保证民生计量的有效实施，国家质检总局先后发布了相关法规规章。为规范管理定量包装商品，继 1995 年颁布《定量包装商品计量监督规定》以后，国家质量技术监督局于 2001 年又连续制定印发了《定量包装商品生产企业计量保证能力评价规定》、《定量包装商品生产企业计量保证能力评价规范》和《定量包装商品计量保证能力合格标志图形使用规定》，2005 年 5 月，国家质检总局第 75 号令公布《定量包装商品计量监督管理办法》取代了《定量包装商品计量监督规定》。为加强城乡集贸市场计量监督管理，2002 年 4 月以国家质检总局第 17 号令公布了《集贸市场计量监督管理办法》。为建立加油站长效计量监管机制，2002 年 12 月 31 日国家质检总局第 35 号令发布《加油站计量监督管理办法》。2003 年，为推进光明工程，国家质检总局于 10 月 15 日制定公布了《眼镜制配计量监督管理办法》。为提高商业、服务业诚信计量管理水平，引导行业自律，营造行业诚信经营、公平竞争的和谐市场计量环境，国家质检总局于 2007 年 11 月，以 2007 年第 162 号公告，发布《商业服务业诚信计量行为规范》。

为贯彻国务院提出的关注民生、构建社会主义和谐社会的总体要求，切实维护人民群众的切身利益，为全社会营造良好的计量氛围，2008 年，国家质检总局决定从 5 月份起，用 2 年时间，在全国范围组织开展"关注民生、计量惠民"专项行动。此次专项行动通过开展"四个走进"大型主题活动，达到"四个百分百"的总体目标。即诚信计量进市场、健康计量进医院、光明计量进镜店、服务计量进社区乡镇（含学校），使此次专项行动 100% 覆盖到辖区内所有的集贸市场、100% 覆盖到辖区内所有的医疗卫生单位、100% 覆盖到辖区内所有的眼镜店、100% 覆盖到辖区内所有的社区乡镇。

广东省为贯彻这些国家法规和国家质检总局的要求，提出广东省民生计量工作的目标是使重点市场计量环境秩序得到明显改善，各类计量违法案件得到有效遏制，在用计量器具的受检率、合格率和商品量的计量准确达到较高水平。为此全省计量工作者为整治广东的市场秩序和维护人民群众的切身利益，做了大量工作。

一、集贸市场及餐饮业的专项整治

城乡集贸市场和餐饮业与广大人民群众有着最密切的关系，国家质检总局于 2002 年 4 月 19 日，以第 17 号令公布的《集贸市场计量监督管理办法》，是保护消费者合法权益，整顿市场经济秩序的一个重要法规。该管理办法涉及集贸市场经营活动中的计量器具管理、商品量计量管理、计量行为管理及其监督管理活动，不仅对集贸市场主办者、经营者和监督者的责任和义务一一作了规定，还对计量违法行为的处罚进行了明确的规定。

国务院对整治集贸市场经济秩序十分重视，2002 年初国务院办公厅发出《关于开展集贸市场专项整治工作的通知》，并专门召开了全国电视电话会议，对开展集贸市场专项整治工作进行了全面部署。国家质检总局在 4 月和 7 月接连发文部署集贸市场专项整治的工作。

集贸市场计量专项整治工作涉及面广，存在问题较多，整治工作困难较大。国家质检总局要求各省从 2002 年 4 月起，用半年时间，组织对本行政区域内的集贸市场计量环境实施一次全面整治，进行普查，对基本情况登记造册，建立档案，实施一次全面监督检查。

2002 年 6 月和 8 月，省质监局根据国家质检总局的部署，提出贯彻的指导意见和计划安排，并要求全省各市、县要知难而上，扎扎实实地工作，一个市场一个市场，一项一项工作抓好落实。省质监局列出广东省首批计量监督管理重点集贸市场的名单共 166 家，包括广州 13 家、深圳 2 家、湛江 9 家、梅州 12 家、潮州 4 家、中山 2 家、云浮 11 家、韶关 10 家、揭阳 10 家、江门 10 家、茂名 9 家、汕头 6 家、东莞 2 家、阳江 4 家、佛山 8 家、清远 16 家、河源 10 家、汕尾 8 家、珠海 2 家、惠州 10 家、顺德 3 家、肇庆 5 家，作为当地监督管理整治的“典型试点”市场，按计划进行自查、自纠，然后进行检查验收。为做好这项工作，省质监局于 2002 年 8 月制定印发了《广东省集贸市场计量监督管理实施办法》。

按照国务院和国家质检总局的部署，全国集贸市场专项整治第一阶段于 2002 年 9 月基本结束，为巩固阶段性成果，交流各省在计量专项整治中的经验，2002 年 11 月 9 日～ 11 日，“全国集贸市场计量专项整治现场观摩和经验交流会”在广东召开。会议第一、第二天在深圳开会，现场观摩了深圳市福田农产品批发市场、深圳市布吉农产品中心批发市场，第三天移师广州，参观了广州市海珠中心市场、广州市东川新街市，并交流经验。这说明广东的集贸市场整顿工作得到国家质检总局的肯定。这 4 个市场由于在集贸市场价格、计量和企业管理工作中取得突出成绩，成为首批被授予广东省“价格、计量信得过”称号的单位，并得到省质监局和省物价局颁发的“双信”荣誉标志和牌匾。

2002 年，广州市对集贸市场实行专项整治中，对全市 494 个集贸市场设置了驻点工商管理员和公平秤，对各市场在用秤登记造册，录入电脑，建立数据库。经过一年努力，帮助市场建立计量监督管理体系，商用计量器具受检率由原来的 50%上升到 91%，公平秤设置率和受检率分别由原来的 53%和 60%上升到 100%，广州市集贸市场计量环境得到明显改善。

对餐饮业存在的克扣斤两、变相涨价等侵犯消费者利益的投诉时有发生。为此国家质检总局和广东省质监局，多次组织对餐饮业商品量进行计量监督检查。尤其在春节、国庆、“3. 15”等特殊日子，对酒楼、饭店、宾馆实施专项计量监督检查。羊城晚报、新快报、信息时报、中国质量报等都对我省在餐饮业计量监督检查中发现的问题进行过披露，引起社会和餐饮企业的重视。

2004 年，广东省根据国家质检总局《关于开展餐饮业建立专项监督检查工作通知》，在全省范围进行了半年多专项检查工作。各地通过对餐饮企业调查摸底建立档案、宣传培训提高法制意识、风景区商业区重点检查、加大执法力度打击违法行为、发挥新闻舆论作用等做法，特别是电视台、报纸记者的随访报道，引起社会反响，对不法企业起到震慑作用。检查情况见省质监局 2004 年 10 月 8 日统计表：

表 9-1　餐饮业计量监督检查情况统计表

<table>
<tr><td colspan="3">检查餐饮店数</td><td>3368</td></tr>
<tr><td rowspan="5">检查在用衡器</td><td colspan="2">检查台件数</td><td>5814</td></tr>
<tr><td rowspan="2">此次监督检查前</td><td>受检率</td><td>57. 3%</td></tr>
<tr><td>合格率</td><td>76. 6%</td></tr>
<tr><td rowspan="2">此次监督检查后</td><td>受检率</td><td>90. 2%</td></tr>
<tr><td>合格率</td><td>91. 5%</td></tr>
</table>

表 9-1 （续）

检查在用量杯、量提	检查台件数		219
	此次监督检查前	受检率	20%
		合格率	95%
	此次监督检查后	受检率	93.8%
		合格率	96.8%
查处违法案件情况	违法使用计量器具案件数		258
	违法使用非法定计量单位案件数		439
	伪造数据、缺斤短两违法案件数		205
菜单中标注净含量或原料配比的餐饮店数			248
配备了专兼职计量管理人员的餐饮店数			893

佛山市质监局 2005 年 3 月起对缺斤短两的餐饮企业实施计量“黑名单”制度，对列入“黑名单”的餐饮企业进行重点监控和跟踪检查，必要时予以公布。该项制度实施以后，收效明显。

就全省来说，对集贸市场和餐饮企业的整治和监督检查，经过多年工作，仍然存在不少问题。至 2008 年初，为落实国务院关于稳定价格、保障市场供应、严格市场监管的工作部署，全省进行了专项执法检查后，省质监局向国家质检总局汇报中反映：一是大部分集贸市场经营者或者管理者对计量器具强制检定有抵触情绪，未对集贸市场使用的贸易结算用计量器具进行登记造册，报当地质监部门备案，造成在用计量器具未依法检定；二是未设置公平秤，或者公平秤未依法检定，消费者对公平秤缺乏信任；三是城乡结合部的集贸市场仍存在使用非法定计量单位计量器具或者明令淘汰的计量器具的行为，如蔬菜水果小贩（农民）使用木杆秤进行贸易结算；四是存在改装衡器开关或在衡器控制面板设置密码进行计量作弊的违法行为；五是计量器具更换频繁，复检率低，计量器具底数不清，难以监管到位；六是集贸市场贸易结算用计量器具检定收费难，法定计量检定机构开展工作难度大，积极性不高。

为彻底解决集贸市场衡器检定的难题，省质监局在 2008 年开展“关注民生计量惠民”专项行动中，提出争取 2009 年将广东省集贸市场在用衡器检定费用列入财政拨款，实现集贸市场贸易结算用衡器免费检定。深圳市从 2004 年开始，为加强对市场衡器的监管，市场衡器强制检定费用由该市公共财政统一支付，此项工作为全国首创。广州市于 2007 年开始，对广州市区集贸市场的衡器进行免费检定，每年广州市质监局做计划，由广州市计量院承担。2010 年深圳市已实现为全市 398 家集贸市场用于贸易结算的衡器和 796 家超市中用于散装食品销售的衡器，以及全市所有邮政网点邮政秤实施免费检定。

二、定量包装商品计量监督管理

1. 推广定量包装商品生产企业“C”标志工作

随着定量包装商品的大量生产，极大地方便了人们的生活。为了加强定量包装商品计量监督管理，维护消费者和生产者的利益，国家质量技术监督局根据我国定量包装商品生产企业实际情况，同时借鉴国际通行做法，于 2001 年制定了《定量包装商品生产企业计量保证能力评价规定》，在企业自愿申请的基础上，对经核查计量保证能力合格的定量包装商品生产企业，颁发全国统一的《定量包装商品生产企业计量保证能力证书》，并允许在其产品上使用全国统一的计量保证能力合格标志“C”。

国家质量技术监督局规定，第一批可开展评价的13种定量包装商品是：酒、食用油、方便面、米、面粉、奶粉、牛奶、酸奶、碳酸饮料、纯净水、洗衣粉、洗发液、护肤霜。随后国家质量技术监督局又制定了《定量包装商品生产企业计量保证能力评价规范》、《定量包装商品计量保证能力合格标志图形使用规定》等。

广东省是定量包装商品生产大省，为了从源头上加强定量包装商品计量监督管理，省质监局十分重视对定量包装商品生产企业计量保证能力的建立和管理，于2001年8月制定了《广东省实施定量包装商品生产企业计量保证能力评价和定量包装企业计量保证能力合格标志制度总体工作方案》，积极推进开展定量包装商品“C”标志企业活动。

2002年3月13日省质监局公布了广东省首批获得《定量包装商品生产企业计量保证能力证书》，和获准使用定量包装“C”标志的5家企业。他们是美晨集团股份有限公司黑妹牌牙膏等8种定量包装商品，深圳深宝实业有限公司深宝牌菊花茶等6种定量包装商品，广州浪奇实业有限公司高富力牌洗洁精等3种定量包装商品，广州市南方面粉股份有限公司红牡丹牌面粉等10种定量包装商品和广东金福米业有限公司金福牌大米等3种定量包装商品。

为适应广东省全面拓展“C”标志工作的需要，省质监局于2003年1月制定印发了《广东省定量包装商品生产企业计量保证能力核查和使用“C”标志工作程序》及《现场核查用表》，以进一步规范管理，推动“C”标志工作。2003年全省获得“C”标志证书的企业累计19家。

2004年全省33家企业获准使用“C”标志，累计54家。

2005年全省获得“C”标志证书的企业有41家，累计已达到104家。

2006年，通过与国家名牌、国家免检产品的评比相结合，省质监局加强了对企业申报 “C”标志的引导力度，全省获得“C”标志证书的企业共58家，与2005年相比，提高了41.4%，累计达到162家，居全国第二位。

2007年全省获得“C”标志的企业有65家，企业获得“C”标志的数量显著增加。

2008年广东省通过“C”标志评价的定量包装商品生产企业114家，累计511家。

2009年，广东省共完成“C”标志评价的企业73家。

2. 定量包装商品定期监督抽查

对定量包装商品的监督管理是以国家质检总局每年组织的监督抽检和省质监局组织的监督抽查来实行的。每年按照计划，各级质检部门在市场或企业成品仓库或包装生产线上，按抽样方法抽取样品，由具备实施定量包装商品检验资质的法定计量检定机构，按检验规则进行检验。对出现不合格情况的销售或生产企业要进行整改或处罚。

2003年第4季度广东省定量包装商品净含量计量监督抽查商品有方便面、小食品、茶叶、乳制品、调味品、饮料、合成洗涤剂、化妆品、海产品、冷冻食品等十大类产品。抽查对象为全省相关生产企业的包装现场或成品仓库内的定量包装商品。共抽查企业299家，合格236家，合格率79%；抽查产品335批次，合格242批次，平均合格率72%。抽查结果表明：冷冻食品合格率为100%，茶叶、饮料和海产品合格率在80%～81%之间，小食品、乳制品、调味品、洗涤品、化妆品等合格率在76%～79%之间，方便面的合格率较低，仅有51%。大型企业的产品合格率为81%，中型企业的产品合格率为75%，小型企业的产品合格率为68%。根据抽查结果，不合格企业进行了整改或受到相应处罚。

2004年第4季度，广东省对定量包装商品净含量实施了省专项监督抽查，在广州、佛山、东莞、中山、珠海、汕头、韶关、湛江8个市的超市、商场抽查了大米、面粉、食用调和油、软包装牛奶、饮料、肉类制品、酱料、保健药品、饼干、罐头10类定量包装商品。这是广东省首次在市场对定量包装商品净含量进行抽查，覆盖面较大，样品较具代表性，基本能反映广东省超市、商场定量包装商品净含量的整体情况。这次抽查整体合格率较低，仅有软包装牛奶的抽检合格率超过90%，有5类商品合格率低于80%，其余4类介于80%至90%之间。反映了广东省市场定量包装商品净含量问题还相当多。

在这次专项监督抽查中，根据企业的反映，和省质监局调查，发现韶关市质计所检验人员在检验中未执行检验规则的规定，导致检验数据不准确，从而造成检验结论的误判。省质监局就此问题进行了通报，要求各质计所要引以为戒，切实采取措施，保证检验数据准确。省质监局为进一步加强对全省定量包装检验实验室的监管，于2005年8月16日至8月31日，对已取得定量包装商品检验资格的16个地级市质计所进行定量包装商品净含量检验能力验证比对。由省计量院担任主导实验室，各参加实验室在规定的时间自带本单位检验设备，到省计量院对盲样独立操作。比对项目有：固型体称重法检验判定；液体检验法检验判定；固、液两相的检验判定；检验批量结果的判定；检验报告的判定。经检验能力验证比对合格的由省质监局颁发定量包装商品净含量检验项目的计量认证合格证书，不合格的暂停定量包装商品净含量检验工作，进行整改。

由于1995年颁布的《定量包装商品计量监督规定》所依据的国际法制计量组织第87号国际建议《预包装商品的净含量》，于2004年修订为新的第87号国际建议《预包装商品的量》。作为世界贸易组织（WTO）和国际法制计量组织的成员国，我国必须依据新的国际建议对《定量包装商品计量监督规定》进行修订。2005年5月16日，国家质检总局以第75号令发布《定量包装商品计量监督管理办法》取代了《定量包装商品计量监督规定》，同时修订了检验规则，颁布了JJF 1070—2005《定量包装商品净含量计量检验规则》。

广东省及时对新的《定量包装商品计量监督管理办法》和新的检验规则进行宣贯，组织培训，并按此管理办法实施监督抽查检验。

2006年第3季度，广东省各地级以上市开展了对超市、商场中销售的米、面粉、食用植物油、牛奶、味精、白酒、啤酒、纯净水、洗衣粉、洗发液10类定量包装商品净含量监督抽查，共抽查了1656家企业的2023批次产品，净含量合格1795批次，平均合格率为89%；净含量标注合格1661批次产品，平均合格率为82%。与2005年相比，定量包装商品净含量合格率从78%提高到了89%，提高了11个百分点，市场监督抽查的作用明显地体现出来了。

2007年第3季度，实施了对定量包装商品净含量的省专项监督抽查，抽查对象为超市、商场中销售的米、面粉、食用植物油、牛奶、味精、白酒、碳粉、复印纸、电线电缆、洗发液等10类定量包装商品，覆盖全省21个地级以上市，由各地级以上市质计所（院）和广州市能源所共同承担抽查任务。此次专项监督抽查整体合格率下降，不同商品合格率差异较大。净含量平均合格率为83.42%，净含量标注平均合格率为80.53%，分别比2006年降低5.58%和1.47%。其中连续三年进行抽查的商品合格率得到了不同程度的提高，首次抽查的碳粉、复印纸、电线电缆三类商品的合格率较低，影响了抽查的整体合格率。不合格商品短斤缺两的程度相对比较严重。

2008年第2季度，省质监局组织抽查了全省21个地级市的299个超市、1532家商场销售的定量包装商品米、面粉、食用植物油、牛奶、味精、白酒、碳粉、复印纸、电线电缆、洗发液2078批次。从抽查情况来看，10类商品中的米、面粉、食用植物油、味精、白酒、洗发液6类商品的合格率在

80.5%至93.2%之间，牛奶净含量检验合格率达97.4%，比2007年有所提高。

2009年第2季度，省质监局组织对全省流通领域的大米、面粉、食用植物油、牛奶、味精、白酒、碳粉、复印纸、电线电缆、洗发液10种定量包装商品净含量进行专项监督抽查，由地级以上市质计所（院）和广州市计量院、广州市能源检测研究院共22个检测单位负责抽样、检测。共抽查企业1532家，抽查商品2018批次，净含量标注合格率91.0%，净含量检测抽样合格率89.7%，比2008年分别提高了3.4%和2.8%。表明多年连续的抽查以及广大企业的努力，收到了较好效果。抽查结果，大、中、小型企业的定量包装商品净含量标注合格率和净含量检测合格率分别为95.8%和96.5%、91.5%和90.8%、87.1%和83.6%，小型企业的合格率偏低，是影响抽检合格率提升的主要原因。

由于我国商品过度包装问题日益突出，浪费资源，加剧污染，社会各界对此反映强烈。2009年，为落实《国务院办公厅关于治理商品过度包装工作的通知》和《国家发展改革委关于印发2009年治理商品过度包装工作安排及部门分工的通知》，国家质检总局发布了GB 23350—2009《限制商品过度包装 食品和化妆品》国家标准，组织修改了《月饼》强制性国家标准，要求各省加大限制商品过度包装的监督检查力度。广东省质监局在当年国庆、中秋前，组织开展了对广州市月饼生产企业的月饼包装监督检查。共检查月饼生产企业78家，月饼产品78批次，由于省质监局加强对月饼标准的宣贯，推动企业产品包装质量不断提高，此次月饼包装监督检查，销售包装容积率抽查合格率达到100%。

三、加油站计量监督管理

随着机动车数量的增加，遍布公路沿线，城市、区县的加油站应运而生，但也随之出现了加油短斤少两，和利用加油机作弊的现象。据2003年统计，全国有中石化系统所属加油站约2.8万家，中石油系统所属加油站约1.2万家，社会加油站约4万家。加油站的计量监督管理成为民生计量的一项重要内容。

为了规范成品油零售市场秩序，加强对加油站规划、建设、经营的管理，维护经营者和消费者的合法权益，根据国务院的有关规定，结合广东省实际，经省政府批准，2001年5月16日由省经贸委、省公安厅、省建设厅、省质监局、省环保局、省国税局、省地税局8个部门联合下发了《广东省加油站管理办法（暂行）》。该管理办法对加油站的布点规划、审批程序、加油站基本条件及监督管理都作出了明确规定，要求加油站必须持有有效期内的“六证一照”，即省经贸委核发的成品油零售经营批准证书，国家税务局、地方税务局分别核发的税务登记证，公安消防机构核发的易燃易爆化学物品消防安全许可证，质量技术监督部门核发的计量保证体系确认合格证，环保部门核发的排污许可证和工商行政管理部门核发的营业执照。按照该管理办法，全省各级质监局积极开展了对加油站的计量保证体系确认。

2002年国务院为整顿和规范市场经济秩序，于年初下发了《关于开展加油站专项整治工作的通知》，并召开全国电视电话会议进行部署。为贯彻落实国务院通知，国家质检总局也下发了相关文件，要求各省从2002年4月起，用半年左右时间组织对加油站进行一次全面整治，务必不留死角。各省要对全省范围内的加油站进行一次普查，对加油站的计量基本情况登记造册，建立档案，经过整治使在用加油机受检率达到100%，加油站利用计量器具作弊坑害消费者的现象得到有效遏制。

省质监局在2002年6月和8月接连发文，要求各级质监局对加油站的专项执法检查活动按省质监局的统一部署进行，遵照广东省8个部门联合下发的《广东省加油站管理办法（暂行）》的规定，从严把关，全面检查落实加油站计量保证体系确认工作，强化确认后的日常监督管理，加强对税控加油机的监督检查力度，不合格的不得使用，有违法行为的加油机依法进行查处。2002 年 6 月 6 日至 10 日，全省质监系统出动执法人员 2050 人次，检查各类加油站 1576 家，加油机 4195 台，查获涉嫌计量作弊的加油站 47 家，涉嫌计量作弊的加油机 119 台、加油枪 347 支，查获生产、销售不合格加油机的企业各 1 家。

在加油站专项整治过程中，省质监局组织深圳市质监局对深圳凯赛电机有限公司进行执法检查，发现“凯赛”牌税控加油机存在脉冲当量可修改从而为欺骗消费者提供方便的违法事实。为严厉打击加油站计量作弊的违法行为，省质监局决定在全省范围内对“凯赛”牌税控加油机进行全面清查，于 2002 年 6 月 6 日发出紧急通知，要求各地级市的稽查大队、计量处（科）和计量所联合行动，突击检查，对涉嫌违法的加油站调查取证。在接到举报广州市恒山股份有限公司生产的税控加油机，在一些加油站存在计量作弊和税控作弊现象以后，省质监局又一次发出紧急通知，定于 2002 年 6 月 28 日至 30 日在全省范围内开展对使用“恒山”税控加油机的加油站进行专项检查的统一行动。

2002 年 12 月 5 日，省质监局执法人员和有关技术专家在惠州市马安镇广汕公路边的惠阳市社会福利场惠安加油站，一举查获涉嫌计量作弊和销售不合格油品案。经现场检定，该站 8 台加油机全部超差，并发现加油机的流量传感器、电脑主板盒没有铅封，该类型加油机可通过操作键盘调整脉冲当量，使加油机读数发生不正常变化，从而确认该加油站涉嫌使用不合格计量器具并修改脉冲当量进行计量作弊，属违反《计量法》行为。经对加油站的 0 号柴油和 97 号汽油抽样检验，均不合格。该案已由惠州市质监局进行处理。由于该站所使用的加油机均为沈阳信阳石油设备制造公司生产的“太空”牌 JYDN-3160 型加油机，根据国家计量技术规范 JJF 1060—1999《税控燃油加油机定型鉴定大纲》第 5.2.3 条“税控加油机的脉冲当量应固化在应用程序中，不准许通过键盘操作等方式进行修改”的规定，该机型属于不合格产品，省质监局决定在全省对“太空”牌加油机进行一次清查，对不合格加油机坚决查封，对非法更改脉冲当量进行作弊的加油站予以查处。同时报告国家质检总局，建议对沈阳信阳石油设备制造公司涉嫌生产销售不合格加油机进行调查和查处。

2002 年 12 月 30 日省质监局组织执法人员和计量技术人员，对清新县南方加油站和清远市南方石化加油城进行执法检查，广东电视台、《中国质量报》和《南方日报》等多家媒体随行采访并作了报道。现场检查发现清新县南方加油站 21 台加油机中在用的 17 台全部不合格，平均误差为 3.91%，清远市南方石化加油城 24 台加油机中，在用的 19 台加油机有 16 台计量不合格，平均误差为 0.59%。经调查，加油站经营者交待了其安装使用了能作弊的并具有断电恢复功能的计量芯片。在查清事实的基础上，省质监局作出行政处罚，没收清新县南方加油站违法所得并罚款 117052.43 元；没收清远市南方石化加油城违法所得并罚款 121993.43 元，没收两加油站用于作弊及计量不合格的加油机，并责令其停止违法行为。2003 年 6 月，省质监局还组织 26 名执法人员及技术人员对上述两个加油站再次突击检查，未发现加油机不合格情况。

在对清新、清远两加油站的查处过程中，执法人员始终按照“忠于职守、依法行政”的要求，严格执行国家法律法规，自觉接受媒体和社会的监督，在保证执法质量、维护法律尊严的同时，又讲求行政办案效率，处理了这一在行业内颇有影响的案件，取得了较好的社会效果。

经过专项整治后国家质检总局拟表彰宣传“重质量、计量，守诚实信用加油站”，广东省根据国家质检总局的表彰条件，经审核向国家质检总局推荐了中国石油化工股份有限公司深圳标准加油站、东莞加德士石油产品有限公司大岭山加油站、中国石油化工股份有限公司深圳新城加油站、增城市石化联营公司新塘华德加油站、中国石油化工股份有限公司广东东莞长安耀华加油站、中国石油化工股份有限公司广东广州增城增新加油站 6 个加油站为候选单位。

经过对加油站专项整治，广东省成品油市场秩序有所好转。但加油站违规经营、计量行为不规范、管理混乱的问题还没有得到根本遏制，个别地区加油站利用高科技手段进行计量作弊的问题甚至比较严重。为此，省质监局联合省经贸委、省公安厅、省工商局、省国税局于 2003 年 5 月 7 日，联合发文，公布《广东省加油站计量专项整治工作方案》，决定用半年时间，在全省范围内开展一次彻底的加油站计量行为专项整治工作。这次专项整治要加大对加油站的计量器具、成品油销售计量和相关计量活动计量监督管理的力度，严厉打击各种违规经营和计量违法行为，取缔一批严重计量违法的加油站，扶持一批规范经营信誉良好的加油站。通过专项整治，使全省加油站计量违法行为得到有效打击，加油站计量保证体系建设符合规定要求，经营管理得到进一步规范，广大消费者对成品油经营秩序和加油站计量经营行为基本满意。

该工作方案要求各级质检部门联合经贸、税务、工商和公安等部门，建立健全由质监部门牵头的加油站计量整治专门机构，各地质监局一把手亲自挂帅，认真贯彻落实国务院、国家质检总局有关加油站专项整治的文件，依据国家质检总局第 35 号令《加油站计量监督管理办法》的规定，做好加油站计量保证体系合格确认、对加油机主板或计量芯片实施封签、加强对加油机维修活动的管理监督、督促加油站建立健全相关制度、加大加油站人员培训力度等工作。工作方案中对严格计量执法，严厉打击各种违法行为；管住源头，防止不合格计量器具流入市场；加强监管，规范经营行为；纠建并举，扶优扶强等方面给出十分具体的执行方法，要求按照“五个坚决”的原则处理各种违法违规行为：该关闭搬迁的，要采取果断措施，坚决予以关闭搬迁；该停产整顿的，坚决责令停产整顿；该吊销证照的，坚决予以吊销；该追究刑事责任的，坚决予以追究；该处罚的，坚决加大处罚力度。并且提出要充分发挥新闻媒体的舆论导向和舆论监督作用。

为强化在用加油机强制检定及其监督管理，国家质检总局于 2003 年 5 月作出对燃油加油机采用强制检定合格标志管理的规定。规定自 2003 年 7 月 1 日起，用于成品油销售的加油机经强制检定合格后，除颁发检定证书外，还须在加油机上加贴全国统一的强制检定合格标志。

2004 年 10 月 11 日，中央电视台《焦点访谈》节目报道了中国石化河北固安石油分公司在固安境内的部分加油站存在更改加油机流量系数、破坏加油机准确度进行计量作弊克扣用户加油量的违法行为，引起了社会较大反响。为此省质监局决定，紧急部署开展加油站计量专项执法检查。检查的重点是：破坏加油机铅封，私接回流管偷换齿轮以及遥控供油进行计量作弊的违法行为；违反国家有关规定，擅自改动、拆装燃油加油机，调整税控燃油加油机脉冲当量，弄虚作假破坏计量器具准确度进行计量作弊的违法行为。

2006 年 1 月份和 9 月份，省质监局计量处先后两次协同稽查、特种设备处，分别对佛山、中山、东莞、惠州、江门、阳江、茂名等地的液化石油气充装站进行计量监督检查。针对液化石油气净含量平均合格率较低和群众投诉较多的情况，及时下发了《关于加强瓶装液化石油气计量监督工作的通知》，提出了对液化石油气充装站和配送点实施分类监管、建立管理档案、建立定期巡查和跟踪管理制度等新的管理措施，提高了管理的制度化和长效性。

2006 年 9 有 1 日至 12 月 31 日省质监局与省国税局联合组织了对加油站在用加油机税控装置和计量性能的监督检查。

2007年11月初，针对成品油和液化石油气价格快速上涨的情况，省质监局发出紧急通知，部署全省开展对加油站和液化石油气充气站及配送点的监督检查，对多家存在“缺斤少两”行为的充装站进行了处罚，并加强了媒体曝光力度。通过检查，打击了侵害消费者利益的计量违法行为，保护了广大消费者的合法权益，维护了市场计量秩序的稳定。

2007年，省质监部门在对惠东县海联腾辉加油站进行执法检查时，查处了该加油站涉嫌擅自改动税控燃油加油机电脑主板，利用后台中控电脑进行计量作弊的违法行为。这起案件，反映了加油站的计量作弊问题突出，手段日趋隐蔽化和高科技化，从以往的偷接回油管、更换齿轮片等机械作弊方式，发展到遥控加油量、偷换加油机的计量芯片、修改加油机的计量脉冲参数等高科技作弊方式。这些高科技手段隐蔽性很强，一旦遇到执法部门检查，违法分子通过断电、遥控或者电脑操作等简单的方法就可在瞬间将计量作弊的加油机恢复到正常计量状态。作弊的时间也不连续，没有规律，给执法部门的查处造成很大的困难。

2008年5月12日发生汶川大地震以后，一些不法分子趁抗震救灾和油价上升之机，不择手段，利用加油机实施计量作弊，缺斤短两，坑害消费者。为打击扰乱市场秩序的不法行为，2008年6月17日国家质检总局决定立即在全国范围内集中组织开展一次加油机专项计量检定检查，并发出措辞严厉的紧急通知，特别提出各地要专门制定包括加油机计量监管在内的计量突发事件的应急预案，确保在非常时期出现计量方面的突发事件时，能够迅速作出反应。

2008年6月底至7月底，按照国家质检总局的统一部署，广东省质监部门开展了加油机计量专项监督检查。截至7月30日，全省共检查了3家加油机获证生产企业和12家加油机维修企业，没有发现违法行为。检查了加油站3089家，在用加油机19948台，对严重计量违法行为，全省共立案查处40宗。其中，破坏加油机铅封的计量违法案件13宗，擅自改动或拆装加油机的计量违法案件3宗，偷换加油机电脑芯片或主板的计量违法案件7宗，其他计量违法案件17宗。通过检查，在用加油机检定率由检查前的99.84%提高到检查后的99.99%，打击了加油站私自破坏加油机铅封作弊，克扣油品等计量违法行为。

魔高一尺道高一丈，为防止利用加油机计量作弊，国家质检总局采取了一系列措施：2006年9月8日修订了加油机国家计量检定规程，对2006年9月8日以后生产的加油机，在首次检定、后续检定及使用中检验都必须按照检定规程的相关要求，对防欺骗功能进行检定；与税务部门联合对2006年9月8日至2008年3月31日期间生产的加油机进行税控功能初始化启动，以启动防欺骗功能；免费发放专用POS机（TC系列IC卡读写机北京科泰康有限公司制造），对2008年3月31日以后生产的加油机，实施防欺骗功能启动等。2009年7月国家质检总局要求各省尽快组织一次以加油机防欺骗功能为重点的专项监督检查。

按照国家质检总局的要求，2009年9月开始，省质监局组织对全省在用加油机防欺骗功能进行了专项监督检查，大力推动广东省加油机防欺骗功能的全面启动。2009年广东省有成品油加油站4660家，其中2006年9月7日前生产的加油机16135台，经改造具备防欺骗功能的加油机5538台，已启动防欺骗功能的加油机1587台，未启动的有3951台；2006年9月8日以后生产的在用加油机6502台，其中具备防欺骗功能的加油机6403台，已启动防欺骗功能的加油机4802台，未启动防欺骗功能的加油机有1601台。从检查情况看，2006年9月7日以前和2006年9月8日到2008年3月31日期间生产的加油机，基本已改造安装防欺骗功能，但串口连接防欺骗功能需要税务信息初始化，才能实现加油机计量信息初始化。由于税控系统长期未启动使用，造成防欺骗功能不能启动。2008年3月31日以后生产并在用的加油机均已具备防欺骗功能，基本完成对计量信息初始化工作。在用加油机均具有有效期内检定证书，受检率达100%，没有发现加油机的主板、流量计、传感器等部位铅封受破坏等情况，和计量作弊改造等行为。

全省各级质监部门在历次加油机专项整治和监督检查行动中，在省质监局的部署下对各地加油站实施了监督管理，对整顿广东省成品油市场秩序，发挥了作用。

四、眼镜制配场所计量监督管理

国家质量技术监督局针对我国多年来配装眼镜质量合格率一直较低的情况，于1999年3月启动了“光明工程”，计划用2～3年时间，使我国的配装眼镜综合指标合格率由当时的50%上升到70%左右，彻底改变眼镜质量较低的状况。2003年国家质检总局为强化眼镜制配场所计量秩序的整治力度，加强对眼镜制配场所在用计量器具的监督管理，保护广大消费者的健康和安全，决定在2003年下半年至2004年6月30日，组织对全国眼镜制配场所全面开展计量监督检查工作。要求通过此次计量监督检查，建立眼镜制配场所计量监督管理档案，对眼镜制配场所实施动态化和规范化管理。

为确保眼镜制配场所计量监督检查工作的顺利开展，2003年10月15日，国家质检总局制定发布了《眼镜制配计量监督管理办法》，就眼镜生产、销售、经营（配装）者的计量责任与义务、质量技术监督部门的责任与义务以及违规处罚等作出了明确规定，为监督检查提供了法规依据。

经过2003年开始的这次全国眼镜制配场所计量监督检查，摸清除西藏以外的30个省、自治区、直辖市，共有眼镜店20981家，在用计量器具66169台（件）；共有眼镜产品生产企业190家，在用计量器具470台（件）；其他类企业125家，在用计量器具319台（件）。眼镜店检查前后，在用计量器具的平均受检率从77.8%上升到93.3%，提高了15.5个百分点；在用计量器具的平均合格率从89.2%上升到95.8%，提高了6.6个百分点。眼镜生产企业检查前后，在用计量器具的平均受检率从95.5%上升到98.8%，提高了3.3个百分点；在用计量器具的平均合格率从96.1%上升到98%，提高了1.9个百分点。其他类企业检查前后，在用计量器具的平均受检率从78.4%上升到99.5%，提高了21.1个百分点；在用计量器具的平均合格率从81.9%上升到99%，提高了17.1个百分点。各地基本上建立了眼镜制配场所计量管理档案，在用计量器具的受检率和合格率都有所提高。

广东省从2003年7月开始，分两个阶段开展了眼镜制配场所计量监督检查，第一阶段是普查摸底、监督检查及重点监督检查阶段，第二阶段是全面整改和巩固提高阶段。8月份开始，各市质监部门对眼镜制配场所进行普查，共出动执法人员和检定人员2560人次，检查了1880个眼镜制配场所，将眼镜制配场所计量器具登记造册，建立档案。据统计，全省共有眼镜店1841家，眼镜产品生产企业28家，其他类企业11家。

眼镜店检查前后，在用计量器具焦度计的受检率从74.7%上升到97.8%，合格率从95%提高到96%；验光仪受检率从74.4%上升到97.2%，合格率从97%提高到98%；验光镜片受检率从73.8%上升到95.4%，合格率从96%提高到97.8%；其他计量器具受检率从60%上升到98%，合格率从95%提高到98.6%。

眼镜产品生产企业检查前后，在用计量器具焦度计的受检率从93%上升到100%，合格率从98%提高到100%；验光仪受检率从89%上升到100%，合格率始终是94%；验光镜片受检率从93%上升到100%，合格率从93%提高到98%；其他计量器具受检率与合格率始终是100%。

其他类企业检查前后，在用计量器具焦度计的受检率从75%上升到100%，合格率始终是100%；验光仪受检率从83%上升到100%，合格率始终是83%；验光镜片受检率从88%上升到94%，合格率从94%提高到100%；其他计量器具受检率从88%上升到100%，合格率从88%提高到100%。

各地质监部门对所辖区域内规模较大、反映问题较多的眼镜制配场所进行了重点跟踪检查，做到点面结合，标本兼治，不断规范眼镜制配场所的计量秩序，建立计量监管长效机制。

五、“关注民生计量惠民”专项行动

2008年4月国家质检总局决定从5月起用2年时间，在全国范围内集中开展“关注民生、计量惠民”专项行动，并制定了“关注民生、计量惠民”专项行动实施方案。此次“关注民生、计量惠民”专项行动要通过集中组织开展“四个走进”的大型主题活动，让计量走出实验室，让计量贴近百姓，让计量服务社会，全面推动我国各项民生计量工作的开展。所谓“四个走进”是“诚信计量进市场、健康计量进医院、光明计量进镜店、服务计量进社区乡镇（含学校）的服务活动”，通过依法对集贸市场、医疗卫生单位和眼镜店的在用强检计量器具进行监督检查，确保集贸市场在用衡器、医疗卫生单位在用医用强检计量器具和眼镜店在用验光配镜用强检计量器具受检率达到100%。要求各地质监机构对辖区内集贸市场、医疗卫生单位、眼镜店进行计量监督检查，建立长效计量监管机制，做好相关的技术支持和服务。在眼镜店张贴“计量器具检定合格确认证书”，以引导消费，加强监督。

广东省各地及时启动了“四个走进”主题活动，如广州市质监局制定并实施了集贸市场、医疗机构和眼镜验配场所三个行业的整治行动方案，确定了“100%建立监管对象信息档案、100%设立公平秤和投诉指引、100%公示诚信经验承诺书、100%执法到位”的目标。广州市质监局在“5.20世界计量日”和“6.6全国爱眼日”活动中发放各类宣传资料11745份（册），举办大型计量学术讲座，组织开展光明计量进高校活动，免费为学校师生提供视力检验、眼镜检测和法律法规咨询等。在2008年“关注民生、计量惠民”专项行动中，全省共检查了集贸市场2157家，检定市场衡器176576台，强检率80.47%，检查公平秤2222台，公平秤受检率为77.86%，查处违法案件125宗；检查医疗卫生单位 3187个，检查医用强检计量器具27996件，受检率82.99%，查处违法案件36宗；检查眼镜店1900家，检查验配镜用强检计量器具5267件，受检率97.76%，查处违法案件20宗。

第二节　能源计量成为计量工作的重点

节约能源是我国的一项基本国策。能源计量工作是保障能源政策落实的重要技术基础。伴随我国经济的高速发展，能源的巨大消耗，我国政府越来越重视节约能源的问题。《中共中央关于制定国民经济和社会发展第十一个五年规划的建议》提出：“十一五”期末单位国内生产总值能源消耗比“十五”期末降低20%左右，加快经济增长方式转变，建设资源节约型、环境友好型社会和实现可持续发展的要求。

工业是我国能源消费的大户，能源消费量占全国能源消费总量的70%左右，在工业中又以钢铁、有色、煤炭、电力、石油石化、化工、建材、纺织、造纸为重点耗能行业，在这些行业中2004年企业综合能源消费量达到18万吨标准煤以上的共有1008家。据统计，这千家企业2004年综合能源消费量为6.7亿吨标准煤，占全国能源消费总量的33%，占工业能源消费量的47%。加强重点耗能企业的节能管理，对整个国家节能形势有重要意义。为此，2006年4月，国家发改委、国家能源领导小组办公室、国家统计局、国家质检总局、国务院国有资产监督管理委员会根据《中华人民共和国节约能源法》、《重点用能单位节能管理办法》，共同研究决定在重点耗能行业组织开展千家企业节能行动，并制定了《千家企业节能行动实施方案》。在“实施方案”中要求国家质检总局要依据2005年该局《加强能源计量工作的意见》和《用能单位能源计量器具配备和管理通则》国家标准及有关重点耗能行业的能源计量器具配备和管理要求，加强能源计量工作，对企业能源计量器具配备情况进行检查；要按照计量法律法规的要求，引导企业建立和完善测量管理体系，督促企业定期对所配备的能源计量器具进行检定、校准，指导企业加强对能源计量检测数据的应用等。

一、全省能源计量工作概况

国家技术监督局为了做好能源计量工作，在90年代初就安排对全国的国营大中型企业开展调查，以弄清这些企业在大宗物料和能源计量方面存在的主要问题，从而寻求切实有效的解决途径和措施。国家技术监督局直接组织4个调查组，其中第三组的调查范围为：湖北、湖南、广东，调查的企业有：武汉钢铁公司、葛店化工厂、株洲汽车齿轮厂、广州水泥厂、南海糖厂。省技术监督局组织调查了省内的企业：茂名石油化工公司、广州石油化工总厂、广州卷烟二厂、中山市石岐玻璃总厂、佛山市耐酸陶瓷厂、韶关钢铁厂、江门农药厂。

2006年按照国家发改委、国家质检总局等五部门制定的《千家企业节能行动实施方案》，以及国家质检总局关于对重点耗能企业开展节能降耗服务活动的要求和部署，广东省大力推动了能源计量工作，对列入高能耗千家企业名单的广东省27家企业，各地级以上市选择的能源计量试点企业，统一列入各地“十一五”期间节能降耗服务活动对象。

2006年5月16、17日，在韶关召开了全省能源计量工作现场会，各地级以上市质监局分管局领导、计量科（处）和计量技术机构主要负责人以及近50家企业代表参加了会议，省经贸委有关领导到会指导并作了重要讲话。会议安排广州市质监局就质监部门如何开展能源计量管理和服务工作作了经验介绍，安排广东省韶钢集团有限公司等三家能源计量先进企业介绍了能源计量的经验做法，与会代表实地参观了韶钢集团有限公司计量数据自动采集系统。会议还对广东省开展能源计量和节能降耗工作进行了具体部署，提出了明确的目标、内容和要求。会议开阔了各地市质监局计量工作人员和参会企业代表开展能源计量工作的视野，提高了各地对能源计量工作的认识和信心。

2006年4月份，省质监局组织在全省范围内对冶金、有色金属、石油石化、化工、电力、建材、造纸、纺织8类高耗能行业的所有企业和其他行业中年耗能5000吨标准煤以上的企业开展普查，逐一登记建档，共普查2084家企业，普查企业的能源计量器具53446件，普查企业的总能耗达8251万吨标煤。通过普查，明确了能源计量工作的重点对象。按每地市选择不少于3家高能耗企业的指标，全省各地在普查的企业中，共选择包括列入千家企业名单的26家企业在内的80家重点耗能企业开展能源计量试点工作。

按照国家、省的工作布置，结合计量工作的业务内容，省质监局制订了《广东省节能降耗服务活动实施方案》，成立了由分管局长任组长的全省质监系统节能降耗服务活动领导小组和由省计量院、广州市能源所、部分能源计量工作先进企业等单位的专家组成的全省质监系统节能降耗服务活动专家队伍。省质监局联合省经贸委、省发改委等5部门联合发文，部署开展广东省重点耗能企业“双千节能行动”，除列入全国千家企业节能行动名单的广东省企业外，并加强对广东省924家年耗标准煤1万吨以上的重点耗能企业的节能管理。各地市也按要求成立了节能降耗服务活动领导小组和服务专家队伍，并和开展能源计量工作试点的 80 家企业建立对口联系，共与 75 家企业签订了《共同推进节能降耗增效责任书》，落实了双方责任，按计划推进各项工作的开展。

2006 年 6 月 2 日 GB 17167—2006《用能单位能源计量器具配备和管理通则》（以下简称《能源器具管理通则》）经修订后批准颁布，该标准从推荐性变为强制性、适用范围从工业企业拓宽到所有用能单位。为贯彻这一标准，2006 年 11 月由省质监局统一组织，对全省 1158 家年耗标准煤 5000 吨以上的重点耗能企业和部分能耗高的商贸企业开展《能源器具管理通则》宣贯培训，共培训 1806 人，并向每个参会单位免费发送标准文本和宣贯教材。

在各级质监部门积极开展的节能帮扶和能源计量服务活动推动下，韶关钢铁集团、南方制碱有限公司、韶关水泥厂等一批高耗能企业节能工作取得显著成效。其中韶关钢铁集团先后投入 2000 多万元，建立了能源计量数据采集系统。广东南方制碱有限公司对主要用能设备的 1955 千瓦电机容量进行节能改造，预计一年可节约用电 411 万千瓦时，约合 308.25 万元；煅烧储水槽液位自动控制投入使用，节约蒸汽约 8%，一年可节约 280 万元左右。沙角 A 电厂加强关键计量点的计量和监测，实行能源计量数据数字化管理，并通过层层分解节能降耗指标及加强考核、创新工艺、技改攻关等手段，标煤耗下降了 9.67%，按年发电量 70 亿千瓦时计算，每年节约标煤达 20 万吨。广东坚美公司对铝棒加热炉、模具加热炉、熔铸炉等主要用能设备进行了能源平衡测试和技术改造后，企业铝棒加热炉热效率由 36% 提升到 51% 以上；时效炉改造后，每吨产品降低了约 100 元成本，年节约成本 200 万元以上。至 2007 年底，全省完成了 36 台锅炉的热平衡测试，并指导 2052 台工业锅炉实施了节能措施，预计每年可节约能耗 230910 吨标准煤。

广东省质监部门不仅注重服务，更强化监督。2007 年，省质监局组织对列入千家企业名单的 26 家企业贯彻《能源器具管理通则》情况进行了检查，就能源计量器具配备和管理存在的问题提出整改建议；对年耗能 1 万吨标煤以上的独立核算用能单位开展了能源计量情况监督检查，全省共检查了 754 家企业，发出整改建议书 260 份。通过检查和整改，基本掌握了企业能源计量器具配备情况和能源计量管理的状况，其中进出用能单位能源计量器具配备率达 100％的企业有 656 家，占总数 87％；进出主要次级用能单位能源计量器具配备率达 100％的企业有 352 家，占 46.7％；进出主要用能设备能源计量器具配备率超过 90％的企业有 473 家，占总数 62.7％。已建立能源计量管理机构的企业 503 家，占总数 66.7%；已建立能源计量管理制度的企业 516 家，占 68.4%；有 67.5% 的企业建立了定期收集能源计量数据制度，实行数据网络化管理的企业 136 家，占总数 18%。

从检查情况来看，大型国有企业和列入国家千家节能行动名单中的企业对能源计量工作重视程度较高，许多企业配备了先进的数据采集系统，能源计量管理水平较高；中小企业普遍存在能源计量器具配备不能满足要求，管理机构不健全、管理人员素质不高的情况。许多企业主要靠经验来管理能源，数据指导生产的作用不明显，需要进一步推动能源计量数据在企业能源管理中的应用。在能源计量器具检定方面，有 36% 的企业能源计量器具只是部分检定或未按周期检定，情况不容乐观。

2008 年 4 月 1 日，新修订的《中华人民共和国节约能源法》正式实施。以贯彻实施《中华人民共和国节约能源法》为重点，结合广东省企业能源计量的实际，省质监局组织制定了《企业能源计量改造指引》，该工作指引为企业指出以合理配备能源计量器具为基础、以抓好数据应用为核心、以监督引导为手段，提高企业开展能源计量工作有效性的途径。2008 年省质监局还出台了《广东省质监局贯彻落实〈中华人民共和国节约能源法〉的实施工作方案》该方案就省质监系统各部门在节能工作中的主要任务和工作做了分工，要求计量、标准、锅炉、认证、质管和稽查等业务部门各司其职，相互配合，共同推进节能改造的开展。

二、广东省高耗能企业的能源计量工作

在国家能源政策的指引下，在各级计量机构积极开展能源计量的推动下，广东省高耗能企业的节能降耗取得了明显的效果。韶关钢铁集团有限公司就是其中的代表。

2006年，韶钢被列入国家五部委571号文中1008家重点耗能企业之一，被国家质检总局计量司、省质监局计量处、韶关市质监局确定为重点联系企业，并指导、帮助韶钢加强能源计量管理。韶钢通过抓好循环经济计量设施标准化，建立、完善计量数据采集系统，为能源计量提供了可靠的分析数据。

韶钢历来重视计量管理工作，建立了完善的计量管理网络。2005年成为国内首家获得中启计量体系认证中心《测量管理体系认证证书》（GB/T 19022—2003）的企业，2006年通过了年度监督审查，并将公司新设立的宽板厂、高线厂纳入体系中。高度控制项目由2005年的25项提高至110多项，将能源计量纳入公司测量管理体系统一管理。为确保测量设备的有效溯源，韶钢建立了涉及长度、热学、力学、电磁等计量标准，经省质监局考核合格的企业最高计量标准达36项，可检定项目共六大类92项。

韶钢严格按照GB 17167—2006《企业能源计量器具配备和管理导则》配备能源计量检测设备，对公司内部的一、二次能源和各种载能工质的分配、流转、储存和转供均实行计量，确保生产过程和经营管理的科学用能。计量器具受检率达到100%，检定合格率99.85%；进出用能单位能源计量器具配备和进出次级用能单位能源计量器具的配备率均达100%，主要用能设备能源计量器具配备率达86.94%，实现了能源计量数据网络化管理。

韶钢非常重视计量投入，2003年在国内率先建立计量数据自动采集管理系统，取得了显著成效。以后继续加大投入，进一步完善能源计量数据采集系统的建设，在能源管理、能源利用等方面发挥的作用越来越大。经过完善，计量数据自动采集管理系统采集子站由建设初期的34个增至43个，采集点由886个增至1319个，对公司的一、二次能源量、物资量进行实时采集。其中1279个能源检测点以10次/秒进行采集，取平均值后上传、存贮，还对蒸汽、煤气、氧气、氮气等流量值进行温差补偿。43个称量点对进出公司和中转的物资称量后将车号、物资名称、称量员、皮重、净重等数据上传。该系统将采集到的数据及相关信息，包括对水、电、气、汽和煤、焦等能源的供应（生产）、消耗情况随时进行统计、贮存、分析、处理后，组成了生产调度、节能监督管理、统计数据管理、实时监视等16个支持子系统，在公司局域网内发布，实现了数据的自动采集、实时处理、集中存储和统一发布，有效减少人工干预等人为因素，保证了数据的实时性、真实性、准确性、一致性和保密性，在总调度、综合部、财务部、销售部、机动部和各生产厂等30个部门、单位投入使用，实现了“数出一门，量出一家”，计量检测数据及相关信息的资源共享，计量也能出效益得到了很好的实践。

据统计，韶钢计量数据自动采集管理系统应用以来，2004年至2006年三年间，通过节约用水，有效利用煤气、氧气，减少重油等能源介质，取得年效益分别为5089万元、7824万元和14206万元，计量在节能降耗中的效果十分显著。

三、各级计量技术机构积极为节约能源服务

广州市能源技术测试所是广东省最早建立的能源计量技术机构，成立于1988年8月，其前身是广州市计量所的能源测试室。该所建立了容量、流量、煤气表、加油机、液态加气机等计量标准，开展了各种气体、液体、蒸汽流量计包括加油机、加气机、煤气表、水表、钟罩、湿式气体流量计；涡轮、涡街、齿轮、腰轮、质量、超声波、电磁、转子、差压等容积式及速度式流量计；压力、差压变送器、传感器；液位计；氧弹热量仪；立、卧、球式大容量罐、金属罐、容罐车、玻璃器皿、水表检定装置等大、中、小计量容器；流量显示仪表；血压计；燃烧效率、烟气成分测试仪等仪表仪器的计量检定工作。2001年3月，广州市能源技术测试所更名为广州市能源监督检测所，2007年11月，更名为广州市能源检测研究院。

至2009年为止，广州市能源检测研究院共计服务广东省内将近400余家企业，包括钢铁、造纸、印染、化工、水泥等重点耗能企业，累计完成了广东省内将近百余家企事业单位的水平衡测试工作。通过测试，发现问题，协助企业解决问题，挖掘节能潜力。例如，2005年，在广州市某水泥厂测试时发现水泥回转窑冷却机的排烟温度高达300℃，余热利用的潜力非常大，建议企业采用纯低温余热发电，回收能源。该厂采纳建议，建成纯低温余热发电，发电能力为7200千瓦，每年发电量为5600万千瓦时，年节约费用3300万元。2007年3月，在番禺某染整厂江边抽水泵的测试中，发现两台泵的低压供电线路损失高达56千瓦，每年损失费用多达20多万元，通过高压供电指导企业避免损失。

为了提高节能降耗服务水平，省质监局加强对计量技术机构能源计量器具检定标准建设的引导。2005年和2006年，省质监局对大部分市、县法定计量检定机构下拨了技术装备费并对拨款的建设项目进行把关，加强对水表、煤气表等能源计量检定标准项目建设的引导。至2006年，已有18个地级以上市建立水表标准，剩余3个地级市和9家县级计量检定机构的水表建标工作也在进行中；5家市级计量检定机构和3家县级计量检定机构电能表检定标准正在建设中。水表、电能表等能源计量器具检定标准的建标数量比2005年都有明显的增长。

2009年，国家城市能源计量数据中心（深圳）获国家质检总局批准成立。该中心引导列入国家“千家企业节能行动”的深圳市15家重点耗能企业申办测量管理体系认证，帮助省、市管理的重点耗能企业申办计量保证体系确认；积极贯彻落实国家强制性标准GB 17167—2006《用能单位能源计量器具配备和管理通则》；召开节能减排和能源计量经验交流会；开展重点耗能企业能源计量监督检查；推动开展水平衡测试工作。

省计量院积极开展能源计量工作，承担广东省科技计划“广东省企业节能评价及管理体系”项目，负责制定“广东省企业节能评价及管理体系”和“广东省陶瓷生产企业能源计量器具配备和管理规范”标准。该院在能源计量技术保障能力方面加大投入，建立了大流量检测中心，其中水流量设备投资超过1000万元，可以检定质量流量计、容积式流量计、速度式流量计（包括涡街流量计、电磁流量计、超声波流量计等）和水表、转子流量计，检定流量计口径可达800 mm，流量达到3500 m^3/h，准确度0.1级；油流量设备投资600万元，检定的流量计口径300 mm，流量达到2100 m^3/h，准确度0.05级，可检定质量流量计、容积式流量计、速度式流量计；气体流量设备投资150万元，最大气体流量可达7000 m^3/h，准确度0.2级，可以对差压式流量计、膜式燃气表、气体层流流量传感器等气体流量计等各类气体计量产品开展检定，其测试能力在国内法定计量技术机构中居领先地位。2009年12月国家质检总局批准省计量院筹建国家城市能源计量数据中心（广东）。

第三节　量值传递工作提升新的高度

一、计量基标准体系建设

2004 年 11 月科技部部长在《狠抓落实，全面启动国家科技基础条件平台建设工作》的讲话中提出把推进国家计量基标准体系建设作为科技基础条件平台的 7 项重点工作之一，要求各地研究本地区计量基标准的量传溯源状况，逐步完善计量基标准体系平台。2005 年广东省委、省政府发布《关于提高自主创新能力提升产业竞争力的决定》，明确指出要建立计量基标准体系条件平台，使之成为提高广东省自主创新能力的重要基础条件。

计量基标准体系平台是整个计量基准、计量标准的组合，包括计量基准、副基准、工作基准、计量标准、工作计量标准和标准物质等。我国的计量基标准体系平台主要由建立在中国计量科学研究院（以下简称国家计量院）、国家大区计量测试中心、省级计量院（所）、市县级计量所、企事业单位等的各级计量基标准组成，是一个由上到下进行量值传递、由下到上进行量值溯源的体系平台。地方级计量基标准体系平台是国家级计量基标准体系平台的组成部分，为提高当地科技水平、推动经济发展，增强企业产品竞争力、改善人民生活质量，计量必须与科学研究以及高新技术产业发展同步，并具有一定的超前性。

到 2008 年，广东省有省、市、县法定计量技术机构 91 个，其中，省级 1 个，市级 22 个（含广州市能源监督检验所），县区级 68 个；授权系统外计量机构 11 个；基本形成了一个覆盖全省的量值传递、量值溯源体系。建立在广东省的国家计量基准 3 项，工作计量基准 8 项，社会公用计量标准总计达到 2166 项。

以省计量院为技术实体的华南国家计量测试中心，是国务院计量行政部门批准成立的全国 7 个大区级国家法定计量检定机构之一。建在广东省的 3 项国家计量基准保存于省计量院，分别为瓦级超声功率、毫瓦级超声功率和国际橡胶硬度。省计量院建有包括长度、力学、温度、电磁、无线电、光学、理化、声学、时间频率等 71 项华南大区级计量基标准、129 项省级社会公用计量标准，计量基标准的总数为 200 项。市级国家法定计量技术机构中，广州市计量检测技术研究院（原广州市计量所，以下简称广州市计量院）和深圳市计量质量检测研究院（以下简称深圳计量质检院）颇具规模。广州市计量院建有 173 项计量标准，在几何形状 / 机件检测、工程测量仪器检测、视光学参数 / 器件计量检测、生化技术标准计量检测等方面具有国内领先水平；深圳计量质检院建有 97 项计量标准，在医学计量、几何量计量、电磁学计量、力学计量、热学计量等专业具有较强实力。佛山与江门分别建有 107 项和 106 项计量标准；汕头、惠州、东莞、中山、湛江建立的标准都接近 70 项；此外，顺德、南海等区、县级计量技术机构也有相当实力。

省计量院的计量基标准数量国内排名第三，能开展的检定检测项目全国排名第三；检测技术能力和水平排在全国前三名。省计量院具有较高技术能力，不仅指拥有全省最多的计量基标准，还在检定校准项目认可、量值比对能力等方面有所体现。“十五”期间，省计量院取得了国家质检总局对全部 6 种重点管理计量器具（税控燃油加油机、衡器、水表、煤气表、电能表、出租汽车计价器）的定型鉴定授权，全国仅有上海市计量院和广东省计量院两家有此能力；通过国家法定计量技术机构考核的检定项目 395 项，校准项目 420 项，获中国实验室国家认可委（CNAS）认可的校准项目、检测项目达 741 项，其中校准项目 690 项，是国内取得认可校准项目最多的实验室。“十五”期间，省计量院参加实验室间的能力验证和比对工作共44项，其中国际间比对活动4项，与国家计量院、国家测试院直接比对活动11项，结果都令人满意，未出现数据越界现象。省计量院已具有作为广东省计量基标准体系平台主要承载者的能力，在此基础上整合、优化省级以下计量标准，建立计量基标准体系平台，服务于广东省经济、科技、社会发展，提高广东省自主创新能力。

二、计量标准考核

根据《计量法》的规定，社会公用计量标准，部门和企业、事业单位的各项最高等级的计量标准，都要经相应的政府计量行政部门考核合格后使用。计量标准考核制度是国家为保障全国量值准确可靠设立的重要监督手段，是《计量法》赋予计量行政部门的一项法制性任务。计量标准考核是指国家质量监督检验检疫总局及地方各级质量技术监督部门，对计量标准测量能力的评定和开展量值传递资格的确认。

从《计量法》颁布以后，各级计量行政部门开始对计量标准实施建标考核，但是在历次对法定计量检定机构的检查、考核中都发现，存在计量标准考核工作质量不高，考核效果参差不齐的问题。为完善计量标准考核制度，国家质检总局先后制定和修订了《计量标准考评员管理规定》，JJF 1033—2001《计量标准考核规范》，《计量标准考核办法》等。

计量标准考核由具有资格的考评员执行，考评员素质和能力的高低，对考核质量至关重要。根据1999年制定的《计量标准考评员管理规定》，国家质检总局委托全国计量标准、计量检定人员考核委员会组织了第一批国家计量标准一级考评员的培训。2002年1月8日，国家质检总局公布，经考核合格，取得国家计量标准一级考评员资格的99人名单，其中包括省计量科研所陈明华，注册考评项目为硬度、转速、力值。

广东省对考评员队伍的建设十分重视，根据《计量标准考评员管理规定》，由省质监局按照JJF 1033—2001《计量标准考核规范》的要求，对符合条件的人员进行培训、考核，有173人通过笔试和面试，取得广东省第一批计量标准二级考评员资格，于2002年2月8日予以公布。此前核发的原二、三级计量标准考评员证书即行废止，统一核发国家质检总局印制的新的考评员证书。2003年8月18日，省质监局又公布了广东省第二批取得计量标准二级考评员资格的69人名单。

为了贯彻JJF 1033—2001《计量标准考核规范》，进一步规范广东省计量标准考核工作，省质监局于2002年下发了《关于我省实施计量标准考核规范的意见》，并按照《计量标准考核规范》和参考全国《计量标准考评员培训大纲》编制了《广东省建立（复查）计量标准考核评审用表》，要求各市、县组织计量标准考核时认真执行。2004年9月28日，省质监局为加强对计量技术机构社会公用计量标准的管理，做到统筹规划、合理布局，避免重复建设造成资源浪费，制定了《广东省质量技术监督系统社会公用计量标准管理办法》，对计量标准的考核、发证，以及发证以后的监督管理作出了详细、具体的可操作规定。这一管理办法加强了对广东省计量标准考核活动的指导，提高了计量标准考核工作的质量。

国际法制计量组织（OIML）于2004年修订了国际文件D8，对计量标准的认可、使用、保存、文件集、管理等提出了许多新的要求。按照国际文件的要求，2005年国家质检总局对1987年原国家计量局颁布的《计量标准考核办法》进行了修订，于2005年1月14日以国家质检总局第72号令颁布。根据《计量标准考核办法》的有关规定和计量标准考核管理工作的需要，国家质检总局作出启用新版《社会公用计量标准证书》和《计量标准考核证书》的决定，从2005年7月1日起施行。

为加强检定证书的管理，维护检定证书的权威性、法制性和统一性，国家质检总局于 2005 年 10 月 31 日通知自 2006 年 7 月 1 日起，各级法定计量检定机构以及其他承担计量检定任务的各有关单位，出具检定证书和检定结果通知书，一律按国家质检总局统一的新版《检定证书》和《检定结果通知书》封面格式执行。从此，我国的检定证书历经 50 多年，完成了从 64 开、32 开手写的信息量很少的版本，到 A4 规格，电脑打印，包含完整的信息，有各种认可标志，可以采用防伪技术的，与国际接轨的过渡。原国家计量局 1986 年下发的《强制检定计量器具检定印证的暂行规定》，所规定的检定证书和检定结果通知书的封面格式，以及原国家技术监督局 1996 年下发的《关于正式使用“检定 / 校准证书”的通知》，所规定的检定证书封面格式，自 2006 年 7 月 1 日起废止。

2008 年根据新的《计量标准考核办法》以及《行政许可法》实施后，对各级行政机关提高工作效率、改进工作质量的要求，国家质检总局组织对《计量标准考核规范》进行了修订，颁布了 JJF 1033—2008《计量标准考核规范》，从而提高了计量标准考核管理的水平。

广东省对国家质检总局的一系列法规、规范都及时宣贯，并向各级质监局下发实施的意见和要求。由于机构和人员的变动，2008 年，省质监局对广东省计量标准考评员进行了清理和登记，规定公务员不得担任各类计量考核评审活动。经过省质监局统一组织 JJF 1033—2008《计量标准考核规范》培训，考核合格的 83 人取得计量标准二级考评员资格，原已具备计量标准二级考评员资格的 189 人，也经新规范培训考核合格。

在贯彻国家质检总局的法规、规范过程中，广东省的计量标准考核工作逐步完善，基本胜任了广东省量值传递任务。

三、量值比对和能力验证

应用量值比对和能力验证活动是保证量值传递工作质量的重要措施。广东省积极参加了国际比对、国内比对，并成功组织了多次华南大区、广东省的量值比对和能力验证活动，都取得了满意的效果。

广东省参加和组织的量值比对和能力验证情况见下表：

表 9-2　2003 年度完成的能力验证计划及实验室间比对项目

序号	参加时间	组织者	参加者	比对项目	完成日期	结论
1	2001.11	华南国家计量测试中心	广东省计量科研所、海南省计量所、广州、佛山、深圳市计量所	水银温度计	2003.01	满意
2	2001.11	华南国家计量测试中心	广东省计量科研所、海南省计量所、广州、佛山、深圳市计量所	工业铂电阻温度计	2003.01	满意
3	2003.01	与中国计量院互比	中国计量院、广东省计量院	标准钢卷尺	2003.01	满意
4	2002.03	西南国家计量测试中心	中国计量院及 7 个大区计量测试中心（含“华南中心”）	直流标准电阻器	2003.02	满意
5	2002.04	华南国家计量测试中心	广东省计量科研所、海南省计量所、广州、佛山、深圳市计量所	直流数字电压表	2003.04	满意
6	2002.04	华南国家计量测试中心	广东省计量科研所、海南省计量所、广州、佛山、深圳市计量所	直流电阻箱	2003.04	满意

表 9-2 （续）

序号	参加时间	组织者	参加者	比对项目	完成日期	结论
7	2003.06	与中国测试技术研究院互比	广东省计量院、中国测试技术研究院	4等量块（非标准尺寸）	2003.06	满意
8	2003.08	中国计量院	中国计量院、湖北省计量院、广东省计量院、主要省市计量所（共32个单位）	毫瓦级超声功率	2003.09	满意
9	2003.08	华东国家计量测试中心	中国计量院、北京计量所、上海计量院、中国测试院、辽宁省计量院、陕西省计量所、湖北省计量院、广东省计量院	二等标准玻璃容器	2003.11	满意
10	2003.05	中国实验室国家认可委（CNAL）	中国航天科技集团公司五院514所、各主要省市计量院所（含广东省计量院）	数字多用表	2003.12	满意
11	2003.09	国家标准物质研究中心	国家标物中心、国内各大区、主要省市计量院所（含广东省计量院共21个单位）	粘度	2003.12	满意

表 9-3 2004年度完成的能力验证计划及实验室间比对项目

序号	参加时间	组织者	参加者	比对项目	完成日期	结论
1	2000.02	亚太实验室认可合作组织（APLAC）APM007	亚太实验室认可合作组织（APLAC）、澳大利亚NATA、巴西SECME/DICLA-INMETRO、美国A2LA、南韩KOLAS、香港HOKLAS、中国CNAL（广东省计量科研所代表）等	荷重计	2001.04完成比对工作，2004.11收到APLAC的正式比对报告	满意
2	2003.05	中国实验室国家认可委（CNAL）	中国航空工业第一集团公司北京长城计量测试技术研究所、广东省计量院	金属洛氏硬度（CNAL M0004）	2004.03	满意
3	2004.03	中国计量院	中国计量院、北京计量所、陕西省计量所、山东省计量院、江苏省计量院、天津市计量所、广东省计量院	1公斤砝码	2004.04	满意
4	2003.03	中国测试技术研究院（西南国家计量测试中心）	中国计量院及7个大区计量测试中心（含“华南中心”）	标准电池	2004.05	满意
5	2003.04	中南国家计量测试中心	中国计量院、各大区计量测试中心（含“华南中心”）	电声标准装置	2004.05	满意
6	2003.04	中国测试技术研究院（西南国家计量测试中心）	中国计量院及各主要省市计量院所（含广东省计量院）	气体流量计	2004.05	满意

表 9-3 （续）

序号	参加时间	组织者	参加者	比对项目	完成日期	结论
7	2003.05	中国实验室国家认可委（CNAL）	航天科技集团公司第一计量测试所、全国各主要省市计量院所（含广东省计量院）	12 面棱体角度偏差	2004.05	满意
8	2003.08	华南国家计量测试中心	中国计量院、7 大区中心、浙江省院、江苏省所、天津市所（共 11 个单位）	电能标准装置	2004.07	满意
9	2003.10	华南国家计量测试中心	广东省计量院、海南省计量所、佛山、深圳、中山、江门、汕头市计量所（院）	酸度计	2004.07	满意
10	2003.10	华南国家计量测试中心	广东省计量院、海南省计量所、佛山、深圳、中山、江门、汕头市计量所（院）	水表	2004.07	满意
11	2003.10	华南国家计量测试中心	广东省计量院、海南省计量所、佛山、深圳、中山、江门、汕头市计量所（院）	精密压力表	2004.07	满意
12	2003.10	华南国家计量测试中心	广东省计量院、海南省计量所、佛山、深圳、中山、江门、汕头市计量所（院）	电子秒表	2004.07	满意
13	2004.02	华南国家计量测试中心	华南国家计量测试中心、德国 PTB	橡胶硬度国家基准	2004.07	满意
14	2004.04	全国声学计量技术委员会	中国计量院、中国测试院、主要省市计量院所（含广东省计量院）	空气声声压	2004.07	满意
15	2003.08	中国实验室国家认可委（CNAL）	中国计量院、各大区计量测试中心、主要省市计量院所（含广东省计量院）	一等标准密度计	2004.09	满意
16	2004.06	东北国家计量测试中心	中国计量院、各大区计量测试中心（含“华南中心”）、国家大容量第一、二计量站	立式金属罐容量（大容量）	2004.10	满意
17	2004.07	中国计量院	中国计量院、各大区计量测试中心（含“华南中心”）	多功能校准源	2005.05	满意

表 9-4 2005 年度完成的能力试验计划及实验室间比对项目

序号	参加时间	组织者	参加者	比对项目	完成日期	结论
1	2004.04	全国温度计量技术委员会	中国计量院、各大区计量测试中心（含“华南中心”）、主要省市计量院所（26 个单位）	二等标准水银温度计	已完成	满意
2	2004.03	全国压力计量技术委员会	中国计量院、各省市主要计量院所（含广东省计量院）	60MPa 活塞压力计	已完成	未收到报告

表 9-4 （续）

序号	参加时间	组织者	参加者	比对项目	完成日期	结论
3	2004.05	中国实验室国家认可委（CNAL）	上海市计量测试院、各主要省市计量院所（含广东省计量院）	三等量块	已完成	满意
4	2004.11	全国力值、硬度计量技术委员会	中国计量院、各大区计量测试中心、各主要省市计量院所（含广东省计量院）	布氏硬度	已完成	满意
5	2005.03	中国实验室国家认可委（CNAL M0013）	中国航空工业第一集团公司北京长城计量测试技术研究所、广东省计量院等	二等标准铂铑10－铂热电偶	已完成	满意
6	2005.03	中国实验室国家认可委（CNAL M0014）	中国航天科技集团公司五院五一四所、广东省计量院等	直流标准电阻	已完成	满意
7	2005.03	中国实验室国家认可委（CNAL M0015）	中国航天科技集团公司第一计量测试研究所、广东省计量院等	1MN 杠杆式力标准机	已完成	满意
8	2005.04	全国光学计量技术委员会	各大区计量测试中心、各省级计量院所（含广东省计量院）、通过 CNAL 认可的实验室	顶焦度量值	已完成	满意
9	2005.07	全国衡器计量技术委员会	各大区计量测试中心，各省级计量院所（含广东省计量院）	电子计价秤型式评价	已完成	省院数据结果满意，但未发布正式报告

表 9-5 2006 年度完成的能力验证计划及实验室间比对项目

序号	参加时间	组织者	参加者	比对项目	结论	备注
1	2006.04	中国实验室国家认可委（CNAL M0017）	中国航天科技集团公司第五研究院第 514 所、广东省计量院等	10V 直流电压	满意	
2	2006.04	中国实验室国家认可委（CNAL M0019）	航空工业第一集团公司长城计量测试技术研究所、广东省计量院等	二等克组砝码	满意	
3	2006.04	全国流量容量计量技术委员会	中国计量院、各省级计量院（所）（含广东省计量院）	一等标准金属量器标准装置	满意	
4	2006.06	全国质量密度计量技术委员会	各大区计量测试中心、各省级计量院（所）（含广东省计量院）	1kg 砝码倍量和分量	满意	
5	2006.04	中国实验室国家认可委（CNAL）	中国航天科技集团公司 514 所、各省级计量院所（含广东省计量院）、CNAL 认可的实验室	标准电容器	满意	

表 9-5 （续）

6	2006.10	全国法制计量管理计量技术委员会	中国计量院、各省级计量院（所）（含广东省计量院）	机动车检测在用计量器具检定校准比对	未发布结论和报告	

表 9-6 2007 年度完成的能力验证计划及实验室间比对项目

序号	参加时间	组织者	参加者	比对项目	结论	备注
1	2007.08	国家认监委	中国计量测试院、各大区计量测试中心、省级计量院（所）（含广东省计量院）	3 等量块	满意	
2	2007.07	全国压力计量技术委员会	中国计量院、各大区计量测试中心、省级计量院（所）（含广东省计量院）	0.6MPa 一等活塞压力计	满意	
3	2007.07	国家质检总局	各大区计量测试中心（含“华南中心”）	心电图机	满意	
4	2007.10	国家质检总局	中国计量院、 各大区计量测试中心（含“华南中心”）	多齿分度台	满意	
5	2007.12	国家质检总局	中国计量院、 各大区计量测试中心（含“华南中心”）	正多面棱体	满意	
6	2007.03	国家质检总局	中国计量院、各大区计量测试中心（含“华南中心”）、省级计量院（所）	机动车雷达测速仪	满意	

表 9-7 2008 年度完成的能力验证计划及实验室间比对项目

序号	参加时间	组织者	参加者	比对项目	结论	备注
1	2007.12	全国物理化学计量技术委员会	中国计量院、全国各省级计量院（所）（含广东省计量院）	酸度计	满意	
2	2007.12	国家质检总局计量司	国家光电测距仪检测中心、各主要大区计量测试中心(含“华南中心”)	全站仪	满意	
3	2007.12	全国质量密度计量技术委员会	中国计量院、全国各省级计量院（所）（含广东省计量院）	一等标准酒精计	满意	
4	2008.02	国家质检总局计量司	各大区国家计量测试中心（含“华南中心”）	标准环规	满意	
5	2008.02	全国物理化学计量技术委员会	中国计量院、 各大区计量测试中心（含“华南中心”）、主要省市计量院（所）	标准黏度计	满意	
6	2008.08	广东省计量科学研究院	东莞新科磁电制品厂	声功率级	满意	

表 9-7　（续）

7	2008.08	国家质检总局计量司	中国计量院、激光计量科学研究所、广东省计量院等 17 个实验室	紫外辐射照度计	满意	
8	2008.11	东北国家计量测试中心	辽宁省计量科学研究院、各大区计量测试中心（含“华南中心”）	电子台秤	满意	

表 9-8　2009 年度完成的能力验证计划及实验室间比对项目

序号	参加时间	组织者	参加者	比对项目	结论	备注
1	2009.01	与中国计量院互比	中国计量院、广东省计量院	砝码	满意	
2	2009.04	中国合格评定国家认可委员会(CNAS)	全国各省市计量院（所）（含广东省计量院），中国计量院为主导实验室	一级光照度计	满意	
3	2009.03	国家质检总局计量司、全国几何量长度计量技术委员会	全国各大区及省级计量院(所)(含广东省计量院)，中国计量科学研究院为主导实验室	三等标准金属线纹尺	满意	
4	2009.05	湖北省计量测试技术研究院	湖北省计量测试技术研究院、广东省计量院	超声探伤仪	满意	
5	2009.06	中国合格评定国家认可委员会(CNAS)	全国各大区及省级计量院(所)(含广东省计量院)，中国航天科技集团五院 514 所为主导实验室	直流高值电阻（1MΩ、10MΩ）校准	满意	
6	2009.07	国家质检总局计量司、全国光学计量技术委员会	全国各主要省级计量院（所）（含广东省计量院），中国计量院为主导实验室	系列标准白板	满意	
7	2009.08	中国合格评定国家认可委员会(CNAS)	全国各主要省市计量院（所）（含广东省计量院）、部分 CNAS 认可实验室	液相色谱仪计量标准	满意	
8	2009.08	中国合格评定国家认可委员会(CNAS)	全国各大区及省级计量院(所)(含广东省计量院)，华东计量测试中心为主导实验室	一级角度块	满意	
9	2009.09	国家质检总局计量司	各省级法定计量检定机构（含广东省计量院），华北中心为主导实验室	呼出气体酒精含量探测器计量检定装置	满意	
10	2009.11	中国合格评定国家认可委员会(CNAS)	全国各大区及省级计量院(所)(含广东省计量院)，中国计量院为主导实验室	平面平晶	满意	
11	2009.12	国家质检总局计量司	全国主要省计量院（所）（含广东省计量院），西北计量中心为主导实验室	大容积计量罐		免参加

第四节　强检管理任重道远

一、强检管理概况

根据《计量法》第 9 条和国务院的授权，国家质检总局将随着法制计量工作的需要，对《中华人民共和国强制检定的工作计量器具目录》（以下简称《强检目录》）进行调整。1999 年 1 月和 2001 年 10 月国家质检总局两次发布了《关于调整〈中华人民共和国强制检定的工作计量器具目录〉的通知》。第一次是决定将电话计时计费装置；棉花水份测量仪；验光仪、验光镜片组；微波辐射与泄漏测量仪 4 项 5 种工作计量器具纳入《强检目录》。第二次是决定将燃气加气机、热能表 2 项 2 种计量器具纳入《强检目录》。经过这两次调整，《强检目录》总计 61 项 118 种。

为进一步落实《中华人民共和国强制检定的工作计量器具检定管理办法》第 9 条："国务院计量行政部门和各省、自治区、直辖市人民政府计量行政部门应当对各种强制检定的工作计量器具作出检定期限的规定。执行强制检定工作的机构应当在规定期限内按时完成检定"的规定，2004 年国家质检总局发出《关于制订并公布强制检定的工作计量器具检定期限的通知》。按照国家质检总局的要求，省质监局于 2004 年 8 月制订公布了《广东省强制检定的工作计量器具检定期限明细目录》，规定了各强检工作计量器具的检定期限（即必须在规定的工作日内完成检定，交付用户），如尺 10 个工作日、玻璃液体温度计（10 ～ 30）个工作日、砝码 10 个工作日、计量罐计量罐车（10 ～ 20）个工作日等。省质监局要求各市质量计量监督检测所必须在计量仪器收发大厅公布该目录，并承诺送检计量器具在检定期限内完成检定，以及公布本单位计量授权项目的具体内容。省质监局将对各市质计所执行强检计量器具期限情况，进行不定期的监督抽查，要求各市质监局加强对辖区内质计所的日常监督管理。

随着对民生计量的重视，省质监局更加注重在全省推进强制检定项目的覆盖面，加快强检项目社会公用计量标准的建立，为强检计量器具监督管理提供技术保障。

至 2006 年广东省法定计量检定机构实施强检计量器具水表、煤气表、医疗卫生用计量器具、验光配镜用计量器具的建标情况如下表：

表 9-9　全省计量检定机构水表、煤气表、医疗卫生用计量器具、验光配镜用计量器具建标情况一览表

检定项目名称	测量范围	不确定度或准确度等级或最大允许误差	已建标单位
水表检定装置	口径：（1 ～ 50）mm	0.2 级	省计量院
	口径：（15 ～ 300）mm	0.1 级	广州能源所
	口径：（15 ～ 250）mm	0.2 级	深圳计量院
	口径：（15 ～ 200）mm	0.2 级	佛山质计所
	口径：（15 ～ 50）mm 口径：（15 ～ 300）mm	0.2 级	东莞质计所
	口径：（15 ～ 200）mm	0.2 级	中山质计所
	口径：（15 ～ 200）mm	0.2 级	江门质计所
	口径：80 mm ～ 200 mm 口径：15 mm ～ 50 mm	0.2 级	惠州质计所

表 9-9 （续）

检定项目名称		测量范围	不确定度或准确度等级或最大允许误差	已建标单位
水表检定装置		流量：4L/h ～ 500 m^3/h 口径：（15 ～ 200）mm	0.2 级	汕头质计所
		口径：（15 ～ 50）mm	0.2 级	汕尾质计所
		流量：0.004 m^3/h ～ 30 m^3/h 口径：（15 ～ 50）mm	0.2 级	揭阳质计所
		口径：（15 ～ 50）mm	0.2 级	阳江质计所
		口径：（15 ～ 50）mm	0.2 级	茂名质计所
		口径：（15 ～ 50）mm	0.2 级	湛江质计所
		口径：（15 ～ 50）mm	0.2 级	肇庆质计所
		口径：（15 ～ 50）mm	0.2 级	清远质计所
		口径：（15 ～ 50）mm	0.2 级	云浮质计所
煤气表检定装置		流量：（0.016 ～ 6）m^3/h	0.2 级～ 0.5 级	省计量院
		流量：（0.016 ～ 6500）m^3/h	0.5 级	广州能源所
		（0 ～ 4）m^3/h	钟罩法：0.9%，标准表法：0.8%	佛山质计所
		（0.016 ～ 6）m^3/h	0.5 级	东莞质计所
		（0.01 ～ 6.0）m^3/h	0.2 级	中山质计所
		（0.01 ～ 6.0）m^3/h	湿式气体流量计：0.2 级	珠海质计所
		（0.01 ～ 6.0）m^3/h	湿式气体流量计：0.2 级	汕头质计所
		（0.016 ～ 6）m^3/h	0.5 级	阳江质计所
		（0.016 ～ 6）m^3/h	0.5 级	湛江质计所
		（0.016 ～ 6）m^3/h	0.5 级	韶关质计所
医疗卫生用计量器具	血压计血压表	（8 ～ 40）kPa	二等	省计量院
		（0 ～ 40）kPa	0.05 级	广州能源所
		（0 ～ 50）kPa	0.16 级～ 0.2 级	深圳计量院
		（8 ～ 40）kPa	0.13 kPa	佛山质计所
		（0 ～ 40）kPa	0.2 级	东莞计量所
		（0 ～ 50）kPa	准确度等级：0.16 级	中山质计所
		（8 ～ 40）kPa	三等	珠海质计所
		（0 ～ 40）kPa	MPE：±0.4 kPa	江门质计所
		（0 ～ 40）kPa	三等	惠州质计所
		（0 ～ 50）kPa	0.2 级	汕头质计所
		（0 ～ 40）kPa	0.16 级	汕尾质计所
		（0 ～ 40）kPa	0.05 级	揭阳质计所
		（0 ～ 53）kPa	0.16 级	梅州质计所
		（8 ～ 40）kPa	三等	茂名质计所
		（0 ～ 50）kPa	0.16 级	湛江质计所
		（8 ～ 40）kPa	三等	肇庆质计所
		（8 ～ 40）kPa	0.05%，三等	清远质计所
		（0 ～ 40）kPa	0.16 级	韶关质计所

表 9-9　（续）

检定项目名称		测量范围	不确定度或准确度等级或最大允许误差	已建标单位
医疗卫生用计量器具	心脑电图机心电监护仪检定装置	幅度：800 μV～30.0 V 周期：2 ms～50 s 标准心率 范围：（10.0～500）次/min 幅度：400 μV～15.0 V	幅度：MPE：±0.5% 周期：MPE：±（0.1%+2 μs） 标准心率：MPE：±（0.1%+2 ms） 心率幅度：MPE：±1%	省计量院
		峰峰值：80 μV～30 V 2 ms～50 s	电压：MPE：±1% 频率：MPE：±1%	广州计量院
		频率：（0.1～200）Hz 电压：（8.0×10^{-5}～20）V	电压：MPE：±0.5% 频率：MPE：±0.1% 心率：MPE：±0.5%	深圳计量院
		频率：200mHz～1000Hz	频率：MPE：±0.1% 定标幅度：MPE：±0.5%	佛山质计所
		电压：8.00 μV～30.00 V 时间：2 ms～50 s	电压：MPE：±0.5% 周期：MPE：±(0.1%+2 μs)	东莞质计所
		定标电压源：（1～1000）mV 极化电压源：±300 mV 低频信号源： 电压峰峰值：0.5 mV～30 V 频率：0.1 Hz～150 Hz	定标电压源：MPE：±0.7% 极化电压源：MPE：±5% 低频信号源： 电压：MPE：±1% 频率：MPE：±0.1%	中山质计所
		正弦频率：（0.02～500）Hz 方波幅度（峰值）：80 μV～30 V 周期：2 ms～50 s 心率：（10.0～500）次/min	频率 MPE：±0.1% 幅度 MPE：±0.5% 周期 MPE：±0.1% 心率 MPE：±(0.1%+2 ms)	珠海质计所
		幅度：8.00 μV～30.00 V 时间：2 ms～50 s	幅度：MPE：±0.5% 周期：MPE：±（0.1%+2 μs）	江门质计所
		幅度（峰值）：8.00 μV～30 V 频率：20 mHz～1000 Hz 周期：2 ms～50 s	幅度：MPE：±0.5% 频率：MPE：±0.1% 周期：MPE：±0.1%	惠州质计所
		电压 8 μV～30 V	定标电压：MPE：±0.5%	汕头质计所
		频率：（1～100）Hz 电压：80 μV～30 V	电压：MPE：±1.0%	汕尾质计所
		频率：（1～100）Hz 电压：80 μV～30 V	电压：MPE：±1.0%	潮州质计所
		频率：（1～100）Hz 电压：80 μV～30 V	频率：MPE：±0.10% 电压：MPE：±1.0%	梅州质计所
		峰峰值：8 μV～30 V	MPE：±0.5%	湛江质计所
		电压：80.0 μV～30 V 频率：20 mHz～200 Hz	输出信号准确度： 电压：MPE：±0.5% 频率：MPE：±（0.1%+2 μs）	肇庆质计所
		幅度峰峰值：8 μV～30.0 V 直流：±300 mV 微分信号：1 Hz±0.1%	幅度：MPE：±10%～±0.5% 时间：MPE：±（0.1%+2 ms） 定标电压：MPE：±0.5% 极化电压：MPE：±5% 失真：MPE：1%～2%	清远质计所

表 9-9 （续）

检定项目名称		测量范围	不确定度或准确度等级或最大允许误差	已建标单位
医疗卫生用计量器具	心脑电图机心电监护仪检定装置	电压：80 μV ～ 30 V 频率：（1 ～ 100）Hz	电压：MPE：±1.0% 频率：MPE：±0.10%	韶关质计所
		内定标电压：1 mV 电压测量：8 μV ～ 300 mV 时间间隔： 幅频特性：（1 ～ 60）Hz	内定标电压：MPE：±5% 或 ±2 μV 电压测量：MPE：±10%（1+U/U_i） 时间间隔：MPE：±5%（1+T/T_i） 幅频特性：MPE：±10%	云浮质计所
	医用激光源检定装置	0.1 mW ～ 150 W	U_{rel}=4%（k=2）	省计量院
		0.2 mW ～ 200 W	U_{rel}=2%（k=2）	广州计量院
		0.1 mW ～ 150 W	U_{rel}=2.0%（k=2）	深圳计量院
	医用超声诊断仪超声源检定装置	超声功率：（1 ～ 100）mW	输出声功率：MPE±10%	省计量院
		（1 ～ 100）mW	声功率：MPE：±10%，读数 ±0.1 mW	广州计量院
		超声功率：（1 ～ 100）mW	输出功率：MPE±10%	深圳计量院
		超声功率：（1 ～ 100）mW 漏电流：（0 ～ 200）μA 几何位置：（0 ～ 190）mm 分辨率：（1 ～ 5）mm	超声功率 MPE：±10% 漏电流 MPE：±1% 几何位置及分辨率：MPE：±0.1 mm	珠海质计所
		超声功率：（1 ～ 100）mW 探测深度：（1 ～ 190）mm	超声功率：MPE：±10% 尼龙靶线位置：MPE：±0.1 mm	东莞质计所
		超声功率：（1 ～ 100）mW 频率范围：（0.5 ～ 10）MHz	超声功率：MPE：±10%	中山质计所
		超声功率：（1 ～ 100）mW 频率范围：（0.5 ～ 10）MHz	超声功率：MPE：±10%	江门质计所
		超声功率（1 ～ 100）mW 患者漏电流（0.1 ～ 200）μA	输出声功率 MPE：±10% 靶线位置偏差：MPE：±0.1 mm	惠州质计所
		超声功率：（1 ～ 100）mW	输出声功率 MPE：±10%	河源质计所
		超声功率：（1 ～ 100）mW 漏电流：（1 ～ 200）μA	超声功率计：MPE：U_{95rel}=13%	汕头质计所
		超声功率：（1 ～ 100）mW 漏电流：（0.1 ～ 200）μA	超声功率：MPE：±10%	汕尾质计所
		超声功率：（1 ～ 100）mW （0.5 ～ 10）MHz	超声功率：MPE：±10%	潮州质计所
		超声功率：（1 ～ 100）mW （0.5 ～ 10）MHz	超声功率：MPE：±10%	梅州质计所
		超声功率：（1 ～ 100）mW 漏电流：（1 ～ 200）μA 几何位置：（1 ～ 190）mm 分辨力：（1 ～ 5）mm	超声功率计 MPE：±10% 漏电流测量仪 MPE：±1% 几何位置及分辨力 MPE：±0.1 mm	湛江质计所

表 9-9　（续）

检定项目名称		测量范围	不确定度或准确度等级或最大允许误差	已建标单位
医疗卫生用计量器具	医用超声诊断仪超声源检定装置	功率：（1 ～ 100）mW 漏电流测量范围： （1 ～ 100）μA（交流）	功率：MPE：10%，读数 ±0.1 mW 漏电流：MPE：±1%±1 μA 长度：MPE：±0.1 mm	肇庆质计所
		输出超声功率：（1 ～ 100）mW 深度：（0 ～ 190）mm 患者漏电流：（1 ～ 200）μA	输出声强：MPE：10% 分辨率：MPE：±0.15 mm 患者漏电流：MPE：1%	清远质计所
		功率计：（0 ～ 100）mW 漏流仪：（0 ～ 100）mW 仿真模块：（0 ～ 190）mm 分辨力：（1 ～ 5）mm	功率计：MPE：±10% 漏流计：MPE：±1% 仿真模块：MPE：±0.3% 分辨力：MPE：±0.3 mm	韶关质计所
		超声功率：（0 ～ 100）mW 患者漏电流：（0 ～ 200）μA 探测深度：（0 ～ 190）mm 分辨力：（1 ～ 5）mm	超声功率：MPE：±20% 患者漏电流：MPE：±3% 分辨力：MPE：±1 mm	云浮质计所
	医用诊断X辐射源检定装置	20 nGy ～ 9999 mGy	校准因子 U_{rel}=5.0%	广州计量院
		（1×10^{-3} ～ 3×10^{-1}）C/kg	U_{rel}=3.4%（k=2）	深圳计量院
		剂量：10 nGy ～ 9999 mGy 剂量率：40 nGy/s ～ 180 mGy/s	U_{95}：5.9%	佛山质计所
		（0 ～ 19.999）mGy	剂量：MPE：±0.5%	珠海质计所
		（0 ～ 999.9）mGy	校准因子 U_{rel}=5.0%	江门质计所
		（0 ～ 1999）cGy	5.10%	惠州质计所
		（2.58×10^{-8} ～ 5.16×10^{-3}）C·kg^{-1}	U_{rel}=4.0%（k=2）	汕头质计所
		（0.001 ～ 19.999）cGy	U_{rel}=6.9% p=95%（k=2）	梅州质计所
		（0.0001 ～ 19.999）cGy	剂量：MPE：±5.0%	湛江质计所
		（0.0001 ～ 1999.9）cGy	不确定度：U=5%（k=2）	肇庆质计所
		（0 ～ 200）cGy	U_{95}：6.0%	清远质计所
		（0.001 ～ 1999.9）cGy	校准因子的相对扩展不确定度：5.0%	韶关质计所
		（0.0001 ～ 1999.9）cGy	剂量：MPE：±0.5%	云浮质计所
验光配镜用计量器具	验光镜片检定装置	球镜：（-25 ～ +25）D 柱镜：（-25 ～ +25）D 棱镜：（0 ～ 10）△	1 级	省计量院
		球镜：-25 D ～ +25 D 棱镜：（0 ～ 12）△	1 级	广州计量院
		球镜：（-25 ～ +25）D	1 级	深圳计量院
		球镜：±（0.12 ～ 25）D 柱镜：（0.12 ～ 25）D 棱镜：（0 ～ 10）△	焦度计 1 级	佛山质计所
		球镜：-25 D ～ +25 D	U_{95}=0.024 D	东莞质计所
		球镜：-25 D ～ +25 D	1 级	中山质计所

表 9-9 （续）

检定项目名称		测量范围	不确定度或准确度等级或最大允许误差	已建标单位
验光配镜用计量器具	验光镜片检定装置	球镜度：（-25 ～ +25）D 棱镜度：（0 ～ 10）△	U=0.03 D（k=3）	珠海质计所
		球镜：（-25 ～ +25）D 柱镜：（0.12 ～ 25）D 棱镜：（0 ～ 10）△	焦度计 1 级	江门质计所
		球镜：（-25 ～ +25）D	U_{99}=0.03 D	汕头质计所
		球镜度：（-25 ～ +25）D 棱镜度：0 △～ 5 △	1 级	汕尾质计所
		球镜：（-25 ～ +25）D	1 级	揭阳质计所
		顶焦度：（-25.000 ～ +25.00）D 棱镜度：（2 ～ 12）△	1 级	阳江质计所
		球镜：（-25 ～ +25）D 柱镜：（0 ～ 10）D 棱镜：（0 ～ 10）△	1 级	茂名质计所
		球镜：（-25 ～ +25）D 柱镜：（0 ～ 10）D 棱镜：（0 ～ 10）△	1 级	湛江质计所
		球镜：（-25 ～ +25）D 柱镜：（0 ～ 10）D 棱镜：（0 ～ 10）△	1 级	肇庆质计所
		球镜：-25 D ～ +25 D 棱镜：（0 ～ 10）△	0.02 D ～ 0.03 D	清远质计所
		球镜：-25 D ～ +25 D 棱镜：（0 ～ 10）△ 柱镜：-6.0 D ～ +6.0 D	MPE：±0.25 D	韶关质计所
		球镜：-25 D ～ +25 D 棱镜：0 △～ 20 △ 柱镜：-25 D ～ +25 D	球镜：±（0.03 ～ 0.12）D 棱镜：±（0.10 ～ 0.30）△ 柱镜：±（0.03 ～ 0.18）D	云浮质计所
	眼镜片顶焦度标准器组	球镜：-25 D ～ +25 D 棱镜：2 △ ～ 5 △	0.02 D ～ 0.03 D（k=3）	省计量院
		球镜：-25 D ～ +25 D 柱镜：+5 D 棱镜：2 △ ～ 20 △	球镜：U=（0.02 ～ 0.03）D 柱镜：MPE：±0.05 D 棱镜：MPE：±0.02 △～ ±0.15 △	广州计量院
		球镜：（-25 ～ +25）m^{-1} 棱镜：（0 ～ 20）cm/m	U=0.03m^{-1}（k=3）	深圳计量院
		球镜：（-25 ～ +25）D 棱镜：（2 ～ 10）△ 柱镜：5 D	U=（0.02 ～ 0.03）D（p=0.95）	佛山质计所
		球镜：-25D ～ +25 D	0.022 D	东莞质计所
		球镜：-25 D ～ +25 D 棱镜：2 △ ～ 20 △ 柱镜：+5 D	U=（0.02 ～ 0.03）D（k=2）	中山质计所

表 9-9　（续）

检定项目名称		测量范围	不确定度或准确度等级或最大允许误差	已建标单位
验光配镜用计量器具	眼镜片顶焦度标准器组	球镜：（-25 ～ +25）D 棱镜：（2～20）△ 柱镜：+5 D	球镜 MPE：±0.01 D 棱镜 MPE：±0.02 △～ ±0.15 △ 柱镜 MPE：±0.05 D	珠海质计所
		球镜标准片：-25 D～+25 D 棱镜标准片：2.0 △～ 20 △ 柱镜标准片：+5 D	U=0.02 D～0.03 D	江门质计所
		焦度计：-25 D～+25 D 球镜标准片：-25 D～+25 D 棱镜标准片：2.0 △～ 20 △ 柱镜标准片：+5 D	焦度计：1 级 球镜标准片：δ=（0.02～0.03）D 棱镜标准片：δ=（0.02～0.03）D 柱镜标准片：δ=（0.02～0.03）D	惠州质计所
		（-25～+25）D	U_{99}=0.03 D	汕头质计所
		球镜：±2.50D～±25.00 D 棱镜：2.00 △～ 20.00 △ 柱镜：5.00 D	U=0.02 D（k=3）	汕尾质计所
		（-25～+25）D	（0.02～0.03）D	揭阳质计所
		-25 D～+25 D 2 △～ 5 △	0.02 D～0.03 D（k=3）	梅州质计所
		球镜：（-25 ～ +25）D 棱镜：（2～20）△ 柱镜：+5 D	U_{95}=0.03 D	阳江质计所
		球镜：-25 D ～ +25 D 棱镜：2 △～ 20 △ 柱镜：±5 D	U=（0.02～0.03）D（k=2）	茂名质计所
		球镜：（-25 ～ +25）D 棱镜：（+2 ～ +20）△ 柱镜：+5 D	U=（0.02～0.03）D（k=3）	湛江质计所
		球镜：（-25 ～ +25）D 棱镜：（2～20）△ 柱镜：+5 D	U=（0.02～0.03）D（k=3）	肇庆质计所
		球镜：（-25 ～ +25）D 棱镜：（0～20）△ 柱镜：（0～5）D	（0.02～0.03）D	清远质计所
		球镜：（-25 ～ +25）m^{-1} 棱镜：（0-20）cm/m	U=0.03 m^{-1}（k=3）	韶关质计所
		球镜：-25 D ～ +25 D 棱镜：2 △～ 20 △ 柱镜：+5 D	MPE：±（0.06～0.25）D MPE：±（0.1～0.5）△	云浮质计所
		客观式：（-20 ～ +20）D	客观式：0.07 D（k=3）	省计量院
		客观式：-20.00 D～+20.00 D	客观式：U=0.09 D（k=3）	广州计量院
		客观式：-20 D ～ +20 D 主观式：-15 D ～ +15 D	客观式：U=0.07 D（k=3） 主观式：U=0.04 D（k=2）	深圳计量院

表 9-9 （续）

检定项目名称		测量范围	不确定度或准确度等级或最大允许误差	已建标单位
验光配镜用计量器具	验光机顶焦度标准器组	（-20 ～ 20）D	客观式（0.07 ～ 0.10）D（p=0.95）	佛山质计所
		客观式：-20 D ～ +20 D 主观式：-15 D ～ +15 D	U_{95}=0.08 D	东莞质计所
		主观式：-15.00 D ～ +15.00 D 客观式：-20.00 D ～ +20.00 D	主观式：U=0.04 D 客观式：U=0.07 D	中山质计所
		（-20 ～ +20）D	U=0.07 D ～ 0.10 D（k=3）	珠海质计所
		主观式：-15 D ～ +25 D 客观式：-20 D ～ +20 D	主观式：U=0.04 D 客观式：U=0.07 D	江门质计所
		客观式：（-20 D ～ +20 D） 主观式：（-15 D ～ +15 D）	客观式：U=0.07 D 主观式：U=0.04 D	惠州质计所
		-20 D ～ +20 D	0.07 D ～ 0.10 D	汕头质计所
		客观式：-20.00 D ～ +20.00 D	客观式：U=0.07 D（k=3）	汕尾质计所
		（-20 ～ +20）D	（0.07 ～ 0.10）D	揭阳质计所
		客观式：（-20 ～ +20）D 主观式：（-15 ～ +15）D	客观式：U_{99}=0.07 D（k=3） 主观式：U_{99}=0.04 D（k=3）	梅州质计所
		主观式：（-15 ～ +15）D 客观式：（-20 ～ +20）D	U_{99}=0.04 D（主观式） U_{99}=0.07 D（客观式）	阳江质计所
		客观式验光机：（-20 ～ +20）D 主观式验光机：（-15 ～ +15）D	客观式：0.07 D（k=3） 主观式：0.04 D（k=3）	茂名质计所
		主观式：（-15 ～ +15）D 客观式：（-20 ～ +20）D	主观式：U=0.04 D（k=3） 客观式：U=（0.07 ～ 0.10）D（k=3）	湛江质计所
		主观式：（-15 ～ +15）D 客观式：（-20 ～ +20）D	主观式：U=0.04 D（k=3） 客观式：U=（0.07 ～ 0.10）D（k=3）	肇庆质计所
		客观式：-20.0 D ～ +20.0 D	客观式标准器的不确定度为：0.07 D	韶关质计所
		客观式：（-20 ～ +20）D	客观式：U=0.07 D（k=3）	云浮质计所

除上述四个方面以外，广东省质监系统对用于贸易结算的汽车衡、加油机、出租汽车计价器、水表、电能表等计量器具的强制检定都十分重视，在建立这些项目的社会公用计量标准，强制检定的实施，以及执法监督等方面给予了大量投入，做了大量工作。

2007 年省质监局组织对全省在用汽车衡、汽车衡生产企业和检定机构开展了专项监督检查。省质监局对凡是用于糖厂和农产品、海产品、果菜等收购网点贸易交接的，已获得社会公正计量行（站）证书和未申办社会公正计量行（站）证书但对外提供称重服务的，公路管理用的，以及曾被投诉、查处过的汽车衡，由所在地市、县质监局逐一进行检查，对其他在用汽车衡按 10% 的比例进行抽查；对汽车衡获证生产企业由省质监局组织检查组全部实施监督检查；对计量技术机构开展汽车衡检定工作情况，统一由地级以上市质监局实施监督检查。

这次检查在用汽车衡 5666 台。其中，贸易交接用汽车衡 5571 台，治理超限超载用汽车衡 29 台，企业自用汽车衡 60 台。监督检查前合格率 96.5%，监督检查后合格率 99.07%，提高了 2.57%，查处计量违法案件 22 宗。从检查情况看，广东省在用汽车衡管理总体较为规范，绝大部分按规定检定，基本都建立了管理制度，有专人负责称重工作，称重数据、票据资料登记保存比较完整。全省汽车衡生产企业大部分符合许可证发放时的考核条件。广东省有21个地级以上市质计所和部分县级计量所建立了汽车衡检定标准装置，有符合要求的标准砝码和检定人员，部分地级市质计所配备了检衡车，基本能按规定开展检定工作。存在的问题是，一些在用的汽车衡流动性比较大，给监管工作带来困难；一些汽车衡使用单位或个人计量法律意识淡薄，存在不按规定申请检定和超检定有效期使用汽车衡情况，个别汽车衡使用单位或个人由于经济效益差而拒绝接受强制检定；个别汽车衡生产企业存在超范围生产现象。对这些存在的问题省质监局都依法进行了查处，并责令其限期整改。

至2008年，广州市拥有约17200辆出租汽车，其计价器计量准确与否与广大消费者的切身利益密切相关。广州市质监局在履行计量监督管理职责的过程中，始终把加强对出租汽车计价器的计量监管作为一项“民心工程”，坚持多管齐下，注重源头治理，并在实践中逐步探索构建出租汽车计价器计量监管体系。

该局以出租汽车公司作为管理主体，明确责任和义务，要求每家出租汽车公司指定专人作为计量员，对车辆规模大的出租汽车公司，还要求每个车队设立计量员，专门负责计量工作，组织落实首检备案、周检安排、投诉处理等工作。在管理方面实行首检备案制度；在出租汽车计价器检定场地内为各计价表厂安排维修场地设置维修点，方便司机在同一地点进行维修和检定；以防作弊为重点，选用防伪功能强、带唯一编号的塑料铅封，使用加密传感器有效防止利用外加信号人为影响出租汽车计价器准确度等。

广州市计量检测技术研究院嘉禾出租汽车计价器检测中心建有4条最先进的出租汽车计价器检测线，一天的最大检定量可以达到300台。该院的计量检定管理系统对所有车辆建立了统一的电子档案，对每一次检定按强检、周检、首检、维修后检定、专项检定、投诉检定进行分类管理，对每一次检定结果建立数据库，动态监控出租汽车计价器的质量水平，为行政监管提供了强有力的技术支撑。

在出租汽车计价器检测中心设立现场处罚点，对检查发现断铅封的进行现场处罚。对超过检定周期的，进行立案查处。经过几年来的不断规范，广州市出租汽车计价器行业市场秩序良好，得到了社会的认可。

2006年以来，公路测速仪检定问题受到社会各界的广泛关注。为切实履行好测速仪检定职能，省质监局采取了一系列的措施：一是于2006年9月出台广东省地方检定规程JJG（粤）008—2006《机动车超速自动监测系统》；二是迅速建立计量检定能力，省计量院率先按地方检定规程建立了测速仪计量标准；三是积极与省公安厅协调，争取推动全省测速仪检定工作；四是严格按国家质检总局要求部署开展测速仪普查建档工作，全面掌握有关情况。

至2009年全省经检定且在有效期内的测速仪（“电子眼”）有946台，新安装的测速仪首检合格率约为90%（雷达测速仪合格率接近100%；地感线圈测速仪合格率只有75%），在用的测速仪周检时的首检合格率约为82%，经调试后，重新检定合格率在90%以上。对经调试仍不合格的，质监部门通知使用单位停止使用该测速仪。省质监局向公路交通管理部门建议：应多采用合格率较高、稳定性较好的雷达测速仪，加强测速仪管理、维护工作，提高在用测速仪的稳定性，提高测速仪的受检率，确保在用的测速仪依法检定且在检定有效期内。

2008年省质监局开展广东省电能表检定情况的调研，推动未建立电能表检定标准的12个地级市建立检定标准；继续与南方电网公司、粤电集团公司磋商，推动电能表及其检定标准装置的检定工作；加强对电力承装商在用计量器具的监管。为了扶持基础和能力较为薄弱的计量技术机构加强强检能力建设，2009 年省质监局列支专项经费，建立和完善强检项目社会公用计量标准，第一期列支 145 万元采购 34 套水表检定装置配备到未建立水表标准的县（区）检测所，此外列支 330 万元为全省欠发达地区县检测所解决了地磅标准砝码严重不足问题。

二、强检工作的困难和问题

广东省在强制检定方面虽然做了很多工作，但是由于经济体制的关系，还存在很多垄断部门，各部门之间的利益之争，使许多强制检定工作无法正常开展。由于相关主管部门和被检单位对强检计量器具的相关法律法规认识还不够，如：供电部门的电能表以及医疗卫生单位在用计量器具和商用衡器的受检率仍然很低，甚至有的地方或部门仍未开展。

用于结算电话费的电话计时计费装置属于强制检定的工作计量器具，对电话计费的投诉时有发生，但是 2002 年 10 月以来，信息产业部下发了多份文件，拒绝质量技术监督部门依法对电话计时计费装置实施强制检定。国家质检总局曾与信息产业部协调沟通，但未取得结果。省质监局也曾和省通信管理局就电话计时计费装置强制检定问题进行多次沟通，但省通信管理局以国家信息产业部有规定和保密为由，没有支持检定工作的开展。因此，广东省电话计时计费装置一直未能进行强制检定。

为了贯彻落实国务院关于原电力工业部门承担的用于贸易结算电能表计量器具强制检定职能划入质量技术监督部门的决定，按照国家质检总局的部署，省质监局在如何接好、管好电能表强检工作上做了大量调研工作。自 2000 年起省质监局在南雄市进行过用于贸易结算电能表的监督管理工作试点，摸索对乡、镇一级农用电能表监管模式；开展广东省电能表检定情况的调研；推动地级市建立电能表检定标准；为了理顺电能表强检管理关系，加强与电力部门电能表检定管理问题的协调，多年来进行了多次沟通协商。

对医疗卫生部门使用的计量器具的强检工作，同样困难重重。在 2000 年以前，技术监督部门和卫生部门还能经常联合发文对医用计量器具进行强制检定和监督检查。2000 年以后，两个部门对计量器具的定义，主要是对“医用三源”是否属于计量器具存在异议。两个部门为此发了不少文件，争论不休，致使医用计量器具特别是“医用三源”的检定和监督检查工作开展得很不顺利。

多个管理部门、检定机构都对医疗服务单位就“医用三源”问题发文，如卫生部、省卫生厅、国家质检总局、省、市质监局，以及多个检定机构，如省计量所、省计量辐射站、省大型医疗设备应用技术评审委员会、市防疫站等。各检验检定机构其检定项目相同，造成对医院重复检定、重复收费，使医院无所适从。由于各医疗服务机构分别接到卫生部、省卫生厅的《卫生部关于 X 射线诊断机等医用诊断设备不属于计量器具的批复》等有关文件，使部分医院对“医用三源”强检工作采取抵制态度。

为此，2005 年 3 月省质监局和省卫生厅联合向国家质检总局、卫生部发出《关于对含有〈医用三源〉的医疗器械监督管理问题的请示》。文件反映在对含有“医用三源”（辐射源、激光源、超声源）的各类诊断机、治疗机的检定和监督问题上，广东省质监部门和卫生部门存在意见分歧。质监部门认为，根据《计量法》、《强制检定的工作计量器具检定管理办法》和《强制检定的工作计量器具目录》以及国家质检总局《关于进一步加强“医用三源”计量监督管理工作的通知》等相关文件要求，质监部门必须对含有“医用三源”的各类诊断机、治疗机实施强检；而卫生部认为，《计量法》及其《实施细则》第六十一条对计量器具有明确的界定，依据《卫生部关于X射线诊断机等医用诊断设备不属于计量器具的批复》的意见，“医用三源”不属于计量器具，不应列入强制检定的范围。由于意见分歧，检定工作难以正常开展，并引发工作中的矛盾和冲突，如佛山市南海区某医院将对“医用三源”实施强检的佛山市质量技术监督部门起诉到法庭，“医用三源”的各类诊断机、治疗机检定和监管问题也引起了新闻媒体和社会舆论的广泛关注。含有“医用三源”的各类诊断机、治疗机的质量和应用技术与患者和受检者的生命安全和健康密切相关，请示恳请国家质检总局和卫生部尽快就其检定和监管问题达成共识，理顺关系，分清职责，以便各地顺利实施对含有“医用三源”的各类诊断机、治疗机的检定和监管工作。

广东省法定计量检定机构和授权的专业计量技术机构，在执行强制检定工作中也存在一些问题，影响强检工作的健康发展。省质监局在投诉处理和检查中发现，个别市县（区）质监局利用开展强制检定计量器具执法的机会，强制要求企业将使用的非强制检定计量器具送其指定的法定计量技术机构检定或校准；个别法定计量技术机构超范围检定、以校准代替强制检定、强制要求企业签订检定或校准协议，这些做法严重违反了强制检定计量器具管理法律法规的规定，侵害了企业的合法权益，损害了质监部门的形象，也影响了强制检定计量器具监管工作的有效开展。为防止和纠正此类问题，规范强制检定计量器具的检定行为，省质监局2007年发文要求：（1）各质监部门组织各级法定计量技术机构主要负责人学习，组织自查自纠；广泛收集意见，及时处理投诉，加强计量技术机构人员的职业素质培训。（2）严禁任何形式的强制服务，不得强制要求辖区内的企业将使用的计量器具送指定的法定计量技术机构检定或校准；不得强制或变相强制企业签订附加的有偿的服务协议；不得要求或暗示企业到下属的协会、学会或有密切联系的咨询公司咨询。（3）严格依法实施对强制检定计量器具的执法检查，执法检查要严格按照法定程序，不能超出法定职能范围。（4）严禁法定计量技术机构超范围检定或以校准代替强制检定，凡存在超范围检定或利用校准代替检定行为的，应立即停止，在依法建标、获得授权后方能开展相关检定工作。

三、计量检定收费管理

根据《计量法》和《计量法实施细则》的有关规定，1991年，原国家技术监督局、原国家物价局、财政部《关于印发计量收费标准的通知》（技监局法发[1991]323号）制定了全国统一的计量检定收费标准，对于规范计量检定收费，防止乱收费，促进计量检定工作的开展起到了积极作用。随着市场经济和计量事业的发展，新增了许多计量器具检定项目，同时，由于计量检定技术和设备水平的提高及物价上涨等原因，计量检定费用明显增加，原计量检定收费标准已不能适应计量检定工作的需要。为保证计量检定工作的开展，促进计量事业的发展，规范计量检定收费行为，2002年国家计委、财政部经研究，决定重新制定计量检定收费标准，于当年8月30日发出《国家计委、财政部关于调整计量检定收费标准的通知》。同时废止了原国家技术监督局、原国家物价局、财政部《关于印发计量收费标准的通知》（技监局法发[1991]323号）中的计量检定收费规定和国家计委、财政部《关于调整部分计量检定收费标准的通知》（计价格[1994]643号）。

新的计量检定收费标准规定的收费原则包括：

（1）计量检定收费标准由中央和省两级价格主管部门、财政部门制定。中国计量科学研究院、中国测试技术研究院、国家标准物质研究中心、大区国家计量测试中心和国家专业计量站及分站等国家级计量检定机构的计量检定收费标准由国家计委会同财政部制定。省及省以下计量检定机构的计量检定收费标准，应根据不同的计量器具准确度等级逐级递减，具体由省、自治区、直辖市价格主管部门会同同级财政部门按照计量检定收费标准的核定原则制定。

（2）新增计量器具检定项目的收费，由计量检定机构按照计量检定收费标准的核定原则，参照规定的同类计量器具检定收费标准自行制定，并按财务隶属关系分别报中央和省、自治区、直辖市价格主管部门、财政部门和计量行政部门备案。

（3）计量检定收费标准按扣除财政拨款后补偿计量检定成本并兼顾缴费者承受能力的原则核定。计量检定成本主要包括：直接用于计量检定的检定用房折旧费及维护费；计量基准、标准装置及附属设备折旧费和维护费；能源消耗费（包括计量检定环境条件保证费）；原材料费；人工工时费；计量基准、标准溯源考核费和管理费。其中，管理费按不超过前 6 项费用之和的 10%计算。

（4）收费单位应按规定到指定的价格主管部门申领、变更《收费许可证》，并按财务隶属关系使用财政部和省、自治区、直辖市财政部门统一印制的行政事业性收费票据。

（5）收费单位应严格按规定的收费标准执行，不得擅自设立收费项目、扩大收费范围、提高收费标准，也不得将计量检定收费转为计量测试收费变相高收费。收费单位应加强收费管理，建立健全内部监督制约机制，对收费标准予以公示，自觉接受价格主管部门、财政部门的监督检查。

通知同时公布了《国家级计量检定机构计量检定收费标准》和《计量检定收费的有关规定》。《计量检定收费的有关规定》如下：

（1）经检定的计量器具，无论合格与否，被检定单位均应缴纳检定费。经检定不合格的计量器具，如由检定机构进行修理，已收取修理费的，再次检定不得收取检定费。

（2）根据实际需要实施现场检定的，被检定单位应提供满足检定所需要的场所、环境条件、交通运输工具、辅助人员等相关条件，并负担检定人员的差旅费、检定设备运输费、运输保险费及其它支出的有关费用（双方可签定相关协议）。

（3）计量器具使用单位没有不可抗拒原因，而不按法定计量检定机构安排的周期计划送检的，检定机构在检定收费标准的基础上加收 20%的检定费。

（4）已列入周期检定计划的计量器具，检定机构拖延当地计量行政部门规定的检定期限，送检单位有权要求及时安排检定，并免缴部分或全部检定费。

（一）拖延 1 － 15 个工作日免缴 30%的检定费；

（二）拖延 16 － 25 个工作日免缴 50%的检定费；

（三）拖延 25 个工作日以上免缴全部检定费；

（四）拖期 70 个工作日以上，按检定收费标准的 2 倍赔偿送检单位；

（五）需要修理的计量器具，修理时间由双方协商，不受检定期限限制；

（六）检定机构因不可抗拒原因，未能按期完成检定，经有关部门审查属实，不受以上有关规定限制，但应及时通知送检单位。

（5）送检单位要求出具检定规程规定以外的检测数据，经检定机构同意，在收费标准的基础上加收 20%的检定费。

（6）检定收费中包括检定证书费。丢失检定证书要求补发的，应书面提出申请并经原检定机构核实后可予以补发。由于补发证书中的相关内容和数据等，需要重新查找原始资料，核实、计算检定数据，故要收取手续费，手续费标准为 150 元。

（7）送检单位应自收到检定机构通知之日起30日内缴纳检定费，并领取计量器具。逾期不领取者每日按检定收费标准的2%加收保管费；超过60日每日按检定收费标准的4%加收保管费；超过6个月不领取者，按无主处理。

（8）仲裁检定收费按不超过计量检定收费标准的2倍收取。校准和测试收费由检定机构和计量器具使用单位双方协商议定。

广东省物价局和财政厅根据上述国家计委、财政部文件，和国家质检总局《关于调整计量检定收费标准工作有关问题的通知》（国质检量函〔2002〕812号）要求，通过省质监局做了大量调查研究，经省人民政府同意，决定调整广东省计量检定收费标准，于2004年2月10日发出《关于调整我省计量检定收费标准的通知》（粤价［2004]43号），自2004年3月15日起执行。通知规定了广东省落实国家有关规定的具体要求如下：

（1）广东省省级及以下计量检定机构开展在《国家级计量检定机构计量检定收费标准》（以下简称国家级收费标准）所列682项中的计量检定项目的收费标准，按计量器具准确度等级逐级递减的原则核定。其中，燃油加油机的计量检定收费标准按国家级收费标准的30%，其余计量器具计量检定收费标准按国家级收费标准的60%计。

（2）广东省省级及以下计量检定机构计量检定收费标准共485项，按扣除财政拨款后补偿计量检定成本并兼顾缴费者承受能力的原则核定。其中，出租汽车计价器检定收费标准仍按原收费标准执行，其余计量器具计量检定具体收费按《广东省计量检定机构计量检定收费标准（省及省以下项目）》执行。广东省新增计量器具检定项目的收费，由计量检定机构按照计量检定收费标准的核定原则，参照规定的同类计量器具检定收费标准自行制定，并报省物价局、财政厅备案。

（3）收费单位不得向农民、城镇居民收取水表、电能表、燃气表、热能表等计量器具的检定费用（仲裁鉴定除外）。

（4）有关收费单位到当地价格主管部门换领《广东省收费许可证》（行政事业性），按规定进行收费公示。根据省委办公厅、省政府办公厅《关于对行政事业性收费和罚没收入实行收支两条线管理工作的通知》（粤办发〔1999〕2号）有关规定，上述收费由财政委托银行代收款，全额上缴省国库，实行“收支两条线”管理。

广东省同时按照国家计委、财政部通知中《计量检定收费的有关规定》制定了《广东省计量检定收费的有关规定》。

四、强检计量器具普查建档

2006年针对强检计量器具长期以来底数不清的问题，为加强对强制检定计量器具的管理，国家质检总局提出对强制检定计量器具普查建档的要求。为了更加有效地推动强制检定计量器具建档工作，国家质检总局在全国确定了5个省市开展强检计量器具建档试点工作，5个试点单位是湖南省常德市（包括常德市区和所辖的7个县（市））、吉林省吉林市（包括吉林市区和所辖的5个县（市））、江苏省无锡市（无锡市区和所辖的江阴市、宜兴市）、重庆市辖区的涪陵区、陕西省宝鸡市的岐山县。这5个试点单位按国家质检总局的要求进行了强检计量器具普查建档工作。

当年虽然广东省未作为国家质检总局普查建档的试点单位，但为摸索开展强检计量器具普查建档工作的经验，省质监局决定在全省范围内开展强检计量器具的普查建档试点工作，接连发出《关于开展强制检定计量器具普查建档试点工作的通知》和《关于加强普查建档的计量器具强制检定管理工作的通知》，要求各地级市质监局对水表、煤气表、医疗卫生用计量器具、验光配镜用计量器具四类列入试点的计量器具进行全面的普查建档。通过试点要达到摸清这四类强检计量器具的基本情况，建立管理明细档案和数据库；督促使用者办理强检计量器具备案和报检手续，建立报检资料档案；提高强检计量器具的受检率；实现对强检计量器具档案的动态化管理。省质监局要求各地要结合强检普查的宣传动员，把强检管理规定告知每一个供水和供气单位、房地产开发单位、物业管理单位、医院、卫生站、眼镜配装店；加强对检定情况的检查和对违法行为的处理力度；加快强检项目社会公用计量标准的建立，将普查、检查执法与检定服务衔接起来，并加快普查建档工作的进度。省质监局还提出了对这四类计量器具首检率、周检率的考核要求，于2006年底进行了开展检定情况的监督检查。

国家质检总局信息中心开发了一套强检工作计量器具管理系统软件，各地均利用此系统进行普查资料的录入和管理。截至2006年12月1日，广东省录入国家强制检定计量器具管理系统的计量器具已经有47项101种83803台（件）。通过普查和建档，有效带动了强检工作的开展。2006年，全省共检定强制检定计量器具145.47万台（件），同比增长11.8%，其中普查试点项目的水表、煤气表、医疗卫生用计量器具、验光配镜用计量器具检定数量共计82.29万台（件），检定数量同比增长43.4%。

2007年，国家质检总局在总结5个省市的普查建档试点工作经验基础上，于4月发出通知，要求全国普遍开展强检计量器具建档。国家质检总局提出建档范围是各行政区域内在用的强制检定工作计量器具，建档模式是政府计量行政部门负责统一组织、技术机构负责具体实施。要求进行调查摸底，全面普查，做到横向到边，纵向到底，力争做到对本行政区域内所有强制检定工作计量器具使用单位进行普查，并对其在用的所有强制检定工作计量器具建立明细档案。在建立强检工作计量器具档案的基础上，探索和建立长效的动态监管机制，做到档案的及时更新和维护。国家质检总局要求各省市必须在2009年10月底以前全面完成本行政区域内所有在用强制检定工作计量器具的建档工作，并实现在线档案的动态更新和管理。其中，2007年主要开展贸易结算用强制检定工作计量器具的建档，2008年主要开展医疗卫生、安全防护用强制检定工作计量器具的建档，2009年主要开展环境监测用强制检定工作计量器具的建档。

按照国家质检总局的要求，2007年6月省质监局发文对广东省开展强制检定工作计量器具建档工作进行了部署，要求各地级以上市质监局、省计量院、各地级以上市质计所（院）、各授权计量技术机构，通过开展强检工作计量器具建档工作，摸清本行政区域内在用强检工作计量器具的基本情况，建立强检工作计量器具明细档案，实现对强检工作计量器具档案的动态化管理，切实提高强检工作计量器具的受检率。

结合广东省实际，省质监局提出如下贯彻执行的意见：

（1）省质监局负责统一组织全省的强制检定工作计量器具建档和管理工作；各市、县（区）质监局分别负责组织本行政区域内的建档工作；各市、县（区）质计所（院）、计量所分别负责本行政区域内强制检定工作计量器具档案的建立、数据更新、上传和建档数据库管理等具体工作；省计量院及授权承担强制检定计量器具检定任务的其他计量技术机构，负责承检的强制检定工作计量器具档案的建立、数据更新和上传工作。

（2）各级质监局要严格执行强制检定计量器具备案制度，通过备案及时掌握在用强制检定计量器具的资料，并做好建档工作。加强对授权承担强制检定计量器具检定任务的计量技术机构强制检定工作计量器具建档工作的管理，确保各授权机构按要求完成建档任务。

（3）各级计量机构要尽快对本单位计量器具检定档案资料进行整理，将强制检定工作计量器具的资料及 2006 年对水表、煤气表、医疗卫生用计量器具、验光配镜用计量器具的普查资料按国家质检总局文件的要求录入管理系统。相关资料已经更新，应录入最新的有效数据。同时，要加强对首检计量器具情况的了解，对强检工作计量器具进行识别，做好首次检定的强制检定工作计量器具的资料收集、建档和数据录入工作。

（4）各地要继续采用普查的方式推动有需要的强制检定计量器具的建档和检定工作，进一步巩固和完善已开展普查的 4 类强制检定计量器具的建档管理和检定。各地 2007 年要开展贸易结算用衡器的普查。其中对集贸市场使用衡器的普查，要求各市场管理办公室负责申报备案。普查工作参照 2006 年普查要求进行。

（5）各单位要制定建档工作计划，加快工作进度，要安排专人负责强检工作计量器具建档工作。

在 2006 年四类强检计量器具建档试点的基础上，经过两年多努力，截至 2009 年 10 月 30 日，广东省共对 50 项 122 种 3030108 台（件）强检工作计量器具（含民用 4 表）建立了档案。从计量器具种类来看，水表、电能表、煤气表、贸易结算类计量器具建档数量较多，其中水表 1609031 台（件）。从地区来看，各地市建档数量相差较大，广州市建档数量为 102717 台（件），而揭阳市建档数量仅为 1691 台（件）。

2009 年全省强检工作计量器具分类统计见下表：

表 9-10　强检工作计量器具分类统计表

计量器具名称	已建档台件数	计量器具名称	已建档台件数	计量器具名称	已建档台件数
竹木直尺	9	液体量提	311	医用激光源	364
套管尺	4	食用油售油器	0	超声功率计	64
钢卷尺	16	酒精计	20	医用超声源	8775
带锤钢卷尺	2	密度计	11	声级计	733
铁路轨距尺	12	糖量计	1	听力计	55
皮革面积计	0	乳汁计	0	CO 分析仪	153
玻璃液体温度计	691	煤气表	234011	CO_2 分析仪	17
体温计	541	水表	1609031	SO_2 分析仪	38
石油闪点温度计	64	液体流量计	317	测氢仪	0
谷物水分测定仪	3	气体流量计	2968	硫化氢测定仪	0
热量计	14	蒸汽流量计	2	酸度计	1356
砝码	925	压力表	84803	血气酸碱平衡分析仪	5
链码	0	风压表	9	瓦斯报警器	2240
增铊	0	氧气表	2937	瓦斯测定仪	0
定量铊	0	血压计	50383	汞蒸气测定仪	0

表 9-10 （续）

计量器具名称	已建档台件数	计量器具名称	已建档台件数	计量器具名称	已建档台件数
天平	7136	血压表	1009	火焰光度计	6
杆秤	52	眼压计	23	可见分光光度计	317
戥秤	3378	出租汽车里程计价表	3280	紫外分光光度计	136
案秤	33828	公路管理速度监测仪	169	红外分光光度计	1
台秤	28243	振动监测仪	17	荧光分光光度计	9
地秤	5066	单相电度表	798835	原子吸收分光光度计	52
皮带秤	4	三相电度表	0	滤光光电比色计	253
吊秤	24565	分时记度电度表	0	荧光光电比色计	6
电子秤	54150	电流互感器	258	烟尘测量仪	198
行李秤	1	电压互感器	334	粉尘测量仪	70
邮政秤	94	绝缘电阻测量仪	3497	水质监测仪	3
计价收费专用秤	1653	接地电阻测量仪	2191	水质综合分析仪	1
售粮机	0	场强计	6	测氧仪	0
定量包装机	395	心电图仪	12746	溶氧测定仪	0
定量灌装机	108	脑电图仪	423	呼出气体酒精含量探测器	24
轨道衡	94	照射量计	88	电子血球计数器	759
谷物容重器	0	医用辐射源	4006	屈光度计	4542
立式计量罐	53	射线监测仪	20	电话计时计费装置	17
卧式计量罐	2	照射量率仪	0	棉花水份测量仪	0
球形计量罐	10	放射性表面污染仪	0	验光仪	3828
汽车计量罐车	57	个人剂量计	8	验光镜片组	2056
铁路计量罐车	0	活度计	2	微波辐射与泄露测量仪	1
船舶计量仓	0	激光能量计	31	燃气加气机	31
燃油加油机	44086	激光功率计	19	热能表	1

通过强检计量器具普查建档，广东省大部分市、县质监部门掌握了本行政区域内强检计量器具的基本情况，提高了强检计量器具受检率；通过建立强检计量器具档案并实行信息化管理，提高了强检计量器具的管理水平和强制检定工作的有效性；弄清了各地检定资源情况，为技术机构指明了业务发展方向，使水表、医疗卫生用计量器具、交通执法用计量器具等的检定 / 检测能力得到快速发展。同时强检档案的建立也使计量器具不检或漏检的现象大大减少。

强检计量器具普查建档工作虽然取得一些成效，但由于强检计量器具种类繁多，分布散，使用领域广，建档工作需要大量的人力、物力，与各级计量技术机构开展业务，增加创收工作存在冲突，因此有些领域建档工作进展缓慢。建档工作还需进一步深入推进，加强强检计量器具建档工作的制度化管理，使建档工作能更好服务于广东省的计量监管工作。

第五节 以提高计量器具产品质量为重点加强计量器具生产许可管理

进入 21 世纪，国家质检总局对计量器具生产许可证的管理更加规范，而且特别加强对有关民生的重点计量器具的管理。所有法定计量技术机构承担重点管理计量器具的型式评价（定型鉴定），都必须经过国家质检总局的考核，达到具备重点计量器具型式评价（定型鉴定）试验大纲要求的，才被授权开展型式评价（定型鉴定）试验。重点管理计量器具除加油机由国家质检总局委托外，其余由各省质监局委托试验、监督管理。原由各地市质监局委托试验的非重点管理计量器具，为了加强管理，将委托试验权全部收回省质监局管理，由省质监局委托有资质、技术力量雄厚的法定计量技术机构试验，以保证试验的准确可靠。

一、贯彻国家质检总局颁布的相关法规

国家质检总局为提高我国计量器具产品质量制定了一系列相关的管理和技术法规。

1998 年开始，国家税务总局和国家质量技术监督局联合推行出租汽车税控计价器，并明确要求从 2000 年 1 月 1 日起不得再生产和销售非税控计价器。1999 年 12 月国家质量技术监督局和国家税务总局共同制定发布了《出租汽车税控计价器定型鉴定大纲》，国家质量技术监督局组织制定了《出租汽车税控计价器制造许可证考核规范》。

对于出租汽车税控计价器的生产，2000 年 1 月国家质量技术监督局和国家税务总局联合发出《关于生产使用出租汽车税控计价器有关问题的通知》。通知规定：出租汽车税控计价器生产企业应向所在地省级质监局申请税控计价器型式批准和税控功能检测。省级质监局受理后，必须送交国家质量技术监督局授权的税控计价器定型鉴定技术机构进行定型鉴定试验和税控功能检测。定型鉴定试验和税控功能检测完成后，技术机构应出具试验报告和税控功能检测报告。由受理单位对试验报告和检测报告进行审查后，报国家质量技术监督局和国家税务总局进行复审，经国家质量技术监督局和国家税务总局复审合格，并取得国家税务总局向申请单位颁发税控功能合格证书后，由受理申请的省级质监局向申请单位颁发型式批准证书。

定型鉴定试验和税控功能检测必须执行国家质量技术监督局和国家税务总局联合颁布的《出租汽车税控计价器定型鉴定大纲》及《出租汽车税控计价器接口技术要求》。税控计价器生产企业取得型式批准证书和税控功能合格证书后，向所在地省级质监局申请制造计量器具许可证。省级质监局依据国家质量技术监督局发布的《出租汽车税控计价器制造许可证考核规范》对企业进行生产条件的考核。考核合格的，颁发《制造计量器具许可证》，并向国家质量技术监督局备案，同时抄送国家税务总局。

根据上述文件，省质监局通知全省各生产企业以往取得的出租汽车计价器制造许可证，从 2000 年 6 月 30 日起失效，原发证机关要负责注销。要求出租汽车税控计价器生产企业必须向省质监局申请税控计价器型式批准和税控功能检测，在取得《税控功能合格证书》和《制造计量器具许可证》后方准生产。

为强化对电能表产品质量的监督管理，2000 年 7 月国家质量技术监督局发出《关于加强电能表产品质量监督管理工作的通知》，通知指出，电能表是国家重点管理的用于贸易结算的计量器具，其计量准确与否直接影响着电能交易双方的经济利益。据统计，当时我国电能表的生产企业有 600

多家，1999 年年产量约 4000 万台，其中 95% 为机械式电能表。1996 年、1997 年和 1999 年国家曾三次对单相电能表进行抽查，抽样合格率分别为 7.1%、30.4% 和 55.6%。电力部门 1999 年对在用单相电能表进行了抽检，结果表明，运行 1 年、2 年、3 年、4 年和 5 年的电能表中超差的分别为 31.1%、41%、44.1%、42.9% 和 53.5%，电能表产品质量问题十分严重。为了有效解决电能表的质量问题，国家质量技术监督局决定采取有效措施，用 3 年时间，开展电能表的清理整顿，使电能表的监督抽查合格率从 50% 左右提高到 90% 以上。

国家质量技术监督局采取的措施为：（1）强化电能表新产品的监督管理，严格把住产品质量第一关。严格电能表定型鉴定试验，停止执行各地制定的电能表样机试验大纲，制定全国统一的电能表定型鉴定试验大纲。对电能表新产品定型试验机构重新考核、授权，减少机构数量，提高定型鉴定试验质量，提高电能表生产条件要求。加强对电能表生产企业出厂计量检定的监督，组织实施电能表安装使用前的首次强制检定。（2）严格电能表制造计量器具许可证发放。省级质量技术监督部门要认真贯彻执行全国统一的电能表生产条件考核要求，提高发证的技术要求水平，严格电能表计量器具制造许可证的发放。严格注销国家明令淘汰型号的电能表计量器具制造许可证。按照新的生产条件考核要求，2000 年对全国电能表生产企业进行重新复查考核，达不到要求的，责令限期停产整顿；逾期达不到要求的，吊销许可证。（3）加大国家质量监督抽查及处理力度。国家质量技术监督局已将电能表列入《国家监督抽查产品目录》，增加跟踪抽查的频次，扩大抽查范围。从 2000 年开始，每年抽查 100 家左右企业的产品。对于两次抽查不合格的产品，吊销计量器具制造许可证。密切与电力部门配合，对在用电能表进行定期抽检，对合格率较低产品的企业，责令停产整顿。（4）狠抓生产劣质电能表的重点地区、集中开展电能表打假活动。坚决打击制造、经销假冒伪劣电能表的违法行为。（5）鼓励企业增加科技投入，推动技术创新，提高电能表制造水平。

该通知同时发布了多功能电能表定型鉴定大纲、全电子式电能表定型鉴定大纲、感应式交流有功电能表定型鉴定大纲、静止式单相电能表企业制造许可证考核生产设施必备条件、机械感应式单相电能表企业制造许可证考核生产设施必备条件。

为加强对衡器、煤气表、水表产品的质量监督管理工作，国家质量技术监督局组织制定了《衡器制造计量器具许可证考核必备条件》、《煤气表制造计量器具许可证考核必备条件》和《水表制造计量器具许可证考核必备条件》，于 2000 年 7 月 31 日予以发布，自发布之日起实行。《衡器制造计量器具许可证考核必备条件》中分别规定了电子计价秤、电子计重秤、电子地上衡、地中衡、汽车衡、弹簧度盘秤、电子皮带秤、电子吊秤、称重显示控制器、电子台秤、机械案秤、台秤、称重传感器的许可证考核必备条件。

国家质量技术监督局要求各省级质量技术监督部门要组织企业对照考核必备条件进行检查，改进、完善生产条件，在 2000 年 12 月底前仍达不到要求的，吊销其《制造计量器具许可证》。

省质监局于当年 10 月将国家质量技术监督局上述文件及全国统一的电能表、衡器、煤气表、水表定型鉴定大纲和许可证考核生产设备必备条件发至各地级市质监局。2000 年第四季度省质监局按照国家质量技术监督局的要求组织评审组，对已取得静止式、机械感应式单相电能表制造许可证生产企业，衡器、煤气表、水表生产企业进行复查考核，复查考核后重新公布已取得制造许可证企业名单。

2000 年国家质量技术监督局收到一些计量器具生产企业和行业协会的反映：一些地方质量技术

监督部门和法定计量检定机构参与衡器产品的销售、招标等经营活动；技术机构利用衡器的检定权，强行承揽衡器的安装调试或不安装调试收取安装调试费；法定计量检定机构经销自己开发、生产的计量器具产品，并对其进行检定、测试。对此现象国家质量技术监督局立即于2000年5月发文予以制止，规定各级质量技术监督部门和法定计量检定机构不得参与计量器具产品的经营活动，以确保质量技术监督执法科学、公正、廉洁、高效。

省质监局按照国家质量技术监督局的要求，发文规定各级质量技术监督部门和计量检定机构开展自查自纠，发现有违反规定的应立即停止，坚决纠正，严格执行广东省质量技术监督局职业道德规范，对违反计量法律、法规、规章的违法行政行为和利用职务之便，参与不正当竞争、垄断市场、分割市场的一律从严追究有关人员的违法、违纪责任。

2002年，国家质检总局为适应中国加入WTO的要求，参考了国际法制计量组织的有关国际文件和国际建议，经修订发布了JJF 1015—2002《计量器具型式评价和型式批准通用规范》和JJF 1016—2002《计量器具型式评价大纲编写导则》，对全国制造计量器具新产品办理型式批准的程序和型式评价的通用试验项目、试验要求、试验方法，以及大纲的编写进行了进一步规范。这两个技术规范发布后，省计量科研所对修订后的这两个技术规范进行了学习宣贯，在对还没有全国统一试验大纲的计量器具进行样机试验和型式评价时，都是严格依据上述两个规范编写试验大纲，经所技术负责人批准后实施试验，保证了样机试验和型式评价的质量。

为适应市场经济的要求，贯彻落实行政许可法，加强对制造计量器具许可证的监督管理，依据《计量法》及其实施细则和《制造、修理计量器具许可证监督管理办法》的有关规定，国家质检总局对《制造计量器具许可证考核规范》进行了修订，2004年6月予以印发，自印发之日起执行。修订后的《制造计量器具许可证考核规范》规定"企业申请制造计量器具许可证，必须对其生产条件进行考核。生产条件由生产设施、出厂检定条件、人员技术状况、技术文件、管理制度5个部分组成。被考核企业产品的质量控制按《计量器具新产品管理办法》和JJF 1015—2002《计量器具型式评价和型式批准通用规范》的要求执行"。该规范对制造计量器具许可证考核的计量法制管理要求和生产条件考核评分都作出详细具体的规定。

省质监局要求全省各地级市局认真学习《制造计量器具许可证考核规范》，并规定公务员不得参加各类考核评审活动，如本地考评员人数不够或专业不对口，可从省计量院或深圳、广州等市专业人才较多的技术机构聘请考评员；没有考评员证书的一律不得参与考评工作；要进一步加强对已领取制造计量器具许可证生产企业的证后监督，从源头上把好关。

2005年5月20日由国家质检总局局长李长江签发的中华人民共和国国家质量监督检验检疫总局令第74号，公布了《计量器具新产品管理办法》，自2005年8月1日起施行。原国家计量局1987年7月10日公布的《计量器具新产品管理办法》同时废止。与1987年版的《计量器具新产品管理办法》有明显改变的是：新修订的《计量器具新产品管理办法》第四条"凡制造计量器具新产品，必须申请型式批准。型式批准是指质量技术监督部门对计量器具的型式是否符合法定要求而进行的行政许可活动，包括型式评价、型式的批准决定。型式评价是指为确定计量器具型式是否符合计量要求、技术要求和法制管理要求所进行的技术评价"，将计量器具新产品定型更名为型式批准，并将定型鉴定和样机试验统一为型式评价。新的《计量器具新产品管理办法》对新产品型式批准的管理权限、型式批准的申请、型式评价、型式批准及其监督管理等作出明确规定。

省质监局于当年6月24日发出《关于贯彻〈计量器具新产品管理办法〉的通知》，要求全省各地级以上市质监局，各有关承担型式评价的技术机构结合广东省实际贯彻执行，在制造计量器具许可证发证考核和证后监督环节严格把关，加强监管。省质监局要按照《计量器具新产品管理办法》对各承担型式评价的技术机构重新确认；未取得授权的技术机构，一律不得开展型式评价工作。省质监局要求各承担型式评价的技术机构应按照行政许可的要求，确保在3个月内完成型式评价，确因申请单位改进计量器具或其他特殊原因不能在规定时限内完成的，应向省质监局作书面说明。

为了进一步规范计量器具型式批准管理，将国内列入型式批准计量器具目录与进口计量器具型式审查目录统一起来，国家质检总局于2005年10月8日发布了《中华人民共和国依法管理的计量器具目录（型式批准部分）》。在此之前，国内企业新制造凡是列入《中华人民共和国依法管理的计量器具目录》的计量器具，都必须进行型式批准，有几百种之多，而进口计量器具的型式审查目录只列有18种，这对于到中国销售计量器具的外商来说，享受了超国民待遇，不符合WTO原则。经过调整的《中华人民共和国依法管理的计量器具目录（型式批准部分）》更符合实际，便于做到管理到位。省质监局要求广东省各地级以上市质监局要认真组织学习，做好宣贯工作，督促辖区内的企业做好办理计量器具许可证、型式批准和进口计量器具检定工作。

2007年12月29日由国家质检总局局长李长江签发的中华人民共和国国家质量监督检验检疫总局令第104号，公布了《制造、修理计量器具许可监督管理办法》。原国家质量技术监督局于1999年2月14日发布的《制造、修理计量器具许可证监督管理办法》同时废止。新的《制造、修理计量器具许可监督管理办法》是为规范制造、修理计量器具许可活动，依据行政许可法，并考虑市场经济中出现的诸如委托加工等新情况，对1999年发布的原《制造、修理计量器具许可证监督管理办法》进行修订后形成的。新的管理办法所涉及的计量器具是列入《中华人民共和国依法管理的计量器具目录（型式批准部分）》的计量器具。在贯彻新管理办法时，省质监局通知，为进一步加强广东省制造计量器具许可证管理工作，要按照《制造、修理计量器具许可监督管理办法》第九条规定，由省质监局统一负责对制造计量器具申请单位考核发证。没有省质监局的委托，市、县质监局不再颁发制造计量器具许可证。原市、县质监局颁发的制造计量器具许可证证书在有效期内继续有效，到有效期届满3个月前，原发证的市、县质监局要督促企业及时向省质监局申请复查换证。

为了贯彻落实《制造、修理计量器具许可监督管理办法》，做好相关行政许可和执法工作，省质监局委托广东计量协会举办了新管理办法的宣贯培训班。各地级以上市质监局计量科（处）相关工作人员、稽查执法人员，6类重点管理计量器具获许可证企业管理人员，参加学习了《制造、修理计量器具许可监督管理办法》及制造计量器具许可证管理有关工作要求。

二、省计量院努力提高能力取得型式评价资质

省计量科研所一向重视计量器具新产品定型鉴定、样机试验工作，努力提高能力，积极创造条件向国家质量技术监督局申请承担计量器具新产品型式评价工作。2000年1月10日国家质量技术监督局为确保出租汽车税控计价器定型鉴定的顺利进行，组织对有关计量技术机构进行考核后，决定授权北京市计量测试所、上海市计量测试技术研究院、广东省计量科学研究所承担出租汽车税控计价器新产品定型鉴定。

为进一步加强对电能表、水表、煤气表、衡器、加油机、出租汽车计价器等6种重点管理计量器具的型式批准和定型鉴定工作的管理，国家质量技术监督局于2000年11月10日，通知各省、自

治区、直辖市质监局，各有关授权技术机构，自通知发布之日起，凡列入《首批重点管理的计量器具目录》的产品，必须由国家质量技术监督局授权的技术机构承担定型鉴定，各省级质监部门一律不再安排样机试验。同时公布第一批授权承担6种重点管理计量器具的定型鉴定工作的计量技术机构名单。在第一批授权技术机构的名单中，省计量科研所获得承担电能表、加油机、出租汽车计价器定型鉴定的资格。

2001年8月15日国家质检总局公布6种重点管理计量器具第二批授权定型鉴定技术机构和项目。在第二批名单中，省计量科研所获得衡器、水表、煤气表定型鉴定的授权。这样，省计量科研所获得全部6种重点管理计量器具定型鉴定授权，即电能表、加油机、出租汽车计价器、衡器、水表、煤气表。

《计量器具新产品管理办法》和《中华人民共和国依法管理的计量器具目录（型式批准部分）》颁布以后，根据国家质检总局2006年发出的《关于申请国家计量器具型式评价实验室的通知》要求，2006年11月省计量院重新向计量司申请水表、电能表、燃气表、衡器、加油机、出租车计价器、易燃易爆气体检测（报警）仪、测量互感器等8种产品国家计量器具型式评价实验室。省计量院在申请报告中列数了申请型式评价试验室所具备的条件：

（1）省计量院获国家质检总局授权法定计量检定机构，华南国家计量测试中心证书编号：（国法计）（2002）01043号、广东省计量科学研究所（2002）01032号；中国合格评定国家认可委员会认可校准实验室，证书编号：No.（CNAS）L0730；香港认可处（HKAS）认可校准实验室，注册编号：HOKLAS77；获国家重点管理的6种计量器具定型鉴定技术机构的授权，授权文号：质技监局量发[2000]204号，国质检函[2001]317号。

（2）省计量院严格执行JJF 1015—2002计量器具型式评价和型式批准通用规范、国家标准、型式评价大纲和计量检定规程，每年承担大量的由国家质检总局和广东、广西、福建、湖南、海南等省市质监局委托的计量器具新产品型式评价任务和产品质量定期监督抽查工作。对于部分未有国家型式评价大纲的项目，省计量院按照JJF 1016—2002计量器具型式评价大纲编写导则制定型式评价大纲或实施细则。2004年至2006年省计量院制定型式评价大纲或实施细则共14项，完成电能表等国家重点管理计量器具的型式评价任务435台件，其中电能表271台，水表34台，煤气表3台，出租汽车计价器9台，税控加油机8台，衡器62台，可燃气体报警控制器4台，互感器44台。覆盖的企业约150家，其中生产电能表厂家55家，生产衡器的厂家40家，生产煤气表的厂家8家，生产水表的厂家19家，生产加油机的厂家3家，生产出租汽车计价器的厂家3家，生产互感器的厂家22家。

（3）省计量院在型式评价工作中严格审核把关；对试验过程发现的不合格项，坚决要求企业按规定限期整改；同时本着“质量第一，客户至上”的宗旨，主动与客户沟通，积极帮助和指导企业理解国家相关规程和标准，撰写企业标准，提供产品出厂检测技术培训；对企业内部不断完善计量管理和产品质量的提高产生了显著效果。根据国家监督抽查结果，广东省计量器具产品质量稳中有升，如电能表测量抽样合格率2002年以来一直保持在95%左右，水表的产品抽样合格率从2002年的85%提高到2005年的92.5%，出租车计价器产品抽样合格率保持在100%。其他计量器具产品抽查合格率在65%～70%之间波动。因此省计量院向国家质检总局计量司申请水表、电能表、燃气表、衡器、加油机、出租车计价器、易燃易爆气体检测（报警）仪、测量互感器等8种产品国家计量器具型式评价实验室。

经过国家质检总局组织的考核验收，至 2009 年省计量院取得了国家天平、非自动衡器、称重传感器、称重显示器、加油机、燃气表、出租汽车计价器、电能表型式评价实验室（广东）授权资格。2013 年又取得国家水表型式评价实验室（广东）授权资格。

三、制造计量器具许可证颁发和监督管理

为保证广东省企业生产计量器具质量，根据国家质量技术监督局有关重点管理计量器具出厂检定问题的相关要求，广东省采取授权法定计量检定机构实施出厂检定，或授权生产企业进行出厂检定，指定法定计量检定机构派人驻厂监督的方式进行监督管理。2000 年 2 月省质监局授权省计量科研所对广州市恒山机器有限公司的税控加油机进行出厂检定，待该公司各方面条件符合要求后，于 2000 年 5 月授权该公司进行出厂检定，由省计量科研所派人驻厂监督。2002 年 3 月省质监局为规范出租汽车税控计价器出厂检定工作，决定广东省税控计价器出厂检定由生产企业进行，出具检定证书；由省计量科研所承担对企业实施驻厂监督工作。

为加强对重点管理计量器具生产厂的管理，根据国家质量技术监督局的要求，2000 年 5 月省质监局分期分批组织考核组对列入重点管理计量器具生产厂进行复查考核，经考核合格的企业共 43 家，其中电能表生产厂 22 家，衡器生产厂 18 家，水表生产厂 2 家，煤气表生产厂 1 家，经复查考核合格的换发了制造计量器具许可证。

国家质量技术监督局制定了电能表、水表、煤气表、衡器生产必备条件以后，2001 年第一季度，广东省根据《广东省制造计量器具许可证年审实施办法》（试行），对 2000 年 12 月 31 日前已取得制造计量器具许可证的单位进行年审时，其中上述 4 种计量器具生产企业的年审由省质监局结合复查考核统一组织。年审结果以广东省制造计量器具许可证年审公报的方式发布并刊登在中国计量协会的网页上。

为更好地贯彻《制造、修理计量器具许可证监督管理办法》根据广东省许可证考核工作的需要，2003 年 7 月经国家质检总局计量司同意，委托中国计量协会在广东省举办了制造、修理计量器具许可证考评员培训班。考评员的条件是具有大专以上学历、工程师以上职称、熟悉计量法律法规、熟悉计量考核评审工作规定、从事计量技术或计量管理工作 5 年以上、有良好的职业道德。培训内容包括计量法律法规规章、计量学基础知识，法定计量单位、制造计量器具许可证考核规范、制造、修理计量器具许可证管理工作相关的知识等。这些经统一培训考核的考评员保证了广东省制造计量器具许可证考核的质量。之后，又培训考核了多名考评员，满足了广东省制造、修理计量器具许可证监督管理工作的需要。

衡器、煤气表、水表涉及千家万户的贸易结算是否公平准确，广东省在 2003 年第三季度对这 3 种产品实施了定期监督检验。全省共抽查了广州、深圳、佛山、珠海、中山 5 个地区的 9 家生产企业 9 个型号规格的产品，合格产品 7 个，抽查合格率 78.8%。其中衡器抽查 4 个型号规格，合格产品 3 个，抽查合格率 75%；煤气表抽查 2 个型号规格，合格产品 2 个，抽查合格率 100%；水表抽查 3 个型号规格，合格产品 2 个，抽查合格率 66.7%。抽查国营企业 1 家、股份制企业 3 家、三资企业 1 家、私营（个体）企业 4 家，抽查合格率分别为 100%、66.7%、100%、75%；其中中型企业 1 家抽查合格率为 0，小型企业 8 家，抽查合格率 87.5%。这次抽查的衡器准确度指标的合格率均为 100%，不合格项是高低温试验。抽查水表准确度指标 100% 合格，不合格项是压力损失。省质监局对这次抽查不合格企业发出黄牌警告，责令限期改正；组织有关专家针对出现的质量问题会同企业找出原因，提出整改方案，整改后重新抽样进行全性能试验。省质监局要求各级质监局针对抽查反映的问题，进行动态跟踪监管，规范计量器具市场秩序。

2004 年 6 ～ 8 月，省质监局根据国家质检总局的要求，对广东省电子计价秤生产企业开展了专项整顿，成立了以省质监局计量处处长为组长的电子计价秤整顿工作领导小组，两次召开座谈会传达国家质检总局通知的精神，对检查工作进行了动员部署。广东省原获取电子计价秤许可证企业 8 家，经自查，有 2 家企业表示放弃，6 家企业申报接受专项整顿，其中广州市有 3 家企业，中山市 2 家企业，深圳市 1 家企业。

按照国家质检总局计量司的安排，广东省与福建省交叉检查，各成立 1 个检查组，检查组成员由对方省指派的 2 名专家组成。检查组于 8 月 4 ～ 7 日检查了广东省广州市中兴电子衡器厂等 6 家电子计价秤生产企业。从检查结果看，6 家受检企业在硬件方面基本满足必备条件所提及的 19 项要求，并能提供必备条件要求需配置的计量器具的有效检定 / 校准证书。这 6 家受检企业有 4 家企业一次通过考核，他们是：广州市中兴电子衡器厂、广州市天河白云山电子衡器有限公司、中山市金利电子衡器有限公司、中山市衡新电子有限公司。检查组专家对企业存在问题提出了中肯的改进意见。

广东在八、九十年代是生产衡器的重要产地，但后来由于受外地生产厂低价竞争的冲击，电子计价秤从原来每台七八百元降为每台 200 多元，大多数生产企业在领取制造计量器具许可证后被迫停产，如广东省有名气的中山香山衡器有限公司、东莞百利达有限公司、深圳市爱华衡器有限公司等已停止生产电子计价秤。有些生产企业不得已采用价格低廉的零配件，有的从取证企业买入成品或半成品，贴牌后卖出，其产品零配件来路不明。种种情况表明，价格战引起恶性竞争，是造成电子计价秤总体质量下降的重要原因。

一直以来，省计量院都十分重视型式评价试验（样机试验）工作。省计量院对型式评价试验（样机试验）要求严格规范，认真执行国家质检总局颁布的型式评价大纲，或该院根据相关的国家标准、国家计量技术法规、制造厂的企业标准编写并经所在专业室和院技术负责人（总工）批准的型式评价大纲。型式评价试验（样机试验）除了标准条件下的计量性能试验外，省计量院还配备了进行全性能试验的各类设备，如高低温湿热箱、振动试验台等，根据电工电子产品环境试验、机械产品环境试验、医用电器环境要求及试验方法等国家标准，对计量器具产品进行环境试验、可靠性试验等。例如做衡器的型式评价时，试验人员在高温 +40 ℃至低温 -10 ℃情况下进入高低温湿热箱内，每隔 5 ℃进行一次测试；对有要求的产品按规定做电磁兼容试验等，以确认产品的质量达到标准的要求。

省计量院的技术人员经常利用自己的专业知识，帮助生产企业提高产品质量，为企业修改企业标准提供专业意见，帮助企业改进生产工艺等。例如对弹簧度盘秤原来没有温度的要求，后来发现该秤在温度变化时弹簧的拉伸度影响秤的准确度，在 2000 年国家质量技术监督局修改了国家标准，增加了温度测试。在生产弹簧度盘秤时如何安装温度补偿片，以调节温度变化使秤的准确度不受影响，许多厂家对这个装配工艺都不了解，经常将温度补偿片同向安装，结果反而使秤的误差更大。省计量院力学室技术人员深入到弹簧度盘秤的生产企业，亲自指导温度补偿片正确安装，有效控制了弹簧的热胀冷缩，使度盘秤在标定温度内都能保持准确无误。省计量院的技术人员还帮助企业完善计量器具的生产场地、设备配置等硬件，使之达到考核要求。

省质监局历年受理和发放制造计量器具许可证情况：2001 年受理计量器具样机试验 168 个，为

141 家企业颁发样机试验合格证书，为 46 家企业颁发制造计量器具许可证。2003 年受理计量器具新产品样机试验 250 个，颁发合格证书 223 份，涉及产品 218 种。颁发计量器具制造许可证 102 个。2004 年颁发计量器具新产品样机试验合格证书 216 份，制造计量器具许可证 92 份。

2009 年省计量院共受理了 280 个企业 420 个型号的型式评价试验任务，完成了 172 个企业制造计量器具许可证的考核任务。

第六节　计量认证扩大领域加强监督

2000年前后，各类产品质量检验机构为适应我国产品打入国际市场的需要，除进行计量认证以外，有越来越多的机构自愿申请国家实验室认可，特别是省级产品质检机构还要接受国家质量技术监督局的审查验收，造成重复评审，浪费了人力物力。为此国家质量技术监督局提出对省级产品质检机构计量认证工作进行改革的意见，于 2000 年 6 月 16 日发出通知，对省级产品质检机构的计量认证工作作出如下调整：对省级产品质检机构的计量认证评审工作，结合国家对省级产品质检机构的验收评审工作一起进行，国家质量技术监督局委托中国实验室国家认可委员会（CNACL）具体组织实施，将计量认证评审、验收评审与国家实验室认可评审结合进行，所谓“三合一评审”。“三合一评审”主要依据中国实验室国家认可委员会制定的认可程序和认可准则以及评审细则进行，有关计量认证的要求执行 JJF 1021—90《产品质量检验机构计量认证技术考核规范》。省级产品质检机构通过“三合一评审”后，计量认证证书仍由省级质量技术监督局颁发，审查验收证书由国家质量技术监督局颁发，实验室认可证书由 CNACL 颁发。

配合国家质量技术监督局的改变，适应广东省实验室认可活动的发展，省质监局要求省级产品质检机构要依据 ISO/IEC 导则 25《校准和检测实验室资格的通用要求》编制《质量管理手册》，进行“三合一评审”时，广东省必须派出持有国家实验室注册评审员和计量认证评审员“双证”资格的人员参加。

为进一步减轻检验实验室的负担，提高质检机构评审工作的有效性，适应“三合一评审”的需要，统一产品质检机构计量认证 / 审查认可（验收）工作， 2000 年 10 月国家质量技术监督局颁布了《产品质量检验机构计量认证 / 审查认可（验收）评审准则》（试行）（以下简称《评审准则》）。原来产品质量检验机构进行计量认证是依据《计量法》及 JJF 1021—90《产品质量检验机构计量认证技术考核规范》；国家级产品质检机构的审查认可，省级产品质检机构的验收是依据《中华人民共和国标准化法》、《中华人民共和国产品质量法》，并分别依据《产品质量监督检验站审查认可细则》、《产品质量监督检验所验收细则》进行。新颁布的《评审准则》，在等同采用 GB/T 15481—1995 国家标准（由 ISO/IEC 导则 25 转换而来）的基础上，增加了我国有关法律法规及相关文件中对计量认证、审查认可的特殊要求。该《评审准则》于 2001 年 12 月 1 日正式实施。为配合《评审准则》的实施，国家认监委于 2002 年印发了《计量认证 / 审查认可（验收）工作程序》及有关工作表格、《计量认证 / 审查认可（验收）获证检测机构监督管理办法》、《计量认证 / 审查认可评审员管理办法》等。

广东省以贯彻执行国家新的《评审准则》为契机，进一步健全、完善了广东省检测机构计量认证监督管理，促进了检测机构的规范运作，不断适应广东省经济贸易发展的需要。为了使众多检测机构按新的评审准则转版，省质监局组织各类检测机构召开计量认证专题研讨会，全面动员和部署实施新评审准则，并编制了《计量认证申请与评审指导书》，指导检测机构做好转版准备工作。同时，召集各部门各行业主要评审员，将评审准则的实施要求传达给评审骨干。

省质监局紧紧抓住转变观念，通过深入理解和掌握以 ISO/IEC 导则 25 为基础的新的评审准则，将评审准则的要求贯彻到检测机构的质量体系建设和计量认证评审工作中去，大力做好新评审准则的宣贯工作。2002 年共组织检测机构内部审核员培训班 18 期，培训了近 1500 人次，举办质量体系文件编写培训班 5 期，培训近 300 人次。省质监局组织全省已注册的实验室认可评审员和国家级计量认证评审员，以每个行业的 1 ～ 2 个检测机构为代表，进行评审观摩，由资深评审员按照新评审准则的程序，现场传授评审方法和技巧，提高了评审员的能力和评审质量。2002 年共完成计量认证评审检测机构 85 个，其中与实验室认可“二合一”评审 15 家，首次认证 12 家，复查 73 家，扩项 71 家。截至 2002 年底，全省获计量认证实验室 726 个。

2003 年计量认证评审准则转版的工作量大，要求高，共安排现场评审 291 次，其中计量认证、实验室认可“二合一评审”30 次。全年评审各行业检测机构：环保 73 家，交通工程 15 家，水利水电工程 11 家，建设工程 67 家，市政工程、供、排水 8 家，药检 4 家，综合产品质量监督站 10 家，大学 4 家，气象防雷 9 家，特设 3 家，疾病控制 12 家，地勘 24 家，农业 4 家，道路运输 4 家，能源监测 3 家，其他中介技术机构 40 家（其中企业性质中介检测公司 27 家）。通过编制和应用计算机管理系统，使广东省计量认证工作更加规范。为提高计量认证评审质量，统一评审尺度，省质监局组织评审组长、行业评审组联络员定期会议，请有丰富经验的评审员做专题报告，就“期间核查的实施”、“申请项目现场考核的安排”等专题交流评审经验。全年完成初次评审的检测机构 55 家，复查评审 236 家。

2004 年，全年共安排质检机构计量认证现场评审 340 家，其中环保 28 家，交通工程 9 家，水利水电工程 8 家，建设工程 54 家，市政、供、排水 10 家，药检 6 家，综合产品质量监督站 10 家，大学、科研院所 7 家，气象防雷 34 家，特设 5 家，疾病控制 58 家，职业卫生 7 家，地勘 5 家，农业 11 家，车辆检测站 32 家，无线电监测 6 家，其他中介技术检测公司 50 家。

计量认证业务虽然不断扩大，但也存在不少问题。随着市场化程度的提高，检测市场也在逐步形成，很多民营、企业实验室申请计量认证，2004 年公司性质的检测机构（不含机动车辆检测）已经达到 1/7。有的检测公司片面追求利润，为降低成本，出现一台设备同属于多个机构，一个人同时受聘于多家单位的情况，在准备评审时拼凑能力，聘请“枪手”，应付评审组，证书到手后，不按认证的要求开展业务。在计量认证评审时，不能由行政收费来支付评审费，长期默许检测机构直接支付评审员劳务费，使评审的公正性受到影响，成为滋生腐败的土壤。

2005 年截至 10 月，计量认证共评审质检机构 289 家，其中新发证 119 家，复评审 130 家，扩项 40 家，历年累计考核颁发证书 2452 个。同时加大对获认证机构的证后监管力度，对环保、建筑、市政等 7 个行业 110 多家检测机构进行了监督评审；在环保、市政行业组织了 100 多家机构（占获证机关绝大部分）参加了比对试验。督促室内空气检测机构按 GB/T 18883—2002 中规定的 19 项指标进行扩项，以达到国家认监委的要求。为满足计量认证评审工作量的增加和提高评审工作质量，对 196 名计量认证评审员进行了培训。

随着社会对食品安全、建筑材料安全，空气质量等问题的关注，国家认监委以进一步加强对实验室资质管理为重点，加大了对涉及这些领域检测实验室的监督管理力度。2005 年和 2006 年国家认监委分别组织了相关的计量认证专项监督检查。2005 年监督检查的重点是获得计量认证的食品检验检测机构，对这些检测机构从事食品的微生物、非食用蛋白水解液、胭脂红、苯甲酸、苏丹红、工业盐、对羟基苯甲酸酯、工业冰醋酸、香精香料、甜味剂等项目检验检测技术能力进行核查，采取省内自查和跨省互查的办法进行。此次检查活动由国家认监委下拨部分工作经费，要求检查组不得收取被检查实验室的劳务费或礼品、礼金，不得接受被检查机构安排的非公务活动。2006 年以安全、节能、环境保护类实验室为重点，由国家认监委随机抽取 145 家实验室进行飞行检查。主要侧重于建筑材料有害物质限量检测、建设工程及室内空气质量检测、节能监测、环境监测、机动车安检等领域。这次计量认证专项监督检查特别提出纪律要求，执行检查任务时，一律不得由被检查单位提供车辆、食宿安排，不得接受任何形式的礼品，不得安排与检查工作无关的任何其他活动，把有关治理商业贿赂的要求落到实处。检查经费仍由国家财政专项列支。

2005 年省质监局按照国家认监委的要求抽调了 79 名技术专家组成检查组对各地市质计所（院）、疾病预防控制中心、部分农产品质量安全监督检验中心共 181 家检测机构进行了专项监督检查，核查了这些机构食品检验及实验室的能力，按照国家认监委跨省互查的安排，完成了广西、湖南两省共 10 个机构的核查工作。

2006 年 11 ～ 12 月，省质监局根据国家认监委的通知要求，组织对广东省建筑材料有害物质限量检测、建设工程及室内空气质量监测、节能监测、环境监测、机动车安检等领域的检测检验机构进行了专项检查。全省共检查了 79 家检测机构，检查结论为“予以表扬”的 3 家，占总数 4%；结论为“基本满足计量认证要求，个别项目需要改进，建议通过监督检查”的 49 家，占 62%；结论为“不能完全满足计量认证要求，需要完成整改后，可通过监督检查”的 27 家，占 34%；没有“存在严重问题，建议暂停（或取消）”的。通过检查发现的问题主要有：个别机构超出计量认证范围出具检测报告；部分机构不注重计量认证获证后的日常动态管理，地址、授权签字人、主要负责人、标准等变更未及时办理变更手续；部分机构未开展内部审核和管理评审，质量体系未持续有效运行；不少机构检验原始记录和检验报告提供的信息量不够，原始记录和检测报告不规范；部分机构很少参加能力验证和实验室比对活动，甚至从未参加。

在总结我国多年来开展计量认证、审查认可活动的基础上，结合改革开放和建立市场经济以来的实际情况，为进一步与国际接轨，2006 年 2 月 21 日，国家质检总局以第 86 号令颁布了《实验室和检查机构资质认定管理办法》，自 2006 年 4 月 1 日起施行。1987 年颁布的《产品质量检验机构计量认证管理办法》同时废止。《实验室和检查机构资质认定管理办法》是为规范实验室和检查机构资质管理工作，提高实验室和检查机构资质认定活动的科学性和有效性，根据《计量法》、《标准化法》、《产品质量法》、《中华人民共和国认证认可条例》等有关法律、行政法规的规定制定。实验室和检查机构资质是指向社会出具具有证明作用的数据和结果的实验室和检查机构应当具有的基本条件和能力。资质认定是指国家认监委和各省、自治区、直辖市人民政府质量技术监督部门对实验室和检查机构的基本条件和能力是否符合法律、行政法规规定以及相关技术规范或者标准而实施的评价和承认活动。从此实验室和检查机构资质认定代替了产品质量检验机构计量认证和审查认可。该管理办法所适用的实验室和检查机构包括了更广泛的内容。实验室是指从事科学实验、检验检查和校准活动的技术机构。检查机构是指从事与认证有关的产品设计、产品、服务、过程或者生产加工场所的核查，并确定其符合规定要求的技术机构。该管理办法对实验室和检查机构的基本条件，及其能力要求都作出明确的规定，是政府对实验室和检查机构监督管理，以维护经济和市场秩序的重要法规。

第七节　适应企业自主管理的工业计量

2000年前后，为适应市场经济的发展，政府对企业的管理进一步放开，广东省政府要求各主管部门对政府审批项目进行清理，取消不必要的行政审批项目。按照粤府[2000]39号文要求，省质监局取消了在全省范围内开展的"'广东省计量保证体系'确认"强制性要求企业接受审批的工作。但广东省并没有因此削弱企业计量工作。2000年省政府公布的省技术监督局更名为广东省质量技术监督局后的"三定"方案中将"推行工业计量现代化管理，承担国家质量技术监督局交办的完善计量检测体系确认的评审工作；对企业计量检测保证能力进行考核"作为计量工作的职能之一。

2000年以后，省质监局仍在进行的企业计量保证体系确认工作已不是行政性审批项目，而是国家大力鼓励推行的科学的计量管理方法，并由政府质量技术监督行政部门加以引导和规范的技术服务活动，是在企业自愿申请、自主要求基础上进行的。《国务院关于进一步加强产品质量工作若干问题决定》、国务院《质量振兴纲要》和国家经贸委、国家质监局《关于加强中小企业计量工作的意见》中，均对此项工作提出了要求。计量保证体系确认是作为一项科学的计量管理措施，由国家质监局在全国各省、市、区统一开展的，按照与国际计量管理通行规范相符合、相适应，并与国际惯例相接轨的原则进行引导。为此，国家质监局专门制定了《中小企业计量检测保证规范》来具体管理和规范此项工作。当时我国即将"入世"，广东企业面临严峻挑战。包括计量在内的技术基础工作直接制约着广东省广大中小企业产品质量的提高。企业计量检测保证体系的评价，国际上有一整套专门的技术管理标准（即国际标准化组织制定的ISO 10012标准），国家和广东省亦有与之配套的、分级的、统一的要求加以实施。为帮助企业提高计量水平，完善计量检测体系，保证产品质量，这项活动在省质监局组织下严格按照其基本程序，高度尊重企业的自我愿望，促使此项工作科学、公正、有序地开展。

广东省二、三级计量保证体系确认的受理、考核、发证程序和权限如下：

（1）三级计量保证体系确认由地级市质监局受理、考核和发证。企业申请三级计量保证体系确认工作，由县（区）级质监局在申报资料上签署意见后报所在地级市质监局受理；考核工作，由地级市质监局组织实施，也可根据实际情况，将考核工作委托具备考核资格的县（区）级质监局来实施；考核合格后，由地级市质监局颁发证书。

（2）二级计量保证体系确认由省质监局受理、考核和发证。企业申报二级计量保证体系确认，由地级市质监局在申报资料上签署意见后报省质监局。省属企业以及重点管理的计量器具制造企业直接向省质监局申报二级计量保证体系确认。二级计量保证体系确认考核工作由省质监局组织实施，也可根据实际情况，将考核工作委托具备考核资格的地市质监局组织实施，考核合格后，由省质监局颁发证书。

省质监局明确规定允许获证单位在其产品或产品说明书中使用计量保证体系合格证书标志和编号；申报计量保证体系确认属企、事业单位的自愿行为，不得以此向企、事业单位乱收费。

2003年国家质检总局批准发布了GB/T 19022—2003（idtISO10012:2003）《测量管理体系　测量过程和测量设备的质量管理要求》和JJF 1112—2003《计量检测体系确认规范》。2003年12月到2004年6月，国家质检总局委托中国计量测试学会依据上述两个新的标准规范组织了计量检测体系确认考评员培训，广东省新申请并考核合格 51 名考评员。

按照国家质检总局的要求广东省从 2004 年起依据新的标准和规范开展计量检测体系确认工作。自 2005 年 6 月 1 日起，二级计量保证体系确认的申请受理和考核均改为地级市质监局承担，考核结果报省质监局审核发证。

为加强对测量管理体系认证工作的管理，推动我国企业计量工作的发展，进一步向国际通行做法靠拢，2005 年 6 月 28 日，国家质检总局和国家认监委制定发布了《测量管理体系认证管理办法》。依据该管理办法，于当年成立了从事测量管理体系认证活动的认证机构——中启计量体系认证中心。该中心进行的测量管理体系认证，是由认证机构证明企业能够满足顾客、组织、法律法规等对测量过程和测量设备的质量管理要求，并符合国家标准 GB/T 19022—2003《测量管理体系　测量过程和测量设备的质量管理要求》的认证活动。测量管理体系认证坚持政府推动、企业自愿的原则。国家质检总局负责推广测量管理体系在企业中的应用。国家认监委负责测量管理体系认证活动的统一管理、监督和综合协调工作。省级质监部门在本行政区域内负责测量管理体系认证活动的监督管理工作。

2005 年 11 月国家质检总局宣布不再颁发“完善计量检测体系合格证书”。中启计量体系认证中心于 2005 年 11 月 29 日在韶关市召开新闻发布会，向广东省韶关钢铁集团有限公司颁发了全国第一张“测量管理体系认证证书 AAA”。

广东省韶关钢铁集团有限公司（以下简称韶钢）是广东省大型国有企业集团，该企业集团在 40 多年发展历程中不断加强计量工作，以计量检测体系为保证，以计量数据为中心，为企业实现可持续发展提供坚实的计量保障，是广东省企业计量工作的先进典型。

在企业发展过程中，韶钢始终坚持“科技要发展，计量需先行”的思路，将夯实计量管理作为提升企业管理水平、深化节能降耗、提高产品质量、增加经济效益的重要基础工作抓实抓严抓出成效。

韶钢从 1985 年取得“国家二级计量合格企业”，1991 年荣获“国家一级计量合格企业”称号，并在当年被授予“国家计量先进单位”以来，韶钢的计量工作是一年上一台阶、一年迈一大步：1996 年在广东省大中型企业中率先通过国家技术监督局的“完善计量检测体系”（ISO 10012—1）确认，并通过“国家一级计量合格企业”的复查，成为广东唯一保持“一级计量企业”合格证书连续有效的企业，2001 年 9 月又通过国家技术监督局的“完善计量检测体系”确认复查，2005 年 11 月，率先在国内取得中启计量体系认证中心“测量管理体系认证证书”，2009 年 11 月通过换证审查。

韶钢的专职计量机构从 1978 年成立计量科，1985 年成立计控办，到 1997 年改组为计控部；计量检测设备，从 1985 年各类计量标准器 190 台（套），计量器具 15768 台（件），发展到 2009 年在用计量标准器 694 台（套）、计量器具 16730 台（件）；至 2009 年计控部员工队伍经过不断优化增至 455 人，具有各类专业技术职称人员 142 人，其中高级职称及以上 8 人，高级技师 15 人，韶钢技术专家、技能师各 4 人，各类计量检定人员 180 多人。高素质的计量人才为韶钢实施科技计量奠定了扎实的基础。

韶钢计量工作一直坚持以生产经营管理为中心，确保计量工作既服务和服从于企业生产，又对企业生产起到指导、管理和监督的作用。在计量管理过程中，韶钢始终坚持计量统一管理，在抓好计量器具的台帐管理、ABC 分类管理、标记管理和计算机计量信息管理的同时，使最高标准受检率达 100%，工作标准周检合格率≥ 98%，在用计量器具受检率和在用计量器周检合格率均≥ 95%。

韶钢于 2003 年率先在国内建设完成“计量数据自动采集管理系统”，该项目列入 2002 年国家技术创新计划和广东省重点技术创新项目计划。韶钢计量数据自动采集管理系统由分布在公司内的43个采集子站，1319个采集点对公司的一、二次能源量、物资量进行实时采集。该系统将采集到的数据及相关信息，包括对水、电、气、汽和煤、焦等能源的供应（生产）、消耗情况随时进行统计、贮存、分析、处理后，组成了生产调度、节能监督管理、统计数据管理、实时监视等16个支持子系统，公司内所用的计量检测数据均以“计量数据采集管理系统”出具的数据、报表作为唯一的结算依据。

2008年开始，韶钢建立了一套实时的、远程监控的、智能化的进出厂物资一体化处理系统。该系统有覆盖全公司所有进厂计量点和检验点的大型数据库，在相关岗位和重要部门（路段）设置600多个监控点，由监控中心对监控点进行集中监控管理。实现数据的集中储存、处理和实时查询、检索，并实现对各秤点的现场无人职守，远程实时物资计量。远程的取样、制样、送样、检验、存样、结果的全程监控，实现计量、质量、运输、物流的流程再造和数据共享，并为其他系统提供数据接口。通过信息系统、视频监控系统、图像识别等技术手段，有效防止目前计量、质量检验过程的各种作弊行为。同时将现有的计量数采系统、质量管理系统、运输系统、物流系统、仓储系统进行集成，形成一个集数据库、网络、存储、音视频、图像识别、RFID技术、信息技术等为一体的综合防作弊系统。

2009年，公司投资45.5万元用于“计量管理系统网络版” 科研项目的开发应用，让管理者及时得到和了解计量管理的现状和管理状态，并实时提供智能化的预警提示功能、动态台帐、分类台帐、动态报表等，为管理者迅速提供各类统计及辅助决策功能，帮助管理者精细管理，实现量化管理，提升管理水平。

在现代企业管理中提倡专业化管理、精细化管理，它是以准确可靠的数据为前提的，而数据的来源依赖于计量。这些年来，韶钢通过建立健全测量检测体系，确保了企业具有与其生产经营相适应的计量检测能力，有效地管理测量设备和测量过程产生的、影响组织产品质量、环境保护、安全生产和经济效益的不正确测量结果的风险，为企业生产经营、节能降耗、质量控制、环境保护提供准确的计量数据。

贯彻《测量管理体系认证管理办法》以后，省质监局要求各地级以上市质监局要广泛发动和引导有条件企业开展测量管理体系认证工作，推动广东省企业计量工作不断向前发展。同时广东省开展的二、三级计量保证体系确认工作仍按原规定进行。

在省质监局的部署和推进下，广东省的计量保证体系确认工作得到广泛开展。2005年全省通过二级计量保证体系的企业有111家，通过三级计量保证体系的企业有1796家，全省通过二、三级计量保证体系的企业累计达到9612家。2006年，通过与国家名牌、国家免检产品的评比相结合，加强对企业申报计量保证体系确认的引导力度，全年全省通过二、三级计量保证体系确认共1886家，增幅全国第一。其中，通过二级计量保证体系确认139家，通过三级计量保证体系确认1747家。全省通过二、三级计量保证体系确认的企业累计达到11498家，居全国第二位。

2008年通过国家测量管理体系认证的企业有3家（累计16家）、广东省企业二级计量保证体系确认的企业有269家（累计1445家）、广东省企业三级计量保证体系的企业有2209家（累计18332家）。

第八节　机动车安全技术检验机构计量管理

机动车安全技术检验是指根据《中华人民共和国道路交通安全法》及其实施条例规定，依据机动车安全技术标准对上路机动车进行的检验活动。机动车安全技术检验是机动车安全运行的重要保证，与人民群众的生命安全息息相关。2004年5月1日起施行的《中华人民共和国道路交通安全法实施条例》第十五条规定“质量技术监督部门负责对机动车安全技术检验机构实行资格管理和计量认证管理，对机动车安全技术检验设备进行检定，对执行国家机动车安全技术检验标准的情况进行监督”。依据这一规定，原由公安机关管理的全国各地机动车安全技术检验机构（以下简称“机动车安检机构”），改由质量技术监督部门管理。

这是一项重要的职能转移，国家质检总局极为重视。国家质检总局、公安部、国家认证认可监督管理委员研究决定，自2005年1月21日起至2005年3月31日，机动车安全技术检验机构资格及监督管理工作由公安机关交通管理部门向质监部门移交，并联合发出《关于加强机动车安全技术检验机构管理有关工作的通知》。通知要求：各地质量技术监督部门要会同公安机关交通管理部门，对机动车安检机构的资格进行确认；各省级质量技术监督部门应当按照国家质检总局和国家认监委的统一要求，积极做好机动车安检机构的计量认证、计量检定以及实验室认可等工作，组织宣传贯彻有关计量检定、计量认证法律法规要求和工作程序；公安机关交通管理部门要会同质监部门，对机动车安检机构检验车辆的情况进行监督；2005年3月31日前，各地公安机关交通管理部门应当对已委托的机动车安检机构进行核实确认，将有关档案资料登记造册，移交同级质量技术监督部门；各地质量技术监督部门应当对移交的材料进行核对，及时上报省级质量技术监督部门，各省级质量技术监督部门于2005年4月30日前报国家质检总局。

对机动车安检机构进行资质管理是质监系统承担的一项新职能，省质监局积极主动地与公安交警部门协调，2005年，就职能移交工作召开协调会3次。2005年2月省质监局与省公安厅联合转发了国家质检总局、公安部、国家认监委的联合发文，提出过渡期工作要求，组织各市县质监局对辖区内机动车安检机构检验设备的计量检定情况进行了一次大检查，为管理职能的顺利移交做了大量的准备工作。2005年3月31日，省质监局与省公安厅交管局进行了机动车安检机构资格管理职能的移交，在全国范围内较早地完成了管理职能的移交工作，得到了国家质检总局的充分肯定。省质监局对接收过来的机动车安检机构资格管理明确规定：管理职能主要由省质监局计量处负责，成为计量工作9项行政许可事项中的一项；全省各地级以上市质监局计量科（处）承担相关职能；省计量院承担机动车安全技术检验设备检定工作和机动车检验人员培训工作。

职能移交后，省质监局立即着手布置各市质监局按照各地公安交通部门提供的信息，到现场对辖区内在用和在建的机动车安检机构逐一登记核对，建立了机动车安检机构的数据库。经登记核对，初步掌握了机动车安检机构的情况，及时向国家质检总局报送了信息。

至2005年8月，全国31个省（自治区、直辖市）已完成机动车安检机构监管职能移交工作，共交接机动车安检机构1860家。为保证机动车安全技术检验工作的连续性，国家质检总局决定，1860家机动车安检机构继续承担机动车安全技术检验任务。在国家质检总局公布的1860家机动车安检机构中，包括广东省机动车安检机构296家。广东省质监局按国家局要求向批准继续承担机动车安全技术检验任务的机构颁发了《承担机动车安全技术检验任务通知书》，并按国家统一编号制作颁发了《承担机动车安全技术检验任务临时资格证书》。临时资格证书有效期统一为2005年9月1日至2006年8月31日，要求在其有效期内，机动车安检机构必须取得计量认证证书。

针对机动车安检机构对计量认证工作不了解，对申办计量认证采取观望状态的状况，省质监局采取了以下措施推动计量认证工作的顺利开展：首先加大计量认证的宣传力度，采取报刊、网站、发放宣传材料等方式进行宣传，提高了机动车安检机构对计量认证的认识；其次是连续下发了《转发国家认监委关于做好机动车安全技术检验机构计量认证有关问题的通知》等多个文件，督促机动车安检机构加快办理计量认证的进度；第三是加强与公安交管部门的沟通，将17个因历史原因无法与公安部门脱钩完成独立法人的机动车安检机构情况抄送给省公安厅，由其督促这些机动车安检机构完成独立法人注册。这些措施加快了计量认证的进度。

在机动车资格管理职能移交的过渡期，从2004年5月1日起已经暂停了新建机动车安检机构的审批。至2004年底，广东省机动车保有量已达1313万辆，年增9.3%，约120万辆，2005年移交时的296家机动车安检机构已远不能满足需要。有20多家企业申请建立机动车安检机构，但苦于没有对安检机构资格认可的具体实施法规和规章，无法受理、审批企业的申请。管理依据的缺失导致审批工作无法开展，机动车安全技术检验由于机动车安检机构不足而难以到位，势必对交通安全带来隐患。为此，在国家质检总局没有出台相关管理法规的情况下，省质监局积极起草和推动了全国第一个关于安检机构资格管理的地方政府临时性规章《广东省机动车安全技术检验机构行政许可实施办法》的出台，该办法以广东省人民政府令第102号发布，并于2006年2月1日起实施。该办法对机动车安检机构设立的原则、应具备的条件、应提交的申请材料、申请及审批程序、机动车安检机构的权利义务以及对机动车安检机构的监督管理等作出了规定。该办法出台后，在2006年2月1日至4月30日期间，共受理机动车安检机构资格许可申请51份，批准新设机动车安检机构16家，批准6家机动车安检机构增设检测线，使广东省新建机动车安检机构的审批工作得以顺利开展。

机动车安检机构的设立实行统筹规划、数量控制的原则。各地根据机动车保有量，按约2万辆设立1条检测线，将需要设立机动车安检机构的数量和分布报国家质检总局，经批准下达规划。2007年经国家质检总局批准广东省规划设置23条汽车安全技术检测线、28条摩托车安全技术检测线。

为了摸清机动车安检机构在用计量器具的情况，建立计量监督管理的长效机制，从2006年5月至8月，广东省各地级市质监局按照国家质检总局的统一部署，组织开展了一次机动车安检机构在用计量器具计量监督检查。通过监督检查对机动车安检机构在用计量器具、在用检验设备进行了普查建档工作，全省335家机动车安检机构都建立了在用检验设备档案。

承接机动车安检机构管理职能后，全省质监系统认真履行监管职责，开展了一系列卓有成效的执法工作，共查处了8家存在违法行为的机动车安检机构，有力震慑了机动车安检机构违法行为。如2006年6月，根据群众举报线索和前期调查情况，省质监局计量处联合稽查总队，对东莞市华辉机动车检测服务有限公司进行突击执法检查，经过将近5个小时的艰难取证，最终查获了该公司伪造检测数据、出具虚假检测报告的违法事实。这是质监部门接管机动车安检机构监管职能后，广东省质监局查获的第一宗该类违法案件。通过这一案件，省质监局积累了同类案件的查处经验，为下一步加大对机动车安检机构的违法行为的打击力度提供了有效的办案思路。接着，全省质监系统陆续出击，先后查处了广宁县安驰运输车辆检测有限公司、江门市新会南安汽车综合性能检测有限公司等7个机动车安检机构出具虚假数据的违法案件。

在案件查处中发现违法分子为了达到修改数据的目的，有以下三种手段：一是在电脑中另外加装一个可以修改数据的检测软件，直接修改数据；二是输入密码激活检测软件的可修改功能，而从表面看不出软件具有作弊功能；三是检测软件完全符合规定，不具有修改功能，而通过修改电脑数据库中的数据进行作弊。对广东省质监局查处发现的违法情况，国家质检总局高度重视，多次过问并提出处理的要求。针对存在问题，国家质检总局紧急部署在全国开展对机动车安检机构进行专项监督检查。省政府有关领导也非常重视，专门作出批示，要求质监部门和公安交管部门加大监管力度。人民日报、南方日报、中国质量报等新闻媒体进行了大量的报道，引起了社会的广泛关注。

2007 年，省质监局计量处根据国家质检总局的统一部署开展了对全省 310 多家机动车安检机构的常规检验资格许可工作。在国家质检总局令第 87 号《机动车安全技术检验机构管理规定》出台后，省质监局计量处会同法规处，依据 87 号令，结合广东省实际，研究制定了《广东省质量技术监督局机动车安全技术检验机构资格许可实施办法》，在全国范围内率先根据国家质检总局 87 号令出台规范性文件，对新设立机动车安检机构资格许可的有关规定进行了细化，增强了操作性。这一年，根据实施办法，受理审批了 31 家安检机构，初步解决了一些地区机动车安全技术检测线不足、压力大的问题。省质监局与省公安厅对港澳地区机动车安检机构的设立、管理问题进行了协调，达成了共识，进行了香港、澳门两地机动车安检线设置的需求分析和规划。

机动车安检机构监管职能移交两年后，机动车安检机构监管工作已经进入新的阶段，监管重心从解决安检机构法律地位问题，发检验资格许可证书，逐步过渡到强化证后监管工作。2007 年 11 月至 12 月，国家质检总局对北京、辽宁、上海、江苏、安徽、福建、山东、河南、广东、重庆、陕西 11 个省、直辖市的机动车安检机构进行了一次监督检查，共抽查了 100 家机动车安检机构。广东省当年有机动车安检机构 364 家，占全国机动车安检机构数量的 1/6，这次监督检查在广东省抽查了 20 家机动车安检机构，占抽查总数的 1/5。检查发现广东省机动车安检机构在机动车外观检验、底盘检验、排放污染物检验项目上普遍不够规范，检验人员素质普遍不高，检验能力和水平较差。省质监局配合国家质检总局派出的机动车安检机构资格许可检查组对广东省 20 家机动车安检机构进行检查，跟踪落实存在问题的机动车安检机构的整改情况。通过检查，规范了机动车安检机构的行为，也为今后加强监管积累了经验。省质监局要求各地组织对辖区内被国家质检总局抽查的机动车安检机构进行跟踪监督检查，检查其存在问题的整改情况，同时要求各地对未被国家质检总局抽查的机动车安检机构，按不少于 30% 的比例进行一次监督抽查。

2008 年国家质检总局继续组织对北京、天津、河北、山西、湖南、吉林、黑龙江、广东、广西、贵州、云南 11 个省（自治区、直辖市）的 90 家机动车安检机构进行监督检查。检查内容包括机动车安检机构资格、设备条件、管理制度、工作质量等方面的 22 项要求。这次抽查了广东省的 13 家机动车安检机构，检查结果 1 家为符合，1 家为基本符合，其他 11 家不同程度存在不符合项。

为建立机动车安检机构的长效监管机制，省质监局制定的《广东省质量技术监督系统机动车安全技术检验机构资格管理工作指引（试行）》、《广东省质量技术监督局机动车安全技术检验机构行为规范与指引（试行）》于 2008 年，颁布实施，对广东省境内获得省质监局常规检验资格许可的机动车安检机构进行了规范，设立在香港和澳门，并由省质监局实施资格管理的机动车安检机构参照执行。通过实施上述指引文件，建立了定期、不定期巡查和执法检查、会议制度等 6 项制度，机动车安检机构长效监管机制逐步建立健全。

《广东省质量技术监督局机动车安全技术检验机构资格许可实施办法》出台后，省质监局先后开展过4次新设立机动车安检机构资格许可审批工作，共受理39个申请人新设立机动车安检机构的申请，批准新设立24条汽车检测线和20条摩托车检测线，有效缓解了广东省部分城市机动车安全技术检验需求上的压力，促进了机动车安检机构合理布局。

但是一些企业和个人认为审批存在"暗箱操作"、透明度不高等问题。2009年依据国家质检总局令第121号《机动车安全技术检验机构监督管理规范》的有关规定，省质监局对2007年颁布的《广东省质量技术监督局机动车安全技术检验机构资格许可实施办法》及时进行了修订，主要在申请建立机动车安检机构数量大于规划建立数量时，决定对申请人是否受理的环节上，引入公开抽签制度，使全省新设立机动车安检机构资格许可工作的公正性和透明性得到进一步加强。

为配合机动车安全技术检验工作的实施，广东省法定计量技术机构，在制定技术法规方面提供了技术支持。2007年，省计量院高富荣、方强起草了国家计量检定规程JJG 527—2007《机动车超速自动监测系统》；权小菁、罗军起草了国家计量检定规程JJG 688—2007《汽车排放气体测试仪》。2008年12月9日，省计量院研制的"基于简易工况法的轻型在用汽油车尾气检测系统"顺利通过广东省科技厅科研成果鉴定。鉴定意见认为，该项目成果构思新颖、设计合理，有创新性，其整体技术处于国内领先水平。2009年4月11日，省计量院独自承担完成的"汽车前照灯校准器检定方法的研究"和"人工视觉在计量学应用中的若干关键技术研究"两个项目通过成果鉴定，达到国内行业领先水平。同年5月，省计量院论文《一种机动车超速自动监测系统的检定方法及其标准装置的研制》荣获2008年度国家质检总局"优秀科技论文奖"二等奖。2009年，广东省出台全国第一个规范机动车安全技术检验工作的地方标准DB44/T 678—2009《机动车安全技术检验操作规范》，该标准在补充和细化国家有关标准的基础上，创新了监管思路，对各个工位的检测时间进行了规定。

随着经济的快速发展，广东省机动车保有量迅速增长，到2010年8月底，汽车保有量达740多万辆，摩托车保有量超过1000万辆。为缓解部分地区机动车安全技术检验压力，方便群众检测，2006年至2010年，广东省分别依据《广东省机动车安全技术检验机构行政许可实施办法》、《广东省质量技术监督局机动车安全技术检验机构资格许可实施办法》开展了6次（2005年、2007年、2008年、2009年上半年、2009年下半年、2010年上半年）新设立机动车安检机构、检测线资格许可工作，共接受87个申请人提出的新设立、增设检测线申请，不予受理214个申请人新设立机动车安检机构或增设检测线申请，批准新设立汽车检测线64条，摩托车检测线42条。

2005年接收机动车安检机构监管职能时，广东省在用机动车安检机构296家，汽车检测线209条，摩托车检测线278条，移动式摩托车检测线7条；在建机动车安检机构29家，汽车检测线24条，摩托车检测线26条，移动式摩托车检测线6条。至2010年，广东省经批准的机动车安检机构达397家，在用机动车安检机构354家（完成许可程序的348家，其中已完成复查换证的232家），在用汽车检测线266条，摩托车检测线294条（含6条移动式摩托车检测线）；在建新建机动车安检机构43家，在建汽车检测线21条，摩托车检测线38条（含6条移动式摩托车检测线）。广东省机动车安检机构数量和检测线数量长期保持全国第一，机动车安检机构和检测线布局更加科学合理，基本能够满足机动车安全技术检验工作需要。

2006年至2010年，省质监局累计查处55宗机动车安检机构违法案件，全省各级质监部门也积极开展了机动车安检机构违法行为查处行动。打击了机动车安检机构中的违法行为，维护了交通安全。

2010 年 8 月，省政府召开专题会议，明确原由公安部门负责的机动车安检机构部分违法行为的监督职能转由质监部门承担，以统一行政执法职权。

自 2005 年承担机动车安全技术检验机构资格管理职能以来，广东省质监部门认真贯彻落实国家质量监督检验检疫总局相关政策法规规定，采取积极有效措施加强机动车安检机构资格管理工作，推动机动车安全技术检验工作不断提升，为广东省道路交通安全形势的进一步好转发挥了应有的作用。

第九节　港澳计量技术服务不断巩固加强

一、在香港正式成立华南国家计量测试中心的派出机构

华南国家计量测试中心即广东省计量科学研究院自 1993 年经国家外经贸部批准，以技术出口的形式，在香港开展了提供量值溯源的计量校准技术服务以来，充分发挥出国内计量技术优势，把国家量值传递覆盖到香港，用实际行动迎接了香港的回归，经过多年实践积累了经验，也积累了一定资金。香港、澳门回归祖国后，随着大量的计量检测设备从原来向欧美、日本等溯源转到向国内溯源的服务需求急剧增加，亟需国内提供更加广泛的计量技术服务。但当时所采用的技术出口服务方式有很大的局限性，不利于在港澳业务的扩大，这种运作方式对资金财产安全，实验室规模，设备资金的投入，往来技术人员的人数及就地检测校准等方面均受到制约，已无法适应业务发展的需要。为了充分发挥广东省毗邻港澳地区的地缘优势和省计量院的技术、设备优势，2003 年 7 月省计量院通过省质监局向省人民政府提交了关于在香港设立经济实体的请示，并递交了可行性报告。

经省人民政府相关部门上报请示，2004 年 3 月 24 日，国家商务部复函省人民政府，同意广东省计量科学研究院在香港独资设立“广东省计量科学研究院香港校准实验室有限公司”，该公司的注册资本 100 万港元，总投资 150 万港元，所需资金境外自筹解决；该公司的经营范围为：计量检测校准服务，计量专业仪器设备销售；该公司内派人员编制 8 人，具体人选须报经国务院港澳办批准后方可派出；根据国家规定，内地驻香港企业中方股份不得以个人名义持有，如有特殊情况，确需以个人名义持有的，必须按规定在境外办理股权声明手续。该复函对公司注册，外派人员及外汇管理等事项都作出了明确指示。

就省计量院在香港设立公司有关问题，省质监局于 2005 年 2 月 16 日作出批复：同意省计量院在香港设立的“广东省计量科学研究院香港校准实验室有限公司”，由省计量院法定代表人高富荣出任董事长；实行董事会成员个人名义持股形式运作，董事会成员持股形式要严格按照《境外国有资产以个人名义进行产权注册办理委托协议及公证的规定》办理相关手续。2005 年 8 月 12 日省政府批准派高富荣、潘嘉声、陈明华、周钢、吴健鸥、黄志铭、古颖、罗军常驻香港广东省计量科学研究院香港校准实验室有限公司工作，为期 3 年。

省计量院派出人员的职务如下：高富荣任董事长；潘嘉声任常务董事、总经理，主管港澳业务；陈明华任董事、港澳业务技术主管；周钢任长度专业高级工程师、港澳业务行政主管；吴健鸥任长度专业工程师；黄志铭任力学专业工程师；古颖任电学专业工程师；罗军任光学理化专业高级工程师。

自此“华南中心”在香港的计量技术服务实现了第三步，有了正式的派出机构，使该中心的香港业务进一步取得快速发展。

二、华南国家计量测试中心外向业务的发展

华南国家计量测试中心已经成为参与港澳计量校准服务的一支生力军，具有较强的专业影响力。至 2009 年，该中心在香港的客户已发展到 300 多家，检测校准的仪器设备品种超过 500 种，服务对象包括国际商品检测公正机构、香港及国际材料试验及建筑安全检测机构、香港及澳门政府部门及公营机构等。社会日常使用的大部分量值都可通过该中心的计量标准而溯源到中国国家计量基准，港澳的量值基本“回归”。

另外，华南国家计量测试中心与香港政府校准实验所保持技术交流，“华南中心”的香港办事处先后协助香港政府校准实验所建立真空压力活塞基准装置及转速检测基准装置，装置精度经其验收后受到肯定。

多年来，该中心在港澳业务的发展势头一直处于良好的上升态势，即使在港澳受亚洲金融危机的影响，“非典”的暴发，甚至发生金融海啸，市场处于极度萧条的情况下，他们仍能坚守港澳计量校准服务阵地，尽职尽责，面对不利的市场条件，积极想办法，努力谋发展，和港澳人民一起度难关。通过十多年的扎实工作，该中心的校准服务已经在港澳市场占据了重要的地位，在客户中享有良好的口碑。与此同时，该中心还主动借助港澳的特殊地理位置和国际信息的畅通渠道，将计量检测业务推广至海外，取得了良好的社会效益和经济效益。省计量院通过在香港设立的校准实验室有限公司，不断接收到来自日本、台湾、泰国、菲律宾、马来西亚、新加坡、孟加拉等国家和地区客户送来仪器，2009 年以后，开始派出多名技术人员携带计量标准器到马来西亚、柬埔寨等提供现场校准服务。由于省计量院出具的证书报告带有“ilac-MRA”国际互认标志，且经过香港业务的开展已经有足够面向国际校准服务的经验，因而省计量院的校准服务帮助跨国企业顺利获取国际认证，受到国外企业的欢迎。

“华南中心”在香港的正式派出机构成立后，业务量和技术出口创汇逐年增长，其检定 / 校准台件数及收入的检定 / 校准费见表 9-11。

表 9-11　2000 年至 2009 年对港澳检定 / 校准技术服务统计表

年份	检定 / 校准仪器台件数	检定 / 校准费（HK$，不含销售额）
2000	1761	1 135 828.00
2001	1818	1 346 653.00
2002	1933	1 667 777.00
2003	2604	1 825 444.00
2004	3632	2 497 178.00
2005	3703	3 179 644.00
2006	3690	3 685 857.00
2007	3903	4 011 277.00
2008	4568	5 122 729.00
2009	4708	5 088 021.00

从表中可以看出国家商务部批准成立正式派出机构以后，业务量和创汇额的增长明显加快。华南国家计量测试中心在各级政府支持、指导和帮助下，努力提高业务能力，扩大服务领域，进一步

提高服务质量，通过对港澳计量技术服务的窗口将内地的计量技术优势和影响力扩散到港澳以及国外。

第十节　全省计量技术机构实力大提升

技术基础是指为经济、科技和社会发展提供技术支撑的共性技术手段、公用技术设施以及社会管理和保障模式。它包括技术基础设施、技术保障机构及其人才队伍、综合管理体系和相关政策法规等。改革开放以来，作为技术基础的广东省计量事业得到了较大的发展，在经济建设和科技进步中的作用显著加强，初步形成了具有一定规模和技术服务能力，覆盖全省的量值传递网络与计量技术服务体系，和一支计量专业技术和管理人员队伍。2001 年广东省建有各级国家法定计量检定机构 104 个（包括省计量科研所、21 个地级以上市计量所、79 个县级计量所）；省级授权的法定计量检定机构 37 个，市、县授权的法定计量检定机构 88 个。但是，与广东省着力发展高新技术产业等发展战略以及基本实现现代化的要求相比，技术基础无论是在规模、水平、设施和队伍建设，还是在管理体制和运作方式上都还有较大差距。

根据对全省法定计量技术机构现状和全省工业、科技发展态势的分析，经过一段时期的调研，对广东省法定计量技术机构的发展按照“全面调整规划布局、扶持重点特色项目、突出区域辐射功能、作大作强中心机构”的指导思路，省质监局拟定了“十五”期间对广东省七大中心城市或区域法定计量技术机构：华南国家计量测试中心、广州市计量测试所、佛山市计量所、广东省（惠州）计量检测中心、粤西计量检测中心（湛江）、粤北计量检测中心（韶关）、粤东计量检测中心（汕头）进行重点装备和建设的计划。

为全面提高计量技术机构竞争力，省质监局进一步提出充分发挥华南国家计量测试中心（广东省计量科学研究院）的龙头作用，积极创造条件，使省级和部分中心城市计量技术机构有一批项目达到国际先进水平、各地级市技术机构有若干项目达到国内先进水平，从而建立起符合社会主义市场经济体制要求，适应我国加入世界贸易组织新形势，满足广东省经济社会发展需要的计量技术机构体系。

一、广东省计量科学研究院第二检测基地建设

省计量科研所经过第十个五年计划的发展建设，在 21 世纪初，已研究建立和保存了瓦级、毫瓦级超声功率和国际橡胶硬度 3 项国家基准以及包括长度、力学、温度、电磁、无线电、光学、理化、声学、时间频率等 68 项华南大区级，112 项省级社会公用计量标准，计量基标准的总数为 183 项，在大区级国家计量测试中心中位居第二。省计量科研所是国内第一家获中国实验室国家认可委员会（CNAL）认可的计量校准实验室，已通过 CNAL 认可的校准和检测项目达 493 项，是国内取得国家认可校准项目最多的实验室，还是国内唯一获香港认可机构 HOKLAS 认可的校准实验室。省计量科研所获国家质检总局授权进行全部 6 种国家重点管理计量器具（衡器、水表、煤气表、电能表、出租汽车计价器和税控燃油加油机）定型鉴定，是当时全国仅有的两个获得全部 6 种国家重点管理计量器具定型鉴定授权的单位之一。从综合实力指标，包括所建立的计量基标准数量和等级、开展检定校准检测项目、固定资产总额、人员综合素质、人均年创收额、入选全国计量专业技术委员会委员人数等，省计量科研所已经在国内计量技术机构中名列前茅。

随着省计量科研所规模和影响的扩大，2003 年 1 月经省机构编制委员会办公室批准同意广东省计量科学研究所改名为广东省计量科学研究院。

“十一五”期间，广东省提出要着力提高自主创新能力、加快产业结构调整、发展循环经济、构建绿色广东、推进和谐社会建设的目标，这对计量工作提出了更新更高的要求。省计量院为实现广东省“十一五”规划目标和扭转广东省计量检测能力滞后于经济发展的局面，从筹建国家加油机质量监督检验中心开始，启动了第二检测基地的建设，使该院的实力得到跨越性提升。

2005 年前后，广东省的加油站和在用加油机的数量在全国各省市居首位，广东地区燃油加油机的产量也居全国首位。当时广东的燃油加油机年产量约 21000 台，占全国份额 30% 以上。其中广州市恒山股份有限公司年产量约 13000 台，在全国居第二位。由于省计量院具有良好的技术基础以及广东省加油机行业在全国的地位，国家质检总局于 2005 年 11 月 25 日正式下文同意在省计量院的基础上筹建国家加油机质量监督检验中心。国家质检总局对国家加油机质检中心建设的总体目标是建立一个“国内一流、国际先进水平”的燃油加油机综合检测中心。其主要任务是：承担政府计量行政部门委托的加油机新产品的型式评价工作、产品质量监督检验和仲裁检定工作，跟踪和研究加油机技术的国内外最新发展动态，掌握加油机的核心技术和防作弊手段，建立加油机全国性的软件测试和认证体系，承担加油机国家标准、技术法规的制修订工作，负责制定全国性的对加油机实施有效监管的措施和办法。

为达到上述目标，使该中心成为国家加油机产业的研发平台和技术孵化基地，在筹建工作中首先将重点放在加油机型式评价工作的能力建设上。由于省计量院当时实验室大楼占地仅为 6500 m^2，且在居民稠密地区，无法满足建设国家加油机质量监督检验中心的需要。同时，随着广东省计量事业和经济社会的不断发展，省计量院实验场地严重不足的问题日益突出，虽然 2003 年省计量院实验大楼改造，实用面积增加至 15000 m^2，实验室面积增加至 6000 m^2，但仍不能满足事业发展的需要。为此，省计量院于 2006 年 4 月向省质监局提出在广州经济技术开发区等广州周边地区购地 67000 m^2（100 亩）建立第二检测基地暨国家加油机质量监督检验中心的报告。报告提出，拟建设项目包括国家加油机质量监督检验中心、广东省计量基标准体系平台、华南计量器具专用软件测试中心、华南纳米材料检测站 / 华南纳米参考实验室、华南标准物质研究开发中心（华南生物计量实验室）、广东省大流量计量器具检测中心、广东省计量检测技术和计量产品研究开发中心、广东省大力值仪器检测中心、广东省网络计量测试技术研究开发中心等。

上述报告提出后，根据省质监局领导的指示精神，2006 年 5 月省计量院提出了第二检测基地用地的第二方案，即以省院原址为广州总部北区，建立大部分高、精、尖项目；在省质监局搬迁后将省局机关大院作为广州总部南区，主要用于大力值检测室、科研开发中心及行政业务中心；在东莞市征地（70 ～ 100）亩，作为第二检测基地和国家加油机中心建设用地。

2006 年 9 月省质监局致函东莞市石排镇人民政府，同意华南国家计量测试中心 / 广东省计量科学研究院第二检测基地和国家加油机质量监督检验中心落户石排镇，商请石排镇提供建设用地 150 亩。11 月 8 日 省质监局与东莞市石排镇政府签订了土地使用协议书，由石排镇政府划拨 150 亩土地作为省计量院第二检测基地建设用地，从而全面启动了省计量院第二检测基地建设工作。

为了更好地发挥省计量院的技术优势，促进东莞地区计量事业的持续发展，2006 年 12 月，省计量院向省质监局提出合并东莞市质量计量监督检测所的计量部分，在东莞成立分院的申请，以期达到 1+1 ＞ 2 的最佳效果。经省质监局批准，2009 年省计量院与东莞市质量计量监督检测所的计量部分成功实现合并重组，成立了广东省计量科学研究院东莞分院。

2007 年 4 月省计量院编制了《广东省计量科学研究院东莞分院项目工程建议书》，通过省质监局向省发改委申请立项。2007 年 9 月 10 日，省发展和改革委员会批复，同意建设广东省计量科学研究院第二检测基地一期工程项目，项目总建筑面积 4.62 万平方米，项目建设地点东莞市石排镇，项目总投资 11650 万元。根据东莞市城建规划局 2008 年 3 月 24 日批准的用地红线图，用地位置在东莞市石排镇庙边王村（龙岗大道），用地面积 96412.407 平方米（144.619）亩。

2008 年 8 月 14 日，省长黄华华率省直有关部门到省质监局及直属单位调研，并专门视察了省计量院。黄华华省长对省计量院近几年的发展给予了充分的肯定，并就省计量院发展中存在的困难进行现场办公，同意拨款 5000 万元用于支持省计量院购置检测设备。11 月 8 日省计量院第二检测基地一期工程奠基暨动工仪式在东莞市石排镇工程现场隆重举行，佟星副省长以及省质监局局长赖天生、东莞市市长李毓全等出席。该基地计划分两期进行建设，主要建设国家加油机质检中心、广东省大流量检测中心、广东省大力值检测中心、机械与光电计量检测中心、声学检测中心、计量软件测试中心、化学计量中心、计量器具研究开发中心、纳米参考实验室和生物计量实验室等一批达到国际、国内先进水平的项目。项目建成后，将使广东省的计量技术能力和水平步上新的台阶，进一步提高东莞地区乃至全省的区位竞争优势和社会影响力。

省计量院第二检测基地至 2009 年 12 月第一期土建工程基本完成，2011 年 10 月落成，投资约 3.5 亿元。

按照“国内一流，国际先进水平”的要求，省计量院先后研发出 3MN 叠加式力标准机、直流大电流检定装置和法定计量技术机构信息管理系统等 9 项达到国际、国内领先水平的科研成果。建成了 10 米法电波暗室，全消声实验室，口径达 800 mm 的水流量检定装置和口径达 400 mm 气体流量检定装置的大流量实验室等高水平实验室。至 2009 年底，省计量院建成或批准筹建国家加油机质量监督检验中心、国家城市能源计量中心（广东）、广东省现代几何与力学计量技术重点实验室、广东省大流量检测中心、广东省大力值检测中心、广东省质量监督眼镜检验站等项目，检定、校准、科研、开发各项工作全面发展，人员素质得到大幅度提高，朝着建设“国内一流、国际先进”的社会公用检测平台的目标迈进。

国家加油机质量监督检验中心建成后，经过资质认定和审查认可，于 2011 年 11 月 22 日取得资质认定计量认证证书和资质认定授权证书。

在广东省质量监督眼镜检验站基础上于 2013 年建成国家眼镜产品质量监督检验中心，2 月 26 日通过资质认定审查认可取得资质认定计量认证证书和资质认定授权证书。

由科技部联合国家发改委、财政部、教育部于 2005 年 7 月 18 日制定并发布的《“十一五”国家科技基础条件平台建设实施意见》中，明确提出将计量基标准体系作为国家科技基础条件平台建设重点之一。为加快广东省计量基标准建设步伐，提高广东省计量基标准整体水平，更好地服务于广东省经济社会发展，省计量院组织撰写了《建立广东省计量科技基础条件平台分析报告》，使广东省计量科技基础条件平台建设工作写入了省委省政府的决议，并列入《2005—2010 广东省科技基础条件平台建设纲要》。2005 年 10 月 28 日省委、省政府发布《关于提高自主创新能力提升产业竞争力的决定》中，明确指出要建立计量基标准体系条件平台，使之成为提高广东省自主创新能力的重要基础条件。

为了切实落实省委、省政府的决定，省计量院在省质监局的指导下进行了深入的调研，通过研究广东省计量基标准体系条件平台的现状与存在问题，分析建设与完善广东省计量基标准体系条件平台的必要性与可行性，提出了广东省计量基标准体系条件平台的建设规划。同时省计量院东莞分院的建设，使广东省建立完善的计量基标准体系有了基本硬件载体。

至 2009 年底，省计量院建有 3 项国家基准（毫瓦级超声功率基准装置、橡胶硬度基准装置、瓦级超声功率基准装置），以及长、热、力、电等十大计量专业 75 项大区级、144 项省级社会公用计量标准；在用计量基标准的总数为 219 项；经国家认监委计量认证的项目有 419 项，已获得 6 种重点管理计量器具型式评价的授权；通过国家法定计量技术机构考核授权的检定项目 511 项，校准项目 635 项；经 CNAS 认可的校准 / 检测项目达 809 项；经香港 HOKLAS 认可的校准项目达 45 项。2009 年省计量院完成工作量 18.4 万台件，业务总收入 9072 万元，比上年增幅 1011 万元，增长 12.5%；比 2003 年增幅 5472 万元，增长 152%，检测能力大大提高。

二、广州市计量检测技术研究院科学城基地建设

2000 年至 2009 年，是广州市法定计量技术机构大踏步前进和快速发展时期。2000 年广州市计量测试所的固定资产为 1035.5 万元，实验室面积为 1500 平方米，全所建立计量标准 101 项，全年业务收入为 595 万元，首次通过国家实验室认可评审，共有 36 项校准项目、3 项检测项目。2006 年 3 月广州市计量测试所更名为广州市计量检测技术研究院（以下简称广州市计量院）。到 2009 年，广州市计量院的固定资产为 10383 万元，十年增长约十倍。实验室面积为 6650 平方米，十年增长四倍多。全院建立并通过广东省、广州市质量技术监督局考核发证的计量标准 181 项，十年翻了近一番；全年业务收入为 6354 万元，十年增长约十倍；通过国家实验室认可扩项，检测项目达到 95 项，校准项目 473 项。该院十年里有了大幅度的提高。

2000 年以后，广州市计量所在市政府的支持下，全所上下积极开拓业务，努力创收，每年都投入资金增加设备，并于 2003 年完成该所实验办公大楼的全面改造，重点调整装修了三、五楼实验室，六、七楼办公室，副楼四、五楼技术档案资料室以及一楼业务收发大厅等。但是该所位于中心市区广仁路 11 号的环境极大地制约了业务的发展。为了跟上广州地区科技、工业发展的步子，响应广州市政府关于科技、工业东移的战略部署，更好地贴近企业、服务用户，该所于 2002 年 7 月 26 日向广州市经济开发区管委会呈送了《关于申请入驻广州科学城建立新所的报告》，并于 2002 年 9 月 24 日，得到广州高新技术产业开发区管理委员会批文《关于广州市计量测试所进区经营的批复》，同意该所进入广州高新技术产业开发区。

2003 年 10 月 16 日，广州市质量技术监督局通知广州市计量所异地扩建改造，已通过了市计委的项目立项。2003 年 12 月 23 日，最终确定了将广州市计量所安置在广州高新技术产业开发区科学城、地块编号为 KXC-E6-1、面积为 12914 平方米的位置，购地价格优惠至 300 元 /m^2。当天广州市计量所与广州经济技术开发区国土资源与房屋管理局正式签署了《国有土地使用权有偿出让合同书》。

2004 年 3 月 12 日，实验室异地扩建工程启动，工程名称暂定为“广州市计量测试所科学城检测中心”。2005 年 12 月，广州市计量测试所科学城实验基地奠基。2006 年 2 月 6 日，工程正式动工。

2007 年 12 月 3 日，一期工程竣工投入使用，完成建筑面积 9893 m^2，投资金额约为 5100 万元，由广州市计量院自筹。试运行一年多后，该院的长度、力学、温度和光学计量实验室已顺利地开展了相关的检测工作。

在环境条件改善的同时，广州市计量院购置了各类国内外先进仪器设备，在2000年至2009年里迅速地提升了实力，取得了较快的发展。

三、深圳市计量质量检测技术研究院龙珠龙华基地建设

深圳市计量质量检测技术研究院（以下简称深圳市计量质检院）位于深圳南山区龙珠大道中，被称为龙珠总部基地，建成于1998年，建筑面积为25000平方米，投入资金4000多万元。龙珠总部基地使深圳市计量质检院实验室条件得到极大的改善，解决了电磁兼容、声学、振动等专业实验场所问题，实验室硬件一跃为国内先进水平。至2003年底，该院在计量检测覆盖面、业务增长量、全员劳动生产率等指标方面，和实验室认证认可、质量体系运行、计算机管理方面的工作进入全国前列，成为国内具有较强的检测能力、完善的质量管理体系、开始按逐渐开放的检测市场运作的综合性国家法定计量检测机构。

2003年，为解决宝安、龙岗两个区2000多台“绿的”出租车计价器在关外就地检定的问题，深圳市计量质检院开始建设“龙华二基地”。该基地经深圳市计划局立项，占地1.5万平方米，总投资1.2亿元，于2004年底竣工。2005年2月各相关实验室陆续迁入，从此深圳院增加了一个大型计量检测基地，实验室环境条件更加优越。

为突出深圳市计量质检院作为政府技术机构在深圳经济建设中所起的技术支撑作用，自2004年起，该院在市计划局、科技局的支持下，启动“精密空间几何量测量平台”、“声学、振动检测技术平台”、“医疗器械检测技术平台”等公共检测技术平台项目的建设； 2007年，在全国率先提出建设“国家城市能源计量数据中心”方案，紧扣节能减排、环境保护主题，符合低碳经济需求的方向，受到国家质检总局的重视并向全国推进此项工作，深圳也被列入首批试点建设城市之一。

至2010年深圳市计量质检院在实验场所、仪器设备、人员等硬件及客户服务品质、科研能力、内部管理程序化、品牌建设等软实力方面持续提升，建立计量标准从2003年的68项增长到122项，检定、校准项目超过500项，覆盖的检测参数达1500多个，正在向国内领先水平和国际一流目标接近。

四、其他市县计量所基础建设

1999年以后，全国质量技术监督系统实行了省以下垂直管理的体制。广东省政府更加重视技术监督工作，通过省质监局加大了对各级国家法定计量技术机构的投入和支持。这一时期，省质监局按照全面调整规划布局，扶持重点特色鲜明，突出区域辐射功能，做大做强中心机构的思路，建立了适应广东省经济发展、计量监管需要的法定计量技术保障体系。在省计量科研所的示范作用下，各级计量技术机构积极为本地区经济发展服务，加强自身建设，争取地方政府的支持，使设施、装备等硬件和人才、管理等软件的面貌都有很大改观。继省计量科研所、深圳市计量质检院、广州市计量所取得国家实验室认可后，2002年上半年广东省又有4个法定计量检定机构通过国家实验室认可，使广东省通过国家实验室认可的法定计量技术机构达到7个，在全国各省居首位。

2003年全省技术监督系统技术机构进行机构改革，实行地级市计量、质检技术机构合并，为市质量计量监督检测所（简称质计所），县级只设一个技术机构，为质量技术监督检测所（简称质检所）。

至2009年各级技术机构的设备条件、技术水平都有很大提高。其中：江门市质计所建有社会公用计量标准112项，拥有一批高准确度仪器设备，建有检测用房3650 m²，其中实验室面积700 m²，经省质监局授权开展计量检定、校准、检测项目326项。该所于2002年7月通过国家实验室认可，获认可校准项目254项。该所与新会、鹤山质检所整合后，全所有高级工程师5人、工程师15人、助理工程师及技术员 35 人，工程技术人员比例达 60%，并有多人取得实验室认可评审员、计量器具许可证考评员、法定计量检定机构考评员、计量标准考评员、实验室资质认定评审员等资格。

佛山市顺德区质检所拥有实验室面积 2200 m^2，恒温实验室 600 m^2。2002 年该所通过国家实验室认可。至 2008 年该所建有计量标准 108 项，授权检定项目 175 项、校准 / 检测项目 184 项，国家实验室认可校准项目 214 项。

湛江市质计所至 2009 年建立社会公用计量标准 78 项，于 2007 年 11 月 22 日通过国家实验室认可，认可项目 158 项，年计量检定 / 校准业务收入 750 多万元。

汕头市质计所 2008 年 10 月迁入新址，工作场地 11000 m^2。经考核批准建立几何量、热学、力学、电磁学、无线电、时间频率、光学、声学、电离辐射、理化专业计量标准 78 项，开展检定项目 184 个，校准项目 277 个，商品量检验项目 1 个。2009 年，检修各种计量器具 13.1 万台（件）。

梅州市质计所 2004 年建成新大楼，其中计量实验室约 800 m^2。2009 年 4 月，该所顺利通过了法定计量检定机构复查考核，授权开展检定项目 76 个，校准项目 78 个，商品量检验项目 4 个，建立社会公用计量标准 42 项。

县级国家法定计量检定机构质量技术监督检测所作为质监系统的基层单位，主要承担本级行政区域内各种计量器具的检定、校准工作，其检测水平和能力高低，直接影响到人民群众的生活和经济秩序的稳定。为进一步提高县级质检技术机构能力，2006 年 3 月，省质监局在惠州市惠阳区开展县级技术机构发展试点，经过 3 年的努力，惠阳区质检所彻底改变了县级技术机构普遍存在的投入不足、基础差、底子薄、人才匮乏、检测设备和手段落后的局面。至 2008 年该所拥有一栋 2500 平方米的检测大楼，建立计量标准 27 项，工作用车 6 辆，固定资产 500 万元，检定校验计量器具从 2005 年 7271 台（件）上升至 2008 年的 28451 台（件），检测能力和水平大幅提高。2009 年 4 月，省质监局召开了全省质监系统推进县级技术机构发展现场会，在全省推广了惠阳区质检所发展的做法。

五、校准服务业务的开拓

从 90 年代开始，随着国家改革开放的不断深入，大量外资、合资企业在我国特别是珠江三角洲出现，带来了计量校准的需求。以“华南中心”/ 省计量科研所为首的广东省法定计量技术机构积极开拓了校准技术服务，并从 1994 年申请香港实验室认可机构（HOKLAS）校准实验室认可开始，走与国际接轨的道路，为满足各类企业计量仪器校准需求做了大量工作。

省计量院为拓展校准业务，建立了多个业务联络处。2005 年 5 月，省计量院设立深圳科技园业务联络处，负责深圳及周边地区的仪器收发与业务联络工作。这是省计量院首次通过这种方式在外设立业务联络处。2006 年 6 月，省计量院在深圳龙岗、沙井和广州花都、番禺、开发区设立联络处，2009 年 9 月，省计量院在海口设立联络处，开展仪器收发和业务拓展工作。为解决各种仪器或参数的校准方法，该院编写了大量校准方法文件，规定了校准证书的要求，所出具的校准证书格式规范、信息完整，受到客户赞誉。

与此同时，在广东最先形成了校准服务市场，吸引了国内外大公司、科研机构和民营机构为企业进行校准服务。

电子工业部第五研究所赛宝计量检测中心是最早开始校准服务的单位之一。赛宝计量检测中心的前身是 1955 年建立的四机部第五研究所的仪器室。该中心以电子仪器校准服务见长，仪器设备、人员素质、环境条件优越。为开拓校准服务业务，1993 年，该中心和香港生产力促进局合作为香港企业提供校准服务。1998 年 2 月该中心通过中国实验室国家认可委员会的认可，认可证书号 0100。同年 6 月作为电子 601 计量站通过国防校准 / 测试实验室认可委员会校准实验室资格认可，证书编号（1998）校准字 017 号。

该中心通过改进校准证书格式和信息量，提高技术和设备水平，改进管理和服务质量，赢得了包括三洋、IBM、普思、松下、佳能、日立、奥林巴斯、伟创力、中兴、华为、康佳等国际、国内知名企业的信赖，校准业务越做越大。1999 年，该中心和美国一家著名的校准公司合作，每年到菲律宾、马来西亚、泰国等东南亚地区企业进行校准。2000 年经国家对外贸易经济合作部研究并商国务院港澳办，同意信息产业部电子第五研究所在香港设立联科校准与测试实验所有限公司，进一步扩大了为香港企业的校准服务。

随着产业的提升和科技的发展，高新技术制造业不断出现，该中心紧盯市场动向，对出现在新领域的计量校准课题进行研究，拿出解决办法，推动产业的发展。中心还通过各种形式和机会对客户进行宣传和培训，采取与认证咨询机构联合办班、到企业车间办班、定期和不定期办班的多种形式开设计量专业知识培训，培养了大批基层计量管理工作者，企业由于重视计量而提高了产品的质量，得到了发展壮大，赛宝计量检测中心也由于企业的发展而得到了发展。

深圳、东莞是广东省校准机构数量最多的地方。由于深圳、东莞地区电子、仪表、服装、制鞋等企业较多，产品转型快，这些企业大量的工作计量器具以校准为主。除国家法定计量检定机构外，实力雄厚的深圳中航技术检测所、上市民营机构华测检测技术股份有限公司等和其他计量校准机构为深圳、东莞地区蓬勃发展的外资、合资企业提供了全面的校准服务。据不完全统计，包括省外技术机构的分支机构、民营机构在内，深圳、东莞的校准机构有 50 多家。

由于《计量法》颁布较早，当时没有对校准行为做出明确规定，随着检测 / 校准市场的形成和开放也出现了一些问题。国家质量技术监督局曾计划制定对校准行为的管理办法，但经反复征求意见，始终没有出台。省质监局为适应广东省经济发展，企业进步的需要，使已经发展起来的计量校准市场规范有序地运作，于 2000 年 12 月依据《计量法》，制定了《广东省计量校准检测暂行管理办法》。

按照《广东省计量校准检测暂行管理办法》在 2001 年、2002 年省质监局组织对省内开展校准服务的技术机构进行了计量认证考核，颁发了计量认证证书。为鼓励法定计量检定机构开展校准检测服务，经法定计量检定机构申报，省质监局备案审查，也颁发了“对社会开展计量校准服务的计量认证证书。”。

由于该暂行管理办法存在某些不完善，2003 年 8 月省质监局发文停止执行，并于 12 月通知收回了校准机构的计量认证证书。这一过程反映了广东省对校准市场管理的探索。

六、计量技术机构的信息化建设

伴随着广东省计量事业的迅速发展，信息化技术的应用进入计量管理和计量技术工作领域，并发挥了重要的促进作用。在这方面广东省走在全国的前面。

1. 省计量院信息化建设的发展历程

（1）单机应用阶段

80 年代后期，省计量科研所不少科室已不同程度地开始运用微型计算机进行自动化检定、数据处理、业务管理等的探索。当时，省计量科研所购置的第一台微机是 IBM8088。1990 年，为推动微机在全所的应用，省计量科研所技术委员会曾组织“全所微计算机应用技术交流会”，各科室将自行开发设计的微机应用论文、经验以及计划建议，带到会上交流，以互相学习、互相促进。

在业务管理方面，90年代初省计量科研所业务科在单机上基于DBASE Ⅲ数据库平台自主开发了《计量标准项目管理系统》、《计量标准技术资料管理系统》、《检定人员管理系统》等多个程序，建立了全所计量标准项目和检定人员的数据库，使原来由手工操作繁琐、易错、低效的计量标准、检定人员、技术资料等管理业务，实现了便捷、准确、高效的电脑管理，开启了计算机技术在计量业务管理中的应用。

至90年代中期，基于FoxBase等数据库平台，省计量科研所业务科又自主开发了《全所仪器设备管理系统》、《仪器收发管理系统》等应用程序，基本覆盖了全所日常计量业务管理的相关数据，实现了计量业务管理自动化，为全所的质量保证体系运作提供了强有力的支撑和控制。此时，全所各检定室也普遍配备了计算机用于检测数据处理及证书打印。全所范围内广泛开展了计算机应用技能的培训，为全所计算机应用的全面升级奠定了良好的基础。

（2）局域网应用阶段

1994年底，省计量科研所成立了“微机网络业务管理应用系统开发”科研项目课题组，于1995年构建了基于Novell 3.12网络平台、共有20个工作站的总线型局域网，开发了网络版的《计量业务管理系统》和《仪器收发与证书管理系统》，做到数据共享和交换，从而实现了从单机应用向局域网应用的跨跃。

《计量业务管理系统》包括计量标准项目管理、检定员管理、仪器设备管理、计量技术资料管理、其他业务资料管理等五个子系统，基本覆盖了省级法定计量检定机构计量业务管理部门日常的业务管理及统计工作。《仪器收发与证书管理系统》则是集收发、统计、数据处理、出具证书于一体，基本覆盖了仪器收发统计管理和证书管理工作。两大应用系统的使用，不仅极大地推动了全所的计算机应用，提高全所的业务管理水平和自动化水平，而且其功能为质量管理体系的运作提供了保障。该局域网管理系统在1996年接受“香港实验室认可计划（HOKLAS）”和“国家实验室认可委员会（CNACL）”认可评审中，得到了评审专家的充分肯定；在1997年全国省级法定计量检定机构所长会上引起关注，并作为科研成果先后转让给邮电部计量中心、广西自治区计量所、云南省计量所、佛山市计量所等。

（3）网络升级

1998年末，随着网络技术的迅猛发展和省计量科研所计算机应用的日益扩大，原来的局域网已无法满足网络快速发展的应用需求，省计量科研所进行了100M局域网升级改造，采用当时先进的结构化布线系统，配置了中心机房和具有接入千兆光纤扩展功能的中心交换机，在全所各科室间、科室内专业组间每个可能的地方都铺设了网络接入点，共配置了110个节点，将网络平台从原来的Novell系统改为当时新兴的Windows NT网络系统，构建了一个高速的、功能强大的网络新环境。网络应用系统也从原来的小型数据库系统向Windows平台上的“服务器／客户机”大型数据库应用系统升级。2003年，省计量院将WINNT域升级为Window2000域，提供了更安全、快捷的网络环境，2006年，将Window2000域升级为Window2003域，网络性能得到进一步的改善。2004年5月，省计量院趁水电改造之机，对旧的网络系统进一步改造，包括机房装修和重新布线，为省计量院信息化建设奠定了坚实的基础。

（4）互联网应用阶段

随着互联网的快速发展和普及，为了适应新的外部环境，适时加入到互联网这个最大的国际舞台中进行宣传和推广，省计量科研所于1999年5月注册了“SCM”域名，并在中国电信租用虚拟服务器建立了省计量科研所的门户网站（http://www.scm.com.cn）。省计量科研所网站除了单位简介、机构设置、专业规模、开展业务外，还包括各种业务受理的程序和方式，以及客户业务联系、信息反馈、客户投诉等功能。该网站的建立，标志着计算机应用从局域网时代迈进了互联网时代，深受企业和客户（尤其是三资企业和外资企业）的欢迎，不少客户，包括港澳台客户都是通过省计量科研所网站和E-mail联系到该所进行业务咨询，极大地扩大了省计量科研所的知名度和业务量，在全国同行中树立了新形象。

经过多年的经验积累，2004年4月，省计量院对信息化工作重新进行了整体规划，制定了《自动化信息管理系统整体规划》、《网络规划》和《软件开发规划》，这对省计量院信息化工作的规范化起到了关键作用。按《自动化信息管理系统整体规划》的要求，省计量院先后开发了业务管理子系统、公共查询子系统、仓库管理子系统（条形码系统）等，这些系统投入运行后，对提高日常业务工作效率起到了重要作用。2008年，经过改造网络速度由原来的100MB升级到1000MB，通过不断开发、完善，省计量院基本实现仪器收发管理、证书管理、日常业务管理和办公管理自动化，从而达到提高工作质量和工作效率的目标。

2.省计量院信息化工作的主要成绩

（1）证书打印

证书类文件是省计量科研所向客户提供的“产品”，它最直接地代表了省计量科研所的质量管理和技术实力。为了提高证书类文件的质量，省计量科研所从90年代初就使用计算机（单机）打印证书，1996年开始，提出使用网络软件处理证书类文件的构想，并在Novell网络上开发了DOS版本的证书处理软件。为了进一步与国际接轨，对证书的要求越来越严格，证书上的信息越来越多，从1999年起，将网络操作系统从Novell转移到Windows NT上，网络证书处理软件也完成新一版编程工作。通过网络软件处理证书，有效地控制了证书格式的统一；有效地控制了非法证书的出具；有效地控制了省计量科研所标准设备的使用和管理；有效地控制了省计量科研所内部技术文件的受控管理；有效地提高了证书信息的准确性；使仪器收发和证书管理有机结合起来。网络软件处理证书，也解决了用电子文件保存证书副本的问题，利用数据共享，大大提高了证书处理的效率和质量。

（2）仪器收发条形码管理

随着业务量的不断增长，客户对工作质量要求的提高，仪器收发业务中各种信息的重复录入工作显得十分繁重，客户信息管理能力不能得到有效提高，已成为制约业务发展的瓶颈。2004年6月15日至9月28日，从形成方案、选择方案、确定方案、编写程序、调试方案、操作演示直到实施方案，4个月的时间，条形码仓库管理程序已逐步应用到实际工作中去。接着又研究采用二维码技术改善仪器收发管理，提高服务质量。条形码收发管理方案的成功实施，使客户减少了在本院等待的时间，通过提高仪器收发速度、规范仪器仓库管理、有效防止仪器收发失误。仪器收发整个过程实现流水线的管理方式，大幅度提高工作效率。该系统能准确地查询出每一台仪器进出仓库的时间以及相应的操作人员，为科学的仓库管理提供准确的数据，优化了与客户结算费用程序，提高了结算工作效率。

（3）法定计量技术机构信息管理系统

省计量院的信息化建设在全国计量行业中一直处于领先地位，多年来，省计量院一直在探索怎样建立一个完善的自动化信息管理系统，提高工作效率和工作质量，并做了大量的尝试，积累了丰富的经验。因此，省计量院决定开发“法定计量技术机构信息管理系统”，使我国法定计量技术机构的信息化建设达到先进水平。

法定计量技术机构信息管理系统是一个集计量业务和日常办公为一体的综合性管理系统，其产生的经济效益涉及以下方面：

1）对系统用户的效益：该系统使用人性化的工作流程的理念，按照预定义的控制流程进行执行，实现流程自动化，提高效率；在证书系统中使用“模板”概念，将可以重复使用的数据利用模板进行管理，减轻了系统使用者录入的数据量；整个系统数据均可动态连接，可实现数据共享，提高效率，同时可控制每个环节的数据的有效性，减少错误。

2）对法定计量技术机构的效益：大大提高了法定计量技术机构信息化管理水平，体现了管理的先进性。通过资源的有效管理，有利于法定计量技术机构管理层进行多方位的应用分析、决策和运作，使用计算机手段进行强制性规范管理，使得机构在越来越激烈的社会竞争中立于不败之地，稳步发展；节省了大量人力物力，在使用电子签名后，证书审核的速度大大提高，并且不需要先打印证书草稿，节省大量纸张。

3）社会效益：收发系统采用条形码进行仓库管理，大大缩短了查找仪器需要的时间，一方面减轻了收发室工作人员的劳动强度，另一方面大大缩短了客户的等待时间，取得客户的一致好评；该系统的统计分析功能可以对客户送检的情况加以详细的分类统计，例如对社会上的强制检定计量器具进行跟踪管理，更好满足国家计量法制管理要求；该系统适合我国国情，充分考虑我国广大法定计量技术机构计算机硬件资源存在不足，用户的计算机水平参差不齐的实际情况，系统需要的投资较小，使用简明，界面美观，初次使用的用户经过简单培训即可以上手，具有较好的普遍应用性，推广使用可以节省各个计量机构重复开发的成本。而且由于该系统采用模块式开发，对于个别机构的特殊要求可以通过增加功能模块加以实现。

该项目的实现过程如下：

2005 年 5 月，省计量院提出对原有信息化管理系统进行升级改版，开发法定计量技术机构信息管理系统，使之更好适应计量事业发展的要求；

2005 年 6 月到 2005 年 8 月，进行可行性分析和需求分析，研究省计量院原有系统，了解原有系统的功能和使用情况，初步确定新系统实现的目标；

2005 年 8 月～2005 年 10 月，系统的总体设计，确定系统的模块，系统的详细设计确定系统的流程，在这个过程中，并建立数据库的模型，总结系统各种功能的应用；

2005 年 10 月～ 2006 年 3 月中旬，编码和调试阶段，初步实现系统功能；

2006 年 3 月中旬～ 2006 年 5 月下旬，系统测试，分析缺陷并加以改进；

2006 年 5 月之后，系统投入试运行使用，试运行期为 1 年，在使用过程中不断改进和完善。该系统在省计量院实地运行了 1 年多，实现了既定的功能，各项子系统运行正常。2006 年 3 月～ 2007 年 3 月，收发系统共接收仪器约 15.7 万台，证书系统共出具证书约 15.2 万份，业务系统出了报价单 5448 份。经过实践的证明，该法定计量技术机构信息化管理系统完全能够适应我国计量机构现有的需求。

（4）基标准服务平台

省计量院研发的基标准服务平台包括了四个项目：省科技厅的标准化、计量科学数据库；国家质检总局的计量标准、检测／校准能力，整合资源数据采集、加工；省质监局的计量标准、检测／校准能力，整合资源数据采集、加工。

省计量院的基标准服务平台建立了一个完善的、动态管理的数据库，包括计量基标准以及开展检定项目、校准项目的技术依据、标准计量器具及主要配套设备等信息。研发了包括仪器设备技术指标、价值等数据库信息管理系统，通过该网络系统，可以查询到计量基标准以及所开展的检定项目、校准项目相关信息。该平台通过与计量标准考核结合，实现数据动态更新。

在国内，2008 年以前只有中国计量院开展了建立全国性质的国家计量基标准体系共享平台，其目的与省计量院的基标准服务平台目的是相类似的，而其他省市则尚未开展建立该省的基标准平台。该平台信息收集采用网上直接录入的办法，其优点是方便了各地方的信息提交，但缺点也很明显，许多用户录入信息时都感到操作很不方便。而且由于其覆盖项目涉及种类繁多，公众查询时会感到无从下手。为此省计量院的基标准平台在实际研究开发过程中运用了多种方法来解决这些问题，建立了一个项目覆盖内容全面，用户操作便利的基标准信息平台。

2008 年 6 月，平台建设完成后，共收集到 109 家技术机构标准信息共 2361 条，开展项目信息共 6760 条，仪器设备信息共 23702 条。

（5）广东计量技术公共服务平台

在省院信息化技术开发应用基础上形成的计量技术公共服务平台包括企业计量信息管理服务、检测人员培训服务、计量技术公共信息服务、计量技术机构业务管理服务和计量仪器设备检定、校准、检测、维护服务五个方面的内容：

第一类服务是企业计量信息管理服务，内容包括计量仪器管理、检测人员管理、计量数据管理和计量业务管理等方面；

第二类服务是检测人员培训服务，内容有培训信息发布、检测人员培训申请、检测人员信息管理、培训信息管理等多项内容，有效提高企业检测人员的检测能力和水平，更好地解决企业在生产过程中遇到的各种检测问题；

第三类服务是计量技术公共信息服务，服务形式主要是平台网站和网络服务，涉及到计量信息共享、数据交换等内容，通过计量技术公共服务平台，企业可以获得多方面的计量技术支持；

第四类服务是计量技术机构业务管理服务，内容包括检测业务管理、仪器收发管理、检测质量管理、证书管理、办公自动化等方面；

第五类服务是仪器设备检定、校准、检测和维修服务。内容包括长度、力学等十几个专业设备的技术服务。

3．省内部分市计量院（所）的信息化情况

（1）广州市计量院计算机管理系统

从 80 年代末广州市计量所就开始逐步使用计算机用于日常的管理工作，最早的应用是在 DOS 系统下利用 dBASE 数据库，建立了单机版的收发业务管理系统，用于记录各业务单据的信息，用于统计客户情况和业务情况。当时的检定证书出证主要是采用 WPS 进行文档处理，随着 Windows 操作系统的普遍使用，部分专业科室尝试使用 Visual Basic 开发证书编辑、打印系统，实现了检定证书的计算机单机管理。

随着业务的发展和计算机网络技术的逐步应用，广州市计量所在 1997 年建立了网络化的计算机管理系统，采用 C/S 模式，数据库平台采用 Microsoft SQL Server 6.5，程序主要采用 VB 编写，开发了授权管理子系统、收发管理子系统、证书管理子系统、设备管理子系统四个功能模块，分别实现了系统用户、授权管理，客户信息、收发、产值报表管理，证书模板、证书编辑打印管理，计量标准、计量检定员、标准设备管理等功能，实现了收发、证书、设备的网络化管理。2003 年对原计算机管理系统进行了升级改造，采用以 B/S 为主的开发模式，程序主要使用 ASP 脚本，数据库采用 Microsoft SQL 2000。为确保运行速度，也为了兼容键盘操作、打印控制等要求，系统嵌入了大量的组件（OCX），系统的功能扩展到了业务调度、客户资料管理、档案管理、文件管理、互动空间、工作提醒、信息发布等，并实现了工作流程的管理，收发、证书、技术档案有机结合相互关联，将计算机管理系统作为院管理体系运作的支撑平台。

在计算机管理系统的建设过程中，不断从最初的内部计算机网络延伸到电话、传真、短信、电子邮件、网站、自动化检定装置等平台，例如在 1999 年实现了电话、传真与计算机管理系统的联接，客户拨打热线电话便可自动查询业务的完成情况及收费，并可以选择收取传真的方式获得相关资料；2005 年开通了短信服务平台，计算机管理系统可主动向注册的手机发送业务的完成信息、提请安排周检的信息，计量行政管理部门可以通过强检计量器具的管理号获取强检情况信息等短信服务功能；2007 年建立了外部网站，可通过外部网站进入内部计算机管理系统进行业务查询。

（2）深圳市计量质量检测研究院信息化建设情况

深圳计量质检院信息化建设始于 1990 年，20 多年来一直坚持自主开发的发展思路。随着院业务的不断发展、管理水平的不断提高以及社会网络信息技术的长足进步，信息化建设水平也不断提升，在信息化技术应用方面走在了国内同行业前列。

1990 年，深圳计量质检院开发出基于 DOS/FOXBASE 平台的业务管理系统，在全国同类机构中首次实现了电脑联网业务管理，并于 1994 年通过由国家技术监督局科技司和深圳市科技局主持的专家联合鉴定，被国家技术监督局授予信息技术应用成果二等奖，1995 年被深圳市技术监督局授予信息技术应用成果一等奖。

2002 年、2004 年分别开发出基于 WINDOWS/SQLSEVER 平台 / 三层分布式结构的计量业务管理系统和质检业务管理系统，在国内同行业中率先采用了条码技术、电子审批、电子签名、电子存档、证书报告集中打印、证书报告 / 仪器样品 / 原始记录流转分流、电话语音业务自动查询以及自动化检测对接等技术，系统功能、处理能力、系统安全等方面得到跨越式提升，极大地提高了检测效率、检测质量和业务管理水平，同时降低了成本，为深圳计量质检院业务快速持续发展提供了有力支撑。在此基础上，深圳计量质检院不断推动系统扩展升级，最终形成了集成计量业务管理、质检业务管理、出租车计价器检定管理、标准资料受控管理、自动化检定、强检管理、下厂管理、设备管理、报价管理、收费管理、客户管理、综合统计、科研管理、实验基地互联、网上业务委托及查询等功能，符合 ISO/IEC 17025《检测和校准实验室能力的通用要求》的检测业务信息综合管理平台。2006 年，该平台通过深圳科技局成果鉴定，获得深圳市科学技术研究成果奖，并于 2008 年获深圳市质量技术监督局“科技兴检”二等奖。

（3）佛山市质量计量监督检测中心（原佛山市计量检定所）信息管理系统

1986 年之前，佛山市计量所检定计量器具数据处理和出具检定证书都要用人工计算和书写，没有使用计算机作为辅助进行信息管理；

1986 年开始，佛山市所各专业室应用打字机对检定证书进行部分信息的打印，但并没对计量器具进行信息管理；

1989 年佛山市政府划拨一台电脑 PC 机（8086）给佛山市计量所，开始组织技术人员学习 DOS 操作系统、处理检测数据和编辑打印证书；

1991 年佛山市计量所给每个专业室配置 1 台电脑 PC 机（80286），使用 WPS 和 CCED 等文字编辑软件对计量器具检定进行数据处理和证书编辑，并使用针式打印机进行证书的打印；

1996 年佛山市计量所购置第一台服务器（COMPAQ）和四台电脑 PC 机（80486 COMPAQ），由电脑维护的程序员编写简单的计量信息管理系统对计量器具进行有限的收发信息管理；

1997 年省计量科研所业务部门在佛山市计量所原有程序基础上改造开发了一套仪器收发管理系统，直到 1998 年 3 月，佛山市计量所也开始使用省计量科研所的“计量管理系统”（包括收发管理程序和业务管理程序），该软件采用关系数据库管理系统 Clipper 5.0 编程，在 586 以上配置的机器上，在 DOS 6.0 以上的系统平台下运行，通过 Novell 网使收发室和业务室实现联网。根据佛山市计量所的实际运作，经过修改和完善后投入使用。

1999 年初，和深圳软件公司签订合作协议，根据佛山市计量所实际情况重新设计一套完整的计量管理系统软件，软件前台采用 Visual Basic 6.0 编程语言开发，SQL 7.0 作为后台数据库，在赛扬 400 以上配置的机器上，在 WINDOWS 98 以上的系统平台上运行，当年年底投入使用。同时对整座计量检测大楼重新进行了网络规划、布线，购置了新的网络服务器和大批的新电脑，实现了全面的电脑化办公，用 Windows NT 4.0 网络服务器代替了原来运行的 Novell 网。软件系统包括收发管理、业务管理、器具管理、设备管理、标准管理、检定室管理、人事管理、财务管理、规程管理、系统权限等管理模块。

2009 年 7 月起，佛山市质量计量监督检测中心进行整合，使用南海计量所的“计量管理系统”作为整个中心计量部分的信息管理软件，该软件前台采用 Delphi 2005 编程语言开发，后台采用 SQL 2000 为数据库，在 WINDOWS XP 以上的系统平台上运行，系统使用 Windows 2003 网络服务器。在不断进行系统功能的完善升级后，运行正常，提高了各环节的管理效率。

（4）汕头市计量信息化工作情况

1）计量管理系统

1996 年汕头市计量检定测试所（以下简称汕头市计量所）为每个检测室配备一台电脑用于打印检定证书，结束了手写证书的历史。

1997—1998 年，为配合法定计量检定机构考核，汕头市计量所先后自行开发了单机版的设备管理软件、计量标准管理软件和仪器收发管理软件，为计量工作信息化管理奠定了初步基础。

2002 年 8 月汕头市计量所从佛山市计量所引进了基于 C/S 平台的网络版的计量业务管理系统。2003 年 9 月汕头市质量计量监督检测所（以下简称汕头市质计所）成立后该系统继续使用，2004 年初潮阳、澄海和南澳三个派出站也安装使用了该系统。该系统是汕头市质计所进入信息化管理的第一代平台，为该所提高管理水平和工作效率作出了重要贡献。该系统具备了业务数据录入、证书编制、打印、设备管理、规程管理和权限管理、数据查询功能，实现了检定检测数据的信息共享、数据同步，为建立完善的工作流程提供基础支持，并实现了灵活自主的数据查询和统计。2007 年为适应新的需求，汕头市质计所组织开展了新业务综合管理信息系统的可行性分析研究，经过多方案比较确定了开发商，新系统于 2009 年 1 月正式投入使用。该系统是基于 B/S 平台的信息管理系统，具备了业务管理、证书编制和打印、报告编制和打印、设备管理、标准和规程管理、科室和人员管理、报表查询、送检单位信息管理等功能。实现了信息数据实时同步传递、设备自动送检、数据安全备份、异地打印证书报告、异地查询业务数据。

2）计量专用软件

汕头市计量所 1998 年自行开发了第一套计量专用软件——立式金属罐容积检定数据处理软件；2001 年开发了油罐车容量检定数据处理软件和平板检定数据处理软件；2003 年开发了球型金属罐数据处理软件。汕头市质计所 2004 年开发了卧式金属罐数据处理软件、加油机铅封管理软件；2008 年开发了全站仪后期数据处理软件，主要在容积表编制方面，开发了一个 EXCEL 表格用于数据处理，并自动计算生成容积表和静压修正表。

1997 年汕头市计量所购置的出租车计价器检定装置配备了出租车计价器检定管理软件，2003 年购置的水表检定装置配备了水表检定管理软件，2007 年购置的全自动音速喷嘴式燃气表检验装置配备了燃气表检定管理软件。

这些软件的使用大大提高了相关项目检测和数据处理效率，填补了相关项目规程中对数据处理部分描述的缺失，解决了因个别客户的特殊检测要求而产生的技术难题。

七、计量事业人才辈出

1. 全省计量人才培养和水平

广东省计量人才结构的改变，人员素质的提高，更能反映广东省计量技术实力的增强。各级计量技术机构十分重视人才的引进、培养，并取得了明显的成效。

至 2007 年省计量院有博士 6 人，大学本科以上人员达 121 人，占在编人员 75%，具有工程师资格以上人员 106 人，占在编人员 65%。是年 4 月 30 日，省计量院与华南理工大学签订《关于建立研究生联合培养基地协议》，举行研究生培养基地挂牌仪式。当年，省计量院与华工联合开办“智能检测及仪器仪表和现代计量测试技术工程”研究生班，通过全国工程硕士联考入学的有省计量院 18 人、广州市计量院 1 人、佛山市质计中心 2 人、珠海市质计所 2 人。经过 3 年学习，其中 19 人于 2010 年毕业。

广州市计量院与天津理工大学自动化学院，于 2008 年在广州市计量院开办在职控制工程领域工程硕士专业研究生学习班。该院报名人员通过全国在职人员硕士学位研究生入学资格考试、天津理工大学专业知识考试及面试后，有 29 名员工被录取。经 3 ～ 4 年时间的学习，16 人于 2011 年取得工程硕士学位，13 人于 2012 年获得工程硕士学位。在这 29 人中，有 2 人前后担任院长助理、9 人担任室主任，大多都成为院的业务骨干。

这一时期广东省计量人员素质得到很大提高，人才辈出。

2006 年 7 月，省计量院陈明华被国家质检总局授予“优秀中青年专家”称号。

从 2000 年到 2009 年，在历届全国各计量技术委员会中有广东省委员顾问共计 65 人次。他们是

2000 年的：

全国法制计量管理计量技术委员会：委员 广州市计量测试所 周伦彬；

全国几何量工程参量计量技术委员会：委员 广东省计量科学研究所 梁小什；

全国无线电计量技术委员会：委员 信息产业部电子第五研究所 谢少锋；

全国振动冲击计量技术委员会：委员 信息产业部电子第五研究所 徐达；

全国流量、容量计量技术委员会：委员 深圳市天祥计量技术服务有限公司 余晓东；

全国温度标准器具计量技术委员会：委员 广东省计量科学研究所 沈正宇；

全国温度工作器具计量技术委员会：委员 广东省计量科学研究所 沈正宇；

全国声学计量技术委员会：委员 广州市计量测试所 周伦彬；

全国物理化学计量技术委员会：委员 深圳市计量质量检测研究院 李展中；

全国直流电量计量技术委员会：委员 广东省计量科学研究所 罗旭东。

2002 年换届以后的：

第二届全国法制计量管理计量技术委员会：委员 广州市计量测试所所长 周伦彬、顾问广东省计量科学研究所 高级工程师 赵天川；

第二届全国几何量长度计量技术委员会：委员 广东省计量科学研究所 高级工程师 周钢；

第二届全国几何量角度计量技术委员会：委员 广东省计量科学研究所 高级工程师 黄稣；

第二届全国几何量工程参量计量技术委员会：委员 广东省计量科学研究所 高级工程师梁小什；

第二届全国力值、硬度计量技术委员会：委员 广东省计量科学研究所 高级工程师 陈明华；

第二届全国流量、容量计量技术委员会：委员 深圳市天祥计量技术服务有限公司 高级工程师余晓东；

第二届全国光学计量技术委员会：委员 广东省计量科学研究所 高级工程师 权小菁；

第二届全国环境化学计量技术委员会：委员 广东省计量科学研究所 高级工程师 赵德厚、佛山分析仪器厂 高级工程师 李更生；

全国温度计量技术委员会：副主任委员 广东省计量科学研究所 高级工程师 沈正宇；

全国电磁计量技术委员会：委员 广东省计量科学研究所 高级工程师 罗旭东、信息产业部电子第五研究所 高级工程师 谢少峰；

全国质量、密度计量技术委员会：委员 广东省计量科学研究所 工程师 王卫忠、广东省计量科学研究所 工程师 赖瑞锋（后变更为阳金勇）。

2004 年补选的：

全国温度计量技术委员会：委员 广州飒特电力红外技术有限公司 吴一冈；

全国衡器计量技术委员会：委员 中山市香山衡器有限公司 马运斗；

全国声学计量技术委员会：委员 广东省计量科学研究院 李敏毅。

2007 年换届以后的：

全国法制计量管理计量技术委员会：委员 广东省计量科学研究院 高级工程师 高富荣、顾问广东计量协会 高级工程师 赵天川；

全国几何量长度计量技术委员会：委员 广东省计量科学研究院 高级工程师 黄稣、深圳市计量质量检测研究院 高级工程师 于冀平；

全国几何量工程参量计量技术委员会：委员 广东省计量科学研究院 高级工程师 张勇、信息产业部电子第五研究所 高级工程师 常青；

全国无线电计量技术委员会：委员 信息产业部电子第五研究所 研究员 谢少锋、广东省计量科学研究院 高级工程师 张楠；

全国力值、硬度计量技术委员会：委员 广东省计量科学研究院 教授级高工 陈明华、深圳市新三思材料检测有限公司 工程师 安建平、信息产业部电子第五研究所 工程师 李江云；

全国流量、容量计量技术委员会：委员 深圳思迈科柳泽技术服务公司 高级工程师 余晓东、深圳市建恒工业自控系统有限公司 高级工程师 肖聪、广东省计量科学研究院 高级工程师 吴伟龙；

全国质量密度计量技术委员会：委员 广东省计量科学研究院 工程师 王卫忠、广东省计量科学研究院 工程师 阳金勇；

全国衡器计量技术委员会：委员 中山市香山衡器集团有限公司 工程师 胡东平、广州市计量检测技术研究院 高级工程师 谭山；

全国压力计量技术委员会：委员 广东省计量科学研究院 高级工程师 徐标；

全国温度计量技术委员会：委员 信息产业部电子第五研究所 高级工程师 伍伟雄、广州飒特电力红外技术有限公司 高级工程师 赵飞宇、广东省计量科学研究院 工程师 梁显有、顾问 广东省计量科学研究院 教授级高工 沈正宇；

全国声学计量技术委员会：委员 广州市计量检测技术研究院 高级工程师 周伦彬、广东省计量科学研究院 工程师 李敏毅、深圳市计量质量检测研究院 高级工程师 张国庆；

全国光学计量技术委员会：委员 广东省计量科学研究院 高级工程师 权小菁、广州市计量检测技术研究院 高级工程师 李倩怡；

全国电离辐射计量技术委员会：委员 南方医科大学数字化医疗设备质量检测中心 教授 林意群、深圳市计量质量检测研究院 高级工程师 周迎春；

全国环境化学计量技术委员会：委员 广东省计量科学研究院 高级工程师 罗军、佛山分析仪器有限公司 高级工程师 李更生；

全国物理化学计量技术委员会：委员 广东省计量科学研究院 工程师 崔厚祥；

全国电磁计量技术委员会：委员 广东省计量科学研究院 高级工程师 罗旭东、信息产业部电子第五研究所 高级工程师 王实；

全国时间频率计量技术委员会：委员 广东省计量科学研究院 工程师 陈益胜；

全国生物计量技术委员会：委员 广东省计量科学研究院 副研／博士 保志娟；

全国临床医学计量技术委员会：委员 广州市计量检测技术研究院 高级工程师 胡良勇。

2. 注册计量师制度的实施

为了进一步规范全社会计量专业技术人员的管理，提升计量专业技术人员的素质，以适应国民经济发展对计量技术人才提出的新要求，国家在计量领域实行职业资格准入制度。2006 年 4 月 26 日，人事部、国家质量监督检验检疫总局共同制定发布《注册计量师制度暂行规定》、《注册计量师资格考试实施办法》和《注册计量师资格考核认定办法》。注册计量师制度的实施，将有利于整合考试资源，为计量专业技术人员的能力考核提供一个社会平台，实现计量专业技术人员资质管理的社会化和分层次管理。

2006 年 9 月 29 日，省人事厅、省质监局联合给地级以上市人事局、质监局，省直及中央驻粤有关单位发出《转发人事部、国家质量监督检验检疫总局关于印发〈注册计量师制度暂行规定〉、〈注册计量师资格考试实施办法〉和〈注册计量师资格考核认定办法〉的通知》，广东省人事和质监系统开始启动注册计量师制度的贯彻和实施。

2009 年，国家质检总局、人力资源和社会保障部按照严格的审查程序，组织了注册计量师资格的考核认定工作，全国 550 人通过认定取得一级注册计量师资格，其中广东省有 16 人，他们是：罗旭东、吴伟龙、陈明华、张玉珍、周 钢、周建友、谢 旭、黄 锋、朱崇全、李名兆、余晓冬、于冀平、孙学明、孟 辉、潘小珍、贝文诚。

2010 年 11 月，经过考核认定，由广东省二级注册计量师资格考核认定工作领导小组办公室公布了广东省认定为二级注册计量师的 57 人名单。

从 2011 年起，全国统一举行一年一次的一级注册计量师和二级注册计量师资格考试，试题由国家质检总局、人力资源和社会保障部拟定，全国统一考试，并统一阅卷。一级注册计量师资格考试通过的分数线由国家质检总局、人力资源和社会保障部划定，二级注册计量师资格考试通过的分数线由各省划定。

这些年，省计量院、广州市计量院、深圳市计量质检院以及佛山、江门、汕头等市质计所，在各级政府的支持下，不仅投入大量资金进行基础建设，增加设备，扩建实验大楼，引进高端人才，而且十分注重自身的品牌建设和维护，实施现代化科学管理，已经进入国内法定计量技术机构的前列，正在向世界一流计量技术机构迈进。

第十一节　科研工作硕果累累

进入 21 世纪以后，各级政府对科技工作加大了投入，各级计量技术机构人员素质迅速提高，促使广东省计量科研工作呈现了新的面貌。

一、省计量院科研工作

为实现“培养高端人才，提升技术实力，以科研促检测，转变发展方式”这一目标，省计量院进行了一系列的制度创新，起草并实施《鼓励科技创新工作激励方案》，使单纯检测逐步向科研检测相结合转变，实现两者相互促进；实施《科研及开发工作效益酬金和利润分配办法》，鼓励科研成果推广，技术转让；起草《专业技术科研工作管理实施细则》，鼓励实施高水平项目和直接推动检测业务的项目，对项目的申报、立项、进度管理与验收进行规范化管理，实行项目责任制和绩效考核，结余经费可按一定提成比列奖励项目组，并对获得科技奖励的项目予以额外奖励。在这种良好的科研环境激励下，省计量院获批准筹建了全省质监系统第一个省重点实验室，多次获得国家质检总局科技兴检奖、省科学技术奖以及省质监局科技成果奖。

1. 重要科研项目

（1）3MN 叠加式力标准机

大力值标准装置的能力是衡量一个国家和地区计量科技和工业发展水平的一个重要指标。省计量院建于 60 年代初作为广东省以至华南地区的最高力值计量标准，包括测量范围 20N ～ 6kN 的 0.01 级静重式力标准机和测量范围 0.1kN ～ 1MN 的 0.03 级杠杆式力标准机，已不能满足广东经济和科技发展对高准确大力值计量的需要。每年广东省及港澳地区有大量超过1MN的测力仪要送到湖南、四川、北京等地检定校准。2006年“测力机标准装置技术改造”在广东省立项，其项目任务书中的主要内容——研制3MN叠加式力标准机，由省计量院与中国测试技术研究院联合研制。省计量院参加该项目的主要研制人员有：高级工程师高富荣、高级工程师谭洪辉、教授级高工陈明华、高级工程师周钢、工程师王卫忠、工程师黄振江、助工朱国璋等。该项目至2007年8月完成现场安装调试，进行了3个月试运行，于2007年11月由中国计量科学研究院对其技术性能指标进行了全面测试。测试结论：达到了计划任务书提出的各项技术指标要求。

2008年1月18日～19日，国家质检总局科技司委托省质监局组织专家在广州对省计量院和中国测试技术研究院联合完成的“3MN叠加式力标准机研制”项目进行了成果鉴定。鉴定意见指出该项目将“轴向可调隙蜗杆传动副”用于驱动精密无隙滚珠丝杆动横梁加载，将“压电式精密微变形补偿装置”应用到精密机械力源的闭环控制系统中，实现了大力值下微小力值变化的精确控制，克服了液压加载波动性大、可控性差的不足，具有准确度高（达0.02级）、力值大（最大达3MN）、范围宽（30kN～3MN）、体积小、噪声低、负荷波动性小（0.005%/30s）、稳定时间长（3MN负荷下稳定时间大于30min）的特点。根据查新报告，该项目主要技术性能指标处于国际同类装置的领先水平，并具有完全自主的专有技术，研究成果具有较高推广价值。该成果荣获2008年度广东省科学技术奖二等奖。

（2）毫瓦级、瓦级超声功率国家基准装置技术改造

省计量院保存的豪瓦级和瓦级超声功率国家基准装置于1982年由省计量科研所研制成功，1986年被批准为国家计量基准，测量范围：毫瓦级（1～500）mW，不确定度为U=5%，$k=2$；瓦级（0.5～20）W，不确定度为U=5%，$k=2$。这两套基准装置在过去20多年里，一直正常运作，为我国超声功率的量值传递发挥了重要作用。随着新技术不断涌现，超声波的产生、接收、信号转换和处理技术日益成熟，制作以及加工换能器的材料和工艺也得到了很大的改进。为改善我国超声功率国家基准的各项性能指标，省计量院从2004年开始进行原有基准装置改造的准备工作，并于2005年8月得到国家质检总局计量司《关于同意对毫瓦级、瓦级超声功率国家基准装置进行技术改造的批复》。

该项目的主要研制人员有：省计量院高级工程师李敏毅、助工吴杰歆、工程师许月珍。他们研制了铌酸锂换能器、阻抗匹配器，进行了信号发生系统和电测系统的改造。2006年12月省计量院向国家质检总局科技司申请成果鉴定，同时向计量司提出基准改造验收。

2007年5月14日至15日，由国家质检总局科技司组织专家在广州召开了对省计量院完成的“毫瓦级、瓦级超声功率国家基准装置技术改造”项目科技成果鉴定会。鉴定意见指出，毫瓦级超声功率国家基准装置超声功率的测量范围从1mW～500mW扩展到1mW～1000mW，测量不确定度由U=5%，k=2提高到U=3%，k=2；瓦级超声功率国家基准装置超声功率的测量范围从0.5W～20W扩展到0.5W～35W，测量不确定度由U=5%，k=2提高到U=3%，k=2；采用铌酸锂晶体研制的标准超声换能器，以及阻抗匹配器和介质温度测量等测量设备，具有创新性；该项目达到国际先进水平。2007年该项科研成果获得广东省科学技术奖三等奖和国家质检总局科技兴检奖三等奖。

（3）橡胶硬度国家基准国际比对

2000年8月，省计量科研所采取邮寄的形式，用标准橡胶硬度块与英国华莱上公司再次进行橡胶硬度国家计量基准量值比对并取得满意的结果。比对所用的标准橡胶硬度块是从1990年起，省计

量科研所与北京橡胶研究院共同研制的标准橡胶硬度块，具有优越的弹性和均匀性，在1998年参加与欧洲多国之间国际比对中被认为是性能最好的。其后联邦德国物理技术研究院（PTB）多次向省计量科研所购买这种标准橡胶硬度块。由于省计量科研所提供的标准橡胶硬度块性能优越，作为世界上最早生产标准橡胶硬度块并且产量最大的英国华莱士公司，从2000年起每年向省计量科研所购买标准橡胶硬度块用于比对研究。

（4）直流大电流检定装置

直流大电流广泛应用于矿山、冶炼、焊接、电气化铁路、电镀、电解和其他有色金属冶炼行业以及核物理领域、大功率电子学的科学领域。我国西电东送项目也采用了直流输变电技术。随着工业技术的不断进步，直流大电流的准确测量和量值溯源对产品质量、生产安全、节能降耗有着重要意义。该项目属于省科技计划，2003年1月立项，由省计量院电磁室高级工程师罗旭东、李晓莉，工程师何韵、吴进祥、柯进、张剑承担。

为了改变直流大电流计量技术基础薄弱的现状，改进测量技术方法，完善直流大电流检测体系，提高直流的电流测量质量和用户强直流电的自我计量保证能力，该项目研制了直流大电流比例标准自校系统，用自平衡比较仪通过自校、加法、比较和乘法等校准线路，实现直流大电流量值的绝对溯源，建立了一套较为完善的直流大电流量传系统，填补了国内这一领域的空白。2008年5月24日，受广东省科技厅委托，省质监局在广州主持召开了由省计量院完成的“直流大电流检定装置”项目成果鉴定会。鉴定意见指出，该项目在国内首次采用加法和乘法等校准技术进行直流大电流量值溯源的方法研究，解决了直流大电流的量值溯源问题；成功研制了基于加法和乘法校准线路的自平衡比较仪自校准装置、基于差动补偿原理的直流大电流恒流源、基于I/V转换器的测查差仪等。其主要技术指标达到：比较仪自校准装置，量程（5～5000）A/5A，电流比差为（0.2～1）$\times10^{-6}$，不确定度为：（0.5～2）$\times10^{-7}$；直流大电流恒流源，电流范围（0～5000）A，稳定度为0.005%/5min。该装置能够对直流电流比较仪、霍尔电流传感器、分流器、直流电流互感器等直流电流测量设备进行量值传递，为建立我国直流大电流量值传递系统打下良好的基础，达到了国内领先水平。

自2003年该项目进入研究以后，为广东省相关行业的科研和生产提供了关键的测量服务。如2003年10月为河源雅达电子厂进行了霍尔电流传感器新产品样机试验；2005年8月为中国国际海运集装箱（集团）股份有限公司／华南理工大学的NBJ-500/600逆变式多功能气保焊机研制项目进行了现场测试；2007年1月为广州电器科学研究院广州擎天实业有限公司的化成电源研制项目进行了现场测试等。由罗旭东、李晓莉、何韵等撰写的该项目论文《直流大电流比例加法校准线路的研究》发表在《计量技术》2006年第9期，罗旭东、何韵等撰写的《直流的电流比例标准自校系统的研制》发表在《电测与仪表》2006年第8期。

（5）基于简易工况法的在用汽油车尾气排放检测系统

该项目由省计量院和华南理工大学机动车辆技术设备厂共同承担，主要研制人员有：省计量院教授级高工权小菁、华南理工大学机动车辆技术设备厂高级工程师于善虎、工程师叶鸣、省计量院高级工程师方强、华南理工大学机动车辆技术设备厂工程师刘敬光、省计量院助工卢德润、助工许俊斌。双方人员完成了1套基于稳态及瞬态简易工况法的轻型在用汽油车尾气排放检测系统。系统包括工况模拟、尾气分析和计算机控制三大模块：工况模拟模块主要有底盘测功机及其辅助机构组成，包括滚筒系统、加载系统、汽车举升装置和传感控制系统等；尾气分析模块主要有尾气取样装置、五气（CO，HC，CO_2，O_2，NO_x）浓度传感、排放质量分析三部分组成；计算机控制模块按照规定的工况控制底盘测功机的输出和控制尾气采样分析，完成人机界面、数据存储、打印、通信和联网等功能。

2008 年 12 月 10 日，省质监局受广东省科技厅委托，在广州召开了由省计量院和华南理工大学机动车辆技术设备厂共同完成的“基于简易工况法的在用车尾气排放检测系统”项目科技成果鉴定会。鉴定意见认为，该项目研制了基于简易工况法的轻型在用汽油车尾气检测系统，采用计算机自动控制模拟工况、分析尾气；系统兼容稳态工况（ASM）和简易瞬态工况法（VMAS）的测试；项目采用模块化设计，实现了两种方法的灵活转化。具有人机交互、数据存储、打印、通信和联网等功能。项目获得计算机软件著作权登记 1 件，申请实用新型专利 1 件，制定了企业标准，拥有自主知识产权。该系统经广东省计量器具质量监督检验站检测，所检项目符合 JJG（粤） 007—2005《汽车排放气体测试仪检定规程》，JJG 653—2003《测功装置》，HJT 290—2006《汽油车简易瞬态工况法排气污染物测量设备技术要求》的要求，经用户试用反映良好。鉴定委员会一致认为：项目成果构思新颖、设计合理、有创新，其整体技术处于国内领先水平。该成果获 2009 年度省科学技术奖三等奖。

（6）人工视觉在计量学应用中的若干关键技术研究

该项目为国家质检总局科技司于 2007 年 8 月下达的科技计划项目，由省计量院高级工程师方强、助工黄振宇、工程师汤昌社等完成。

2009 年 4 月 11 日，国家质检总局科技司委托省质监局在广州主持对该项目进行了成果鉴定。鉴定意见认为，该项目研制了 CCD 摄像机光电响应特性标定系统，能够对不同型号、不同等级的 CCD 摄像机光电响应曲线、光电响应不均匀性、重复性与复现性、系统增益、读出噪声、暗电流等性能指标进行测试分析；结合量块比较仪，平面等倾干涉仪和汽车前照灯校准器检定装置等应用实例，分析了图像处理软件算法的像素级不确定度，提出了计量用机器视觉系统的综合评定方法。鉴定委员会认为该项目的研究成果达到了国内行业领先水平。该成果获 2009 年度广东省质量技术监督局科技成果奖一等奖。

（7）汽车前照灯校准器检定方法的研究

该项目为国家质检总局科技司于 2007 年 8 月下达的科技计划项目，由省院教授级高工权小菁、高级工程师方强、助工黄振宇等完成。该项目通过引入机器视觉技术，针对前照灯检测仪校准器投射在光学屏幕上的光斑，利用工业 CCD 相机拍摄、计算机编程分析，配合照度计完成对被检校准器发光强度和光轴角的检定工作，实现对其计量性能的快速、准确评定，降低劳动强度，提高工作效率。

2009 年 4 月 11 日，国家质检总局组织并委托省质监局主持，在广州对该项目进行了成果鉴定。鉴定意见认为，该项目按照汽车前照灯校准器检定规程（JJG 967—2001、JJG 1001—2005），实现了应用机器视觉技术对汽车前照灯校准器的自动化检定，检定的准确性、稳定性、重复性和工作效率有较大提高，检测劳动强度大大降低，达到国内行业领先水平。该成果获 2009 年度广东省质量技术监督局科技成果奖三等奖。

（8）平晶标准装置的自动化改造

该项目为国家质检总局科技司于2005年下达的科技计划项目，由省计量院高级工程师潘嘉声、高级工程师周建友、助工汤昌社、高级工程师胡润洪等完成。该项目科研人员更换了省计量院平晶标准装置中老化的光学元件，从硬件上提高干涉条纹的成像质量；采用CCD摄像系统，摄取干涉图，通过数字化图像处理技术，直接获得测量结果；采用步进电机控制工作台的运动，实现测量过程中每个位置的自动定位和测量；完成对原平面等倾干涉仪的自动化改造。

2009年7月12～13日，国家质检总局科技司组织专家、委托省质监局在广州主持对该项目进行了成果鉴定。鉴定意见认为，该项目按照平晶检定规程（JJG 28—2000）和平面等倾干涉仪检定规程（JJG 661—2004），应用机器视觉技术实现了对平晶与平尺平面度的自动化检定，检定的工作效率有明显提高，劳动强度大大降低；项目在应用全样本信息和实时计算校准干涉环直径方面有特色，成果总体达到国内同类装置领先水平。该成果获2009年度广东省质量技术监督局科技成果奖三等奖。

（9）量块比较仪读数视觉自动化改造

该项目为国家质检总局科技司于2007年8月下达的科技计划项目，由省计量院助工汤昌社、高级工程师方强、助工黄振宇、工程师何东琦等完成。

2009年7月12～13日，国家质检总局科技司组织专家、委托省质监局在广州主持对该项目进行了成果鉴定。鉴定意见认为，该项目按照量块检定规程（JJG 146—2003）和接触式干涉仪检定规程（JJG 101—2004），应用机器视觉技术实现了对三等量块长度的自动化检定，检定的工作效率有明显提高，劳动强度大大降低；项目在等厚干涉条纹的实时定标技术和应用全样本信息技术等方面有特色，达到国内先进水平。

（10）法定计量技术机构信息管理系统

省计量院从90年代初就开始探索利用计算机及其网络对计量技术机构实施科学管理，积累了丰富的经验。为了进一步提高计量技术机构的信息化管理水平，省计量院于2005年10月向国家质检总局申请了“法定计量技术机构信息管理系统”科技项目，并得到批准立项。

该项目主要由省计量院工程部工程师李俊良、助工吴彦承担。2008年6月13日至14日，受国家质检总局科技司委托，省质监局主持并组织专家在广州对省计量院完成的“法定计量技术机构信息管理系统”项目，进行了成果鉴定。鉴定意见指出，该系统功能齐全，满足大型法定计量技术机构在仪器收发、业务管理、证书管理、质量管理、办公自动化、公共查询等方面的需求；系统运行正常，性能稳定；系统架构合理，实现了数据共享、管理受控，可大幅度提高法定计量技术机构的工作效率，效益明显；系统采用模块化设计，扩展性好，实用性强，在计量行业的信息化管理领域具有较好的前瞻性，达到国内行业领先水平。该成果2010年3月获广东省质量技术监督局科技成果奖二等奖。

2. 主持和参加制定国家标准及国家计量技术规范

2000年至2009年，省计量院参加制定国家标准和国家计量技术规范项目见下表：

表 9-12　广东省计量科学研究院主持或参加制定国家标准及国家计量技术规范一览表

序号	标准 / 规程	起草人	备注
1	国家计量校准规范 JJF 1093—2002《投影仪》	梁小什	参加起草人
2	国家计量技术规范 JJF 1094—2002《测量仪器特性评定》	陈明华	主要起草人
3	国家校准规范 JJF 1098—2003《热电偶、热电阻自动测量系统》	沈正宇	主要起草人
4	国家计量检定规程 JJG 112—2003《金属洛氏硬度计(A, B, C, D, E, F, G, H, K, N, T 标尺)》	何广霖	主要起草人
5	国家计量检定规程 JJG 304—2003《A 型邵氏硬度计》	陈明华、王叶斌	主要起草人
6	国家计量检定规程 JJG 665—2004《毫瓦级超声功率计》	许月珍	主要起草人
7	国家计量检定规程 JJG 984—2004《接地导通电阻测试仪检定规程》	罗旭东、李晓莉、吴进祥、何韵	主要起草人
8	国家计量检定规程 JJG 448—2005《瓦级超声功率计》	许月珍、李敏毅	主要起草人
9	国家计量检定规程 JJG 621—2005《液压千斤顶》	彭丹阳	参加起草人
10	国家计量技术规范 JJF 1011—2006《力值与硬度计量术语及定义》	彭丹阳	参加起草人
11	国家计量检定规程 JJG 99—2006《砝码》	王卫忠	参加起草人
12	国家计量检定规程 JJG 443—2006《燃油加油机》	吴伟龙	参加起草人
13	国家计量技术规范 JJF 1069—2007（JJF 1069—2000，JJF 1069—2003）《法定计量检定机构考核规范》	赵天川	主要起草人
14	国家计量检定规程 JJG 527—2007《机动车超速自动监测系统》	高富荣	主要起草人
		方强	参加起草人
15	国家计量检定规程 JJG 688—2007《汽车排放气体测试仪》	权小菁、罗军	主要起草人
16	国家计量检定规程 JJG 385—2008 《总光通量标准荧光灯》	权小菁	主要起草人
17	国家计量检定规程 JJG 1039—2008《D 型邵氏硬度计》	何广霖、王叶斌、陈明华	主要起草人
18	国家计量检定规程 JJF 1224—2009《钢筋保护层、楼板厚度测量仪》	张勇	主要起草人
19	国家计量检定规程 JJG 1052—2009《回路电阻测试仪、直阻仪》	罗旭东、何韵	主要起草人
20	国家标准 GB/T 531.2—2009《硫化橡胶或热塑性橡胶压入硬度试验方法 第 2 部分：便携式橡胶国际硬度计法》	陈明华	主要起草人
21	国家标准 GB/T 23651—2009《硫化橡胶与热塑性橡胶硬度测试——介绍与指南》	陈明华	主要起草人
22	国家标准 GB/T 24143—2009《橡胶与橡胶制品 试验方法灵敏度的确定》	汤昌社	主要起草人
23	JJG（粤） 006—2005《农药残留快速检测仪》	权小菁、蔡大川、罗军	主要起草人
24	JJG（粤） 013—2009 卫星定位汽车行驶记录仪	张勇、陈益胜、黄稣	主要起草人

3. 优秀科技论文获奖情况

省计量院高富荣、方强、陈明华撰写的《一种机动车超速自动监测系统的检定方法及其标准装置的研制》和汤昌社、潘嘉声、周建友、胡润洪撰写的《基于机器视觉与等倾干涉术的平面度测量装置》两篇论文，分别荣获2008年度国家质检总局“优秀科技论文奖”二等奖和三等奖。

4. 省重点实验室建设

2009年3月，经过几年的技术积累，为充分发挥长度、力学计量学科在全国和全省范围内的设备、人员、能力优势，整合现有国家计量基准和社会公用计量标准，加强计量基础应用研究，省计量院向广东省科技厅申报了《广东省现代几何与力学计量技术重点实验室建设》项目任务书。10月，省财政厅及省科技厅联合发文并下达了100万元经费用于支持该重点实验室建设（次年也拨款100万元）。同年12月，省科技厅与省计量院签订了“广东省现代几何与力学计量技术重点实验室建设”合同书（项目编号2009A060800012），确定的主要研发内容为：研究大力值、微小几何量精密计量、工程计量等领域的仪器装备，使计量基、标准装备能力达到国内或国际领先水平，确保广东省计量测试基础能力；研究和建立现代产业需要的几何与力学计量技术支撑和国际贸易需要的计量认证能力；研究支撑当前广东省出口贸易的合格评定、自主研发、质量控制和标准化战略的计量基础保障条件。

二、广州市计量院科研工作

1. 由广州市计量检测技术研究院、华南理工大学、中山大学共同完成的“信号与背景波长同时检测的元素光谱分析装置”、“信号与背景波长同时检测的元素光谱分析方法”和“信号与背景波长同时检测的元素光谱分析仪”，于2009年7月3日分别申请了实用新型专利，和两个发明专利，并于2010年3月24日、2011年7月20日和2011年8月24日发布授权公告。发明人：周伦彬、蔡永洪、李润华、赵芳、周建英、王自鑫。

2. 由广州市计量检测技术研究院完成的“一种便携式制动测试仪的动态校准装置”和“一种便携式制动测试仪的动态校准方法”，于2008年10月17日分别申请了实用新型专利和发明专利，并于2009年10月28日和2010年6月23日发布授权公告。发明人：李想堂、周伦彬。

3. 由广州市计量检测技术研究院完成的“一种虚拟振动台检测设备”和“一种虚拟振动台检测信号处理方法及其设备”，于2007年7月20日分别申请了实用新型专利和发明专利，并于2008年4月16日和2009年11月18日发布授权公告。发明人：周伦彬、黄吉淘。

4. 由广州市计量检测技术研究院马青亮编制的“基于LabWindows的信号分析仪软件（简称：信号分析软件）V1.0”，于2009年1月1日完成，2009年8月1日首次发表，2009年11月18日取得国家版权局计算机软件著作权登记证书。

5.《自动识别胶片宽度观片灯》2009年7月22日授权实用专利，专利号200820201599.5

6. 起草国家计量检定规程和技术规范

表 9-13　广州市计量检测技术研究院主持或参加制定国家计量技术规范一览表

序号	标准 / 规程	起草人	备注
1	JJG 449—2001《倍频程和 1/3 倍频程滤波器检定规程》	周伦彬	主要起草人
2	JJF 1136—2005《音准仪校准规范》	周伦彬、谭山、张国庆	主要起草人
3	JJF 1139—2005《计量器具检定周期确定原则和方法》	周伦彬	主要起草人
4	JJF 1145—2006《驻极体传声器测试仪校准规范》	周伦彬、戴斌、江泓、张国庆、周长华	起草人
5	JJF 1165—2007《信纳表校准规范》	江泓、周伦彬、张国庆	主要起草人

三、其他机构科研工作

1. 2000 年，“全国计量标准、计量检定人员考核委员会”通过《中国计量》杂志在全国征集测量不确定度评定与表示实例稿件，委托省计量科研所刘天怀、赵天川、陈明华、潘炳涛对全部稿件进行了审稿和编辑，由中国计量出版社出版为“测量不确定度评定与表示实例”一书。书中 68% 的稿件出自广东计量科技人员之手。

2. 2003 年，韶关钢铁集团有限公司率先在国内建设完成“计量数据自动采集管理系统”，该项目已列入 2002 年国家技术创新计划和广东省重点技术创新项目计划。韶钢计量数据自动采集管理系统由分布在公司内的 43 个采集子站，1319 个采集点对公司的一、二次能源量、物资量进行实时采集。该系统将采集到的数据及相关信息，包括对水、电、气、汽和煤、焦等能源的供应（生产）、消耗情况随时进行统计、贮存、分析、处理后，组成了生产调度、节能监督管理、统计数据管理、实时监视等 16 个支持子系统，公司内所用的计量检测数据均以“计量数据采集管理系统”出具的数据、报表作为唯一的结算依据。该项目获省科学技术奖二等奖。

3. 2003 年 3 月，省质监局颁布广东省地方计量检定规程 JJG（粤）004—2003《水质在线自动采样装置》，主要起草人是电子工业部第五研究所李世安、省环保中心黄运生、电子工业部第五研究所吴江。

4. 2004 年 11 月，省质监局批准发布由广州市能源监督检测所黄立中、潘云飞、梁丽君起草的广东省地方计量检定规程 JJG（粤）005—2004《汽车用液化石油气加气机》。

5. 2005 年广州船舶舱容检定站林石芹为主要起草人省计量院陈奕钦为参加起草人编制了国家计量检定规程 JJG 702—2005《船舶液货计量舱容量》。

6. 2008 年李名兆、周迎春、张宏起草了广东省地方计量检定规程 JJG(粤) 009—2008《医用磁共振成像系统 (MRI)》。

7. 2008 年田爱林、黄锋、李智、唐健起草了广东省地方计量检定规程 JJG(粤) 011—2008《停车场计时计费装置》。

第十二节　地方立法的工作

1985 年 9 月，国家颁布了《中华人民共和国计量法》，1987 年 1 月国务院批准发布了《中华人民共和国计量法实施细则》，此后，国务院计量行政部门又相继制定了一系列配套的规章。这些计量法律法规的实施，对规范我国计量工作，加强计量管理，保障国家计量单位制的统一和量值的准确可靠，促进生产、贸易和科学技术的发展，发挥了重要作用。广东省一直依据上述法律法规规章履行计量监管职能。但是上述法律法规颁布实施已有 20 多年，随着我国社会主义市场经济的建立、发展和完善，现代企业制度的实行，各种新技术、新产品的不断涌现，国际交往的增多和加深，计量工作的内容和形式有了新的变化和发展，对计量监管工作也提出了许多新的任务和更高的要求，现行计量法律、法规在许多方面已不能满足广东省对计量工作监管的需要。因此，有必要制定地方性法规，为解决广东省社会和经济发展中出现的许多亟待规范的计量问题提供法律依据，也为本省计量事业的发展提供动力，使计量工作有利于经济建设、科技进步和社会发展。因此，2005 年广东省启动了《广东省实施〈中华人民共和国计量法〉办法》制定工作。

2005 年，广东省质量技术监督局成立了由计量处、法规处相关人员组成的起草小组，当时起草的文件名称为《广东省计量监督管理条例》（以下简称《条例》），并列入《广东省 2005 年立法计划》。起草小组经过调研、论证，并多次征求本省质监系统和社会各方的意见，形成《条例》（送审稿），于 2005 年 11 月 4 日提请广东省人民政府审查。

2008 年，省质量技术监督局起草的《广东省计量监督管理条例》列入《广东省 2008 年立法计划》，将该项目名称改为《广东省实施〈中华人民共和国计量法〉办法》（以下简称《实施办法》）。《条例》项目名称改为《实施办法》之后，省质量技术监督局多次征求省法制办、省人大财经委、省人大常委会法工委对起草工作的意见，并再次会同上述部门，先后赴深圳、佛山、东莞市和河南、山东省进行调研，《实施办法》（征求意见稿）也同时在省法制办和省局门户网向社会公众征求意见。根据调研情况和公众意见，省质监局对《实施办法》（征求意见稿）进行了修改，形成《实施办法》（草案送审稿），并于 2009 年 4 月再次提请省政府审查。2009 年 6 月省政府常务会议讨论通过草案送审稿，形成《实施办法》（草案）。同月，省政府将《草案》提请省人大常委会审议。

2009 年 8 月 17 日，广东省人大财经工委到广州市计量院进行《实施办法》立法调研，调研涉及制定《实施办法》的必要性和影响以及该《实施办法》的合法性和可行性等。广东省法制办李华南处长、广东省质量技术监督局邱庄胜副局长、广州市质量技术监督局曾小鸿副局长参加了调研座谈。省、市质监局就该《实施办法》的内容进行了详细的交流和沟通，并提出了双方的意见和建议，为广东省人大立法提供了很好的基础。

省人大常委会先后于 2009 年 9 月、11 月，2010 年 7 月，对《草案》进行了三次审议。2010 年 7 月 23 日，省第十一届人大常委会第二十次会议表决通过《实施办法》，于 2010 年 10 月 1 日起施行。

《广东省实施〈中华人民共和国计量法〉办法》通过后，省质监局立即组织了宣贯，进行了文件清理，并组织制定了一批急需的配套文件，包括《关于增加我省强制检定计量器具类别范围的报告》、《关于对计量校准机构的最高计量标准考核和机构备案的通知》、《广东省委托加工制造计量器具备案申请书》、《关于定期公布依法申请强制检定工作计量器具检定结果的通知》、《关于开展广东省千家企业能源计量器具配备和管理情况检查的通知》等文件。

地方计量法制体系的健全，为广东省计量事业铺平了发展道路。

附录一 广东省计量工作大事记

（1949—2009）

广东省计量工作大事记

（1949－2009）

1949 年

广东全省陆续解放。

1950 年

12月，广州市人民政府工商局根据广州市第二届人代会提议，开始筹备建立广州市度量衡检定所，以便建立广州市度量衡管理制度和统一管理全市度量衡器具。

是年，广东省人民政府商业厅成立后，在商业行政处指定一人兼管全省度量衡管理工作。

1951 年

3月，广州市人民政府颁布了由市工商管理局市场管理处起草的《广州市度量衡器管理暂行办法》。依据这一管理办法广州市度量衡检定所成立，隶属市工商局市场管理处领导。计量标准器主要是接收 1949 年前广州市度量衡检定所遗留下来的。

1952 年

2月，广东省人民政府商业厅于1951年12月致函广东省人民政府编制委员会（以下简称省编委），提出拟在汕头等七市镇工商局（科）设立度量衡检定小组执行度量衡统一工作。省编委于 1952 年 2 月 9 日复函同意。

8 月 15 日，经广州市人民政府批准，由市工商管理局市场管理处起草的《广州市度量衡管理暂行办法》发布施行。

9 月 13 日，省人民政府主席叶剑英、副主席方方、古大存、李章达签发“决定本省度量衡统一改制办法希遵照执行”的指示。决定广东省在中央尚未颁布全国统一的办法以前，先行统一改用“市制”，由衡器做起，依次到度器量器，规定该项工作由省商业厅领导，先在汕头、湛江、佛山、江门、韶关、海口、惠州七市镇实施，提出有关机构、干部、仪器设备及经费的解决办法，并附检定新制度量衡器的仪器设备清单一份。

1953 年

10月24日，广州市度量衡检定所派出代表参加由中央工商行政管理局在北京组织召开的题为“请定期派员来京检校标准砝码及研讨度量衡检定规定”的工作会议，并带去了天平等检定规程和检定管理工作的意见，作为会议文件派给与会代表以供讨论。

1954 年

1 月 5 日，由省人民政府主席叶剑英、副主席陶铸批准发布《广东省度量衡管理暂行办法》。该暂行办法共十三条，规定了当时迫切需要解决的在全省统一度量衡制度，实施商贸度量衡器具检定和生产的管理等问题，以维护人民利益及市场交易秩序，便利城乡内外物资交流，配合国家经济建设。

12 月 9 日，佛山市人民委员会发出《佛山市度量衡管理办法（草案）》，规定以国际公制为标准，市用制为辅制。

是年，4 月—9 月汕头市度量衡检定所、江门市度量衡检定所、湛江市度量衡检定所、韶关市人民政府度量衡检定所、佛山市人民政府度量衡检定所陆续成立，均隶属当地市政府工商科领导。

1955 年

是年，广州市度量衡检定所开展大量进口天平检定工作。主要是由于从广州口岸进口的天平数量大增，其中以由香港输入的精细分析天平为多（感量百万分之一）。

1956 年

6 月，广州市度量衡检定所建立万能量具检定标准，开展了万能量具检定工作。

11 月，广州市度量衡检定所 7 人，韶关市度量衡检定所 1 人，湛江市度量衡检定所 2 人，江门市 1 人等参加国家计量局在南京举办的国家计量局计量干部训练班，并于 1957 年 4 月毕业。

1957 年

8 月 14 日，中华人民共和国财政部批复广东省财政厅，同意广东省地方计量机构的收支，自 1958 年起纳入预算管理。

是年，广州市度量衡检定所建立了三等活塞压力标准和三等标准真空计。

1958 年

2 月，《广州市量具计器管理暂行办法》颁布，共六章三十条，确定广州市计量单位以国际公制为标准制，以 10 两为 1 斤的市制为辅制，同时，废止 1952 年 8 月 15 日公布的《广州市度量衡管理暂行办法》，并在广州日报刊登。

4 月 1 日，广东省计量管理所成立，办理有关全省的计量工作。其业务在广州市度量衡检定所的基础上建立和继承，实行一套人马两块牌子。广东省人民委员会于 4 月 23 日通知佛山、汕头、韶关、湛江、江门市人民委员会及度量衡检定所，以后有关业务与省计量所联系。

9 月，在上海召开的全国计量工作现场会提出将计量工作从一般的度量衡检定转向为工业生产服务。这次会议精神传达后对广东省计量业务发展方向有较大的影响。

是年，广东省计量管理所和广州市计量检定所为贯彻“面向工业，服务钢铁、机械，便利和促进生产”的方针，组织各市计量所参加到全省各工矿企业的计量检测工作中，并与多所科研单位进行协作，建立了临时的统一的计量标准，开展了转速、电表、水表等 12 项计量器具的检定；还将胶三角尺（20cm 以下的）等计量器具下放给厂、社进行自检；从而完成了生产计量器具的出厂检定、使用中监督检定和进口计量器具检定的任务。全年财政收入 200319 元，其中检定费收入 86575 元，支出 109317 元，上缴 91002 元。

是年，广东省计量管理所成立以后，召开了两次计量工作会议，对全省计量机构的建立工作做了部署，年内新建了中山（石岐）、兴宁、潮州县计量所，汕头专区所属市、县均已成立计量机构，全省有计量干部 79 人。各级计量所多已由科委（科协）归口领导，开展了检定和管理工作。6 月起在全省推行十两市制工作，基本完成杆秤改制。

1959 年

3月，广东省计量管理所、广州市计量检定所派员参加10日至11日全国计量工作会议(常州会议)，并将“广东省计量管理所、广州市计量检定所 1959 年工作纲要”、“广东省计量管理所关于建立省计量网初步意见”、“广州市计量检定所机械工作组工作情况报告”、“广州市量具计器进口管理检定情况的报告”作为会议资料进行交流。

7 月 2 日，饶平县人民委员会发布《关于全面推行使用十两制木杆秤的通知》。

是月 24 日，揭阳县发布《揭阳县量具计器管理暂行办法》。

8 月，汕头市人民委员会颁发《汕头市量具计器管理暂行办法》。

是年，中山县人民委员会发布“中山县量具计器管理暂行办法草案”。

是年，全省有计量机构 23 个，计量工作人员 244 名。代表全省最高水平的计量标准器有 37 项，绝大部分存放在广州市计量检定所。

1960 年

10 月，茂名市人民委员会发布“茂名市量具计器管理暂行办法”。

是年，江门市政府发布《贯彻国务院关于统一计量制度的命令》的公告和《关于贯彻国家统一计量制度及公制计量单位中文名称方案的通知》等。

是年，全省各级计量机构上半年以前，共有 52 个，计量干部 80 余人，大多为大跃进时成立。下半年以后，各地计量干部大部分被调走或下放，有的计量机构被撤销，有的只留个牌子，尚存仅 3 个专（行）区计量管理所，7 个市计量所，10 个县计量所。

是年，广州市计量检定所开展平晶检定工作，建立（0 ～ 100）毫米，精度 ±0.5 微米短标尺标准。

1961 年

5 月，根据省政府批示，广东省科委计量标准局成立，将原有的省、市计量机构分开。是年，省科委计量标准局建立一等标准砝码，开展对二等标准砝码的检定工作。

1962 年

6 月，吴川县人民委员会发布《吴川县计量检定管理暂行办法》。

10 月 2 日，阳春县人民委员会发出《关于重申颁布有关一般衡器的计量标准和检定问题的报告》。

是月 4 日，遂溪县人民委员会发出《关于发布＜遂溪县计量器具管理暂行办法＞的通知》。

是年，省科委计量标准局建立二等标准温度灯，测温范围 900 ℃～ 2000 ℃。

1963 年

3 月 14 日，开平县人民委员会发出《关于加强生产及修理计量器具（磅秤）人员管理的通知》。

4 月 18 日，屯昌县人民委员会发出《关于颁发＜屯昌县计量检定管理暂行办法＞的通知》，通知后附有计量器具检定和定期检定目录。

9 月，高鹤县颁布《计量器具管理暂行办法》。

10 月 21 日，省机械工业厅、省科委计量标准局、广州市重工业局、广州市轻工业局、广州市计量检定所联合发布《广州地区机械工业企业长度计量管理暂行规定》，要求各厂根据生产需要必须建立计量机构（计量室、计量站）或配备专职人员，制定工厂计量器具管理制度，并列出了各厂计量机构应配备仪器设备的参考清单。

11月4日至12月11日，为贯彻全国和全省硬度计量工作会议精神，由省科委计量标准局牵头组成工作组，先后在广州自行车厂、广州轴承厂、广州市工业产品检验所进行洛氏硬度及新基准量值传递试点工作。

是年，海南行政公署颁发《海南区计量管理暂行办法》。

是年，省科委计量标准局开展表面光洁度 ∇3—∇14 的测试工作。

1964年

1月20日，广东省人民委员会就省科委计量标准局体制等问题复函省科委、省编委，认为省科委计量标准局可暂不成立独立的局，专、市、县各级计量机构所需的经费，应按自收自支的规定办理，省科委计量标准局与广州市计量标准局的合并应作为一个方向。

11月13日，广东省人民委员会通知要求，县计量管理机构归当地县人民委员会领导，委托工商行政管理局（科）管理。未建立计量管理机构的县，由县人民委员会指定工商行政管理局（科）负责度量衡管理工作。省科委计量标准局协助各地培训计量器具检修技术人员。

12月31日，广东省人民委员会颁发《广东省计量管理暂行办法（草案）》。该暂行办法根据国务院关于统一计量制度的命令制定，包括二十一条，涉及计量单位制；计量器具制造、修理、进口、销售和使用的管理；计量工作的主管机关；量值传递系统；计量器具检定以及违反本办法的处罚，1954年1月5日公布的《广东省度量衡管理暂行办法》同时作废。

是年，省科委计量标准局建立了长度、力学、热工、电磁4大类、24项计量标准。

是年，省科委计量标准局已建成实验室401 m^2，其中恒温实验室64 m^2。

1965年

5月11日，广东省人民委员会办公厅复函省科委，统一广东省各级计量管理机构名称为“广东省科学技术委员会计量标准局”、“专（行）区、市、县科委计量管理所”，将专区的计量机构与所在市计量机构合并。

7月26日，省科委派工作组到省科委计量标准局开始搞四清运动。

是年，省政府决定由省科委计量标准局负责民用工厂生产军工产品的量具、刀具、军工产品的关键零部件的检验工作，从而提高了省计量部门长度计量测试技术水平。

是年，当初成立省科委计量标准局时，在海珠区泰山庙前3号筹建的省局附属实验工厂有技工17名，厂房面积84 m^2，开展了量块、万能量具、光学仪器、光学高温计、热电高温计、压力表、天平、一般的电位计、电桥、0.5级以下电表等修理。

是年，全省已建立专（行）署计量机构6个，市计量所10个，县计量所35个。

是年，省计量技术仪器制造学会成立。

是年，广州市计量器具制造取得如下成果：协兴祥机器厂造出了20HP柴油机弹簧压力工具；广州量具刃具厂造出了后角检查仪，解决钻头后角长期未能解决的测量技术问题；广州光学仪器厂造出了自准直望远镜；广州市电影机械厂造出了齿轮分度测量仪；广州市照相机厂造出了震动试验台、物距测定仪、转鼓记录仪；广州邮电器材厂仿制了计数式频率测量仪；广州市热带机床研究所试制成功耐磨、不易腐蚀，适合热带气候使用的花岗岩石平板（300mm×300mm）；越秀区粮管科造出了“手压售油器”，准确度比原来的“油提”提高了4倍。

1966年

9月，广东省财政厅、省科委的联合通知中规定“各级计量机构是事业单位，计量经费列入各级预算管理”，还规定“专（行）署计量所不超过5人，县计量所不超过3人”。

是年，从下半年起全省计量机构正常工作受到“文化大革命”的冲击，但仍坚持了日常检定工作。

1967年

4月30日，省科委计量标准局公布了“广东省计量器具检定收费暂行办法”和“计量器具检定收费标准”。

是年，省科委计量标准局建立日稳定度为1×10^{-8}的时间频率标准。

1968年

是年，在省科委计量标准局院内建地下恒温实验室开工，该项目由副省长刘田夫批准政府拨款60万元。

是年，省科委计量标准局建立一等标准铂电阻温度计。

是年，省科委计量标准局干部到英德五七干校接受再教育。

1969年

5月，工宣队进驻省科委计量标准局。

是年，年初省科委决定建立三线计量基地，定在韶关市，名为广东省科委计量标准局驻韶关检定所，人员从下放到干校的技术人员中抽调，仪器设备从局各实验室抽调，很快筹建起来，开展了长、热、力、电四大类主要计量标准器的量值传递，为保证工业后方基地的计量器具准确一致，提高产品质量起到了应有的作用。

是年，广东省科委计量标准局改名为广东省科技服务站计量局，只管计量工作。

是年，省科技服务站计量局完成了由国家计量局下达的建立克工作基准和千克工作基准砝码的筹建工作，开展了对一等标准砝码的量值传递工作。

1970年

是年，省科技服务站计量局协助省重型机床厂成功试制大型（3米）精密测长机。

是年，省科技服务站计量局向广东省科技站革委会报告，江门市、湛江市、肇庆市等发生撤销计量机构，调走工作人员，分散标准设备，房屋被移作他用等情况，要求给予制止。

是年，广州市计量检定所业务逐步恢复正常，为适应量值传递工作要求，发动职工自己动手扩建恒温实验室55 m^2。

1971年

是年，广州市计量检定所技术革新项目平板研磨机、射流测试台、时间频率综合校验台等试制成功，并试制成功一等标准铂铑-铂热电偶，开展了二、三等铂铑-铂热电偶检定。

1972年

1月，广东省科技服务站计量局改名为广东省计量所。

是年，广东省计量所牵头在全省贯彻 68 国际实用温标工作。

1973 年

11 月，广州市标准计量所电学室完成罗兰 -C 时频台安装，频率准确度达到 10^{-7}，经过为时频台的晶体振荡器加装恒温层，使频率准确度提高到 10^{-9}。

是年，省计量所建立电容计量标准（准确度为 ±0.01%）、电感计量标准（准确度为 ±0.01）、品质因数（Q 值）计量标准（准确度为 ±（1～2）%）和损耗计量标准（准确度为 $0.015\mathrm{tg}\delta+0.5\times10^{-4}$）。

是年，省计量所建立了一、二等标准毛细管粘度计，经中国计量科学研究院确认为粘度检定一级站，负责广东和广西粘度量值传递。

是年，为了推动全国无线电计量工作建立了大区无线电协作组。广东所在的无线电中南协作组包括：湖北省计量所、广东省计量所、四机部第五研究所、广东国营 750 厂、四机部第七研究所等。同年，成立了广东无线电协作分组，广东省计量所为组长单位，四机部第五研究所和省电子技术研究所为副组长单位。中南无线电协作组和广东无线电协作分组成立后开展了学习、交流、协作等活动，经协作组培训的技术人员成为省内无线电计量专业的技术骨干，对发展广东省无线电电子工业起了很好的作用。

1974 年

5 月，为满足韶关地区工业发展的需要，经省革委会 1969 年决定建立的广东省计量所分支机构韶关计量所下放归韶关地区科委领导，改称为韶关地区标准计量所。

1975 年

是年，省计量所建立失真标准，准确度 ±1%。

是年，由广州市科委主办的广州市科技学校开办计量中专班，学员 34 人。

是年，广州市标准计量所陈守俭起草的国家计量检定规程 JJG 47—1975《立式光学计》、JJG 45—1975《卧式光学计》通过审核批准颁布。

1976 年

12 月，佛山市计量实验工厂列为国家标准计量管理局第一批 29 个归口厂之一。

1977 年

是年，广东省革命委员会批转广东省科学技术局、广东省卫生局等单位《贯彻执行国务院关于改革中医处方用药计量单位的意见》，在全省实施中医处方用药计量单位改革。

1978 年

2 月，省革委会根据《中华人民共和国计量管理条例（试行）》的规定批准成立了广东省标准计量管理局（一级局）和广东省计量科学研究所（以下简称省计量科研所），省级计量行政机构与计量技术机构正式分开。同时成立广东省计量仪器实验厂。

5 月 24 日，省革委会发出《关于建立健全我省各级标准计量机构的通知》，明确省标准计量管理局由省科委、省计委共同领导，以科委为主。标准计量管理机构负责贯彻国家有关标准化、计量工作的规划、计划、管理办法及有关措施，并对同级各生产主管部门和有关单位标准化、计量业务进行指导及技术管理。

6月12日，省第一机械工业局、省轻工业局、省工商行政管理局、省标准计量管理局联合发出《关于加强计量器具管理的联合通知》，提出各部门密切配合，加强对生产、修理、经营和使用计量器具的管理要求。

9月18日，省革委会颁发了《广东省计量管理实施办法（试行）》。

是年，全省实施中医处方用药计量单位改革至年底基本完成。

是年，广东省计量技术与仪器制造学会改名为广东省计量测试学会。

是年，广东省国营750厂研制的PO-20型定时校频接收机、YD-1型甚低频超远程导航接收机、CD-3型小电感电桥，获全国科学大会颁发奖状。

1979年

6月，省革命委员会《关于成立省标准化管理机构的通知》粤革发[1979]53号文，将省标准计量管理局的标准处分出，成立广东省经济委员会标准化管理局，原省标准计量管理局改为省计量管理局。

8月3日，省经委、省国防工办、省科委联合发出《印发广东省计量管理局制订的〈广东省工矿企业计量管理细则（试行）〉的通知》。

12月22日，省工商行政管理局、省计量管理局、省第一机械工业局、省电子工业局、省第二轻工业局联合发布《关于对专营和兼营生产、修理计量器具企业进行登记管理的通知》。

是年，省计量管理局成立“五查”评比领导小组和三个检查组，对全省地、市计量所（局）进行“五查”检查评比。

是年，省计量科研所实行定额管理，超产奖励，完成检定台件数为上年的4.5倍，检定收入9.3万元，是上年的3.43倍。

是年，广州材料试验机厂研制国产第一台电子式万能材料试验机，型号为WD-10，并开始投入系列生产。

1980年

5月5日，省经委、省计量局联合发布了《广东省生产计量器具管理办法（试行）》。

是年，省计量科研所建立高频电感标准装置和电容标准装置，是广东省高频电感和电容的最高计量标准。

是年，佛山市计量所莫桂生、罗英济研制的工频频率表检定仪获佛山市科技进步三等奖。

是年，全省地、市、县计量机构从十年动乱中留下的40多个，发展到102个。

是年，在1979年全国计量部门“五查”评比中，省计量科研所由于检定原始记录、技术档案、出证制度、使用中计量器具按期检定等问题，受到国家计量总局“五查”评比检查小组的严肃批评。针对存在问题，省计量科研所于1980年上半年进行了深入“五查”整顿工作，并取得明显成效。

1981年

4月，广州市计量所与广东电视台合拍了《识破短秤有方法》的电视节目，先后两次在广东电视台家庭百事通节目播出。广州市计量所还在羊城晚报、广州日报刊登了《必须经常保持商用衡器的准确性》、《关于商用杆秤的几个问题》、《改变农贸市场短秤现象的建议》等文章，在广州老百姓中起到很好的宣传效果。

是年，省计量科研所沈正宇在当年第1期《广东计量》发表论文《一、二等标准水银温度计的不确定度》，率先在全国温度界发表了中温不确定度分析文章。

是年，国营750厂研制C018型标准大电感组，准确度达0.1%～3%，属国内先进水平。

1982年

3月8日，省政府办公厅发出《转发省计量局〈关于加强工矿企业和港口计量管理工作的报告〉》。

是日，省计量科研所与香港标准及检定中心签订了《关于向香港开展计量测试技术服务合作协议书》。

11月30日，省人民政府颁发了《广东省衡器管理暂行办法》，要求全省各地于1983年全面做好木杆秤整顿工作，推行定量铊刀纽秤，废除旧杂制杆秤，以实现杆秤的标准化、规范化。

是年，国家计量总局发文对省计量科研所已建计量标准项目正式核准为包括长度、温度、力学、电磁、光学、化学、放射性、无线电在内的八类44项。

是年，省计量科研所建立一等直流电阻标准装置；一等电池标准装置；单相电度表检定装置。

是年，省计量科研所李清镛、林炯堂、陆惠良、梁汉荣、蔡珠民与中国计量科学研究院张功铭等承担的国家计量总局科研项目“AVRS-1型音频电压比率标准装置”于1981年1月研制完成，鉴定时被确认具有国际先进水平，获1981年省科技成果二等奖、1982年国家计量总局科技进步三等奖。

是年，广州市计量所罗可模、马重研制完成“CPB-3型彩色电视机付载频校频仪”，获1982年省科技成果三等奖，广州市科技成果二等奖。

是年，由广州市计量所陈守俭起草的国家计量检定规程JJG 8—1982《水准标尺》由国家计量总局颁布实施。

1983年

5月，广东省标准计量管理局成立，省委、省政府决定该局由省标准局和省计量局合并而成，作为二级局，归口省经委。

6月1日，江门市标准计量管理局和佛山市标准计量管理局成立，均为一级局。

9月，成立汕头市标准计量管理局，为一级局。

12月，广州市标准局与广州市计量管理处合并，组建广州市标准计量管理局。

12月21日至26日，省企业整顿领导小组办公室、省标准计量管理局联合发出《关于在企业整顿中做好计量整顿工作的意见》，联合召开了全省厂矿企业计量工作座谈会。

是年，省计量科研所建立一等光学高温计，开展对全省二等温度灯的检定。

是年，省计量科研所章国春研究完成的“利用彩色电视付载频信号校频”课题成果，获广东省科技进步四等奖。

是年，广州市计量所戴绍英等与广州无线电研究所联合研制了“HRB-1/2型精密电阻温度计电桥”，该项目获1983年省科技成果三等奖、省电子局科技成果一等奖。

是年，韶关地区工业科学研究所研制的“F-130高分辨率大间隙光栅测量系统”获广东省科技成果奖二等奖。

是年，汕头超声仪器研究所研制的“CTS-18型线阵超声现象诊断仪TC-1型超声图像存储器”

获广东省科技成果奖二等奖。

是年，广州曙光无线电厂研制的“ZJ2293宽带双通道毫伏表”获广东省科技成果奖三等奖。

是年，广州电子仪器厂研制的“CZ-12型数字微欧表”和“GY2610漏电流测试仪”获广东省科技成果奖三等奖。

1984年

3月15日，省标准计量局发布实施《广东省计量检定人员技术考核发证暂行办法》。

5月，根据国务院批转国家计量局关于加强计量工作报告的通知精神，省企业整顿领导小组办公室和省标准计量管理局联合行文《关于在企业全面整顿中做好计量整顿验收工作的意见》，并制定了整顿验收项目和评分标准。

是年，国务院发布了《关于在我国统一实行法定计量单位的命令》以后，省标准计量管理局计量处根据该命令，结合广东省的实际情况，制订了切实可行的实施方案，配合各部门做好宣贯工作，为巩固向法定计量单位过渡的成果，对著名全国发行报纸《羊城晚报》经多次提醒，仍不断出现使用非法定计量单位情况，进行了罚款处理。这一处罚对新闻界和其他部门震动很大，引起重视，他们普遍采取了措施，防止再出现非法定计量单位。

是年，省计量科研所陈奕钦、梁兆勤、刘天怀、苏乃强开展应用光切法原理测量天平刃口微小圆弧半径的研究，制成激光光切显微镜，该成果达到国内先进水平，获省科委1984年颁发的科技成果奖四等奖。

省计量科研所沈正宇作为主要起草人起草了国家计量检定规程JJG 363—1984《半导体点温计检定规程》。

1985年

1月8日，广东省经济委员会和广东省标准计量管理局联合发布了新的《广东省生产计量器具管理办法》。

是月21日，为贯彻国家计量局《工业企业计量工作定级、升级办法（试行）》省标准计量局发出《关于印发〈广东省工业企业计量工作定级升级实施意见（细则）〉的通知》。

7月，省标准计量局以《计量公报粤标量报字（1985）第1号》公布了我省第一批授予计量合格单位，包括广州造船厂、广州第一橡胶厂、茂名石油工业公司、汕头乐器厂、湛江化工厂、韶关齿轮厂、韶关拖拉机厂、韶关电焊条厂、韶关市配件厂、韶关工具厂、凡口铅锌矿、江门柴油机厂、新会农业机械厂获得二级计量工作合格证，广州冶金机械厂、广东省湛江机械厂、广东省铁合金厂、广东省江门造纸厂获得三级计量工作合格证。

9月17日，省标准计量局与广州市标准计量局联合召开了广东省、广州市《计量法》宣贯大会。

11月，汕头市标准计量管理局副局长徐银川在国家计量局召开的全国开放城市推行法定计量单位工作会议上介绍本市宣传推行法定计量单位的做法和经验。

是年，由省计量科研所方森礼等和中国计量科学研究院熊大莲等研制完成的“超声功率标准装置”课题项目获1983年省科技进步奖二等奖和1985年国家计量总局科技进步奖三等奖。

是年，广州市计量所罗可模、谢旭1984年研制完成的标准频率源及其检定装置，获1984年广州市经委技术进步奖、1985年市科研三等奖。

是年，省计量科研所建立了YT100B型（1吨）液压起动天平，开展对500千克F_2级及以下等级大砝码检定。

是年，邮电部广州通信计量站建立铯钟标准装置，测量准确度为1×10^{-12}。

1986年

2月6日，省经委、省标准计量局联合发出《关于抓紧做好工业企业计量定级升级工作的通知》，规定“我省各类产品评优、发放生产许可证、评选节能先进单位、六好企业等均要有计量合格证的复印件”。

是月6日，经广东省人民政府批准，由省标准计量局于22日发布《广东省补发制造、修理计量器具许可证的实施细则》。

是月21日，省标准计量局制定并发布了《广东省计量器具检定收费标准（试行）》，并于5月1日起实行。1979年颁发的计量器具检定收费办法和收费标准同时作废。

7月，深圳市计量测试中心成立，开展出租车计费表、燃油加油机、衡器和检衡车检定三项业务。

8月，深圳市标准计量局成立，负责全市计量、标准化和质量监督工作。

9月25日，省标准计量局制定并发布了《发放个体工商户制造、修理计量器具许可证暂行办法》。

11月，省计量科研所研制的橡胶硬度标准装置和瓦级超声功率标准装置、毫瓦级超声功率标准装置被国家计量局批准为国家计量基准。

是年，省计量科研所完成建立（0.5～500）毫米2等量块标准装置和（600～1000）毫米3等量块标准装置；等倾干涉仪标准装置（平面平晶检定装置）；检定粗糙度仪器标准器组；净重式布氏硬度计工作基准和一等玻璃膨胀法低真空检定装置。

是年，省计量科研所沈正宇在北京国际温度讨论会上发表了《锡点的研究》论文。沈正宇于1985年研制成功我国第一个用于量值传递的温标定义固定锡点，取得大量关于锡点的研究数据。

是年，国营广州造船厂、广州重型机器厂、韶关冶炼厂、茂名石油工业公司成为全省第一批获得国家一级计量合格企业。

1987年

2月4日，由省标准计量局制定的《广东省出租小汽车计费器管理办法》经省政府同意，发布施行。

4月20日，省标准计量局制定的《广东省出租小汽车计费器和整车运行计费器收费标准》经省政府批准和省物价局批复实施。

9月，经省标准计量局批准成立了“广东计量干部技术培训中心”，挂靠省计量科研所，承担全省及国家计量局委托的计量干部技术培训工作，为全省企业和计量技术机构培训计量检定人员。

10月，省标准计量局批准省计量科研所成立“广东省计量器具质量监督检验站”。该站按规定取得计量认证合格后，可开展80项300种计量器具质量监督检验，计量器具样机试验和进口计量器具检定认证等工作。

是月31日，省标准计量局印发了《国家计量局关于发布产品质量检验机构计量认证管理办法的通知》。

11月，省标准计量局组织从省级计量技术机构、产品质量检验机构推荐的工程技术人员学习《计量认证评审内容和考核办法》，通过培训、考核，聘请了省内第一批计量认证评审员。

是年，在省计量仪器实验厂内设立广东省衡器检定站。

是年，由省计量科研所林鲁山承担，在广州试验仪器厂、上海第二光学仪器厂、广州橡胶工业制品研究所和本所林日明、骆植炯配合下，于1983年研制完成的2台橡胶硬度（IRHD）标准装置获国家计量局1984、1985年计量科技进步二等奖，并获1986年省科学技术进步奖二等奖和1987年国家科技进步奖三等奖。

是年，省计量所建立活塞式压力计工作基准装置；拥有6米光轨的光照度标准装置；比色计检定装置。

是年，省标准计量局授权广东省测试分析研究所建立广东省辐射剂量计量检定站。

是年，佛山市计量检定所梁顺棋等研制完成用于检定温度二次仪表的SR501型数显式测温仪表检定仪通过国家计量局鉴定。该仪器达到国内先进水平，在全国得到广泛应用。该成果获1987年省科技进步奖三等奖。

是年，韶关钢铁厂为解决大宗物料动态称重及数据自动处理，由贝文诚承担完成H-100型智能动态电子轨道衡二次仪表改造，获广东省人民政府科学技术奖励三等奖。

是年，遵照中央关于党政机关不准经商的规定，中华计量测试技术开发总公司各股东单位退出，公司向省工商局注销结业。该公司由北京、上海、四川、广东等地18个国内计量机构参股，经省政府批准于1984年成立，开展了从国外引进计量测试仪器设备和技术交流活动。

1988年

1月8日，为落实强检工作，省标准计量局发布《广东省第一批实施强制检定的工作计量器具目录》。

是月，省计量科研所从海珠区南村路泰山前3号迁入广园中路松柏东街30号新建办公实验大楼。新办公实验大楼实用面积共12000 m^2，其中一般实验室面积3500 m^2，恒温实验室面积1500 m^2。

5月25日，省标准计量局颁发了《广东省计量检定员考核发证工作的暂行规定》。

6月1日，省标准计量局颁发了《广东省计量标准考核暂行办法》。

是月10日，广州市计量测试所李惠贞起草的《双光束紫外可见光分光光度计》的检定规程，由省标准计量局批准，编号为JJG（粤）1—88，作为广东省地方计量检定规程，7月1日起在全省范围内实施。

是月，省计量科研所方森礼、陈良敏等赴联邦德国物理技术研究院（PTB），与该院超声标准换能器进行量值比对。中方和PTB在各个点的测量结果相差均满足要求，从而验证了建立在省计量科研所的超声功率国家计量基准达到不确定度为5%的国际先进水平。当年，方森礼、陈良敏、周文成撰写的论文《超声功率基准装置》被《西太平洋声学会第三届年会（WESTAPC - III）》录取，并在其论文集发表，另一篇由何小穗、方森礼、陈良敏撰写的论文《超声功率反射靶换能器安装误差对测量精度的影响》被收入《国际计量联合会第十二届大会论文集》。

8月，广州市能源技术测试所成立，其骨干人员从广州市计量测试所抽调。

9月，省计量科研所林鲁山等赴英国伦敦与英国国家标准橡胶硬度计进行了国家基准量值比对，比对结果在（30～95）IRHD范围内，两套硬度块共12块的硬度示值相差最大不超过0.5IRHD，符合要求。

是年，省标准计量局对申请计量认证的省电子产品监督检验所、广州市纺织纤维检验所、省有色金属产品质量监督检验站进行了计量认证。这是广东省首批通过计量认证的产品质量监督检验机构。

是年，以深圳市计量检测所的名义与香港天祥公证行合作开办了“深圳天祥公证行”，性质为合资企业，深圳计量所占45%股份，香港天祥公证行占55%股份，合作期限是15年，在国内开创了成立合作性股份制检测公司的先河。

是年，广东省第一台电子汽车衡（50吨）在韶关钢铁厂投入使用。

是年，广东省辐射剂量计量检定站温祝堂等研究“钴-60 γ射线（10～40）kGy吸收剂量传递标准-重铬酸钾/银剂量计”，主要性能指标达到国际同类工作的先进水平。

是年，佛山市气体分析仪器厂开始研制生产滤纸烟度计、汽车排气分析仪等，该厂从70年代至1988年已能成批生产13种测量氢气、二氧化碳、一氧化碳等各种气体含量及油分、水分的分析仪器，其产品多次被省经委、省政府、国家环境保护局评为优质产品，在国内处领先地位。

1989年

1月26日，省标准计量局经与中国计量学院商定在本省设置“中国计量学院广东函授教育辅导站”，负责本省和海南省的计量函授教育工作，从是年开始招收经成人高考上线考生，进行计量各专业函授教育。陈悦任站长，方森礼、江宗岫任副站长。

3月15日，华南国家计量测试中心成立。该中心由国家计量局于1988年3月30日批复同意筹建，在广东省计量科学研究所现有条件的基础上，一套机构，两块牌子，并规定该中心继续负责对海南省的量值传递，也可以此名义开展为港、澳地区的技术服务工作。中心主任由省标准计量局副局长蒋善利兼任。

是月，广州市政府颁布了《广州市外商投资企业标准和计量管理办法》。

6月1日，省标准计量管理局和省卫生厅联合发布《广东省医疗卫生电离辐射计量器具管理暂行规定》。

12月1日，《广东省衡器管理办法》施行。该办法11月6日由省政府颁布。

是年，省计量科研所为帮助企业实施节能降耗整改方案，参加省经委组织的节能测试活动，于1985年和1989年两次组织技术人员到韶关凡口铅锌矿等大中型企业进行能量平衡综合测试工作。

是年，省标准计量局对全省已进行计量定级的376个企业进行调查显示，通过计量定级考核的企业由于对能源消耗严格计量，促进了节能降耗；对进出厂原材料认真计量和检测使企业经济效益持续增长；提高了计量检测的准确性，促进产品质量提高。

是年，省计量科研所和广州计量测试所分别建立pH（酸度）计、离子计检定装置。

是年，省计量科研所蔡明忠、赵德厚取得用液氮减压校准铂电阻温度计研究成果，在航天工业等尖端技术领域得到应用，处于国内先进水平。该成果获1989年省科技进步奖三等奖。

是年，省计量科研所张卫新等人尝试用机械自动研磨代替手工研磨修理量块的研究，成功研制出液压量块修理研磨机，该成果在国内居领先地位。

是年，省计量科研所陈明华作为主要起草人编制了国家标准GB 11204—1989《橡胶国际硬度(30～90)IRHD的测定》。

1990年

3月4日，省标准计量局制定的《广东省计量检定员考核发证的规定》发布执行。

4月30日，广东省标准计量管理局重新组建为广东省技术监督局（二级局）。

7月，省政府法制局、省技术监督局联合发出《关于对法定计量单位实施情况进行检查验收的通知》。

12月，省计量科研所完成实验大楼改造，实用面积增加至13200 m^2。

是年，省计量科研所经国家计量局考核，获得橡胶硬度计、超声功率计定型鉴定授权。

是年，省计量科研所重新建立光学高温计标准装置。

是年，国家海洋计量站广州分站建立船用pH计检定装置和海水盐度计检定装置。

省计量科研所林鲁山作为主要起草人编制了国家计量检定系统JJG 2049—1990《橡胶国际硬度计量器具》；省计量科研所林鲁山、陈明华作为主要起草人编制了国家计量检定规程JJG 666—1990《定负荷橡胶国际硬度计》、基准操作技术规范JJF 1253—1990《橡胶国际硬度》；省计量科研所方森礼、陈良敏作为主要起草人编制了国家计量检定系统JJG 2050—1990《超声功率计量器具》；省计量科研所陈良敏、许月珍作为主要起草人编制了基准操作技术规范JJF 1276—1990《瓦级超声功率》和JJF 1278—1990《毫瓦级超声功率》；省计量科研所方森礼、陈良敏作为主要起草人编制了国家计量检定规程JJG 665—1990《毫瓦级超声功率计》。

1991年

6月17日，经广东省人民政府批准，省技术监督局、省卫生厅制订发布了《广东省医疗卫生计量器具管理办法》。

是年，国务院发出关于停止对企业进行不必要的检查评比和不干预企业内部机构设置的通知，广东省停止了企业计量定级升级活动。从1985年至1991年底，全省共有41家工业企业获得国家一级计量合格证，936家工业企业获得二级计量合格证，4962家工业企业获得三级计量合格证，377家小型（乡镇）工业企业通过计量验收审查合格。在此期间，涌现出威力洗衣机、容声冰箱、康佳电视、万家乐热水器、美的风扇等名牌产品，全省有近60种产品产量名列全国第一，有130多种产品出口创汇超过1千万美元。

是年，广东省辐射剂量计量检定站建立γ射线照射量（治疗水平）标准装置、中能X射线照射量标准装置、γ射线照射量（防护水平）标准装置、X射线照射量（防护水平）标准装置、γ射线照射量（环境水平）标准装置。这些标准直接溯源于国家计量基准，填补了省内电离辐射计量的空白，可对全省90%以上的电离辐射计量器具进行计量检定和校准。

是年，信息产业部电子第七研究所计量中心建立同轴功率标准装置；信号发生器检定装置。

是年，广州市计量测试所黄保林1988年研制完成的JJ-1型出租汽车计价器检定仪获1991年广州市科技进步二等奖。

1992年

4月，省计量科研所沈正宇在第七届国际温度学术讨论会（加拿大）上发表了《中国的中温量传系统与测量不确定度分析》论文，引起各国特别是发达国家对中国中温量传系统的兴趣。

6月，为推动华南国家计量测试中心申请香港实验所认可计划（HOKLAS）认可的工作，中心成立了认证办公室，学习了解ISO/IEC导则25《校准和检测实验室资格的通用要求》，收集了HOKLAS认可文件并译成中文进行学习理解，初步修订了中心的质量手册。

12月26日，广东计量协会经广东省民政厅注册批准成立，在中山市召开第一次团体会员代表大会，选举产生了第一届理事会，省技术监督局局长黎湘当选理事长，陈富强任秘书长。

是年，省计量科研所建立毫瓦级超声功率计标准装置；转速标准装置；（1～100）L一等金属量器标准装置；扭矩仪检定装置和扭矩仪标准装置；粉尘采样器检定装置；一等酒精计标准器组。

是年，省计量科研所开始建立所内计算机局域网，自行设计布线，并自行开发计量检测管理软件，在全国计量技术机构计算机局域网应用上走在前列。

是年，省计量科研所电磁室完成了以中国计量科学研究院电磁处为中心实验室的“国家标准电阻、标准电池计量保证方案（MAP）实施”课题，为在国内首批实施这一量值传递新方式提供实验数据和经验。

是年，广东省微波通信局计量站建立铷原子频率标准装置，用于测量18GHz以下微波信号频率。

是年，邮电部广州通信计量站建立光纤功率计量标准和光衰减器检定装置。

是年，深圳市技术监督局根据深圳经济特区的实际，起草并提请深圳市人大常委会通过了《深圳经济特区计量条例》。

是年，广州材料试验机厂研制出LDH型2MN卧式拉力试验机，填补国内空白。

是年，由汕头市计量科学技术研究所研制的LF-1A型 γ 射线料封控制仪获国家建材部科技成果三等奖，1992年被国家建材部编入《中国建材工业企业名优新产品汇集》。

1993年

1月15日，华南国家计量测试中心工作委员会扩大会议在广州召开。中心主任黎湘局长在会上强调要认清形势加快改革开放的步伐，要求重点放在香港地区，在港开展校准业务，首先找代理，其次进一步进驻香港，第三步在香港成立我们自己的机构。

3月18日至25日，省计量科研所赵天川、潘嘉声应香港标准及校正实验所邀请到香港访问。他们参观访问了香港政府标准及校正实验所、半官方机构香港品质保证局（HKQAA）、民营的香港鸿运建筑有限公司、中資的中国海外建筑集团公司等，与港方探讨在香港合作开展校准服务的可能性和合作方式，并前往香港工业署拜访了香港实验所认可计划（HOKLAS）主任伍陈丽霞博士，向她表达了华南国家计量测试中心申请HOKLAS认可的意向。

5月10日，为满足华南国家计量测试中心对港澳和国外客户服务的需要，国家技术监督局向中心颁发《计量授权证书》。授权该中心所建67项计量基标准可对境外承担计量检定测试任务。

6月1日，广东省机构编制委员会批准成立广东省标准计量质量认证事务所，为正处级，编制14人，周群英任事务所所长。事务所积极开展为企业提供ISO 9000咨询服务，帮助企业建立并运行质量体系。

7月10日，省计量科研所与香港S.C.E.公司、广东省科学器材进出口公司三方签署了合作协议书，该协议书取得国家外经贸部技术出口合同批准证书，为在香港开展计量检定校准服务取得合法手续。

8月，12日，省技术监督局发出《关于开展燃油加油机监督检查和计量信得过加油站活动的通知》，决定对全省范围内的燃油加油机进行执法监督检查。

是月，省计量科研所开始到香港开展校准服务工作。

是月，鹤山县土地面积计量单位改制试点工作按国家规定顺利完成，全县在土地管理、农业计划编制、统计工作、对外签约、政府文件以及电视广播等方面，全面使用了法定计量单位。鹤山县被国家技术监督局授予“全国改革土地面积计量单位先进县”。

是年，自1986年到1993年广东省计量仪器实验厂设计研制和组织生产了BD86型便携式单相电能表校验仪，CD87-1 型三相电度表校验台，GD88 型工频稳压稳流电源，ADT91 型交直流稳压稳流电源和 ZJCK 系列非接触式动态直径测控仪等五个系列十八个品种电子测试仪器 151 台，产值 114.59 万元。

是年，省计量科研所陈良敏作为主要起草人编制了国家计量检定规程 JJG 448—1993《瓦级超声功率计》。

是年，广东省辐射剂量计量检定站通过对全省电离辐射计量器具的检定和校准，逐步将使用量和计量单位进行了统一，实现了各种肿瘤放射治疗剂量的可对比和可参照性。

是年，韶关钢铁厂建立本省最大称量的 2 吨机械天平，开展对 2 吨～ 0.5 吨 M_{11} 级及以下等级大砝码检定。

1994 年

7 月，广东省技术监督局由副厅级升格为正厅级单位。

9 月，由省计量科研所郭舍南等研究开发的华南地区电阻应变仪最高计量标准在省计量科研所建立。该计量标准通过专家鉴定，评价为“主要技术指标已达到国际先进水平，与中国计量科学研究院比对符合程度良好。”

11 月 23 日，华南国家计量测试中心与中国计量科学研究院合作开发香港地区计量技术服务市场建立香港联合校准实验室协议书在广州举行签字仪式。华南国家计量测试中心主任黎湘、中国计量科学研究院副院长王立吉代表双方签字。

是年，省技术监督局与省劳动厅开始联合开展全省计量技术工人等级考核。

是年，省计量科研所建立角度仪器标准装置；与中山市和泰机电厂合作，建立大电压互感器标准装置。

是年，省计量所沈正宇作为主要起草人参与修订了国家计量检定规程 JJG 161—1994《一等标准水银温度计》。

是年，广州燃气用具检测服务中心建立由 50 L 至 500 L 的钟罩式气体流量计组成的标准装置，是本省测量范围最宽的气体流量标准装置。

是年，广东省微波通信局计量站建立误码率测试仪检定装置，用于一、二、三次群误码测试仪的检定。

1995 年

4 月 14 日，省技术监督局向全省各市、县技术监督局，省、市、县计量检定机构下发了《关于开展对我省法定计量检定机构执法检查的通知》，明确提出了执法检查的范围、内容、步骤和要求。

7 月 9 日至 18 日，国家技术监督局与省计量科研所组团赴香港考察，访问了香港理工大学、香港品质保证局（HKQAA）、香港标准及检定中心、香港消费者委员会、香港海关商品贸易标准调查局、香港生产力促进局、新华社香港分社经济部、香港工业署标准及校正实验所，并到华南国家计量测试中心驻港办事处视察，对该中心在香港的开拓工作给予肯定。

11 月 27 日，省技术监督局和省工商联共同印发《关于加强广东省非公有制企业技术监督工作的若干意见》。

是月，省计量科研所参加了亚太实验室认可合作组织（APLAC）的量块、环规、塞规比对活动，比对结果满意。

是年，省计量科研所郭舍南等于1992年完成的1Ω 电阻工作基准建标研究，获1995年省科技进步奖三等奖。

是年，省计量所陈明华作为主要起草人编制了国家计量检定规程JJG 898—1995《微型橡胶国际硬度计》。

1996年

3月5日，省技术监督局发出《关于进行油库计量执法监督检查和开展计量信得过活动的通知》和《成品油油库计量执法监督检查和“计量信得过油库”评审办法》，加强了油库发油计量器具的监督检查，进一步规范全省成品油市场经营、销售中的计量监督行为。

是月，省技术监督局与省经贸委、省轻纺工业厅联合转发《国家技术监督局、国内贸易部、中国轻工总会关于加强啤酒杯监督管理的通知》，加强了对全省啤酒杯的制造和使用的统一管理。

4月，省技术监督局与省工商局向全省推荐使用质量较好的电子计价秤和双面弹簧度盘秤，推荐生产厂家共18家。

7月1日至4日，华南国家计量测试中心接受香港实验所认可计划（HOKLAS）第一次现场评审。这是全国第一个申请境外实验室认可机构评审的校准实验室。

9月10日，韶钢集团有限公司在全省率先通过国家技术监督局的“完善计量检测体系”（ISO 10012—1）确认。

11月25日至29日，中国实验室国家认可委员会派出校准实验室认可评审组对省计量科研所进行现场评审，此次是我国首次对校准实验室进行的认可评审，特请国家技术监督局评审办、计量司派员观察，并以此作为国内校准实验室认可试点。国家技术监督局的相关领导对认可评审组的工作和省计量科研所的努力都给予了充分肯定和高度评价，认为这次评审起了一个很好的示范和带头作用。

12月，省计量科研所在省内组织了量块、环规、塞规量值比对。

是年，省计量科研所获得国家技术监督局对三坐标测量机、经纬仪、测距仪、平板仪定型鉴定授权。

信息产业部电子602计量站建立短波大功率计量装置，填补国内空白。

1997年

2月25日至3月5日，在广州参加1997年国家计量测试中心计划工作会议、全国省级计量所所长会议暨省级法定计量检定机构质量保证工作现场研讨会和全国检定/校准证书宣贯会的国家技术监督局领导和与会代表参观了省计量科研所，对该所的规范化管理和自行开发的电脑局域网业务管理和证书打印系统一致给以好评。省计量科研所作为质量保证先进样板在即将开始的全国法定计量检定机构考核中获得免考。

3月，省计量科研所获得中国实验室国家认可委员会颁发的校准实验室认可证书，证书编号CNACL No.0073，认可项目49项，是国家认可委认可的国内第一家校准实验室。

5月8日，省技术监督局会同省经贸委、省供销合作社、省轻纺工业厅发出《关于转发深入贯彻实施定量包装商品计量监督规定的通知》，要求各地级以上市技术监督局、贸易委员会、轻纺工业主管部门、供销社广泛开展《定量包装商品计量监督规定》的宣传、贯彻。

6月25日，省技术监督局发出《关于我省法定计量检定机构考核工作安排的通知》，决定抽调技术业务骨干分成 4 个组对全省 19 个地级市进行考核。

8 月，省技术监督局将制定的《广东省社会公正计量行（站）监督管理办法》印发给各市、县技术监督局，明确规定社会公正计量行（站）的建立，须由地级以上市技术监督行政部门统一规划，并报省技术监督局备案。

是月，华南国家计量测试中心获得香港实验所认可计划（HOKLAS）认可证书，注册编号 77，认可项目 30 项。

12 月 31 日，省政府公布《〈广东省衡器管理办法〉修改决定》，并自 1998 年 1 月 1 日起施行。

是月，华南国家计量测试中心、省计量科研所获得国家技术监督局颁发中华人民共和国国家法定计量检定机构计量授权证书，授权计量标准项目 150 项，授权证书号为国法计（1996）010043 号、（1996）01032 号。

是年，依据国家技术监督局制定的法定计量检定机构考核的 40 条要求，国家技术监督局以江苏省计量所为试点，并对全国省级法定计量检定机构，和中国计量科学研究院进行了考核，省计量科研所派出冯其约、赵天川、张桂芳、周小端等考评员参加考核工作。

是年，广东省电力试验研究所通过引进德国 EMH 三相标准功率表，使三相电能表校验装置的测量范围达到（60 ～ 400）V、（0.1 ～ 100）A，准确度达到 0.01 级，成为全省准确度最高的电能计量标准。

1998 年

2 月，省计量科研所陈奕钦主持编写的《测量不确定度’93 国际指南应用实例》一书，由中国计量出版社出版。这本书发表了省计量所科技人员在全国率先应用国际指南的方法对各专业检定、校准进行不确定度分析评定所撰写的 74 篇技术报告。

4 月 3 日，省卫生厅、省技术监督局联合发出《转发关于对医疗单位使用强制检定计量器具及其管理实施检查的通知》。

是月 5 日，省技术监督局发出《关于广东省计量认证监督检查实施办法的通知》。

是月 7 日，省技术监督局发文批复，同意在广州市计量测试所、市眼镜质量监督检验站的基础上，建立“广东省技术监督眼镜产品质量监督检验站”。

7 月 1 日，省技术监督局发出《关于印发广东省县级计量所全面考核整顿工作要求的通知》。

是月，深圳市计量测试研究所与深圳市产品质量监督检验所两所合并为“深圳市计量质量检测研究院”，同时迁入刚竣工的龙珠实验基地。该基地建设规模为 12000 m^2，总投资 2500 万元。

1999 年

9 月 14 日至 15 日，省计量科研所接受并通过了亚太实验室认可合作组织（APLAC）同行评审。这次评审是为中国实验室国家认可委员会申请加入 APLAC，由 APLAC 组织的同行评审，目的是考察中国实验室国家认可委员会的运作是否符合 ISO/IEC 导则 58 的要求。

11 月 3 日至 5 日，华南国家计量测试中心、广州市计量测试所、深圳市计量院，电子部五所等在深圳参加全国首次计量专业展览会“’99 中国计量检测技术与设备展览会”，在主馆显著位置布置了展位，开展了交流和洽谈。该展览会由中国计量协会与各分会和工作委员会，以及各省市计量协会共同主办。共有 230 余家单位参展。

是年，全国质量技术监督系统实行省以下垂直管理。广东省各地级市及其下属县、市由省局实行人、财、物垂直管理，各级行政管理机关统一为“质量技术监督局”。

是年，省计量科研所仪器设备 1100 台件，总值 1376 万元，建标总数 165 个，其中最高计量标准 73 个，开展检定项目 350 种、开展测试项目 100 种以上。

是年，省计量科研所在省内组织了二等标准砝码量值比对。

是年，省计量科研所陈明华、王叶斌作为主要起草人编制了国家标准 GB/T 531—1999《橡胶袖珍硬度计压入硬度试验方法》。

是年，邮电部广州通信计量站建立光时域反射仪（OTDR）检定装置。

是年，广州市羊城科技实业有限公司研制的调宽功放型全自动电能表校验装置被授予广东省级重点新产品。

2000 年

2 月，亚太实验室认可合作组织（APLAC）组织了荷重计比对活动。省计量科研所和江苏省计量测试技术研究所代表中国实验室国家认可委员会（CNAL）参加了比对工作，比对结果满意。

4 月，广东省技术监督局改名为广东省质量技术监督局（以下简称省质监局）。

8 月，省计量科研所采取邮寄的形式，用标准橡胶硬度块与英国华莱士公司再次进行橡胶硬度国家计量基准量值比对，并取得满意的结果。

是月，国家质量技术监督局组织了 10V 直流电压标准大区比对活动。省计量所代表华南中心参加了比对工作，比对结果满意。

11 月，经过省质监局、广州市质量技术监督局协调，自当月起，广州市出租汽车计价器周期检定统一由广州市计量测试所嘉禾检测中心承担，原承担部分广州市出租汽车计价器周期检定的省计量科研所不再进行出租汽车计价器检定。

是年，全省 117 个计量技术机构共拥有国家计量基准 3 项；基本能满足本省量值传递需要的包括十大计量技术领域的全省最高计量标准 68 项；社会公用计量标准 1589 项。

是年，省计量科研所获得国家质量技术监督局授权开展对电能表、税控燃油加油机和税控出租汽车计价器的定型鉴定工作。

是年，省计量所沈正宇、陈勇与省医疗器械研究所合作研制的“数字式电子血压计（示波法）检定装置”通过课题鉴定。该课题成果获 2000 年广东省科技进步三等奖。

是年，省计量科研所赵天川作为主要起草人之一制定了国家计量技术规范 JJF 1069—2000《法定计量检定机构考核规范》，并参加编写了该规范的全国统一宣贯教材。

是年，广州市质量技术监督局李红兵、宝洁（中国）有限公司李伟等承担起草的国家计量技术规范 JJF 1070—2000《定量包装商品净含量计量检验规则》由国家质量技术监督局颁布。

是年，广东省在各全国计量技术委员会中有委员共计 10 人次。

是年，按照国家质量技术监督局关于停止执行商品房销售面积测量与计算和商品房销售面积计量监督管理办法的通知，挂靠省计量科研所的广东省华南商品房面积计量公正站停止工作。该站自 1998 年成立后，制定了广东省地方标准 DB44/T 92—1998《房屋建筑面积测量方法》，依据此标准，受省技术监督局和业主委托开展了 27 件房屋面积测量业务。

是年，广东省电力试验研究所建立的电压互感器标准装置量限达到220/0.1（kV），准确度0.02级；电流互感器标准装置量限5～5000/5（A），准确度0.002级，均为全省最高计量标准。

是年，中国计量出版社出版了广州铁路集团中心计量所郑党儿工程师主编的《计量保证方案在工业计量中的应用》一书。

2001年

1月，国家质量技术监督局组织了标准铂电阻温度计大区比对。省计量科研所代表华南国家计量测试中心参加了比对工作，比对结果满意。

2月28日，省质监局公布了《广东省质量检测技术机构计量认证工作程序规范》、《广东省质量技术监督局制造计量器具许可证办理程序》、《广东省质量技术监督局办理进口计量器具检定工作程序》、《广东省质量技术监督局办理计量器具新产品型式批准和样机试验工作程序》、《广东省社会公正计量行（站）申请办理计量认证工作程序》。

3月5日，省政府批复同意由省经贸委、公安厅、建设厅、工商局、质监局、环保局、国税局、地税局8单位联合下发《广东省加油站管理办法（暂行）》。

是月20日，省质监局与省经贸委联合发文《关于进一步加强广东省企业计量工作的意见》。提出了推动企业建立健全计量检测体系，加强计量管理，提高产品质量，节能降耗，保证公平贸易，维护市场秩序和消费者合法权益，促进我省经济快速、健康、稳定发展的若干意见。

是月23日，省质监局印发了广东省企业计量保证体系确认规范及办事程序。

是月，省计量科研所参加了APLAC（亚太实验室认可合作组织）组织的500 kN（压力传感器）比对，比对结果满意。

6月，省计量科研所获得国家实验室认可委员会认可校准项目达405项，成为全国通过认可校准项目最多的机构。

8月29日，省质监局发布《广东省计量评审/考核员责任制》。

10月17日，国务委员吴仪到省计量所视察。

是年，省计量科研所取得了国家质检总局对煤气表、水表、衡器定型鉴定授权资格，成为全国获得全部6种重点管理计量器具定型鉴定国家局授权的两个机构之一。

2002年

2月8日，省质监局发文公布根据国家质检总局《计量标准考评员管理规定》，按照JJF 1033—2001《计量标准考核规范》的要求组织培训考核合格的第一批计量标准二级考评员173人名单，并统一核发国家质检总局印制的新的考评员证书。

3月15日，省质监局核准广东省首批5家定量包装商品生产企业使用“C”标志。这5家企业是：美晨集团股份有限公司、深圳深宝实业有限公司、广州浪奇实业有限公司、广州市南方面粉股份有限公司、广州金福米业有限公司。

是月21日，省物价局和省质监局联合发文《关于印发广东省深入开展“价格、计量信得过”活动实施方案的通知》，由省物价局与省质监局成立“双信”工作机构，促进我省社会信用体系的建立，强化经营者的自律意识。

是月，省计量科研所参加了APLAC（亚太实验室认可合作组织）组织的2236型声级计比对活动，比对结果满意。

是月，西南国家计量测试中心组织了直流标准电阻器全国比对。中国计量院和全国七个大区中心参加了比对工作，省计量科研所代表华南国家计量测试中心参加，比对结果满意。

是年，省质监局印发《广东省集贸市场计量监督管理办法》。

是年，省质监局部署开展了全省“医用三源”强制检定计量专项执法监督检查工作。

是年，省质监局发出《关于开展全省集贸市场专项整治工作的通知》和《关于开展加油站专项整治工作的通知》，并积极联合有关部门开展联合行动，充分发挥舆论宣传的作用，加大执法宣传报道力度，曝光典型案件，取得成效。

是年，荣获广东省首批“价格、计量信得过”市场称号的广州市东川新街市和海珠市场在国家质检总局于广州召开的“全国集贸市场计量专项整治工作现场交流会”上进行现场交流。

是年，省计量科研所 171 项社会公用计量标准、394 项检定项目和 426 项校准 / 检测项目顺利通过国家质检总局对省级法定计量检定机构授权复查考核。

是年，省计量科研所陈明华、广州市计量测试所周伦彬作为主要起草人编制了国家计量技术规范 JJF 1094—2002《测量仪器特性评定》，陈明华并参加编写了该规范的全国统一宣贯教材。

2003 年

1 月，省质监局成立调整计量检定收费标准领导小组。

是月，经省机构编制委员会办公室批准同意，广东省计量科学研究所更名为广东省计量科学研究院（以下简称省计量院）。吴瑞平任院长，李东生、潘嘉声、权小菁任副院长。

3 月，颁布广东省地方计量检定规程 JJG（粤） 004—2003《水质在线自动采样装置》。

8 月，省计量院通过中国实验室国家认可委员会（CNAL）的转换评审，质量体系由依据 ISO/IEC 导则 25 转为 ISO/IEC 17025。

是月，华南国家计量测中心作为主导实验室组织了电能标准装置全国比对。比对结果满意。

12 月，省质监局发出通知收回 2001—2002 年间颁发的校准机构的计量认证证书。这些计量认证证书是依据已停止执行的《广东省计量校准检测暂行管理办法》向校准机构颁发的。

是年，省机构编制办公室发出《关于印发各市县（区）质量技术监督局所属事业单位机构改革方案的函》，各地级市陆续将市产品质量监督检验所与市计量测试所合并，组建市质量计量监督检测所。

是年，省计量院拥有 3 项国家计量基准（毫瓦级超声功率基准装置、瓦级超声功率基准装置、橡胶硬度基准装置），58 项大区级、105 项省级社会公用计量标准。

是年，省计量院陈明华、王叶斌作为主要起草人编制了国家计量检定规程 JJG 304—2003《A 型邵氏硬度计》；省计量院何广霖作为主要起草人编制了国家计量检定规程 JJG 112—2003《金属洛氏硬度计（A, B, C, D, E, F, G, H, K, N, T 标尺）》；省计量院沈正宇作为主要起草人编制了国家校准规范 JJF 1098—2003《热电偶、热电阻自动测量系统》。

是年，省计量院成立“非典”疫情防控工作应急检测小组，免费检测广州地区机场、口岸、客运站的红外测温仪共 840 多台件。广州市、深圳市等口岸城市计量机构派出人员深入各医院重症监护室检定、校准抢救监测仪器。

是年，韶关钢铁集团有限公司率先在国内建设完成“计量数据自动采集管理系统”，该项目已列入 2002 年国家技术创新计划和广东省重点技术创新项目计划。该系统的建成使公司内所用的计量检测数据均以“计量数据采集管理系统”出具的数据、报表作为唯一的结算依据。该项目获省科学技术奖二等奖。

2004 年

3 月 24 日，国家商务部批准省计量院在香港独资设立“广东省计量科学研究院香港校准实验室有限公司”。省计量院按照国家商务部要求，办理了公司在香港的注册，外汇管理部门登记和内派人员报批手续等。

是月，省质监局根据国家计委、财政部有关规定，制定公布广东省计量检定收费标准。

9 月，省质监局印发《广东省质量技术监督局系统社会公用计量标准管理办法》。

11 月，省质监局批准发布由广州市能源监督检测所起草的广东省地方计量检定规程 JJG（粤）005—004《汽车用液化石油气加气机》。

是年，省计量院罗旭东、李晓莉、吴进祥、何韵作为主要起草人编制了国家计量检定规程 JJG 984—2004《接地导通电阻测试仪》；省计量院许月珍作为主要起草人编制了国家计量检定规程 JJG 665—2004《毫瓦级超声功率计》。

2005 年

1 月，省质监局计量处、稽查总队及相关计量技术机构对广州市番禺区三角洲液化石油充气站严重缺斤少两违法违纪进行查处，被媒体广泛传播，在社会上引起强烈的反响。

3 月，省计量院成功举办首届“华南计量与发展大论坛”。

6 月，省质监局颁布了由省计量院和省测试分析所起草的广东省地方计量检定规程 JJG（粤）006—2005《农药残留快速检测仪》。

7 月，省质监局计量处组织了定量包装商品净含量计量检验能力验证比对工作。

是月，省质监局委托省计量院牵头，组织地级市计量所开展数字绝缘电阻表、数字多用表、四等量块、心电图机的量值比对工作。

11 月，省质监局发布了由省计量院起草的广东省地方计量检定规程 JJG（粤）007—2005《机动车排放气体测试仪》。

是月 29 日，韶关钢铁集团有限公司顺利通过中启计量体系认证中心现场评审，成为国内第一家取得 “测量管理体系认证证书”的企业。

是年，省质监局与省公安厅交通管理局于 3 月 31 日进行了机动车安检机构资格管理职能的移交。对接收过来的机动车安检机构资格管理明确规定：管理职能主要由省质监局计量处负责，成为计量工作 9 项行政许可事项中的一项。全省各地级以上市质监局计量科（处）承担相关职能。省计量院承担机动车安全技术检验设备检定工作和机动车检验人员培训工作。职能移交后，各市局按照各地公安交通部门提供的信息，到现场对辖区内在用和在建的机动车安检机构逐一登记核对，建立了数据库。年内向各机动车安检机构颁发了临时资格证书。

是年，省质监局计量认证共评审质检机构 289 家，其中新发证 119 家，复评审 130 家，扩项 40 家；对 16 家地级市法定计量检定机构的计量授权进行复查考核；受理样机试验申请 192 件，办理样机试验合格证书 165 个，颁发计量器具制造许可证 56 个；进口计量器具检定 10195 台套；建立社会公正计量行（站）审批 69 家。

是年，全省通过二级计量保证体系的企业有 111 家，通过三级计量保证体系的企业有 1796 家，累计通过二、三级计量保证体系的企业达到 9612 家；全省获得“C”标志证书的企业有 41 家，累计已达到 104 家。

是年，省质监局为更好地实施《计量法》，认为有必要制定《广东省实施〈中华人民共和国计量法〉办法》，对《计量法》的实施作出比较具体、详细的规定，成立了由计量处、法规处相关人员组成的起草小组，并列入《广东省 2005 年立法计划》。所起草的报审稿于当年 11 月 4 日提请广东省人民政府审查。

是年，省计量院组织撰写了《建立广东省计量科技基础条件平台分析报告》，该平台建设工作写入省委省政府的决议，列入《2005—2010 广东省科技基础条件平台建设纲要》。

是年，省计量院许月珍、李敏毅作为主要起草人编制了国家计量检定规程 JJG 448—2005《瓦级超声功率计》。广州船舶舱容检定站林石芹为主要起草人编制了国家计量检定规程 JJG 702—2005《船舶液货计量舱容量》。广州市计量测试所周伦彬作为主要起草人编制了国家计量技术规范 JJF 1139—2005《计量器具检定周期确定原则和方法》。广州市计量测试所周伦彬、谭山、张国庆作为主要起草人编制了国家计量校准规范 JJF 1136—2005《音准仪》。

2006 年

1 月 5 日，全国第一个关于机动车安检机构资格管理的地方政府规章《广东省机动车安全技术检验机构行政许可实施办法》以广东省人民政府令第 102 号发布，定于 2006 年 2 月 1 日起施行。

3 月，省计量院成功举办第二届“华南计量与发展大论坛”，中国工程院院士岑可法教授、国家质检总局计量司副司长刘新民、中国实验室国家认可委员会（CNAL）秘书处秘书长魏昊、中国计量科学研究院副院长段宇宁博士等领导、专家和知名企业代表共 400 多人参加会议。

4 月，“中启计量管理体系认证中心广东分中心”成立，挂靠省计量院，负责广东省内企业（组织）测量管理体系认证的咨询、审核工作。

5 月 16 日至 17 日，省质监局在韶关召开了全省能源计量工作现场会，广州市质监局和韶关钢铁集团有限公司等三家能源计量先进单位介绍了经验，与会代表参观了韶钢计量数据自动采集系统。会议对全省开展能源计量和节能降耗工作提出了明确的目标、内容和要求。

是月，计量认证管理职能由省质监局计量处移交省质监局新成立的认证监管处。

8 月，省计量院制定了《机动车超速自动监测系统》地方规程，研制了机动车测速仪检定装置，并获得了“发明”和“实用新型”专利。该地方规程由省质监局批准实施。

9 月，广州市能源监督检测所对大流量检定装置进行技术改造，使其对 300mm 以下口径的所有流量计都能检定，提高了检定能力，填补了广东省内的检定项目空白。

10 月 19 日，省质监局计量处联合稽查总队对东莞市华辉机动车检测服务有限公司未取得检验资格擅自开展机动车安全技术检验业务，出具虚假检测结果，伪造检测数据的违法行为进行查处，成为全国质监系统接收机动车安检机构监管职能以来查处安检机构违规行为的第一个案例，在全国引起较大的反响。

11 月 8 日，省质监局与东莞市石排镇政府签订了土地使用协议书，由石排镇政府划拨 10 公顷（150 亩）土地作为省计量院第二检测基地建设用地，全面启动了省计量院第二检测基地建设工作。

是月，省计量院在全省范围内开展公路雷达电子测速仪检定工作。

是年，全省通过二、三级计量保证体系确认1886家，累计达到11498家，居全国第二位；全省获得“C”标志证书的企业58家，累计达到162家，也居全国第二位。

是年，省质监局发出《关于开展强制检定计量器具普查建档试点工作的通知》。对在用水表、煤气表、医疗卫生用计量器具、验光配镜用计量器具进行全面的普查建档。截至12月1日，录入国家强制检定计量器具管理系统的计量器具已经有47项101种83803台（件）。

是年，省质监局在全省组织对冶金等8类高耗能行业的所有企业和其他行业中年耗能5000吨标准煤以上的企业开展普查，逐一登记建档，通过普查，选择80家重点耗能企业开展能源计量试点工作。

是年，省质监局计量处协同稽查、特种设备处，分别对佛山等7市的液化石油气充装站进行计量监督检查。针对液化石油气净含量平均合格率较低和群众投诉较多的情况，及时下发了《关于加强瓶装液化石油气计量监督工作的通知》，提出了对液化石油气充装站和配送点实施分类监管、建立管理档案、建立定期巡查和跟踪管理制度等新的管理措施，提高了管理的制度化和长效性。

2007年

4月30日，省计量院与华南理工大学签订《关于建立研究生联合培养基地协议》，举行研究生培养基地挂牌仪式。

5月15日，省计量院完成的“毫瓦级和瓦级超声功率国家基准装置技术改造项目”通过国家质检总局成果鉴定和计量基准验收。经改造后的毫瓦级超声功率基准装置技术指标：（0.5 MHz ～ 10.5 MHz）测量范围（1 ～ 1000）mW，测量不确定度U=3% ，k=2；瓦级超声功率基准装置技术指标：（0.5 MHz ～ 10.5 MHz）测量范围（0.5 ～ 35）W，测量不确定度U=3% ，k=2，达到国际先进水平，并获得国家质检总局科技兴检奖三等奖和广东省科学技术奖三等奖。

9月，省计量院第二检测基地一期工程项目通过了省发改委立项，总建筑面积4.62万平方米，不包括土地费一期基建和设备项目总投资为2.6亿元。

11月，省质监局为加强对计量检定机构分工和合作指导，对广州地区强制检定任务分工进行了明确，要求省、市检定机构共同遵守，并引导省计量院和地市质计所之间通过协议等形式加强合作。

是年，省质监局对在用汽车衡开展了监督检查。全省共检查在用汽车衡5666台，查处计量违法案件22宗；检查汽车衡生产企业21家；检查了建立汽车衡检定标准装置的21个地级以上市质计所和部分县级计量所。检查发现在用汽车衡管理较为规范。

是年，省计量院通过国家和省级部门立项的科研项目达18项，其中国家科技部1项、国家质检总局7项、省科技厅6项和省质监局4项。

是年，省计量院专业技术人才结构变化很大，共有博士6人，本科以上人员121人，占在编人员75%，获得工程师资格以上人员106人，占在编人员65%。

是年，省计量院权小菁、罗军作为主要起草人编制了国家计量检定规程JJG 688—2007《汽车排放气体测试仪》；省计量院高富荣、方强作为起草人编制了国家计量检定规程JJG 527—2007《机动车超速自动监测系统》。广州市计量检测技术研究院江泓、周伦彬、张国庆作为主要起草人编制了国家计量校准规范JJF 1165—2007《信纳表》。

2008年

5月24日，省计量院研制的“直流大电流检定装置”通过省科技厅科研成果鉴定。鉴定意见认为，该装置的主要技术指标处于国内领先水平。

11 月 8 日，省计量院第二检测基地一期工程在东莞市石排镇工程现场举行奠基暨动工仪式。

12 月 9 日，省计量院研制的“基于简易工况法的轻型在用汽油车尾气检测系统”顺利通过广东省科技厅科研成果鉴定。鉴定意见认为，该项目整体技术处于国内领先水平。

是年，《广东省质量技术监督系统机动车安全技术检验机构资格管理工作指引（试行）》、《广东省质量技术监督局机动车安全技术检验机构行为规范与指引（试行）》颁布实施，建立了定期、不定期巡查和执法检查、会议制度等 6 项制度，机动车安检机构长效监管机制逐步建立健全。

是年，省计量院研制的机械式大力值标准机“3MN 叠加式力标准机”于 1 月 19 日通过国家质检总局科技成果鉴定，认为其主要技术性能指标处于国际同类装置的领先水平。该成果荣获 2008 年度广东省科学技术奖二等奖。

是年，省计量院高富荣、方强、陈明华撰写的《一种机动车超速自动监测系统的检定方法及其标准装置的研制》和汤昌社、潘嘉声、周建友、胡润洪撰写的《基于机器视觉与等倾干涉术的平面度测量装置》两篇论文，分别荣获 2008 年度国家质检总局“优秀科技论文奖”二等奖和三等奖。

是年，省计量院何广霖、王叶斌、陈明华作为主要起草人编制了国家计量校准规范 JJF 1039—2008《D 型邵氏硬度计》；省计量院权小菁作为主要起草人编制了国家计量检定规程 JJG 385—2008《总光通量标准荧光灯》；省计量院陈明华作为主要起草人编制了国家标准 GB/T 531.1—2008《硫化橡胶或热塑性橡胶压入硬度试验方法（第 1 部分：邵氏硬度法）》。

2009 年

4 月 11 日，省计量院承担完成的“汽车前照灯校准器检定方法的研究”和“人工视觉在计量学应用中的若干关键技术研究”两个项目通过成果鉴定，达到国内行业领先水平。

是月，省计量院深入推进人事和分配制度改革，顺利完成行政职能部门效益酬金分配制度改革工作，全面实现同工同酬分配新格局。

7 月，省计量院承担的国家质检总局科研项目“平晶标准装置的自动化改造”和“量块比较仪读数视觉自动化改造”顺利通过国家质检总局的科研成果鉴定和验收，分别达到国内同类装置领先水平和国内先进水平。

11 月 29 日，省计量院获批筹建广东省质监系统首家省重点实验室——“广东省现代几何与力学计量技术重点实验室”，并连续两年分别获得省财政厅 100 万元经费支持。

是年，自从 2005 年 3 月接收机动车安全技术检验机构资格管理以来，省质监局开展了 6 次（2005 年、2007 年、2008 年、2009 年上半年、2009 年下半年、2010 年上半年）新设立机动车安检机构、检测线资格许可工作。至 2010 年全省经批准的机动车安检机构达 397 家，在用机动车安检机构 354 家；在建新建机动车安检机构 43 家。机动车安检机构数量和检测线数量长期保持全国第一，机动车安检机构和检测线布局更加科学合理，基本能够满足机动车安全技术检验工作需要。

是年，省计量院在香港业务快速发展，至 2009 年底，“广东省计量科学研究院香港校准实验室有限公司”成为在港具有较大影响力的校准代办机构，在香港的客户已发展到 300 多家，代办检测校准的仪器设备 500 多种，年校准 4708 台件，校准费收入 508.8 万港元，在港澳及国际上具有较强的专业影响力。

是年，省计量院张勇作为主要起草人编制了国家计量校准规范 JJF 1224—2009《钢筋保护层、楼板厚度测量仪》；省计量院罗旭东、何韵作为主要起草人编制了国家计量校准规范 JJF 1052—2009《回路电阻测试仪、直阻仪》；省计量院陈明华作为主要起草人编制了国家标准 GB/T 531.2—2009《硫化橡胶或热塑性橡胶 压入硬度试验方法 第 2 部分：便携式橡胶国际硬度计法》和 GB/T 23651—2009《硫化橡胶与热塑性橡胶硬度测试——介绍与指南》；省计量院汤昌社作为主要起草人编制了国家标准 GB/T 24143—2009《橡胶与橡胶制品 试验方法灵敏度的确定》。

是年，省计量院对全省试运行 48 家公路收费站在用的 212 台计重收费设备进行了首次强制检定。

是年，广东省出台全国第一个规范机动车安全技术检验工作的地方标准 DB44/T 678—2009《机动车安全技术检验操作规范》，该标准在补充和细化国家有关标准的基础上，创新了监管思路，对各个工位的检测时间进行了规定。

是年，至年底省计量院建有 3 项国家基准（橡胶硬度基准装置、毫瓦级超声功率基准装置、瓦级超声功率基准装置），以及长、热、力、电等十大计量专业 75 项大区级、144 项省级社会公用计量标准；经国家认监委计量认证的项目有 419 项；已获得 6 种重点管理计量器具型式评价的授权；通过国家法定计量技术机构考核授权的检定项目 511 项，校准项目 635 项；经 CNAS 认可的校准 / 检测项目达 809 项；经香港 HOKLAS 认可的校准项目达 45 项。全年完成工作量 18.4 万台件，业务总收入 9072 万元，比上年增幅 1011 万元，增长 12.5%；比 2003 年增幅 5472 万元，增长 152%。

附录二　广东省计量机构沿革表

华南国家计量测试中心
广东省计量科学研究院

附表 2—1　广东省计量行政部门、直属机构沿革一览表

类别 年月	行政部门名称 （下属部门名称）	主要领导人 （下属部门负责人）	计量行政人员	直属机构名称 （地址、面积）	主要领导人	人员、设备资产	备　注
1950 年	广东省人民政府 商业厅 （商业行政处）		1 人				1958 年以前，全省计量工作由省商业厅商业行政处 1 人兼管。
1951 年 3 月	广州市工商局 （市场管理处）			广州市度量衡检定所 （广州市海珠北路 215 号，面积 250m^2）	主任：邓伯祥	12 人	解放后，接收了旧政府广州市度量衡检定所后，成立广州市人民政府工商局度量衡检定所。
1958 年 4 月	广东省人民委员会 （广东省计量管理所）			广东省计量管理所 广州市计量检定所 （广州市广仁路 11 号，面积 780m^2）	所长：邓志清 副所长：杨瑞标 陈观上		广东省人民委员会决定在广州市计量检定所的基础上成立广东省计量管理所。省、市计量机构合署办公，一套人马，两块牌子。
1958 年 10 月	广东省科学工作委员会 （广东省计量管理所）			广东省计量管理所 广州市计量检定所	所长：邓志清 副所长：杨瑞标 陈观上		
1960 年 1 月	广东省科学工作委员会 （广东省计量管理所）			广东省计量管理所 广州市计量检定所	所长：潘文达 副所长：罗辉		
1961 年 5 月	广东省科学技术委员会计量标准局	代局长：刘勉 副局长：郑迪伟		（局办公地址：广州市海珠区泰山庙前 3 号，面积 1000 m^2）			根据省政府批示，成立省科委计量标准局，将省市计量机构正式分开。
1962 年 1 月	广东省科学技术委员会计量标准局	局长：张仲超 副局长：郑迪伟					
1965 年 8 月	广东省科学技术委员会计量标准局	代局长：刘勉 副局长：郑迪伟		广东省计量技术与仪器制造学会成立（“文革”期间曾停止活动）	副秘书长：郑迪伟 张守信		国家科委派联合工作组来广东省计量标准局搞“四清”，又任刘勉为代局长。

附表 2—1 （续）

年月 \ 类别	行政部门名称（下属部门名称）	主要领导人（下属部门负责人）	计量行政人员	直属机构名称（地址、面积）	主要领导人	人员、设备资产	备注
1969 年	广东省科技服务站计量局	革命领导小组： 负责人：冯胜举					
1970 年	广东省科技服务站计量局	革命领导小组： 组长：符立夫 副组长：郑迪伟 冯胜举					
1972 年 1 月	广东省科学技术局 （广东省计量所）	革命领导小组： 组长：符立夫 副组长：郑迪伟 冯胜举					原“广东省科技服务站计量局”改名为“广东省计量所”。
1974 年 8 月	广东省科学技术局 （广东省标准计量所）	革委会领导小组： 组长：符立夫 副组长：郑迪伟 冯胜举 刘德惠					原“广东省计量所”更名为“广东省标准计量所”。
1978 年 2 月	广东省标准计量管理局 （计量管理处）	副局长：韩健 王夫 王佐华 （处长：陈慧莲 副处长：潘文达）		广东省计量科学研究所（广州市海珠区泰山庙前 3 号，局所同一地址） 广东省计量测试学会（第一届）	办公室主任： 刘森来 理事长：韩健	65 人	成立广东省标准计量管理局（一级局），省级计量技术机构与计量行政机构正式分开。 省计量技术与仪器制造学会恢复活动，并改名为广东省计量测试学会。

附表 2—1 （续）

类别 年月	行政部门名称 （下属部门名称）	主要领导人 （下属部门负责人）	计量行政人员	直属机构名称 （地址、面积）	主要领导人	人员、设备资产	备注
1978 年 12 月	广东省标准计量管理局 （计量管理处）	副局长：韩健 王夫 王佐华 （处长：陈慧莲 副处长：潘文达）	3 人	广东省计量科学研究所 广东省计量仪器实验厂（广州市海珠区泰山庙前 3 号，与局所同一地址）	所长：叶志强 厂长：张发祥	77 人 11 人	实验厂前身为省计量局维修组，成立于 1965 年，1978 年改为广东省计量仪器实验厂，并从省计量所分离出去独立设置。
1979 年 6 月	广东省计量管理局 （计量管理处）	副局长：韩健 王夫 王佐华 （处长：陈慧莲 副处长：潘文达）		广东省计量科学研究所 广东省计量仪器实验厂	所长：叶志强 厂长：张发祥		原广东省标准计量管理局分为广东省经济委员会标准化管理局和广东省计量管理局，定为一级局。
1980 年 8 月	广东省计量局 （计量管理处）	副局长：韩健 王夫 王佐华 （处长：陈慧莲 副处长：潘文达）	5 人	广东省计量科学研究所 广东省计量仪器实验厂	所长：叶志强 副所长：黎湘 杨其新 厂长：张发祥		广东省计量管理局更名为广东省计量局。
1983 年 10 月	广东省标准计量管理局 （计量管理处）	局长：黎湘 副局长：郭敏 林炯堂 （副处长：周群英 陆惠良）	7 人	广东省计量科学研究所 广东省计量仪器实验厂 广东省计量测试学会	副所长：陈奕钦 方森礼 杨其新 副厂长：李树祥 理事长：黎湘 秘书长：凌开文		省标准局、省计量局 7 月合并，组建省标准计量管理局，定为二级局，同时任命正、副局长。 省计量科研所所长叶志强是年 9 月离休后，由副所长陈奕钦主持全所工作。 韩健离休，黎湘任理事长。

附表 2—1 （续）

年月＼类别	行政部门名称 （下属部门名称）	主要领导人 （下属部门负责人）	计量行政人员	直属机构名称 （地址、面积）	主要领导人	人员、设备资产	备　注
1985 年 1 月	广东省标准计量管理局 （计量管理处）	局长：黎湘 副局长：郭敏 林炯堂 （处长：陈富强 副处长：周群英）	8 人	广东省计量科学研究所 广东省计量仪器实验厂	所长：陈奕钦 副所长：方森礼 杨其新 厂长：李容威 （1984 年 6 月任）		省计量科研所在广园中路松柏东街 30 号动工兴建办公实验大楼。
1986 年 6 月	广东省标准计量管理局 （计量管理处）	局长：黎湘 副局长：郭敏 李俊洁 林炯堂 （处长：陈富强 副处长：周群英）	6 人	广东省计量科学研究所 广东省计量仪器实验厂 广东省计量测试学会 （第二届，6 月）	所长：陈奕钦 副所长：方森礼 杨其新 厂长：李容威 理事长：黎湘 秘书长：李奕照		
1987 年 7 月	广东省标准计量管理局 （工业计量处） （法制计量处）	局长：黎湘 副局长：李俊洁 林炯堂 蒋善利 （处长：陈富强） （处长：周群英）	12 人	广东省计量科学研究所 广东省计量器具质量监督检验站 广东省计量仪器实验厂 广东省衡器检定站	所长：陈奕钦 副所长：方森礼 杨其新 厂长：李容威		原局计量管理处分设为法制计量处和工业计量处。 广东省计量器具质量监督检验站设在省计量科研所内。 广东省衡器检定站设在省实验厂内。

附表 2—1 （续）

类别 年月	行政部门名称 （下属部门名称）	主要领导人 （下属部门负责人）	计量行政人员	直属机构名称 （地址、面积）	主要领导人	人员、设备资产	备　注
1988 年 1 月	广东省标准计量管理局 （工业计量处） （法制计量处）	局长：黎湘 副局长：蒋善利 李俊洁 林炯堂 （处长：陈富强 副处长：丘明祥） （处长：周群英 副处长：廖忠荣）	12 人	广东省计量科学研究所（广州市广园中路松柏东街 30 号，实用面积 12000m²） 广东省计量仪器实验厂	所长：陈奕钦 副所长：方森礼 杨其新 厂长：李容威	151 人 24 人	省计量科研所搬迁到广州市广园中路松柏东街 30 号新址。
1989 年 3 月	广东省标准计量管理局 （工业计量处） （法制计量处）	局长：黎湘 副局长：蒋善利 李俊洁 林炯堂 （处长：陈富强 副处长：丘明祥） （处长：周群英 副处长：廖忠荣）	12 人	广东省计量科学研究所 华南国家计量测试中心 广东省计量仪器实验厂	所长：陈奕钦 副所长：方森礼 杨其新 中心主任：蒋善利 厂长：李容威	151 人 华南中心编制 10 人 24 人	经国家计量局批复，同意在省计量科研所的基础上成立“华南国家计量测试中心”，一套机构两块牌子，承担广东省和海南省的量值传递，开展为港、澳地区的计量技术服务工作。
1989 年 8 月	广东省标准计量管理局 （工业计量处） （法制计量处）	局长：黎湘 副局长：蒋善利 李俊洁 林炯堂 （处长：陈富强 副处长：丘明祥） （处长：周群英 副处长：廖忠荣）	12 人	广东省计量科学研究所 华南国家计量测试中心 广东省计量仪器实验厂	所长：陈奕钦 副所长：方森礼 郑汉泉 中心主任：蒋善利 厂长：李容威		

附表 2—1 （续）

年月＼类别	行政部门名称（下属部门名称）	主要领导人（下属部门负责人）	计量行政人员	直属机构名称（地址、面积）	主要领导人	人员、设备资产	备注
1990 年 5 月	广东省技术监督局 （工业计量处） （法制计量处）	局长：黎湘 副局长：蒋善利 梁岫珍 （处长：陈富强 副处长：丘明祥） （处长：周群英 副处长：廖忠荣 梁业矩）	12 人	广东省计量科学研究所 华南国家计量测试中心 广东省计量仪器实验厂	所长：陈奕钦 副所长：郑汉泉 冯其约 中心主任：蒋善利 厂长：彭丹阳		原省标准计量管理局更名为广东省技术监督局，仍为二级局。
1991 年 6 月	广东省技术监督局 （工业计量处） （法制计量处）	局长：黎湘 副局长：梁岫珍 王国良 （处长：陈富强 副处长：丘明祥） （处长：周群英 副处长：梁业矩）	12 人	广东省计量科学研究所 华南国家计量测试中心 广东省计量仪器实验厂	所长：陈奕钦 副所长：郑汉泉 冯其约 中心主任：黎湘 厂长：彭丹阳		
1992 年 12 月	广东省技术监督局 （计量处）	局长：黎湘 副局长：梁岫珍 王国良 王德荣 （处长：廖忠荣 副处长：梁业矩）	13 人	广东省计量科学研究所 华南国家计量测试中心 广东省计量仪器实验厂 广东省计量测试学会（第三届，9 月） 广东计量协会（第一届，10 月）	所长：陈奕钦 副所长：郑汉泉 冯其约 中心主任：黎湘 厂长：彭丹阳 理事长：黎湘 秘书长：冯其约 理事长：黎湘 秘书长：陈富强		工业计量处、法制计量处 1992 年 7 月 29 日撤销。 1992 年 10 月 16 日经广东省民政厅粤民函〔1992〕200 号文批准成立广东计量协会。

附表 2—1 （续）

类别／年月	行政部门名称（下属部门名称）	主要领导人（下属部门负责人）	计量行政人员	直属机构名称（地址、面积）	主要领导人	人员、设备资产	备注
1994 年 7 月	广东省技术监督局 （计量处）	局长：陈善如 副局长：黎湘 梁岫珍 王德荣 （处长：廖忠荣 副处长：梁业矩）	6 人	广东省计量科学研究所 华南国家计量测试中心 广东省计量仪器实验厂	所长：陈奕钦 副所长：郑汉泉 冯其约 中心主任：黎湘 厂长：彭丹阳		广东省技术监督局由副厅级升格为正厅级单位（一级局）。
1995 年 5 月	广东省技术监督局 （计量处）	局长：葛弘毅 副局长：黎湘 梁岫珍 王德荣 （处长：杨国垣）	6 人	广东省计量科学研究所 华南国家计量测试中心 广东省计量仪器实验厂	所长：陈奕钦 副所长：郑汉泉 冯其约 中心主任：黎湘 厂长：彭丹阳	固定资产 2035 万元	
1996 年 12 月	广东省技术监督局 （计量处）	局长：葛弘毅 副局长：梁岫珍 王德荣 赖天生 张理中 （处长：郑汉泉）	6 人	广东省计量科学研究所 华南国家计量测试中心 广东省计量仪器实验厂 广东计量协会	所长：吴瑞平 副所长：冯其约 李木华 赵天川 总工：陈奕钦 中心主任：葛弘毅 厂长：马国欣 理事长：张理中 秘书长：张兵强	固定资产 2071 万元	1996 年 1 月起，广东省技术监督局办公地址：广州市海珠区南田路 563 号，办公面积为：11000m^2。 黎湘退休，张理中任理事长。

附表 2—1 （续）

类别 / 年月	行政部门名称（下属部门名称）	主要领导人（下属部门负责人）	计量行政人员	直属机构名称（地址、面积）	主要领导人	人员、设备资产	备注
1997 年	广东省技术监督局 （计量处）	局长：葛弘毅 副局长：梁岫珍 王德荣 赖天生 张理中 （处长：郑汉泉 副处长：林璨）	7 人	广东省计量科学研究所 华南国家计量测试中心 广东省计量仪器实验厂 广东省计量测试学会	所长：吴瑞平 副所长：冯其约 李木华 赵天川 总工：陈奕钦 中心主任：葛弘毅 厂长：马国欣 理事长：张理中 秘书长：张兵强	固定资产 2344 万元	黎湘退休，张理中任理事长。
1998 年 1 月	广东省技术监督局 （计量处）	局长：葛弘毅 副局长：梁岫珍 王德荣 赖天生 张理中 （处长：郑汉泉 副处长：林璨）	7 人	广东省计量科学研究所 华南国家计量测试中心 广东省计量仪器实验厂 广东计量协会（第二届）	所长：吴瑞平 副所长：冯其约 李木华 赵天川 总工：陈奕钦 中心主任：葛弘毅 厂长：马国欣 理事长：张理中 秘书长：张兵强	固定资产 2546 万元	1997 年 3 月省计量测试学会挂靠省技监局。

附表 2—1 （续）

年月＼类别	行政部门名称 （下属部门名称）	主要领导人 （下属部门负责人）	计量行政人员	直属机构名称 （地址、面积）	主要领导人	人员、设备资产	备注
1999 年 2 月	广东省技术监督局 （计量处）	局长：葛弘毅 副局长：梁岫珍 王德荣 赖天生 张理中 胡立义 （处长：郑汉泉 副处长：林璨）	6 人	广东省计量科学研究所 华南国家计量测试中心 广东省计量仪器实验厂 广东省计量测试学会	所长：吴瑞平 副所长：冯其约 李木华 赵天川 总工：陈奕钦 中心主任：葛弘毅 厂长：马国欣 理事长：林璨 秘书长：张兵强	147 人 固定资产 2698 万元	张理中调省质检中心，林璨任理事长。
2000 年	广东省质量技术监督局 （计量处）	局长：仇水旺 副局长：梁岫珍 王德荣 赖天生 胡立义 （处长：赵剑 副处长：曾邱萍）	5 人	广东省计量科学研究所 华南国家计量测试中心 广东省计量测试学会（第四届） 广东计量协会（第三届，11 月）	所长：吴瑞平 副所长：李木华 赵天川 中心主任：仇水旺 理事长：陈奕钦 秘书长：赵剑 理事长：黎湘 秘书长：赵剑	固定资产 3158 万元	4 月原“广东省技术监督局”改名为“广东省质量技术监督局”。 9 月，原省计量仪器实验厂撤销，其有关工作人员和广东省衡器检定站并入省计量科研所。

附表 2—1 （续）

类别 年月	行政部门名称 （下属部门名称）	主要领导人 （下属部门负责人）	计量行政人员	直属机构名称 （地址、面积）	主要领导人	人员、设备资产	备　注
2001 年	广东省质量技术监督局	局长：仇水旺 副局长：赖天生 梁岫珍 王德荣 胡立义 任小铁		广东省计量科学研究所	所长：吴瑞平 副所长：李东生 潘嘉声 权小菁	固定资产 3539 万元	
	（计量处）	（处长：赵剑 副处长：曾邱萍）	5 人	华南国家计量测试中心	中心主任：仇水旺		
2003 年	广东省质量技术监督局	局长：赖天生 副局长：王德荣 胡立义 任小铁		广东省计量科学研究院	院长：吴瑞平 副院长：李东生 潘嘉声 权小菁	186 人 固定资产 4939 万元	2003 年 1 月，原“广东省计量科学研究所”改名为“广东省计量科学研究院”。2003 年 11 月省计量测试学会挂靠省计量院。
	（计量处）	（处长：赵剑 副处长：曾邱萍）	5 人	华南国家计量测试中心	中心主任：赖天生		
				广东计量协会	理事长：黎湘 秘书长：赵天川		
2004 年	广东省质量技术监督局	局长：赖天生 副局长：胡立义 任小铁		广东省计量科学研究院	院长：高富荣 副院长：李东生 潘嘉声 权小菁	207 人 固定资产 5915 万元	
	（计量处）	（处长：杨元生 副处长：曾邱萍）	5 人	华南国家计量测试中心	中心主任：赖天生		
				广东省计量测试学会（第五届）	理事长：高富荣 秘书长：潘嘉声		

附表 2—1 （续）

类别 / 年月	行政部门名称（下属部门名称）	主要领导人（下属部门负责人）	计量行政人员	直属机构名称（地址、面积）	主要领导人	人员、设备资产	备注
2005 年	广东省质量技术监督局 （计量处）	局长：赖天生 副局长：胡立义、任小铁、郭元强、张燕飞 （处长：杨元生 副处长：欧健强）	6 人	广东省计量科学研究院 华南国家计量测试中心 广东计量协会（第四届，10 月）	院长：高富荣 副院长：李东生、潘嘉声、权小菁 中心主任：赖天生 会长：赵天川 秘书长：王素珍	222 人 固定资产 6890 万元	
2007 年	广东省质量技术监督局 （计量处）	局长：赖天生 副局长：胡立义、任小铁、郭元强、张燕飞 （处长：杨元生 副处长：欧健强）	6 人	广东省计量科学研究院 华南国家计量测试中心	院长：高富荣 副院长：李东生、潘嘉声、权小菁 总工：陈明华 中心主任：赖天生	254 人 固定资产 8173 万元	
2008 年	广东省质量技术监督局 （计量处）	局长：赖天生 副局长：胡立义、任小铁、郭元强、张燕飞、郭驰、邱庄胜 总工：林璨 （处长：杨元生 副处长：梁洪荣）	7 人	广东省计量科学研究院 华南国家计量测试中心	院长：高富荣 副院长：李东生、潘嘉声、权小菁 总工：陈明华 中心主任：赖天生	279 人 固定资产 8561 万元	

附表 2—1　（续）

类别／年月	行政部门名称（下属部门名称）	主要领导人（下属部门负责人）	计量行政人员	直属机构名称（地址、面积）	主要领导人	人员、设备资产	备　注
2009 年	广东省质量技术监督局 （计量处）	局长：赖天生 副局长：胡立义 任小铁 张燕飞 郭驰 邱庄胜 高国盛 总工：林璨 副巡视员：何祥今 （处长：苏虎 副处长：苏永龙）	7 人	广东省计量科学研究院	院长：高富荣 副院长：李东生 潘嘉声 权小菁 总工：陈明华	310 人 固定资产 9090 万元	广东省计量科学研究院东莞分院于 6 月 11 日正式挂牌成立。分院院长潘嘉声，副院长张楠、张伟，总工李志得。
				华南国家计量测试中心	中心主任：赖天生		

附表 2—2　1950—2009 年广东省各市县区计量机构发展情况

地区	机构名称	机构性质	机构名称、成立和变更时间及发展概况
广州地区	广州市质量技术监督局	行政管理机构	1964 年 9 月，市科委成立广州市标准计量处（与广州市计量检定所合署），隶属市科委，统一管理全市标准计量工作。 1980 年 2 月，市科委成立广州市计量管理处（与广州市计量所合署），隶属市科委。 1983 年 12 月，广州市标准管理局与广州市计量管理处合并，组建广州市标准计量管理局，归口市经委。工作人员 39 人，办公地点在广州市广仁路 11 号。首任局长：林英（1984.03—1986.07），副局长：罗辉（1984.03—1994.12）。 1984 年 7 月，广州市标准计量管理局迁至八旗二马路 38 号。局内设计量处 （与市计量所合署）。处长兼所长：彭学涵（1984.07—1988.03）、副处长兼副所长：许祥良（1984.07—1986.07）、李庆业（1984.07—1988.03）。 1986 年 7 月，局计量处与市计量所分开，计量处迁回八旗二马路局大楼办公。 1986 年 10 月，局长：吴鸿光（1986.10—1995.08）。 1987 年 12 月，局计量处分设为工业计量管理处及法制计量管理处。工业计量管理处处长：彭学涵（1988.03—1990.09），副处长：李嘉赤（1990.02—1990.09）；法制计量管理处副处长：李庆业（1988.03—1989.02），处长：李庆业（1989.02— 1990.12），副处长：李培大（1989.11—1989.12）。 1989 年 12 月，该两处又合并为计量管理处。处长：彭学涵（1990.09—1994.04）、李庆业（1994.04—1996.04）；副处长：李嘉赤（1990.02—1996.04）、李丽英（1996.01—1996.04）；处级协理员：史永法（1990.02—1995.09）。 1996 年 4 月，广州市标准计量管理局更名为广州市技术监督局。局长：吴鸿光（1995.09—2001.01）；副局长：黄世权（1994.12—1999.02）、曾小鸿（1996.09—2010.02）。同时，局计量管理处更名为计量监督管理处。处长：李庆业（1996.04—1997.12）；副处长：李丽英（1996.04—2001.08）、李红兵（1997.12—2001.08）。 2000 年 11 月，广州市技术监督局更名为广州市质量技术监督局，直属市政府领导，接受广东省质量技术监督局的业务领导。局长：吴鸿光（2001.01—2001.04）、曾元烽（2001.04—2006.12）、梁嘉炽（2006.12—）。计量监督管理处处长：李红兵（2002.03—2004.05）、张嘉红（2004.11—2006.12）林功（2006.12—）；副处长：韦江择（2003.02—2003.12）、林功（2003.12—2006.12）、徐永强（2006.12—）、陈继建（2009.01—）。 广州市质量技术监督局各分局的设立：2001 年组建了越秀、荔湾、东山、海珠、芳村、天河、白云、黄埔、番禺、花都、增城、从化、开发区分局；2002 年 1 月，组建了萝岗区、南沙区分局；2005 年 9 月，越秀与东山分局合并为越秀区质监局，荔湾与芳村分局合并为荔湾区质监局；2006 年 5 月，重新组建广州市各区质监局：荔湾、越秀、海珠、天河、白云、黄埔、番禺、花都、南沙、萝岗、增城、从化等质监局。

附表 2—2 （续）

<table>
<tr><th>地区</th><th>机构名称</th><th>机构性质</th><th>机构名称、成立和变更时间及发展概况</th></tr>
<tr><td rowspan="2">广州地区</td><td>广州市计量学会</td><td>局属机构</td><td>1978 年 11 月，广州市计量学会成立（原称广州市计量技术与仪器制造学会，后来仪表仪器学会单独成立，改称现名）。学会分组织委员会、学术委员会、科普委员会，并分长度、力学、热工、电学、管理 5 个专业小组。初期会员有 240 人，选举产生第一届理事会，市计量管理处处长林英任理事长，罗辉、林毓西、曾汝良、万永福等任副理事长，市计量管理处办公室主任刘熊任秘书长。
1983 年，市标准计量管理局成立，原挂靠在广州市计量所的计量学会改挂靠该局。
1986 年换届改选，市标准计量管理局局长吴鸿光任理事长，罗辉、刘本森、李扬宗、张苑岳等任副理事长，潘治彪任秘书长。
1988 年 7 月，广州市计量学会更名为广州市计量测试学会。</td></tr>
<tr><td>广州市计量检测技术研究院</td><td>技术机构</td><td>1950 年 12 月，广州市工商局开始筹备建立广州市度量衡检定所，参加筹备工作的有陈观上、厉吉宸、柳乃学、朱德明。
1951 年 3 月，广州市度量衡检定所成立，隶属广州市工商局市场管理处领导。该所担负对全市计量管理与检定双重职能，所址设在广州市海珠北路 215 号，建所初期有工作人员 12 名，主任：邓伯祥（1951.03—1954.05）；副主任：李国权（1951.03—1952.07）、蔡天铎（1952.08—1953.05）、林景岳（1953.05—1954.05）。
1953 年初，该所迁至广仁路 11 号。主任：马焕臣（1954.05—1955.05）、杨德昌（1955.05—1956.11）；副主任：杨德昌（1954.05—1955.05）、陈观上（1954.05—1956.11）、杨瑞标（1955.05—1956.11）。
1957 年 11 月，广州市人委同意广州市度量衡检定所改名为广州市计量检定所，隶属广州市工商局。所长：潘子琦（1956.11—1957.12），副所长：陈观上（1956.11—1959.12）、杨瑞标（1956.1—1959.12）。
1958 年 4 月，成立广东省计量管理所，与广州市计量检定所合署，划归省科学技术委员会领导，采取挂两个牌子、一套人员的办法，办理有关全省的计量工作。所长：邓志清（1958.01—1959.12）、潘文达（1960.01—1961.01）；副所长：罗辉（1960.01—1968.09）。
1959 年 7 月，广州市计量检定所划归广州市科学技术委员会领导。所长：舒畅（1961.02—1965.07）、鲍登甲（1966.03—1968.09）。副所长：符华（1965.02—1968.09）。
1961 年 6 月，省、市计量机构分开。广州市计量检定所仍在原址办公（广仁路 11 号）。
1964 年 9 月，广州市科委成立广州市标准计量处，与广州市计量检定所合署，一套人员，两个牌子。核定事业编制 90 名，其中标准计量处人员编制 10 名，广州市计量检定所编制 80 名。人员经费从计量检定费开支。
1966 年 4 月，市标准计量处撤销，广州市计量检定所更名为广州市计量管理所，仍承担计量管理与检定双重职能。革委会主任：鲍登甲（1969.10—1971.02）、刘华（1971.03—1974.12）、林英（1974.12—1978.07）；革委会副主任：鲍登甲（1968.09—1969.10）、钟书传（1969.10—1978.07）、符华（1974.12—1978.07）、罗辉（1974.12—1978.07）。</td></tr>
</table>

附表 2—2 （续）

地区	机构名称	机构性质	机构名称、成立和变更时间及发展概况
广州地区	广州市计量检测技术研究院	技术机构	1973 年 8 月，广州市计量管理所改名为广州市标准计量所，除仍担负计量管理和计量检定职能外，兼管全市标准化管理职能，所内设有标准化管理科。 1980 年 2 月，市科委成立广州市计量管理处。市标准计量所改名为广州市计量所，事业编制共 140 名。市计量所与市计量管理处合署办公，负责全广州市、郊区及市属六县的计量管理和检定工作。所长：林英（1978.07—1981.07），副所长：吴仕仪（1978.07—1981.07）、钟书传（1978.07—1981.07）、符华（1978.07—1981.07）、罗辉（1978.07—1981.07）。 1980 年，广州市计量所检测大楼重建落成，使用面积达四千多平方米，其中恒温面积有六百多平方米。 1983 年 12 月，广州市计量所归属广州市标准计量管理局领导，仍与该局计量管理处合署办公。所长兼处长：林英（1981.07—1983.06）、彭学涵（1984.09—1986.07）；副所长兼副处长：罗辉（1981.07—1983.06）、吴仕仪（1981.07—1983.06）、符华（1981.07—1984.03）、史永法（1981.07—1986.07）、许祥良（1984.09—1986.07）、李庆业（1984.09—1986.07）。 1986 年 6 月，市局计量管理处与市计量所分开。 1987 年 2 月，广州市计量所改名为广州市计量测试所。所长：史永法（1986.07—1988.12），代所长：许祥良（1988.12—1989.06）；副所长：许祥良（1986.07—1989.06）、林永康（1985.10—1987.06）。 1989 年，所长：许祥良（1989.06—1996.12）；副所长：江二芳（1989.06—1993.03）、谢旭（1991.01—1992.12）、李晰文（1991.01—1996.12）、阮翠琼（1993.01—1998.01）、伍伟建（1996.01—1999.07）。 至 1990 年底，该所事业编制 140 人，实有人数 106 人，其中专业技术人员 71 名（高级工程师 8 名、工程师 7 名）。该所检测大楼经扩建后建筑面积 3851m²，其中恒温面积 1000m²，固定资产 480 多万元；在用仪器设备 1325 台（件），价值约 312 万元， 1997 年 1 月，所长：梁献民（1997.01—1998.12）；副所长：黄锋（1998.01—2001.12）。 1999 年 1 月，所长：周伦彬（1999.01—2006.03）；副所长：张广生（2000.09—2002.07）、任国强（2002.01—2006.03）、赵爱萍（2002.01—2006.03）；所总工：黄锋（2002.01—2006.03）。 2000 年，该所事业编制 140 人，实有人数 90 人。2001 年起，该所事业编制从原有 140 名减为 135 人（划出 5 名给广州市能源监督检测所）。 2006 年 3 月，广州市计量测试所更名为广州市计量检测技术研究院。全院职工共 185 人，具有技术职称的专业技术人员 80 人。院长：周伦彬（2006.04—）；副院长：任国强（2006.04—）、赵爱萍（2006.04—）；院总工：黄锋（2006.04—）。事业编制 135 名，实际人数为 268 人。其中博士 11 人、硕士 54 人、本科 101 人；具有技术职称 100 人，其中教授级高工 1 人、高级工程师 18 人、工程师 44 人。

附表 2—2 （续）

地区	机构名称	机构性质	机构名称、成立和变更时间及发展概况
广州地区	广州市计量检测技术研究院	技术机构	2007 年底，该院科学城实验基地落成并正式运作。该基地占地面积 12914 m^2，一期建筑面积为 9893 m^2。 2009 年，该院事业编制 135 人，实有人数 268 人，其中博士 11 人，硕士 87 人，本科 101 人。具有技术职称的专业技术人员 110 人。 院（所）属机构： 1985 年 10 月，成立了广州市计量所计量技术咨询服务部。业务范围：主要是承担各项计量检定测试技术开发的研究，承包各级计量机构的规划设计任务，代培训计量检修人才，提供各种标准仪器设备、技术信息及资料，接受国内外委托建立仪器仪表维修中心等。 1990 年 11 月，成立了广州市计量器具质量监督检验站。该站主要职能：对本市计量器具生产企业及其产品除依据《计量法》进行监督管理外，并依据相应的产品技术标准进行质量监督和抽查检验。 1992 年 6 月，成立了广州市眼镜质量监督检验站。该站主要职能：加强本市眼镜生产和配镜质量的监督管理和检验。 1998 年 4 月，成立了广东省技术监督眼镜产品质量监督检验站。该站在眼镜产品质量监督检验业务上接受省技术监督局领导，承担全省眼镜产品质量监督检验业务。 1999 年 7 月，成立了广州市计量测试所嘉禾检测中心。该中心主要职能：统一管理出租汽车计价器检测站和衡器检测站。该中心占地面积约 7500 m^2。 2001 年 8 月，成立了广州市计量测试所经济开发区检测中心。该中心主要职责：对广州经济开发区、广州保税区、广州科学城与黄埔区划内企事业单位计量器具进行依法量传、校准服务的组织管理与技术实施。 2005 年 1 月，广州市计量测试所在与中国测试技术研究院开展合作的基础上，加挂中国测试技术研究院广州分院。该分院主要业务范围：承担计量科研任务和技术标准研究任务；开展计量校准、检测，承担量值溯源任务；承担计量器具委托试验、委托鉴定；产品研发、技术咨询、培训等技术服务工作。 2007 年 4 月，成立了广州市计量检测技术研究院南沙检测中心。该中心主要职责：协助配合南沙区质监局在当地做好计量宣传工作，以及企业的摸底调查与计量器具的建档工作；负责南沙区及周边地区的市场开拓、客户维护、仪器收发，以及下厂安排等有关业务管理方面的工作。
	广州市能源检测研究院	技术机构	1985 年 9 月，开始筹建广州市能源技术测试所（前身为广州市计量所内的能源测试组）。所长：潘治彪（1985.09—1989.05）。 1988 年 8 月，正式成立广州市能源技术测试所，定员 20 人。所长：庞强杰（1989.06—1991.12）；副所长：赵家驹（1989.06—1991.12）。 1990 年底，全所有 18 人，正副所长 2 人，专业技术人员 12 人，其中高级工程师 1 人，工程师 5 人。该所在广仁路 11 号计量所大楼六楼办公，固定资产 24 万元。

附表 2—2 （续）

地区	机构名称	机构性质	机构名称、成立和变更时间及发展概况
广州地区	广州市能源检测研究院	技术机构	1992 年，所长：庞强杰（1992.01—1995.12）；副所长：钟锡汉（1992.01—1995.12）。 1997 年，所长：庞强杰（1997.01—1999.07）；副所长：陈立伟（1999.04—1999.07）。 1999 年，代理所长：陈立伟（1999.07—2001.12）。 2001 年 3 月，广州市能源技术测试所更名为广州市能源监督检测所。 2002 年，副所长：陈立伟（2002.01—2004.12）、苏云逸（2002.01—2004.12）；所长助理：梁丽君（2002.01—2004.12）。 2005 年，所长：陈立伟（2005.01—2007.12）；副所长：苏云逸（2005.01—2007.12）、梁丽君（2005.01—2007.12）。 2007 年 11 月，广州市能源监督检测所更名为广州市能源检测研究院，院长：陈立伟（2008.01—）；副院长：梁丽君（2008.01—）、潘云飞（2009.04—）。
广州地区	广州市属各区、县机构	计量管理及计量检测	花都区：1960 年 11 月成立花县计量所，并附设一间科学仪器实验厂，归属县科委领导。后归花县第二轻工工业局领导，实验工厂改称花县五金生产合作社衡器门市部。1965 年花县计量所被撤销。1975 年重新恢复花县标准计量所，与花县科学仪器实验厂两个牌子一套人马，归花县科委领导。1986 年 2 月成立花县标准计量管理局（与县标准计量所合署），归属县经委领导，首任副所长毕国华。1987 年 7 月撤销花县标准计量所，分设花县产品质量检验所和花县计量测试所，该两所分别与县局内质量监督股、计量管理股合署。2001 年组建广州市花都区质量技术监督局。 番禺区：1971 年成立市桥镇计量所，1977 年成立番禺县计量所，归属县科技局领导。1986 年成立番禺县标准计量管理局，定员 15 人，首任局长陈怀英，归属县经委领导。下设县产品质量检验所及县计量所，分别与县局内质量监督股及计量管理股合署。2001 年组建广州市番禺区质量技术监督局。 增城县：1977 年 7 月成立县标准计量管理所，归属县科委领导。1986 年 3 月成立增城县标准计量管理局，与县标准计量所合署，定员 17 人，首任局长何礼光，归属县经委领导。下设计量所（与局计量管理股合署）。2001 年组建广州市增城质量技术监督局。 从化县：1978 年 8 月成立县标准计量管理所，归属县科委领导。1986 年 2 月成立从化县标准计量管理局，定员 17 人，首任副局长李远来，归属县经委领导。下设计量器具管理站。1987 年 5 月计量器具管理站改名为县计量测试所（与计量管理股合署）。2001 年组建广州市从化质量技术监督局。 越秀区：2001 年设置广州市越秀区质量技术监督局，广州市质量技术监督局直属区局。2005 年 9 月与东山区合并为越秀区质监局。 白云区：1987 年成立广州市白云区标准计量管理所，归属白云区经委，定员 7 人，首任所长余晓宁。同年成立白云区标准计量管理局。2001 年设置广州市白云区质量技术监督局，广州市质量技术监督局直属区局。 天河区：1990 年成立广州市天河区标准计量管理所，归属天河区经委，定员 4 人，首任副所长秦少玲。同年成立天河区标准计量管理局。2001 年设置广州市天河区质量技术监督局，广州市质量技术监督局直属区局。

附表 2—2 （续）

地区	机构名称	机构性质	机构名称、成立和变更时间及发展概况
广州地区	广州市属各区、县机构	计量管理及计量检测	荔湾区：2001 年设置广州市荔湾区质量技术监督局，广州市质量技术监督局直属区局。原芳村区 1993 年成立广州市芳村区标准计量管理所，归属芳村区工业局。2001 年设置广州市芳村区质量技术监督局，广州市质量技术监督局直属区局。2005 年荔湾区局与芳村区局合并为荔湾区质监局。 萝岗区：原开发区 1994 年成立广州市经济技术开发区技术监督中心，直属开发区管委会。2001 年设置广州市萝岗区质量技术监督局，广州市质量技术监督局直属区局。 南沙区：2001 年设置广州市南沙区质量技术监督局，广州市质量技术监督局直属区局。 各区设置的检验机构业务均受广州市质量技术监督局指导。市技术监督管理体制实施垂直管理后，2001 年各区设分局，以上各区检验机构陆续撤销。
韶关地区	韶关市质量技术监督局	行政机构	1983 年 8 月，韶关市、韶关地区合并，组建韶关市标准计量管理局，谢劳任局长（1983.09.05） 1987 年 2 月 25 日，朱俊坚任局长。 1990 年 1 月 17 日，韶关市标准计量管理局改名为韶关市技术监督局，朱俊坚任局长。 1999 年 9 月 3 日，韶关市技术监督局改名为广东省韶关市质量技术监督局，黄昆仑任局长（1999.06）。 2005 年 7 月，曾映民任局长。 韶关市质量技术监督局分管属下的县市质监局有：曲江区、始兴县、仁化县、翁源县、乳源县、新丰县、乐昌市、南雄市等质监局。
	韶关市质量计量监督检测所	技术机构	1954 年 7 月，成立韶关市人民政府度量衡检定所。负责人甘秉华。 1958 年 9 月，度量衡检定所改称为韶关市计量管理所，归市科委领导，时值对私营工商业改造运动，将市秤尺社和邝八记、潘沃记二个私营衡器户合并为韶关市计量实验工厂，归市计量管理所管理。 1969 年 11 月，原韶关市计量所移交给省标准计量局直接领导，定名为广东省计量标准局驻韶关检定所（省局派出单位），与韶关市计量管理所联合开展工作，从下放到干校的技术人员中抽调了周群英、邱亮日、田安华、陈佛英等同志到该所工作，周群英为临时负责人。 1972 年，广东省科技站计量标准局驻韶关检定所改名为广东省计量所韶关检定站。 1973 年，省计量所韶关检定站有人员 12 人，仪器设备 20 多万元，房屋 800 m^2。 1974 年 5 月 8 日，省计量所韶关检定站下放归韶关地区科委管辖，同时改称为韶关地区标准计量所，钟剑昌任所长。 1978 年 11 月 25 日，成立韶关市标准计量所。熊四伢任副所长。 1983 年 9 月，由原来地区标准计量所和市标准计量所合并成立韶关市标准计量所，隶属市科委领导，同年 10 月划归市标准计量局领导，改名为韶关市计量测试研究所。孔完华任所长。 1986 年 12 月，韶关市计量测试所更名为韶关市计量所。李焯明任所长。 1992 年 7 月 29 日，撤销韶关市计量所，成立粤北计量测试中心，为副处级事业单位，原有职能不变。李焯明任所长。 1995 年 7 月 13 日，成立韶关市标准计量质量认证事务所，为科级事业单位，隶属韶关市技术监督局领导和管理。

附表 2—2 （续）

地区	机构名称	机构性质	机构名称、成立和变更时间及发展概况
韶关地区	韶关市质量计量监督检测所	技术机构	1996 年 1 月 15 日，成立广东省标准计量质量认证事务所粤北分所。 2003 年 6 月，粤北计量测试中心与粤北产品质量检验中心合并组建韶关市质量计量监督检测所，隶属韶关市质监局。李焯明任所长。 2005 年 12 月，车万里任所长。 2009 年 12 月，何尚青任所长。
韶关地区	韶关市属各区、县机构	计量管理及计量检测	曲江区：1979 年 2 月 28 日成立曲江县标准计量局，隶属县科委，下设县标准计量所，共有干部、职工 2 人。1981 年 8 月 27 日撤销县标准计量局，保留县标准计量所。1985 年 4 月成立计量实验厂。1986 年 1 月再次成立曲江县标准计量管理局，行政编制 4 人，事业编制 4 人。1990 年 4 月 13 日曲江县标准计量管理局改名为曲江县技术监督局，划归县经委管理。1999 年更名为广东省曲江县质量技术监督局。2004 年 8 月曲江县撤县改区，隶属韶关市管辖，改名为韶关市曲江区质量技术监督局。 始兴县：1977 年成立始兴县计量所，全所 5 人，股级单位，为县科委下属单位。1978 年 5 月始兴县计量所更名为始兴县标准计量所。1986 年 8 月成立始兴县标准计量管理局，正科级单位，隶属县经委领导，下设标准计量所和产品质量检测所两个技术机构。1990 年 2 月 7 日始兴县标准计量管理局更名为始兴县技术监督局，隶属于县经委不变。1999 年 10 月更名为始兴县质量技术监督局。 仁化县：1976 年 10 月成立仁化县计量检测所，隶属县科委。1986 年 6 月成立仁化县标准计量局，为局级行政单位，下辖计量检测所。1990 年 1 月仁化县标准计量局改名为仁化县技术监督局。1999 年 11 月更名为仁化县质量技术监督局，行政编制 18 人。1999 年 11 月仁化县计量测试所更名为仁化县质量技术监督检测所。共有 5 名专职检定员。 翁源县：1983 年 4 月成立翁源县标准计量管理所。1988 年 1 月成立翁源县标准计量管理局。1990 年 1 月翁源县标准计量管理局更名为翁源县技术监督局。1999 年 11 月更名为翁源县质量技术监督局。行政编制 18 人，事业编制 6 人。 乳源瑶族自治县：1984 年 5 月 27 日成立乳源瑶族自治县标准计量检验所，归口县经委。1985 年 10 月 22 日成立乳源瑶族自治县标准计量管理局。1990 年 4 月 6 日改名为乳源瑶族自治县技术监督局。1999 年更名为乳源瑶族自治县质量技术监督局，正科级，行政编制 13 名。2003 年 3 月 27 日县标准计量检验所改名为乳源瑶族自治县质量技术监督检验所，正股级事业单位，编制 5 名。 新丰县：1977 年 11 月成立新丰县标准计量管理所，（当时）隶属广州市管辖，共有干部职工 5 人。1986 年 4 月成立新丰县标准计量管理局。1990 年 3 月更名为新丰县技术监督局。1999 年 11 月更名为新丰县质量技术监督局。 乐昌市：1977 年 3 月成立乐昌县标准计量管理所，隶属乐昌县科委。1986 年 4 月成立乐昌县标准计量管理局。1990 年 3 月更名为乐昌县技术监督局。1994 年乐昌撤县设市，乐昌县技术监督局改称为乐昌市技术监督局。1999 年 11 月更名为乐昌市质量技术监督局。 南雄市：1976 年下半年成立南雄县标准计量所，编制 5 人。1986 年 6 月 27 日成立南雄县标准计量管理局，县标准计量所划归该局领导。1990 年 2 月南雄县标准计量管理局改名为南雄县技术监督局。1993 年 8 月 30 日南雄县标准计量所改名为南雄县计量检定测试所。1996 年下半年南雄撤县设市，南雄县技术监督局改称为南雄市技术监督局，南雄县计量测试所也同时改称为南雄市计量检定测试所。1999 年 11 月南雄市技术监督局改名为南雄市质量技术监督局。2003 年 7 月撤销南雄市计量检定测试所，成立南雄市质量技术监督检测所，正股级，核定编制 6 名。

附表2—2 （续）

地区	机构名称	机构性质	机构名称、成立和变更时间及发展概况
深圳特区	深圳市市场监督管理局	行政机构	1986年7月，深圳市标准管理局与原隶属市科委的市科技中心计量所合并成立深圳市标准计量局，为市政府二级局；归口市工业发展委员会领导。局长：黄镜钊（1986.8—1994）。计量处处长：刘俊瑶（1986.8—1994）。局办公地址设在深圳市上步中路园岭113栋1、2楼。 1987年1月，市标准计量局行政编制为36名，纳入市政府直属部门系列。下属事业机构有市计量测试所、市产品质量检测所等。同年7月，局办公地址迁至华强路市政府第二办公楼（经济大厦）7楼。 1988年9月，市标准计量局改名为深圳市技术监督局，归口市经济发展局。 1989年5月，市技术监督局迁往上步路市政府第二办公楼6楼。 1992年2月，深圳市技术监督局列为市政府组成机构，为一级局。局长：黄镜钊（1994—1999.7）。计量处处长：周德芳（1994—1998.4）。 1999年3月，深圳市技术监督局更名为深圳市质量技术监督局。局长：黄镜钊（1999.7—2001）、张士明（2001—2006）、张绮文（2006—2009）；计量处处长：梁炳沛（1998.4—2002.1）、黄建（2002.1—2003.10）、卢越（2003.10—2006.3）、李大利（2006.3—2009.9）。 2009年，深圳市质量技术监督局、深圳市工商行政管理局和深圳市知识产权局合并为深圳市市场监督管理局。办公地址为深圳市福田区桂花路1号福田保税区管理局大楼4楼。局长：申庆三（2009.9—）。计量处是深圳市市场监督管理局的内设处室，行政编制5人，雇员1人。计量处处长：李大利（2009.9—）。
	深圳市计量质量检测研究院	技术机构	1980年6月，成立深圳市计量管理所（前身为1978年宝安县计量管理所），巫杏堂、张丁球先后任所负责人。地址：园岭新村，房屋面积12 m^2。 1982年，深圳市计量管理所划归深圳市科技发展委员会管辖，编制10人。办公场所也搬到科发委楼上扩大到120 m^2。 1984年，筹建国家深圳计量检定站。 1985年，国家计量局深圳计量检定站正式成立，职工数为12人。 1986年7月，深圳市计量管理所更名为深圳市计量测试中心，与深圳市产品质量监督检验所合署办公。地址在科委大楼，房屋面积120 m^2。所长：刘爱基（由深圳市标准计量局副局长兼任），副所长：何国瑞、叶林香。标准设备324台（套）；设备资产原值187.7万元。 1987年6月，深圳市计量测试中心迁入八卦岭工业区531栋（约6000 m^2）检测实验室。 1988年1月，深圳市计量测试研究所、深圳市产品质量检验所、国家技术监督局深圳计量检定站“一站两所”正式挂牌成立，一套人马三个牌子，人员定编共120人，其中计量所65名。林腾龙任所长，谭兆良、梁炳沛任副所长，何国瑞、叶林香分别任正、副总工程师。

附表 2—2 （续）

地区	机构名称	机构性质	机构名称、成立和变更时间及发展概况
深圳特区	深圳市计量质量检测研究院	技术机构	1989 年，深圳市计量检测所所长：林腾龙；副所长：谭兆良、梁炳沛；总工程师：何国瑞；副总工程师：叶林香；员工 93 人。标准设备 639 台（套），设备资产原值 740 万元。 1980 年至 1991 年，人员增加到 100 人。标准仪器设备 1000 余台（套），设备资产原值达 950 余万元。 1992 年 6 月，刘俊瑶任国家技术监督局深圳计量检定站站长兼质检所所长，副所长：谭兆良、梁炳沛、容卓诚；所长助理：张洁洪；员工 100 人。标准设备 1024 台（套），设备资产原值 943 万元。 1994 年，选址在深圳市南山区龙珠大道中迁建市计量、质检实验基地。该基地建设规模为 25000 m^2，总投资约 4000 万元，称为龙珠计量质检总部。之后经过四年的建设，龙珠总部于 1998 年建成。 1995 年，所长：刘俊瑶；副所长：谭兆良、梁炳沛、张洁洪、余建国；员工 109 人。标准设备 1329 台（套），设备资产原值 1393 万元。 1998 年，深圳市计量测试研究所和深圳市产品质量监督检验所合并成立深圳市计量质量检测研究院。院长：卢越；副院长：刘玉歆、田文玉、余建国；员工 153 人。标准设备 1832 台（套），设备资产原值 2351 万元。 1999 年，深圳市计量质量检测研究院全部搬迁到新建的龙珠总部基地（16000m^2）。 2000 年，院长：卢越；副院长：刘玉歆、余建国；员工 230 人。标准设备 3269 台（套），设备资产原值 3884 万元。 2002 年，院长：卢越；副院长：孙学明、杨万颖；员工 264 人。标准设备 4955 台（套），设备资产原值 6269 万元。 2004 年，院长：李翔；副院长：孙学明、杨万颖（2005 年增设孙雪萌为副院长）；院长助理：陈盛光，总工程师：朱崇全，副总工程师：余晓冬。员工人数：320 人。标准设备 6890 台（套），设备资产原值 10155 万元。 2006 年，标准设备 11131 台（套），设备资产原值 23562 万元。 2008 年，员工 767 人。标准设备 14253 台（套），设备资产原值 28700 万元。
	深圳市属各区机构	计量管理及计量检测	福田区分局：1991 年 9 月成立福田区技术监督办公室，为归口区工业局管理的科级单位。1993 年 2 月成立区计量检定站，为直属区工业局的事业单位，负责全区衡器的计量检定工作。1998 年 6 月在区经济发展局加挂区质量技术监督局的牌子，原技术监督办公室改为质量技术监督科。1999 年 7 月撤销福田区技术监督局及福田区计量检定站，其人员、编制上收，由市质监局设立福田分局，为市局派出机构，编制 20 人。2000 年 3 月福田区分局正式挂牌运作，办公地址为深圳市福田区新沙路 64 号福田老干部活动中心 6 楼。2009 年成立深圳市市场监督管理局福田分局，分局办公地址：深圳市福田区新沙路 7 号福田工商物价大楼。 罗湖区分局：1990 年 12 月 12 日成立罗湖区技术监督办公室，归口区工业局领导。1994 年 12 月 8 日成立区技术监督局，副处级建制，挂靠区经济发展局。下设计量检定站，为局直属科级事业单位。1998 年 12 月 24 日罗湖区技术监督局与罗湖区经济发展局合署办公，计量检定站为区经济发展局下属科级事业单位。1999 年 7 月撤销罗湖区技术监督局及罗湖区计量检定站，

附表 2—2 （续）

地区	机构名称	机构性质	机构名称、成立和变更时间及发展概况
深圳特区	深圳市属各区机构	计量管理及计量检测	其人员、编制上收，由市质监局设立罗湖分局，为市局派出机构，编制20人，办公地址为深圳市罗湖区文锦中路联兴大厦10楼。2006 年办公地址迁至深南东路 2001 号鸿昌广场南座 8 楼。2009 年 9 月成立深圳市市场监督管理局罗湖分局，办公地址：深圳罗湖区沿河北路 2003 号。 南山区分局：1990 年 11 月成立南山区技术监督办公室，为科级机构。1993 年 8 月成立南山区衡器检定站，为隶属区技术监督办公室管理的事业单位，人员 3 人。1994 年南山区技术监督办公室归口区经济发展局管理，行政编制为 3 名，正科级编制。1996 年 1 月区衡器检定站更名为区计量检定站。1999 年，在南山区经济发展局加挂南山区技术监督局的牌子。1999 年 7 月撤销南山区技术监督局及区计量检定站，其人员、编制上收。由市质监局设立南山分局，为市局派出机构，编制 20 人，办公地址为：深圳市南山区常兴路国兴大厦 15 楼。2009 年 9 月成立深圳市市场监督管理局南山分局，分局办公地址：深圳市南山区蛇口工业七路 33 号。 盐田分局：1998 年 3 月成立盐田区技术监督局，作为区政府直属机构，与区经济发展局、科学技术局合署办公。1999 年 7 月撤销盐田区技术监督局，其人员、编制上收，由市质监局设立盐田分局，为市局派出机构，编制 15 人，办公地址为：深圳市盐田区沙头角深沙路建工大厦 17 楼北座。2009 年 9 月成立深圳市市场监督管理局盐田分局，办公地址：深圳市盐田区沙头角海景二路 1013 号。 宝安区分局：1978 年成立宝安县计量管理所，编制 4 人。1986 年成立宝安县标准计量局，编制 6 人。1987 年 9 月县计量管理所改为县计量测试所。1991 年宝安县标准计量局更名为宝安县技术监督局，下属机构计量测试所 7 人。1992 年 12 月底，撤销宝安县，建宝安、龙岗两个市辖区，宝安县技术监督局更名为宝安区人民政府技术监督办公室。1997 年 2 月宝安区人民政府技术监督办公室更名为宝安区技术监督局。1999 年 7 月撤销宝安区技术监督局，其人员、编制上收，由市质监局设立宝安分局，为市局派出机构，编制 25 人。同时撤销宝安区计量测试所，设立市计量质量检测研究院宝安计量检测所。2009 年 9 月成立深圳市市场监督管理局宝安分局，办公地址：深圳市宝安区 42 区翻身路 75 号。 龙岗区分局：1993 年 1 月原宝安县撤县建区，龙岗区正式成立，龙岗区技术监督局与龙岗区经济发展局合署办公，实行一套人马，两块牌子。同年 3 月龙岗区计量检定所成立，事业编制 7 名。1994 年 9 月龙岗区技术监督局更名为龙岗区人民政府技术监督办公室。1997 年 2 月龙岗区人民政府技术监督办公室更名为龙岗区技术监督局，更名后，仍与区经济发展局合署办公。1999 年 7 月撤销龙岗区技术监督局，其人员、编制上收，由市质监局设立龙岗分局，为市局派出机构，编制 25 人。分局地址为：深圳市龙岗区中心城建设路 5 号公路局大楼 10 楼（2004 年，迁到深圳市龙岗区中心城爱心路龙岗质量技术监督局大楼）。同时撤销区计量检定所，成立市计量质量检测研究院龙岗计量检测所。2009 年 9 月成立深圳市市场监督管理局龙岗分局，办公地址：深圳市龙岗区行政路 8 号工商物价大楼。 光明分局：2009 年成立深圳市市场监督管理局光明分局（其前身为 2007 年成立设置的深圳市工商行政管理局物价局光明分局）。办公地址：深圳市光明新区管委会西侧。 坪山分局：2009 年成立深圳市市场监督管理局坪山分局，办公地址：深圳市坪山新区金牛西路金牛商业大厦。

附表 2—2 （续）

地区	机构名称	机构性质	机构名称、成立和变更时间及发展概况
珠海特区	珠海市质量技术监督局	行政机构	1986 年 8 月 18 日，成立珠海市标准计量局（与珠海市标准计量所合署办公），为二级局建制，隶属市经委领导，行政编制 17 名。办公地址：珠海市香洲区紫荆路的市工业培训中心内，办公场地约 175 m²。鲍大中为局临时负责人（1986.8—1986.12）；副局长：叶秀贞（主持工作 1986.12—1988.8）；局长：邝兆明（1988.10—1991.1）、副局长：徐佑成（1988.8—1991.1）；计量管理科科长：庞庆龙（1987.4.18—1991.1.17）。 1990 年 5 月 29 日，市标准计量局搬迁至位于珠海市香洲区人民东路 240 号新建的标准计量业务楼办公。 1991 年 1 月 17 日，珠海市标准计量局更名为珠海市技术监督局。局长：邝兆明（1991.1—1992.10）、高祖尧（1992.10—1994.9）、陈树基（1994.9—1999.9）；副局长：徐佑成（1991.1—1991.11）；总工程师：叶秀贞（1991.11—1996.12）；计量管理科副科长：苏传华（1990.12.12—1993.4.12）、科长：苏传华（1993.4.12—1994.5）。 1996 年 10 月 22 日，珠海市技术监督局由副处级调整为正处级建制，隶属市政府领导。副局长：徐佑成（1996.12—1998.8）；副局长：肖景奇（1998.8—1999.9）；计量管理科临时负责人：汪志坚（1997.3.3—1998.3.13）、副科长：汪志坚（1998.3.13—1999.9.3）。 1999 年 9 月 3 日，珠海市技术监督局更名为广东省珠海市质量技术监督局。办公地址：人民东路 240 号。局长：陈树基（1999.9—2001.8）；副局长：肖景奇（1999.9—2003.7）；计量科副科长：汪志坚（1999.3—2001.9）。 2001 年 7 月 25 日，局长：黄锡檀（2001.8—2008.6）；副局长：张青（2003.7—2006.2）；计量科科长：汪志坚（2001.9—2005.1）、副科长：刘哲辉（2001.9—2005.1）。 2006 年 1 月 13 日，局机关和所属部分技术机构迁入位于珠海市香洲人民西路 133 号的新办公大楼。副局长：张思源（分管计量 2006.2—2008.12）。计量科科长：黄汉青（2005.1—2006.2.）、高红霞（2006.2.28），副科长：卢佳（2005.1.7—）。 2008 年，局长：李培忠（2008.6—）；梁立新（2008.12—）。计量科副科长：王雅玲（2009.7—）、方扬（2010.4—）。
	珠海市质量计量监督检测所	技术机构	1981 年 3 月 5 日，在市科委成立珠海市计量所，为市科委下属的科级事业单位。人员编制 5 名。 1985 年 1 月，珠海市计量所与珠海市工业产品检验所合并成立珠海市标准计量所，隶属市经委的科级事业单位。 1985 年 6 月，市标准计量管理所与国家兵器工业部五六〇六区域计量站合作联合开办珠海市计量测试中心。 1986 年 8 月 18 日，成立珠海市计量所，为局的科级建制的事业单位，编制 7 名。原珠海市标准计量所予以撤销。 1987 年 7 月 31 日，珠海市计量所编制增加 19 名共计 26 名。 1987 年 10 月 30 日，珠海市计量所更名为珠海市计量测试所。徐希述任所长（1988.6—1993.7）；李铁牛任副所长（1988.4—1997.1）；庞庆龙任副所长（1991.1—1993.5）；庞庆龙任所长（1993.5—1997.2）；倪永康任副所长（1994.12—2003.7）；李铁牛任所长（1997.2—2003.5）。

附表 2—2 （续）

地区	机构名称	机构性质	机构名称、成立和变更时间及发展概况
珠海特区	珠海市质量计量监督检测所	技术机构	1988年1月16日，原“国防工业系统广东区域计量站”（即国家兵器工业部五六〇六区域计量站）并入珠海市计量测试所。 2003年6月30日，珠海市产品质量监督检验所与珠海市计量测试所合并，组建广东省珠海市质量计量监督检测所，正科级，核定事业编制78名。王雷任所长（2003.6—2008.8）；倪永康、吴朝晖任副所长（2003.7—2009.7）；王宏任副所长（2003.7—2007.3）；黄甦任总工程师（2003.7—）；李军任副所长（2007.4—2009.12）；杨露萍任副所长（2009.4—）；龙红任副所长（2009.8—）；李军任所长（2009.12—）。
	珠海市属各区机构	计量管理及计量检测	斗门区：1980年5月成立斗门县计量检定所，隶属县科委领导，定为股级事业单位，成立时有员工2名，至1987年发展到6人。1987年1月16日成立斗门县标准计量管理局，为正局级行政单位，行政编制4名，归口县科委领导。谭华创任局长（1987.1—1990.5）；伍谓坤、何凤燊任副局长（1987.1—1990.5）。1987年斗门县计量检定所隶属县标准计量局领导，核定编制3人。1990年5月斗门县标准计量管理局更名为斗门县技术监督局，谭华创任局长（1990—1994）；伍谓坤代理局长、（1994—1999）；梁兆富、何凤燊任副局长（1990.5—1999.11）。1999年11月斗门县技术监督局更名为广东省斗门县质量技术监督局，直属珠海市质量技术监督局管理，人员编制27人。伍谓坤代理局长（1999.11）；梁兆富、何凤燊任副局长（1999.11）。2001年7月，撤销斗门县质量技术监督局，同年年底珠海市质监局在斗门区设立珠海市质监局斗门办事处，李军任办事处主任，黄荣捷任副主任（2001.12）。2003年3月30日斗门区产品质量监督检验所与斗门区计量检定所合并，组建珠海市斗门区质量技术监督检测所，正股级，核定事业编制15名，所长1名、副所长1名。2007年4月成立珠海市斗门区质量技术监督局，陈延波任局长（2007.5—）；黄荣捷、谭柏均任副局长（2007.5—）。马德怀任计量股股长（2009.12—）。
汕头地区	汕头市质量技术监督局	行政机构	1959年1月，成立汕头专署计量管理所，所长陈梅，编制5人，实际在职3人，归汕头地区科委领导。 1963年下半年起，由蔡万南负责该所的工作。 1968年12月，汕头专署计量管理所机构撤销，人员下放干校。 1974年，汕头专署计量管理所重新恢复机构，由叶清义任副所长。 1976年，曾戈任副所长，人员6人。 1983年7月，原汕头地区与原汕头市合并，成立地级市，管辖澄海、饶平、南澳、潮阳、揭阳、揭西、普宁、惠来8县和潮州市，汕头市中心城区划分为安平、同平、公园、金砂、达濠及郊区等6区和汕头经济特区。 1983年9月，成立汕头市标准计量管理局。局长胡鹏，副局长徐银川、林有霖（1985.5）。 1984—1986年间，汕头市辖各县（市）的标准计量管理所先后改为标准计量管理局，其建制列入当地政府一级机构序列，下设县计量检定测试所。

附表 2—2 （续）

地区	机构名称	机构性质	机构名称、成立和变更时间及发展概况
汕头地区	汕头市质量技术监督局	行政机构	1990 年，汕头市标准计量管理局更名为汕头市技术监督局。 1999 年，汕头市技术监督局更名为汕头市质量技术监督局。下设：汕头市达濠区分局、龙湖区分局、金园区分局、升平区分局。 汕头市质量技术监督局分管属下的区县质监局有：潮阳区、潮南区、澄海区、南澳县等质监局。
	汕头市质量计量监督检测所	技术机构	1954 年 4 月 5 日，成立汕头市度量衡检定所，初由市工商局后归市商业局领导。主任范鸿章（1954—1957）、曾运藩（1957—1958），全所共 10 人。地址：民生路 14 号，1955 年 12 月迁至永和街 43 号。 1958 年 11 月，汕头市度量衡检定所改名汕头市计量检定所（与市科委合署），归市科委领导。主任曾运藩（1958—1964）。地址：市文化宫内。 1964 年 1 月，汕头市计量检定所改名汕头市计量标准所，隶属市科委。王永祥任所长（1964—1969），吴来往、廖悟寻任革命领导小组成员（1969—1972）。地址：居平路 4 号，1968 年迁入公园路 72 号。 1969 年 3 月，市计量标准所与市工检所一起归属市科委属下革命领导小组领导。 1972 年 2 月，革命领导小组撤销，同时撤销附属实验工厂，市计量标准所改名汕头市计量管理所，归市科学技术局领导。洪平任所长、吴来往任副所长（1972—1973）。 1973 年 11 月 14 日，汕头市计量管理所改名为汕头市标准计量所，隶属市标准计量局。洪平任所长（1973—1977）、王永祥任所长（1978—1984），吴来往任副所长（1978—1984）、李德之任副所长（1978—1979）、林芹任副所长（1980—1984）。 1976 年，重新成立集体所有制附属实验工厂。 1980 年 11 月，成立汕头市计量测试学会，该学会挂靠在市标准计量所。 1983 年 9 月，汕头地区计量管理所并入汕头市标准计量所。 1984 年 1 月 12 日，汕头市标准计量所更名为汕头市计量所。全所人员 39 人。张智荣任所长（1984.1），陈奕韩、赵淑庄任副所长（1984.1）。 1984 年 11 月 15 日，汕头市计量所更名为汕头市计量测试所。张智荣任所长（1984.11—1986），陈奕韩、赵淑庄任副所长（1984.11—1986）。 1986 年 3 月，汕头市计量测试所更名为汕头市计量检定测试所。所长张智荣（1986—1987.12）、陈奕韩（1987.12—1988）；副所长赵淑庄（1986—1987.12）、许守勃（1987.12—1988）。 1987 年 10 月 8 日，汕头市计量检定测试所中的科研测试室从该所分离出来，成立汕头市计量科学技术研究所，为科级事业单位，定编 30 名，黄永新任所长，马逸群、赵淑庄、陈维明任副所长。办公地址：汕头市长平路尾桂圆新建综合大楼，建筑面积 3486 m^2。

附表2—2 （续）

地区	机构名称	机构性质	机构名称、成立和变更时间及发展概况
汕头地区	汕头市质量计量监督检测所	技术机构	1997年7月，汕头市计量检定测试所加挂粤东计量检测中心。1999年9月，加挂汕头市商品房面积公正计量站。2002年8月，加挂广东省水表检定专业计量（粤东）站。 2003年9月，汕头市产品质量监督检验所与汕头市计量检定测试所、汕头市计量科学技术研究所合并，成立广东省汕头市质量计量监督检测所。澄海、潮阳、南澳的计量所成为该所的派出机构。 2008年10月，该所迁入新址，工作场地11000 ㎡。全所工作人员182人。
	汕头市属各区、县机构	计量管理及计量检测	南澳县：1978年4月成立南澳县标准计量所，副股级单位，隶属县科委领导，1979年2月定事业编制3人。1986年3月成立南澳县标准计量管理局，林振庆任副局长。办公地址：南澳县政府大院。下设县计量检定测试所。 潮阳县：1976年12月成立潮阳县标准计量所，为股级事业单位，隶属县科技局。1978年成立潮阳县标准计量管理所，隶属县科委，下设潮阳县标准计量所。1984年5月潮阳县标准计量管理所升格为局级事业单位，成立潮阳县标准计量管理局，柯永坚任局长，陈昌强、庄友园任副局长。办公地址：潮阳县锦城镇岭东富直街13号。1985年6月24日成立潮阳县计量测试所。1986年3月县计量测试所改称为潮阳县计量检定测试所。 澄海县：1959年12月4日成立澄海县计量检定所，隶属县科委领导。1962年5月15日计量检定所机构撤销。1965年成立澄海县计量管理所，隶属县工商局。1969年10月26日澄海县计量管理所随县工商局并入县财税局。1974年11月16日重新恢复县计量管理所，隶属县科技局。1984年澄海县计量管理所改称为澄海县标准计量管理所，1986年3月成立澄海县标准计量管理局，王睦钊任局长，陈文潮任副局长。办公地址：澄海县沟下池。下设县计量检定测试所。
佛山地区	佛山市质量技术监督局	行政机构	1983年6月，佛山地区与佛山市合并后，成立佛山市标准计量局，局长：余荣鼎；副局长：韩祺、李荣。人员最初有10人，办公地点在富民路14号后座。下辖佛山市计量检定所（属科级事业机构）。 1989年1月，佛山市标准计量局更名为佛山市技术监督局。 1993年4月，廖坤扬任局长。 1999年10月28日，佛山市技术监督局更名为佛山市质量技术监督局，直辖南海、高明、三水三市质量技术监督局。 2001年8月，张燕飞任局长。 2006年10月，牛德才任局长。 佛山市质量技术监督局分管属下的区质监局有：顺德区、南海区、三水区、高明区等质监局。

附表 2—2 （续）

地区	机构名称	机构性质	机构名称、成立和变更时间及发展概况
佛山地区	佛山市质量计量监督检测中心	技术机构	1954 年 9 月，成立佛山市度量衡检定所，归市政府工商科领导。负责人陆英华，人员共 4 人，办公地址：佛山市公正路。 1956 年，佛山市度量衡检定所归市商业局领导，权德山任所长。办公地址：佛山市福禄路。 1957 年，佛山市度量衡检定所归佛山市市场管理处领导。 1958 年，佛山市度量衡检定所改称佛山市计量检定所，迁到公正路 144 号办公，刘树为临时负责人。同年，该所设立度量衡实验工厂，车间主任李桥，职工有 50 多人。 1960 年 5 月，佛山市和佛山专区两个计量所合署办公，实行两个机构，一套人马，编制定 6 人，由专区及市两科委共同领导。位同东任临时负责人。办公地址：迁回公正路 154—156 号。 1961 年，该所迁到福贤路金水街 2 号；1964 年再迁到向阳路（现莲花路）4 号。 1967 年，该所迁入人民路 76 号新办公、实验楼。 1969 年，吕昭烈任革命领导小组副组长。 1973 年，所长：李文禄（1973.1—1984.3）；副所长：吕昭烈（1973.1—1982.3）、叶沛亨（1974—1979）、袁广洪（1978—1980）、吴兆华（1980.3—1994.11）、张可都（1983.6—1987.1）。 1983 年 6 月，地市合并后，佛山市计量所归市标准计量管理局领导，并与局的计量监督管理科合署办公（1983 年以前市计量所一直由市科委领导）。该所固定资产 74 万元。 1984 年 3 月，所长：陈介正（1984.3—1994.11）；副所长：罗英济（1987.1—2002.7）、梁悦友（1989.6—1994）、郭耀初（1989.6—1998.10）。 1987 年 11 月，市计量所八层检测大楼动工，至 1988 年末，大楼主体土建工程完工。新大楼实用面积共 3600 m^2，恒温室面积 600 m^2。 1988 年底，市计量所共有干部职工 64 人，固定资产 150 万元。 1994 年，所长：林庆麟（1994.11—1996.11）；副所长：吴欣乐（1994.11—1999.7）。 1996 年，所长：黄卫宁（1996.11—1999.7）；副所长：李旭辉（1998.2—2003.8）。 1999 年，所长：张青（1999.7—2003.7）；副所长：任伟青（1999.7—2001.9）、冼志勇（2002.4—2003.8）。 2003 年 6 月，佛山市产品质量监督检验所与佛山市计量检定所合并，组建广东省佛山市质量计量监督检测所。所长：杨锦讯（2003.8—2005.10）；副所长：李旭辉（2003.8—2005.10）、冼志勇（2003.8—2007.3）、黄慧珍（2003.8—2007.3）；总工程师：林华福（2003.8—2007.3）。 2005 年 4 月，佛山市质量计量监督检测所更名为佛山市质量计量监督检测中心。主任：李旭辉（2005.10—2010.4）；副主任：姚克农（2007.3—2010.4）、冼志勇（2007.3—2010.4）、黄慧珍（2007.3—2010.1）、吕书明（2007.3—2010.4）、姚本云（2009.3—2010.4）；总工程师：张兆芝（2007.3—2010.4）。 2008 年 12 月，南海、三水、高明区质量技术监督检测所归属佛山市质量计量监督检测中心管理。

附表2—2 （续）

地区	机构名称	机构性质	机构名称、成立和变更时间及发展概况
佛山地区	佛山市属各区、县机构	计量管理及计量检测	顺德区：1978年6月6日成立顺德县标准计量所。黄厚全、陈仲良任副所长。1986年2月11日成立顺德县标准计量管理局，归口县科委。内设计量股，林世龙任股长。1986年4月7日顺德县标准计量所更名为顺德县计量检定测试所，办公地址在大良区县东路三巷2号，实验室面积2200 m^2，恒温室面积600 m^2。陈宝夷任所长（1986.8—1992）、林世龙任副所长（1986.8—1992）、谭大生任副所长（1988—1992）。1990年9月18日顺德县标准计量管理局更名为顺德县技术监督局，罗裕祥任计量股股长。1992年3月26日顺德撤县建市，顺德县技术监督局改称为顺德市技术监督局。同年顺德县计量检定测试所更名为顺德市计量检定测试所。陈宝夷任所长（1992—1995）、谭大生任副所长（1992—1995）；潘群英任所长，张建佳、胡克仔任副所长（1995）。同年12月23日顺德市技术监督局行政职能划归市科技局，内设技监科，罗裕铭任科长。1996年1月吴华田任科长；3月卢建新任科长。1999年11月29日顺德市技术监督局更名为顺德市质量技术监督局，内设计量科，卢建新任科长。2003年1月8日顺德市计量检定测试所更名为佛山市顺德区计量检定测试所。2003年3月成立顺德区质量技术监督局。2009年10月原顺德区质量技术监督局、顺德区工商管理局和顺德区安全生产监管局合并重新组建成顺德区市场安全监管局，内设计量科，舒伟民任计量科科长。2003年6月30日佛山市顺德区计量检定测试所更名为佛山市顺德区质量计量监督检测所。游飞飚任所长，张建佳任副所长。2005年5月20日毕景刚任副所长，尹健立、胡克仔任副所长。2007年黄宇恒任所长，尹健立、刘绍聪任副所长。 南海区：1984年6月20日成立南海县标准计量管理所，归口县经委。1985年3月成立南海县标准计量管理局，保留原县计量所，实行两个牌子、一套人马。1990年11月24日更名为南海县技术监督局。2003年3月成立南海区质量技术监督局，为佛山市质量技术监督局直辖。 高明区：1987年7月28日成立高明县标准计量管理局，归口县科委。1991年9月19日高明县标准计量局划归县经委。1993年8月9日更名为高明县技术监督局。1994年4月18日改称为高明市技术监督局。1999年10月20日改称为广东省高明市质量技术监督局。2003年3月成立高明区质量技术监督局，为佛山市质量技术监督局直辖。 石湾区：1991年2月1日成立石湾区技术监督局。1996年3月29日区经济委员会、区技术监督局合并，组建区工业局，加挂石湾区技术监督局牌子。1999年11月石湾区技术监督局职能和人员划归市技术监督局。2003年石湾区划归佛山市禅城区，取消石湾区。 三水市：1986年11月成立三水市标准计量管理局，1992年三水市标准计量管理局更名为三水市技术监督局。
江门地区	江门市质量技术监督局	行政机构	1978年11月4日，成立江门市标准计量管理局。由市科委、计委共同领导，以科委为主。下设市计量所，但实际上是两个牌子，一个机构。局编制为12人，实际人员数8人。陈志庆任局长（1978.9—1982.12）、张运胜任副局长（1979.7—1982.4）、谢坤魁任副局长（1980.10）。

附表 2—2 （续）

地区	机构名称	机构性质	机构名称、成立和变更时间及发展概况
江门地区	江门市质量技术监督局	行政机构	1983 年 6 月 1 日，市局直属市政府领导，编制为 20 人。局长：陈世杰；副局长：陈泽林、黄耀环；计量科副科长：余培智。办公地址在羊桥路羊桥横巷 1 号市计量所内。同期，江门市辖的新会、鹤山、台山、开平、恩平、阳江、阳春 7 个县均设有计量检验所，行使管理和计量检定两个职能，为行政、事业合一的计量管理机构，管理和检定人员共有 99 人。 1986 年 2 月，江门市标准计量管理局迁到西区大道 2 号 3 楼，定编为 20 人。到 1987 年底实有工作人员 30 人。局长陈世杰（1983.6—1988.10）；副局长陈泽林（1983.6—1988.9）、黄耀环（1983.6—1986.1）、冯永灿（1985.12—1997.6）。 1987 年 3 月，江门市标准计量管理局调整编制为 23 人，全部纳入行政编制。计量科科长：韩锦辉（1987.3—1994.12）。 1988 年 1 月，成立阳江市（地级），阳江、阳春两县同时划出归阳江市管，江门市由原辖 7 县减为 5 县。 1989 年 1 月，江门市标准计量管理局更名为江门市技术监督局。行政编制 20 人，事业编制 3 人，实有干部职工 33 人。局长陈泽林（1988.9—1997.7）、冯永灿（1997.6）、副局长梁德平（1989.9）、黄海权（1997.9）。计量科科长：梁奂（1995.12）。 1999 年 10 月，江门市技术监督局更名为江门市质量技术监督局（正处级）。该局直辖新会、台山、开平、恩平、鹤山等五市质量技术监督局。陈荣润、赵忠良任副局长（2002.12）。计量科科长：李海成（2002）。 2003 年 7 月，江门市质量技术监督局综合检测大楼正式建成并交付使用（总投资 1600 万元，建筑面积 12000 m^2，该项目于 1999 年列入江门市人民政府在建工程，于 2001 年 8 月破土动工，2003 年 5 月竣工）。局长：蔡珠民（2003.9—）；副局长：黄海权（2003—2004）、陈荣润（2003—）、赵忠良（2003—2008.2）、李宗焕（2004—）、陈天水（2008.7—）、郑岳剑（2009.4—）、谢少谋（2009.10—）。计量科副科长：李海成（2003）、周志雄（2004—2007.9）。计量科科长：周志雄（2007.10—）。计量科副主任科员：高美圆（2009.6—）。 江门市质量技术监督局分管属下的县市质监局有：台山市、新会区、开平市、鹤山市、恩平市等质监局。
	江门市质量计量监督检测所	技术机构	1954 年 4 月，成立江门市度量衡检定所，配有工作人员 3 人，归市政府工商科管辖，办公地址设在江门市常安路，不久迁到仓后路 52、54 号。负责人何仲池（1954.4—1956.5）、余培智（1956.5）。 1958 年，江门市度量衡检定所归属市政府财政科。 1959 年，该所办公地址迁到新市路 53、55、57 号。 1960 年，江门市度量衡检定所改名为江门市计量检定所，人员增加到 5 人，实行行政管理与法定技术机构合一建制，归属江门市科委。余培智任副所长（1961.1）。 1961 年，该所办公地址迁到中山公园 6 号。 1962 年，该所办公地址迁到常安路 64 号。 1970 年，该所办公地址再迁到堤东路 102 号，归属江门市革委会生产组。

附表 2—2 （续）

地区	机构名称	机构性质	机构名称、成立和变更时间及发展概况
江门地区	江门市质量计量监督检测所	技术机构	1971 年 12 月，江门市计量检定所改名为江门市计量所，归属科学技术局管辖，人员增至 16 人。李壮任革命领导小组组长（1971—1976.10）；余培智任革命领导小组副组长（1971.7—1978.11）；梁森根为领导小组成员（1971）。办公地点迁到江门堤东路 102 号。 1974 年 11 月，江门市计量检测大楼落成并交付使用（羊桥路羊桥横巷 1 号，面积为 3000 m²，其中实验室 452 m²）。 1978 年，江门市计量所归属市标准计量管理局。副所长余培智（1978.11—1983.5）、黄鸿添（1978.9—1980.9）、范宜健（1981.10—1983.1）。 1983 年 6 月，所长谢坤魁（1983.6—1988.6）副所长冯远辉（1983.6—1984.2）、李德诚（1984.2—1988.6）。 1988 年，所长李德诚（1988.6—1996.6）、副所长肖汉初（1988.6—1997.9）、张庆芳（1988.6—1998.11）、谢坤魁（1988.6—1997.7）。 1994 年 12 月，江门市计量所搬迁至白沙丰盛里 11 号新建的计量检测大楼（投资约 500 多万元，面积约 3000 m²）。全所共有职工 49 人。所长梁德平（1996.6—1998.11）、陈树斌（1998.11—2003.7）、副所长邝建牛（1997.9—2000.4）、陈树斌（1997.9—1998.11）、陈天水（1998.11—2001.12）、陈艳玲（2000.4—2001.12）、黄北汉（2002.1—2003.7）、张全勤（2002.1—2003.7）。 2003 年 4 月，江门市计量所与江门市质量监督检验所正式合并，改称江门市质量计量监督检测所。 2005 年，该所先后与原新会、鹤山质量技术监督检测所进行整合。 2009 年，该所共有员工 91 人，其中编内 52 人、编外 39 人。建有检测用房面积 3650 m²，其中实验室面积 700 m²。
	江门市属各区、县机构	计量管理及计量检测	新会区：1985 年 1 月成立新会县标准计量管理局，与新会县标准计量所实行两个牌子一套人马。1987 年 9 月标准计量管理局与标准计量所分设，标准计量所属股级单位，隶属该局领导。1989 年 11 月 25 日标准计量管理局更名为新会县技术监督局，归口经委管理。局长薛均荣（1990.5）、副局长李键文（1990.5—1998.11）、李奇护（1992.7—2001.4）、陈祖苏（1996.3）、高贤光（1998.11）。同年 12 月标准计量所更名为新会县计量测试所。1991 年 7 月 18 日计量测试所定为全民所有制股级事业单位，人员定编 18 名。1999 年 10 月新会县技术监督局改名为江门市新会区质量技术监督局，是江门市质量技术监督局的直属机构。局长薛均荣（1999.10—2001.2）、陈达良（2001.2—2006.4）、郑岳剑（2006.4—2009.6）、岑荣深（2009.6—）；陈祖苏、高贤光任副局长（1999.10）。 鹤山市：1984 年成立鹤山县标准计量管理局，属事业局，与鹤山县标准计量检验所合署办公，地址设在鹤山县沙坪镇中山路 72 号。严美容任副局长，冯泽洪任所长，李国良任副所长。1986 年 7 月鹤山县标准计量管理局与标准计量检验所分设，严美容任副局长。1988 年 1 月吕恩明任局长，严美容任副局长。同年 10 月鹤山县标准计量管理局搬迁至沙坪镇人民一巷 10 号办公。1989 年 7 月鹤山县标准计量管理局改称为鹤山县技术监督局，设计量监督股，李国良任股长。同年 9 月李德泉任鹤山县技术监督局局长。1990 年 6 月鹤山县计量检验所与产品质量监督检验所分设。1993 年 12 月鹤山撤县建市后，列入政府序列，

附表 2—2 （续）

地区	机构名称	机构性质	机构名称、成立和变更时间及发展概况
江门地区	江门市属各区、县机构	计量管理及计量检测	鹤山县技术监督局更名为鹤山市技术监督局。全局有干部职工 29 人。局长吕恩明（1988—1999.2）；副局长严美容（1987.6）、易明辉（1991.2—1998.8）、陈斌（1995.4）、陆如心（1997.6）。1999 年 10 月鹤山市技术监督局更名为鹤山市质量技术监督局。李德泉任局长（1998.9）、陈斌任副局长（1995.4）、陆如心任副局长（1997.6）。1999 年 8 月余伟雄任鹤山市计量测试所副所长。2002 年 1 月余伟雄任计量股副股长。2003 年 6 月撤消鹤山市产品质量监督检验所、鹤山市计量检测所，成立鹤山市质量技术监督检测所，正股级。2004 年 11 月林亮华任广东省鹤山市质量技术监督局局长。2006 年 12 月该局搬迁至沙坪镇文华路 102 号办公。2007 年 1 月李伟安副局长分管计量股工作；同年 8 月余伟雄任计量股股长。 台山市：1984 年 6 月 1 日成立台山县标准计量管理局（与台山县标准计量所一套人马两个牌子）。1986 年 6 月 12 日台山县标准计量管理局由原属事业机构改为行政管理机构。台山市标准计量所为检定机构，事业单位。1989 年 8 月 1 日台山县标准计量管理局改称为台山县技术监督局，列入政府序列。1991 年 7 月台山县技术监督局从台山县台城中山路 18 号搬迁到台山县台城龙华里 33 号新办公楼办公。1992 年 10 月台山撤县改市，台山县技术监督局更名为台山市技术监督局，局长余均普（1989.5）；副局长谢桌尧（1985.1—1991.5）、李洪占（1986.9）、余焕光（1995.8）、郑岳剑（1996.6）、陈耀名（1998.10—2001.2）。下设台山市计量测试所。1999 年 10 月 27 日台山市技术监督局更名为台山市质量技术监督局，为江门市质量技术监督局的直属机构。局长余均普（1999.12—2001.2）、郑岳剑（2001.2）、陈天水（2006.4—）；李洪占、余焕光任副局长（2001.2）、刘星宇任副局长（2008.10—）。2003 年 8 月 20 日台山市计量测试所更名为台山市质量技术监督检测所，事业机构。2003 年 10 月 22 日台山市质监局办公地址迁至台山市台城朝阳路 16 号。新办公大楼占地面积 330m²，楼高 7 层，总建筑面积 2500m²。 开平市：1960 年 5 月成立县标准计量管理所，隶属开平县科委。1984 年先后成立开平县标准计量管理局和计量检验所。1989 年 10 月开平县标准计量管理局更名为开平县技术监督局。张济仁任副局长（1984.8—1991.3）、许添宝任副局长（1985.1—1995.6）、许昂任局长（1988.12—1995.6）、胡兆源任副局长（1991.4—2000.12）、冯荣任任副局长（1992.8—1995.5）、张如汉任副局长（1995.6—2001.5）。下设开平县计量测试所。1999 年 10 月开平县技术监督局更名为开平市质量技术监督局，该局是江门市质量技术监督局的直属机构。黄忠贤任局长（1993.11）、司徒传济任副局长（1997.12）、龚卫军任副局长（2001.2）。 恩平市：1978 年 10 月成立恩平县计量所，1984 年 5 月定为股级事业单位，编制 16 名，实有工作人员 19 名。1984 年成立恩平县标准计量管理局。局所办公检测场地 949 m²（其中计量所 255 m²）。1989 年 8 月更名为恩平县技术监督局，序列县府局二级建制，归口县经委。局长何进喜（1987.12—1993.6）、吴明亮（1993.6）、副局长司徒良侨（1987.5—1993.5）、陈润爵（1987.5）、伍玉联（1991.5）、张锡泮（1994.5）、岑荣深（1999.1）、吴平仔（1999.9）。下设县标准计量检验所。1999 年 10 月恩平县技术监督局更名为恩平市质量技术监督局。局长吴明亮（1993.6—2001.2）、岑荣深（2001.2—2009.6）、周志雄（2009.6—）；伍玉联任副局长（1991.5）、吴平仔任副局长（1999.9）。

附表 2—2 （续）

地区	机构名称	机构性质	机构名称、成立和变更时间及发展概况
湛江地区	湛江市质量技术监督局	行政机构	1959 年，湛江专区成立湛江地区计量所，共有干部职工 5 人，归口专署科委领导，主要任务是指导粤西专区的计量检定工作。 1972 年，湛江地区计量所更名为湛江地区计量管理所，干部职工共 10 人，归口地区科委领导，董泽民任所长，地址在赤坎区寸金二横路 16 号。该所管辖阳江、阳春、信宜、茂名、徐闻等粤西区域的十三个县市。 1983 年 10 月，实行地市机构合并。同年 12 月成立湛江市标准计量管理局，行政编制 16 人。周建辉任局长（1981—1988.1）。地址设在湛江市海头原标准局内，后迁往湛江市人大常委会大楼五楼办公楼。 1992 年 1 月，湛江市标准计量管理局更名为湛江市技术监督局，局长韦朝东（1988.1—1994.2）、贾天敏（1994.3—1996.6）。 1996 年 6 月，湛江市技术监督局升格为一级局（内设计量科等 7 个科室），谢兴章任局长（1996.6—1999.12）。 1999 年 12 月，湛江市技术监督局更名为湛江市质量技术监督局，谢兴章任局长（2000.1—2005.5）。 2005 年 5 月，谢哈森任局长。 湛江市质量技术监督局分管属下的县市质监局有：遂溪县、徐闻县、廉江市、雷州市、吴川市等质监局。
	湛江市质量计量监督检测所	技术机构	1954 年 6 月，成立湛江市度量衡检定所，归口湛江市工商局领导，黄文海任所长。地址设在湛江市霞山区逸仙南四路 3 号。 1959 年，湛江专区成立湛江地区计量所，归口专署科委领导。 1961 年 7 月，湛江市度量衡检定所改名为湛江市计量检定所，共有职工 26 人，归口湛江市科技局领导，赵胜任副所长。并附设实验工厂，地址设在湛江市霞山区海头。 1966 年至 1970 年，湛江市计量检定所划归市第一机械局（即市机电局）管理，革命领导小组由许炎生负责。 1971 年，实验工厂改名为湛江市量具刃具厂，以厂养所，市计量所成为量具刃具厂的附设机构。 1975 年 4 月，成立湛江地区计量所，归口地区经委领导，伍庭焯任所长。搬迁至大庆路（现椹川大道）龙潮。 1977 年，地区计量所划归地区科委领导，同时更名为湛江地区标准计量所，伍庭焯任所长，后黎文进任所长。 1977 年 9 月，市量具刃具厂的计量检定部分分离，恢复湛江市标准计量所，隶属湛江市科技局领导，李罗生任所长。 1978 年，湛江地区标准计量所 1000 多平方米的办公大楼落成（1976 年湛江地区计量所办公大楼开始建设）。 1984 年 7 月，湛江市标准计量所与湛江地区标准计量所合并成立湛江市计量所。 1984 年底，湛江市计量所更名为湛江市计量测试所，属科级事业单位，归口湛江市标准计量管理局领导。定事业编制 49 人，共有干部职工 48 人，固定资产 36.1 万元，办公地址在露赤路（现椹川大道）龙潮，即在原湛江地区标准计量所办公楼办公。所长：陈桂发（1984.7—1986.12）、杨文茂（1987.12—1994.4）、梁土寿（1994.4—2003.8）；副所长：戴华（1986.12）、周壮（1987.6）。

附表 2—2 （续）

地区	机构名称	机构性质	机构名称、成立和变更时间及发展概况
湛江地区	湛江市质量计量监督检测所	技术机构	1989 年 3 月，湛江市计量测试所的衡器室独立分出来，以市计量测试实验工厂（计量所附属厂）的账户进行独立核算，人员 17 人，行政上属湛江市计量测试所领导。办公地址在海滨二路 13 号，负责人冯伟。 1992 年 3 月，湛江市衡器管理所正式成立，为科技事业单位，定事业编制 10 名。办公地址在海滨二路 13 号，隶属湛江市技术监督局领导，冯伟任副所长，负责所的全面工作。冯伟任所长（1994. 7—2003. 8）。 2001 年，粤西计量测试中心综合大楼（9000 m^2）落成，为当时全省面积最大的实验楼，挂靠在湛江市计量测试所内。该中心是国家技术监督局“八．五”规划在全国中等城市建立 100 个计量测试中心之一。 2003 年 8 月，原湛江市计量测试所、湛江市衡器管理所和湛江市产品质量监督检验所合并成立广东省湛江市质量计量监督检测所，归广东省湛江市质量技术监督局领导。罗林任所长。全所干部职工共 38 人，固定资产 115 万元。该所办公地址在湛江市开发区乐宾路。
	湛江市属各市、县机构	计量管理及计量检测	、 吴川市：1984 年 12 月，吴川县成立标准计量管理局，（局所合署办公）有职工 8 人。1983 年吴川县标准计量局更名为吴川县技术监督局。 廉江市：60 年代初期湛江地区廉江县成立计量管理所。1985 年，廉江县成立标准计量管理局，（局所合署办公）有职工 14 人。1994 年 5 月，廉江县标准计量管理局更名为廉江市技术监督局。 遂溪县：1985 年 6 月，成立遂溪县标准计量管理局，（局所合署办公）有职工 23 人。1993 年 3 月，遂溪县标准计量管理局更名为遂溪县技术监督局。 雷州市（海康县）：1980 年成立海康县标准计量管理局，（局所合署办公）有职工 16 人。1993 年 10 月更名为雷州市技术监督局。 徐闻县：1965 年成立计量管理所。1986 年成立徐闻县标准计量管理局，（局所合署办公）有职工 14 人。1991 年徐闻县标准计量管理局更名为徐闻县技术监督局。
茂名地区	茂名市质量技术监督局	行政机构	1984 年，成立茂名市标准计量局。原隶属于湛江地区管辖的信宜、高州、化州、电白县划归茂名市管辖。 1992 年，茂名市标准计量局更名为茂名市技术监督局。 1999 年，茂名市技术监督局更名为茂名市质量技术监督局。 茂名市质量技术监督局分管属下的县市质监局有：电白县、高州市、化州市、信宜市等质监局。

附表 2—2 （续）

地区	机构名称	机构性质	机构名称、成立和变更时间及发展概况
茂名地区	茂名市质量计量监督检测所	技术机构	1960 年，成立茂名市计量检定所，归口茂名市科委。全所干部职工 5 人，所长：吴陆（1960—1984.9）。办公及检测场地 928m²；仪器设备总资产共有 2500 元。 1969 年，该所归口茂名市轻工业局，干部职工人数 10 人。 1977 年，该所归口茂名市科教办，仪器设备总资产增至约 10000 元。 1979 年，该所归口茂名市科委，干部职工人数 18 人。 1984 年，茂名市计量检定所更名为茂名市计量测试所，隶属茂名市标准计量局领导。全所干部职工 18 人，所长：杜守斋（1984.9—1988.9）、张君德（1988.9—1993.6）、韦学强（1993.6—1998.2）、林伯江（1998.2—2003.6）；办公及检测场地 1200 m²；固定资产达 120 万元。 2003 年，茂名市产品质量监督检验所和茂名市计量测试所合并组建广东省茂名市质量计量监督检测所。全所干部职工 31 人，所长：邱坤秀（2003.6—2007.4）。办公及检测场地 1550 m²。 2003 年，固定资产达 200 万元，年业务收入达 500 多万元。 2007 年，所长：贾贞（2007.4—2009.8）。 2009 年，所长：张逸周（2009.8—）。在职职工 126 人，固定资产 918 多万元，办公及检验场所 3366 m²。
	茂名市属各市、县机构	计量管理及计量检测	信宜市：1965 年 4 月成立信宜县计量管理所。1986 年 6 月成立信宜县标准计量管理局。1986 年 6 月信宜县计量管理所更名为信宜县标准计量检验所。1995 年 5 月信宜县标准计量检验所更名为信宜市计量检定测试所。2003 年 6 月改名为信宜市质量技术监督检测所。人员编制 8 人；固定资产 20 万元。 高州市：1965 年成立高州县计量管理所，干部职工 3 人。1978 年 3 月撤销原计量管理所，成立高州县标准计量管理所，隶属县科委领导。1979 年 6 月归口县经委管理。1986 年 7 月，成立高州县标准计量管理局，归属县经委领导，局内设计量股。1989 年 3 月高州县标准计量管理所改称为高州县计量检定测试所，干部职工编制 10 人。1992 年 8 月高州县标准计量管理局改称为高州县技术监督局，定编 8 人。1993 年 6 月 8 日，高州撤县设市，高州县技术监督局改称为高州市技术监督局。1999 年高州市技术监督局改名为高州市质量技术监督局。2003 年 6 月，高州县计量检定测试所改名为广东省高州市质量技术监督检测所。 化州市：1971 年化州县科委设立计量管理所。1979 年 9 月计量管理所改名为化州县标准计量管理所。1986 年 8 月成立化州县标准计量管理局（与化州县标准计量管理所合署办公两个牌子一套人员）。1992 年化州县标准计量管理局更名为化州县技术监督局。同时，化州县标准计量管理所更名为化州县标准计量检验所。1995 年 1 月化州县标准计量检验所改称为化州市计量测试所。1999 年化州市技术监督局更名为化州市质量技术监督局。2003 年 6 月成立化州市质量技术监督检测所。核定

附表 2—2 （续）

地区	机构名称	机构性质	机构名称、成立和变更时间及发展概况
茂名地区	茂名市属各市、县机构	计量管理及计量检测	编制数 6 名，副所长 1 名，负责全面工作。办公场所 500 m^2。 电白县：1963 年 4 月成立电白县计量管理所，1979 年更名为电白县标准计量管理所。1985 年成立电白县标准计量管理局（与电白县标准计量所两块牌子一套人马），人员编制为 16 人。1992 年 3 月电白县标准计量管理局更名为电白县技术监督局。同时，电白县标准计量管理所更名为电白县标准计量检验所，为正股级单位。1999 年电白县技术监督局更名为电白县质量技术监督局。2003 年 6 月成立电白县质量技术监督检测所。在编人员 8 人，所长 1 名、副所长 1 名；办公、实验场地 250 m^2；固定资产 80 万元。
肇庆地区	肇庆市质量技术监督局	行政机构	1985 年，成立肇庆市标准计量管理局。 1986 年 5 月，肇庆地区行署成立肇庆地区标准计量管理局。随后，各县相继成立标准计量管理局。 1988 年 6 月，肇庆地区与肇庆市标准计量管理局合并更名为肇庆市标准计量管理局。 1990 年 7 月，肇庆市标准计量管理局更名为肇庆市技术监督局，内设计量管理科。 1999 年，肇庆市技术监督局更名为肇庆市质量技术监督局。 2007 年，局长：李康廷；副局长：梁其尤、冼伟文、梁永发。 肇庆市质量技术监督局分管属下的县市质监局有：广宁县、怀集县、封开县、德庆县、高要市、四会市等质监局。
	肇庆市质量计量监督检测所	技术机构	1962 年 1 月，成立肇庆市计量检测所，归口肇庆市科委。该所为肇庆地区最早设置的计量检定机构。 1964 年，由省计量局拨款在景山岗建计量检验大楼，设有长度、热电、测力等检验室。 1964 年，在肇庆市新街设衡器检验站，负责全市衡器检验业务。 1975—1976 年，省计量局先后两次拨款共 6.5 万元，在市区芹田路新建计量大楼。 1979 年，肇庆地区行署成立肇庆地区计量管理所，归口地区科委管辖。 1985 年，肇庆市计量所归口转为市标准计量管理局。 1988 年 6 月，肇庆市计量所改名为肇庆市计量测试所。 2003 年 6 月，成立肇庆市质量计量监督检测所（由原肇庆市产品质量监督检验所、肇庆市计量测试所、肇庆市标准计量情报所、肇庆市水泥质量监督检验站合并而成），正科级单位，核定编制 67 名。地址：肇庆市古塔南路 5 号。

附表 2—2 （续）

地区	机构名称	机构性质	机构名称、成立和变更时间及发展概况
肇庆地区	肇庆市属各市、县机构	计量管理及计量检测	怀集县：1986 年 6 月成立怀集县标准计量管理局，1992 年该局更名为怀集县技术监督局。 封开县：1986 年 6 月成立封开县标准计量管理局，1991 年该局更名为封开县技术监督局。 德庆县：1986 年 6 月成立德庆县标准计量管理局，1991 年该局更名为德庆县技术监督局。 四会市：1986 年 7 月成立四会市标准计量管理局，1991 年 9 月该局更名为四会市技术监督局。 广宁县：1986 年 11 月成立广宁县标准计量管理局，1997 年 7 月该局更名为广宁县技术监督局。 高要市：1986 年 8 月成立高要县标准计量管理局，1991 年该局更名为高要市技术监督局。
梅州地区	梅州市质量技术监督局	行政机构	1986 年 7 月，梅县地区行政公署成立标准计量管理处。 1989 年，成立梅州市标准计量管理局。 1994 年，梅州市标准计量管理局更名为梅州市技术监督局。 2000 年，梅州市技术监督局更名为梅州市质量技术监督局。 梅州市质量技术监督局分管属下的县市质监局有：梅县、大埔县、丰顺县、五华县、平远县、蕉岭县、兴宁市等质监局。
	梅州市计量检定测试所	技术机构	1975 年 7 月，成立梅县地区计量所，归口梅县科委领导。 1984 年初，该所归口地区科技局领导。 1987 年 9 月，该所划归梅县地区标准计量管理处领导，为正科级事业单位。 1988 年，梅县地区计量所更名为梅州市计量检定测试所。 2009 年，该所职工人数 139 人。
	梅州市属各市、县机构	计量管理及计量检测	兴宁市：1958 年 9 月成立兴宁县计量检定所，股级事业单位，隶属于县科委领导。该所建立时县委配给三名干部，并将一间集体所有制的衡器生产合作社转为计量所的附属工厂，基本可满足该县开展计量工作的需要。1987 年 4 月成立兴宁县标准计量管理局，1991 年 4 月，该局更名为兴宁市技术监督局。 梅县：1958 年 2 月成立梅县计量管理所。1987 年 7 月成立梅县标准计量管理局，1992 年 7 月该局更名为梅县技术监督局。 五华县：1959 年成立五华县计量检定测试所。1978 年成立五华县标准计量管理局，1992 年该局更名为五华县技术监督局。 蕉岭县：1987 年成立蕉岭县标准计量管理局，1991 年该局更名为蕉岭县技术监督局。 丰顺县：1987 年 6 月成立丰顺县标准计量管理局，1991 年 1 月该局更名为蕉岭县技术监督局。 大埔县：1987 年 7 月成立大埔县标准计量管理局，1991 年 11 月该局更名为大埔县技术监督局。 平远县：1976 年 6 月成立平远县标准计量测试所。1990 年 12 月成立平远县技术监督局。

附表 2—2 （续）

地区	机构名称	机构性质	机构名称、成立和变更时间及发展概况
汕尾市	汕尾市质量技术监督局	行政机构	1989 年 1 月 11 日，成立汕尾市技术监督局，副处级单位，从原经委划出三名人员编制。 1997 年 11 月，汕尾市技术监督局升格为一级局，局内设立计量科。 2000 年前后，汕尾市技术监督局更名为汕尾市质量技术监督局。 汕尾市质量技术监督局分管属下的县市质监局有：海丰县、陆河县、陆丰市等质监局。
	汕尾市质量计量监督检测所	技术机构	1990 年 2 月 8 日，成立汕尾市标准计量检测所，为市技术监督局属下的科级事业单位，编制 5 名。 2003 年 12 月，汕尾市产品质量监督检验所和汕尾市标准计量检测所合并，改名为汕尾市质量计量监督检测所，核定事业编制 51 名。
	汕尾市属各市、县机构	计量管理及计量检测	陆丰市：1978 年 11 月成立陆丰县标准计量管理所。1986 年 12 月成立陆丰县标准计量管理局，1991 年该局更名为陆丰市技术监督局。 海丰县：1959 年 1 月成立海丰县标准计量检定所。1986 年 8 月成立海丰县标准计量管理局，1991 年该局更名为海丰县技术监督局。 陆河县：1988 年 10 月成立陆河县技术监督局。
阳江地区	阳江市质量技术监督局	行政机构	1988 年 5 月，成立阳江市标准计量局。谭家谋、何洪信任副局长。 1989 年 3 月 21 日，阳江市标准计量局更名为阳江市技术监督局。何洪信任局长（1990.2）。 1989 年 4 月，江城区标准计量管理局更名为江城区技术监督局。 1991 年 11 月，江城区技术监督局人、财、物划归阳江市技术监督局管理。钟文彪任副局长（1991.11）；李宗焕任副局长（1993.8）。 1999 年 10 月，阳江市技术监督局更名为阳江市质量技术监督局。局长何洪信（2000.11）、张卫星任局长（2003.2）；副局长钟文彪、李宗焕、谭伟光（2000.11）、罗法贵（2002.11）、陈但家（2004.8）、袁铁（2005.4）。 2007 年，局长袁铁（2007.3—2008.3）；副局长余扬波（2007.4—2008.9）、谢仲荣（2008.7）、龙国军（2008.9）。 阳江市质量技术监督局分管属下的县市质监局有：阳西县、阳东县、阳春市等质监局。

附表 2—2 （续）

地区	机构名称	机构性质	机构名称、成立和变更时间及发展概况
阳江地区	阳江市质量计量监督检测所	技术机构	1987 年，成立阳江县标准计量所，归属阳江县科技局管理。 1988 年 5 月，阳江县标准计量所更名为阳江市计量测试所，编制 32 人。冯宗秀任副所长。 1991 年 6 月，成立江城区计量测试所，属股级事业单位。所长李宗焕（1992.3）、赖国荣（1995.1）、梁国良（1997.10）；副所长叶其崇（1992.12）；梁国良（1994.5）。 2003 年 4 月，江城区计量测试所更名为阳江市质量计量监督检测所。 2005 年 9 月 29 日，阳江市质量技术监督检测基地落成，占地 4000 多平方米，含阳江市质量计量监督检测所、广东省小五金产品检测中心及阳江市特种设备检验所三个技术机构。 2006 年 1 月，阳东县质量技术监督检测所人、财、物整合到阳江市质量计量监督检测所。
	阳江市属各市、县机构	计量管理及计量检测	阳春市：1962 年 1 月 8 日成立阳春县计量检定所，直属阳春县科委领导，在阳春县人民政府大院内办公，负责人黄培开。1966 年，阳春县计量检定所改名为阳春县计量检定管理所，并设有衡器修理实验工厂。1972 年计量所归口县工商局管理，从县府大院搬迁到漠阳市场办公，陈楷任所长，人员编制 8 人。1978 年计量所再次划归县科委管理，负责人黄培开。科委副主任陆世昌兼任所长（1981）；何光辉任所长、黄培开任副所长（1982）。1984 年 8 月 4 日成立阳春县标准计量管理局，下辖阳春县标准计量检验所（局、所一套人马，两个牌子）。李孔周任副局长。1987 年 1 月局内业务技术股改为计量监督股，1988 年 7 月再更改为计量管理股。1989 年 5 月 5 日阳春县标准计量管理局改称为阳春县技术监督局，直属阳春县政府主管；1991 年划转经委管理。1994 年 10 月阳春撤县建市，阳春县技术监督局改称为阳春市技术监督局。1999 年 11 月 24 日阳春市技术监督局更名为阳春市质量技术监督局。2003 年质检所和计量所合并为阳春市质量技术监督检测所。 阳东县：1988 年 9 月成立阳东县标准计量管理局，内设计量股。邓其泽任局长（1988—1989）；梁荣英任局长（1989—1990）。1991 年 7 月阳东县标准计量管理局改称为阳东县技术监督局。陈国充任局长（1990—1995）；梁荣英、何能胜任副局长（1990—1995）。1994 年成立阳东县计量测试所，是县技术监督局属下事业单位。1999 年 11 月阳东县技术监督局改称为阳东县质量技术监督局。局长钟基源（1995—2002）、陈宏伟（2002—2004）、陈但家（2004）、谢仲荣（2004—2008）林亮（2008—）；副局长何能胜、曾广步（1995—2004）、敖惠谋、钟英元（2004—）。 阳西县：1988 年 9 月成立阳西县标准计量管理局，为正科级行政单位。黄明胜任副局长（1988.9—1991.5），在编人员 12 人。1991 年 5 月阳西县标准计量管理局改名为阳西县技术监督局，陈但家任局长（1994.2—1999.11）；黄明胜任副局长（1991.5—1994.2），在编人员 21 人。1999 年 11 月阳西县技术监督局更名为阳西县质量技术监督局，陈但家任局长（1999.11—2004.2），在编人员 28 人。2004 年，局长谢锐（2004.2）、何光辉（2005.5）、刘李森（2009.6）。

附表 2—2 （续）

地区	机构名称	机构性质	机构名称、成立和变更时间及发展概况
清远市	清远市质量技术监督局	行政机构	1988 年 3 月，成立清远市标准计量管理局，魏灼元任局长。 1990 年 10 月，清远市标准计量管理局改名为清远市技术监督局，市属六县标准计量管理局亦相应改名为技术监督局。 2000 年前后，清远市技术监督局更名为清远市质量技术监督局。 清远市质量技术监督局分管属下的县市质监局有：佛冈县、阳山县、连山县、连南县、清新县、英德市、连州市等质监局。
清远市	清远市质量计量监督检测所	技术机构	1961 年，成立清远县计量所，人员 5 人。 1988 年 5 月，成立清远市计量科学测试研究所，何光海任所长。 1995 年 8 月，潘康荣任副所长。 2003 年 4 月，清远市计量科学测试研究所更名为清远市质量计量监督检测所。
清远市	清远市属各市、县机构	计量管理及计量检测	英德市：1986 年 8 月成立标准计量管理局，1991 年更名为英德市技术监督局。 连州市：1961 年 10 月成立标准计量所。1978 年 9 月成立标准计量管理局，1991 年 1 月更名为连州市技术监督局。 连山县：1986 年 1 月成立计量股。1987 年 3 月成立连山县标准计量管理局，1991 年更名为连山县技术监督局。 连南县：1986 年 11 月成立连南县标准计量管理局，1991 年更名为连南县技术监督局。 佛冈县：1986 年成立佛冈县标准计量管理局，1991 年更名为佛冈县技术监督局。 阳山县：1986 年 6 月成立阳山县标准计量管理局，1991 年更名为阳山县技术监督局。 清新县：1993 年 3 月成立清新县技术监督局。
东莞市	东莞市质量技术监督局	行政机构	1986 年 12 月，成立东莞市标准计量局，归口市科委管理，正科级行政单位，下设计量股及东莞市计量检定所，在东莞市城区向阳路 5 号办公。局长：张瑞安（1987. 1）。 1987 年 5 月，东莞市标准计量局隶属市经委管理。 1988 年 9 月 26 日，东莞市标准计量局升格为副处级单位。内设机构及事业单位升格为副科级单位。 1989 年 1 月，局内设计量管理科。 1990 年 2 月 8 日，东莞市标准计量局改名为东莞市技术监督局，副处级建制，归口市经委管理，人员编制 23 名。梁章古任副局长。 1990 年 10 月 5 日，东莞市技术监督局升格为正处级机构，编制为 35 名。 1992 年 10 月，副局长：欧煜新。 1993 年 5 月，副局长：王包培。 1999 年 10 月，东莞市技术监督局更名为东莞市质量技术监督局。局长：袁厚枝。 2007 年 7 月 30 日，局长：张活力。

附表2—2 （续）

地区	机构名称	机构性质	机构名称、成立和变更时间及发展概况
东莞市	东莞市质量计量监督检测所	技术机构	1962年5月，成立东莞县计量管理所。为股级事业单位。张国勤为负责人。办公地点在东莞县莞城镇西城楼北边原县文化馆内，办公场所面积不足30m^2。 1964—1970年，全所干部职工人数14人。 1966年，该所搬迁至东莞县莞城镇运河东二路原木材公司办公楼办公（即现在市妇幼保健院旧中医院隔壁）。 1974年10月，东莞县计量管理所更名为东莞县标准计量所。这一时期，李青山任所长（1970.12—1985.6），张国勤任副所长（1970.12—1982.10）；陈满森任副所长（1982.10—1985.6）；梁章古任所长（1985.7—1987.7），王包培任副所长（1985.7—1987.7）。 1975年底，该所搬迁至莞城镇向阳路5号，占地面积300多平方米，建筑面积700多平方米。 1987年7月，东莞县标准计量所更名为东莞市计量检定所，为正科级事业单位，有干部职工31人。王包培任所长（副局长兼），胡叶荣、张活力任副所长（计量科副科长兼）。 1992年上半年，欧煜新任所长（副局长兼），李煜坤、谢兆坤任副所长。 1992年5月，陈桂雄任所长，李煜坤、谢兆坤任副所长。 1993年10月，李煜坤任所长，谢兆坤任副所长。 1997年5月，李煜坤任所长，黄林保、肖锡勇任副所长。 1998年1月，肖锡勇任所长，黄林保、李志得任副所长。 1998年9月，该所搬迁至东莞附城（东城）主山高田坊温南路178号，技术监督局大院办公，检测面积达2000m^2。 2000年底，全所职工31人，仪器设备总值500万元。 2002年，陈桂雄任所长，李志得、张伟任副所长。 2003年6月，东莞市计量检定所与东莞市产品质量监督检验所合并，改名为东莞市质量计量监督检测所。黎灿新任所长，王耀光、杨锡波、张伟任副所长；李志得任总工。 2007年9月，谷历文任所长，王耀光、张伟任副所长；李志得任总工。 2009年6月，东莞市质量计量监督检测所撤销，其中的计量部分与华南国家计量测试中心／广东省计量科学研究院进行整合，并入广东省计量科学研究院东莞分院，是省计量院的直属正科级事业单位。潘嘉声任分院院长，张楠、张伟任副院长；李志得任总工。 2009年8月，李国志任分院院长，张楠、张伟任副院长；李志得任总工。

附表 2—2 （续）

地区	机构名称	机构性质	机构名称、成立和变更时间及发展概况
中山市	中山市质量技术监督局	行政机构	1979 年 1 月，成立中山县标准计量管理局，高义任局长（1979.1—1982.2），杨雪英任副局长（1979.1—1981.11）。奚德任局长（1982.2—1984.6）；李振雄任副局长（1982.2—1984.6）。 1984 年，中山县标准计量管理局改名为中山市标准计量管理局。于鹤延任局长（1987.6—1989.1）；李振雄任副局长（1987.6—1989.1）。 1985 年 9 月，该局转由市经委领导。 1987 年，中山市升格为地级市后，中山市标准计量管理局与经委合署，实行两个牌子，一套人员。 1989 年 1 月，中山市标准计量管理局更名为中山市技术监督局，成为独立的政府职能部门，于鹤延任副局长。内设计量管理科、下设计量检定测试所。 2000 年前后，中山市技术监督局更名为中山市质量技术监督局。
	中山市质量计量监督检测所	技术机构	1954 年，成立中山县度量衡检定组。 1956 年，成立中山县计量所，地址在拱辰路 1 号（旧镇委内），隶属工商局领导，袁柱兼任计量所负责人。 1965 年 3 月，中山县计量所更名为中山县计量管理所，事业单位，工作人员 3 人。严金发任计量所负责人（1966—1970）。 1968 年 10 月，该所转由工交战线管辖，工作人员增至 10 人，地址迁至孙文东路 52 号（天主教堂内）。 1970 年，该所负责人：李振雄（1970—1972）；李权（1972）；杨雪英（1976—1979），地址迁至孙文中路梓桐巷 3 号。 1977 年，该所转由县科委领导。所长李振雄（1979.1—1982.2）；副所长杨宽（1981—1984.6）、郑仲声（1982.8—1984.6）、梁振良（1982.6—1984.6）。 1984 年 5 月，中山县计量管理所更名为中山市标准计量测试所。所长奚德（1984.6—1987.6）；黄冠希（1987.7—1988.2）；李振雄任副所长（1984.6—1987.6）。 1989 年 1 月，中山市标准计量测试所更名为中山市计量检定测试所。所长李振雄（1989.3—1992.1）、朱凯仁（1992.1）副所长吕庆强（1992.1）；古国文（1989.3）；黎金明（1992.1）；罗文彦（1992.8—1993.12）。 2003 年 8 月，中山市计量检定测试所和中山市产品质量监督检验所合并，组建广东省中山市质量计量监督检测所。所长江迎鸿（2003.8—2010.3）、邹小勇（2010.3—）。
潮州市	潮州市质量技术监督局	行政机构	1978 年 9 月，成立潮安县标准计量管理局，与标准计量所、计量实验厂三块牌子一套人员。 1980 年 1 月 1 日，潮安县分设潮州市和潮安县建制之后，成立了潮州市计量管理局。 1981 年 5 月，成立潮安县标准计量管理局。 1982 年 12 月 9 日，撤销潮安县标准计量管理局，其职能下放潮安县标准计量所。 1983 年 10 月 8 日，潮州市与潮安县合并为潮州市，撤销原潮州市标准局及潮州市计量局。

附表2—2 （续）

地区	机构名称	机构性质	机构名称、成立和变更时间及发展概况
潮州市	潮州市质量技术监督局	行政机构	1984年6月，潮州市标准计量所定为局级事业单位，并增挂潮州市标准计量管理局牌子。张兆彬任局长，张仰鹏任副局长。办公地址：潮州市昌黎路70号市府大院。 1989年3月，潮州市标准计量管理局更名为潮州市技术监督局，内设机构计量股，承担计量监督管理职能。 1992年，潮州市升格为地级市，潮州市技术监督局内设机构计量科，承担全市计量监督管理职能。 1999年12月，潮州市技术监督局更名为潮州市质量技术监督局。 潮州市质量技术监督局分管属下饶平县质监局。
	潮州市质量计量监督检测所	技术机构	1959年6月1日，成立潮安县计量检定所。 1960年4月，成立潮安县计量实验厂，担负木杆秤制作和衡器修理任务。 1966年至1976年间，撤销潮安县计量检定所，改置地方国营潮安县量具修造厂，承担衡器修造任务。 1976年7月，重新成立潮安县标准计量所。 1979年3月1日，将潮安县量具厂改为潮安计量实验厂，并增挂潮安县标准计量局和潮安县标准计量所牌子。 1981年1月，潮安县计量实验厂、潮安县标准计量所及标准计量局正式分开成为三个独立经济核算单位，局为政府职能部门，所为事业单位，厂为企业单位。 1983年10月8日，潮州市与潮安县合并为潮州市，撤销原潮州市标准局及潮州市计量局，与原潮安县标准计量所合并成立潮州市标准计量所。 1984年6月，潮州市标准计量所定为局级事业单位，与潮州市标准计量管理局一套人马，两块牌子。 1986年6月，潮州市标准计量所更名为潮州市计量检定测试所。 2003年7月，潮州市计量检定测试所与潮州市产品质量监督检验所合并，组建广东省潮州市质量计量监督检测所。
	潮州市属各市、县机构	计量管理及计量检测	饶平县：1959年6月成立饶平县计量检定所，隶属县科委，配备专职干部1人。1976年11月该所改名为饶平县标准计量所，隶属县科技局，配备干部职工11人。1984年5月饶平县标准计量所改名为饶平县标准计量管理所，1986年成立饶平县标准计量管理局，陈添泉任局长，林振生、周汉泉任副局长。办公地址：饶平黄岗河西大路30号。下设县计量检定测试所。1992年9月饶平县标准计量管理局更名为饶平县技术监督局。
揭阳地区	揭阳市质量技术监督局	行政机构	1978年4月29日，成立揭阳县标准计量管理局，下设揭阳县标准计量所，对外挂两块牌子，内部合并办公，人员由局统一调配，工作由局统一安排。任命池汉凯任副局长（1978.11）；林壮龙任副局长（1979.11）；何锡泉任局长（1981.12）。 1982年7月10日，撤销揭阳县标准计量管理局，改设为揭阳县标准计量管理所，隶属县科委。何锡泉任所长，池汉凯、林壮龙任副所长。

附表 2—2 （续）

地区	机构名称	机构性质	机构名称、成立和变更时间及发展概况
揭阳地区	揭阳市质量技术监督局	行政机构	1984 年 5 月 24 日，揭阳县标准计量管理所列为局级事业单位，挂揭阳县标准计量管理局牌子，归口县经委领导，黄宜祥任所长；池汉凯、林壮龙任副所长；何锡泉为正局级调研员。办公地址：揭阳榕城新米南路 26 座 17 号。 1992 年 4 月 8 日，成立揭阳市技术监督局，人员 10 人，分管计量工作领导为黄宜祥。 1992 年 8 月 27 日，成立揭阳市技术监督局榕城区分局，为市技术监督局派出的科级机构，核定事业编制 7 名。 2001 年 7 月 25 日，揭阳市技术监督局更名为揭阳市质量技术监督局，正处级编制。 揭阳市质量技术监督局分管属下的县市质监局有：揭东县、揭西县、惠来县、普宁市等质监局。
	揭阳市质量计量监督检测所	技术机构	1959 年 12 月，揭阳县科委内成立计量检定所，指定科委主任丘荣兼任所长，干部胡志强任专职管理人员。 1960 年 2 月 24 日，县科委在榕城农具厂内划一车间作为计量实验工厂，丘荣兼任厂长，刘壁钦任副厂长；设业务主办 1 名，工人 14 名，计量实验工厂的任务是：负责木杆秤和台秤的改制检修工作，并配合做好市场的衡器管理工作。 1962 年 10 月，县科委撤销，计量检定所也随之撤销，计量工作由县工商行政管理局管理，指定干部黄宽松负责。 1965 年，黄宽松调离揭阳，计量工作交由干部洪汉忠接管。 1974 年 3 月，揭阳县建立科技局，计量工作由科技局管理，指定干部孙瑞负责。 1976 年 12 月 9 日，建立揭阳县标准计量所，列股级事业单位，先调配集体职工 5 名为工作人员，所长暂缺，隶属县科委领导，业务独立对外，并在科委内划两间房（约 20 m^2）作为办公室，地址：榕城镇店马路 25 号。 1977 年 9 月 29 日，揭阳县标准计量所副所长：林炎秋。 1982 年 7 月 10 日，揭阳县标准计量所更名为揭阳县标准计量管理所，隶属县科委领导。何锡泉任所长，池汉凯、林壮龙任副所长。 1984 年 9 月 25 日，县标准计量管理所暂定事业编制 20 名，经费正式列入财政预算。 1985 年 6 月 6 日，成立揭阳县计量测试所，隶属县标准计量管理所，人员及工作由标准计量管理所统筹安排。 1985 年 8 月 31 日，县标准计量管理所人员事业编制 25 名（含揭阳县计量测试所和揭阳县产品质量监督检验所）。 1986 年 3 月，县标准计量管理所改称为揭阳县计量检定测试所。 1992 年 4 月 29 日，揭阳县计量检定测试所改名为揭阳市计量检定测试所，科级事业单位，事业编制 13 名，归属揭阳市技术监督局领导。 2003 年 6 月 12 日，揭阳市产品质量监督检验所与揭阳市计量检定测试所合并，组建揭阳市质量计量监督检测所，正科级，核定事业编制 52 名，工勤编制 10 名。

附表2—2 （续）

地区	机构名称	机构性质	机构名称、成立和变更时间及发展概况
揭阳地区	揭阳市属各市、县机构	计量管理及计量检测	普宁市：1960年1月成立普宁县计量检定所，1965年县计量检定所改名为普宁县计量管理所。1979年3月成立普宁县标准计量局，黄以崇任局长，陈尊秋任副局长。办公地址：普宁县流沙镇河西二横街。下设县标准计量管理所。1982年4月20日撤销县标准计量管理局，其业务由县标准计量管理所承担，隶属县科委。1987年8月普宁县标准计量局工作楼落成，建筑面积294 m^2。1992年11月成立普宁县技术监督局。 揭西县：1984年6月成立揭西县标准计量管理所。1986年3月改设为揭西县标准计量管理局，刘之丈任局长，陈宗贤、曾喜之任副局长。办公地址：揭西县政府招待所对面。下设揭西县计量检定测试所。1987年8月揭西县标准计量局检测楼落成，建筑面积135 m^2。1992年12月揭西县标准计量管理局更名为揭西县技术监督局。 惠来县：1958年12月惠来县与普宁县合并称普惠县。1959年1月改称普宁县，两县合并期间在原惠来县设置普宁计量所惠来计量站。1961年3月恢复惠来县建制时，成立惠来县计量检定所及惠来县计量实验工厂。1965年改名为惠来县计量管理所，至1984年4月间，惠来县计量管理所曾先后分别由县计委、县财政局、县工商局、县科技局归口管理。1984年5月惠来县计量管理所改称为惠来县标准计量管理所。1986年成立惠来县标准计量管理局，曾振仪任局长，詹增通任副局长。办公地址：惠来县惠城惠东路71号。1992年12月惠来县标准计量管理局更名为惠来县技术监督局。 揭东县：1992年5月成立揭东县技术监督局。
云浮市	云浮市质量技术监督局	行政机构	1994年，成立云浮市技术监督局。 2000年前后，云浮市技术监督局更名为云浮市质量技术监督局。 云浮市质量技术监督局分管属下的县市质监局有：新兴县、郁南县、云安县、罗定市等质监局。
	云浮市质量计量监督检测所	技术机构	1963年4月1日，成立云浮县计量检定所。 1994年12月31日，成立云浮市计量检定测试所，隶属云浮市技术监督局。金繁荣任副所长（1995.2.13）。 1998年，金繁荣任所长（1998.10.20）。同年，云浮县计量综合办公楼落成。 2003年1月1日，云浮市产品质量监督检验所和云浮市计量检定测试所合署办公。领导班子由莫灿辉、罗建农、郑洪组成。 2003年6月30日，云浮市产品质量监督检验所与云浮市计量检定测试所合并，组建广东省云浮市质量计量监督检测所。莫灿辉任所长，罗建农、郑洪任副所长。 2005年4月28日，罗定、新兴、郁南质量技术监督检测所收归云浮市质量计量监督检测所统一管理。 2008年，质计所副所长：蔡常新（2008.4.22）、梁绍清（2008.11.28）。
	云浮市属各市、县机构	计量管理及计量检测	云安县：1996年成立云安县技术监督局。 罗定县：1979年成立计量所。1986年5月成立罗定县标准计量管理局，1991年该局更名为罗定县技术监督局。 新兴县：1986年5月成立新兴县标准计量管理局，1991年该局更名为新兴县技术监督局。

附表 2—2 （续）

地区	机构名称	机构性质	机构名称、成立和变更时间及发展概况
云浮市	云浮市属各市、县机构	计量管理及计量检测	郁南县：1981 年 6 月成立郁南县标准计量所。1986 年 8 月成立郁南县标准计量管理局，1991 年 1 月该局更名为郁南县技术监督局。
河源市	河源市质量技术监督局	行政机构	1988 年 7 月成立河源市技术监督局。
	河源市属各市、县机构	计量管理及计量检测	紫金县：1986 年 10 月成立紫金县标准计量管理局。1991 年该局更名为紫金县技术监督局。 龙川县：1980 年 3 月成立龙川县计量检定所。1986 年 10 月成立龙川县标准计量管理局，1991 年该局更名为龙川县技术监督局。 连平县：1986 年 6 月成立连平县标准计量所。1986 年 12 月成立连平县标准计量管理局，1991 年该局更名为连平县技术监督局。 和平县：1986 年 6 月成立和平县标准计量管理局，1991 年该局更名为和平县技术监督局。 东源县：1988 年 5 月成立东源县技术监督局。
惠州市	惠州市质量技术监督局	行政机构	1986 年 7 月成立惠州市标准计量管理局，1991 年该局更名为惠州市技术监督局。
	惠州市质量计量监督检测所	技术机构	1967 年 10 月成立惠州市计量所。
	惠州市属各市、县机构	计量管理及计量检测	惠阳市：1987 年 1 月成立惠阳市标准计量管理局，1991 年该局更名为惠阳市技术监督局。 惠东县：1986 年成立惠东县标准计量管理局，1991 年该局更名为惠东县技术监督局。 龙门县：1977 年 12 月成立龙门县标准计量管理所。1986 年 4 月成立龙门县标准计量管理局，1991 年 6 月该局更名为龙门县技术监督局。 博罗县：1981 年 12 月成立博罗县标准计量检定所。1986 年 12 月成立博罗县标准计量管理局，1991 年 7 月该局更名为博罗县技术监督局。

附表 2—2 （续）

地区	机构名称	机构性质	机构名称、成立和变更时间及发展概况
原海南行政区	海南行政区计量管理局	行政机构（含海口市）	1959 年，成立海南行政公署计量管理所，归口海南行政公署科学工作委员会领导。王安珍代理副所长（1963.2）、副所长（1964.7）。 1978 年 9 月，成立海口市标准计量局，归口市革命委员会领导。 1981 年 7 月，成立海口市标准局，原海口市标准计量局改为海口市计量局。 1986 年 8 月，成立海南行政区标准计量管理局，为二级局建制，归海南行政区经委领导。内设计量管理科。统一负责海南行政区直属（汉族地区）10 个市县标准化和计量管理工作。 1988 年 4 月，海南建省。至此，海南的计量管理机构及技术机构均由海南省政府设置。
	海南行政区计量监督测试所	技术机构（含海口市）	1959 年 7 月，成立海口市计量检定所，1963 年 2 月与海南行政区计量检定所合并，一套人马，两块牌子。 1965 年 8 月，海南行政公署计量管理所改为海南区科学技术委员会计量管理所，办公地址迁到海口市新民路（后为海口市文明路）。王安珍任副所长（1965.8—1974.2）；卢海清任第一副所长（1974.2—1974.12）。 1974 年 12 月，海南区科学技术委员会计量管理所改名为海南行政区标准计量所，归口海南行政区革命委员会科教办公室直接领导。卢海清任第一副所长（1974.12—1978.10）；何福生任所长（1978.11—1984.11）；王绪森任副所长、主持工作 （1984.12 后）。 1984 年 5 月，该所归口海南行政区经委领导，同时改名为海南行政区计量监督测试所，编制 23 人，何福生任所长。 1985 年，因房屋拆迁，该所迁到海口市机场路 46 号（后改为海口市蓝天路）。
	海南区辖各县机构	计量管理及计量检测	1963 年，琼海县、屯昌县成立了计量管理所。屯昌县计量管理所负责屯昌、定安、澄迈、琼山、临高 5 县的计量管理和量值传递工作，并经海南区计量部门授权负责 5 个县计量工作。1964 年文昌县、万宁县成立标准计量管理所。1965 年儋县、定安县先后成立标准计量管理所。1966 年琼山县成立计量管理所。1975 年 5 月 26 日成立海南黎族苗族自治州计量所，人员编制 15 名，负责人罗焕明。1977 年 9 月定为正科级建制，归海南黎族苗族自治州科学技术局领导。1979 年成立屯昌县标准计量局，归口县科委领导。1979 年底崖县成立标准计量管理所。1982 年 4 月昌江县成立标准计量所。1986 年 7 月东方县成立计量所。1986 年 6 月 13 日成立海南黎族苗族自治州标准计量管理办公室（副局级行政单位），核定事业编制 3 名（由州经委负责领导）。1986 年 8 月 21 日改为海南黎族苗族自治州标准计量管理局（二级局建制），核定事业编制由原来的 3 名增加到 5 名，归口海南黎族苗族自治州经委领导，负责人朱玉芳。从 1986—1988 年，海南其他市县陆续成立了标准计量管理局，归口各市、县经委领导。其中：1986 年成立计量管理机构的市县有：昌江县、琼山县、儋县、临高县、定安县、文昌县；1987 年成立计量管理机构的市县有：澄迈县、白沙黎族自治县、三亚市、琼中黎族苗族自治县、通什市、东方黎族自治县、陵水黎族自治县、保亭黎族苗族自治县；1988 年成立计量管理机构的市县有：琼海县、万宁县、乐东黎族自治县。

附录三　基本数据统计表

附表 3—1　1966 年广东省标准计量部门经费情况汇总表

单位：元

项目名称	栏次	总计	省标准计量所	广州地区		海南行政区		佛山地区		韶关地区		肇庆地区	
				合计	广州市所	合计	海南区所	合计	佛山市所	合计	韶关区所	合计	肇庆市所
一、收入合计	1	1, 253, 205	660, 913	193, 528	193, 528	129, 875	28, 530	74, 943	17, 357	15, 150	5, 650	35, 487	29, 382
1、检定费	2	188, 988	43, 566	102, 989	102, 989	11, 721	5, 872	12, 359	7, 657	1, 500	500	193	19
2、修理费	3	134, 903		9, 697	9, 697	27, 967	7, 244	26, 519	8, 706	7, 950	2, 250	5, 912	
3、辅助经费	4	674, 319	617, 347			23, 772	9, 000	16, 000	1, 000	4, 900	2, 100		
其中：事业费	5	636, 329	617, 347			14, 772	9, 000		1, 000				
4、其他收入	6	201, 116		80, 802	80, 802	66, 415	6, 414			800	800		
二、支出合计	7	1, 099, 162	609, 868	141, 425	141, 425	113, 162	29, 079	67, 071	13, 078	12, 596	5, 378	28, 947	23, 233
1、工资	8	257, 015	90, 488	55, 616	55, 616	56, 067	11, 977	16, 161	5, 776	6, 638	2, 060		
2、辅助工资	9	7, 946	584	2, 653	2, 653	1, 184	192	1, 466	52	418	140		
3、职工福利费	10	13, 531	1, 475	3, 617	3, 617	3, 524	719	1, 720	211	340	128		
4、公务费	11	109, 588	43, 039	17, 015	17, 015	18, 115	3, 779	9, 444	2, 278	750	150		
其中：邮电费	12	3, 164	1, 134			840	236	439	136	120			
旅差费	13	27, 354	12, 395	2, 182	2, 182	4, 700	1, 819	1, 504	367	500			
会议费	14	3, 815				3, 005		465		100			
一般设备购置费	15	18, 748	4, 516	1, 171	1, 171	2, 015		3, 893	568	600			
修缮费	16	36, 523	19, 207	8, 914	8, 914	3, 439	172	2, 280	774				
办公费	17	27, 669	5, 787	4, 748	4, 748	3, 099	1, 552	8, 630	433	580	180		
5、业务费	18	543, 524	413, 997	62, 523	62, 523	29, 724	9, 771	16, 859	4, 761	4, 050	2, 500		
专业设备购置费	19	74, 821	405, 840	50, 384	50, 384	17, 177	2, 585		3, 309	2, 400	2, 100		
6、其他支出	20	118, 205	60, 285			4, 540	2, 640	569		400	400		

附表 3—1 （续）

单位：元

项目名称	栏次	总计	湛江地区			汕头地区		惠阳地区	梅县地区	
			合计	湛江市所	茂名市所	合计	汕头市所	合计	合计	梅县区所
一、收入合计	1	1, 253, 205	60, 646	31, 388	25, 476	63, 686	63, 686	7, 309	11, 668	2, 299
1、检定费	2	188, 988	4, 354	3, 506	848	5, 672	5, 672	2, 767	3, 817	665
2、修理费	3	134, 903	37, 081	19, 482	17, 599	10, 908	10, 908	4, 542	4, 327	1, 444
3、辅助经费	4	674, 319	10, 310	8, 400	1, 910				1, 990	190
其中：事业费	5	19, 282	3, 310	1, 400	1, 910				1, 200	
4、其他收入	6	201, 116	5, 119		5, 119	47, 106	47, 106		1, 534	
二、支出合计	7	1, 099, 162	53, 222	30, 370	19, 356	55, 820	55, 820	5, 389	11, 662	2, 702
1、工资	8	257, 015	15, 074	8, 809	4, 753	8, 705	8, 705	2, 181	5, 630	1, 098
2、辅助工资	9	7, 946	1, 007	635	372			225	409	
3、职工福利费	10	13, 531	1, 115	969	96	650	650	202	888	195
4、公务费	11	109, 588	11, 750	9, 833	1, 707	5, 361	5, 361	1, 522	2, 592	374
其中：邮电费	12	3, 164	103	75	28	240	240	55	233	
旅差费	13	27, 354	4, 693	4, 256	437	561	561	363	456	26
会议费	14	3, 815				150	150		95	
一般设备购置费	15	18, 748	3, 910	3, 255	655	1, 260	1, 260	1, 036	297	
修缮费	16	36, 523	254		254	1, 920	1, 920		509	
办公费	17	27, 669	2, 575	2, 245	330	1, 230	1, 230	18	1, 002	348
5、业务费	18	543, 524	12, 376	4, 731	5, 921	2, 100	2, 100	1, 142	753	624
专业设备购置费	19	74, 821	4, 731	4, 731					129	
6、其他支出	20	118, 205	11, 900	5, 393	6, 507	39, 004	39, 004	117	1, 390	411

附表 3—2　1974 年广东省标准计量部门经费收支汇总表

单位：元

项目名称	栏次	总计	省标准计量所	广州地区		海南行政区		佛山地区			韶关地区		肇庆地区	
				合计	广州市所	合计	海南区所	合计	佛山市所	江门市所	合计	韶关区所	合计	肇庆市所
一、收入合计	1	1, 330, 093	360, 164	318, 835	316, 839	149, 786	43, 179	136, 680	19, 186	42, 065	56, 930	43, 075	44, 428	39, 082
1、检定费	2	176, 800	19, 719	37, 312	35, 746	9, 984	4, 887	52, 042	8, 419	19, 431	2, 435	1, 583	12, 202	12, 082
2、修理费	3	280, 140		23, 318	43, 042	27, 853	3, 054	55, 970	7, 633	2, 634	16, 549	6, 335	29, 226	24, 000
3、辅助经费	4	722, 790	340, 445	210, 000	210, 000	57, 075	31, 700	28, 142	3, 000	20, 000	37, 457	35, 557	3, 000	3, 000
其中：事业费	5	643, 357	340, 445	210, 000	210, 000	21, 998	12, 000	3, 300	3, 000		37, 457	35, 557	3, 000	3, 000
4、其他收入	6	151, 199		48, 205	48, 051	54, 874	2, 538	523	134		489	489		
二、支出合计	7	1, 305, 095	360, 120	273, 886	271, 106	132, 766	38, 996	167, 660	27, 413	41, 545	62, 200	41, 222	40, 235	35, 549
1、工资	8	374, 310	88, 107	71, 616	69, 979	49, 853	11, 041	49, 516	10, 945	7, 799	10, 828	6, 229	12, 705	10, 683
2、辅助工资	9	12, 821	1, 802	1, 631	1, 631	2, 148	417	597			439	144	1, 500	1, 450
3、职工福利费	10	30, 836	1, 888	6, 374	6, 102	4, 283	770	6, 770	1, 261	1, 357	712	348	1, 522	1, 258
4、公务费	11	204, 136	49, 439	17, 602	17, 448	31, 206	17, 966	28, 988	2, 481	1, 081	20, 832	19, 423	5, 580	4, 830
其中：邮电费	12	7, 784	1, 367	698	672	1, 777	334	1, 048	329	135	335	310	457	457
旅差费	13	53, 192	19, 368	6, 235	6, 190	6, 374	1, 856	4, 462	555		1, 228	1, 068	1, 141	991
会议费	14	3, 195		1, 860	1, 838	275		574			120	120		
一般设备购置费	15	48, 340	334	964	931	1, 922		14, 704	109		11, 401	11, 080	2, 125	1, 925
修缮费	16	49, 863	19, 632	1, 516	1, 516	15, 811	12, 603	2, 213	593		5, 345	5, 345	682	682
办公费	17	35, 598	7, 738	6, 328	6, 300	5, 047	3, 173	5, 081	895	946	1, 740	1, 500	1, 175	775
5、业务费	18	627, 352	219, 884	174, 655	174, 092	35, 646	7, 463	72, 041	12, 726	26, 698	27, 861	13, 454	15, 914	15, 914
专业设备购置费	19	489, 819	202, 852	136, 634	136, 329	31, 820	3, 637	49, 373	5, 452	22, 698	19, 119	12, 019	11, 300	11, 300
6、其他支出	20	55, 640		2, 008	1, 854	9, 630	939	9, 748		4, 410	1, 528	1, 524	3, 014	1, 414

附表 3—2 （续）

单位：元

项目名称	栏次	总计	湛江地区				汕头地区		惠阳地区		梅县地区
			合计	湛江区所	湛江市所	茂名市所	合计	汕头市所	合计	惠州市所	合计
一、收入合计	1	1,330,093	111,526	23,835	18,669	37,617	84,901	22,652	44,400	16,873	23,283
1、检定费	2	176,800	8,118	1,095	3,773	959	27,568	22,439	2,334	603	5,086
2、修理费	3	280,140	66,474		14,896	34,578	24,038		26,244	4,552	10,465
3、辅助经费	4	722,790	17,300	14,800			6,000		15,718	11,718	7,657
其中：事业费	5	643,357	17,300	14,800			2,000		2,000		7,657
4、其他收入	6	151,199	19,634	9,940		2,080	27,295	213	104		75
二、支出合计	7	1,305,095	102,480	23,443	21,899	24,941	98,526	35,210	44,082	22,547	22,140
1、工资	8	374,310	30,680	5,838	6,193	9,851	32,241	11,180	19,677	9,096	9,087
2、辅助工资	9	12,821	1,417	131	251	674	1,731	380	290	240	1,266
3、职工福利费	10	30,836	1,696	122	681	30	2,842	840	3,079	302	1,670
4、公务费	11	204,136	24,774	2,962	8,944	1,756	13,211	3,633	8,121	4,040	4,383
其中：邮电费	12	7,784	420	234	156	7	746	243	473	326	463
旅差费	13	53,192	7,139	1,505	3,567	461	3,206	1,625	3,154	1,001	885
会议费	14	3,195					150		113	113	103
一般设备购置费	15	38,340	12,420	420	2,545	615	828	922	2,957	1,368	685
修缮费	16	49,863	312	312			2,831		585	585	936
办公费	17	35,598	4,273	491	2,676	673	2,066	1,441	839	647	1,311
5、业务费	18	627,352	28,822	13,907		8,319	35,522	9,820	12,737	8,869	4,270
专业设备购置费	19	489,819	13,735	11,504		393	12,598	9,820	8,869	8,869	3,489
6、其他支出	20	55,640	15,091	483	5,830	4,311	12,979	9,357	178		1,464

附表 3—3　1975 年广东省标准计量部门支出情况调查表

单位：元

项目名称	栏次	总计	省标准计量所	广州地区		海南行政区		佛山地区			韶关地区		肇庆地区	
				合计	广州市所	合计	海南区所	合计	佛山市所	江门市所	合计	韶关区所	合计	肇庆市所
支出合计	1	1, 386, 028	388, 891	260, 563	256, 737	145, 762	47, 803	171, 167	47, 266	31, 961	53, 731	41, 551	26, 645	26, 645
1、工资	2	417, 845	90, 626	104, 915	103, 094	47, 061	15, 867	52, 806	11, 899	9, 029	13, 050	8, 041	10, 604	10, 604
2、辅助工资	3	16, 762	1, 724	1, 972	1, 913	1, 750	254	2, 644	456	353	495	169	2, 384	2, 384
3、职工福利费	4	32, 943	1, 962	8, 981	8, 861	4, 736	1, 805	6, 314	2, 092	895	1, 119	499	1, 104	1, 104
4、人民助学金	5													
5、公务费	6	173, 112	53, 192	18, 136	17, 553	21, 371	7, 568	21, 554	4, 731	1, 634	4, 970	4, 039	3, 359	3, 359
其中：办公费	7	36, 988	9, 074	7, 153	7, 014	3, 727	2, 718	6, 869	2, 606	825	683	442	896	896
邮电费	8	7, 437	1, 306	260	150	1, 421	349	1, 470	481	421	277	227	287	287
水电费	9	20, 022	3, 498	1, 879	1, 839	2, 854	1, 310	1, 524			673	630	2, 176	2, 176
印刷费	10	17, 414	9, 829	66		2, 483	1, 509	620			1, 208	1, 208		
器具修理费	11	12, 388	1, 426	550	500	118		2, 464			568			
机动车燃料费	12	5, 974	2, 067	3, 849	3, 849									
会议费	13	7, 046	889			3, 399		1, 503		150	13	13		
旅差费	14	65, 840	25, 100	4, 379	4, 201	7, 369	1, 682	7, 104	1, 644	238	1, 548	1, 519		
6、修缮费	15	44, 301	860	1, 589	922	14, 244	9, 277	4, 087	2, 010		3, 428	3, 428	1, 355	1, 355
7、设备购置费	16	494, 220	206、675	97, 669	97, 181	31, 865	7, 421	35, 184	6, 795	8, 000	23, 044	23, 044	2, 076	2, 076
一般设备购置费	17	69, 142	2, 000	23, 018	22, 784	3, 815		12, 268			1, 780	1, 780	352	352
专业设备购置费	18	425, 078	204, 675	74, 651	74, 397	28, 050	7, 421	22, 916	6, 795	8, 000	21, 264	21, 264	1, 724	1, 724
8、业务费	19	206, 841	33, 848	27, 301	27, 213	24, 735	5, 611	48, 578	19, 283	12, 056	7, 625	2, 331	5, 763	5, 763

附表 3—3 （续）

单位：元

项目名称	栏次	总计	湛江地区				汕头地区			惠阳地区		梅县地区
			合计	湛江区所	湛江市所	茂名市所	合计	汕头区所	汕头市所	合计	惠州市所	合计
支出合计	1	1,386,028	90,345	17,766	23,864	38,077	145,208	61,350	31,696	70,770	40,394	32,946
1、工资	2	417,845	32,951	7,588	9,696	10,797	33,942	3,400	11,573	21,776	10,848	10,114
2、辅助工资	3	16,762	1,415	81	456	652	1,846	60	783	1,407	628	1,125
3、职工福利费	4	32,943	1,104	3,027	888	1,116	2,316	90	620	1,990	600	1,394
4、人民助学金	5											
5、公务费	6	173,112	14,873	3,460	6,216	3,691	17,661	4,800	5,720	11,884	8,250	6,112
其中：办公费	7	36,988	1,451	202	360	702	3,005	300	1,200	1,465	1,180	2,665
邮电费	8	7,437	383	88	256		927	300	400	654	450	452
水电费	9	20,022	3,940	399	1,200	2,043	1,590	200	420	1,238	702	650
印刷费	10	17,414	916	339	300	107	1,785	1,000	600	324	153	183
器具修理费	11	12,388	2,310	1,300	500	212	3,823		1,000	320	320	809
机动车燃料费	12	5,974								58	58	
会议费	13	7,046					900	500	400	237	87	105
旅差费	14	65,840	5,873	1,132	3,600	633	5,631	2,500	1,700	7,588	5,300	1,248
6、修缮费	15	44,301	5,840	506	3,200	1,568	600			11,451	5,000	847
7、设备购置费	16	494,220	11,419	2,174	3,408	5,110	61,121	50,000	8,000	14,571	12,768	10,596
一般设备购置费	17	69,142	725		408		21,204	20,000		2,333	1,268	1,647
专业设备购置费	18	425,078	10,694	2,174	3,000	5,110	39,917	30,000	8,000	12,238	11,500	8,949
8、业务费	19	206,841	20,820	3,503		15,137	27,722	3,000	5,000	7,691	2,300	2,758

附表 3—4　1979—1988 年广东省标准计量部门各级计量技术机构综合统计表

年度	机构	人员情况	经费情况（万元）		固定资产总额（万元）		基本建设（万平方米）			计量仪器检定情况（台、件）	
		职工人数	收入合计	支出合计	合计	其中：仪器设备	现有房屋面积	在建建筑物	竣工建筑物	强制检定的计量器具	本年度实际检定数
1979	省计量科研所	109	47.15	43.50							18762
	广州地区	166	50.60	41.67	29.67	0.06					35838
	广州市计量所	130	45.86	34.76	29.25						
	海南行政区	85	13.76	14.53	2.25	0.70					10296
	海南行政区计量所	25	4.23	5.61							
	海口市计量所	19	1.30	1.77							
	汕头地区	108	23.46	24.56							20665
	汕头地区计量所	5	1.4	1.36							
	汕头市计量所	28	5.86	6.14							
	佛山地区	168	63.01	65.40	13.98						90044
	佛山地区计量所	7	1.20	1.76							
	佛山市计量所	38	33.50	31.00	11.80						
	江门市计量所	29	7.63	9.38							
	惠阳地区	57	11.60	8.63	2.90						7732
	惠阳地区计量所	4	1.00	1.07							
	惠州市计量所	22	5.08	3.97	1.01						
	深圳市计量所	3	0.50								
	梅县地区	26	4.63	4.65	1.30						5336
	梅县地区计量所	11	2.40	2.88							
	梅州市计量所	3	0.14	0.19							
	肇庆地区	51	7.60	12.70	5.5						2843

附表3—4 （续）

年度	机构	人员情况	经费情况（万元）		固定资产总额（万元）		基本建设（万平方米）			计量仪器检定情况（台、件）	
		职工人数	收入合计	支出合计	合计	其中:仪器设备	现有房屋面积	在建建筑物	竣工建筑物	强制检定的计量器具	本年度实际检定数
1979	肇庆地区计量所	1									
	肇庆市计量所	26	4.30	10.08	5.5						
	湛江地区	117	20.03	19.36	1.50						21457
	湛江地区计量所	31	4.52	4.78							
	湛江市计量所	22	2.65	2.29							
	茂名市计量所	18	4.90	4.33							
	韶关地区	91	16.80	14.23	7.89	0.31					9643
	韶关地区计量所	25	6.10	2.79	6.28						
1981	省计量科研所	116	136.60	119.20	858.10	377.10					11896
	省计量仪器实验厂	27	11.60	6.90	10.30	10.30					
	广州地区	186	55.62	40.60	198.70	161.32					
	广州市计量所	130	47.20	30.83	193.98	157.61					66350
	海南行政区	110	19.32	19.13	47.85	36.34					
	海南行政区计量所	22	5.40	4.60	40.00	30.00					9682
	海口市计量所	27	4.55	3.65	3.04	2.23					6421
	汕头地区	135	24.41	21.30	51.82	36.61					39805
	汕头地区计量所	5	2.80	1.40							
	汕头市计量所	34	8.12	6.75	27.62	13.57					
	佛山地区	185	80.44	50.55	69.40	52.89					107107
	佛山地区计量所	11	2.06	2.05	2.00	1.50					

附表 3—4 （续）

年度	机构	人员情况	经费情况（万元）		固定资产总额（万元）		基本建设（万平方米）			计量仪器检定情况（台、件）	
		职工人数	收入合计	支出合计	合计	其中：仪器设备	现有房屋面积	在建建筑物	竣工建筑物	强制检定的计量器具	本年度实际检定数
1981	佛山市计量所	37	26.13	13.95	8.96	4.96					
	江门市计量所	29	9.20	9.18	21.26	21.26					
	惠阳地区	58	16.85	18.41	32.97	15.00					14701
	惠阳地区计量所	2	1.42	1.42	3.50						
	惠州市计量所	21	3.79	6.04	11.33	7.23					
	深圳市计量所	5	0.70	3.57	2.78	2.78					
	梅县地区	71	16.89	15.69	27.52	12.14					11251
	梅县地区计量所	12	2.95	2.93							
	梅州市计量所	4	0.58	0.55							
	肇庆地区	55	12.37	8.10	24.95	10.76					8311
	肇庆地区计量所	1									
	肇庆市计量所	28									
	湛江地区	129	43.80	34.60	65.02	44.96					30869
	湛江地区计量所	30	5.13	4.29	15.18	5.48					
	湛江市计量所	22	6.32	5.08	10.11	10.11					
	茂名市计量所	17	10.13	9.01	24.35	10.64					
	韶关地区	90	27.28	19.25	37.65	16.64					7360
	韶关地区计量所	25	9.72	6.25	24.67	11.61					
	韶关市计量所	12	2.38	0.73							
1982	省计量科研所	116	56.42	46.37	361.37	361.37					11455
	省计量仪器实验厂	27									

附表 3—4 （续）

年度	机构	人员情况	经费情况（万元）		固定资产总额（万元）		基本建设（万平方米）			计量仪器检定情况（台、件）	
		职工人数	收入合计	支出合计	合计	其中:仪器设备	现有房屋面积	在建建筑物	竣工建筑物	强制检定的计量器具	本年度实际检定数
1982	广州地区	192	116.90	88.32	295.73	165.48					112948
	广州市计量所	136	66.64	34.17	282.18	152.18					92020
	海南行政区	89	221	204	53.40	31.80					24042
	海南行政区计量所	21									
	海口市计量所	27									
	汕头地区	148	32.04	27.57	46.60	30.21					65668
	汕头地区计量所	5	3.10	3.47							
	汕头市计量所	35	10.98	6.78	30.94	16.89					
	佛山地区	180	943.49	668.80	900.03	536.63					140071
	佛山地区计量所	11	62.70	59.30	18.00	18.00					
	佛山市计量所	36	256.81	195.68	436.8	164.4					
	江门市计量所	28	118.50	71.3	120.00	120.00					
	惠阳地区	74	17.28	14.68	32.80	16.72					10897
	惠阳地区计量所	2	1.42	1.41	3.11	0.10					
	惠州市计量所	21	5.61	4.78	10.20	7.50					
	深圳市计量所	5	7.01	9.25	7.51	7.51					
	梅县地区	65	13.13	10.30							14459
	梅县地区计量所	10	3.33	3.04							
	梅州市计量所	4	1.86	0.81							
	肇庆地区	69	12.86	11.15	30.09	13.98					11361

附表 3—4 （续）

年度	机构	人员情况	经费情况（万元）		固定资产总额（万元）		基本建设（万平方米）			计量仪器检定情况（台、件）	
		职工人数	收入合计	支出合计	合计	其中：仪器设备	现有房屋面积	在建建筑物	竣工建筑物	强制检定的计量器具	本年度实际检定数
1982	肇庆地区计量所	1	1.14	1.10							
	肇庆市计量所	28	3.26	3.01	22.60	8.20					
	湛江地区	151	48.61	40.39	40.89	40.89					42331
	湛江地区计量所	30	9.00	8.80	20.00	5.80					
	湛江市计量所	22	9.7	8.9	12.3	12.3					
	茂名市计量所	17	6.60	5.10	26.00	10.70					
	韶关地区	102	27.70	20.00	37.30	20.30					11818
	韶关地区计量所	26	8.90	7.30	26.70	13.70					
	韶关市计量所	9	3.60	0.94	1.40	1.00					517
1983	省计量科研所	118	111.20	82.60	373.50	373.50			0.3032		
	省计量仪器实验厂	27	15.30	7.14	10.30	10.30					
	广州地区	207	72.17	58.89	299.15	170.34					
	海南行政区	108	32.15	27.77	60.69	42.84					
	汕头地区	160	44.50	47.43	84.93	62.58					
	佛山地区	94	52.83	49.32	98.11	30.00					
	惠阳地区	77	42.57	48.28	27.62	13.51					
	梅县地区	58	21.68	16.85	27.30	13.31					
	肇庆地区	62	19.91	17.29	30.54	15.47					
	湛江地区	79	21.84	19.40	63.32	42.02					
	韶关地区	109	32.03	29.01	44.89	19.40					

附表 3—4 （续）

年度	机构	人员情况	经费情况（万元）		固定资产总额（万元）		基本建设（万平方米）			计量仪器检定情况（台、件）	
		职工人数	收入合计	支出合计	合计	其中:仪器设备	现有房屋面积	在建建筑物	竣工建筑物	强制检定的计量器具	本年度实际检定数
1983	茂名市	42	23.38	20.75	58.06	18.50					
	江门市	106	57.30	46.94	49.97	30.23					
	深圳市	13	19.58	14.93	20.62	15.52					
	珠海市	12	2.20	1.60	0.64	0.59					
1987	省计量科研所	139	194.50	180.54	1412.50	528.50	0.321	1.53	1.21	35644	
	省计量仪器实验厂	25	36.50	7.10	13.60	13.60					
	广州地区	196	368.37	57.03	364.18	180.48				45257	
	汕头地区	107	140.09	111.13	147.98	51.50				16802	
	佛山地区	88	126.60	74.23	155.85	105.12				12353	
	惠阳地区	44	27.90	28.80	16.62	8.00				1431	
	梅县地区	36	36.58	19.19	35.98	22.68				1224	
	肇庆地区	47	23.40	23.90	27.18	21.48				4040	
	湛江地区	54	55.00	49.74	49.00	28.00				5839	
	韶关地区	58	45.12	53.00	99.30	46.08					
	茂名市	46	32.60	29.18	60.00	23.60				3800	
	江门市	65	68.84	60.58	145.27	36.25				1140	
	深圳市	72	187.50	69.60	96.00	93.00				5830	
	珠海市	33	24.86	13.60	4.79	4.79				960	
1988	省计量科研所	152	241.40	235.60	615.60	560.60	1.0130				
	省计量仪器实验厂	24	15.60	12.10	3.00	3.00	0.0300				

附表 3—4 （续）

年度	机构	人员情况	经费情况（万元）		固定资产总额（万元）		基本建设（万平方米）			计量仪器检定情况（台、件）	
		职工人数	收入合计	支出合计	合计	其中：仪器设备	现有房屋面积	在建建筑物	竣工建筑物	强制检定的计量器具	本年度实际检定数
1988	广州市计量所	110	84	84	313.90	199.40	0.08584				
	广州市能源所	15	16.70	11.60	12.30	12.30					
	汕头市计量所	53	70.43	58.88	74.94	64.34	0.3919				
	汕头市计量科研所	24	33.56	26.12	65.60	10.73					
	佛山市计量所	47	130.00	125.00	155.00	69.00	0.2980				
	江门市计量所	42	76.27	52.80	98.54	51.33					
	惠州市计量所	23	11.50	11.30	17.50	10.00					
	深圳市计量所	46	306.65	230.81	346.90	97.00	0.4992				
	珠海市计量所	23	24.31	9.52	125.00	45.00					
	韶关市计量所	40	57.11	53.62	112.50	60.00	0.3000				
	梅州市计量所	14	24.70	11.39	34.80	21.50					
	肇庆市计量所	26	33.91	24.18	41.59	25.81					
	湛江市计量所	36	34.80	30.40	100.00	36.00	0.3080				
	茂名市计量所	29	21.40	21.75	62.40	26.00					
	清远市计量所	13	9.60	9.86	3.98	3.98					
	阳江市计量所	17	8.50	6.80	6.48	2.48					
	东莞市计量所	28	22.00	21.70							
	中山市计量所	22	31.22	50.57	44.60	41.70					

说明：各地区（含该地区各县市计量机构的统计数据）

附表 3—5　　1998—2009 年广东省质监系统各级计量技术机构综合统计表

年度	机构	人员情况（人）			经费情况（万元）		固定资产总额（万元）				基本建设(万平方米)		计量管理及计量检定（件）		
		事业编制	在职人员	其他从业人员	收入合计	支出合计	资产总额	专用仪器设备	房屋建筑物	其他	现有房屋面积	在建建筑物	已强检计量标准器具	已强检计量工作器具	计量仪器检定
1998	广东省计量所		151	8	918. 00	918. 00	2975.50	1376.50			2.08		29010	31981	116077
	广州市计量所		82		577. 00	429. 00	976.00	465.00			0.53			46573	74413
	广州市能源所		17		178. 00	84. 00	126.00	116.00							
	粤北计量测试中心		35		192. 50	192. 50	325.00	117.20			0.65		1385	8248	16107
	深圳市计量所		111	21	2001. 00	1945. 00	2017.00	1721.00			0.95	1.20		68036	154142
	珠海市计量所		29		189. 51	168. 43	62.21	46.21			0.12		198	9659	19756
	汕头市计量所		44		229. 50	231. 00	559.00	350.00			0.43		89	7476	15309
	汕头市计量科研所		26		85. 00	85. 00	99.80	2.90			0.12				
	佛山市计量所		56		300. 00	285. 00	723.00	455.00						40077	73851
	江门市计量所		36		207. 21	213. 90	640.80	187.50			0.33			845	1776
	湛江市计量所		35	14	147. 60	178. 00	126.00	108.00			0.34		294	4610	11287
	茂名市计量所		31		72. 00	71. 10	135.50	25.50			0.30			5408	9225
	肇庆市计量所		32		81. 80	81. 80	125.00	46.00			0.19		531	12238	37368
	惠州市计量所		35		211. 00	217. 00	245.00	171.00			0.25		460	8452	27336
	梅州市计量所		25		64. 17	64. 17	68.84	17.78			0.15		86	2583	15477
	汕尾市计量所		27	11	38. 00	37. 30	7.00	5.56			0.30			1388	2706
	河源市计量所		18	2	25. 00	25. 00	58.30	38.30			0.12			997	997
	阳江市计量所		30	1	84. 00	87. 00	55.00	55.00						8716	8696
	清远市计量所		14		74. 20	61. 40	78.00	28.00			0.09		4	4639	11039
	东莞市计量所		54		262. 70	262. 40	402.00	363.80			0.16		293	15110	37287
	中山市计量所		31		239. 50	151. 00	245.90	235.90			0.14		1570	36910	70468
	潮州市计量所		12		23. 00	23. 00	21.00	21.00			0.04			6065	8400
	揭阳市计量所		15		15. 00	15. 00	7.30	7.30			0.02			4280	4280
	云浮市计量所		8				65.55	4.50			0.10			3291	3291

附表 3—5 （续）

年度	机构	人员情况（人）			经费情况（万元）		固定资产总额（万元）				基本建设(万平方米)		计量管理及计量检定（件）		
		事业编制	在职人员	其他从业人员	收入合计	支出合计	资产总额	专用仪器设备	房屋建筑物	其他	现有房屋面积	在建建筑物	已强检计量标准器具	已强检计量工作器具	计量仪器检定
1999	广东省计量所	177	148	9	1322.58	1322.58	2689	1518.00			1.25		16155	5165	132437
	广州市计量所	140	80		1284.00	305.00	931.00	372.00			0.53			50798	80720
	广州市能源所	20	18		200.00	109.00	140.00	100.00						13635	14611
	粤北计量测试中心	45	33		160.00	182.00	365.00	157.00			0.65		1410	6027	15626
	深圳市计量检测院	129	109	49	2647.00	2326.00	1451.00	1451.00			1.20			74207	167093
	珠海市计量所	30	28		302.79	302.79	136.00	136.00			0.12		400	11764	24045
	汕头市计量所	50	45		196.00	218.00	561.00	358.00			0.43		1090	6417	15702
	汕头市计量科研所	30	27		65.00	70.00	100.00	20.00			0.12			337	337
	佛山市计量所	61	61	12	366.00	384.00	790.00	516.00			0.40		9097	9097	43497
	江门市计量所	50	34		218.00	301.00	714.00	241.00			0.32		2422	30368	55546
	湛江市计量所	46	36	2	129.00	126.00	135.00	118.00			0.10			5159	14317
	茂名市计量所	50	31	2	89.60	77.90	47.60	31.60			0.15			6294	8544
	肇庆市计量所	32	30	2	107.30	107.30	135.00	54.00			0.20		415	13355	25062
	惠州市计量所	41	47		243.00	243.00	294.00	202.00			0.19		46	6134	28200
	梅州市计量所	34	28		94.00	94.00	70.00	25.00			0.14			2442	15000
	汕尾市计量所	20	28		38.50	68.60	22.62	22.62						1749	1749
	河源市计量所	13	13	1	23.00	23.00	12.00	12.00						1454	1454
	阳江市计量所	32	30	2	100.00	108.00	72.00	71.00						8983	12583
	清远市计量所	18	14		73.00	64.00	79.00	26.00			0.08			4310	12744
	东莞市计量所	42	42	9	404.00	239.00	499.00	247.00					501	21572	882
	中山市计量所	35	35		217.80	225.20	259.60	237.80			0.14		1356	26514	70276
	潮州市计量所	12	12		28.00	28.00	24.00	24.00			0.04		4	1010	2680
	揭阳市计量所	13	15		14.50	14.50	5.00	5.00			0.02			8764	8764
	云浮市计量所	12	8		16.00	17.00	197.00	6.00			0.11			5326	5326

附表 3—5 （续）

年度	机构	人员情况（人）			经费情况（万元）		固定资产总额（万元）				基本建设(万平方米)		计量管理及计量检定（件）		
		事业编制	在职人员	其他从业人员	收入合计	支出合计	资产总额	专用仪器设备	房屋建筑物	其他	现有房屋面积	在建建筑物	已强检计量标准器具	已强检计量工作器具	计量仪器检定
2000	广东省计量科研所	170	159		1349.00	1358.20	3567	2529	1038		2.07			54145	155410
	广州市计量测试所	140	81		1233.65	931.60	1035.49	564.39	415	56.1				52432	92308
	广州市能源测试所	20	19		223.62	223.62	140	100	6	34				9630	
	韶关市计量测试所	50	32	4	128.00	134.00	333	115	218				19267	5734	19267
	深圳市计量检测院	169	121		4319.00	4069.00	3176	2864	312		1.25			142698	192223
	珠海市计量测试所	30	28		222.55	214.25	145.33	145.33			0.12		440	12891	26694
	汕头市计量检定所	50	41		201.53	218.71	696.42	427.55	268.87		0.4918		925	7825	17401
	汕头市计量科研所	30	25		179.42	179.42	78.63	42.63	36		0.1612		51	289	347
	佛山市计量检定所	74	60	15	462.00	493.00	773	570	203		0.3437			6845	45887
	江门市计量所	50	32	7	227.16	318.02	776.71	286.3	482.64	7.77	0.3283			7216	56296
	湛江市计量测试所	44	38	3	134.00	130.00	140	109	10	21			207	22215	24381
	茂名市计量测试所	50	32		70.90	85.30	47	26	16	5			14	49037	
	肇庆市计量测试所	32	30		98.00	104.60	139.72	61.4	53.72	24.6	0.2092		1606	29721	35026
	惠州市计量测试所	37	42	7	183.19	210.01	314.99	222.44	59.6	32.95	0.25			5594	31055
	梅州市计量测试所	34	26	1	77.39	77.39	69.84	30.08	39.37	0.39	0.12		122	23345	
	汕尾市计量测试所	20	27		37.60	48.70	31.4	6.7		24.7				1631	1631
	河源市计量测试所	13	13		13.30	13.30	10.2	10.2						4774	5034
	阳江市计量测试所	32	32	2	96.70	144.00	127.2	70	1.2	56				3916	3916
	清远市计量测试所	18	14	1	80.26	87.95	93.89	46.24	47.65		0.0473			92245	
	东莞市计量检定所	42	43	18	283.50	283.40	502.2	350.4		151.8			16165	16045	16165
	中山市计量测试所	35	35	6	254.62	254.62	267.62	267.62			0.15			12444	63166
	潮州市计量测试所	11	12		27.87	28.57	27.19	22.72		4.47				1280	2830
	揭阳市计量测试所	13	13		19.00	19.00	3.7	3.7			0.02				5340
	云浮市计量测试所	12	9	1	40.00	42.00	148	28	115	5	0.0805				4285

附表 3—5 （续）

年度	机构	人员情况（人）			经费情况（万元）		固定资产总额（万元）				基本建设(万平方米)		计量管理及计量检定（件）		
		事业编制	在职人员	其他从业人员	收入合计	支出合计	资产总额	专用仪器设备	房屋建筑物	其他	现有房屋面积	在建建筑物	已强检计量标准器具	已强检计量工作器具	计量仪器检定
2001	广东省计量科研所	170	161		2313.45	2262.19	3539	2501	1038		2.07		4720	22066	174175
	广州市计量测试所	135	81		1408.00	900.00	969.2	583.4	217.6	168.2	0.63			50805	113189
	广州市能源监测所	45	19		217.00	217.00	314	239	9	66				12477	12477
	粤北计量测试中心	50	32		232.60	204.10	347.8	82.2	215	50	0.6		1941	12530	20349
	深圳市计量检测院	169	136	68	5607.00	5601.00	9421	3528	4790	1103	1.25			166918	205466
	珠海市计量测试所	30	28		341.79	354.65	186.69	138.04		48.65			312	6180	27433
	汕头市计量检定所	50	39	5	244.93	244.00	699.7	430.8	268.9		0.48		1063	8785	18556
	汕头市计量科研所	30	24		189.13	188.93	81.22	45.16	36.06		0.1612			1491	1541
	佛山市计量检定所	74	58	25	523.20	556.20	806.5	585.8	203.2	17.5	0.4319		1625	24322	60499
	江门市计量所	50	32	5	331.13	312.19	834.37	341.78	482.64	9.95	0.3283			4172	54351
	湛江市计量所	49	38	2	140.00	155.00	142	111	10	21	0.1036			4296	17484
	茂名市计量测试所	50	29	3	88.86	98.19	60.4	26.3	16	18.1	0.14			6336	7853
	肇庆市计量测试所	32	27		160.31	136.66	146.59	52.52	53.73	40.34	0.2093		1609	18813	37129
	惠州市计量测试所	41	41		294.90	270.42	377.66	246.15	59.6	71.91	0.09			5056	31232
	梅州市计量测试所	34	24	1	117.18	109.76	75.73	30.33	39.37	6.03	0.1155			2549	5792
	汕尾市计量测试所	20	27		76.00	75.90	36	8.7		27.3			6138	6138	6138
	河源市计量测试所	12	12		12.80	15.30	10.1	10.1					8	12650	12650
	阳江市计量测试所	32	32		115.35	92.16	144	76	58	10				9476	14501
	清远市计量测试所	18	12	1	105.00	97.00	85	22	37	26			1807	10383	12190
	东莞市计量检定所	42	34	23	508.91	485.61	615.92	360.46		255.46			106	12800	12906
	中山市计量测试所	35	35	11	349.35	349.35	305.05	288.62		16.43	0.14		2433	20615	61316
	潮州市计量测试所	11	12		40.89	35.18	24.27	18.46		5.81	0.036			1778	3898
	揭阳市计量测试所	13	13				18	18			0.02		4285		5809
	云浮市计量测试所	12	9	1	58.10	90.58	174.2	29.82	101.18	43.2	0.08			2993	2993

附表 3—5 （续）

年度	机构	人员情况（人）			经费情况（万元）		固定资产总额（万元）				基本建设(万平方米)		计量管理及计量检定(件)		
		事业编制	在职人员	其他从业人员	收入合计	支出合计	资产总额	专用仪器设备	房屋建筑物	其他	现有房屋面积	在建建筑物	已强检计量标准器具	已强检计量工作器具	计量仪器检定
2002	广东省计量科研所	170	153		2836.70	1407.00	1340.00	302.00	1038.00		2.0700		7684	23868	185301
	广州市计量测试所														
	广州市能源监测所														
	粤北计量测试中心														
	深圳市计量检测院														
	珠海市计量测试所														
	汕头市计量检定所														
	汕头市计量科研所														
	佛山市计量检定所														
	江门市计量所														
	湛江市计量所														
	茂名市计量测试所														
	肇庆市计量测试所														
	惠州市计量测试所														
	梅州市计量测试所														
	汕尾市计量测试所														
	河源市计量测试所														
	阳江市计量测试所														
	清远市计量测试所														
	东莞市计量检定所														
	中山市计量测试所														
	潮州市计量测试所														
	揭阳市计量测试所														
	云浮市计量测试所														

附表 3—5 （续）

年度	机构	人员情况（人）			经费情况（万元）		固定资产总额（万元）				基本建设(万平方米)		计量管理及计量检定（件）		
		事业编制	在职人员	其他从业人员	收入合计	支出合计	资产总额	专用仪器设备	房屋建筑物	其他	现有房屋面积	在建建筑物	已强检计量标准器具	已强检计量工作器具	计量仪器检定
2003	广东省计量科研所	170	162		3864.00	3076.00	2079.00	912.00	1038.00	129.00	2.0700		11164	28174	203845
	广州市计量测试所				1836.75	2532.90	2269.46	1223.56	621.96	423.94	0.4855				
	广州市能源监测所				597.15	847.14	1336.68	579.18	674.32	83.18	0.1247				
	韶关市质计所				803.98	867.28	752.71	404.82	347.89		0.9400				
	深圳市计量检测院				8699.00	8355.00	11381.00	5687.00	4329.00	1365.00	0.9000				
	珠海市质计所				928.24	896.79	426.78		426.78						
	汕头市质量计量所				1213.96	1214.39	1337.85	775.70	371.49	190.66	0.7300				
	佛山市质计所				2076.64	1914.90	4095.50	1890.80	2092.40	112.30	0.9000				
	江门市质计所				882.00	865.00	1110.00	487.00	527.00	96.00	0.5100				
	湛江市质计所				600.60	599.14	468.47	269.51	91.61	107.35	0.4196				
	茂名市质计所				344.38	344.20	278.20	112.84	83.38	81.98	0.3300				
	肇庆市质计所				390.05	383.19	389.91	278.15	104.01	7.75	0.3726				
	惠州市质量计量所				817.28	816.68	723.33	618.93	104.40		0.3100				
	梅州市质计检测所				357.44	339.00	364.00	189.00	99.00	76.00	0.2350				
	汕尾市质计检测所				50.00		86.00	30.00		56.00					
	河源市质计检验所				228.49	118.58	84.00	84.00							
	阳江市质计所				207.00	203.00	212.98	155.98	57.00						
	清远市质量计量所				566.00	561.00	305.00	143.00	29.00	133.00	0.0400				
	东莞市质计所				2852.38	2852.38	2927.01	2614.80		312.21	0.2400				
	中山市质计所				1144.21	1144.21	1114.81	934.36		180.45					
	潮州市质计所				181.60	176.71	107.73	84.82		22.91					
	揭阳市检测所				194.65	199.48	129.54	129.54							
	云浮市质计所				193.02	134.62	408.68	70.20	262.40	76.08	0.1840				

说明：质计所的统计数字包含质检部分。

附表 3—5 （续）

年度	机构	人员情况（人）			经费情况（万元）		固定资产总额（万元）				基本建设（万平方米）			计量管理及计量检定（件）		
		事业编制	在职人员	其他从业人员	收入合计	支出合计	资产总额	专用仪器设备	房屋建筑物	其他	现有房屋面积	在建建筑物	已竣工建筑物	已强检计量标准器具	已强检计量工作器具	计量仪器检定
2004	广东省计量科研所	170	166		3882	1895	5915	3612	1038	1265	2.00			11725	32870	212394
	广州市计量测试所													825	40790	116667
	广州市能源监测所													12	205337	207239
	韶关市质计所													280	11060	18477
	深圳市计量检测院														166450	491544
	珠海市质计所														34809	57032
	汕头市质计所														46532	61181
	佛山市质计所													95	59561	131774
	江门市质计所													2499	4014	85580
	湛江市质计所														7596	16165
	茂名市质计所														6289	7890
	肇庆市质计所														37901	47825
	惠州市质计所													1957	6966	47437
	梅州市质计所													330	5499	8517
	汕尾市质计所														4868	4868
	河源市质计所														2625	4994
	阳江市质计所														2189	5238
	清远市质计所														3421	4559
	东莞市质计所														52200	52200
	中山市质计所														38085	63197
	潮州市质计所														6533	8591
	揭阳市检测所													2000	2679	2951
	云浮市质计所														21360	23767

说明：质计所的统计数字包含质检部分。

附表 3—5 （续）

年度	机构	人员情况（人）			经费情况(万元)		固定资产总额（万元）				基本建设（万平方米）			计量管理及计量检定（件）		
		事业编制	在职人员	其他从业人员	收入合计	支出合计	资产总额	专用仪器设备	房屋建筑物	其他	现有房屋面积	在建建筑物	已竣工建筑物	已强检计量标准器具	已强检计量工作器具	计量仪器检定
2005	广东省计量科研院	170	168		9145	8664	6890	4357	1038	1495	2.00					
	广州市计量测试所	135	105		3528	2896	4322	2801	1520		1.14	0.10				
	广州市能源监测所	45	29	17	1008	2131	3116	984	2131		0.48					
	韶关市质计所	80	72	10	1193	1137	992	644	348		1.50					
	深圳市计量检测院	169	435		12678	10829	14550	9239	3744	1567	2.17					
	珠海市质计所	81	56	40	1324	1149	972	972			0.66					
	汕头市质计所	171	148	18	1581	1578	1722	952	350	420	0.86					
	佛山市质计中心	132	112	93	5576	5431	6276	3567	2092	616	1.91					
	江门市质计所	113	85	49	1552	1451	1539	667	492	380	0.84					
	湛江市质计所	113	93	4	1087	1032	585	341	92	152	0.67					
	茂名市质计所	140	115	4	885	832	413	221	105	88	0.31					
	肇庆市质计所	67	58	4	648	647	706	400	202	104	0.36					
	惠州市质计所	89	75	2	1507	1485	1081	698	104	279	0.17					
	梅州市质计所	78	78		582	490	1111	281	700	131	0.41					
	汕尾市质计所	51	40	7	377	300	173	86		87	0.06					
	河源市质计所	53	39	5	458	333	286	184		102	0.07					
	阳江市质计所	57	47		476	453	278	54		224	0.30					
	清远市质计所	116	80		1077	1061	594	356	23	215	0.04					
	东莞市质计所	103	91		4645	4645	4010	2606	928	476	3.00					
	中山市质计所	95	66		2567	2408	2215	2215			0.43					
	潮州市质计所	50	41		393	388	210	210			0.20					
	揭阳市检测所	62	59	11	505	505	435	364		71	0.19	0.50				
	云浮市质计所	43	27		504	334	684	321	262	101	0.18					

说明：质计所的统计数字包含质检部分。

附表 3—5 （续）

年度	机构	人员情况（人）			经费情况(万元)		固定资产总额（万元）				基本建设（万平方米）			计量管理及计量检定（件）		
		事业编制	在职人员	其他从业人员	收入合计	支出合计	资产总额	专用仪器设备	房屋建筑物	其他	现有房屋面积	在建建筑物	已竣工建筑物	已强检计量标准器具	已强检计量工作器具	计量仪器检定
2006	广东省计量科研院	170	163		7690	8912	7782	6744	1038		2.00			3667	4352	236586
	广州市计量检测院	135	105	34	4297	4289	5270	3749	1520		1.14			2672	112048	179291
	广州市能源监测所	45	38	10	1503	1458	3872	1741	2131		0.48				376656	380544
	韶关市质计所	80	70		1237	1172	1232	884	348		1.55			644	15622	21899
	深圳市计量检测院	169	138	413	18445	15278	18214	11661	3784	2769	2.81	0.14	1.50	2000	239199	240143
	珠海市质计所	78	58	45	1743	1716	1172	1172			0.70			275	40193	47573
	汕头市质计所	171	146		1705	1703	1950	1144	350	457	0.81				86600	111937
	佛山市质计中心	132	114	42	6389	5841	7142	3997	2092	1052	1.33				49599	111228
	江门市质计所	113	90		1834	1623	1908	970	492	446	0.86			3694	5628	141899
	湛江市质计所	113	89	11	1228	1158	687	401	102	184	0.36				10198	21290
	茂名市质计所	140	112	9	992	991	445	240	105	100	0.34				8657	8657
	肇庆市质计所	67	61		769	767	740	429	184	128	0.42			25	18018	35111
	惠州市质计所	89	89		1915	1911	1010	905	104		0.45			2392	14826	59042
	梅州市质计所	78	77		562	606	1148	301	700	147	0.41				2895	4385
	汕尾市质计所	51	46	5	360	312	191	79		111	0.12				26590	26590
	河源市质计所	53	42	8	355	462	348	245		103	0.07			750	5600	5600
	阳江市质计所	57	56		561	542	346	80		266	0.30				9707	13876
	清远市质计所	116	81	11	1059	1059	1137	513	365	258	0.28				13276	24163
	东莞市质计所	103	91		5458	5458	5157	3414	929	814	2.07				192000	188038
	中山市质计所	95	74		2680	2599	2512	2083		429	0.46				92445	129686
	潮州市质计所	50	43	9	469	421	351	284		67	0.20			5	6720	13756
	揭阳市检测所	62	62	12	784	784	543	447	75	21	0.40			10	8377	8544
	云浮市质计所	43	31	13	491	431	847	462	262	123	0.18				13447	13448

说明：质计所的统计数字包含质检部分。

附表 3—5 （续）

年度	机构	人员情况（人）			经费情况(万元)		固定资产总额（万元）				基本建设（万平方米）			计量管理及计量检定（件）		
		事业编制	在职人员	其他从业人员	收入合计	支出合计	资产总额	专用仪器设备	房屋建筑物	其他	现有房屋面积	在建建筑物	已竣工建筑物	已强检计量标准器具	已强检计量工作器具	计量仪器检定
2007	广东省计量科研院	170	162		6701	6164	7148	7148			1.36				5933	244986
	广州市计量检测院	135	152		4456	4244	6301	4781	1520		1.29	0.13		2845	125567	184630
	广州市能源监测所	45	37	10	1584	1522	4361	2190	2131	39	0.48				462538	22215
	韶关市质计所	80	70		1722	1295	1322	974	348		1.55			1215	22365	34463
	深圳市计量检测院	169	132	502	17980	16522	20380	13498	3784	3098	4.31	0.14		847	255898	515709
	珠海市质计所	78	59	37	1860	1800	1420	1307		113	1.00			338	62747	92216
	汕头市质计所	171	145		2448	2446	2143	1303	350	491	0.81				55845	76598
	佛山市质计中心	132	119	46	7596	6667	8062	4684	2092	1285	1.33			1007	54584	126608
	江门市质计所	113	152		2142	1959	2054	1183	492	379	0.36			3312	28828	146585
	湛江市质计所	113	89	14	2001	1201	934	623	102	209	0.36			686	9085	24002
	茂名市质计所	140	114	11	1135	1087	508	242	105	161	0.34				27726	27726
	肇庆市质计所	67	63		993	992	1040	562	358	120	0.42			23	19994	41375
	惠州市质计所	89	67		1946	1936	1545	1073	104	367	0.31			2146	26553	67954
	梅州市质计所	78	77		686	638	1176	314	700	162	0.41				2763	5599
	汕尾市质计所	51	46	14	417	396	253	129		124	0.15				5137	5445
	河源市质计所	53	47	9	418	394	433	309		124	0.20				6365	6365
	阳江市质计所	57	56		522	469	689	392		296	0.30			750	10534	13335
	清远市质计所	116	82	14	1209	1209	1210	578	388	244	0.31				45538	61260
	东莞市质计所		92		5843	5843	6495	4752	929	814	2.91			9719	60775	142587
	中山市质计所	95	81		3575	3274	2926	2926			0.46				83934	135625
	潮州市质计所	50	44	24	720	717	468	389		79	0.20			16	8166	7774
	揭阳市检测所	62	60	4	735	679	543	452	75	16	0.54			12	13697	16995
	云浮市质计所	43	43	7	518	526	920	508	262	150	0.18			14	7308	8665

说明：质计所的统计数字包含质检部分。

附表 3—5 （续）

年度	机构	人员情况（人）			经费情况(万元)		固定资产总额（万元）				基本建设（万平方米）			计量管理及计量检定（件）		
		事业编制	在职人员	其他从业人员	收入合计	支出合计	资产总额	专用仪器设备	房屋建筑物	其他	现有房屋面积	在建建筑物	已竣工建筑物	已强检计量标准器具	已强检计量工作器具	计量仪器检定
2008	广东省计量科研院	170	168		8180	8789										
	广州市计量检测院	135	98	45	5159	5281										
	广州市能源院	45	35	40	2804	2408										
	韶关市质计所	80	73		2310	2014										
	深圳市计量检测院	12	149	615	24029	16442										
	珠海市质计所	78	120		2468	2437										
	汕头市质计所	103	145	30	3950	3949										
	佛山市质计中心	132	119	207	8134	8753										
	江门市质计所	113	90	63	2733	2525										
	湛江市质计所	113	85	26	2736	2736										
	茂名市质计所	140	112	11	1444	1434										
	肇庆市质计所	67	59	20	1122	1122										
	惠州市质计所	89	71	69	2876	2700										
	梅州市质计所	78	71		920	893										
	汕尾市质计所	51	45	16	507	507										
	河源市质计所	53	50	11	724	569										
	阳江市质计所	57	54		644	541										
	清远市质计所	76	76	23	1356	1347										
	省计量院东莞分院	103	96		7995	6538										
	中山市质计所	95	83	127	4201	4118										
	潮州市质计所	50	48	29	1674	1652										
	揭阳市检测所	62	60	17	1053	879										
	云浮市质计所	43	50		1216	644										

说明：质计所的统计数字包含质检部分。

附表 3—5 （续）

年度	机构	人员情况（人）			经费情况（万元）		固定资产总额（万元）				基本建设（平方米）			计量管理及计量检定（件）		
		事业编制	在职人员	其他从业人员	收入合计	支出合计	资产总额	专用仪器设备	房屋建筑物	其他	现有房屋面积	在建建筑物	已竣工建筑物	已强检计量标准器具	已强检计量工作器具	计量仪器检定
2009	广东省计量科研院	170	170		8091	8327	14600		14600		12100					
	广州市计量院	135	103	145	6354	5710	8099	6214	1520	365	19233		9640			
	广州市能源院	45	39	49	2891	2714	6365	2726	2170	1469	4748					
	韶关市质计所	80	76		2293	2601	1533	974	348	211	15471					
	深圳市计量检测院	168	159	729	21705	36129	29521	17875	7888	3757	43102					
	珠海市质计所	78	65	75	2898	1681	3361	3086		274	4480					
	汕头市质计所	171	148	51	3398	3397	3404	2733	350	321	7343					
	佛山市质计中心	132	119	227	11553	9888	11833	8962	2084	787	10782	8000				
	江门市质计所	113	98	57	3882	3733	3202	406	812	1985	5623					
	湛江市质计所	113	83	24	2535	2535	2037	1712	102	223	7744					
	茂名市质计所	140	116	10	1498	1462	822	474	105	243						
	肇庆市质计所	67	61	27	1203	1202	1357	736	352	269	4245					
	惠州市质计所	89	88		3198	3190	2193	1694	104	395	5901					
	梅州市质计所	78	71		832	831	1461	582	700	179	4115					
	汕尾市质计所	45	45	16	508	477	357	222		135	600					
	河源市质计所	53	53	11	651	632	480	391		89	5373					
	阳江市质计所	57	54	11	749	609	789	598		192	3000					
	清远市质计所	116	98		1371	1365	1085	808	3	273						
	省计量院东莞分院	42	38	110	1392	1358	2083	1543		539						
	中山市质计所	95	84	120	5144	5105	4792	4042		751	4600					
	潮州市质计所	50	46	43	1383	1425	2260	1426	692	141	6303	3500				
	揭阳市检测所	62	60	18	1047	784	703	425	75	203	5400		5200			
	云浮市质计所	43	36	20	1162	1544	1095	628	262	204	1795					

说明：质计所的统计数字包含质检部分。

附表 3—6　计 量 法 制 管 理 情 况

年度	机构	本年末累计计量标准				本年末累计计量授权						计量器具新产品				制造、修理计量器具				计量器具监督检查（台件）			
		建立在依法设置计量检定机构的社会公用计量标准	依法授权建立的社会公用计量标准	依法授权其他单位开展专项检定工作计量标准	建立在部门、企事业单位的最高计量标准	依法设置的计量检定技术机构	依法授权建立的计量检定机构	其他承担专项授权检定任务的机构和项目		授权承担计量器具型式评价或样机试验的机构和项目		型式批准证书系列数		样机试验合格系列数		取得制造计量器具许可证的单位、个体工商户		取得修理计量器具许可证的单位、个体工商户		法制性的计量监督检查		计量器具性能的监督检查	
																				检查计量器具	合格计量器具	抽查计量器具	合格计量器具
		项	项	项	项	个	个	个	项	个	项	本年	累计	本年	累计	本年	累计	本年	累计	台件	台件	台件	台件
1998	广东省	1692	320				33	94	167	3		1	90	105	795	32	317	3	74			12224	11596
	省小计	359	164				2	35	112	3		1	90	105	795		24						
	地小计	860	73				13	19	27							26	254	3	41			3086	2784
	县小计	473	83				18	40	28							6	39		33			9138	8812
1999	广东省	1599	157				31	46	82	3	490	1	91	132	927	30	302	21	97			29189	11066
	省小计	166					1			3	490	1	91	132	927		24					18	18
	地小计	911	96				13	22	51							23	228	2	49			3132	3013
	县小计	522	61				17	24	31							7	50	19	48			26039	8035
2000	广东省	1576	147		1401		81	62	81	3	490	3	94	115	1352	60	357	45	602			13323	11845
	省小计	151					22			3	490	3	94	115	1045	2	26						
	地小计	1143	113		1129		47	40	59						307	50	274	37	30			7060	6435
	县小计	282	34		272		12	22	22							8	57	8	572			6263	5410

附表 3—6 （续）

年度	机构	本年末累计计量标准				本年末累计计量授权						计量器具新产品				制造、修理计量器具				计量器具监督检查（台件）			
		建立在依法设置计量检定机构的社会公用计量标准	依法授权建立的社会公用计量标准	依法授权其他单位开展专项检定工作计量标准	建立在部门、企事业单位的最高计量标准	依法设置的计量检定技术机构	依法授权建立的计量检定机构	其他承担专项授权检定任务的机构和项目		授权承担计量器具型式评价或样机试验的机构和项目		型式批准证书系列数		样机试验合格系列数		取得制造计量器具许可证的单位、个体工商户		取得修理计量器具许可证的单位、个体工商户		法制性的计量监督检查		计量器具性能的监督检查	
																				检查计量器具	合格计量器具	抽查计量器具	合格计量器具
		项	项	项	项	个	个	个	项	个	项	本年	累计	本年	累计	本年	累计	本年	累计	台件	台件	台件	台件
2001	广东省	1367	98		1614		65	80	156	3	322		2	141		79	343	4	51			41744	39774
	省小计	170								3	322		1	141		46							
	地小计	795	15		1374		51	62	124				1			26	289	1	32			14261	13281
	县小计	402	83		240		14	18	32							7	54	3	19			27483	26493
2002	广东省	1405	253		1936		26	111	233	4	386			315	494	185	830	16	92			149143	138727
	省小计	172					1	62	148	4	386			284	425	115	488	3	31			130310	121180
	地小计	914	217		1909		13	43	77					31	69	55	304	7	29			6689	5904
	县小计	319	36		27		12	6	8							15	38	6	32			12144	11643
2003	广东省	1649	222		1681		50	64	202	4	583	6	11	262	571	189	626	4	39			47253	45842
	省小计	175	41		185		22	24	121	4	583	5	7	245	545	106	290					96	84
	地小计	1060	111		1471		19	37	74						6	73	315	3	22			15106	14487
	县小计	414	70		25		9	3	7					17	20	10	21	1	17			32051	31271

附表 3—6 （续）

年度	机构	本年末累计计量标准：建立在依法设置计量检定机构的社会公用计量标准	本年末累计计量标准：依法授权建立的社会公用计量标准	本年末累计计量标准：依法授权其他单位开展专项检定工作计量标准	本年末累计计量标准：建立在部门、企事业单位的最高计量标准	本年末累计计量授权：依法设置的计量检定技术机构	本年末累计计量授权：依法授权建立的计量检定机构	本年末累计计量授权：其他承担专项授权检定任务的机构和项目		本年末累计计量授权：授权承担计量器具型式评价或样机试验的机构和项目		计量器具新产品：型式批准证书系列数		计量器具新产品：样机试验合格系列数		制造、修理计量器具：取得制造计量器具许可证的单位、个体工商户		制造、修理计量器具：取得修理计量器具许可证的单位、个体工商户		计量器具监督检查（台件）：法制性的计量监督检查：检查计量器具	法制性的计量监督检查：合格计量器具	计量器具性能的监督检查：抽查计量器具	计量器具性能的监督检查：合格计量器具
		项	项	项	项	个	个	个	项	个	项	本年	累计	本年	累计	本年	累计	本年	累计	台件	台件	台件	台件
2004	广东省	2438	320	73	2670	91	27	50	185	4	840	3	10	564	1109	178	705	18	38			35556	13986
	省小计	995	91	44	248	91	17	8	44	4	840	3	10	564	1109	92	382	0	0			26	26
	地小计	1072	170	25	2207	0	5	41	139	0	0	0	0	0	0	79	295	14	33			1692	1228
	县小计	371	59	4	215	0	5	1	2	0	0	0	0	0	0	7	28	4	5			33838	12732
2005	广东省	1855	602	198	2634	70	68	19	98	4	840	103	113	108	869	132	806	10	39			33345	28046
2006	广东省	2061	253	377	1814	91	59	22	159	5	187	122	232			79	526	38	61			68956	44288
2007	广东省	2254	153	550	2430	91	51	25	156	3	187	129	361			60	427	8	44			45771	44530
2008	广东省	2384	64	226	2616	91	21	37	130	2	75	144	398			92	907	17	45	267245	248760	128828	12654
2009	广东省	2558	127	428	2626	91		15		1	8	234	741			94	760	4	44	434853	384897	11921	11417

附表 3—6 （续）

年度	机构	已强检的计量标准器具（件）	强制检定计量器具								计量检定人员（人）			抽查定量包装商品净含量		社会公正计量站（个）						定量包装商品生产企业计量保证能力评价			
			项别（项）	种别（种）	检定数（件）						合计	所属单位	授权单位	抽查批次（批）	合格批次（批）	本年新建	本年末累计	称重类		其他		取得C标志企业数（个）		取得C标志产品规格数（个）	
					小计	贸易结算	安全防护	医疗卫生	环境监测									本年	累计	本年	累计	本年	累计	本年	累计
1998	广东省	38951	42	80	959632	738499	147601	62266	11266	2247	1647	600	8024	6991	13	33	10	30	3	3				
	省小计	29010	34	60	33414	18060	6626	7705	1023	111	111				13	33	10	30	3	3				
	地小计	7248	33	65	516922	390886	80237	39707	6092	1423	924	499	2521	2208										
	县小计	2693	33	61	409296	329553	60738	14854	4151	713	612	101	5509	4783										
1999	广东省	43140	37	74	990641	797567	115770	70695	6609	2028	1488	540	12428	8089	14	48	8	38	6	10				
	省小计	16155	9	17	7536	5790	1340	343	63	106	106				14	48	8	38	6	10				
	地小计	23991	32	66	590016	449928	75174	60160	4754	1189	784	405	3964	3194										
	县小计	2994	30	58	393089	341849	39256	10192	1792	733	598	135	8486	4895										
2000	广东省	44363	40	81	1073832	862891	105261	88680	17000	1944	1624	320	4019	3215	40	95	40	95						
	省小计		28	46	54145	52366	992	420	367	117	117				33	71	33	71						
	地小计	39778	34	72	785757	631224	70297	70486	13750	1416	1183	233	3090	2547	7	24	7	24						
	县小计	4585	30	57	233930	179301	33972	17774	2883	411	324	87	929	668										
2001	广东省	41944	47	91	1025946	804578	132128	79082	10158	1803	1260	543	4418	3772	2	73	2	73						
	省小计	4720	36	63	22066	17798	901	3236	131	252	252				2	73	2	73						
	地小计	22852	41	70	688643	532605	80004	67356	8678	1052	619	433	760	579										
	县小计	14372	32	61	315237	254175	51223	8490	1349	499	389	110	3658	3193										

附表 3—6 （续）

年度	机构	已强检的计量标准器具（件）	强制检定计量器具 项别（项）	强制检定计量器具 种别（种）	检定数（件） 小计	检定数（件） 贸易结算	检定数（件） 安全防护	检定数（件） 医疗卫生	检定数（件） 环境监测	计量检定人员（人） 合计	计量检定人员（人） 所属单位	计量检定人员（人） 授权单位	抽查定量包装商品净含量 抽查批次（批）	抽查定量包装商品净含量 合格批次（批）	社会公正计量站（个） 本年新建	社会公正计量站（个） 本年末累计	称重类 本年	称重类 累计	其他 本年	其他 累计	取得C标志企业数（个） 本年	取得C标志企业数（个） 累计	取得C标志产品规格数（个） 本年	取得C标志产品规格数（个） 累计
2002	广东省	30190	45	90	963540	761639	122947	66821	12133	9218	3790	5428	4435	3766	44	275	40	271	4	4				
	省小计	7684	30	63	23868	18454	2885	956	1573	6066	1335	4731	1687	1601	44	275	40	271	4	4				
	地小计	12367	39	72	469245	347817	60074	53146	8208	2722	2116	606	1463	1040										
	县小计	10139	34	65	470427	395368	59988	12719	2352	430	339	91	1285	1125										
2003	广东省	28570	48	93	1210558	971591	130519	98464	9984	2335	1464	871	7557	6909	69	311	69	307		4				
	省小计	11164	35	61	28174	21843	3420	729	2182	326	164	162	561	459	69	311	69	307		4				
	地小计	12229	37	71	750884	616003	47473	83131	4277	1592	924	668	6606	6089										
	县小计	5177	29	58	431500	333745	79626	14604	3525	417	376	41	390	361										
2004	广东省	57486	49	94	1204425	961528	162913	70143	9841	1831	1772	59	152	125	69	380	69	380			42	54	84	295
	省小计	11725	35	63	32870	26688	1733	1738	2711	284	284		152	125	69	380	69	380			42	54	84	295
	地小计	7998	41	77	770882	635921	72178	58222	4561	1021	1016	5												
	县小计	37763	28	56	400673	298919	89002	10183	2569	526	472	54												
2005	广东省	168024	48	95	1320557	1087166	147314	66487	19590	2592	2103	489	1557	1211	75	455	75	455			54	96	295	1135
2006	广东省	28116	50	98	1828083	1496443	186975	132704	11961	2067	1564	503	2023	1795	20	475	20	475			58	162	58	2116
2007	广东省	41660	50	93	1974216	1560319	294994	107081	11822	3051	2553	498	2048	1706	27	502	27	502			105	309	3611	5727
2008	广东省	66501	52	102	2139849	1640667	367247	113090	18845	2594	2185	409	2129	1845	57	564	57	564			114	511	3611	5727
2009	广东省	45378	52	99	2257466	1799191	315624	111171	31480	4229	4200	29	2018	1810	25	78	25	78			82	323		

附表3—7 计量仪器检定情况

单位：台（件）

年度	机构	合计	长度	温度	力学		电磁	光学	声学	化学	电离辐射	无线电	时间频率	其他
						其中：衡器								
1998	广东省	1390734	195936	61010	795960	262830	192970	19250	2000	18572	3645	20688	6722	73981
	省小计	117510	49726	13387	26956	1648	11343	883	1764	6229		5976	1244	2
	地小计	774908	118673	37937	375193	67150	125808	18316	150	11851	3396	14581	1614	67389
	县小计	498316	27537	9686	393811	194032	55819	51	86	492	249	131	3864	6590
1999	广东省	1218719	212668	65918	695599	288023	108092	22512	2717	22026	5193	24374	6616	53004
	省小计	134985	58661	14026	32774	2030	11410	1259	1948	7374		6336	1197	
	地小计	630641	123536	42532	308424	81046	41765	21233	729	14330	5137	17940	4211	50804
	县小计	453093	30471	9360	354401	204947	54917	20	40	322	56	98	1208	2200
2000	广东省	1602422	274926	83982	801842	239858	290202	51812	3062	21213	3554	25314	13072	33443
	省小计	155410	70012	16653	36544	173	11863	1004	2192	9693		6133	1316	
	地小计	1095404	163024	47186	544119	138882	224611	48188	821	9980	3238	18494	7782	27961
	县小计	351608	41890	20143	221179	100803	53728	2620	49	1540	316	687	3974	5482
2001	广东省	1730681	311441	93193	850058	306587	269194	39628	3418	37313	3141	25428	19816	84251
	省小计	174175	73792	19733	41238	1641	12908	2176	2496	14427		5743	1662	
	地小计	1034026	157200	49067	473327	128197	196454	34013	885	15758	3037	19335	9611	75339
	县小计	528680	80449	24393	335493	176749	59832	3439	37	7128	104	350	8543	8912
2002	广东省	1980444	306959	146107	1175826	404255	159386	33729	3348	51416	4145	26794	16519	56215
	省小计	185301	81459	24991	37515	1300	14105	6300	2150	10578		6523	1680	
	地小计	1161096	187076	100694	646345	220283	82588	27050	1138	40249	3782	20052	9979	42143
	县小计	634047	38424	20422	491966	182672	62693	379	60	589	363	219	4860	14072

附表 3—7 （续）

单位：台（件）

年度	机构	合计	长度	温度	力学		电磁	光学	声学	化学	电离辐射	无线电	时间频率	其他
						其中：衡器								
2003	广东省	2117738	319166	119942	1275119	572238	130767	46931	5966	33479	3235	27868	10639	144626
	省小计	203845	92472	15116	50817	2013	13873	7589	3216	12711		6464	1587	
	地小计	1345375	191762	90736	768987	401171	69111	37868	2670	19330	3199	20873	4409	136430
	县小计	568518	34932	14090	455315	169054	47783	1474	80	1438	36	531	4643	8196
2004	广东省	2172529	300077	84458	1362099	301665	102507	50167	5201	32710	8117	32187	6164	188842
	省小计	212394	79380	27515	55193	1942	15603	9208	3293	12537		7339	1718	608
	地小计	1471899	190800	43046	904606	158838	60220	40101	1478	19148	7473	23786	3442	177799
	县小计	488236	29897	13897	402300	140885	26684	858	430	1025	644	1062	1004	10435
2005	广东省	2173470	291188	123366	1349548	282783	104078	32969	6331	36751	6250	25846	6057	191086
2006	广东省	2761239	251093	180581	1834037	239361	102828	52039	21733	25272	1990	23077	3848	264741
2007	广东省	2832737	394589	171380	1862384	348685	178270	46562	23072	41012	9238	25045	5161	76024
2008	广东省	3263415	357102	170046	2268226	368879	191922	52145	27142	45593	5872	25255	22478	97634
2009	广东省	4229379	384321	181693	2691429	569197	221987	70031	24700	61374	5289	42445	13824	532286

参考文献

[1] 吴承洛．中国度量衡史 [M]．上海：上海书店，1984.

[2] 卢嘉锡总主编 邱光明，邱隆，杨平．中国科学技术史度量衡卷 [M]．北京：科学出版社，2001.

[3] 广东省地方史志编撰委员会．广东省志技术监督志 [M]．广州：广东人民出版社，2002.

[4] 民国广东政府机构沿革和组织法规选编（一九一一至一九四九）[M]．广州：广东省档案馆，1996.

[5] 广州市地方志编纂委员会．广州市地方志卷九（上）标准计量管理志 [M]．广州：广州出版社，1999.

[6] 广州市地方志编纂委员会．广州市志（1991－2000）第五册质量技术监督志 [M]．广州：广州出版社，2009.

[7] 揭阳县标准计量志编纂组．揭阳县标准计量志 [M]．揭阳，1991.

[8] 佛山市标准计量局．佛山市标准计量志 [M]．佛山，1989.

[9] 江门市技术监督局．江门市标准计量志 [M]．江门，1990.

[10] 江门市质量技术监督局．江门市质量技术监督志 [M]．江门，2003.

[11] 深圳市市场监督管理局．深圳计量简史 1980－2010[M]．深圳，2010.

[12] 汕头市标准计量局．汕头市标准计量志 [M]．汕头，1991.

[13] 湛江市地方志编纂委员会．湛江市志·质监志（1979－2000）[M]．北京：中华书局，2004.

[14] 广东省计量局．广东计量技术三十二年 1949－1982[M]．广州，1982.

[15] 国家计量局办公室．中华人民共和国计量工作大事记（1950－1987）[M]．北京：中国计量出版社，1988.

[16]《当代中国》丛书编辑部．当代中国的广东 [M]．北京：当代中国出版社，1991.

[17]《广东年鉴》编纂委员会．广东年鉴 [M]．广州：广东年鉴社．

后　记

新中国成立后，我国计量工作随着经济建设、工业化进程发生了翻天覆地的变化，现代计量技术从无到有直至进入国际先进行列，计量管理工作也积累了大量丰富而宝贵的经验，形成了具有中国特色的管理模式。但是，见证和记录这一时期的计量史料散失十分严重。为此，2008年中科院院士王大珩等一批计量老专家，向国家质量监督检验检疫总局提出抢救性收集、整理新中国计量史料的建议。国家质检总局接受了这一建议，决定保存收集反映新中国建立60年我国计量发展的珍贵史料，编辑《新中国计量史》，成立由国家质检总局办公厅、法规司、计量司、计划财务司、中国计量科学研究院组成的编辑工作指导小组，于2009年11月23日发出质检办量函[2009]1059号“关于编辑整理新中国计量史料有关问题的通知”文件，并在2010年1月全国计量工作会议上正式下达了编辑整理新中国计量史料的任务。任务要求各省除收集整理新中国60年计量史料提供给国家局以外，并要求各省编写本省计量工作大事记，作为《新中国计量史》的附录。

我省对这一工作十分重视，省质量技术监督局领导决定，在完成国家质检总局要求的收集史料，编写提供本省计量工作大事记的基础上，完成编写在新中国成立后1949年至2009年这一时期的广东省计量史。2010年3月，由省局分管计量工作的局领导何祥今副巡视员挂帅，成立新中国计量史（广东省）编辑工作领导小组。编辑工作领导小组召开了会议，制定出实施计划，进行了分工。按照计划省质监局计量处和广东计量协会秘书处积极行动起来，查阅档案资料；向各地级市质量技术监督局收集相关史料，整理各市、县计量工作大事记；召开老同志座谈会；发出约稿函，请老同志和各行各业计量工作者撰写计量工作回忆录。

在广泛收集资料基础上，以广东计量协会前会长赵天川为主，编写了广东省计量工作大事记初稿8.5万字，连同广东省计量行政部门、直属机构沿革一览表，于2010年11月上报国家质检总局《新中国计量史》编整办公室。该大事记经国家质检总局《新中国计量史》编整办公室审阅后，按要求压缩修改到3万字以内，由省质监局组织各级领导，老专家、老同志进行了认真的审核和修改，于2011年6月上报第二稿，并于2012年2月再次修改上报第三稿。

为加强《新中国计量史（广东省）》的编写工作，省质监局落实了这一工作的经费55.6万元，于2011年3月正式成立了由赵天川任组长，谢旭、许家玲、霍向红为组员的广东省计量史编写组。编写组制定了工作计划，到省、市档案馆，省、市局档案室，各级直属机构等，系统收集了 1949 年以来计量工作的文字资料，实物照片等。编写组走访了韶关市、江门市、佛山市、汕头市、揭阳市、东莞市、湛江市、徐闻县和海南省等地计量行政机构和计量技术机构，以及韶钢、广石化、赛宝计量检测中心等单位，采访了一百多位老计量工作者。编写组在广东省档案馆、省局档案室、省计量院、广州市计量院及各地的计量机构调阅档案近千卷，复印资料 3000 多页，拍摄资料相片近 50000 张。

作为编写人员，当我们在文献的丛林中检索，在回忆的长河里回望时，我们深深为广东省几代计量人在 60 年中所做的艰苦卓绝的工作所感动，对他们的奉献产生由衷的敬意，使我们感到忠实记录下这段历史，是我们曾经的计量人不可推卸的责任和义务。

我们将大批史料进行整理、归类，制成电子版；对这些资料反复研究、甄别，归纳、提炼，经过讨论、编写与修改，至 2013 年 8 月完成 80 万字的《广东省计量史（1949—2009）》文稿以及相关大事记、统计数据和历史照片编辑。我们都未曾受过史学研究的正规训练，但我们尽了最大的努力，为能留下这段历史的真实描写深感欣慰。

感谢我们拜访的老领导、老同事的热情鼓励和支持，他们克服年老体衰，或动笔书写，或出席座谈，或翻找出珍藏的老照片、旧笔记。他们关心计量事业，热爱计量事业的精神，以一种无形的力量激励我们克服困难努力工作。

感谢国家质检总局、《新中国计量史》编整办公室、广东省质监局、广东计量协会和各级计量机构领导对我们的支持、鼓励和督促。

感谢中山大学历史系曹家齐教授对我们的悉心指导。

感谢每一位参与此项工作的同志兢兢业业、默默无闻的奉献。

现在这部新中国 60 年广东省计量史终于付梓成书了，由于我们能力有限，缺陷和错讹在所难免，诚恳地希望读者批评指正。无论如何这是一件很有意义的事情，我们希望今后的计量人能代代传承，把计量事业的历史保存下来，记录下来，留给后人。

广东省计量史编写组

2013 年 10 月